生态环境监测
技术人员持证上岗考核
理论试题集

下 册

生态环境部生态环境监测司
中 国 环 境 监 测 总 站 ◎ 主编

中国环境出版集团

图书在版编目（CIP）数据

生态环境监测技术人员持证上岗考核理论试题集 / 生态环境部生态环境监测司，中国环境监测总站主编. --北京：中国环境出版集团, 2023.12

ISBN 978-7-5111-5774-4

Ⅰ. ①生… Ⅱ. ①生… ②中… Ⅲ. ①生态环境－环境监测－资格考试－习题集 Ⅳ. ①X835-44

中国国家版本馆 CIP 数据核字(2023)第 255123 号

出 版 人 武德凯
责任编辑 曲 婷
封面设计 宋 瑞

出版发行 中国环境出版集团
（100062 北京市东城区广渠门内大街 16 号）
网 址：http://www.cesp.com.cn
电子邮箱：bjgl@cesp.com.cn
联系电话：010-67112765（编辑管理部）
发行热线：010-67125803，010-67113405（传真）

印 刷 北京中科印刷有限公司
经 销 各地新华书店
版 次 2023 年 12 月第 1 版
印 次 2023 年 12 月第 1 次印刷
开 本 880×1230 1/16
印 张 100
字 数 2530 千字
定 价 428.00 元（全 2 册）

《生态环境监测技术人员持证上岗考核理论试题集》

编写指导委员会

主　任　蒋火华

副主任　海　颖　邢　核

委　员　楚宝临　滕　曼　陈　岩　黄柳韬　陈春榕　何　洋
杜祯宇　秦　宇　张　娟

《生态环境监测技术人员持证上岗考核理论试题集》

编写委员会

主　任　张大伟

副主任　肖建军　王锷一　毛玉如　郭从容

主　编　吕怡兵　米方卓　冯　丹

副主编　关玉春　邹本东　吴晓凤

编　委（按姓氏笔画排序）

丁桂英　丁萌萌　于海影　于海燕　马　宁　马　威　王　琳
方　杰　邓雪娇　厉　青　石利利　石艳菊　叶伟红　史　箴
白　昕　白　莉　包吉明　师耀龙　朱　明　刘维明　刘　蕊
李怡君　李恒庆　李　娟　李焕峰　杨　炯　杨　婧　杨懂艳
杨霓云　张玉惠　张付海　张存良　张荣锁　张　俊　张　烃
张素坤　张　敏　陈表娟　陈素兰　武桂桃　卓海华　周守毅
周艳丽　周　谐　郑　瑜　孟庆庆　赵长民　赵彦龙　姜　辉
洪正昉　姚子伟　贺小敏　钱　宁　高裕雯　龚　玲　彭　跃
董　亮　游狄杰　谢　争　谢海涛　樊庆云

参加编写人员（按姓氏笔画排序）

丁　华　丁　虹　于　川　马　双　马玉坤　马　倩　王小菊
王子博　王中挺　王文博　王　迪　王美荣　王效国　王海宁
王海妹　王　翀　王婕妤　王智慧　王　强　王　瑜　王　静
王　蕾　王　璐　车　轩　石　野　田志仁　田秀华　史健康

付博亚	白 莉	毕丽玫	吕天峰	吕保玉	朱红霞	朱艳华
朱超飞	朱瑞瑞	庄彤辉	刘卫红	刘兆莹	刘 佳	刘金芝
刘振声	刘 彬	刘 敏	刘彩霞	刘殿甲	齐炜红	闫启仑
闫爱博	孙俊玲	严 龑	李世龙	李冬梅	李红莉	李 兵
李宏俊	李启武	李和通	李 欣	李建钊	李 洋	李宪同
李 娜	李 莉	李 琳	李 媛	李婷婷	杨文龙	杨 帆
杨 丽	杨 航	杨 超	杨 斌	肖 婷	吴仲夏	吴丽云
吴 彤	吴思怡	何 平	佟霁坤	佘运勇	佘 恒	佘晶京
邹志芬	汪小艳	汪素芳	汪凌佳	宋晓娟	张子嘉	张吉喆
张先波	张秀蓝	张 兵	张 妍	张 迪	张建萍	张树杰
张 恒	张桂伟	张晓红	张晓妍	张 静	张 静	张漫雯
张肇元	陆易宣	陈 巧	陈 军	陈 芬	陈海婴	陈常东
陈鸿展	陈 程	陈福慧	陈 燕	陈 曦	范莉茹	范晓周
林君铿	欧阳珺	明红霞	罗思苑	罗韩燕	金 媛	周 飞
周文娴	周 冰	周 显	周笑白	周菁清	周 密	郑秋花
郑晓燕	郑 楠	单丹滢	赵少华	赵丽娟	赵雨峰	胡亚琴
胡序朋	皇甫鑫	宫福强	骆 虹	莫 虹	贾海波	贾 静
贾 璇	顾 平	党永锋	徐小静	徐义邦	徐 驰	殷海龙
凌彦群	高 飞	高飞鹏	高逸飞	郭文建	郭 正	郭 婧
郭 越	唐剑锋	黄 云	黄少峰	黄河仙	黄登强	曹林泉
曹 岨	龚 娴	符保珍	梁永津	梁舒汀	彭 玉	董立鹏
韩 旭	鲁华英	鲁 雪	曾剑强	谢 沙	雷 宇	路佳良
简朝星	谭 丽	颜 涛	薛荔栋	穆 肃	魏 娜	瞿 淼

序　言

生态环境监测是生态环境保护的重要基础，是生态文明建设的重要支撑。党的二十大以来，在以习近平同志为核心的党中央高度重视和领导下，全面推动了生态环境监测事业的高质量发展，加快了现代化生态环境监测体系的构建，保障了国家生态环境监测网络稳定运行。生态环境监测在二十大的新征程上持续发挥着“顶梁柱”“生命线”“利器”的作用。

生态环境监测技术人员持证上岗考核工作是保证生态环境监测数据质量的重要抓手，为进一步提升生态环境监测技术人员持证上岗考核工作的科学性和规范性，生态环境部于 2021 年修订并发布了《生态环境监测技术人员持证上岗考核规定》（环监测〔2021〕80 号）（以下简称《考核规定》），中国环境监测总站依据《考核规定》于 2022 年修订并发布《生态环境监测技术人员持证上岗考核实施细则》（总站质管字〔2022〕43 号）（以下简称《细则》）。修订后的《考核规定》和《细则》对基本理论考核内容有较大的调整，更关注于对基础知识、基本原理、基本技能的掌握，使之更适应新形势下生态环境监测工作对专业技术人员理论知识的需求，更有利于提升各级各类生态环境监测机构的专业技术水平。

为此，中国环境监测总站组织国家、省、市三级 47 家生态环境监测单位的业务骨干和资深专家，编写、收集、梳理生态环境监测领域相关专业理论试题，经过多轮次命题、审题工作，编辑完成了这一内容丰富、专业性强、贴近业务需求的试题集。

本试题集对标《考核规定》和《细则》要求，将众多标准方法和规范中通用知识点整合到相应的理论科目中，覆盖了主要的监测方法类别和仪器设备类型，强化了基础知识和方法原理，聚焦了生态环境监测核心理论知识，并注重专业知识的全面性、通用性和适用性，可引领生态环境监测人员对监测知识的综合应用。

本试题集共两册十二章，包含监测技术人员应知应会的通用类基础知识，以及按照岗位职责划分的专业知识，涉及监测分析类、质量管理类和综合技术类。

这一试题集的出版，为广大生态环境监测人员提供了专业技术学习书籍，将进一步提高生态环境监测专业技术人员的理论水平，有助于在生态环境监测新要求下环境监测人员培训、考核工作的顺利开展，对促进生态环境监测人员持证上岗考核标准化、提高生态环境监测数据质量、规范生态环境监测工作具有重要的指导意义。

因时间仓促，书中如有疏漏、不当之处，敬请广大读者批评指正。

目 录

上 册

下　册

第九章

分析技术

第一节　重量法

一、填空题

1．水中的悬浮物是指水样通过孔径为_________μm 的滤膜，截留在滤膜上并于_________℃下烘干至恒重的固体物质。

答案：0.45，103～105

2．在重量分析中，需将滤纸连同沉淀一起灼烧后称量，应采用_________滤纸过滤。

答案：定量

3．准确称取风干土样 8.00 g，置于称量瓶中，在 105℃烘箱中烘 4～5 h，烘干至恒重，称得烘干恒重后的土样重量为 7.80 g，该土样的水分含量为_________%。

答案：2.5

4．在重量分析中，首先要用适当的方法将试样中_________与其他组分分离，转化为一定的_________形式，然后用_________的方法测定该组分的含量。

答案：待测组分，称量，称重

5．沉淀按其物理性质的不同，可粗略地分为_________沉淀和_________沉淀，介于两者之间的是凝乳状沉淀。它们的最大差别是_________的不同。

答案：晶形，无定形，沉淀颗粒大小

6．在重量分析中，要求获得的沉淀是_________的，不混有其他_________。

答案：纯净，杂质

7．往试液中加入适当的_________使_________沉淀出来，所得的沉淀称为沉淀形式。

答案：沉淀剂，被测组分

8．沉淀经_________或_________后，得到的形式称为称量形式。

答案：烘干，灼烧

9．对于颗粒极细甚至胶状的沉淀，使用常规过滤法难以取得良好分离效果时，可改用_________法。

答案：离心分离

10．洗涤后的沉淀，除吸收大量水分外，还可能有其他挥发性杂质存在，必须用_________或_________的方法除去，使之具有固定组成后，才可进行称量。

答案：烘干，灼烧

11．最常用的灼烧设备为_________，灼烧容器为_________。

答案：马弗炉，坩埚

12．称量是用_________准确计量物料_________的操作。

答案：天平，重量

13．称量物温度与天平箱内温度要_________，不能把_________或_________的物体放入天

平箱中称量。

答案：一致，热，冷

14．使用天平称量，读数时应__________天平门，避免受__________的影响。

答案：关闭，空气流动

15．天平在两次检定之间要进行__________。

答案：期间核查

16．由于滤纸的致密程度不同，一般非晶形沉淀如氢氧化铁应选用__________滤纸过滤；粗晶形沉淀应选用__________滤纸过滤；较细小的晶形沉淀应选用__________滤纸过滤。

答案：快速，中速，慢速

17．水样经过滤去除漂浮物及沉降性固体物，放在称至恒重的蒸发皿内蒸干，并用过氧化氢去除有机物，然后在__________℃下烘干至恒重，将称得重量减去蒸发皿重量即为矿化度。

答案：105～110

18．滤纸分为__________滤纸和__________滤纸，重量分析中常用__________滤纸进行过滤。

答案：定性，定量，定量

19．用电子天平称量时，试剂或待测样易受空气中水蒸气的影响或试样本身具有挥发性时，应采用__________称量。

答案：减量法（或差减法）

20．待测样品为非吸湿或不易变质试样，可采取__________法称量。

答案：直接

21．要求准确称取某一指定质量的试样时，所采用的方法为__________称量法。

答案：指定质量（或固定质量）

22．干燥器底部的硅胶干燥时为__________色，受潮后变为__________色。

答案：蓝，粉红

23．用天平（最小分度值为 0.1 mg）进行称量时，有效数字记录到小数点后第__________位。

答案：4

24．悬浮物需采集具有代表性的水样__________mL，盖严瓶塞。

答案：500～1 000

25．全盐量蒸发皿的恒重，两次称量的重量差不超过__________ mg，放入干燥器中备用。

答案：0.5

26．测量土壤中干物质和水分时，一般情况下，大部分土壤的干燥时间为__________ h，少数特殊土壤样品和大颗粒土壤样品需要更长时间。

答案：16～24

27．测定土壤样品干物质和水分时，样品烘干后，再以 4 h 烘干时间间隔对冷却后的样品进行两次连续称重，前后差值不超过最终测定质量的__________%，此时的重量即为恒重。

答案：0.1

28．土壤水分含量是基于干物质量计算的，所以其结果可能超过__________%。

答案：100

29．土壤样品干物质和水分的测定，使用分析天平的精度为＿＿＿＿＿ g。

答案：0.01

30．水中的残渣，一般分为总残渣、可滤残渣和不可滤残渣 3 种，其中＿＿＿＿＿也称悬浮物。

答案：不可滤残渣

31．重量法测定水样中全盐量时，过滤时应弃去初滤液＿＿＿＿＿mL。

答案：10～15

32．测定矿化度时，由于高矿化度水样含有大量钙、镁的氯化物时易于吸水，硫酸盐结晶水不易除去，均可使结果偏＿＿＿＿＿。

答案：高

33．土壤样品在（105±5）℃烘至恒重，以烘干前后的土样质量＿＿＿＿＿计算干物质和水分的含量，用质量分数表示。

答案：差值

34．测定干物质和水分时，风干土壤样品称取＿＿＿＿＿ g 试样；新鲜土壤称取＿＿＿＿＿ g 试样。

答案：10～15，30～40

35．重量分析是通过测定试样中待测组分的＿＿＿＿＿，以确定其含量的方法。

答案：质量

36．同一个项目的分析过程中，为了保证数据的重现性，多次称量应使用＿＿＿＿＿天平和＿＿＿＿＿砝码。

答案：同一台，同一套

37．使用分析天平称量时不能用手直接拿取＿＿＿＿＿和＿＿＿＿＿。

答案：称量物，砝码

38．装取滤膜时，应佩戴实验室专用手套，使用无锯齿的＿＿＿＿＿操作。

答案：镊子

39．在确定了天平精度的条件下，提高分析准确度的关键是选择合适的称样量和使用正确的＿＿＿＿＿。

答案：称量方法

40．机械天平与电子天平的原理不同，其中，电子天平是基于＿＿＿＿＿原理来称量的天平。

答案：电磁力平衡

41．使用分析天平时，称量前要检查天平是否正常，是否处于＿＿＿＿＿位置，玻璃框内外是否清洁。

答案：水平

42．测量固体物质的挥发性物质含量时，将固体物质加热并逐渐升高温度使之脱水，除去挥发性物质，继而使有机物炭化，最后在高温下得到最稳定的残渣而进行的操作即为＿＿＿＿＿。

答案：灼烧

43．重量法是对所得沉淀常用＿＿＿＿＿的方法进行处理。当仅需测定沉淀的重量时，烘干后称量至________即可。

答案：加热烘干，恒重

44. 在重量分析法中，影响沉淀纯度的因素包括________现象和________现象。

答案：共沉淀，后沉淀（或继沉淀）

45. 严禁使用不适当的方法提高沉淀过滤的滤速。不许翻动________或用________的方法增加滤速。

答案：滤纸，（玻棒）搅拌

46. ________是将烘干后的滤纸烤成炭黑状，________是将呈炭黑状的滤纸灼烧成灰。

答案：炭化，灰化

47. 滤纸按孔隙大小分为________、________、________3 种，需根据实验要求正确选择。

答案：快速，中速，慢速

48. 在沉淀重量分析法中，沉淀的过滤和洗涤必须________完成，否则沉淀极易________杂质离子，很难洗净。

答案：一次性，吸附

49. 测定新鲜土壤样品的水分时，取适量新鲜土壤样品撒在干净、不吸收水分的玻璃板上，充分混匀，去除直径大于________ mm 的石块、树枝等杂质。

答案：2

50. 具盖称量瓶的质量为 13.62 g，具盖称量瓶及风干土壤样品总质量为 24.59 g，具盖称量瓶及烘干土壤总质量为 24.23 g，则该风干土壤的干物质含量为________%，水分含量为________%。

答案：96.7，3.4

二、单选题

1. $PM_{2.5}$ 采样滤膜在恒温恒湿条件下平衡 24 h 后，用感量 0.01 mg 的分析天平称重，在相同条件下再次平衡 1 h 称重，两次滤膜重量之差小于等于________mg 时符合恒重要求。（　　）

A．0.01　　B．0.02　　C．0.04　　D．0.2

答案：C

2. 重量法测定水样中的全盐量和矿化度过程中，全盐量是单位体积水中所含各种溶解盐类的总和，矿化度是水中无机化学组分含量的总和。对同一个水样来说，全盐量和矿化度的量值之间比较，正确的是________。（　　）

A．矿化度＞全盐量　　B．全盐量＞矿化度

C．全盐量=矿化度　　D．两者不好比较

答案：B

3. 称重法测定水中溶解性总固体时，恒定质量是指两次称量相差不超过________g。（　　）

A．0.000 2　　B．0.000 3　　C．0.000 4　　D．0.000 5

答案：C

4. 一般情况下，在（105±5）℃条件下，有机物的分解可以忽略，但对于有机质含量大于 10%

（质量分数）的土壤样品，在测定其干物质时应将干燥温度改为＿＿＿＿＿℃。（　　）

A．50　　B．60　　C．70　　D．80

答案：A

5．$PM_{2.5}$ 滤膜首次称量后，在相同条件平衡 1 h 后需再次称量。当使用大流量采样器时，同一滤膜两次称量质量之差应小于＿＿＿＿＿mg；当使用中流量或小流量采样器时，同一滤膜两次称量质量之差应小于＿＿＿＿＿mg；以两次称量结果的平均值作为滤膜称重值。（　　）

A．0.2，0.02　　B．0.2，0.04　　C．0.5，0.05　　D．0.4，0.04

答案：D

6．测定固体废物中水分时，取试样 20～100 g 于预先干燥的容器中，于＿＿＿＿＿℃干燥，恒重至两次重量测量差小于＿＿＿＿＿%，然后计算水分。（　　）

A．100，0.1　　B．105，1　　C．120，1　　D．120，0.1

答案：B

7．测定 5 g 土壤样品水分含量，烘干后称重为 4 g，该样品的水分为＿＿＿＿＿%。（　　）

A．10　　B．20　　C．25　　D．30

答案：C

8．下列关于定量滤纸的说法中不正确的是＿＿＿＿＿。（　　）

A．重量分析中，需将滤纸连同沉淀一起灼烧后称量时，应采用定量滤纸过滤

B．定量滤纸按孔隙大小分，有快速、中速和慢速 3 种

C．定量滤纸一般为圆形，按直径分有 11 cm、9 cm、7 cm 等

D．定量滤纸灼烧后，灰分小于 0.001 g 者称为“无灰滤纸”

答案：D

9．在重量法沉淀反应中，有晶形沉淀与无定形沉淀相比较具有＿＿＿＿＿等特点。（　　）

A．颗粒小、易过滤洗涤、结构紧密、表面积小、吸附杂质少

B．颗粒大、易过滤洗涤、结构紧密、表面积小、吸附杂质少

C．颗粒小、难以过滤洗涤、结构疏松、表面积大、易吸附杂质

D．颗粒大、难以过滤洗涤、结构疏松、表面积大、易吸附杂质

答案：B

10．精密电子天平是准确度级别为＿＿＿＿＿级的电子天平的统称。（　　）

A．Ⅰ　　B．Ⅱ　　C．Ⅲ　　D．Ⅳ

答案：B

11．测定风干土壤样品，当干物质含量＞96%、水分含量≤4%时，两次测定结果之差的绝对值（质量分数）应≤＿＿＿＿＿%。（　　）

A．0.2　　B．0.5　　C．1.5　　D．5

答案：A

12．测定风干土壤样品，当干物质含量≤96%、水分含量＞4%时，两次测定结果的相对偏差应≤＿＿＿＿＿%。（　　）

A．0.2　　B．0.5　　C．1.5　　D．5

答案：B

13．测定新鲜土壤样品，当水分含量≤30%时，两次测定结果之差的绝对值（质量分数）应≤__________%。（　　）

A．0.2　　B．0.5　　C．1.5　　D．5

答案：C

14．测定新鲜土壤样品，当水分含量＞30%时，两次测定结果之差的相对偏差应≤__________%。（　　）

A．0.2　　B．0.5　　C．1.5　　D．5

答案：D

15．若分析天平的称量误差为±0.1 mg，用减重法称取试样 0.100 0 g，则称量的相对误差为__________%。（　　）

A．0.20　　B．0.10　　C．0.2　　D．0.1

答案：C

16．用千分之一分析天平称量物质的质量时，结果应记录为__________g。（　　）

A．0.2　　B．0.20　　C．0.206　　D．0.206 0

答案：C

17．测量悬浮物应使用哪种称量方法__________。（　　）

A．直接称量法　　B．固定量称量法　　C．减量法

答案：A

18．重量法测定水中悬浮物时，当滤膜上悬浮物量为__________mg 时，需要增加试样体积。（　　）

A．≤5　　B．≤10　　C．≤50　　D．≤100

答案：A

19．称量工作基准试剂 0.4 g，应至少精确至__________称量。（　　）

A．0.1 mg　　B．0.01 mg　　C．0.1 g　　D．0.01 g

答案：B

20．定量分析中称取多份样品或基准物质时常采用__________。（　　）

A．直接称量法　　B．减量法　　C．固定量称量法　　D．A 和 B 均可

答案：B

21．准确称取 250 mg 的样品可以使用__________规格的天平。（　　）

A．精确度 0.01 g　　B．精确度 0.001 g

C．精确度 0.000 1 g　　D．B 和 C 均可

答案：D

22．全盐量蒸发皿的恒重，两次称量的重量差不超过__________mg 时，放入干燥器中备用。（　　）

A．1　　B．5　　C．0.1　　D．0.5

答案：D

23．测定海洋沉积物中含水率时，使用分析天平的精度至少为__________g。（　　）

A．0.1　　B．0.01　　C．0.001　　D．0.000 1

答案：C

24．用天平（最小分度值为 0.1 mg）进行称量时，有效数字记录到小数点后第__________位。（　　）

A．1　　B．2　　C．3　　D．4

答案：D

25．在测量悬浮物时，抽滤前滤膜和称量瓶的恒重要求为两次称量重量差__________mg。（　　）

A．<0.2　　B．≤0.2　　C．<0.4　　D．≤0.4

答案：B

26．土壤干物质和水分的测定，样品烘干后，再以 4 h 烘干时间间隔对冷却后的样品进行两次连续称重，前后差值不超过最终测定质量的__________%，此时的重量即为恒重。（　　）

A．0.1　　B．0.5　　C．1　　D．5

答案：A

27．用重量法测定土壤中水分含量时，首先准确称取风干土壤试样 10.24 g，置于 25.33 g 称量瓶中，在 105℃烘箱中烘干至恒重，称得烘干恒重后的土壤加称量瓶重量为 34.50 g，试计算，该土样的水分含量为__________%。（　　）

A．11.7　　B．10.4　　C．11.0　　D．13.7

答案：A

28．测定矿化度时，由于高矿化度水样在含有大量钙、镁的氯化物时易于吸水，硫酸盐结晶水不易除去，均可使结果__________。（　　）

A．偏高　　B．偏低　　C．没有影响

答案：A

29．__________坩埚不得接触氢氟酸和使用碱性氧化钠及碱性金属。（　　）

A．金　　B．聚四氟乙烯　　C．铂　　D．瓷

答案：D

30．重量法测定水中悬浮物时，滤膜上截留过多的悬浮物可能夹带过多水分，还可能造成过滤困难，因此一般最多不超过__________mg 的悬浮物量。（　　）

A．5　　B．10　　C．50　　D．100

答案：D

31．在进行沉淀的过滤操作时，每次转移于滤器中的溶液量不得超过滤器容量的__________。（　　）

A．1/3　　B．1/2　　C．2/3　　D．3/4

答案：C

32．沉淀剂的用量影响着沉淀的完全程度，一般来说，挥发性沉淀剂以过量__________%为宜。（　　）

A．30～40　　B．40～50　　C．60～80　　D．50～100

答案：D

33．环境空气和废气监测时，对于采用滤膜采样法采集的样品，除分析有机物的滤膜外，一般情况下，滤膜采集样品后，如不能立即称重，应在__________保存。（　　）

A．常温条件下　B．4℃条件下冷藏　C．20℃　D．冷冻条件下

答案：B

34．天平能反应的质量变化量__________，则其灵敏性越好，亦即天平的灵敏度__________。（　　）

A．越小，越高　B．越大，越低　C．越小，越低　D．越大，越高

答案：A

35．过滤是利用过滤装置将溶液中的__________进行有效分离的分析操作。（　　）

A．液态物质　B．半固态物质

C．固态物质（悬浮物和沉淀等）　D．半液态物质

答案：C

36．过滤装置由__________两部分组成。（　　）

A．滤膜与滤器　B．滤器与滤材

C．滤纸与滤器　D．砂芯与滤材

答案：B

37．使用滤纸过滤时，务必使滤纸紧密贴敷在漏斗壁上，以使支管内形成水柱而__________滤速。所用漏斗规格不标准时，尤需注意勿使滤纸与漏斗壁间存有__________。（　　）

A．加大，间隙　B．减小，气泡

C．减小，间隙　D．加大，气泡

答案：D

38．滤膜使用前均需进行检查，滤膜应边缘平整，表面__________，且没有折痕、受到污染或任何破损。检查合格后的滤膜，方能用于采样。（　　）

A．无毛刺　B．无针孔　C．无松散杂质　D．以上都对

答案：D

39．在进行沉淀的过滤时，无论是否需要留用滤液，都必须将漏斗下支管管口__________在滤液容器壁上，既可__________滤速，又可防止滤液崩溅造成损失或沾污周围器物。（　　）

A．勿贴，增加　B．紧贴，增加　C．勿贴，减少　D．紧贴，减少

答案：B

40．手工重量法测定环境空气中颗粒物时，采样后的滤膜出现界线模糊，说明采样系统有漏气现象，该滤膜样品处理方式为__________。（　　）

A．检查漏气原因，并将该滤膜重新采样

B．根据模糊严重程度判断能否使用

C．如果采样后称量结果比采样前大需要作废

D．作废处理

答案：D

41．环境空气监测时，滤膜称量前应先打开分析天平屏蔽门，至少保持________min，使分析天平称量室内温度、湿度与外界达到平衡。（ ）

A．1 B．5 C．10 D．30

答案：A

42．应根据沉淀颗粒的大小选用不同型号的滤纸、滤膜或砂芯滤板对沉淀进行过滤，以沉淀不穿滤为原则，尽可能选用________的滤材。（ ）

A．滤速低、可溶性杂质含量小 B．滤速高、可溶性杂质含量小

C．滤速低、可溶性杂质含量大 D．滤速高、可溶性杂质含量大

答案：B

43．________均不得在天平盘上直接称量。（ ）

A．腐蚀性试剂或样品 B．挥发性试剂或样品

C．任何试剂或样品 D．半挥发性试剂或样品

答案：C

44．利用沉淀反应进行重量分析时，沉淀形式的溶度积________，沉淀的溶解度________，沉淀越完全。（ ）

A．越大，越大 B．越小，越小

C．越大，越小 D．越小，越大

答案：B

45．分析天平是指感量（分度值）在________g 以上的天平。（ ）

A．0.01 B．0.001 C．0.000 1 D．0.000 01

答案：C

46．在沉淀形成过程中，与待测离子半径相近的杂质离子常与待测离子一起形成________。（ ）

A．混晶 B．吸留 C．包藏 D．继沉淀

答案：A

47．以下关于减量称量法的叙述错误的是________。（ ）

A．此方法用于称量质量在一定范围内的试样或试剂

B．多用于称量易吸水、易氧化或能与二氧化碳反应的物质

C．称取试样的质量为两次称量之差

D．若一次差减出的试样量未达到要求的质量范围，不能重复相同的操作，应重新称量

答案：D

48．电子天平开机后需要至少预热________min 以上，才能正式称量。（ ）

A．1 B．10 C．15 D．30

答案：D

49．在计算总悬浮颗粒物、PM_{10}和$PM_{2.5}$浓度时，V 代表________。（ ）

A．实际采样体积 B．换算成参比状态下的采样体积

C．换算成标准状态下的采样体积 D．以上均不对

答案：A

50．在测定溶解性总固体时，强烈的吸湿性使称量不能恒定质量，此时可在水样中加入适量的__________而得到改进。（　　）

A．碳酸钠　　B．硫酸钠　　C．氢氧化钠　　D．碳酸钙

答案：A

51．在选择过滤器材时，过滤__________溶液应选用砂芯滤器。（　　）

A．强酸性　　B．强氧化性　　C．强碱性

答案：B

52．以下__________指标不能用重量法测定。（　　）

A．浊度　　B．硫酸盐　　C．热灼减率　　D．苯可溶物

答案：A

53．在北京用电子天平称量一个质量为 100.00 g 的物体，如果不对天平进行校准，在西藏拉萨称量值将会__________。（　　）

A．增加　　B．较小　　C．不变　　D．变化小，可忽略

答案：B

54．在难溶电解质的饱和溶液中，加入其他易溶的强电解质，使难溶电解质的溶解度比同温度时在纯水中的溶解度增大，这种现象称为__________。（　　）

A．同离子效应　　B．酸效应　　C．配位效应　　D．盐效应

答案：D

55．__________不属于无定形沉淀的沉淀条件。（　　）

A．沉淀应当在较浓的溶液中进行

B．沉淀应当在热溶液中进行

C．沉淀时加入大量电解质或某些能引起沉淀微粒凝聚的胶体

D．陈化

答案：D

56．关于天平称量，以下说法错误的是__________。（　　）

A．称量物不能直接放在托盘上

B．天平可以称量热的物品

C．称量完毕应将砝码放回砝码盘中

D．根据情况决定称量物放在纸上、表面皿或其他容器中

答案：B

57．以下对天平的管理，错误的是__________。（　　）

A．天平要固定专人管理

B．建立天平技术档案

C．空气流通保证天平室的干燥

D．天平使用后登记使用记录

答案：C

58．在沉淀重量法中，称量形式的摩尔质量越大，将使__________。（　　）

A．沉淀易于过滤洗涤　　B．沉淀较纯净

C．沉淀的溶解度减小　　D．测定结果准确度较高

答案：D

59．用 $BaSO_4$ 重量法测定 Ba^{2+} 时，如果沉淀吸附了 $Fe_2(SO_4)_3$ 等外来杂质，灼烧后不能除去，则引起__________；如果沉淀中含有 $BaCl_2$，最后按 $BaSO_4$ 计算，则必然引起__________。（　　）

A．正误差，正误差　　B．正误差，负误差

C．负误差，正误差　　D．负误差，负误差

答案：B

60．测量土壤干物质和水分时，使用天平的精度为__________g；测量沉积物含水率时，使用天平的精度为__________g。（　　）

A．0.1，0.01　　B．0.01，0.1

C．0.001，0.000 1　　D．0.000 1，0.001

答案：D

三、多选题

1．下列关于天平使用的说法中正确的是__________。（　　）

A．实验室分析天平应设置专门的实验室，做到避光、防尘、防震、防腐蚀气体和防空气对流

B．挥发性、腐蚀性、吸潮性的物质必须放在密封加盖的容器中称量

C．刚烘干的物质应及时称量

D．天平载重不得超过其最大负荷

答案：ABD

2．下列关于水中悬浮物测定的描述中，正确的是__________。（　　）

A．水中悬浮物的理化特性对悬浮物的测定结果无影响

B．所用的滤器与孔径的大小对悬浮物的测定结果有影响

C．截留在滤器上物质的数量对悬浮物的测定结果有影响

D．滤片面积和厚度对悬浮物的测定结果有影响

答案：BCD

3．颗粒物重量法监测时，在称量过程中，以下操作正确的是__________。（　　）

A．称量时无须消除静电

B．称量前应打开天平屏蔽门，至少保持 1 min

C．分析天平即用即开

D．每次称量前需清洗用于取放标准砝码和滤膜的非金属镊子

E．采样前后的滤膜称量可以使用不同的分析天平

F．每批次称量采样滤膜的同时，应称量至少一张标准滤膜

G．称量人员应穿戴洁净的实验服进入称量区域

答案：BDFG

4．关于重量法测定水中全盐量样品的采集，下列描述中正确的是________。（　　）

A．采样时不可搅动水底部的沉积物

B．如果水样中含沉降性固体（如泥沙等），则应分离除去

C．样品只能采集在玻璃瓶中

D．采样时应做好采样记录

答案：ABD

5．下列关于重量分析对沉淀式的要求中说法正确的是________。（　　）

A．沉淀式要便于过滤和洗涤

B．沉淀式与称量式应保持一致

C．沉淀力求纯净，尽量避免其他杂质的沾污，以保证获得准确的分析结果

D．沉淀的溶解度必须很小（一般要求小于 10^{-4} mol/L），以保证被测组分沉淀完全

答案：ACD

6．下列关于定量滤纸的说法中正确的是________。（　　）

A．重量分析中，需将滤纸连同沉淀一起灼烧后称量时，应采用定量滤纸过滤

B．定量滤纸灼烧后，灰分小于 0.001 g 者称为“无灰滤纸”

C．定量滤纸一般为圆形，按直径分有 11 cm、9 cm、7 cm 等

D．定量滤纸按孔隙大小分，有快速、中速和慢速 3 种

答案：ACD

7．下列关于水中悬浮物样品采集和贮存的描述中，不正确的是________。（　　）

A．样品采集只可以用聚乙烯瓶，不可以用硬质玻璃瓶

B．采样瓶采样前应用洗涤剂洗净，再用自来水和蒸馏水冲洗干净

C．采集的样品应尽快测定，如需放置，则应低温贮存，并且最长不得超过 7 天

D．贮存水样时应加入保护剂

答案：AD

8．从天平的构造原理来分类，天平分为________。（　　）

A．机械式天平　　B．电子天平　　C．扭力天平　　D．微量天平

答案：AB

9．称量误差的来源有________。（　　）

A．系统误差　　B．偶然误差　　C．过失误差　　D．仪器和试剂误差

答案：ABC

10．测定土壤干物质和水分时，下列称量重量正确的是________。（　　）

A．准确称取 11.25 g 风干土壤样品　　B．准确称取 35.10 g 风干土壤样品

C．准确称取 11.25 g 新鲜土壤样品　　D．准确称取 35.10 g 新鲜土壤样品

答案：AD

11．土壤水分与干物质的质量百分比之和可能是________。（　　）

A．＞100%　　B．＜100%　　C．=100%　　D．≈100%

答案：ABCD

12. ＿＿＿＿＿均属于灼烧设备。（　　）

A. 马弗炉　　B. 管式炉　　C. 煤气灯　　D. 酒精喷灯

答案：ABCD

13. 能引起称量误差的因素有＿＿＿＿＿。（　　）

A. 被称物性状变化　　B. 环境因素变动

C. 天平和砝码的影响　　D. 空气浮力的影响

E. 操作误差

答案：ABCDE

14. 下列滤膜属于无机滤膜的有＿＿＿＿＿。（　　）

A. 玻璃纤维滤膜　　B. 石英滤膜

C. 混合纤维滤膜　　D. 聚四氟乙烯滤膜

答案：AB

15. 根据被测组分与其他组分分离方法的不同，重量分析法可分为＿＿＿＿＿。（　　）

A. 沉淀法　　B. 气化法　　C. 电解法　　D. 氧化法

答案：ABC

16. 重量分析通常是将待测组分经＿＿＿＿＿等步骤以测定其含量的方法。（　　）

A. 沉淀　　B. 过滤　　C. 沉淀洗涤　　D. 干燥或灼烧

E. 称重

答案：ABCDE

17. 常用的分析天平有＿＿＿＿＿。（　　）

A. 等臂（双盘）分析天平　　B. 不等臂（单盘）分析天平

C. 电子天平　　D. 机械天平

答案：ABC

18. 在分析化学中，常用的称量方法有＿＿＿＿＿。（　　）

A. 直接称量法　　B. 固定质量称量法

C. 间接称量法　　D. 减重称量法

答案：ABD

19. 测定固体废物水分或者干物质含量，可以采用＿＿＿＿＿干燥试样。（　　）

A. 烘箱干燥法　　B. 微波干燥法

C. 红外干燥法

答案：ABC

20. 关于干燥器使用，以下说法正确的是＿＿＿＿＿。（　　）

A. 干燥器应时刻保持清洁，不得存放潮湿的物品

B. 干燥器只存放或取出物品时打开，物品取出或放入后，应立即盖上

C. 放在底部的干燥剂，不能高于底部高度的 1/2 处

D. 干燥剂失效后，要及时更换

答案：ABCD

21．能使沉淀溶解度增大的因素有__________。（　　）

A．配位效应　　B．同离子效应　　C．盐效应　　D．酸效应

答案：ACD

22．下列重量分析法对沉淀形式的要求正确的有 __________。（　　）

A．沉淀的溶解度必须很大，以保证被测组分沉淀完全

B．沉淀应易于过滤和洗涤

C．沉淀力求纯净，尽量避免其他杂质的沾污

D．沉淀应易于转化为称量形式

答案：BCD

23．下列__________物质易形成晶形沉淀。（　　）

A．$MgNH_4PO_4$　　B．$BaSO_4$　　C．CaC_2O_4　　D．$Fe(OH)_3$

答案：ABC

24．沉淀过程中引起共沉淀的原因主要有__________。（　　）

A．表面吸附　　B．生成混晶　　C．吸留和包夹　　D．逐渐沉积

答案：ABC

四、判断题

1．测定水中悬浮物，通常采用滤膜的孔径为 0.45 μm。（　　）

答案：正确

2．重量法适用于测定固体废物中的易挥发性物质。（　　）

答案：错误

正确答案：重量法不适用于测定易挥发性物质。

3．为测定水中悬浮物而过滤水样时，滤膜上悬浮物过多，可酌情少取水样，悬浮物过少，可增大取样体积。（　　）

答案：正确

4．直接称量法不可用于称量易氧化物质。（　　）

答案：正确

5．用重量法测定 $PM_{2.5}$ 时，已采集 $PM_{2.5}$ 样品的滤膜，在使用感量 0.01 mg 的分析天平称重时，两次重量之差应小于 0.4 mg。（　　）

答案：错误

正确答案：使用感量 0.01 mg 的分析天平称重时，两次重量之差应小于 0.04 mg。

6．重量法测定水中的硫酸盐时，如果要回收和测定不溶物中的硫酸盐，应取适量混匀水样定量过滤，再对不溶物进行特殊处理，使其熔融后再测定。（　　）

答案：正确

7．重量法测定水中硫酸盐，在进行沉淀反应时，应该在不断搅拌的情况下，快速加入沉淀剂。（　　）

答案：错误

正确答案： 应该在不断搅拌的情况下，缓慢加入沉淀剂。

8．重量法手工称量 $PM_{2.5}$ 滤膜时，若滤膜上颗粒物的负载量为 0.9 mg，可以使用检定分度值为 0.01 mg 的天平进行称量。（　　）

答案： 错误

正确答案： 滤膜上的颗粒物负载量不少于称量天平检定分度值的 100 倍。

9．重量法具有准确度好、精密度高等优点。（　　）

答案： 正确

10．为使沉淀达到定量要求，获得的沉淀必须完全、纯净，这是保证测量结果准确可靠的关键操作之一。（　　）

答案： 正确

11．提取重量法是利用被测组分在互不混溶的两种溶剂中溶解度的差异，将被测组分从一种溶剂定量萃取到另一种溶剂中，然后将萃取液中的溶剂蒸去，干燥至恒重，称量干燥物的重量，计算被测组分的含量。（　　）

答案： 正确

12．沉淀形式与称量形式两者可以相同也可以不同。（　　）

答案： 正确

13．在冷溶液中沉淀，可防止胶体生成，减少杂质的吸附作用，并可使生成的沉淀紧密些。（　　）

答案： 错误

正确答案： 在热溶液中沉淀，可防止胶体生成，减少杂质的吸附作用，并可使生成的沉淀紧密些。

14．定性滤纸含可溶性杂质较高，不得用于定量分析。（　　）

答案： 正确

15．溶液过滤完毕，应用洗涤液少量多次洗涤滤器，以确保定量转移。（　　）

答案： 正确

16．石英坩埚可接触氢氟酸和使用碱性氧化钠及碱性金属。（　　）

答案： 错误

正确答案： 石英坩埚不得接触氢氟酸和使用碱性氧化钠及碱性金属，尤其是高温下被侵蚀得更严重。

17．利用沉淀反应进行重量分析时，希望沉淀反应进行得越完全越好。就相同类型的沉淀物而言，沉淀的溶解度越小，沉淀越不完全；沉淀的溶解度越大，沉淀越完全。（　　）

答案： 错误

正确答案： 沉淀的溶解度越小，沉淀越完全；沉淀的溶解度越大，沉淀越不完全。

18．一般沉淀的溶解度随温度的升高而增大，沉淀吸附杂质的量随温度升高而增加。（　　）

答案： 错误

正确答案： 一般沉淀的溶解度随温度的升高而增大，沉淀吸附杂质的量随温度升高而减少。

19．由于共沉淀现象，使沉淀沾污，这是重量分析中误差的主要来源之一。（　　）

答案： 正确

20．沉淀的溶解度必须很小，以保证待测组分的完全分离。（　　）

答案：正确

21．根据分离的方法不同，重量法可以分为沉淀法、挥发法、萃取法、电解法等。（　　）

答案：正确

22．重量法主要用于测定水中的硫酸盐、二氧化硅、残渣、悬浮物和油脂，空气和废气中的颗粒物等。（　　）

答案：正确

23．干燥是指除去样品、沉淀或试剂中所含水分或保护某些物质免除吸收空气中水分的过程。常用烘烤、冷冻、化学和吸附等方法进行干燥。（　　）

答案：正确

24．使用天平称量物质前，应打开侧门数分钟，使天平的温、湿度与外部平衡，避免由此引起的示值变动。（　　）

答案：正确

25．砝码的检定周期不得超过一年。（　　）

答案：错误

正确答案：E_1等级单个砝码、克组、毫克组、微克组砝码检定周期为两年，E_1等级公斤组砝码检定周期为五年。E_2等级公斤组、F_1等级公斤组的实心砝码检定周期为两年，其他砝码检定周期均为一年。使用频繁的或在恶劣环境条件下使用的砝码检定周期应适当缩短。

26．从天平的构造原理来分类，天平分为机械式天平和电子天平。（　　）

答案：正确

27．使用电子天平前，应注意以下几点：①称量的物品不能超出天平的最大负荷；②天平是否水平；③天平的精密度是否符合称量要求。（　　）

答案：正确

28．称量误差分为系统误差、偶然误差、过失误差。（　　）

答案：正确

29．变色硅胶可以在120℃烘干后反复使用，直至破碎不能使用为止。（　　）

答案：正确

30．称量试样最基本的要求是快速、准确。（　　）

答案：正确

31．取放称量物或砝码时不能用前门，只能用侧门；关闭天平时应轻缓；拿称量瓶时应戴手套。（　　）

答案：正确

32．电热干燥箱的型号很多，但结构基本相似，一般由箱体、电热系统和恒温系统3部分组成。（　　）

答案：正确

33．测定全盐量时，含有大量钙、镁、氯化物的水样蒸干后易吸水，使测定结果偏高，采用减少取样量和快速称重的方法可减少影响。（　　）

答案：正确

34．为提高工作效率，玻璃器皿和量器可以在 110～120℃的烘箱中烘干。（　　）

答案：错误

正确答案：玻璃量器不能烘干。

35．天平准确度级别的划分，是由天平的名义分度值即最小称量来决定的。（　　）

答案：错误

正确答案：天平准确度级别的划分，是由天平的检定分度值和检定分度数来决定的。其中，电子天平的检定分度数是由最大秤量与检定分度值之比来决定的。

36．用滤纸过滤时，将滤液转移至滤纸上时，滤液高度一般不要超过滤纸圆锥高度的 1/2 处，最多不得超过 2/3 处。（　　）

答案：错误

正确答案：滤液高度一般不要超过滤纸圆锥高度的 1/3 处，最多不得超过 1/2 处。

37．天平在安装、修理和移动位置后，均应进行计量性能检定。（　　）

答案：正确

38．重量法原始记录和测试报告，都要按照国家规定使用法定计量单位。（　　）

答案：正确

39．精密度一般只取 1～2 位有效数字。（　　）

答案：正确

40．测定含水率需要使用有排气功能的恒温烘箱。（　　）

答案：正确

41．漂浮或浸没的不均匀固体物质不属于悬浮物质，应从水样中除去。（　　）

答案：正确

42．滤膜上悬浮物过少会增大称量误差，影响测定精度，必要时，可增大试样体积。一般以 5～100 mg 悬浮物量作为量取试样体积的实用范围。（　　）

答案：正确

43．用于 X 射线荧光光谱法测定土壤中的重金属时，要求土壤样品的粒径为 100 目。（　　）

答案：错误

正确答案：应为 200 目。

44．可滤残渣即为通过滤器的全部残渣，也称溶解性总固体；不可滤残渣即截留在滤器上的全部残渣，也称悬浮物。（　　）

答案：正确

45．定性滤纸也可以用于定量分析。（　　）

答案：错误

正确答案：定性滤纸不能用于定量分析。

46．天平的分度值越小，灵敏度越高。（　　）

答案：正确

47．当环境样品中待测物含量较低时，用重量法分析测定时，取样量应尽量小，以减少测定时

的相对误差。（　　）

答案：错误

正确答案：当环境样品中待测物含量较低时，测定的相对误差比常量分析大得多，当用重量法分析测定时，取样量也应较常量分析大。

48．重量分析法直接通过称量获得分析结果，不需要与标准试样或基准物质进行比较，因此引入误差的机会相对较多，分析结果的准确度较低。（　　）

答案：错误

正确答案：重量分析法直接通过称量获得分析结果，不需要与标准试样或基准物质进行比较，因此引入误差的机会相对较少，分析结果的准确度较高。

49．在对颗粒物进行测定时，每次称量滤膜时，必须同时称量至少一张标准滤膜。（　　）

答案：正确

50．无法修复的天平可作精度较低的衡量使用，可按示值变动误差与最大载荷之比降级使用。（　　）

答案：正确

51．在重量分析中，最好能获得无定形沉淀。（　　）

答案：错误

正确答案：在重量分析中，最好能获得晶形沉淀。晶形沉淀由较大的颗粒组成，内部排列比较规则，结构紧密，沉淀所占的体积比较小，易于沉降于容器底部。

52．环境空气颗粒物手工监测时，应根据采样量与滤膜质量选择适当称量范围与分度值的电子天平进行滤膜的称重，一般应使采样质量大于电子天平分度值的 10 倍以上。（　　）

答案：错误

正确答案：用于滤膜称量，应根据采样量与滤膜质量选择适当称量范围与分度值的电子天平，一般应使采样质量大于电子天平分度值的 100 倍。

53．对颗粒物进行测定，采样前、采样后称重时，必须进行天平校准。（　　）

答案：正确

54．电子天平的样品盘被污染时，可用水清洗、充分干燥后再安装到天平上。（　　）

答案：正确

55．重量法测定溶解性总固体、全盐量、矿化度及降尘时，瓷坩埚在烘箱、干燥器中应分离放置，不可重叠。（　　）

答案：正确

56．分析天平校准砝码应保持无锈蚀，砝码需配置两组，一组作为工作标准，另一组作为基准。（　　）

答案：正确

57．重量分析法使用定量滤纸过滤，每张滤纸的灰分质量为 0.08 mg 左右，在分析时可以忽略不计。（　　）

答案：正确

58．进行称量操作时，对于热的或者过冷的被称物，应置于干燥器中直至其温度同天平室温度一致后才能进行称量。（　　）

答案：正确

59. 重量法测定固定污染源废气中低浓度颗粒物时，分析天平的最小分度值应为 0.1 mg。（ ）

答案：错误

正确答案：分析天平的最小分度值应为 0.01 mg。

60. 对颗粒物进行测定，采样前、采样后平衡及称量时，应保证环境温度和环境湿度条件一致。（ ）

答案：正确

61. 对颗粒物进行测定时，应保证采样前后称量为同一天平。（ ）

答案：正确

62. 对颗粒物进行测定时，滤膜称重前应进行除静电处理。（ ）

答案：正确

63. 测定土壤样品中的微量有机污染物不能去除石块、树枝等杂质。因此，在测定其干物质含量时不剔除石块、树枝等杂质。（ ）

答案：正确

64. 当 PM_{10} 或 $PM_{2.5}$ 含量很低时，采样时间不能过短。对于感量为 0.1 mg 和 0.01 mg 的分析天平，滤膜上颗粒物负载量应分别大于 10 mg 和 1 mg，以减少称量误差。（ ）

答案：错误

正确答案：对于感量为 0.1 mg 和 0.01 mg 的分析天平，滤膜上颗粒物负载量应分别大于 1 mg 和 0.1 mg。

65. 采用重量法测定土壤或固体废物水分和干物质含量，将装有试样的带盖容器放入烘箱中烘干至恒重时，需要盖上容器盖。（ ）

答案：错误

正确答案：将装有试样的带盖容器放入烘箱中烘干至恒重时，需要打开容器盖。

66. 沉淀的溶解反应绝大部分是放热反应，因此，沉淀的溶解度一般随温度的升高而减小。（ ）

答案：错误

正确答案：沉淀的溶解反应绝大部分是吸热反应，因此，沉淀的溶解度一般随温度的升高而增大。

67. 在重量分析法中，如果沉淀吸附的是挥发性盐类，灼烧完全除去后，会引起负误差。（ ）

答案：错误

正确答案：如果沉淀吸附的是挥发性盐类，灼烧后能完全除去，则不引起误差。

68. 在重量分析法中，灼烧空容器与物料的条件应严格一致。（ ）

答案：正确

69. 在重量分析法中，将沉淀全部转移到滤纸上后，应对滤纸进行洗涤。洗涤时从滤纸中心的多重部位开始用洗瓶轻轻吹洗，并螺旋形地往上移动，最后到滤纸的多重边缘停止，即所谓的“从缝到缝”。（ ）

答案：错误

正确答案：洗涤时从滤纸的多重边缘开始用洗瓶轻轻吹洗，并螺旋形地往下移动，最后到滤纸的多重部分停止，即所谓的“从缝到缝”。

70．在重量分析法中，对于比较稳定的沉淀，必要时可略微提高溶液温度以增加滤速。（　　）

答案：正确

71．在重量分析法中，沉淀的溶解度必须很大以保证待测组分的完全分离。（　　）

答案：错误

正确答案：沉淀的溶解度必须很小以保证待测组分的完全分离。

72．在重量分析法中，强酸（氢氟酸除外）或强氧化性溶液中分离的沉淀，可用砂芯滤器直接过滤。（　　）

答案：正确

73．有机试剂沉淀的重量分析法过程与晶形沉淀重量分析法大致相同，也需要灼烧。（　　）

答案：错误

正确答案：有机试剂沉淀的重量分析法过程与晶形沉淀重量分析法大致相同，但一般不需灼烧。灼烧反而会使换算因子增大，不利于测定。

74．表面吸附会引起共沉淀，使沉淀被沾污，是沉淀重量分析中误差的重要来源之一。（　　）

答案：正确

75．在重量分析法中，盐效应对溶解度很大的沉淀影响不大。（　　）

答案：错误

正确答案：盐效应对溶解度很小的沉淀影响不大。

76．在重量分析法中，在保证不穿滤的情况下，可用增压抽滤提高滤速。（　　）

答案：错误

正确答案：在保证不穿滤的情况下，可用减压抽滤提高滤速。

五、简答题

1．简述重量法测定水中硫酸盐的原理。

答案：在盐酸溶液中，硫酸盐与加入的氯化钡形成硫酸钡沉淀，沉淀应在接近沸腾的温度下进行，并至少煮沸 20 min，沉淀陈化一段时间后过滤并洗至无氯离子为止，烘干或者灼烧，冷却后称硫酸钡重量。

2．重量法测定大气中总悬浮颗粒物时，如何获得“标准滤膜”？

答案：取清洁滤膜若干张，在恒温恒湿箱（室）内按平衡条件平衡 24 h 后称重，每张滤膜连续称量 10 次以上，求出每张滤膜的平均值为该张滤膜的原始质量，即为“标准滤膜”。

3．简述沉淀重量法的方法原理。

答案：利用沉淀反应使待测组分生成溶解度很小的沉淀形式，再使之转化为称量形式称重，计算待测组分的含量。通常是将待测组分经沉淀、过滤、洗涤、干燥或灼烧、称重等步骤以测定其含量的方法。

4．简述重量分析对沉淀形式有哪些要求。

答案：

（1）沉淀的溶解度要小，这样才能保证被测组分沉淀完全;

（2）沉淀应易过滤和洗涤;

（3）沉淀力求纯净，尽量避免其他杂质的沾污；

（4）沉淀应易于转化为称量形式。

5．电子天平显示屏上的数字不稳，可能的原因有哪些？

答案：

（1）预热时间不够；

（2）防风门未关或未关严，造成气流；

（3）天平工作台不稳定（有振动）；

（4）室温变化大。

6．根据天平的感量（分度值），通常把天平分为几类，分别为？

答案：通常把天平分为三类，分别是：

（1）感量在 0.1～0.001 g 范围的天平称为普通天平；

（2）感量在 0.000 1 g 以上的天平称为分析天平；

（3）感量在 0.01 mg 以上的天平称为微量天平。

7．电热恒温干燥箱内禁止烘烤的物体有哪些？

答案：

（1）易燃物体；

（2）易爆物体；

（3）易挥发物体；

（4）有腐蚀性物体。

8．如发现称量数据不准确，应从哪几个方面查找误差原因？

答案：

（1）被称物品性状（易吸湿、易挥发、温度与天平环境不一致等原因）；

（2）天平状态（水平性、未校准、预热时间不够、天平门未关闭、外界振动等）；

（3）砝码不准，称量操作不当等原因。

9．简述测定土壤样品干物质和水分的方法原理。

答案：土壤样品在（105±5）℃烘至恒重，以烘干前后的土样质量差值计算干物质和水分的含量，用质量分数表示。

10．什么情况下需用直接称量法？什么情况下需用减量法称量？

答案：称量不易吸潮、在空气中能稳定存在的样品时用直接法称量；在称量过程中样品易吸水、易氧化或易与 CO_2 等反应时，由于样品在空气中性质不稳定，因而需用减量法称量。

11．当分析天平的称量误差为±0.000 3 g 时，若要求容量分析的相对误差控制在 0.1%以内，则基准物质的质量必须大于多少克？

答案：0.000 3/0.1%=0.3，即基准物质的质量必须大于 0.3 g。

12．简述天平室的装修与环境要求。

答案：

（1）天平室应保持干燥、明亮但避免阳光的直射，远离热源和震源，室内温度变化不能太大，避免产生明显的空气对流；

（2）室内禁有水汽和腐蚀性气体进入，不得在室内存放或转移挥发性、腐蚀性的试剂或样品；

（3）地面最好为水磨石地坪，天平台应由混凝土筑成，必要时可在台面铺以 3 mm 厚度的橡胶垫，用以减震和防滑；

（4）保持天平室整洁、安静，不放置与称量无关的物品。

13．简述重量分析法对称量形式的要求。

答案：

（1）称量形式必须有确定的化学组成；

（2）称量形式必须十分稳定，不受空气中水分、二氧化碳、氧气等的影响；

（3）称量形式的摩尔质量要大，这样待测组分在称量形式中的含量小，可以减少称量的相对误差，提高测定的准确度。

14．简述用重量法测定环境空气中颗粒物浓度的原理。

答案：通过具有一定切割特性的采样器，以恒速抽取定量体积的空气，使环境空气中的颗粒物被截留在已知质量的滤膜上，根据采样前后滤膜的重量差和采样体积计算颗粒物的浓度。

15．重量分析方法选择沉淀剂的原则是什么？

答案：

（1）沉淀剂应为易挥发或易分解的物质；

（2）在干燥或灼烧时可被除去；

（3）沉淀剂应选择性好，具有特效性。

16．颗粒物采样分析中对恒温恒湿箱（室）有哪些要求？

答案：箱（室）内空气温度在 15～30℃范围内可调，控温精度 ± 1℃。箱（室）内空气相对湿度应控制在（50 ± 5）%。恒温恒湿箱（室）可连续工作。

六、计算题

1．用重量法测定水中悬浮物时，首先将空白滤膜和称量瓶烘干、冷却至室温，称量至恒重，称得重量为 45.200 5 g；取水样 100 mL 抽滤后，将悬浮物、过滤膜和称量瓶经烘干、冷却至室温，称量至恒重，称得重量为 45.218 8 g。试计算水样中悬浮物的浓度。

答案：$C=\dfrac{(C_A-C_B)\times10^6}{V}=\dfrac{(45.218\,8-45.200\,5)\times10^6}{100}=183$（mg/L）

2．准确称取风干土样 9.00 g，置于称量瓶中，在 105℃烘箱中烘 4～5 h，烘干至恒重，称得烘干恒重后的土样重量为 8.50 g。试计算该土样的水分含量。

答案：以百分数表示风干土样水分含量 f: $f=(W_1-W_2)\times100\%/W_1=(9.00-8.50)\times100\%/8.50=5.9\%$

3．用重量法测定土壤中水分含量时，首先准确称取风干土壤试样 11.01 g，置于 25.37 g 称量瓶中，在 105℃烘箱中烘干至恒重，称得烘干恒重后的土壤加称量瓶重量为 35.67 g，试计算该土样的水分含量。

答案：$W_{H_2O}=\dfrac{m_1-m_2}{m_2-m_0}\times100\%=\dfrac{11.01+25.37-35.67}{35.67-25.37}\times100\%=6.9\%$

4．用重量法测定固体废物中热灼减率时，首先称取试样 22.37 g，置于 26.85 g 瓷坩埚中，在 110℃烘箱中烘干至恒重，称得烘干恒重后的试样和坩埚重量为 48.56 g，再将装有试样的坩埚放入马弗炉中，在 600℃灼烧至恒重，称得灼烧后试样与坩埚重量为 45.54 g，试计算该试样的热灼减率。

答案： $P=\dfrac{m_1-m_2}{m_1-m_0}\times100\%=\dfrac{48.56-45.54}{48.56-26.85}\times100\%=13.9\%$

5．化验员用托盘天平称量时，右托盘装入称量物后，化验员在左托盘放了一个 25 g 砝码和两个 5 g 砝码并移动游码使两边平衡，游码的质量为 1.4 g，记录读数为 31.4 g。请问化验员的称量是否正确？为什么？如果称量不准确，称量物的正确重量是多少？

答案：不正确。因为托盘天平称量时应在左托盘放称量物，右托盘放砝码。该化验员的错误放置时，$m_{砝码}=m_{称量物}+m_{游码}$，$m_{称量物}=m_{砝码}-m_{游码}$=28.6（g），即称量物的正确重量是 28.6 g。

6．重量法测定环境空气中总悬浮颗粒物时，以 100 L/min 的采样流速连续采样 24 h，平均气温为 29.5℃，大气压为 99.64 kPa。采样前后滤膜的质量差为 0.002 43 g。计算总悬浮颗粒物浓度是多少？

答案：根据《环境空气质量标准》（GB 3095—2012）修改单，总悬浮颗粒物浓度为监测时大气温度和压力下的浓度。

$$总悬浮颗粒物=\frac{m_1-m_0}{V}=\frac{m_1-m_0}{Q_a\times t}=\frac{0.002\,43\times10^6}{0.1\times24\times60}=17\,(\mu g/m^3)$$

7．某检测机构的技术人员对某台燃煤发电锅炉排放废气颗粒物浓度进行监测，测得废气标干排气流量 Q_{nd}=199 745 m³/h，采样体积 V_s=1 624.6 L，采样标干体积 V_{nd}=1 179.0 L，含氧量为 5.2%。采样前、后滤膜重量分别为 14.549 85 g 和 14.557 44 g。计算：开展监测期间颗粒物的实测排放浓度、基准氧含量排放浓度和排放量。（基准氧含量为 6%）

答案：

$$实测排放浓度C_{nd}=\frac{m}{V_{nd}}\times10^6=\frac{14.557\,44-14.549\,85}{1179.0}\times10^6=6.4\,(mg/m^3)$$

$$基准氧含量排放浓度\rho=C_{nd}\times\frac{21-\phi(O_2)}{21-\phi'(O_2)}=6.4\times\frac{21-6}{21-5.2}=6.1\,(mg/m^3)$$

$$排放量G=C_{nd}\times Q_{sn}\times10^{-6}=6.4\times199\,745\times10^{-6}=1.3\,(kg/h)$$

8．称取适量风干土样置于带盖容器中，称得总质量为 65.00 g，其中带盖容器的质量为 51.55 g，放入烘箱中烘干至恒重，称得烘干恒重后的土样和带盖容器的总质量为 60.90 g，试计算该土样的干物质含量及水分含量。

答案：该土样的干物质含量 W_{dm}:

W_{dm}=（m_2-m_0）×100%/（m_1-m_0）=（60.90 – 51.55）×100%/（65.00 – 51.55）=69.5%

水分含量 W_{H_2O}:

W_{H_2O}=（m_1-m_2）×100%/（m_2-m_0）=（65.00 – 60.90）×100%/（60.90 – 51.55）=43.9%

9．重量法测定固体废物热灼减率，600℃下灼烧空白瓷坩埚至恒重，质量为 68.12 g，加入试样后，空白瓷坩埚加试样质量为 90.54 g，先 110℃烘干至恒重，质量为 89.95 g，再 600℃下灼烧至恒重，质量为 88.45 g。试计算该试样热灼减率。

答案：设该试样热灼减率 P:

P=（m_1-m_2）×100%/（m_1-m_0）=（89.95 – 88.45）×100%/（89.95 – 68.12）=6.9%

第二节 容量法

一、填空题

1．手持滴定管读数时，要保证滴定管________。

答案：垂直向下

2．按照反应的性质，容量分析可分为________法、________法、________法和________法。

答案：酸碱滴定，氧化还原滴定，络合滴定，沉淀滴定

3．络合滴定法是利用________和________形成络合物的化学反应为基础的一种容量分析方法。

答案：金属离子，络合剂

4．滴定管在装入滴定液之前，应先用滴定液洗涤滴定管 3 次，其目的是________，以确保滴定液________。

答案：除去管内残存水分，浓度不变

5．测定高锰酸盐指数所用的蒸馏水，需加入________溶液后进行重蒸馏。

答案：高锰酸钾

6. 采用硝酸银滴定法测定水中氯化物时，以铬酸钾为指示剂，________色沉淀指示滴定终点。

答案：砖红

7．碘量法测定水中硫化物的原理为：硫化物在________条件下，与过量的碘作用，剩余的碘用________溶液滴定，根据与硫化物发生反应的碘量，求出硫化物的含量。

答案：酸性，硫代硫酸钠

8．测定水中高锰酸盐指数时，欲配制 0.100 0 mol/L 草酸钠标准溶液 100 mL，应称取优级纯草酸钠________g。（草酸钠分子量：134.10）

答案：0.670 5

9．标准溶液从滴定管滴入被测溶液中，二者达到化学反应式所表示的化学计量关系时的点，叫作________，在滴定过程中，指示剂正好发生颜色变化的转变点，叫作________。

答案：理论终点，滴定终点

10．容量分析法是将一种已知________的标准溶液滴加到被测物质的溶液中，直到所加的标准溶液与被测物质按化学计量定量反应为止，然后根据标准溶液的________和________计算被测物质的含量。

答案：准确浓度，浓度，用量

11．量器的标准容量通常是指在________℃时的容量。

答案：20

12．正式滴定操作前，应将滴定管调至“0”刻度以上约 0.5 cm 处，并停留 1～2 min，然后调节液面位置；停留 1～2 min 的目的是________。每次滴定最好从“0”刻度或接近“0”刻度开始，这既是为了保证有足够量的溶液供滴定使用，也是为了________。

答案：使附在管上部的溶液流下，减小（平行）滴定误差

13．采用电位滴定法测定较复杂废水的碱度时，若突跃点不明显，应＿＿＿＿＿＿。

答案：放慢滴定速度

14．酸式滴定管主要用于盛装酸性溶液、＿＿＿＿＿＿和＿＿＿＿＿＿。

答案：氧化还原性溶液，盐类稀溶液

15．酸碱指示剂滴定法测定水中酸度时，总酸度是指采用＿＿＿＿＿＿作指示剂，用氢氧化钠标准溶液滴定至 pH 为＿＿＿＿＿＿时的酸度。

答案：酚酞，8.3

16．用 10 mL 大肚吸管移出溶液的准确体积应记录为＿＿＿＿＿＿ mL。

答案：10.00

17．滴定管若有油污不易清洗时，可用＿＿＿＿＿＿洗涤。

答案：铬酸洗液

18．酸式滴定管活塞与塞套应密合不漏水，并且转动要灵活，为此，应在活塞上涂一薄层＿＿＿＿＿＿。

答案：凡士林或真空油脂

19．中和反应时，指示剂开始变色至变色终了时所对应的＿＿＿＿＿＿范围称为指示剂的变色范围。

答案：pH

20．强酸及强碱的滴定是酸碱滴定法典型的应用实例，在这类滴定中，滴定突跃范围宽，可选用的指示剂多，常用的有＿＿＿＿＿＿、＿＿＿＿＿＿或＿＿＿＿＿＿。

答案：甲基红，甲基橙，酚酞

21．在氧化还原滴定中如何提高反应速度成为氧化还原滴定的重要条件之一，常用的提高反应速度的方法有＿＿＿＿＿＿、＿＿＿＿＿＿、＿＿＿＿＿＿。

答案：提高反应物浓度，提高反应温度，利用催化剂

22．要准确量取 20.00 mL 溶液，应选用＿＿＿＿＿＿。

答案：移液管

23．选择棕色滴定管，主要原因是滴定试剂＿＿＿＿＿＿和＿＿＿＿＿＿，如硝酸银与高锰酸钾标准溶液。

答案：对光敏感，化学性质不稳定

24．根据滴定量的大小选择相应容积的滴定管以控制滴定误差。滴定量在 10 mL 以内时应选用＿＿＿＿＿＿mL 微量滴定管；滴定量为 10～25 mL 时，则应选用＿＿＿＿＿＿mL 滴定管。

答案：10，25

25．滴定管活塞密合性检查：在活塞不涂凡士林的清洁滴定管中加蒸馏水至零标线处，放置＿＿＿＿＿＿min，液面下降不超过＿＿＿＿＿＿个最小分度者为合格。

答案：15，1

26．缓冲溶液是一种能对溶液＿＿＿＿＿＿起稳定作用的试液，它能耐受进入其中的少量强酸或强碱物质以及用水稀释的影响，而保持溶液 pH 基本不变。

答案：酸碱度

27．用于标定 NaOH 溶液常用的基准物质有__________和__________。

答案：草酸，邻苯二甲酸氢钾

28．HCl 标准溶液应采用__________法配制，以__________作为标准试剂标定。

答案：间接，无水 Na_2CO_3 或硼砂

29．络合滴定中，最常用的消除干扰的方法是加入__________。

答案：掩蔽剂

30．使用铬黑 T 作指示剂常配成固体试剂而不是水溶液，是因为水溶液__________，加入 NaCl 的作用是__________。

答案：不稳定（易被氧化），（作）稀释剂

31．酸碱指示剂是判断滴定终点的一种物质，它能在化学计量点附近发生__________而提示终止滴定。

答案：颜色变化

32．氧化还原滴定中的终点误差是指__________电位与__________电位不一致引起的误差。

答案：指示剂变色点，化学计量点

33．酸碱滴定法中缓冲溶液一般是由浓度较大的__________及其__________组成。

答案：弱酸，共轭碱

34．氧化还原滴定中滴定突跃范围的大小与反应电对条件电极电位差有关。条件电极电位差越__________，滴定突跃范围越__________，越容易准确滴定。

答案：大，大

35．氧化还原滴定法是以__________为基础的一种滴定方法。

答案：氧化还原反应

36．为特定酸碱滴定剂选择指示剂时，应使其变色范围与该滴定反应化学计量点附近的 pH 范围尽量一致，以减少__________。

答案：滴定误差

37．碱度的测定值因使用的指示剂终点__________不同而有很大的差异，只有当试样中的化学组成已知时，才能解释为具体的物质。

答案：pH

38．玻璃量器按其型式分为__________和__________两种。

答案：量入式，量出式

39．用于配制或标定标准溶液浓度的高纯度化学试剂称为__________。

答案：基准试剂（或基准物质）

40．玻璃量器不得接触浓碱液、__________以及__________。

答案：氢氟酸，高温溶液

41．根据滴定量的大小选择相应容积的滴定管以控制滴定误差。不宜使用__________容量滴定管连续滴定多份试样，也不宜使用容积__________于滴定量的滴定管做多次充液滴定同一试样。

答案：大，小

42．在要求准确度高的分析工作中，必须对量器进行校准，容量器皿的校准方法有__________和__________两种。

答案：绝对校准法（称量法），相对校准法

43．在容量分析中，未能掌握滴定速度会导致滴定误差。例如，标定高锰酸钾开始时应__________加入滴定液，并充分摇动使 MnO_4^-颜色消失再加入一滴。当 Mn^{2+}生成时反应速度增大，滴定速度应适当__________。

答案：逐滴，提高

44．容量分析是一种相对分析法，最重要的操作是__________和__________。

答案：移液，滴定

45．移液操作应__________次性完成，如从 100 mL 体积中准确移取 10 mL 溶液样品，应选用__________mL 单标线移液管，不得用小容量移液管多次移液，以免增加误差。移液次数越多，误差越__________。

答案：一，10，大

46．在沉淀滴定法中，由于待测物浓度偏高，生成大量__________而掩盖指示剂颜色的变化，有碍于滴定终点的判断。

答案：沉淀

47．络合滴定法中由于络合剂 EDTA 在不同__________条件下可与不同__________螯合。当滴定反应条件掌握不当时，可造成明显的滴定误差。

答案：pH，金属离子

48．在络合滴定中，通常利用一种能与金属离子生成有色络合物的显色剂来指示滴定过程中金属离子浓度的变化，这种显色剂被称作__________。

答案：金属离子指示剂

49．滴定管按容积大小，可分为__________、__________和__________。

答案：常量滴定管，半微量滴定管，微量滴定管

50．标准储备液使用前应__________，适量倾出于干燥洁净的容器中，置于__________下平衡温度后使用。

答案：充分混匀，室温

51．打开浓盐酸、浓氨水等试剂瓶塞，或配制的溶液有刺激性气体产生时，操作应在__________中进行。

答案：通风橱

52．标准溶液的配制方法有__________和__________。

答案：直接配制，间接配制（或标定）

53．常量滴定管中最常见的容积为 25 mL 和 50 mL，最小分度值为__________，读数时可估读到__________。

答案：0.1 mL，0.01 mL

54．配制指示液时，如指示剂为液体，则指示液的浓度应以__________表示；若指示剂为固体，则该指示液应以__________表示。

答案：体积分数，质量浓度

55．酸碱滴定中，pH 的急剧变化叫作__________，对应化学计量点前后±0.1%的 pH 变化范围叫作__________。

答案：滴定突跃，突跃范围

56．沉淀滴定法的理论基础是__________原理。

答案：溶度积

二、单选题

1. 在容量分析中，移液管和锥形瓶用蒸馏水洗净后，在__________情况下使用是准确的。（　　）

A．都可直接使用

B．都应烘干后使用

C．移液管应用试液荡洗几次后使用，锥形瓶可以直接使用

D．移液管和锥形瓶都应用试液荡洗几次后使用

答案：C

2．碘量法测定水中总氯是利用氯在__________溶液中与碘化钾反应，释放出一定量的碘，再用硫代硫酸钠标准溶液滴定。（　　）

A．中性　　B．酸性

C．碱性　　D．弱酸性

答案：B

3．在 COD 的测定中，回流前需加入 $HgSO_4$，其目的是__________。（　　）

A．灭杀微生物　　B．络合水样中的 Cl^-，避免 Cl^-消耗 $K_2Cr_2O_7$

C．沉淀 Ba^{2+}、Sr^{2+}、Ca^{2+} 等金属离子　　D．作为催化剂

答案：B

4．酸碱滴定中选择指示剂的原则是__________。（　　）

A．$K_a=K_{HIn}$

B．指示剂的变色范围与化学计量点完全符合

C．指示剂的变色范围全部或部分落入滴定的 pH 突跃范围内

D．指示剂在 pH=7.00 时变色

答案：C

5．测定 BOD_5 的培养温度为__________。（　　）

A．（20±1）℃　　B．（25±1）℃

C．（15±1）℃　　D．（18±1）℃

答案：A

6．关于重铬酸盐法测定化学需氧量，以下说法正确的是__________。（　　）

A．化学需氧量是指在一定条件下，经重铬酸钾氧处理时，水样中的溶解性物质所消耗的重铬酸盐相对应氧的质量浓度。在酸性重铬酸钾条件下，水样中所有有机物全部被氧化

B．硫酸亚铁铵标准溶液应在每次使用前标定

C．Ag_2SO_4作滴定剂，消除Cl^-干扰

D．$HgSO_4$作催化剂

答案：B

7．重铬酸钾法测定水中COD时，加入硫酸汞的作用是__________。（　　）

A．催化剂　　B．氧化剂　　C．还原剂　　D．掩蔽剂

答案：D

8．重铬酸盐法测定水中化学需氧量过程中，用硫酸亚铁铵回滴时，溶液的颜色由__________色经__________色至__________色即为终点。（　　）

A．蓝绿，黄，棕褐　　B．黄，蓝绿，红褐

C．黄，蓝绿，棕褐　　D．蓝绿，黄，红褐

答案：B

9．测定溶解氧时，所用的硫代硫酸钠溶液需要__________标定一次。（　　）

A．每天　　B．二天　　C．三天　　D．四天

答案：A

10．用硫酸亚铁铵滴定法测定总铬时，加入1～3滴0.5%硝酸银溶液的作用是__________。（　　）

A．掩蔽剂　　B．催化剂　　C．显色剂　　D．沉淀剂

答案：B

11．测定水中高锰酸盐指数时，在沸水浴加热完毕后，溶液仍应保持微红色，若变浅或全部褪去，接下来的操作是__________。（　　）

A．加入浓度为0.01 mol/L的高锰酸钾溶液

B．继续加热30 min

C．将水样稀释或增加稀释倍数后重测

答案：C

12．采用稀释与接种法测定水中BOD_5时，下列水样中应进行接种的是__________。（　　）

A．有机物含量较多的废水　　B．较清洁的河水

C．不含或含少量微生物的工业废水　　D．生活污水

答案：C

13．采用硝酸银滴定法测定水中氯化物时，应选用__________滴定管进行滴定。（　　）

A．一般酸式　　B．一般碱式　　C．棕色酸式　　D．棕色碱式

答案：C

14．关于氧化还原反应，以下叙述错误的是__________。（　　）

A．被氧化的元素化合价一定升高

B．被还原元素的化合价一定降低

C．有氧元素参加的反应一定是氧化还原反应

答案：C

15．下列物质中，可用称量法直接配制标准滴定溶液的是__________。（　　）

A．固体 NaOH（GR） B．浓盐酸（GR）

C．固体 $K_2Cr_2O_7$（基准）

答案：C

16．要准确量取 20.00 mL 溶液，应选用__________。（ ）

A．容量瓶 B．移液管 C．量筒

答案：B

17．酸式滴定管活塞密封性检查的方法是：在活塞不涂凡士林的清洁滴定管中加蒸馏水至零标线处，__________为合格。（ ）

A．放置 5 min，液面下降不超过 1 个最小分度者

B．放置 10 min，液面下降不超过 1 个最小分度者

C．放置 15 min，液面下降不超过 1 个最小分度者

答案：C

18．酸性滴定管不可用来盛装__________。（ ）

A．高锰酸钾溶液 B．草酸溶液 C．硝酸银溶液 D．氢氧化钠溶液

答案：D

19．在容量分析中，最重要的操作是__________和__________。（ ）

A．移液和滴定 B．称量和滴定 C．移液和称量

答案：A

20．强酸滴定弱碱，以下指示剂不能使用的是__________。（ ）

A．甲基橙 B．甲基红 C．酚酞 D．溴酚蓝

答案：C

21．在滴定分析中，一般用指示剂颜色的突变来判断化学计量点的到达，在指示剂变色时停止滴定。这一点称为__________。（ ）

A．化学计量点 B．滴定误差 C．滴定终点 D．滴定分析

答案：C

22．下列关于络合掩蔽剂叙述错误的是__________。（ ）

A．络合掩蔽剂与干扰离子的络合物稳定性，远比 EDTA 的络合物稳定

B．络合掩蔽剂应在一定的 pH 范围内使用

C．所生成的络合物应为无色或浅色，不影响终点的判断

D．络合掩蔽剂与待测离子生成的络合物的稳定性应足够高

答案：D

23．用含少量 $NaHCO_3$ 的 Na_2CO_3 标定 HCl 时，会使 HCl 浓度值__________。（ ）

A．偏高 B．偏低 C．无影响 D．影响不确定

答案：A

24．用吸收了少量 CO_2 的 NaOH 标准溶液来标定 HCl 浓度，用酚酞作指示剂，则标出的 HCl 浓度将__________。（ ）

A．偏高 B．偏低 C．无影响 D．影响不确定

答案：A

25．称取吸水的 Na_2CO_3 标定盐酸，将使 HCl 的浓度__________。（　　）

A．偏高　　B．偏低　　C．无影响　　D．影响不确定

答案：A

26．用邻苯二甲酸氢钾标定 NaOH 溶液时，在称取邻苯二甲酸氢钾时，错将 0.632 4 g 记为 0.623 4 g，测出的 NaOH 溶液浓度__________。（　　）

A．偏高　　B．偏低　　C．无影响　　D．影响不确定

答案：B

27．NaOH 标准溶液因保存不当吸收了 CO_2，若以此 NaOH 标准溶液滴定 H_3PO_4 至第二个计量点，则 H_3PO_4 的分析结果将__________。（　　）

A．偏高　　B．偏低　　C．无影响　　D．影响不确定

答案：A

28. 用酸碱滴定法测定 K_2CO_3 的含量时，若 K_2CO_3 中含少量 Na_2CO_3，将使测定结果__________。（　　）

A．偏高　　B．偏低　　C．无影响　　D．影响不确定

答案：A

29．为过氧化氢滴定选择合适的标准溶液是__________。（　　）

A．$Ce(SO_4)_2$　　B．$KMnO_4$　　C．NaS_2O_3　　D．I_2

答案：B

30．为 I_2 滴定选择合适的标准溶液是__________。（　　）

A．$Ce(SO_4)_2$　　B．$KMnO_4$　　C．$Na_2S_2O_3$　　D．I_2

答案：C

31．在含有 Ca^{2+}、Mg^{2+}离子的溶液中，用 EDTA 法测定 Ca^{2+}，应先消去 Mg^{2+}的干扰，宜采用__________。（　　）

A．控制酸度法　　B．络合掩蔽法

C．沉淀掩蔽法　　D．氧化还原掩蔽法

答案：A

32．间接碘量法中加入淀粉指示剂的适宜时间是__________。（　　）

A．滴定开始前　　B．滴定开始后

C．滴定至近终点时　　D．滴定至红棕色褪至无色时

答案：C

33．络合滴定时，用铬黑 T 作指示剂，溶液的酸度用__________来调节。（　　）

A．硝酸　　B．盐酸

C．乙酸-乙酸钠缓冲液　　D．氨-氯化铵缓冲液

答案：D

34．Ca^{2+}、Mg^{2+}共存时，在__________条件下，不加掩蔽剂可用 EDTA 滴定 Ca^{2+}。（　　）

A．pH=5　　B．pH=10　　C．pH=12　　D．pH=2

答案：C

35．以 EDTA 为滴定剂，用铬黑 T 作指示剂，不会出现封闭现象的离子是＿＿＿＿＿。（　　）

A．Fe^{3+}　　B．Al^{3+}　　C．Cu^{2+}　　D．Mg^{2+}

答案：D

36．在酸碱滴定中，选择强酸强碱作为滴定剂的理由是＿＿＿＿＿。（　　）

A．强酸强碱可以直接配制标准溶液　　B．使滴定突跃尽量大

C．加快滴定反应速度　　D．使滴定曲线较美观

答案：B

37．用 HCl 标准溶液滴定碳酸盐混合碱液。V_1 为滴定到酚酞变化时所消耗 HCl 的体积，V_2 是从酚酞终点滴到甲基橙终点时消耗 HCl 的体积。若混合液中所含 Na_2CO_3 和 $NaHCO_3$ 的浓度（mol/L）相等，则＿＿＿＿＿。（　　）

A．$V_1=2V_2$　　B．$V_1=V_2$　　C．$2V_1=V_2$　　D．$V_1=0$

答案：C

38．下列叙述中错误的结论是＿＿＿＿＿。（　　）

A．酸效应使络合物的稳定性降低　　B．水解效应使络合物的稳定性降低

C．辅助络合效应使络合物的稳定性降低　　D．各种副反应均使络合物的稳定性降低

答案：D

39．在非缓冲溶液中用 EDTA 滴定金属离子时，溶液的 pH 将＿＿＿＿＿。（　　）

A．升高　　B．降低　　C．不变　　D．与金属离子价态不变

答案：B

40．Fe^{3+}、Al^{3+}对铬黑 T 有＿＿＿＿＿。（　　）

A．僵化作用　　B．氧化作用　　C．沉淀作用　　D．封闭作用

答案：D

41．标定 NaOH 溶液最常用的基准物质是＿＿＿＿＿。（　　）

A．无水 Na_2CO_3　　B．邻苯二甲酸氢钾　　C．硼砂　　D．$CaCO_3$

答案：B

42．用 EDTA 直接滴定有色金属离子 M，终点所呈现的颜色是＿＿＿＿＿。（　　）

A．游离指示剂的颜色　　B．EDTA-M 络合物的颜色

C．指示剂-M 络合物的颜色　　D．上述 A+B 的混合色

答案：D

43．以下表述正确的是＿＿＿＿＿。（　　）

A．二甲酚橙只适用于 pH＞6 时使用

B．二甲酚橙既适用于酸性溶液也适用于碱性溶液

C．铬黑 T 指示剂只适用于酸性溶液

D．铬黑 T 指示剂适用于弱碱性溶液

答案：D

44．用盐酸溶液滴定碳酸钠溶液的第一、第二个化学计量点可分别用＿＿＿＿＿为指示剂。

（ ）

A．甲基橙和酚酞 B．酚酞和甲基红 C．酚酞和甲基橙 D．甲基红和甲基橙

答案：C

45．关于滴定终点，下列说法正确的是__________。（ ）

A．滴定到指示剂变色的那一点 B．滴定到两组分当量数相等的那一点

C．滴定到两组分体积相等的那一点 D．滴定到两组分摩尔数相等的那一点

答案：A

46．当标定盐酸溶液浓度时，滴定管内壁挂水珠，则实验结果__________。（ ）

A．偏大 B．偏小 C．无影响 D．不能确定

答案：A

47．用 0.01 mol/L 的 NaOH 溶液滴定 0.01 mol/L 的 HCl 溶液时，最合适的指示剂是__________。（ ）

A．甲基红（pH=4.4～6.2） B．酚酞（pH=8.2～10.0）

C．甲基橙（pH=3.1～4.4） D．酚红（pH=6.4～8.2）

答案：D

48．使用对光敏感和化学性质不稳定的滴定试剂（如硝酸银与高锰酸钾标准溶液）时，应选用__________滴定管。（ ）

A．半透明 B．透明 C．白色 D．棕色

答案：D

49．容量分析的滴定速度视滴定性质而定。中和反应、氧化还原反应的滴定速度可先稍快，但不应__________振摇，注意避免空气中 CO_2、O_2 对滴定结果的影响。（ ）

A．缓慢 B．激烈 C．适中 D．匀速

答案：B

50．络合滴定开始可快速滴定，越接近终点，越要__________速度，使络合滴定剂与溶液中越来越少的金属离子充分络合，而不致过量。（ ）

A．放缓 B．加快 C．适中 D．匀速

答案：A

51．对于深色滴定溶液，如高锰酸钾，由于不易观察溶液弯月面的最低点，因此滴定前后均可以从液面__________边上读数。（ ）

A．最高 B．最低 C．适中 D．最底端

答案：A

52．滴定分析的相对误差一般要求 0.1%，滴定时耗用标准溶液的体积应控制在_______。（ ）

A．10 mL 以下 B．10～15 mL C．20～30 mL D．15～20 mL

答案：C

53．使用 $K_2Cr_2O_7$ 标定 $Na_2S_2O_3$ 溶液时，__________。（ ）

A．必须通过一个中间反应 B．较稀的 $K_2Cr_2O_7$ 可以直接滴定 $Na_2S_2O_3$ 溶液

C．滴定时必须加热 D．以指示剂自身颜色变化指示终点

答案：A

54．进行有关氢氟酸的分析，应在下列＿＿＿＿＿＿容器中进行。（　　）

A．玻璃容器　　B．石英器皿　　C．瓷器皿　　D．塑料器皿

答案：D

55．将 10 mL 浓 HCl 用 30 mL 水稀释后的溶液应表示为＿＿＿＿＿＿。（　　）

A．1+3 HCl 溶液　　B．10→30 的 HCl 溶液

C．1∶3 HCl 溶液　　D．V_1/V_2=1/3 的 HCl 溶液

答案：A

56．下列操作正确的是＿＿＿＿＿＿。（　　）

A．配制氢氧化钠标准滴定溶液时用量筒量水

B．将 $AgNO_3$ 标准溶液装在碱式滴定管中

C．基准 Na_2CO_3 放在 120℃的烘箱中烘至恒重

D．测定烧碱中 NaOH 含量时，采用固定量称量法称样

答案：A

57．在 EDTA 配位滴定中，下列有关酸效应系数的叙述正确的是＿＿＿＿＿＿。（　　）

A．酸效应系数越大，配合物的稳定性越大

B．酸效应系数越小，配合物的稳定性越大

C．pH 越大，酸效应系数越大

D．酸效应系数越大，配位滴定曲线的 PM 突跃范围越大

答案：B

58．下列不属于碱式滴定管操作的是＿＿＿＿＿＿。（　　）

A．检漏　　B．涂凡士林　　C．洗涤、润洗　　D．排气泡

答案：B

59．配制碱标准滴定溶液时，需用＿＿＿＿＿＿的水。（　　）

A．不含二氧化碳　　B．不含氯　　C．不含酚　　D．不含氨

答案：A

60．下列指示剂中，不属于氧化还原指示剂的是＿＿＿＿＿＿。（　　）

A．亚甲基蓝　　B．二苯胺磺酸钠　　C．二苯胺　　D．磺基水杨酸

答案：D

61．铬黑 T 的水溶液不稳定，在其中加入三乙醇胺的作用是＿＿＿＿＿＿。（　　）

A．防止铬黑 T 被氧化　　B．防止铬黑 T 被还原

C．防止铬黑 T 发生分子聚合而变质　　D．增加铬黑 T 的溶解度

答案：C

62．滴定管活塞中涂凡士林的目的是＿＿＿＿＿＿。（　　）

A．使活塞转动灵活　　B．使活塞转动灵活和防止漏液

C．堵漏　　D．操作规定要求

答案：B

三、多选题

1．下列操作错误的是__________。（　　）

A．把碘标准溶液放在碱式滴定管中　　B．$KMnO_4$标准溶液放在酸式滴定管中

C．Na_2CO_3标准溶液从酸式滴定管中放出　　D．K_2CrO_4标准溶液由碱式滴定管中放出

答案：ACD

2．化学需氧量反映了水中受还原性物质的污染程度，水中还原性物质包括__________。（　　）

A．有机物　　B．亚硝酸盐　　C．亚铁盐　　D．硫化物

答案：ABCD

3．分析地表水中的化学需氧量，正确的是__________。（　　）

A．酸性重铬酸钾可氧化大部分有机物，在硫酸银催化作用下，直链脂肪族化合物可完全被氧化，而具有特殊结构的化合物如吡啶、芳烃等也易被氧化

B．实验室空白要求至少 2 个

C．氯离子对化学需氧量产生正干扰

D．重铬酸盐法不适用氯离子大于 1 000 mg/L（稀释后）的水中化学需氧量的测定

答案：BCD

4．高锰酸盐指数是个相对的条件性指标，其测定结果与__________有关。（　　）

A．溶液酸度　　B．高锰酸钾浓度　　C．加热温度　　D．加热时间

答案：ABCD

5．按反应的性质，容量分析可分为__________。（　　）

A．酸碱滴定　　B．氧化还原滴定　　C．络合滴定　　D．电位滴定

E．沉淀滴定

答案：ABCE

6．酸性滴定管可用来盛装__________。（　　）

A．高锰酸钾溶液　　B．草酸溶液　　C．硝酸银溶液　　D．氢氧化钠溶液

答案：ABC

7．容量分析法的误差来源于__________。（　　）

A．滴定终点与理论终点不完全符合所致的滴定误差

B．滴定条件掌握不当所致的滴定误差

C．滴定管误差

D．操作者的习惯误差

答案：ABCD

8．关于氧化还原滴定中，常用的提高反应速度的方法，以下叙述正确的是__________。（　　）

A．提高反应物浓度　　B．提高反应温度

C．延长反应时间　　D．使用催化剂

答案：ABD

9．关于移液管的使用，以下叙述正确的是__________。（　　）

A．使用前应检查移液管有无破损，如有，则不能使用

B．使用前移液管应清洗干净，内壁不挂水珠

C．移液管可以在烘箱中烘干

D．为了减少测量误差，移液管每次都应从最上面刻度为起始点，向下放出所需体积

答案：ABD

10．关于容量瓶的使用，以下叙述错误的是__________。（　　）

A．容量瓶使用前可以不用试漏

B．容量瓶可以长期存放配好的溶液

C．容量瓶不需要检定或校正

D．容量瓶长期不用，应将磨口处洗净擦干，垫上纸片

答案：ABC

11．关于玻璃仪器的存放，以下叙述正确的是__________。（　　）

A．移液管可置于有盖的搪瓷盘、盒中

B．滴定管不可倒置于滴定架上

C．凡有配套塞、盖的玻璃仪器，如容量瓶、滴定管等必须保持原装配套，不得拆散使用和存放

D．具有磨口塞的清洁玻璃仪器如容量瓶、试剂瓶等要衬纸加塞保存

答案：ACD

12．以下关于滴定管的叙述正确的是__________。（　　）

A．滴定管用毕后，倒去管内剩余溶液，用水洗净，装入蒸馏水至刻度以上

B．滴定管清洗后可以倒置夹在滴定管夹上

C．酸式滴定管长期不用时，活塞部分应垫上纸

D．碱式滴定管不用时胶管可以不用拔下

答案：ABC

13．下列指示剂中属于氧化还原指示剂的有__________。（　　）

A．百里酚蓝　　B．亚甲蓝　　C．试亚铁灵　　D．甲基红

答案：BC

14．下列指示剂中属于络合指示剂的有__________。（　　）

A．铬黑 T　　B．亚甲蓝　　C．二甲酚橙　　D．甲基红

答案：AC

15．下列指示剂中属于 pH 指示剂的有__________。（　　）

A．甲基橙　　B．亚甲蓝　　C．二甲酚橙　　D．甲基红

答案：AD

16．用 HCl 标准溶液滴定某碱液时，量取两份碱液。一份以甲基橙为指示剂耗用 HCl V_1 mL，另一份以酚酞为指示剂，耗用 HCl V_2 mL，若 $V_1=V_2$ 则该碱液不是__________。（　　）

A．Na_2CO_3　　B．$NaHCO_3$　　C．NaOH　　D．NaOH 与 Na_2CO_3

答案：ABD

17．EDTA 与无色金属离子生成的络合物颜色不正确的是__________。（　　）

A．颜色加深 B．无色 C．紫红色 D．纯蓝色

答案：ACD

18．需盛放在塑料容器中的标准溶液有＿＿＿＿＿。（ ）

A．$KMnO_4$ B．NaOH C．HCl D．EDTA

答案：BD

19．氧化还原滴定中常用的指示剂有＿＿＿＿＿。（ ）

A．自身指示剂 B．专属指示剂 C．氧化还原指示剂 D．酸碱指示剂

答案：ABC

20．以下＿＿＿＿＿与缓冲溶液的缓冲容量大小无关。（ ）

A．缓冲溶液的 pH 范围 B．缓冲溶液的总浓度

C．外加的碱量 D．外加的酸量

答案：ACD

21．在滴定弱酸时，如果想提高滴定的准确度，下列方法中不正确的是＿＿＿＿＿。（ ）

A．增加试样量

B．降低 NaOH 标准溶液的浓度

C．选择合适的混合指示剂

D．使用返滴定法，先加入过量的 NaOH 标准溶液，再使用 HCl 标准溶液返滴定

答案：ABD

22．以下关于容量分析法对化学反应的要求正确的有＿＿＿＿＿。（ ）

A．反应必须定量地完成，按一定的化学反应方程式进行，反应完全程度达到 90%以上

B．无副反应发生

C．反应速率要快

D．要有适当的指示剂或可通过仪器分析方法来确定滴定的终点

答案：BCD

23．进行滴定操作时，下列描述正确的是＿＿＿＿＿。（ ）

A．准备滴定前，应先用标准滴定溶液将滴定管和锥形瓶润洗 2～3 遍

B．最好每次滴定都从 0.00 mL 开始，或接近 0 的某一刻度开始，这样可以减少滴定误差

C．滴定过程中，左手不能离开旋塞，而任溶液自流

D．在接近终点时，应一滴一滴加入，即加入一滴摇几下，再加，再摇。最后是每加半滴，摇几下锥形瓶，直至溶液出现明显的颜色变化为止

答案：BCD

24．欲取 20 mL 某溶液进行滴定，要使容积的量取相对误差≤0.1%，应选用＿＿＿＿＿。（ ）

A．20 mL 滴定管 B．20 mL 吸管 C．20 mL 量筒 D．50 mL 量筒

答案：AB

25．滴定分析法根据滴定方式可以为＿＿＿＿＿。（ ）

A．直接滴定法 B．返滴定法 C．置换滴定法 D．间接滴定法

答案：ABCD

26. 为减小间接碘量法的分析误差，滴定时应__________。（　　）

A. 快摇慢滴
B. 慢摇快滴
C. 开始慢摇快滴，终点前快摇慢滴
D. 反应时放置暗处
E. 在碘量瓶中进行反应和滴定

答案： CDE

27. 滴定反应中，影响突跃范围的因素主要有__________。（　　）

A. 被滴组分的性质
B. 被滴组分的浓度
C. 介质条件
D. 指示剂的选择

答案： ABCD

28. __________不能用碱式滴定管进行滴定分析。（　　）

A. 氢氧化钠溶液
B. 硝酸银
C. 高锰酸钾
D. 碘

答案： BCD

29. __________是常用的金属指示剂。（　　）

A. 甲基橙
B. 铬黑 T
C. 钙指示剂
D. 二甲酚橙

答案： BCD

四、判断题

1. 测定 BOD_5 时，稀释的程度应满足培养中消耗的溶解氧大于 1 mg/L，剩余的溶解氧大于 2 mg/L 以上。（　　）

答案： 错误

正确答案： 测定 BOD_5 时，稀释的程度应满足培养中消耗的溶解氧大于 2 mg/L，剩余的溶解氧大于 2 mg/L 以上。

2. 测定 BOD_5 的培养液，规定其培养时间为 5 天，培养温度为室温。（　　）

答案： 错误

正确答案： 培养温度为（20±1）℃。

3. 测定水中高锰酸盐指数时，沸水浴的水面要达到锥形瓶内溶液面的 2/3 高度。（　　）

答案： 错误

正确答案： 沸水浴液面要高于锥形瓶内溶液的液面。

4. 当出现有规律的稀释倍数越大、BOD_5 值越高的现象，多半是由于水样中含有抑制微生物生长繁殖的物质。（　　）

答案： 正确

5. 碘量法滴定操作时，要求先慢后快，不宜激烈振摇，以减少碘的挥发。（　　）

答案： 错误

正确答案： 应先快后慢。

6. 硝酸银容量法测定废气中氯化氢时，应使用优级纯的氯化钠配制标准溶液，且氯化钠预先经 105℃烘干。（　　）

答案： 错误

正确答案： 硝酸银容量法测定废气中氯化氢时，应使用优级纯的氯化钠配制标准溶液，且氯化钠应预先经400～500℃灼烧。

7．由于高锰酸钾性质稳定，可作为基准物质直接配制标准溶液。（ ）

答案：错误

正确答案：高锰酸钾性质不稳定，容易分解，不容易得到很纯的试剂，所以必须用间接法配制标准溶液。

8．在一定条件下，水中能被重铬酸钾氧化的所有物质的量，称为化学需氧量，以氧的毫克数表示。（ ）

答案：错误

正确答案：应以氧的质量浓度表示。

9．滴定操作时，大幅度甩动锥形瓶或不摇动锥形瓶都是不规范的。（ ）

答案：正确

10．滴定管读数时，无论是在滴定架上还是手持滴定管，都要保证滴定管垂直向下。（ ）

答案：正确

11．滴定完毕后，将滴定管内剩余溶液倒回原瓶，再用自来水、蒸馏水冲洗滴定管。（ ）

答案：错误

正确答案：不能将剩余溶液倒回原瓶。

12．标准滴定溶液的浓度值，计算过程中应保留5位有效数字，报出结果应取4位有效数字。（ ）

答案：正确

13．滴定终点与滴定反应的理论终点不一定完全相符。（ ）

答案：正确

14．碱式滴定管用来装碱性及氧化性溶液，如高锰酸钾、碘和硝酸银溶液等。（ ）

答案：错误

正确答案：碱式滴定管只能装碱性及无氧化性溶液。高锰酸钾、碘和硝酸银溶液是氧化性溶液，能与滴定管的橡皮发生反应，所以不能装在碱式滴定管中。

15．在络合滴定过程中，理论终点附近的pM值变化越大，滴定突跃就越明显，也就越容易准确地指示终点。（ ）

答案：正确

16．氧化还原反应平衡常数越小，反应越完全。（ ）

答案：错误

正确答案：氧化还原反应平衡常数越大，反应越完全。

17．移液管和吸量管一般要在烘箱中烘干。（ ）

答案：错误

正确答案：移液管和吸量管不可以在烘箱中烘干，以免造成刻度不准确。

18．滴定管读数时，对于无色溶液或浅色溶液，应读弯月面下缘实线的最低点，即视线与弯月面下缘实线的最低点在同一水平面上，对于有色溶液来说也是如此，初读和终读应用同一标准。（ ）

答案：错误

正确答案：对于有色溶液，应使视线与液面两侧的最高点相切。

19．不要用容量瓶长期存放配好的溶液。配好的溶液如果需要长期存放，应该转移到干净的磨口试剂瓶中。（　　）

答案：正确

20．EDTA 与金属离子生成的配位化合物，易溶于水，大多反应迅速，所以配位滴定可以在水溶液中进行。（　　）

答案：正确

21．氧化还原滴定中应用的指示剂可分为自身指示剂、专属指示剂、氧化还原指示剂三类。（　　）

答案：正确

22．酸式滴定管活塞密封性检查的方法是：在活塞不涂凡士林的清洁滴定管中加蒸馏水至零标线处，放置 5 min，液面下降不超过 1 个最小分度者为合格。（　　）

答案：错误

正确答案：在活塞不涂凡士林的清洁滴定管中加蒸馏水至零标线处，放置 15 min，液面下降不超过 1 个最小分度者为合格。

23．滴定管注入溶液或放出溶液后，需等待 30 s～1 min 后才能读数，使附着在内壁上的溶液流下。（　　）

答案：正确

24．溶液转入容量瓶后，加蒸馏水，稀释到约 3/4 体积时，将容量瓶初步混匀，切勿倒转摇动，这样可避免混合后体积的改变，再继续加蒸馏水，近标线时应小心地逐滴加入，直到溶液的弯月面与标线相切为止。（　　）

答案：正确

25．在酸碱滴定过程中，溶液的 pH 的突变称为滴定突跃；突跃所在的 pH 范围为突跃范围。（　　）

答案：正确

26．在酸碱滴定法中，选择指示剂时，可以不考虑指示剂相对分子质量的大小。（　　）

答案：正确

27．当强酸滴定弱碱时（$Ka=1.0\times10^{-5}$），宜选用的指示剂是酚酞。（　　）

答案：正确

28．铬黑 T 指示剂不适用于弱碱性溶液。（　　）

答案：错误

正确答案：铬黑 T 指示剂适用于弱碱性溶液。

29．Ca^{2+}、Mg^{2+}共存时，控制溶液的酸度能对 Ca^{2+}、Mg^{2+}进行分别滴定。（　　）

答案：正确

30．在络合滴定中应用最广泛的配位滴定剂是 EDTA。（　　）

答案：正确

31．条件电极电位反映了在外界因素影响下氧化还原电对的实际氧化还原能力。（　　）

答案：正确

32．如果氧化还原滴定曲线上计量点处电势与参加滴定的两个电对有关，则与物质浓度无关。（　　）

答案：正确

33．在酸碱滴定中，一般把滴定至化学计量点±0.1%范围内溶液 pH 变化范围称为滴定突跃范围。（　　）

答案：正确

34．用 $KMnO_4$ 滴定 $H_2C_2O_4$ 时的颜色消失由慢到快是由于自动催化反应所致。（　　）

答案：正确

35．络合滴定法是利用某些有机配位剂与金属离子的配位反应进行的。（　　）

答案：正确

36．在碘量法滴定中所使用的指示剂属于自身指示剂。（　　）

答案：错误

正确答案：在碘量法滴定中所使用的指示剂属于专属指示剂。

37．氧化还原滴定法广泛应用于无机物和有机物的测定，是利用具有氧化还原性质的物质间电子转移的反应进行的滴定分析方法。（　　）

答案：正确

38．酸碱滴定中 CO_2 可能会影响测定结果。（　　）

答案：正确

39．酸碱滴定法是以质子转移反应为基础的滴定分析方法。（　　）

答案：正确

40．用来直接配制或标定标准溶液浓度的物质称为标准样品。（　　）

答案：错误

正确答案：用来直接配制或标定标准溶液浓度的物质称为基准物质。

41．滴定分析法是定量化学分析法中最重要的一类分析方法，又称容量分析法。（　　）

答案：正确

42．络合滴定分析中指示剂与金属离子应能形成不同于本身颜色的水溶性配合物，而且两者的颜色应有显著差异，这样才能使滴定终点的颜色变化明显。（　　）

答案：正确

43．重铬酸钾法是一种常用的氧化还原滴定法，只能在酸性介质中使用。（　　）

答案：正确

44．碘量法是一种常用的络合滴定法。（　　）

答案：错误

正确答案：碘量法是一种常用的氧化还原滴定法。

45．滴定分析的标准溶液是已知浓度的滴定剂溶液，其浓度的准确与否直接影响到测定结果的好坏。（　　）

答案：正确

46．滴定分析中基准物质最好采用具有较小摩尔质量的物质，这样可以减小称量误差。（　　）

答案：错误

正确答案：滴定分析中基准物质最好采用具有较大摩尔质量的物质，这样可以减小称量误差。

47．在酸碱滴定中，标准溶液为 HCl 时，常用 Na_2CO_3 作为基准物质。（　　）

答案：正确

48．氧化还原滴定法中升高温度可以提高反应的速度，因此氧化还原滴定应在高温环境中进行。（　　）

答案：错误

正确答案：氧化还原滴定中加热溶液会对易挥发的物质（如 I_2）、会分解的物质（如 $H_2C_2O_4$）造成损失；还原性物质如 Sn^{2+}、Fe^{2+}更易在空气中被氧化，从而引起误差。因此，对 I_2、Fe^{2+}、Sn^{2+}等物质不能用加热的方法来提高其反应速度。

49．在高锰酸钾法滴定中，如果溶液的酸度不够，溶液中可能会形成胶状物质，使溶液浑浊。（　　）

答案：正确

50．在络合滴定中，作为金属指示剂必须具备：指示剂与金属离子的显色反应必须灵敏、迅速，具有良好的变色可逆性。（　　）

答案：正确

51．配制 I_2 标准溶液时必须加入 KI，其目的是增加 I_2 的水溶性和稳定性。（　　）

答案：正确

52．酸碱滴定突跃大小与酸碱浓度有关，酸碱溶液浓度越大，滴定突跃范围越大，指示剂的选择也越方便。（　　）

答案：正确

53．在滴定过程中，滴定终点与化学计量点不一定完全一致，往往存在一定的差别，这一差别称为滴定误差或终点误差。（　　）

答案：正确

54．容量瓶、滴定管、吸量管不可以加热烘干，也不能盛装热的溶液。（　　）

答案：正确

55．检查容量瓶首先要看瓶塞是否漏水，其次要看标度刻线位置离瓶口是否太近。漏水则无法准确配制溶液，标线离瓶口太近则不便混匀溶液。（　　）

答案：正确

56．在配制酚酞指示剂时，将称取的 1.0 g 酚酞溶于乙醇，用乙醇稀释至 100 mL，该酚酞溶液的浓度为 1%。（　　）

答案：错误

正确答案：正确浓度为 10 g/L。

57．用烧杯进行滴定时，无论用电磁搅拌器还是用玻璃棒搅拌，滴定管均应该在烧杯中心偏右的位置。（　　）

答案：错误

正确答案：用烧杯进行滴定时，不论用电磁搅拌器还是用玻璃棒搅拌，滴定管均应该在烧杯中心偏左的位置。

58．为减少测量误差，使用分度吸管作精密移液时每次都应以零标线为起点放出所需体积，不

得分段连续使用。（　　）

答案：正确

59．在用容量瓶配制溶液时，瓶塞与标线之间空间越小，颠倒次数越应适当增加。（　　）

答案：正确

60．在进行滴定分析时，突跃范围是选择指示剂的基本依据。滴定突跃的大小与溶液的浓度无关。（　　）

答案：错误

正确答案：在进行滴定分析时，突跃范围是选择指示剂的基本依据。滴定突跃的大小与溶液的浓度有关。

61．氧化还原反应都是不可逆的。（　　）

答案：错误

正确答案：氧化还原反应粗略分为可逆的和不可逆的两大类。

62．氧化还原滴定的指示剂大多是结构复杂的无机化合物，它们具有氧化还原性质，它们的氧化性和还原性具有相同的颜色。（　　）

答案：错误

正确答案：氧化还原滴定的指示剂大多是结构复杂的有机化合物，它们具有氧化还原性质，它们的氧化性和还原性具有不同的颜色。

63．金属离子与 EDTA 配合物的稳定常数越大，配合物越稳定。（　　）

答案：正确

64．EDTA 与金属离子配合，不论金属离子是几价的，一般情况下是以 1∶1 关系配合。（　　）

答案：正确

65．基准试剂主成分含量一般在 99.95%～100.05%，化学组成恒定，杂质含量略低于优级纯或与优级纯相当。（　　）

答案：正确

66．配制非标准溶液，一般溶液精度要求不高，试剂的质量可由普通分析天平称量，体积用量筒称取。（　　）

答案：正确

67．在配制标准滴定溶液时，实际配制浓度应在规定浓度的±2%以内。（　　）

答案：错误

正确答案：配制标准滴定溶液的浓度应在规定浓度的±5%以内。

68．当氧化还原反应达到平衡时，两个电对的电位必然相等，因此可以只根据其中一个电对的浓度比来计算电位。（　　）

答案：正确

69．缓冲溶液能使溶液的 pH 不因外加少量酸、碱或溶液适当稀释等因素而发生显著变化。（　　）

答案：正确

70．稀释硫酸溶液时，必须在烧杯内不断搅拌，将水沿杯壁徐徐注入硫酸中。（　　）

答案：错误

正确答案：稀释硫酸溶液时，必须在烧杯内不断搅拌，将硫酸沿杯壁徐徐注入水中。

71．基准试剂必须充分干燥后称取。当使用含结晶水的试剂时，应采取合适的温度加热试剂，再将其放在适宜的干燥器内进行冷却后称量。（　　）

答案：错误

正确答案：基准试剂必须充分干燥后称取。当使用含结晶水的试剂时，不得加热试剂，只能将其放在适宜的干燥器内进行干燥。

72．pH 指示剂能在一定范围内依溶液中氢离子活度的高低进行不同程度的解离，重新形成不同比例的分子和离子。因其分子和离子的颜色不同，借以指示溶液的 pH 或酸碱反应的终点。（　　）

答案：正确

73．在氧化还原滴定中，有些标准溶液或被滴定的物质本身有颜色，如果滴定后可变为无色或浅色物质，那么滴定时就不必另加指示剂。（　　）

答案：正确

74．滴定管的校正值如为正值，应在滴定结果中减去该校正值。（　　）

答案：错误

正确答案：滴定管的校正值如为正值，应在滴定结果中加上该校正值。

75．酸碱反应是电子转移的过程，氧化还原反应是质子转移的过程。（　　）

答案：错误

正确答案：酸碱反应是质子转移的过程，氧化还原反应是电子转移的过程。

76．在进行滴定分析时要边滴边摇瓶，使滴定剂与被滴物迅速反应。滴定速度不宜过快，切不可呈线性流下。（　　）

答案：正确

77．将碱式滴定管的胶管向上弯曲，用力捏挤玻璃珠使溶液从尖嘴喷出，以排出气泡，必须对光检查玻璃珠附近的气泡是否完全赶尽，赶尽后再调节液面至 0.00 mL 处。（　　）

答案：正确

78．滴定分析方法是使用滴定管将一未知浓度的溶液滴加到待测物质的溶液中，直到与待测组分恰好完全反应。（　　）

答案：错误

正确答案：滴定分析法是使用滴定管将已知浓度的溶液滴加到待测物质的溶液中，直到与待测组分完全反应。

79．在相同条件下，配位滴定和氧化还原滴定曲线的突跃小于酸碱滴定和沉淀滴定曲线的突跃。（　　）

答案：错误

正确答案：在相同条件下，配位滴定和氧化还原滴定曲线的突跃大于酸碱滴定和沉淀滴定曲线的突跃。这就是酸碱滴定、沉淀滴定不适用于低浓度测定的主要原因。

80．当用 EDTA 滴定含 Ca^{2+}、Mg^{2+}的溶液时，若采用铬黑 T 作指示剂，而溶液中有少量 Fe^{3+}离子未除去，这将导致加入过量的 EDTA 标准溶液也达不到终点。

答案：正确

五、简答题

1．化学需氧量作为一个条件性指标，有哪些因素会影响其测定值？

答案：影响因素包括氧化剂的种类及浓度、反应溶液的酸度、反应温度和反应时间，以及催化剂的有无等。

2．简述容量分析法的误差来源。

答案：①滴定终点与理论终点不完全符合所致的滴定误差；②滴定条件掌握不当所致的滴定误差；③滴定管误差；④操作者的习惯误差。

3．哪些滴定条件掌握不当会导致结果偏差？

答案：

（1）未能按要求在指定温度下进行滴定；

（2）未能正确掌握滴定速度；

（3）未能控制合理的 pH 范围；

（4）滴定反应生成物干扰终点的判断。

4．稀释与接种法对某一水样进行 BOD_5 测定时，水样经 5 天培养后，测其溶解氧，当向水样中加入硫酸锰和碱性碘化钾溶液时，出现白色絮状沉淀。这说明什么？

答案：说明此水样培养 5 天后水中已无溶解氧，水样中可生化有机物的含量较高，水样稀释不够。

5．可以直接配制标准溶液的基准物质，应满足什么要求？

答案：

（1）纯度高，杂质含量可忽略；

（2）组成（包括结晶水）与化学式相符；

（3）性质稳定，反应时不发生副反应；

（4）使用时易溶解；

（5）所选用的基准试剂中，目标元素的质量比应较小，使称样量大，可以减少称量误差。

6．简述影响沉淀物溶解度的因素有哪些。

答案：影响沉淀溶解度的因素主要有同离子效应、盐效应、酸效应及络合效应等，此外，温度、介质、晶体结构和颗粒大小也对溶解度有影响。

7．按照所利用的化学反应不同，滴定分析法分为哪几类？

答案：酸碱滴定法、络合滴定法、氧化还原滴定法、沉淀滴定法。

8．可以进行滴定分析的必须具备哪些条件？

答案：

（1）要有可以准确称量物质质量的分析天平和可以准确测量流出的滴定剂体积的量器；

（2）要有能进行滴定的标准溶液；

（3）要有准确确定化学计量点的指示剂。

9．在滴定分析中使用的指示剂分为哪几种？

答案：

（1）酸碱指示剂（又称酸碱中和指示剂）；

（2）氧化还原指示剂；

（3）金属指示剂；

（4）吸附指示剂；

（5）荧光指示剂。

10．简述作为络合滴定的反应必须符合的条件。

答案：

（1）生成的络合物要有确定的组成，即中心离子与络合剂严格按一定比例化合；

（2）生成的络合物要有足够的稳定性；

（3）络合反应速度要足够快；

（4）有适当的能够反映化学计量点到达的指示剂或其他方法。

11．简述容量瓶试漏的方法。

答案：试漏的方法是在容量瓶中加自来水至标线附近，盖好瓶塞，左手用食指按住瓶塞，其余手指拿在瓶颈标线以上部分，右手用指尖托住瓶底边缘，将瓶倒立 2 min，观察瓶塞四周是否有水渗出。如不漏水，将瓶直立，再把瓶塞旋转 180°，塞紧倒置后，如仍不漏水，则可使用。

12．简述标准溶液的配制方法。

答案：

（1）直接法：在分析天平上准确称取一定量已干燥的基准试剂或基准物质，溶解后移入容量瓶中，用溶剂稀释到标线。根据所取的基准试剂量和容量瓶的容量直接计算溶液的准确浓度。

（2）间接法：很多物质不符合基准物质的条件，不能直接配制标准溶液。一般先将这些物质配成所需浓度近似溶液，再用基准试剂或已知浓度的标准溶液准确标定其浓度。必要时再用稀释法调整其浓度至所需值。

13．如何对酸式滴定管进行试漏检查？

答案：酸式滴定管使用前，应先检查活塞转动是否灵活，然后检查活塞处是否漏水。试漏的操作方法是先将活塞关闭，在滴定管内装入蒸馏水至“0”刻度以上，把滴定管垂直固定在滴定管架上，静置约 2 min，观察管口有无水滴滴下，活塞两端缝隙中是否有水渗出。然后将活塞转动 180°，静置 2 min，再观察一次，若前后两次均无漏水现象，且活塞转动灵活，即可使用。否则须将活塞取出，重新涂油并试漏，合格后再使用。

14．滴定分析法对化学反应的要求是什么？

答案：

（1）必须具有确定的化学计量关系，反应必须定量完成；

（2）必须具有较快的反应速度；

（3）必须有合适的确定终点的方法；

（4）主反应不受共存物质干扰或可消除。

15．选择滴定指示剂的原则是什么？

答案：凡是变色范围全部或一部分落在滴定突跃范围之内的指示剂都可以作为该滴定的指示剂。

16．碘量法分析中的主要误差来源有哪些？

答案：碘量法的主要误差来源有两个：一是 I_2 的挥发；二是在酸性溶液中 I^- 容易被空气中的 O_2

氧化。

17. 能适用于滴定分析的沉淀反应，应满足哪些条件？

答案：

（1）反应生成的沉淀溶解度要小；

（2）反应生成沉淀的速度要快；

（3）反应要按一定的化学反应式定量进行；

（4）可选用合适的指示剂（或合适的方法）确定终点。

18. 当分析过程中需要用到缓冲溶液时，如何选用缓冲溶液？

答案：

（1）按所需控制的溶液 pH 选用适当的缓冲溶液；

（2）缓冲溶液的任一组分对分析过程均不应有干扰；

（3）根据反应步骤中所需缓冲的酸或碱的浓度及强度选用缓冲容量相当的缓冲溶液。

19. 利用 $KMnO_4$ 作氧化剂进行滴定时，为什么常用 H_2SO_4 酸化而不能用 HNO_3 或 HCl 酸化？

答案：因为 HNO_3 为氧化性酸，可能与被测物反应，使被测物被氧化，而 HCl 中的 Cl^- 具有还原性，也能与 $KMnO_4$ 反应，稀 H_2SO_4 一般不具有氧化还原性，故通常用 H_2SO_4 酸化。

20. 简述各容量分析法的共同点。

答案：

（1）以消耗经准确计量的标准物质来测定被测物质的含量。适合常量分析，准确度高。

（2）随着滴定剂的加入，被滴定物质的浓度在计量点附近产生突跃，可以利用这一突跃或通过这一突跃导致指示剂的变色来制定滴定终点。

（3）滴定终点与化学计量点之差越小，终点误差越小。

21. 影响氧化还原反应速度的因素有哪些？

答案：

（1）氧化剂与还原剂的性质：不同性质的氧化剂和还原剂，其反应速度相差很大；

（2）反应物浓度：一般来说，反应物的浓度越大，反应速度越快；

（3）温度：对于大多数反应，升高温度可以提高反应速度；

（4）催化剂：有正催化剂和负催化剂之分，正催化剂可加快反应速度，负催化剂可减慢反应速度。

六、计算题

1. 准确称取经干燥的基准试剂邻苯二甲酸氢钾 0.485 7 g，置于 250 mL 锥形瓶中，加实验用水 100 mL 溶解，用该溶液标定氢氧化钠标准溶液，即用氢氧化钠标准溶液滴定该溶液，滴定至终点时用去氢氧化钠标准溶液 18.95 mL，空白滴定用去 0.17 mL，问：氢氧化钠标准溶液的浓度是多少？（邻苯二甲酸氢钾的摩尔质量为 204.23 g/mol）

答案： $C_{\text{NaOH}}=\dfrac{m\times 1\,000}{(V_1-V_0)\times 204.23}=\dfrac{0.485\,7\times 1\,000}{(18.95-0.17)\times 204.23}=0.126\,6$（mol/L）

2. 测定某水样的高锰酸盐指数。取 50 mL 水样，用蒸馏水稀释至 100 mL，回滴时用去高锰酸钾溶液 5.54 mL，测定 100 mL 蒸馏水消耗高锰酸钾溶液总量为 1.42 mL。已知草酸钠溶液浓度 C（$1/2Na_2C_2O_4$）=0.010 0 mol/L，标定高锰酸钾溶液时，高锰酸钾溶液的消耗量为 10.86 mL，试求水样中高锰酸盐指数的值。

答案：$K=10/V_2$，V_0=1.42 mL，V_1=5.54 mL，V_2=10.86 mL，V_3=50 mL，f=0.5，C=0.010 0 mol/L

$$\text{高锰酸盐指数}=\frac{\{[(10+V_1)K-10]-[(10+V_0)K-10]\times f\}\times C\times 8\times 1\,000}{V_3}=6.5\ (\text{mg/L})$$

3．准确称取 0.587 7 g 基准试剂 Na_2CO_3，在 100 mL 容量瓶中配制成溶液，其浓度为多少？称取该标准溶液 20.00 mL 标定某 HC1 溶液，滴定中用去 HCl 溶液 21.96 mL，计算该 HCl 溶液的浓度（浓度单位以 mol/L 计）。（$M_{Na_2CO_3}$= 105.99 g/mol）

答案：Na_2CO_3 浓度：$C_{Na_2CO_3}=\dfrac{m/M}{V}=\dfrac{0.587\,7/105.99}{0.1}=0.055\,45$（mol/L）

反应式 $Na_2CO_3+2HCl=\!=\!=2NaCl+CO_2+H_2O$

设 HCl 的浓度为 C_{HCl}，则可得关系式为

$C_{HCl}\times V_{HCl}=2\,C_{Na_2CO_3}\times V_{Na_2CO_3}$

$C_{HCl}\times 21.96=0.055\,45\times 20.00\times 2$

$C_{HCl}=0.101\,0$（mol/L）

Na_2CO_3 浓度为 0.055 45 mol/L，HCl 溶液的浓度为 0.101 0 mol/L。

4．用硝酸滴定法测定水中氯化物的含量，取 0.015 1 mol/L 氯化钠标准溶液 25.0 mL，加入 25.0 mL 蒸馏水后，对一新配制的硝酸银标准溶液进行标定，用去硝酸银溶液 24.18 mL，已知空白消耗硝酸银溶液 0.23 mL，问硝酸银溶液浓度是多少？假如用其测定水样，50.0 mL 水样消耗了硝酸银标液 5.78 mL，则此水样中氯化物含量是多少？（氯离子的摩尔质量为 35.45 g/mol）

答案： $C_{AgNO_3}=\dfrac{C_{NaCl}\times V_{NaCl}}{V_{AgNO_3}-V_0}=\dfrac{0.015\,1\times 25.0}{24.18-0.23}=0.015\,8$（mol/L）

$$\rho=\frac{(V'_{AgNO_3}-V_0)\times C_{AgNO_3}\times 35.45\times 1\,000}{V}$$
$$=\frac{(5.78-0.23)\times 0.015\,8\times 35.45\times 1\,000}{50.0}$$
$$=62.2(\text{mg/L})$$

硝酸银溶液浓度是 0.015 8 mol/L，水样中氯化物的含量为 62.2 mg/L。

5．采用硝酸银滴定法测定水样中的氰化物含量，取 200 mL 试样进行蒸馏，馏出液采用 100 mL 容量瓶进行吸收定容，再取 50.0 mL 的馏出液用 0.010 2 mol/L 硝酸银标准液滴定，消耗硝酸银标液 4.32 mL，空白消耗硝酸银标液 0.25 mL，问废水中氰化物的含量是多少？（氰离子的摩尔质量为 52.04 g/mol）

答案：氰化物（CN^-）=C（$V_{试样}-V_{空白}$）×52.04×V_1/V_2×1 000/V

=0.010 2×（4.32−0.25）×52.04×（100/50.0）×1 000/200=21.6（mg/L）

6．用滴定法测定某水样中的游离氯，取样体积为 100 mL，消耗 0.011 2 mol/L 硫酸亚铁铵标准滴定液 6.88 mL，校正氧化锰和六价铬干扰时消耗硫酸亚铁铵标准滴定液 0.50 mL，问游离氯的浓度

是多少？（M_{Cl_2}=70.91 g/mol）

答案： $C=\dfrac{c_3(V_3-V_5)}{V_0}\times 70.91=\dfrac{0.0112\times(6.88-0.50)}{100}\times 70.91\times 1000=50.7$（mg/L）

水样中游离氯的浓度是 50.7 mg/L。

7．称取 7.44 g EDTA 溶于 1 000 mL 蒸馏水中，配制成 EDTA 滴定液，经标定后的浓度为 19.88 mmol/L，用该溶液滴定 50.0 mL 某水样共耗去 5.00 mL EDTA，问：（1）EDTA 标准溶液的配制值是多少？（以 mmol/L 表示，EDTA 摩尔质量为 372 g/mol）（2）水样的总硬度是多少？（以 $CaCO_3$ 表示，$CaCO_3$ 的摩尔质量为 100 g/mol）

答案：

（1）EDTA 的配制值=$\dfrac{7.44\times 1000}{372\times 1.0}=20.0$（mmol/L）

（2）水样的总硬度=$\dfrac{19.88\times 5.00\times 100}{50.0}=199$（mg/L）

8．对一滴定管进行校准，在 18℃时由滴定管放出 10.00 mL 纯水，其质量 W_t 为 9.980 2 g，已知 18℃时每毫升水的质量 d_t 为 0.998 9 g，试求该滴定管误差是多少？

答案： $V_t=W_t/d_t$=9.980 2/0.998 9=9.99（mL）

10.00−9.99=0.01（mL）

在 18℃时这一段滴定管量得的体积误差为 0.01 mL。

9．称取含钙试样 0.401 6 g，溶解后移入 250 mL 容量瓶中，稀释至刻度，吸取 25.00 mL 溶液用 c（EDTA）=0.020 43 mol/L 的 EDTA 标准滴定溶液滴定，消耗 17.10 mL，计算试样中 CaO 的质量分数（CaO 的相对分子质量为 56.08）。

答案： $\omega_{CaO}=M_{CaO}/M_{试样}\times 100\%=56.08\times 0.02043\times 17.10\times 10^{-3}\times 10\times 100\%/0.4016=48.78\%$

10．如果在 25℃时滴定用去 20.00 mL 0.1 mol/L HCl 溶液，那么在 20℃时相当多少毫升？（已知在 25℃时每 1 000 mL 0.1 mol/L HCl 溶液换算到 20℃的校准值是−1.1）

答案： V=20.00+（−1.1）×20.00/1 000 =20.00−0.022=19.978≈19.98（mL）

11．精密称取 0.193 6 g 基准级试剂 $K_2Cr_2O_7$（M=294.18 g/mol），溶于水后加酸酸化，随后加入足够量的 KI，用 $Na_2S_2O_3$ 标准溶液滴定，用去 33.61 mL 达终点。计算 $Na_2S_2O_3$ 标准溶液的浓度。

答案： 置换反应为 $Cr_2O_7^{2-}+6I^-+14H^+=2Cr^{3+}+3I_2+7H_2O$

滴定反应为 $I_2+2S_2O_3^{2-}=2I^-+S_4O_6^{2-}$

反应物对应的计量关系为 $Cr_2O_7^{2-}:I_2:S_2O_3^{2-}=1:3:6$

故 $Na_2S_2O_3$=[6/1×0.193 6/（294.18/1 000）]/33.61=0.117 5（mol/L）

12．在酸性溶液中 0.010 13 mol/L $KMnO_4$ 溶液 25.00 mL 与多少毫升 0.013 42 mol/L 的 K_2CrO_7 的氧化能力相等？

答案： 在酸性溶液中 $KMnO_4$ 有如下反应：

$MnO_4^-+8H^++5e^-=Mn^{2+}+4H_2O$

而酸性溶液中 $K_2Cr_2O_7$ 反应如下：

$Cr_2O_7^{2-}+6e^-+14H^+=2Cr^{3+}+7H_2O$

因 $nCr_2O_7^{2-}$：$nMnO_4^-$=6：5

所以，$V（K_2Cr_2O_7）\times C（K_2Cr_2O_7）=C（KMnO_4）\times V（KMnO_4）\times \frac{6}{5}$

$$V（K_2Cr_2O_7）=\frac{C(KMnO_4)\times V(KMnO_4)\times 6}{C(K_2Cr_2O_7)\times 5}$$

$$=\frac{0.010\,13\times 25\times 6}{0.013\,42\times 5}$$

$$=22.65（mL）$$

13．一般测水中溶解氧的方法是：用溶解氧瓶装满水样后，依次加入 1 mL 硫酸锰及 2 mL 碱性碘化钾，加塞混匀，再加入 1.5 mL 浓硫酸，盖好瓶盖，待沉淀完全溶解并混匀后取出 100 mL 溶液于三角瓶中，迅速用 0.012 50 mol/L 的硫代硫酸钠标准溶液滴定到溶液呈微黄色，再加入 1 mL 淀粉作指示剂，继续滴定至蓝色刚好褪去，耗去溶液 7.25 mL，求其中溶解氧的含量（以 mg/L 计）。［忽略样品处理时加入试剂对体积的影响；已知 $Mr（O_2）$=32］

答案：本题有关的反应有：

$MnSO_4+2NaOH=Mn(OH)_2\downarrow+Na_2SO_4$

$2Mn(OH)_2+O_2=2MnO(OH)_2\downarrow$

$MnO(OH)_2\downarrow+Mn(OH)_2\downarrow=MnMnO_3+2H_2O$

$MnMnO_3+3H_2SO_4+2KI=2MnSO_4+I_2+K_2SO_4+3H_2O$

$I_2+2Na_2S_2O_3=2NaI+Na_2S_4O_6$

根据化学方程式有如下的关系：

$O_2\sim 2MnO(OH)_2\sim 2MnMnO_3\sim 2I_2\sim 4Na_2S_2O_3$

则 W_{O_2}=[1/4（0.012 50×7.25）×32.00]/（100/1 000）=7.25（mg/L）

14．为测定某火力发电厂上空的空气中 CO_2 的含量，在一定压力、流速和温度下，将该区域空气通入 100.00 mL 0.020 40 mol/L $Ba(OH)_2$ 溶液中。在 $BaCO_3$ 沉淀完全后，过量的 $Ba(OH)_2$ 需要用 24.55 mL 0.033 20 mol/L HCl 溶液返滴定，总的空气取样量 4.125 L，于当时控制条件下，CO_2 密度是 1.799 mg/mL，分子量为 44.01 g/mol，求该地区上空中每立方米空气中含多少毫升 CO_2？

答案：$[（100.00\times 0.020\,40-24.55\times 0.033\,20\times \frac{1}{2}）\times 44.01\times 1\,000]/（1.799\times 4.125）=9.68\times 10^3（mL/m^3）$

15．化学需氧量（COD）可用氧化还原滴定法测定。今取某废水样 100.0 mL 用 H_2SO_4 酸化后，加入 25.00 mL 0.016 67 mol/L $K_2Cr_2O_7$ 溶液，以 Ag_2SO_4 为催化剂，煮沸一定时间，待水样中还原性物质定量氧化后，以 1,10-邻二氮菲-亚铁为指示剂，用 0.100 0 mol/L 硫酸亚铁铵标准溶液滴定剩余的 $Cr_2O_7^{2-}$，用去 20.08 mL，已知 M_O=15.999 g/mol，计算废水样中的化学需氧量（mg/L）。

答案：$2\,Cr_2O_7^{2-}+3C+16H^+=3CO_2+4Cr^{3+}+8H_2O$

$$COD=[\frac{3}{2}\times（0.016\,67\times 25.00-\frac{1}{6}\times 0.100\,0\times 20.08）\times 15.999\times 2]/（100.0\times 10^{-3}）$$

$$=39.40（mg/L）$$

16．欲配制 0.100 0 mol/L 的 Na_2CO_3 标准溶液 500 mL，应称取基准 Na_2CO_3 多少克？（已知

$M_{Na_2CO_3}$=106.0 g/mol）

答案： $c=n/V$

$n=cV$=0.100 0×0.5=0.05（mol）

$m=nM$=0.05×106.0=5.300（g）

因此，应称取基准 Na_2CO_3 5.300 g。

17．准确称取基准物质 $K_2Cr_2O_7$ 1.471 0 g，溶解后定量转移至 250.00 mL 容量瓶中，问 $K_2Cr_2O_7$ 溶液的浓度为多少？（已知 $M_{K_2Cr_2O_7}$为 294.2 g/mol）

答案： $c=n/V=m/MV$

$c_{K_2Cr_2O_7}$=（1.471 0/294.2）/0.25=0.020 00（mol/L）

$K_2Cr_2O_7$ 溶液的浓度为 0.020 00 mol/L。

18. 有 0.103 5 mol/L NaOH 标准溶液 500 mL，欲使其浓度恰好为 0.100 0 mol/L，需加水多少毫升？

答案： 设应加水的体积为 V mL，根据溶液稀释前后其溶质的物质的量相等的原则：

0.103 5×500=（500+V）×0.100 0

V=（0.103 5–0.100 0）×500/0.100 0=17.50（mL）

因此，需加水 17.50 mL。

19. 用 0.100 0 mol/L 的 NaOH 标准溶液滴定 20.00 mL 未知浓度的 H_2SO_4 溶液，终点时消耗 NaOH 标准溶液 21.10 mL，问 H_2SO_4 溶液的物质的量的浓度是多少？

答案： NaOH 与 H_2SO_4 的化学反应式 $2NaOH+H_2SO_4=Na_2SO_4+2H_2O$

$n_{NaOH}=2n_{H_2SO_4}$

将 $n_{NaOH}=C_{NaOH}\times V_{NaOH}$，$n_{H_2SO_4}=C_{H_2SO_4}\times V_{H_2SO_4}$代入关系式中，

得到：$C_{NaOH}\times V_{NaOH}=2C_{H_2SO_4}\times V_{H_2SO_4}$

0.100 00×21.10=2×$C_{H_2SO_4}$×20.00

$C_{H_2SO_4}$=0.052 75（mol/L）

H_2SO_4 溶液的物质的量的浓度是 0.052 75 mol/L。

20．在标称容量瓶容量时，欲使容量瓶在 20℃时的容积为 500.00 mL，则在 16℃于空气中以黄铜砝码称量时应称水多少克？（16℃时 1 mL 纯水的质量为 0.997 79 g）

答案： 要使容量瓶在 20℃时的容积为 500.00 mL，即标称容量和其真实容量相等，V20℃=V16℃，$m=\rho V$=0.997 79×500.00=498.90（g）

应称水 498.90 g。

21．以 KIO_3 为基准采用间接碘量法标定 0.100 0 mol/L$Na_2S_2O_3$ 溶液的浓度。若滴定时，欲将消耗的 $Na_2S_2O_3$ 溶液的体积控制在 25 mL 左右，问应当称取 KIO_3 多少克？（KIO_3 的摩尔质量为 214.0 g/mol）

答案： 反应式为：$IO_3^- + 5I^- + 6H^+ = 3I_2 + 3H_2O \quad I_2 + 2S_2O_3^{2-} = 2I^- + S_4O_6^{2-}$

由上式知道化学计量关系是：$1IO_3^- \sim 3I_2 \sim 6S_2O_3^{2-}$

$$n_{Na_2S_2O_3} = c_{Na_2S_2O_3} \cdot V_{Na_2S_2O_3} = 0.100\,0 \times 25 \times 10^{-3} = 2.5 \times 10^{-3}\,(\text{mol})$$

$$n_{IO_3^-}=\frac{1}{6}n_{Na_2S_2O_3^{2-}}=\frac{1}{6}\times2.5\times10^{-3}=4.17\times10^{-4}\text{（mol）}$$

应称取 KIO_3 的质量为：$m_{KIO_3}=n_{KIO_3}\cdot M_{KIO_3}=4.17\times10^{-4}\times214.0=0.0892\text{（g）}$

22. 用碘量法测定海水中溶解氧时，向装有 125 mL 水样的瓶中加入氯化锰、碱性碘化钾等固定溶液 2.0 mL 将水样固定，待水样固定 1 h 或沉淀完全后，加入 1.0 mL 硫酸溶液将其溶解，用浓度为 0.010 16 mol/L 的硫代硫酸钠滴定，消耗硫代硫酸钠溶液 8.05 mL，试问该海水样品的溶解氧是多少？

答案： 溶解氧（O_2,mg/L）$=\frac{C\times V\times8}{V_0}\times1000=\frac{0.01016\times8.05\times8}{125-2}\times1000=5.32\text{（mg/L）}$

23. 欲配制 $CH_2C_2O_4\cdot2H_2O$ 为 0.210 0 mol/L 标准溶液 250 mL，应称取 $CH_2C_2O_4\cdot2H_2O$ 多少克？（$CH_2C_2O_4\cdot2H_2O$ 的摩尔质量为 138 g/mol）

答案： $m_{CH_2C_2O_4\cdot2H_2O}=c_{CH_2C_2O_4\cdot2H_2O}\cdot V_{CH_2C_2O_4\cdot2H_2O}\cdot M_{CH_2C_2O_4\cdot2H_2O}=0.2100\times250.0\times10^{-3}\times138=7.24\text{（g）}$

第三节　电化学法

一、填空题

1. 国际上规定：以标准氢电极作为标准参比电极，在任何温度下，标准氢电极的相对平衡电势都为__________。

答案： 0

2. 测量水的 pH 时，应进行适当搅拌，以使溶液均匀，达到电化学平衡，而在读数时，则应__________，__________，以使读数稳定。

答案： 停止搅动，静置片刻

3. 电极法测定水的氧化还原电位，在校验指示电极时，如实测结果与标准电位值相差__________mV，则指示电极需要重新净化或更换。

答案： ±10

4. 离子选择电极-流动注射法测定水中硝酸盐氮，NO_2^-的干扰可加入少量__________消除。

答案： 氨基磺酸

5. 水质 pH 的测定，需用测量精度至少为__________的 pH 计测定。

答案： 0.01

6. 电位法测量常以__________作为电池的电解质溶液，浸入两个电极，一个是指示电极，另一个是参比电极，在零电流条件下测量所组成的原电池__________。

答案： 待测试液，电动势

7. 在电化学分析方法中，测量电流随电压变化的是__________法。

答案：伏安

8．在电化学分析方法中，测量溶液的电导的方法称为__________。

答案：电导分析法

9．在电化学分析方法中，测量通过电解池的电量的方法称为__________。

答案：库仑分析法

10．在电位法中，离子选择性电极的电位应与待测离子的浓度符合__________。

答案：能斯特方程式

11．化学电池的阴极上会发生__________。

答案：还原反应

12．水的电导率与其所含无机酸、碱、盐的量及__________有一定的关系。

答案：水温

13．土壤的__________及__________均对其 pH 有影响。

答案：粒径，水土比

14．测定水样中酸度时，滴定搅拌速度不宜太快，以免产生__________附在电极表面，影响测定结果。

答案：气泡

15．电位滴定法测定氯化物，是以__________为指示电极，以玻璃电极或双液接参比电极为参比，用__________标准溶液滴定，用毫伏计测定两电极之间的电位变化。

答案：氯电极，硝酸银

16．电流通过电解质溶液时，发生电解反应的物质的量与__________成正比。

答案：电量

17．使用甘汞电极时，内参比液面应__________待测液面。

答案：高于

18．电位滴定法是向溶液中滴加能与待测物质进行化学反应的一定浓度的试剂，通过监测__________变化确定滴定终点。

答案：指示电极的电位

19．化学电池可分为__________和__________两类。

答案：原电池，电解电池

20．原电池是由两根电极插入__________中组成，它是把__________能转变成__________能的装置。

答案：电解质溶液，化学，电

21．原电池是通过__________产生电能，而电解电池则需要__________才能产生电流。

答案：体系内的化学能，消耗外加电源的电能（或外来供给能量）

22．金属插在盐溶液中时，金属与溶液间电位差的大小和正负主要取决于金属的__________和离子的__________。

答案：种类，浓度

23．不管化学电池是原电池还是电解电池，我们把发生还原反应的电极称为__________极，把发生氧化反应的电极称为________极。

答案：阴，阳

24. 原电池表达式习惯上规定把负极和有关的溶液体系（注明浓度）写在左边，把正极和有关的溶液体系（注明浓度）写在右边，也就是规定左边的电极进行________反应，右边的电极进行________反应。用一竖线代表________。

答案：氧化，还原，两个相的界面

25. 电导仪主要由________、________、________、测量电源和显示部分组成。

答案：电导电极，电导池，放大器

26. 一般测量电池电动势的电极有________和________两大类。

答案：参比电极，测量电极（指示电极）

27. 玻璃电极的主要部分是一个玻璃泡，它是由特殊成分的玻璃制成的薄膜。在玻璃电极中装有 pH 一定的缓冲溶液，其中插入一支________作为________电极。

答案：Ag-AgCl 电极，内参比

28. 玻璃电极的________在一定温度时与试液的 pH 呈________关系。

答案：膜电位，线性

29. 甘汞电极是常用的________电极。它由金属汞和 Hg_2Cl_2 及 KCl 溶液组成。在内玻璃管中，封接一根铂丝，将其插入纯汞中，下置一层甘汞和汞的糊状物，外玻璃管中装入________溶液。

答案：参比，KCl（氯化钾）

30. 将银丝浸入一定浓度的硫化钠溶液中，浸泡一段时间，洗净即可制成一支________电极，该电极和甘汞电极相连时作为________电极。

答案：$Ag\text{-}Ag_2S$，指示

31. 甘汞电极在使用时应经常注意电极的外玻璃管内是否________，管内应无________，以防止短路。

答案：充满 KCl 溶液，气泡

32. 离子选择性电极是测定溶液中________的一种分析工具。

答案：离子活度（或离子浓度）

33. 离子选择性电极的电位不是由于________反应或________反应所形成的。离子选择性电极是电化学的敏感体，其电势与溶液中给定的________呈线性关系。

答案：氧化，还原，离子活度的对数

34. 离子选择性电极都有一个敏感膜，所以离子选择性电极又称________，其电位 Em 与溶液中________的关系符合________。

答案：膜电极，离子活度，能斯特方程

35. 离子选择性电极分为原电极和敏化电极两大类。固体膜电极属于________电极，气敏电极属于________电极。

答案：原，敏化

36. 敏化电极又可分为________和________两类。

答案：气敏电极，酶电极

37. 离子选择性电极中的非晶体膜电极可分为__________电极和__________电极两大类。

答案：刚性基质（或硬质），流动载体（或液膜/活动载体）

38. 流动载体电极分为__________、__________和__________电极三大类。

答案：带正电荷流动载体，带负电荷流动载体，中性流动载体

39. 能指示被测离子活度变化的电极称为__________。测定 pH 的指示电极是__________，它也是最早的一种__________。

答案：指示电极，玻璃电极，离子选择性电极

40. 用离子选择性电极测定溶液中被测离子浓度的条件是：在校准和测定两个步骤中，必须保持溶液中__________不变，也就是保持溶液的__________不变。

答案：离子的活度系数，离子强度

41. 在离子选择性电极中最常用的内参比电极是__________电极。

答案：Ag-AgCl

42. 理想的离子选择电极是只对__________产生电位响应，其他离子不干扰。共存离子的干扰程度叫作__________，可用选择性系数 K_{ij} 来表示。它的倒数叫作__________。

答案：特定的一种离子，电极的选择性，选择比

43. 在电位法中用标准加入法进行定量分析时，需在试样溶液中加入标准溶液，一般要求加入的标准溶液体积要__________，浓度要__________。其目的是__________。

答案：小，高，避免溶液中其他组分浓度的变化

44. 用离子选择性电极进行定量分析的方法有__________法、__________法和__________法。

答案：直读（或浓度直读或直接比较），标准曲线，标准加入（或已知增量）

45. 用离子选择性电极进行定量分析制作标准曲线时，应在各标准溶液及试样溶液中，按相同条件加入一定量的__________，以保持试样溶液与标准溶液大致相同的__________，然后分别测出其电动势 E。

答案：惰性电解质，离子强度

46. 电极的选择性系数 $K_{AB}=1\times10^{-5}$，该离子选择性电极主要响应的是__________，共存的干扰离子是__________。

答案：A 离子，B 离子

47. 电位滴定法是指示电极的__________变化代替指示剂的颜色变化指示终点的到达，是把__________与__________结合起来的一种测试方法。

答案：电位，电位测定，滴定分析

48. 电位滴定时，在被测溶液中插入一个指示电极和一个参比电极组成一个__________。随着滴定剂的加入，被测离子浓度不断变化，在化学计量点附近离子浓度发生突跃，引起__________发生突跃，因此测量工作电池__________的变化即可确定滴定终点。

答案：工作电池，指示电极电位，电动势

49. 电位滴定终点的确定方法有__________法和__________法。

答案：曲线（或制图），二级微商（或代数法）

50. 电解是在外加__________作用下使电解质溶液在电极上发生__________的过程，是借助外

部电源的作用来实现化学反应向非自发方向进行的过程。

答案：直流电压，氧化还原反应

51．能够引起电解质连续电解的最低外加电压，叫作该电解质的__________，理论上它应等于电解产物所产生的__________。

答案：分解电压，反电势

52．实际分解电压要大于理论分解电压，其原因主要是存在__________。

答案：过电压（或超电压）

53．在电解过程中，电极的电位与它未电解时体系的__________发生__________的现象被称为极化。

答案：平衡电压，偏离

54．库仑分析法是在__________分析法基础上发展起来的一种电化学分析法，但它不是称量沉积物的质量，而是通过准确测量在电解过程中所消耗的__________来计算被测物的含量。

答案：电解，电量（或库仑）

55．库仑分析法一般分为两大类，即__________库仑分析法、__________库仑分析法。

答案：恒电位，恒电流

56．库仑分析的基本依据是__________。

答案：法拉第电解定律

57．库仑滴定法是一种以__________为滴定剂的滴定分析法，它和普通滴定分析法的主要区别在于__________。

答案：电子，滴定剂是由电解反应产生的

58．在外加很小电压时即能引起电解反应的电对称为__________，在此小电压下不能发生电解反应的电对称为__________。

答案：可逆电对，不可逆电对

59．库仑分析中影响电流效率的主要因素有溶剂、溶液中的氧、__________及__________。

答案：共存杂质，（电极的）自身反应

60．微库仑仪的电解池内装有两对电极，其中一对为指示电极和参比电极，它的电位是由电解液中__________所决定的，另一对为__________，该电极是电解产生滴定剂的电极。

答案：滴定剂的浓度，工作电极（或电解电极）

61．微库仑滴定仪是由__________、__________和__________组成的零平衡式闭环负反馈系统。

答案：（微）库仑放大器，滴定池，电解系统

62．电位溶出分析的主要类型有__________、__________和__________。

答案：经典电位溶出分析，微分电位溶出分析，计时电位溶出分析

63．电导是电阻的__________。

答案：倒数

64．当溶液无限稀释时，其摩尔电导率达到最大值，这个极大值就称为__________。

答案：无限稀释时的摩尔电导（或极限摩尔电导）

65．库仑分析的两个基本要求是__________和__________。

答案：电极反应单纯，100%的电流效率

66. 测定一般土壤 pH 时，浸提液应选用__________。

答案：无二氧化碳的蒸馏水（或纯水）

67. 土壤中氧化还原电位的现场测试，进行电极和盐桥的现场布置时，氧化还原电极和盐桥之间的距离应在__________m，两支氧化还原电极分别插入不同深度的土壤中。

答案：0.1～1

68. 采用玻璃电极法进行固体废物腐蚀性测定时，当固体废物浸出液的 pH 大于 10 时，__________效应对测定有干扰。

答案：钠差

二、单选题

1. 电化学探头法测定水中溶解氧时，仪器需要检验零点的时候，可将电极浸入__________的蒸馏水中进行校零。（　　）

A. 每升蒸馏水加入 1 g 亚硫酸钠和 1 mg 钴盐

B. 每升蒸馏水加入 2 g 亚硫酸钠和 1 g 钴盐

C. 每升蒸馏水加入 10 g 亚硫酸钠和 1 mg 钴盐

D. 每升蒸馏水加入 1 g 亚硫酸钠和 1 g 钴盐

答案：A

2. 用玻璃电极法测定 pH 时，主要影响因素是__________。（　　）

A. 浊度　　B. 胶体物质　　C. 氧化物　　D. 温度

答案：D

3. 用离子选择电极法测定水中氟化物时，__________会干扰测定。（　　）

A. 钙离子　　B. 氯离子　　C. 二价铁离子　　D. 三价铁离子

答案：D

4. 海水盐度计算公式中的 R_θ 是指被测海水与实用盐度为__________的标准海水在温度为 θ 时的电导率的比值。（　　）

A. 35　　B. 32　　C. 42　　D. 30

答案：A

5. 电导率仪法测定水的电导率，通常规定__________℃为测定电导率的标准温度。如果测定时水样的温度不是该温度，一般应将测定结果换算成该温度下的电导率数据。（　　）

A. 0　　B. 10　　C. 20　　D. 25

答案：D

6. 测定水质氧化还原电位时以铂电极为__________，连接仪器__________；以饱和甘汞电极为__________，连接仪器__________。（　　）

A. 指示电极、负极；参比电极、正极　　B. 参比电极、负极；指示电极、正极

C. 指示电极、正极；参比电极、负极　　D. 参比电极、正极；指示电极、负极

答案：C

7．总离子强度调节缓冲剂的最根本的作用是__________。（　　）

A．稳定离子强度　　B．消除干扰离子

C．调节 pH　　D．稳定选择系数

答案：A

8．当无机物的浓度较低时，电导率随浓度的增大而增加。因此，该指标常用于推测水中__________或__________，是水质自动监测的五个参数之一。（　　）

A．离子的总浓度，含盐量　　B．离子的活度，含盐量

C．离子的总浓度，矿化度　　D．离子的活度，矿化度

答案：A

9．不同类型的水有不同的电导率。在新鲜蒸馏水、超纯水、天然水、矿化水及海水中，其电导率最低的为__________，电导率最高的为__________。（　　）

A．新鲜蒸馏水，矿化水　　B．超纯水，矿化水

C．新鲜蒸馏水，海水　　D．超纯水，海水

答案：D

10．pH 是最常用的水质指标之一。天然水的 pH 多为 6～9；饮用水 pH 要求为__________；工业用水的 pH 必须保持在 7.0～8.5，以防止金属设备和管道被腐蚀。（　　）

A．6～9　　B．6～8.5　　C．6.5～8　　D．6.5～8.5

答案：D

11．土壤 pH 是土壤重要的理化参数，对土壤微量元素的有效性和肥力有重要影响。土壤酸性__________，使所含许多金属化合物溶解度增大，其有效性和毒性__________。（　　）

A．增强，不变　　B．减弱，不变　　C．增强，增大　　D．减弱，增大

答案：C

12．恒电流库仑滴定法是建立在__________基础上的分析方法。（　　）

A．电解　　B．电泳　　C．电离　　D．电化学腐蚀

答案：A

13．直接滴定法测定水样中酸度时，吸取适量水样于烧杯中，滴定至 pH=__________（±0.05）时，记下氢氧化钠标准溶液用量。加入 5 滴过氧化氢，加热煮沸 2～4 min，冷却至室温后，再进行滴定至 pH=__________，记下氢氧化钠标准溶液用量，以此计算酸度。（　　）

A．4.4，8.3　　B．4.5，8.7　　C．3.7，8.3　　D．3.7，8.7

答案：C

14．测定水样的碱度时，对于复杂水样，可制成盐酸标准液滴定用量对 pH 的滴定曲线。有时可能在曲线上看不出明显的突跃点，这可能是由于盐类水解反应较慢，不易达到电极反应平衡所致。不同组分的反应速度各异，为此，应__________，以便达到平衡时使突跃点明显可辨。（　　）

A．加快滴定速度　　B．放慢滴定速度

C．使用微量滴定管　　D．稀释样品

答案：B

15．以 pH=8.3 表示水样中氢氧化物被中和及碳酸盐转为重碳酸盐时的终点，与__________指示

剂刚刚褪色时的 pH 相当。以 pH=4.4～4.5 表示水中重碳酸盐（包括原有重碳酸盐和由碳酸盐转成的重碳酸盐）被中和的终点，与＿＿＿＿＿刚刚变为橘红色的 pH 相当。对于工业废水或含复杂组分的水，可以 pH=3.7 指示＿＿＿＿＿的滴定终点。（　　）

A．甲基橙，酚酞，总碱度　　B．酚酞，甲基橙，总酸度

C．甲基橙，酚酞，碱度　　D．酚酞，甲基橙，碱度

答案：B

16．根据在电极上发生的电极反应的不同，可将电极分为两大类：＿＿＿＿＿与＿＿＿＿＿。（　　）

A．参比电极，指示电极　　B．金属电极，玻璃电极

C．宏电极，微电极　　D．工作电极，辅助电极

答案：A

17．离子选择电极的构造由四个基本部分组成：电极腔体、内参比电极、内参比溶液和敏感膜。离子选择电极是根据＿＿＿＿＿的组成和性质来进行分类的。（　　）

A．电极腔体　　B．内参比电极　　C．内参比溶液　　D．敏感膜

答案：D

18．电导仪上一般采用补偿或消除措施，经校正后可以直接读出水样的电导率。电导率测定不受＿＿＿＿＿因素影响。（　　）

A．溶液温度　　B．溶液酸、碱度

C．电极分布电容　　D．电极极化现象

答案：B

19．离子选择电极-流动注射法测定水中硝酸盐（氮），测定过程遵守能斯特方程，记录稳定电位值（每分钟不超过 1 mV）。由＿＿＿＿＿与电位（E）的校准曲线计算出 NO_3^--N 含量。（　　）

A．浓度　　B．质量数

C．浓度的对数　　D．质量数的对数

答案：C

20．化学计量点前后＿＿＿＿＿范围内 pH 的急剧变化称为“滴定突跃”。（　　）

A．±0.1%　　B．±0.5%　　C．±1%　　D．±5%

答案：A

21．电分析化学法的特点不包括＿＿＿＿＿，被分析物质的最低量接近 10^{-1} mol 数量级。（　　）

A．灵敏度较高　　B．抗干扰能力较好

C．选择性较好　　D．准确度较高

答案：B

22．用玻璃电极测定溶液中 H^+的活度，使用的是＿＿＿＿＿方法。（　　）

A．电位测定　　B．电位滴定　　C．电解　　D．电导

答案：A

23．测定 pH 的土样应存放在密闭玻璃瓶中，防止受到空气中的＿＿＿＿＿、二氧化碳及酸、碱性气体的影响。（　　）

A．氨　B．乙腈　C．三氯甲烷　D．丙酮

答案：A

24．法拉第定律受__________影响。（　）

A．温度　B．压力　C．电解质浓度　D．电流效率

答案：D

25．电解分析法不包括__________。（　）

A．电质量分析法　B．控制电位库仑分析法

C．控制电流库仑分析法　D．电解电位法

答案：D

26．用 pH 计测量溶液的 pH 时，发现用标准 pH 缓冲溶液定位时，只要测量电池接入电路，指针就偏向一侧且抖动不止，无法完成定位操作，这是由于__________引起的。（　）

A．甘汞电极盐桥中有气泡　B．甘汞电极盐桥顶端毛细管堵塞

C．玻璃电极的内参比电极未浸在内充液中　D．玻璃电极的玻璃膜有裂纹

答案：A

27．用玻璃电极测定溶液 pH 是因为玻璃电极电位与__________呈线性关系。（　）

A．氢离子浓度　B．酸度　C．溶液活度　D．溶液的 pH

答案：D

28．在一定条件下，电极电位恒定的电极被称为__________。（　）

A．指示电极　B．膜电极　C．玻璃电极　D．参比电极

答案：D

29．测定水样 pH 时，玻璃电极表面被污染时，不可用__________处理电极。（　）

A．温稀盐酸溶解无机盐垢　B．EDTA 溶解钙难溶性盐垢

C．丙酮清洗油污　D．无水乙醇、脱水性洗涤剂

答案：D

30．常用的指示电极有__________。（　）

A．标准氢电极　B．甘汞电极　C．玻璃电极　D．银电极

答案：C

31．下列分析方法中不属于电化学分析法的是__________。（　）

A．氧化还原滴定分析法　B．库仑分析法

C．电导率分析法　D．电位滴定法

答案：A

32．电化学分析是建立在溶液电化学性质基础上的一类分析方法，它是__________一个重要分支。（　）

A．容量分析　B．质量分析　C．物理分析　D．仪器分析

答案：D

33．用酸度计测定溶液的 pH，该方法属于__________。（　）

A．电位滴定法　B．酸碱滴定法　C．直接电位法　D．电量法

答案：C

34．直接电位法的依据是__________。（　　）

A．能斯特方程　　B．朗伯-比尔定律

C．法拉第第一定律　　D．法拉第第二定律

答案：A

35．在电位滴定过程中，下列仪器和试剂不必要的是__________。（　　）

A．滴定管　　B．指示剂　　C．搅拌器　　D．参比电极

答案：B

36．在下列几种情况下，不适宜用电位滴定法的是__________。（　　）

A．没有合适的指示剂　　B．滴定突跃较小的滴定

C．颜色较深或浑浊的溶液　　D．微量元素和痕量元素的测定

答案：D

37．用电位滴定法进行酸碱滴定时，一般采用__________作指示电极。（　　）

A．银电极　　B．甘汞电极　　C．玻璃电极　　D．离子选择电极

答案：C

38．欧姆定律同样适用于电解质溶液，电解质溶液的电阻与温度__________。（　　）

A．呈正比关系　　B．呈反比关系　　C．没关系　　D．呈对数关系

答案：B

39．形成原电池的重要条件之一是__________。（　　）

A．发生氧化还原反应　　B．发生氧化反应

C．发生还原反应　　D．氧化反应与还原反应分开在两电极上进行

答案：D

40．关于电解池，正确的说法是__________。（　　）

A．正极发生还原反应　　B．负极发生氧化反应

C．正极是阴极　　D．正极发生氧化反应

答案：D

41．关于原电池，正确的说法是__________。（　　）

A．正极发生氧化反应　　B．负极发生还原反应

C．正极是阳极　　D．正极是阴极

答案：D

42．电极极化的结果，是使__________。（　　）

A．阴极电位变得更负　　B．阳极电位变得更正

C．阴极电位变得更负，阳极电位变得更正　　D．阴极电位变得更正，阳极电位变得更负

答案：C

43．离子选择性电极的响应时间与__________有关。（　　）

A．电极种类、结构　　B．测量温度、浓度

C．搅拌速度　　D．以上全是

答案：D

44．在电位滴定中，以 E-V 作图绘制曲线，滴定终点为__________。（ ）

A．曲线的最大斜率点 B．曲线的最小斜率点

C．E 最正值点 D．E 最负值点

答案：A

45．库仑滴定法与普通滴定法的主要区别是__________。（ ）

A．滴定反应原理 B．操作难易程度

C．滴定剂是通过电解在电极上产生的 D．准确度

答案：C

46．库仑滴定法不适用于__________。（ ）

A．常量分析 B．微量分析 C．痕量分析 D．有机物分析

答案：A

47．$M_1|M_1^{n+}||M_2^{m+}|M_2$ 在此电池的图解表示式中，规定左边的电极为__________。（ ）

A．阴极 B．阳极 C．正极 D．负极

答案：D

48．pH 玻璃电极的响应机理与膜电位的产生是由于__________。（ ）

A．氢离子在玻璃膜表面还原而传递电子

B．氢离子进入玻璃膜的晶格缺陷而形成双电层结构

C．氢离子穿透玻璃膜而使膜内外氢离子产生浓度差而形成双电层结构

D．氢离子在玻璃膜表面进行离子交换和扩散而形成双电层结构

答案：D

49．普通玻璃电极不能用于测定 pH＞10 的溶液，这是由于__________。（ ）

A．氢氧离子在电极上响应 B．钠离子在电极上响应

C．铵离子在电极上响应 D．玻璃电极的内阻太大

答案：B

50．玻璃电极在使用前一定要在水中浸泡 24 h 以上，其目的是__________。（ ）

A．清洗电极 B．活化电极 C．校正电极 D．检查电极好坏

答案：B

51．除玻璃电极外，能用于测定 pH 的指示电极还有__________。（ ）

A．饱和甘汞电极饱和甘汞电极 B．银-氯化银电极

C．锑-氧化锑电极 D．氧化镧单晶膜电极

答案：C

52．电极测量溶液的 pH 时，采用的定量分析方法为__________。（ ）

A．标准曲线法 B．直接比较法

C．标准加入法 D．内标法

答案：B

53．用电位滴定法测定溶液中 Cl^- 含量时，参比电极可用__________。（ ）

A．甘汞电极　　B．玻璃电极

C．锑电极　　D．复合甘汞电极

答案：D

54．用硫酸铈溶液电位滴定 Fe^{2+}溶液时，可选用的指示电极为__________。（　　）

A．硫酸根电极　　B．铂电极

C．氟电极　　D．铂电极加 Fe^{2+}溶液

答案：B

55．在铜锌原电池中锌极是__________。（　　）

A．正极，发生还原反应　　B．正极，发生氧化反应

C．负极，发生氧化反应　　D．负极，发生还原反应

答案：C

56．从强碱滴定至弱酸的电位滴定曲线不能得到__________数据。（　　）

A．到达化学计量点所需碱液的体积　　B．酸的 pK_a 值

C．碱的 pK_a 值　　D．弱酸的水解常数

答案：C

57．用氟离子选择性电极测定溶液中负离子含量时，下列离子中唯一的干扰离子是__________。（　　）

A．NO_3^-　　B．HCO_3^-　　C．其他卤离子　　D．OH^-

答案：D

58．各厂生产的氟离子选择性电极的性能指标不同，均以 K_{F^-,Cl^-}表示，若 Cl^-的活度为 F^-的 100 倍，要使 Cl^-对 F^-测定的干扰小于 0.1%，应选用 K_{F^-,Cl^-}为__________的电极。（　　）

A．10^{-2}　　B．10^{-3}　　C．10^{-4}　　D．10^{-5}

答案：D

59．用氟离子选择性电极直接电位法测定溶液中氟含量时，需加入总离子强度调节缓冲液（TISAB），__________化合物不是其中的组分。（　　）

A．HAc　　B．NaAc　　C．NaCl　　D．NH_4Cl

答案：D

60．在含有 Ag^+、$Ag(NH_3)^+$、$Ag(NH_3)^{2+}$的溶液中，用银离子选择性电极和甘汞电极直接电位法测量的是__________。（　　）

A．Ag^+　　B．$Ag(NH_3)^+$　　C．$Ag(NH_3)^{2+}$　　D．B+C

答案：A

61．用 $AgNO_3$ 标准滴定溶液电位滴定 Cl^-、Br^-、I^-时，可用作参比电极的是__________。（　　）

A．银电极　　B．卤化银的离子选择性电极

C．双液接饱和甘汞电极　　D．硫化银电极

答案：C

62．流动载体液膜电极的敏感膜为__________。（　　）

A．固态无机化合物　　B．固态有机化合物

C．液态无机化合物　　D．液态有机化合物

答案：D

63．离子选择性电极的选择性系数可用于__________。（　）

A．估计电位的检测值　　B．估计共存离子的干扰程度

C．校正方法误差　　D．计算电极的响应斜率

答案：B

64．用离子选择性电极进行测量时，需用磁力搅拌器搅拌溶液，其目的是__________。（　）

A．减少浓差极化　　B．加快响应速度

C．降低电极内阻　　D．使电极表面保持清洁

答案：B

65．用离子选择性电极以标准曲线法进行定量分析时应要求__________。（　）

A．试样溶液与标准系列溶液离子强度一致

B．试样溶液比标准系列溶液离子强度大些

C．试样溶液与标准系列溶液离子活度一致

D．试样溶液比标准系列溶液离子强度小些

答案：A

66．用法拉第电量可使 $Fe_2(SO_4)_3$ 溶液中沉积出铁的质量（以克计）为__________。（　）

A．55.85　　B．29.93　　C．18.62　　D．133.3

答案：C

67．在相同条件下，电池阴极沉积出来的物质的量，正比于__________。（　）

A．电极间的距离　　B．电池的温度

C．通过电池的电量　　D．阴极表面积

答案：C

68．在库仑分析中为了使被测物质以 100%的电流效率被电解，必须__________。（　）

A．控制试液的离子强度恒定　　B．防止工作电极上有副反应产生

C．防止辅助电极上有副反应发生　　D．增大电解电流

答案：B

69．用库仑滴定法测定有机弱酸时，可选用能在阴极产生滴定剂的物质为__________。（　）

A．H_2O　　B．H^+　　C．Fe^{3+}　　D．Cl_2

答案：A

70．电解质溶液能传导电流是由于__________。（　）

A．自由电子运动　　B．离子迁移

C．水分子迁移　　D．离子对迁移

答案：B

71．用以比较不同电解质溶液导电能力的参数是__________。（　）

A．电阻　　B．电导　　C．电导率　　D．摩尔电导

答案：D

72．电阻率为 10 MΩ·cm，相当于电导率为__________。（　　）

A．0.1μS/cm　　B．0.1 mS/cm　　C．0.1 kS/cm　　D．0.1 μS/cm

答案：A

73．电导率 k 的单位是__________。（　　）

A．Ω/cm　　B．$\Omega^{-1}\cdot cm$　　C．Ω·cm　　D．$\Omega^{-1}\cdot cm^{-1}$

答案：D

74．溶液的电导__________。（　　）

A．随温度的升高而减小　　B．随温度的升高而增加

C．和温度无关　　D．随电极间距增加而增加

答案：B

75．c（NaCl）=1.0 mol/L、c（$BaCl_2$）=1.0 mol/L、c（$AlCl_3$）=1.0 mol/L 的三种溶液的电导率按以下__________的次序递减。（　　）

A．NaCl＞$BaCl_2$＞$AlCl_3$　　B．$BaCl_2$＞NaCl＞$AlCl_3$

C．$AlCl_3$＞NaCl＞$BaCl_2$　　D．$AlCl_3$＞$BaCl_2$＞NaCl

答案：D

76．恒电流电解分析法的主要特点是__________。（　　）

A．准确度高　　B．选择性好　　C．快速　　D．适用于痕量分析

答案：A

77．用控制电位电解时，电解完成的标志是__________。（　　）

A．电解电流到达最大值

B．电解电流为零

C．电解电流达到某恒定的最小值

D．工作电极的阴极电位达最小负值或阳极电位达最大正值

答案：C

78．在恒电流电解中，常采用电势缓冲的方法来稳定电极电位，避免干扰性电极反应的产生，这种能起缓冲作用的物质称为__________。（　　）

A．去极化剂　　B．惰性支持电解质

C．极化抑制剂　　D．表面活性剂

答案：A

79．测定 pH 的玻璃电极属于__________。（　　）

A．晶体膜电极　　B．（刚性基质的）非晶体膜电极

C．酶电极　　D．气敏电极

答案：B

80．用 EDTA 溶液电位滴定 Co^{2+}溶液时，可选用的指示电极为__________。（　　）

A．玻璃膜钠电极　　B．铂电极

C．铂电极加 Co^{3+}溶液　　D．晶体膜铜电极加 Cu^{2+}-EDTA 溶液

答案：D

81．关于电解质溶液，下列说法正确的是__________。（　　）

A．电导率随溶液浓度的降低而增大　　B．电导率随溶液浓度的降低而减小

C．摩尔电导随溶液浓度的降低而增大　　D．摩尔电导随溶液浓度的降低而减小

答案：C

82．使用玻璃电极法测定固体废物腐蚀性时，待读数稳定后，应重复测量 2～3 次浸出液直到其 pH 变化小于__________个 pH 单位。（　　）

A．0.1　　B．0.2　　C．0.3　　D．0.5

答案：A

83．使用玻璃电极法测定固体废物腐蚀性时，每个样品至少做__________个平行实验，其标准差不得超过±0.15 个 pH 单位，取算术平均值报告试验结果。（　　）

A．2　　B．3　　C．4　　D．5

答案：B

84．使用玻璃电极法测定固体废物腐蚀性时，宜选用与样品的 pH 相差不超过__________个 pH 单位的两个溶液（两者相差 3 个 pH 单位）校准仪器。（　　）

A．1　　B．2　　C．3　　D．4

答案：B

85．使用玻璃电极法测定固体废物腐蚀性时，使用__________作为浸提剂。（　　）

A．pH 为 4.93±0.05 的冰醋酸溶液　　B．pH 为 2.64±0.05 的冰醋酸溶液

C．pH 为 3.20±0.05 的硫酸硝酸溶液　　D．去离子水

答案：D

三、多选题

1．用离子选择电极法测定水中氟化物时，加入总离子强度调节剂的作用是__________。（　　）

A．络合干扰离子　　B．保持溶液中总离子强度

C．保持溶液适当的 pH　　D．去除水中胶体物质

答案：ABC

2．下列方法中属于电化学分析方法的是__________。（　　）

A．电位分析法　　B．伏安法　　C．库仑分析法　　D．离子色谱法

答案：ABC

3．下列参数中，属于用电化学分析法测量的是__________。（　　）

A．电容　　B．电动势　　C．电量　　D．电流

答案：BCD

4．离子选择电极可分为__________。（　　）

A．固体膜电极　　B．液体膜电极　　C．敏化电极　　D．甘汞电极

答案：ABC

5．在电导分析法中，电荷向一定的方向运动就形成电流，携带电荷的微粒可以是__________。（　　）

A．金属导体中的电子　　B．电解质溶液中的正离子

C．电解质溶液中的负离子　　D．胶体溶液中带电胶粒

答案：ABCD

6．溶液的导电能力与溶液中__________等因素有关。（　　）

A．正离子的数目　　B．负离子的数目

C．离子所带的电荷量　　D．离子在溶液中迁移的速率

答案：ABCD

7．电位滴定法中确定终点的方法有__________。（　　）

A．E（电动势）-V（体积）曲线法　　B．（$\Delta E/\Delta V$）-V 曲线法

C．（$\Delta^2E/\Delta V^2$）-V 曲线法　　D．示波电位滴定法

答案：ABCD

8．水的碱度是指水中所含能与强酸定量作用的物质的总量。水中总碱度的来源较多，地表水和废水及其他复杂体系的水体中，总碱度被当作__________等成分浓度的总和。（　　）

A．碳酸盐、重碳酸盐　　B．氢氧化物

C．硼酸盐、磷酸盐或硅酸盐　　D．有机碱类

E．金属水解性盐类

答案：ABCDE

9．以下__________可用电位滴定法测定。（　　）

A．酸度　　B．碱度　　C．氯化物　　D．阴离子洗涤剂

E．钡

答案：ABCDE

10．用指示剂确定滴定终点简单方便，但不适合在有色溶液或有沉淀的溶液中进行，用__________仪器分析方法确定滴定终点则可以克服上述不足，且这些仪器分析方法对常见滴定反应类型均适用。（　　）

A．电位滴定　　B．电导滴定　　C．电流滴定　　D．交流示波极谱滴定

E．光度滴定

答案：ABCDE

11．用电位滴定法进行物质含量测定时，应根据滴定反应类型选用不同的指示电极。常见的滴定反应类型包括__________。（　　）

A．酸碱滴定　　B．氧化-还原滴定

C．沉淀滴定　　D．络合滴定

答案：ABCD

12．参比电极包括__________。（　　）

A．标准氢电极　　B．甘汞电极

C．银-氯化银电极　　D．滴汞电极

答案：ABC

13．原电池中，金属与溶液间电位差的大小取决于__________。（　　）

A．参与电池反应的物质的性质　　B．电极的电极反应

C．压力　　D．反应物质的活度

答案：ABCD

14．常用的指示电极有__________。（　　）

A．标准氢电极　　B．甘汞电极　　C．玻璃电极　　D．锑电极

答案：CD

15．用氯化钠溶液电位滴定法测定溶液中 Ag^+时，指示电极可以用__________。（　　）

A．甘汞电极　　B．银电极

C．银-硫化银电极　　D．氯电极

答案：BCD

16．关于离子选择性电极的说法，__________是不正确的。（　　）

A．阳离子选择性电极的电位随试液中阳离子浓度的增高向正方向变化

B．阴离子选择性电极的电位随试液中阴离子浓度的增高向负方向变化

C．阳离子选择性电极的电位随试液中被响应的阳离子浓度的增高向负方向变化

D．阴离子选择性电极的电位随试液中被响应的阴离子浓度的增高向正方向变化

答案：ABCD

17．离子选择性电极法中所作的标准曲线，不如分光光度法的标准曲线稳定，这与下列__________因素有关。（　　）

A．温度　　B．搅拌速度　　C．液接电位　　D．被测离子浓度

答案：ABC

18．库仑滴定法的原始基准是__________。（　　）

A．标准溶液　　B．恒电流　　C．计时器　　D．基准物质

答案：BC

19．电导滴定法能用于__________。（　　）

A．强碱滴定强酸　　B．强碱滴定弱酸

C．强酸滴定弱碱　　D．弱碱滴定弱酸

答案：ABCD

四、判断题

1．便携式溶解氧仪法测定溶解氧，装配膜电极时，若膜内有气泡，可以用手将膜抹平来赶走气泡。（　　）

答案：错误

正确答案：便携式溶解氧仪法测定溶解氧，装配膜电极时，膜内有气泡，不得用手触摸膜的活性表面。

2．标准氢电极是参考电极的二级标准。（　　）

答案：错误

正确答案：标准氢电极是参考电极的一级标准。

3．玻璃电极球泡受污染时，可用稀盐酸溶解无机盐污垢，用丙酮除去油污（也可以用无水乙醇）后再用纯水清洗干净。（ ）

答案：错误

正确答案：玻璃电极球泡受污染时，可用稀盐酸溶解无机盐污垢，用丙酮除去油污（但不能用无水乙醇）后再用纯水清洗干净。按上述方法处理的电极应在水中浸泡一昼夜再使用。

4．电化学探头法测定水中溶解氧时，如果水中含有机溶剂、油类、硫化物和藻类，会引起薄膜阻塞、薄膜损坏或电极被腐蚀，从而干扰测定。（ ）

答案：正确

5．氟离子选择电极法测定环境空气和大气固定污染源废气中的氟化物时，测定体系中的高价阳离子，如三价铁和三价铝可通过加入总离子强度调节缓冲液来消除。（ ）

答案：正确

6．氟离子选择电极法测定环境空气和废气中的氟化物时，所用试剂除另有说明外，均为分析纯试剂，所用水为去离子水。（ ）

答案：正确

7．离子选择电极法测定水中氟化物时，水样有颜色或浑浊都会影响测定结果。（ ）

答案：错误

正确答案：水样有颜色或浑浊不影响测定结果。

8．微库仑法测定水中 AOX 时，燃烧热解炉的容积停留时间、温度和气流速度都可能影响测定结果。（ ）

答案：正确

9．微库仑法测定水中 AOX 时，当第二根吸附柱的测定值不大于第一根吸附柱测定值的 30%时，就认为吸附完全，否则须将水样稀释。（ ）

答案：错误

正确答案：第二根吸附柱的测定值不大于第一根吸附柱测定值的 10%时，就认为吸附完全，否则需将水样稀释。

10．微生物传感器法不适用于含有高浓度杀菌剂和游离氯的废水中生化需氧量的测定。（ ）

答案：正确

11．使用微生物传感器快速测定生化需氧量时，如果采集到的水样水温过高，不需要采取其他处理措施。（ ）

答案：错误

正确答案：如果采集到的水样水温过高，应迅速使水样冷却到 20℃，并充分振摇，使与空气中氧分压接近平衡。

12．指示电极的电极电位是恒定不变的。（ ）

答案：错误

正确答案：其电极电位在一定条件下是恒定不变的。

13．参比电极具有不同的电极电位，且电极电位的大小取决于内参比溶液。（ ）

答案：正确

14．离子选择性电极电位与待测离子活度之间的关系符合能斯特方程式，则其电极电位与待测离子活度呈线性关系。（　　）

答案：错误

正确答案：则其电极电位与待测离子活度的对数呈线性关系。

15．离子选择性电极的选择性系数是与测量浓度无关的常数，可以用来校正干扰离子产生的误差，使测量更准确。（　　）

答案：错误

正确答案：离子选择性电极的选择性系数在严格意义上来说不是一个常数，不能用来校正干扰离子产生的误差。

16．指示电极的电极电位随溶液中有关离子的浓度变化而变化，且响应快。（　　）

答案：正确

17．用酸度计测定溶液的 pH 时，一般选用玻璃电极为指示电极。（　　）

答案：正确

18．示波极谱法测定水中铜、铅、锌、镉，若水样中几种离子含量相差较大，为了结果的准确度，宜采用微分测定技术，选用不同灵敏度档分别进行测定。当水样中几种离子的浓度比较接近时，几种元素可同时测定。（　　）

答案：正确

19．电导率是指相距 1 cm 的两平行金属板电极间充以 1 cm^3 电解质溶液所具有的电导。（　　）

答案：错误

正确答案：摩尔电导率是指相距 1 cm 的两平行金属板电极间充以 1 cm^3 电解质溶液所具有的电导。

20．电导仪是测定溶液电导或电导率的专用仪器，由电导池系统和测量仪器组成。（　　）

答案：正确

21．pH 在废水生化处理、评价有毒物质的毒性等方面均具有指导意义。（　　）

答案：正确

22．两份溶液分别为 1 L 0.1 mol/L 盐酸和 1 L 0.1 mol/L 乙酸，二者的酸度、电离度均相同，pH 不同。（　　）

答案：错误

正确答案：盐酸是强酸，在水中几乎 100%电离；而乙酸是弱酸，在水中的电离度只有 1.3%。

23．pH 是以标准溶液的 pH 为基准，通过比较标准溶液电动势与被测溶液电动势的差值确定的。（　　）

答案：正确

24．玻璃电极法测定 pH 是以 pH 玻璃电极为指示电极，饱和甘汞电极或银-氯化银电极为参比电极。饱和甘汞电极和玻璃电极的电极电位均随被测溶液中氢离子活度变化。（　　）

答案：错误

正确答案：饱和甘汞电极的电极电位不随被测溶液中氢离子活度变化，可视为定值。

25．风干作用使土壤中大量二氧化碳损失，导致土壤 pH 偏高，因此风干土壤的 pH 为相对值。（　　）

答案：正确

26. 氟离子选择电极法的选择性好、适用浓度范围宽，可测定浑浊、有颜色的水样。(　　)

答案：正确

27. 库仑法测定水中 COD 时是依据电解消耗的电量和法拉第电解定律来计算被测物质的含量。(　　)

答案：正确

28. 库仑法测定水中 COD 的方法简便、快捷、试剂用量少，仅需标定滴定剂，尤其适合于工业废水的控制分析。(　　)

答案：错误

正确答案：库仑法测定水中 COD 的方法不需标定滴定剂。

29. 在水中，将由于溶质的解离或水解（无机酸类，硫酸亚铁和硫酸铝等）而产生的氢离子与碱标准溶液作用至一定 pH 所消耗的量，定为酸度。(　　)

答案：正确

30. CO_2、H_2S、NH_3 等气体会对酸度产生影响，在取样、保存或滴定酸度时，都可能增加或损失。因此，在采样后要避免剧烈摇动，并要尽快分析，否则要在低温下保存。在打开试样容器后，要迅速分析，防止干扰气体溶入试样。(　　)

答案：正确

31. 电位滴定法测定水样的酸度，均使用玻璃电极为指示电极，甘汞电极为参比电极，用盐酸标准溶液滴定。(　　)

答案：错误

正确答案：电位滴定法测定水样的酸度，用氢氧化钠标准溶液滴定。

32. 电位滴定法测定水中氯化物，使用硝酸银标准溶液滴定。在逐滴加入过程中，仪器读数变化最大一点即为终点。(　　)

答案：正确

33. 电位分析法有两种分析方式：直接电位法和电位滴定法。(　　)

答案：正确

34. pH 玻璃电极是一种 H^+的选择电极。(　　)

答案：正确

35. 库仑分析法分为恒电流库仑分析法和控制电位库仑分析法两种。(　　)

答案：正确

36. 通过测量电解质溶液的电导值来确定物质含量的分析方法，称为电导分析法。(　　)

答案：正确

37. 电导是指电解质溶液中正、负离子在外电场作用下发生迁移而产生的电流传导，是电解质导电能力的量度。(　　)

答案：正确

38. 利用酸度计（又称 pH 计）测定溶液 pH 的方法是一种电位测定法。(　　)

答案：正确

39．电解质溶液传导电流是由于离子迁移。（ ）

答案：正确

40．在被测溶液中插入指示电极与参比电极，通过测量两电极间电位差而测定溶液中某组分含量的方法称为电位分析法。（ ）

答案：正确

41．玻璃电极可用于有色、浑浊溶液 pH 的测定。（ ）

答案：正确

42．离子选择性电极的电位是由氧化还原反应形成的。（ ）

答案：错误

正确答案：离子选择电极法中，电池的电动势随溶液中待测离子活度的变化而改变，遵守能斯特方程。

43．能斯特方程式中电极电位与溶液中离子活度有一定的关系，在一定条件下可用浓度代替活度。（ ）

答案：正确

44．反应物离子和生成物离子电导率差别越小，电导滴定的灵敏度越高。（ ）

答案：错误

正确答案：反应物离子和生成物离子电导率差别越大，电导滴定的灵敏度越高。

45. 直接电位法是将指示电极和参比电极同时浸入被测溶液中组成原电池，测其电动势。（ ）

答案：正确

46．容量分析中的氧化还原滴定都可以用电位法确定终点。（ ）

答案：正确

47．电导法测水时，只能测定水中电解质的总量，不能测出杂质的成分及不同杂质的含量，也不能测出非电解质的含量。（ ）

答案：正确

48．电导法只能测定溶液的电导，而不能测定某一特定离子的电导。（ ）

答案：正确

49．现在国际上公认采用标准氢电极作为参比电极，规定标准氢电极的电位为 0。（ ）

答案：正确

50．标准氢电极与标准银电极相连时，银电极作为正极，而与标准锌电极相连时，锌电极作为负极。（ ）

答案：正确

51. 玻璃电极中内参比电极的电位与被测溶液的氢离子浓度有关，所以能测出溶液的 pH。（ ）

答案：错误

正确答案：参比电极为一种不极化电极，其电位无显著变化，可作为测定其他电极电位的标准。

52．玻璃电极可用于测量溶液的 pH，是基于玻璃膜两边的电位差。（ ）

答案：正确

53．在 pH＞10 的溶液中，玻璃电极产生的“钠差”，能使测得的 pH 较实际的 pH 偏高。（ ）

答案：错误

正确答案：在 pH＞10 的溶液中，玻璃电极产生的“钠差”，能使测得的 pH 较实际的 pH 偏低。

54．玻璃电极的不对称电位是由于电极内外溶液的酸度不同而造成的。（　　）

答案：错误

正确答案：玻璃电极产生的不对称电位来源于内外玻璃膜表面特性不同。

55．在一定温度下，当 Cl^- 活度一定时，甘汞电极的电极电位为一定值，与被测溶液的 pH 无关。（　　）

答案：正确

56．使用甘汞电极时，为保证电极中的饱和氯化钾溶液不流失，不应取下电极上、下端的胶帽和胶塞。（　　）

答案：错误

正确答案：甘汞电池使用前应先取下电极上、下端的胶帽和胶塞，不用时戴上。

57．甘汞电极在使用时应注意勿使气泡进入盛放饱和氯化钾溶液的细管中，以免造成短路。（　　）

答案：正确

58．测定 pH 用标准缓冲溶液定位时，标准缓冲溶液的 pH 与待测溶液的 pH 差值最好在 1 个 pH 单位以内。（　　）

答案：错误

正确答案：校正酸度计时，所用标准缓冲溶液的 pH 和待测溶液的 pH 相差不宜过大，最好在 3 个 pH 单位以内。

59．玻璃电极上有油污时，可用无水乙醇、铬酸洗液或浓硫酸浸泡、洗涤。（　　）

答案：错误

正确答案：玻璃球泡不能用浓硫酸溶液、洗液或浓乙醇洗涤，否则电极将失去功能。

60．电位滴定中，一般是以甘汞电极作参比电极、铂电极或玻璃电极作指示电极。（　　）

答案：正确

61．氧化还原指示剂的标准电位和滴定反应化学计量点的电位越接近，滴定误差越小。（　　）

答案：正确

62．在电位滴定中，几种确定终点方法之间的关系是：*E-V* 图上的拐点就是一次微商的最高点，也就是二次微商等于零的点。（　　）

答案：正确

63．在 pH=1～9，玻璃电极对 Na^+ 的选择性系数 $K_{H^+, Na^+}=10^{-11}$，说明该电极对 H^+ 的响应比对 Na^+ 的响应灵敏 10^{-11} 倍。（　　）

答案：错误

正确答案：一玻璃电极对 Na^+ 的选择性系数 $K_{H^+, Na^+}=10^{-11}$，则表示当 Na^+ 的活度等于 H^+ 的活度的 10^{-11} 倍时，Na^+、H^+ 产生的电位相等。

64．硝酸根电极对于 0.1 mol/L 的 NO_3^- pH 适用范围为 2.5～10.0，而对 10^{-3} mol/L 的 NO_3^- 的 pH 适用范围为 3.5～8.5。这说明离子浓度越低，电极的 pH 适用范围越窄。（　　）

答案：正确

65．离子选择性电极中，固体电极的寿命较长，液膜电极的使用寿命较短，酶电极的使用寿命

最短。（ ）

答案：正确

66．流动载体电极属于非晶体电极。（ ）

答案：正确

67．参比电极的电极电位不随插入溶液的组成或浓度的改变而变化。（ ）

答案：正确

68．极谱定性分析的依据是半波电位，定量分析的依据是扩散电流。（ ）

答案：正确

69．离子选择性电极的选择性系数 K_{ij} 表示引起电极具有相同电位变化时所需 j 离子的活度与 i 离子的活度之比，即 i 离子对待测离子 j 的干扰程度。（ ）

答案：错误

正确答案：离子选择性电极的选择性系数为当其他条件相同时，提供相同膜电位的待测离子活度 a_i 和干扰离子活度 a_j 的比值。

70．pH 复合电极在使用前应用纯水浸泡 24 h 以上。（ ）

答案：正确

71．酶电极具有很好的选择性，是生物传感器的要件。（ ）

答案：正确

72．动态库仑分析不同于经典的恒电流和恒电位库仑分析的地方是，它的电流和电位都不是恒定的，是根据被测物质浓度的大小用电子技术自动调节的。（ ）

答案：正确

73．滴定池是微库仑仪的心脏，为了提高灵敏度和响应速度，池体积应小些为好。（ ）

答案：正确

74．恒电流库仑分析法具有灵敏、快速、准确并可测量微量物质的特点，但不能作常量分析。（ ）

答案：错误

正确答案：恒电流库仑分析法不但能作常量分析，而且能测定微量物质，具有灵敏、快速和准确的特点。

75．阳极溶出法的第一步为“电析”，即在一个恒电流下，将被测离子电解沉积，富集在工作电极上，与电极上的汞生成汞齐。（ ）

答案：错误

正确答案：阳极溶出伏安法的第一步为“电析”，即在一个恒电位下，将被测离子电解沉积，富集在工作电极上与电极上汞生成汞齐。

76．在电位测量中，盐桥只是起着沟通内电路的作用。（ ）

答案：错误

正确答案：盐桥中的阴、阳离子在溶液中的扩散速率相同，因此加入盐桥可以消除液接电势。

77．一般使用直流电来测量溶液的电导，这样可避免产生极化现象。（ ）

答案：错误

正确答案：使用直流电来测量溶液的电导不能避免产生极化现象。

78．电导滴定适用于稀溶液，除可用于酸碱反应外，也可用于氧化还原、沉淀滴定、络合滴定等。（　　）

答案：正确

79．电导分析也可用在水质监测分析上，因为它能测定出水中所有的污染物。（　　）

答案：错误

正确答案：电导分析也可用在水质监测分析上，因为它操作简便、准确度高，可以进行连续自动测定。但不能测定出水中所有的污染物。

80．玻璃电极中的内参比电极的电极电位是恒定的，与被测溶液的 pH 无关。（　　）

答案：正确

81．电位法适用于任何土壤氧化还原电位的测定。（　　）

答案：错误

正确答案：电位法适合新鲜或湿润土壤氧化还原电位的测定。

五、简答题

1．土壤样品 pH 测定时，要注意哪些方面？

答案：

（1）土壤样品宜过 10 目筛（2 mm），因为过细、过粗对测定均有影响；

（2）土样应贮存在密闭的玻璃瓶中，防止空气中的氨、二氧化碳及其他酸碱性气体的影响；

（3）测定时，水土比应固定不变，一般以 2.5∶1 为宜；

（4）试样温度（25℃ ± 1℃）对 pH 的测定有一定影响，在测定时需严格控制温度，使其与标准缓冲液温差不超过 2℃；

（5）测定时，将电极插入试样的悬浊液，注意去除电极表面气泡。

2．玻璃电极使用前应如何处理？

答案：玻璃电极在使用前应在纯水中浸泡 24 h 以上，使在玻璃膜表面形成水化硅胶层。

3．影响离子选择电极选择性的因素有哪些？

答案：

（1）测定温度；

（2）离子强度；

（3）介质的 pH；

（4）电动势测量的准确度。

4．pH 和酸度、碱度之间有什么关系？举例说明。

答案：pH 和酸度、碱度既有联系又有区别。pH 表示水的酸碱性强弱，而酸度或碱度是水中所含酸性或碱性物质的含量。比如，同样酸度的溶液，1 L 0.1 mol/L 盐酸和 1 L 0.1 mol/L 乙酸，二者的酸度都是 100 mmol/L，但其 pH 却大不相同。盐酸是强酸，在水中几乎 100%电离，其 pH 为 1；而乙酸是弱酸，在水中的电离度只有 1.3%，其 pH 为 2.9。

5．简述电化学滴定法的特点。

答案：

（1）准确度高；

（2）能用于有色溶液或浑浊溶液滴定；

（3）适合于非水滴定指示终点，许多有机物的滴定在非水溶液中进行，难以找到合适的指示剂，可采用电位滴定；

（4）能连续滴定，同时测定多组分，也可以自动滴定，并适用于微量分析。

6．测量溶液电导的电极通常为铂电极或铂黑电极，铂黑电极有哪些优势？

答案：测量溶液电导的电极，一般用两片平行的铂片制成，为减少极化效应，可在铂电极上覆盖颗粒很细的“铂黑”，由于铂黑电极有较大的表面积，因而可降低电流密度，减少极化现象。

7．按测量方式不同，电化学分析法可分为哪几种类型？

答案：按测量方式不同，电化学分析法可分为三种类型。第一类是根据待测试液的浓度与某一电参数之间的关系求得分析结果的。电参数可以是电导、电位、电流、电量等。这一类方法是电化学分析的最主要类型，它包括电导分析、电位分析、离子选择性电极分析、库仑分析、伏安分析及极谱分析法等。第二类是通过测量某一电参数突变来指示滴定分析终点的方法，又称电滴定分析法，它包括电导滴定、电位滴定、电流滴定等。第三类是通过电极反应，将待测组分转入第二相，然后再用重量法或滴定法进行分析，主要有电解分析法。

8．简述电位滴定法的原理。

答案：电位滴定法是电化学容量法中的一种方法，它的基本原理是依据能斯特方程，滴定时，在待测溶液中插入指示电极和参比电极组成工作电池，在不断搅拌下连续加入标准溶液，利用指示电极的电位变化确定滴定的终点。

9．简述库仑分析的原理。

答案：库仑分析的理论依据是法拉第电解定律。法拉第电解定律指出：在电极上起反应的物质的量与通过电解池的电量成正比，在适当条件下测量通过电解池的电量（库仑），即可算出在电极上起反应的物质的量。

10．使用酸度计时为什么要进行温度校正？

答案：用酸度计测定 pH 的根据是能斯特方程。电极电位与溶液中的 pH 呈线性关系，但温度影响直线的斜率，也影响测定的准确性，因此必须进行温度校正。

11．玻璃电极在使用前为什么要在蒸馏水中浸泡 24 h？

答案：玻璃电极使用前必须浸泡使其表面膨胀变软，形成水化层中的 Na^+ 与溶液中的 H^+ 交换，形成 H^+ 层，才能测定溶液中 H^+ 浓度。浸泡的第二个作用是使不对称电位减小并趋于稳定。

12．原电池和电解池有什么区别？

答案：本质区别：电解池是把电能转化为化学能，原电池是把化学能转化为电能。原电池是由两只电极插在溶液中，利用自发进行的氧化还原反应使化学能转变为电能的装置，而电解池是由被测溶液和一对电极所组成，是利用外界直流电源的电能，使不能自发进行的氧化还原反应在电极上得以进行的装置（或电解池有外加电源，原电池没有外加电源；原电池是对外供电，是自发的；电解池是需要通电，是被动的）。因此原电池和电解池是相互矛盾的两个过程，电解池中所发生的电化学反应就是原电池的逆反应。

13．什么叫标准电极电位？

答案：当待测电极氧化态的活度和还原态的活度均为 1.0 mol/L 时，25℃时以标准氢电极作参比测得的电动势，就是这支待测电极的标准电极电位。

14．什么是参比电极？对参比电极的基本要求是什么？最常用的参比电极是什么电极？

答案：参比电极是与指示电极配合形成原电池用来测量电池电动势的电极。对参比电极的基本要求是电极的电位值恒定，即再现性好。最常用的参比电极是甘汞电极。

15．什么是“碱差”？测定溶液 pH 时，产生“碱差”的原因是什么？

答案：玻璃电极在 pH 超过 10 或 Na^+浓度高的溶液中，测得 pH 读数偏低，由此引入的误差叫“碱差”或“钠差”。产生“碱差”的原因是由于水溶液中的 H^+浓度较小，在电极与溶液界面间交换的不但有 H^+，而且还有 Na^+，且交换产生的电位差全部反应在电极电位上，所以从电极电位上反映出来的 H^+活度增加了，因而测得的 pH 也比应有的值降低了。

16．电位滴定法和永停滴定法分别适合哪些类型的滴定反应？哪一种方法用到原电池？哪一种方法用到电解池？

答案：电位滴定法适合酸碱滴定、沉淀滴定、配位滴定和氧化还原滴定；永停滴定法只适合氧化还原滴定。前者使用原电池，后者则用电解池。

17．电位法测定土壤氧化还原电位的原理是什么？

答案：将铂电极和参比电极插入新鲜或湿润的土壤中，土壤中的可溶性氧化剂或还原剂从铂电极上接受或给予电子，直至在电极表面建立起一个平衡电位，测量该电位与参比电极电位的差值，再与参比电极相对于氢标准电极的电位值相加，即得到土壤的氧化还原电位。

六、计算题

1．设有 50 mL 和 30 mL 两份水样，分别测得 pH 为 4.0 和 6.0，若将两份水样混合，求混合后的水样的 pH 是多少。

答案：$pH=-\lg\dfrac{50\times10^{-4.0}+30\times10^{-6.0}}{50+30}=4.2$

混合后的水样的 pH 为 4.2。

2．有一 NO_3^-离子选择性电极，对 SO_4^{2-}的电位选择系数 $K_{NO_3^-,SO_4^{2-}}=4.1\times10^{-5}$。用此电极在 1.0 mol/L H_2SO_4 介质中测定 NO_3^-，测得 $\alpha_{NO_3^-}$为 8.2×10^{-4} mol/L。此时引起的测量误差是多少？

答案：SO_4^{2-}引起的测量误差 $=\dfrac{K_{ij}\times\alpha_j^{z_i/z_j}}{\alpha_i}\times100\%=\dfrac{4.1\times10^{-5}\times(1.0)^{\frac{1}{2}}}{8.2\times10^{-4}}\times100\%=5.0\%$

3．电导池内有两个面积为 1.25 cm^2 的平行电极，它们之间的距离为 1.50 cm，在贮满某电解质溶液后，测得电阻为 1.09 kΩ，计算该溶液的电导率是多少？

答案：电导率 $k=\dfrac{1}{R}\times\dfrac{L}{A}=\dfrac{1}{1.09\times1\,000}\times\dfrac{1.50}{1.25}=0.00110$（S/cm）=1.1（mS/cm）

4．用玻璃电极测定溶液 pH。于 pH=4 的溶液中插入玻璃电极和另一支参比电极，测得电池电动势 $E_s=-0.14$ V。于同样的电池中放入未知 pH 的溶液，测得电动势为 0.02 V，计算未知溶液的 pH。

答案：$E=K'+0.059\text{pH}$

$E_s=K'+0.059\text{pH}_s$

$E_x=K'+0.059\text{pH}_x$

得：

$E_x-E_s=0.059(\text{pH}_x-\text{pH}_s)$

$\text{pH}_x-\text{pH}_s=(E_x-E_s)/0.059$

已知：$E_s=-0.14$ V，$\text{pH}_s=4$，$E_x=0.02$ V

代入可得：

$\text{pH}_x-4=(0.02+0.14)/0.059$

$\text{pH}_x=(0.02+0.14)/0.059+4=6.71$

未知溶液的 pH 为 6.71。

5．下列电池：玻璃电极|H^+（a=x）┆┆饱和甘汞电极，当缓冲溶液 pH=4.00 时，测得电池的电动势为 0.209 V，测量未知液时，电池电动势为 0.312 V，求未知液的 pH。

答案：$\text{pH}_x-\text{pH}_s=(E_x-E_s)/0.059$

$\text{pH}_x=(E_x-E_s)/0.059+\text{pH}_s=(0.312-0.209)/0.059+4.00=5.75$

第四节　分光光度法

一、填空题

1．比色液吸收波长在 370 nm 以上时可选用__________比色皿，在 370 nm 以下时必须使用__________比色皿。

答案：玻璃或石英，石英

2．二苯碳酰二肼分光光度法测定水中六价铬时，如水样有颜色但不太深，可进行__________校正；浑浊且色度较深的水样用__________预处理后仍含有机物干扰测定时，可用__________破坏有机物后再测定。

答案：色度，锌盐沉淀分离，酸性高锰酸钾（氧化法）

3．分光光度法测定样品的基本原理是利用__________，根据不同浓度样品溶液对光信号具有不同的__________，对待测组分进行定量测定。

答案：朗伯-比尔定律（比尔定律、比耳定律、朗伯-比尔定律、布格-朗伯-比尔定律），吸光度

4．用钼酸铵分光光度法测定水中总磷时，如显色时室温低于 13℃，可在 20～30℃水浴中显色__________min。

答案：15

5．纳氏试剂分光光度法测定水中氨氮时，若水样中如含余氯，可加入适量__________去除，如有金属离子干扰可加入__________去除。

答案：$Na_2S_2O_3$，酒石酸钾钠

6．纳氏试剂分光光度法测定环境空气和污染源废气中氨时，配制的纳氏试剂呈__________性。

答案：碱

7．用纳氏试剂光度法测定水中氨氮时，水样浑浊且有颜色可采用絮凝沉淀过滤法预处理。若处理后仍有颜色，则应采用__________预处理。

答案：蒸馏

8．摩尔吸光系数在光度分析中用来衡量显色反应的__________。摩尔吸光系数越大，则该显色反应越__________。

答案：灵敏度，灵敏

9．特制的镨钕滤光片，校正仪器波长时，通常用__________nm 和__________nm 的双峰谱线校正。

答案：573，586

10．分光光度计通常用__________或__________做光源。

答案：钨丝灯/钨灯，氘灯

11．分光光度计的比色皿通常用__________或__________材质的。

答案：玻璃，石英

12．分光光度法是根据物质的__________来研究物质的成分、结构及物质相互作用的有效手段。

答案：吸收光谱

13．用亚甲蓝分光光度法测定含有阴离子表面活性剂的水样时，水样应保存在__________，并事先用__________清洗过。短期建议贮存在__________，保存期超不过 24 h。

答案：清洁的玻璃瓶中，甲醇，4℃冰箱中

14．用纳氏试剂分光光度法测定水中氨氮时，测定上限是__________mg/L，检测限是__________mg/L。

答案：2.0，0.025

15．纳氏试剂分光光度法测定水中氨氮，在显色前加入酒石酸钾钠的作用是消除__________、__________等金属离子的干扰。

答案：Ca^{2+}，Mg^{2+}

16．用纳氏试剂光度法测定水中氨氮的原理是：游离态的氨或铵离子与__________和__________的碱性溶液反应，生成__________络合物，测定波长采用 __________nm。

答案：HgI_2，KI，淡红棕色，420

17．纳氏试剂光度法测定氨氮，进行蒸馏时，氨氮吸收液是__________；用水杨酸-次氯酸盐光度法测定时，水样采用蒸馏预处理法，应以__________溶液为吸收液，显色前加__________溶液使其中和。

答案：硼酸，硫酸，氢氧化钠

18．水杨酸分光光度法测定水中氨氮的原理是在碱性介质和__________存在下，水中的氨、铵离子与水杨酸盐和次氯酸离子反应生成__________化合物，在波长__________nm 处测定吸光度。

答案：亚硝基铁氰化钾，蓝色，697

19．分光光度法测定水中亚硝酸盐氮，通常是基于重氮-偶联反应，生成__________色染料。常用的重氮-偶联试剂有＿＿＿＿＿和＿＿＿＿＿。

答案：红，对-氨基苯磺酰胺，N-（1-萘基）-乙二胺二盐酸盐

20．紫外法测定 NO_3-N 时，常见的干扰有＿＿＿＿＿、＿＿＿＿＿、＿＿＿＿＿、＿＿＿＿＿、＿＿＿＿＿、＿＿＿＿＿。

答案：溶解的有机物，表面活性剂，亚硝酸盐，六价铬，溴化物，碳酸氢盐和碳酸盐

21．异烟酸-吡唑啉酮光度法测定水中氰化物，用 10 mm 比色皿。其最低检出浓度为＿＿＿＿＿mg/L，测定上限为＿＿＿＿＿mg/L。

答案：0.004，0.25

22．应用亚甲蓝分光光度法测定阴离子表面活性物质的标准适用于＿＿＿＿＿、＿＿＿＿＿、＿＿＿＿＿和工业废水中的＿＿＿＿＿浓度＿＿＿＿＿。

答案：饮用水，地表水，生活污水，低，亚甲蓝活性物质（MBAS）

23．用亚甲蓝分光光度法测定阴离子表面活性剂时，如水相中的＿＿＿＿＿变淡或消失，说明水样中＿＿＿＿＿浓度超过了预计量，以致加入的＿＿＿＿＿全部被反应掉，应＿＿＿＿＿重新分析。

答案：蓝色，亚甲蓝活性物质（MBAS），亚甲蓝，（适当）减少取样量

24. 用亚甲蓝分光光度法测定阴离子表面活性剂时，应按规定进行＿＿＿＿＿，仅用＿＿＿＿＿代替试样。在试验条件下，每 10 mm 光程长＿＿＿＿＿的吸光度不应超过＿＿＿＿＿，否则应仔细检查仪器和试剂是否有污染。

答案：空白试验，水，空白试验，0.02

25．以不同波长的光对某物质的吸光度作图所获得的曲线称为＿＿＿＿＿，又称＿＿＿＿＿。

答案：吸收曲线，吸收光谱

26．光度法定性分析的理论基础是基于各物质的最大＿＿＿＿＿不同。

答案：吸收光波长

27. 朗伯-比尔定律：$A=Kbc$，当 c 的单位为 g/L 时，符号 c 代表＿＿＿＿＿，b 代表＿＿＿＿＿，K 代表＿＿＿＿＿。

答案：浓度，光程（或吸光层厚度、吸光物质厚度、光程长度），吸光系数

28．摩尔吸光系数ε是吸光物质＿＿＿＿＿的度量，其值越大，表明该测定方法越 ＿＿＿＿＿。

答案：吸光能力，灵敏

29. 朗伯-比尔定律适用条件是入射光是＿＿＿＿＿，＿＿＿＿＿介质的＿＿＿＿＿溶液的测定。

答案：单色光，均匀，稀

30．在光度分析中，偏离朗伯-比尔定律的重要原因是由入射光的＿＿＿＿＿差和吸光物质的＿＿＿＿＿引起的。

答案：单色性，化学变化

31．显色反应条件的选择主要有试剂的＿＿＿＿＿、显色的 ＿＿＿＿＿和＿＿＿＿＿及＿＿＿＿＿。

答案：用量，酸度，时间，温度

32．一有色溶液对某波长光的吸收遵守朗伯-比尔定律，当选用 2 cm 的比色皿时，测得的透光

率为 T，若改用 1 cm 的吸收池，则透光率应为__________。

答案：$\frac{T}{2}$

33．不同波长的光具有不同的能量，波长越短，光的能量越__________，由于物质的分子、原子、离子具有不连续的__________，只有当某波长的光波的能量与物质的基态和激发态的__________时，才发生物质对某光波的吸收。

答案：大，量子化能级，能量差相当

34．分子吸收光谱法（或分光光度法）包括__________、__________等，它们是基于__________而建立起来的分析方法。

答案：紫外-可见吸收分光光度法，红外光谱法，物质对光的选择性吸收

35．摩尔吸收系数的单位是__________，它表示物质的浓度为__________，液层厚度为__________时溶液的吸光度。故光的吸收定律的表达式可写为__________。

答案：L/（mol·cm）（或 $L \cdot mol^{-1} \cdot cm^{-1}$），1 mol/L，1 cm，$A=\varepsilon cl$（或 $A=Kbc$、$A=\varepsilon bc$）

36．在紫外-可见分光光度计上，透光率的刻度是__________的，而吸光度的刻度是__________的，吸光度和透光率的关系是__________关系。

答案：均匀，不均匀，对数

37．吸收光谱一般分为__________和__________两大类。

答案：分子吸收光谱，原子吸收光谱

38．能从辐射源辐射（光）线中，分离出一定波长范围谱线的器件叫作__________，通常按其使用方法，可分为__________和__________两种。

答案：波长选择器，固定带通选择器，连续变化选择器

39．固定带通选择器通称__________，是最简单的一种__________，每一滤光片可对应一定的__________。

答案：滤光片，波长选择器，带通

40．玻璃吸收池不应在__________nm 波长下使用，这是因为__________的缘故。

答案：200～350，紫外光不能穿透玻璃

41．适宜的吸光度 A=__________的范围内浓度测量的误差较小。为此可采用__________和__________来调节。

答案：0.2～0.8，调节溶液浓度，使用厚度不同的吸收池

42．分光光度计上的单色器是将光源发射的__________光分解为__________光的装置。单色器的核心部分叫作__________。

答案：复合，单色，色散器

43．光栅是在__________表面每毫米内刻有一定数量的等宽等距的__________的一种色散元件。高质量的分光光度计使用__________代替机制或复制光栅。

答案：玻璃，平行条痕，全息光栅

44．单色器的狭缝设计一定的宽度，经过狭缝的单色光是一个具有__________的谱带，称为__________。

答案：一定光谱宽度，光谱带宽

45．紫外-可见分光光度计的检测器是一种光电转换设备，它将光强度转变为电信号显示出来。常用的检测器有__________、__________和__________。

答案：光电池，光电管，光电倍增管

46．光电管是常用的一种光电检测器，其中紫敏光电管具有锑-铯阴极，于波长为__________nm下使用最适宜；红敏光电管具有银-氧化铯-铯阴极，适用于波长为__________nm。

答案：200～625，625～1 000

47．双波长分光光度计常采用__________法和__________法进行有干扰组分共存时的定量分析。

答案：等吸收点，系数倍率

48．紫外-可见分光光度计根据光度学分类，可分为__________和__________分光光度计。根据测量中提供的波长数可分为__________和__________分光光度计。

答案：单光束，双光束，单波长，双波长

49．红外光谱属于分子的__________跃迁对应的__________，故属于__________光谱。

答案：振动（或转动），吸收，振动（或转动）

50．当波长连续变化的红外光照射分子时，与分子__________相同的__________被吸收，从而得到与__________相对应的吸收光谱，称为红外吸收光谱，利用此光谱进行分析的方法称为红外吸收光谱法。

答案：固定频率，红外光，分子结构

二、单选题

1．异烟酸-巴比妥酸光度法测定水中氰化物的原理是，在__________条件下，水样中氰化物与氯胺 T 作用生成氯化氰，然后与异烟酸反应，经水解而生成戊烯二醛，最后再与巴比妥酸作用成紫蓝色化合物，于 600 nm 波长处测量吸光度。（　　）

A．弱碱性　　B．弱酸性　　C．中性　　D．酸性

答案：B

2．符合朗伯-比尔定律的有色溶液稀释后，最大吸收峰的波长位置__________。（　　）

A．向长波方向移动　　B．向短波方向移动

C．不移动但峰值降低　　D．不移动但峰值增大

答案：C

3．二苯碳酰二肼分光光度法测定水中六价铬时，加入磷酸的主要作用是__________。（　　）

A．消除 Fe^{3+}的干扰　　B．控制溶液的酸度

C．消除 Fe^{3+}的干扰、控制溶液的酸度

答案：C

4．碱性过硫酸钾消解紫外分光光度法测定水中总氮时，其中过硫酸钾的作用是__________。（　　）

A．还原　　B．显色　　C．氧化　　D．消除干扰

答案：C

5．用纳氏试剂光度法测定水中氨氮，水样中加入酒石酸钾钠的作用是__________。（　　）

A．调节溶液的 pH　　　　B．消除金属离子的干扰

C．与纳氏试剂协同显色　　　　D．减少氨氮损失

答案：B

6．朗伯-比尔定律 $A = \varepsilon bc$ 中，与摩尔吸光系数ε值无关的是__________。（　　）

A．入射光的波长　　　　B．显色溶液温度

C．测定时的取样体积　　　　D．有色溶液的性质

答案：C

7．用异烟酸-吡唑啉酮分光光度法对环境空气或污染源废气中氰化氢进行测定时，若试样中氧化剂存在的量很小，可向样品溶液中加入一定量的__________溶液消除其干扰。（　　）

A．硫酸钠　　B．亚硫酸钠　　C．硫酸铵　　D．亚硫酸铵

答案：B

8．采用铂钴比色法测定水的色度时，测定结果以与水样色度最接近的标准溶液的色度表示，在0～40 度范围内，准确到__________度，40～70 度范围内，准确到__________度。（　　）

A．5，5　　B．5，10　　C．5，15　　D．10，15

答案：B

9．采用二苯碳酰二肼分光光度法测定水中六价铬时，二苯碳酰二肼与铬的络合物在__________nm 处有最大吸收。（　　）

A．500　　B．650　　C．470　　D．540

答案：D

10．朗伯-比尔定律 $A=kcL$ 中，摩尔吸光系数 k 值表示该物质对某波长光的吸收能力越强，比色测定的灵敏度就__________。（　　）

A．越大　　B．越小　　C．大小一样

答案：A

11．采用钼酸铵分光光度法测定水中总磷时，砷大于 2 mg/L 时干扰测定，用__________去除。（　　）

A．亚硫酸钠　　B．硫代硫酸钠　　C．通氮气　　D．硼氢化钠

答案：B

12．环境空气质量监测中，用碱片-铬酸钡分光光度法测定硫酸盐化速率时，滤膜上要均匀滴加__________溶液，不得出现空白。（　　）

A．氯化钾　　B．氯化钠　　C．碳酸钠　　D．碳酸钾

答案：D

13．用萘乙二胺分光光度法测定海水中亚硝酸盐，若样品中含有大量的硫化氢则会干扰测定，此时可加入__________后再用氮气驱除硫化氢。（　　）

A．盐酸萘乙二胺　　B．磺胺　　C．盐酸　　D．氯化铵

答案：B

14．用甲醛-盐酸副玫瑰苯胺分光光度法测定环境空气或废气中二氧化硫时，加入氨基磺酸钠和

磷酸及环己二胺四乙酸二钠盐可消除或减少某些干扰物的干扰。其中加入氨基磺酸钠可消除__________的干扰。（　　）

A．某些金属离子　　B．臭氧　　C．氮氧化物　　D．硫化氢

答案：C

15．用二苯碳酰二肼分光光度法测定水中总铬时，加入尿素的目的是__________。（　　）

A．将 Cr^{3+}氧化成 Cr（Ⅵ）　　B．还原过量的高锰酸钾

C．分解过量的亚硝酸钠

答案：C

16．钼酸铵分光光度法测定水中总磷时，硫化物大于 2 mg/L 时干扰测定，用__________去除。（　　）

A．亚硫酸钠　　B．硫代硫酸钠　　C．通氮气　　D．硼氢化钠

答案：C

17．环境空气臭氧的监测分析方法是__________。（　　）

A．甲醛缓冲溶液吸收-盐酸副玫瑰苯胺分光光度法

B．非分散红外法

C．紫外光度法

D．化学发光法

答案：C

18．在测定水中六价铬时，如样品需做色度校正，则另取一份水样，加入与待测水样相同试剂进行相同操作，其中以 2 mL__________代替显色剂，以此水样代替水作为参比溶液测定待测水样的吸光度。（　　）

A．乙醇　　B．甲醛　　C．丙酮　　D．尿素

答案：C

19．用氯化汞配制纳氏试剂时，静置过夜，__________贮存于聚乙烯瓶中，密塞保存。（　　）

A．用滤纸过滤，取滤液　　B．摇匀

C．倾出上清液　　D．加水稀释后

答案：C

20．测定水中六价铬，Cr^{6+}与二苯碳酰二肼反应时，试样中（1+1）硫酸浓度一般控制在__________mol/L 时显色最好。（　　）

A．0.01　　B．0.05～0.3　　C．0.5　　D．1.0

答案：B

21．在分光光度法中，运用朗伯-比尔定律进行定量分析采用的入射光为__________。（　　）

A．白光　　B．单色光　　C．可见光　　D．紫外线

答案：B

22．分子的紫外-可见吸收光谱呈带状光谱，其原因是__________。（　　）

A．分子中价电子的离域性质

B．分子振动能级的跃迁伴随转动能级的跃迁

C．分子中价电子能级的相互作用

D．分子电子能级的跃迁伴随着振动、转动能级的跃迁

答案：D

23．用分光光度法同时测定混合物中吸收曲线部分重叠的两组分时，下列方法中较为方便和准确的是__________。（　　）

A．解联立方程组法　　B．导数光谱法

C．双波长分光光度法　　D．视差分光光度法

答案：A

24．在紫外-可见吸收光谱中，助色团对谱带的影响是使谱带__________。（　　）

A．波长变长　　B．波长变短

C．波长不变　　D．谱带蓝移

答案：A

25．指出下列__________因素对朗伯-比尔定律不产生偏差。（　　）

A．溶质的解离作用　　B．杂散光进入检测器

C．溶液的折射指数增加　　D．改变吸收光程长度

答案：D

26．分子运动包括由电子相对原子核的运动（$E_{电子}$）、核间相对位移的振动（$E_{振动}$）和转动（$E_{转动}$）这三种运动，其能量大小顺序为__________。（　　）

A．$\triangle E_{振动}>\triangle E_{转动}>\triangle E_{电子}$

B．$\triangle E_{转动}>\triangle E_{电子}>\triangle E_{振动}$

C．$\triangle E_{电子}>\triangle E_{振动}>\triangle E_{转动}$

D．$\triangle E_{电子}>\triangle E_{转动}>\triangle E_{振动}$

答案：C

27．可见分光光度法使用复合光源时，标准曲线发生偏离的原因是__________。（　　）

A．物质对各波长的摩尔吸光系数 ε 相近

B．光的能量太强

C．物质对各波长光的摩尔吸光系数 ε 相差较大

D．光的能量太弱

答案：C

28．物质的颜色是由于选择性地吸收了白光中的某些波长的光所致。硫酸铜溶液呈现蓝色是由于它吸收了白光中的__________。（　　）

A．蓝色光波　　B．绿色光波

C．黄色光波　　D．青色光波

答案：C

29．人眼能感受到的光称为可见光，其波长范围是__________。（　　）

A．400～800 nm　　B．200～400 nm

C．200～600 nm　　D．400～800 μm

答案：A

30．符合朗伯-比尔定律的某溶液的吸光度 A_0，若将该溶液的浓度增加一倍，则其吸光度等于__________。（　　）

A．$2A_0$　　B．$\frac{A_0}{2}$　　C．$2\lg A_0$　　D．$\frac{\lg A_0}{2}$

答案：A

31．物质在太阳光（白光）的照射下呈现出各种颜色，这是因为__________。（　　）

A．物质反射了太阳光中的部分光波所致

B．物质透射太阳光中的某种有色光所致

C．物质颜色是物质不吸收的太阳光光波的综合色

D．物质颜色是物质对太阳光的反射光，通过空气折射所致

答案：C

32．某有色物质的溶液，每 50 mL 中含有该物质 0.1 mg，今用 1 cm 比色皿在某光波下测得透光度为 10%，则吸光系数为__________。（　　）

A．1.0×10^2　　B．2.0×10^2　　C．5.0×10^2　　D．6.0×10^2

答案：C

33．在光度测定中，使用参比溶液的作用是__________。（　　）

A．调节仪器透光度的零点

B．吸收入射光中测定所不需要的光波

C．调节入射光的光强度

D．消除溶剂和试剂等非测定物质对入射光吸收的影响

答案：D

34．物质的紫外-可见吸收光谱的产生是由于__________。（　　）

A．原子核内层电子的跃迁　　B．原子核外层电子的跃迁

C．分子的振动　　D．分子的转动

答案：B

35．紫外-可见吸收光谱主要决定于__________。（　　）

A．原子核外层电子能级间的跃迁　　B．分子的振动、转动能级的跃迁

C．分子的电子结构　　D．原子的电子结构

答案：C

36．下列说法正确的是__________。（　　）

A．吸光度 A 随浓度增大而增大

B．摩尔吸光系数随浓度增大而增大

C．透光率 T 随浓度增大而增大

D．透光率 T 随比色皿加厚而增大

答案：A

37．下列表述中错误的是__________。（　　）

A．比色法又称分光光度法

B．透射光与吸收光互为补色光，黄色和蓝色互为补色光

C．以下公式中，ε为摩尔吸光系数，其数值越大，反应越灵敏

$$A=\lg\frac{I_0}{I}=\varepsilon bc$$

D．吸收峰随浓度增加而增大，但最大吸收波长不变

答案：A

38．若显色剂无色，而被测溶液中存在其他有色离子干扰，在分光光度法分析中，应采用的参比溶液是__________。（　　）

A．蒸馏水　　B．显色剂

C．试剂空白溶液　　D．不加显色剂的被测溶液

答案：D

39．下列因素对朗伯-比尔定律不产生偏差的是__________。（　　）

A．改变吸收光程长度　　B．溶质的离解作用

C．溶液的折射指数增加　　D．杂散光进入检测器

答案：A

40．按一般光度法用空白溶液作参比溶液，测得某试液的透射比为10%，如果更改参比溶液，以用一般分光光度法测得透射比为20%的标准溶液作参比溶液，则试液的透光率应等于__________。（　　）

A．8%　　B．40%　　C．50%　　D．80%

答案：C

41．目视比色法中常用的标准系列法是比较__________。（　　）

A．入射光的强度　　B．透过溶液后光的强度

C．透过溶液后吸收光的强度　　D．一定厚度溶液颜色的深浅

答案：D

42．有色配合物的摩尔吸收系数与下面因素中有关的量是__________。（　　）

A．比色皿厚度　　B．有色配合物的浓度

C．吸收池的材料　　D．入射光的波长

答案：D

43．某金属离子X与R试剂形成一有色配合物，若溶液中X的浓度为1.0×10^{-4} mol/L，用1 cm比色皿在525 nm处测得吸光度为0.400，则此配合物在525 nm处的摩尔吸收系数为__________L/（mol·cm）。（　　）

A．4×10^{-3}　　B．4×10^{3}　　C．4×10^{4}　　D．4×10^{-4}

答案：B

44．有甲乙两个同一有色物质、不同浓度的溶液，用同一厚度的比色皿在同一波长下测得的吸光度分别为甲0.20、乙0.30，若甲的浓度为4.0×10^{-4} mol/L，则乙的浓度为__________mol/L。（　　）

A．8.0×10^{-4}　　B．2.0×10^{-4}　　C．4.0×10^{-4}　　D．6.0×10^{-4}

答案：D

45. 有甲乙两个不同浓度的有色溶液，用同一波长的光测定，当甲溶液用 1 cm 比色皿，乙溶液用 2 cm 比色皿时，获得的吸光度值相同，则它们的浓度关系为__________。（　　）

A. 甲是乙的 1/2　　B. 乙是甲的 2 倍

C. 甲等于乙　　D. 甲是乙的 2 倍

答案：D

46. 吸光度 $A=0$ 时，T% =__________。（　　）

A. 0　　B. 10　　C. 50　　D. 100

答案：D

47. 钨灯可作为下述__________分析的光源。（　　）

A. 紫外原子光谱　　B. 紫外分子光谱

C. 红外分子光谱　　D. 可见光分子光谱

答案：D

48. 所谓“真空紫外区”，其波长范围是__________nm。（　　）

A. 200～400　　B. 400～800　　C. 10～200　　D. 102

答案：C

49. 在紫外-可见分光光度计中，强度大、光谱区域广的光源是__________。（　　）

A. 氙灯　　B. 钨丝灯　　C. 卤钨灯　　D. 氢灯

答案：A

50. 用邻菲啰啉法比色测定微量铁时，加入抗坏血酸的目的是__________。（　　）

A. 调节酸度　　B. 作氧化剂　　C. 作还原剂　　D. 作为显色剂

答案：C

51. 光量子的能量正比于辐射的__________。（　　）

A. 频率　　B. 波长　　C. 传播速度　　D. 周期

答案：A

52. 电子能级间隔越小，跃迁时吸收光子的__________。（　　）

A. 能量越大　　B. 波长越长　　C. 波数越大　　D. 频率越高

答案：B

53. 以下四种类型的电子能级跃迁需要能量最大的是__________。（　　）

A. $\sigma\rightarrow\sigma^*$　　B. $n\rightarrow\sigma^*$　　C. $n\rightarrow\pi^*$　　D. $\pi\rightarrow\pi^*$

答案：A

54. 下面四种化合物中，能作为近紫外光区（200 nm 附近）的溶剂是__________。（　　）

A. 苯　　B. 丙酮　　C. 四氯化碳　　D. 乙醇

答案：D

55. 硒光电池可用于检测__________。（　　）

A. 紫外光　　B. 红外光　　C. 可见光　　D. X 射线

答案：C

56. 721 型分光光度计采用的色散元件是__________。（　　）

A．玻璃棱镜　　B．石英棱镜

C．光栅　　D．全息棱镜

答案：A

57．高吸光度示差分光光度法和一般的分光光度法不同点在于参比溶液的不同，前者的参比溶液为__________。（　　）

A．溶剂

B．去离子水

C．试剂空白

D．在空白溶液中加入比被测试液浓度稍高（或稍低）的标准溶液

答案：D

58．在吸收光谱曲线中，吸光度的最大值是偶数阶导数光谱曲线的__________。（　　）

A．极大值　　B．极小值

C．零　　D．极大值或极小值

答案：D

59．对于 $n \rightarrow n^*$ 和 $\pi \rightarrow \pi^*$ 跃迁类型，可用吸收峰的__________加以区别。（　　）

A．最大波长　　B．形状

C．摩尔吸收系数　　D．面积

答案：C

60．双波长分光光度计与单波长分光光度计的主要区别是__________。（　　）

A．光源的个数　　B．单色器的个数

C．吸收池的个数　　D．单色器和吸收池的个数

答案：D

61．能与气相色谱仪联用的红外光谱仪是__________。（　　）

A．单光束红外光谱仪　　B．双光束红外分光光度计

C．傅里叶变换红外光谱仪　　D．色散型红外分光光度计

答案：C

62．红外吸收峰的强度根据__________的大小可粗略分为五级。（　　）

A．吸光度　　B．透光率

C．波长　　D．摩尔吸收系数

答案：D

三、多选题

1．硼酸碘化钾分光光度法测定环境空气中臭氧时，空气通过吸收管前的三氧化铬氧化管，可除去__________等还原性干扰气体。（　　）

A．二氧化硅　　B．二氧化硫

C．硫化氢　　D．硫化钠

答案：BC

2．分光光度分析中酸度对显色的影响有__________。（　　）

A．对显色剂本身的影响

B．对溶液中各元素存在状态的影响

C．对显色反应的影响

D．对比色皿的影响

答案：ABC

3．光度法测定水中六价铬时，__________会对测定结果有干扰。（　　）

A．水样的色度　　B．水样的浊度和悬浮物

C．重金属离子　　D．无机、有机还原性物质

答案：ABCD

4．为了提高比色分析的灵敏度，可以__________。（　　）

A．增加显色溶液浓度　　B．增加比色皿的长度

C．使用最大吸收波长　　D．使用摩尔吸光系数大的显色剂

答案：BCD

5．分光光度法灵敏度的表示方法有__________。（　　）

A．Sandell 灵敏度指数　　B．摩尔吸光系数

C．比吸光系数

答案：ABC

6．环境空气中二氧化硫（SO_2）的监测分析方法是__________。（　　）

A．甲醛缓冲溶液吸收-盐酸副玫瑰苯胺分光光度法

B．四氯汞钾溶液吸收-盐酸副玫瑰苯胺分光光度法

C．紫外荧光法

D．Saltzman 法

答案：ABC

7．地表水基本项目中，氨氮的监测分析方法是__________。（　　）

A．纳氏试剂光度法　　B．电化学探头法

C．重铬酸盐法　　D．水杨酸-次氯酸盐光度法

答案：AD

8．使用亚甲基蓝分光光度法测定水质阴离子表面活性剂时，部分有机物或多或少与亚甲基蓝作用生成可溶于氯仿的蓝色络合物使结果偏高，可采用下面哪几种方法消除__________。（　　）

A．水溶液反洗　　B．气提萃取法

C．阳离子交换树脂　　D．蒸馏法

答案：AB

9．分光光度法测定水中氰化物的干扰有__________等。（　　）

A．活性氯　　B．亚硝酸离子　　C．硫化物　　D．硫氰酸盐

答案：ABCD

10．以下对挥发酚测定的说法错误的是__________。（　　）

A．4-氨基安替比林在酸性介质中有氧化剂存在时，能与酚类反应成红色染料

B．水样中酚含量较低时宜用 4-氨基安替比林萃取法测定

C．含酚水样采集后应置于塑料瓶中，加磷酸至 pH<4 时加入 $CuSO_4$，在 4℃可保存 24 h

D．4-氨基安替比林萃取光度法测挥发酚，以三氯甲烷为参比液测定校准曲线吸光度值，减去零浓度点的吸光度值，绘制校正后的吸光度对苯酚含量的校准曲线

答案：AC

11．用二乙基二硫代氨基甲酸银分光光度法测定砷时，应注意__________。（ ）

A．吸收液层高应保持在 2～5 cm

B．导气管的毛细管口直径以不大于 1 mm 为宜

C．所用各套分析装置必须保证不漏气

D．夏天温度较高，可适当减少浓硫酸的用量

答案：BCD

12．下列叙述正确的是__________。（ ）

A．在紫外-可见分光光度计中氢灯为紫外光区灯源，钨灯为可见光区灯源

B．在相同条件下，试样与对照品的紫外图谱完全相同，则两者肯定是同一化合物

C. 杂质在测量波长处有强吸收，而化合物有弱吸收，若测得化合物在此波长处的吸光系数增大，则可判断化合物中有杂质

D．紫外-可见分光光度法定量标准曲线是以标准溶液的浓度为横坐标，吸光度为纵坐标所描绘的曲线

答案：ACD

13．等吸收波长消去法选择测量波长与参比波长的原则是__________。（ ）

A．被测组分在所选定的测量波长与参比波长处吸光度值差值足够大

B．干扰组分在所选定的测量波长与参比波长处吸光度值差值足够大

C．被测组分在所选定的测量波长与参比波长处吸光度值相等

D．干扰组分在所选地的测量波长与参比波长处吸光度值相等

答案：AD

14．某有色溶液的透光度为 20%，则其吸光度为__________。（ ）

A．$-\lg 20\%$　　B．$-\lg 0.20$　　C．$-\lg 0.80$　　D．$2-\lg 20$

答案：ABD

15．某有色溶液的吸光度为 0.300，则该溶液在同样厚度下的透光率为__________。（ ）

A．30%　　B．50%　　C．70%　　D．$10^{-0.30}$

答案：BD

16．某物质的摩尔吸收系数（k）很大，则表明__________。（ ）

A．该物质溶液的浓度很大　　B．光通过该物质溶液的光程长

C．该物质对某波长的光吸收能力很强　　D．测定该物质的灵敏度高

答案：CD

17．标准吸收曲线偏离朗伯-比尔定律的原因是__________。（ ）

A．使用了复合光　　B．有色物质中有电离、缔合、互变异构现象

C．有色物质浓度过大　　D．有色物质浓度较稀

答案： ABC

18．在显色反应中，显色剂的选择原则是__________。（　　）

A．显色剂的 k 值越大越好

B．显色反应产物的 k 值越大越好

C．显色剂的 k 值越小越好

D．显色反应产物和显色剂，在同一光波下的 k 值相差越大越好

答案： BCD

19．标准曲线法是光度测量中的基本方法，用参比溶液调节 A=0 或 T=100%，其目的是__________。（　　）

A．使测量符合朗伯-比尔定律，不发生偏离

B．使测量中 $c \sim T$ 为线性关系

C．使标准曲线通过坐标原点

D．使所测吸光度 A 值真正反映的是待测物质的 A 值

答案： CD

20．今有含吸收曲线不相互重叠的 A 和 B 混合溶液，下列有关陈述正确的是__________。（　　）

A．可不经分离，直接以不同波长的光分别测定 A 和 B

B．可用同一波长的光分别测定 A 和 B

C．以 A 吸收最大的光测得的吸光度值中也包括了 B 的吸收

D．以 B 吸收最大的光波测得的吸光度值中不包括 A 的吸收

答案： AD

21．若是 A 和 B 两有色物质的吸收曲线相互重叠，且最大吸收峰非常靠近，这说明当 A 和 B 混合时__________。（　　）

A．不能以标准曲线法分别测定出 A 和 B

B．以 A 物质的最大吸收光波测得的吸光度值中肯定有 B 物质的吸收在内

C．可分别以不同的光波，分别测得 A 和 B 的量

D．A 和 B 对某波长的光的摩尔吸收系数基本相等

答案： ABD

22．能连续地色散、分割各种不同波长的分光器件叫连续变化波长选择器。按色散、分割原理的不同，可分为__________。（　　）

A．棱镜　　B．光栅　　C．滤光片　　D．可调干涉滤光片

答案： ABD

23．按材质不同，吸收池可分为__________。（　　）

A．石英　　B．玻璃　　C．塑料　　D．盐类

答案： ABCD

24．三元配合物在分光光度分析中应用较多的有__________。（　　）

A．三元混配化合物　　B．三元离子缔合物
C．三元胶束配合物　　D．三元杂多酸配合物

答案：ABCD

25．分光光度计的基本组成部件有__________。（　　）

A．光源　　B．单色器　　C．吸收池　　D．检测器
E．测量系统

答案：ABCDE

26．一般紫外-可见分光光度计的可见光区常用__________为光源。（　　）

A．钨灯　　B．卤钨灯　　C．氢灯　　D．氘灯

答案：AB

27．在紫外吸收光谱曲线中，能用来定性的参数是__________。（　　）

A．最大吸收峰的吸光度　　B．最大吸收峰的波长
C．最大吸收峰的峰面积　　D．最大吸收峰处的摩尔吸收系数

答案：BD

28．在紫外光照射下 CH_3Cl 分子中，电子能级跃迁的能级有__________。（　　）

A．$\sigma \rightarrow \sigma^*$　　B．$n \rightarrow \sigma^*$　　C．$\pi \rightarrow \sigma^*$　　D．$\pi \rightarrow \pi^*$

答案：AB

29．当光束照射到物质上时，光与物质之间便产生光的__________等现象。（　　）

A．反射　　B．透射　　C．吸收　　D．散射

答案：ABCD

30．红外光谱是__________。（　　）

A．分子光谱　　B．原子光谱　　C．吸收光谱　　D．电子光谱
E．振动光谱

答案：ACE

31．当用红外光谱激发分子产生振动能级跃迁时，化学键越强，则__________。（　　）

A．吸收光子的能量越大　　B．吸收光子的频率越大
C．吸收光子的波长越大　　D．吸收光子的数目越多
E．吸收光子的波数越大

答案：ABE

四、判断题

1．测定水中氨氮，先用纳氏试剂预判。滴入纳氏试剂后，先出现黄色浑浊再变为无色，说明水样中氨氮的浓度很低。（　　）

答案：错误

正确答案：测定水中氨氮，先用纳氏试剂预判。滴入纳氏试剂后，先出现黄色浑浊再变为无色，说明水样中氨氮的浓度很高。

2．二苯碳酰二肼分光光度法测定水中六价铬时，加入磷酸的作用是消除钒的干扰。（　　）

答案：错误

正确答案：加入磷酸的作用是消除 Fe^{3+}的干扰，控制溶液的酸度。

3．甲醛-盐酸副玫瑰苯胺分光光度法测定环境空气中二氧化硫时加入氨磺酸钠的作用是消除氮氧化物的影响。（　　）

答案：正确

4．甲醛-盐酸副玫瑰苯胺分光光度法测定环境空气二氧化硫，显色操作时，应将样品溶液、氨磺酸钠及氢氧化钠的吸收液迅速加入盐酸副玫瑰苯胺使用液中，即“倒加”顺序。（　　）

答案：正确

5．纳氏试剂分光光度法测定水中氨氮时，配制纳氏试剂时，在搅拌下，将二氯化汞溶液滴加到碘化钾溶液中，直至将配制好的二氯化汞溶液加完为止。（　　）

答案：错误

正确答案：将二氯化汞粉末分多次加入碘化钾溶液中，直到溶液呈深黄色或出现淡红色沉淀溶解缓慢时，充分搅拌混合，并改为滴加二氯化汞饱和溶液，当出现少量朱红色沉淀不再溶解时，停止滴加。

6．燃烧氧化非分散红外吸收法测定水中总有机碳时，无机碳的标准贮备液是由无水碳酸钠和碳酸氢钠配制而成。（　　）

答案：正确

7．乙酰丙酮分光光度法测定空气中甲醛时，配制好的乙酰丙酮溶液在常温下保存，可稳定一个月。（　　）

答案：错误

正确答案：配制好的乙酰丙酮溶液在 2～5℃贮存，可稳定一个月。

8．用分光光度法进行样品测定时，同一组比色皿之间的差值应小于测定误差。（　　）

答案：错误

正确答案：应用分光光度法进行样品测定时，同一组比色皿之间吸光度相差应小于 0.005，否则需进行校正。

9．用分光光度法做多组分的测定时，在显色后应用同一显色液测定两个组分。（　　）

答案：正确

10．选用亚甲基蓝分光光度法测定硫化物时，主要干扰为 SO_3^{2-}、$S_2O_3^{2-}$、SCN^-、NO_2^-、CN^-等阴离子，金属离子对测定无影响。（　　）

答案：错误

正确答案：金属离子对测定有干扰。

11．快速消解分光光度法测定水中化学需氧量，COD 大于 1 000 mg/L 或氯离子含量大于 1 000 mg/L 的水样，可经适当稀释后进行测定。（　　）

答案：正确

12．4-氨基安替比林分光光度法测定水质挥发酚，无论是氯仿萃取法还是直接分光光度法测定波长都是 510 nm。（　　）

答案：错误

正确答案：直接分光光度法是 510 nm，萃取光度法是 460 nm。

13．新银盐分光光度法测定水中砷，镍、钴、铁、锰、镉有负干扰。加入一定量的酒石酸溶液可消除镍、钴、铁、锰、镉的干扰。（ ）

答案：正确

14．新银盐分光光度法测定水中砷，硫化物对测定有干扰，可通过乙酸铅棉除去。（ ）

答案：正确

15．分光光度法测定水中六价铬，二苯碳酰二肼与铬的络合物在 470 nm 波长处有最大吸收。（ ）

答案：错误

正确答案：540 nm。

16．快速消解分光光度法测定水中化学需氧量，对于未经稀释的水样，在满足氯离子浓度限值的情况下，其 COD 测定下限为 15 mg/L、测定上限为 500 mg/L。（ ）

答案：错误

正确答案：测定上限为 1 000 mg/L。

17．用快速消解分光光度法测定水中 COD 时，水样中的氯离子会使测定结果偏高，此时可加入适量硫酸汞与氯离子形成可溶性氯化汞配合物，减少氯离子的干扰。（ ）

答案：正确

18．二苯碳酰二肼分光光度法测定环境空气中六价铬时，由于滤膜上的还原性物质干扰测定，故采样后应尽快测定。（ ）

答案：正确

19．用快速消解分光光度法测定水中 COD，水样采集应不少于 100 mL，应保存在洁净的玻璃瓶中。（ ）

答案：正确

20．用快速消解分光光度法测定水中 COD，采集好的水样应在 24 h 内测定，否则应加入硫酸调节水样 pH≤2，在 0～4℃保存，一般可保存 7 天。（ ）

答案：正确

21．用快速消解分光光度法测定水中 COD，若消解液混浊或有沉淀，影响比色测定时，应用离心机离心使水样变清后，再用光度计测定。若消解颜色异常或离心后不澄清则快速消解分光光度法不适用。（ ）

答案：正确

22．分光光度法测定浊度是在 480 nm 波长处用 3 cm 比色皿测定吸光度。（ ）

答案：错误

正确答案：680 nm 波长处。

23．分光光度法测定浊度，不同浊度范围的读数精度相同。（ ）

答案：错误

正确答案：不同浊度范围结果的精度要求不同。

24．酚二磺酸光度法测定水中的硝酸盐氮时，水中含氯化物、亚硝酸盐、铵盐、有机物和碳酸

盐时，可产生干扰，含此物质时，应作适当的预处理。（　　）

答案：正确

25．*N*-（1-萘基）-乙二胺光度法测定水中的亚硝酸盐氮的最低检出限为 0.03 mg/L，测定上限为 0.20 mg/L。（　　）

答案：错误

正确答案：最低检出限为 0.003 mg/L。

26．双硫腙分光光度法测定水中的铅，pH=8～9 时，干扰铅萃取测定的元素有铋（Ⅲ）、亚锡和铊，但一般水样中铊很少，可不必考虑，而铋（特别是锡）经常存在，应特别注意。（　　）

答案：正确

27．过硫酸钾氧化紫外分光光度法测定水中的总氮，以无氨水作参比，用 10 mm 石英比色皿分别在 220 nm 及 275 nm 波长处测定吸光度，用校正后的吸光度绘制标准曲线。（　　）

答案：正确

28．铬酸钡分光光度法适用于中、低浓度气态污染物硫酸雾的测定。（　　）

答案：正确

29．铬酸钡分光光度法测定气态污染物中的硫酸雾，样品中有钙、锶、镁等金属阳离子共存时对测定有干扰，通过阳离子树脂柱交换处理后可除去干扰。（　　）

答案：正确

30．铬酸钡分光光度法测定气态污染物中的硫酸雾，在溶液中加入氯化钙-氨溶液、乙醇，并在冷水浴中冷却 10 min，可降低硫酸钡及铬酸钡的溶解度，使方法的重现性好、试剂空白值低且稳定。（　　）

答案：正确

31．氟试剂分光光度法测定气态污染物中的氟化物，加入缓冲液使 pH 保持在 4.3～4.8，显色稳定。缓冲液加入量对显色和吸光度不会有太大影响。（　　）

答案：错误

正确答案：加入缓冲液过多，不利于显色，使吸光度偏低。

32．快速消解分光光度法测定水中 COD 时，若消解管底部有沉淀，可取上清液至比色皿中测定。（　　）

答案：正确

33．甲基橙分光光度法测定气态污染物中的氯气，当采集无组织排放样品的体积为 30 L 时，方法检出限为 0.03 mg/m^3，定量测定的浓度范围为 0.086～3.3 mg/m^3；当采集有组织排放样品的体积为 5.0 L 时，方法检出限为 0.2 mg/m^3，定量测定的浓度范围为 0.52～20 mg/m^3。（　　）

答案：正确

34．异烟酸-吡唑啉酮分光光度法测定气态污染物氰化氢，可取 1 滴试样滴在淀粉-碘化钾试纸上，若变蓝说明氧化剂存在。（　　）

答案：正确

35．便携式分光光度法可用于空气污染应急监测中氰化氢的测定，测定浓度范围为 0.001 5～0.17 mg/m^3。（　　）

答案：正确

36．可见光和紫外光吸收光谱的产生是由于分子中原子的振动和分子的转动。（ ）

答案：错误

正确答案：可见光和紫外光吸收光谱的产生是由于分子中原子核外层电子的跃迁。

37．光的吸收定律的数学表达式：$A=\varepsilon bc$中，比例常数ε与入射光的波长和物质的性质有关，与光的强度、溶液的浓度以及液层的厚度均无关。（ ）

答案：正确

38．摩尔吸收系数越大，表示该物质对某波长的光透过的能力越强。（ ）

答案：错误

正确答案：摩尔吸收系数越大，表示该物质对某波长的光吸收能力越强，比色测定的灵敏度就越高。

39．分光光度分析的方法误差，主要是由溶液偏离比尔定律及溶液中干扰物质的影响所引起的。（ ）

答案：正确

40．光电倍增管是利用二次电子发射来放大电流的，最大放大倍数可达10^8倍。（ ）

答案：正确

41．比色分析中显色时间越长越好。（ ）

答案：错误

正确答案：应根据显色反应的具体情况选择适宜的显色时间。

42．拿比色皿时只能拿毛玻璃面，不能拿透光面；擦拭时必须用擦镜纸擦透光面，不能用滤纸擦。（ ）

答案：正确

43．偏离比尔定律的溶液不能用目视比色法测定。（ ）

答案：错误

正确答案：因为在完全相同的条件下进行观测，所以在不符合朗伯-比尔定律时，仍可用目视比色法测定。

44．目视比色法可以从比色管的侧面观察比较溶液的颜色。（ ）

答案：错误

正确答案：目视比色法正确的操作方法是从比色管口垂直向下观察比较溶液的颜色。

45．为使显色反应完全应加入适当过量的显色剂。（ ）

答案：正确

46．分子吸收光谱的吸收峰比较宽和平滑，一般情况下光谱带宽 2～6 mm，对分析结果影响不大。（ ）

答案：错误

正确答案：分子吸收光谱的吸收峰比较宽和平滑，一般情况下光谱带宽 2～6 nm，对分析结果影响不大。

47．在分光光度计中，光电倍增管是用于红外光区的检测器，热电偶是用于紫外光区的检测器。

（ ）

答案：错误

正确答案：在分光光度计中，光电倍增管是用于紫外可见光区的检测器，热电偶是用于红外光区的检测器。

48．双光束分光光度计能自动比较透过空白和试样的光束强度，此强度的比值即为试样的吸光度。（ ）

答案：错误

正确答案：双光束分光光度计能自动比较透过空白和试样的光束强度，此强度的差值即为试样的吸光度。

49．有机溶剂能降低有色化合物的离解度，从而使显色反应的灵敏度降低。（ ）

答案：错误

正确答案：有机溶剂能降低有色化合物的离解度，从而提高显色反应的灵敏度。

50．助色团本身不会使物质显色，但它们的存在能增大生色团的生色能力，使其吸收波长向长波方向移动。（ ）

答案：正确

51．比色操作时，读完读数后应立即关闭样品室盖，以免损坏光电管。（ ）

答案：错误

正确答案：比色操作时，读完读数后应立即打开样品室盖，以免损坏光电管。

52．共轭双键使电子云延长、λ_{max} 发生红移，共轭体系越长，波长红移越显著，这种作用称为增色效应。（ ）

答案：正确

53．几乎所有的有机分子的紫外-可见吸收光谱都是由于 $\pi \rightarrow \pi^*$ 跃迁或 $n \rightarrow \pi^*$ 跃迁所产生的。（ ）

答案：正确

54．显色反应在室温下进行即可。（ ）

答案：错误

正确答案：对不同的显色反应应通过实验选择其适宜的显色温度。

55．双波长分光光度法只可用于样品溶液中单组分的测定。（ ）

答案：错误

正确答案：双波长分光光度法可用于样品溶液中单组分和多组分的测定。

56．紫外吸收光谱法进行定量分析时，一般不需要显色剂，因而不受显色时间、显色剂浓度的影响。（ ）

答案：正确

57．饱和碳氢化合物在紫外光区不产生光谱吸收，所以常以饱和碳氢化合物作为紫外吸收光谱分析的溶剂。（ ）

答案：正确

58．示差分光光度法测得的吸光度 A 值与试液的浓度减去参比溶液的浓度所得的差值成反比。

（ ）

答案：错误

正确答案：示差分光光度法测得的吸光度 A 值与试液的浓度减去参比溶液的浓度所得的差值成正比。

59．可以用相关系数（r）表示工作曲线线性关系的好坏。在分光光度法中，相关系数越接近 0，线性关系越好。（ ）

答案：错误

正确答案：在分光光度法中，相关系数越接近 1，线性关系越好。

60．红外吸收光谱在有机化合物的鉴定上比紫外吸收光谱更有效。（ ）

答案：正确

61．红外吸收光谱仪的单色器入射和出射的狭缝宽度越宽，分辨率越高。（ ）

答案：错误

正确答案：红外吸收光谱仪的单色器入射和出射的狭缝宽度越窄，分辨率越高。

62．共轭效应常使谱带向高波数方向移动。（ ）

答案：错误

正确答案：共轭效应常使谱带向低波数方向移动。

63．在红外光谱中，常用波数表示真正的频率。波数是指每毫米距离中通过波的个数。（ ）

答案：错误

正确答案：波数是指每厘米距离中通过波的个数。

64．单键、双键、三键的伸缩振动频率，从高到低的排列顺序为三键＞双键＞单键。（ ）

答案：正确

65．当两种键的键力常数相近时，成键原子的原子量增大，其伸缩振动频率则会降低。（ ）

答案：正确

66．用靛酚蓝分光光度法测定公共场所空气中的氨时，硫化氢和三价铁离子对测定有干扰，但是 Ca^{+} 和 Mg^{+} 对测定没有干扰。（ ）

答案：错误

正确答案：均有干扰。

67．用分光光度法进行样品测定时，吸光系数与待测溶液层厚度有关。（ ）

答案：错误

正确答案：吸光系数与入射光波长等有关。

五、简答题

1．为了提高测量结果的准确程度，应该从哪些方面选择或控制光度测量的条件？

答案：

（1）选择合适的入射波长。一般为最大吸收波长，如果有干扰时，可选择用灵敏度较低但能避开干扰的入射波长。

（2）控制准确的读数范围。一般吸光度控制在 0.2～0.7，为此可通过控制试样的称量、稀释或浓缩试样、改变吸收池的厚度、选择适当的参比溶液等措施，达到这一目的。

（3）对仪器进行校正。

2．用便携式分光光度仪测试水中污染物时，共存物质的干扰主要有哪几种情况？

答案：

（1）共存物质本身有颜色影响测定。

（2）共存物质与显色剂生成有色化合物，同待测组分形成的有色化合物的颜色混在一起。

（3）共存物质与待测组分生成络合物降低待测组分的浓度而干扰测定。

（4）强氧化剂和强还原剂存在时破坏显色剂而影响测定。

3．在光度分析中，如何消除共存离子的干扰？

答案：

（1）尽可能采用选择性高、灵敏度高的试剂；

（2）控制酸度；

（3）加入掩蔽剂；

（4）加入氧化剂或还原剂；

（5）选择适当的波长以消除干扰；

（6）萃取法消除干扰；

（7）其他方法。

4．光度分析中酸度对显色反应主要有哪些影响？

答案：对显色剂本身的影响；对溶液中各元素存在状态的影响；对显色反应的影响。

5．分光光度法测量时，理想的标准曲线应该是一条过原点的直线，为什么实际工作中标准曲线有时不过原点？

答案：在相同条件下，配制5～7个不同浓度的标准溶液，测量相应的吸光度，以标准溶液的浓度为横坐标，相应的吸光度为纵坐标，绘制的A-c曲线称为标准曲线。依据朗伯-比尔定律，$A=\varepsilon cl$，$A\propto c$，所以理想的标准曲线应为一条过原点的直线。但在实际工作中，可能由于：①被测物质发生离解、缔合等变化而使吸光系数发生变化；②空白溶液选择不当，不能使干扰吸收完全消除；③吸收池厚度不均匀，光学性能不一致，吸收池位置安放不妥等几方面的原因，存在系统误差，使标准曲线不过原点。

6．吸收光谱是怎样产生的？

答案：吸收光谱包括原子吸收光谱和分子吸收光谱两种。

原子吸收光谱是由于原子的外层电子选择性地吸收了某些波长的电磁辐射而引起的。原子吸收光谱分析就是根据原子的这种性质建立起来的。

分子吸收光谱的产生比较复杂，这是由于分子结构的复杂性所引起的。从双原子分子的能级示意图可以看出，在同一电子能级中有几个振动能级，而在同一振动能级中又有几个转动能级，各电子能级间的电子能发生能级跃迁。由电子能级跃迁而产生的吸收光谱位于紫外和可见光部分。分光光度分析法就是根据分子的这种性质而建立起来的，因此也叫分子吸收光谱法。

如果用近红外线激发分子，则不足以引起电子能级的跃迁，而只能引起分子振动能级和转动能级的跃迁，这样得到的吸收光谱称为“振动—转动光谱” 或叫红外吸收光谱，也属于分子吸收光谱。

7. 分子吸收光谱分析包括哪几个光区的分析？其最大优点是什么？

答案：分子吸收光谱分析又称分子吸收分光光度分析。它包括紫外光区、可见光区、红外光区三部分的光谱分析。一般的分光光度法是指在紫外、可见光区进行的光度分析。

分子吸收光谱分析（分光光度法）的最大优点是可以在一个试样中同时测定两种或两种以上的组分而不需事先进行分离。由于分光光度法可以任意选择某种波长的单色光，因此可以利用各种组分吸光度的加和性，在指定条件下进行混合物中各自含量的测定。

8. 分子吸收光谱法中的分光光度法和光电比色法有何相同处？有何不同处？

答案：

相同处：原理相同，都是根据光的通用吸收定律的原理进行测定的。

不同处：得到单色光的方法不同。光电比色计是使用滤光片得到单色光的，分光光度计是使用棱镜或光栅得到单色光的。

9. 用分光光度法测定时，如何选择入射光的波长？

答案：为使测定结果有较高的灵敏度，应选择波长等于被测物质的最大吸收波长的光作为入射光，称为“最大吸收原则”。这样不仅测量灵敏度高，而且测定时偏离朗伯-比尔定律的可能性和程度减小，准确度好。但当有干扰物质存在时，有时无法选择最大吸收波长，这时应根据“吸收最大，干扰最小”的原则来选择入射光的波长。

选择方法：除可制作吸收曲线选择最大吸收波长外，成熟的选择方法可以查阅文献、资料、标准、规程来分析选择。

10. 分光光度法中，选择显色反应时，应考虑的因素有哪些？

答案：

（1）显色反应的选择性要好。

（2）显色反应的灵敏度要高。

（3）显色剂与有色化合物之间的颜色差别要大。

（4）反应生成的有色化合物组成要恒定。

（5）有色化合物的化学性质要稳定。

11. 比色分析法测定物质含量时，当显色反应确定之后，应从哪几个方面选择试验条件？

答案：当显色反应确定之后，应进行下列各种条件试验：

（1）显色剂用量试验。

（2）选择适宜的溶液酸度。

（3）选择合适的显色反应温度。

（4）确定合适的显色时间。

（5）通过绘制吸收曲线，选择最佳吸收波长。

（6）选择适当的显色反应溶剂。

（7）采取消除干扰的措施。

12. 产生红外吸收的条件是什么？

答案：分子吸收红外辐射后必须满足以下两个条件才会产生红外吸收光谱。

（1）当分子发生振动能级跃迁时，必须在分子吸收的红外辐射的能量达到能级跃迁的差值时，才会吸收红外辐射。

（2）只有能引起分子偶极矩瞬间变化的振动（称为红外活性振动）才会产生红外吸收光谱并且影响红外吸收光谱的强度，振动时偶极矩变化越大，其吸收强度越强。

六、计算题

1．测定某水样六价铬时，在 8 支 50 mL 比色管中依次配制含量为 0.00 μg、0.20 μg、0.50 μg、1.00 μg、2.00 μg、4.00 μg、6.00 μg、8.00 μg 的六价铬标准系列，稀释至刻度。取两份平行水样 10 mL 稀释至 50 mL，经空白校正后测定吸光度，从标准曲线查得六价铬量分别为 5.50 μg、5.88 μg，该水样含六价铬多少毫克/升？

答案：（5.50+5.88）/（2×10）= 0.569（mg/L）

2．用亚甲基蓝分光光度法测定水中硫化物。取水样 250 mL，酸化-吹气。用 10 mL 2% 氢氧化钠作为吸收液至 50 mL 比色管中，显色。测得吸光度为 0.406，标准曲线回归方程为 y=0.114x+0.001（其中 y：吸光度，x：μg），试求水中硫化物的浓度。

答案： $m=\frac{0.406-0.001}{0.114}=3.55(\mu g)$

$$C(S^{2-})=\frac{m}{V}=\frac{3.55}{250}=0.014\ (mg/L)$$

3．分光光度法测定水中的 Fe^{3+}，已知含 Fe^{3+}溶液用 KSCN 溶液显色，用 20 mm 的比色皿在波长 480 nm 处测得吸光度为 0.19，已知其摩尔吸光系数为 1.1×10^4L/（mol· cm），试求该溶液的浓度（M_{Fe}=55.86 g/mol）。

答案：

（1）计算溶液的摩尔浓度：

$0.19=1.1\times10^4\times C\times2$

$C=0.19/(1.1\times10^4\times2)=8.6\times10^{-6}$（mol/L）

（2）计算溶液的浓度：

$C=8.6\times10^{-6}\times55.86=4.80\times10^{-4}$（g/L）

4．用二苯碳酰二肼分光光度法测定水中总铬时，所得校准曲线的斜率和截距分别为 0.044 A/μg 和 0.001 A。测得水样的吸光度为 0.095（A_0=0.006），在同一水样中加入 4.00 mL 铬标准溶液（1.00 μg/mL），测定加标回收率。加标后测得试样的吸光度为 0.267。计算加标回收率（不考虑加标体积）。

答案：已知：a=0.001；b=0.044；y=0.001 + 0.044x

水样中总铬 x=（0.095−0.006−0.001）/0.044=2.00（μg）

加标样中总铬 =（0.267−0.006−0.001）/0.044=5.91（μg）

加标回收率 P=（5.91−2.00）/（4.00×1.00）× 100%=97.8%

5．采样现场 T=15℃，P=1 010.20 hPa，采样体积为 15 L。向采样管中加入 5 mL 四氯汞钾吸收液，采样结束后全部移入具塞比色管中，定容到 5 mL，按照标准曲线的绘制方法，加入各试剂，显色后测得待测溶液的吸光度 A=0.382，试剂空白溶液的吸光度 A_0=0.008。已知 A =0.120 8 m+0.002，

求该监测点 SO_2 的浓度。

答案：

（1）吸收液中二氧化硫的质量：

$$m=\frac{0.382-0.008-0.002}{0.120\,8}=3.08(\mu g)$$

参比状态下（295.15 K，1 013.25 hPa）的采样体积：

$$V=15\times\frac{298.15}{273+15}\times\frac{1\,010.20}{1\,013.25}=15.48(L)$$

（2）该监测点 SO_2 的含量：

$$\rho(SO_2)=\frac{3.08}{15.48}=0.199(\mu g/L)=199(\mu g/m^3)\ 或0.199(mg/m^3)$$

该监测点 SO_2 的浓度为 199 μg/m^3（或 0.199 mg/m^3）。

6. 异烟酸-吡唑啉酮光度法测定水中氰化物。取水样 200 mL，蒸馏得馏出液 100 mL。分取 3 mL，按照与校准曲线的相同步骤进行比色测定，测得样品吸光度为 0.406，同时测得空白样品吸光度为 0.005，标准曲线回归方程为 y= 0.138 3x+0.001（其中 y：吸光度，x：μg），试求水中氰化物的含量。

答案：由标准曲线得：

$$氰化物（CN^-）=\frac{A-A_0-a}{b\times V}\times\frac{V_1}{V_2}=\frac{0.406-0.005-0.001}{0.138\,3\times 200}\times\frac{100}{3}=0.482（mg/L）$$

7. 光度法测定水中 Cr^{6+}的校准曲线为：

Cr^{6+}（μg）	0	0.20	0.50	1.00	2.00	4.00	6.00	8.00	10.00
A	0	0.010	0.020	0.044	0.090	0.183	0.268	0.351	0.441

若取 5.0 mL 水样进行测定，测得吸光度为 0.088，求该水样 Cr^{6+}的浓度。

答案：y=a+bx　　y=0.000 9+0.044x　　γ =0.999 9

当取水样 5.0 mL 时，其响应值为 0.088，将数值代入校准曲线回归方程：

X=（0.088−0.000 9）÷0.044 =1.98（mg）

Cr^{6+}（mg/L）= 1.98÷5.0=0.40（mg/L）

8. 某有色物质在 1 cm 比色皿中的 A=0.400，将此溶液稀释到原浓度的一半后，转移至 3 cm 的比色皿中，计算在相同波长下的 A 值和 T 值。

答案：A_1/A_2=（B_1C_1）/（B_2C_2）推出 A_2=0.6，$A=\lg\frac{1}{T}$，T=25%

9. 钴和镍与某显色剂的络合物有如下数据：

λ/nm	510	656
k_{Co}/（$L\cdot mol^{-1}\cdot cm^{-1}$）	3.64×10^4	1.24×10^3
k_{Ni}/（$L\cdot mol^{-1}\cdot cm^{-1}$）	5.52×10^3	1.75×10^4

将 0.376 g 土壤试样溶解后配成 50.00 mL 溶液，取 25.00 mL 溶液进行处理，除去干扰物质后加入显色剂，将体积调至 50.00 mL。此溶液在 510 nm 处吸光度为 0.467，在 656 nm 处吸光度为 0.374，吸收池厚度为 1 cm。计算钴和镍在土壤中的含量（以 μg/g 表示）。（钴的摩尔质量是 58.93 g/mol，镍的摩尔质量是 58.69 g/mol）

答案：

$A=kbc$ 因为 $b=1.00$，所以 $A=kc$

$A_{510}=0.467=36\ 400\ c_{钴}+5\ 520\ c_{镍}$

$A_{656}=0.374=1\ 240\ c_{钴}+17\ 500\ c_{镍}$

解联立方程式得 $c_{钴}=9.70\times10^{-6}$ mol/L　　$c_{镍}=2.07\times10^{-5}$ mol/L

$$钴\%=\frac{c_{钴}\times2\times50\times10^{-3}\times M_{钴}\times10^{6}}{0.376}=152\ (\mu g/g)$$

$$镍\%=\frac{c_{镍}\times2\times50\times10^{-3}\times M_{镍}\times10^{6}}{0.376}=323\ (\mu g/g)$$

10．用邻二氮菲分光光度法测 Fe^{2+}，移取 0.020 0 mg/mL 标准铁溶液 6.00 mL 于 50 mL 容量瓶中，加入邻二氮菲及条件试剂，用水稀释至刻度。用 1 cm 比色皿于 510 nm 处测得该溶液的吸光度为 0.488。已知铁的摩尔质量 $M_{铁}$=55.85 g/mol，计算吸光系数、摩尔吸收系数和桑德尔灵敏度 S。

答案：根据 $A=\lg(1/T)=Kbc$，则 $K=A/bc$，铁的摩尔质量为 55.85 g/mol

$$所以吸收系数\ K=\frac{A}{bc}=\frac{0.488}{1\times\left(\frac{0.020\ 0\times6}{50}\right)}=203\ (L\cdot g^{-1}\cdot cm^{-1})$$

$$摩尔吸收系数\ \varepsilon=\frac{A}{bc}=\frac{0.488}{1\times\left(\frac{0.020\ 0\times6}{50\times55.85}\right)}=1.14\times10^{4}\ (L\cdot mol^{-1}\cdot cm^{-1})$$

$$桑德尔灵敏度\ S=\frac{M_{铁}}{\varepsilon}=\frac{55.85}{1.14\times10^{4}}=0.004\ 9\ (\mu g\cdot cm^{2})$$

11．欲测定某有机胺的摩尔质量，先用苦味酸（M=229 g/mol）处理，得到 1∶1 的苦味酸胺加和物。称取此苦味酸 0.030 0 g，溶于乙醇并配制成 1 L 溶液，用 1 cm 比色皿，于其最大吸收波长 380 nm 处测得吸光度为 0.450。已知：苦味酸胺在 380 nm 处的摩尔吸收系数 $\varepsilon=1.0\times10^{4}\ L\cdot mol^{-1}\cdot cm^{-1}$，试求该有机胺的摩尔质量。

答案：

$$c=\frac{A}{\varepsilon b}=\frac{0.450}{1.0\times10^{4}\times1}=4.5\times10^{-5}\ (mol/L)$$

$$根据\ \frac{m}{M}=cV$$

$$M_{苦味酸胺}=\frac{0.030\ 0}{4.5\times10^{-5}\times1}=667\ (g/mol)$$

则该有机胺的摩尔质量

$M_{有机胺}=667-229=438$（g/mol）

12．某试液用 2 cm 吸收池测量时，T=60%，若改用 1 cm 吸收池，T 及 A 等于多少？

答案：

$A=-\lg T=\varepsilon bc$

当 b=2 cm 时，T=60%，则

$A=-\lg T=-\lg 0.60=0.22$

当 b=1 cm 时，$A=0.22\times1/2=0.11$，即 $\lg T=-0.11$

所以 T=0.78=78%

若改用 1 cm 吸收池，T=78%，A=0.11。

13．测定纯碱样品中微量 Fe，称取 2.00 g 试样，用邻菲啰啉分光光度法测定。已知 Fe 标准液质量浓度为 0.010 mg/mL，比色时加入 4 mL 标准溶液，测得吸光度为 0.125，测定样品时吸光度为 0.114，求纯碱中 Fe 的质量分数。

答案：由于邻菲啰啉-Fe 配合物的浓度与吸光度呈直线关系，即符合比耳定律，故

$A_1/A_2=(\varepsilon_1 b_1 c_1)/(\varepsilon_2 b_2 c_2)$

因为标准液和样品均用同一方法及相同的比色皿，故$\varepsilon_1=\varepsilon_2$，$b_1=b_2$

上式即变成 $A_1/A_2=c_1/c_2$

当标准比色液和样品比色液体积相同时，m 可代替 c，

则 $m_2=0.114\times4\times0.010/0.125=0.036\,5$（mg）

0.036 5/（2.00×1 000）=0.001 8%

纯碱中 Fe 的质量分数为 0.001 8%。

14．用硫氰酸盐比色法测定 Fe^{3+}，已知比色液中 Fe^{3+}的含量为 0.088 mg/50 mL，用 l cm 比色皿在波长 480 nm 处测得吸光度 A = 0.740，求该溶液的摩尔吸收系数（Fe 的摩尔质量为 55.85 g/mol）。

答案：$A=\varepsilon bc$，A=0.740，b=l cm

$c=0.088\times1\,000/(50\times1\,000\times55.85)=3.15\times10^{-5}$（mol/L）

$\varepsilon=A/(bc)=0.740/(3.15\times10^{-5}\times1)=2.35\times10^{4}$［L/（mol·cm）］

15．某有色配合物相对分子质量为 125，在波长 480nm 时ε=2 500，样品含该物约 15%。将试样溶解后稀释至 100 mL，用 1 cm 比色皿在分光光度计上测得吸光度 A=0.300，问应称取样品多少克？

答案：设取样 x g

$C=x\times15\%\times1\,000/(125\times100)=0.012x$

$A=\varepsilon bc$，A=0.300，ε=2 500，b=1 cm

即 $0.300=2\,500\times0.012x\times1$

$x=0.300/(2\,500\times0.012)=0.01$（g）

16．用示差分光光度法测定高锰酸钾溶液的浓度，以含锰 10.0 mg/mL 的标准溶液作参比溶液，其透射比为 T=20.0%，并以此调节透射比为 100%，此时测得未知浓度的高锰酸钾溶液的透射比为 T_x=40.0%，计算高锰酸钾溶液的质量浓度（锰的摩尔质量是 54.94 g/mol，高锰酸钾的摩尔质量是 158.04 g/mol）。

答案：设用普通分光光度法测定试样的透射比为 T_x，则

$\frac{20.0\%}{100\%}=\frac{T_x}{40.0\%}$，$T_x$=8%

$A=\varepsilon bc=-\lg T$,

故 $\frac{c_x}{c}=\frac{A_x}{A}=\frac{-\lg T_x}{-\lg T}$

即 $\frac{c_x}{10}=\frac{-\lg 8.0\%}{-\lg 20.0\%}$

解得锰的浓度为 15.7 mg/mL。

$c_{高锰酸钾}=\frac{15.7\times 158.04\times 1\,000}{54.94}=4.52\times 10^4$（mg/L）

解得高锰酸钾的浓度为 4.52×10^4 mg/L。

第五节　流动注射和连续流动法

一、填空题

1．流动注射-亚甲基蓝分光光度法测定水质中硫化物，硫化物是指__________和__________。

答案：溶解性无机硫化物，酸溶性金属硫化物

2．流动注射-水杨酸分光光度法测定水质中氨氮，当样品的 pH__________或 pH__________时，应在分析前将其 pH 调至__________再进行测定。加酸保存的样品易吸收空气中的__________，影响测定结果，需注意__________保存。

答案：＞12，＜1，中性，氨，密封

3．连续流动-水杨酸分光光度法测定水质中氨氮时，连续流动分析仪中试样是在__________后进入流动检测池进行__________。

答案：显色完全，光度检测

4．连续流动-水杨酸分光光度法和流动注射-水杨酸分光光度法测定水质氨氮时，环境空气中的氨有可能使__________，影响__________，可在化学单元的进气口端连接一个装有 0.5 mol/L 的__________溶液洗气瓶，并定期更换洗气溶液。

答案：基线漂移，空白值，硫酸

5．流动注射分析仪器中的流体驱动单元功能是为液体提供动力使其在体系中流动，常用的有__________、__________。

答案：蠕动泵，柱塞泵

6．流动注射光学检测器中，应用最多的是带有__________的分光光度计。

答案：流通池

7．流动注射电化学检测器中，应用较多的是__________检测器。

答案：流通式离子选择电极

8．流动注射分析中待测反应产物的峰型信号是其经过流通检测器时__________和__________的综合反应。

答案：物理分散状态，化学反应状态

9．流动注射分析仪的主要部件之间均需要使用__________连接，反应物在被检测之前也需要在反应管道中经历一定的__________与__________过程。

答案：管道，分散，反应

10．使用连续流动或流动注射方法测定某项目，当用到紫外消解装置时，应定期验证消解效率R，R值应__________。

答案：大于90%

11．使用连续流动或流动注射方法测定水中总磷时，应在分析前将样品pH__________。

答案：调至中性

12．使用连续流动或流动注射方法测定水中总氮时，当样品中含有高浓度的有机物时，会消耗__________氧化剂，使总氮的测定结果__________。

答案：过硫酸钾，偏低

13．使用连续流动或流动注射方法测定某项目时，当样品中所测物质含量超出校准曲线检测范围，应取适量样品__________后上机测定。

答案：稀释

14．使用连续流动或流动注射方法测定总氮时，需进行系统性能检查，当发现镉柱颜色变银灰色或有白色沉淀物时，需进行__________检验，一般1个月检查一次。

答案：镉柱还原能力

15．使用流动注射方法测定阴离子表面活性剂时，样品中的阴离子表面活性剂与阳离子染料亚甲蓝形成亚甲基蓝活性物质（MBAS），用__________萃取，有机相于相应波长处测量吸光度。

答案：三氯甲烷

16．使用流动注射或连续流动方法测定某一项目时，水样中有明显颗粒物的样品，应__________后再进样。

答案：超声粉碎

17．使用流动注射方法分析水中六价铬时，所有玻璃器皿不得用__________洗涤。可用__________或合成洗涤剂洗涤，洗涤后要冲洗干净，内壁要求光洁，防止铬被吸附。

答案：铬酸洗液，硝酸硫酸混合液

18．使用流动注射或连续流动方法分析某项目时，__________和__________的温度会影响分析结果，应使冰箱贮存试剂使其温度达到室温后再行分析，且分析过程室温应保持稳定。

答案：试剂，环境

19．流动注射分析过程中包括的物理过程，即分散过程，它基于__________、__________和__________三者间相互扩散和对流。

答案：载流，试样溶液，试剂溶液

20．流动注射分析仪中的进样阀部分，目前较为常用的是十六孔八通阀。进样阀配有__________，进样体积可通过其大小来调节。

答案：定量环

21．连续流动分析是一种基于__________原理的自动化分析技术。

答案：分光光度法

22．连续流动分析仪由进样器、泵管、__________、分析管路、__________和信息采集处理系统构成。

答案：蠕动泵，检测器

23．连续流动分析过程中在管路中引入空气气泡，主要用以__________和__________的影响。

答案：降低扩散，带过

24．连续流动分析过程中使用的润湿剂主要有__________、__________和__________三大类。

答案：阴离子表面活性剂，阳离子表面活性剂，非离子型表面活性剂

25．管路湿润与否可以通过__________的状态进行判断。

答案：气泡

26．在连续流动分析系统中透析膜通常为__________。

答案：半透膜

27．流动注射分析系统中，一般以__________或__________为读出值来绘制校正曲线并计算分析结果。

答案：峰高，峰面积

28．利用流动注射分析仪（水杨酸分光光度法）测定水质样品中的氨氮浓度时，水样中的余氯会形成__________干扰测定，此时可加入适量的硫代硫酸钠溶液除去。

答案：氯胺

29．采用流动注射分析-水杨酸分光光度法测定水质样品中的氨氮浓度时，水样 pH 大于 11 时，测定结果__________。

答案：偏小

30．采用流动注射-钼酸铵分光光度法测定水质样品中的总磷时，受__________影响，当水中悬浮物颗粒较多，且颗粒物粒径较大时，对分析测试有影响，使分析结果偏低。

答案：重力沉淀现象

31．连续流动分析技术是把一定体积的试样溶液注入一个流动着的、__________的试剂溶液载流中，被注入的试样溶液或水流入反应盘管，形成一个区域，并与载流中的试剂混合、反应，再进入流通检测器进行测定分析及记录。

答案：非空气间隔

32．流动注射分析主要包括试样溶液注入载流、__________、试样溶液随载流恒速地流进检测器被检测三个过程。

答案：试样溶液与载流的混合和反应

33．流动注射分析的基本装置由泵、__________、__________、__________及其他流路元件组成。

答案：样品注入阀，反应管道，检测器

34．流动注射分析采用旋转注入阀注入__________。

答案：试样

35．流动注射液流系统不用__________隔断，通常能够在内径为__________mm、长度为__________cm的聚四氟乙烯细管中以__________mL/min的流量输送液体。

答案：空气，0.3～1.5，10～300，1～2

36．流动注射液流系统的线速度可达到__________cm/s，进样量通常为__________μL，以每小时__________次的频率注入分析。

答案：8～15，10～50，200～300

37．__________是连续流动分析常用的化学反应试剂，可以有效控制最佳反应的pH，使显色反应后，溶液吸光度达到最佳。

答案：缓冲溶液

38．连续流动分析技术必然向着__________、专业化、环境友好分析方向发展。

答案：智能化

39．流动注射分析实际上是一种__________的连续流动分析法。

答案：管道化

40．流动分析仪是根据待测物质与反应试剂在__________状态下发生显色反应，显色程度与待测物质浓度相关，从而实现对待测物质进行定量分析的仪器。

答案：流动

41．在连续流动分析中，__________是分析达到高稳定性和灵敏性的重要因素。反应流中的物质浓度是稳定的，不随时间变化而改变，测量的是最大吸光值。

答案：稳态

42．使用流动注射分析仪和连续流动法分析仪时，应按规定顺序开机后，以纯水代替所有试剂，检查整个分析流路的__________及液体流动的__________。

答案：密闭性，顺畅性

43．使用流动注射法和连续流动法分析海水样品时，载流和标准曲线溶液的盐度与样品不一致时，会存在折射率不同现象和__________，因此需要进行校正。

答案：盐误差

44．在连续流动分析和流动注射分析中，流路的流量一定时，管路越细则溶液的流速__________。

答案：越快

45．在连续流动分析和流动注射分析中，反应管内径越大，试剂和样品的分散度__________。

答案：越大

46．在连续流动分析中，反应管越长，样品到达检测池的时间__________，由此可以通过控制反应管的长度控制化学反应的程度。

答案：越长

47．连续流动分析是将试样与试剂在蠕动泵的推动下进入化学反应模块，在密闭的管路中流动，被__________按一定间隔隔开，并按顺序和比例混合、反应，在__________反应的条件下进行光度检测的一种化学分析技术。

答案：气泡，完全

48. 流动注射分析是将一定体积的样品注射到一个流动的、__________空气间隔的试剂溶液连续载流中，样品与试剂在分析模块中按顺序和比例混合、反应，在__________反应的条件下进行光度检测的一种化学分析技术。

答案：无，非完全

49. 使用连续流动分析仪时，对于有颜色或混浊的样品，会影响测定，可使用__________单元去除干扰。

答案：透析

50. 连续流动分析仪通常由自动进样器、__________、检测单元和数据处理单元组成。

答案：化学反应单元

51. 使用流动注射和连续流动法分析总氮和硝酸盐氮样品时，通常使用镉柱将硝酸盐转化为__________，然后使用盐酸萘乙二胺显色测定。

答案：亚硝酸盐

52. 使用流动注射和连续流动法分析总氮和硝酸盐氮样品时，所使用的镉柱应定期检验其__________能力。

答案：还原

53. 流动注射分析的英语简称是__________；连续流动分析的英语简称是__________。

答案：FIA，CFA

54. 对于水中的硫化物，通常使用氢氧化钠-乙酸锌保存水样，但是产生的硫化锌沉淀容易导致仪器管路堵塞，因此用于流动注射分析的样品通常使用氢氧化钠__________保存。

答案：抗坏血酸

55. 使用流动注射分析样品时，如果样品含有悬浮物、颜色，则应按照相应方法进行前处理后上机，经处理后仍有色度的，应进行__________，或使用别的原理的方法分析。

答案：色度校正

56. 使用流动注射和连续流动法分析总氮，所用的镉柱在制备时，镉粒需要先__________，废弃的镉柱应按__________处理。

答案：活化，危废

57. 使用流动注射-钼酸铵分光光度法分析水中总磷时，样品的酸碱度也会对分析造成干扰。当样品的 pH<2 时会出现折射指示现象，即在分析物峰的前面出现小的__________。

答案：负峰

58. 对于海水样品，采集后需经__________预处理后分析。

答案：0.45 μm 滤膜过滤

二、单选题

1. 镉柱还原法测定海水中硝酸盐时，样品流经镉柱进行还原过程中的流速应保持每分钟__________mL。（　　）

A. 6～8　　B. 1～3　　C. 10～15　　D. 15～20

答案：A

2．使用流动注射-亚甲蓝分光光度法测定水质中阴离子表面活性剂时应注意管路系统的保养，要经常清洗管路，用适量__________清洗。（　　）

A．1%的次氯酸钠　　B．1 mol/L 的盐酸　　C．去离子水

答案：A

3．流动注射-分光光度法测定水质中氰化物时，应在废液收集瓶中加入氢氧化钠使 pH≥__________，以防止气态 HCN 逸出。应定期摇动废液瓶，以防止在废液瓶中形成浓度梯度。（　　）

A．9　　B．10　　C．11

答案：C

4．流动注射-4-氨基安替比林分光光度法测定水质中的挥发酚时，样品在线蒸馏时是在__________条件下、温度为__________时释放出酚。（　　）

A．弱碱性，（130±5）℃　　B．酸性，（160±2）℃

C．酸性，（130±5）℃

答案：B

5．流动注射-4-氨基安替比林分光光度法测定水质中的挥发酚时，当样品中存在氧化剂时，可通过加入__________消除干扰。（　　）

A．亚硫酸钠　　B．硫代硫酸钠　　C．硫酸亚铁

答案：C

6．流动注射 4-氨基安替比林分光光度法测定水质中的挥发酚时，当样品被带入连续运动的载液流，与磷酸混和，在线蒸馏。包含挥发酚物质的馏出物再与连续流动的 4-氨基安替比林及铁氰化钾混合。馏出物中的酚被铁氰化物氧化，生成的醌物质与 4-氨基安替比林反应形成__________的浓缩物，在 500 nm 处比色测定。（　　）

A．红色　　B．橙黄色　　C．蓝色

答案：B

7. 流动注射-4-氨基安替比林分光光度法测定挥发酚的主要干扰物为__________、油类、硫化物、有机或无机还原性物质和苯胺类。（　　）

A．氨氮　　B．氧化剂　　C．磷酸盐

答案：B

8．测定挥发酚的水样，采集样品时要用__________进行固定，使 pH≥12，4℃温度条件下避光保存，24 h 内测定。（　　）

A．磷酸　　B．硫酸　　C．氢氧化钠

答案：C

9．流动注射-4-氨基安替比林分光光度法测定挥发酚时，所使用的载流液为__________。（　　）

A．4-氨基安替比林　　B．铁氰化钾　　C．水

答案：C

10．流动注射-4-氨基安替比林分光光度法测定挥发酚的测定结果，当测定结果小于 1.00 mg/L 时，保留小数点后三位；当测定结果大于 1.00 mg/L 时，保留__________位有效数字。（　　）

A．二　　B．三　　C．四

答案：B

11．下列选项中，__________不是影响流动注射分析区带分散的影响因素。（　　）

A．载流流速　　B．反应管道内径

C．管道材质　　D．注入试样（试剂）体积

答案：C

12．用流动注射法测定__________时，没有用到高温在线处理。（　　）

A．硫化物　　B．六价铬　　C．总氮　　D．总磷

答案：B

13．在流动注射分析的电化学技术中，__________的工作原理是测量变化电位下的电流。（　　）

A．库仑法　　B．电位法　　C．伏安法　　D．电导法

答案：C

14．在流动注射分析的电化学技术中，__________的工作原理是测量电量。（　　）

A．库仑法　　B．电位法　　C．伏安法　　D．电导法

答案：A

15．在流动注射分析的电化学技术中，__________的工作原理是测量电位。（　　）

A．库仑法　　B．电位法　　C．伏安法　　D．电导法

答案：B

16．在流动注射分析的电化学技术中，__________的工作原理是惰性电极测量电导。（　　）

A．库仑法　　B．电位法　　C．伏安法　　D．电导法

答案：D

17．以分光光度计为检测手段的流动注射光度分析，常遇到由__________指数差异导致的光学干扰，亦称 Schlieren 效应。（　　）

A．反射　　B．折射　　C．衍射　　D．透射

答案：B

18．分光光度计作为流动注射溶剂萃取中常用的监测手段，下列_________是它的缺点。（　　）

①溶剂萃取两相分离后，原来水相中因试样/载流基体折射率差异产生的信号干扰效应变大

②很多在光度分析中使用的有机试剂既能与待测物形成可被萃取的组分，又能作为化学反应的显色剂

③由于流通池的亲水性，容易受水相污染而影响测定精度

A．①　　B．③　　C．①③　　D．②③

答案：B

19．流动注射分析仪器中的采样阀功能是__________。（　　）

A．为液体提供动力使其在体系中流动

B．输送载流和试剂

C．采集一定体积的试样（试剂）溶液，并以高度重现的方式将其注入连续流动的载流中

答案：C

20．下列__________是流动注射分析仪中蠕动泵的优点。（　　）

A．抗有机溶剂能力强，适用于应用有机溶剂的在线分离与浓集系统

B．不需要更换泵管，维护费用低

C．可提供多个通道，根据各泵管的内径得到相等或不等的流速

答案：C

21．用流动注射光度法测定项目时，每批样品需最少测定__________次实验室空白，测定空白值不得超过__________。（　　）

A．1，测定下限　　B．1，方法检出限

C．2，测定下限　　D．2，方法检出限

答案：D

22．测定水中氨氮项目时，样品采集后需要加硫酸调至 pH<2，酸化后的样品用流动注射光度法测定前__________。（　　）

A．pH 调至约为 10　　B．pH 调至中性

C．pH 调至约为 12　　D．不需要额外处理

答案：B

23．流动注射光度法测定氨氮时，当样品浑浊、带有颜色、含有大量金属离子或有机物时，需要进行__________。（　　）

A．调节 pH　　B．离心处理　　C．预蒸馏　　D．加标回收

答案：C

24．用流动注射光度法测定某一项目，检出限为 0.01 mg/L 时，当测定结果小于 1.00 mg/L 时，结果保留到小数点后__________，大于等于 1.00 mg/L 时，结果保留__________有效数字。（　　）

A．三位，二位　　B．三位，三位

C．二位，二位　　D．二位，三位

答案：D

25．使用流动注射或连续流动方法测定水中氨氮时，原理都是在一定温度和亚硝基铁氰化钾存在情况下，生成的氯胺与水杨酸盐反应生成__________色化合物，于__________波长处测定吸光度。（　　）

A．蓝绿色，420 nm　　B．黄棕色，420 nm

C．蓝绿色，660 nm　　D．黄棕色，660 nm

答案：C

26．使用流动注射或连续流动方法测定水中总磷时，当配备紫外消解装置时，仪器需定期验证方法的消解效率，一般__________周一次。（　　）

A．一　　B．二　　C．三　　D．四

答案：B

27．使用连续流动方法测定水中总氮时的原理是：在碱性介质中，试料中的含氮化合物在 107～110℃、紫外线照射下，被过硫酸盐氧化为硝酸盐后，经镉柱还原为亚硝酸盐。在__________介质中，亚硝酸盐与磺胺进行重氮化反应，然后与盐酸萘乙二胺偶联生成__________化合物，于波长 540 nm 处测量吸光度。（　　）

A．酸性，紫红色　　B．碱性，紫红色

C．酸性，黄棕色　　D．碱性，黄棕色

答案：A

28．使用流动注射方法测定水中总氮时，当样品的总氮浓度≤1.00 mg/L 时，平行样的允许相对偏差应__________；当总氮浓度＞1.00 mg/L 时，平行样的允许相对偏差应__________。（　　）

A．≤20%，≤10%　　B．≤10%，≤5%

C．≤20%，≤15%　　D．≤15%，≤10%

答案：B

29．使用流动注射方法测定水中阴离子洗涤剂时，主要干扰物为有机的磺酸盐、羟酸盐、酚类，以及无机的硝酸盐、硫氰酸盐等，这类含有阴离子键的官能团与亚甲基蓝反应生成溶于氯仿的__________络合物，产生__________干扰。（　　）

A．绿色，正　　B．蓝色，正　　C．绿色，负　　D．蓝色，负

答案：B

30．使用流动注射方法测定水中阴离子洗涤剂时，向采集好的样品中加入__________，使其体积浓度为 1%，置于 4℃下保存。（　　）

A．甲醛　　B．氢氧化钠　　C．硫酸　　D．磷酸

答案：A

31．使用流动注射方法测定水中氰化物时，试样中存在的活性氯等氧化性物质会干扰测定，可在蒸馏前加__________溶液消除干扰。（　　）

A．碳酸镉　　B．碳酸铅　　C．亚硫酸钠　　D．甲氨基磺酸

答案：C

32．流动注射技术可以和下列__________类型检测器匹配。（　　）

A．原子吸收分光光度计　　B．紫外可见分光光度计

C．安培检测器　　D．以上均可

答案：D

33．人们利用流动注射技术建立自动化的在线试样预分离富集技术，截至目前，比较成功的包括__________。（　　）

A．在线溶剂萃取　　B．在线固相萃取

C．在线渗析　　D．以上均可

答案：D

34．流动注射分析使用的反应主要是液液体系中发生的反应（L-L），下列__________属于这种反应类型。（　　）

A．NH_3的蒸馏分析　　B．均一溶液的显色反应

C．酶传感器（有机物）　　D．比浊分析

答案：B

35．流动注射分析使用的反应包括固液体系中发生的反应（S-L），下列__________属于这种反应类型。（　　）

A. NH_3的蒸馏分析　　B. 均一溶液的显色反应

C. 液液萃取显色反应　　D. 比浊分析

答案：D

36. 流动注射分析使用的反应包括气液体系中发生的反应（G-L），下列________属于这种反应类型。（　　）

A. NH_3的蒸馏分析　　B. 均一溶液的显色反应

C. 液液萃取显色反应　　D. 比浊分析

答案：A

37. 在连续流动分析过程中，随着进样体积的增加，测得的峰高增加，分散系数________。（　　）

A. 上升　　B. 不变　　C. 下降

答案：B

38. 在常规的流动注射分析中，几乎都使用________作为流体动力源。（　　）

A. 重力泵　　B. 注射泵　　C. 蠕动泵　　D. 气压泵

答案：C

39. 在常规的流动注射分析中，________较为少用。（　　）

A. 直管反应器　　B. 盘管反应器

C. 编结反应器　　D. 填充式混合反应器

答案：D

40. 在流动注射分析过程中，试样塞与载流发生混合后，分散成________试样带。（　　）

A. 圆形　　B. 正方形　　C. 长方形　　D. 抛物线形

答案：D

41. 在流动注射分析过程中，试样塞与载流发生混合后，分散后的试样带分散后的试样带中，组分的浓度不再处处相等，而是沿着管道轴向，组分浓度在________处最高。（　　）

A. 中心　　B. 前沿　　C. 尾部

答案：A

42. 蠕动泵的主要缺点是其流动的脉动导致________较差，同时泵管的耐磨性及抗有机溶剂及强酸强碱的性能也有限。（　　）

A. 重现性　　B. 精密度　　C. 准确性　　D. 长期稳定性

答案：D

43. 有机溶剂中的大部分不能通过________材质的蠕动泵泵管来输送。（　　）

A. 改性 PVC　　B. 硅橡胶管　　C. PVC　　D. 氟塑料

答案：C

44. 为延长泵管寿命并获得最佳泵性能，每日操作结束后应用________清洗泵管。（　　）

A. 稀酸　　B. 稀碱　　C. 蒸馏水　　D. 自来水

答案：C

45. 流动注射分析过程中，________不是形成基线漂移的原因。（　　）

A．适当预热　　B．脱气处理
C．光源及检测器的稳定性　　D．试样体积过大

答案：D

46．流动注射分析仪器管线中所用的导管多数是由细孔径的聚乙烯管和聚四氟乙烯管组成，典型的内径为__________mm。（　　）

A．0～0.5　　B．0.5～0.8　　C．0.5～2　　D．1～4

答案：B

47．流动注射分析仪器中，蠕动泵泵管内径一般为__________mm。（　　）

A．0～0.25　　B．0.25～4　　C．1～10　　D．5～20

答案：B

48．利用流动注射分析仪（水杨酸分光光度法）测定水质样品中的氨氮浓度时，锰离子浓度达到__________mg/L 时会对分析产生正干扰。（　　）

A．10　　B．20　　C．35　　D．45

答案：C

49．利用流动注射分析仪（异烟酸-巴比妥酸法、吡啶-巴比妥酸法）测定水质样品中的氰化物浓度时，除标准溶液外，其他溶液和实验用水均用__________或超声除气。（　　）

A．氧气　　B．氮气　　C．空气　　D．氦气

答案：D

50．利用流动注射分析仪（水杨酸分光光度法）测定水质样品中的氨氮浓度时，在__________nm 波长处测量吸光度。（　　）

A．400　　B．420　　C．600　　D．660

答案：D

51．以下__________试剂不是做总氮项目时的所需试剂。（　　）

A．氯化铵缓冲液　　B．磺胺显色剂
C．过硫酸钾氧化剂　　D．抗坏血酸还原溶液

答案：D

52．总氮流动注射方法的使用范围为__________mg N/L。（　　）

A．0.2～10.0　　B．0.2～1.0　　C．0.5～5.0　　D．0.5～10.0

答案：A

53．使用在线过硫酸/紫外氧化方法，配合__________℃的高温，将含氮化合物中的氮氧化为硝酸根。此消解步骤完成于水样进入进样阀之前。（　　）

A．95　　B．105　　C．125　　D．65

答案：A

54．六价铬的测量在__________nm 有最大吸收。（　　）

A．880　　B．540　　C．535　　D．875

答案：B

55．总磷反应原理中磷钼化合物被抗坏血酸还原，形成__________化合物。（　　）

A．紫色　　B．红色　　C．蓝色　　D．蓝紫色

答案：C

56．__________是流动注射分析装置中用以推动液体的最合适工具。（　　）

A．气压泵　　B．蠕动泵　　C．液压泵　　D．电机

答案：B

57．在流动注射分析中，用__________来描述试样带在载流中的分散程度。（　　）

A．分离系数　　B．蠕动系数　　C．分散系数　　D．扩大倍数

答案：C

58．__________是连续流动分析实现化学反应的基础。（　　）

A．蠕动泵　　B．检测器　　C．泵管　　D．分析管路

答案：C

59．连续流动分析过程中在管路中引入空气泡，主要是用以降低__________的影响。（　　）

A．温度　　B．试剂　　C．管道压力　　D．扩散和带过

答案：D

60．在连续流动分析系统中透析膜通常为半透膜，膜厚度为__________μm。（　　）

A．15　　B．18　　C．25　　D．12

答案：D

61．影响透析效果的因素主要包括__________。（　　）

A．液流方向　　B．管径大小　　C．液流速度　　D．扩散速度

答案：C

62．目前，连续流动分析仪管径一般在__________mm。（　　）

A．1.0～1.5　　B．1.6～1.8　　C．0.6～0.8　　D．2.0～2.6

答案：A

63．透析是一个扩散过程，通常情况下，透析的速度与液流的pH、离子浓度和__________密切相关。（　　）

A．液流压力　　B．透析膜孔径

C．温度　　D．透析膜厚度

答案：C

64．流动分析数据处理系统能够连续检测分析系统信号值并记录分析结果，可自动补偿由于__________等原因引起的误差。（　　）

A．试液浓度　　B．基线和灵敏度

C．信号值稳定性　　D．电压波动

答案：B

65．连续流动分析过程中，随着进样体积的增加，测得的峰高增加，但同时导致峰型__________。（　　）

A．变宽　　B．变窄　　C．不变　　D．拖尾

答案：A

66．利用流动注射分析仪（异烟酸-巴比妥酸法、吡啶-巴比妥酸法）测定水质样品中的氰化物浓度时，硫氰酸盐产生小于__________的正干扰。（　　）

A．0.5%　　B．1%　　C．2%　　D．5%

答案：B

67．下列说法正确的是__________。（　　）

A．透射比与浓度呈直线关系

B．摩尔吸光系数随波长而改变

C．摩尔吸光系数随被测溶液的浓度而改变

D．光学玻璃吸收池适用于紫外光区

答案：B

68．在连续流动和流动注射分析中，测定的主要是__________范围内的吸光度。（　　）

A．紫外区　　B．近紫外区　　C．红外区　　D．可见光区

答案：D

69．在连续流动分析中，通常以__________定量。（　　）

A．峰高　　B．峰面积

C．半峰宽　　D．峰底宽

答案：A

70．在流动注射分析中，通常以__________定量。（　　）

A．峰高　　B．峰面积

C．半峰宽　　D．峰底宽

答案：B

71．在流动注射分析仪和连续流动分析仪中，为得到待测物质所需波长的光，通常使用的元件是__________。（　　）

A．狭缝　　B．棱镜

C．透镜　　D．滤光片

答案：D

72．下列__________部件是连续流动分析仪特有的。（　　）

A．蠕动泵　　B．比色池

C．检测器　　D．空气泵管

答案：D

73．用流动注射分光光度法测定海水氨，测定盐度波动不大（＜±2 以内）或氨质量浓度较低（以 N 计，＜20 μg/L）的样品时，建议采用__________作载液。（　　）

A．纯水　　B．与样品盐度较近的低营养盐海水

C．EDTA 溶液　　D．1∶1 氢氧化钠溶液

答案：B

74．在流动注射法分析中，如果样品峰为平头峰，则说明__________。（　　）

A．分析正常　　B．样品浓度过高

C．样品浓度过低　　D．反应时间不足

答案：B

75．在流动注射法分析中，如果样品峰为双峰，则说明__________。（　　）

A．分析正常　　B．样品浓度过高

C．存在基体干扰　　D．反应时间不足

答案：C

76．使用流动注射法分析水中阴离子表面活性剂时，如果流通池与水样相接触，会造成__________结果。（　　）

A．增加基线噪声　　B．没有影响

C．灵敏度显著降低　　D．管路堵塞

答案：A

77．使用流动注射和连续流动分光光度法分析时，其定量依据是__________。（　　）

A．能斯特方程　　B．朗伯-比尔定律

C．法拉第定律　　D．分配定律

答案：B

78．在连续流动分析中，往往需要在载流或缓冲液中加入表面活性剂，其中，十二烷基聚乙二醇醚（Brij-35）是一种__________。（　　）

A．阳离子表面活性剂　　B．非离子表面活性剂

C．阴离子表面活性剂

答案：B

79．在连续流动分析中，不会造成基线上有尖锋的情况是__________。（　　）

A．检测池内有沉淀析出　　B．管路堵塞

C．系统排废不顺畅　　D．流路中气泡均匀

答案：D

80．在分光光度法中，各种试剂按一定的比例与样品混合、显色，而在流动注射和连续流动分析中，是通过__________不同实现不同试剂的比例混合的。（　　）

A．反应圈长短　　B．蠕动泵转速

C．泵管内径　　D．混合时间

答案：C

81．在流动注射分析仪和连续流动分析仪中，管路内的溶液流动状态为__________。（　　）

A．层流　　B．湍流　　C．对流

答案：A

82．在连续流动分析总磷和磷酸盐的分析模块中，两者的差异在于__________。（　　）

A．显色波长不一样　　B．显色剂浓度不一样

C．磷酸盐模块没有紫外消解装置　　D．磷酸盐模块不需要注入气泡

答案：C

83．在流动注射分析仪和连续流动分析仪中，如果样品中含有颗粒物，下列处理方式不可取的

是__________。（　　）

A．超声粉碎　　　　B．均质化处理

C．直接上机　　　　D．使用手工方式前处理后上机

答案：C

84．使用流动注射仪分析阴离子表面活性剂时，所用的亚甲蓝试剂容易沉积在管路中造成管路染色，可使用__________清洗管路。（　　）

A．0.1 mol/L NaOH　　　　B．1%次氯酸钠

C．0.1 mol/L HCl　　　　D．1% Brij-35

答案：B

85．对于水中挥发酚，如果需要使用流动注射分析，则在采样时应加入__________调至 pH=2。（　　）

A．盐酸　　　　B．硫酸

C．磷酸　　　　D．硝酸

答案：C

86．关于流动注射分析仪和连续流动分析仪的测试前的操作步骤，正确的顺序是__________。（　　）

（1）打开光源、加热器等

（2）检查流路是否正常

（3）泵入试剂和载流

（4）泵入纯水

A．（1）（2）（3）（4）　　　　B．（1）（4）（3）（2）

C．（1）（4）（2）（3）　　　　D．（4）（2）（3）（1）

答案：C

87．使用连续流动分析海水氨时，反应是在碱性条件下显色的，海水中的钙和镁易形成氢氧化物沉淀，可加入__________除去。（　　）

A．次氯酸钠　　　　B．柠檬酸钠和 EDTA

C．铬黑 T　　　　D．钙羧酸

答案：B

88．在流动注射分析中，下面谱图正常的是__________。（　　）

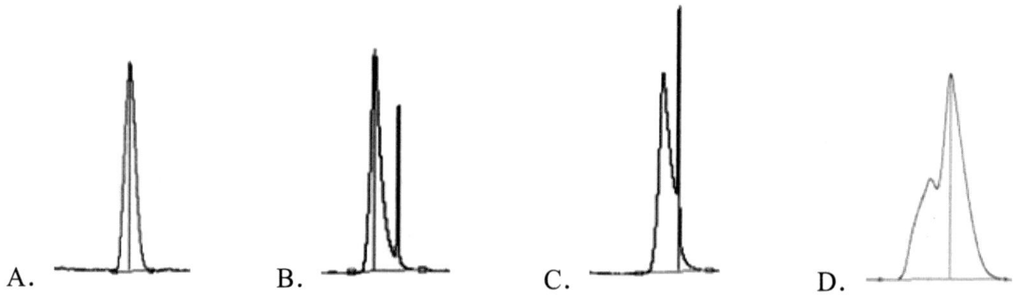

答案：A

89．在连续流动分析中，下面谱图正常的是__________。（　　）

A. 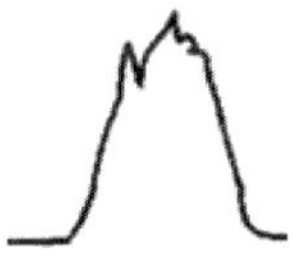 B. 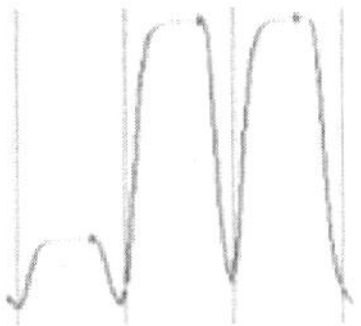 C. 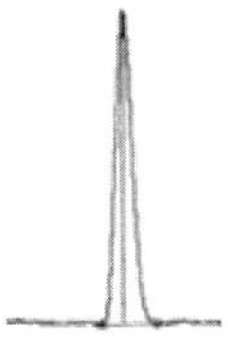 D. 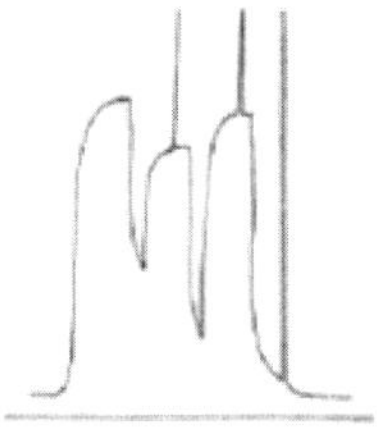

答案：B

90．使用流动注射分析阴离子表面活性剂时，亚甲蓝试剂需经__________萃取后使用。（　　）

A．异丙醇　　B．甲醇　　C．甲醛　　D．三氯甲烷

答案：D

91．在连续流动和流动注射分析中，每分析 10 个样品加测一个曲线中间浓度溶液的作用在于__________。（　　）

A．精密度控制　　B．正确度控制　　C．校准有效性检查

答案：C

92．在连续流动和流动注射分析中，基线调零的作用在于__________。（　　）

A．调节仪器信号增益　　B．消除基体干扰

C．调节入射光的光强度　　D．消除试剂等非测定物质对入射光吸收的影响

答案：D

93．对于海水样品中的氨、磷酸盐等营养盐，如果不能马上分析，则应__________保存样品。（　　）

A．加硫酸　　B．4℃

C．快速冷冻至−20℃　　D．加三氯甲烷

答案：C

94．下列关于镉柱的说法，错误的是__________。（　　）

A．使用前应经过活化

B．应定期做还原能力检验

C．应避免表面活性剂进入镉柱，缩短使用寿命

D．分析结束时应排空镉柱内液体

答案：D

三、多选题

1．下列选项中__________是流动注射分析的特点。（　　）

A．高效率　　B．低效率　　C．高消耗　　D．低消耗

答案：AD

2．下列选项中__________决定流动注射分析中载液的流量。（　　）

A．泵管材质　　B．泵管内径大小

C．滚柱滚动的线速度　　D．泵管壁厚

答案：BC

3. ＿＿＿＿＿是流动注射分析仪中蠕动泵的缺点。（　　）

A. 长期性稳定性较差　　B. 泵管耐磨性有限

C. 泵管抗有机溶剂性能有限　　D. 泵管抗强酸强碱性能有限

答案：ABCD

4. 流动注射分析仪器装置包括＿＿＿＿＿。（　　）

A. 流体驱动单元　　B. 注入阀

C. 化学管路　　D. 检测器

答案：ABCD

5. 对流动注射分析仪器装置中的蠕动泵维护，包括＿＿＿＿＿。（　　）

A. 在泵管和轮轴上涂少量润滑剂

B. 较长时间不使用时使泵管处于松弛状态

C. 较长时间不使用时也不需要松开调节卡扣

D. 操作后应用蒸馏水将泵管洗净

答案：ABD

6. 在流动注射分析方法建立过程中，除像经典分析方法中那样对试剂的浓度、种类、反应所需要的温度、酸度等进行选择外，还要对流动注射分析流路进行优化，包括＿＿＿＿＿。（　　）

A. 进样量的大小　　B. 反应管道的内径

C. 载流和试剂流速　　D. 反应管道的长度

答案：ABCD

7. 在流动注射光度分析方法中基于在线分离的方法包括＿＿＿＿＿。（　　）

A. 气体扩散　　B. 溶液渗析

C. 萃取分离　　D. 离子交换分离

答案：ABCD

8. 流动注射分析仪中柱塞泵的缺点包括＿＿＿＿＿。（　　）

A. 抗有机溶剂能力强，适用于应用有机溶剂的在线分离与浓集系统

B. 当与原子光谱等装有气动雾化器的检测器联用时，不能与吸取溶液的入口直接配合

C. 可利用的通道数目少

答案：BC

9. 下列＿＿＿＿＿会导致流动注射和连续流动方法分析过程中出现检测峰峰型异常。（　　）

A. 超量程　　B. 基体干扰　　C. 泵管堵塞　　D. 试剂失效

答案：ABCD

10. 用流动注射或连续流动方法测定水中总磷，适用于下列＿＿＿＿＿中总磷的测定。（　　）

A. 地表水　　B. 地下水　　C. 工业废水　　D. 生活污水

答案：ABCD

11. 连续流动分析系统中，影响透析效果的因素主要包括＿＿＿＿＿。（　　）

A. 液流速度　　B. 液流温度　　C. 压力　　D. 离子的浓度

答案：ABCD

12．采用流动注射-水杨酸分光光度法测定水质样品中的氨氮时，在＿＿＿＿＿情况下需要对样品进行蒸馏处理。（　　）

A．色度　　B．盐度　　C．高浓度金属离子　　D．大量有机物

答案：ABCD

13．采用流动注射-钼酸铵分光光度法测定水质样品中的总磷时，当样品的 pH＜2 时，会出现＿＿＿＿＿；当样品的 pH＞10 时，会出现＿＿＿＿＿。（　　）

A．折射指示现象　　B．双峰干扰

C．正干扰　　D．负干扰

答案：AB

14．在流动注射分析系统中，影响分散系数的因素主要有＿＿＿＿＿。（　　）

A．进样体积　　B．反应管长　　C．反应管内径　　D．载流速度

答案：ABCD

15．在流动注射分析系统中，当试样塞被载流携带流经反应盘管时，由于＿＿＿＿＿作用形成具有一定浓度梯度的试样带。（　　）

A．对流　　B．浓缩　　C．扩散　　D．稀释

答案：AC

16．流动注射分析基本装置器件除管道、混合盘管和连接器件外，还有＿＿＿＿＿基本装置。（　　）

A．蠕动泵　　B．注射阀　　C．检测器　　D．离心器

答案：ABC

17．流动注射分析技术得到广泛应用的主要原因是＿＿＿＿＿。（　　）

A．它的灵活性　　B．它的多样性

C．可以和多种检测手段相结合　　D．它的经济性

答案：ABC

18．假设注入的试样带较窄，按脉冲方式输入的分散系数与管长、流速及管道内径有如下关系：＿＿＿＿＿。（　　）

A．随着流经路程的平方根的增加而增加　　B．随着流速减小而增加

C．随着泵速的降低而减小　　D．随着管路内径的减小而减小

答案：ACD

19．连续流动分析仪由进样器、＿＿＿＿＿构成。（　　）

A．泵管　　B．蠕动泵

C．分析管路　　D．检测器和信息采集处理系统

答案：ABCD

20．关于连续流动分析的特点，下列说法正确的是＿＿＿＿＿。（　　）

A．检测精度高　　B．分析速度快

C．自动化程度高　　D．分析样品量大

答案：ABC

21．连续流动分析在管路设计时，充分考虑了液体流动过程中产生的管路湍流现象，增加了__________技术，从而使管道液体快速均匀稳定流动。（　　）

A．空气气泡　　　　B．润滑剂

C．选用有机沉淀剂　　　　D．透析净化

答案：ABD

22．以下__________是连续流动分析的特点。（　　）

A．显色完全后测定吸光度　　　　B．显色不完全时测定吸光度

C．流路中规律地注入气泡　　　　D．流路中不注入气泡

答案：AC

23．以下__________是流动注射分析的特点。（　　）

A．显色完全后测定吸光度　　　　B．显色不完全时测定吸光度

C．流路中规律地注入气泡　　　　D．流路中不注入气泡

答案：BD

24．在流动注射法和连续流动法分析中，如果灵敏度太低，可能的原因是__________。（　　）

A．试剂过期　　　　B．检测器老化

C．滤光片污染　　　　D．更换了新泵管

答案：ABC

25．在连续流动法分析中，如果基线波动较大，可能的原因是__________。（　　）

A．管路中的气泡不规则　　　　B．试剂有固体析出

C．加热器在升温中　　　　D．蠕动泵管老化

答案：ABCD

26．在流动注射法分析中，如果基线漂移，可能的原因是__________。（　　）

A．试剂从冰箱拿出来后马上使用　　　　B．分析 LAS 时有水进入检测池

C．蠕动泵管老化　　　　D．加热器在升温中

答案：ABCD

27．用流动注射法分析海水过程中，如果绘制校准曲线时不出峰，可能的原因是__________。（　　）

A．管路堵塞　　　　B．试剂失效

C．使用纯水做载流　　　　D．样品注入阀故障

答案：ABD

28．用流动注射法分析__________项目时，需要使用蒸馏模块。（　　）

A．阴离子表面活性剂　　　　B．六价铬

C．挥发酚　　　　D．氰化物

答案：CD

29．用流动注射法分析__________项目时，需要使用紫外消解模块。（　　）

A．阴离子表面活性剂　　　　B．总氮

C．挥发酚　　　　D．总氰化物

答案：BD

30．流动注射分析仪可以和__________检测器联用。（　　）

A．紫外可见分光光度计　　B．原子吸收光谱仪

C．离子选择电极　　D．极谱仪

答案：ABCD

31．用流动注射法分析下阴离子表面活性剂时，应对试剂三氯甲烷作__________处理。（　　）

A．除气　　B．加热　　C．静置　　D．水封

答案：AD

四、判断题

1．流动注射-亚甲蓝分光光度法测定阴离子表面活性剂时，样品中的阴离子表面活性剂与阳离子染料亚甲蓝形成亚甲蓝活性物质（MBAS），三氯甲烷萃取，有机相于 650 nm 波长处测定吸光度。（　　）

答案：正确

2．流动注射-分光光度法测定氰化物时，异烟酸-巴比妥酸试剂配制 3～5 天后将逐渐产生沉淀，沉淀进入管路会形成结晶堵塞管路，因此实验时应注意试剂的状态，如沉淀过多，应及时更换。（　　）

答案：正确

3．用流动注射-4-氨基安替比林分光光度法测定水质中挥发酚时，在酸性条件下，样品通过（160±2）℃在线蒸馏释放出酚。被蒸馏出的酚类化合物，于弱碱性介质中，在铁氰化钾存在下，与 4-氨基安替比林反应生成橙黄色的安替比林染料，于 500 nm 波长处测定吸光度。（　　）

答案：正确

4．用流动注射-4-氨基安替比林分光光度法测定水质中挥发酚。对于挥发酚的定义是随水蒸气蒸馏出来、能与 4-氨基安替比林反应生成有色化合物的挥发性酚类化合物，其结果以苯酚计。（　　）

答案：正确

5．流动注射仪工作原理：在封闭的管路中，将一定体积的试样注入连续流动注射的载液中，试样与试剂在化学反应模块中按特定的顺序和比例混合、反应，在非完全反应的条件下，进入流动检测池进行光度测定。（　　）

答案：正确

6．流动注射-4-氨基安替比林分光光度法测定挥发酚时，要保持进入冷凝器的水温大约在 4℃。（　　）

答案：正确

7．为延长流动注射分离膜的使用寿命，只有在加热器温度达到设定温度后，才能使试剂或无酚水通过相分离器。分析完毕，用无酚水冲洗 0.5 h 后，除冷凝管外的所有管道均泵入空气，干燥分离膜 0.5 h 到 1 h 方停止并关机。（　　）

答案：正确

8．用连续流动-水杨酸分光光度法和流动注射-水杨酸分光光度法测定水中氨氮，两种方法的检测波长均为 692 nm。（　　）

答案：错误

正确答案：两种方法的检测波长均为660 nm。

9．流动注射分析局限性大，只能完成简单的进样操作。（　　）

答案：错误

正确答案：流动注射分析适应性广：可以与多种检测手段联用，既可完成简单的进样过程，又可在线完成溶剂萃取、柱分离、在线消化等较为复杂的溶液自动化操作，它还是一种比较理想的进行自动检测与过程分析的手段。

10．流动注射分析仪中用到的柱塞泵流速稳定性好，不需要更换泵管，非常适合与原子光谱等装有气动雾化器的检测器联用。（　　）

答案：错误

正确答案：柱塞泵的主要缺点是通道数目少，不适合与原子光谱等装有气动雾化器的检测器联用。

11．流动注射分析仪中的泵管，主要用途是输送载流和试剂，因此应具有一定的弹性、耐磨性，且壁厚均匀。（　　）

答案：正确

12．流动注射分析仪蠕动泵常用的泵管材料是“Tygon”，这是加有适量添加剂的聚乙烯或聚氯乙烯管，它适用于水溶液、稀酸和稀碱溶液。（　　）

答案：正确

13．作为流动注射分析仪的检测器都有液流入口和出口。（　　）

答案：正确

14．配有流通池分光光度计的流动注射仪，流通池的设计应没有死角和稍有倾斜，以利于偶然带入的气泡流出。（　　）

答案：正确

15．流动注射分析的注样方式一般分为定容进样、定时进样或者两种方式结合。（　　）

答案：正确

16．流动注射分析仪的使用中，如果注意避免由试剂或试样引入固体颗粒，则滑动面划伤的机会会大大减少，从而延长各类阀的连续使用时间。（　　）

答案：正确

17．流动注射分析与经典的化学分析方法不同，虽然所有的测定都是在均匀混合及平衡状态下完成的，但流动注射分析方法又是从传统的溶液分析基础上发展起来的自动处理和分析的方法。（　　）

答案：错误

正确答案：流动注射分析与经典的化学分析方法不同，所有的测定都不是在均匀混合及平衡状态下完成的，但流动注射分析方法又是从传统的溶液分析基础上发展起来的自动处理和分析的方法。

18．在与流动注射分析联用的各类检测器中，分光光度检测器因其结构简单、价格低廉，应用最为普遍。（　　）

答案：正确

19．在流动注射光度分析中，测定的灵敏度仅是试样与试剂之间的化学反应过程作用的结果。（　　）

答案：错误

正确答案：在流动注射光度分析中，测定的灵敏度是两个同时发生的动力学过程，即试样带的物理分散过程和试样与试剂之间的化学反应过程综合作用的结果。

20．流动注射光度分析体系中的测定结果的精度是建立在反应时间与混合状态高度重现的基础上，因此，即使反应或试剂不稳定，仍能得到不亚于稳定反应的测定结果。（　　）

答案：正确

21．流动注射分析中的安培法电化学技术工作原理是测量电位。（　　）

答案：错误

正确答案：流动注射分析中的安培法电化学技术工作原理是在电化学池中的工作电极和辅助电极之间加一定的电位差，利用待测物在电极上进行氧化还原反应，记录与待测物的量有关的电流信号进行定量分析。测量电位是电位法的工作原理。

22．流动注射电化学仪器使用时，对于某些因反应时间短、灵敏度偏低的化学反应，可以在一定程度上通过提高反应温度加以补偿。（　　）

答案：正确

23．流动注射光度分析中，可通过升温提高反应速度、缩短分析时间。（　　）

答案：正确

24．试样在流动注射分析系统中的分散过程就是试样的物理稀释过程。（　　）

答案：正确

25．有机溶剂可以通过流动注射分析仪蠕动泵常规配置的 Tygon 泵管来输送。（　　）

答案：错误

正确答案：有机溶剂中的大部分不能通过蠕动泵常规配置的 Tygon 泵管来输送。

26．流动注射光度法测定某一项目时，当样品清澈，不存在色度、浊度干扰时，不能直接取样分析，必须用滤膜过滤。（　　）

答案：错误

正确答案：流动注射光度法测定某一项目时，当样品清澈，不存在色度、浊度干扰时，可直接取样分析。

27．用流动注射光度法测定某项目的原理是：样品和试剂在蠕动泵的推动下进入化学反应模块，在密闭的管路中连续流动，被气泡按一定间隔规律地隔开并按特定的顺序和比例混合、反应，显色完全后进入流动检测池测定吸光度。（　　）

答案：错误

正确答案：上述所说的是连续流动光度法测定某项目的原理，关键点在“被气泡按一定间隔规律地隔开”，这是连续流动法的特点。

28．使用流动注射或连续流动光度法测定某一项目时，当同批样品浓度波动大时，可在样品与样品间插入空白，减小高浓度样品对低浓度样品的干扰。（　　）

答案：正确

29．使用流动注射光度法测定某项目时，样品中只要存在干扰物质，无论多少，一定会对项目的测定产生影响。（　　）

答案：错误

正确答案：有时干扰物质没达到一定量的时候不会对测定产生影响。比如，测定氨氮时，样品中钙离子、镁离子和氯离子浓度分别不大于 900 mg/L、1 000 mg/L 和 100 000 mg/L 时，对氨氮的测定无影响。

30．使用流动注射光度法测定某项目时，实验室所做空白实验不满足要求时，需先做样品，待完成后再继续查找空白实验问题。（　　）

答案：错误

正确答案：每批样品须至少做 2 个空白样，空白值不得超出方法检出限。否则应查明原因，重新分析直至合格之后才能测定样品。

31．使用流动注射光度法测定阴离子洗涤剂时，水样中的硫化物能与亚甲基蓝反应生成无色的还原物而消耗亚甲基蓝试剂，遇此情况可将试样调至碱性，可滴加适量的过氧化氢来消除干扰。（　　）

答案：正确

32．使用流动注射或连续注射光度法分析样品时，应注意仪器管路系统的保养，经常清洗管路；每次实验前都应检查泵管是否磨损，及时更换已损坏的泵管。（　　）

答案：正确

33．使用流动注射分析仪分析某项目时，采集样品 48 h 内务必分析完毕。（　　）

答案：错误

正确答案：分析时限与具体项目有关，如氨氮样品采集后，加入适量硫酸调节样品 pH<2，可在冷藏下密闭保存 7 天。

34．使用流动注射分析仪分析某一项目时，所有玻璃器皿必须用铬酸洗液洗涤，保证器皿干净无污染。（　　）

答案：错误

正确答案：当使用流动注射方法分析水中六价铬时，所有玻璃器皿不得用铬酸洗液洗涤，避免影响测量准确性。

35．流动注射分析仪中输液泵的选择，考虑高温反应、反应管路太长的情况，选择蠕动泵输液。（　　）

答案：错误

正确答案：流动注射分析中一般用蠕动泵输液，高温反应或反应管路太长时，用柱塞泵。

36．流动注射分析装置中，样品与载流在检测器中混合或进行化学反应，并经检测器得到一个近似正态分布的峰型信号。（　　）

答案：错误

正确答案：样品与载流在反应管路中混合或进行化学反应，产物流经检测器，得到一个近似正态分布的峰型信号。

37．流动注射分析具有“分析系统封闭，利于环境保护”的特点，这是由于样品与试剂用量甚微，又在封闭系统中完成测定，因此大大减轻了环境污染，减少了对人体危害。（　　）

答案： 正确

38．流动注射分析的过程，仅包括化学反应动力学过程。（　　）

答案： 错误

正确答案： 流动注射分析的过程包括物理过程、化学反应动力学过程以及能量转换过程。

39．在流动注射分析过程中，增加预热时间、清洗流通液池可减少基线漂移。（　　）

答案： 正确

40．在流动注射分析过程中，泵的压力过大容易导致记录峰在返回基线的过程中严重拖尾。（　　）

答案： 错误

正确答案： 压边不紧容易导致记录峰在返回基线的过程中严重拖尾。

41．开启流动注射分析仪器前，泵入蒸馏水发现流路系统有小气泡的，应引入大气泡将小气泡带走。（　　）

答案： 正确

42．在连续流动分析过程中，试样和试剂溶液按一定顺序和比例连续不断地输送到管式反应器中进行混合和反应，将非平衡态下的混合物输送到流通式检测器中，以检测反应产物的信号。（　　）

答案： 错误

正确答案： 在连续流动分析过程中，试样和试剂溶液按一定顺序和比例连续不断地输送到管式反应器中进行混合和反应，在流动过程中使反应达到平衡，然后再将混合物输送到流通式检测器中，以检测反应产物的信号。

43．在连续流动分析过程中，当试样塞被载流携带流经反应盘管时，由于浓缩作用，试样塞与载流发生混合并被分散。（　　）

答案： 错误

正确答案： 在连续流动分析过程中，当试样塞被载流携带流经反应盘管时，由于对流和扩散作用，试样塞与载流发生混合并被分散。

44．在连续流动分析过程中，产生分析信号的组分在分散前和分散后的浓度比值越大，表明试样被稀释的程度越大。（　　）

答案： 正确

45．在连续流动分析过程中，随着进样体积的增加，测得的峰高增加，分散系数上升。（　　）

答案： 错误

正确答案： 在连续流动分析过程中，随着进样体积的增加，测得的峰高增加，分散系数下降。

46．在连续流动分析过程中，随着反应管长的增加，试样带的留存时间增加，峰高降低。（　　）

答案： 正确

47．在连续流动分析过程中，载流能够起到清洗反应管道和检测器、防止试样间的交叉污染的作用。（　　）

答案： 正确

48．在流动注射分析过程中，试样塞与载流发生混合后，分散成圆形试样带。（　　）

答案： 错误

正确答案：在流动注射分析过程中，试样塞与载流发生混合后，分散成抛物线形试样带。

49．在流动注射分析过程中，由于试样塞在较细的管路汇总与较低的流速进行，几乎不可能形成湍流。（　　）

答案：正确

50．在流动注射分析过程中，试样塞在载流携带下向前移动的过程中，分散后的试样带中，组分的浓度处处相等。（　　）

答案：错误

正确答案：在流动注射分析过程中，试样塞在载流携带下向前移动的过程中，分散后的试样带中，组分的浓度不再处处相等。

51．流动注射不可以在混合与反应的非平衡状态下进行精确的测定。（　　）

答案：错误

正确答案：流动注射完全可以在混合与反应的非平衡状态下进行精确的测定。

52．流动注射可以与多种分析仪器如电化学分析仪、分光光度计、等离子发射质谱仪等联用，组成自动或半自动的分析系统。（　　）

答案：正确

53．流动注射分析中用的六通阀因为需要承受高压，所以它对材料和制动工艺要求高。（　　）

答案：错误

正确答案：流动注射分析中用的六通阀因为无须承受高压，所以它对材料和制动工艺要求低。

54．流动注射总氮的测量方法不仅适用于总氮测量也适用于总凯氏氮的测量。（　　）

答案：错误

正确答案：流动注射总氮的测量方法仅适用于总氮测量，并不适用于总凯氏氮的测量。

55．总氮测量中必须泵试剂后才能将镉柱切换到在线位置。（　　）

答案：正确

56．总磷流动注射方法的使用范围是20～1 000 μg/L。（　　）

答案：正确

57．流动注射分析具有分析速度快、准确度和精密度高、设备和操作简单、通用性强、试剂和试样消耗量少等优点。（　　）

答案：正确

58．流动注射技术进行比色分析时，显色反应需达到物理化学平衡。（　　）

答案：错误

正确答案：流动注射技术进行比色分析时，显色反应不需达到物理化学平衡，显色络合物也不需要稳定至一定时间以上，也就是说，化学分析未必在稳定状态下进行，这是流动注射分析技术的一个重要概念。

59．按照不同的连接方法连接泵、注入阀、反应管和检测器，可以设计出用于不同目的的流路系统。（　　）

答案：正确

60．在实验操作条件下，试剂反应后没有样品组分流出时的流出曲线称为基线。稳定的基线应

该是一条水平直线。（　　）

答案：正确

61．连续流动分析是一种基于物理化学法原理的连续流动分析的自动分析技术。（　　）

答案：错误

正确答案：连续流动分析是一种基于分光光度法原理的连续流动分析的自动分析技术。

62．蠕动泵是流体驱动系统的核心。（　　）

答案：正确

63．连续流动分析仪是基于不完全化学反应的基础，将烦琐的手工操作变成简便的仪器自动化操作。（　　）

答案：错误

正确答案：连续流动分析仪是基于完全的化学反应的基础，将烦琐的手工操作变成简便的仪器自动化操作。

64．连续流动透析膜透析时，小的离子和大的分子以透析膜为界从两个方向流出。（　　）

答案：错误

正确答案：连续流动透析膜透析时，透析膜允许小的离子或分子通过，大的有色化合物、蛋白质、脂肪以及悬浮颗粒物不得透过。

65．在连续流动分析过程中，化学反应模块完成对样品的全自动预处理，是连续流动分析技术的核心。（　　）

答案：正确

66．在连续流动分析过程中，当试样塞被载流携带流经反应盘管时，由于对流和扩散作用，试样塞与载流发生混合并被分散成均匀浓度的试样带。（　　）

答案：错误

正确答案：在连续流动分析过程中，当试样塞被载流携带流经反应盘管时，由于对流和扩散作用，试样塞与载流发生混合并被分散成具有一定浓度梯度的试样带。

67．在连续流动分析过程中，随着进样体积的增加，测得的峰高增加，但同时导致峰型变窄。（　　）

答案：错误

正确答案：在连续流动分析过程中，随着进样体积的增加，测得的峰高增加，但同时导致峰形变宽。

68．在流动注射分析过程中，在试样塞在载流携带下向前移动的过程中，在分散后的试样带中，组分浓度在试样带中心处最高。（　　）

答案：正确

69．流动分析仪根据在流动状态下的化学反应是否达到平衡分为连续流动分析仪和流动注射分析仪两类。（　　）

答案：正确

70．用流动注射法和连续流动法测定海水样品时，海水与纯水的不同折射率可引起正误差，应进行相应的校正。（　　）

答案：错误

正确答案：用流动注射法和连续流动法测定海水样品时，海水与纯水的不同折射率可引起负误差，应进行相应的校正。

71．用流动注射法和连续流动法测定海水样品时，盐度较高的样品会造成样品负峰，可增加载流盐度去除干扰。（　　）

答案：正确

72．使用连续流动法分析海水样品时，对于氨氮、活性硅酸盐等项目，盐度对其测定影响较大，当样品盐度波动不大（±2 以内）或浓度较低时，建议采用与样品盐度接近的低营养盐海水做载流。（　　）

答案：正确

73．使用连续流动法分析海水样品时，对于氨氮、活性硅酸盐等项目，盐度对测定没有影响，可用纯水配制校准溶液。（　　）

答案：错误

正确答案：对于氨氮、活性硅酸盐等项目，盐度对其测定影响较大，对于低浓度样品，可用无营养盐海水配制与样品盐度接近校准溶液来消除基体干扰。

74．使用连续流动法分析海水样品时，其操作方式与地表水样品完全一致。（　　）

答案：错误

正确答案：使用流动注射和连续流动法分析海水样品时，由于海水与纯水的折射率不同，可引起负误差，应进行相应的校正。

75．流动注射法和连续流动法分析结束时，应松开泵管压块，否则会造成泵管疲劳，导致测定精密度下降。（　　）

答案：正确

76．使用流动注射和连续流动法分析样品时，应保证样品和试剂无颗粒物，如必要，应先行过滤。（　　）

答案：正确

77．由于流动注射/连续流动分析法的测定原理和对应项目的分光光度法基本相同，因此，水样在测定过程中遇到的干扰基本一致，去除干扰的方法也相同。（　　）

答案：正确

78．使用连续流动法分析时，反应是在密闭管路中进行的，因此室温对分析没有影响。（　　）

答案：错误

正确答案：环境温度会影响分析结果，分析过程中室温波动应不超过 ±2℃。

79．使用连续流动分析仪测定样品时，在运行前应检查管路里气泡的形状，气泡应是大小相等、前后呈圆形、间隔相等。（　　）

答案：正确

80．如果流动注射分析仪的注入阀在运行中不切换，则样品无法进入显色部分，检测器无信号峰。（　　）

答案：正确

81. 进行流动注射分析时，管路应没有气泡，因此必须保证试剂无气泡，使用前应除气。（ ）

答案：正确

82. 进行流动注射分析时，不必每次分析时都绘制校准曲线。（ ）

答案：错误

正确答案：流动注射分析是在非完全反应的条件下测定的，温度对显色反应有明显的影响，最好每次分析样品的同时都绘制校准曲线。

83. 在连续流动分析中，往往会在载流中加入表面活性剂，所有项目都可以加入 Brij-35 作为表面活性剂。（ ）

答案：错误

正确答案：Brij-35 并不适用于全部项目，对于磷酸盐和总磷，Brij-35 会与钼酸盐反应，产生沉淀引起漂移，因此应用 FFD_6 或 SDS 作为表面活性剂。

84. 流动注射分析挥发酚和氰化物时，通常在加热蒸馏池后连接分离膜用于两相分离，分析完毕，应用水冲洗干净并保持分离膜湿润。（ ）

答案：错误

正确答案：分析完毕，应用水冲洗干净，除冷凝管外的所有管道泵入空气，干燥分离膜 0.5 h 到 1 h 方停止并关机。

85. 使用流动注射法分析水中阴离子表面活性剂时，进入流通池的是水相。（ ）

答案：错误

正确答案：使用流动注射法分析水中阴离子表面活性剂时，进入流通池的是三氯甲烷相。

86. 使用流动注射分析仪分析水中阴离子表面活性剂时，需要使用分离膜对两相分离，如果在水相的接收瓶中出现三氯甲烷，说明分离膜的分离效果下降，应检查或更换分离膜。（ ）

答案：正确

87. 使用流动注射和连续流动法分析样品时，试剂和环境温度影响分析结果，应使冰箱贮存的试剂温度达到室温后再行分析。（ ）

答案：正确

88. 使用流动注射和连续流动法分析样品时，检测池光程通常是 1 cm 的，当使用更长的检测池光程时，可降低检出限。（ ）

答案：正确

89. 使用流动注射和连续流动法分析样品时，应注意分析模块及检测池的废液管应尽可能短，并和放置仪器的操作台平齐，否则压力变化会影响废液的排出。（ ）

答案：正确

90. 因为流动注射分析仪流路管径较细，所以不适用于测定含悬浮物颗粒物较多或颗粒粒径大的样品。（ ）

答案：正确

91. 流动注射分光光度法是流动注射技术与分光光度检测技术结合而发展出来的一种新技术。流动注射主要作为样品前处理及各种化学操作的手段，分光光度法作为检测手段。（ ）

答案：正确

92．在流动注射分析中，为了得到更好的重现性，应保证管路中液体流速稳定。（　　）

答案：正确

93．流动注射和连续流动分析中，样品峰的形状是相似的。（　　）

答案：错误

正确答案：由于原理的差异，流动注射和连续流动分析中，样品峰的形状是不同的，流动注射峰形尖锐，而连续流动通常是平头峰。

94．在流动注射分析中，长时间分析会导致泵管弹性降低即出现疲劳现象，这可能导致样品出峰时间拖后或者峰形出现拖尾。（　　）

答案：正确

95．在流动注射分析中，到达阀时间是一个重要设置参数，如果时间过短，则高浓度样品后进空白存在残留。（　　）

答案：正确

96．在流动注射和连续流动分析中，应注意管路系统的保养，经常清洗管路，每次实验前须检查泵管磨损情况并及时更换损坏泵管。（　　）

答案：正确

五、简答题

1．连续流动分析仪和流动注射仪的区别是什么？

答案：混匀显色的方式不一样。连续流动分析仪用是用气泡把样品试剂阻隔开来，加速反应混合，减少试剂使用量；流动注射分析仪采用的是管路里不通气泡，直接将样品和试剂在管路里混合，带过作用比较明显，高、低浓度检测样品的检测的影响比较大，试剂消耗量比较大。

2．做样过程中出现基线漂移的原因有哪些？

答案：①失效的化学试剂可能导致基线漂移，需要重新配置化学试剂。②有泵管没有正确安装。③模块管路某一部分有堵塞。

3．流动注射与电化学检测器联用时，较普通电极法有哪些不同？

答案：流动注射与电化学检测器联用时，较普通电极法的不同之处在于：流动注射分析法并不需要电极电位达到稳定数值后才测定。由于流过电极表面的试液与流过的时间可以准确地控制，因此仍然可以得到与静态测定时完全一致的结果，并能大大提高分析速度。

4．使用流动注射分析仪时，脉动是蠕动泵公认的共同缺点，怎样可以减少脉动？

答案：可以通过润滑泵管，正确调节压盖（或压带）的压力以及采用较高转速等手段使脉动减少到可以忽略的程度。对于那些具有较高流动阻力的流动注射分析系统，也可以通过缩短泵管长度（特别是粗泵管）抑制“风箱效应”而减少脉动。

5．在开发建立流动注射分析方法过程中，遇到的故障可能是分析方法本身的化学问题，也可能是硬件部分的故障。在排除了分析方法本身的化学问题后，硬件部分从几个方面进行检查？

答案：可以从以下四个方面进行检查：流体驱动；进样阀检查（包括吸样试验，是否吸速过快；采样环是否需要清洗或更换）；流路检查（各个通道是否堵塞）；检测器故障检查（以分光光度计为例，流通池中是否有气泡、是否污染等）。

6. 在流动注射光度分析中，提高温度的目的是什么？

答案：在流动注射光度分析中，提高温度的目的有两个：一是用于提高化学反应的速度；二是高温在线处理，完成样品中待测组分的形态转化。

7. 流动注射中的电化学检测按原理可以分为哪两类？

答案：流动注射中的电化学检测按原理可以分为以下两大类：一类是基于两相之间的电荷转移来检测，包括最常见的电位法、伏安法和库仑法等；另一类是测量液体的电学性质，如电导检测。

8. 试述流动注射分析的基本原理？为什么流动注射分析可以在混合和反应尚未达到平衡的状态下进行测量？

答案：流动注射分析的基本原理，是将试样溶液以“试样塞”的形式注入试剂载流中，试样塞随载流向下游流动的过程中扩散成试样带，并与载流发生混合和反应。当含有产物的试样带流经检测池时产生分析信号，检测和记录系统将其转换为随时间变化的电信号并加以记录。在流动注射分析过程中，试样的分散与混合、待测组分与试剂的化学反应都在严格受控、高度重现的条件下进行。分析人员无须等到物理混合达到均匀、化学反应达到平衡后再进行测定，而是在混合和反应的初始阶段就可以对产物进行测定。也就是说，流动注射分析完全可以在混合与反应的非平衡态条件下进行精确的测定。

9. 简述连续流动分析过程中在管路中引入气泡的作用。

答案：①降低扩散与内部带过；②清洁管道内壁；③保证每一片段的反应完全一致；④保证片段内部可以混合；⑤容纳化学反应过程产生的小气泡；⑥消除脉冲带来的负面影响。

10. 流动注射分析过程中出现双峰、多峰和负峰的原因是什么？

答案：双峰和多峰的出现是试液带与试剂混合不均匀、流路设计不合理、试剂浓度不适当等原因所造成的，在试液体积过大或管道长度不适当时尤其如此。对 pH 较为敏感的化学反应在不同 pH 条件下将产生不同的产物或产物浓度，同样会导致多峰或双峰。当载流溶液有色而被注入试液无色且浓度很低时，就会造成载流溶液的逐步稀释而产生负峰。当试剂和载流溶液的盐浓度不同时会引起折射率的变化，也会出现负峰。

11. 简述使用连续流动分析海水氨氮和活性硅酸盐时，如何选择载流。

答案：海水与纯水的不同折射率可引起负误差，不同的基体可引起正误差，应进行相应的校正。测定盐度波动不大（±2 以内）或浓度较低的样品时，建议采用与样品盐度接近的低营养盐海水作载液；测定盐度波动较大和样品浓度较高的样品时，建议采用纯水作载液，同时进行盐度校正。

12. 使用流动注射法和连续流动法分析时，对实验室环境温度有什么要求？

答案：实验室应尽量恒温，分析过程中室温波动小，分析模块应避开热源或空调机的气流。因为室温的波动可能引起显色过程的反应动力学速度变化。

13. 简述使用连续流动分析仪分析海水，每天分析结束时，应如何清洗管路。

答案：在每天分析结束后，通过经常性向进样管交替泵入纯水、1 mol/L HCl 溶液、纯水、1 mol/L NaOH 来清洗管路系统，尽量减少试剂基线的噪声。确认在 1 mol/L NaOH 泵入管路后用纯水清洗彻底，以免海水样品进入后产生氢氧化镁沉淀。

14. 简述在流动注射分析中，消除试剂气泡的方式有哪些。

答案：除气方法有两种：一是用氦气吹扫，使用 140 kPa 的氦气在溶液中鼓泡 2～3 min；二是超声除气，将配制好的试剂一并放入超声波清洗器中，集中超声除气泡 30 min。

15．简述连续流动分析和流动注射分析相较于传统手工分析的优点。

答案：连续流动分析和流动注射分析作为一种在线化学自动化分析技术，通过仪器参数的设定，可准确控制样品的体积和液体流速来获得最佳的重现性，消除样品交叉污染，具有分析速度快、准确度高、重现性好、检出限低、检测浓度范围大、自动进样、操作简单、样品和试剂消耗量小以及可以与多种检测手段相结合等一系列优点。有些型号的仪器具有在线消解、相分离等功能，使整个分析过程全自动，在检测大批量的样品上有明显的优势。

16．在连续流动分析和流动注射分析中，如何避免管路堵塞？

答案：连续流动分析和流动注射分析适用于清洁水样，由于管路比较细，样品和试剂中的颗粒物容易堵塞管路。

对于试剂，可以通过超声和过滤去除颗粒物，部分特殊试剂需要新鲜配制，避免长时间存放析出固体。

对于样品，可通过多种方式去除颗粒物：①参照相应的分光光度法进行手工前处理后上机分析；②超声粉碎或均质化处理；③样品的色度和浊度可通过仪器的透析单元消除；④如试样经加标回收检验合格，可采用离心或滤膜过滤的方式去除悬浮物。

同时，在实验结束后，应彻底清洗管路，避免试剂结晶残留。

六、计算题

1．采用流动注射法作加标回收实验分析时，按照标准绘制其线性方程为 $C_{onc}=1.35\times10^{-5}\times$峰面积 -0.818，样品测定峰面积为 3 724 600，对该样品加标测定，加标样品的峰面积为 5 223 000，求样品浓度及样品加标回收率 P。（加标量为 25 μg/L）

答案：$C_{加标}=5\ 223\ 000\times1.35\times10^{-5}-0.818=69.7$（μg/L）

$C_{样品}=3\ 724\ 600\times1.35\times10^{-5}-0.818=49.5$（μg/L）

$P=$（69.7–49.5）/25×100%=80.8%

2．采用流动注射或连续流动光度法分析水中总磷时，按照标准进行系统性检查。已知磷酸二氢钾标准使用液测得结果为 0.500 mg/L，焦磷酸钠标准使用溶液和 5-磷酸吡哆醛标准使用溶液测定结果分别为 0.480 mg/L、0.466 mg/L，求上述两种方法的水解效率和消解效率，是否满足要求。

答案：水解效率 $R=0.480\div0.500\times100\%=96.0\%$

消解效率 $R'=0.466\div0.500\times100\%=93.2\%$

水解效率 R 与消解效率 R' 均大于 90%，满足要求。

3．用连续流动水杨酸法测试水中氨氮浓度，已知样品测试的信号值（峰高）分别为 H_1=47 431；H_2=47 303；H_3=47 802；H_4=47 252；H_5=46 988；H_6=46 540；标准曲线斜率 b=10 242，截距 a=46 202，计算 6 个样品浓度值。

答案：氨氮的含量：

$p=(H-a)/b$；$p_1=(H_1-a)/b=(47\ 431-46\ 202)/10\ 242=0.12$（mg/L）

$P_2=(H_2-a)/b=(47\ 303-46\ 202)/10\ 242=0.11$（mg/L）

P_3=（H_3–a）/b=（47 802–46 202）/10 242=0.16（mg/L）

P_4=（H_4–a）/b=（47 252–46 202）/10 242=0.10（mg/L）

P_5=（H_5–a）/b=（46 988–46 202）/10 242=0.08（mg/L）

P_6=（H_6–a）/b=（46 540–46 202）/10 242=0.03（mg/L）

4．使用流动注射分析仪分析地表水中总氮，浓度 C（以 N 计，mg/L）与测定信号峰面积 A 存在如下关系：C=0.146 2A－0.187 7，某样品峰面积为 5.787 7，则样品中总氮的浓度是多少？

答案：$C_{样}$=0.146 2×5.787 7–0.187 7=0.658（以 N 计，mg/L）

5．使用连续流动分析法测定海水中硝酸盐氮和亚硝酸盐氮时，样品先通过盐酸萘乙二胺光度法测得亚硝酸盐氮的含量为 0.122（以 N 计，mg/L）；然后样品再经过镉还原柱，其中的硝酸盐被还原为亚硝酸盐，测得亚硝酸盐总量为 1.455（以 N 计，mg/L），则样品中硝酸盐（以 N 计，mg/L）的浓度是多少？

答案：亚硝酸盐浓度是在没有通过镉柱的程序中测定的，硝酸盐浓度通过从亚硝酸盐与硝酸盐浓度之和中减去亚硝酸盐浓度获得。

$C_{硝酸盐氮}$=$C_{总}$ – $C_{亚硝酸盐氮}$=1.455 – 0.122=1.33（以 N 计，mg/L）

6．使用连续流动分析法和流动注射分析法测定水中硝酸盐氮和总氮时，需要使用镉柱将硝酸盐还原为亚硝酸盐后显色测定。为评价镉柱的还原能力，关闭紫外消解灯，先将 10.0 mg/L 的亚硝酸盐氮标准溶液吸入系统，测得浓度为 10.0 mg/L，然后吸入 10.0 mg/L 的硝酸盐氮标准溶液，经镉柱还原后测得浓度为 9.86 mg/L，求镉柱的还原率。

答案：镉柱还原率通过下式计算：

还原率=硝酸盐标准溶液测得浓度/亚硝酸盐标准溶液测得浓度×100%

=9.86/10.0×100%=98.6%

7．使用连续流动分析法和流动注射分析法测定水中总磷时，需要使用紫外灯消解样品，为评价消解效率，校准系统后，平行分析 5-磷酸吡哆醛标准溶液和磷酸二氢钾标准溶液，测得结果分别为 0.48 mg/L（以 P 计）和 0.50 mg/L（以 P 计），求消解效率。

答案：R=5-磷酸吡哆醛标准溶液测得浓度/磷酸二氢钾标准溶液测得浓度×100%

=0.48/0.50×100%=96.0%

8．使用流动注射分析法测定水中六价铬时，水样存在色度干扰，先按照曲线相同的条件测定，测定水样中六价铬的含量为 0.054 mg/L；再以色度校正液替换显色剂，待系统基线平稳后测定，测得结果为 0.012 mg/L，求水样中六价铬的浓度。

答案：ρ=（ρ_1 – ρ_0）=0.054 – 0.012=0.042（mg/L）

第六节　红外吸收法

一、填空题

1．燃烧氧化非分散红外吸收法测定水中总有机碳时，由于采用燃烧法能将有机物全部__________，它比 BOD_5 或 COD 更能直接表示有机物的总量，因此常常被用来评价水体中__________的程度。

答案：氧化，有机物污染

2．远红外光谱是由分子转动能级跃迁产生的__________光谱；中近红外光谱是由分子振动能级跃迁产生的__________光谱。

答案：转动，振动

3．目前化合物定性、定量和结构分析以及其他化学过程研究的红外光谱主要是波长处于__________光区的振动光谱，这也是分析工作中用途最广泛的红外光谱。

答案：中红外

4．由于红外光谱非常复杂，大多数色散型红外分光光度计一般是采用双光束。自光源发出的光对称地分为两束，一束为__________，透过试样池；另一束为__________，透过参比池后通过减光器。

答案：试样光束，参比光束

5．目前红外光谱仪主要分为__________和__________两种。

答案：色散型分光光度计，傅里叶变换红外光谱仪

6．红外吸收光谱的定量分析也基于__________定律（在一定条件下，物质对某一波长单色光的吸光度与该物质的浓度呈线性关系）。定量分析时可选取红外光谱上某一吸收峰峰尖处的吸光度 A 作为定量参数。吸光度 A 的测定有两种方法，__________和__________。

答案：朗伯-比尔，峰高法，基线法

7. 红外样品池的窗口材料一定要红外透明，一般是由 NaCl、KBr 等盐片制成，不能用__________或__________。

答案：玻璃，石英

8．诱导效应使 C=C 伸缩振动频率向__________移动，共轭效应使向__________移动。

答案：高波数，低波数

9．红外分光光度计基本部件包括__________、__________、__________、__________和__________。

答案：光源，单色器，吸收池，检测器，记录仪

10．红外分光光度计中，单色器中的色散元件采用__________，检测器为__________或__________。

答案：光栅，真空热电偶，热检测器

11．红外光谱在可见光区和微波光之间，其波长范围为_________～_________μm。

答案：0.75，1 000

12．红外分光光度法测定污染源废气中油烟和油雾时，四氯乙烯用 4 cm 比色皿，以_________做参比，在波数 2 930 cm^{-1}、_________cm^{-1} 和_________cm^{-1} 处吸光度应分别不超过_________、_________、_________。

答案：空气池，2 960，3 030，0.34，0.07，0

13．红外光谱法固体试样的制备常采用_________、_________和_________。

答案：糊状法，压片法，薄膜法

14．红外光谱法液体试样的制备常采用_________、_________。

答案：液膜法，溶液池（或液体池）法

15．分子的振动显示红外活性是指由分子的振动引起的_________；分子的振动显示拉曼活性是指由分子的振动引起的_________。

答案：偶极矩变，极化率改变

16．红外光谱图上吸收峰数目有时比计算出的基本振动数目多，原因是可能存在倍频、和频和_________吸收峰，导致可能出现某种附加的_________，使实际吸收峰数目增多。

答案：差频，弱峰

17．红外样品池一般可分为_________吸收池和_________ 吸收池。

答案：气体样品，液体样品

18．红外吸收光谱又称_________。

答案：分子振动-转动光谱

19．双原子分子的分子振动可以近似地看作分子中的原子以平衡点为中心，以非常小的振幅（与原子核之间的距离相比）做周期性的振动，即_________。

答案：简谐振动

20．在红外吸收光谱中，除有基频吸收峰外，还有_________和_________吸收峰。

答案：倍频峰，组合频峰

21．合频峰指分子吸收一个光子，同时使分子中原子的两种振动类型分别向_________，吸收光子的能量值等于_________。

答案：高能态跃迁，对应两种能级间距之和

22．差频峰指分子吸收一个光子使两种振动类型中有一个向_________，另一个向_________，对应的两种能级间距的差值等于吸收光子的能量值。

答案：高能态跃迁，低能态跃迁

23．多原子分子的振动形式一般分为两类：_________和_________。

答案：伸缩振动，变形振动

24．红外光谱定量分析是通过对_________的测量来求出组分含量的。

答案：特征吸收谱带强度

25．红外光谱定量分析法不受样品状态的限制，能定量测定_________、_________和_________样品。

答案：气体，液体，固体

26．由红外光谱直接得到的往往是入射光强度 I 及透射光强度 I_t，需根据 $A=-\lg(I/I_0)$ 确定吸收峰的吸光度 A。测量 I_0、I 的方法有__________和__________ 两种。

答案：一点法，基线法

27．红外光谱中确定苯环取代基类型的两个谱带是__________cm^{-1} 和__________cm^{-1}。

答案：2 000～1 650，900～650

28．在红外光谱中通常把 4 000～1 300 cm^{-1} 的区域称为__________，把 1 300～670 cm^{-1} 称为__________。

答案：官能团区（基团频率区或特征区），指纹区

29．化学键或基团的振动频率和键力常数的平方根呈__________关系，与折合相对原子质量的平方根呈__________关系。

答案：正比，反比

30．红外吸收光谱中影响基团吸收峰强度的因素是__________、__________。比较 C—O 和 C═C 键的伸缩振动产生的吸收峰，吸收峰强度更大的是__________键。

答案：偶极矩的变化，基团的对称性，C═O

31．—OH 伸缩振动频率随溶液浓度增大，__________效应使得谱带向低波数方向移动。

答案：氢键

32．红外吸收光谱是直接地反映了分子中的__________特性，而拉曼散射光谱是间接地反映了分子中的__________特性。

答案：振动，振动

33．利用红外吸收光谱法进行定量分析优于紫外光谱法的地方是__________、__________、__________。

答案：可测定的物质范围更广，有多个吸收带可供选择，有利于排除共存物质的干扰

34．利用红外吸收光谱图上二甲苯在__________波数范围内的吸收峰的数目和位置即可判断二甲苯的三种异构体。

答案：900～690 cm^{-1}

35．傅里叶变换红外光谱仪的突出特点是__________、__________、__________、测定光谱范围广。

答案：测定速度快，灵敏度高，分辨率高

36．单色器由__________、__________和__________构成。

答案：色散元件，准直镜，狭缝

37．色散型红外吸收光谱仪是扫描式的仪器，扫描需要一定的时间，完成一幅红外光谱的扫描需__________min。

答案：10

38．傅里叶变换仪器是在整扫描时间内同时测定所有频率的信息，一般只要__________s 左右即可。

答案：1

39．非色散型红外光度计是用__________，甚至不用波长选择设备（非滤光型）的一类简易式红外流程分析仪。

答案： 滤光片

40．红外光区的检测器一般有两种类型，__________和__________。

答案： 热检测器，光导电检测器

41．红外光谱仪中常用的热检测器有__________、__________、__________和热电检测器。

答案： 热电偶，测辐射热计，气体检测器

42．红外光谱的试样应该是单一组分的纯物质，纯度应__________或符合__________，才便于与纯物质的标准光谱进行对照。

答案： ＞98%，商业规格

43．傅里叶变换红外光谱仪研究的光谱范围很宽，包括了中红外和远红外光区，即__________，波数准确度高，波数精度可达__________。

答案： 1 000～10 cm^{-1}，0.01 cm^{-1}

二、单选题

1．红外光度法可选用的低毒萃取溶剂是__________。（　　）

A．三氯甲烷　　B．三氟甲烷　　C．三氯乙烷　　D．四氯乙烯

答案： D

2．红外光谱中电子效应的__________，影响吸收峰向高波数方向移动。（　　）

A．环张力效应　　B．空间位阻效应

C．诱导效应　　D．共轭效应

答案： C

3．红外分光光度计的常用光源是__________。（　　）

A．氘灯　　B．汞灯　　C．钨灯　　D．能斯特灯

答案： D

4．关于红外光谱法的特点错误的是__________。（　　）

A．特征性高　　B．应用范围广

C．用样量少　　D．定量分析准确度高于可见、紫外吸收光谱法

答案： D

5．红外光谱在可见光区和微波区之间，其波长范围为__________μm。（　　）

A．0.25～1 000　　B．0.75～1 000　　C．0.35～2 000　　D．10～2 000

答案： B

6．红外吸收峰的类型不包括__________。（　　）

A．基频峰　　B．泛频峰

C．特征峰和相关峰　　D．振动峰

答案： D

7．红外光谱定性分析的一般步骤不正确的是__________。（　　）

A．试样的分离和精制　　B．收集未知试样的有关资料和数据

C．确定未知物的饱和度　　D．谱图解析

答案：C

8．红外分光光度计验收的技术指标不包括__________。（　　）

A．本底光谱能量分布　　B．仪器信噪比

C．仪器分辨率　　D．光源的性能

答案：D

9．红外光谱仪的常用辅助设备不包括__________。（　　）

A．压片机　　B．液体池　　C．气体池　　D．干涉仪

答案：D

10．用红外吸收光谱法测定有机物结构时，试样应该是__________。（　　）

A．单质　　B．纯物质　　C．混合物　　D．任何

答案：B

11．用红外分光光度法测定水中石油类，波数为 2 930 cm^{-1} 条件下测定的是__________基团中 C—H 键的伸缩振动。（　　）

A．CH_2　　B．CH_3　　C．芳香烃　　D．脂肪烃

答案：A

12．红外吸收光谱的产生是由于 __________。（　　）

A．分子外层电子、振动、转动能级的跃迁　　B．原子外层电子、振动、转动能级的跃迁

C．分子外层电子的能级跃迁　　D．分子振动-转动能级的跃迁

答案：D

13．任何两个振动能级间的能量差为__________。（　　）

A．hv　　B．1/2 hv　　C．2/3 hv　　D．3/2 hv

答案：A

14．在红外光谱分析中，用 KBr 作为试样池，这是因为晶体在 4 000～400 cm^{-1} 范围内__________。（　　）

A．不会散射红外光　　B．对红外光无反射

C．无红外光吸收　　D．有良好的红外光吸收特性

答案：C

15．某物质能吸收红外光谱，产生红外吸收谱图，其分子结构必然是__________。（　　）

A．发生偶极矩的净变化　　B．具有不饱和键

C．具有对称性　　D．具有共轭体系

答案：A

16．不是所有的分子振动形式相应的红外光谱带都能被观察到，这是因为__________。（　　）

A．分子某些振动能力相互抵消　　B．分子中有除 C、H、O 以外的原子存在

C．分子中有些振动能量是简并的　　D．分子既有振动运动，又有转动运动，太复杂

答案：C

17．下列关于分子振动红外活性的叙述中正确的是 ________。（　　）

A．分子的偶极矩在振动时周期地变化，即为红外活性振动

B．分子的偶极矩在振动时周期地变化，必为红外活性振动，反之则不是

C．极性键的伸缩和变形振动都是红外活性的

D．凡极性分子的各种振动都是红外活性的，非极性分子的各种振动都不是红外活性的

答案：A

18．下列气体中不吸收红外光的气体是 ________。（　　）

A．N_2　　B．H_2O　　C．CO_2　　D．HCl

答案：A

19．红外分析法中，苯分子的振动自由度为________。（　　）

A．12　　B．18　　C．30　　D．31

答案：C

20．Cl_2 分子在红外光谱图上基频吸收峰的数目为________。（　　）

A．0　　B．1　　C．2　　D．3

答案：A

21．在含羰基的分子中，增加羰基的极性会使分子中该键的红外吸收带 ________。（　　）

A．向高波数方向移动　　B．向低波数方向移动

C．稍有振动　　D．不移动

答案：B

22．某一化合物在紫外吸收光谱上未见吸收峰，在红外光谱的官能团区出现 3 000 cm^{-1} 左右或 1 650 cm^{-1} 左右的吸收峰，则该化合物可能是________。（　　）

A．烯烃　　B．醇　　C．酮　　D．芳香族化合物

答案：A

23．符合比尔定律的有色溶液稀释时，其最大吸收峰的波长位置________。（　　）

A．向短波方向移动　　B．向长波方向移动

C．不移动，但高峰值降低　　D．全部无变化

答案：C

24．某符合比尔定律的有色溶液，当浓度为 c 时，其透光度为 T_0，若浓度增大 1 倍，则此溶液的透光度的对数为________。（　　）

A．$T_0/2$　　B．$2T_0$　　C．$2\lg T_0$　　D．$\lg T_0$

答案：C

25．在光度测定中，使用参比溶液的作用是________。（　　）

A．调节仪器透光度的零点

B．吸收入射光中测定所不需要的光波

C．调节入射光的光强度

D．消除溶剂和试剂等非测定物质对入射光吸收的影响

答案：D

26．在红外吸收光谱中，中红外区主要用于研究物质分子的__________。（　　）

A．振动-转动光谱　　B．倍频吸收

C．纯转动光谱　　D．晶格的振动光谱

答案：A

27．在红外吸收光谱中，空间效应不包括__________。（　　）

A．共轭效应　　B．张力效应

C．空间阻碍效应　　D．偶极场效应

答案：A

28．在红外吸收光谱中，固体制样最常用的方法不包括__________。（　　）

A．压片法　　B．粉末法　　C．夹片法　　D．薄膜法

答案：C

29．用红外法测定环境空气中一氧化碳时，仪器量程应根据当地不同季节一氧化碳实际浓度水平确定。当一氧化碳浓度低于量程的__________%时，应选择更低的量程。（　　）

A．10　　B．15　　C．20　　D．25

答案：C

30．非分散红外吸收法测定氮氧化物时，将一定浓度的__________标准气体通入转换器后再进入仪器进行测定，即为NO_2至NO转化率。（　　）

A．NO_2　　B．NO　　C．NO_x　　D．高纯氮气

答案：A

31．在红外光谱中，基于羰基伸缩振动的第一泛音吸收带出现在 3 300～3 600 cm^{-1}（2.8～3.0 μm），可以测定__________。（　　）

A．酚　　B．有机酸　　C．羧酸　　D．甘油

答案：C

32．化学键的力常数k越大，原子折合质量__________，则吸收峰将出现在高波数区。（　　）

A．越小　　B．越大　　C．不变　　D．变大再变小

答案：A

33．红外分光光度法测定石油类时，在特定波数全部或部分谱带处有特征吸收，其波数不包含__________cm^{-1}。（　　）

A．2 930　　B．2 960　　C．2 990　　D．3 030

答案：C

34．在测定石油类时，非分散红外测油仪能在__________cm^{-1}的近红外区进行操作、测定。（　　）

A．2 930　　B．2 960　　C．2 990　　D．3 030

答案：A

35．非分散红外光度法在测定石油类时，当水样中含有大量__________时，需和红外分光光度法进行比对实验。（　　）

A．铜　　B．汞

C．芳烃及其衍生物　　D．银

答案：C

36．光度测定中使用复合光时，曲线发生偏离，其原因是＿＿＿＿＿。（　　）

A．光强太弱　　B．光强太强

C．各光波的 k 相近　　D．各光波的 k 值相差较大

答案：D

37．HCl 在红外光谱中出现吸收峰的数目为＿＿＿＿＿。（　　）

A．1 个　　B．2 个　　C．3 个　　D．4 个

答案：A

38．红外吸收光谱中，芳烃的 C═C 骨架振动吸收峰出现的波数范围是＿＿＿＿＿cm^{-1}。（　　）

A．2 400～200　　B．1 900～1 650　　C．1 650～1 450　　D．1 000～650

答案：C

39．红外光谱中空间效应的空间位阻效应，影响 ＿＿＿＿＿。（　　）

A．吸收峰向高波数方向移动　　B．吸收峰向低波数方向移动

C．谱峰分裂成两个　　D．使泛频峰的强度增加或发生分裂

答案：A

40．以下化学键的伸缩振动所产生的吸收峰波数从大到小的顺序是＿＿＿＿＿。（　　）

A．$V_{C=O}>V_{C=C}>V_{C-H}>V_{O-H}$　　B．$V_{C-H}>V_{O-H}>V_{C=O}>V_{C=C}$

C．$V_{O-H}>V_{C-H}>V_{C=O}>V_{C=C}$　　D．$V_{C-H}>V_{C=O}>V_{O-H}>V_{C=C}$

答案：C

41．物质吸收红外光可产生的能级跃迁是＿＿＿＿＿。（　　）

A．分子的外电子层价电子能级跃迁同时伴随着振动能级跃迁

B．分子的转动能级跃迁

C．分子的振动能级跃迁同时伴随着转动能级的跃迁

D．分子的内层电子能级跃迁

答案：C

42．以下化合物中，C═O 伸缩振动频率最高的是＿＿＿＿＿。（　　）

A． 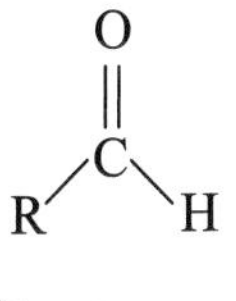

B． 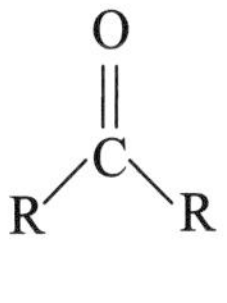

C． 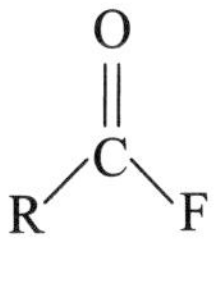

D． 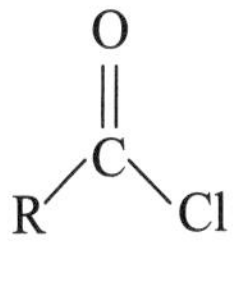

答案：C

43．醇类化合物中由于分子间氢键增强，O-H 伸缩振动频率随溶液浓度的增大而＿＿＿＿＿。（　　）

A．向高波数移动　　B．向低波数移动

C．无变化　　D．A、B 两种情况都可能发生

答案：B

44．一化合物在紫外-可见光谱上未见吸收峰，而在红外光谱上 3 600～3 200 cm^{-1} 有强吸收峰，

该化合物可能是下列化合物中的__________。（ ）

A．酚 B．酯 C．醚 D．醇

答案：D

45．将时间域函数转化为频率域函数，采用的方法是__________。（ ）

A．使用高级光栅 B．使用干涉仪

C．傅里叶变换 D．将测量强度改为测量信号频率

答案：C

46．红外光谱仪是由__________、__________、__________、__________和记录系统等部分组成。（ ）

A．光源、单色器、吸收池、检测器

B．光源、单色器、样品池、检测器

C．光源、原子化器、分光系统、检测系统

D．激发光源、原子化器、分光系统、检测系统

答案：B

47．能作为色散型红外光谱仪的色散原件材料为__________。（ ）

A．石英 B．玻璃 C．红宝石 D．卤化物结体

答案：A

48．能斯特灯使用寿命较长，稳定性好，在__________范围使用比硅碳棒有利。（ ）

A．短波 B．长波 C．全波段 D．中波

答案：A

49．在红外光谱分析中，由于红外光源的低强度以及红外检测器的低灵敏度，可使用__________来提高仪器的响应。（ ）

A．信号放大器 B．扩充器 C．振荡器

答案：A

50．能斯特灯有负的电阻温度系数，在室温下为非导体，当温度升高到大约__________℃以上时，变为半导体，在__________℃以上时，才变成导体。（ ）

A．600，900 B．300，500 C．500，700 D．500，500

答案：C

51．点亮能斯特灯，事先需要将其预热至 700℃。其工作温度一般在__________℃。（ ）

A．1 650 B．1 750 C．1 850 D．2 000

答案：B

52．红外光谱定量分析是通过对特征吸收谱带强度的测量来求出组分含量，能定量测定__________。（ ）

A．气体和液体样品 B．气体和固体样品

C．液体和固体样品 D．气体、液体和固体样品

答案：D

53．红外光谱仪中所用的光源通常是一种__________，用电加热使之发射高强度的连续红外辐

射。(　　)

A. 活泼气体　　B. 不燃气体　　C. 惰性气体　　D. 稀有气体

答案：C

54. 不是红外光谱法制备固体试样的方法是__________。(　　)

A. 压片法　　B. 糊状法　　C. 液膜法　　D. 薄膜法

答案：C

55. 常见的有机化合物基团在 4 000～670 cm^{-1} 范围内有特征基团频率。为便于对光谱进行解析，我们将红外光谱划分为__________个区域。(　　)

A. 4　　B. 5　　C. 6　　D. 7

答案：C

56. 红外吸收光谱中，—C≡C—振动吸收峰出现的波数范围是__________cm^{-1}。(　　)

A. 2 300～2 100　　B. 3 300～3 200　　C. 2 300～2 000　　D. 3 300～3 100

答案：A

57. 红外吸收光谱中，≡C—H 振动吸收峰出现的波数范围是__________cm^{-1}。(　　)

A. 2 300～2 100　　B. 3 300～3 200　　C. 3 000～2 800　　D. 3 100～3 000

答案：B

58. 红外光谱法图谱解析一般从官能团区__________cm^{-1} 着手，找出化合物中可能含有哪些官能团，再根据相关峰证实或否定该官能团的存在，并进一步确定官能团在分子中的结构细节。(　　)

A. 4 000～1 300　　B. 1 350～650　　C. 4 000～650　　D. 1 000～650

答案：A

59. 色散型红外分光光度计检测器的作用是将经色散的红外光谱的各条谱线强度转变成__________。(　　)

A. 辐射热　　B. 光电导　　C. 光信号　　D. 电信号

答案：D

60. 非色散型红外光度计是用滤光片，或者用滤光片代替色散元件，甚至不用波长选择设备（非滤光型）的一类简易式红外流程分析仪。滤光型红外光度计主要用于__________中的卤代烃、光气、氢氰酸、丙烯腈等各种有机物质的定量分析。(　　)

A. 水　　B. 土壤　　C. 固体废弃物　　D. 大气

答案：D

61. 红外光谱法测试试样时，同时适用于液体试样和固体试样的方法是__________。(　　)

A. 薄膜法　　B. 糊状法　　C. 液膜法　　D. 溶液法

答案：D

62. 红外光谱应用最广的还是有机化合物的定性鉴定和__________。(　　)

A. 微量分析　　B. 结构分析　　C. 分子的空间构型　　D. 化学反应的机理研究

答案：B

三、多选题

1．红外光谱法的特点是__________。（　　）

A．特征性高　　B．应用范围广

C．用样量少　　D．定量分析准确度高于可见、紫外吸收光谱法

答案：ABC

2．红外吸收光谱法的局限性有__________。（　　）

A．有些物质不能产生红外吸收峰

B．有些物质（如旋光异构体、不同分子量的同一种高聚物）不能用红外吸收光谱法鉴别

C．红外吸收光谱图上的吸收峰无法在理论上作出解释，因此可能干扰分析检测

D．红外吸收光谱法定量分析的准确度和灵敏度均低于可见、紫外吸收光谱法

答案：ABCD

3．红外光谱定量分析法不受样品状态的限制，可通过定量测定__________。（　　）

A．气体　　B．液体　　C．固体

答案：ABC

4．电磁波的波长是 5×10^{-6} m，下列说法正确的是__________。（　　）

A．此电磁波属于 IR 光区　　B．此电磁波属于可见光区

C．此电磁波的波数是 2 000 cm^{-1}　　D．此电磁波可引起电子跃迁

E．此电磁波可引起分子振动能级跃迁

答案：ACE

5．影响吸收峰位置的因素有__________。（　　）

A．诱导效应　　B．共轭效应

C．物态效应　　D．溶剂效应

E．屏蔽效应

答案：ABCD

6．下列化合物可以用红外光谱进行区别的是__________。（　　）

A．顺反异构体　　B．同分异构体

C．对映异构体　　D．互变异构体

E．构象异构体

答案：ABDE

7．红外光谱定量分析包括__________。（　　）

A．标准曲线法　　B．联立方程求解法

C．比例法　　D．差示法

E．重量法

答案：ABCD

8．红外光源应能够发射高强度连续红外光，常用的有__________。（　　）

A．能斯特灯　　B．硅碳棒

C．钨灯　　D．氘灯

答案：AB

9．常用的红外检测器有__________。（　　）

A．高真空热电偶　　B．热释电检测器

C．光电倍增管　　D．碲镉汞检测器

答案：ABD

10．标准吸收曲线偏离比尔定律的原因是__________。（　　）

A．使用了复合光　　B．使用的是单色光

C．有色物浓度过大　　D．有色物浓度较稀

E．有色溶液中有电离、缔合、互变异构现象

答案：ACE

11．显色反应中，显色剂的选择原则是__________。（　　）

A．显色剂的 k 值越大越好

B．显色反应产物的 k 值越大越好

C．显色剂的 k 值越小越好

D．显色反应产物和显色剂，在同一光波下的 k 值相差越大越好

答案：BCD

12．分子吸收光谱中红外吸收光谱具有__________的特点。（　　）

A．特征性好　　B．分析时间短

C．所用试样量少　　D．操作简单，不破坏试样

答案：ABCD

13．红外光谱亦称为分子振动光谱，因为它主要是来源于__________。（　　）

A．分子振动　　B．分子转动

C．分子吸收　　D．电子跃迁

答案：AB

14．傅里叶变换红外吸收光谱仪具有的特点，描述正确的是__________。（　　）

A．测定速度快　　B．灵敏度和信噪比高

C．测定的光谱范围宽　　D．分辨率高

答案：ABCD

15．红外吸收光谱仪分为__________。（　　）

A．光栅色散型　　B．傅里叶变换型

C．非色散型红外吸收光谱仪　　D．红外长波光谱仪

答案：ABC

16．能斯特灯主要由混合的稀土金属__________氧化物制成。（　　）

A．锆　　B．钍　　C．铈　　D．铊

答案：ABC

17．傅里叶变换红外光谱仪中计算机的主要作用是__________。（　　）

A．控制仪器操作　　B．从检测器中截取干涉谱数据

C．累加平均扫描信号　　D．处理光谱数据

E．对干涉谱进行相位校正和傅里叶变换计算

答案：ABCDE

18．红外光谱的试样可以是液体、固体或气体，以下对试样的要求正确的是__________。（　　）

A．试样应该是单一组分的纯物质，纯度应>98%或符合商业规格，才便于与纯物质的标准光谱进行对照

B．多组分试样应在测定前尽量预先用分馏、萃取、重结晶或色谱法进行分离提纯，否则各组分光谱相互重叠，难以判断

C．试样中不应含有游离水。水本身有红外吸收，会严重干扰样品谱，而且会侵蚀吸收池的盐窗

D．试样的浓度和测试厚度应选择适当，以使光谱图中的大多数吸收峰的透射比处在10%～80%范围内

答案：ABCD

19．红外光谱法制备气体试样一般灌注于玻璃气槽内进行测定。它的两端黏合有能透红外光的窗片，窗片的材质一般是__________。进样时，一般先把气槽抽成真空，然后再灌注试样。（　　）

A．KCl　　B．NaCl

C．KBr　　D．NaBr

答案：BC

20．红外光谱法制备液体试样的方法有__________。（　　）

A．压片法　　B．糊状法

C．液膜法　　D．溶液法

E．薄膜法

答案：CD

四、判断题

1．红外光度法定量分析时可选取红外光谱上某一吸收峰峰尖处的吸光度 A 作为定量参数。吸光度 A 的测定中，峰高法测量误差较大。（　　）

答案：正确

2．由于物质对红外光有选择性吸收，因此，不同的物质便有不同的红外光谱图。（　　）

答案：正确

3．利用红外吸收光谱法只可以对单一组分进行定量分析。（　　）

答案：错误

正确答案：利用红外吸收光谱法可以对单一组分或混合物中各组分进行定量分析。

4．物质的红外光谱图中，横坐标是波长，纵坐标为该波长下物质对红外光的吸收程度。（　　）

答案：正确

5．红外光谱可以测定有机物、无机物、聚合物、配位化合物，也可以测定复合材料、木材、粮食、饰品、土壤、岩石、矿物、包裹体等。（　　）

答案：正确

6．红外光谱法不受样品相态的限制，亦不受熔点、沸点和装气压的限制。无论是固态、液态以及气态样品均能直接测定。（ ）

答案：正确

7．红外光谱法样品用量少且可回收、不破坏试样、分析速度快、操作方便。（ ）

答案：正确

8．红外光谱仪的光源平时注意维护，保证仪器性能不降低，一般不用更换。（ ）

答案：错误

正确答案：红外光谱仪的光源累计工作时间 1 000 h 就应该更换，否则仪器性能降低。

9．气体样品的压力和温度的改变可能对红外光谱的分析产生影响，因此红外分析仪器需要恒定样品池的温度和压力。（ ）

答案：正确

10．傅里叶变换红外光谱仪与经典色散型红外光谱仪相比的优点是扫描速度快、分辨能力高、测量光谱范围宽、灵敏度高等。（ ）

答案：正确

11．红外线气体分析器中，吸收红外辐射的强弱与被测气体浓度成反比。（ ）

答案：错误

正确答案：红外线气体分析器中，吸收红外辐射的强弱与被测气体浓度成正比。

12．测定水中油类物质时，当水样中含有大量芳烃及其衍生物时，应首选红外光度法，而不是非分散红外光度法。（ ）

答案：正确

13．完全对称的双原子分子，其振动没有偶极矩变化，辐射不能引起共振，无红外性。（ ）

答案：正确

14．分子氢键使键长平均化，降低电子云密度，使 V_{OH} 向低频方向移动。（ ）

答案：正确

15．红外吸收光谱所需能量是位于红外光谱区的光子能量。（ ）

答案：正确

16．倍频峰一般很强，一般第一倍频峰（从 V=0 到 V=2 的跃迁）具有实际意义，其吸收峰的频率近似等于基频峰的两倍。（ ）

答案：错误

正确答案：倍频峰一般很弱。

17．由于相邻能级差不完全相等，所以倍频峰的频率不严格等于基频峰的两倍。（ ）

答案：正确

18．分子的振动能级由基态跃迁至第二、第三激发态等高能级时所产生的吸收峰称为倍频峰。除倍频峰外，还有由两个或多个振动类型组合而成的合频峰、差频峰。倍频峰、合频峰和差频峰合称为泛频峰。（ ）

答案：正确

19．双原子分子振动只能发生在连接两个原子的直线方向上，并且只有一种振动形式，即两原子的相对伸缩振动。（　　）

答案：正确

20．红外光谱定量分析的理论依据：朗伯-比尔定律。在单波长下，吸光度与物质的浓度成反比。（　　）

答案：错误

正确答案：在单波长下，吸光度与物质的浓度成正比。

21．红外光谱仪的分光系统为入射狭缝这一部分。（　　）

答案：错误

正确答案：红外光谱仪的分光系统包括入射狭缝到出射狭缝这一部分。

22．由于玻璃、石英对红外线几乎全部吸收，因此应注意根据不同的工作波长区域选用不同的透光材料来制作棱镜以及吸收池窗口、检测器窗口等。（　　）

答案：正确

23．红外光谱区的光子能量较弱，不足以引起光电子发射，因此电信号输出很小，不能用光电管和光电倍增管作检测器。（　　）

答案：正确

24．傅里叶变换红外光谱仪是基于光相干性原理而设计的干涉型红外光谱仪。（　　）

答案：正确

25．红外吸收光谱法不能研究有机化合物，能研究络合物、高分子化合物及无机化合物。（　　）

答案：错误

正确答案：红外吸收光谱法能研究有机化合物、络合物、高分子化合物及无机化合物。

26．面内弯曲振动指弯曲振动在几个原子所构成的平面上下进行。（　　）

答案：错误

正确答案：面内弯曲振动指弯曲振动在几个原子所构成的平面内进行。

27．弯曲振动也称为变形振动，是指原子沿垂直于它的键轴方向的运动，它可能有键角的变化。（　　）

答案：正确

28．分子的振动数目与分子中所含原子的数目无关。（　　）

答案：错误

正确答案：分子的振动数目与分子中所含原子的数目有关。

29．基团的伸缩振动频率主要取决于基团中原子的质量及化学键的力常数，但基团的振动不是孤立的，而是要受到分子中其他部分，特别是邻近基团及化学键的影响，使基团振动频率在某范围内变化。（　　）

答案：正确

30．诱导效应是通过化学键起作用的，与分子的几何构型无关。（　　）

答案：正确

31．共轭效应是通过化学键起作用的，与分子的几何构型有关。（　　）

答案：错误

正确答案：共轭效应是通过化学键起作用的，与分子的几何构型无关。

32. 含有杂原子（如卤素、氧、氮、硫等）的取代基，既有吸电子的诱导效应，又有 n-π 共轭效应。（　　）

答案：正确

33. 环张力效应的存在使环内各键键强削弱，键的力常数变小，伸缩振动频率向低频方向位移。环张力越大，频率越低。（　　）

答案：正确

34. 取代基的空间位阻效应会影响分子内两个共轭基团的共面性，故能削弱甚至破坏共轭效应，使吸收峰峰位向低频方向位移。（　　）

答案：错误

正确答案：取代基的空间位阻效应会影响分子内两个共轭基团的共面性，故能削弱甚至破坏共轭效应，使吸收峰峰位向高频方向位移。

35. 氢键的形成使形成氢键的两个基团的键强均有削弱，其伸缩振动频率均降低。氢键越强，频率降低的幅度越大。（　　）

答案：正确

36. 在红外吸收光谱中，振动偶合效应越强，分裂峰的频率相差越小。（　　）

答案：错误

正确答案：振动偶合效应越强，分裂峰的频率相差越大。

37. 在红外吸收光谱中，吸收峰的强度主要取决于振动过程中偶极矩的变化及能级的跃迁概率。（　　）

答案：正确

38. 在红外吸收光谱中，粉末法为将样品研磨成 4 μm 左右的粉末，悬浮在易挥发溶剂中，将此悬浮液滴于盐窗上，溶剂挥发后即形成一均匀的薄层。（　　）

答案：错误

正确答案：粉末法为将样品研磨成 2 μm 左右的粉末。

39. 在红外吸收光谱中，制样时应注意样品的浓度及厚度要适当，以使红外吸收光谱图中大多数吸收峰的透光度处于 20%～70%。（　　）

答案：错误

正确答案：大多数吸收峰的透光度处于 15%～70%。

40. 在红外吸收光谱中，样品应是单一组分的纯物质，纯度应大于 98%，否则应进行预分离，以免引起光谱干扰。（　　）

答案：正确

41. 在红外吸收光谱中，涂片法制样时，对于黏度大的液体样品，可以将样品涂在一片空白溴化钾片上测定，不必夹片。（　　）

答案：正确

42. 红外吸收光谱分析速度快，操作简便，样品用量少，属于非破坏分析。（　　）

答案：正确

43．红外吸收光谱就是物质分子为红外光所激发，由振动激发态跃迁到振动基态所产生的光谱。（　）

答案：错误

正确答案：红外吸收光谱就是物质分子为红外光所激发，由振动基态跃迁到激发态所产生的光谱。

44．H_2O 是不对称结构分子，所以是红外活性分子。（　）

答案：正确

45．分子吸收红外光发生振动能级跃迁时，化学键越强的，吸收的光子数目越少。（　）

答案：错误

正确答案：分子吸收红外光发生振动能级跃迁时，化学键越强的，吸收的光子数目越多。

46．傅里叶变换型红外光谱仪与色散型红外光谱仪的主要差别在于它有干涉仪和计算机部件。（　）

答案：正确

47．醛、酮、羧酸、酯的羰基的伸缩振动在红外光谱上所产生的吸收峰频率是不同的。（　）

答案：正确

48．分子中必须具有红外活性振动是分子产生红外吸收的必备条件之一。（　）

答案：正确

49．在红外吸收光谱中，1 380 cm^{-1} 附近有没有吸收峰是判断有没有—CH_2—的重要依据。（　）

答案：错误

正确答案：在红外吸收光谱中，1 380 cm^{-1} 附近有没有吸收峰是判断有没有—CH_3 的重要依据。

50．红外吸收光谱中，2 720 cm^{-1} 峰是醛类化合物的唯一特征峰，它是区别醛酮的唯一依据。（　）

答案：正确

51．红外吸收光谱的吸收池窗口是用金属卤化物的晶体压成薄片制成，这种薄片可透过红外光而不产生红外吸收，但易吸水受潮，因此放置红外光谱仪的仪器室应控制在一定的湿度下。（　）

答案：正确

52．不产生红外吸收的分子，一定也不产生拉曼散射。（　）

答案：错误

正确答案：一般来说，分子产生红外吸收和拉曼散射，二者为互补关系。

53．分子式为 C_7H_9NO 的不饱和度 $\Omega=1+7+1/2（1-9）=4$。（　）

答案：正确

54．影响红外吸收频率发生位移的因素主要有内部因素和外部因素。内部因素包括诱导效应、共轭效应和氢键效应，外部因素包括物态的影响和溶剂的影响。（　）

答案：正确

55．氢键使参与形成氢键的原化学键力常数降低，吸收频率移向低波数方向，但同时振动偶极矩的变化加大，因而吸收强度增加。（　）

答案：正确

56．除了对称分子外，几乎所有具有不同结构的化合物都有不同的红外光谱。（　　）

答案：正确

57．凡能产生红外吸收的振动，均称为红外活性振动，否则就是非红外活性振动。（　　）

答案：错误

正确答案：凡能产生红外吸收的振动，均称为红外活性振动，否则就是红外非活性振动。

58．红外光谱的试样可以是液体、固体或气体，多组分试样应在测定前尽量预先用分馏、萃取、重结晶或色谱法进行分离提纯，否则各组分光谱相互重叠，难以判断。（　　）

答案：正确

59．分析工作者必须熟知基团的特征频率表，如能熟悉一些典型化合物的标准红外光谱图，则可以提高 IR 光谱图的解析能力，加快分析速度。（　　）

答案：正确

60．测定未知物的结构是红外光谱法定性分析的一个重要用途。如果未知物不是新化合物，可以通过计算机谱图检索，采用相似度来判别。（　　）

答案：正确

61．红外光谱仪能测定固、液、气态样品。（　　）

答案：正确

62．色散型红外分光光度计和紫外可见分光光度计相似，也是由光源、单色器、试样室、检测器和记录仪等组成。（　　）

答案：正确

63．色散型红外光谱仪能测定瞬间光谱的变化，也能实现与色谱仪的联用。（　　）

答案：错误

正确答案：色散型红外光谱仪不能测定瞬间光谱的变化，也不能实现与色谱仪的联用。

64．非色散型仪器结构简单，价格低廉，尽管它们仅局限于气体或液体分析，仍然是一种最通用的分析仪器。（　　）

答案：正确

65．测定红外吸收的仪器有三种类型：①光栅色散型分光光度计，主要用于定性分析；②傅里叶变换红外光谱仪，适宜进行定性和定量分析测定；③非色散型光度计，用来定量测定大气中各种有机物质。（　　）

答案：正确

66．傅里叶红外光谱仪具有分析速度快、分辨率高、灵敏度高和很好的波长精度等优点。（　　）

答案：正确

67．色散型红外分光光度计的光学设计与双光束紫外可见分光光度计没有很大的区别。除对每一个组成部分来说，它的结构、所用材料及性能等与紫外及可见光度计不同外，它们最基本的一个区别是：前者的参照和试样室总是放在光源和单色器之间，后者则是放在单色器的后面。（　　）

答案：正确

68．能斯特灯主要由混合的稀土金属（锆、钍、铈）氧化物制成。要点亮能斯特灯，事先需要将其预热至 700℃。其工作温度一般在 1 750℃。（　　）

答案：正确

69．IR 光谱是测定化合物结构的，只有分子在振动的状态下伴随有偶极矩变化者才能有红外吸收。对应异构体具有相同的光谱，因此不能用 IR 光谱来鉴别这类异构体。（　　）

答案：正确

70．通常将 4 000～1 300 cm^{-1} 区域称为官能团区，在这个区域内的每一个红外吸收峰都和一定的官能团相对应。（　　）

答案：正确

71．在 3 350 cm^{-1} 和 1 640 cm^{-1} 处出现的吸收峰，很可能是样品中的水引起的。（　　）

答案：正确

五、简答题

1．简述用非分散红外法测定环境空气和固定污染源排气中一氧化碳时，水和二氧化碳为什么会干扰其测定。

答案：用非分散红外法测一氧化碳时，一氧化碳的吸收峰在 4.5 μm 附近，二氧化碳的吸收峰在 4.3 μm 附近，水的吸收峰在 3 μm 及 6 μm 附近，当空气中的水和二氧化碳浓度比较大时就会对其产生干扰，从而影响一氧化碳的测定。

2．红外光谱常用的定量分析有哪些?

答案：标准曲线法、联立方程求解法、比例法、差示法。

3．从本质上阐述红外吸收光谱法比紫外吸收光谱法更有利于有机化合物的定性分析的原因?

答案：由于红外辐射能量远小于紫外辐射，因此不会发生电子能级跃进，光谱精细结构明显；而紫外辐射能量过高，在发生电子能级跃迁的同时，发生振动和转动能级跃迁，使谱带展宽、精细结构消失。

4．今欲测定某一微细粉末的红外光谱，应选用何种制样方法？为什么?

答案：选用研糊法或溴化钾压片法。用细粉末测得的红外光谱，大部分辐射由于散射而损失。如果把试样分散在具有与试样相同折射率的介质（液体或固体）中，光损失将大大下降，从而可获得令人满意的光谱。

5．傅里叶变换红外光谱法的特点是什么?

答案：①灵敏度高，样品量少。②分辨率高，波数准确度一般可达 0.5 cm^{-1}，高的可达 0.005 cm^{-1}。③测定的光谱范围宽，可达 10 000～10 cm^{-1}。④扫描速度极快（1 s），适合与色谱仪器联用。

6．红外光谱检测器应具备哪些条件?

答案：①具有灵敏的红外光接收面；②热容量低；③响应快；④因电子的热波动产生的噪声小；⑤热灵敏度高；⑥对红外光的吸收没有选择。

7．红外光谱是如何产生的?

答案：红外光谱是由分子振动能级的跃迁同时伴随转动能级跃迁而产生的。

8．产生红外吸收的条件是什么？

答案：①某红外光刚好能满足物质振动能级跃迁时所需要的能量；②红外光与物质之间有耦合作用。

9．是否所有的分子振动都会产生红外吸收光谱？为什么？

答案：并非所有的振动都会产生红外吸收，只有当红外光的频率与分子的偶极矩的变化频率相匹配时，分子的振动才能与红外光发生耦合而增加其振动能，使得振幅增大，即分子由原来的振动基态跃迁到激发态，对于非极性双原子分子如 N_2 等完全对称的分子其偶极矩 μ 为 0，分子的振动并不引起 μ 的改变，因此，与红外光不发生耦合，不产生红外吸收。

10．多原子分子的振动形式有哪几种？

答案：多原子分子的振动类型主要有：①伸缩振动，即原子沿化学键轴线的方向伸展和收缩，包括对称伸缩振动和不对称伸缩振动；②弯曲振动，即原子沿化学键轴的垂直方向的振动。振动时键长不变、键角发生变化，包括面内弯曲振动和面外弯曲振动。面内弯曲振动又包括剪式振动和面内摇摆，面外弯曲振动又包括面外摇摆和扭曲振动。

11．影响红外吸收频率发生位移的因素有哪些？

答案：影响因素主要有内部因素和外部因素。内部因素：诱导效应、共轭效应和氢键效应；外部因素：物态的影响和溶剂的影响。

12．非色散光谱（傅里叶变换红外光谱）仪的突出优点是什么？

答案：①测定速度快，从而可实现与色谱的联用；②灵敏度和信噪比高，干涉仪部分无狭缝装置因而无能量损失、灵敏度高；③分辨率高，波数精度可达 0.01 cm^{-1}；④测定范围广。

13．红外光谱中官能团区和指纹区是如何划分的？

答案：将红外光谱中 4 000～1 300 cm^{-1} 的区域称为官能团区；1 300～670 cm^{-1} 的区域称为指纹区。

14．划分官能团区和指纹区有何实际意义？

答案：在官能团区中，每一个红外吸收峰都和一定的官能团相对应，可以根据红外光谱找出化合物中存在的官能团；在指纹区，各种单键伸缩振动之间及与 C—H 弯曲振动之间会发生耦合，使该区域的吸收带很复杂，与已知物图谱比较，可得出未知物与已知物结构相同或不同的结论。

15．简述干涉型（傅里叶变换红外仪）与色散型红外仪在原理上的主要区别。

答案：傅里叶变换红外仪（FTIR）与色散型红外仪的工作原理是完全不同的，前者没有单色器和狭缝，是利用麦克尔逊干涉仪获得入射光的干涉图，然后通过傅里叶数学变换，把时间域函数干涉图变换为频率域函数图（普通的红外光谱图），它主要由光源（硅碳棒或高压汞灯等）、干涉仪、检测器、计算机和记录系统组成，而色散型红外仪无干涉仪和计算机。

16．乙炔分子中 C≡C 的对称伸缩振动有无吸收峰，为什么？

答案：乙炔分子中心完全对称，C≡C 属于红外非活性振动，故在红外光谱中看不到 C≡C 的吸收峰。

17．以下两化合物的红外光谱主要区别是什么？

（A）CH_3—CH_2—CH═CH_2 （B）CH_3—CH═CH—CH_3

答案：A、B 两种化合物结构上的差异主要表现在 A 化合物对称性差，而 B 化合物分子中心完全对称，因此它们的红外光谱上的主要区别在于 A 物质在 1 690～1 630 cm^{-1} 区域有 $\nu_{C=C}$ 吸收峰，而 B 物质由于 $\nu_{C=C}$ 属红外非活性振动而在红外光谱上无此吸收峰。

六、计算题

1．取水样 500 mL，经萃取后定容至 50.0 mL，取 25.0 mL 测定萃取液中总萃取物的浓度为 45.2 mg/L，剩余 25.0 mL 经硅酸镁吸附后测得萃取液中石油类的浓度为 33.8 mg/L，分别计算该水样中石油类和动植物油的浓度。

答案：$C_{石油类}$=33.8×50.0/500=3.38（mg/L）

$C_{动植物油}$=（45.2−33.8）×50.0/500=1.14（mg/L）

2．取水样 500 mL 用溶剂萃取定容 50.0 mL，已知校正系数 X=47.5，Y=65.6，Z=445，F=37.9。经硅酸镁吸附后滤出液的吸光度 A_{2930}=0.681：A_{2960}=0.308；A_{3030}=0.008，试求该样品中石油类的含量（若空白为 0）。

答案：$C_{石油类}=[X\times A_{2930}+Y\times A_{2960}+Z(A_{3030}-A_{2930}/F)]\times 50/500$

$=[47.5\times 0.681+65.6\times 0.308+445\times(0.008-0.681/37.9)]\times 50/500$

=4.81（mg/L）

第七节　气相分子法

一、填空题

1．吸收光谱法是通过测量物质对辐射吸收的__________和__________进行分析的方法。

答案：波长，强度

2．在气相分子吸收光谱法中，待测气体是从________相中分离出来，然后进入________相。

答案：液，气

3．在气相分子吸收光谱法测定中，高氯酸镁作为干燥剂时，吸水后会__________，气路的__________下降，影响精密度。

答案：板结变硬，通透性

4．气相分子吸收光谱法测水中氨氮、亚硝酸盐氮、凯氏氮、硫化物可以用的空心阴极灯是__________灯。

答案：锌

5．气相分子吸收光谱法测水中总氮、硝酸盐氮可以用的空心阴极灯是__________灯。

答案：镉

6．在气相分子吸收光谱法分析中，一般以__________与所对应测定__________绘制校正曲线。

答案：吸光度，质量浓度

7．当光与分子接触时，某些频率的光被选择性吸收并使其强度减弱，这种现象称为__________。

答案：分子对光的吸收

8．样品基体复杂，沉淀较多，无法用沉淀分离法消除干扰时，可通过__________或__________消除。

答案：酸化-吹气-吸收法，酸化-蒸馏-吸收法

9．用气相分子吸收光谱法测定水中硝酸盐氮时，NO_2^-的正干扰可在加入盐酸前加入 2 滴__________予以分解生成氮气而消除干扰，SO_3^{2-}及 $S_2O_3^{2-}$可预先在弱的硫酸溶液中加入__________氧化，使其生成 SO_4^{2-}而消除干扰。

答案：10%氨基磺酸，0.1%高锰酸钾

10．用气相分子吸收光谱法测定水中亚硝酸盐氮时，如水样中含挥发性产生吸收的有机物，可在水样中加入适量__________，搅拌吸附约__________，然后吸取上清液进行测定，可消除干扰。

答案：（细颗粒状）活性炭，30 min

11．用气相分子吸收光谱法测定氨氮时，因次溴酸钠氧化能力极强，水中有机胺也将全部或部分被氧化成亚硝酸盐，故水样中含有机胺时，应根据需要进行__________予以分离。

答案：蒸馏

12．用气相分子吸收光谱法测定凯氏氮时，水样的氧化需吸取适量消解液（氮量≤50 μg）于 50 mL 容量瓶中，加水至约 30 mL，加入 1 滴__________，缓慢滴加 40%氢氧化钠至溶液变__________。

答案：溴百里酚蓝指示剂，蓝

13．气相分子吸收光谱法测定亚硝酸盐氮时，在柠檬酸介质中，某些能与__________发生氧化、还原反应的物质，达一定量时干扰测定。

答案：NO_2^-

14．气相分子吸收光谱法测定硝酸盐氮的方法检出限为 0.006 mg/L，测定上限__________。

答案：10 mg/L

15．气相分子吸收光谱法测定硝酸盐氮时，三氯化钛可将硝酸盐迅速还原分解，生成的 NO 用空气载入气相分子吸收光谱仪的吸光管中，在__________ nm 波长处测得的吸光度与硝酸盐氮浓度遵守比尔定律。

答案：214.4

16．气相分子吸收光谱法测定凯氏氮的原理是将水样中__________、__________和有机物中的胺转变成铵盐，用次溴酸盐氧化剂将铵盐氧化成亚硝酸盐后，以亚硝酸盐氮的形式采用气相分子吸收光谱法测定。

答案：游离氨，铵盐

17．用气相分子吸收光谱法测定凯氏氮时，水样采集在聚乙烯瓶或玻璃瓶中，并应尽快分析，必要时加硫酸酸化样品至 pH＜2，于__________下保存。酸化时应注意防止吸收空气中的氨而沾污。

答案：2～5℃

18．用气相分子吸收光谱法测定亚硝酸盐氮时，使用 213.9 nm 波长，方法最低检出限为 0.003 mg/L，测定下限为__________ mg/L，测定上限为__________ mg/L。

答案：0.012，10

19．气相分子吸收光谱法测定亚硝酸盐氮时，使用 279.5 nm 波长，测定上限可达__________ mg/L。

答案：500

20．气相分子吸收光谱法测定氨氮所用到的试剂次溴酸盐氧化剂配置时，吸取 3.0 mL 溴酸盐混合液置于__________带盖试剂瓶中，加入 100 mL 水充分摇匀，加入 6.0 mL 盐酸，于暗处放置 10 min，加入 50 mL 氢氧化钠，充分摇匀，待小气泡逸尽后再使用。该试剂临用时配制，配制时，所用试剂、水和室内温度应在__________℃。

答案：棕色，18～30

21．气相分子吸收光谱法测定总氮水样预处理时，量取 20 mL 样品置于 50 mL 比色管中，加入__________mL 碱性过硫酸钾溶液，塞紧管塞，摇匀，密封。用纱布及纱绳裹紧塞子，以防溅漏。将比色管放入高压蒸汽消毒器中，盖好盖子，加热至 122℃±2℃，保持__________min 后停止加热，待压力指针回零，取出比色管冷却至 50～60℃，按住管塞将比色管中的液体轻轻__________，静置，待比色管冷却至室温，用水定容至标线，待测。

答案：10，50，颠倒摇动

22．用气相分子吸收光谱法测定氨氮，氨氮标准溶液要用__________去离子水配制，并__________保存。

答案：新鲜的无氨，密封瓶口

23．分子吸收光谱一般使用__________光源，原子吸收光谱一般使用__________光源。

答案：连续，锐线

24. 分子吸收电磁波的能量具有__________的特征，即分子只能吸收等于两个能级之差的能量 ΔE。

答案：量子化

25．气相分子吸收光谱法是利用基态的气体分子能吸收特定__________的一种测量方法。

答案：紫外光谱

26．气相分子吸收光谱法可用于测定__________、__________、__________等。

答案：氨氮，总氮，硫化物，硝酸盐氮，亚硝酸盐氮，凯氏氮（答案为其中 3 个即可）

27. 气相分子吸收光谱法测定水样时，消除挥发性有机物影响的方法有__________、__________、__________等。

答案：通氮气去除，活性炭吸附，两次测定法

28. 用气相分子吸收光谱法测定水中亚硝酸盐氮时，样品的采集一般用玻璃瓶或聚乙烯瓶采样，水样应__________采样瓶。采集的水样应__________测定，否则应在约__________冰箱内保存，并尽快测定。

答案：充满，立即，4℃

29．气相分子吸收光谱法是在规定的分析条件下，将__________转变成__________载入测量系统，测定其对__________吸收的方法。

答案：待测成分，气态分子，特征光谱

30．用气相分子吸收光谱法测定水中硫化物时，样品中的硫化物与乙酸锌溶液反应生成硫化锌沉淀，加入__________后生成硫化氢，用__________将产生的硫化氢载入气相分子吸收光谱仪的

__________中。

答案：盐酸，载气，吸光管

31．气相分子吸收光谱法与离子色谱法相比，检测灵敏度和测得浓度范围都__________离子色谱法，它对水样的清洁度要求不高，适用于测定__________样品。

答案：高于，污水

32．气相分子吸收光谱法测定氨氮使用的__________试剂最好是现配现用，不可久置。

答案：次溴酸盐氧化剂

33．用气相分子吸收光谱法进行水样测定时，都是先__________再__________，所以测定结果几乎不受样品色度的影响，可以__________。

答案：分离，测定，直接测定

34．用气相分子吸收光谱法进行硝酸盐氮测定时，水样的采集一般都是用玻璃瓶或聚乙烯瓶采集，采集的水样用__________酸化至__________，在__________内测定。

答案：稀硫酸，pH＜2，24 h

35．用气相分子吸收光谱法测定总氮的原理为：以__________为氧化剂，通过高温高压消解或在线紫外消解，将样品中的__________化成硝酸盐氮后，再经__________还原为一氧化氮，用载气将产生的一氧化氮载入气相分子吸收光谱仪的吸光管中。

答案：碱性过硫酸钾，氮氧，三氯化钛

36．气相分子吸收光谱法测定氨氮适用于__________、__________、生活污水、工业废水和__________的测定。

答案：地表水，地下水，海水中氨氮（以 N 计）

37．用气相分子吸收光谱法测定总氮时，消解后的样品含大量高价铁离子等较多氧化性物质时可以用增加__________用量进行干扰消除。

答案：三氯化钛

38．相比传统的分光光度法，气相分子吸收光谱法的__________，而且检测下限__________，不受水中杂质和颜色的干扰。在检测成本控制上，气相分子吸收光谱法一般只需要采用少量常规试剂，耗材__________，但是检测速度快，成本低，同时更为环保。

答案：检测精度高，低，少

39．用气相分子吸收光谱法测定硝酸盐氮时，在盐酸介质中，三氯化钛可将硝酸盐迅速欢迎分解，生成的__________载入气相分子吸收光谱仪测定。

答案：NO

40．气相分子吸收光谱法主要是采用气相分子吸收光谱仪进行测定，仪器在分析测试前应预热__________。

答案：20 min

41．__________是吸收光谱法定量的理论基础。

答案：朗伯-比尔定律

42．气相分子吸收光谱法所用到的吸收池应选用__________材质。

答案：石英

二、单选题

1．气相分子吸收光谱仪器工作时需要用到载气，以下不可用的是＿＿＿＿＿。（　　）

A．氮气　　B．氩气

C．笑气　　D．洁净空气

答案：C

2．气相分子吸收光谱法测定水样时，选用的波长为＿＿＿＿＿波段。（　　）

A．可见光　　B．紫外　　C．红外

答案：B

3．气相分子吸收光谱法使用的以下试剂＿＿＿＿＿最好是现配现用，不可久置。（　　）

A．柠檬酸+乙醇混合溶液　　B．10%盐酸　　C．次溴酸盐氧化剂

答案：C

4．气相分子吸收光谱法用于测定凯氏氮时，配制次溴酸盐氧化剂过程中，所用试剂、水和室内温度应不低于＿＿＿＿＿℃。（　　）

A．10　　B．15

C．18　　D．20

答案：B

5．按照产生光谱的物质类型不同，光谱可以分为原子光谱、＿＿＿＿＿。（　　）

A．发射光谱　　B．吸收光谱　　C．分子光谱

答案：C

6．按照产生光谱的方式不同，光谱可以分为发射光谱、＿＿＿＿＿。（　　）

A．吸收光谱　　B．原子光谱　　C．分子光谱

答案：A

7．用气相分子吸收法测定水质硫化物，测定波长为＿＿＿＿＿nm 左右。（　　）

A．202.6　　B．302.6　　C．402.6

答案：A

8．用气相分子吸收光谱法测硫化物的原理为将硫化物转化为硫化锌沉淀后，加入＿＿＿＿＿使其变为硫化氢，再用载气将产生的硫化氢载入气相分子吸收光谱仪的吸光管测定。（　　）

A．水　　B．盐酸　　C．氢氧化钠

答案：B

9．用气相分子吸收法测定水质亚硝酸盐氮，测定波长为＿＿＿＿＿nm 左右。（　　）

A．213.9　　B．313.9　　C．413.9

答案：A

10．用气相分子吸收光谱法测定水中亚硝酸盐氮时，原理是在 0.15～0.3 mol/L 柠檬酸介质中加入＿＿＿＿＿将水样中亚硝酸盐迅速分解，生成二氧化氮气体，用空气载入气相分子吸收光谱仪的吸光管中，测定该气体对来自锌空心阴极灯 213.9 nm 波长产生的吸光强度，以校准曲线法直接测定水样中亚硝酸盐氮的含量。（　　）

A．无水乙醇　　B．硫酸乙醇

C．盐酸乙醇　　D．水杨酸乙醇

答案：A

11．用气相分子吸收光谱法测定水中硝酸盐氮，水样中含挥发性的有机物产生吸附时，可用__________去除干扰。（　　）

A．活性炭　　B．Ag_2SO_4粉末

C．吸附树脂　　D．高氯酸镁

答案：A

12．用气相分子吸收光谱法测定水中硝酸盐氮，长期测定废水样，玻璃砂芯易生白色及褐色污垢，影响砂芯透气性，反应瓶壁也会产生白色污垢。此时应将反应瓶的砂芯加入__________及少量__________的烧杯中，反应瓶中也加入这两种试剂，一同放在烧杯里加热煮沸，待砂芯及反应瓶透明后再使用。（　　）

A．10%磷酸，氢氧化钠　　B．10%盐酸，氢氧化钠

C．5%磷酸，过氧化氢　　D．10%磷酸，过氧化氢

答案：D

13．用气相分子吸收光谱法测定水中氨氮，其中次溴酸盐使用液的有效期为__________。（　　）

A．7 天　　B．临用现配

C．3 天　　D．1 年

答案：B

14．用气相分子吸收光谱法测定水中氨氮时，应采用__________空心阴极灯。（　　）

A．铜　　B．锌

C．铅　　D．镉

答案：B

15．用气相分子吸收光谱法测定水中亚硝酸盐氮时，高氯酸镁应选用颗粒大的试剂，吸收水分后，其变湿部分超过__________时应及时更换。（　　）

A．1/2　　B．2/3

C．1/3　　D．1/4

答案：B

16．用气相分子吸收光谱法测定水中亚硝酸盐氮时，连接在反应瓶出气支管的管路应酌情用经乙醇湿润的棉花清洗，使空白溶液吸光度小于__________，以利于低浓度亚硝酸盐氮的测定。（　　）

A．0.000 1　　B．0.000 2

C．0.000 3　　D．0.000 4

答案：D

17．用气相分子吸收光谱法测定水中总氮时，水样采集在聚乙烯瓶中，用硫酸酸化至 $pH<2$，在常温下可保存__________。（　　）

A．12 h　　B．24 h

C．2 天　　D．7 天

答案：D

18．用气相分子吸收光谱法测定水中亚硝酸氮时，每次测定之前，将反应瓶盖插入装有约__________水的清洗瓶中，通入载气，净化测量系统，调整仪器零点。测定后，水洗反应瓶盖和砂芯。（　　）

A．1 mL　　B．5 mL

C．10 mL　　D．15 mL

答案：B

19．用气相分子吸收光谱法测定水中硝酸盐氮时，原理是在 2.5 mol/L 的盐酸介质中，于（70±2）℃温度下，__________可将硝酸盐迅速还原分解。（　　）

A．三氯化钛　　B．氨基磺酸

C．无水高氯酸镁　　D．细颗粒状活性炭

答案：A

20．用气相分子吸收光谱法测定水中硝酸盐氮时存在 NO_2^- 的正干扰，可加__________使之分解生成 N_2 而消除。（　　）

A．三氯化钛　　B．10%氨基磺酸

C．高锰酸钾　　D．细颗粒状活性炭

答案：B

21．用气相分子吸收光谱法测定水中硝酸盐氮时存在 SO_3^{2-} 及 $S_2O_3^{2-}$ 的正干扰，用稀 H_2SO_4 调成弱酸性，加入__________氧化生成 SO_4^{2-} 直至产生二氧化锰沉淀，取上清液测定。（　　）

A．三氯化钛　　B．氨基磺酸

C．0.1%高锰酸钾　　D．细颗粒状活性炭

答案：C

22．用气相分子吸收光谱法测定水中硝酸盐氮时，含高价态阳离子，应增加__________用量至溶液紫红色不褪，取上清液测定。（　　）

A．三氯化钛　　B．氨基磺酸

C．高锰酸钾　　D．细颗粒状活性炭

答案：A

23．用气相分子吸收光谱法测定水中凯氏氮时，所配制的溴酸盐混合液为贮备液，__________。（　　）

A．可稳定一个月　　B．可稳定三个月　　C．常年稳定

答案：C

24．用气相分子吸收光谱法测定水中总氮水样，预处理时，量取 20 mL 样品，置于 50 mL 比色管中，各加入__________mL 碱性过硫酸钾溶液，塞紧管塞，摇匀，密封。（　　）

A．5　　B．10

C．3　　D．2

答案：B

25．用气相分子吸收光谱法测定水中氨氮的方法检出限为__________mg/L，测定下限为

__________mg/L。（ ）

A. 0.020，1.00　　B. 0.030，0.08

C. 0.020，0.08　　D. 0.040，1.00

答案：C

26. 下列不属于分子吸收光谱法的是__________。（ ）

A. 红外光谱　　B. 紫外光谱

C. 核磁共振谱　　D. 质谱

答案：D

27. 有色溶液稀释时，其最大的吸收峰的波长位置__________。（ ）

A. 向长波方向移动　　B. 向短波方向移动

C. 不移动，但峰高降低　　D. 无任何变化

答案：C

28. 当同一物质浓度发生改变时，在相同测量条件下，__________。（ ）

A. 最大吸收波长变化　　B. 最大吸收波长不变

C. 吸收曲线不变　　D. 吸收曲线和最大吸收波长变化

答案：B

29. 当分子处于__________时，它能够自由转动，因而在振动能级改变的同时会伴随有转动能级的改变。（ ）

A. 液态　　B. 固态　　C. 气态

答案：C

30. 用气相分子吸收光谱仪测定水质亚硝酸盐氮，一般使用__________作为载气。（ ）

A. 氦气　　B. 乙炔　　C. 空气

答案：C

31. 气相分子吸收光谱仪标准曲线线性关系不好，$r<$__________，通常是试剂配制问题或蠕动泵管需要更换问题。（ ）

A. 0.999 5　　B. 0.999 6

C. 0.999 7　　D. 0.999 8

答案：A

32. 在气相分子吸收光谱仪常见问题处理中，稀释后准确度偏差较大，通常是__________。（ ）

A. 是试剂配制问题　　B. 蠕动泵管需要更换

C. 光源需要更换　　D. 吸光管受到污染

答案：B

33. 在气相分子吸收光谱仪常见问题处理中，仪器预热后基线波动较大，通常是光源需要更换或__________。（ ）

A. 是试剂配制问题　　B. 蠕动泵管需要更换

C. 液路接口处松动　　D. 吸光管受到污染

答案：D

34．气相分子吸收光谱仪所用空心阴极灯的光强度与灯的工作电流有关。下面__________不是工作电流过大导致的不良现象。（　　）

A．阴极溅射增强　　B．谱线变宽

C．信噪比下降　　D．产生自吸

答案：C

35．下面__________是气相分子吸收光谱仪用空心阴极灯作为光源的优点。（　　）

A．单光源即可满足所有项目的检测　　B．使用寿命长

C．对分光技术的要求低　　D．预热时间短

答案：C

36．下面__________是气相分子吸收光谱仪用氘灯作为光源的优点。（　　）

A．单光源即可满足所有项目的检测　　B．单个灯成本较低

C．对分光技术的要求低　　D．噪声大，但是灵敏度高

答案：A

37．气相分子吸收光谱法简称为__________。（　　）

A．GPMAS　　B．GCMAS

C．GBMAS　　D．GAMAS

答案：A

38．气相分子吸收光谱法测定总氮的测定下限为__________mg/L。（　　）

A．0.10　　B．0.15

C．0.20　　D．0.25

答案：C

39．用气相分子吸收光谱法测定总氮时，水样预处理，将比色管放入高压蒸汽消毒装置中，加热至__________，保持 30 min 后停止加热。（　　）

A．120℃±2℃　　B．122℃±2℃

C．124℃±2℃　　D．126℃±2℃

答案：B

40．用气相分子吸收光谱法测定硫化物时，实验用水除配制硫化物的标准用水外，均为电导率≤__________μS/cm 的去离子水。（　　）

A．0.5　　B．0.8

C．1　　D．1.2

答案：C

41．用气相分子吸收光谱法测定硝酸盐氮时，可加入 2 滴__________%的氨基磺酸使 NO_2^-分解生成 N_2 消除干扰。（　　）

A．5　　B．10

C．15　　D．20

答案：B

42．用气相分子吸收光谱法用于测定凯氏氮时，水样的预处理中的氧化过程在不低于

__________℃的室温下氧化 20 min。(　　)

A．15　　B．18

C．20　　D．25

答案：B

43．气相分子吸收光谱法所用到的吸收池应选用__________材质的。(　　)

A．玻璃　　B．石英　　C．水晶

答案：B

44．气相分子吸收光谱法测定硫化物时，方法检出限为__________mg/L。(　　)

A．0.003　　B．0.005

C．0.008　　D．0.010

答案：B

45．用气相分子吸收光谱法测定硝酸盐氮时，在__________介质中，三氯化钛可将硝酸盐迅速还原分解生成 NO 用空气载入气相分子吸收光谱仪的吸光管中测定。(　　)

A．硫酸　　B．盐酸

C．硝酸　　D．高氯酸

答案：B

46．气相分子吸收光谱仪要求的仪器工作条件中环境温度为__________℃。(　　)

A．10～20　　B．10～30

C．15～35　　D．20～30

答案：C

47．以下__________装置不是气相分子吸收光谱法测定凯氏氮的气液分离装置。(　　)

A．清洗瓶　　B．样品吹气反应瓶

C．干燥管　　D．定量加液器

答案：D

48．气相分子吸收光谱仪是应用气相分子吸收光谱法进行__________分析的一种仪器。(　　)

A．土壤　　B．水质

C．环境空气　　D．固体废物

答案：B

49．用气相分子吸收光谱法测定硝酸盐氮时，去除水样中含高价阳离子时，应增加三氯化钛用量至溶液__________不褪，取上清液测定。(　　)

A．紫红色　　B．深蓝色

C．深紫色　　D．蓝绿色

答案：A

50．气相分子吸收光谱法用于测定凯氏氮时，空心阴极灯电流为__________mA。(　　)

A．1～3　　B．2～4

C．3～5　　D．4～6

答案：C

51．用气相分子吸收光谱法测定氨氮时，制备氨氮标准储备液需称取置于硅胶干燥器中干燥__________h 的纯亚硝酸钠。（　　）

A．24　　B．36

C．48　　D．72

答案：C

52．用气相分子吸收光谱法用于测定凯氏氮时，在水样的消解过程中，盖上表面皿，加热煮沸至冒白烟，并使溶液变__________。（　　）

A．浑浊　　B．清

C．蓝　　D．绿

答案：B

53．用气相分子吸收光谱法测定硝酸盐氮时，消除水样中含有可产生吸收作用的有机物时，加入活性炭搅拌吸附，__________min 后取样测定。（　　）

A．20　　B．25

C．30　　D．35

答案：C

54．用气相分子吸收光谱法测定硫化物时，空心阴极灯的光能量保持在__________范围内。（　　）

A．95%～110%　　B．100%～117%

C．100%～120%　　D．110%～120%

答案：B

55．在气相分子吸收光谱法测定硫化物中，亚硫酸根干扰应加__________去除。（　　）

A．过氧化氢　　B．硫酸

C．氢氧化钠　　D．硝酸

答案：A

三、多选题

1．气相分子吸收光谱仪器工作时用到的载气可以是__________。（　　）

A．氮气　　B．氩气

C．氦气　　D．洁净空气

答案：AD

2．使用气相分析吸收光谱仪时，软件提示光源能量不足，以下__________可能会造成上述情况出现。（　　）

A．灯未点亮　　B．光源还未稳定，正处于能量增强阶段

C．比色管石英片沾污　　D．氘灯寿命将尽

答案：ABCD

3．以下__________有相应的气相分子吸收光谱法环境标准。（　　）

A．硫化物　　B．氨氮

C．硝酸盐氮　　D．挥发酚

答案：ABC

4. 用气相分子吸收光谱法测定水中凯氏氮时，下列选项中能作为催化剂的是__________。（　　）

A．硫酸铜　　B．硫酸钾

C．氯化铜　　D．次溴酸钠

答案：AB

5．气相分子吸收光谱法适用于__________中的总氮的测定。（　　）

A．水库　　B．海水　　C．江河　　D．湖泊

答案：ABCD

6．用气相分子吸收光谱法测定水中硝酸盐氮时，在 5 mL 3 mol/L 盐酸介质下，对含 2μg 硝酸盐氮的溶液测定中，一定量的__________离子不会对测定造成干扰。（　　）

A．NO_2　　B．PO_4^{3-}　　C．I^-　　D．F^-

答案：BCD

7．用气相分子吸收光谱法测定水中亚硝酸盐氮适用范围包括__________。（　　）

A．地表水　　B．水库、湖泊

C．生活污水　　D．海水

答案：ABCD

8．用气相分子吸收光谱法测定水中亚硝酸盐氮时，当亚硝酸盐氮质量浓度为 0.2 mg/L 时__________不影响测定。（　　）

A．100 mg/L Sn^{2+}　　B．25 mg/L SO_3^{2-}

C．10 mg/L $S_2O_3^{2-}$　　D．20 mg/L SCN^-

答案：BCD

9．用气相分子吸收光谱法测定凯氏氮的方法适用于__________中凯氏氮的测定。（　　）

A．地表水　　B．水库　　C．湖泊　　D．工业污水

答案：ABC

10．气相分子吸收光谱仪使用空气作为载气，与使用氮气相比其优点有__________。（　　）

A．使用成本较低　　B．维护简单

C．纯度更高　　D．风险更低

答案：AB

11．气相分子吸收光谱法测量方式有__________。（　　）

A．吸光度　　B．峰高

C．峰面积　　D．塔板数

答案：ABC

12．用气相分子吸收光谱法测定水中硫化物时，若同时含有较高__________或水样含有产生吸收的有机物时，可用沉淀分离手段消除影响。（　　）

A．SO_3^{2-}　　B．$S_2O_3^{2-}$

C．I^-　　D．SCN^-

答案：CD

13. 气相分子吸收光谱法测定的信号值是__________。（　　）

A. 峰高　　B. 吸光度

C. 峰面积　　D. 荧光强度

E. 电位值

答案：AC

14. 气相分子吸收光谱法具有以下__________优点。（　　）

A. 分析速度快　　B. 测定手续简便

C. 干扰因素少　　D. 准确度高

答案：ABCD

15. 用气相分子吸收光谱法测定硫化物，以下__________物质属于硫化物的范畴。（　　）

A. 硫化钠　　B. 溶解态 H_2S

C. 硫化亚铁　　D. 硫酸钠

答案：ABC

16. 用气相分子吸收光谱法测水中硫化物适用于以下__________水质。（　　）

A. 地表水、地下水　　B. 工业废水

C. 海水中硫化物（以 S^{2-}计）　　D. 生活污水

答案：ABCD

17. 光谱分析仪器主要由光源及__________组成。（　　）

A. 单色器　　B. 样品容器（吸收池）

C. 检测器　　D. 数据处理系统

答案：ABCD

18. 下列电导率__________μS/cm 的去离子水可作为气相分子吸收光谱法测定凯氏氮使用的实验用水。（　　）

A. 0.5　　B. 0.6

C. 0.8　　D. 1.0

答案： AB

19. 在用气相分子吸收光谱法测水中硫化物中，主要的干扰成分包括__________。（　　）

A. SO_3^{2-}　　B. $S_2O_3^{2-}$

C. SO_4^{2-}　　D. 产生吸收的挥发性有机物

答案：ABD

20. 气相分子吸收光谱法测定氨氮时，通过预蒸馏法可以消除__________的干扰。（　　）

A. I^-　　B. SCN^-

C. 硫化物　　D. SO_3^{2-}

答案：ABD

四、判断题

1．从原理上讲，样品中的待测成分可以通过化学反应转化为气体时，只要找寻到合适的波长，就有可能利用气相分子吸收光谱仪器测定。（　　）

答案： 正确

2．在气相分子吸收光谱法测定中，高氯酸镁作为干燥剂时，在其吸收水汽的过程中颜色会发生变化，根据颜色的变化可以判断是否更换干燥剂。（　　）

答案： 错误

正确答案： 高氯酸镁吸收水汽的过程中颜色不发生变化，不容易判断是否吸水饱和。

3．分子光谱表现为一基本连续的带光谱。（　　）

答案： 正确

4．分子吸收光谱法一般采用线光源。（　　）

答案： 错误

正确答案： 分子吸收光谱法采用的是连续光源，线光源用于荧光、原子吸收和 Raman 光谱法。

5．在吸收光谱中，样品容器也称为吸收池，吸收池一般由光透明的材料制成。（　　）

答案： 正确

6．对含有微小颗粒的水样，气相分子吸收光谱法的测定结果常常略高于分光光度法。（　　）

答案： 错误

正确答案： 对含有微小颗粒的水样，气相分子吸收光谱法的测定结果常常略低于分光光度法。因为气相分子吸收光谱法不受浑浊度影响，而微小颗粒对光有散射作用，会使分光光度法测定结果偏高。

7．气相分子吸收光谱仪属于光谱仪器的一种，完全不同于气相色谱仪器。（　　）

答案： 正确

8．在气相分子吸收光谱法测定中，用高氯酸镁作为干燥剂时，它的吸水能力很强，所以可以一直测量样品，不需更换。（　　）

答案： 错误

正确答案： 在气相分子吸收光谱法测定中，用高氯酸镁作为干燥剂时，因其吸水能力弱，通常测定一定量样品，就必须更换新的干燥剂。

9．采用气相分子吸收光谱法进行水样测定时，都是先分离再测定，所以测定结果几乎不受样品色度的影响，可以直接测定。（　　）

答案： 正确

10．采用气相分子吸收光谱法测定样品时，测定前要进行测量系统的净化。（　　）

答案： 正确

11．分子和原子一样，也有它的特征分子能级。分子内部的运动可分为价电子运动、分子内原子在平衡位置附近的振动和分子绕其重心的转动。因此分子具有电子能级、振动能级和转动能级。（　　）

答案：正确

12．用气相分子吸收光谱法测定水样时，样品在进反应瓶前无须进行前处理。（　　）

答案：错误

正确答案：测定个别项目如硝酸盐氮时，需加入氨基磺酸溶液去除 NO_2^- 正干扰。

13．用气相分子吸收光谱法测定水中硫化物包括溶解性的 H_2S、HS^-、S^{2-} 和存在于悬浮物中的可溶性硫化物、酸可溶性金属硫化物。（　　）

答案：正确

14．用于用气相分子吸收光谱法测定水中硫化物的水样，需采集在棕色玻璃瓶中，并在现场及时固定防止曝气。采样时，向采样瓶中加 0.5 mL 乙酸锌溶液后加样品近满瓶，用硫酸调至强酸性。（　　）

答案：错误

正确答案：采样时，向采样瓶中加 0.5 mL 乙酸锌溶液后加样品近满瓶，用氢氧化钠调节 pH 至 10～12，最后加 0.5 mL 抗氧化剂，迅速加盖，不留液上空间。

15．用气相分子吸收光谱法测定水中硫化物时，水样中含 I^- 及可产生吸收的挥发性有机物会产生负干扰。（　　）

答案：错误

正确答案：水样中含 I^- 及可产生吸收的挥发性有机物会产生正干扰，含 SCN^- 会产生负干扰。

16．用气相分子吸收光谱法测定水中硫化物时，长时间测定，吸光管及反应气输送管等残留少量的硫化物，使空白增高，吸光度不稳定。因此当空白吸光度大于 0.000 8 时，要用盐酸浸泡吸光管及输送管等，并用水洗净，干燥备用。（　　）

答案：错误

正确答案：当空白吸光度大于 0.000 5 时，要用盐酸浸泡吸光管及输送管等，并用水洗净，干燥备用。

17．气相分子吸收光谱法测定水中硝酸盐氮时，2 滴 10%氨基磺酸可分解消除约 1 mg 的亚硝酸盐氮干扰，该试剂可保存约半年。（　　）

答案：正确

18．用气相分子吸收光谱法测定水中凯氏氮时，对于难消解的有机氮化合物，可增加消解时间或改用硫酸汞为催化剂。（　　）

答案：正确

19．用气相分子吸收光谱法测定水中硝酸盐氮的原理是在 2.5～5 mol/L 的盐酸介质中，于（70±2）℃温度下，用还原剂将水样中硝酸盐快速还原分解，生成二氧化氮气体，再用空气将其载入气相分子吸收光谱仪的吸光管中测定该气体所产生的吸光强度。（　　）

答案：错误

正确答案：原理是用还原剂将水样中硝酸盐快速还原分解，生成一氧化氮气体，再用空气将其载入气相分子吸收光谱仪的吸光管中，测定该气体所产生的吸光强度。

20．用气相分子吸收光谱法测定水中氨氮时所用的无氨去离子水的制备，是将一般去离子水用硫酸调至 pH＜2 后进行蒸馏，弃去最初 100 mL 馏出液，收集后面的馏出液，密封保存在聚乙烯容

器中。（　　）

答案：正确

21．用气相分子吸收光谱法测定水中氨氮时虽易受环境污染，但只要保持实验室空气新鲜、流通，室内人员不多，也可存放少量氨和铵盐的化学试剂。（　　）

答案：错误

正确答案：实验室内不得有任何氨和铵盐的化学试剂。

22．用气相分子吸收光谱法测定水中氨氮时，当水样酸性较强时，先加入 2 滴溴百里酚蓝指示剂，再缓慢滴加 40%的氢氧化钠溶液至水样刚好变蓝，再加入次溴酸盐使用液。（　　）

答案：正确

23．用气相分子吸收光谱法测定水中凯氏氮时，消解后的溶液应调至弱碱性，加入次溴酸钠氧化剂将铵盐氧化成亚硝酸盐，然后以亚硝酸盐氮的气相分子吸收光谱法测定水样中凯氏氮含量。（　　）

答案：错误

正确答案：消解后的溶液应调至中性，加入次溴酸钠氧化剂将铵盐氧化成亚硝酸盐，然后以亚硝酸盐氮的气相分子吸收光谱法测定水样中凯氏氮含量。

24．用气相分子吸收光谱法测定水中亚硝酸盐氮时，测定过程中仪器能量应保持在 110%左右，若超过 120%，读数溢出，仪器不能正常工作。（　　）

答案：正确

25．用气相分子吸收光谱法测定水中亚硝酸盐氮时，锌空心阴极灯 213.9 nm 波长适于测定低浓度亚硝酸盐氮，若浓度大于 10 mg/L，应使用其他灯，如铅灯（283.3 nm）等。（　　）

答案：正确

26．用气相分子吸收光谱法测定水中总氮时，消解后的样品含大量如高价铁离子等较多氧化性物质时，可以增加三氯化钛用量至溶液紫红色不褪再进行测定，不影响测定结果。（　　）

答案：正确

27．用气相分子吸收光谱法测定水中总氮时，原理是以碱性过硫酸钾为氧化剂，通过高温高压消解或在线紫外消解，将样品中的氮氧化成硝酸盐氮后，再经三氯化钛还原为一氧化氮，用载气将产生的一氧化氮载入气相分子吸收光谱仪的吸光管中，在特征吸收波长处测得的吸光度与总氮浓度之间的关系符合朗伯-比尔定律。（　　）

答案：正确

28．气相分子吸收光谱法测定水中氨氮的原理是样品中的氨氮由次溴酸盐氧化剂氧化成亚硝酸盐氮，再由盐酸乙醇催化转变成二氧化氮气体，用载气将产生的二氧化氮载入气相分子吸收光谱仪的吸光管中，在特征吸收波长处测得的吸光度与氨氮的浓度之间的关系符合朗伯-比尔定律。（　　）

答案：错误

正确答案：水样在 2%～3%酸性介质中加入无水乙醇煮沸除去亚硝酸盐等干扰。

29．用气相分子吸收光谱法测定水中氨氮时，水样加入 1 mL 6 mol/L 盐酸及 0.2 mL 无水乙醇，加热煮沸 2～3 min，可消除 NO_2^-、SO_3^{2-}、I^-、SCN^-、硫化物以及减弱乃至消除 $S_2O_3^{2-}$的影响。（　　）

答案：错误

正确答案：可消除 NO_2^-、SO_3^{2-}、硫化物等干扰成分；个别水样含 I^-、$S_2O_3^{2-}$、SCN^-或存在可被次溴酸盐氧化成亚硝酸盐的有机胺时，应蒸馏分离后进行测定。

30．用气相分子吸收光谱法测定凯氏氮中，水样的消解时，取样于 250 mL 烧杯中加入 2.5 mL 硫酸、1.2 g 硫酸钾、0.4 mL 硫酸铜摇匀。盖上表面皿，加热煮沸至冒白烟，并使溶液变清。升高加热温度，保持暴沸状态 5 min。冷却后转入 100 mL 容量瓶中，加水稀释至标线，摇匀。（　　）

答案：错误

正确答案：盖上表面皿，加热煮沸至冒白烟，并使溶液变清。降低加热温度，保持微沸状态 30 min。

31．气相分子吸收光谱法测定硫化物时，使用 202.6 nm 波长，方法的检出限为 0.005 mL/L，测定下限 0.050 mg/L。（　　）

答案：错误

正确答案：使用 202.6 nm 波长，方法的检出限为 0.005 mL/L，测定下限 0.020 mg/L。

32．用气相分子吸收光谱法测定总氮时，检出限 0.025 mg/L，测定下限 0.100 mg/L。（　　）

答案：错误

正确答案：检出限为 0.05 mg/L，测定下限 0.20 mg/L。

33．用气相分子吸收光谱法测定总氮时所使用的试剂，碱性过硫酸钾溶液，存放于聚乙烯瓶中可使用一个月。（　　）

答案：错误

正确答案：可使用一周。

34．用气相分子吸收光谱法测定水中亚硝酸盐氮中，若 S^{2-}含量高，可在气路干燥管前串接乙酸铅脱脂棉的除硫管给予消除。（　　）

答案：正确

35．用气相分子吸收光谱法测定亚硝酸盐氮时，一般用玻璃瓶或聚乙烯瓶采样，水样应充满采样瓶。采集的水样应立即测定，否则应在约 4℃冰箱内保存，并尽快测定。（　　）

答案：正确

36．用气相分子吸收光谱法测定硝酸盐氮的方法适用于地表水、地下水、海水及饮用水中硝酸盐氮的测定，不适用于生活污水和工业污水。（　　）

答案：错误

正确答案：同样适用于生活污水和工业污水。

37．用气相分子吸收光谱法测定凯氏氮所配制的次溴酸盐氧化剂，加入 50 mL 氢氧化钠后，充分摇匀后可立即使用。该试剂临用时配制，配制时，所用试剂、水和室内温度应不低于 18℃。（　　）

答案：错误

正确答案：充分摇匀，待小气泡逸尽后再使用。

38．气相分子吸收光谱法的基本原理是通过特定的化学反应，将待测物质转变成气体，然后将气体引入吸光管（吸收池）中进行吸光度测量。（　　）

答案：正确

39．在待测物质从水体中转变成气体并进行气液分离的过程中，水体中的色度、悬浮物、钙镁

离子、氯离子等都残留在反应液中，不会随着气态分子进入检测系统，所以不会对检测结果造成影响。(　　)

答案：正确

40. 气相分子吸收光谱法的常见干扰物质是会参与化学反应生成干扰性气体的成分以及挥发性有机物。前者通常可以加入活性炭或者进行曝气处理来消除，后者需要特定的前处理进行消除干扰。(　　)

答案：错误

正确答案：前者需要特定的前处理进行消除，后者通常可以加入活性炭或者进行曝气处理来消除干扰。

41. 用气相分子吸收法测定水质亚硝酸盐氮，乙醇为反应的催化剂。(　　)

答案：正确

42. 用气相分子吸收法测定水质亚硝酸盐氮，测定介质是盐酸。(　　)

答案：错误

正确答案：用气相分子吸收法测定水质亚硝酸盐氮，测定介质是柠檬酸。

43. 用气相分子吸收法测定水质硝酸盐氮，测定波长为214.4 nm。(　　)

答案：正确

44. 气相分子吸收法测定水质氨氮，测定前应进行空白校正。(　　)

答案：正确

45. 用气相分子吸收光谱法测定水质硫化物，测定后净化系统，反洗瓶盖和砂芯。(　　)

答案：正确

46. 气相分子吸收光谱法是20世纪70年代兴起的一种简便、快速的分析手段。(　　)

答案：正确

47. 用气相分子吸收光谱法测定硫化物，水样采集时，水样采集在聚乙烯瓶中。(　　)

答案：错误

正确答案：用气相分子吸收光谱法测定硫化物，水样采集时，水样采集在棕色玻璃瓶中。

48. 气相分子吸收光谱法利用气体的分子振动吸收原理，气体浓度与吸光度呈现出一定的线性关系。(　　)

答案：正确

49. 气相分子吸收光谱法测水中总氮、硝酸盐氮用的空心阴极灯是锌灯。(　　)

答案：错误

正确答案：气相分子吸收光谱法测水中总氮、硝酸盐氮用的空心阴极灯是镉灯。

50. 在气相分子吸收光谱法分析中，一般以吸光度与所对应测定物质的量绘制校正曲线。(　　)

答案：正确

51. 用气相分子吸收光谱法测定氨氮的水样应立即测定，否则应加硝酸调节至pH<2，并在2～5℃保存。(　　)

答案：错误

正确答案：用气相分子吸收光谱法测定氨氮的水样用硫酸调节pH≤2，4℃以下冷藏可保存

7 天。

52．在气相分子吸收光谱法中，干燥剂吸水达到饱和会导致测定结果偏高。（　　）

答案：正确

53．对气相分子吸收光谱法技术性能影响最大的是气液分离吸收装置。（　　）

答案：正确

54．在气相分子吸收光谱法测定中，高氯酸镁作为干燥剂，吸水后会板结变硬，气路的通透性下降，影响准确度。（　　）

答案：错误

正确答案：在气相分子吸收光谱法测定中，高氯酸镁作为干燥剂吸水后会板结变硬，气路的通透性下降，影响精密度。

55．用气相分子吸收光谱法测定水中硝酸盐氮时，测定结果受亚硝酸盐影响。（　　）

答案：正确

56．用气相分子吸收光谱法测定成分浓度的测定范围宽，低浓度和高浓度均可测定。（　　）

答案：正确

57．加标后的测定值最好落在校准曲线最低点与最高点之间，不应超过方法测量上限的 90%。（　　）

答案：正确

58．采集测定硝酸盐氮的水样时，现场水样中应加入盐酸后保存，24 h 内测定。（　　）

答案：错误

正确答案：采集测定硝酸盐氮的水样时，现场水样中应加入稀硫酸，24 h 内测定。

59．在水质监测中，测定氨氮的常用方法有纳氏试剂分光光度法、水杨酸分光光度法、蒸馏-中和滴定法、连续流动分析法、流动注射分析法及气相分子吸收光谱法。（　　）

答案：正确

60．用气相分子吸收光谱法测定水中凯氏氮时，测定物质只包括游离氨、铵盐。（　　）

答案：错误

正确答案：用气相分子吸收光谱法测定水中凯氏氮时，测定物质包括游离氨、有机物中的胺和铵盐。

61．用气相分子吸收光谱法测定氨氮时，实质上测定的是亚硝酸根。（　　）

答案：正确

62．目前已经颁布的 6 个气相分子吸收光谱法环境保护标准方法，主要是针对含氮和硫化物的测定。（　　）

答案：正确

63．用气相分子吸收光谱法测定氨氮时，不能使用硫酸。（　　）

答案：错误

正确答案：不能使用硝酸。

64．用气相分子吸收光谱法测定凯氏氮时，波长为 213.9 nm。（　　）

答案：正确

65．当光与分子接触时，某些频率的光被选择性吸收并使其强度减弱，这种现象称为分子对光的吸收。（　　）

答案：正确

66．用气相分子吸收光谱法测定亚硝酸盐氮时，亚硝酸盐在柠檬酸介质中，在催化剂的作用下，迅速生成 NO_2 气体。（　　）

答案：正确

67．用气相分子吸收光谱法用于测定凯氏氮时，不适用于工业废水中凯氏氮的测定。（　　）

答案：正确

五、简答题

1．简述气相分子吸收光谱法的定义。

答案：在规定的分析条件下，将待测成分转变成气态分子载入测量系统，测定其对特征光谱吸收的方法。

2．简述气相分子吸收光谱法的优点。

答案：

（1）测定结果准确可靠；

（2）测定成分浓度范围宽；

（3）使用的化学试剂少，不使用有毒的，特别是易致癌的化学试剂；

（4）方法的抗干扰能力强；

（5）不受样品颜色和浑浊物的影响。

3．简述产生分子吸收光谱的原因。

答案：分子具有不同的特征能级，当分子从外界吸收能量后，就会产生相应的能级跃迁。同原子一样，分子吸收能量具有量子化特征。记录分子对电磁辐射的吸收程度与波长的关系就可以得到吸收光谱。

4. 在气相分子吸收光谱法测定中，用高氯酸镁作为干燥剂时，因其中通常会混有氧化镁等杂质，请问，如何消除杂质影响？

答案：高氯酸镁作为干燥剂时，混有的氧化镁等杂质，会和测定的气体反应，因此新的干燥剂在正式使用前，应该先用浓度较高的样品预先熟化，消除杂质影响。

5．简述用气相分子吸收光谱法测定水样时的注意事项。

答案：

（1）试剂除另有注明外，均为符合国家标准的分析纯化学试剂；

（2）实验用水为新制备的去离子水；

（3）光能量保持在 100%～117%范围内；

（4）做好测量系统净化。

6．简述气相分子吸收光谱法测定硫化物的方法原理。

答案：在盐酸介质中将硫化物瞬间转变成 H_2S，用空气将该气体载入气相分子吸收光谱仪的吸光管中，在 202.6 nm 等波长处测得的吸光度与硫化物的浓度遵守比尔定律。

7．气相分子吸收光谱法主要适用于哪些类型的水质？

答案：气相分子吸收光谱法主要应用于地表水、地下水、海水、生活污水、工业废水的检测。

8．气相分子吸收光谱法测量氨氮结果与纳氏试剂法有差异的原因是什么？

答案：两者检测结果有一定的差异，主要是方法的差异性导致的，检测结果有差异的浓度范围主要集中在 0.5 mg/L 以下的低浓度范围。深究其原因主要体现在以下两个方面：

（1）水体中的干扰源不同。

纳氏试剂分光光度法的干扰物主要有水体中的色度、悬浮物、余氯、钙镁等金属离子、硫化物及有机物等，这些都会对检测结果造成影响，处理后依然难以完全消除，而且在处理过程中添加相应的试剂也存在引入新干扰的风险。气相分子吸收光谱法是将待测物质在水体中转变成气态分子，在这一过程中，水体中的色度、悬浮物、钙 镁离子、氯离子等都残留在反应液中，不会随着气态分子进入检测系统，所以不会对检测结果造成影响。

影响气相分子吸收光谱法检测结果的干扰物主要有以下两类：一是会伴随化学反应的过程生成会对检测结果造成影响的气体物质。因为气相分子吸收光谱法检测氨氮采用的是次溴酸盐氧化法，次溴酸盐会把氨氮氧化为亚硝酸盐氮，所以水体中的亚硝酸盐氮以及会被次溴酸盐氧化的有机胺都会对检测结果造成正干扰。二是不参与化学反应，但是会随着气态分子进入检测系统的挥发性有机物，也会对检测结果造成影响。

（2）试剂的干扰问题。

纳氏试剂是含汞类试剂且不易配制，一般采用的是市售纳氏试剂包，所以有时也会遇到因为纳氏试剂的质量问题而导致的检测结果偏差的现象。

9．简述气相分子吸收仪的工作原理。

答案：在规定的分析条件下，将一定体积的试样和试剂在化学反应器混合、反应，用载气将生成的气体载入吸光管进行吸光度检测。

10．用气相分子吸收光谱法测定水样时，在完成水样预处理后如何进行测量系统的净化？

答案：每次测定之前，将反应瓶盖插入装有约 5 mL 水的清洗瓶中，通入载气，净化测量系统，调整仪器零点。测定后，水洗反应瓶盖和砂芯。

11．用气相分子吸收光谱法测定氨氮时，样品如何进行预处理？

答案：取适量水样于钢铁量瓶中，加入盐酸及无水乙醇充分摇匀后定容，加热煮沸后冷却，洗涤瓶口及瓶壁，加入次溴酸盐氧化剂，加水定容，密塞摇匀，在 18℃以上室温氧化后待测。

12．简述用气相吸收光谱法测定硫化物时，样品采集过程中需要注意的事项。

答案：硫化物水样采集需要在棕色玻璃瓶中，在现场及时固定，并防止曝气。采样前先向采样瓶中加入乙酸锌和乙酸钠固定液，注入水样后，用氢氧化钠调至弱碱性。采集的水样应充满采样瓶，使瓶内无气泡，并立即密塞，运输过程中应避光保存，在 4℃冰箱保存，并在 24 h 内测定。

六、计算题

1．用气相分子吸收光谱法测定水中硝酸盐氮时，取水样 10.0 mL，经测定样品的吸光度为 0.033 5，试求该样品中硝酸盐氮的含量（mg/L）。

［已知：以吸光度与相对应的硝酸盐氮的含量（μg）绘制校准曲线为 y=0.031 62x+0.000 60，相

关系数 r 为：0.999 9]

答案：C=（0.033 5−0.000 60）/0.031 62/10.0=0.104（mg/L）

2．用气相分子吸收光谱法测定水中硝酸盐氮时，取水样 10.0 mL，经测定，样品的吸光度为 0.029 5，试求该样品中硝酸盐氮的含量（mg/L）。

[已知：以吸光度与相对应的硝酸盐氮的含量（μg）绘制校准曲线为 y=0.029 92x+0.000 58，相关系数 r 为：0.999 7]

答案：C=（0.029 5−0.000 58）/0.029 92/10.0=0.097（mg/L）

3．用气相分子吸收光谱法测定水中硝酸盐氮时，取水样 10.0 mL，经测定样品的吸光度为 0.052 5，试求该样品中硝酸盐氮的含量（mg/L）。

[已知：以吸光度与相对应的硝酸盐氮的含量（μg）绘制校准曲线为 y=0.031 69x+0.000 49，相关系数 r 为：0.999 6]

答案：C=（0.052 5−0.000 49）/0.031 69/10.0=0.164（mg/L）

4．用气相分子吸收光谱法测定地表水中硝酸盐氮时，6 次测定值分别为 2.99 mg/L、3.03 mg/L、2.94 mg/L、2.96 mg/L、2.93 mg/L、3.08 mg/L，计算 6 次测定的相对标准偏差。

答案：平均值：（2.99+3.03+2.94+2.96+2.93+3.08）/6=2.99（mg/L）

标准偏差：$s=\sqrt{\dfrac{1}{n-1}\sum_{1}^{n}(x_i-\bar{x})^2}=0.06(\text{mg/L})$

$\text{RSD}=\dfrac{s}{\bar{x}}\times100\%=2.0\%$

5．用气相分子吸收光谱法测水中亚硝酸盐氮时，测得吸光度为 0.059 8，在同一水样中加入 1.00 mL（2.00 μg/mL）亚硝酸盐氮标准溶液，测得吸光度为 0.142 3，试计算加标回收率。

[已知：以吸光度与相对应的硝酸盐氮的含量（μg）绘制曲线：y=0.031 88x+0.006 4，R=0.999 9]

答案：水样中亚硝酸盐氮=（0.059 8–0.006 4）/0.031 88=1.68（μg）

加标样中亚硝酸盐氮=（0.142 3–0.006 4）/0.031 88=4.26（μg）

加标回收率=（4.26–1.68）/（1.00×2）×100%=129%

6．用气相分子吸收光谱法测水中亚硝酸盐氮时，测得吸光度为 0.072 1，在同一水样中加入 1.00 mL（2.00 μg/mL）亚硝酸盐氮标准溶液，测得吸光度为 0.141 0，试计算加标回收率。

[已知：以吸光度与相对应的硝酸盐氮的含量（μg）绘制曲线：y=0.030 98x+0.005 4，R=0.999 8]

答案：水样中亚硝酸盐氮=（0.072 1–0.005 4）/0.030 98=2.15（μg）

加标样中亚硝酸盐氮=（0.141 0–0.005 4）/0.030 98=4.38（μg）

加标回收率=（4.38–2.15）/（2.00×1）×100%=112%

7．用气相分子吸收光谱法测水中亚硝酸盐氮时，测得吸光度为 0.062 1，在同一水样中加入 2.00 mL（2.00 μg/mL）亚硝酸盐氮标准溶液，测得吸光度为 0.176 0，试计算加标回收率。[已知：以吸光度与相对应的硝酸盐氮的含量（μg）绘制曲线：y=0.031 88x+0.006 4，R=0.999 9]

答案：水样中亚硝酸盐氮=（0.062 1–0.006 4）/0.031 88=1.75（μg）

加标样中亚硝酸盐氮=（0.176 0–0.006 4）/0.031 88=5.32（μg）

加标回收率=（5.32–1.75）/（2.00×2）×100%=89.2%

8．用气相分子吸收光谱法测水中氨氮，取 30 mL 水样于 50 mL 容量瓶中，加入 15 mL 次溴酸盐使用液，摇匀后，放置氧化 30 min，用水稀释至标线，摇匀后吸取 2.00 mL 于反应瓶中，按绘制曲线步骤，加入盐酸和乙醇溶液后，测定吸光度查得浓度为 0.455 μg，计算水样浓度。

答案：C=0.455/（30×2/50）=0.379（mg/L）

9．用气相分子吸收光谱法测水中氨氮，取 20 mL 水样于 50 mL 容量瓶中，加入 15 mL 次溴酸盐使用液，摇匀后，放置氧化 30 min，用水稀释至标线，摇匀后吸取 2.00 mL 于反应瓶中，按绘制曲线步骤，加入盐酸和乙醇溶液后，测定吸光度查得浓度为 0.355 μg，计算水样浓度。

答案：C=0.355/（20×2/50）=0.444（mg/L）

10．用气相分子吸收光谱法测水中氨氮，取 25 mL 水样于 50 mL 容量瓶中，加入 15 mL 次溴酸盐使用液，摇匀后，放置氧化 30 min，用水稀释至标线，摇匀后吸取 2.00 mL 于反应瓶中，按绘制曲线步骤，加入盐酸和乙醇溶液后，测定吸光度查得浓度为 0.385 μg，计算水样浓度。

答案：C=0.385/（25×2/50）=0.385（mg/L）

11．用气相分子吸收光谱仪测水中氨氮，同一水样测定三次，所得浓度为 1.86 mg/L、1.78 mg/L 和 1.72 mg/L，求相对偏差。

答案：水样的均值=（1.86+1.78+1.72）/3=1.79（mg/L）

测得 1.86 mg/L 水样的相对偏差=（1.86−1.79）/1.79×100%=3.9%

测得 1.78 mg/L 水样的相对偏差=（1.78−1.79）/1.79×100%=−0.6%

测得 1.72 mg/L 水样的相对偏差=（1.72−1.79）/1.79×100%=−3.9%

12．用气相分子吸收光谱法测水中总氮，取 20 mL 水样于 50 mL 比色管中，预处理完成后，用水稀释至标线，取待测水样 2.5 mL 于反应瓶中，按绘制曲线步骤，测定吸光度查得浓度为 5.18 μg，计算水样浓度。

答案：C=5.18/（20×2.5/50）=5.18（mg/L）

13．用气相分子吸收光谱法测定水中硝酸盐氮时，取水样 10.0 mL，测定样品的吸光度为 0.030 2，试求该样品中硝酸盐氮的含量（mg/L）。

［已知：以吸光度与相对应的硝酸盐氮的含量（μg）绘制校准曲线为 y=0.029 89x+0.000 52，相关系数 r 为：0.999 7］

答案：C=（0.030 2−0.000 52）/0.029 89/10.0=0.099（mg/L）

14．用气相分子吸收光谱法测水中氨氮，取 30 mL 水样于 50 mL 容量瓶中，加入 15 mL 次溴酸盐使用液，摇匀后，放置氧化 30 min，用水稀释至标线，摇匀后吸取 2.00 mL 于反应瓶中，按绘制曲线步骤，加入盐酸和乙醇溶液后，测定吸光度查得浓度为 0.365 μg，计算水样浓度。

答案：C=0.365/（30×2/50）=0.304（mg/L）

15．用气相分子吸收光谱法测水中亚硝酸盐氮，要配制 500 mg/L 亚硝酸盐氮标准贮备液 1 000 mL，需称取亚硝酸钠多少克？（亚硝酸钠相对分子质量：69.00，氮相对分子质量：14.01）

答案：$M_{(NaNO_2)}$=69.00　　$M_{(NO_2\text{-}N)}$=14.01　　$\rho_{(NO_2\text{-}N)}$=500 mg/L

$C_{(NO_2\text{-}N)}=\rho_{(NO_2\text{-}N)}/M_{(NO_2\text{-}N)}$

$m_{(NaNO_2)}=C_{(NO_2\text{-}N)}\times V_{(NO_2\text{-}N)}\times M_{(NaNO_2)}$=2.463（g）

第八节 电感耦合等离子体发射光谱法

一、填空题

1．ICP-OES 法测定时，希望分析试液的总溶解固体越低越好，一般控制在 1 mg/mL 左右。因此，ICP-OES 的样品处理尽可能采用酸分解而不用 ＿＿＿＿＿。

答案：碱熔

2．ICP-OES 法测定时，＿＿＿＿＿法是实际应用最广泛的校正干扰的数学法，多数 ICP 光谱仪软件中采用这种方法。

答案：干扰系数

3．用 ICP-OES 法测定水中多元素时，消除物理干扰最简单的方法是＿＿＿＿＿。

答案：将样品稀释

4．原子发射光谱分析过程中主要分三步，激发、＿＿＿＿＿和＿＿＿＿＿。

答案：分光，检测

5．对于扫描仪器，扫描速度越快，其检测灵敏度越＿＿＿＿＿。

答案：高

6. ICP-OES 法存在的主要干扰有＿＿＿＿＿、＿＿＿＿＿、＿＿＿＿＿、电离干扰和＿＿＿＿＿。

答案：物理干扰，光谱干扰，化学干扰，去溶干扰

7. 影响 ICP-OES 法分析特性的主要工作参数有 3 个，即＿＿＿＿＿、＿＿＿＿＿和＿＿＿＿＿。

答案：高频功率，载气流量，观测高度

8．根据原子的特征发射谱线波长及其强度对样品中多种元素进行定性和定量分析的方法称为＿＿＿＿＿。

答案：原子发射光谱法

9．试样注入电感耦合等离子体发射光谱仪后，目标元素在等离子体火炬被＿＿＿＿＿、＿＿＿＿＿、＿＿＿＿＿并＿＿＿＿＿出特征谱线。

答案：气化，电离，激发，辐射

10．ICP-OES 法测定时，干扰校正的常用方法主要有＿＿＿＿＿、＿＿＿＿＿和＿＿＿＿＿。

答案：背景扣除法，干扰系数法，样品稀释法

11．等离子体是目前最广泛应用的原子发射光谱激发源，主要包括＿＿＿＿＿、＿＿＿＿＿和＿＿＿＿＿。

答案：电感耦合等离子体，直流等离子体，微波等离子体

12．电感耦合等离子体发射光谱分析法是以＿＿＿＿＿为激发光源的一类光谱分析方法，简称＿＿＿＿＿或者＿＿＿＿＿。

答案：电感耦合等离子炬，ICP-AES，ICP-OES

13．原子光谱的产生是原子在＿＿＿＿＿中通过＿＿＿＿＿与＿＿＿＿＿过程而发生的，是处

于等离子状态的激发光源中发生的物理过程。

答案：激发光源，碰撞，激发

14. 三层同心的 ICP 炬管其外管通以 Ar 气，以切线方向引入，称为__________气；中管通以 Ar 气，起维持并抬高等离子体焰炬的作用，称为__________气；内管为 1～2 mm 的细管做成，通以 Ar 气称为__________气，以将试样引入等离子体中。

答案：工作冷却，等离子辅助，载

15. ICP-OES 分析法根据干扰的来源大致可以分为__________、__________两类。

答案：光谱干扰，非光谱干扰

16. ICP-OES 分析法中的光谱干扰系数法，是通过__________，求出干扰元素对__________的干扰系数，对光谱线的重叠干扰进行数学校正。

答案：干扰实验，被干扰元素

17. ICP-OES 分析法的溶液中所含酸的浓度以及溶解固体量增加时，溶液的密度、黏度、表面张力也增加，使__________降低，分析元素测定的__________也随之降低。

答案：雾化效率，信号强度

18. ICP-OES 分析法中校正光谱干扰常用的方法是__________和__________，也可以在混合标准溶液中采用__________的方法消除其影响。

答案：扣除背景法，干扰系数法，基体匹配

19. 等离子体是物质在高温条件下，处于高度电离的一种状态。由原子、离子、电子和__________组成，总体呈__________和__________。

答案：激发态原子、离子，电学中性，化学中性

20. ICP-OES 分析方法的技术特点有灵敏度高、精密度高、基体干扰少、__________、__________。

答案：线性范围宽，可以多元素同时分析

21. 原子发射光谱通常由化学火焰、电火花、电弧、激光和__________激发获得。

答案：各种等离子光源

22. ICP-OES 的连续背景干扰主要有__________、__________、复合辐射和高浓度基体元素产生的连续背景辐射。

答案：黑体辐射，轫致辐射

23. 消除 ICP-OES 谱线重叠干扰的方法有背景扣除法和__________。

答案：干扰系数法

24. 目前市面上的 ICP 光谱仪主要有全谱直读式、__________、__________。

答案：顺序扫描式，多道式

25. ICP 光谱仪常用的检测器主要有__________和__________。

答案：光电倍增器，电荷转移器件

26. ICP 发生器主要由高频电源、进样装置和__________组成。

答案：等离子体炬管

27. ICP 焰炬区分为预热区、__________、__________。

答案：初始辐射区，正常分析区

28. ICP 炬管由三层同心圆组成，其材质多为__________，外管进冷却气、中管进__________、内管进__________。

答案： 石英，等离子体气（辅助气），载气

29. ICP-OES 方法的分析原理是：经过滤或__________处理过的样品注入电感耦合等离子体发射光谱仪后，目标元素在等离子体火炬中被气化、电离、激发并辐射出__________，在一定浓度范围内，其特征谱线的__________与元素的浓度成正比。

答案： 消解，特征谱线，强度

30. ICP-OES 分析中，形成稳定的 ICP 放电所必须具备的四个条件是__________、__________、__________及电子-离子源。

答案： 高频高强度的电磁场，工作气体，维持气体稳定放电的石英炬管

31. ICP-OES 分析过程中，消除物理干扰的最简单方法是__________，但应保证待测元素的含量高于__________。

答案： 将样品稀释，测定下限

32. 等离子体是由高频__________感应激发氩气产生的。

答案： 电磁场

33. __________法是 ICP-OES 校正干扰的一种方法，通过配制与待测样品基体成分相似的标准溶液来消除元素间干扰。

答案： 基体匹配

34. ICP 的射频发生器主要有两种类型：__________和__________。

答案： 自激式，它激式

35. 在 ICP-OES 分析中，观测高度是指从感应线圈上端到测定轴之间的距离。采用__________观测方式时，观测高度是重要的工作参数。

答案： 垂直

36. 原子在高温下被激发而发射某一波长的辐射，但周围温度较低的同种原子（包括低能级原子或基态原子）会吸收这一波长的辐射，这种现象称为__________。当这种现象严重时，谱线中央消失，形成双线，这种现象称为__________。

答案： 自吸，自蚀

37. 在原子发射光谱中，谱线强度与浓度存在关系式 $I=Ac^b$，b 表示与__________有关的常数，当 c 较大时，b 值__________。

答案： 自吸，<1

38. 第一共振线是发射光谱的最灵敏线，它是由__________跃迁至__________时产生的辐射。

答案： 第一激发态，基态

39. 光谱分析中，仪器将相邻的两条谱线分开的能力被称为__________。

答案： 分辨率

40. 对于气态自由原子，由基态跃迁到激发态所需的能量，被称为__________。

答案： 激发能

41. 气态中性原子从基态最低能级失去电子至电离状态所需的能量，被称为__________。

答案：电离能

42．原子光谱中，灵敏线的波长取决于参加辐射跃迁的高低能级的__________，越易激发的元素，其灵敏线波长越__________；越难激发的元素，其灵敏线波长越__________。

答案：能量差，长，短

43．原子光谱中，当样品中某元素含量逐渐减小，但最后仍能观察到的谱线称为__________。

答案：最后线（或持久线）

44．ICP 中，雾化器的__________是指进入等离子体火炬的气溶胶量与被提升试液量的比值。

答案：进样效率

45．在 ICP-OES 分析中，在其他条件不变的情况下，元素的谱线强度随 ICP 射频功率的增加而__________，但功率过大也会使__________辐射增强。

答案：增加，背景

46．在 ICP-OES 分析中，当样品含酸量增大时，仪器响应信号将__________。

答案：减小

二、单选题

1．用 ICP-OES 分析法分析废水样品时，对于某些基体复杂的废水，在采用电热板加热消解时，除加硝酸外可再加入 2～5 mL__________消解。（　　）

A．双氧水　　B．高氯酸　　C．硫酸　　D．氢氟酸

答案：B

2．电感耦合等离子体原子发射光谱法测定高盐浓度的样品时，可以采用__________，但是必须进行空白校正。（　　）

A．外标法　　B．内标法

C．基体匹配法　　D．标准加入法

答案：D

3．ICP 炬管的外管、中管和内管分别进的气体是__________。（　　）

A．等离子气、冷却气、载气　　B．冷却气、载气、等离子气

C．冷却气、等离子气、载气

答案：C

4．通入 ICP 炬管的__________起冷却保护炬管的作用，__________用于输送样品，__________提供电离气体（等离子体）。（　　）

A．等离子气，冷却器，载气　　B．载气，水蒸气，等离子气

C．冷却气，等离子气，载气　　D．冷却气，载气，等离子气

答案：D

5．用 ICP-OES 法测定多元素时，在标准试样和分析试样中分别加入过量的易电离元素，可抑制或消除__________。（　　）

A．化学干扰　　B．物理干扰

C．光谱干扰　　D．电离干扰

答案：D

6. ICP 焰炬的__________具有适宜的激发温度，既能使试样较充分的原子化、激发、发射离子线和原子线，背景发射光谱强度又较低，一般情况下多用此区进行光谱分析。（ ）

A. 预热区 B. 初始辐射区 C. 测光区（内焰区）

答案：C

7. 电感耦合等离子体发射光谱（ICP-OES）光源所用的工作气体是__________。（ ）

A. 氮气 B. 氩气 C. 氢气 D. 氦气

答案：B

8. ICP 炬管是由石英制成的__________层同心管组成。（ ）

A. 2 B. 3 C. 4

答案：B

9. ICP-OES 的检定周期一般为__________年。（ ）

A. 1 B. 2 C. 3

答案：B

10. ICP 在测定水中的金属元素时，经常使用的消解体系为__________。（ ）

A. 1+1 硝酸 B. 1+1 盐酸 C. 1+1 磷酸 D. 1+1 硫酸

答案：A

11. ICP-OES 测定时，为了检查仪器的漂移程度，每__________个样品为 1 组，加测 1 个待测元素的质控样品。（ ）

A. 10 B. 15 C. 20 D. 50

答案：A

12. 使用 ICP 光谱仪时，一般要先预热__________h，以防波长漂移。（ ）

A. 0.5 B. 1 C. 2

答案：B

13. 等离子发射光谱法测定水质时，非光谱干扰是否予以补偿和校正，与样品中__________有关。（ ）

A. 干扰元素的浓度 B. 酸度过低

C. 不溶物质过多 D. 消解不完全

答案：A

14. ICP-OES 测定锌，在测定波长为 213.86 nm 时，主要的干扰元素为__________。（ ）

A. 镍、铜 B. 铬、钙 C. 铁、钼 D. 铁、钒

答案：A

15. ICP-OES 校准曲线的线性范围在多数情况下可达__________数量级。（ ）

A. 2～3 B. 3～4 C. 4～5 D. 5～6

答案：B

16. ICP-OES 测定水中金属元素，为尽量降低空白背景，测定所使用的所有容器清洗干净后，需用__________荡洗、__________冲洗、__________反复冲洗。（ ）

A．自来水，去离子水，10%热硝酸　　B．去离子水，10%热硝酸，自来水

C．10%热硝酸，自来水，去离子水　　D．自来水，10%热硝酸，去离子水

答案：C

17．ICP-OES 测定水中 Fe，经常使用的测定波长是__________nm。（　　）

A．257.610　　B．231.604　　C．228.806　　D．259.940

答案：D

18．用 ICP-OES 测定水中金属元素，目前常用的比较简便的校正元素间干扰的方法是__________。（　　）

A．干扰系数法　　B．样品稀释法

C．加入易电离元素　　D．化学富集法

答案：A

19．ICP 发生器包括高频电源、__________及等离子体炬管。（　　）

A．进样装置　　B．分光器　　C．检测器　　D．电子数据系统

答案：A

20．ICP-OES 的辅助装置包括稳压电源和__________。（　　）

A．分光器　　B．供气系统　　C．高频电源　　D．进样装置

答案：B

21．ICP 炬管的材料多以__________为主。（　　）

A．玻璃　　B．石英　　C．不锈钢　　D．聚四氟乙烯

答案：B

22．ICP-OES 使用的氩气纯度不宜低于__________。（　　）

A．99.5%　　B．99.9%　　C．99.95%　　D．99.99%

答案：B

23．ICP-OES 测定波长小于 190 nm 的元素时，宜选用__________通道，以获得较高的灵敏度。（　　）

A．真空红外　　B．真空紫外　　C．普通红外　　D．普通紫外

答案：B

24．ICP-OES 分析时，__________是导致产生物理干扰的主要原因之一。（　　）

A．粘滞程度　　B．黑体辐射　　C．复合辐射　　D．韧致辐射

答案：A

25．ICP-OES 进样装置性能影响检出限、测量精度、__________。（　　）

A．稳定性　　B．灵敏度　　C．测定上限

答案：B

26．对 ICP-OES 分析仪开展校准有效性检查时，至少每__________应做一次仪器谱线的校对以及元素间干扰校正系数的测定。（　　）

A．3 个月　　B．6 个月　　C．9 个月　　D．1 年

答案：B

27．检定 ICP-OES 时，A 级要求为 Mn 257.610 nm 的检出限要≤__________mg/L。（　　）

A．0.001　　B．0.002　　C．0.003　　D．0.007

答案：B

28．在 ICP-OES 分析中，以下等离子体的观测方式中，能获得最大强度信号的是__________。（　　）

A．径向　　B．轴向　　C．轴向衰减　　D．径向衰减

答案：B

29．原子发射光谱的产生是由于__________。（　　）

A．原子次外层电子在不同能级间的跃迁　　B．原子外层电子在不同能级间的跃迁

C．原子内层电子在不同能级间的跃迁　　D．原子外层电子的振动和转动

答案：B

30．在 ICP-OES 分析中，与光谱线强度无关的因素是__________。（　　）

A．跃迁能级间的能量差　　B．高能级上的原子数

C．跃迁概率　　D．蒸发温度

答案：D

31．ICP 光源的产生是由于__________。（　　）

A．气体燃烧　　B．气体放电　　C．电极放电　　D．电火花

答案：B

32．在一定的实验条件下，谱线强度 I 与元素浓度 C 的关系为 $I=Ac^b$，其中 b 为自吸系数，当 b=1 时，表示__________。（　　）

A．有自吸　　B．没有自吸　　C．自吸非常严重　　D．发生自蚀

答案：B

33．下列__________情况不需要校准焰炬的观测位置？（　　）

A．第一次安装仪器　　B．仪器被搬到新位置

C．更换了炬管和射频线圈　　D．更换泵管

答案：D

34．__________的作用是调节等离子体火炬的高度、点燃等离子体及保护中心管不被烧坏。（　　）

A．等离子气　　B．辅助气　　C．载气　　D．切割气

答案：B

35．ICP 光谱仪分析结束后，正确的清洗顺序是：__________。（　　）

①松开泵管　②用硝酸清洗管路　③用纯水清洗管路　④排空进样系统里的液体

A．①②③④　　B．③②④①　　C．②③④①　　D．②③①④

答案：C

36．某 ICP 光谱仪刚刚可以分辨 310.030 5 nm 及 309.997 0 nm 两条谱线，则该仪器可以分辨出的谱线组是__________。（　　）

A．Si 251.61 nm 和 Zn 251.58 nm　　B．Ni 337.56 nm 和 Fe 337.57 nm

C．Mn 325.40 nm 和 Fe 325.395 nm　　D．Cr 301.82 nm 和 Ce 301.88 nm

答案：D

37. 以光栅作为ICP-OES单色器的色散元件，若工艺精度好，光栅上单位距离的刻痕线数越多，则__________。（ ）

A. 光栅色散率变大，分辨率增高　　B. 光栅色散率变大，分辨率降低

C. 光栅色散率变小，分辨率降低　　D. 光栅色散率变小，分辨率增高

答案：A

38. 下列色散元件中，色散均匀、波长范围广且色散率大的是__________。（ ）

A. 滤光片　　B. 玻璃棱镜　　C. 光栅　　D. 石英棱镜

答案：C

39. 原子发射光谱与原子吸收光谱产生的共同点在于__________。（ ）

A. 辐射能使气态原子内层电子产生跃迁　　B. 基态原子对共振线的吸收

C. 气态原子外层电子产生跃迁　　D. 激发态原子产生的辐射

答案：C

40. 发射光谱中，具有低干扰、高精度、高灵敏度和宽线性范围的激发光源是__________。（ ）

A. 直流电弧　　B. 低压交流电弧

C. 电火花　　D. 高频电感耦合等离子体

答案：D

41. 光量子的能量正比于辐射的__________。（ ）

A. 频率　　B. 波长　　C. 传播速度　　D. 周期

答案：A

42. 下面__________光源，不但能激发产生原子光谱和离子光谱，而且许多元素的离子线强度大于原子线强度。（ ）

A. 直流电弧　　B. 交流电弧

C. 电火花　　D. 高频电感耦合等离子体

答案：D

43. 下列常用激发光源中，分析灵敏度最高的是__________。（ ）

A. 直流电弧　　B. 交流电弧

C. 电火花　　D. 高频电感耦合等离子体

答案：D

44. 原子发射光谱仪中等离子体的作用是__________。（ ）

A. 提供足够能量使试样蒸发、原子化、激发

B. 提供足够能量使试样灰化

C. 将试样中的杂质除去，消除干扰

D. 检测特定波长和强度

答案：A

45. 元素的发射光谱具有特征性和唯一性，这是ICP-OES定性的依据，判断元素是否存在的条件是__________。（ ）

A．必须将该元素的所有谱线全部检出

B．必须检出 5 条以上该元素的谱线

C．只要检出该元素的 1 条灵敏线或最后线

D．只要检出该元素的 2 条以上的灵敏线或最后线

答案：D

46．当不考虑光源的影响时，下列元素中发射光谱谱线最为复杂的是__________。（　　）

A．K　　B．Ca　　C．Zn　　D．Fe

答案：D

47．光谱干扰是 ICP-OES 分析中最严重的干扰，产生大量光谱干扰的主要原因是__________。（　　）

A．ICP 的激发能力很强　　B．工作气体为氩气

C．进样系统雾化效率低　　D．样品保存时加入了硝酸

答案：A

48．利用 ICP-OES 分析时结果精密度不佳，一般首先考虑__________可能发生了问题。（　　）

A．进样系统　　B．样品消解过程

C．标准溶液

答案：A

49．下列__________情况不会改变 ICP-OES 的灵敏度。（　　）

A．蠕动泵管的质量　　B．光路是否初始化

C．石英观测窗洁净程度　　D．样品浓度

答案：D

50．下列__________因素不会影响 ICP 点火。（　　）

A．冷却水没开　　B．氩气不纯

C．氩气压力不足　　D．泵管放入水中

答案：D

51．对于多数易激发元素，其灵敏线多分布于__________，难激发非金属元素灵敏线多分布于__________，而绝大多数具有中等激发能的元素，其灵敏线分布于近紫外区。（　　）

A．近红外和可见区，远紫外区　　B．近红外区，可见区

C．远紫外区，近红外和可见区　　D．可见区，近红外区

答案：A

52．下列 ICP-OES 部件中，不需要经常维护的是__________。（　　）

A．泵管　　B．雾化器　　C．炬管　　D．检测器

答案：D

53．下列 ICP-OES 部件中，在引入样品时，最容易发生堵塞的是__________。（　　）

A．泵管　　B．雾化器　　C．炬管中心管　　D．雾室

答案：B

54．用于 ICP-OES 分析的水样，需要加入__________保存。（　　）

A．盐酸　　B．硝酸　　C．氢氧化钠　　D．高氯酸

答案：B

55．对于高盐样品，下列__________雾化器最适合使用。（　　）

A．玻璃同心雾化器　　B．交叉流雾化器

C．Babington 雾化器　　D．微流雾化器

答案：C

56．下列操作中，不会使 ICP-OES 谱线强度增强的操作是__________。（　　）

A．增大 ICP 射频功率　　B．提高雾化器流量

C．水平观测改成垂直观测　　D．垂直观测改成水平检测

答案：C

57．用于 ICP-OES 分析的水样，最常用的是加入__________湿法消解。（　　）

A．盐酸　　B．硝酸　　C．王水　　D．高氯酸

答案：B

三、多选题

1．用 ICP-OES 法测定水中金属元素，目前常用的、比较简便的校正元素间干扰的方法是__________。（　　）

A．化学富集分离法　　B．基体匹配法　　C．背景扣除法　　D．干扰系数法

答案：CD

2．ICP-OES 分析法中，以下__________干扰不属于光谱干扰。（　　）

A．连续背景干扰　　B．电离干扰　　C．化学干扰

答案：BC

3．ICP-OES 分析时，每批样品应至少做 2 个实验室空白，空白值应低于方法测定下限，否则应检查__________。（　　）

A．实验用水质量　　B．试剂纯度　　C．仪器性能　　D．器皿洁净度

答案：ABCD

4．ICP 光谱仪测定铜元素时，选择的测定波长主要有__________nm。（　　）

A．324.7　　B．327.396　　C．202.55　　D．259.940

答案：AB

5．消除 ICP 光谱干扰的方法主要有__________。（　　）

A．背景扣除法　　B．干扰系数法　　C．基体匹配法　　D．样品稀释法

答案：ABC

6．ICP-OES 分析中的物理干扰主要是由于__________所致。（　　）

A．粘滞程度　　B．表面张力　　C．黑体辐射　　D．复合辐射

答案：AB

7．ICP-OES 分析仪的主要工作参数有__________。（　　）

A．高频功率　　B．观测高度　　C．载气流量　　D．观测方向

答案：ABC

8．ICP-OES 的进样装置对以下__________参数有影响。（　　）

A．仪器检出限　　B．测量精度　　C．灵敏度　　D．准确度

答案：ABC

9．等离子体由__________构成。（　　）

A．原子　　B．离子　　C．电子　　D．激发态原子、离子

答案：ABCD

10．原子发射光谱通常由__________激发而获得。（　　）

A．化学火焰　　B．电火花　　C．电弧　　D．激光

E．各种等离子体

答案：ABCDE

11．以下__________是 ICP 分析的特点。（　　）

A．灵敏度高　　B．精密度高　　C．基体干扰少　　D．线性范围宽

E．可多元素同时分析

答案：ABCDE

12．ICP-OES 的非光谱干扰主要有__________。（　　）

A．连续背景干扰　　B．谱线重叠干扰　　C．去溶干扰　　D．电离干扰

答案：CD

13．ICP-OES 存在的主要干扰有__________等。（　　）

A．物理干扰　　B．化学干扰　　C．光谱干扰　　D．电离干扰

答案：ABCD

14．ICP-OES 校正元素间干扰的方法有__________。（　　）

A．化学富集分离　　B．基体匹配法　　C．背景扣除法　　D．干扰系数法

答案：ABCD

15．__________会导致 ICP 测定结果的精密度较差。（　　）

A．炬管、雾化器污染　　B．蠕动泵管进样时有气泡

C．等离子体不稳定　　D．测完高浓度样品后，雾室受污染

答案：ABCD

16．在 ICP-OES 分析中，__________方式可以消除谱线干扰。（　　）

A．另选谱线　　B．干扰系数法　　C．内标法　　D．化学分离

答案：ABD

17. 下列关于 ICP-OES 分析中，待测元素是否存在光谱和基体干扰的说法，正确的是__________。（　　）

A．选择同一元素的多个波长，根据测量结果是否相同来判断是否存在干扰

B. 取相同浓度的校准用单一元素和混合元素标液，分别测出其中某元素同一波长强度，根据是否存在明显差别判断是否存在光谱干扰

C．利用混合标准溶液目标元素分析波长附近是否存在谱线重叠来判断是否存在光谱干扰

D．利用实际样品不同稀释倍数下目标元素的测量结果是否相同来判断是否存在基体干扰

答案：ABCD

18．在 ICP-OES 分析中，内标元素和内标线的选择原则是__________。（　　）

A．内标元素在样品中不存在或含量极微

B．内标线和分析线的激发电位和电离电位相近

C．内标线与分析线的波长相近

D．内标线不受其他元素的干扰

答案：ABCD

19．下列属于电感耦合等离子体发射光谱仪组成部件的是__________。（　　）

A．雾化器　　B．炬管　　C．四极杆　　D．离子透镜

答案：AB

20．下列属于电感耦合等离子体发射光谱仪进样系统的部件是__________。（　　）

A．雾化器　　B．蠕动泵　　C．观测窗　　D．雾室

答案：ABD

21．对于含有氢氟酸的样品，应避免 ICP-OES 进样系统使用__________部件。（　　）

A．玻璃同心雾化器　　B．PFA 雾化器

C．PEEK Scott 雾室　　D．玻璃旋流雾室

答案：AD

22．在 ICP-OES 分析中，消除化学干扰的手段包括__________。（　　）

A．优化 ICP 观测位置　　B．基体匹配

C．标准加入法　　D．降低 RF 功率

答案：BC

四、判断题

1．ICP-OES 测定时，连续背景和谱线重叠干扰属于电离干扰。（　　）

答案：错误

正确答案：连续背景和谱线重叠干扰属于光谱干扰。

2．ICP 进样装置的性能对光谱仪的分析性能影响不大。（　　）

答案：错误

正确答案：ICP 进样装置的性能对光谱仪的分析性能有重大影响，仪器的检出限、测量精度、灵敏度都与它有直接关系。

3．等离子体是物质在高温条件下，处于高度电离的一种状态。由原子、离子、电子和激发态原子、离子组成，总体呈电学中性和化学中性，为物质在常温下的固体、液体、气体状态之外的第四状态。（　　）

答案：正确

4．电感耦合等离子体发射光谱法（ICP-OES），是以电感耦合等离子炬为激发光源的一类光谱分析方法。电感耦合等离子体焰炬自下而上温度逐渐升高。（　　）

答案：错误

正确答案：电感耦合等离子体焰炬自下而上温度逐渐降低。

5．电感耦合等离子体原子发射光谱法的光谱干扰是指连续背景干扰和谱线重叠干扰。（　　）

答案：错误

正确答案：还有杂散光干扰。

6．用 ICP-OES 法测定水中金属元素，目前常用的、比较简便的校正元素间干扰的方法是基体匹配法和干扰系数法。（　　）

答案：错误

正确答案：目前常用的、比较简便的校正元素间干扰的方法是扣除背景法和干扰系数法。

7．用 ICP-OES 法测定水中金属元素，在不同观测高度进行测定时，其灵敏度没有差异。（　　）

答案：错误

正确答案：在不同观测高度进行测定时，其灵敏度有差异。

8．原子发射光谱分析法是以火焰、电弧、等离子炬等作为光源，使气态原子的外层电子受激发而发射出特征光谱再进行定量分析的方法。（　　）

答案：正确

9．电感耦合等离子体原子发射光谱法（ICP-OES），是以电感耦合等离子炬为激发光源的一类光谱分析方法。（　　）

答案：正确

10．电感耦合等离子体发射光谱法因其检出限低、准确度及精密度高、分析速度快、线性范围宽等优点而被广泛应用。（　　）

答案：正确

11．ICP-OES 法测定样品中元素时，在一定浓度范围内，其特征谱线的强度与元素的浓度成反比。（　　）

答案：错误

正确答案：在一定浓度范围内，其特征谱线的强度与元素的浓度成正比。

12．用 ICP-OES 法测定水中金属元素时，测定之前如果对试样进行了富集或稀释，应将测定结果除以或乘以一个相应的倍数。（　　）

答案：正确

13．样品测量过程中，若样品中待测元素浓度超出校准曲线范围，样品需稀释后重新测定。（　　）

答案：正确

14．ICP-OES 法测定环境空气总悬浮颗粒物中金属和非金属，具有快速、简便、检出限低、灵敏度和精密度高、线性范围宽、基体效应小且可以有效校正、可同时进行多元素分析等特点。（　　）

答案：正确

15．等离子体是一种在一定程度上被电离的气体，其导电能力达到充分电离气体的程度，而其中电子和阳离子浓度处于平衡状态，宏观上呈电中性。（　　）

答案：正确

16. 原子或离子获得能量致使电子脱离核的作用而成为自由电子，所需的最低能量叫作电离能。(　　)

答案：正确

17. 用 ICP-OES 法分析时，对于易激发的元素应选择低功率，如 Na、K；对难激发元素应选择高功率。(　　)

答案：正确

18. 用 ICP-OES 法分析时，当样品中含有大量可溶盐或样品酸度过高，都会对测定产生干扰，消除此类干扰的最简单方法是将样品稀释。(　　)

答案：正确

19. 不同元素的原子在激发或电离时可发射出特征光谱，所以等离子体发射光谱可用来定性测定样品中存在的元素。(　　)

答案：正确

20. 用 ICP-OES 法分析时，混合标准溶液的酸度应尽量保持与待测样品溶液的酸度一致。(　　)

答案：正确

21. ICP 发生器包括高频电源、进样装置及等离子体炬管，光谱仪包括分光器、检测器及相关的电子数据系统，它的辅助装置是稳压电源及供气系统。(　　)

答案：正确

22. 用 ICP-OES 法测定时，干扰系数法是实际应用最广泛的校正干扰的数学法，多数 ICP 光谱仪软件中采用这种方法。(　　)

答案：正确

23. 不同元素的原子在激发或电离时可发射出特征光谱，特征光谱的强弱与样品中原子浓度有关，与标准溶液进行比较，即可定量测定样品中各元素的含量。(　　)

答案：正确

24. 等离子体发射光谱法的分析原理是高频发生器产生的交变电磁场，使通过等离子体火炬的氩气电离、加速并与其他氩原子碰撞，形成等离子体。(　　)

答案：正确

25. 用 ICP-OES 分析水中的金属元素时，校准曲线的相关系数应大于或者等于 0.995。(　　)

答案：正确

26. 用 ICP-OES 法测定水中金属元素时，每批次应至少分析 2 个实验室空白，其测定值应低于方法检出限。(　　)

答案：错误

正确答案：用 ICP-OES 法测定水中金属元素时，每批次应至少分析 2 个实验室空白，其测定值应低于方法测定下限。

27. ICP 光源所用的工作气体是氦气。(　　)

答案：错误

正确答案：ICP 光源所用的工作气体是氩气。

28．进样系统是等离子体发射光谱仪中的重要部分，通常由雾化器、雾化室和相应的供气管路组成。（　　）

答案： 正确

29．ICP-OES 校准曲线的线性范围在多数情况下可达 2～3 个数量级。（　　）

答案： 错误

正确答案： ICP-OES 校准曲线的线性范围在多数情况下可达 3～4 个数量级。

30．ICP-OES 测定水中金属元素时，配制分析用的单元素标准使用液和多元素混合标准溶液的硝酸含量应达到 1%。（　　）

答案： 正确

31．ICP-OES 测定时，背景扣除法是根据实验确定扣除背景的位置及方式。（　　）

答案： 正确

32．ICP 光源有良好的分析性能，分析灵敏度高且光谱背景较低。（　　）

答案： 正确

33．用氩作等离子体易于形成稳定的 ICP，所需的高频功率也较低。（　　）

答案： 正确

34．为防止波长漂移，ICP 光谱仪在测定前至少要开机预热 0.5 h。（　　）

答案： 错误

正确答案： 为防止波长漂移，ICP 光谱仪在测定前至少要开机预热 1 h。

35．ICP-OES 测定时，化学富集法用于校正元素间干扰，效果明显，但操作繁冗，易引入试剂空白。（　　）

答案： 正确

36．ICP 光谱仪进样装置的作用是将样品转化为气溶胶。（　　）

答案： 正确

37．ICP-OES 分析时，一般使用初始辐射区进行光谱分析。（　　）

答案： 错误

正确答案： ICP-OES 分析时，一般使用正常分析区（测光区、内焰区）进行光谱分析。

38．ICP 仪器主要由 ICP 发生器和光谱仪两部分组成。（　　）

答案： 正确

39．ICP-OES 法分析固废中的金属元素时，固废试样的制备主要使用电热板消解法。（　　）

答案： 错误

正确答案： ICP-OES 分析固废中的金属元素时，固废试样的制备主要使用电热板消解法和微波消解法。

40．ICP-OES 分析土壤和沉积物中的金属元素时，试样的称样量需准确至 0.1 mg。（　　）

答案： 正确

41．ICP-OES 测定水中金属元素时，干扰系数与光谱仪的分辨能力有关，文献资料中的干扰系数只可作为参考，不能套用。干扰系数必须在所用仪器及具体分析条件下测定。（　　）

答案： 正确

42．ICP-OES 分析多元素时，可以加入过量的易电离元素以抑制或者消除化学干扰。（　　）

答案：错误

正确答案：ICP-OES 分析多元素时，可以加入过量的易电离元素以抑制或者消除电离干扰。

43．为降低空白值，ICP 在分析时应尽量使用优级纯的酸。（　　）

答案：正确

44．铍和砷为剧毒致癌元素，配制标准溶液及测定时，应防止与皮肤直接接触并保持室内有良好的排风系统。（　　）

答案：正确

45．ICP-OES 进行多元素分析时，元素分组不当不会引起元素间谱线干扰。（　　）

答案：错误

正确答案：ICP-OES 进行多元素分析时，元素分组不当会引起元素间谱线干扰。

46．ICP-OES 可分析的元素范围广。原则上全部金属元素和部分的非金属元素都可分析。（　　）

答案：正确

47．ICP-OES 的主要干扰有光谱干扰、化学干扰、物理干扰、基体干扰和电离干扰，其中物理干扰是主要的干扰。（　　）

答案：错误

正确答案：其中光谱干扰是主要的干扰。

48．ICP-OES 的进样系统要求所有样品以气体、蒸汽和细雾滴的气溶胶或固体小颗粒的形式被引入中心通道气流中。（　　）

答案：正确

49．等离子体是氩气燃烧产生的原子、离子、光子和分子等粒子团。（　　）

答案：错误

正确答案：等离子体是氩气在高频电磁场下的电离现象，它由原子、离子、电子和激发态原子、离子组成，整体呈电中性。

50．等离子体的观测方式一般分为水平观测和垂直观测，其中垂直观测由于整个等离子体各个部分的光都可被采集，因此信号灵敏度高。（　　）

答案：错误

正确答案：垂直观测能够观察等离子体气流方向的所有信号，垂直观测灵敏度较水平观测低，但是具有基体干扰小、可减少离子化干扰等优点。

51．等离子体会辐射强烈的紫外光和射频电磁场，因此 应通过带有防护屏的窗口去观察等离子体。（　　）

答案：正确

52．在 ICP-OES 分析中，如存在连续背景干扰，必须扣除背景光谱，否则标准曲线不通过原点。（　　）

答案：正确

53．在 ICP-OES 分析中，样品的波长和内标的波长可以采用不同的等离子体观测方式。（　　）

答案：错误

正确答案： 在ICP-OES分析中，样品的波长和内标的波长应采用相同的等离子体观测方式。

54．原子由第一激发态回到基态所产生的谱线，通常也是最灵敏线、最后线。（　　）

答案： 正确

55．自吸现象是由激发态原子与基态原子之间的相互碰撞后失去能量所造成的。（　　）

答案： 错误

正确答案： 自吸现象是由于周围温度较低的同种原子（包括低能级原子或基态原子）吸收原子被激发而发射的辐射。

56．自吸现象与待测元素的浓度有关，浓度越低，自吸越严重。（　　）

答案： 错误

正确答案： 自吸现象与待测元素的浓度有关，浓度越高，自吸越严重。

57．对于Al，其谱线309.27 nm比308.26 nm的强度要大。当采用ICP-OES分析水样中的Al时，样品在309.27 nm未出峰而在308.26 nm处有一小峰，则可判断样品中有Al存在。（　　）

答案： 错误

正确答案： 不能判断样品中有Al存在。如果有Al存在，则309.27 nm处应有一个强度更大的峰。

58．一般情况下，地表水、地下水样品中，由于元素质量浓度较低，光谱和基体元素间干扰一般情况下可以忽略。（　　）

答案： 正确

59．使用ICP-OES分析高盐份样品时，雾化器选用同心雾化器比交叉流雾化器更适合。（　　）

答案： 错误

正确答案： 同心雾化器由于喷嘴孔径小，在引入大量高盐分样品时很容易堵塞；而交叉流雾化器的喷嘴孔径较大，可以减少阻塞问题，更适合高盐样品。

60．ICP的雾化器中，同心雾化器的精密度要优于交叉流雾化器。（　　）

答案： 正确

61．ICP 雾室的主要作用是对雾化器产生的雾滴进行筛选，滤去大的雾滴，从而降低进样系统的噪声，改善信号稳定性。（　　）

答案： 正确

62．由于ICP-OES可以多元素同时分析，因此在配制标准溶液时，可以将所有单元素的标准溶液混合在一起使用。（　　）

答案： 错误

正确答案： 不同元素间可能会相互干扰，应根据元素性质分组配制混合标准溶液。

63．使用ICP-OES分析谱线波长小于190 nm的元素，宜选用真空紫外通道测定，以获得较高的灵敏度。（　　）

答案： 正确

64．ICP-OES的物理干扰一般由样品的黏滞程度及表面张力变化而致。（　　）

答案： 正确

65．在ICP-OES分析中，对于不同的仪器，同一样品的干扰水平是一致的。（　　）

答案：错误

正确答案：不同的仪器由于操作条件、功率、观测高度、氩气流速等差异，干扰水平也不同，因此对于干扰的影响，必须针对每一台仪器进行测定。

66．干扰系数法是 ICP-OES 分析中校正元素间干扰的常用方法，可通过查表获得并用于实际分析。（　　）

答案：错误

正确答案：不同仪器测定的干扰系数会有区别，应针对每一台仪器进行测定。

67．在 ICP-OES 分析中，应在最佳测量条件下，对每个被测元素选择 2～3 条谱线进行测定，分析比较每条谱线的强度、谱图及干扰情况，在此基础上选择各元素的最佳分析谱线。（　　）

答案：正确

68．在 ICP-OES 分析中，由于等离子体的焰炬温度很高，内焰区约 6 000～8 000 K，样品分子几乎完全离解，大大降低了化学干扰。（　　）

答案：正确

69．在 ICP-OES 分析中，如果雾化器和雾室是玻璃的，则应注意样品在制备时应避免使用氢氟酸，或将其赶尽后再上机分析，避免腐蚀性影响。（　　）

答案：正确

70．在 ICP-OES 分析中，如果样品中溶解性固体含量高，则盐在雾化器喷嘴上沉积，将导致仪器漂移。（　　）

答案：正确

71．在 ICP-OES 分析中，当样品中含有大量可溶盐或酸度过高时，将对分析产生光谱造成干扰。（　　）

答案：错误

正确答案：当样品中含有大量可溶盐或酸度过高时，将产生物理干扰。

72．在 ICP-OES 分析中，如果样品存在严重基体干扰，使用标准加入法定量就能消除基体干扰的影响。（　　）

答案：错误

正确答案：标准加入法只适用于待测样品质量浓度与发射强度呈线性的区域，并且需经适用性判断适合后才能使用。

73．原子光谱是原子内部运动的一种客观反映，原子光谱的产生与原子结构密切相关，光谱分析就是利用各种元素原子结构的不同特点，来确定物质的组成。（　　）

答案：正确

74．在 ICP-OES 的色散元件中，中阶梯光栅由于具有体积小、线色散率和分辨率大、所有波长闪耀和全波段分析的性能，越来越多地成为主流光栅元件。（　　）

答案：正确

75．用 ICP-OES 分析元素砷、硒、锡时，应采用真空型或以惰性气体充气的光路系统。（　　）

答案：正确

76．ICP-OES 只能分析金属元素。（　　）

答案：错误

正确答案：ICP-OES 既能分析金属元素，也能分析非金属元素。

77．在 ICP-OES 分析中，为利于识别光谱干扰，建议扫描待测元素分析谱线附近一定范围内谱线强度。（　　）

答案：正确

五、简答题

1．ICP-OES 分析法，内标元素及其谱线选择有什么要求？

答案：

（1）分析样品中不含内标元素；

（2）谱线信号强度足够大；

（3）内标元素与被测元素谱线同时进行曝光；

（4）内标谱线无干扰。

2．什么是等离子体？

答案：等离子体是物质在高温条件下，处于高度电离的一种状态；由原子、离子、电子和激发态原子、离子组成，总体呈电学中性和化学中性；为物质在常温下的固体、液体、气体状态之外的第四状态。

3．请简述 ICP-OES 分析技术有哪些优点。

答案：灵敏度高、精密度高、基体干扰少、线性范围宽、可以多元素同时分析。

4．试简述 ICP-OES 的分析原理。

答案：

（1）高频发生器产生交变电磁场，使通过该区域的氩气电离、加速及相互碰撞，进而形成等离子体。

（2）处理过的样品经进样器雾化为气溶胶，由氩气载至等离子体火焰中被原子化、电离、激发。

（3）在一定浓度范围内，不同元素的原子在激发或电离时发射的特征光谱强度与样品中原子浓度成正比，通过与标准溶液产生的谱线强度进行比较，可定量测定样品中各元素的含量。

5．使用 ICP-OES 同时分析水中的多元素时，为什么要重视标准溶液的制备？

答案：

（1）不正确的配制方法会导致系统偏差；

（2）介质和酸度选取不合适，会导致沉淀和浑浊的发生，进而影响样品分析；

（3）元素分组不当时，元素间的谱线会互相干扰；

（4）试剂和溶剂纯度不够，会引起空白值增加、检测限变异和误差增大。

6．ICP-OES 仪器的主要工作参数有哪些？

答案：高频功率、载气流量、观测高度。

7．ICP 三层同心炬管中的气体分别有哪些作用？

答案：外管的冷却气主要是冷却保护炬管，中管的等离子气主要是提供等离子体，内管的载气主要是输送样品。

8．简述 ICP-OES 的定性原理。

答案：利用高频电磁场产生的高温等离子体，不同元素的原子在激发或电离时发射特征光谱，通过识别待测元素特征谱线的存在与否可进行定性判断元素的存在。

9．简述 ICP-OES 分析中，水平观测和垂直观测的特点和适用范围。

答案：水平观测又称轴向观测，可以提高灵敏度，降低检出限，但是对于复杂样品，基体效应较垂直观测大，且存在一定的易电离干扰，炬管易沾污，线性范围较垂直观测小。适用于清洁样品或浓度较低的样品的分析。缺点是基体效应高，电离干扰大，炬管易积碳和积盐而沾污，线性范围窄。

垂直观测又称径向观测，可以分析高含量和高盐样品，通过调节观测高度减少离子化干扰，但灵敏度不如水平观测高。垂直观测适用于基体复杂的样品分析。

10．为什么 ICP-OES 一般选择氩气作为工作气体？

答案：

（1）氩气是惰性气体，其导热和分析性能好，发射谱线较简单。

（2）氩气的电离能较低，易电离，所需功率较低。

（3）氩气的电离能高于大部分待测金属离子的第一电离能，有很好的电离效率。

（4）点火容易，容易形成稳定的等离子体。

11．在 ICP-OES 中，载气的作用是什么？

答案：载气作用主要有:

（1）作为动力在雾化器中将样品的溶液转化为粒径只有 1～10 mm 的气溶胶;

（2）作为载气将样品的气溶胶引入 ICP;

（3）对雾化器、雾室、中心管起清洗作用。

12．在 ICP-OES 中，为什么载气流量过大或过小都会使分析信号下降？

答案：载气的流量一般在 0.4～1.0 L/min。载气流量过大，会使样品产生稀释效应，导致样品在 ICP 中停留时间减少，也导致 ICP 温度下降，从而使样品在单位时间内浓度降低，激发量降低，使分析信号下降。载气流量过小，导致样品提升量小，甚至不能形成环形通道，同样会使分析信号下降。

13．ICP-OES 分析中如何校正灵敏度漂移？

答案：可每测 10 个样品后加测一个校准曲线中间浓度点，测定结果满足质量控制要求，说明仪器灵敏度漂移在可接受范围内。否则，应重新绘制校准曲线。

六、计算题

1．用总面积为 400 cm^2 滤膜采集空气中颗粒物，采样体积为 2.50×10^3 m^3，取面积为 100 cm^2 的样品膜进行消解处理，定容体积为 50.0 mL，用 ICP-OES 进行测量，测得该样品溶液中铅的浓度为 0.032 mg/L，同时取 100 cm^2 空白膜进行了空白实验，测得空白溶液中铅的浓度为 0.005 mg/L，求空气中颗粒物中铅的浓度（$\mu g/m^3$）。

答案：铅（Pb，$\mu g/m^3$）=（0.032−0.005）×50.0×（400/100）/（2.50×10^3）=2.16×10^{-3}（$\mu g/m^3$）

2．称取固体废物样品 10.37 g，经冷冻干燥后再次称重为 9.32 g，将其研磨过筛后称取固体废物 0.102 8 g，置于聚四氯乙烯坩埚中加热加酸消解，消解结束后定容至 50 mL。用 ICP-OES 法测得样品溶液中镍的浓度为 1.080 mg/L，空白样品中镍的浓度为 0.009 mg/L，求该固体废物样品中镍的含量（mg/kg）。

答案：镍（Ni，mg/kg）=（1.080−0.009）×50/0.102 8×（9.32/10.37）= 468（mg/kg）

3．用 ICP-OES 分析样品时，分析线 Cu324.7 nm 受 Al 的干扰。当溶液中 Al 的浓度为 500 mg/L 时，造成 Cu 浓度增加 0.1 mg/L，求 Al 对 Cu 的干扰系数。

答案：干扰系数 k=0.1/500=0.000 2。

4．用 ICP-OES 测定环境空气中铅的含量，经分析，样品中铅浓度为 80.0 μg/L，空白样品中铅浓度为 9.0 μg/L，样品消解后定容体积 100 mL，滤膜切割份数为 5，参比状态采样体积 125 m^3，实况采样体积 144 m^3，试计算环境空气中铅的含量。

答案：铅含量：$\rho=\dfrac{(c-c_0)\times V_s\times N}{V}=\dfrac{(80.0-9.0)\times 100\times 5}{144\times 1\,000}=0.247(\mu g/m^3)$

5．用 ICP-OES 测定水中的 Cu，样品稀释 5 倍后测得浓度为 0.950 mg/L，空白样品浓度为 0.018 mg/L，试计算该水样 Cu 的含量。

答案：铜含量：C=（0.950−0.018）×5=4.66（mg/L）

6．用 ICP-OES 测定土壤中 Mn 含量，试样称样量为 0.233 1 g，干物质含量为 93.2%，消解后定容体积为 100 mL，测得 Mn 浓度为 0.700 mg/L，空白试样中 Mn 浓度为 0.030 mg/L，试计算该样品 Mn 含量。

答案：Mn 含量：$\omega_1=\dfrac{(\rho_1-\rho_2)\times V_1}{m_1\times w_{dm}}\times 10^{-3}=\dfrac{(0.700-0.030)\times 100}{0.233\,1\times 0.932}=308(mg/kg)$

7．用 ICP-OES 测定固体废物浸出液中 Cr 的含量，固废浸出液取样体积 100 mL，消解后定容体积 50 mL，上机后测定浓度为 1.90 mg/L，空白测定值为 0.040 mg/L，试计算固废浸出液中 Cr 的浓度。

答案：Cr 的浓度：C=（1.90−0.040）×50÷100=0.93（mg/L）

8．使用 ICP-OES 分析水样中的铁，测得实验室空白浓度为 0.012 mg/L，样品稀释 5 倍后上机浓度为 0.523 mg/L，求样品中铁的浓度。

答案：ρ=（$\rho_1-\rho_0$）×f=（0.523 − 0.012）× 5=2.56（mg/L）

9．使用 ICP-OES 分析废水中的铬，已知该废水存在大量的铁干扰，使用其他方法测得废水中铁的浓度为 863 mg/L，测得仪器铁对铬的干扰系数为 0.000 2，上机测得废水铬的表观浓度为 0.456 mg/L，求废水中铬的实际浓度。

答案：$\rho=\rho'_{Cr}-\rho_{Fe}\times K$ = 0.456 − 863 × 0.000 2=0.283（mg/L）

10．使用 ICP-OES 分析废气颗粒物中的铜，取同批次空白滤筒和样品滤筒电热板消解，消解后定容体积为 100 mL，空白试样的上机浓度为 0.023 mg/L，样品滤筒制备成的试样浓度为 0.342 mg/L，标况下的样品采样体积为 708.3 L，求颗粒物中铜的质量浓度。

答案：$\rho=\dfrac{(\rho_1-\rho_0)\times V_s}{V_{std}}=\dfrac{(0.342-0.023)\times 100}{708.3}=0.045$（mg/m³）

11．使用 ICP-OES 分析固体废物中的铅，取 0.305 6 g 研磨过筛后的固体样品，消解后定容至 25 mL，按同样的程序制备空白试样。上机测得试样浓度为 0.264 mg/L，空白试样浓度为 0.023 mg/L，同时测得固体废物的干物质含量为 87.4%。求固体废物中铅的含量。

答案：$w=\dfrac{(\rho_1-\rho_0)\times V_0}{m\times w_{dm}}=\dfrac{(0.264-0.023)\times 25}{0.305\,6\times 87.4\%}=22.6$（mg/kg）

12．使用 ICP-OES 分析固体废物中的铜，取 200 g 固体废物制备成浸出液，取 25 mL 浸出液消解定容至 25 mL，同时按同样的程序制备空白试样。上机测得固体废物浸出液的浓度为 0.664 mg/L，空白试样浓度为 0.013 mg/L，求固体废物浸出液中铜的含量。

答案：$\rho=\dfrac{(\rho_1-\rho_0)\times V_0}{V}=\dfrac{(0.664-0.013)\times 25}{25}=0.651$（mg/L）

第九节　电感耦合等离子体质谱法

一、填空题

1．四极杆 ICP-MS 通常采用__________和__________两种数据采集方式。

答案：扫描，跳峰

2. 电感耦合等离子体质谱法的非质谱干扰的干扰程度与样品基体性质有关，可采用__________、__________、优化仪器条件等措施消除和降低干扰。

答案：稀释样品，内标法，标准加入法，基体匹配法，同位素稀释法，分离基体（任选 2 种）

3．电感耦合等离子体质谱法内标校正法的作用一是监测和校正信号的__________，二是校正__________效应。

答案：漂移，基体

4．电感耦合等离子体质谱仪在连续测定浓度较大的样品或标准品时，样品中待测元素沉积并滞留在真空界面，喷雾腔和雾化器上会导致__________，可通过延长样品测定前后的洗涤时间，以避免此类干扰的发生。

答案：记忆干扰

5．电感耦合等离子体质谱仪雾室的主要作用是从气溶胶中除去__________，并将它们排出。其次是消除或减缓雾化过程中主要由蠕动泵引起的__________。

答案：大雾粒（或大液滴），脉冲现象

6．__________是电感耦合等离子体质谱仪的最关键的部分，它位于电感耦合等离子体和高真空质谱系统之间，其功能是将等离子体中的离子有效传输到质谱仪。

答案：锥口（接口）

7. ICP-MS 的四极杆质谱系统包括________、________、________。

答案：离子透镜，四极杆，检测器

8. 电感耦合等离子体装置由________和________组成。

答案：电感耦合等离子体炬管，高频（射频）发生器

9. 样品溶液在通过电感耦合等离子体质谱仪的进样系统时，容易在整个通道中留下分析物组分，影响随后的检测，该效应被称为________。

答案：记忆效应

10. 由于 ICP-MS 存在空间电荷效应，同种电荷的离子以空间电荷力相互排斥，________的离子受影响被偏转最大，容易造成此类元素的灵敏度偏低。

答案：轻质量数

11. 通过改变 ICP-MS 的________或________即可让不同质荷比（m/z）的离子通过质量分析器，而得到随________或________变化的质谱图。

答案：扫描电压，磁场，电压，磁场

12. 电感耦合等离子体扇形磁场质谱仪利用两种质量分析器实现离子的分离，一种是________，另一种是________。

答案：扇形磁场分析器（MSA），扇形静电分析器（ESA）

13. 电感耦合等离子体飞行时间质谱仪主要是根据具有相同________的离子通过一段相同________的自由空间而达到检测器时，每个离子的飞行时间与其________成正比的原理进行检测的。

答案：动能，距离，质荷比的平方根

14. ICP-MS 的________主要由氩气、酸碱溶液、有机试剂以及样品基体或基体的氧化物所引起的。

答案：多原子或分子离子干扰

15. 电感耦合等离子体质谱仪的炬管大多采用三种气体，它们分别是________、________和________，采用微量雾化气的还会用到补充气。

答案：冷却气（或等离子气），辅助气（等点燃气），雾化气（或载气）

16. ICP-MS 在________前端加入碰撞/反应池装置，加入反应气、碰撞气体和混合气体，用以解决________干扰问题。

答案：四极杆滤质器（四极杆质量分析器），质谱

17. 电感耦合等离子体质谱法的常规分析是采用________进样方式，被采集的每种同位素信号为平稳的________信号。

答案：连续，连续

18. 有两种不同形式的电子倍增器常在 ICP-MS 仪中被用来作为检测器，分别是________电子倍增器和________电子倍增器。

答案：分列式打拿电极（不连续打拿级），连续式打拿电极（通道式）

19. 由于 ICP-MS 的灵敏度很高，为了避开试剂空白沾污的影响，仪器背景噪声常采用________的谱线来检测，也避开了多原子离子干扰背景的谱线。

答案：无分析物信号

20．采用__________的等离子体功率或__________的雾化气流量可以降低 ICP-MS 的双电荷离子比率水平。

答案：较低，较大

21．用 ICP-MS 测定水样时，加入一定量的可溶性有机试剂（如甲醇）可以提高某些元素的灵敏度，这种现象被称为__________。这种提高灵敏度的机理与有机试剂提升样品溶液的__________和样品提升量有关。

答案：增敏效应，雾化效率

22．ICP-MS 分析法常用的样品前处理方法有酸消解法，酸消解法通常采用两种方式，一种是__________容器酸溶法，另一种是__________容器酸溶法。

答案：敞开式，封闭式

23．在 ICP-MS 分析中，为保证仪器的长期稳定性、减少基体干扰效应，样品溶液的盐度一般应控制在__________以下。

答案：0.2%

24．ICP-MS 是以__________为离子源。

答案：电感耦合等离子体

25．电感耦合等离子体质谱仪一般由样品引入系统、接口部分、离子聚焦系统、__________、__________、__________和真空系统等组成。

答案：离子源，质量分析器，检测系统

26．ICP-MS 样品引入系统主要作用是__________。

答案：将样品气溶胶化

27．ICP-MS 中气动雾化器的机理是利用__________产生气溶胶。

答案：气流的机械力

28．ICP-MS 旋流雾室是利用__________分离大雾滴的。

答案：离心力

29．ICP-MS 中，撞击球雾室是利用__________方法分离大雾滴的。

答案：在雾室内嵌撞击球截阻气溶胶

30．ICP-MS 中，辅助气是等离子体的中心气流，其主要作用是__________和__________。

答案：点燃等离子体，保护中心注入管

31．ICP-MS 的接口一般由__________和__________组成。

答案：采样锥，截取锥

32．ICP-MS 中的离子聚焦系统（光学透镜/离子光学系统）位于截取锥和质谱分离装置之间，其作用是聚焦并引导待测离子从接口区域到达质谱分离系统，阻止__________和__________通过。

答案：中性离子，光子

33．ICP-MS 中，四极杆质量分析器位于离子聚焦系统（光学透镜/离子光学系统）和检测器之间，用涡流分子泵保持真空度为__________Torr 左右，其作用是将来自离子源的离子按照其__________分离。

答案：10^{-6}，质荷比（或 m/z）

34．ICP-MS 中，四极杆质量分析器的重要参数是__________和__________，灵敏度随分辨率的增大而降低。

答案：灵敏度，分辨率

35．ICP-MS 中，分辨率是指质谱仪将__________的离子分开的能力。

答案：质量接近

36．四极杆 ICP-MS 中，分辨率一般用__________%峰高（有时用半峰高）处的峰宽表示，通常控制在 0.6～0.8 amu。

答案：10

37．在 ICP-MS 分析中，基体浓度越高，重离子数越多，__________效应就越显著。

答案：空间电荷

38．ICP-MS 仪器一般采用__________泵和__________泵实现所需的真空。

答案：机械，涡轮分子

39．ICP-MS 基本校准包括__________校准和检测器校准。

答案：质量

40．ICP-MS 的质量校准一般选择几个有代表性的__________、__________、__________质量范围的元素作为校准点校准。

答案：轻，中，重

41．ICP-MS 通过仪器调谐将其工作条件最佳化，调谐的主要指标包括__________、__________、__________等干扰水平。

答案：灵敏度，稳定性，氧化物

42．ICP-MS 的全称是__________，其中 ICP 起到产生__________的作用。

答案：电感耦合等离子体质谱，离子源

43．ICP-MS 进样时，由载气带入等离子体焰炬中心区，发生__________、分解、__________和__________等。

答案：蒸发，激发，电离

44．电感耦合等离子体质谱法解决质谱干扰的常用方法有数学校正法、__________、__________和__________等。

答案：测定前分离干扰元素，冷等离子技术，动态碰撞/反应池技术

45．ICP-MS 仪器不能承受含有大量固溶体的溶液，即可溶解固体总量（TSD）不能太高，一般要求最好控制在__________以下。

答案：0.2%

46．ICP-MS 样品分解通常采取__________ 或__________。

答案：酸式分解，碱式分解

47．常用的微波溶样器皿材料包括聚四氟乙烯、__________、__________和__________。

答案：聚碳酸酯，石英玻璃，全氟氧烷

48．电感耦合等离子体质谱停留时间是影响__________和__________的最重要参数。

答案：检出限，精密度

49．对使用脉冲计数器检测的 ICP-MS 系统，在产生一次离子脉冲信号的前后，检测器无法甄别继续到达的其他离子信号的这一段时间即__________。

答案：死时间

50．冷等离子体的基本原理就在于尽量地消除__________和__________之间的电势差。

答案：等离子体，样品锥

51．ICP-MS 碰撞/反应池系统有三种主要工作原理，即__________、__________和__________。

答案：干扰离子碰撞解离模式，反应模式，干扰离子动能歧视消除模式

52．炬管目前大多采用__________制成，因__________熔点足够高，能够在高温氩气 ICP 中工作。

答案：石英，石英

53．过大功率条件下，等离子体表面存在势垒，造成__________，很难有效地将样品气溶胶引入等离子体中。

答案：趋肤效应

54．ICP-MS 分析含有有机基质的样品时，通常引入__________。

答案：氧气

55．将__________技术与 ICP-MS 联用，能够对元素形态进行高灵敏度分析。

答案：气相色谱

56．采样瞬间等离子体组分处于“冻结”状态，称为__________。

答案：绝热膨胀

57．飞行时间电感耦合等离子体质谱（TOF-ICP-MS）分析时间只与__________及__________有关，与__________无关，极大地节省了时间。

答案：驻留时间，重复测试次数，待测同位素数目

58．ICP-MS 雾化室主要有三种类型：__________、__________及__________。

答案：双通道雾化室，旋流雾化室，撞击球雾化室

二、单选题

1．ICP-MS 分析中，对于中质量段应选择__________为内标元素。（　　）

A．^{9}Be　　B．^{103}Rh　　C．^{187}Re

答案：B

2．ICP-MS 分析中，应尽量避免使用盐酸，其主要原因是__________。（　　）

A．盐酸对锥孔腐蚀严重　　B．盐酸中的氯更容易产生干扰

C．盐酸的酸度太弱　　D．盐酸氧化性不够

答案：B

3．ICP-MS 测定有机溶液中的痕量元素时，必须向雾化气流中加入少量__________，以免在锥孔处产生积碳。（　　）

A．氮气　　B．氦气　　C．氧气

答案：C

4．ICP 具有高的__________电荷分析物离子产率，低的__________电荷离子、氧化物或其他分子和加合物离子产率，是 ICP-MS 非常合适的离子源。（　　）

A．单，单　　B．单，双　　C．双，单　　D．双，双

答案：B

5．电感耦合等离子体质谱法在测定汞时会遇到严重的记忆效应，一般在清洗液中加__________的化合物，能有效清除汞的记忆效应。（　　）

A．钯　　B．金　　C．铑　　D．锶

答案：B

6．ICP-MS 分析中的质谱背景值一般选用质量数为__________、__________处测定，以监测仪器的电子噪声、杂散光噪声、随机噪声等的程度。（　　）

A．6，115　　B．4，220　　C．5，115　　D．5，220

答案：D

7．当试样组成比较复杂，基体效应、杂质干扰比较严重而又无法配制与试样成分相似的标准溶液时，最好选用__________法进行测定。（　　）

A．内标法　　B．校准曲线法　　C．标准加入法　　D．加标回收法

答案：C

8．电感耦合等离子体质谱仪同心气动雾化器最好不要采用__________或放在玻璃烧杯中煮沸清洗，以免损坏雾化器内注入管。（　　）

A．超声波清洗　　B．纯水清洗　　C．1%硝酸清洗　　D．浸泡清洗

答案：A

9．四极杆电感耦合等离子体质谱仪的分辨率定义为__________质谱峰高处的峰宽度。（　　）

A．5%　　B．10%　　C．20%　　D．50%

答案：B

10．在 ICP-MS 分析中，$^{40}Ar^{35}Cl^{+}$对 ^{75}As 的干扰属于__________。（　　）

A．同量异位素干扰　　B．氧化物干扰　　C．多原子离子干扰　　D．双电荷离子干扰

答案：C

11．ICP-MS 测定水中的铅时，宜选择__________作为内标。（　　）

A．^{6}Li　　B．^{45}Sc　　C．^{103}Rh　　D．^{209}Bi

答案：D

12．电感耦合等离子体质谱仪炬管的__________是在圆柱形炬管内的外切线方向输入，其主要作用是维持电感耦合等离子体，并形成涡流以限制电感耦合等离子体炬焰的形状等。（　　）

A．冷却气　　B．雾化气　　C．载气　　D．辅助气

答案：A

13．ICP-MS 采用三级动态真空系统，其中__________部分真空度最高，由__________实现。（　　）

A．采样锥和截取锥之间，机械泵

B．离子透镜，扩散泵或分子涡轮泵

C．四极杆和检测器，扩散泵或分子涡轮泵

D．采样锥和截取锥之间，扩散泵或分子涡轮泵

答案：C

14．通常用__________来驱除样品溶液中的氢氟酸，以避免氢氟酸腐蚀ICP-MS的进样系统等。（　　）

A．H_3PO_4　　B．$HClO_4$　　C．HNO_3　　D．HCl

答案：B

15．关于ICP-MS灵敏度和分辨率的描述，以下__________是正确的。（　　）

A．分辨率越高越好

B．10%峰宽越宽，说明分辨率越高，灵敏度越低

C．10%峰宽越宽，说明分辨率越低，灵敏度越高

D．灵敏度越高越好

答案：C

16．在电感耦合等离子体质谱仪中，__________系统能促使离子束聚焦和传输。（　　）

A．离子透镜　　B．四极杆滤质器　　C．碰撞/反应池　　D．检测器

答案：A

17．ICP-MS对常规元素分析的动态线性范围宽，可跨越__________个数量级。（　　）

A．4～5　　B．5～6　　C．7～8　　D．8～9

答案：D

18．下列ICP-MS的干扰属于非质谱干扰的是__________。（　　）

A．难熔氧化物干扰　B．含盐高的样品　　C．双电荷离子干扰　D．同量异位素干扰

答案：B

19．ICP-MS测定镉时，宜选择__________作为内标。（　　）

A．^{6}Li　　B．^{45}Sc　　C．^{103}Rh　　D．^{209}Bi

答案：C

20．样品中含有有机试剂会导致ICP-MS的锥口产生积碳现象，可以通过在雾化室口加入__________的办法予以消除或减轻积碳的产生。（　　）

A．氮气　　B．氧气　　C．氩气　　D．氦气

答案：B

21．为了降低ICP-MS的记忆效应干扰，在测定样品过程中会用__________清洗仪器。（　　）

A．2%HNO_3溶液　　B．2%HCl溶液　　C．去离子水　　D．20%HNO_3溶液

答案：A

22．使用ICP-MS作半定量分析时，以下说法错误的是__________。（　　）

A．采用基体匹配和分析物浓度接近实际样品的标准溶液来建立灵敏度分布曲线可以提高半定量结果的准确度

B．智能化半定量软件中可增加一些判断算法，如判断同量异位素干扰

C．半定量不仅可以帮助判断样品中的元素种类，也可以帮助预测元素的浓度

D．在半定量分析时，一定要用内标来校正基体干扰

答案：D

23．对于同心石英雾化器，以下描述错误的是__________。（　　）

A．能够吸取痕量的液体　　B．不耐受氢氟酸

C．可以自提升　　D．流速通常为 0.75～1.0 L/min

答案：A

24．关于 ICP-MS 的维护，以下__________描述是错误的。（　　）

A．要定期检查泵管的弹性，如果弹性失效，应及时更换

B．采样锥和截取锥可以用干净棉签蘸稀硝酸擦拭，去离子水冲洗干净后晾干

C．雾化器和炬管可以取下来做超声清洗

D．离子透镜可以拆下来用砂纸打磨，用去离子水超声后晾干

答案：C

25．ICP-MS 法中加入内标的作用是__________。（　　）

A．调谐仪器　　B．定性分析

C．提高检测灵敏度　　D．校正响应信号的变化

答案：D

26．样品由载气带入电感耦合等离子体质谱的雾化器进行雾化后，以__________形式进入等离子体的轴向通道。（　　）

A．液体　　B．气溶胶　　C．气体　　D．固体

答案：B

27．ICP-MS 在分析 Hg 时常常采用__________溶液帮助进行清洗，减少其记忆效应。（　　）

A．Ag　　B．Au　　C．Pt　　D．Pd

答案：B

28．对于 ICP-MS 锥口一般性的污渍，可用棉花蘸__________擦拭锥口后，用去离子水冲洗干净晾干。（　　）

A．NaOH 溶液　　B．10%HCl 溶液　　C．50%HNO_3　　D．2%HNO_3

答案：D

29．在 ICP-MS 分析中，^{96}Zr 对 ^{96}Mo 的干扰属于__________。（　　）

A．同量异位素干扰　　B．氧化物干扰

C．多原子离子干扰　　D．双电荷离子干扰

答案：A

30．ICP-MS 与其他元素分析仪器相比，最大的特点是__________。（　　）

A．分析速度快　　B．样品用量少

C．具有同位素分析能力　　D．多元素同时检测

答案：C

31．ICP-MS 开机启动后，下列__________操作需要每次都做。（　　）

A．透镜调谐　　B．炬管位置和等离子体校正

C．分辨率/质量轴调谐　　D．以上所有项目

答案：D

32．ICP-MS 分析重金属元素时，^{80}Se 双电荷会对__________元素的测定造成干扰。（　　）

A．K　　B．Cu　　C．As　　D．Pb

答案：B

33．下列 ICP-MS 的质谱干扰中，属于同量异位素干扰的是__________。（　　）

A．$^{40}Ar^{16}O^{+}$对 ^{56}Fe　　B．$^{40}Ar^{15}N^{+}$对 ^{55}Mn　　C．$^{48}Ca^{+}$对 ^{48}Ti　　D．$^{40}Ca^{17}OH^{+}$对 ^{58}Ni

答案：C

34．ICP-MS 分析中，对于低质量数元素应选择__________为内标元素。（　　）

A．^{6}Li　　B．^{103}Rh　　C．^{115}In　　D．^{187}Re

答案：A

35．下列__________不是 ICP-MS 分析的特点。（　　）

A．多元素快速分析　　B．灵敏度高，检出限高

C．可提供同位素分析　　D．极宽的线性动态范围

答案：B

36．__________是 ICP-MS 真空系统真空度的重要指标。（　　）

A．压力　　B．空气密度　　C．气密性

答案：A

37．下面关于 ICP-MS 进样系统中蠕动泵管维护错误的是__________。（　　）

A．排液泵管无须更换

B．样品引入蠕动泵管定期检查更换

C．分析完毕松开泵管

D．若喷入高浓度的有机溶剂，应换成有机溶剂专用泵管

答案：A

38．下面关于 ICP-MS 雾化器和雾室维护正确的是__________。（　　）

A．玻璃同心雾化器用超声波清洗　　B．玻璃同心雾化器放玻璃烧杯中煮沸清洗

C．交叉雾化器可以采用超声波清洗　　D．雾室的 O 型环可以用酸液清洗

答案：C

39．下面__________容易使 ICP-MS 雾化器堵塞。（　　）

A．清洗雾化器

B．有悬浮物的样品溶液直接进样

C．在氩气管路中安装一个过滤装置，在线过滤氩气瓶或气路中可能存在的颗粒物

答案：B

40．为避免 ICP-MS 同心雾化器堵塞，一般在开始和结束的时候，会用酸空白和__________对雾化器冲洗几分钟。（　　）

A．样品溶液　　B．标准溶液　　C．纯水

答案：C

41．不能作为 ICP-MS 雾化器堵塞疏通方法使用的是__________。（　　）

A．在喷嘴处接入压缩空气“反吹”喷嘴和环面

B．用一段合适塑料管一头套住雾化器出口处，另一头套在装有蒸馏水的洗瓶的出口端冲洗

C．将雾化器喷嘴浸入加热的浓硝酸中

D．用硬的金属丝从雾化器的出口处反捅颗粒物

答案：D

42．下面关于 ICP-MS 炬管说法不正确的是__________。（　　）

A．若炬管可拆卸，可将内管取下用热王水浸泡或煮沸，再用去离子水清洗

B．炬管洗净后可自然放干或用吹风机吹干后使用

C．炬管无须清洗

答案：C

43．四极杆质谱仪的分辨率与四极杆的__________、离子飞行速度以及四极杆长度相关。（　　）

A．电导率　　B．电源频率　　C．质量

答案：B

44．ICP-MS 使用的离子检测器不包括__________。（　　）

A．打拿极电子倍增器　　B．法拉第杯检测器

C．Daley 检测器　　D．FID 检测器

答案：D

45．ICP-MS 分析中的基体效应（非质谱干扰）不包括__________。（　　）

A．双电荷离子干扰　　B．抑制和增强效应

C．由高盐含量引起的质谱效应

答案：A

46．下面关于 ICP-MS 分析中同量异位素干扰说法不正确的是__________。（　　）

A．同量异位素干扰是样品中与分析离子质量相同的其他元素的同位素引起的质谱重叠干扰

B．同量异位素干扰可通过数学校正公式解决

C．同量异位素干扰可通过选择无干扰同位素解决

答案：C

47．下面关于四极杆 ICP-MS 分析中对于使用冷等离子体技术的说法不正确的是__________。（　　）

A．冷等离子体技术主要通过调节 ICP 操作参数降低等离子体温度，达到降低氩基多原子离子干扰的目的

B．冷等离子体由于温度太低使多数元素不能充分电离，所以其主要是解决 K、Ca、Fe 的测定问题

C．降低 RF 功率，增大载气流速可形成冷等离子体

D．加长采样深度对形成冷等离子体没有帮助

答案：D

48．下面关于 ICP-MS 分析中由高盐溶液物理效应引起的基体干扰说法不正确的是__________。（　　）

A．在 ICP-MS 分析初始的 20 min 内，信号未达到稳定态，即可进行样品定量分析测定

B．由于样品含盐量高，会导致锥孔堵塞变小，从而使分析信号漂移

C．在 ICP-MS 分析初始阶段，在被测信号稳定前，由于盐分在采样锥孔上沉积，信号迅速下降

D．一般 ICP-MS 分析中，将总溶解固体（TDS）含量控制在 0.2%以下可有效降低基体干扰

答案：A

49．下面关于 ICP-MS 分析的前处理中碱金属熔融法不正确的是__________。（　　）

A．碳酸盐熔融样品可在瓷坩埚中进行

B．碱金属熔剂的使用带来过量的 K、Na 等易电离元素会引起严重的基体效应

C．碱金属熔融法可引起严重的多原子离子干扰，如 $^{23}Na^{40}Ar^{+}$干扰 ^{63}Cu

D．由于大量熔剂的加入使方法检出限高，因此碱金属熔融法较少用于植物样品和生物样品分解

答案：A

50．下面关于 ICP-MS 仪器调谐说法不正确的是__________。（　　）

A．仪器调谐主要用于分析前的质量校准和条件优化

B．多元素同时分析时，仪器调谐液一般应覆盖低中高质量元素

C．仪器调谐应于开机预热稳定一段时间（一般 30 min 以上）后进行

D．调谐时，主要关注非调谐元素的灵敏度、稳定性及氧化物水平等指标

答案：D

51．下面关于 ICP-MS 仪器稳定性的说法不正确的是__________。（　　）

A．短期稳定性一般指在 20 min 内测量结果的稳定程度

B．短期稳定性以 20 min 内等时间间隔对适当元素溶液测量 10 次的 RSD 表征

C．长期稳定性以 2～4 h 内等时间间隔对适当元素溶液测量 10 次的 RSD 表征

D．短期稳定性可用仪器开机后 30 min 内的测量结果表征

答案：D

52．下面关于 ICP-MS 接口采样锥和截取锥说法不正确的是__________。（　　）

A．采用超声波在大约 5%的洗涤液中清洗 15 min，再用去离子水超声清洗 15 min

B．用专用金属抛光粉和成泥状，再用软布蘸少量由内到外擦拭锥体内表面和外表面

C．用水冲洗抛光粉擦拭过的锥后，再在 5%的硝酸中超声清洗 2 min，再用去离子水洗净并于空气中干燥

D．清洗锥时，可将锥浸泡在 5%的稀硝酸中 30 min

答案：D

53．下面关于 ICP-MS 检测器的电子倍增器说法不正确的是__________。（　　）

A．为保护检测器寿命，对高浓度样品尽可能稀释后测定

B．为保护检测器寿命，尽量避免长时间测量高强信号

C．电子倍增器的寿命与总的累积放电（输入离子×增益）无关

答案：C

54. 下面关于ICP-MS分析中多原子离子干扰说法不正确的是__________。(   )
A. 难熔元素与氧形成氧化物离子会带来多原子离子干扰
B. 等离子体中主要成分之间的离子反应产物（如ArO）会带来多原子离子干扰
C. 多原子离子干扰是不可以预测的，对分析结果的影响无法降低
D. 多原子离子干扰是ICP-MS分析中最严重的干扰类型
答案：C
55. 下面关于ICP-MS分析中难熔氧化物干扰说法不正确的是__________。(   )
A. 难熔氧化物离子是指难熔元素与氧结合
B. 一般用CeO/Ce的比率来表征仪器的氧化物
C. 为减少氧化物和氢氧化物的干扰，尽量选择低的载气流速
D. 增加RF（射频功率）可以降低氧化物干扰
答案：D
56. 下面关于ICP-MS分析中双电荷离子干扰说法不正确的是__________。(   )
A. 等离子体中双电荷离子的形成受元素的二次电离能和等离子体平衡条件控制
B. 在非常低的雾化气流速条件下，等离子体的温度增高，双电荷离子产率增高
C. 双电荷离子干扰可通过雾化气流速、RF功率、等离子体的采样位置的最佳化降低
D. 降低RF（射频功率）可以降低双电荷离子干扰水平
答案：D
57. 下面关于ICP-MS分析中，分离基体干扰元素的做法不正确的是__________。(   )
A. 可采用共沉淀过滤分离基体的方法分离干扰元素
B. 可采用色谱自动分离富集的方法分离干扰元素
C. 用分离富集的方法分离干扰元素最大的缺点是容易带来试剂空白和污染问题
D. 高氯海水痕量元素的分析中，去除基体影响达不到分离基体干扰元素的目的
答案：D
58. 下面关于ICP-MS分析中使用数学校正法的说法不正确的是__________。(   )
A. 如果干扰元素浓度特别高，而分析元素很低的情况下，数学校正法误差较大
B. 多原子离子干扰不能通过干扰校正公式（方程）校正
C. 可根据分析同位素和干扰同位素的关系推导出干扰校正公式（方程），利用干扰校正公式在线校正
D. 可通过测定较高含量的干扰元素纯溶液求出干扰系数，离线对分析结果进行校正
答案：B
59. 下面关于ICP-MS分析中使用碰撞/反应池技术的说法不正确的是__________。(   )
A. 干扰离子碰撞解离模式是碰撞/反应池技术的应用模式
B. 反应模式是碰撞/反应池技术的应用模式
C. 干扰离子功能歧视消除模式是碰撞/反应池技术的应用模式
D. 碰撞/反应池技术不能解决ICP-MS分析中的多原子离子干扰问题
答案：D

60．下面关于 ICP-MS 分析中基体干扰说法不正确的是__________。（　　）

A．空间电荷效应是 ICP-MS 中基体干扰的主要原因

B．基体干扰容易测量和定量化，因此基体干扰可以消除

C．大量重基体元素中测定微量低质量元素时，抑制效应严重

D．一般情况下重分析物离子受到基体抑制情况轻于轻分析物离子

答案：B

61．下面关于 ICP-MS 分析中基体干扰校正说法不正确的是__________。（　　）

A．ICP-MS 条件优化可以降低基体干扰

B．外标漂移校正法不能降低基体干扰

C．内标法是降低基体干扰的有效方法

D．通过校正标准和样品基体匹配可降低基体干扰

答案：B

62．下面关于 ICP-MS 分析中内标使用的说法不正确的是__________。（　　）

A．ICP-MS 分析时应监控整个样品分析过程中的内标响应

B．任何一种内标的绝对响应值偏差都不能超过校准空白中最初响应的 60%～125%

C．内标绝对响应值偏差超过校准空白中最初响应的 60%～125%时，应用清洗空白的溶液清洗系统

D．内标绝对响应值偏差超过监控限时可以继续分析样品

答案：D

63．下面关于 ICP-MS 分析中空白分析说法不正确的是__________。（　　）

A．清洗空白溶液一般是 2%体积分数的硝酸溶液，在测定样品过程中用来清洗仪器，以降低记忆效应干扰

B．试剂空白也叫过程空白，是与样品处理过程一样加入相同体积的所有试剂，用来评价样品制备过程中可能的污染和背景谱干扰

C．ICP-MS 分析中改变样品种类（标准、空白、地表水样品、地下水样品等）时，无须清洗空白样品

D．校准空白一般是一定体积分数的硝酸溶液，用来建立分析校准曲线

答案：C

64．ICP-MS 最常用的前处理制样技术是__________。（　　）

A．固相萃取　　B．分散固相萃取　　C．液-液萃取　　D．微波消解

答案：D

65．ICP-MS 是一种__________分析技术，能够检测和测量样品中__________元素的含量。（　　）

A．有机，有机　　B．无机，无机　　C．食品，食品　　D．材料，材料

答案：B

66．ICP-MS 在雾化气中加入__________，对发现易形成难熔氧化物的待测元素极为有利。（　　）

A．氧气　　B．氦气　　C．氢气　　D．氘气

答案：C

67. ICP-MS 雾化器只允许小于__________μm 的气溶胶雾滴进入等离子体。（ ）

A. 1　　B. 5　　C. 10　　D. 20

答案：C

68. ICP-MS 交叉雾化器气体喷嘴位于液体喷嘴中心与边界之间__________倍距离时，雾化器性能最佳。（ ）

A. 0.5～1　　B. 1～1.5　　C. 1.5～2　　D. 2～2.5

答案：A

69. ICP-MS 截取锥的锥口位于距形成马赫盘__________处时为截取锥的最佳位置。（ ）

A. 1/3　　B. 1/2　　C. 2/3　　D. 4/3

答案：C

70. 冷等离子体技术采用的功率为__________W。（ ）

A. 200～500　　B. 500～1 000　　C. 1 000～1 400　　D. 1 500～2 000

答案：B

71. 由于同位素稀释法要求被测量的元素至少应有两个或两个以上的稳定同位素，因此目前在周期表的元素中只有__________个元素符合这个条件。（ ）

A. 51　　B. 56　　C. 61　　D. 66

答案：C

72. ICP-MS__________雾化器适用于灵敏度要求较高的分析应用。（ ）

A. 同心　　B. 交叉　　C. 高盐　　D. 超声

答案：D

73. ICP-MS 中，以下元素__________可以通过还原剂将无机化合物还原成原子态进行测定。（ ）

A. 汞　　B. 铬　　C. 砷　　D. 铅

答案：A

74. ICP-MS 截取锥的典型孔径大小为__________mm，防止沉积及堵塞。（ ）

A. 0.1～0.7　　B. 0.2～0.8　　C. 0.3～0.9　　D. 0.4～1.0

答案：D

75. 下列质量分析器中，应用最早的是__________。（ ）

A. 四极杆　　B. 双聚焦扇形磁场　　C. 飞行时间　　D. 碰撞/反应池

答案：A

76. 若相邻谱峰之间的峰底大小不超过两峰高平均值的__________%，则认为两峰分离。（ ）

A. 5　　B. 10　　C. 15　　D. 20

答案：B

77. 传统的 ICP-MS 采用脉冲技术模式进行测量，动态线性范围只有__________个数量级。（ ）

A. 3　　B. 4　　C. 5　　D. 6

答案：C

78. 对于基体产生的质谱干扰，最常用的首选方法是__________。（ ）

A. 去除基体　　B. 数学校正法　　C. 冷等离子技术　　D. 碰撞/反应池

答案：A

79. 在等离子体中，电离度接近________的基体元素要比电离度远小于________的元素具有更大的基体效应。（　　）

A. 1，1　　B. 2，2　　C. 5，5　　D. 10，10

答案：A

80. 在 ICP-MS 应用中，加入后，相关多原子离子未显著增加的无机酸是________。（　　）

A. HF　　B. HCl　　C. HNO_3　　D. H_2SO_4

答案：C

81. ICP-MS 定性分析中，若强度比值与同位素丰度比值相差不超过________%，则可确定样品中存在该元素。（　　）

A. 15　　B. 20　　C. 25　　D. 30

答案：B

82. ICP-MS 半定量分析中，通常选择________为内标元素进行分析。（　　）

A. Cd　　B. Pd　　C. As　　D. In

答案：D

83. ICP 系统中晶控频率应用最多的是________MHz。（　　）

A. 13.56　　B. 20.30　　C. 27.12　　D. 40.60

答案：C

84. 一般在测量样品中的金属 Hg 时需要采取________。（　　）

A. 电热板消解　　B. 微波消解

C. 高压密闭罐消解　　D. 敞开消解

答案：C

85. 以下元素中，________元素几乎不会形成双电荷离子。（　　）

A. Ba　　B. Pd　　C. Sr　　D. Hg

答案：D

86. ICP-MS 中加入氦气而非氩气，会使________元素的电离效率更高。（　　）

A. 卤素　　B. 磷　　C. 硫　　D. 以上都是

答案：D

87. ICP-MS 在环境分析中的技术优势为________。（　　）

A. 多元素同时检测的能力　　B. 分析方便快速

C. 同位素检测能力　　D. 以上都是

答案：D

88. 检测器电压参数应________检查一次。（　　）

A. 每天　　B. 每周　　C. 每月　　D. 每季度

答案：B

三、多选题

1. 使用电感耦合等离子体质谱法时非质谱型干扰主要包括__________。（   ）

A. 基体抑制干扰　　B. 空间电荷效应干扰

C. 物理效应干扰　　D. 化学效应干扰

答案：ABC

2. 电感耦合等离子体质谱法测定水中的痕量元素时，记忆效应来自样品__________。（   ）

A. 在采样锥的沉积　　B. 在石墨管中的沉积

C. 在等离子体炬管的附着　　D. 在等离子体雾室中的附着

E. 在截取锥的沉积

答案：ACDE

3. ICP-MS 的双电荷离子干扰可以通过最佳化__________降低。（   ）

A. 雾化气流　　B. 射频（RF）功率

C. 等离子体采样位置　　D. 等离子体平衡

答案：ABC

4. ICP-MS 作为高灵敏度元素检测器，可方便和多种仪器联用，实现元素形态分析，拓宽了仪器的应用范围。下列__________仪器能和 ICP-MS 实现联用。（   ）

A. 高效液相色谱仪　　B. 离子色谱仪

C. 气相色谱仪　　D. 毛细管电泳仪

答案：ABCD

5. ICP-MS 接口的功能主要有__________。（   ）

A. 将电感耦合等离子体中的离子有效传输到质谱仪

B. 使原子电离成离子和电子

C. 减少来自电感耦合等离子体氩气炬焰和溶剂的中性分子进入质谱系统

D. 减少离子在传输时与分子碰撞引起的各种化学反应

答案：ACD

6. ICP-MS 主要的定量分析方法有__________。（   ）

A. 外标法　　B. 内标法　　C. 标准加入法　　D. 同位素稀释法

答案：ABCD

7. ICP-MS 雾化器的材质可以是__________。（   ）

A. 金属镍　　B. 石英

C. 玻璃　　D. 可溶性聚四氟乙烯（PFA）

答案：BCD

8. 循环冷却水系统是电感耦合等离子体质谱仪配置的独立辅助装置，下列__________部分可能需要用循环水来进行冷却。（   ）

A. 锥口　　B. RF 线圈

C. 半导体制冷雾化器　　D. 分子涡轮泵

答案：ABCD

9．ICP-MS 分析可能会受到__________干扰。（　　）

A．光谱干扰　　B．质谱干扰　　C．基体干扰　　D．系统干扰

答案：BC

10．关于 ICP-MS 干扰的描述，以下__________是正确的。（　　）

A．如果样品基体含有高浓度无机盐类，可能会导致信号抑制效应

B．如果样品基体含有有机基质，可能会导致信号增强效应

C．基体干扰只会导致信号偏低，测量结果偏低

D．内标可以解决一切基体干扰带来的影响

答案：AB

11．ICP-MS 的进样系统常配置有蠕动泵，其作用是__________。（　　）

A．引进样品和内标溶液　　B．输入载气

C．使溶液雾化　　D．排除废液

答案：AD

12．同心雾化器是 ICP-MS 最常见的雾化器，相较于其他雾化器，其优点为__________。（　　）

A．耐氢氟酸　　B．灵敏度高　　C．不易堵塞　　D．稳定性好

答案：BD

13．ICP-MS 使用的同心雾化器具有__________的缺点。（　　）

A．不耐氢氟酸　　B．雾化效率低　　C．易堵塞　　D．更换成本较高

答案：ACD

14．ICP-MS 在调谐时灵敏度较低，可能是__________部件出了问题。（　　）

A．样品引入系统　　B．采样锥和截取锥　　C．透镜　　D．碰撞/反应池

E．四极杆

答案：ABCDE

15．碰撞/反应池消除干扰的模式主要有__________。（　　）

A．电荷转移　　B．质子转移　　C．原子转移　　D．化合反应

答案：ABCD

16．ICP-MS 样品导入系统主要分为__________。（　　）

A．溶液气溶胶进样系统　　B．气化进样系统

C．固态粉末进样系统　　D．混合进样系统

答案：ABC

17．以溶液气溶胶方式进样的 ICP-MS 对进样系统的要求有__________。（　　）

A．雾化效率高，雾化器不易堵塞

B．尽可能减少溶剂导入，以减少氧化物和其他干扰

C．进样管路的长度尽可能短，以减少记忆效应

D．进样系统外置，便于操作、更换和清洗

答案：ABCD

18．使用蠕动泵作为 ICP-MS 引入提升样品的优点包括__________。（　　）

A．可保证样品的流速一致，以克服不同样品、标准以及空白溶液之间的黏度差别

B．采用泵定量提升限制了空气的引入，从而减小了造成等离子体不稳定的因素

C．可通过增加泵速来减少样品间的清洗时间

D．可以改变液体的提升量

答案：ABCD

19．ICP-MS 常用的气动雾化器类型包括__________。（　　）

A．超声雾化器　　B．同心雾化器

C．交叉流雾化器　　D．Babington 雾化器

答案：ABCD

20．ICP-MS 中使用超声雾化器的缺点包括__________。（　　）

A．大量液体样品引入等离子体，产生的冷却效应对分析物的电离产生了副作用

B．高溶剂的导入产生了更多的干扰离子，质谱干扰和非质谱干扰增大

C．由于超声雾化器的记忆效应较严重，所需的清洗时间长

D．雾化效率比普通气动雾化器效率高

答案：ABC

21．ICP-MS 样品引入系统中雾室的主要作用是__________。（　　）

A．雾化

B．产生气溶胶

C．从气流中除去大雾粒（直径大于 10 μm），并将它们排出

D．消除或减缓雾化过程中主要由蠕动泵引起的脉冲现象

答案：CD

22．ICP-MS 中，因射频线圈和等离子体之间的电容耦合产生的电压差会导致等离子体和接口之间产生二次放电现象，这种二次放电现象的影响包括__________。（　　）

A．增加双电荷干扰离子　　B．离子动能扩散

C．采样锥离子产生　　D．锥的寿命减少

答案：ABCD

23．ICP-MS 中，通入炬管的工作气体多为氩气，其主要作用包括__________。（　　）

A．电离　　B．冷却　　C．保护炬管　　D．输送样品

答案：ABCD

24．ICP-MS 中的离子聚焦系统（光学透镜/离子光学系统）应该是在保持离子束成分和电学完整性不变的前提下具有__________的特征。（　　）

A．灵敏度高　　B．背景低　　C．检出限低　　D．信号稳定

答案：ABCD

25．冷等离子体条件下，背景谱峰中主要的离子峰包括__________。（　　）

A．NO^+　　B．O^+_2　　C．H_3O^+　　D．NO_2^+

答案：ABC

26．金属元素消解方法包括__________几种基本类型。（　　）

A．湿法分解法　　B．干灰化法　　C．直接稀释法　　D．熔融分解法

答案：ABD

27．下面__________粒子到达质量分析器及检测器时，会造成信号不稳定并引起背景噪声。（　　）

A．离子　　B．颗粒物　　C．中子　　D．光子

答案：BCD

28．评估“化学分辨”质谱性能时需要考虑__________情况。（　　）

A．降低干扰信号　　B．削弱待测离子信号

C．分析信号噪声　　D．背景噪声

答案：ABCD

29．碰撞/反应池内新干扰离子的形成原因包括__________。（　　）

A．入射离子与背景气体反应　　B．反应气体与入射离子的副反应

C．池内形成的离子与反应气体的二次反应　　D．池内形成的离子与背景气体的二次反应

答案：ABCD

30．亚沸蒸馏可以提纯__________试剂。（　　）

A．H_2O　　B．HCl　　C．HNO_3　　D．H_2SO_4

答案：ABCD

31．可以降低吸附/解吸效应的因素包括__________。（　　）

A．选择合适的容器材料　　B．注意容器表面大小

C．单容器原则　　D．对容器材料进行处理

答案：ABCD

四、判断题

1．ICP-MS 接口的功能是将等离子体中的离子有效传输到质谱中，它是由采样锥和截取锥组成的。（　　）

答案：正确

2．在 ICP-MS 离子源产生的等离子体中，正离子数大于电子数，所以等离子体宏观上呈现电正性。（　　）

答案：错误

正确答案：等离子体中正负电荷总量相等，因此它是近似电中性的。

3．ICP-MS 所用的氩气纯度会影响等离子体稳定性，通常要达到 99.99% 以上。（　　）

答案：错误

正确答案：ICP-MS 所用的氩气纯度非常重要，通常要达到 99.999% 以上。氩气纯度差会导致等离子体不稳定。

4．ICP-MS 中，非质谱型干扰程度与样品基体性质有关，可通过内标法、仪器条件最佳化或标准加入法等措施进行消除。（　　）

答案：正确

5．电感耦合等离子体质谱仪使用调谐液的作用是对仪器的灵敏度、氧化物和双电荷进行调谐。（　　）

答案：正确

6．在 ICP-MS 分析中，要尽量避免使用盐酸，这是因为盐酸对锥孔的腐蚀严重。（　　）

答案：错误

正确答案：是因为盐酸中的氯在等离子体中形成的多原子离子是一些痕量元素的可用同位素，这是主要的干扰。

7．质谱仪分辨率是仪器对不同质量离子分离和对相同质量离子聚焦两种能力的综合表征，是衡量仪器性能的一个极其重要的指标。（　　）

答案：正确

8．现代电感耦合等离子体质谱仪大多配备有碰撞/反应池系统，利用碰撞反应消除或减少多原子离子干扰，从而扩大仪器的应用范围。（　　）

答案：正确

9．ICP-MS 拥有多元素快速分析能力，如在 2～3 min 内，对一个样品可以完成 3 次重复分析，同时完成的元素分析项目可达 30 种以上。（　　）

答案：正确

10．ICP-MS 的雾化气和补充气的最佳总流量与炬管中心管的口径有关，大内径中心管适合较小的气体流量。（　　）

答案：错误

正确答案：大内径中心管适合较大的气体流量。

11．ICP-MS 的雾化气又称载气，其作用是将样品气溶胶载入电感耦合等离子体炬中心通道。（　　）

答案：正确

12．ICP-MS 的四极杆材料常采用热膨胀系数较低的材料制成，如钼金属、镀金陶瓷材料等。（　　）

答案：正确

13．ICP-MS 检测元素时，高粘度有机试剂或高浓度酸虽然粘度较大，但是不容易残留在进样系统中，不会对后续样品产生记忆性干扰。（　　）

答案：错误

正确答案：高粘度有机试剂或高浓度酸容易因粘度大而在进样系统中残留，造成对后续样品分析产生记忆性干扰。

14．由于电感耦合等离子体质谱的灵敏度较高，为了避开试剂空白污染的影响，仪器背景噪声常采用丰度最大的谱线来检测，也避开了多原子离子干扰背景的谱线。（　　）

答案：错误

正确答案：由于电感耦合等离子体质谱的灵敏度较高，为了避开试剂空白污染的影响，仪器背景噪声常采用无分析物信号的谱线来检测，也避开了多原子离子干扰背景的谱线。

15．电感耦合等离子体质谱检测同位素时实际采用的单位是质荷比（m/z），但由于在电感耦合

等离子体炬焰内生成的离子绝大多数是一价离子，故常常对同位素谱线简化标明为原子质量单位。（　　）

答案：正确

16．质量数校准稳定性用来表示电感耦合等离子体质谱仪经质量数校正后同位素谱线位置稳定的情况。实验室的环境温度和湿度的变化容易引起四极杆 RF 发生器的交流容感变化，从而产生谱线峰位漂移。（　　）

答案：正确

17．电感耦合等离子体四极杆质谱仪的四极杆两两相对应，每对极杆上均被施加射频（RF）的交流电压（V）和直流电压（±U），施加的射频电压幅度可以相同，但相位则相差 180°。（　　）

答案：正确

18．ICP-MS 的质量歧视效应是由于分析物离子因质量数不同，通过质谱仪时离子变现出不同的传输效率和空间电荷效应，表现为同样浓度的不同质量数的分析物溶液，它们的灵敏度响应不一样。（　　）

答案：正确

19．电感耦合等离子体扇形磁场质谱仪的离子源、采样接口与四极杆 ICP-MS 基本相同，但是离子透镜系统和质谱分析器部分与四极杆 ICP-MS 不同，两者分离质量的物理方法相同。（　　）

答案：错误

正确答案：扇形磁场 ICP-MS 的离子源、采样接口、离子透镜系统与四极杆 ICP-MS 基本相同，但质谱分析器部分与四极杆 ICP-MS 不同，两者分离质量的物理方法也不同。

20．在电感耦合等离子体扇形磁场质谱仪的扇形磁场中，具有相同动能的不同离子其偏转路径不同，较重的离子的路径偏转要比较轻离子的大。（　　）

答案：错误

正确答案：较重的离子的路径偏转要比较轻离子的小。

21．电感耦合等离子体扇形磁场质谱仪的扇形静电分析器不能将两个具有相同动能的不同离子分离开。（　　）

答案：正确

22．电感耦合等离子体扇形磁场质谱仪是高分辨电感耦合等离子体质谱仪。（　　）

答案：正确

23．ICP-MS 使用内标法定量时，内标元素和分析物元素可以在不同工作模式下被检测和使用。（　　）

答案：错误

正确答案：ICP-MS 使用内标法定量时，内标元素和分析物元素需要在同种工作模式下被检测和使用，跨工作模式使用是不合适的。

24．电感耦合等离子体质谱谱图比电感耦合等离子体光谱的谱图简单得多，常用同位素谱线在 200 条以下，所以定性比较方便，干扰也少。（　　）

答案：正确

25．电感耦合等离子体质谱仪的接口通常包括采样锥和截取锥，接口锥处在高温区域，需要循

环水系统进行冷却。由于锥体直接接触高温、腐蚀性试剂及气体，所以是消耗品。（ ）

答案：正确

26. 清洗电感耦合等离子体质谱仪的接口锥时，常用酸洗或水洗的方法，锥口朝上放入装有2%～5%的 HCl 溶液或去离子水的烧杯里，超声 5 min，再用去离子水超声水洗，吹干或自然晾干备用。（ ）

答案：错误

正确答案：应用2%～5%的 HNO_3 溶液超声。

27. ICP-MS 的质量分析器都必须在高真空状态下运行，以确保离子有较长的平均自由程、在通过仪器的途径中与另外的离子、分子或原子碰撞的概率最低。（ ）

答案：正确

28. 若 ICP-MS 的同心雾化器容易被溶液中的颗粒物堵塞，可将雾化器浸泡于 50%的硝酸中浸泡 72 h 以上，再用去离子水洗净酸液，晾干。（ ）

答案：正确

29. ICP-MS 的机械泵需要定期检查泵油，以保证泵油液面位于最大和最小刻度线之间，如果泵油颜色变深，应更换泵油。（ ）

答案：正确

30. ICP-MS 是常用的痕量和微量的分析方法，其实验用水要求使用重蒸馏水。（ ）

答案：错误

正确答案：ICP-MS 实验用水要求使用电阻率达 18.2 MΩ·cm 的超纯去离子水。

31. 硫酸和磷酸虽然具有很强的分解能力，但由于它们沸点较高，难以除去，且容易导致多原子离子干扰问题，因此 ICP-MS 分析中应尽量避免采用硫酸和磷酸来分解样品。（ ）

答案：正确

32. 在 ICP-MS 中通常避免使用盐酸，因为 Cl 形成的多原子离子，如 $ArCl^+$、ClO^+、$ClOH^+$是 As 和 V 的可用同位素的主要干扰，对 Fe、Zn、Ti、Cr 等痕量元素也有一定程度的干扰。（ ）

答案：正确

33. 在 ICP-MS 分析中，Cl 离子会对 Au 以及铂族元素的测定产生干扰。（ ）

答案：错误

正确答案：Cl 离子对 Au 以及铂族元素这些在氯化物介质中才能稳定存在的元素测定无干扰。

34. 在 ICP-MS 分析中，由于受到空间电荷效应的影响，重质量数的离子容易丢失引起信号减弱，而轻质量数的原子不易丢失且产生较强信号。（ ）

答案：错误

正确答案：轻质量数的离子容易丢失引起信号减弱，而重质量数的原子不易丢失且产生较强信号。

35. ICP-MS 的干扰校正方程是通过经验及理论计算，利用干扰分子离子在待测元素质量数处，与在其他质量数处存在一定的理论相关关系或经验相关关系推导出来的，用来扣除干扰分子离子影响的方程。（ ）

答案：正确

36．ICP 离子源的效率主要取决于其高温程度，衡量 ICP 温度的一个重要指标是 CeO^+/Ce^+ 比值。由于 CeO 是所有氧化物中最难解离的，其比值被用以表征 ICP-MS 氧化物的干扰水平。（　　）

答案：正确

37．一些放射性同位素的最终产物为某种铅稳定的同位素，所以自然环境样品中铅的自然同位素丰度容易产生变化，采用铅的各个同位素加和处理可以减少由于丰度变化造成的元素定量的误差。（　　）

答案：正确

38．ICP-MS 法分析 Hg 样品时，其消解需要硝酸和盐酸的混酸，若不加盐酸，Hg 容易损失。（　　）

答案：正确

39．用 ICP-MS 电子倍增检测器的脉冲计数和模拟两种检测模式进行归一化交叉校准时，一般选择不同浓度的二三十个轻、中、重质量范围的元素，得到的信号强度必须落在脉冲和模拟检测器的交叉范围内。（　　）

答案：正确

40．用 ICP-MS 测定样品时，前处理使用过氧化氢容易对分析结果造成较大影响。（　　）

答案：错误

正确答案：前处理使用过氧化氢对分析结果影响较小。

41．ICP-MS 碰撞/反应池的动能歧视效应对于不同的干扰离子，消除干扰的程度与干扰离子的碰撞截面有关，也与它们的物理化学特性有关。（　　）

答案：错误

正确答案：与它们的物理化学特性无关。

42．ICP-MS 中的同心雾化器适合于比较干净的样品。（　　）

答案：正确

43．固定交叉流雾化器在超声波中清洗不会受到损坏。（　　）

答案：正确

44．超声雾化器适合高盐溶液或悬浮液的雾化。（　　）

答案：正确

45．ICP-MS 样品引入系统的雾室要尽量避免废液在雾室中积存，因为这将引起压力变化，从而导致信号漂移和产生持久的记忆效应。（　　）

答案：正确

46．ICP-MS 中双通道筒形雾室是利用雾化室内壁上的湍流沉降作用或利用重力作用除去较大的雾滴。（　　）

答案：正确

47．ICP-MS 中双通道筒形雾室的内层同心管可减少信号强度的随机波动。（　　）

答案：正确

48．ICP-MS 中双通道筒形雾室的缺点是死空间多，易引起记忆效应。（　　）

答案：正确

49. ICP-MS 中单通道雾室记忆效应小，但在减缓蠕动泵中引起的脉冲噪声以及雾滴粒度分散效率要比双通道筒形雾室差。（ ）

答案：正确

50. 测量 ICP-MS 中氩气纯度差时，其所含的杂质气体不会对有些同位素产生质谱干扰。（ ）

答案：错误

正确答案：所含的杂质气体会对有些同位素产生质谱干扰。

51. ICP-MS 中的载气是等离子体的内管气流，其作用是在等离子体中打通一条通道，并携带和输送样品进入等离子体中。（ ）

答案：正确

52. ICP-MS 中采样锥和截取锥之间的距离是非常重要的参数。（ ）

答案：正确

53. ICP-MS 中采样锥的作用是把来自等离子体中心通道的载气流，即离子流，大部分吸入锥孔，进入第二级真空。（ ）

答案：错误

正确答案：ICP-MS 中采样锥的作用是把来自等离子体中心通道的载气流，即离子流，大部分吸入锥孔，进入第一级真空。

54. ICP-MS 中截取锥的作用是选择来自采样锥孔的膨胀射流的中心部分，并让其通过截取锥进入下一级真空。（ ）

答案：正确

55. ICP-MS 中截取锥应经常清洗，否则重金属基体沉积在其表面会再蒸发电离形成记忆效应。（ ）

答案：正确

56. 经常清洗 ICP-MS 中截取锥可使记忆效应和多原子离子干扰降低。（ ）

答案：正确

57. ICP-MS 中的离子聚焦系统（离子光学透镜/离子光学系统）位于截取锥和质谱分离装置之间，它决定了离子进入质量分析器的数量和仪器的背景噪声的水平。（ ）

答案：正确

58. ICP-MS 中的离子聚焦系统（光学透镜/离子光学系统）由一组静电控制的离子透镜（离子光学透镜）组成，其原理是利用离子的带电性质，用电场聚集或偏转牵引离子。（ ）

答案：正确

59. ICP-MS 中离子透镜（离子光学透镜）的作用是将一个定向速度传输给离子，使离子被吸向质量分析器，并将离子保留在真空系统中，而不需要的中性离子则被泵抽掉。（ ）

答案：正确

60. ICP-MS 的离子聚焦系统（光学透镜/离子光学系统）中，空间电荷效应导致的“质量歧视”是直接影响离子传输效率以及整个质量范围内离子传输均匀性的重要因素。（ ）

答案：正确

61．空间电荷效应是 ICP-MS 基体效应的主要根源，如果不采取任何方式补偿的话，较高质荷比的离子将会在离子束中占优势，而较轻质荷比的离子则遭排斥。（　　）

答案：正确

62．在 ICP-MS 分析中，高动能离子（重质量元素）的传输效率低于中质量及轻质量元素。（　　）

答案：错误

正确答案：高动能离子（重质量元素）的传输效率高于中质量及轻质量元素。

63．丰度灵敏度是四极杆质谱仪的重要特性，它代表一个分析物谱峰的拖尾对相邻质量处的重叠程度。（　　）

答案：正确

64．四极杆质量分析器将离子按质荷比分离后最终引入检测器，检测器将离子转换成电子脉冲后由积分线路计数，电子脉冲的大小与样品中分析离子的浓度有关。（　　）

答案：正确

65．ICP-MS 分析中，内标校正可用于监测和校正信号的短期漂移，监测和校正信号的长期漂移和校正一般的样品基体影响。（　　）

答案：正确

66．在 ICP-MS 分析中，双模检测器采用脉冲计数和模拟计数两种方式，可同时测定同一个样品中的低浓度元素和高浓度元素。（　　）

答案：正确

67．使用有全数字电子倍增器检测器的 ICP-MS 不需要进行脉冲模式和模拟模式交叉校准。（　　）

答案：正确

68．测量一个特定质量的信号所需的驻留时间是影响检出限和精密度的重要参数。（　　）

答案：正确

69．ICP-MS 中的质量分析器一般需置于比 5 MPa 更低压力的真空系统中，以使系统中背景离子减到最少，从而把离子的碰撞效应减到最小。（　　）

答案：正确

70．在 ICP-MS 分析中，降低样品在等离子体中的驻/停留时间可降低氧化物产率，降低难熔氧化物的干扰。（　　）

答案：正确

71．电感耦合等离子体质谱法几乎克服了传统方法的大多数缺点，可以同时对多种重金属元素进行检测。（　　）

答案：正确

72．ICP 是一种高温离子源，能够把引入的样品从分子状态变成离子状态。（　　）

答案：正确

73．离子聚焦系统的作用是将通过接口区的待测元素离子最大限度地送入质量分离器，同时尽可能去除基体组分及非待测元素离子。（　　）

答案：正确

74. 基体效应主要决定于基体元素与待测元素的相对浓度。(　　)

答案：错误

正确答案：基体效应主要决定于基体元素的绝对浓度，而不是其与待测元素的相对浓度。

75. 氧化硅玻璃作为痕量分析使用材料，几乎可耐所有无机酸。(　　)

答案：错误

正确答案：氧化硅玻璃可耐大部分无机酸，HF 及 H_3PO_4 除外。

76. 等离子体炬管负载线圈相邻匝之间不可接触且必须尽量接近及统一，才能形成均一场。(　　)

答案：正确

77. 大体积的雾化室有利于缩短冲洗时间，减小记忆效应，提高分析效率。(　　)

答案：错误

正确答案：小体积的雾化室有利于缩短冲洗时间，减小记忆效应，提高分析效率。

78. 固态样品进样，固态样品制样简单，进样前通常只需经过研磨、混匀、预制样或者抛光处理。(　　)

答案：正确

79. 同量异位素重叠干扰是最常见的质谱干扰类型。(　　)

答案：错误

正确答案：多原子离子干扰是最常见的质谱干扰类型。

80. 一般而论，具有奇数质量数的同位素不受质谱重叠干扰。(　　)

答案：正确

正确答案：增加样品在等离子体中的滞留时间会导致样品更完全地解离且氧化物产率更低。

81. 空间电荷效应是 ICP-MS 中基体干扰的主要原因。(　　)

答案：正确

82. 重分析物离子受到基体抑制情况比轻分析物离子更严重。(　　)

答案：错误

正确答案：重分析物离子受到基体抑制情况轻于轻分析物离子。

83. 在 ICP-MS 分析时，通常情况下，反应慢或同位素干扰严重时要求反应池气压较小。(　　)

答案：错误

正确答案：通常情况下，反应慢或同位素干扰严重时要求反应池气压较大，可提高碰撞次数。

84. 通常情况下，样品消解可以通过密闭体系来降低挥发损失；若无法使用密闭体系时，可通过升高温度来减小损失。(　　)

答案：错误

正确答案：通常情况下，可以通过密闭体系来降低挥发损失；若无法使用密闭体系时，可通过降低温度来减小损失。

85. 王水中由于存在 Cl_2 和 NOCl，氧化性更强，溶解效果比单用硝酸更好。(　　)

答案：正确

86. 与干灰化法相比，湿法消解操作简单，一次可以处理大批量样品。(　　)

答案：错误

正确答案：与湿法消解相比，干灰化法操作简单，一次可以处理大批量样品。

87．二次放电严重影响离子束中分子氧化物及双电荷离子的形成。（ ）

答案：正确

88．通常情况下，ICP 并非处于真正的热力学平衡状态，因此不可用单一平衡温度表示。（ ）

答案：正确

89．有机溶剂热分解过程中造成碳沉积，引入氧气后，可以将热分解过程转换成氧化燃烧过程，因此可以使沉积碳以二氧化碳形式去除。（ ）

答案：正确

90．液态样品引入系统的最主要的功能是使样品形成良好的气溶胶。（ ）

答案：正确

91．ICP-MS 检测时可以利用峰高或积分面积进行测量。（ ）

答案：正确

92．在离子聚集系统中，“空间电荷效应”导致的“质量歧视”直接影响离子传输效率以及整个质量范围内离子传输均匀性，这种效应在基体离子的质量大于分析离子质量时最为轻微。（ ）

答案：错误

正确答案：这种效应在基体离子的质量大于分析离子质量时最为显著。

五、简答题

1．ICP-MS 调谐的仪器参数主要有哪些？

答案：ICP-MS 调谐的仪器参数包括透镜组电压、碰撞/反应气流量、等离子体采样位置（深度和上下左右定位）、等离子体发生器的入射功率和反射功率、载气流速、检测器电压（需要时）等。

2．电感耦合等离子体质谱法中的质谱干扰主要有哪些？

答案：①同量（质）异位素重叠干扰；②多原子离子干扰；③难熔氧化物干扰；④双电荷离子干扰。

3．ICP-MS 采用的碰撞/反应池技术抑制干扰的方法有哪几种？

答案：有两种，一种是直接抑制干扰物的信号，包括离解或转移干扰物；另一种是把受干扰的分析物离子通过反应转化成不受干扰或受干扰程度较小的多原子离子。

4．请简述 ICP-MS 的检测原理。

答案：样品由载气带入雾化系统进行雾化后，以气溶胶形式进入电感耦合等离子体的轴向通道，在高温和惰性气体被充分蒸发、解离、原子化和电离，转化为带正电荷的正离子，经离子采集系统进入质谱仪，质谱仪根据离子的质荷比进行分离并定性、定量分析。在一定浓度范围内，离子的质荷比所对应的响应值与其浓度成正比。

5．什么是内标法？为什么 ICP-MS 分析样品时常采用内标法？

答案：内标法是指在等容积的空白溶液、标准溶液和样品溶液中分别等量加入一种或几种元素或化合物标准混合溶液，这些加入的元素（化合物）被称为内标物，所有被测溶液中的内标物浓度保持一致。采用内标法可以校正一些样品的基体效应和仪器信号漂移，提高检测结果的正确度和精密度，因此使用 ICP-MS 分析样品时大多采用内标法定量。

6．简述 ICP 光源的主要装置及等离子体的形成过程。

答案：电感耦合等离子体装置由等离子体炬管和高频发生器组成。由三个同心管组成的等离子体炬管被放在一个连接于高频发生器的线圈中。当引入氩气时，若用一高压火花使管内气体电离，产生少量电子和离子，则电子和离子因受管内轴向磁场的作用，在管内空间闭合回路中高速运动，碰撞中性原子和分子，使更多的气体被电离，很快形成等离子体。

7．简述同位素与同量/质异位素的区别。

答案：原子序数相同而原子量不同的元素，它们分别有不同的中子数，在元素周期表中占有同一位置。同位素虽化学性质相似，但物理性质不同。如氯在自然界有两种不同峰度的天然同位素 ^{35}Cl（75.78%）和 ^{37}Cl（24.22%）。同量质/异位素是指质量数相同而核电荷不同的核素，如 ^{204}Pb 和 ^{204}Hg。这些同量/质异位素有不同的化学性质和物理性质，但对于四极杆型质量分析器来说，质量相同，不可分辨。这些有相同质量的不同离子在检测时会引起重叠干扰。

8．什么是四极杆质谱的丰度灵敏度？

答案：丰度灵敏度是指一高强度的质谱峰M由于峰展宽以及峰拖尾现象而对相邻质谱峰（M+1以及M−1）所产生的重叠干扰的大小。丰度灵敏度同时与分辨率和四极杆的形状因子等相关，在四极杆质谱仪中，丰度灵敏度是比分辨率更为重要的参数，尤其是对高基体样品的分析。

9．ICP-MS 使用内标校正法分析时，如何选择内标元素？请列出至少 5 种 ICP-MS 常用的内标元素。

答案：①其样品中不含该元素；不受样品基体或分析物的干扰；不会对分析元素产生干扰；不能是环境污染元素；最好与分析元素的质量接近。②Li、Sc、Ge、Y、Rh、In、Tb、Ho、Re、Bi。

10．简述解决质谱干扰的常用方法有哪些。

答案：①通过去除基体的方法分离干扰元素；②通过干扰方程在线校正；③通过采用同类标准物质的分析来检查可能存在的干扰以及干扰校正效果；④采用冷等离子体技术；⑤采用碰撞/反应池技术。

11．ICP-MS 雾化室的主要作用是什么？

答案：雾化室的主要目的是去除大液滴，阻止其进入炬管，保证只有小颗粒的气溶胶进入等离子体。使用雾化室能有效地减少气溶胶中粒子粒径的尺寸，改善粒径分布，进而形成稳定、高效的等离子体。

12．ICP-MS 的反应气为什么要用氩气？

答案：氩气是惰性气体，且相对便宜；其高纯度的气体易于获得，更重要的是氩气的第一电离能高于大多数元素的第一电离能，低于大多数元素的第二电离能，由于等离子体的环境由氩气的电离能限定，大多数待测元素可以有效地电离成单电荷离子。

13．介绍解决质谱干扰的数学校正法。

答案：数学校正法在实际分析中的应用比较多，一般情况下，可以得到比较满意的结果。通常采用两种干扰校正方法。一种校正方法是通过测定较高含量的干扰元素纯溶液，求出干扰系数，离线对分析结果进行扣除校正，干扰扣除量=干扰元素浓度×干扰系数。另一种校正方法是在线干扰校正。编制分析方法时，根据发现的同位素和干扰同位素的关系，推导出干扰校正公式并将其输入分析程序。计算机根据同时测定的其他相关同位素的数据自动在线校正。

14. 四极杆动态反应池中使用的反应气需要具备哪些特点？

答案：①待测离子的反应速率常数明显比干扰离子小，此时根据待测离子质荷比进行测试；②或者使待测离子的产物离子质荷比不同于干扰离子的产物离子。要求产物离子/待测离子的质量比较小，通常小于 2，同时产物离子不干扰其他待测离子且本身不被其他离子干扰；③反应气质量比待测离子原子质量小，以降低散射损失。

六、计算题

1. 用总面积 400 cm^2 的滤膜采集环境空气中颗粒物，标准状况下采气体积 2.0×10^3 m^3，取 1/8 滤膜大小进行消解处理并测定颗粒物中的 Cu，当定容为体积 50 mL 时，用 ICP-MS 测定提取液中 Cu 浓度为 58 ng/mL，空白滤膜试验 Cu 平均含量为 0.2 μg，求空气中颗粒物中铜的浓度（ng/m^3）。

答案：Cu（ng/m^3）=（58×50×8−200）/（2.0×10^3）=11.5（ng/m^3）

2. Cd 的最灵敏同位素 ^{114}Cd 受 ^{114}Sn 同质异位素的重叠干扰，可通过测定 Sn 的其他干扰同位素如 ^{117}Sn 计算出 ^{114}Sn 的贡献。现已知 $^{114}Sn/^{117}Sn$ 两种同位素自然丰度比值为 0.65%/7.68%，请写出 ^{114}Cd 的干扰方程。

答案：114 总强度=^{114}Cd 总强度+^{114}Sn 总强度

^{114}Cd 总强度=114 总强度−^{114}Sn 总强度

^{114}Sn 总强度=（$^{114}Sn/^{117}Sn$）丰度×^{117}Sn 总强度=（0.65%/7.68%）×^{117}Sn 总强度

因此，^{114}Cd 的干扰方程为：

^{114}Cd 总强度=114 总强度−（0.65/7.68）×^{117}Sn 总强度　或

^{114}Cd 总强度=114 总强度−0.084 6×^{117}Sn 总强度

3. 用 ICP-MS 测定某高 Ni 样品中的 Zn 时，由于 ^{64}Ni 会干扰 ^{64}Zn，为降低干扰，可通过测定 ^{60}Ni 来计算 ^{64}Ni 的贡献。现已知 $^{64}Ni/^{60}Ni$ 两种同位素自然丰度比值为 0.91%/26.1%，请写出 ^{64}Zn 的干扰方程。

答案：^{64}总强度=^{64}Ni 总强度+^{64}Zn 总强度

^{64}Zn 总强度=^{64}总强度−^{64}Ni 总强度

^{64}Ni 总强度 =（$^{64}Ni/^{60}Ni$）丰度×^{60}Ni 总强度=（0.91%/26.1%）×^{60}Ni 总强度

因此，^{64}Zn 的干扰方程为：

^{64}Zn 总强度=^{64}总强度−（0.91/26.1）×^{60}Ni 总强度

4. ^{75}As 受多原子离子 $^{40}Ar^{35}Cl$ 的重叠干扰，可通过测定 $^{40}Ar^{37}Cl$ 来计算 $^{40}Ar^{35}Cl$ 的贡献。现已知 $^{40}Ar^{35}Cl$ 与 $^{40}Ar^{37}Cl$ 的响应值之比与 ^{35}Cl 和 ^{37}Cl 的丰度值比值一样，为 $^{35}Cl/^{37}Cl$ =3.127；Se 也有原子量为 77 的同位素，^{77}Se 和 ^{82}Se 的丰度比值为 $^{77}Se/^{82}Se$= 0.874；氩气中含有杂质 Kr，且 Kr 中 ^{82}Kr 和 ^{83}Kr 的丰度比值为 $^{82}Kr/^{83}Kr$ =1.009。请写出 ^{75}As 的干扰方程。

答案：^{75}As 总强度=^{75}总强度−$^{40}Ar^{37}Cl$ 总强度×（$^{35}Cl/^{37}Cl$）丰度

=^{75}总强度−$^{40}Ar^{37}Cl$ 总强度×3.127　　（1）

由于质荷比为 77 的离子还有 ^{77}Se，

所以 $^{40}Ar^{37}Cl$ = ^{77}总强度−^{82}Se×（$^{77}Se/^{82}Se$）丰度 （2）

由方程（1）和（2）得出：

^{75}As=^{75}总强度−［^{77}总强度−^{82}Se×（$^{77}Se/^{82}Se$）丰度］×3.127

=^{75}总强度−^{77}总强度×3.127+^{82}Se×2.733 （3）

而 ^{82}Se 总强度=^{82}总强度−^{83}Kr ×（$^{82}Kr/^{83}Kr$）丰度 即

^{82}Se 总强度=^{82}总强度−^{83}Kr ×1.009 （4）

所以由方程（3）和（4）联立得出 ^{75}As 的干扰方程为：

^{75}As 总强度=^{75}总强度−^{77}总强度×3.127+（^{82}总强度−^{83}Kr ×1.009）×2.733

即 ^{75}As 总强度=^{75}总强度−^{77}总强度×3.127+^{82}总强度×2.733−^{83}Kr×2.757

5. 某单位需用 ICP-MS 连续监测高浓度 Sn 废水中的 Cd，废水中 Sn 浓度变化不大，约为 5.0 mg/L。若测得纯 Sn 标准溶液中 Sn 浓度为 5.0 mg/L，Cd 的浓度为 0.18 mg/L，求 Sn 对于 Cd 的干扰系数 r，并说明此后每天检测的高 Sn 废水中 Cd 浓度（C_{Cd}）数据如何校正。

答案：r=0.18/5.0=0.036

则每天检测高 Sn 废水中的 Cd 浓度的扣除干扰量为：$C_{Cd}\times r= C_{Cd}\times 0.036$

（注：干扰系数校正法的原理是测试高含量的干扰元素纯溶液中的被干扰元素浓度，所测值与干扰元素纯溶液浓度值的比值为干扰系数 r，扣除干扰量=干扰元素浓度×r，就 Cd 来说求得的干扰校正系数就是 $r=C_{Cd}/C_{Sn}$）

6. 测定土壤中的铜，风干过筛后称取 0.100 4 g 土样微波消解后定容于 50 mL 容量瓶中用 ICP-MS 测定，测定值为 44.7 μg/L，实验室空白为 0.978 μg/L，全程序空白为 1.19 μg/L，干物质含量为 92.3%，计算土壤中的铜浓度。

答案：铜浓度=（$\rho-\rho_0$）×V×f×10^{-3}/（$m\times w_{dm}$）

=（44.7−0.978）×50×1×10^{-3}/（0.100 4×92.3%）

=23.6（mg/kg）

7. 测定沉积物中的砷，风干过筛后称取 0.100 2 g 样品微波消解后定容于 50 mL 容量瓶中用 ICP-MS 测定，测定值为 21.8 μg/L，实验室空白为 0.981 μg/L，全程序空白为 1.21 μg/L，沉积物含水率为 8.1%，计算沉积物中的砷浓度。

答案：砷浓度=（$\rho-\rho_0$）×V×f×10^{-3}/[m×（$1-w_{H_2O}$）]

=（21.8−0.981）×50×1×10^{-3}/[0.100 2×（1−8.1%）]

=11.3（mg/kg）

8. 测定废气颗粒物中的铅，采用的是直径 90 mm 的滤膜，消解后定容至 50 mL，试样中铅的测定值为 13.1 μg/L，空白滤膜中铅的含量为 0.098 μg，采样体积为 0.599 5 m^3，计算废气颗粒物中的铅浓度。

答案：铅浓度=（$\rho\times V\times 10^{-3}\times n-F_m$）/$V_{std}$=（13.1×50×$10^{-3}$×1−0.098）/0.599 5=0.929（μg/m^3）

9. 测定水中的钡，经 0.45 μm 滤膜过滤后用 ICP-MS 测定，测定值为 26.9 μg/L，实验室空白为 0.10 μg/L，计算水中的钡浓度。

答案：钡浓度=（$\rho_1-\rho_2$）×f=（26.9−0.10）×1=26.8（μg/L）

第十节 原子荧光法

一、填空题

1. 采用原子荧光法测定环境样品中的汞、砷、硒等元素时常使用的还原剂是__________或__________。

答案： 硼氢化钾，硼氢化钠

2. 原子荧光光谱仪主要由__________、__________和__________三部分组成。

答案： 激发光源，原子化器，检测器

3. 原子蒸气受具有特征波长的光源照射后，其中一些自由原子被激发跃迁至较高能态，然后以直接跃迁形式回复到基态，当激发辐射的波长与所产生的荧光波长相同时，这种荧光称为__________。

答案： 共振荧光

4. 原子荧光分析中，最常用的激发光源有__________和__________。

答案： 无极放电灯，空心阴极灯

5. 空心阴极灯的稳定性不仅与灯的__________有关，而且也与灯__________有关。

答案： 质量，电源的稳定性

6. 原子荧光法分析 Se 时，由于测试过程主要是还原反应，因此应尽量避免使用__________。

答案： 硫酸

7. 原子荧光法背景辐射与光谱重叠引起的干扰为__________。

答案： 光谱干扰

8. 原子荧光法在进行分析时，加入复杂试样中借以改善基体与被测元素物理化学特性和行为的物质是__________。

答案： 基体改进剂

9. 原子荧光法空白溶液是指在制备试样溶液相同条件下制备的，含有试样溶液所用的__________，但不含__________的溶液。

答案： 全部试剂，被测组分

10. 原子蒸气吸收特定波长的光辐射的能量而被激发，受激原子在去激发过程中发射出一定波长的光辐射称为__________。

答案： 原子荧光

11. 当原子荧光法测定结果显示实验受到污染时，这可能是由__________、__________或__________导致的。

答案： 容器污染，试剂污染，环境污染

12. 在记录原子荧光仪的信号响应时，可以以__________或 __________作为响应信号。

答案： 信号峰高，信号峰面积

13. 在原子荧光分析中，在分析浓度较高的分析物时，容易发生__________，从而使荧光强度发生变化和荧光谱线__________，从而使测量峰值__________。

答案：自吸，变宽，降低

14. 原子荧光测定中采用的以__________供电方式的空心阴极灯可以使__________强度增强几十倍甚至几百倍。

答案：脉冲，谱线

15. 在原子荧光中，色散系统的光路用__________分光，非色散系统不分光，它采用__________直接检测荧光。

答案：单色器，日盲管（日盲光电倍增管）

16. 原子荧光分析中，无极放电灯微波源入射功率不仅直接影响测定结果的__________和__________，而且严重影响灯的使用寿命。

答案：准确度，精密度

17. 原子荧光所使用的石英炉原子化器一般均具有外屏蔽气功能，它可以防止周围__________进入火焰产生荧光淬灭，以保证较高及稳定的__________。

答案：空气，荧光效率

18. 当使用原子荧光测定基体复杂的试样时，判断是否存在基体干扰的最简单的方法是用__________观察是正干扰还是负干扰。

答案：样品加标回收

19. 原子荧光分析中，为消除气相干扰，原子化阶段要保证被测元素的充分原子化，光束离石英炉炉口的距离不宜过高或过低，一般不推荐采用小于__________mm 的炉高，一般仪器建议的炉高为__________mm。

答案：5，6～8

20. 初学者使用原子荧光时，对于基体复杂的试样或者对选择条件没有充分把握时，应首先使用峰高测量。只有峰形尖锐、无毛刺__________或__________等才能说明测量条件选择合适。

答案：杂峰，拖尾峰

21. 定量分析使用的荧光通常是__________谱线，此外，还有直跃线荧光、阶跃线荧光、热助阶跃线荧光、热助反 Stokers 荧光等。

答案：共振荧光

22. 原子荧光分析中，为了采用有效地干扰消除方法，首先应分清干扰是液相干扰还是气相干扰。判断液相干扰和气相干扰的方法主要是__________和__________。

答案：同位素示踪法，双发生器法

23. 原子荧光分析中，气相干扰的消除可以在__________阶段、__________阶段、__________阶段采取一些措施。

答案：发生，传输，原子化

24. 原子荧光分析中，敏化荧光和多光子荧光很少用于分析，因为产生的__________低。

答案：辐射密度

25. 空心阴极灯光源漂移和波动的软件校正方法为__________。

答案：斜率校正法

26．原子荧光分析中，当氢化物通过石英炉芯进入氩氢火焰原子化之前，适当的预加热可以提高__________，减少__________和__________。

答案：原子化效率，淬灭效应，气相干扰

27．原子荧光分析中，载气对原子荧光火焰的影响很大，当载气流量较小时，测量的重现性__________；当载气流量较大时，测量的荧光信号__________。

答案：差，降低

28．原子荧光分析中，屏蔽气流量过大时，氩氢火焰__________，信号__________且灵敏度__________。

答案：细长，不稳定，降低

29．原子荧光中氢化物发生反应要求有适宜的酸度，盐酸浓度一般在__________较为适宜。

答案：2%～5%

30．原子荧光法是基于待测物气态自由原子吸收辐射被激发后去激发所发射的__________进行定量痕量元素分析方法。

答案：特征谱线强度

31．由于原子荧光法存在严重的散射光干扰及__________效应等固有缺陷，致使对激发光源和原子化器有较高要求，对部分元素的测定难以充分发挥其优势。

答案：荧光淬灭

32．非共振荧光是指__________与__________不等的荧光，主要分为斯托克斯和反斯托克斯荧光两类。

答案：激发波长，发射波长

33．原子荧光法是在__________和__________的基础上综合发展起来的。

答案：原子发射光谱法，原子吸收光谱法

34．直跃线荧光是指__________和__________的高能级相同时所产生的荧光。

答案：激发谱线，荧光谱线

35．敏化荧光是指被外部光源激发的原子或分子（给予体）通过__________把自己的激发能量转移给待测原子（接受体），然后处于激发态的待测原子通过__________激发而发射出荧光。

答案：碰撞，辐射

36．多光子荧光是指原子吸收两个（或两个以上）相同__________的能量跃迁到激发态，随后以__________的形式直接跃迁到基态所产生的荧光。

答案：光子，辐射跃迁

37．原子化器是原子荧光光谱仪中一个直接影响元素分析__________和检出限的关键部件，其主要作用是将被测元素原子化形成基态原子蒸气。

答案：灵敏度

38．选用原子荧光法测定砷时，通过添加__________和抗坏血酸可以较好的消除贵金属的干扰。

答案：硫脲

39．氢化物发生原子荧光的干扰，主要包括__________和__________两大类。

答案：液相干扰，气相干扰

40．通过色谱与原子荧光联用，可以对一些元素开展__________。

答案：形态分析（价态分析）

41．在酸性介质中加入__________或__________，三价砷可形成砷化氢。

答案：硼氢化钾，硼氢化钠

42．加入__________溶液，可以将其他高价态的砷、硒还原为三价砷、四价硒。

答案：硫脲

43．由于原子荧光法灵敏度很高，因此有效消除__________的影响是实验成败的关键。

答案：空白（或背景）

44．原子荧光法测定元素产生气相干扰后，即使在以后的待测溶液中不含该元素，干扰也继续存在，即存在__________效应。

答案：记忆

45．双层结构石英管原子化器，内外两层均通__________，外面形成保护层隔绝空气，使待测元素的基态原子不与空气中的__________和__________碰撞，降低荧光淬灭的影响。

答案：氩气，氧，氮

46．原子荧光法使用的玻璃器皿均需要用__________溶液浸泡 24 h，清洗时依次用自来水、去离子水洗净。

答案：1+1 硝酸

47．目前石英炉原子化器一般均具有外屏蔽气，一般使用__________屏蔽，它可以防止周围的空气进入火焰产生荧光淬灭，以保证较高及稳定的荧光效率。

答案：氩气

48．用原子荧光法测定海洋沉积物样品总汞时，沉积物湿样先在__________℃条件下烘干研磨后，再进行消化测定。

答案：40～60

二、单选题

1．原子荧光法测定土壤中的汞，试样消解后加入保存液的目的是__________。（　　）

A．防止溶液中的汞化合物还原为 Hg

B．将各种形态的汞转化为 Hg^{2+}

C．防止汞被器壁吸附

D．减少汞的损失

答案：D

2．采用原子荧光法进行测定时，分析中所用的玻璃器皿在使用前均需用__________溶液浸泡__________h。（　　）

A．1+1 硝酸，24　　　　B．浓硝酸，24

C．5%硝酸，24　　　　D．浓盐酸，12

答案：A

3．水样中的汞离子被还原剂还原为单质汞，再气化为汞蒸气，其基态汞原子受到波长 253.7 nm 的紫外光激发辐射出相同波长的荧光，在给定的条件下和较低的浓度范围内，荧光强度与汞的浓度成正比，这是__________。（　　）

A．冷原子吸收法　　B．冷原子荧光法　　C．原子荧光法

答案：B

4．用原子荧光分光光度法测定废气中汞含量时，采集到的样品消解后，若不能迅速测定，应加入__________保存液稀释，以防止汞元素损失。（　　）

A．盐酸　　B．硝酸

C．重铬酸钾　　D．氯化亚锡

答案：C

5．不能消除原子荧光光谱中干扰荧光谱线的方法是__________。（　　）

A．增加灯电流　　B．选用其他的荧光分析线

C．加入络合剂络合干扰元素　　D．预先化学分离干扰元素

答案：A

6．原子荧光法测量的是__________。（　　）

A．溶液中分子受激发产生的荧光　　B．选用其他的荧光分析线

C．蒸气中原子受激发产生的荧光　　D．预先化学分离干扰元素

答案：C

7．原子荧光分析中常用的检测器是__________。（　　）

A．感光板　　B．日盲光电倍增管

C．紫外光度检测器　　D．示差折光检测器

答案：B

8．原子荧光法中一般用__________作为载气。（　　）

A．氦气　　B．氧气　　C．氩气　　D．氮气

答案：C

9．原子荧光光谱仪中原子化器的作用是将样品中被分析的元素转化成__________。（　　）

A．自由离子　　B．自由原子　　C．自由分子　　D．自由电子

答案：B

10．处于激发态的电子，从高能级返回低能级时可能在原子化器中与其他电子、原子、分子发生碰撞，使荧光强度减弱这种现象称为__________。（　　）

A．自吸现象　　B．非共振荧光　　C．敏化荧光　　D．荧光淬灭

答案：D

11．用原子荧光分光光度法测定废气中汞含量时，取同__________空白滤筒两个（或滤膜两张），按样品处理相同步骤操作，制备成空白溶液。（　　）

A．批号　　B．厂家　　C．规格　　D．荧光淬灭

答案：A

12．原子荧光法通常使用__________作为光源。（　　）

A．氢灯　　B．高强度空心阴极灯

C．氘灯　　D．高压汞灯

答案：B

13．在原子荧光法中，光源的作用是__________。（　　）

A．提供试样蒸发所需的能量　　B．产生紫外光

C．产生自由原子激发所需的辐射　　D．产生具有足够浓度的散射光

答案：C

14．原子荧光法选择性好的原因是__________。（　　）

A．原子化效率高　　B．检测器灵敏度高

C．各种元素都有特定的原子荧光光谱　　D．原子蒸气中基态原子数不受温度影响

答案：C

15．原子荧光光谱分析法（AFS）是基于物质基态原子吸收辐射光后，本身被激发成激发态原子，不稳定而以荧光形式放出多余能量，根据产生的__________进行分析的方法。（　　）

A．辐射光强度　　B．特征荧光强度

C．激发能量　　D．多余能量

答案：B

16．在使用原子荧光法对水样进行检测时，为减小空白值，应在测定过程中尽量使用__________盐酸。（　　）

A．化学纯　　B．优级纯　　C．分析纯

答案：B

17．用原子荧光法测定废气中汞含量时，将采集到滤筒或滤膜上的颗粒物样品，在__________介质中加热消解，使样品溶液中的汞以二价汞的形式存在，再被硼氢化钾还原成单质汞，形成汞蒸气，被引入原子荧光分光光度计进行测定。（　　）

A．酸性　　B．碱性　　C．中性

答案：A

18．原子荧光分析中的非色散体系没有单色器，为了防止实验室杂散光线的影响，必须采用工作波段为__________nm 的日盲光电倍增管。（　　）

A．160～220　　B．160～320

C．220～320　　D．220～420

答案：B

19．原子荧光测定时，石英炉的温度至少应维持在能够将氩氢焰气点燃的程度，一般情况砷、硒、锑、铋等金属元素测定时，石英炉炉温控制在__________℃，汞测定时，石英炉炉温控制在__________℃。（　　）

A．350～600，100　　B．600～750，200

C．750～800，300　　D．800～950，400

答案：C

20．载气纯度不够或使用流量过大，不仅会影响测试灵敏度，还会导致原子荧光信号波动性较

大，如果氩气中氧含量达到__________时，会导致汞、砷、铋、锑等灵敏度至少降低约 5%，一般情况下要求氩气的纯度为__________。（　　）

A．0.5%，99.99%　　　　B．1%，99.99%

C．0.5%，99.999%　　　　D．1%，99.999%

答案：D

21．硼氢化钾或硼氢化钠都是强还原剂，必须在__________的 NaOH 或 KOH 的碱性介质中才能稳定保存，且必须避光才能稳定，如果发现浑浊，可经热硝酸浸泡并用洗净的玻璃砂芯漏斗过滤，用洁净的试剂瓶承接后仍可继续使用。（　　）

A．0.1%～0.5%　　B．0.5%～1%　　C．1%～1.5%　　D．1%～2%

答案：B

22．硼氢化钾的浓度对测量结果影响很大，不同元素有不同的最佳硼氢化钾浓度，除砷外，汞、锑、铋在硼氢化钾浓度为__________左右达到或接近最佳灵敏度；砷需要大于__________的硼氢化钾，在测量前用硫脲或抗坏血酸将五价砷还原成三价砷以及将三价砷还原成砷化氢。（　　）

A．0.2%，1%　　B．0.4%，1%　　C．0.2%，2%　　D．0.4%，2%

答案：B

23．高于一定浓度的铜等过渡金属元素对测定汞、砷、硒有干扰，加入硫脲-抗坏血酸溶液可以消除绝大部分的干扰，其中__________mg/L 以下的 Cu^{2+}、__________mg/L 以下的 Fe^{3+}不影响测定。（　　）

A．50，10　　B．50，50　　C．100，10　　D．100，50

答案：D

24．原子荧光是由__________原因产生的。（　　）

A．气态基态原子外层电子对共振线的吸收

B．电热能使气态基态原子外层电子产生跃迁

C．辐射能使气态基态原子外层电子产生跃迁

D．辐射能使原子内层电子产生跃迁

答案：C

25．原子荧光法测定水中总砷，结果以__________计。（　　）

A．质量浓度　　　　B．质量分数

C．物质的量浓度　　　　D．物质的量分数

答案：A

26．用原子荧光光谱仪进行测定时没有荧光信号，__________不是故障的可能原因。（　　）

A．仪器硬件故障（反射灯能量时无能量变化）

B．进样系统工作不正常

C．氢化物反应条件不正确

D．气源压力不足

答案：D

27．在原子荧光光谱分析中，__________可防止原子蒸气被周围空气氧化，起到稳定火焰形状的作用。（　　）

A．载气　　B．空气　　C．辅助气　　D．屏蔽气

答案：D

28．在原子荧光光谱分析中，__________随负高压的增加而降低。（　　）

A．荧光强度　　B．灵敏度　　C．稳定性　　D．噪声

答案：C

29．用原子荧光光谱仪测定水中砷、硒、铋、锑，全程序空白的测试结果应小于__________。（　　）

A．方法检出限　　B．测定上限　　C．测定下限　　D．最佳测定范围

答案：A

30．原子吸收辐射受激后再发射相同波长的辐射，产生的荧光称为__________。（　　）

A．敏化荧光　　B．非共振荧光　　C．共振荧光　　D．直跃线荧光

答案：C

31．用原子荧光法测定水中汞，在试样制备时，使用__________对样品进行消解，在沸水浴中加热消解 1 h。（　　）

A．盐酸-硝酸溶液　　B．硝酸-高氯酸混合酸

C．硝酸　　D．高氯酸

答案：A

32．原子荧光分析中，在一定范围内随灯电流增加荧光强度增加，如果灯电流过大，不会发生__________现象。（　　）

A．自吸　　B．噪声增大　　C．灯的寿命缩短　　D．氢化反应加剧

答案：D

33．原子荧光分析中，测试前一定要开启氩气，氩气的作用是__________。（　　）

A．屏蔽气、提供氢氩火焰的助燃气　　B．载气

C．载气、屏蔽气、提供氢氩火焰的助燃气　　D．提供氢氩火焰的助燃气

答案：C

34．原子荧光仪器条件中的读数时间是指__________。（　　）

A．进行测量采样的时间　　B．软件产生信号时的时间

C．信号强度最大点的时间　　D．样品与还原剂反应的时间

答案：A

35．用原子荧光光谱仪测定水中汞、砷、硒、铋、锑，可适用于__________的测定。（　　）

A．原子态　　B．溶解态　　C．总量　　D．溶解态和总量

答案：D

36．不能消除氢化物发生法中的干扰的方式是__________。（　　）

A．在液相反应过程中适当提高酸度

B．控制还原剂的加入量

C．遇到化学干扰，预分离或加入掩蔽剂等

D．当满足测定灵敏度时，应尽量多取样

答案：D

37．原子荧光分析中，应用最广泛的氢化物发生方式是__________。（　　）

A．金属-酸还原体系　　B．硼氢化钠（钾）-酸还原体系

C．碱性摸式　　D．电解法

答案：B

38．原子荧光分析中，原子蒸气在火焰中的分布是以中心线为轴心，呈扩散状的，通常在氩氢火焰中原子蒸气密度最大的区域是__________。（　　）

A．氩氢火焰中部　　B．氩氢火焰外部　　C．氩氢火焰根部　　D．尾部

答案：A

39．原子荧光仪器条件中的延迟时间描述错误的是__________。（　　）

A．延迟时间是指从进样到产生数据需要的时间

B．在读数时间固定的情况下，如果延迟时间过长，会导致读数采样滞后，损失测量信号

C．在读数时间固定的情况下，如果延迟时间过短，会减少灯的使用寿命，增加空白噪声

D．延迟时间是指产生的氢化物进入原子化器需要的时间

答案：A

40．在原子荧光法的测定中，以下__________元素不属于易形成气态氢化物的元素。（　　）

A．Bi　　B．Hg　　C．Sb　　D．Se

答案：B

41．原子荧光光谱仪大多是无色散系统，以下属于无色散系统的优点是__________。（　　）

A．仪器设计较为简单　　B．波长范围广

C．对光源的纯度要求较低　　D．不易受到光谱干扰

答案：A

42．原子荧光光谱仪的主要组成部分不包括__________。（　　）

A．激光光源　　B．过滤系统　　C．原子化器系统　　D．检测系统

答案：B

43．冷原子荧光测汞仪的部件不包括__________。（　　）

A．浓缩器　　B．光电倍增管　　C．抽气泵　　D．还原瓶

答案：A

44．荧光淬灭对荧光量子效率的影响与分子种类有关，以下气体分子影响最大的是__________。（　　）

A．CO_2　　B．CO　　C．N_2　　D．Ar

答案：A

45．下面__________不是原子荧光法的优点。（　　）

A．灵敏度高　　B．适合所有元素测定

C．线性范围宽　　D．谱线比较简单

答案：B

46．原子荧光光谱仪色散系统优点不包括__________。（　　）

A．波长范围广　　B．分离散射光的能力强

C．可采用灵敏的宽波长范围的光电倍增管　　D．不用调整波长

答案：D

47．原子荧光法测定海水中汞时，水样经__________消化后，在还原剂硼氢化钾的作用下，汞离子被还原成单质汞。（　　）

A．硫酸　　B．硝酸　　C．硫酸-过硫酸钾　　D．磷酸

答案：C

48．原子荧光法测定海水时，影响测定结果重复性的因素不包括__________。（　　）

A．载气流量　　B．汞灯电流　　C．负高压　　D．仪器型号

答案：D

49．原子荧光法测定海洋沉积物时，样品在__________体系中，置于沸水浴消化，汞以离子态全量进入溶液。（　　）

A．硫酸　　B．硝酸　　C．硝酸-盐酸　　D．磷酸

答案：C

50．无色散仪器，对于检测日盲区内元素的仪器，至少需要__________个滤光片。（　　）

A．3　　B．2　　C．1　　D．0

答案：D

51．氢化物-原子荧光光谱仪中一直使用__________原子化器。（　　）

A．石英管　　B．火焰　　C．等离子体　　D．石墨炉

答案：A

52．光电倍增管是原子荧光光谱仪的一种常用检测器，光电倍增管的选择主要参照的特征参数不包括__________。（　　）

A．光谱响应　　B．暗电流　　C．阴极灵敏度　　D．前置放大器

答案：D

53．原子荧光法中，产生的干扰类型不包括__________。（　　）

A．物理干扰　　B．生物干扰　　C．化学干扰　　D．光谱干扰

答案：B

54．下面哪种气体分子产生的荧光淬灭影响最小__________。（　　）

A．氧气　　B．二氧化碳　　C．氮气　　D．氩气

答案：D

55．不同价态的砷可以通过__________进行分离测定。（　　）

A．离子色谱仪　　B．等离子体发射光谱仪

C．原子吸收光谱仪　　D．色谱-原子荧光联用仪

答案：D

56．原子荧光法测定时，水样中的__________一般不会形成干扰。（　　）

A．Cu^{2+}　　B．Co^{2+}　　C．Ag^{+}　　D．Cl^{-}

答案：D

57. 原子荧光法测定时，消解水样后加入硫脲，__________元素被还原为四价状态。(　　)

A. 硒　　B. 汞　　C. 砷　　D. 锑

答案：A

58. 原子荧光法测定大批样品时，每测__________个样品至少做一次标准校准，避免基线漂移影响测定结果准确性。(　　)

A. 5　　B. 10　　C. 20　　D. 30

答案：C

59. 原子荧光法测定海水的汞，水样消化完后，需要滴加 2 mL 的盐酸羟胺溶液，该操作的目的是__________。(　　)

A. 增加汞离子在消解液中的稳定性

B. 消除消解液中氧化性物质

C. 消除消解液中还原性物质的干扰

D. 缓和氯化亚锡对汞离子的还原作用，防止汞快速逸出影响测定值

答案：B

60. 原子荧光法测定海水中砷时，酸性介质中五价砷被硫脲-抗坏血酸还原成__________。(　　)

A. 砷单质　　B. 四价砷

C. 三价砷　　D. 一价砷

答案：C

61. 原子荧光法测定海水的砷，下列注意事项错误的是__________。(　　)

A. 所用器具必须清洁，按要求清洗

B. 盐酸试剂使用前应进行空白检验

C. 配备标准溶液与检测样品应用同一瓶盐酸

D. 标准曲线一个月测定一次

答案：D

62. 原子荧光法测定时，当载气氩气中含有 1%的氧气，__________元素灵敏度升高。(　　)

A. 砷　　B. 汞　　C. 硒　　D. 铋

答案：D

63. 下面__________方法可以消除原子荧光法过程中的气相干扰。(　　)

A. 溶液中适当加酸　　B. 适当降低硼氢化钾浓度

C. 加入络合剂　　D. 让发生的氢化物通过一个气相色谱柱

答案：D

64. 原子荧光法测定时，采取__________质控措施判断采样过程是否存在污染。(　　)

A. 加标回收　　B. 有证标准物质

C. 现场平行　　D. 现场空白

答案：D

三、多选题

1. __________能消除原子荧光光谱法中干扰荧光谱线。（　　）

A．选用其他的荧光分析线　　B．增加灯电流

C．加入络合剂络合干扰元素　　D．预先化学分离干扰元素

答案：ACD

2. 原子荧光法测定水中砷、锑时，一般要在水样中加入硫脲和抗坏血酸，其作用是__________。（　　）

A．将水中的砷、锑还原成四价　　B．作为抗干扰的掩蔽剂

C．将水中的砷、锑还原成三价　　D．作为络合剂络合干扰元素

答案：BC

3. 用原子荧光光谱仪测定各种元素时，载流配制原则是__________。（　　）

A．配制载流所用的酸介质应与标准系列溶液的酸介质保持一致

B．载流的酸度应不大于标准系列溶液的酸度

C．载流中可以加空白溶液中所加的其他试剂

D．可以用标准空白溶液作载流，载流中可以不加空白溶液中所加的其他试剂

答案：ABD

4. 原子荧光测量过程中测量信号值偏低或异常的可能原因有__________。（　　）

A．空心阴极灯的灵敏度下降　　B．光路未调节好

C．进样系统问题　　D．氢化物反应条件不正确

答案：ABCD

5. 原子荧光测量过程中测量信号不稳定，精密度差的可能原因有__________。（　　）

A．空心阴极灯稳定性不好或产生漂移

B．气路系统出现泄漏或局部堵塞

C．氢化反应过于激烈，部分反应液随载气进入原子化器中

D．进样系统受到高含量待测元素的污染

答案：ABCD

6. 原子荧光分析中，决定间歇式蠕动泵的进样量的主要因素有__________。（　　）

A．样品环的长短　　B．泵速　　C．泵转动时间　　D．泵的材质

答案：ABC

7. 通常情况下，影响原子荧光中荧光的光强度的因素有__________。（　　）

A．辐射源的强度　　B．原子化器中光源照射到的区域内的原子数目

C．光源辐射/吸收分数　　D．原子化器荧光信号被自吸收的量

答案：ABCD

8. 一个理想的用于原子荧光光谱仪的原子化器须具有以下__________特点。（　　）

A．原子化效率高　　B．没有物理或化学干扰

C．在测量波长处具有较低的背景辐射　　D．稳定性好

答案：ABCD

9．原子荧光分析中，气相干扰可分为__________。（　　）

A．氢化物发生过程中的动力学干扰　　B．氢化物发生效率干扰

C．氢化物传输过程干扰　　D．原子化器中的干扰

答案：CD

10．原子荧光分析中，氢化物发生进样方法的主要优点在于__________。（　　）

A．氢化物在常温下为气态，蒸气导入原子化器比溶液喷雾器的效率高，能将待测元素充分预富集，提高测定的灵敏度

B．待测元素形成气态进样与可能引起干扰的样品基体分离

C．分离散射的能力强

D．波长漂移小

答案：AB

11．氢化物发生原子荧光法中，温度、湿度是影响氢化反应的重要因素。下列对于温湿度影响描述错误的是__________。（　　）

A．温度过高，氢化反应的速度、效率降低，测量稳定性变差

B．温度过高，氢化反应加剧，样品不稳定，还原剂易分解，也同样导致测量稳定性变差

C．湿度过大，会引起散射干扰使测量稳定性变差，还会造成荧光淬灭，导致荧光信号降低

D．湿度过大，会降低散射干扰使测量稳定性变好，但荧光信号降低

答案：BC

12．在原子荧光分析中，对于样品预处理叙述正确的是__________。（　　）

A．前处理过程须保证样品完全分解

B．选用的前处理方法须保证待测元素无损失或不产生不溶性化合物

C．前处理所用试剂空白应考虑是否会对定量产生干扰

D．样品前处理后的介质应符合待测元素氢化物发生的条件

答案：ABCD

13．原子荧光分析中，对于反应液酸度，叙述正确的是__________。（　　）

A．氢化物形成是在一定的酸度条件下进行的

B．不同元素氢化物形成反应需要的适宜酸度是不同的，主要决定于生成反应的稳定常数和反应速度

C．酸度太低，反应不完全，且较缓慢

D．酸度过高，促使还原剂硼氢化钾（钠）大量分解，产生大量氢气，且减少氢化物在原子化器中的停留时间

答案：ABCD

14．原子荧光光谱一般应用在分析上最基本的形式主要有__________。（　　）

A．共振荧光　　B．非共振荧光　　C．敏化荧光　　D．多光子荧光

答案：ABCD

15．__________可以作为原子荧光光谱仪的激发光源。（　　）

A．空心阴极灯　　B．无极放电灯　　C．等离子体光源　　D．激光光源

答案：ABCD

16．原子荧光法作为无机元素常用的分析方法，在__________等领域得到广泛应用。（　　）

A．地质　　B．冶金　　C．环境　　D．食品

答案：ABCD

17．原子荧光法氢化物法过程中，主要干扰类型有__________。（　　）

A．液相干扰　　B．气相干扰　　C．固相干扰

答案：AB

18．原子荧光法常用于测定以下__________元素。（　　）

A．汞　　B．铁　　C．砷　　D．硒

答案：ACD

19．原子荧光法测定水中汞、砷、硒，适用范围有__________。（　　）

A．地表水　　B．地下水　　C．生活污水　　D．工业废水

答案：ABCD

20．原子荧光法测定土壤和沉积物中汞、砷、硒等元素，常用的还原剂有__________。（　　）

A．硼氢化钾　　B．氢氧化钠　　C．盐酸　　D．硼氢化钠

答案：AD

21．原子荧光法测定土壤和沉积物中砷，质量保证和质量控制措施有__________。（　　）

A．每批样品至少 2 个全程空白　　B．每批样品需测定 1～2 个砷的标准物质

C．至少做 10%样品的重复消解　　D．校准曲线的相关系数不小于 0.99

答案：ABC

四、判断题

1．原子荧光法测定水中汞、砷、硒、铋和锑时，常见的阴离子不干扰测定。（　　）

答案：正确

2．气态基态原子吸收的辐射和发射的荧光波长相同时，即产生非共振原子荧光。（　　）

答案：错误

正确答案：气态基态原子吸收的辐射和发射的荧光波长相同时，产生共振原子荧光。

3．使用原子荧光法进行测定时，分析中所用玻璃器皿在使用前应使用（1+1）HNO_3 溶液浸泡至少 24 h。（　　）

答案：正确

4．原子荧光的淬灭主要影响荧光量子效率，降低原子荧光的强度。（　　）

答案：正确

5．原子荧光的元素灯必须在主机电源关闭的状况下才能更换。（　　）

答案：正确

6．原子荧光法中所使用的硼氢化钾溶液可以一次配制，长期使用。（　　）

答案：错误

正确答案：原子荧光法中所使用的硼氢化钾溶液不可以一次配制，长期使用。

7．原子荧光法中一般用氮气作为载气。(　　)

答案：错误

正确答案：原子荧光法中一般用氩气作为载气。

8．原子荧光分光光度法测定废气中汞含量时，0.04%（*m/V*）硼氢化钾溶液的配制方法是：称取0.4 g 硼氢化钾和1 g 氢氧化钾溶于200 mL 去离子水中，用脱脂棉过滤后，用水定容至1 000 mL。(　　)

答案：错误

正确答案：称取 0.4 g 硼氢化钾溶于已加入 1 g 氢氧化钾的 200 mL 水去离子水中（氢氧化钾溶解后再加硼氢化钾）。

9．原子荧光光谱仪的光电倍增管对可见光无反应，因此可以把仪器安装在日光直射或光亮处。(　　)

答案：错误

正确答案：不可以把仪器安装在日光直射处。

10．原子荧光仪上的日盲光电倍增管的作用是将荧光信号转变为电信号，从而可以被计算机系统记录。(　　)

答案：正确

11．影响荧光量子效率的主要因素是原子荧光的淬灭，它会降低原子荧光的强度。(　　)

答案：正确

12．在原子荧光分析中，仪器采集到的荧光强度随灯电流增加而增大。(　　)

答案：错误

正确答案：在原子荧光分析中，在一定范围内随着灯电流增加，荧光强度增大，但灯电流过大会发生自吸现象，从而导致信号强度降低，同时噪声也会增大。

13．原子荧光光谱仪中原子化器的作用是将样品中被分析元素转化成自由离子。(　　)

答案：错误

正确答案：是将样品中被分析元素转化成自由原子。

14．水样中的硒元素不易发生吸附现象，长期放置浓度损失不大。(　　)

答案：错误

正确答案：水样中的硒元素易发生吸附现象，长期放置损失较大，应尽快分析。

15．原子荧光法所使用的系列标准溶液可以不用每次配制。(　　)

答案：错误

正确答案：原子荧光法所用的标准系列必须每次配制。

16．原子荧光法测定废气中汞含量时，准确移取一定量的待测溶液进入原子荧光分光光度计的氢化物发生器中，记录所测得的分光光度值，用标准曲线回归方程计算样品溶液中汞的浓度。(　　)

答案：错误

正确答案：应记录所测得的荧光强度值，再用标准曲线回归方程计算样品溶液中汞的浓度。

17．原子荧光分析时，由于受到自吸收等因素影响，无论是锐线还是连续光源，荧光强度与待测组分之间的线性关系只有在原子为低密度条件下才能成立。(　　)

答案：正确

18．原子荧光分析时，无论是锐线还是连续光源，光源强度越高，其测量线性工作范围越宽。（　　）

答案：正确

19．氢化物发生的原子荧光法中，所测定的元素的氢化物沸点和分解温度相对较低，实际分析时，为保证测定灵敏度，在任何情况下石英炉的温度均应维持在能够将氩氢火焰点燃即可。（　　）

答案：错误

正确答案：石英炉的温度应至少维持在能够将氩氢火焰点燃，但当分析复杂样品尤其是存在气相干扰时，较高的温度有利于克服气相干扰，实际测定时，应根据分析任务的需要选择合适的原子化温度。

20．原子荧光测定中，测量灵敏度随观测高度的变化而变化，一般情况下，观测高度太低，石英炉的散射光会增加背景读数及测量噪声；观测高度过高，会降低测量的灵敏度和精密度。（　　）

答案：正确

21．原子荧光测定地表水、饮用水等基体简单的试样时，不会有干扰，所以可以不经消解直接进行测定。（　　）

答案：错误

正确答案：地表水和饮用水中的 Hg、As、Se、Sb 等以不同形态、不同价态存在，水样只有经消解后方可与标准溶液形态相同，保证其氢化物发生过程相近，方可减少测量误差。

22．原子荧光测定时，如果光电倍增管使用的电压过高，暗电子发生影响较大，导致荧光信号波动，此时可适当加大灯电流。灯电流加大的原则是当检测信号满足要求时，尽量使用小的光电倍增光电压来减少噪声。（　　）

答案：正确

23．原子荧光测定时，高浓度标准点荧光信号微弱的主要原因是样品酸度不够，硼氢化钾未能够有效发挥还原作用。（　　）

答案：正确

24．原子荧光分析实际样品时，采用质控样对测量准确度进行判断，如果质控样测量结果在不确定度范围内，说明不存在干扰因素。（　　）

答案：错误

正确答案：质控样用纯水配制，不存在基体干扰，无法判断实际样品的准确度。

25．原子荧光测定汞时，石英炉的温度对汞的灵敏度和准确度测定影响明显，当分析痕量汞时，为保证测量灵敏度，应尽可能选择较高的炉温以提升测量精度。（　　）

答案：错误

正确答案：当分析痕量汞时，测量的精密往往比灵敏度更重要，当使用 800～900℃炉温时，记忆效应小，测量精度明显提高，但灵敏度降低约 5 倍；当使用 300℃炉温时，灵敏度未发现明显降低，反而测量精度明显提高。因此建议汞测定的石英炉温度为 300℃。

26．对于不同价态的元素，原子荧光使用硼氢化钾还原只能测定低价态的成分，在测定总量时，必须用硫脲或抗坏血酸先将高价态部分预还原成低价态。（　　）

答案：正确

27．原子荧光法测定水中汞、砷、硒、铋和锑，硼氢化钾在酸性条件的还原作用下，使汞、砷、硒、铋和锑生成汞原子、砷化氢、硒化氢、铋化氢和锑化氢。（　　）

答案：正确

28．原子荧光法测定水中砷、锑，酸性介质中能与硼氢化钾反应生成氢化物的元素会互相影响产生干扰，加入硫脲可以消除干扰。（　　）

答案：错误

正确答案：硫脲+抗坏血酸。

29．原子荧光分析中，荧光淬灭的程度取决于原子化器的气氛，氩气气氛中荧光的淬灭最小。（　　）

答案：正确

30．原子荧光分析中，配制好的硼氢化钾（钠）溶液应避免阳光照射，以免引起还原剂分解，产生较多的气泡，影响测定精度。（　　）

答案：正确

31．原子荧光分析中，大多数分析工作涉及共振荧光，因为其跃迁概率最大且用普通线光源即可获得相当高的辐射密度。（　　）

答案：正确

32．原子荧光分析中，锐线及连续光源不管是在照射浓度高或浓度低的分析物时，均会产生自吸，使得荧光强度发生变化。痕量分析时，自吸效应不明显。（　　）

答案：错误

正确答案：但在进行痕量分析时，不会遇到自吸问题。

33．原子荧光分析中，为了使阴极灯能在额定功率范围内产生较强的光能，激发光源采用脉冲供电的方式，即在脉冲供电时，虽然平均电流仍维持在制造商允许的范围内，但峰值电流会根据不同的占空比可以增加到平均电流的几倍、几十倍，甚至几百倍。（　　）

答案：正确

34．原子荧光分析中，可使用峰面积或峰高进行信号测量，一般情况下，采用峰面积法可以获得更好的测量精密度，且工作曲线的相关系数也有所改善。（　　）

答案：正确

35．原子荧光分析中，由于氢化物的传输及其原子化均需要一定的时间，故为了获得最佳的信噪比，必须仔细选择读数延长时间和积分时间，而这通常可选择 7～10 s 和 2～3 s。（　　）

答案：错误

正确答案：读数延长时间和积分时间通常可选择 2～3 s 和 7～10 s。

36．原子荧光分析中，常用的还原剂为硼氢化钾或硼氢化钠，测量汞、砷、硒、锑、铋推荐的硼氢化钾的浓度均为 0.4%左右。（　　）

答案：错误

正确答案：砷需要较高的硼氢化钾浓度（≥1%），其他元素在 0.4%左右的硼氢化钾浓度范围内均可得到或接近最佳灵敏度。

37. 原子荧光分析中，液相干扰主要产生在氢化物形成过程中或在形成的氢化物从样品溶液中逸出的过程中，主要是由于氢化物发生速度的改变或者由于发生效率的改变引起的。（ ）

答案：正确

38. 原子荧光分析中，由于其灵敏度很高，有效去除空白影响是实验成败的关键，在测定汞时，为防止汞的损失，建议使用优级纯的重铬酸钾，且其他试剂如 NaOH、HCl、HNO_3 也必须使用优级纯试剂。（ ）

答案：正确

39. 原子荧光分析中，样品不经硫脲或抗坏血酸还原，也未经消解前处理，测定的砷和硒仅是低价态的成分，如 As^{3+}、Se^{4+}。（ ）

答案：正确

40. 原子荧光分析中，如果质控样品及平行双样测量结果均满足测试要求，说明不存在干扰因素，样品测量准确度也满足测试要求。（ ）

答案：错误

正确答案：干扰因素影响平行双样，但不影响测量精度；且质控样配制过程简单，无基体干扰，仅以质控样是否准确无法判断试样的准确度。

41. 原子荧光分析中，对于超痕量成分的测定，需要浓缩后再测定，由于在浓缩待测成分时，所用试剂的空白也得到高倍浓缩，为防止扣除空白产生错误，至少需带 2 个以上的空白。（ ）

答案：正确

42. 原子荧光的谱线比较简单，因此要求光学部分必须具备集光能力强及可避免杂散影响的特点。（ ）

答案：正确

43. 原子荧光法与原子吸收光谱法既有相似之处，也有不同之处，两种方法可以互相补充。（ ）

答案：正确

44. 荧光饱和效应是指当激发辐射强度增加到一定程度时，原子荧光强度不再随光源强度的增加而增加的效应。（ ）

答案：正确

45. 共振荧光是指激发波长与发射波长不相同的荧光。（ ）

答案：错误

正确答案：共振荧光是指激发波长与发射波长相同的荧光，非共振荧光是指激发波长与发射波长不相同的荧光。

46. 荧光猝灭干扰是指受辐射激发的原子与气体分子发生碰撞所引起的荧光强度降低的现象。（ ）

答案：正确

47. 原子荧光分析中常用的检测器是紫外光度计。（ ）

答案：错误

正确答案：原子荧光分析中常用的检测器是日盲光电倍增器。

48．原子吸收的空心阴极灯早期作为原子荧光光源。（ ）

答案：正确

49．用冷原子荧光法测定汞，灵敏度会下降。（ ）

答案：错误

正确答案：用冷原子荧光法测定汞，灵敏度会提高。

50．原子荧光法液相中由于细小的金属沉淀会产生严重的干扰，适当地增加碱度可以加大金属微粒的溶解度，从而较好地克服某些金属元素的干扰。（ ）

答案：错误

正确答案：适当地增加酸度。

51．原子荧光法在原子化阶段主要保证被测元素的充分原子化，并在最大限度上减少原子浓度的衰减。（ ）

答案：正确

52．原子荧光法测定样品时，待测样品中的汞以气态氢化物的形式进入原子化器。（ ）

答案：错误

正确答案：汞以蒸气形式进入。

53．原子荧光法测定全程序空白时，结果应小于方法检出限。（ ）

答案：正确

54．原子荧光法测定溶解态汞、砷、硒等含量是指未经酸化的样品经 0.45 μm 孔径滤膜过滤液后所测定的汞、砷、硒的含量。（ ）

答案：正确

55．原子荧光强度与试液中待测元素含量在一定范围内成正比。（ ）

答案：正确

56．选用双层结构石英管原子化器，内外两层均通氮气，使待测元素的基态原子不与空气中的氧和氮碰撞，降低荧光淬灭对测定的影响。（ ）

答案：错误

正确答案：选用双层结构石英管原子化器，内外两层均通氩气，使待测元素的基态原子不与空气中的氧和氮碰撞，降低荧光淬灭对测定的影响。

57．水中汞测定时，校准曲线的相关系数应大于 0.999。（ ）

答案：错误

正确答案：大于等于 0.995。

58．配制硫脲和抗坏血酸混合溶液中，称取硫脲和抗坏血酸重量比为 1∶1。（ ）

答案：正确

59．原子荧光法测定土壤中硒时，每批样品至少测定 2 个实验室空白。（ ）

答案：正确

60．原子荧光法测定土壤中硒时，每 10 个样品应至少做 10%样品的重复消解。（ ）

答案：正确

61．原子荧光法测定土壤样品时，消解前处理过程应在通风橱内进行，实验人员应注意佩戴防

护器具。（　　）

答案：正确

62．原子荧光法测定土壤样品时，空白样品消解时可以简化过程处理。（　　）

答案：错误

正确答案：空白样品消解时须和样品保持完全一致的消解程序。

63．原子荧光法测定土壤样品时，可使用分析纯硫脲。（　　）

答案：正确

64．原子荧光法需要光源，主要是为自由原子的产生提供辐射能量。（　　）

答案：正确

65．原子荧光法选择性好，主要是因为原子化效率高。（　　）

答案：错误

正确答案：主要是因为各种元素都有特定的原子荧光光谱。

66．原子荧光法测定土壤样品时，一般称取风干、过筛的样品 0.1～0.5 g 进行消解。如果元素含量低，可适当增加称样量。（　　）

答案：正确

五、简答题

1．原子荧光分光光度法测定废气中汞含量时，若与砷同时测定，是否可以在砷介质中进行？砷介质中主要含哪些试剂？它们会干扰汞的测定吗？

答案：可以，砷介质中含硫脲、抗坏血酸和盐酸，不会干扰汞的测定。

2．用冷原子荧光法测定水中汞时，空气中哪些物质会造成荧光淬灭，降低测定的灵敏度？

答案：空气中的 O_2、CO、CO_2 等与激发态汞原子碰撞会造成荧光淬灭，降低测定的灵敏度。

3．原子荧光的基本类型有哪些？

答案：有共振荧光、直跃线荧光、阶跃线荧光、敏化荧光和多光子荧光。

4．在使用原子荧光分光光度法对水中砷、锑进行测定时，一般需要在水样中加入硫脲和抗坏血酸，其作用是什么？

答案：加入硫脲和抗坏血酸的作用是将水样中的砷、锑还原成三价，同时也作为抗干扰的掩蔽剂。

5．氢化物发生原子荧光法测定样品过程中，各元素共性影响因素主要有哪些？

答案：水分子会引起严重的荧光淬灭；氮氧化物和挥发性有机物会引起荧光淬灭；过渡元素和贵金属元素会对氢发生反应造成干扰。

6．影响原子荧光光谱仪光强度的主要因素有哪些？

答案：

（1）辐射源的强度；

（2）原子化器中光源照射到区域内的原子数目；

（3）光源辐射/吸收分数；

（4）原子化器荧光信号被自吸收的量。

7．原子荧光测定中，为保证待测元素以气态氢化物的形式进入原子化器，原子化器系统应具备哪些条件？

答案：

（1）良好的气液分离效果；

（2）高的原子化效率；

（3）一定程度上能克服物理干扰和化学干扰；

（4）在测量的波长处背景发射必须很低；

（5）原子化效率稳定性能好；

（6）屏蔽效果好；

（7）测量光路中有浓度较高的基态原子，且其寿命较长。

8．原子荧光测定中，对于氢化物发生过程中的液相干扰，有哪些有效地消除干扰方法？

答案：

（1）加入络合剂与干扰元素形成稳定的络合物；

（2）增加酸度加大金属微粒的溶解度；

（3）适当降低硼氢化钾（硼氢化钠）的浓度；

（4）加入氧化-还原电位高于干扰离子的元素；

（5）改变氢化物发生方式；

（6）通过化学反应改变干扰元素的价态；

（7）分离干扰元素。

9．原子荧光测定中，消除气相干扰的总体原则是什么？

答案：

（1）在干扰元素的氢化物未发生之前，设法不让其转化为氢化物或推迟它的发生；

（2）干扰元素如果已生成氢化物，在传输过程应降低其传输速率；

（3）进入原子化器时，应充分的供给氢基以保证待测元素的原子化不受干扰元素的影响，同时防止测定原子浓度的衰减。

10．在原子荧光光谱分析中，需要调节哪些仪器测量条件？

答案：负高压、灯电流、原子化器温度、原子化器高度、载气流量、屏蔽气流量、读数时间、延迟时间、泵速、泵转动（推动）时间。

11．简述原子荧光法定量测定样品中待测元素的原理。

答案：原子荧光法是用一定强度的激发光源照射含有一定浓度待测元素的原子蒸气（气态氢化物）时，产生一定强度的特征原子荧光光谱，测定原子荧光的强度即可求得样品中待测元素的含量。

12．原子荧光光谱仪的激发光源应当满足哪些条件？请至少列出 3 个。

答案：发射强度高，无自吸；稳定性好，噪声小；发射的谱线窄且纯度高；价格便宜且使用寿命较长；适用多种元素分析；操作简单。

六、计算题

1．准确称取烘干后的土壤样品 0.150 0 g 加入微波消解罐中，加入盐酸和硝酸，放入微波消解系统中进行消解，消解完成后定容至 50.00 mL，用氢化物发生-原子荧光法测定，扣除空白后溶液中硒的浓度为 0.000 45 μg/mL，试计算该土壤样品中硒的含量。

答案： 土壤中的硒的含量=$\frac{0.000\,45\times50}{0.150\,0}$=0.15（μg/g）或（mg/kg）

2．用原子荧光法测定地下水中砷，量取水样 50.00 mL 进行试样制备，酸消解后定容至 50 mL，待测。量取制备好的试样 5.00 mL 于 10 mL 比色管中，加入 2 mL 盐酸溶液，2 mL 硫脲-抗坏血酸溶液，室温放置 30 min，定容混匀后进行测定，从校准曲线上查得测定溶液中砷的浓度为 1.25μg/L，求该地下水中砷的浓度。

答案： $\rho=\frac{\rho_1\times f\times V_1}{V}=\frac{1.25\times1\times10.0}{5.00}=2.50$（μg/L）

3．用原子荧光法测定废水中汞，量取水样 5.00 mL 进行试样制备，酸消解后定容至 5.00 mL，直接测定。从校准曲线上查得测定溶液中汞的浓度为 0.21 μg/L，求该地表水中汞的浓度。

答案： $\rho=\frac{\rho_1\times f\times V_1}{V}=\frac{0.21\times1\times5.00}{5.00}=0.21$（μg/L）

4．用原子荧光法测定土壤中总汞时，称取制备好的样品 0.282 0 μg，样品干物质含量为 94.2%，微波消解液定容体积 50.00 mL，分取 10.00 mL 消解液，加 2.5 mL 盐酸，定容至 50.00 mL。由标准曲线查到测试汞的浓度为 0.085 μg/L，空白溶液查得的汞浓度 0.008 μg/L，计算土壤中汞的含量。

答案： $\omega_1=\frac{(\rho-\rho_0)\times V_0\times V_2}{m\times\omega_{\rm dm}\times V_1}\times10^{-3}=\frac{(0.085-0.008)\times50.00\times50.00}{0.282\,0\times0.942\times10.00}\times10^{-3}=0.072\,5\text{(mg/kg)}$

5．用原子荧光法测定某沉积物样品中总砷含量，准确称取经风干、研磨并过筛的土壤样品 0.253 8 g，微波消解液定容体积 50.00 mL，分取 10.00 mL 消解液，加 5.0 mL 盐酸、10 mL 硫脲-抗坏血酸溶液，室温放置 30 min，定容至 50 mL。由标准曲线查得待测样品浓度为 21.25 μg/L，空白溶液测定浓度为 0.025 μg/L，样品含水率为 7.5%，试求该沉积物样品中总砷的含量。

答案： $\omega_2=\frac{(\rho-\rho_0)\times V_0\times V_2}{m\times(1-f)\omega_{\rm dm}\times V_1}\times10^{-3}=\frac{(21.250-0.025)\times50.00\times50.00}{0.253\,8\times(1-0.075)\times10.00}\times10^{-3}=22.6\text{(mg/kg)}$

6．用原子荧光法测定地表水中硒，检测人员 A 第一次测定的值为 5.1 μg/L，第二次测定的值为 5.5 μg/L，计算该检测人员第二次测定的相对偏差。

答案： 相对偏差 =[5.5−（5.1+5.5）/2]/[（5.1+5.5）/2]=3.8%

7．实验室配制了 7 个平行的空白土壤加标样品，经过制备、微波消解后，用原子荧光光谱仪按标准方法的分析步骤进行测定，测定值分别为 0.105 mg/kg、0.109 mg/kg、0.098 mg/kg、0.120 mg/kg、0.104 mg/kg、0.106 mg/kg、0.110 mg/kg，试按 HJ 168—2020 的相关规定计算检出限［$t_{(7-1,0.99)}$=3.143］。

答案： S=0.006 8 mg/kg;

检出限：MDL=$t_{(7-1,0.99)}\times S$=3.143×0.006 8=0.02（mg/kg）

8．水样中砷的浓度为 6 μg/L。取该水样 49.00 mL，添加 1.00 mL 浓度为 500 μg/L 标准样品，制备后取 5 mL 于 10 mL 比色管中，加入 2 mL 盐酸溶液、2 mL 硫脲-抗坏血酸溶液，放置 30 min，用水稀释定容、混匀后进行测定，根据校准曲线计算定容后溶液中砷的浓度为 7.6 μg/L，求水样加标回收率。

答案： 砷的含量：ρ=（7.6×10/5−6×49/50）/（500×1/50）×100%=93.2%

9．用原子荧光法测定某水样中的汞，取水样 5.00 mL 进行消解，消解完全后定容至 10.00 mL，另取 5.00 mL 水样加入浓度为 1.0 μg/L 的 Hg 标准中间溶液 2.00 mL 进行同样的操作，消解定容至 10.00 mL，经上机测试后，计算得到样品溶液和样品加标溶液中汞的浓度分别为 0.20 μg/L 和 0.40 μg/L，求该样品的加标回收率。

答案： $r = \dfrac{(0.4-0.2)\times 10}{1.0\times 2.0}\times 100\% = 100\%$

10. 用原子荧光法测定某水样中的砷，取水样 50.00 mL 进行消解，消解完全后定容至 50.00 mL，另取 50.00 mL 水样加入浓度为 100.0 μg/L 的 As 标准使用液 2.00 mL 进行同样的操作，消解定容至 50.00 mL，经上机测试后，计算得到样品溶液和样品加标溶液中砷的浓度分别为 1.5 μg/L 和 4.8 μg/L，求该样品的加标回收率。

答案： $r = \dfrac{(4.8-1.5)\times 50}{100\times 2.0}\times 100\% = 82.5\%$

第十一节　原子吸收法

一、填空题

1. 石墨炉原子吸收光度法测定样品时，载气流量的大小对__________和__________有影响。

答案： 分析灵敏度，石墨管寿命

2. 石墨炉原子吸收光度法分析程序通常有干燥、灰化、__________和__________4 个阶段。

答案： 原子化，除残（或净化）

3. 原子吸收法中遇到的干扰归纳起来为：__________、__________、__________、光谱干扰、物理干扰和其他干扰几种类型。

答案： 化学干扰，电离干扰，背景吸收干扰

4. 火焰原子吸收光度法中扣除背景干扰的主要方法有：双波长法、__________、__________和自吸收法。

答案： 氘灯法，塞曼效应法

5. 在环境监测中原子吸收主要用于对__________进行定量分析。

答案： 金属元素

6. 原子吸收分光光度法中，当试样组成未知，无法与标液匹配时，可采用__________或__________排除物理干扰。

答案： 标准加入法，稀释法

7. 原子吸收光度法分析样品时，物理干扰是指试样在转移、__________和__________过程中，由于试样的任何物理特性的变化而引起的吸收强度下降的效应。

答案： 蒸发，原子化

8. 原子吸收光谱仪由光源、__________、__________和检测系统四部分组成；原子吸收光谱仪的火焰原子化装置包括__________和__________。

答案：原子化器，分光系统，雾化器，燃烧器

9. 用火焰原子吸收光度法分析样品时，灯电流太高会导致 ＿＿＿＿＿、＿＿＿＿＿，使灵敏度＿＿＿＿＿。

答案：谱线变宽，谱线自吸收，下降

10. 火焰原子吸收光度法常用的锐线光源有＿＿＿＿＿、＿＿＿＿＿和＿＿＿＿＿3 种。

答案：空心阴极灯，无极放电灯，蒸气放电灯

11. 石墨炉原子吸收分析阶段，灰化的目的在于消除＿＿＿＿＿和＿＿＿＿＿，保留分析元素。

答案：基体，干扰物

12. 石墨炉原子吸收分光光度法测定环境空气中铅时，高浓度的钙、硫酸盐、磷酸盐、碘化物、氟化物或者醋酸都会干扰铅的测定，可通过＿＿＿＿＿来校正。

答案：标准加入法

13. 火焰原子吸收法中，＿＿＿＿＿和＿＿＿＿＿对于待测元素的灵敏度有很大影响。

答案：火焰类型，燃烧器高度

14. 原子吸收仪的空心阴极灯如果长期闲置不用，应该经常开机预热，否则会使谱线＿＿＿＿＿，甚至不再是＿＿＿＿＿光源。

答案：不纯，锐线

15. 同一元素在不同火焰中的原子化程度不同，铜、锌等元素在＿＿＿＿＿火焰中很容易原子化，而钡、钒等元素，使用＿＿＿＿＿火焰才能达到可观的测量灵敏度。

答案：空气-乙炔，氧化亚氮-乙炔（或笑气-乙炔）

16. 原子吸收分光光度法一般有＿＿＿＿＿和＿＿＿＿＿两种信号测量方式。＿＿＿＿＿积分测量的精密度较好，且线性范围宽，检出限也低。但在试样基体复杂且未采取消除基体干扰的有效措施时，用＿＿＿＿＿测量会产生较大误差。

答案：峰高，峰面积，峰面积，峰面积

17. 选择火焰燃烧器高度，要使来自空心阴极灯的辐射从基态原子浓度＿＿＿＿＿的火焰区域通过。

答案：最大

18. 火焰原子吸收光谱仪原子化器的作用是＿＿＿＿＿，用以吸收来自锐线源的＿＿＿＿＿。

答案：产生基态原子，共振辐射

19. 原子吸收分光光度法测定水、土壤、沉积物、气中金属元素时，前处理所用的硝酸、盐酸、高氯酸或氢氟酸等都应为＿＿＿＿＿ 纯。

答案：优级

20. 火焰原子吸收光谱分析中常用＿＿＿＿＿和＿＿＿＿＿两种火焰种类。

答案：空气-乙炔，笑气-乙炔（或氧化氩氮-乙炔）

21. 被测元素在石墨炉中的反应要比火焰内复杂得多，试液干燥之后在石墨炉内主要发生＿＿＿＿＿、＿＿＿＿＿和＿＿＿＿＿三种反应。

答案：热解，还原，碳化物的生成

22. 原子吸收光谱分析中保存标准溶液的容器材质根据不同元素及介质而定，其中无机储备溶

液通常置于__________容器中，维持必要的 __________，保存在清洁、低温、阴暗的地方。

答案：聚四氟乙烯，酸度

23. 冷蒸气发生原子吸收法主要应用于__________及其化合物的测定。

答案：汞

24. 原子吸收光谱分析中原子化方法一般有四种：__________原子化法、__________（又称电热）原子化法、__________原子化法、__________原子化法。

答案：火焰，石墨炉，氢化物发生，冷蒸气发生

25. 火焰原子化法中常用的是__________原子化器，它是由__________、__________和__________三部分组成。

答案：预混合型，雾化器，雾化室，燃烧器

26. 原子吸收光谱法检测系统的作用是完成__________的转换，为以后的信号处理做准备。

答案：光电信号

27. 原子吸收光谱法目前最主要的检测器是__________和固态检测器。其中常用的固态检测器有__________、__________、__________等。

答案：光电倍增管，电荷耦合器件（CCD），电荷注入器件（CID），二极管阵列检测器（PDA）

28. 原子吸收是指呈气态的__________对由同类原子辐射出的__________谱线具有的吸收现象。

答案：自由原子，特征

29. 石墨炉原子吸收法干燥阶段的目的是防止注入石墨管中的试样溶液在灰化和原子化阶段__________，防止渗入石墨管壁的溶液突然蒸发引起试样__________。

答案：暴沸，飞溅

30. 石墨炉原子吸收法灰化阶段的作用是使试样中的__________和__________挥发，以减少原子化阶段共存物质和背景吸收的干扰。

答案：共存有机物，低沸点无机物

31. 石墨炉原子吸收测定时，有时为了提高灵敏度，会在原子化时间内__________，以降低自由原子的扩散，延长自由原子在吸收区停留间。

答案：停气

32. 火焰原子吸收分析线的选择一般选用__________或__________的谱线，当样品含量较高时，可以选择__________。

答案：灵敏线，干扰小，次灵敏线

33. 对于 As、Se、Te、Sn、Ge、Pb、Sb、Bi 等元素，可在一定酸度下，用__________或__________还原成易挥发、易分解的氢化物，然后由载气送入置于吸收光路中的电热石英管内，氢化物分解为__________，测定其吸光度，其检出限比火焰法低 1～3 个数量级，选择性好，灵敏度高。

答案：硼氢化钠（$NaBH_4$），硼氢化钾（KBH_4），气态原子

34. 高温石墨炉内的热解反应分为__________、__________、__________三种类型。

答案：氧化物解离型，氯化物解离型，硫化物解离型

35. 火焰原子吸收法的检出限可达到__________量级，石墨炉原子吸收光度法的检出限可达到__________。

答案：mg/L，μg/L

36．原子吸收在一定的测试条件下遵循朗伯-比尔定律，气相中基态原子对光吸收的程度和气相中基态原子的密度成__________。

答案：正比

37．萃取是一个常用的分离手段，以达到__________、__________，同时可起到浓缩（富集）的作用。

答案：消除干扰，分离杂质

38．在原子吸收测定中，最佳测定条件的选择十分重要，在选择时应充分考虑测定元素的种类、存在的大致量级、__________及__________。

答案：共存基体成分，可能产生的干扰因素

39．在氘灯法校正背景时，元素灯的辐射作为__________，测量总的吸收信号（原子吸收与背景吸收之和），氘灯的辐射作为__________，用以测量背景吸收。

答案：样品光束，参考光束

40．在原子吸收分光光度法中，__________的火焰称为富燃火焰，__________的火焰称为贫燃火焰。

答案：燃助比大于化学计量，燃助比小于化学计量

41．化学计量火焰由于__________与化学反应计量关系相近，又称其为__________。

答案：燃气与助燃气之比，中性火焰

二、单选题

1．测定水质金属总量的样品可用硝酸消解法或微波消解法对水样进行前处理，下列描述中不属于水样消解处理作用的是__________。（　　）

A．用于去除（或降低）水中高含量的悬浮物、有机物或有色物质

B．将不溶或难溶的待测组分转化为易溶物，以便分析检测

C．将各种价态的待测元素还原为单一低价态

D．通过氧化和挥发作用去除一些干扰离子

答案：C

2．火焰原子吸收光度法分析中，用 HNO_3-HF-$HClO_4$ 消解试样，在驱赶 $HClO_4$ 时，如将试样蒸干须__________解决。（　　）

A．加 2 mL 硝酸　　B．加 1 mL 氢氟酸

C．加 2 mL HNO_3-HF-$HClO_4$　　D．重新消解

答案：D

3．冷原子吸收法测汞中，$KMnO_4$ 的作用是__________。（　　）

A．氧化还原性物质

B．防止重金属沉淀

C．作为指示剂

D．破坏有机物、把低价汞全部氧化成二价汞离子

答案：D

4. ＿＿＿＿＿不是原子吸收光度法中进行背景校正的主要方法。（　　）

A．氘灯法　　B．塞曼法　　C．标准加入法　　D．双波长法

答案：C

5. 火焰原子吸收光度法测定时，增敏效应是指试样基体使待测元素吸收信号＿＿＿＿＿的现象。（　　）

A．减弱　　B．增强　　C．降低　　D．改变

答案：B

6．火焰原子吸收光度法的雾化效率与＿＿＿＿＿无关。（　　）

A．试液密度　　B．试液黏度　　C．试液浓度　　D．表面张力

答案：C

7．石墨炉原子吸收光度法的特点是＿＿＿＿＿。（　　）

A．灵敏度高　　B．速度快　　C．操作简便

答案：A

8．石墨炉原子吸收光度法测定水中镉、铜、铅效果最好的基体改进剂是＿＿＿＿＿。（　　）

A．硝酸钯　　B．硝酸铵　　C．磷酸钠　　D．钼酸铵

答案：A

9．冷原子吸收分光光度法测定水中总汞时，加入氯化亚锡的目的是＿＿＿＿＿。（　　）

A．将试样中的汞全部转化成二价汞　　B．将试样中的汞全部转化成一价汞

C．还原过量的氧化剂　　D．将二价汞还原成金属汞

答案：D

10．原子吸收分光光度法校正背景干扰的方法有＿＿＿＿＿。（　　）

①塞曼效应扣背景　　②氘灯法　　③双波长法　　④自吸收法

A．①②③④　　B．②③④　　C．①②③　　D．①②④

答案：A

11．火焰原子吸收光度法分析样品时，一般通过测定＿＿＿＿＿来判断基体干扰程度的大小。（　　）

A．样品的精密度　　B．分析线附近 1 nm 的非特征吸收

C．加标回收率　　D．试剂空白

答案：C

12．原子吸收分析中化学干扰影响测定结果的准确性，它常导致分析结果＿＿＿＿＿。（　　）

A．偏低　　B．偏高　　C．偏低或偏高

答案：C

13．原子吸收光度法分析时，如果试样粘度过高，在试样进入雾化室后，就会粘在室内壁上，产生＿＿＿＿＿效应。（　　）

A．增敏　　B．机体　　C．记忆

答案：C

14．原子吸收光度法测定水中 Cu、Pb、Zn、Cd 时，通常以＿＿＿＿＿作为保存剂。(　　)

A．硝酸　　B．高氯酸　　C．硫酸　　D．盐酸

答案：A

15．原子吸收谱线变宽将导致灵敏度＿＿＿＿＿。(　　)

A．下降　　B．升高　　C．不变

答案：A

16．原子吸收光度法背景吸收能使吸光度＿＿＿＿＿，使测定结果偏高。(　　)

A．增加　　B．减少　　C．不变

答案：A

17．火焰原子吸收光度法测定时，化学干扰是一种＿＿＿＿＿干扰，对试样中各元素的影响各不相同。(　　)

A．选择性　　B．非选择性　　C．随机性

答案：A

18．火焰原子吸收光度法分析样品时，不能消除光谱干扰的方法有＿＿＿＿＿。(　　)

A．加标回收率　　B．选用较小的光谱通带　　C．被测元素其他分析线

答案：A

19．火焰原子吸收分光光度法根据不同元素选择不同种类火焰的原则是＿＿＿＿＿。(　　)

A．使待测元素获得最大原子化效率　　B．火焰的原子化温度高

C．应先选择富焰，再选择贫焰　　D．表面张力

答案：A

20．火焰原子吸收分光光度法中，不能消除电离干扰的方法是＿＿＿＿＿。(　　)

A．选择合适的火焰温度　　B．加入消电离剂

C．选用被测元素的其他分析线　　D．选择合适的火焰种类

答案：C

21．为防止石墨管被空气氧化，石墨炉装置均装有保护气装置，通常用＿＿＿＿＿作保护气，因为它对测定不产生干扰。(　　)

A．氩甲烷　　B．氮气　　C．氩气　　D．氦气

答案：C

22．石墨炉原子吸收法中测定镉、铅时，为克服基体干扰可加入基体改进剂，加入基体改进剂后，可适当＿＿＿＿＿灰化温度，以减少基体产生的背景吸收干扰。(　　)

A．提高　　B．降低　　C．不变

答案：A

23．冷原子吸收法测定水质中总汞，消解过程中用到的试剂，如硫酸、硝酸、高锰酸钾、过硫酸钾、溴酸钾等对纯度要求很高，要求是＿＿＿＿＿，所做的全程序空白必须满足质控要求。(　　)

A．分析纯　　B．优级纯　　C．基准试剂

答案：B

24．可溶性元素是指未经酸化的样品经＿＿＿＿＿μm 孔径滤膜过滤后所测定的元素含量。(　　)

A．0.22　　B．0.45　　C．0.63　　D．0.10

答案：B

25．原子吸收光度法用的空心阴极灯是由玻璃管制成的封闭式低压气体的放电管，主要由一个阳极和一个空心阴极组成。其阴极为空心圆柱形，由__________制成。（　　）

A．待测元素的高纯金属或合金　　B．金属铜或合金

C．任意纯金属或合金　　D．非待测元素纯金属

答案：A

26．原子吸收光度法测定时，灯电流的选择通常以空心阴极灯上标识的最大电流的__________为工作电流为宜。（　　）

A．40%～60%　　B．20%～50%　　C．30%～70%　　D．50%～75%

答案：A

27．原子吸收和原子发射均与原子的__________层电子在不同能级之间的跃迁有关。（　　）

A．内　　B．外　　C．K　　D．L

答案：B

28．原子吸收光谱分析中的化学干扰，主要影响待测元素的__________，是原子吸收光谱法干扰的主要来源。（　　）

A．雾化效率　　B．燃烧效率　　C．原子化效率　　D．吸收强度

答案：C

29．原子吸收光谱分析中的化学干扰具有__________，它对试液中各元素的影响程度是不同的。（　　）

A．选择性　　B．非选择性　　C．特殊性　　D．随机性

答案：A

30．在高温时，原子失去电子形成离子，使基态原子数目降低，吸光度下降，这种干扰称为__________。（　　）

A．光谱干扰　　B．化学干扰　　C．物理干扰　　D．电离干扰

答案：D

31．物理干扰是指溶质和溶剂的物理特性发生变化，引起吸光度下降的效应，主要指由于试液的粘度、表面张力、密度等的差异引起的雾化效率、溶剂和溶质的蒸发效率等变化造成的干扰，具有__________。（　　）

A．选择性　　B．随机性　　C．非选择性　　D．相关性

答案：C

32．连续火焰原子吸收光谱仪的工作光源一般为__________。（　　）

A．空心阴极灯　　B．无极放电灯　　C．氘灯　　D．氙灯

答案：D

33．无火焰原子化装置又称电热原子化装置，目前广泛使用的为石墨炉原子化器。它是利用__________来加热石墨管，可升温至 3 000℃，使试样中的少量液样或固样蒸发和原子化。（　　）

A．高电压，大电流　　B．低电压，小电流

C．低电压，大电流　　　　D．高电压，小电流

答案：C

34．火焰原子吸收分析过程中对于燃烧器角度的选择在通常情况下其角度为__________度，在测高浓度试样时，可以选择旋转一定的角度以获得更好的分析效果。（　　）

A．0　　B．45　　C．90　　D．120

答案：A

35．石墨炉原子吸收分析中保护气的选择最好使用高纯氩气，载气流量影响灵敏度和石墨管寿命，其中目前保护气大多采用__________供气的方式。（　　）

A．内外共同　　B．内外单独　　C．只供外部　　D．只供内部

答案：B

36．原子吸收光谱分析时，当样品中基体不明或基体浓度很高、变化大、很难配制相类似的标准溶液时，使用__________较好。（　　）

A．标准曲线法　　B．工作曲线法　　C．标准加入法　　D．内插法

答案：C

37．原子吸收光谱分析是基于从光源辐射出的待测元素的特征谱线的光，通过样品蒸气时，被待测元素的__________所吸收，由辐射特征谱线的光被减弱的程度，从而求出待测样品中该元素的含量的方法。（　　）

A．原子　　B．激发态原子　　C．基态原子　　D．离子

答案：C

38．火焰原子化器中原子化过程包括样品溶液的雾化、脱溶剂、熔融、蒸发、__________、__________，是影响测定灵敏度的关键因素。（　　）

A．氧化，分解　　B．离解，还原　　C．消解，络合

答案：B

39．氢化物原子化法中生成氢化物是一个__________过程，所生成的氢化物是共价分子型化合物，沸点低、易挥发分离分解。（　　）

A．氧化还原　　B．热裂解　　C．络合　　D．电离

答案：A

40．原子吸收光谱分析背景吸收中的光散射是由于火焰中的气溶胶固体微粒的存在，会使入射光发生散射，产生__________于真实值的假吸收，使结果偏__________。（　　）

A．低，低　　B．高，低　　C．低，高　　D．高，高

答案：D

41．火焰原子吸收分析中一般使用乙炔作为燃气，需要注意的是，乙炔绝不能与纯的__________、银或汞直接接触，因为可能生成具有爆炸性的乙炔化合物。（　　）

A．镍　　B．铅　　C．铜　　D．锌

答案：C

42．在原子吸收光谱分析中，光电倍增管的工作电压一般选在最大工作电压的__________范围内。增加负高压能提高灵敏度、增大噪声，但稳定性差；降低负高压会使灵敏度降低、信噪比提高，

改善测定的稳定性，并且能延长光电倍增管的使用寿命。（　　）

A．1/3～1/2　　B．1/3～2/3　　C．1/2～2/3　　D．1/4～1/2

答案：B

43．原子吸收光谱分析中的电离干扰可以通过控制__________的方法使原子的电离减少，但最有效的方法是加入消电离剂。（　　）

A．火焰温度　　B．雾化效率　　C．进样量　　D．光源能量

答案：A

44．原子吸收中使用的空心阴极灯，除了发射很强的元素共振谱线外，往往还发射其他谱线，对待测元素有所干扰从而使测定灵敏度__________。（　　）

A．不变　　B．提高　　C．下降

答案：C

45．石墨炉原子吸收光谱分析时，分子吸收是在__________阶段，某些稳定的化合物以分子形式蒸发进入吸收区或某些化合物分解形成的小分子进入吸收区产生。（　　）

A．干燥、灰化　　B．原子化、净化　　C．灰化、原子化　　D．干燥、原子化

答案：C

46．原子吸收分光光度法中，元素的谱线数目，取决于__________。（　　）

A．原子外能级数目　　B．原子内能级数目　　C．原子中电子的数目

答案：B

47．标准加入法所依据的原理是吸光度的__________。（　　）

A．加和性　　B．相关性　　C．重叠性

答案：A

48．原子吸收和原子发射均与原子的外层电子在不同能级之间的跃迁有关，电子在两个能级之间跃迁有__________种方式。（　　）

A．1　　B．2　　C．3　　D．4

答案：C

49．火焰原子吸收的具有氧化性的火焰适合__________元素分析。（　　）

A．Cr　　B．Cu　　C．V　　D．Al

答案：B

50．在原子吸收分光光度分析中，下列操作不能提高灵敏度的是__________。（　　）

A．增大灯电流　　B．无火焰原子化　　C．增大负高压　　D．减少光谱通带

答案：A

三、多选题

1．测定水质样品中金属总量时，下列说法满足水样消解要求的是__________。（　　）

A．消解后的水样应透明、澄清、无沉淀

B．消解过程应尽快升温，快速完成消解

C．不引入待测组分和干扰组分，避免对后续工作造成干扰和困难

D. 不使待测组分挥发或沉淀而造成损失

答案：ACD

2. 在原子吸收定量分析中，基体效应会给测定带来一定的影响，__________可消除基体效应的影响。（　　）

A. 工作曲线法　　B. 标准曲线法　　C. 标准加入法　　D. 内标法

答案：CD

3. 原子吸收分光光度计的空气乙炔火焰根据燃助比不同可分为__________。（　　）

A. 化学计量焰　　B. 贫燃焰　　C. 富燃焰　　D. 其他

答案：ABC

4. 石墨炉原子吸收光度法中常用基体改进剂的种类有__________。（　　）

A. 金属氧化物或金属盐类　　B. 铵盐和无机酸类

C. 有机酸类　　D. 惰性气体类

答案：ABC

5. 消除石墨炉原子吸收光度法中的记忆效应的方法有__________。（　　）

A. 用较高的原子化温度和用较长的原子化时间

B. 增加清洗程序

C. 测定后空烧一次

D. 改用涂层石墨管

答案：ABCD

6. 原子吸收测试过程中，光谱干扰是影响准确定量的主要因素之一，__________方法可以消除光谱干扰。（　　）

A. 采用高纯度的空心阴极灯　　B. 提高原子化温度

C. 减小光谱通带　　D. 另选分析线

答案：ACD

7. 石墨炉原子吸收法测定样品的关键步骤是__________。（　　）

A. 干燥　　B. 灰化　　C. 原子化　　D. 净化

答案：BC

8. 原子吸收线的基本特征一般以__________来描述。（　　）

A. 谱线波长　　B. 谱线轮廓　　C. 谱线强度　　D. 谱线形状

答案：ABC

9. 原子吸收光度法的物理干扰与__________有关。（　　）

A. 试液密度　　B. 试液粘度　　C. 试液浓度　　D. 表面张力

答案：ABD

10. 火焰原子吸收光度法中，属于光谱干扰类型的有__________。（　　）

A. 分子吸收和光散射　　B. 吸收性重叠

C. 干扰元素的非吸收线　　D. 表面张力

答案：ABC

11．石墨管在设定升温程序时应该注意的是__________。（　　）

A．避免试样暴沸　　B．防止待测元素在原子化前损失

C．保证待测元素全部原子化

答案：ABC

12．石墨炉原子吸收中的物理干扰包括__________。（　　）

A．进样：进样体积的大小、位置和形状都会产生影响

B．记忆效应：待测元素残留在原子化器中造成的积累干扰

C．石墨管表面状态改变：在使用过程中使其表面变得疏松多孔导致样品流失和渗透，使扩散损失增大

D．冷凝作用：石墨管中央温度高而两端低，当原子化蒸气从高温区向低温区迁移时可能发生原子化蒸气的冷凝

答案：ABCD

13．试样在火焰中的原子化过程是个极为复杂的过程，伴随产生一系列反应，较为重要的是__________等多种反应。（　　）

A．离解　　B．电离　　C．化合　　D．还原

答案：ABCD

14．原子化器的功能是提供能量，使试样干燥、蒸发和原子化，产生被测元素基态原子。在原子吸收光谱中，试样中被测元素的原子化是整个分析过程的关键环节。实现原子化的方法除了常见的火焰原子化器、石墨炉原子化器（电热原子化器）外，还有__________等。（　　）

A．电感耦合等离子体-原子化器　　B．氢化物发生-原子化器

C．冷蒸气发生-原子化器　　D．阴极溅射-原子化器

答案：BCD

15．采用石墨炉原子吸收法测定时，被测样品中应避免含有__________等强氧化性介质，否则对石墨管的破坏很严重。（　　）

A．硝酸　　B．过氧化氢　　C．高氯酸　　D．硫酸

答案：CD

16．原子吸收光谱法中的化学干扰可用下列__________方法消除。（　　）

A．加入释放剂　　B．加入保护剂　　C．加入缓冲剂　　D．扣除背景

E．采用标准加入法

答案：ABC

17．原子吸收定量分析中的标准加入法可以消除下列__________干扰。（　　）

A．分子吸收　　B．背景吸收　　C．光散射　　D．基体效应

E．物理干扰

答案：DE

四、判断题

1．测定土壤中铅时，采用盐酸-硝酸-氢氟酸-硫酸全消解的方法，彻底破坏土壤分矿物晶格，使

试样中的待测元素全部进入试液。（　　）

答案：错误

正确答案：采用盐酸-硝酸-氢氟酸-高氯酸全消解的方法。

2. 背景吸收是一种原子吸收信号，包括光散射和火焰气体的吸收等。（　　）

答案：错误

正确答案：背景吸收是一种非原子吸收信号，包括光散射、分子吸收和火焰气体的吸收等。

3. 钡是高温元素，在普通石墨管中易形成难解离的碳化钡，引起记忆效应，使测定灵敏度降低。（　　）

答案：正确

4. 采用标准加入法只能消除基体效应带来的影响，不能消除背景吸收的影响。（　　）

答案：正确

5. 测定 Cu、Zn、Ag 等易原子化的元素时，使用贫燃性火焰，即空气乙炔比稍大时，火焰呈蓝紫色。（　　）

答案：正确

6. 火焰原子吸收分光光度法测定多种重金属时，可将镉、铬、铜、锰、镍和锌配成混合标准贮备液。（　　）

答案：正确

7. 火焰原子吸收分光光度法分析中，用 HNO_3-HF-$HClO_4$ 消解试样，在驱赶 $HClO_4$ 时，如将试样蒸干会使测定结果偏高。（　　）

答案：错误

正确答案：在驱赶 $HClO_4$ 时，如将试样蒸干会使测定结果偏低。

8. 火焰原子吸收光度法测定水中铜锌铅镉等元素时，凡使用乙炔做燃料气时，管道系统禁止使用铜质品。（　　）

答案：正确

9. 火焰原子吸收光度法分析样品时，提高火焰温度可使分析灵敏度提高。（　　）

答案：错误

正确答案：火焰原子吸收光度法分析样品时，在一定范围内提高火焰温度，可以使分析灵敏度提高。

10. 火焰原子吸收光度法分析样品时，为避免稀释误差，在测定含量较高的样品时，可选用次灵敏线测量。（　　）

答案：正确

11. 火焰原子吸收光谱仪中，大多数空心阴极灯一般都是工作电流越小，分析灵敏度越低。（　　）

答案：错误

正确答案：大多数空心阴极灯一般都是在一定范围内工作电流越小，分析灵敏度越高。灯电流太高，谱线变宽和谱线自吸收，分析灵敏度低。

12. 空气-乙炔火焰原子吸收光度法测定水中镁时，铝对镁的测定存在严重的化学干扰。（　　）

答案：正确

13．石墨炉原子吸收光度法测定水中镉、铜、铅时，从背景干扰角度分析，氯化钠对镉、铜、铅的测定产生正干扰。（　　）

答案：错误

正确答案：氯化钠对镉、铜、铅的测定产生负干扰。

14．石墨炉原子吸收法测定时，加入基体改进剂的作用是只对基体进行改进，提高待测元素灵敏度。（　　）

答案：错误

正确答案：加入基体改进剂的作用是对基体或待测元素进行改进，提高待测元素灵敏度。

15．石墨炉原子吸收法测定样品时，干燥阶段石墨炉升温过快会使结果偏低。（　　）

答案：正确

16．石墨炉原子吸收法相比火焰原子吸收法，灵敏度更高，检出限更低，需要的样品量更少，但精密度稍差，记忆效应严重，分析速度稍慢。（　　）

答案：正确

17．石墨炉原子吸收法选择的基体改进剂应在石墨炉允许温度下易于分解挥发除尽。（　　）

答案：正确

18．石墨炉原子吸收分光光度法测定水中铜、铅等元素前，要检查是否存在基本干扰，并采取校正措施。（　　）

答案：正确

19．石墨炉原子吸收分光光度法测定烟道气颗粒物中铍等重金属，处理滤筒样品时，要用聚四氟乙烯剪子剪碎滤筒。（　　）

答案：正确

20．石墨炉原子吸收分光光度法测定烟道气颗粒物中硒时，高含量的铁对硒的分析有干扰，可使用塞曼背景进行校正。（　　）

答案：正确

21．石墨炉原子吸收分光光度仪检出限不但与仪器的灵敏度有关，还与仪器的稳定性（噪声）有关，这说明了测定的可靠程度。（　　）

答案：正确

22．用冷原子吸收分光光度法测定水中总汞时，汞蒸气的发生受很多因素影响，当室温低于10℃时，灵敏度会明显降低。每次测定时均应同时绘制校准曲线。（　　）

答案：正确

23．用冷原子吸收分光光度法测定水中总汞时，水样消解后，需要用盐酸羟胺将过剩的氧化剂还原，再用氯化亚锡将二价汞还原为金属汞。（　　）

答案：正确

24．原子吸收分光光度法的原理是：由光源发出的特征谱线的光被待测元素的基态原子吸收，使特征谱线的能量增强，其增强程度与基态原子的浓度成正比，依此测定试样中待测元素的含量。（　　）

答案：错误

正确答案：由光源发出的特征谱线的光被待测元素的基态原子吸收，使特征谱线的能量减弱，其减弱程度与基态原子的浓度成正比，依此测定试样中待测元素的含量。

25．原子吸收分光光度法测定土壤和沉积物中金属元素时，前处理所用的硝酸、盐酸、高氯酸或氢氟酸等都应为化学纯及以上纯度。（　　）

答案：错误

正确答案：前处理所用的硝酸、盐酸、高氯酸或氢氟酸等都应为优级纯试剂。

26．原子吸收光谱分析定量测定的理论基础是朗伯 - 比尔定律。（　　）

答案：正确

27．原子吸收和原子荧光光谱分析样品对原样而言是一种“破坏性”分析，而X射线荧光光谱法则是“无损”分析。（　　）

答案：正确

28．原子吸收光谱并不是原子发射光谱的逆过程。（　　）

答案：正确

29．对于难原子化的元素宜选用贫焰，对于那些氧化物不十分稳定的元素可采用富焰或化学计量火焰。（　　）

答案：错误

正确答案：对于难原子化元素宜选用富燃焰，对于那些氧化物不十分稳定的元素可采用贫燃焰或化学计量火焰。

30．一般来说，每分析同一类样品应有一个样品的加标实验，以判断是否存在基体干扰，不同来源的样品均应考虑加做样品加标实验。（　　）

答案：正确

31．原子吸收法的校准曲线在整个浓度范围内都呈线性。（　　）

答案：错误

正确答案：原子吸收法的校准曲线在一定浓度范围内呈线性，在高浓度时，标准曲线易发生弯曲，是压力变宽影响所致。

32．原子吸收分析与化学分析以及发射光谱分析相比较，选择性好，干扰小且易于克服。（　　）

答案：正确

33．用火焰原子吸收光度法测定水中铁、锰时，通常采用硫酸介质。（　　）

答案：错误

正确答案：通常采用盐酸或硝酸做介质。

34．火焰原子吸收光度法分析水中铁、锰时，铁、锰的光谱线较复杂，为克服光谱干扰，应选择小的光谱通带。（　　）

答案：正确

35．火焰原子吸收光谱仪中，分光系统单色器所起的作用是将待分析元素的共振线与光源中的其他发射线分开。（　　）

答案：正确

36．火焰原子吸收光谱仪原子化器的效率对分析灵敏度具有重要的影响。（　　）

答案：正确

37．火焰原子吸收分光光度法中，背景吸收是一种非原子吸收信号，包括光散射、分子吸收和火焰气体的吸收等。（　　）

答案：正确

38．石墨炉原子吸收光度法适用于元素的痕量分析。（　　）

答案：正确

39．在用石墨炉原子吸收法测定水中金属时，采用标准加入法能消除背景吸收的影响。（　　）

答案：错误

正确答案：采用标准加入法能消除基体效应的影响，不能消除背景吸收的影响。

40．石墨炉原子吸收光度法测定元素时，灰化阶段的最佳升温程序由元素类别、浓度、不同基体决定，如测定土壤里的镉元素，不同浓度水平的镉最佳升温程序不同。（　　）

答案：正确

41．高浓度样品测量后，应增加石墨管空烧次数以消除记忆效应。（　　）

答案：正确

42．火焰原子吸收分光光度仪检出限、灵敏度和线性范围与火焰类型和特性有关。（　　）

答案：正确

43．在石墨炉原子吸收法中，基体干扰可能出现在升温过程的各个阶段。（　　）

答案：正确

44．在光谱通带内存在光源发射的非吸收线，若它与分析用的谱线不能完全分开，则会产生干扰，消除这种干扰常用的方法是增大狭缝宽度。（　　）

答案：错误

正确答案：消除这种干扰的方法是减小狭缝宽度。

45．原子化效率定义为中性原子浓度与原子、离子、化合物分子所有形态的金属总浓度之比，不同元素在火焰中的原子化程度有很大区别，原子化效率还和共存元素有关。（　　）

答案：正确

46．笑气（N_2O）-乙炔火焰最高温度可以达到 2 900℃，氧化性强，适用于测定 B、Be、Ba、Al、Si、Ti、Zr、Hf、Ta、Nb、V、Mo、W、稀土元素等高温难熔元素的测定。（　　）

答案：错误

正确答案：笑气（N_2O）-乙炔火焰为还原性火焰。

47．火焰原子化器是应用最广泛的原子化器，但它最大的缺点是原子化效率不高，原子蒸气停留时间短，因而火焰中的自由原子浓度很低。其原因是雾化效率低、待测物受到大量气体的稀释，以及金属原子在火焰中易受氧化作用生成热稳定的难熔化合物。（　　）

答案：正确

48．新石墨管首次使用应进行空烧，空烧结束后应检查空烧结果，吸收值应接近零。石墨管不同批次之间会有差异，换新石墨管后，应先进行被测元素的干燥、灰化及原子化温度和时间的选择性试验，确认最佳升温程序。（　　）

答案：正确

49．在原子吸收光谱中，仅考虑自由基态到第一激发态的跃迁，元素谱线的数目取决于原子能

级的数目，原子吸收谱线的数目很少，在原子吸收光谱分析中，一般不存在谱线重叠干扰。（　　）

答案：正确

50．在原子吸收光谱分析中，对大多数元素来讲，共振吸收线就是最灵敏线，它最容易被待测元素的原子吸收。（　　）

答案：正确

51．在火焰中，激发态的原子数远大于基态原子数。（　　）

答案：错误

正确答案：火焰中，激发态的原子数远小于基态原子数。

52．原子吸收光谱是由气态物质中激发态原子的内层电子产生的。（　　）

答案：错误

正确答案：原子吸收光谱是由气态物质中基态原子的外层电子产生的。

53．元素光谱分析中，最灵敏的发射线不一定是最灵敏的吸收线。（　　）

答案：正确

54．目前原子吸收光谱法还不能直接测定共振吸收线处于真空紫外区的非金属元素。（　　）

答案：正确

55．火焰原子化器中雾化室的作用主要是去除大雾滴，并使燃气和助燃气充分混合，以便在燃烧时得到稳定的火焰。（　　）

答案：正确

56．试样在火焰原子化器燃烧器中经过干燥、熔融、蒸发和离解等过程，产生大量的激发态原子和少量的基态自由原子、离子和分子。（　　）

答案：错误

正确答案：产生大量的基态自由原子和少量的激发态原子、离子和分子。

57．石墨炉的基本结构包括：石墨管（杯）、炉体（含加热和保护气系统）、电源等，工作过程是经历干燥、灰化、原子化和净化四个阶段，即完成一次分析过程。（　　）

答案：正确

58．氢化物发生原子吸收光谱法的特点是灵敏度高、干扰少，大多数样品不需分离即可直接测定，检出限可达 ng/mL 级别。（　　）

答案：正确

59．无火焰原子化器有多种类型，其中石墨炉应用最为广泛，应用非火焰原子化器可以提高原子化效率，提高测量的灵敏度。（　　）

答案：正确

60．狭缝宽度的选择方法是：对于无干扰且谱线简单的元素，可采用较小的狭缝宽度；对于谱线复杂并存在干扰的元素，应选用较宽的狭缝宽度。（　　）

答案：错误

正确答案：对于无干扰且谱线简单的元素，可采用较宽的狭缝宽度；对于谱线复杂并存在干扰的元素，应选用较小的狭缝宽度。

61. 用标准加入法进行原子吸收光谱定量测定时，如果不能扣除背景干扰将使测定结果偏低。（　　）

答案：错误

正确答案：不能扣除背景干扰将使测定结果偏高。

62. 原子吸收光谱分析中，进样方法直接影响原子化效率、检出限、精密度和准确度。一种好的进样方法应该能高效率、可重复地将有代表性的一部分样品引入原子化器，且没有严重的干扰效应。（　　）

答案：正确

63. 石墨炉原子吸收光谱分析中可以在灰化过程或原子化过程中将活性气体引入屏蔽气流中，以改善分析效果，常用的活性气体有氧气和氢气。（　　）

答案：正确

64. 原子吸收光谱分析进行固体样品的溶解处理时，常用的酸有 HCl、HNO_3、HF、$HClO_4$、H_2SO_4、H_3PO_4。（　　）

答案：错误

正确答案：原子吸收光谱分析进行固体样品的溶解处理时，一般尽量少用粘度较高的 H_2SO_4 和 H_3PO_4。

65. 石墨炉原子吸收光谱分析时，为消除记忆效应，在原子化完成后，一般在 3 000℃高温下采用空烧的方法来清洗石墨管以去除残余的基体和待测元素，且时间越长净化越彻底，越有利于样品分析。（　　）

答案：错误

正确答案：石墨炉原子吸收光谱分析时，为消除记忆效应，在原子化完成后，一般在 3 000℃高温下采用空烧的方法来清洗石墨管以去除残余的基体和待测元素，但时间宜短，否则会使石墨管寿命大为缩短。

66. 火焰原子吸收光谱分析使用的燃烧器若缝口积存盐类，火焰会分叉，影响测定结果。遇到这种情况时应熄灭火焰，待冷却后用滤纸插入缝口擦拭，也可用薄刀片插入缝口刮除，必要时可用水冲洗。（　　）

答案：正确

67. 空心阴极灯若长期搁置不用会缓慢漏气，灯芯零部件会因放气等原因而不能正常使用，所以一般每隔 3～4 个月，应将不常用的灯通电点燃 2～3 h，以保障灯的性能，延长寿命。（　　）

答案：正确

68. 对于一些低熔点、易挥发元素灯，可以大电流、长时间使用。（　　）

答案：错误

正确答案：对于一些低熔点、易挥发元素灯，应避免大电流、长时间使用。

69. 氘灯法作为原子吸收背景校正的一种常用方法，它的最佳工作波段为 190～350 nm，超过 350 nm 的波长，氘灯的能量很低，发射噪声很大，不能进行背景校正。（　　）

答案：正确

70. 火焰原子吸收法的干扰可分为物理干扰和化学干扰，化学干扰与进入雾化系统和火焰中待测元素的量级状态有关。（　　）

答案：错误

正确答案：物理干扰与进入雾化系统和火焰中待测元素的量级状态有关。

71．在原子吸收测量 Zn、Na、Ca 等元素时往往试样空白较高，此时应至少制备 3 个以上的试剂、试样空白，防止扣除空白时产生的误差。（　　）

答案：正确

72．在石墨炉原子吸收测定中背景校正必不可少，且在测量信号的同时必须观测背景吸收的大小，估计背景是否在可校准范围之内，否则会导致错误的测量结果。（　　）

答案：正确

73．原子吸收光谱分析中，一般在保证稳定放电和合适的光强输出前提下，尽可能使用较低的灯电流。（　　）

答案：正确

74．自吸收法校正背景是利用大电流时空心阴极灯的发射谱线变宽所产生的自吸效应，以此测量背景吸收。（　　）

答案：正确

75．火焰原子吸收分光光度法分析铜、锌、铅、镉时，当样品中含盐量很高、分析波长又低于 350 nm 时，可能出现非特征吸收。（　　）

答案：正确

76．化学计量火焰温度高、稳定、干扰多、背景高。（　　）

答案：错误

正确答案：化学计量火焰温度高、稳定、干扰少、背景低。

五、简答题

1．火焰原子吸收光谱分析方法中主要有几种干扰？检验人员应更注意哪种干扰？

答案：主要有电离干扰、基体干扰、光谱干扰和化学干扰。对检测人员来说，主要是注意基体干扰。这是由于仪器不同，当测试产品浓度较大时，灵敏度低的仪器可能受基体干扰更大。

2．原子吸收检测中，采用哪些方法有利于消除物理干扰？

答案：配制与被测试样相似组成的标准溶液，或者采用标准加入法，或选用适当溶剂稀释试液。

3．如何校正火焰原子吸收光谱法中的基体干扰？

答案：消除基体干扰的方法：①化学预分离法；②加入干扰抑制剂（基体改进剂）；③标准加入法也可在一定程度上校正基体干扰。

4．简述原子吸收光度法的工作原理。

答案：由光源发出的特征谱线的光被待测元素的基态原子吸收，使特征谱线的能量减弱，其减弱程度与基态原子的浓度成正比，以此测定试样中待测元素的含量。

5．原子吸收光谱仪的光源应满足哪些条件？

答案：

（1）光源能发射出所需的锐线共振辐射，谱线的轮廓要窄；

（2）光源要有足够的辐射强度，辐射强度应稳定、均匀；

（3）灯内充气及电极支持物所发射的谱线应对共振线没有干扰或干扰极小。

6．火焰原子吸收光度法中常用消除化学干扰的方法有哪些？

答案：加释放剂、加保护剂、加助熔剂、改变火焰种类、化学预分离、选择适当的测定条件、利用标准加入法等。

7．如何消除石墨炉原子吸收光度法中的记忆效应？

答案：

（1）用较高的原子化温度和用较长的原子化时间；

（2）增加清洗程序；

（3）测定后空烧一次；

（4）改用涂层石墨管。

8．对石墨炉原子吸收分光光度法产生物理干扰的因素有哪些？

答案：

（1）进样，进样体积大小、位置和几何形状都会对其产生影响；

（2）记忆效应，待测元素残留在原子化器中造成的累积干扰；

（3）石墨管表面状态改变，在使用过程中其表面变得疏松多孔导致样品流失和渗透，使扩散损失增大；

（4）冷凝作用，石墨管中央温度高而两端温度低，当原子化蒸气从高温区向低温区迁移时，可能发生原子蒸气的冷凝。

9．简述石墨炉原子吸收中基体改进剂的工作机理。

答案：基体改进剂主要通过以下途径降低干扰：

（1）使基体形成易挥发的化合物以降低背景吸收；

（2）使基体形成难解离的化合物，避免分析元素形成易挥发解离的卤化物，降低灰化损失和气相干扰；

（3）使分析元素形成易解离的化合物，避免形成热稳定碳化物，降低冷凝相干扰；

（4）使分析元素形成热稳定化合物，降低分析元素的挥发性，防止灰化损失；

（5）形成热稳定的合金，降低分析元素的挥发性，防止灰化损失；

（6）形成强还原性环境，改善原子化过程；

（7）改善基体的物理特性，防止分析元素被基体包藏，降低冷凝相干扰和气相干扰。

10．火焰原子吸收光谱测定条件的选择包括哪些内容？

答案：

（1）分析线的选择；

（2）光谱通带宽度的选择；

（3）空心阴极灯工作电流的选择；

（4）原子化条件的选择。

11．与火焰原子化法相比，石墨炉原子化法有哪些特点？

答案：

（1）灵敏度高、检出限低；

（2）用样量少；

（3）试样直接注入原子化器，从而减小溶液的一些物理性质对测定的影响，对悬浮样、乳浊样、有机物、生物材料等样品可直接进样，也可直接分析固体样品；

（4）排除了火焰原子化法中存在的火焰组分与被测组分之间的相互作用，减小了由此引起的化学干扰；

（5）可以测定共振吸收线位于真空紫外区的非金属元素；

（6）石墨炉原子化法所使用的设备比较复杂，成本比较高，但石墨炉原子化器在工作中比火焰原子化系统安全；

（7）由于石墨管沿光轴方向存在温度梯度，样品蒸气约束在石墨管狭小空间且滞留时间长、吸收光程较短，因此基体干扰相对严重，对于一些能形成难熔碳化物的元素，记忆效应严重。

12．简述火焰原子吸收法的基体效应和背景吸收的检查与消除过程。

答案：试样溶液中所含酸的种类及浓度、共存物质的种类及浓度等都不可能与标准系列完全相同，这种差异可能会对雾化效率产生影响，也可能会产生基体效应。所测试液中是否存在基体影响可用标准加入法检查。通常采用背景校准和扣除的方法进行消除。

六、计算题

1．火焰原子吸收法测定无组织排放废气中的镍时，用滤膜采集颗粒物样品。已知标准状态下的采样体积为 10.0 m^3，样品滤膜总面积为 3.50 cm^2，取全部样品滤膜进行消解，消解完毕后定容至 25.0 mL，同时取符合要求的空白滤膜按样品制备步骤配制空白溶液。经测定，样品溶液浓度为 0.135 mg/L，空白溶液浓度为 0.011 mg/L，试求无组织排放空气中镍的含量。

答案：无组织排放空气中镍的含量

$=（0.135-0.011）\times 25.0/（10.0\times 1\,000）$

$=3.10\times 10^{-4}$（mg/m^3）

2．用石墨炉原子吸收法测定大气固定污染源中有组织排放的铅，大气固定污染源采样体积为 50.0 m^3（标准状态下），空白和样品经过消解后定容至 100.0 mL，测得空白样品中铅浓度为 3.5 μg/L，将样品稀释 10 倍，测得样品中铅浓度为 65.8 μg/L，求该有组织排放固定污染源中铅的浓度（mg/m^3）。

答案：有组织排放固定污染源中铅的浓度

$=（65.8\times 10-3.5）\times 100\times 10^{-6}/50.0$

$= 1.31\times 10^{-3}$（mg/m^3）

3．用火焰原子吸收法测定某地表水中铁的总量，取水样 25.0 mL，经电热板消解后定容至 50.0 mL，将该待测溶液上机测定，测得样品中铁浓度为 1.35 mg/L，同批次空白溶液中铁的浓度为 0.01 mg/L，求原水样中铁的浓度（mg/L）。

答案：原水样中铁的浓度 $p=（1.35-0.01）\times 50.0/25.0=2.68$（mg/L）

4．用火焰原子吸收法测定大气降水中的钙，取水样 25.0 mL，经 0.45 μm 滤膜过滤直接测定，测得样品中钙为 45.6 μg，同时空白样品中钙的测定结果为 0.02 μg，求该降水样品中钙的浓度（mg/L）。

答案：降水样品中钙的浓度 $p=（45.6-0.02）/25.0=1.82$（mg/L）

5．用萃取火焰原子吸收法测定水样中的镉，取水样 100 mL，经前处理后最终有机相定量体积为 20.0 mL，上机测定测得有机相溶液中镉浓度为 0.50 μg/L，求原水样中镉的浓度（μg/L）。

答案：原水样中镉的浓度 ρ=0.50×20.0/100=0.10（μg/L）

6．用火焰原子吸收法测定土壤中的锌，取风干过筛后试样 0.250 8 g（干物质含量为 97.5%），经电热板消解后定容至 25.0 mL，测得溶液中锌含量（已扣除空白）为 0.52 mg/L，求土壤中锌的含量（mg/kg）。

答案：土壤中锌的含量=0.52×25.0/（0.250 8×0.975）=53.2（mg/kg）

第十二节　X 射线荧光法

一、填空题

1．使用 X 射线荧光光谱仪测定土壤中重金属元素，其土壤样品在制备时，需要通过__________目筛。

答案：200

2．一次 X 射线（原级 X 射线）强度取决于__________、__________、__________。

答案：X 射线管电压，X 射线管电流，靶元素原子序数

3．对于某元素的同一线系而言，其每条特征谱线的相对强度主要取决于电子在各能级之间的__________，同时与__________有关，同一线系各特征谱线的相对强度有一定的比例关系，如 K 系谱线的相对强度关系（$K_{\alpha1}$∶$K_{\alpha2}$∶K_{β}=100∶50∶20）。

答案：跃迁概率，原子结构（或处于激发态的电子数和初始态能级的电子数）

4．X 射线的散射分为相干散射和非相干散射，其中__________又称瑞利散射，是布拉格定律的基础；__________又称康普顿散射，既有位相改变，又有能量损失。

答案：相干散射，非相干散射

5．波长色散 X 射线荧光光谱仪的初级准直器（又称入射狭缝）位于样品和__________之间，次级准直器（又称接收狭缝）位于晶体和__________之间。

答案：晶体，探测器

6．波长色散 X 射线荧光光谱仪常用探测器包括__________、__________，能量色散 X 射线荧光光谱仪常用探测器为__________。

答案：正比计数器，闪烁计数器，半导体探测器

7．X 射线荧光光谱仪闪烁计数器由__________、光导、__________及相关电路组成。

答案：闪烁体（或闪烁晶体），光电倍增管

8．X 射线荧光光谱仪探测器的作用是将 X 射线荧光光量子转变为一定形状和数量的电脉冲，表征 X 射线荧光的能量和强度。电脉冲的数目表征 X 射线荧光的__________，电脉冲的幅度（或高度）表征 X 射线荧光的__________。

答案：强度，能量

9．现有 X 射线荧光光谱仪的半定量分析软件大致可分为两类，一类是基于__________的软件，另一类是基于__________及背景点的强度。

答案：全程扫描（或全扫描），测量峰位（或峰位）

10．X射线是一种波长较短的__________，通常是指能量为0.1～100 keV的光子。

答案：电磁辐射

11．X射线与物质的相互作用主要有__________、__________和__________三种。

答案：荧光，吸收，散射

12．波长色散光谱仪主要部件包括__________、__________、__________和__________等。

答案：激发源，分光晶体，测角仪，探测器

13．能量色散光谱仪主要部件包括__________和__________及相关电子与控制部件，相对简单。

答案：激发源，探测器

14．X射线光管可分为__________和__________两种类型。

答案：端窗，侧窗

15．X射线管是由一个__________和__________制成的阳极组成。

答案：热阴极（钨丝），金属靶材料（Cu、Fe、Cr、Mo等重金属）

16．波长色散X射线荧光光谱仪分为__________、__________和__________三大类。

答案：扫描型（通用型），多元素同时分析（多道）型谱仪，扫描型与固定元素通道组合在一起的组合型

17．X射线光谱仪除样品室外，主要由__________和 __________系统组成。

答案：激发，探测

18．在XRF分析中，Sc和Cr靶常用来激发__________，Rh靶是多用靶。

答案：轻元素

19．可通过__________计算谱线重叠干扰校正系数，从而来校正谱线重叠干扰。

答案：分析多个标准样品

20．用XRF测量环境空气颗粒物中无机元素时，__________比石英滤膜更合适。

答案：特氟龙滤膜

21．用波长色散XRF测定土壤和沉积物中的无机元素时，样品可采用分析纯的__________或分析纯的高密度低压__________垫底压片。

答案：硼酸，聚乙烯粉

22．用波长色散X射线荧光光谱法测定土壤和沉积物中的无机元素时，需将5 g左右的样品压片制成不低于__________mm的薄片上机测试。

答案：7

23．用XRF测定环境空气颗粒物中无机元素时，上机测试的圆形滤膜直径为__________ mm。

答案：47

24．样品中二氧化硅含量高于__________%时，不再适合用X射线荧光光谱法测定土壤和沉积物中无机元素。

答案：80

25．用波长色散 X 射线荧光法测定环境空气颗粒物中无机元素时，铅__________线对砷__________线有明显干扰，可采用干扰元素的校正系数予以消除。

答案：Lα，Kα

26．当入射 X 射线撞击原子中的电子时，如果光子能量大于原子中的电子束缚能，电子就会被击出。这一相互作用过程被称为＿＿＿＿＿。

答案：光电效应

27．化学元素受到高能光子或离子的照射，如内层电子被激发，则当外层电子跃迁时，就会放射出＿＿＿＿＿。

答案：特征 X 射线

28．在波长色散 X 射线荧光光谱法中，分析谱线的波长及衍射角度的关系符合＿＿＿＿＿定律。

答案：布拉格（Bragg）

29．X 射线光管利用高能入射粒子或电子撞击靶元素，产生连续的 X 射线谱，称为＿＿＿＿＿辐射。

答案：韧致

30．X 射线荧光光谱法扣除背景的方法主要有＿＿＿＿＿法和 ＿＿＿＿＿法。

答案：单点，两点

31．X 射线荧光光谱法当谱峰两边的背景比较平滑时，可采用＿＿＿＿＿法扣除背景，多在分析线波长的长波一侧。

答案：单点

32．X 射线荧光光谱法中，基体效应又可分为＿＿＿＿＿效应和＿＿＿＿＿效应。

答案：吸收，增强

33．波长色散 X 射线荧光光谱仪常用的探测器有流气式正比计数器和＿＿＿＿＿。

答案：闪烁计数器

34．当使用波长色散 X 射线荧光光谱法测定土壤和沉积物中无机元素时，样品研磨后过＿＿＿＿＿目筛，于＿＿＿＿＿℃烘干备用。

答案：200，105

35．使用能量色散 X 射线荧光光谱法测定颗粒物中无机元素，元素含量较低且无干扰时，可选＿＿＿＿＿方式获取强度。

答案：区间谱峰净面积

36．使用能量色散 X 射线荧光光谱法测定颗粒物中无机元素，目标元素存在干扰时，应采用＿＿＿＿＿方法对重叠谱峰进行解析，扣除干扰峰的影响。

答案：全谱图拟合

37．使用 X 射线荧光光谱法测定颗粒物中无机元素时，采集在滤膜上的颗粒物负载量原则上不宜超过＿＿＿＿＿$\mu g/cm^2$。

答案：100

38．使用波长色散 X 射线荧光光谱法测定颗粒物中无机元素时，铅 Lα 线对＿＿＿＿＿元素 Kα 线有明显干扰。

答案：砷

39．使用波长色散 X 射线荧光光谱法测定固体废物中无机元素时，可采用熔融玻璃片法或者

__________法制备固体废物试样。

答案：粉末压片

40．X 射线荧光光谱法熔融玻璃片法不适用于测定样品中__________元素的含量。

答案：氯

41．X 射线荧光光谱法采用粉末压片法制样时，如样品不易成型，可加入__________%至__________%的黏结剂，混合后加压成型。

答案：10，20

42．波长色散 X 射线荧光光谱仪常用载气（P_{10}）的成分为__________。

答案：90%氩气+10%甲烷

43．可用波长色散 X 射线荧光光谱仪检定的项目包括精密度、稳定性、__________、__________和__________。

答案：X 射线计数率，探测器分辨率，仪器的计数线性

44．X 射线荧光光谱仪日常维护保养时需要检查__________、__________的余量。

答案：氩气-甲烷混合气，氦气

45．根据探测方法的不同，可将 X 射线荧光光谱仪分为__________和__________两大类，首先研发出来的是__________。

答案：波长色散型（光谱仪），能量色散型（光谱仪），波长色散型（光谱仪）

46．原子受激发产生 X 射线光子的概率叫__________。

答案：荧光产额

47．波长色散 X 射线荧光的分析过程：X 射线荧光被准直器准直后，经__________发生衍射，将 X 射线荧光色散型按__________顺序排列的光谱，由__________接收。

答案：分光晶体，波长，探测器

48．准直器是由__________的金属箔片组成，它截取并发射 X 射线，使其中基本上平行的射线进入__________或__________。

答案：间隔平行，分光晶体，探测器

49．用能量色散 X 射线荧光光谱法测定环境空气颗粒物中的无机元素时，滤膜上颗粒物的负载量不能过多，应采用__________分析技术，使被测元素__________与其含量成正比。

答案：薄样品，特征谱峰强度

50．用 X 射线荧光光谱法测量土壤和沉积物中的无机元素时，试样的均匀性和__________均会对分析线测量强度造成影响，若试样与标准样的__________等能够保持一致，则这些影响可以减至最小甚至可忽略不计。

答案：表面特征，粒度

51．用能量色散 X 射线荧光光谱法测定环境空气颗粒物中的无机元素时，X 射线管产生的初级 X 射线照射到__________、__________的颗粒物样品表面上，被测元素释放出特征 X 射线荧光进入__________。

答案：平整，均匀，检测器

52．能量色散 X 射线荧光光谱仪是利用 X 射线荧光具有不同的__________特点将其分开，依靠

__________探测器来检测。

答案：能量，半导体

53. 波长色散型 X 射线荧光光谱仪的分光方法有__________法和__________法，分别用__________和__________分光。

答案：平行，聚焦，平晶，弯晶

54. 用 X 射线荧光光谱法测量土壤和沉积物中的无机元素时，当以经验干扰系数法校正基体效应时，可利用__________直接测定干扰线校正 X 射线强度的方法，求出__________。

答案：标准样品，谱线重叠校正系数

55. 波长色散 X 射线荧光光谱仪有__________和__________两种类型。

答案：顺序式，同时式

56. X 射线发生系统是由__________及其控制部分、高压油箱、高压电缆和__________等组成。这些组成部分保证了激发源（X 射线管）发射出__________、有一定强度的一次 X 射线。

答案：X 射线管，X 射线管冷却单元，稳定的

57. X 射线波长范围，其短波段与__________射线长波段相重叠，长波段则与__________的短波段相重叠。

答案：γ，真空紫外

58. 用 X 射线荧光光谱法测量环境空气颗粒物中的无机元素时，对于下照式仪器，为保证样品膜的完整，可以考虑在滤膜样品表面覆盖一层 XRF 专用__________膜。

答案：聚丙烯（或麦拉膜或 mylar 膜）

59. 在波长色散 X 射线荧光光谱仪中，在样品和分光晶体之间的准直器称为__________，又称__________。

答案：一级准直器，入射狭缝

60. X 射线管的出射窗口为__________，很薄，容易破裂，切勿用手或物品按压。

答案：铍窗

61. 用 X 射线荧光光谱法分析环境空气颗粒物中的无机元素时，X 射线荧光强度的单位是__________。

答案：cps（counts per second）

62. 用波长色散 X 射线荧光光谱法测定固体废物中的无机元素时，通常会采用__________或__________制备固体废物试样。

答案：熔融玻璃片法，粉末压片法

63. 波长色散 X 荧光光谱仪是用__________作为分光装置，按照波长顺序进行分离，而能量色散 X 射线荧光光谱仪是用__________作为分光装置，按照光子能量大小进行分离。

答案：分光晶体，脉冲高度分析器

二、单选题

1. 精确测量 X 射线谱［如硫（S）］时会发现，元素的化学键对谱峰位置的影响，其影响表现在__________等方面。（　　）

A．谱线位移、跃迁概率　　B．X 射线谱的宽度、强度和轮廓的改变

C．以上均正确

答案：C

2. X 射线照射物质发生衰减由光电吸收和散射引起，其中主要的衰减原因是__________。（　　）

A．光电吸收　　B．相干散射　　C．非相干散射

答案：A

3．一次 X 射线的滤光片位于 X 射线管和样品之间，可选择性吸收某波长或波带的金属薄膜。其作用包括__________。（　　）

A．减弱分析线的靶材特征谱线

B．减弱杂质线及连续谱线的散射背景等引起的干扰

C．提高分析灵敏度

D．以上均正确

答案：D

4．X 射线荧光光谱仪中准直器的作用包括__________。（　　）

A．对 X 射线起准直作用，滤掉发散的 X 射线，使来自样品的 X 射线成为基本平行的光束

B．剔除来自样品之外的无用散射线

C．以上均正确

答案：C

5．波长色散 X 射线荧光光谱仪中，分光晶体的分辨率是衡量分光晶体分开或辨别两条波长十分相近谱线的能力，其受__________影响。（　　）

A．角色散率（度量两条谱线 2θ 分开程度）　B．发散度（衍射角的 2θ 宽度）

C．以上均正确

答案：C

6．对于正比计数器，X 射线光子进入探测器后与所充气体相互作用，其过程分为__________。（　　）

A．直接逸出、形成雪崩产生正比脉冲　　B．形成逃逸峰、产生俄歇电子

C．以上均正确

答案：C

7．X 射线荧光光谱脉冲高度分析器是利用 X 射线能量的不同设置脉冲高度分析器的甄别阈值，用电学分离的方法分离__________。在某种程度上，可用来消除干扰和降低背景。（　　）

A．高次线　　B．电噪声　　C．晶体荧光　　D．以上均正确

答案：D

8．X 射线荧光光谱法定量分析的吸收/增强效应可通过__________校正。（　　）

A．数学法　　B．实验法　　C．以上均正确

答案：C

9．对于正比计数器中所充气体，__________表述错误。（　　）

A．所充气体与需要测定的入射 X 射线能量无关

B．气体的主要作用是将入射 X 射线的能量成比例的转变为电荷

C．为防止正离子移向阴极时逐出电荷而二次放电，需加入甲烷、二氧化碳等作为淬灭气体

D．气体的成分和纯度对测试结果影响很大

答案：A

10．对于能量色散 X 射线荧光光谱仪定性分析结果，由于试样的复杂性，分析人员需要具备识别峰的能力；定性分析通常分作的三步是__________。（　　）

A．峰定位→峰识别→确定元素　　B．峰识别→峰定位→确定元素

C．确定元素→峰定位→峰识别

答案：A

11．用于 XRF 测定的样品制备过程，__________是消除矿物效应和颗粒度效应的有效手段。（　　）

A．压片法　　B．熔融法　　C．滤膜法

答案：B

12. 用能量色散 X 射线荧光光谱法测定环境空气颗粒物中的无机元素时，若元素含量__________且无干扰时，可选某区间特定谱峰净面积方式获取强度。（　　）

A．较低　　B．较高　　C．中等　　D．没关系

答案：A

13．用能量色散 X 射线荧光光谱法测定环境空气颗粒物中的无机元素时，若存在干扰，应采用全谱图拟合方法对重叠谱峰进行解析，扣除干扰峰的影响，得到目标元素特征的__________。（　　）

A．谱峰面积　　B．荧光强度　　C．谱峰强度

答案：C

14. 用能量或波长色散 X 射线荧光光谱法测定环境空气颗粒物中无机元素时，均采用__________技术来测定待测无机元素含量。（　　）

A．压片分析　　B．熔融分析　　C．滤膜分析　　D．薄样品分析

答案：D

15．X 射线荧光法的最大优点是可以__________分析固体、液体、粉末等各种物料。（　　）

A．压片　　B．熔融　　C．直接（非破坏性）

答案：C

16．用 X 射线荧光法测定环境空气颗粒物中的无机元素时，颗粒物负载量__________会导致样品基体效应，偏离薄样品假设，影响分析结果的准确性。（　　）

A．过多　　B．过少　　C．不均匀

答案：A

17．用 X 射线荧光法测定环境空气颗粒物中的无机元素时，负载的颗粒物要均匀分布在直径至少为__________mm 的范围。（　　）

A．10　　B．20　　C．30　　D．40

答案：C

18. 用波长色散 X 射线荧光光谱法测定环境空气颗粒物中的无机元素时，应在样品的分析测试前进行漂移校正，漂移校正样品元素强度测量值（计数率，cps）应大于__________。（　　）

A. 500　　B. 800　　C. 1 000　　D. 2 000

答案：C

19. 用 XRF 测定环境空气颗粒物中的无机元素时，为保证数据质量真实可靠，每批样品应至少分析__________个与采样用滤膜同批次购得的空白滤膜试样。（　　）

A. 1　　B. 2　　C. 3　　D. 5

答案：B

20. 用 XRF 测定环境空气颗粒物中的无机元素时，用于采集无组织排放颗粒物的滤膜空白试样中目标元素测定值不得大于目标重金属排放标准限值的__________。（　　）

A. 1/5　　B. 1/10　　C. 1/20　　D. 1/50

答案：B

21. 用 XRF 测定环境空气颗粒物中的无机元素时，用于采集环境空气颗粒物的空白滤膜中目标元素测定值应小于方法__________。（　　）

A. 检出限　　B. 测定下限　　C. 标准曲线最低点浓度

答案：B

22. 用 XRF 测定环境空气颗粒物中的无机元素时，用于采集无组织排放颗粒物的滤膜空白试样中目标元素测定值不得大于目标重金属排放标准限值的十分之一。否则应适当增加采样量，使颗粒物中目标元素测定值明显高于__________。（　　）

A. 滤膜空白值　　B. 方法检出限　　C. 方法测定下限　　D. 标准曲线最低浓度点

答案：A

23. __________在 WD-XRF 测定过程中，受 X 射线照射时容易产生裂纹，甚至破损。（　　）

A. 石英滤膜　　B. 玻璃纤维滤膜　　C. 醋酸纤维滤膜　　D. 特氟龙滤膜

答案：D

24. 用 XRF 测定环境空气颗粒物中的无机元素时，薄膜标样根据支撑环的位置有两种模式可以选择。建议选择与实际样品测量面__________的模式。（　　）

A. 相反　　B. 一致　　C. 以上两种均可

答案：B

25. 土壤和沉积物无机元素的测定 X 射线荧光光谱法规定样品的采集，当采样面积较小的土壤污染调查和突发性土壤污染事故调查时可__________。（　　）

A. 正式采样　　B. 补充采样　　C. 前期采样　　D. 直接采样

答案：D

26. 用 X 射线荧光光谱法测定环境空气样品时，无组织排放监控点的采样，一般采用连续__________采样计平均值。（　　）

A. 1 h　　B. 0.5 h　　C. 2 h　　D. 5 h

答案：A

27. 用 X 射线荧光光谱法测定环境空气样品中的无组织样品时，如果分析方法的灵敏度高，仅

需要短时间采集样品时，实行等时间间隔采样，即在__________h 内采集 4 个样品计平均值。(　　)

A. 1　　B. 0.5　　C. 2　　D. 5

答案：A

28. X 射线和光、热、电磁波一样，都是电磁辐射，X 射线是波长很短的一种__________。(　　)

A. 连续波　　B. 电磁波　　C. 特征波　　D. 粒子

答案：B

29. 原子受激发产生 X 射线光子的概率叫__________。(　　)

A. 荧光比例　　B. 荧光概率　　C. 荧光产额

答案：C

30. X 射线荧光光谱法分析时，入射 X 射线照射样品产生的 X 射线荧光的__________与元素的含量有关，据此可以进行定量分析。(　　)

A. 谱线　　B. 波长　　C. 特征线　　D. 强度

答案：D

31. X 射线荧光光谱法，当试样的有效照射面积缩小时，元素的 X 射线荧光强度__________。(　　)

A. 增大　　B. 减小　　C. 不变　　D. 先减小后增大

答案：B

32. 原子的 K 层电子被逐出后，其空穴可以被外层中任一电子所填充，从而可以产生一系列的谱线，称为__________系谱线。(　　)

A. L　　B. M　　C. K　　D. N

答案：C

33. X 射线管的高能电子在一次碰撞中耗尽其全部的能量，所产生的 X 射线光子具有最大的能量，它的波长最短，称为__________。(　　)

A. 散射线　　B. 短波线　　C. 特征线　　D. 连续线

答案：B

34. 在一定范围内，X 射线光管的__________与信号强度呈线性关系。(　　)

A. 电压　　B. 电流　　C. 功率　　D. 温度

答案：B

35. 下列选项中，__________不是能量色散光谱仪和波长色散光谱仪相比所具有的特点。(　　)

A. 分析速度快　　B. 体积小　　C. 成本低　　D. 分辨率高

答案：D

36. 波长色散 X 射线荧光光谱仪是利用__________将不同波长的 X 射线荧光分开，得到单色 X 射线荧光光谱。(　　)

A. 分光晶体　　B. 光栅　　C. 棱镜　　D. 反射镜

答案：A

37. 波长色散 X 射线荧光光谱仪，当 X 射线光管的光电压超过靶材料的__________时，开始出现靶材质的特征光谱。(　　)

A. 临界激发电势　B. 电压　C. 电流　D. 功率

答案：A

38. X 射线荧光分析时，基体效应的基体是指分析时试样中除__________元素本身外的其他所有元素。(　　)

A. 气体　B. 惰性　C. 分析　D. 氧化剂

答案：C

39. 元素的 X 射线特征光谱波长倒数的平方根与原子序数成__________。(　　)

A. 反比　B. 正比　C. 无关　D. 规律

答案：B

40. X 射线光管产生的特征光谱波长由__________决定。(　　)

A. 管电压　B. 管电流　C. 管功率　D. 靶材元素

答案：D

41. X 射线光谱分析中，X 光管产生的 X 射线波长应在__________样品中待测元素的 X 射线波长时才能激发样品。(　　)

A. 大于　B. 等于　C. 小于　D. 2 倍

答案：C

42. 波长色散 X 射线荧光光谱仪正常工作需要冷却，其中最需要冷却的部件是__________。(　　)

A. X 射线管壁　B. X 射线管的靶区　C. 高压发生器　D. X 射线灯丝

答案：B

43. 波长色散 X 射线荧光光谱仪上，在晶体和探测器之间的光束是__________光束。(　　)

A. 混合　B. 连续　C. 单色　D. 散射

答案：C

44. 在 X 射线荧光光谱仪上，采用__________靶 X 射线管，在一定程度上对轻、重元素的分析可以兼顾。(　　)

A. Cr　B. Cu　C. W　D. Rh

答案：D

45. 在 X 射线荧光光谱仪中把 X 射线光子能量转换成电信号的装置是__________。(　　)

A. 分光晶体　B. 探测器　C. 波高分析器　D. 放大器

答案：B

46. X 射线荧光光谱仪中的第一准直器设置在晶体与__________之间。(　　)

A. 试样　B. X 射线管　C. 探测器　D. 滤光片

答案：A

47. 在能量色散 X 射线荧光光谱仪上，探测器接收到的是__________X 射线。(　　)

A. 混合　B. 连续　C. 散射　D. 单色

答案：A

48. X 射线荧光分析：描述 X 射线波长与原子序数之间关系的定律是__________。(　　)

A. 朗伯定律　　B. 比尔定律　　C. 莫塞莱定律　　D. 布拉格定律

答案：C

49. 波长色散 X 射线荧光光谱仪，当 X 射线波长小于等于________倍晶体间距时产生衍射现象。(　　)

A. 1　　B. 2　　C. 3　　D. 4

答案：B

50. 如果采用熔融玻璃片法制备样品，使用波长色散 X 射线荧光光谱法测定固体废物中________元素时应注意元素损失。(　　)

A. 氯　　B. 硫　　C. 磷　　D. 氟

答案：B

51. X 射线荧光光谱法中，Co 元素容易受到________元素谱线重叠干扰。(　　)

A. Pb　　B. Cu　　C. Fe　　D. Sc

答案：B

52. X 射线荧光光谱法中，Sc 元素容易受到________元素谱线重叠干扰。(　　)

A. Si　　B. Ca　　C. Cr　　D. Mo

答案：C

53. 用 X 射线荧光光谱法测定颗粒物中无机元素时，________元素最有可能未检出。(　　)

A. K　　B. Ca　　C. Si　　D. Cd

答案：D

54. X 射线荧光光谱的分析误差主要来源于________。(　　)

A. 单位含量计数率的大小　　B. 测量时间的长短

C. 样品　　D. 背景的计数率

答案：C

55. X 射线荧光熔融法中，加入碱金属卤化物的作用是________。(　　)

A. 助溶剂　　B. 脱模剂　　C. 内标　　D. 熔剂

答案：B

56. X 射线荧光光谱法中，熔融法制样时影响熔样的主要因素包括________、熔样时间、样品与熔剂的称量误差、脱模剂用量等。(　　)

A. 熔样温度　　B. 氧化剂　　C. 模具　　D. 熔剂量

答案：A

57. X 射线荧光光谱法中，样品颗粒越细，被照射的总面积越________，荧光越________。(　　)

A. 小，强　　B. 大，强　　C. 小，弱　　D. 大，弱

答案：B

58. X 射线荧光光谱法中，________的基体效应克服方法不正确。(　　)

A. 稀释法　　B. 薄膜样品法　　C. 内标法　　D. 分解法

答案：D

59．由 X 射线管发出的一次 X 射线激发样品，使样品所含元素辐射出二次 X 射线，即 X 射线__________。（　　）

A．光子　　B．荧光　　C．光谱　　D．线束

答案：B

60．以下不属于 X 射线荧光光谱法优点的是__________。（　　）

A．分析精度高　　B．分析速度快

C．应用范围广　　D．无损检测

答案：A

61．以下不属于能量色散型 X 射线荧光光谱仪组成的是__________。（　　）

A．X 射线管　　B．滤光片

C．分光晶体　　D．探测器

答案：C

62．X 射线荧光光谱仪的主要局限之一是检出限不够低，主要原因之一是样品散射产生的高背景，为克服这一缺点，提出了__________。（　　）

A．偏振激发 X 射线荧光光谱仪　　B．全反射 X 射线荧光光谱仪

C．同位素源激发 X 射线荧光光谱仪　　D．聚束毛细管透镜微束 X 射线荧光光谱仪

答案：B

63．X 射线荧光光谱法中，__________的能量分辨率最高。（　　）

A．半导体探测器　　B．闪烁计数器

C．流气式气体正比计数器　　D．封闭式正比计数器

答案：A

64．X 射线荧光光谱法中，布拉格（Bragg）方程式的形式是__________（λ 为波长；v 为波数；Z 为原子序数；K、S 为常数）。（　　）

A．$\sqrt{\frac{1}{v}}$=K（S−Z）　　B．$\sqrt{\frac{1}{\lambda}}$=K（S−Z）

C．$\sqrt{\frac{1}{v}}$=K（Z−S）　　D．$\sqrt{\frac{1}{\lambda}}$=K（Z−S）

答案：D

65．用波长色散 X 射线荧光光谱法测定环境空气颗粒物中无机元素时，应经常测量实验室质控样中主要目标元素的 X 射线特征峰强度，如有明显变化，则需检查__________。（　　）

A．探测器的接收频率　　B．X 射线管的入射能量

C．元素的色散角和脉冲高度的分布　　D．X 射线管的入射波长

答案：C

66．X 射线荧光光谱分析中，采用内标法时选择内标的重要原则是两条发射线之间不能有主、次量元素的吸收边，下列说法错误的是__________。（　　）

A．内标元素不应引起附加的基体效应

B．试样中不含该内标元素

C．内标元素与分析元素互为补充

D．内标元素和分析元素的激发、吸收，增强性质相似

答案：C

67．用波长色散 X 射线荧光光谱法测定固体废物中的无机元素时，熔融玻璃片法不适于测定__________元素。（　　）

A．氯　　B．硫　　C．钙　　D．钾

答案：A

68．X 射线荧光光谱法不能分析__________元素。（　　）

A．锂　　B．钠　　C．钙　　D．镁

答案：A

69．X 射线荧光光谱法中采用稀释法克服基体效应，通常是指以__________为稀释物来减少基体效应。（　　）

A．稳定元素　　B．非待测元素即可

C．轻元素　　D．重元素

答案：C

三、多选题

1．关于一次 X 射线（原级 X 射线）强度与 X 射线管电压、X 射线管电流、靶元素原子序数关系，下列__________说法正确。（　　）

A．保持 X 射线管电压、X 射线管电流不变，一次 X 射线强度与靶材原子序数为正比关系

B．保持 X 射线管电压、靶材确定不变，一次 X 射线强度与 X 射线管电流为正比关系

C．保持靶材确定、X 射线管电流不变，一次 X 射线强度与 X 射线管电压为正比关系

答案：AB

2．X 射线荧光光谱法中，基体的吸收/增强效应的数学校正法包括__________。（　　）

A．经验系数法　　B．基本参数法　　C．理论影响系数法

答案：ABC

3．能量色散 X 射线荧光光谱仪为获得待测元素的纯强度，需要解析重叠谱。解析重叠谱线的方法有__________。（　　）

A．预先确定谱的干扰因子　　B．顺序剥谱法　　C．谱形拟合

答案：ABC

4．对于能量色散 X 射线荧光光谱仪，最重要的是获得元素特征荧光 X 射线荧光光谱的峰面积，其光谱处理涉及__________。（　　）

A．谱平滑　　B．寻峰、识谱　　C．连续谱拟合

答案：ABC

5．X 射线荧光的定量分析通常是将测得的特征荧光 X 射线荧光强度转换为浓度或质量分数，在不考虑取样误差的情况下，其转换过程受__________等因素影响。（　　）

A．仪器校正因子　　B．样品基体效应

C．样品与标样间的物理化学形态相似程度　D．气体的成分和纯度对测试结果影响很大

答案：ABC

6．XRF 定量分析法主要有__________。（　　）

A．实验校正法　B．数学校正法　C．内标法　D．外标法

答案：AB

7．X 射线荧光光谱分析是根据特征 X 射线的__________进行定性、定量分析的方法。（　　）

A．波长　B．吸光度　C．峰面积　D．强度

答案：AD

8．合适的样品制备过程对 XRF 定量分析准确度有很大的影响，它可以最大限度地降低甚至消除__________等因素对定量分析质量的影响。（　　）

A．矿物质效应　B．颗粒度效应　C．测试样品表面光洁度

答案：ABC

9．XRF 定量分析中三种常用的试样体系是__________。（　　）

A．99%以上纯金属块　B．合金样块　C．粉末压片

D．熔融片

答案：BCD

10．X 射线荧光光谱法试样的__________都会对测量造成影响，应尽量控制并与标准样品保持一致，则这些影响可以减小甚至消除。（　　）

A．粒度　B．吸光度　C．表面结构　D．不均匀性

答案：ACD

11．X 射线荧光光谱法中 P_{10} 气体的成分是__________及__________。（　　）

A．氮气　B．氦气　C．氩气　D．甲烷气体

答案：CD

12．X 射线荧光光谱法更换为 P_{10} 气体后，应进行__________。（　　）

A．基线校正　B．谱线校正　C．调谐　D．定量校正

答案：BD

13．用 XRF 测定土壤中的无机元素时，由于__________的不稳定性以及极易受污染的特点，分析这些组分的试样在制备后应立即测量。（　　）

A．硫　B．氟　C．氯　D．溴

答案：AC

14．使用波长色散 X 射线荧光光谱法测定固体废物中无机元素时，粉末压片法适用于以下__________类型试样的制备。（　　）

A．污泥　B．污染土壤　C．烟尘　D．尾矿废石

答案：ABC

15．以下属于 X 射线荧光分析法中随机误差来源的是__________。（　　）

A．谱线重叠　B．仪器漂移

C．X 射线管的稳定性　D．计数误差

答案：CD

16. 使用波长色散X射线荧光光谱仪测定特氟龙膜采集的颗粒物样品时可能导致滤膜破损，此时可采取__________方法降低滤膜破损的概率。（　　）

A. 减少测量时间　　B. 改用能量色散X射线荧光光谱仪分析

C. 用高分子膜将样品表面保护起来　　D. 降低X射线管电流

答案：ABCD

17. 采用粉末压片法制备样品时，会对目标元素的特征 X 谱线强度造成影响的因素包括__________。（　　）

A. 样品粒度　　B. 样品不均匀性　　C. 样品表面结构　　D. 样品厚度

答案：ABCD

18. X射线荧光分析粉末试样时，采用玻璃熔片法可以消除__________。（　　）

A. 粒度效应　　B. 吸收　　C. 增强　　D. 矿物效应

答案：AD

19. __________是X射线荧光光谱法制样过程中的污染来源。（　　）

A. 粉碎、研磨装置构成材料的污染

B. 之前粉碎、研磨的样品残留引入的污染

C. 分析人员皮肤、体液等与样品接触造成的污染

D. 制样使用试剂造成的污染

答案：ABCD

20. 对于原子序数小于71的元素，__________是X射线荧光光谱法常用的分析谱线。（　　）

A. K　　B. L　　C. M　　D. N

答案：AB

21. 用波长色散X射线荧光光谱法测定环境空气颗粒物中无机元素时，一般使用__________滤膜。（　　）

A. 石英　　B. 特氟龙　　C. 聚丙烯　　D. 陶瓷

答案：ABC

22. 以下属于X射线荧光分析法中系统误差来源的是__________。（　　）

A. 晶体退变　　B. 光管污染　　C. 基体效应　　D. 高压发生器不稳定性

答案：ABC

23. 应定期对X射线荧光光谱仪进行漂移校正，如__________等情况必须进行漂移校正。（　　）

A. 更换氩气-甲烷气　　B. 环境温湿度变化较大时

C. 仪器停机状态时间较长后开机　　D. 仪器使用过程中

答案：ABC

24. X射线荧光光谱分析中，样品制备的方法有__________。（　　）

A. 固体制样法　　B. 粉末压块法

C. 玻璃体熔融法　　D. 溶液和薄膜法

答案：ABCD

25. 用波长色散 X 射线荧光光谱法测定固体废物中的无机元素，制备粉末样品时，通常采用手工或机械方式进行湿法研磨，湿法研磨是指在样品中加入适量__________有机试剂混合研磨。(　　)

A. 丙酮　　B. 酒精　　C. 乙胺醇　　D. 乙醚

答案：BCD

26. X 射线荧光光谱仪常用的探测器有__________。(　　)

A. 流气正比计数器　　B. 闪烁计数器

C. 封闭正比计数器　　D. 半导体探测器

答案：ABCD

27. 用能量色散 X 射线荧光光谱法测定环境空气颗粒物中的无机元素时，光谱仪需要优化的主要测量参数有__________。(　　)

A. 待测元素的分组　　B. 特征谱线及测量时间

C. X 射线管电压及电流　　D. 干扰元素及其干扰系数的测定

答案：ABCD

28. X 射线荧光光谱法基体效应是指样品的__________对分析线强度的影响。(　　)

A. 基本化学组成　　B. 物理状态　　C. 化学状态　　D. 颜色

答案：ABC

29. 波长色散 X 射线荧光光谱仪的组成包括__________。(　　)

A. X 射线管　　B. 色散装置　　C. 准直器　　D. 分光晶体

E. 探测器

答案：ABCDE

30. 用能量色散 X 射线荧光光谱法测定环境空气颗粒物中的无机元素时，通常采用__________方式获取强度。(　　)

A. 全谱图拟合　　B. 特定峰面积积分　　C. 残差拟合　　D. 背景扣除拟合

答案：AB

31. 使用高功率 X 射线光管时，应注意避免样品成分的挥发，可采取__________措施。(　　)

A. 避免长时间测定　　B. 降低管的电流

C. 用粉末压片法制样　　D. 用高分子膜将样品表面保护起来

答案：ABD

四、判断题

1. 采用波长色散 X 射线荧光光谱法测定环境空气颗粒物中无机元素时，要求仪器主要检定项目及计量性能应符合国家计量检定规程中规定的 A 级要求。(　　)

答案：错误

正确答案：要求仪器主要检定项目及计量性能应符合国家计量检定规程中规定的 A 级或 B 级要求。

2. X 射线荧光光谱法具有分析迅速、样品前处理简单、可分析元素范围广、谱线简单、光谱干扰少、非破坏性等优点，但也存在不能对原子序数为 14 以下的元素进行分析、检出限较高的缺点。(　　)

答案：错误

正确答案：X 射线荧光光谱法分析范围包括原子序数 Z≥3 的所有元素，常规分析一般用于 Z≥9（氟）的元素。

3．试样中待测元素的原子受辐射激发后产生的 X 射线荧光强度值与元素的质量分数及原级光谱的质量吸收系数有关。某元素特征谱线被基体中另一元素光电吸收，会产生基体效应（元素间吸收-增强效应）。（　　）

答案：正确

4．用 XRF 方法分析含硫和氯元素的样品时，试样制备后应立即用于测定。（　　）

答案：正确

5．在 X 射线荧光光谱分析中，X 射线强度是指单位时间内通过探测器窗口的入射 X 射线光子数。（　　）

答案：正确

6．特征荧光 X 射线的产生必须满足电子跃迁的选择定则，并非高、低能级之间都能发生跃迁。（　　）

答案：正确

7．X 射线质量吸收系数与物理状态如气态、液态、粉末、块状、混合物等有关。（　　）

答案：错误

正确答案：X 射线质量吸收系数是由物质组成元素和 X 射线波长决定的固定值。

8．能量色散 X 射线荧光光谱仪因样品发射的 X 射线直接进入探测器，且样品与探测器之间的距离短，又无准直器，因此效率比波长色散 X 射线荧光光谱仪高数个量级。（　　）

答案：正确

9．X 射线荧光光谱仪探测器本质上是一种变化能量形式装置，可以把 X 射线光子信号转化成可计量测定的电脉冲信号。（　　）

答案：正确

10．X 射线荧光光谱仪可以分析任何物理、化学性质的样品。（　　）

答案：错误

正确答案：X 射线照射样品时，强酸、强碱及在低温下易挥发、升华的样品会污染仪器，影响仪器性能及测试结果。

11．对于 X 射线荧光光谱无标样分析技术，尽量测试所有元素；对分析结果的评估，实验人员除了准确定义主要成分，同时需结合探测器线性范围和谱线干扰判断测量强度是否可靠。（　　）

答案：正确

12．X 射线荧光（XRF）分析技术的特点是适用于各类固体样品中主、次、痕量多元素的同时测定。（　　）

答案：正确

13．X 射线荧光分析技术具有检出限低、适于分析轻元素的优点。（　　）

答案：错误

正确答案：检出限不够低，不适于分析轻元素。

14．X 射线光谱仪关机后再开机时，需要对 X 射线光管进行老化，否则会因电压或电源升得过快，导致 X 射线光管放电。(　　)

答案：正确

15．X 射线光谱仪停机超过 48 h，需要对 X 射线光管进行老化处理。(　　)

答案：错误

正确答案：24 h。

16．X 射线是由高能量粒子轰击原子所产生的电磁辐射，具有波、粒二象性。(　　)

答案：正确

17．能量色散法的不足之处是对轻元素还不能使相邻元素的 Ka 谱线完全分开，有的检测器必须在液氮低温下保存和使用，连续光谱构成的背景较大。(　　)

答案：正确

18．XRF 定量分析准确度在很大程度上取决于标样的准确度以及合适的样品制备。(　　)

答案：正确

19．XRF 作为一门成熟的成分分析技术，在冶金、地质、建材、石油、生物和环境等领域已获得广泛应用。(　　)

答案：正确

20．全反射 XRF 是一种比较成熟的用于表面和常量元素分析的技术。(　　)

答案：错误

正确答案：痕量元素分析。

21．在 XRF 分析中，用 X 射线管做激发源仍占优势。(　　)

答案：正确

22．作为 XRF 的一种新光源，同步辐射源的特点是强度高、稳定性好、光谱范围广、连续可调、发射角小、准直性好等。(　　)

答案：正确

23．用 XRF 定量分析时，样品制备过程中的均匀性对测定结果准确度影响不大。(　　)

答案：错误

正确答案：直接影响测定结果。

24．更换 X 射线光管后，调节电压、电流时，需从高电压、电流逐步调节至工作电压、电流。(　　)

答案：错误

正确答案：需从低电压、电流逐步调节至工作电压、电流。

25．X 射线荧光法的一个重要特点是其近表面分析特性。对于低原子序数的元素，穿透深度可能只有几微米。(　　)

答案：正确

26．重元素的特征 X 射线波长短，在物质中的穿透深度较大，当样品厚度不同时，所得到的 X 射线荧光强度会发生变化。(　　)

答案：正确

27. 用X射线荧光光谱法对重元素分析，为了得到准确的测定结果，需要保证样品有足够的厚度。（　　）

答案：正确

28. X射线荧光光谱法对于金属样品，表面粗糙度越大，校准曲线的准确度越高，重复精度也越高。（　　）

答案：错误

正确答案：表面粗糙度越小，校准曲线的准确度越高，重复精度也越高。

29. 粉末样品制备用于压片的X射线荧光法测定样品中的元素含量时，颗粒度越细，所得到的标准曲线准确度结果越好。通常粉末的颗粒度最好在300～400目。（　　）

答案：正确

30. X射线在物质中的穿透深度与波长有关。波长越短，穿透深度越大。波长相同时，物质的平均原子序数越小，穿透深度越大。（　　）

答案：正确

31. 波长色散X射线荧光光谱法测定土壤和沉积物中的无机元素时，对质量保证和质量控制的要求：每次分析样品时应进行测量仪器漂移校正，一般使用高质量分数标准化样品进行校正。（　　）

答案：正确

32. 波长色散X射线荧光光谱法测定土壤和沉积物中的无机元素时，对质量保证和质量控制的要求：每批样品应进行20%平行样测定，当样品数小于5个时，应至少测定1个平行样品。（　　）

答案：正确

33. 波长色散X射线荧光光谱法测定土壤和沉积物中的无机元素时，质量保证和质量控制要求：当测定的元素含量超出校准曲线测量范围时，不得随意报出数据，应使用其他方法验证后方可报出数据。（　　）

答案：正确

34. 元素特征X谱线是一种分离的不连续谱。（　　）

答案：正确

35. 当使用波长色散X射线荧光光谱法测定土壤和沉积物中无机元素时，如果试样与标准颗粒度保持一致，则这些影响可以减至最小甚至可忽略不计。（　　）

答案：正确

36. 用XRF测量环境空气颗粒物中无机元素时，特氟龙滤膜比石英滤膜更合适。（　　）

答案：正确

37. 波长色散X射线荧光光谱仪每次开机时应逐步调节X射线管电压和电流，不能一次到位。（　　）

答案：正确

38. 使用X射线荧光光谱法测定颗粒物中的无机元素非常方便，因为滤膜无须复杂的预处理。（　　）

答案：正确

39. X射线荧光光谱法中流气式正比计数器主要用于重元素分析。（　　）

答案： 错误

正确答案： 流气式正比计数器主要用于轻元素分析。

40. 能量色散X射线荧光光谱仪与波长色散X射线荧光光谱仪的一个显著不同是没有分光晶体。(　　)

答案： 正确

41. 与轻元素相比，重元素的特征X射线波长较长，在物质中的穿透深度较小。(　　)

答案： 错误

正确答案： 重元素的特征X射线波长很短，在物质中的穿透深度较大。

42. 在X荧光光谱分析中，试样制备要解决的问题就是保证实际被分析的较薄的表层能够真正代表整个样品。(　　)

答案： 正确

43. 使用X荧光光谱法分析轻元素时，一般应选用细准直器，以提高分辨率。(　　)

答案： 错误

正确答案： 分析轻元素时，应选用粗准直器，以提高灵敏度。

44. 目前常用的波长色散X射线荧光光谱仪可以测定样品中的六价铬。(　　)

答案： 错误

正确答案： X射线荧光光谱仪可以测定元素总量，不能测定六价铬。

45. 与轻元素相比，使用X射线荧光光谱法测定重元素时，一般选择更高的X射线管电压。(　　)

答案： 正确

46. 滤膜上颗粒物含量足够低时，使用X射线荧光光谱法分析其元素含量可以不考虑谱线重叠干扰。(　　)

答案： 错误

正确答案： 滤膜上颗粒物含量足够低时，使用X射线荧光光谱法分析其元素含量可以不考虑基体效应干扰，但需考虑谱线重叠干扰（如铅L_α线对砷K_α线的干扰）。

47. 对于上照式X射线荧光光谱仪，为了防止样品掉落在仪器内，有时需要在其滤膜样品表面覆盖一层XRF专用聚丙烯膜保护仪器。(　　)

答案： 错误

正确答案： 对于下照式X射线荧光光谱仪，为了防止样品掉落在仪器内，有时需要在其滤膜样品表面覆盖一层XRF专用聚丙烯膜保护仪器。

48. 实际样品与标准样品受X射线照射的距离应保持一致，如果标准样品受X射线照射的距离小于实际样品受X射线照射的距离，那么实际样品测定结果会偏高。(　　)

答案： 错误

正确答案： 实际样品测定结果会偏低。

49. 样品散射产生的高背景是X射线荧光光谱分析检出限不够低的主要问题来源之一。(　　)

答案： 正确

50. 随着探测器计数的显著进步和各种原位和现场分析的现实需求，能量色散X射线光谱仪的实用价值越来越大。(　　)

答案：正确

51．能量色散 X 射线荧光光谱仪的能量探测器能量分辨率比波长色散 X 射线荧光光谱仪常用的两种探测器更高。（ ）

答案：正确

52．在样品组成不变的情况下，X 特征谱线的强度总是随着样品厚度的增加而增加。（ ）

答案：错误

正确答案：样品厚度达到饱和后，X 特征谱线强度不再随着厚度的增加而增加。

53．对于很多类样品，样品厚度达到几毫米即可满足 X 射线荧光光谱法分析需要。（ ）

答案：正确

54．用于 X 射线荧光光谱法分析的样品应干燥后尽快制备，或保存在干燥器中。（ ）

答案：正确

55．温度变化会影响波长色散 X 射线荧光光谱仪中分光晶体的稳定性。（ ）

答案：正确

56．进行波长色散 X 射线荧光光谱仪稳定性测定时，每次测定中都必须变换光谱仪所有可动部件。（ ）

答案：错误

正确答案：精密度测定时，每次测定中都要变换光谱仪所有可动部件。稳定性测定时无此要求。

57．更换氩气-甲烷混合气（P_{10}）气体后，由于 P_{10} 气体成分发生小的变化，探测器高压或仪器放大器增益出现波动等都会引起脉冲幅度的变化，从而给分析结果带来误差。（ ）

答案：正确

58．使用 X 射线荧光光谱法测定颗粒物中无机元素时，可选择能够避免样品背后散射的中空样品杯（无背景散射杯）以降低背景。（ ）

答案：正确

59．X 射线荧光光谱法中使用压片法制样时，样品粒度越细，所得到的标准曲线准确度的结果越好。（ ）

答案：正确

60．在 X 射线荧光光谱法中，同样的样品，采用熔融玻璃片法和粉末压片法制备，熔融玻璃片法更灵敏，其检出限和测定下限都更低。（ ）

答案：错误

正确答案：熔融玻璃片法相较于粉末压片法来说，检出限和测定下限都更高。

61．X 射线荧光光谱法是一种非破坏性分析方法。（ ）

答案：正确

62．X 射线又称伦琴射线，是一种波长为 0.1～100 nm 的电磁辐射。（ ）

答案：错误

正确答案：X 射线波长为 0.01～10 nm。

63．分光晶体在波长色散 X 射线荧光光谱仪中的作用，同棱镜或光栅在光学发射光谱仪中的作用类似。（ ）

答案：正确

64. 当入射 X 射线光子的能量大于原子某一轨道电子结合能时，就可逐出一个轨道电子从而出现一个空穴，只要有电子空穴就会产生 X 射线荧光。（　　）

答案：错误

正确答案：当高能级电子依据一定规则跃迁而填补空穴时，只有辐射跃迁才会产生 X 射线荧光。

65. 在 X 射线荧光光谱仪中，X 射线管是激发源，用于发射初级 X 射线。（　　）

答案：正确

66. 一级准直器的作用：将样品发射出的 X 射线荧光变为平行光束照射到分光晶体上。（　　）

答案：正确

67. 用能量色散 X 射线荧光光谱法测定环境空气颗粒物中的无机元素时，元素含量较低且无干扰时，可采用全谱图拟合的方式获取强度。（　　）

答案：错误

正确答案：当元素含量较低且无干扰时，可选某区间特定谱峰净面积的方式获取强度。

68. 用能量色散 X 射线荧光光谱法测定环境空气颗粒物中的无机元素时，建立分析方法时的校准曲线不可长期使用。（　　）

答案：错误

正确答案：建立分析方法时的校准曲线可长期使用，每批样品都应核对校准曲线。

69. 用波长色散 X 射线荧光光谱法测定环境空气颗粒物中的无机元素时，石英滤膜比特氟龙滤膜更合适。（　　）

答案：错误

正确答案：特氟龙滤膜比石英滤膜更合适。

70. X 射线荧光光谱法产生的 X 射线荧光强度值与元素的质量分数有关。（　　）

答案：正确

71. X 射线荧光光谱仪的真空系统包括真空泵、真空管道和真空探头，其作用是使样品室和分光光谱仪内保持一定的真空度。（　　）

答案：正确

72. 使用 X 射线荧光光谱仪时，必须注意预防 X 射线管对人体的辐射。在仪器测量中，必须先按停止键才能打开样品室门，还要定期检查 X 射线管和样品室之间的光闸装置是否失灵。（　　）

答案：正确

73. 更换新的 X 光管后，应重新调节电压、电流等参数，可参照原来参数值直接设置。（　　）

答案：错误

正确答案：重新调节电压、电流时，应从低电压、电流逐步调节至工作电压、电流。

74. 用能量色散 X 射线荧光光谱法测定环境空气颗粒物中的无机元素时，采集在滤膜上的颗粒物负载量原则上不宜超过 50 $\mu g/cm^2$。（　　）

答案：错误

正确答案：采集在滤膜上的颗粒物负载量原则上不宜超过 100 $\mu g/cm^2$。

75. 用能量色散 X 射线荧光光谱法测定环境空气颗粒物中的无机元素时，滤膜上负载的颗粒物

要均匀分布在直径至少为 50 mm 的范围。（　　）

答案：错误

正确答案：滤膜上负载的颗粒物要均匀分布在直径至少为 30 mm 的范围。

76. 晶体色散与波长色散是一回事，是指 X 射线经分光晶体衍射而发生的空间色散。（　　）

答案：正确

77. X 射线荧光光谱法中分光晶体与探测器之间的准直器，称为第二狭缝，又称出射狭缝。（　　）

答案：正确

78. 用波长色散 X 射线荧光光谱法测定环境空气颗粒物中的无机元素时，特氟龙滤膜在测定中受到 X 射线照射时容易产生裂纹甚至破损，建议在满足要求的前提下，降低 X 光管功率，并尽量减少照射时间，控制测量时间在 30 min 以内。（　　）

答案：错误

正确答案：控制测量时间在 20 min 以内。

79. 用能量色散 X 射线荧光光谱法测定环境空气颗粒物中的无机元素时，存在干扰时，应采用特定谱峰的峰面积获取强度。（　　）

答案：错误

正确答案：存在干扰时，应采用全谱图拟合的方式对重叠谱峰进行解析，扣除干扰峰的影响，得到目标元素的特征谱峰强度。

80. X 射线管的工作电压升高，产生的荧光 X 射线的强度也会增强，因此，X 射线管的工作电压越高越好。（　　）

答案：错误

正确答案：入射 X 射线的荧光激发效率与其波长有关，越靠近被测元素吸收限波长，激发效率才越高。

81. 产生 X 射线最简单的方法是用加速后的电子撞击金属靶，撞击过程中，电子突然减速，损失的动能会以光子形式放出。（　　）

答案：正确

82. 能量色散 X 射线荧光光谱仪无须使用分光系统，因此不需要配置滤光片。（　　）

答案：错误

正确答案：能量色散 X 射线荧光光谱仪需要配置滤光片，作用是改善激发源的谱线能谱成分，提高测量精度。

83. X 射线管产生 X 射线之余，还会产生大量热量，需要配有冷却系统。（　　）

答案：错误

正确答案：高功率 X 射线管需要配置冷却系统，如水冷，50 W 以下的小功率 X 射线管可直接由空气冷却。

84. X 射线管的铍窗发生污染或有样品粉末时，可尝试用吸耳球轻轻吹去。（　　）

答案：正确

85. 连续 X 射线与白色光相似，具有连续的一系列波长的 X 射线，特征 X 射线光谱与单色光类似，是具有一定波长而不连续的线状光谱，称为单色 X 射线。（　　）

答案：正确

86. 在以 X 射线管作为激发源时，原级 X 射线光谱是连续光谱。（　　）

答案：错误

正确答案：原级 X 射线光谱包括连续光谱和特征光谱，当 X 射线管的电压加到一定数值时才会产生特征光谱。

87. X 射线荧光光谱仪的激发光源就是 X 射线管。（　　）

答案：错误

正确答案：X 射线荧光光谱仪的激发光源包括各种功率的 X 射线管、放射性核素源、质子和同步辐射源等。

88. 由 M 层跃迁到 K 层而辐射的 X 射线叫 K_α 特征 X 射线，由 L 层跃迁到 K 层而辐射的 X 射线叫 K_β 特征 X 射线。（　　）

答案：错误

正确答案：由 L 层跃迁到 K 层而辐射的 X 射线叫 K_α 特征 X 射线，由 M 层跃迁到 K 层而辐射的 X 射线叫 K_β 特征 X 射线。

89. 在 X 射线荧光光谱法中，X 射线荧光的产生机理与特征 X 射线完全相同，二者的根本区别是激发源不同，前者是用初级 X 射线作为激发源，后者是用高速电子作为激发源。（　　）

答案：正确

90. 相比粉末压片法，使用熔融玻璃片法制样时，受到样品粒度等的影响会减小。（　　）

答案：正确

91. 用能量色散 X 射线荧光光谱法测定环境空气颗粒物中的无机元素时，用于采集环境空气颗粒物的空白滤膜中目标元素测定值应小于标准限值的 1/10。（　　）

答案：错误

正确答案：目标元素测定值应小于方法测定下限。

五、简答题

1. 请简述 X 射线特性。（请列举不少于 5 个）

答案：

（1）电离作用：X 射线能电离气体，利用它电离某些惰性气体（如 Ar、He、Kr 等），设计出流气型正比计数器类型的 X 射线探测器；

（2）荧光作用：X 射线照射 NaI、ZnS 等物质产生接近可见光的荧光（X 射线的对烁现象），探测 X 射线强度的闪烁计数器就是利用该原理进行设计的；

（3）衍射现象：X 射线通过晶体时发生衍射，可以利用分光晶体作为单色器对 X 射线进行衍射分光，将不同波长的谱线分开，然后分别进行探测；

（4）折射率接近 1：X 射线通过不同介质时几乎不折射，基本仍是直线传播。X 射线不能像可见光那样利用折射现象对 X 射线聚焦；

（5）穿透能力强：X 射线能透过许多材料，如木材、玻璃、某些金属、不同密度的生物组织，所以能用于金属材料的探伤和医疗中拍摄透射生物器官的 X 光片等；

（6）不受电场和磁场的影响：在电磁场中不发生偏转。

2．从仪器、制样及样品角度，简述X射线荧光光谱仪测试固体样品的定量分析误差的种类。

答案：

（1）由仪器引起的误差：①X射线强度的统计误差；②探测器X射线计数漏计；③仪器的稳定性：X射线源的稳定性；电路部分的稳定性；分光晶体的热稳定性。

（2）样品制备：①样品的均匀性；②样品的表面效应；③粉末样品的粒度和处理方法。

（3）样品本身：①样品所含元素荧光X射线的谱线干扰；②样品本身的共存元素影响即基体效应；③样品的性质（如吸潮性等）；④标准样品的化学值的准确性。

3．简述采用X射线荧光光谱法测试粉末类样品其制备过程中的污染来源。（不少于5条）

答案：样品制备过程比较重要的污染来源：

（1）粉碎、研磨装置造成材料的污染；

（2）之前粉碎、研磨的样品的污染；

（3）样品溶解、熔融时所用容器的污染；

（4）样品溶解、熔融时分析元素的挥发；

（5）压样机（模具）材料、之前压制的样品的污染；

（6）试剂带来的污染；

（7）样品室中存在的污染物；

（8）样品盒不干净；

（9）与样品接触造成的污染；

（10）实验室环境造成的污染。

4．简述X射线管的使用与维护注意事项。

答案：X射线管是仪器中较为昂贵又易破坏的部件，使用和保管中一定要注意：①避免碰撞；②不用手触摸X射线管窗口；③不宜采用低电压、高电流操作；④新的或者放置了较长时间（2周以上）的X射线管，开机以后必须进行老化处理；⑤射线管高压电缆头上的高压绝缘油脂需要定时更新，更新前必须把陈油脂全部擦干净；⑥存放X射线管时要把冷水抽干，窗口盖帽，尽量在干燥、真空条件下保存，存储温度不宜过低。

5．简述X射线荧光分析的特点。

答案：

（1）测定精度高，重现性好，分析速度快；

（2）样品制备简单，试样形态多样性，可以对固体样品进行分析，也可以对溶液样品进行分析；

（3）测定是非破坏性的，即不需要将样品分解或加工即可实现测定；

（4）测量的元素范围广，包括周期表中从F-U的所有元素，一些较先进的X射线荧光分析仪器还可测定铍、硼、碳等超轻元素；

（5）对于有些用湿化学法不可靠的元素及非金属样品的分析尤其有用。

6．产生X射线的三种办法是什么？

答案：

（1）用高能电子束轰击金属靶；

（2）用初级 X 射线束照射物质易产生次级荧光 X 射线束；

（3）放射源在衰变过程中放出 X 射线。

7．与波长色散法相比，能量色散法的主要优点有哪些？

答案：

（1）由于无须分光系统，检测器的位置可紧挨着样品；

（2）检测灵敏度可提高 2～3 个数量级；

（3）不存在高次衍射谱线的干扰；

（4）可以一次同时测定样品中几乎所有元素，分析物件不受限制；

（5）仪器操作简单，分析速度快适合现场分析。

8．X 射线荧光光谱分析与其他分析方法相比，明显特点有哪些？

答案：

（1）制样一般比较简单，适用于多种类型的固态和液态物质的测定，并易于实现分析过程的自动化，由于样品在击发过程中不受破坏，强度测量的再现性好，便于进行无损分析；

（2）与光学光谱法相比，由于 X 射线光谱的产生来自原子内层电子的跃迁，所以除轻元素外，X 射线光谱基本上不受化学键的影响，定量分析中的基体吸收和元素间激发效应较易于校正或克服；

（3）与原级 X 射线发射法相比，不存在连续光谱，以散射线为主构成的本底强度小，分析灵敏度显著提高。

9．简要总结 X 射线荧光光谱法的不足。

答案：与 ICP-MS 等元素分析方法相比检出限不够低；分析依赖标准物质，且要求基体相近；当元素质量分数的测定结果超出校准曲线范围时，须使用其他分析方法进行验证。

10．使用波长色散 X 射线荧光光谱法建立元素测量方法时，需要选择的工作条件主要包括哪些？

答案：元素的分析谱线、X 射线管电压和电流、分光晶体、准直器、测角仪、探测器、脉冲高度分布（PHA 或 PHD）、背景校正等。

11．使用能量色散 X 射线荧光光谱法建立元素测量方法时，需要优化的主要测量参数有哪些？

答案：待测元素的分组、元素的分析谱线及测量时间、滤光片（或二次靶），X 射线管电压和电流；干扰元素及其干扰系数的测定等。

12．X 射线荧光光谱法中基体干扰和谱线重叠干扰如何减小或消除？

答案：基体效应可通过经验系数法或基本参数法等数学解析方法计算处理后减小。谱线重叠干扰可通过选择合适的分析谱线，避免基体中其他元素谱线的干扰，也可通过分析多个标准样品的测定结果计算谱线重叠干扰校正系数，消除干扰。

13．在 X 射线荧光光谱仪中，波长色散型和能量色散型的主要差异是什么？

答案：波长色散型是由色散元件将不同能量的特征 X 射线衍射到不同角度上，探测器移动到相应的位置上来探测某一能量的射线。而能量色散型去掉了色散系统，依靠探测器本身的能量分辨率来分辨探测 X 射线。波长色散型的能量分辨本领高，而能量色散型虽可同时测量多条谱线，但能量分辨率差，且探测器必须在低温下保存。

14．波长色散 X 射线荧光光谱仪需要优化的主要测量参数有哪些？

答案：不同型号仪器的测定条件不尽相同，实际工作时应参照仪器厂商提供的参数选择最佳工作条件。总体而言，包括X射线管电压和电流、元素的分析谱线、背景点、分光晶体、准直器、测角仪、探测器、脉冲高度分布（PHA或PHD）和滤光片。其中，分析谱线谱峰、背景点位置、背景测量时间和脉冲高度分布（PHA或PHD）等参数可根据标准样品扫描结果调整确认。

15．在X射线荧光光谱分析中，基体对分析谱线有哪些影响？

答案：基体对分析线强度的影响有两类：①对基体中的化学元素组成的影响，某元素的特征谱线可能会被基体中另一元素吸收，产生基体效应。②对样品的表面结构、颗粒度和不均匀性等物理特征的影响。这两类影响可能引起分析谱线强度的增加或减弱。

六、计算题

1．使用X射线荧光光谱法测定颗粒物中Ca元素含量，样品滤膜中Ca元素X射线荧光强度为7.178 kcps，空白滤膜中Ca元素X射线荧光强度为0.301 kcps，校准曲线斜率为3.546 kcps/（μg/cm^2），采样体积为138 m^3，滤膜上负载有颗粒物的面积为12.56 cm^2，试计算大气中颗粒物Ca元素含量。

答案：大气中Ca含量ρ=[（I–I_0）×A]/（b×V）=[（7.178–0.301）×12.56]/（3.546×138）=0.177（μg/m^3）

2．使用波长色散X射线荧光光谱法测定颗粒物中As元素含量。用铅标准样品分别在测定As（K_α）条件下测量Pb L_α谱线强度。在测定Pb的条件下测定Pb L_β谱线强度，其测量值分别为16.655 kcps和17.456 kcps。As标准曲线斜率为1.447 kcps/（μg/cm^2）。实际颗粒物样品中As的K_α谱线强度测量值为0.981 kcps，Pb的L_β线强度测量值为0.279 kcps，试计算采样膜上As元素含量（μg/cm^2）。

答案：干扰校正系数$b=I_{(L_\alpha-\mathrm{Pb})}/I_{(L_\beta-\mathrm{Pb})}$=16.655/17.456=0.954 1

As元素含量ρ_{As}=（I_1−b×I_2）/a=（0.981−0.954 1×0.279）/1.447=0.494（μg/cm^2）

3．使用波长色散X射线荧光光谱法测定土壤标准样品中的无机元素，其中Mn元素测定值为950 mg/kg，标准值为907 mg/kg。已知Mn元素方法检出限为10.0 mg/kg，其正确度是否满足质量保证和质量控制要求？

答案：Mn元素含量范围高于检出限3倍，但低于1%，其正确度应≤0.10

正确度$\Delta\lg C$（GBW）=|lgC_i−lgC_s|=|lg（950）−lg（907）|=0.02≤0.10

满足质量保证与质量控制要求。

4．使用波长色散X射线荧光光谱法测定固体废物样品中的元素a，其校准曲线斜率为9.337（mg/kg）/kcps，校准曲线截距为54.2 mg/kg。测得的元素a的X射线荧光强度为4.214 kcps，谱线重叠校正系数为–0.015，谱线重叠的理论计算强度为4.117 kcps；干扰元素b对待测元素a的影响系数为0.025 9（单位为mg/kg的倒数），干扰元素b的质量分数为437 mg/kg，无其他干扰元素。试计算该元素的质量分数。

答案：w=k×（I_i+β_j×I_k）×［1+∑（α_j×w_j）+b］

=9.337×（4.214−0.015×4.117）×（1+0.025 9×437）+54.2

=532（mg/kg）

5．用能量色散X射线荧光光谱法测定环境空气颗粒物中的铜元素时，校准膜中铜元素含量ρ_c为51.5 μg/cm^2，校准膜的X射线荧光强度I_c为2 405 cps/mA，空白滤膜中铜元素的X射线荧光强度I_0为0 cps/mA，样品滤膜中铜元素的X射线荧光强度I为775 cps/mA，样品滤膜上颗粒物的面积A

为 17.3 cm^2，标准状态下的采样体积 V 为 24.6 m^3，则颗粒物中铜元素含量 ρ 为多少（假设校准膜接受照射的面积为 1 cm^2）？

答案：

（1）求出曲线斜率 b

$$b=\frac{I_c-I_0}{\rho_c}=\frac{2\,405-0}{51.5}=46.7\text{（cps/mA）/（μg/cm}^2\text{）}$$

（2）求出样品中目标元素的含量

$$\rho=\frac{(I-I_0)\times A}{b\times V}=\frac{(775-0)\times 17.3}{46.7\times 24.6}=11.7\text{（μg/m}^3\text{）}$$

答：颗粒物中铜元素含量为 11.7 $\mu g/m^3$。

6．以 LiF 作为分光晶体时，晶面间距 d=0.201 4 nm，当产生衍射的角度 θ=45°时，则特征辐射波长 λ 为多少（假设衍射级次=1）？

答案：根据 Bragg 方程：$n\lambda=2d\sin\theta$

当衍射级次 n=1 时

$\lambda=2d\sin 45°=2\times 0.201\,4\times 0.707\,1=0.284\,8$（nm）

答：特征辐射波长 λ 为 0.284 8 nm。

7．采用波长色散 X 射线荧光光谱法测定固体废物的 SiO_2。校准曲线的斜率（k）为 0.057 9，校准曲线的截距（b）为–1.81；谱线重叠校正系数（β）为：0.345，谱线重叠的理论计算强度（I_m）为 94.0 kcps，基体校正元素 Al_2O_3、Fe_2O_3、NaO 对 SiO_2 的 α 影响系数分别为：0.010 8、0.029 5、–0.040 5，基体校正元素的质量分数（w）分别为 13.21%、8.56%、2.56%。测得某粉煤灰样品 SiO_2 的 X 射线谱线强度（I_{SiO_2}）为 738 kcps，试计算固体废物样品中 SiO_2 的质量分数。

答案：固体废物样品中氧化物的质量分数（%）按照下面公式计算，结果最多保留 3 位有效数字、最多保留到小数点后 2 位。

$$W_i=k\times（I_i+\beta_{ij}\times I_m）（1+\sum\alpha_{ij}\times w_j）+b$$

式中：W_i——待测无机元素或氧化物的质量分数（mg/kg 或%）的质量；

I——待测无机元素或氧化物；

k——校准曲线的斜率；

I_i——待测无机元素或氧化物的 X 射线谱线强度（kcps）；

β_{ij}——谱线重叠校正系数；

j——基体校正元素；

I_m——谱线重叠的理论计算强度；

m——谱线重叠元素；

α_{ij}——基体校正元素对待测无机元素或氧化物的 α 影响系数；

w_j——基体校正元素的质量分数（mg/kg 或%）；

b——校准曲线的截距。

$W_{SiO_2}=k\times（I_{SiO_2}+\beta\times I_m）（1+\sum\alpha_{ij}\times w_j）+b$

=0.057 9×（738+0.345×94.0）(1+13.21×0.010 8+8.56×0.029 5−2.56×0.040 5）−1.81

=55.8%

固体废物样品中 SiO_2 的质量分数为 55.8%。

8．用波长色散 X 射线荧光光谱法测定某固体废物的铜时，按质量控制要求在一个批次的 12 个样品中插入了 1 个有证标准样品（烟尘）进行测定。已知有证标准样品的铜的标准值为（65.1±1.8）mg/kg，此次测定标准物质的测定值为 67.3 mg/kg，试判断标准物质测定值的正确度是否合格？

答案：因为 w_{Cu}=67.3 mg/kg=0.006 73%＜1%

准确度要求 Δlg$w$（GBW）≤0.10

计算 Δlg$w$（GBW）=｜lgw_i−lgw_s｜=｜lg67.3−lg65.1｜=｜1.828−1.814｜=0.014＜0.10

所以测定值的正确度合格。

9．用波长色散 X 射线荧光光谱法测定某固体废物的 Fe_2O_3 时，按质量控制要求在一个批次的 15 个样品中插入了 1 个有证标准样品（烟尘）进行测定。已知有证标准样品的 Fe_2O_3 的标准值为 4.39±0.71%，此次测定标准物质的测定值为 3.69%，试判断标准物质测定值的正确度是否合格？

答案：因为 $w_{Fe_2O_3}$=3.69%，1%≤$w_{Fe_2O_3}$＜5%

准确度要求 Δlg$w$（GBW）≤0.07

计算 Δlg$w$（GBW）=｜lgw_i−lgw_s｜=｜lg3.69−lg4.39｜=｜0.567−0.642｜=0.075＞0.07

所以测定值的正确度不合格。

10．采用波长色散 X 射线荧光光谱法测定土壤中的铬，按质量控制要求在一个批次的 6 个样品中插入了 1 个平行样品进行测定。已知原样品的铬的测定值为 72.8 mg/kg，平行样品的铬测定值为 70.2 mg/kg，试判断此平行样测定结果是否合格?

答案：平行双样相对偏差=（72.8−70.2）/（72.8+70.2）×100%=1.8%

因为 C_{Cr}=72.8 mg/kg 在 10～100 mg/kg

平行双样最大允许相对偏差为±10%

所以此平行样测定结果合格。

第十三节　极谱法

一、填空题

1．溶出伏安法若溶出时的工作电极发生__________反应，则为__________溶出伏安法；发生__________反应，则为__________溶出伏安法。

答案：氧化，阳极，还原，阴极

2．伏安法是施加__________，研究电极表面发生的过程，并根据电流与电极电势之间的关系进行分析的__________方法。

答案：电位跃阶，电化学

3．极谱、伏安分析法通常记录的是__________对__________关系曲线。

答案：电流，电位

4．溶出伏安法中所用电极包括 ＿＿＿＿＿、＿＿＿＿＿和＿＿＿＿＿，这些也是电分析化学实验中的常用电极。

答案：工作电极，参比电极，辅助电极（也称对电极）

5．能够对激发信号和待测物质浓度作出响应，并在测量期间允许较大电流通过以引起待测物质主体浓度发生明显变化的传感电极称为＿＿＿＿＿。

答案：工作电极

6．＿＿＿＿＿电位在电化学测量的实验条件下保持不变，用于观察、测量或控制指示电极（或者试验电极、工作电极）电位。

答案：参比电极

7．在线性扫描伏安法、三角波伏安法、循环三角波伏安法以及类似的方法中，在单次电位扫描时由物质 B 的氧化或还原所产生的法拉第电流的最大值称为 ＿＿＿＿＿，单位为 ＿＿＿＿＿。在它出现之前，法拉第电流随时间单调 ＿＿＿＿＿，出现之后法拉第电流则随时间单调 ＿＿＿＿＿。

答案：峰电流，安（或 A），增加，减小

8．参比电极是为了给工作电极提供一个参考电位，要求其在使用过程中稳定可靠，一般使用＿＿＿＿＿、＿＿＿＿＿等。

答案：饱和甘汞电极，Ag/AgCl 电极

9．用极谱法分析时，在溶液中能比 H^+先＿＿＿＿＿、比 O^{2-}先＿＿＿＿＿的物质溶液称为“去极剂”。

答案：还原，氧化

10．用阳极溶出伏安法测定水中的铜、铅、锌、镉，当样品成分比较复杂、分析样品的数量不多时，可采用＿＿＿＿＿法。

答案：标准加入

11．极谱法和伏安分析法是一种特殊形式的电解方法，其特殊性表现在两个电极上：一个面积很＿＿＿＿＿的参比电极和一个面积很＿＿＿＿＿的工作电极。

答案：大，小

12．辅助电极（对电极）的工作与＿＿＿＿＿构成回路以允许电流通过电解池，其表面一般无待测物质的反应发生。

答案：工作电极

13．支持电解质离子在所研究电位范围内为＿＿＿＿＿物质，其离子强度通常远大于同一溶液中电活性物质的浓度，以提高溶液的电导率。

答案：非电活性

14．极谱催化波根据反应过程机理一般可大致分为＿＿＿＿＿、＿＿＿＿＿和＿＿＿＿＿三类。

答案：平行催化波，氢催化波，络合吸附波

15．伏安分析法溶液体系主要由＿＿＿＿＿、＿＿＿＿＿和＿＿＿＿＿等组成。

答案：支持电解质底液，酸碱缓冲溶液，被测物质

16．极谱分析的残余电流主要来源是＿＿＿＿＿和＿＿＿＿＿。

答案：杂质的还原电流，滴汞电极的充电电流

17．极谱法是建立在电解过程的基础上，而电解过程可分为__________电解过程和控制电流电解过程两大类。

答案：控制电位

18．极谱法和伏安分析法是通过测量电解过程中所得到的__________曲线来确定电解液中含被测组分的浓度，从而实现分析测定的电化学分析法。

答案：电流—电压（或电位—时间）

19．溶出伏安法的富集过程可采用电解方式或通过__________作用实现。

答案：吸附

20．在三电极体系中，辅助电极一般采用的是__________。

答案：铂电极

21．极谱电解过程受化学反应速度的控制，所得到的极谱波的类型属于__________。

答案：动力波

22．可采用通入 CO_2 气体驱除__________性溶液中的 O_2，以消除氧波对极谱测定的干扰。

答案：酸

23．单扫描极谱法施加的是__________电压。

答案：锯齿波

24．在尤考维奇电流方程式中，不受温度影响的是电极反应中的__________。

答案：电子转移数

25．电极过程的传质方式有对流传质、__________、__________。

答案：电迁移，扩散传质

26．用极谱法分析时，通过记录仪测绘的电流为__________坐标，电压为__________坐标的电解曲线，称为极谱曲线，也称极谱波或极谱图。

答案：纵，横

27．在溶出伏安分析中，伏安曲线呈峰形，__________与溶液中被测离子的浓度成正比，可作为定量分析的依据。

答案：峰电流

28．溶出伏安法的操作步骤通常分为两步，第一步是__________，目的是__________被测组分；第二步是__________。

答案：预电解，富集，溶出

29．在极谱分析中为了建立浓差极化，要求极化电极表面积__________，溶液中被测物质的浓度要__________，溶液__________搅拌。

答案：小，低，不能

30．在极谱分析中，阴极上的析出电位越正，越易__________；阳极上的析出电位越负，越易__________。

答案：还原，氧化

31．在阳极溶出伏安分析中，待测金属离子先被__________，并与工作电极上的汞生成__________

从而被富集，再施加由负向正的电位使待测金属__________溶出，产生峰值电流从而用于定量分析。

答案：还原，汞齐，氧化

32．在极谱分析中滴汞电极作为__________，饱和甘汞电极作为__________。

答案：工作电极，参比电极

33．极谱分析是利用被测离子或它的配离子的__________电流建立的一种分析方法。

答案：扩散

34．在极谱分析中，对于电极反应为可逆的物质，在长余辉示波管上，其电极反应的伏安曲线为__________的峰形曲线。

答案：不对称

35．在极谱法中，在一次扫描时由于物质的氧化或还原而产生的电流峰的最大值，称为__________。

答案：峰电流

36．在极谱法和伏安法中，通常使用的是三电极系统，在测量过程中电位保持不变的是__________电极，__________电极不参与反应，其作用是让电流通过电解池。

答案：参比，辅助

37．在极谱法和伏安法中，在极谱波或伏安曲线的上升部分，当总电流和残余电流之差等于极限电流一半时，工作电极的电位称为__________电位。

答案：半波

38．在伏安法中，出现峰电流时，工作电极的电位称为__________。

答案：峰电位

39．在阳极溶出伏安分析结束后，为除去残存在工作电极上的待测物，须在一定电压、一定时间内进行溶出，使电极净化，为下一次测定做准备，此过程称为__________。

答案：解脱

40．由于某种化学物质的氧化或还原而产生的电流称为__________电流。

答案：法拉第

41．在极谱分析中，__________电流的大小取决于电化学过程的反应物向电极-溶液界面的扩散速率以及反应物离开电极-溶液界面的扩散速率。

答案：扩散

42．在极谱分析中，一个离子型的电极活性物质在指示电极或工作电极上还原或氧化时，由于电迁移达到电极而产生的电流，称为__________电流。

答案：迁移

43．在电化学分析中，由于电解时电极表面和溶液之间的浓度差异而引起的极化现象称为__________。

答案：浓差极化

44．在电解空白溶液时，任意电位处所得的电流称为__________。

答案：残余电流

二、单选题

1．在极谱定量分析中，与被测物浓度成正比的电流是__________。（　　）

A．扩散电流　　B．极限电流

C．极限扩散电流　　D．扩散电流减去残余电流

答案：C

2．极谱分析中，与扩散电流无关的因素是__________。（　　）

A．电极面积　　B．电极反应的电子转移数

C．离子在溶液中的扩散系数　　D．离子在溶液中的迁移数

答案：D

3．极谱定量测定时，试样溶液和标准溶液的组分保持基本一致，这是为了__________。（　　）

A．使被测离子的扩散系数一致　　B．使迁移电流的大小保持一致

C．使残余电流的量一致　　D．被测离子的活度系数相同时才一致

答案：A

4．在极谱分析中，在同一实验条件下用直接比较法进行测定，下列条件中没有必要的是__________。（　　）

A．汞柱高度相同　　B．底液成分相同

C．测试时温度相同　　D．倒入电解池中试液和标准溶液的体积相等

答案：D

5．极谱分析可在同一杯电解液中进行反复测量，是因为在每次测量过程中__________。（　　）

A．电解电流只是 μA 级　　B．电解电压不高

C．电极上无电流通过　　D．汞滴不断更新

答案：A

6．在极谱分析中加入大量的支持电解质是为了消除__________。（　　）

A．扩散电流　　B．残余电流　　C．迁移电流　　D．对流电流

答案：B

7．在极谱分析中，为消除迁移电流，通常在底液里加入支持电解质，选择支持电解质的条件是__________。（　　）

A．与被测离子生成确定的配合物

B．正、负离子导电能力要接近

C．能导电，在测定条件下不发生电极反应的惰性电解质

D．与被测离子相比，电导较大的离子

答案：C

8．迁移电流来源于__________。（　　）

A．电极表面双电层的充电过程　　B．电极表面离子的扩散

C．电解池中两电极间产生的库仑力　　D．底液中的杂质的电极反应

答案：C

9．对于极谱分析法，下列说法正确的是__________。（　　）

A．同一物质，具有相同的半波电位

B．当溶液组成一定时，某一离子有固定的半波电位

C．极谱半波电位相同的，是同一物质

D．极谱的半波电位随被测离子浓度的变化而变化

答案：B

10．用阳极溶出伏安法测定水中的铜、铅、锌、镉，以选用__________支持电解质进行四种离子的连测最佳。（　　）

A．高氯酸　　B．硝酸、盐酸　　C．盐酸　　D．硝酸、盐酸、硫酸

答案：A

11．按照极谱法和伏安分析法工作电极的性质不同分为两类：一类是用液态电极作为工作电极如__________，其电极表面做周期性的连续更新，称为极谱法；另一类是用固定或固态电极作为工作电极，称为伏安法。（　　）

A．石墨电极　　B．铂电极　　C．悬汞电极　　D．滴汞电极

答案：D

12．某实验分析人员不小心将装入电解池准备做极谱分析的标准溶液洒了一部分，若用直接比较法进行测定，他应采取的措施是__________。（　　）

A．继续做

B．重新配制溶液后再做

C．取一定量的溶液，加入标准溶液，做测定校正

D．取一定量的溶液，记下体积，再测定

答案：A

13．在极谱定量测定中，当样品的浓度大于 10^{-2} mol/L 时，要定量稀释后才能进行测定，原因是__________。（　　）

A．浓溶液杂质干扰大

B．浓溶液残余电流大

C．溶液浓度低时，才能使电极表面浓度易趋于零

D．滴汞电极面积较小

答案：C

14．在极谱分析中，滴汞电极有时是阴极，有时是阳极，下列说法正确的是__________。（　　）

A．与滴汞电极与外电路的连接方式有关

B．与滴汞电极发生的电极反应有关，还原反应是阴极，氧化反应是阳极

C．与电源正极相接的一定是阳极

D．与电源负极相接的一定是阴极

答案：B

15．极谱法使用的指示电极是__________。（　　）

A．滴汞电极　　B．玻璃碳电极　　C．饱和甘汞电极　　D．铂微电极

答案：A

16．在极谱分析中常用汞电极为指示电极，但氢离子不干扰分析测定，是利用了__________。（　　）

A．在汞上氢没有超电位　　B．在汞上氢有很大的超电位

C．氢的还原电位较其他金属大　　D．氢离子难以得到电子

答案：B

17．在极谱分析中，在底液中加入配合剂后，金属离子以配合物形式存在，随着配合剂浓度增加，半波电位移动的方向是__________。（　　）

A．向更正的方向移动

B．向更负的方向移动

C．不改变

D．不一定，取决于配合剂的性质，可能向更正，也可能向更负方向移动

答案：B

18．零电荷电位是指滴汞电极的电位达到__________V，滴汞表面不带电荷。（　　）

A．−0.56　　B．−1.0　　C．+0.56　　D．+0.4

答案：A

19．当滴汞电极作为阳极时，由于汞本身会被氧化，所以其电位变正一般不能超过__________V。（　　）

A．+1.0　　B．+0.56　　C．+0.5　　D．+0.4

答案：D

20．对析出电位相差约__________mV 的各种金属离子，可以在工作电极处于不同电位下，还原成金属，而产生不相互重叠的极谱波。（　　）

A．＞20　　B．＞30　　C．＞40　　D．＞50

答案：D

21．为了消除迁移电流，可在被测电解液中加入支持电解质，电解液中所含支持电解质的浓度应大于被测物质浓度的__________倍以上。（　　）

A．20　　B．40　　C．60　　D．100

答案：D

22．两种物质的极谱波的半波电位相差__________V 时，两个极谱波会发生重叠，影响测定。（　　）

A．＜0.2　　B．＜0.4　　C．＜0.6　　D．＜1.0

答案：A

23．下列电极中，溶出伏安法可采用的工作电极为__________。（　　）

A．玻璃电极　　B．滴汞电极

C．Ag/AgCl 电极　　D．悬汞电极

答案：D

24．循环伏安法在电极上加电压的方式是__________。（　　）

A．线性变化的直流电压　　B．锯齿波电压

C．脉冲电压　　D．三角波电压

答案：D

25．下列关于悬汞电极的特点中，表述错误的是__________。（　　）

A．悬汞电极简单、经济、重现性好

B．溶出峰较窄，分辨率高

C．使用悬汞电极时，搅拌溶液的速度不能过快，否则会使灵敏度降低

D．灵敏度较低，预电解时析出到汞滴中的待测物质少

答案：B

26．下列关于可逆波的表述中，正确的是__________。（　　）

A．电极反应速度慢

B．化学反应速度慢

C．滴汞电极的电位与电极表面反应物的活度关系符合能斯特方程

D．电解过程受电极反应速度控制

答案：C

27．极谱波的半波电位是指__________。（　　）

A．测试回路中电流一半时所对应的电位　　B．参与电极反应物质的析出电位

C．参与电极反应物质的析出电位的一半　　D．极限扩散电流一半时所对应的电位

答案：D

28．直流极谱分析定量原理是基于__________公式。（　　）

A．能斯特方程　　B．科泰尔方程

C．尤考维奇方程　　D．法拉第定律

答案：C

29. 在加入支持电解质、极大抑制剂和除氧剂后，极谱分析中的极限电流是指__________。（　　）

A．扩散电流　　B．残余电流和扩散电流

C．迁移电流和扩散电流　　D．残余电流和迁移电流

答案：B

30．在极谱分析中，通常在试液中加入一定量明胶，目的是消除__________。（　　）

A．极谱极大　　B．充电电流

C．迁移电流　　D．扩散电流

答案：A

31．半波电位可作为极谱定性分析依据的原理是__________。（　　）

A．半波电位相同的物质都是同一物质　　B．当溶液的组成一定时，物质的半波电位恒定

C．当温度一定时，物质的半波电位恒定　　D．任何物质的半波电位是恒定的

答案：B

32．下列电化学分析法中采用固体电极的是__________。（　　）

A．单扫描极谱法　　B．直流极谱法

C．循环伏安法　　　　　　　　　　　　D．方波极谱法

答案：C

33．在经典极谱中，一般不搅拌溶液，这是为了__________。（　　）

A．消除迁移电流　　　　　　　　　　　B．减小充电电流的影响

C．加速达到平衡　　　　　　　　　　　D．有利于浓差极化

答案：D

34．方波极谱法相较于直流极谱法，具有的主要优点是__________。（　　）

A．充电电流小　　B．法拉第电流小　　C．迁移电流小　　D．浓差极化小

答案：A

35．直流极谱法中将滴汞电极和饱和甘汞电极浸入试液中组成电解电池，两个电极的性质__________。（　　）

A．两个电极都是极化电极

B．两个电极都是去极化电极

C．滴汞电极是极化电极，饱和甘汞电极去极化电极

D．滴汞电极是去极化电极，饱和甘汞电极极化电极

答案：C

36．__________不能用作伏安法的工作电极。（　　）

A．悬汞电极　　B．滴汞电极　　C．玻璃碳电极　　D．挂汞电极

答案：B

37．在 1 mol/L 的 KCl 支持电解质中，Tl^{+}和 Pb^{2+}的半波电位分别为−0.482 V 和−0.431 V，若要同时测定这两种离子，应选择__________。（　　）

A．方波极谱法　　B．单扫描极谱法　　C．催化极谱法　　D．经典直流极谱法

答案：A

38．下列关于滴汞电极的缺点中，表述错误的是__________。（　　）

A．汞易被氧化，不利于研究氧化反应

B．基线噪声小，测定灵敏度高

C．滴汞电极使用较麻烦，不利于在线和现场分析

D．汞毒性大，对环境可能造成污染

答案：B

39．阳极溶出伏安法对痕量金属离子的测定有独到之处，其原因是__________。（　　）

A．金属离子在阳极分解前，被富集在微电极上，在分解时电流密度显著增加

B．金属离子是在控制电压下被沉积的，故是一种选择性较好的方法

C．它是用实验测得的电流与浓度成正比的唯一的痕量分析方法

D．它还适用于不可逆的电极反应

答案：A

40．在溶出伏安法的富集过程中，需搅拌试液或旋转电极，其目的是__________。（　　）

A．加快电极表面的反应　　　　　　　　B．加速达到点击平衡

C．获得稳定的溶出电流　　D．提高富集效率

答案：D

41．__________不是滴汞电极的特点。（　　）

A．电极表面不断更新、洁净，分析结果重现性好

B．电解电流不受扩散速度控制

C．汞易与分析物质形成汞齐，降低分解电压：

D．氢的过电位很高，对大多数离子测定无影响

E．面积小、电荷密度高、易产生浓差极化

答案：B

42．极谱分析时在溶液中加入表面活性物质是为了消除__________。（　　）

A．极谱极大电流　　B．迁移电流

C．残余电流　　D．残留氧的还原电流

答案：A

43．溶出伏安法的灵敏度很高，其主要原因是__________。（　　）

A．对被测定物质进行了预电解富集　　B．在悬汞电极上充电电流很小

C．电压扫描速率较快　　D．与高灵敏度的伏安法相配合

答案：A

44．在极谱分析中，通氮气除氧后，需静置溶液半分钟，其目的是__________。（　　）

A．防止在溶液中产生对流传质　　B．有利于在电极表面建立扩散层

C．使溶解的气体逸出溶液　　D．使汞滴周期恒定

答案：A

45．在极谱分析中，与扩散电流无关的因素是__________。（　　）

A．电极反应电子数　　B．离子在溶液中的扩散系数

C．离子在溶液中的迁移数　　D．电极面积

答案：C

46．在阳极溶出伏安法中，预富集阶段施加的电位是__________；溶出阶段施加的电位是__________。（　　）

A．由负向正，恒定　　B．由正向负，恒定

C．恒定，由负向正　　D．恒定，由正向负

答案：C

47．在极谱分析中，试样溶液在测定前通氮气主要是为了__________。（　　）

A．去除溶液中的挥发性物质　　B．去除溶液中的氧

C．去除溶液中的微生物　　D．冷却溶液

答案：B

48．使用玻碳电极进行阳极溶出伏安法分析时，通常在分析前需要对工作电极进行预处理，下列预处理顺序正确的是__________。（　　）

（1）清洗电极　（2）使用抛光液打磨并抛光电极　（3）电极在硝酸汞溶液中同位镀汞膜

A.（1）（2）（3） B.（1）（3）（2）

C.（2）（1）（3） D.（2）（3）（1）

答案：C

49．在溶出伏安法中，说法错误的是__________。（ ）

A．溶液中的被测物质必须全部富集在电极上

B．富集过程中需要搅拌或旋转电极

C．溶出过程中，不应搅拌溶液

D．应严格控制富集的时间

答案：A

50．阳极溶出伏安法的预电解过程是__________电解。（ ）

A．恒电位 B．恒电流

C．电位由负向正变化 D．电流由负向正变化

答案：A

51．在溶出伏安分析中，__________操作是正确的。（ ）

A．在测定过程中，均搅拌被分析溶液

B．在测定过程中，完全不搅拌被分析溶液

C．在富集阶段搅拌，在溶出阶段不搅拌溶液

D．在富集阶段不搅拌，在溶出阶段搅拌溶液

答案：C

52．以下不是阳极溶出伏安法中常用定量方法的是__________。（ ）

A．工作曲线法 B．标准加入法

C．内标法 D．示差法

答案：D

53．关于阳极溶出伏安法的伏安曲线中的峰值电位，下列说法正确的是__________。（ ）

A．与浓度成正比 B．与浓度的对数成正比

C．与待分析物质的性质有关 D．与浓度符合能斯特方程

答案：C

54．关于阳极溶出伏安法，下列说法错误的是__________。（ ）

A．溶出伏安法具有较高的灵敏度，是由于将大体积试液中的被测物质富集到微小体积的电极上，使浓度增大，快速溶出时，则电流大大增加

B．阳极溶出伏安法中，富集过程是电还原，溶出过程是电氧化

C．富集过程中，电极反应产物常以汞齐或难溶化合物的形式被富集

D．溶出都是极化电压以一定的速度由正电压向负电压方向线性变化

答案：D

55．极谱定性分析的依据是__________。（ ）

A．电解方程 B．峰值电流

C．半波电位 D．$i_d=Kc$

答案：C

56．伏安法和极谱法都是以电解过程中的电流-电压曲线为研究对象，不同的是极谱分析法采用__________作为工作电极。（　　）

A．甘汞电极　　B．汞膜电极

C．悬汞电极　　D．滴汞电极

答案：D

57．极谱分析时，在中性或碱性介质中，可采用__________方法消除氧的干扰。（　　）

A．加入大量电解质　　B．加入碳酸钠

C．加入亚硫酸钠　　D．加入明胶

答案：C

58．极谱分析时，在任何溶液中都能除氧的物质是__________。（　　）

A．N_2　　B．CO_2　　C．Na_2SO_3　　D．还原铁粉

答案：A

59．在经典极谱分析中，一般不搅拌溶液，是为了__________。（　　）

A．消除迁移电流　　B．减少充电电流的影响

C．加速达到平衡　　D．有利于形成浓差极化

答案：D

60．极谱过程的残余电流的电流值很小，随外加电压的增大而__________。（　　）

A．略有增大　　B．略有减小　　C．增大　　D．减小

答案：A

61．在极谱分析中，对极限扩散电流没有影响的因素是__________。（　　）

A．外加电压　　B．工作电极的特性

C．溶液的温度　　D．溶液的组成

答案：A

62．极谱分析中用到的辅助电极是__________。（　　）

A．甘汞电极　　B．汞膜电极

C．滴汞电极　　D．铂电极

答案：D

63．在极谱分析中，当电路中的电流达到极限电流时，电极表面被测离子的浓度__________。（　　）

A．趋于零　　B．比溶液中被测离子的浓度稍高

C．比溶液中被测离子的浓度稍低　　D．与溶液中被测离子的浓度相同

答案：A

64．在阳极溶出分析中，正确的分析顺序是__________。（　　）

（1）在电解池中加入电解质和样品，通氮气 10 min　（2）搅拌溶液

（3）停止搅拌溶液　（4）预电解溶液　（5）溶出扫描

A．（1）（2）（3）（4）（5）　　B．（1）（2）（4）（3）（5）

C．（1）（4）（2）（3）（5） D．（1）（2）（4）（5）（3）

答案：B

65．某水样铅的浓度约为 10^{-9} mol/L，宜采用的分析方法是__________。（ ）

A．直流极谱法 B．方波极谱法 C．阳极溶出伏安法 D．脉冲极谱法

答案：C

三、多选题

1．阳极溶出伏安法测定水中镉，如果酸度或者碱度较大时，应预处理。定容前需将样品煮沸，以驱除__________，再定容。（ ）

A．氯气 B．氨气 C．氮氧化物 D．二氧化碳

答案：AC

2．极谱法可以使用的参比电极是__________。（ ）

A．滴汞电极 B．汞池电极 C．饱和甘汞电极 D．Ag/AgCl 电极

答案：BCD

3．极谱极大可通过向被测电解液中加入少量表面活性物质予以抑制，常用的极大抑制剂有__________。（ ）

A．动物胶 B．聚乙烯醇 C．Triton-X D．氯化钾

答案：ABC

4．为了消除迁移电流的影响，可在电解液中加入支持电解质，下列可用作支持电解质的有__________。（ ）

A．KCl B．NH_4Cl C．HCl D．Na_2SO_4

答案：ABCD

5．采用阳极溶出伏安法测定微量金属离子时，溶出曲线的峰高与溶液中金属离子的浓度有关，此外，以下与之相关的因素有__________。（ ）

A．电解富集的时间 B．电解富集时溶液的搅拌速度

C．悬汞电极面积的大小 D．溶出时的电位变化速度

答案：ABCD

6．残余电流限制了直流极谱法的灵敏度，一般可用来消除残余电流的方法有__________。（ ）

A．采用作图法予以扣除 B．利用仪器的残余电流补偿装置予以抵消

C．加入支持电解质 D．加入少量表面活性物质

答案：AB

7．以下关于可逆波和不可逆波的表述中，正确的是__________。（ ）

A．不可逆波的电解过程受化学反应速度控制

B．不可逆波的电解过程受电极反应速度控制

C．可逆波和不可逆波并无截然的界限，有些是介于可逆和不可逆之间

D．同一种金属离子，在不同的介质条件下，极谱波的类型也会有差别

答案：BCD

8．配制极谱分析的底液时，要依据被测样品和组分的性质选择底液的具体成分，通常应遵循的原则有__________。（　　）

A．极谱波形好

B．极限扩散电流与被测物质的浓度的线性关系好

C．干扰少，成本低

D．便于配制

答案：ABCD

9．当两种物质的极谱波发生重叠，会形成叠波而影响测定，以下消除叠波的方法表述正确的有__________。（　　）

A．可通过改变物质的存在形态，以增大两者半波电位之差

B．对两物质进行分离

C．对其中的一种物质进行掩蔽

D．加入支持电解质

答案：ABC

10．采用阳极溶出伏安法测定水样中的镉、铅、铜、锌时，Fe（Ⅲ）干扰测定，可采用加入还原剂将其还原为Fe（Ⅱ）以消除干扰，下列可使用的物质有__________。（　　）

A．盐酸羟胺　　B．H_2O_2　　C．抗坏血酸　　D．醋酸铵

答案：AC

11．采用示波极谱法测定水样中的镉、铅、铜、锌、镍时，以下关于干扰及其去除方法的表述，正确的有__________。（　　）

A．氨性支持电解质可采用加入Na_2SO_3或通纯N_2除氧

B．硝酸影响锌的测定，测锌的样品应除尽硝酸

C．锡的干扰可采用氢溴酸或浓盐酸和过氧化氢处理，使锡挥发分离

D．高浓度的铜对镍的测定不利，可加入氰化物络合铜消除干扰

答案：ABCD

12．经典极谱分析中使用的滴汞电池的特点是__________。（　　）

A．具有较高的灵敏度　　B．表面不断更新，汞滴保持新鲜

C．对氢有较高的过电压　　D．能与许多金属生成汞齐

答案：BCD

13．极谱仪通常由三极系统组成，包括__________。（　　）

A．工作电极　　B．参比电极　　C．辅助电极　　D．复合电极

答案：ABC

14．在极谱分析中，影响待测物质半波电位的因素有__________。（　　）

A．待测物质的浓度　　B．支持电解液的种类

C．溶液pH　　D．溶液温度

答案：BCD

15．极谱分析时，在酸性底液中能用于消除溶解氧的方法是__________。（　　）

A．通入氮气　　B．通入氢气　　C．加入 Na_2CO_3　　D．加入 Na_2SO_3

答案：ABC

16．极谱分析时，__________方法可以消除氧的干扰。（　　）

A．在中性或碱性底液中加入亚硫酸钠　　B．溶液中通入氮气

C．在微酸性底液中加入抗坏血酸　　D．在碱性底液中通入二氧化碳

答案：ABC

17．在阳极溶出伏安分析中，为了使测定结果的精密度和准确度都比较好，__________条件需保持一致。（　　）

A．富集时间　　B．搅拌速度　　C．富集电位　　D．待测样品体积

答案：ABCD

18．__________是阳极溶出伏安分析仪的组成部件。（　　）

A．电解池　　B．玻碳汞膜电极　　C．极谱仪　　D．库仑计

答案：ABC

19．使用甘汞电极时，下列操作方法正确的是__________。（　　）

A．使用时，应取下上侧加液口的小胶塞

B．电极内饱和 KCl 溶液应完全浸没内电极，同时电极下端要保持少量 KCl 晶体

C．电极玻璃弯管处不应有气泡

D．电极下端的陶瓷芯毛细管应通畅

答案：ABCD

20．下列电化学分析方法中，溶液需要进行搅拌的是__________。（　　）

A．电解分析　　B．库仑分析

C．极谱分析　　D．离子选择电极电位分析

答案：ABD

21．在极谱分析中，下列物质可作为支持电解质的是__________。（　　）

A．高氯酸　　B．NH_3-NH_4Cl　　C．乙酸-乙酸铵　　D．明胶

答案：ABC

22．在阳极溶出伏安分析中，下列电极可作为工作电极的是__________。（　　）

A．甘汞电极　　B．悬汞电极　　C．玻碳汞膜电极　　D．银/氯化银电极

答案：BC

23．在下列极谱分析操作中，正确的是__________。（　　）

A．通入氮气去除溶液中的溶解氧　　B．加入表面活性剂消除极谱极大

C．恒温消除由于温度变化产生的影响　　D．在搅拌下进行，以减小浓差极化的影响

答案：ABC

四、判断题

1．汞旁不要放置发热体，绝对不要在烘箱中烘汞，因汞蒸气压随温度的升高而增加颇快。（　　）

答案：正确

2．极谱室应通风良好，必须装有排风设备。经常使用汞的实验室的排风扇最好装在墙角，地板要无缝，否则留存的细小汞滴将慢慢地蒸发，长期毒化实验室内的空气。(　　)

答案：正确

3．使用汞工作时，可以用薄壁玻璃容器和一些薄壁管。(　　)

答案：错误

正确答案：使用汞工作时，不许用薄壁玻璃容器和一些薄壁管。因为汞的密度大，这些薄壁玻璃容器和管子不够坚实极易损坏，使汞洒出和泼溅以致难以收拾。

4. 装汞的仪器下面一律放置浅瓷盘，使得在操作过程中偶然洒出的汞滴不至于散落桌上或地面。(　　)

答案：正确

5．在实验中，擦过汞齐或汞的滤纸或布必须放在有水的瓷缸内。(　　)

答案：正确

6. 相比极谱分析法，伏安分析法可以对电信号进行更多的后续处理，从而获得更多的有用信息。(　　)

答案：正确

7．伏安分析法在使用中可以有电流通过参比电极。(　　)

答案：错误

正确答案：伏安分析法在使用中不能有电流通过参比电极，否则会引起参考电位的漂移。

8．伏安分析法一般采用常规的固态电极作为工作电极，具有很高的灵敏度，电极界面微小的变化不会影响电极电流。(　　)

答案：错误

正确答案：伏安分析法一般采用常规的固态电极作为工作电极，具有很高的灵敏度，电极界面微小的变化就会影响电极电流。

9．参比电极的结构和组成要稳定，温度和压力等对参比电极的影响要小，电极电位不随分析测量进程、温度和压力的变化等而发生改变。(　　)

答案：正确

10．阳极溶出伏安法和示波极谱法测定水中的铜、铅、锌、镉，其工作电极均为悬汞电极，参比电极均为银-氯化银电极或饱和甘汞电极。(　　)

答案：错误

正确答案：示波极谱法测定水中的铜、铅、锌、镉，其工作电极为滴汞电极、铂碳电极。

11．阳极溶出伏安法又称正向溶出伏安法。(　　)

答案：错误

正确答案：阳极溶出伏安法又称反向溶出伏安法。

12．一般建议能够使用三电极体系尽量不用简化的二电极体系。(　　)

答案：正确

13．除用于测定的扩散电流外，极谱电流还包括残余电流、迁移电流、极谱极大、氧波。这些电流通常会干扰测定，应设法扣除。(　　)

答案：正确

14．辅助电极的性能一般显著影响工作电极上的反应。（　　）

答案：错误

正确答案：辅助电极的性能一般不显著影响工作电极上的反应。

15．参比电极的性能直接影响着电极电势测量或控制的稳定性、重现性和准确性。（　　）

答案：正确

16．参比电极应该是一个理想的极化电极，其电位值不随通过其中的电流而发生变化。（　　）

答案：错误

正确答案：参比电极应该是一个理想的非极化电极，其电位值不随通过其中的电流而发生变化。

17．在具体选用参比电极时，应考虑使用的溶液体系的影响。（　　）

答案：正确

18．极谱分析是一种在特定条件下的电解分析。（　　）

答案：正确

19．滴汞电极的滴汞面积小，电解时电流密度很大，容易发生浓差极化。（　　）

答案：正确

20．在极谱电解过程中，所测电解液必须处于静止状态，不得搅动。（　　）

答案：正确

21．电容电流是由于滴汞电极和待测液的界面电双层的充电形成的，是残余电流的主要部分。（　　）

答案：正确

22．在一定条件下，每种物质的半波电位是一个固定值，不因该物质在电解液中所含的浓度不同而有变化。（　　）

答案：正确

23．甘汞电极的面积比滴汞电极大很多，电解时电流密度小，不发生浓差极化。（　　）

答案：正确

24．极谱分析法与伏安分析法的不同在于工作电极的差别，前者使用滴汞电极或表面能周期性更新的液态电极，后者使用表面不能更新的液态或固体电极。（　　）

答案：正确

25．在极谱分析法与伏安分析法中，电解池中的两个电极分别是极化电极和去极化电极，其中极化电极作为参比电极。（　　）

答案：错误

正确答案：在极谱分析法与伏安分析法中，电解池中的两个电极分别是极化电极和去极化电极，其中极化电极作为工作电极。

26．极限扩散电流与汞柱压力成正比。（　　）

答案：错误

正确答案：极限扩散电流与汞柱压力的平方根成正比。

27．电解液中含被测组分的浓度越低，越容易产生浓差极化。（　　）

答案：正确

28．电解液的组成不同时，对被测组分的扩散系数有影响，从而影响极限扩散电流的大小，所以在极谱分析中，标准溶液和试液所含各种共存组分要基本一致。（ ）

答案：正确

29．采用三电极体系是为了确保工作电极的电位完全受外加电压所控制和参比电极的电位恒定不变。（ ）

答案：正确

30．单扫描极谱法比直流极谱法的灵敏度高。（ ）

答案：正确

31．脉冲极谱法对不可逆波的灵敏度很高，分辨力也好，很适合用于对有机物的分析。（ ）

答案：正确

32．溶出伏安法是从极谱法发展起来的一种电化学分析法，它可以实现被测组分的富集，从而获得更低的检测下限。（ ）

答案：正确

33．极谱波是属于可逆波或不可逆波，与支持电解质的种类有关系。（ ）

答案：正确

34．循环伏安法是研究电极反应机理的方法之一，一般不作为定量分析手段。（ ）

答案：正确

35．阳极溶出伏安法的内标法可在几种待测离子共存且需同时测定时的使用。（ ）

答案：正确

36．电位溶出分析法和阳极溶出伏安法的主要区别在于，电位溶出分析法在溶出时没有电流流过电极，而阳极溶出伏安法在溶出时有背景电流。（ ）

答案：正确

37．在阳极溶出伏安法分析中，伏安曲线的峰值电位与被测物质浓度无关，故后者可以用于物质的定性分析。（ ）

答案：正确

38．阳极溶出伏安法能用于测定所有能与汞形成汞齐，或能在碳、贵金属电极上电化学富集的金属元素。（ ）

答案：正确

39．在阳极溶出伏安法分析中，预富集和溶出过程都不是把溶液中的待测物质全部富集或溶出，只是部分反应，通过控制每个样品和标准溶液的实验条件一致，从而达到定量分析的目的。（ ）

答案：正确

40．在阳极溶出伏安法分析中，所选用的预电解电位不能使支持电解质溶液及样品等发生电解反应。（ ）

答案：正确

41．在阳极溶出伏安法分析中，所选用的支持电解质溶液不同时，其电解电位都一样。（ ）

答案：错误

正确答案：在阳极溶出伏安法分析中，支持电解质溶液不同时，电解电位也随之改变，以保证支持电解质溶液不发生电解反应。

42. 极谱法工作电极所使用的汞的蒸气是有毒的，实验室应有排风设备，在实验中应谨防汞的散落和蒸发，用后的汞要及时回收。（　　）

答案：正确

43. 进行极谱分析的实验室要注意通风，并应经常检查空气中汞的含量，如果超过允许量则应采取措施，可用燃烧碘进行消毒。（　　）

答案：正确

44. 阳极溶出伏安法常用的定量方法是标准加入法，应尽量使样品加入标准溶液后的峰值电流的增量与未加入标准溶液时的峰值电流相接近。（　　）

答案：正确

45. 对于极谱法和阳极溶出伏安法，测定的是水样中具有电极反应活性的金属形态。（　　）

答案：正确

46. 阳极溶出伏安法具有高背景下强抗干扰性能，不受高盐度的影响，是海水重金属分析的重要手段。（　　）

答案：正确

47. 催化极谱法是极谱法中的一个重要分支，其原理是在试液中加入一种能与电极反应后的组分立即发生化学反应的物质，从而使极谱系统形成一个电极反应—化学反应—电极反应的循环。这个催化波具有更高的灵敏度和选择性。（　　）

答案：正确

48. 催化示波极谱法所用仪器与示波极谱一样，工作电极为滴汞电极。（　　）

答案：正确

49. 使用催化极谱法测定时，不需要严格控制室温。（　　）

答案：错误

正确答案：使用催化极谱法测定时，需要严格控制室温基本一致。温度过高，峰电流值不稳定，温度过低会造成催化波波形不稳定，甚至不出峰。

50. 在极谱法中，溶出质量与待测物质浓度符合能斯特方程。（　　）

答案：错误

正确答案：在极谱法中，溶出质量与待测物质浓度符合扩散电流方程式 $i_d=Kc$。

51. 极谱法和伏安法都是以电流-电压曲线为基础的电化学分析法。（　　）

答案：正确

52. 消除极谱极大现象的方法是在溶液中加入亚硫酸钠或抗坏血酸等物质。（　　）

答案：错误

正确答案：消除极谱极大现象的方法是在溶液中加入表面活性剂，亚硫酸钠或抗坏血酸等物质用于消除溶液中的氧。

53. 金属配离子的半波电位比简单金属离子的半波电位要负，且配离子越稳定，即 K 越大或配合剂浓度越大，则半波电位就越负。（　　）

答案：正确

54．在阳极溶出伏安法中，电解还原是缓慢的富集，溶出是突然的释放，因而作为信号的法拉第电流大大增加，从而使方法的灵敏度大大提高。（　　）

答案：正确

55．阳极溶出伏安法分析海水中重金属最常用的定量方式是标准曲线法。（　　）

答案：错误

正确答案：阳极溶出伏安法分析海水中重金属最常用的定量方式是标准加入法。

56．极谱分析中作为参比电极的甘汞电极内应填充饱和氯化钾溶液，且不能有气泡。（　　）

答案：正确

57．在极谱分析中，有时会出现极大的畸形峰。支持电解质浓度越低，被测离子浓度越高，温度越低，越容易产生极大畸形峰。（　　）

答案：正确

58．在阳极溶出伏安法分析中，对于给定的金属离子，如果预电解时搅拌速度恒定，预电解时间固定，那么电解沉积的金属量与被测金属离子的浓度成正比。（　　）

答案：正确

59．使用阳极溶出伏安法分析重金属的优势是操作简单、选择性好，因此对于含有机物较多的水样也不需预处理，可直接取样分析。（　　）

答案：错误

正确答案：对含有机物较多的水样，应采用硝酸-高氯酸消解的方式预处理再分析。

60．阳极溶出伏安法可检出的浓度较低，应注意环境、器皿、水或试剂的污染。（　　）

答案：正确

61．由于极谱法可以同时测定多个元素，因此对于浓度存在差异的几种金属元素，在同一条件下测定也能获得很好的准确度。（　　）

答案：错误

正确答案：对于浓度差异较大的几种金属元素，为获得很好的准确度，宜选用不同灵敏度档分别测定。

62．在阳极溶出伏安法和极谱法分析时，元素含量一般以其峰高定量。（　　）

答案：正确

63．在阳极溶出伏安法分析中，如果使用玻碳电极，需注意做好同为镀汞膜及使用后对电极膜表面的处理。（　　）

答案：正确

64．在极谱分析中，为防止汞的挥发，应在纯汞表面加水。（　　）

答案：错误

正确答案：纯汞表面不要加水，以免加快表面氧化，从而导致纯汞无法使用。用过的废汞可集中放在表面有水层的瓶中，以便集中提纯。

五、简答题

1．根据尤考维奇方程，影响极限扩散电流的主要因素有哪些？

答案：根据尤考维奇方程，影响极限扩散电流的主要因素由毛细管特性、温度、滴汞电极电位和电解液。

2．极谱分析法中有哪些主要干扰电流？

答案：极谱分析法中主要干扰电流有残余电流、迁移电流、极大现象、氧波等。

3．如何消除伏安极谱法中的氧波的影响？

答案：

（1）通入 N_2、H_2、CO_2（酸性溶液）等气体；

（2）在中性或碱性溶液中加入 Na_2SO_3；

（3）在微（弱）酸性溶液中加入抗坏血酸；

（4）在强酸性溶液中加入 Na_2CO_3 或铁粉等消除氧波干扰。

4．伏安极谱法有哪几种常用的定量分析方法？

答案：伏安极谱法常用的定量分析方法有 3 种，比较法、标准曲线法和标准加入法，其中最常用的是标准加入法。

5．简述阳极溶出伏安法分析的基本过程。

答案：阳极溶出伏安法基本过程分为两步：①先将待测金属离子在比其峰电位更负一些的恒电位下，在工作电极上预电解一定时间使之富集；②将电位由负向正的方向扫描，使富集在电极上的物质氧化溶出，并记录其氧化波。根据溶出峰电位确定被测物质的成分，根据氧化波的高度确定被测物质的含量。

6．某极谱分析的底液除待测物质外，还有以下成分：①NH_3-NH_4Cl；②Na_2SO_3；③Triton-X。请简要说明各成分的作用是什么。

答案：①NH_3-NH_4Cl，支持电解质，用以消除迁移电流的影响；②Na_2SO_3，还原剂，用以消除溶液中的溶解氧；③Triton-X，表面活性物质，用以消除极谱极大。

7．在直流极谱分析中，为什么要除去溶液中的溶解氧？

答案：因为试液中的溶解氧很容易在滴汞电极上还原，产生两个极谱波：

第一个极谱波：$O_2+2H^++2e^-=H_2O_2$（酸性溶液）$O_2+2H_2O+2e^-=H_2O_2+2OH^-$（中性或碱性溶液）

第二个极谱波：$H_2O_2+2H^++2e^-=2H_2O$（酸性溶液）$H_2O_2+2e^-=2OH^-$（中性或碱性溶液）

O_2 的两个极谱波的半波电位（pH=1～10）分别为–0.05 V 和–0.94 V（vs.SCE，20～25℃），由于氧波的波形很倾斜，延伸很长，从–0.05 V 直到–1.3 V，影响很多物质的极谱测定，因此必须在分析前除去溶液中的溶解氧。

8．简述极谱法试验过程残余电流的消除方法。

答案：使用高纯度的试剂和溶剂；采用作图或测定空白值予以扣除；采用残余电流补偿装置。

9．简述什么是迁移电流及其消除方法。

答案：迁移电流是由于电解池的阳极和阴极对电解液中的阴、阳离子的静电吸引力或排斥力，使离子迁移到电极表面而产生电极反应所形成的电流。消除迁移电流的方法是在被测电解液中加入支持电解质。

10．简述在阳极溶出伏安法分析中，加入配合剂的作用是什么。并列举3种以上常见的配合剂。

答案：在阳极溶出伏安法分析中，加入配合剂可以改变待测物的电化学行为，提高阳极溶出伏安法测定的选择性。许多情况下，选择的配合剂可改善相邻峰的分离度、抑制干扰物的信号。当需测定样品中电化学特性相近的两种元素，可加入配合剂，只与其中一种元素形成稳定配合物。两种元素在足够负的电位下同时富集（使配合物还原），溶出得到分离的峰。常见的配合剂有酒石酸铵、柠檬酸铵、六次甲基四胺、乙二胺四乙酸。

11．简述在极谱分析中，加入支持电解质的作用是什么。

答案：支持电解质又称底液，是一种不干扰测定的强电解质，在测量过程的作用有：①提高测量池的电导率，降低溶液的电压降。②降低迁移电流，待测物靠扩散向工作电极移动。③采用酸、碱或缓冲液作为支持电解质，使样品溶液调节到适合电极反应的pH。④可以使待测物形成配合物，具有不同的电化学特性。也可以消除干扰，改善相邻电流信号的分辨率。

12．极谱法和阳极溶出伏安法是重金属分析的主要分析方法，它们的工作电极都含汞，请简述在分析过程中应如何防护。

答案：极谱法和阳极溶出伏安法的工作电极所使用的汞的蒸气是有毒的，在实验中应谨防汞的散落和蒸发，用后的汞要及时回收。实验室要注意通风，并应经常检查空气中汞的含量，如超过允许量则应采取措施，可用燃烧碘进行消毒。

13．简述阳极溶出伏安法和极谱法的工作电极分别是什么。

答案：在阳极溶出伏安法中，工作电极是石墨电极、玻碳电极或者金属等固体电极，或者是表面不能更新的液体电极，如悬汞电极；在极谱法中，工作电极是表面能够周期性更新的液体电极，如滴汞电极。

14．简述溶出伏安法的主要优点。

答案：溶出伏安法具有检测速度快、灵敏度高、选择性好、所需试样量少、能多元素识别和易于控制等优点，且仪器简单，操作方便。由于预富集程序的存在，金属元素的检出限被大幅降低，对某些元素的检出限和原子吸收光谱法相当。同时，溶出伏安法具有高背景下强抗干扰性能，不受高盐度的影响，是海水重金属分析的重要手段。

15．为什么在极谱分析法和伏安法溶出阶段不能搅拌溶液，而电位分析中需要搅拌溶液？

答案：经典极谱分析法与伏安分析法都是利用的溶液的浓差极化现象，溶液需保持静止，搅拌不利于浓差极化。电位分析中，为了加快离子的扩散速度、加快膜内电荷的传递、使电极达到平衡、呈现稳定电位的时间缩短，通常需要采用搅拌试液的方法缩短响应时间。

六、计算题

1．Pb（Ⅱ）在3 mol/L的盐酸介质中还原时，所产生的极谱波半波电位–0.46 V，今在滴汞电极电位为–0.70 V时（已完全浓差极化），测得下列溶液的电流值为：

溶液	电流 i/μA
取6 mol/L的盐酸25 mL，稀释至50 mL	0.15
取6 mol/L的盐酸25 mL，加试样10.00 mL，稀释至50 mL	1.23
取6 mol/L的盐酸25 mL，加1×10^{-3} mol/L的Pb^{2+}标准溶液5.00 mL，稀释至50 mL	0.94

计算试样溶液中 Pb（Ⅱ）的质量浓度（以 mg/mL 计）（Pb 的摩尔质量为 207 g/mol）。

答案：根据 $i=Kc$ 可知，试样溶液中 Pb（Ⅱ）的浓度为

$C=(1.23-0.15)\times1\times10^{-3}\times5.00/(0.94-0.15)/10.00=6.8\times10^{-4}$（mol/L）

质量浓度 $\rho=6.8\times10^{-4}\times207=0.14$（g/L）=0.14（mg/mL）

2．在 3 mol/L 的盐酸介质中，Pb^{2+}和 In^{3+}还原为金属产生极谱波，它们的扩散系数相同，半波电位分别为–0.46 V 和 0.66 V。当 1.00×10^{-3} mol/L 的 Pb^{2+}和未知浓度的 In^{3+}共存时，测得它们的极谱波高分别为 30 mm 和 45 mm，计算 In^{3+}的浓度。

答案：根据尤考维奇方程，$i_d=607nD^{1/2}m^{2/3}\tau^{1/6}c$，当测定时电极相同，则离子的扩散系数相同，$i_d\propto nc$

$$\therefore \frac{i_{d_{Pb^{2+}}}}{i_{d_{In^{3+}}}}=\frac{30}{45}=\frac{n_{Pb^{2+}}c_{Pb^{2+}}}{n_{In^{3+}}c_{In^{3+}}}=\frac{2\times1.00\times10^{-3}}{3c_{In^{3+}}}$$

$$c_{In^{3+}}=\frac{2\times1.00\times10^{-3}\times45}{3\times30}=1.00\times10^{-3}\ (\text{mol/L})$$

3．使用阳极溶出伏安法测定某水样的镉含量，在 A 容量瓶中加入水样 5.0 mL，测得扩散电流为 10 μA，在 B 容量瓶中加入水样 5.0 mL，同时加入 0.10 mg/L 的镉标准溶液 5.0 mL，测得扩散电流为 15 μA，求水样中镉的浓度。

答案：$\rho=\dfrac{I\rho'V_s}{(I'-I)\ V}=\dfrac{10\times0.10\times5.0}{(15-10)\times5.0}=0.20(\text{mg/L})$

4．使用示波极谱法测定某水样的铅含量，取 10.0 mL 水样加 0.20 mL 硝酸于电热板上加热至近干，然后加入 6.0 mL 支持电解液后用水定容至 10.0 mL 待测，测得其含量为 13.3 μg。求水样中铅的浓度。

答案：$\rho=\dfrac{m}{V}=\dfrac{13.3}{10.0}=1.33(\text{mg/L})$

第十四节　气相色谱法

一、填空题

1．顶空气体分析法是依据__________原理，通过分析气体样来测定__________中组分的方法。

答案：相平衡，平衡液相

2．气相色谱程序升温的方式有__________升温和__________升温。

答案：线性，非线性

3．气相色谱柱的老化温度要高于分析时最高柱温 5～10℃，并低于固定液的最高使用温度，老化时色谱柱要与__________断开。

答案：检测器

4．FPD 是气相色谱__________检测器的英文缩写，主要用于检测含__________、__________杂原子的有机物。

答案：火焰光度，硫，磷

5．气相色谱常用的定量方法有外标法、内标法、__________、__________。

答案：叠加法，面积归一化法

6. 气相色谱法分离中等极性组分首先选用__________固定液，组分基本按沸点顺序流出色谱柱。

答案：中极性

7．气相色谱法常用的质量型检测器有__________、__________和__________。

答案：氢火焰离子化检测器（FID），火焰光度检测器（FPD），氮磷检测器/质量检测器（NPD）

8．在气相色谱检测器中，__________仅对电负性的物质有响应，特别适用于分析痕量卤代烃、硫化物、金属离子的有机螯合物、农药等。

答案：电子捕获检测器（ECD）

9．载气在使用前通常要经过纯化处理，用电子捕获检测器需去除载气中元素原子电负性较强的物质，特别是__________的含量要尽量低；用氢火焰离子化检测器需把载气及燃气、助燃气中的__________有机化合物除去。

答案：氧气，烃类

10．在一般固定相上，同系物成员按分子量大小顺序流出，在强极性固定相上组分常按极性从__________到__________的顺序流出。

答案：小，大

11．色谱柱的理论塔板数越大，表示组分在色谱柱中达到分配平衡的次数越__________，固定相的作用越显著，对组分的分离越__________。

答案：多，有利

12. 气相色谱法的定性方法有__________定性、__________定性、__________定性和__________定性。

答案：保留值，标准加入法，双柱，选择性检测器

13. 气相色谱分析时，如果分析样品中组分多且沸点相差大，设定分析柱温时，应采用__________的方式。

答案：程序升温

14．静态顶空分析方法的依据是__________原理，当气液两相达到__________后，分析气相样来测定液相样中的组分。

答案：相平衡，平衡

15．用活性炭管吸附采集污染源废气中苯系物样品后，对其解吸一般可采用__________解吸法和__________解吸法。

答案：有机溶剂，热

16．气相色谱法测定水中苯系物时，水样可用__________、__________和吹扫捕集等预处理方法。

答案：溶剂萃取，顶空

17. 吹扫捕集-气相色谱法测定水样中丙烯醛时，使用__________气或__________气体能很好地吹出水样中的丙烯醛。

答案：高纯氮，其他惰性

18. 在气相色谱法中，评价毛细管柱性能的3项重要指标是__________、__________和__________。

答案：柱效，表面惰性，热稳定性

19. 通过光离子化检测器（PID）可测量环境空气中的VOCs。PID使用了一个__________将有机物打成可被检测器检测到的__________。检测器测量离子化气体的电荷并将其转化为__________，电流被放大并显示出“ppm”浓度值。在被检测后，离子重新复合为原来的气体和蒸气。PID是一种__________检测器。

答案：紫外灯（UV）光源，正负离子，电流信号，非破坏性

20. 选择气相色谱分析的气化室温度时要考虑试样的__________、__________、__________和进样量等因素。

答案：挥发性，沸点范围，稳定性

21. 在气相色谱法中，常用的化学衍生物法有硅烷化、__________和__________。

答案：酰化，酯化

22. 气相色谱分析内标法定量要选择一个适宜的__________，并要求它与其他组分能__________。

答案：内标物，完全分离

23. 电子捕获检测器常用的放射源是__________和__________。

答案：^{63}Ni，^{3}H

24. 气相色谱固定液热稳定性好，主要是指固定液在高温下不发生__________、交联和__________。

答案：聚合，分解

25. 气相色谱法分析非极性组分时应首先选用__________固定液，组分基本按__________出峰，如为烃和非烃混合物，同沸点的组分中__________大的组分先流出色谱柱。一般来说，沸点差别越小、极性越相近的组分其保留值的差别就__________，而保留值差别最小的一对组分就是__________物质对。

答案：非极性，沸点顺序，极性，越小，难分离

26. 分配系数只随__________、__________变化，与柱中两相__________无关。

答案：柱温，柱压，体积

27. 用气相色谱法分析多组分的有机化合物常用两根不同的色谱柱，其中一根用于__________；另一根用于__________。

答案：定性定量，辅助定性

28. 应用静态顶空技术可分析__________和__________的有机化合物。

答案：挥发性，水溶性

29. 气相色谱分析用归一化法定量的条件是__________都要流出色谱柱，且在所用检测器上都能__________。

答案：样品中所有组分，产生信号

30．气相色谱法常用的浓度型检测器有__________和__________。

答案：热导检测器（TCD），电子捕获检测器（ECD）

31．通常气相色谱仪由 5 个基本部分组成：进样系统、气路系统、__________、__________和__________。

答案：分离系统，检测系统，数据处理系统

32．气相色谱定量分析误差按其性质及对测定值可靠性的影响，可分为三类：__________、__________ 和过失误差。

答案：随机误差，系统误差

33．气相色谱仪的进样系统由__________和__________组成。

答案：进样器，气化室

34．影响超声波提取效率的因素包括__________、样品浸泡时间、萃取溶剂的种类和组合、超声波的频率、强度和__________ 等。

答案：样品粒度，提取时间

35．气相色谱法所测组分和固定液分子间的氢键力实际上也是一种__________力，氢键力在气液色谱中占有重要地位。

答案：定向

36．气相色谱载体大致可分为__________载体和__________载体。

答案：无机，有机聚合物（或硅藻土，非硅藻土）

37．在气相色谱分析中，纯载气通过检测器时，输出信号的不稳定程度称为__________。

答案：基线噪声（或基线噪音）

38．索氏提取适用于从固体中提取__________有机物和__________有机物。

答案：非挥发性，半挥发性

39．与其他土壤或固体样品提取法相比，超声提取具有提取时间__________、无须加热等优点，但待测物的提取效率可能__________其他提取方法。

答案：短，低于

40．液液萃取过程如出现__________现象，可采用冷冻、离心等方法减缓该现象。

答案：乳化

41．死体积是指色谱系统流动池中由__________到__________未被固定相所占据的空间。

答案：进样口，检测器

42．色谱柱初次使用或长期不用后，再次使用时应对柱子进行__________，进行该操作时，应将柱子与__________断开。

答案：老化，检测器

43．气相色谱气化室应__________、__________和__________，即不使样品分解。

答案：死体积小，热容量大，无催化效应

44．顶空气相色谱法根据__________原理测定液体或固体中的挥发性有机物，不适用于__________的挥发性有机化合物测定。

答案：相平衡，强极性

45. 在气相色谱柱老化过程中，必须确保色谱柱中有__________通过，并选择适当的老化温度。

答案：载气

46. 气相色谱的固定液必须不能与__________、__________发生不可逆的化学反应。

答案：载体，待测组分

47. 硅胶柱作为一种固相萃取柱，用以将目标检测物与__________的干扰物分离。

答案：化学极性不同

48. 加速溶剂萃取是指在较高的__________和__________下，对__________和__________样品的自动化前处理方法。

答案：温度，压力，固体，半固体

49. 气相色谱分析样品中苯系物含量应选择的检测器为__________，分析样品中有机氯农药含量时应选择的检测器为__________。

答案：氢火焰离子化检测器（FID），电子捕获检测器（ECD）

50. ECD 检测器只对具有__________的物质有响应，如含有卤素等的化合物。

答案：电负性

51. 固定污染源废气和无组织排放监控点空气中氯苯类化合物用__________吸附剂或__________吸附剂富集。

答案：GDX-103，活性炭

52. 气相色谱法测定苯系物时，若使用 HP-5 毛细管色谱柱进行色谱分离时，苯系物中__________和__________两种组分无法分离。

答案：对二甲苯，间二甲苯

53. 气相色谱法用毛细管色谱柱测定总烃时，用的柱子是__________。

答案：脱活毛细管空柱

54. 固体吸附/热脱附-气相色谱法测定环境空气苯系物时，采样管的材料为__________或__________。

答案：不锈钢，硬质玻璃

55. 气相色谱法测定固定污染源排气中甲醇时，首次分析某种成分较复杂的样品，且对甲醇的色谱峰定性存有疑问时，应采用__________定性。

答案：双柱

56. 色谱峰的半峰宽是__________为一半处的峰宽度。

答案：峰高

57. 液液萃取/固相萃取-气相色谱法测定水中硝基苯类化合物时，标准曲线相关系数应__________，否则应重新绘制标准曲线。

答案：≥0.995

58. 气相色谱法测定水中丙烯酰胺时，在 pH 为 1～2 条件下，丙烯酰胺与新生溴发生加成反应，生成__________，用__________萃取该物质，萃取液经干燥、浓缩、定容后测定。

答案：α,β-二溴丙酰胺，乙酸乙酯

59．顶空/气相色谱法测定水中吡啶时，在样品采集、保存和预处理过程中，应避免接触__________和其他有机物。

答案：塑料

60．测定水中有机氯农药时，若水中含有余氯，应加入__________或__________去除。

答案：抗坏血酸，硫代硫酸钠

61．气相色谱法测定固定污染源废气中的总烃、甲烷和非甲烷总烃，用毛细管色谱柱测定总烃时，采样前采样容器应使用__________清洗。

答案：除烃空气

62．固体吸附/热脱附-气相色谱法测定环境空气中苯系物时，老化后的采样管两端立即用__________帽密封，放在密封袋或保护管中保存。

答案：聚四氟乙烯

63．气相色谱的分离系统包括__________、__________和__________。

答案：色谱柱，柱温箱，温控装置

二、单选题

1．在气相色谱定性方法中，__________最可靠。（　　）

A．用文献值对照定性

B．比较已知物和未知物的保留值定性

C．用两根极性完全不同的柱子进行定性

D．将已知物加入待测组分中，利用峰高增加的办法定性

答案：C

2．下列条件中对气相色谱柱分离度影响最大的因素是__________。（　　）

A．载气种类　　B．载气的流速

C．色谱柱的载体性质　　D．色谱柱柱温

答案：D

3．应用 GC 方法来测定痕量含卤素化合物，宜选用的检测器为__________。（　　）

A．热导池检测器　　B．氢火焰离子化检测器

C．紫外检测器　　D．电子捕获检测器

答案：D

4．用气相色谱法进行定量分析时，要求混合物中的每一个组分都出峰的是__________。（　　）

A．外标法　　B．内标法　　C．归一化法　　D．标准加入法

答案：C

5．温室气体监测经典方法之一是气相色谱法，这是一种高效的分离技术，监测甲烷用__________检测。（　　）

A．FID　　B．TCD　　C．ECD　　D．NPD

答案：A

6．用气相色谱法分析微量乙苯、苯乙烯，应选用的检测器为__________。（　　）

A．TCD　　B．ECD　　C．FPD　　D．FID

答案：D

7．在气相色谱法测定水中的氯苯类化合物时，为去除氯苯类化合物提取液中的水分，常用的干燥剂是__________。（　　）

A．无水氯化钠　　B．无水碳酸钠　　C．无水氢氧化钠　　D．无水硫酸钠

答案：D

8．顶空气相色谱法测定水中挥发性卤代烃用__________检测器。（　　）

A．FPD　　B．ECD　　C．FID　　D．NPD

答案：B

9．用气相色谱法定量分析多组分样品时，分离度至少为__________。（　　）

A．0.50　　B．0.75　　C．1.0　　D．1.5

答案：C

10．吹扫捕集法交替测定高浓度和低浓度样品时可能会产生残留性污染，可采取测定完高浓度样品后分析一个__________样品，以观察系统是否受到污染。（　　）

A．实验室纯水空白　　B．全程序空白　　C．低浓度实际　　D．运输空白

答案：A

11．气相色谱法测定水中有机氯农药时，提取水样中的有机氯农药在__________条件下进行。（　　）

A．酸性　　B．碱性　　C．中性　　D．正己烷

答案：C

12．气相色谱分析时，柱温选择应考虑__________因素。（　　）

A．被测组分的沸点　　B．膜厚　　C．检测器灵敏度　　D．柱长

答案：A

13．在气相色谱分析中，与分离度无关的因素是__________。（　　）

A．柱子长度　　B．固定液的性质

C．检测器的灵敏程度　　D．载气流速

答案：C

14．在气相色谱法中，__________不是评价毛细管柱性能的重要指标。（　　）

A．柱效　　B．热稳定性　　C．表面惰性　　D．长度

答案：D

15．以下检测器属于质量型检测器的是__________。（　　）

A．ECD　　B．FID　　C．TCD　　D．以上都是

答案：B

16．用气相色谱分析苯和二甲苯的异构体，应选用__________色谱柱。（　　）

A．非极性　　B．弱极性　　C．中等极性　　D．强极性

答案：D

17．气相色谱固定液的选择性可以用__________来衡量。（　　）

A．保留值　　B．相对保留值　　C．分配系数　　D．分离度
E．理论塔板数
答案：B
18．在气相色谱分析中，色谱峰特性与被测物含量成正比的是__________。（　　）
A．保留时间　　B．保留体积　　C．相对保留值　　D．峰面积
E．半峰宽
答案：D
19．气相色谱法测定海水中有机磷农药，可选用氮磷检测器或__________检测器检测。（　　）
A．氢火焰　　B．电子捕获　　C．火焰光度
答案：C
20．在气相色谱分析中所使用的溶剂应首先__________。（　　）
A．提纯　　B．检验有无干扰物
C．不提纯就可使用　　D．蒸馏处理后使用
答案：B
21．用气相色谱法分析农作物中含氯农药的残留量，应选用的检测器为__________。（　　）
A．TCD　　B．ECD　　C．FID　　D．FPD
答案：B
22．在气相色谱分析中，衡量两组分分离好坏的指标是__________。（　　）
A．灵敏度　　B．分离度　　C．不纯度　　D．保留时间
E．半峰宽
答案：B
23．用气相色谱法分析样品时，__________可能引起色谱峰出现拖尾峰现象。（　　）
A．柱温过高　　B．检测器温度高
C．进样口受到污染　　D．载气流速过高
答案：C
24．在使用 ECD 时，不应将__________作为溶剂使用。（　　）
A．正己烷　　B．苯　　C．石油醚　　D．氯仿
答案：D
25．下列色谱检测器中，非破坏性检测器是__________。（　　）
A．FID　　B．NPD　　C．PID　　D．FPD
答案：C
26．气相色谱的分离原理是基于分配系数 K 的大小，对于气-固色谱法而言，各组分之间的分离是依据__________。（　　）
A．溶解能力大小　　B．沸点的高低　　C．熔点的高低　　D．吸附能力大小
答案：D
27．在气相色谱流出曲线上，两峰间距离决定相应两组分在两相间的__________。（　　）
A．分配系数　　B．保留值　　C．扩散速度　　D．理论塔板数

答案：A

28. 气相色谱法测定环境空气或废气中苯系物时，__________检测器不适合测定苯系物。（　　）

A. MSD　　B. FID　　C. ECD　　D. PID

答案：C

29. __________不适合做FID检测器的载气。（　　）

A. 氢气　　B. 氮气　　C. 氩气

答案：C

30. 采集非甲烷总烃样品时，不应使用__________材料。（　　）

A. 玻璃注射器　　B. 氟聚合物气袋　　C. 铝箔气袋　　D. 苏码罐

答案：C

31. __________检测器是浓度型检测器。（　　）

A. FID　　B. ECD　　C. FPD　　D. MS

答案：B

32. ECD最高使用温度不得超过__________。（　　）

A. 300℃　　B. 350℃　　C. 400℃　　D. 200℃

答案：B

33. NPD与FID不同之处在于NPD在火焰喷嘴和收集极之间加了__________。（　　）

A. 铷珠电离源　　B. 辅助气　　C. 放大器　　D. 转换器

答案：A

34. ECD对__________化合物灵敏度最低。（　　）

A. 卤代化合物　　B. 硝基化合物　　C. 醇类

答案：C

35. PEG-20M气相色谱固定液的极性属于__________。（　　）

A. 非极性　　B. 中等极性　　C. 极性　　D. 转换器

答案：C

36. 含硫化合物适合用__________检测器分析。（　　）

A. FID　　B. ECD　　C. TCD　　D. FPD

答案：D

37. __________方法不适用于艾试剂、狄试剂、异狄氏剂等不稳定有机氯农药测定。（　　）

A. 弗罗里土　　B. GPC　　C. 硫酸净化

答案：C

38. __________检测器不适用于氯苯类化合物的检测。（　　）

A. MS　　B. ECD　　C. FID　　D. NPD

答案：D

39. 采集固定污染源废气中总烃、甲烷、非甲烷总烃样品，采样前须用样品清洗玻璃注射器或者气袋至少__________次。（　　）

A. 1　　B. 2　　C. 3　　D. 4

答案：C

40．__________溶剂最适合萃取水中脂肪族化合物等非极性物质。（　　）

A．二氯甲烷　　B．正己烷　　C．甲醇　　D．乙腈

答案：B

41．液-液萃取过程中为了降低有机物在水溶液中的溶解度，同时避免乳化现象的产生，通常在水溶液里加入一定量的__________。（　　）

A．抗坏血酸　　B．氯化钠　　C．硅胶　　D．无水硫酸钠

答案：B

42．用静态顶空法测定水中苯系物时，顶空平衡温度通常设定为__________℃。（　　）

A．30　　B．60　　C．100　　D．120

答案：B

43．活性炭采集环境空气中苯系物时，当采样管吸收效率大于 80%，后段活性炭中苯系物含量超过前段苯系物含量的__________%时，认为活性炭管已穿透，须调整流量或采样时间重新采样。（　　）

A．5　　B．10　　C．25　　D．55

答案：C

44．__________化合物适合用火焰光度检测器分析。（　　）

A．甲苯　　B．萘　　C．苯酚　　D．乐果

答案：D

45．N_2 是气相色谱分析最常用的载气类型，通常要求 N_2 作为气相色谱分析载气时的纯度为__________。（　　）

A．99.999%　　B．99.99%　　C．99.9%

答案：A

46．在分流进样模式中，载气总流量为 51 mL/min，隔垫吹扫流量为 2 mL/min，分流出口流量为 48 mL/min，柱流量为 1 mL/min，那么此方法的分流比为__________。（　　）

A．51∶1　　B．50∶1　　C．48∶1　　D．47∶1

答案：C

47．当 FID 检测器温度设置小于__________时，火焰将无法点燃。（　　）

A．250℃　　B．200℃　　C．180℃　　D．150℃

答案：D

48．使用氢火焰离子化检测器时，空气和氢气的流量比一般为__________。（　　）

A．1∶（10～15）　　B．1∶5　　C．1∶1　　D．（10～15）∶1

答案：D

49．__________属于单一化合物。（　　）

A．有机氯农药　　B．PCBs　　C．氯苯　　D．PFCs

答案：C

50．下列有机污染物不建议使用 ECD 作为检测器的是__________。（　　）

A．氯仿　　B．石油烃　　C．丙烯酰胺　　D．五氯苯

答案：B

51．用固体吸附/热脱附-气相色谱法测定环境空气苯系物时，热脱附装置与气相色谱仪连接的传输线温度应能保持在__________以上。（　　）

A．50℃　　B．80℃　　C．100℃　　D．120℃

答案：C

52．用液-液萃取/固相萃取-气相色谱法测定水中硝基苯类化合物时，水样在进行分析前应先调整水样 pH 为__________左右，混匀后处理。（　　）

A．2　　B．7　　C．10　　D．14

答案：B

53．用液-液萃取/固相萃取-气相色谱法测定水中硝基苯类化合物时，用固相萃取法处理水样，若水样中含较高浓度的悬浮物，应先将水样过滤，滤膜用 5 mL__________萃取，萃取液经无水硫酸钠柱脱水后与固相萃取洗脱液合并分析。（　　）

A．正己烷-丙酮　　B．乙酸乙酯　　C．环己烷

答案：A

54．用气相色谱法测定土壤和沉积物中有机氯农药时，石墨碳柱不适用于__________的净化。（　　）

A．艾氏剂　　B．六氯苯　　C．六六六　　D．灭蚁灵

答案：B

55．用顶空/气相色谱法测定水中吡啶时，如果样品中有余氯，每 1 000 mL 样品中加入 100 mg__________。（　　）

A．氯化钠　　B．无水硫酸钠　　C．抗坏血酸　　D．硫代硫酸钠

答案：D

56．用顶空/气相色谱法测定水中吡啶时，样品送回实验室后，应尽快分析。若不能及时分析，应于 4℃以下冷藏、避光保存，__________天内分析完毕。（　　）

A．3　　B．7　　C．15　　D．30

答案：A

57．直接进样-气相色谱法测定环境空气中总烃、甲烷和非甲烷总烃结果计算时，样品中总烃、甲烷的质量浓度以__________计。（　　）

A．碳　　B．甲烷　　C．碳氢化合物　　D．以上均可

答案：B

58．直接进样-气相色谱法测定环境空气中总烃、甲烷和非甲烷总烃时，当样品浓度与标准气体浓度相近时可采用单点校准，单点校准气应至少进样 2 次，色谱响应相对偏差应≤__________，计算时采用平均值。（　　）

A．5%　　B．10%　　C．20%　　D．30%

答案：B

59．吹扫捕集/气相色谱法测定水中挥发性石油烃（C_6～C_9）样品，使用__________检测器。（　　）

A．FPD　　B．ECD　　C．FID　　D．NPD

答案：C

60．气相色谱法测定固定污染源废气中氯苯类化合物时，固定污染源废气和无组织排放监控点空气中氯苯类化合物用__________解吸。（　　）

A．二硫化碳　　B．甲苯　　C．丙酮　　D．甲醇

答案：A

61．顶空/气相色谱法测定水中挥发性卤代烃用的是__________检测器。（　　）

A．FPD　　B．ECD　　C．FID　　D．NPD

答案：B

62．色谱法测定时，样品分析前，建立保留时间窗口__________。（　　）

A．$t\pm1$ s　　B．$t\pm2$ s　　C．$t\pm3$ s　　D．$t\pm4$ s

答案：C

63．以下关于有机溶剂提取剂的选择原则，错误的是__________。（　　）

A．尽量选择与待测物极性相近的有机溶剂作为提取剂

B．提取剂必须与样品能很好地分离，且不影响待测物的纯化与测定

C．不能与样品发生作用，毒性低、价格便宜

D．只能使用单一溶剂作为提取剂，不能使用混合提取剂

答案：D

三、多选题

1．在气相色谱法分析中，色谱特性与被测物含量无关的是__________。（　　）

A．保留时间　　B．半峰宽

C．峰面积　　D．峰高

答案：AB

2．用气相色谱法分析样品时，可能引起色谱峰出现拖尾现象的是__________。（　　）

A．柱温过高　　B．柱温过低

C．载气流速过高　　D．进样口受污染

答案：BD

3．气相色谱柱老化的目的是__________。（　　）

A．要赶走残存溶剂和某些挥发性杂质　　B．使固定液在载体表面更加均匀牢固

C．提高出峰速度　　D．提高灵敏度

答案：AB

4．气相色谱法分析用微量注射器进样时，影响进样重复性的因素有针头__________。（　　）

A．在进样器中的位置　　B．插入速度

C．拔出速度　　D．停针时间

答案：ABCD

5．气相色谱法的特点是分离效能高以及__________。（　　）

A．选择性好　　B．灵敏度高
C．样品用量少和响应范围广　　D．分析速度快
答案：ABCD
6．在气相色谱法中，常用的化学衍生法有＿＿＿＿＿。（　　）
A．硅烷化　　B．醇化　　C．酯化　　D．酰化
答案：ACD
7．土壤中有机磷农药的测定常用的气相色谱检测器有＿＿＿＿＿。（　　）
A．氮磷检测器　　B．电子捕获检测器
C．火焰光度检测器　　D．氢火焰离子化检测器
答案：AC
8．气相色谱法常用的浓度型检测器有＿＿＿＿＿。（　　）
A．热导检测器（TCD）　　B．电子捕获检测器（ECD）
C．火焰光度检测器（FPD）　　D．氢火焰检测器（FID）
答案：AB
9．水样中挥发性有机物的提取方法主要有＿＿＿＿＿。（　　）
A．吹扫捕集法　　B．顶空法　　C．固相微萃取　　D．液-液萃取法
E．离子交换法
答案：ABCD
10．＿＿＿＿＿可用于色谱的无机材料制成的吸附剂。（　　）
A．分子筛　　B．硅胶　　C．碳素
答案：ABC
11．＿＿＿＿＿检测器是破坏性检测器。（　　）
A．FID　　B．MS　　C．ECD
答案：AB
12．＿＿＿＿＿净化方法适用于硫丹、硫丹硫酸盐等有机氯农药测定。（　　）
A．弗罗里土　　B．GPC　　C．硫酸净化　　D．分配比
答案：AB
13．＿＿＿＿＿检测器适用于挥发性卤代烃的检测。（　　）
A．MS　　B．ECD　　C．FID　　D．NPD
答案：ABC
14．＿＿＿＿＿化合物适用于气相色谱法分析。（　　）
A．微囊藻毒素　　B．有机氯农药　　C．有机磷农药　　D．苯系物
答案：BCD
15．氯苯类化合物可以用＿＿＿＿＿检测器检测。（　　）
A．FID　　B．ECD　　C．FPD　　D．MS
答案：ABD
16．＿＿＿＿＿化合物不适用于液-液萃取做前处理。（　　）

A．萘　B．氯乙烯　C．溴甲烷　D．苯酚

答案：BC

17．下列属于质量型检测器的是__________。（　　）

A．ECD　B．FID　C．TCD　D．FPD

答案：BD

18．色谱分析时分配系数随__________变化。（　　）

A．柱温　B．固定相　C．柱压　D．柱中两相体积

答案：ABC

19．固体吸附/热脱附-气相色谱法测定环境空气中苯系物时，新填装的采样管应用流量为50 mL/min，350℃下老化__________min，使用过的采样管应在350℃下老化__________min以上。（　　）

A．120　B．60　C．30　D．15

答案：AC

20．气相色谱常用的定量方法有__________。（　　）

A．外标法　B．内标法　C．归一化法　D．标准加入法

答案：ABCD

21．测定水体中半挥发性有机物常用的前处理方法有__________。（　　）

A．液-液萃取法　B．吹扫捕集法　C．固相萃取法　D．顶空法

答案：AC

22．气相色谱柱的选择原则主要有__________。（　　）

A．热稳定性好　B．惰性高　C．柱效高　D．空白低

答案：ABCD

23．下列物质中，优先考虑使用NPD检测器的有__________。（　　）

A．氯苯　B．溴仿　C．敌敌畏　D．三甲胺

答案：CD

24．采集酞酸酯样品时，可使用的采样容器为__________。（　　）

A．塑料瓶　B．玻璃瓶　C．聚四氟乙烯瓶

答案：BC

25．__________化合物适合用GC-FID分析。（　　）

A．苯　B．甲苯　C．六六六　D．丙烯腈

答案：ABD

26．采用GC-ECD分析时，不能直接进样的溶剂有__________。（　　）

A．二氯甲烷　B．丙酮　C．正己烷　D．三氯甲烷

答案：AD

四、判断题

1．用气相色谱法测定土壤和沉积物中酚类化合物时，萃取可选择索氏萃取、加压流体萃取、超

声波萃取或微波萃取等任意一种方式进行目标化合物的提取。（　　）

答案：正确

2．ECD检测器灵敏度高且重现性好。（　　）

答案：错误

正确答案：ECD检测器灵敏度高，但重现性差。

3．FID检测器属于浓度型检测器。（　　）

答案：错误

正确答案：FID检测器属于质量型检测器。

4．采用色谱归一化法定量的前提条件是试样中所有组分全部出峰。（　　）

答案：正确

5．测定土壤中的石油烃（C_{10}～C_{40}）时，是指在能够被正己烷（或正己烷-丙酮）提取且不被硅酸镁吸附，在气相色谱图上保留时间介于正癸烷（包含）与正四十烷（不包含）之间的有机化合物。（　　）

答案：错误

正确答案：在气相色谱图上保留时间介于正癸烷（包含）与正四十烷（包含）之间的有机化合物。

6．程序升温时，色谱柱的温度必须按照组分的沸程设置相应的升温程序，使其连续地随时间线性升高，使柱温与组分的沸点相互对应，从而使低沸点组分和高沸点组分在色谱柱中都有适宜的保留，色谱峰分布均匀且峰形对称。（　　）

答案：错误

正确答案：可以是非线性地逐渐升高。

7．吹扫捕集-气相色谱法测定水中苯系物时，吹扫时间长短对苯系物的分析无影响。（　　）

答案：错误

正确答案：吹扫气的体积等于吹扫气的流速与吹扫时间的乘积。通常用控制气体体积的方式来选择合适的吹出效率。气体总体积越大，吹出效率越高。但是总体积过大，对后面的捕集效率不利，会将捕集在吸附剂或冷阱中的被分析物吹落。因此，一般控制在400～500 mL。

8．顶空进样法是气相色谱的一种进样方法，适用于挥发性大的组分的测定。（　　）

答案：正确

9．顶空气相色谱法测定水中苯系物中，制备样品时不同的振荡温度不会对分析结果产生影响。（　　）

答案：错误

正确答案：顶空法制备苯系物样品，不同的振荡温度会对分析结果产生影响。

10．动态顶空气相色谱法又称吹扫-捕集气相色谱法。（　　）

答案：正确

11．对于毛细管柱的保护，主要是防止固定液的流失，因为固定液的大量流失会使毛细管柱变得容易断裂。（　　）

答案：错误

正确答案：因为固定液流失会使柱效能降低。

12．邻苯二甲酸酯对气相色谱法测定水中有机氯农药有干扰，样品处理过程中应尽量避免使用塑料制品。（　　）

答案：正确

13．毛细管气相色谱法分离复杂试样时，通常采用程序升温的方法来改善分离效果。（　　）

答案：正确

14．毛细管色谱的色谱柱前需要采取分流装置主要是由于毛细管色谱柱对试样负载量很小；柱后采用“尾吹”装置可以提高检测器的灵敏度。（　　）

答案：正确

15．气相色谱法测定环境空气和废气中挥发性卤代烃时，应定期测定吸附管前后活性炭的空白。（　　）

答案：错误

正确答案：每使用一批新的采样管时，均应测定吸附管前后活性炭的空白。

16．用气相色谱法测定水中氯苯类化合物时，为去除氯苯类化合物提取液中的水分，常用的干燥剂是无水氯化钠。（　　）

答案：错误

正确答案：常用的干燥剂是无水硫酸钠。

17．用气相色谱法测定水中有机磷农药时，为了保证敌百虫的转化率，需随时用 pH 试纸监测反应液的 pH。（　　）

答案：错误

正确答案：在试样处理时，用 pH 计调节，不能用 pH 试纸。

18．用气相色谱法测定水中有机氯农药时，提取水样中的有机氯农药在酸性条件下进行。（　　）

答案：错误

正确答案：提取水样中的有机氯农药在中性条件下进行。

19．用气相色谱法测定中，随着进样量的增加，理论塔板数上升。（　　）

答案：错误

正确答案：用气相色谱法测定中，理论塔板数与进样量无关。

20．用气相色谱法中，评价毛细管柱性能的指标是柱效、表面惰性和热稳定性。确定色谱柱分离性能好坏的指标是柱效能、选择性和分离度。（　　）

答案：正确

21．用气相色谱法中，色谱峰的峰高是峰的顶点与基线之间的距离。（　　）

答案：正确

22．气相色谱分离过程中的色散力是非极性分子间唯一的相互作用力。（　　）

答案：正确

23．用气相色谱分析时，载气在最佳线速下柱效高、分离速度较快。（　　）

答案：错误

正确答案：气相色谱分析时，载气在最佳线速下柱效高、分离速度较慢。

24. 用气相色谱分析时，组分在气-液两相间的分配比越大，保留时间越长。（   ）

答案：正确

25. 气相色谱分析时的进样时间应控制在 1 s 以内。（   ）

答案：正确

26. 在气相色谱分析中，分离非极性组分一般选用非极性固定液。（   ）

答案：正确

27. 在气相色谱分析中，溶质的比保留体积受柱长和载气流速的影响。（   ）

答案：错误

正确答案：不受柱长影响。

28. 气相色谱固定液必须不能与载体、组分发生不可逆的化学反应。（   ）

答案：正确

29. 在气相色谱检测器中，凡非破坏性检测器均为浓度型检测器。（   ）

答案：正确

30. 在气相色谱中，流动相不与样品分子发生作用，仅靠选择固定相；液相色谱中两相（固定相、流动相）都与样品分子发生相互作用。（   ）

答案：正确

31. 氢火焰离子化检测器使用的空气、氢气及载气中，只有载气需要除去含碳有机物，其他气体不用除去含碳有机物。（   ）

答案：错误

正确答案：气体中存在机械杂质或载气含有微量有机杂质时，对于基线的稳定性影响较大，因此要保证管路的干净并且使用高纯度载气。

32. 色谱柱的分离度表示一定的分离条件下两个组分在某个色谱柱上分离的好坏。（   ）

答案：正确

33. 通常检测器的基线稳定性可用噪声和漂移两个指标来衡量。（   ）

答案：正确

34. 用吸附-热脱附（热解吸）进样气相色谱法测定环境空气或废气中苯系物时，热解吸仪的解吸温度和时间是可调节的，但载气流速不可调节。（   ）

答案：错误

正确答案：热解吸仪的解吸温度、时间、载气流速都可调节。

35. 气相色谱固定相甲基硅氧烷、苯基硅氧烷、聚乙二醇、三氟丙基硅氧烷中，极性最强的是聚乙二醇，极性最弱的是三氟丙基硅氧烷。（   ）

答案：错误

正确答案：极性最弱的是甲基硅氧烷。

36. 用气相色谱法测定氯苯类化合物时，六六六、滴滴涕和 PCB 等有机氯化合物在色谱柱上的保留时间与氯苯类化合物不同，因而不会干扰氯苯类的测定。（   ）

答案：正确

37. 用于气相色谱分析样品的采集方法主要有直接采集法、浓缩采集法和化学反应采集法。

（　　）

答案：正确

38．载气中含氧量高时，会使极性固定相柱的保留特性发生变化，而对非极性固定相柱的保留特性影响不大。（　　）

答案：错误

正确答案：载气中含氧量高时，无论是极性或非极性固定液柱的保留特性，都会随使用时间的增加而发生变化。

39．在气相色谱分析中，分子量较小的载气有较小的扩散系数。（　　）

答案：错误

正确答案：分子量较小的载气有较大的扩散系数。

40．在气相色谱检测器中，TCD是质量型检测器，FID检测器属于浓度型检测器。（　　）

答案：错误

正确答案：在气相色谱检测器中，TCD 是浓度型检测器，FID 检测器属于质量型检测器。

41．在色谱分离过程中，单位柱长内，组分在两相间的分配次数越多，分离效果越好。（　　）

答案：正确

42．在色谱流出曲线上，相邻两峰间距离取决于理论塔板数。（　　）

答案：错误

正确答案：在色谱流出曲线上，相邻两峰间距离取决于分配比。

43．在一定温度和压力下，组分在固定相和流动相中平衡浓度的比值称为容量因子。（　　）

答案：错误

正确答案：在一定温度和压力下，组分在固定相和流动相之间分配达到平衡时的浓度比值称为分配系数。

44．从分配系数的定义可知，不同组分的分配系数差别越小，越容易实现分离。（　　）

答案：错误

正确答案：分配系数差别越大，越容易实现分离。

45．分离因子又称选择因子，是指两个相邻色谱峰的调整保留体积（或时间）的比值。（　　）

答案：正确

46．分配比也称容量因子、容量比、保留因子，是组分的调整保留时间与死时间的比值。（　　）

答案：正确

47．理论塔板数又称柱效，是一个无量纲单位。（　　）

答案：正确

48．毛细管柱的活性最明显的表现是玻璃或石英柱内壁对被测组分产生的可逆吸附，可导致峰的扩宽或拖尾。（　　）

答案：正确

49．进样量的误差在采用内标法、外标法定量时，可以为这些方法本身所具有的特点所消除，不影响定量结果。（　　）

答案：错误

正确答案：外标法无法消除进样量误差带来的定量影响。

50．选择色谱柱和色谱条件时不必考虑样品在柱内或色谱系统内是否吸附和分解现象。（ ）

答案：错误

正确答案：选择色谱柱和色谱条件时需要考虑吸附和分解现象。

51．气相色谱分析时，载气流速对不同类型气相色谱检测器响应值的影响不同。（ ）

答案：正确

52．固相微萃取技术（SPME）与静态顶空的区别在于 SPME 的萃取是应用了吸附作用，而静态顶空则仅借助气-液平衡。（ ）

答案：正确

53．顶空进样器与检测仪器之间的传输管线无须加热，常温即可。（ ）

答案：错误

正确答案：应适当保持传输管线温度以减少由于传输管路吸附和冷凝对分析影响。

54．使用硫净化法时应注意，元素硫一般可采用铜粉（片）、汞等方法去除，但其可能导致有机磷农药和一些有机氯农药降解。（ ）

答案：正确

55．弗罗里硅土是气相色谱分析农药残留量分析净化中最常用的吸附剂。（ ）

答案：正确

56．浓硫酸净化法不会造成狄氏剂、艾氏剂、硫丹等有机氯农药分解。（ ）

答案：错误

正确答案：会造成狄氏剂、艾氏剂、硫丹等有机氯农药分解。

57．在进行有机氯农药测定前，应对气相色谱进样口进行惰性检查。（ ）

答案：正确

58．挥发性有机物可使用顶空或吹扫捕集完成样品前处理和富集。（ ）

答案：正确

59．当分配比 k 不高时，一次萃取不能满足分离或测定的要求，此时可采用多次连续萃取的方法来提高萃取率。（ ）

答案：正确

60．SE-30 气相色谱固定液属于强极性固定液。（ ）

答案：错误

正确答案：属于非极性固定液。

61．气相色谱双柱定性时，双柱的选择一般为极性相近的两根色谱柱。（ ）

答案：错误

正确答案：应选择两根极性不同的色谱柱。

62．用气相色谱分析二甲苯异构体样品时，应选用弱极性色谱柱。（ ）

答案：错误

正确答案：应选用强极性色谱柱。

63．气相色谱中质量型检测器的峰面积响应值与载气流速成正比。（ ）

答案：错误

正确答案：质量型检测器的峰高响应值与载气流速成正比，峰面积与流速无关。

64. 硅胶层析法的分离原理是根据物质在硅胶上的吸附力不同而得到分离，一般情况下极性较小的物质易被硅胶吸附，极性较强的物质不易被硅胶吸附，整个层析过程即吸附、解吸、再吸附、再解吸过程。（　　）

答案：错误

正确答案：一般情况下，极性较强的物质易被硅胶吸附，极性较弱的物质不易被硅胶吸附。

65. 浓硫酸净化是利用其强氧化性将脂肪、色素的杂质氧化破坏去除，以达到样品净化的目的。（　　）

答案：正确

66. 色谱分离度与理论塔板数的平方根成正比，理论塔板数越大，柱效越好，分离度越好。（　　）

答案：正确

67. 用气相色谱法测定有机磷农药，通常使用 ECD 检测器。（　　）

答案：错误

正确答案：通常使用 FPD 或 NPD 检测器。

68. 气相色谱分析时进样快慢对分析结果不会造成影响。（　　）

答案：错误

正确答案：进样慢会对分析结果造成负面影响，应尽量将进样时间缩短。

69. 在顶空分析时，样品的平衡温度越高越好。（　　）

答案：错误

正确答案：在顶空分析时，样品的平衡温度并不是越高越好，在能检出目标化合物的前提下，有些化合物顶空平衡温度越低反而更有利于分析。

70. 固体吸附/热脱附-气相色谱法测定环境空气中苯系物时，采样管填装吸附剂的长度可以超过加热区的尺寸。（　　）

答案：错误

正确答案：采样管填装吸附剂的长度不能超过加热区的尺寸。

71. 固体吸附/热脱附-气相色谱法测定环境空气中苯系物时，老化后的采样管可在密封袋或保护管中保存 1 个月。（　　）

答案：错误

正确答案：老化后的采样管应在 2 周内使用。

72. 气相色谱法测定固定污染源排气中甲醇样品时，采集样品后应尽快分析，如不能及时分析，可于室温中保存一周内分析完毕。（　　）

答案：错误

正确答案：可于冰箱中 3～5℃冷藏，一周内分析完毕。

73. 气相色谱法测定固定污染源排气中甲醇样品时，每个样品平行分析 2 次，以峰高（或峰面积）平均值进行定量计算。（　　）

答案：正确

74．用顶空气相色谱法测定水中挥发性卤代烃时，环境水体中常见的碳氢化合物对测定会产生正干扰。（　　）

答案：错误

正确答案：环境水体中常见的碳氢化合物对测定不干扰。

75．气相色谱法测定水中氯苯类化合物，用棕色玻璃品采集样品时，水样必须充满采样瓶，不能留气泡。（　　）

答案：正确

76．气相色谱法测定水中氯苯类化合物时，只可用二硫化碳用作萃取溶液萃取水样。（　　）

答案：错误

正确答案：经过实验室方法验证，也可使用石油醚等其他溶剂作为萃取溶剂。

77．液-液萃取/固相萃取-气相色谱法测定水中硝基苯类化合物的方法适用于地表水、地下水、工业废水、生活污水中硝基苯类化合物的测定，但不适用于海水样品。（　　）

答案：错误

正确答案：同样适用于海水样品中硝基苯类化合物的测定。

78．气相色谱法测定土壤和沉积物中有机氯农药时，样品须经过脱水处理后才能进行分析测定。（　　）

答案：正确

79．气相色谱法测定土壤和沉积物中有机氯农药时，样品提取装置接口处可以使用油脂润滑剂。（　　）

答案：错误

正确答案：所有接口处严禁使用油脂润滑剂。

80．气相色谱法测定土壤和沉积物中有机氯农药时，土壤样品测定含水率，沉积物样品测定干物质含量。（　　）

答案：错误

正确答案：土壤样品测定干物质含量，沉积物样品测定含水率。

81．在气相色谱分析中所使用的溶剂应首先检验有无干扰物。（　　）

答案：正确

82．顶空/气相色谱法测定水中吡啶，在测定含盐量较高的样品时，氯化钠的加入量可适量减少，避免样品析出盐而引起顶空样品瓶中气液两相体积变化。（　　）

答案：正确

83．直接进样-气相色谱法测定环境空气中总烃时，除烃空气要求总烃含量（含氧峰）$\leqslant$0.1 mg/m^3（以甲烷计）。（　　）

答案：错误

正确答案：除烃空气要求总烃含量（含氧峰）$\leqslant$0.4 mg/m^3（以甲烷计）。

84．直接进样-气相色谱法测定环境空气中非甲烷总烃，结果计算时，样品中非甲烷总烃的质量浓度只能以碳计。（　　）

答案：错误

正确答案：非甲烷总烃也可根据需要以甲烷计，须注明。

85. 直接进样-气相色谱法测定环境空气中总烃和甲烷时，总烃峰面积应扣除氧峰面积后再参与计算。此处氧峰是测定除烃空气在甲烷柱上的氧峰面积。（　　）

答案：错误

正确答案：氧峰是测定除烃空气在总烃柱上的氧峰面积。

86. 气相色谱仪的特点是用气体作为流动相，分析速度快，样品用量小等，灵敏度高。（　　）

答案：正确

87. 气相色谱分析常用的定性方法是利用保留时间进行定性，将未知成分的保留时间与已知对照物的保留时间进行比较。定性的专属性较好。（　　）

答案：错误

正确答案：定性的专属性较差。

88. 通常的色谱柱有一定的方向性，色谱柱拆下保存时应标明柱子连接进样口端和连接检测器端。（　　）

答案：正确

89. 气相色谱仪进样隔垫的作用是将流路系统与外界隔离，同时为注射器样品提供一个通道，当系统漏气时，隔垫是首要排查的对象。（　　）

答案：正确

90. 长期使用 GC-FID 的检测器喷嘴会有杂物沉淀，需要定期清洗或更换。（　　）

答案：正确

91. 在使用 GC-NPD 过程中，因为铷珠对水分敏感，所以要避免样品中带水，所使用的载气和氢气要求纯度高。（　　）

答案：正确

92. 气相色谱法是一种可以在不发生化合物分解或化学重组的条件下分析气化的有机化合物的分离技术。（　　）

答案：正确

93. 用气相色谱法测定公共场所空气中一氧化碳时，气体样品通过气相色谱仪六通阀进样要比注射器进样精密度好。（　　）

答案：正确

94. 用气相色谱法测定公共场所空气中一氧化碳时，空气中二氧化碳、甲烷及其他有机物均会干扰本法测量结果。（　　）

答案：错误

正确答案：均不干扰本法测量结果。

95. 在火焰光度检测器上，有机硫、磷的检测限比碳氢化合物高约 1 万倍，因此可以排除大量的溶剂峰和碳氢化合物的干扰，非常有利于痕量有机硫、磷化合物的分析。（　　）

答案：错误

正确答案：在火焰光度检测器上，有机硫、磷的检测限比碳氢化合物低约 1 万倍，因此可以排除大量的溶剂峰和碳氢化合物的干扰，非常有利于痕量有机硫、磷化合物的分析。

五、简答题

1. 气相色谱法分析误差产生的原因主要有哪些？

答案：

（1）取样进样技术；

（2）样品吸附分解；

（3）检测器性能；

（4）仪器的稳定性；

（5）数据处理与记录。

2. 顶空/气相色谱法测定水中挥发性卤代烃时，如何保证顶空法处理样品的精密度？

答案：使用标准化的顶空瓶且密封性好；严格控制气-液两相体积比；每个样品的平衡温度和平衡时间一致；进样量要准确一致。

3. 气相色谱分析中，柱温的选择主要考虑哪些因素？

答案：

（1）被测组分的沸点；

（2）固定液的最高使用温度；

（3）检测器灵敏度；

（4）柱效。

4. 简述造成色谱峰拖尾的原因（至少写出5个）。

答案：

（1）色谱柱或进样器温度太低；

（2）两个化合物共洗脱；

（3）系统死体积太大；

（4）衬管或色谱柱吸附活性样品；

（5）色谱柱损坏或污染；

（6）色谱柱选用不合适；

（7）色谱柱吸附。

5. 简述气相色谱常用的定性、定量方法有哪些。

答案：

（1）定性方法包括：用已知保留值定性；根据不同柱温下的保留值定性；根据同系物保留值的规律关系定性；双柱、多柱定性；双检测器定性或利用检测器的选择性定性；利用其他物理方法结合定性（如质谱）；利用化学反应或物理吸附作用对样品进行预处理。

（2）定量方法包括外标法、内标法、叠加法、归一化法。

（定量、定性各回答出任意3种方法即可得满分）

6. 气相色谱分析中选用的固定液应满足哪些要求？

答案：

（1）能使待测组分完全分离；

（2）在选用的温度下蒸气压低、粘度小；

（3）化学性能稳定，成分一致；

（4）固定液的流失物在选定的检测器上应无很强的响应。

7. 简述气相色谱分流进样的优点。

答案：分流进样主要有下列优点：

（1）分流进样适合于大部分可挥发性样品；

（2）当需要大的进样量时，可避免色谱柱超载；

（3）当不了解样品组成或已知样品相对较“脏”，选分流进样可一定程度上防止色谱柱被污染。

8. 气相色谱柱老化的目的是什么？

答案：气相色谱柱老化的目的是赶走残存溶剂和某些挥发性杂质，使固定液在载体表面有一个再分布的过程，使其更加均匀牢固。

9. 导致气相色谱检测器无信号的主要原因有哪些？（至少写出 4 个）

答案：

（1）样品未注入，由于注射器针头堵塞、进样口硅胶垫漏气等导致样品未进入分离系统；

（2）检测器是否选择正确，信号线连接是否正常；

（3）色谱工作站采集器是否打开，色谱软件设置是否正确；

（4）色谱工作站采集器与计算机数据传输接口是否连接正常；

（5）色谱柱与进样口和检测器连接是否正常；

（6）色谱柱温度、进样器温度、检测器温度是否设置正确；

（7）色谱柱是否出现断裂漏气等情况；

（8）检测器是否正常开启，参数设置是否正确；

（9）载气、氢气、空气等气路连接是否正确；

（10）检测样品浓度是否过低等。

10. 简述气相色谱检测器的作用以及需要满足的要求。

答案：气相色谱检测器是在待测化合物经分离后进入检测器，通过物理、化学或物理化学的方法将先后流出的各个组分转变为如电流、电压的测量信号，从而可进行定性和定量分析。检测器要求稳定性好、灵敏度高、线性范围宽、响应快、死体积小。

11. 简述氢火焰离子化检测器的工作原理以及其优缺点。

答案：氢火焰离子化检测器的工作原理为利用氢火焰作为电离源，当待测气体通过离子室时，在能源的作用下分子直接或间接被离子化，并且在电场内定向运动形成电流，利用电子放大系统测定离子流的强度，即可得到被测物质的变化信号。

氢火焰离子化检测器灵敏度高、稳定性强、操作条件容易选择、应用广泛，对烃类物质具有较高响应，但是对非烃类、惰性气体或在火焰中难电离或不电离的物质响应较低或无响应，不适用于直接分析稀有气体、O_2、N_2、CO、CO_2、SO_2以及无机酸等组分。

12. 毛细柱气相色谱分析时，加尾吹气的作用是什么？

答案：为了减少柱后死体积，保持柱效；提高检测器灵敏度（特别是氢气做载气时）；可以改善线性及线性范围。

13．简述吹扫捕集的作用原理及特点。

答案：通过惰性气体吹扫样品，将样品中的挥发性有机物吹脱出来，通过吸附管富集后再脱附进入气相色谱分析。吹扫捕集气相色谱法灵敏度高，化合物检出限低，适用于低浓度样品分析，同时可进行高浓度样品分析。但是不适用于极性强的化合物。

六、计算题

1．气相色谱法测定环境空气或废气中苯系物时，某苯系物样品采样体积为 1.00 L，样品热脱附后全部进样，得到苯峰高为 78.56 pA，而全程序空白为 1.15 pA（同样条件）。已知吸附管解吸浓度为 12.21 mg/m^3 的苯标准气 1 L 进样时，峰高为 35.24 pA，试计算该样品中苯的浓度。

答案：[（78.56–1.15）×12.21×1.00］/［（35.24–1.15）×1.00］=27.7（mg/m^3）

2. 用气相色谱法测定某废水中对硫磷，取水样 500 mL 用有机溶剂萃取，最后浓缩定容到 20 mL，进样 2 μL，测得样品峰高为 100 mm。同样条件下，进样 1 μL 浓度为 20.0 mg/L 的对硫磷标准液，标准组分峰高为 200 mm，计算废水中对硫磷的浓度（mg/L）。

答案：对硫磷的浓度=20/200×100/2×20/500=0.20（mg/L）

3. 用热解吸-气相色谱法测定室内空气中总挥发性有机物，某样品采样体积为 11.3 L(标准状况)，样品热解吸后进样，得到苯峰高为 25.78 pA，甲苯峰高为 30.34 pA，邻二甲苯峰高为 16.12 pA，未识别峰高共为 19.37 pA。已知 50 ng 的苯、甲苯和邻二甲苯峰高分别为 40.25 pA、36.62 pA 和 30.75 pA，并且空白样品中未检出挥发性有机物，试计算该样品中 TVOC 的浓度。

答案：苯浓度：25.78×50/40.25/11.3=2.83（μg/m^3）

甲苯浓度：30.34×50/36.62/11.3=3.67（μg/m^3）

邻二甲苯浓度：16.12×50/30.75/11.3=2.32（μg/m^3）

未识别物质浓度：19.37×50/36.62/11.3=2.34（μg/m^3）

TVOC 的浓度：2.83 + 3.67 + 2.32 + 2.34=11.16（μg/m^3）

4．若有组织废气中总烃的浓度为 49 mg/m^3（已扣除氧峰，以甲烷计），甲烷的浓度为 2 mg/m^3，则非甲烷总烃的浓度为多少？（以碳计，单位为 mg/m^3）

答案：ρ=（49–2）×12/16=35.2（mg/m^3）（以碳计）

5．气相色谱法分析某废水中有机组分时，取水样 500.00 mL，以有机溶剂分次萃取，最后定容至 25.00 mL 供色谱分析用。进样 5 μL 测得峰高为 75.0 mm，标准液峰高为 69.0 mm，标准液浓度 20.0 mg/L，试求水样中被测组分的含量（mg/L）。

答案：已知试样峰高 h_i 为 75.0 mm，标准液峰高 h_s 为 69.0 mm，标准液浓度 C_s 为 20.0 mg/L，水样富集倍数=500.00/25.00=20，则

$$C=\frac{75.0}{69.0}\times\frac{20.0}{20}=1.09\ \text{(mg/L)}$$

6．气相色谱法测定水中有机氯农药时，DDT 的进样量为 100 ng，DDE 和 DDD 的检出量分别为 4 ng 和 6 ng，异狄氏剂的进样量为 100 ng，异狄氏剂醛和异狄氏剂酮的检出量分别为 5 ng 和 7 ng，试计算 DDT 和异狄氏剂的降解率，并说明该仪器是否满足有机氯农药分析要求。

答案：DDT 的降解率= $\dfrac{4+6}{100}\times 100=10\%<15\%$

异狄氏剂的降解率= $\dfrac{5+7}{100}\times 100=12\%<15\%$

DDT 和异狄氏剂总的降解率为 10%+12%=22%，小于 30%，因此该仪器满足有机氯农药分析要求。

7．分析某土壤样品中的六氯苯，称取 10.00 g 土壤样品进行快速溶剂萃取，萃取液经脱水净化后定容至 1.0 mL 供色谱分析用。进样 1 μL 测得峰高为 45.0 mm，已知 50.0 μg/L 的标准溶液峰高为 55.0 mm，空白峰高为 0，该土壤样品干物质含量为 92.0%，试计算土壤样品中六氯苯的含量（μg/kg）。

答案：试样中六氯苯的质量浓度 $\rho=\dfrac{45.0}{55.0}\times 50.0=40.9$（μg/L）

土壤样品中六氯苯的含量 $\omega=\dfrac{40.9\times 1.0}{10.00\times 92.0\%}=4.45$（μg/kg）

土壤样品中六氯苯含量为 4.45 μg/kg。

8．在一根 30 m 长的色谱柱上，组分 1 和组分 2 的峰底宽度分别为 1.4 mm 和 1.5 mm，测得两峰尖距为 2.32 mm，请问这两个组分的分离度是多少？能否认为完全分离？

答案：$\dfrac{2.32\times 2}{1.4+1.5}=1.6$

组分 1 和组分 2 的分离度为 1.6，大于 1.5，两个组分完全分离。

9．气相色谱法测定环境空气和废气中苯系物时，对一批新活性炭管进行活性炭解析效率测试，当加入 5.00 mg/m^3 某苯系物标样，解吸后测得实际值为 4.84 mg/m^3，已知活性炭管空白含量为 0.01 mg/m^3，试求该批活性炭管的解析效率。

答案：$\dfrac{4.84-0.01}{5.00}\times 100\%=96.6\%$

10．分析某废水中有机组分，取水样 200 mL 以有机溶剂分次萃取，最后定容至 5 mL 供色谱分析用。进样 1 μL 测得峰高为 55.0 mm，已知标准溶液峰高为 68.0 mm，空白峰高为 0，标准溶液浓度为 50.0 mg/L，试求水样中被测组分的含量（mg/L）。

答案：水样富集倍数=200÷5 = 40

被测组分含量= $\dfrac{55.0}{68.0}\times 50.0\div 40=1.01$（mg/L）

11．对某无组织排放进行非甲烷总烃的测定，进样量为 1 mL，甲烷测定值为 5.0 μmol/mol，总烃测定值为 35 μmol/mol。求非甲烷总烃的测定值（以碳计）。

答案：$\rho_{CH_4}=5.0\times\dfrac{12}{22.4}=2.68$（mg/m^3）；$\rho_{总烃}=35\times\dfrac{12}{22.4}=18.8$（mg/m^3）；

$\rho_{NMHC}=18.8-2.68=16.1$（mg/m^3）

第十五节 液相色谱法

一、填空题

1．液相色谱法常用的检测器有__________、__________和__________。

答案：紫外吸收检测器（UVD），折光指数检测器（RID），荧光检测器（FD）

2．高效液相色谱紫外检测器属于__________检测器，适用于检测__________的物质。

答案：选择性，能吸收紫外光

3．液相色谱柱和气相色谱柱一样，在分离过程中受热力学和__________因素的控制。

答案：动力学

4．高效液相色谱法的类型按组分在两相间分离机理的不同主要分为__________、__________、__________、__________和__________等。

答案：液-固吸附色谱法，液-液分配色谱法，化学键合相色谱法，离子交换色谱法，凝胶色谱法

5．液相色谱中的外标定量方法，是以被测组分的纯品作为标准品进行对比定量的一种方法。取一定量标准品在给定的色谱条件下注入__________，并由检测器测定其响应值。在一定浓度范围内，标样量与响应值之间一般有比较好的__________关系。

答案：色谱柱，正比例

6．液相色谱柱和固定相基于不同的原理和角度有不同的分类方式，其中，按照固定相表面改性与否可以分为吸附型和__________型。

答案：化学键合

7．色谱柱的渗透性可以用特定条件下的__________作为衡量指标。

答案：压力降

8．在液相色谱分析中，通常用__________表示峰形的不对称度或者拖尾程度。

答案：峰不对称因子

9．色谱柱的理论塔板数会随着固定相粒的粒径增加而__________。

答案：减少

10．在 pH≥7 时，为稳定使用高效液相色谱柱，加入流动相添加剂为__________性，以保持良好的分离重现性。

答案：碱

11．色谱柱的再生处理包括__________和__________两种。

答案：活化，净化

12．高效液相色谱仪输液系统流动相脱气装置中，常用的离线脱气方法有 3 种：__________、吹气脱气法、__________。

答案：低压脱气法，超声波脱气法

13．在高效液相色谱仪输液系统中，按照液体输出的形式，输液泵可分为__________和

__________两大类。

答案：恒压泵，恒流泵

14．液相色谱仪中手动阀进样时间受流动相的__________影响。

答案：流速

15．若液相色谱仪出现高频噪声，可用适当的__________加以消除。

答案：滤波系统

16．流动相进入输液泵前如果不进行脱气，流动相通过色谱柱时气泡受到压力而压缩，流出色谱柱到检测器时，因常压而将气泡释放出来，则会造成基线__________，检测器__________。

答案：不稳，噪声增大

17．利用已知标准样品定性是液相色谱常用的定性方法之一。其依据是在相同的色谱操作条件下，组分有固定的__________。

答案：色谱保留值

18．在液相色谱中，常用的定性方法有__________、__________和利用保留值规律定性等。

答案：利用已知标准样品定性，利用检测器的选择性定性

19．在液相色谱定量分析中，需要测量的信号常见的有__________、__________、__________、__________等。

答案：峰高，峰面积，噪声，漂移

20．在以反相高效液相色谱分离极性和离子型化合物时常采用__________作为流动相。缓冲溶液应具有足够高的__________，这样可避免出现不对称峰和峰分裂。

答案：缓冲溶液，离子强度

21．在固液色谱法中，使用混合溶剂的最大优点是可获得最佳的__________。

答案：分离选择性

22．与气相色谱相比，液相色谱最大的特点是可以分离不可挥发或__________物质。

答案：热不稳定

23．分配色谱法是高效液相色谱中最常用的分离模式，利用样品组分在固定相和流动相中的__________不同达到分离目的。

答案：溶解度

24．色谱柱死体积是指色谱柱中除固定相之外的体积，不同规格色谱柱的死体积不同，对常规分析柱来说，内径4.6 mm，柱长150 mm，死体积约为__________ mL，内径4.6 mm，柱长250 mm，死体积约为__________ mL。

答案：1.5，2.5

25．在反相色谱中，常向含水流动相里加入__________、__________或缓冲溶液，抑制目标物离子化，减少拖尾，在分析有机酸时，向流动相里加入一定的__________。

答案：酸，碱，酸

26．在反相色谱中，向含水流动相里加入无机盐后流动相表面张力变大，对于非离子目标物，保留时间__________。

答案：延长

27. 低压梯度又称外梯度，利用________控制不同流动相比例，在混合室混合后用一台高压输液泵传输。

答案：电磁比例阀

28. ________梯度可获得任意形式的梯度洗脱曲线。

答案：高压

29. 样品浓度过高会造成色谱柱分离度________。

答案：下降

30. ________色谱柱长度可以提高色谱柱理论塔板数，塔板数越高，峰宽________。

答案：增加，越小

31. 普通紫外检测器只能提供________维谱图，二极管阵列检测器能提供________维谱图。

答案：二，三

32. 许多化合物，特别是含有苯环的，被紫外光照射后，能发射出比原来所吸收的光频率较低、波长较长的光，叫________。

答案：荧光

33. 有些化合物本身没有荧光，可与荧光试剂反应生成有荧光的物质，也可用荧光检测器检测，根据衍生化发生的位置不同，可分为________和________。

答案：柱前衍生，柱后衍生

34. 二维液相色谱是将分离机理不同而又相互独立的两支________串联起来使用的分离系统。

答案：色谱柱

35. 液相色谱的外标定量法指添加一定量的________于________中制成对照样品，与未知检测样品平行进行样品处理并检测，根据对照品响应值与标准品的浓度函数关系计算出未知检测样品中被测组分浓度的定量方法。

答案：标准品，空白样品

36. 后沿较前沿平缓的不对称峰叫________峰，前沿较后沿平缓的不对称峰叫________峰。

答案：拖尾，前伸

37. 液相色谱的紫外检测器相比荧光检测器的灵敏度________、选择性________。

答案：低，差

38. 高效液相色谱方法中的色谱柱制备技术，经历了柱填料应用全多孔球形硅胶粒子、粒径从 40 μm→10 μm→________μm→________μm→________μm 逐渐减小的演变。

答案：5，3.5，1.8

39. 在液相色谱中，常用的检测器有示差折光检测器、电导检测器________、________、________。

答案：紫外检测器，荧光检测器，质谱检测器

40. 液相色谱仪有 6 个主要组成部分，分别是流动相及储液瓶/罐、高压输液泵及梯度洗脱装置、________、________、________和________。

答案：进样装置，柱温箱（色谱柱），检测器，色谱工作站

41. 高压输液泵有恒流泵和恒压泵两种，其中恒流泵包括________恒流泵和往复式柱塞恒流

泵，往复式柱塞泵又分为__________和__________两类。

答案：注射式柱塞恒流泵，单柱塞泵，双柱塞泵

42．使用二元泵系统进行分析时，流动相流通顺序为__________→在线脱气机→__________→压力传感器→阻尼器→进样器→__________→__________。

答案：溶液储液瓶/罐，二元泵，色谱柱，检测器

43．反相烷基键合 C18 柱的稳定性与使用流动相的__________相关，通常流动相 pH 保持在__________，pH＞8.5 会引起__________；pH＜1.0，键合的烷基会被水解从柱中洗脱出来。

答案：pH，2～8，硅胶基体的溶解

44．如图所示，分析两种极性参数相近的物质时，使用同一种 ODS 固定相色谱柱，但当流动相的__________时，会由于__________，而获得不同的分析结果。

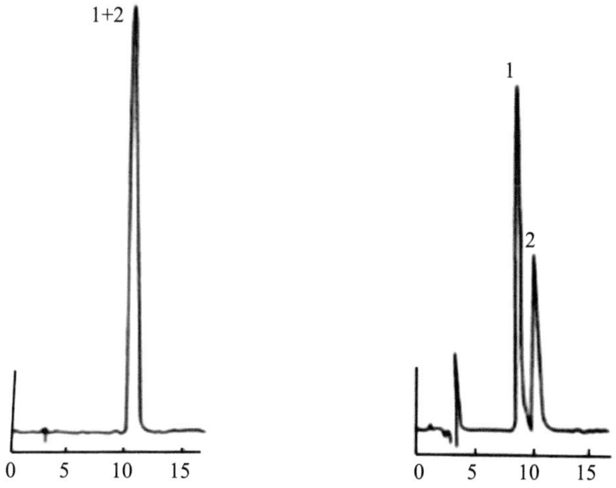

（a）40%甲醇-水溶液，P′=8.610　　（b）32.5%四氢呋喃-水溶液，P′=8.185

答案：溶剂组成不同，溶剂诱导选择性改变

45. 进行高效液相色谱法分析时，常用两种洗脱方式，一种为__________；另一种为__________。

答案：等度洗脱，梯度洗脱

46．液相色谱荧光检测器是利用某些溶质在受紫外光激发后，能发射__________的性质来进行检测的。荧光检测器的灵敏度比紫外吸收检测器 __________，可用于梯度洗脱，适用于__________的选择性检测。

答案：可见光（荧光），高，痕量组分

47．柱后衍生高效液相色谱法是一种在液相色谱柱后进行衍生化反应的分析方法，该方法主要用于分析__________、__________的化合物。样品衍生化反应时，需要加入过量的衍生化试剂，衍生化效率受__________、__________以及__________等条件的影响。

答案：分子量较大，不易挥发，反应温度，时间，试液 pH

48．在高效液相色谱法中，柱外展宽是指色谱柱外的因素所引起的__________，主要包括进样系统，__________和__________中的死体积而引起的。

答案：峰展宽，连接管道，检测器

49．采用液相色谱分析时，当样品溶剂的极性强于流动相初始比例时，易出现__________峰，这叫作__________效应。

答案：前延，二次溶剂

50．液相色谱法是用＿＿＿＿＿作为流动相的色谱法。

答案：液体

51．超高效液相色谱法有＿＿＿＿＿、＿＿＿＿＿的特点。

答案：分离效率高，分析速率快

52. 液-液色谱法按固定相和流动相的极性不同，可分为＿＿＿＿＿色谱法和＿＿＿＿＿色谱法。

答案：正相，反相

53．液相色谱为避免微小颗粒物进入色谱柱发生堵塞，通常可选择＿＿＿＿＿、＿＿＿＿＿、＿＿＿＿＿等方法对样品进行预处理以去除微粒。

答案：过滤，固相萃取，离心

54．液相色谱的外标法校准是指比较样品中的目标化合物和校准标准样品中的目标化合物的仪器响应值，根据样品响应值与标准品的＿＿＿＿＿计算出未知检测样品中被测组分浓度的定量方法。

答案：浓度函数关系

二、单选题

1．超高效液相色谱分析中常用的商品化色谱柱的填料粒径一般为＿＿＿＿＿μm。（　　）

A．0.22　　B．5.0

C．1.7　　D．10.0

答案：B

2．液相色谱在使用时，操作人员最需要关注的参数是＿＿＿＿＿。（　　）

A．流速　　B．柱温

C．柱压　　D．进样体积

答案：B

3．在 HPLC 法中，为改变色谱柱选择性，＿＿＿＿＿操作效果最佳。（　　）

A．降低进样量　　B．改变流动相的种类和配比

C．改变柱温　　D．改变色谱柱的长度

答案：B

4．以下 4 种常用液相色谱检测器中，不属于选择性检测器的是＿＿＿＿＿。（　　）

A．紫外吸收检测器　　B．荧光检测器

C．电导检测器　　D．折光指数检测器

答案：D

5．用液相色谱法分析 16 种多环芳烃时常用紫外和荧光检测器，荧光检测器灵敏度明显高于紫外，但无法测定苊稀和＿＿＿＿＿。（　　）

A．十氟联苯　　B．苯

C．苯酚　　D．丙酮

答案：A

6．液相色谱中通用型检测器是＿＿＿＿＿。（　　）

A．紫外吸收检测器　　B．示差折光检测器

C．热导检测器　　D．氢焰检测器

答案：B

7. 液相色谱图是色谱柱流出物通过__________时所产生的响应信号对时间或流动相流出体积的曲线图，或者通过适当方法观察到的纸色谱或薄层色谱斑点、谱带的分布图。（　　）

A．输液系统　　B．洗脱系统　　C．检测系统

答案：C

8．液相色谱法测定中，物质在正相色谱柱中的洗脱顺序是__________。（　　）

A．正己烷、正己醇、苯　　B．正己烷、苯、正己醇

C．正己醇、正己烷、苯　　D．正己醇、苯、正己烷

答案：B

9．下列用于高效液相色谱的检测器中，__________不能使用梯度洗脱。（　　）

A．紫外检测器　　B．荧光检测器

C．蒸发光散射检测器　　D．示差折光检测器

答案：D

10．在液相色谱中，下列检测器可在获得色谱流出曲线的基础上，同时获得被分离组分的三维彩色图形的是__________。（　　）

A．光电二极管阵列检测器　　B．示差折光检测器

C．荧光检测器　　D．电化学检测器

答案：A

11. 色谱柱的理论塔板数越高，表明色谱柱对溶质的分离能力越__________，柱效越__________。（　　）

A．弱，低　　B．强，高　　C．弱，高

答案：B

12．球形固定相填充的色谱柱的压力降随着流动相黏度的增加而__________。（　　）

A．降低　　B．无影响　　C．增加

答案：C

13．在色谱柱的固定相粒径保持不变的情况下，色谱柱的理论塔板数会随着柱长的增加而__________。（　　）

A．降低　　B．增加　　C．无影响

答案：B

14．液相色谱柱尽量要减少连接管路的长度，缩小连接管路的直径，以达到__________系统的死体积。（　　）

A．减少　　B．增加　　C．无影响

答案：A

15．筛板堵塞不能导致__________。（　　）

A．选择性变差　　B．压力升高　　C．谱峰拖尾

答案：A

16．色谱分离要求在尽量短的时间内获得足够的__________。（　　）

A．分辨率　　B．响应值　　C．检测器信号

答案：A

17．__________属于等度洗脱的优点。（　　）

A．提高分离度

B．缩短分析时间

C．分离全过程中，流动相极性、pH、离子强度等皆保持不变

答案：C

18．液相色谱梯度洗脱一般是指流动相的组成随__________呈线性变化，即线性梯度洗脱。（　　）

A．分析时间的延长　　B．滞留时间的延后　　C．响应信号的高低

答案：A

19．液相色谱仪中进样体积过大会使柱效__________，峰__________。（　　）

A．下降，变宽　　B．不变，变宽　　C．下降，不变

答案：A

20．在液相色谱仪进样技术中，一般认为样品__________对色谱峰扩展的影响比样品__________更为重要。（　　）

A．浓度，体积　　B．组分，浓度　　C．体积，浓度

答案：A

21．一般来说，液相色谱法中高频噪声并不会影响色谱峰的分辨，但可以影响__________。（　　）

A．线性范围　　B．检出限　　C．响应值

答案：B

22．在液相色谱法中，漂移是指基线随__________朝单一方向的偏离。（　　）

A．样品浓度的增加　　B．样品量的增加　　C．时间的增加

答案：C

23．一定量的物质通过检测器时所给出的信号大小叫作该检测器对该物质的__________。（　　）

A．灵敏度　　B．线性范围　　C．检测限

答案：A

24．液相色谱中噪声是指在没有分析物的情况下基线信号的不稳定程度，可分为__________。（　　）

A．基线漂移和长期噪声　　B．短期噪声、长期噪声和基线漂移

C．短期噪声和长期噪声

答案：B

25．常用的固相吸附材料有__________、反相和离子交换吸附剂 3 种。（　　）

A．正相　　B．负相　　C．液相

答案：A

26．色谱柱的渗透性随色谱柱__________和固定相粒径__________升高，用不规则微粒固定相填充的色谱柱压力可能会比较高。（　　）

A．增长，减小　　B．缩短，减小　　C．增长，增大

答案：A

27．__________检测器不是液相色谱的检测器。（　　）

A．紫外　　B．火焰光度　　C．荧光　　D．质谱

答案：B

28．分离度表示两个相邻色谱峰的分离程度，以__________表示。（　　）

A．两个组分保留值之差与其平均峰宽值之比

B．两个组分保留值之差与峰宽值和之比

C．两个组分保留值之差与较小峰宽值之比

D．两个组分保留值之差与较大峰宽值之比

答案：A

29．下列不可作为反相液相色谱流动相的是__________。（　　）

A．甲醇　　B．乙腈　　C．四氢呋喃　　D．二氯甲烷

答案：D

30．下列反相色谱柱中，对非极性化合物保留性能最强的是__________。（　　）

A．C_{18}柱　　B．C_8柱　　C．C_4柱　　D．C_1柱

答案：A

31．液相色谱分析样品时，为提高分析效率，缩短分析时间，应采用的方式是__________。（　　）

A．高压泵　　B．升高温度

C．降低温度　　D．梯度淋洗

答案：D

32．液相色谱分析样品时，不可以用来冲洗泵头的溶剂是__________。（　　）

A．水　　B．异丙醇

C．甲醇　　D．缓冲盐溶液

答案：D

33．在液相色谱中，梯度洗脱最适宜分离的是__________。（　　）

A．分子大小相差大的目标物　　B．沸点相近，官能团相同的目标物

C．沸点相差大的目标物　　D．分配比变化范围宽的目标物

答案：D

34．测定水中多环芳烃，应选用的色谱类型是__________。（　　）

A．分配色谱　　B．吸附色谱　　C．排阻色谱　　D．离子色谱

答案：A

35．高效液相色谱和气相色谱比较，可以忽略纵向扩散项，主要是因为__________。（　　）

A．柱前压力高　　B．流速快

C．液体扩散系数小　　　　　　　　　　D．柱温低

答案：C

36．高效液相色谱定量分析时，要求混合物中每一个组分都出峰的是__________。（　　）

A．外标标准曲线法　B．内标法　　　　C．面积归一化法　　D．标准加入法

答案：C

37．高效液相色谱分析时，为了改善分离的选择性，下列措施无效的是__________。（　　）

A．改变流动相种类　B．改变流动相配比　C．增加流速　　　D．改变填料粒度

答案：C

38．水在下述色谱中，洗脱能力最弱的是__________。（　　）

A．正相色谱　　　B．反相色谱　　　C．吸附色谱　　　D．空间排阻色谱

答案：B

39．在反相色谱中，若以甲醇-水作流动相，增加甲醇比例，组分的容量因子与保留时间变化分别是__________。（　　）

A．增大，增大　　B．减小，减小　　C．不变，不变　　D．增大，减小

答案：B

40．在液相色谱中，常用作固定相又可作键合相基体的是__________。（　　）

A．分子筛　　　　B．硅胶　　　　　C．氧化铝　　　　D．活性炭

答案：B

41．液相色谱中不影响色谱峰扩展的因素是__________。（　　）

A．涡流扩散项　　B．分子扩散项　　C．传质扩散项　　D．以上均不影响

答案：B

42．超高效液相色谱采用高压主要是由于__________。（　　）

A．加快流速，缩短分析时间　　　　　B．高压可以提高分离效率

C．采用的填料粒径减小　　　　　　　D．采用填充毛细管柱

答案：C

43．气相色谱不适宜分析，而液相色谱适宜分析的目标物是__________化合物。（　　）

A．低沸点小分子　　　　　　　　　　B．高沸点大分子有机

C．极性弱的有机　　　　　　　　　　D．所有有机

答案：B

44．需要将固定液键合到载体表面的色谱是__________。（　　）

A．键合色谱　　　B．液固色谱　　　C．离子色谱　　　D．凝胶色谱

答案：A

45．液相色谱保留时间不稳定的原因不可能是__________。（　　）

A．新旧流动相切换时间不够，系统未充分平衡

B．柱温波动

C．流速不稳定

D．检测器故障

答案：D

46．液相色谱测定__________物质需要衍生。（　　）

A．多环芳烃　　B．丙烯酰胺　　C．酚类　　D．醛酮

答案：D

47．在液相色谱法中，按分离原理分类，液固色谱法属于__________。（　　）

A．分配色谱法　　B．排阻色谱法　　C．离子交换色谱法　　D．吸附色谱法

答案：D

48．在高效液相色谱流程中，试样混合物在__________中被分离。（　　）

A．检测器　　B．记录器　　C．色谱柱　　D．进样器

答案：C

49．液相色谱样品测试时，样品过滤必须使用__________μm 粒径的过滤膜。（　　）

A．0.45　　B．0.22　　C．0.8　　D．1.0

答案：A

50．在高效液相色谱中，色谱柱的长度一般为__________。（　　）

A．5～30 cm　　B．20～50 m　　C．1～2 cm　　D．2～5 m

答案：A

51．在液相色谱中，某组分的保留值大小实际反映了__________部分的分子间作用力。（　　）

A．组分与流动相　　B．组分与固定相

C．组分与流动相和固定相　　D．组分与组分

答案：C

52．在液相色谱法中，提高柱效最有效的途径是__________。（　　）

A．提高柱温　　B．降低板高　　C．降低流动相流速　　D．减小填料粒度

答案：D

53．液相色谱法紫外检测器的基本结构与一般紫外可见分光光度计完全不同的部件是__________。（　　）

A．流通池　　B．光源　　C．分光系统　　D．检测系统

答案：A

54．高效液相色谱仪中高压输液系统不包括__________。（　　）

A．贮液器　　B．高压输液泵　　C．过滤器　　D．进样器

答案：D

55．高效液相色谱仪的特点不包括__________。（　　）

A．高压　　B．高效　　C．高温　　D．高灵敏度

答案：C

56．一般不用于反相色谱的有机相溶剂是__________。（　　）

A．甲醇　　B．乙腈　　C．正己烷　　D．四氢呋喃

答案：C

57．选择流动相时应注意的因素不包括__________。（　　）

A．溶剂纯度　　B．溶剂吸光度　　C．溶剂粘度　　D．与检测器相匹配

答案：B

58．下列溶剂极性由大到小排列错误的是__________。（　　）

A．水、甲醇、丙酮　　B．水、乙腈、丙酮

C．甲醇、乙腈、丙酮　　D．乙腈、甲醇、丙酮

答案：D

59．液相色谱和气相色谱的__________都是一致的。（　　）

A．基本概念和理论基础　　B．仪器结构

C．检测器类型　　D．色谱柱

答案：A

60．液相色谱和气相色谱的__________方面是不一致的。（　　）

A．分配系数　　B．塔板理论

C．速率理论　　D．流动相

答案：D

61．液相色谱流动相过滤时必须使用__________μm 孔径的过滤膜。（　　）

A．0.5　　B．0.45　　C．0.6　　D．0.55

答案：B

62．在液相色谱中，为了改变色谱柱的选择性，可以进行如下__________操作。（　　）

A．改变流动相的种类或柱子　　B．改变固定相的种类或柱长

C．改变固定相的种类和流动相的种类　　D．改变填料的粒度和柱长

答案：B

63．在液相色谱中，不会显著影响分离效果的是__________。（　　）

A．改变固定相种类　　B．改变流动相流速

C．改变流动相配比　　D．改变流动相种类

答案：B

64．高效液相色谱仪与气相色谱仪比较，增加了__________。（　　）

A．恒温箱　　B．进样装置

C．程序升温　　D．梯度淋洗装置

答案：D

65．在高效液相色谱仪中，保证流动相以稳定的速度流过色谱柱的部件是__________。（　　）

A．贮液器　　B．输液泵

C．检测器　　D．温控装置

答案：B

66．下列溶剂极性由大到小排列正确的是__________。（　　）

A．甲醇、丙酮、四氢呋喃　　B．甲醇、丙醇、四氢呋喃

C．丙醇、丙酮、四氢呋喃　　D．丙酮、丙醇、四氢呋喃

答案：A

67．下列溶剂极性由大到小排列错误的是__________。（　　）

A．二氯甲烷、氯仿、苯　　B．二氯甲烷、氯仿、甲苯

C．氯仿、甲苯、苯　　D．氯仿、苯、甲苯

答案：D

68．下列溶剂极性由大到小排列错误的是__________。（　　）

A．苯、环己烷、己烷　　B．苯、己烷、环己烷

C．二硫化碳、己烷、庚烷　　D．四氯化碳、二硫化碳、环己烷

答案：B

69．在液相色谱中，为了提高分离效率，缩短分析时间，应采用的装置是__________。（　　）

A．高压泵　　B．梯度洗脱

C．贮液器　　D．加温

答案：B

70．在液相色谱中，梯度洗脱适用于分离__________。（　　）

A．异构体　　B．沸点相近，官能团相同的化合物

C．沸点相差大的试样　　D．极性变化范围大的试样

答案：D

三、多选题

1．组成高效液相色谱的三大关键部件是__________。（　　）

A．检测器　　B．泵　　C．色谱柱　　D．进样器

答案：ABC

2．在进行高效液相色谱分析时，保留时间不恒定的主要原因有__________。（　　）

A．柱温或流速不稳定　　B．进样量太小

C．管路漏液或泵室内有气泡　　D．流动相浓度或 pH 变化

答案：ACD

3．液相色谱在分析样品时，__________可能是造成实际流速低于设定值的原因。（　　）

A．单向阀方向颠倒或不正常　　B．过滤头有污染物

C．电源开关未开

答案：AB

4．液相色谱中影响色谱峰展宽的因素有__________。（　　）

A．涡流扩散　　B．流动的流动相传质

C．滞留的流动相传质　　D．柱外效应

答案：ABCD

5．液相色谱中提高柱效的途径有__________。（　　）

A．提高柱内填料装填的均匀性　　B．减小填料粒度

C．延长色谱柱长度　　D．适当提高柱温

答案：ABCD

6．以下是反相液相色谱柱固定相的是__________。（　　）

A．C_{18}　　B．C_8　　C．苯基　　D．氨基

答案：ABC

7．液相色谱峰分叉的原因可能是__________。（　　）

A．色谱柱柱效下降　　B．色谱柱被污染

C．进样体积过大　　D．样品溶剂和流动相不互溶

答案：ABCD

8．以下可用液相色谱仪分析的物质有__________。（　　）

A．多环芳烃　　B．多氯联苯　　C．丙烯酰胺　　D．苯胺

答案：ABCD

9．液相色谱定量方法有__________。（　　）

A．校准曲线法　　B．标准加入法　　C．内标法　　D．同位素稀释法

答案：ABC

10．液相色谱常用的离线脱气方式为__________。（　　）

A．低压脱气法　　B．吹气脱气法　　C．超声波脱气法　　D．高温脱气法

答案：ABC

11．高效液相色谱法可依据溶质（样品）在固定相和流动相分离过程的物理化学原理分类，也可按照溶质在色谱柱中洗脱的动力学过程分类。按溶质在色谱柱洗脱的动力学过程分类，可以分为__________。（　　）

A．洗脱法　　B．排阻法　　C．前沿法　　D．置换法

答案：ACD

12．梯度洗脱的影响因素包括__________。（　　）

A．溶剂的纯度　　B．溶剂的互溶性

C．溶剂使用前过滤　　D．检测器对溶剂变化不敏感

答案：ABD

13．反相键合色谱柱类型，其固定相可以键合官能团的是__________。（　　）

A．C_4　　B．C_8　　C．C_{18}　　D．苯基

答案：ABCD

14．液相色谱和超高效液相色谱之间进行方法转换的前提条件是__________。（　　）

A．在色谱柱中使用固定相的性质和选择性应当相同

B．使用的流动相组成（有机溶剂、缓冲盐、pH 等）应当相同

C．检测器的工作条件应当相同

D．分离时柱温应相同

答案：ABCD

15．液相色谱法分析水中多环芳烃时，可采用的提取方法包括__________。（　　）

A．液-液萃取法　　B．固相萃取法　　C．超声萃取　　D．索氏提取

答案：AB

16．在液相色谱仪中，柱外展宽分为__________，因此对其引入的死体积有严格的控制。(　　)

A．泵前展宽　　B．柱前展宽　　C．泵后展宽　　D．柱后展宽

答案：BD

17．液相色谱法分析试样时，可采用__________方式改善组分分离效果。(　　)

A．使用粒径更小或柱长更长的色谱柱　　B．调整流动相 pH

C．降低进样体积　　D．更换流动相溶剂

答案：ABD

18．分析环境样品时，紫外检测器可用于__________物质的分析。(　　)

A．酚类化合物　　B．联苯胺　　C．阿特拉津　　D．醛酮类

答案：ACD

19．用液相色谱法反相键合色谱分析试样时，缓冲盐对流动相 pH 稳定性有重要的作用，__________较为常用。(　　)

A．磷酸盐缓冲体系　　B．乙酸-乙酸铵缓冲体系

C．甲酸-甲酸铵缓冲体系　　D．高氯酸盐缓冲体系

答案：ABC

20．分析环境样品时，荧光检测器可用于__________物质的分析。(　　)

A．草甘膦　　B．联苯胺　　C．多环芳烃类　　D．醛酮类

答案：ABC

21．在液相色谱法测定中，反相色谱法常用的流动相有__________。(　　)

A．甲醇　　B．正己烷　　C．环己烷　　D．甲苯

E．乙腈　　F．二氯甲烷

答案：AE

四、判断题

1．在液相色谱的流路中，流动相（载体）不与样品分子发生相互作用。(　　)

答案：错误

正确答案：在液相色谱的流路中，流动相（载体）与样品分子发生相互作用。

2．在反相色谱中，极性大的组分保留值小。(　　)

答案：正确

3．高效液相色谱保护柱起到保护、延长柱寿命的作用。(　　)

答案：正确

4．高效液相色谱法分配系数与组分、流动相和固定相的热力学性质有关，但与温度、压力无关。(　　)

答案：错误

正确答案：分配系数与组分、流动相和固定相的热力学性质有关，与温度、压力也有关。

5．在液相色谱法测定中，反相色谱法常用的流动相包括甲醇和乙腈，不包括正己烷和环己烷。(　　)

答案：正确

6. 液相色谱柱的分离度表示在一定的分离条件下两个组分在某个色谱柱上分离得好坏。(　　)

答案：正确

7. 在正相键合液相色谱法中，键合固定相的极性大于流动相的极性，适用于分离脂溶性或水溶性的极性和强极性化合物。(　　)

答案：正确

8. 正相键合色谱的固定相为非（弱）极性固定相，反相色谱的固定相为极性固定相。(　　)

答案：错误

正确答案：反相键合色谱的固定相为非（弱）极性固定相，正相色谱的固定相为极性固定相。

9. 根据流动相和固定相极性的差别，可将液相色谱分为正相色谱和负相色谱两大类。(　　)

答案：错误

正确答案：应为正相色谱和反相色谱。

10. 色谱柱及其连接必须满足耐高压、不泄漏、死体积小，并且有良好的密封性能。(　　)

答案：正确

11. 现代高效液相色谱采用小粒径固定相以获得高柱效。(　　)

答案：正确

12. 色谱柱的筛板堵塞，会导致柱压降低。(　　)

答案：错误

正确答案：色谱柱的筛板堵塞，会导致柱压升高。

13. 硅胶基质表面积的不同可引起保留值的变化。表面积的增加，有机相的量与保留值提高。(　　)

答案：正确

14. 色谱柱在使用过程中，在同一条件下应用时，长链的烷基键合相固定相一般比短链的键合相更稳定。(　　)

答案：正确

15. 液相色谱仪要求输液泵输出压力高，密封性能要好。(　　)

答案：正确

16. 高效液相色谱仪输液泵的材料通常采用 PEEK 材质，对于生物样品的分离则采用不锈钢材质。(　　)

答案：错误

正确答案：输液泵的材料通常采用不锈钢材质，对于生物样品的分离则采用 PEEK 材质。

17. 高效液相色谱所用的流动相在使用前必须进行脱气，以除去其中溶解的气体，防止在洗脱过程中，当流动相由色谱柱流至检测器时因压力降低而产生气泡，进而影响色谱柱的分离效率。(　　)

答案：正确

18. 一般来说，恒压泵在液相色谱分析中应用较为广泛，恒流泵在色谱柱装填中应用较多。(　　)

答案：错误

正确答案：恒流泵在液相色谱分析中应用较为广泛，恒压泵在色谱柱装填中应用较多。

19．液相色谱仪的恒流泵可以输出恒定体积流量的流动相。（　　）

答案：正确

20．对于特别复杂的化合物，特别是保留性能相差较小的混合物的分离，梯度洗脱是一种极为重要的手段。（　　）

答案：错误

正确答案：对于特别复杂的化合物，特别是分离保留性能相差较大的混合物的分离，梯度洗脱是一种极为重要的手段。

21．用梯度洗脱进行色谱分离时，在洗脱过程中含两种或两种以上不同极性溶剂的流动相的组成会连续或间歇地改变。（　　）

答案：正确

22．等度洗脱时，柱温变化对保留值有很大的影响。（　　）

答案：正确

23．梯度洗脱装置中的低压梯度装置要求泵和混合室的死体积尽量小，使梯度变化更接近于连续变化。（　　）

答案：正确

24．液相色谱仪中进样装置的死体积过大，会使峰扩展增加。（　　）

答案：正确

25．在液相色谱仪中，自动进样的样品量可连续调节，进样重复性好，可适合做大量样品的分析。（　　）

答案：正确

26．在液相色谱仪中，噪声和漂移是检测器稳定性的主要表现。（　　）

答案：正确

27．液相色谱仪中的检测器线性范围要求尽可能大，以便同时满足大量和痕量的样品组分。（　　）

答案：正确

28．若液相色谱仪进样系统出现残留样品峰，可以通过选择合适的清洗溶剂以及进行多次清洗消除。（　　）

答案：正确

29．如果液相色谱仪中在自动进样时出现堵针现象，即针被样品瓶盖的隔膜碎屑等堵塞的现象，此时应更换 PTFE 附膜高聚物隔膜。（　　）

答案：正确

30．在液相色谱中，各种不同的检测器均有其独特的性能。在相同色谱条件下，同一样品在不同检测器上有不同的响应信号，可结合几种选择性检测器的测试结果对其定性。（　　）

答案：正确

31．色谱法定量的依据是：样品中各组分的质量或其在流动相中的浓度与检测器的响应信号成正比。（　　）

答案：正确

32．在液-液萃取中，为增大分配常数，可以在水相中加入一种惰性的中性盐，用盐析法降低被测物在水相中的浓度。（　　）

答案：正确

33．洗脱正相吸附剂吸附的目标组分时，一般选用极性有机溶剂。（　　）

答案：错误

正确答案：洗脱正相吸附剂吸附的目标组分时，一般选用非极性有机溶剂。

34．色谱柱中如果选用较长的保护柱，可降低污染物进入分析柱的时间，且不会引起谱带扩张。（　　）

答案：错误

正确答案：色谱柱中如果选用较长的保护柱，可降低污染物进入分析柱的时间，但会引起谱带扩张。

35．色谱柱的理论塔板数越高，则流出曲线的方差或峰宽越小，色谱峰越尖锐，表明柱效越高。（　　）

答案：正确

36．色谱柱当使用粗内径短柱或细内径长柱时，应注意因柱内体积减小、柱外效应引起的峰形扩展。此时应该对进样器、检测器和连接接头做特殊设计以减少死体积。（　　）

答案：正确

37．极性溶剂所占比例对溶质的保留值和分离选择性有显著影响。（　　）

答案：正确

38．正相色谱作为最常用的高效液相分离方法之一，固定相一般采用硅胶、氧化铝和极性集团键合的硅胶等。（　　）

答案：正确

39．被测物组分含量在百万分之一以下的分析为痕量分析。（　　）

答案：正确

40．与甲醇相比，乙腈的溶剂强度较高且黏度低，且能满足在紫外区 185～205 nm 检测的要求。（　　）

答案：正确

41．高效液相色谱系统中输液泵按照液体输出形式分为恒压泵和恒流泵。（　　）

答案：正确

42．高压梯度比低压梯度对流动相脱气要求高。（　　）

答案：错误

正确答案：高压下混合流动相不易产生气泡，对流动相的脱气要求较低。

43．在色谱分析中，目标物的分配系数指目标物在流动相中的量除以在固定相中的量。（　　）

答案：错误

正确答案：目标物的分配系数指目标物在固定相中的量除以流动相中的量。

44．在分配色谱中，选择不同类别的流动相以改善分离度，主要为了提高目标物的分配系数。（　　）

答案：正确

45．吸附作用是液固色谱的主要分析机理。（　　）

答案：正确

46．在正相色谱中，流动相极性增大，目标物保留时间减小。（　　）

答案：正确

47．硅胶是常用的液相色谱固定相。（　　）

答案：正确

48．吸附色谱适用于分析异构体。（　　）

答案：正确

49．在液相色谱中，反相液相色谱是分析大部分样品的首选模式。（　　）

答案：正确

50．键合相的键合基团碳链长度增加后极性增强。（　　）

答案：错误

正确答案：键合相的键合基团碳链长度增加后极性减弱。

51．在反相液相色谱中，水的洗脱力比甲醇强。（　　）

答案：错误

正确答案：在反相液相色谱中，甲醇的洗脱力比水强。

52．在液相色谱梯度洗脱时，通过改变流动相温度来改进分离。（　　）

答案：错误

正确答案：在液相色谱梯度洗脱时，通过改变流动相配比来改进分离。

53．液-液分配色谱中，流动相极性小于固定相极性叫反相色谱。（　　）

答案：错误

正确答案：液-液分配色谱中，流动相极性小于固定相极性叫正相色谱。

54．超声波振荡脱气是流动相脱气的常用方法之一。（　　）

答案：正确

55．在正相色谱中，目标物极性小的先流出。（　　）

答案：正确

56．液相色谱分析时，进样量过大，可能会引起柱效下降，峰变宽。（　　）

答案：正确

57．液相色谱分析时，使用低黏度溶剂，有利于提高柱效。（　　）

答案：正确

58．凝胶色谱的选择性只能通过选择合适的固定相来实现。（　　）

答案：正确

59．检测器性能好坏将对组分分离产生直接影响。（　　）

答案：错误

正确答案：检测器性能好坏对组分分离不产生直接影响。

60．液相色谱适合分析带荧光物质的化合物（如多环芳烃等），不适合分析不发荧光但经化学反

应后可发荧光的物质。（ ）

答案：错误

正确答案：也适合分析不发荧光但经化学反应后可发荧光的物质。

61．液相色谱分析时，增大流动相流速有利于提高柱效能。（ ）

答案：错误

正确答案：液相色谱分析时，增大流动相流速不能提高柱效能。

62．高效液相色谱流动相过滤效果不好，可引起色谱柱堵塞。（ ）

答案：正确

63．高效液相色谱分析的应用范围比气相色谱分析的大。（ ）

答案：正确

64．反相键合相色谱柱长期不用时必须保证柱内充满甲醇流动相。（ ）

答案：正确

65．高效液相色谱分析中，使用示差折光检测器时，可以进行梯度洗脱。（ ）

答案：错误

正确答案：高效液相色谱分析中，使用示差折光检测器时，需采用等度洗脱。

66．在液相色谱中，Van Deemter 方程中的涡流扩散项对柱效的影响可以忽略。（ ）

答案：错误

正确答案：在液相色谱中，Van Deemter 方程中的涡流扩散项对柱效的影响同样适用，其谱带随时间变宽，称为柱内扩展。

67．由于高效液相色谱流动相系统的压力非常高，因此只能采取阀进样。（ ）

答案：错误

正确答案：液相色谱法可采用隔膜进样、停流进样和阀进样。

68．高效液相色谱仪的梯度洗脱程序与气相色谱仪的程序升温作用类似。（ ）

答案：正确

69．在高效液相色谱中，色谱柱前面的预柱会降低柱效。（ ）

答案：正确

70．在液相色谱中，化学键合固定相的分离机理是典型的液-液分配过程。（ ）

答案：错误

正确答案：在液相色谱中，固定相是通过化学反应将各种不同的有机基团以共价键连接到色谱柱载体表面上，形成均一、牢固的单分子薄层。化学键合色谱法可分为正相、反相、亲水和疏水四种作用类型。

71．在高效液相色谱分析中，固定相极性大于流动相极性的称为正相色谱法。（ ）

答案：正确

72．高效液相色谱分析适用于大分子、热稳定性差的有机物。（ ）

答案：正确

73．在液相色谱法中，70%～80%的分析任务是由反相键合相色谱法来完成的。（ ）

答案：正确

74．HPLC 所用流动相必须预先脱气，否则容易在系统内逸出气泡，影响泵的工作。气泡还会影响柱的分离效率、检测器的灵敏度、基线稳定性，甚至导致无法检测。（ ）

答案：正确

75．液相色谱柱在安装到仪器上时是没有前后方向差异的。（ ）

答案：错误

正确答案：液相色谱柱在安装到仪器上时要依据色谱柱上标识的箭头号使之与流动相流路方向统一。

76．保护柱是在安装在进样环与分析柱之间的，对分析柱起保护作用，内装固定相填料最好能与分析柱的相同。（ ）

答案：正确

77．紫外-可见光检测器是利用某些溶质在受紫外光激发后能发射可见光的性质来进行检测的。（ ）

答案：错误

正确答案：紫外-可见光检测器是利用被测物质对不同波长呈现不同的吸光度值的特性来进行检测的。

78．六通阀可以使用两种方法给环形进样管注入样品，即完全注液法和部分注液法。（ ）

答案：正确

79．二极管阵列检测器与普通紫外吸收检测器的一样，进入流通池的是单色光。（ ）

答案：错误

正确答案：二极管阵列检测器与普通紫外吸收检测器的区别在于二极管阵列检测器进入流通池的不是单色光，获得的检测信号不是在单一波长上的，而是在全部紫外光波上的色谱信号。因此，它不仅可以进行定量检测，还可提供组分的光谱定性信息。

80．有公司研制出 1.3 μm 和 1.7 μm 的色谱柱，这种小粒径色谱柱可以不受液相色谱柱外谱带扩展的限制。（ ）

答案：错误

正确答案：尽管色谱柱粒径达到亚−2 μm 或者更小粒径，其柱效得到了极大的改善，但是这些色谱柱的柱效仍然受到 LC 仪器柱压上限和柱外谱带展宽的限制。

81．液相色谱法的流动相选择局限性大，仅能选择有限的几种溶剂，因此流动相的选择对物质分离没有影响。（ ）

答案：错误

正确答案：液相色谱法的流动相可以选择不同极性的液体，选择余地大，对组分可产生的作用力不同，因此流动相对各物质组分分离有重要的作用。

82．液相色谱法的色谱柱比气相色谱柱短很多，所以柱外展宽（又称柱外效应）不存在。（ ）

答案：错误

正确答案：液相色谱法的色谱柱比气相色谱柱短很多，所以柱外展宽（又称柱外效应）现象更为显著。

83．采用液相色谱法分析样品时，流动相较于待测组分必须有合适的极性和良好的选择性。（ ）

答案：正确

84．采用液相色谱法紫外检测器分析样品时，选择溶剂（流动相）时要注意溶剂对紫外波长的吸收不能干扰到待测组分的吸收。（　　）

答案：正确

85．用液相色谱法分析待测组分时，实际样品测试过程中可能出现峰拖尾或峰前展的现象，此时，可采用减少进样量的方式改善峰形。（　　）

答案：正确

五、简答题

1．何为正相色谱及反相色谱？在应用上有什么特点？

答案：在色谱法中，流动相的极性小于固定液的极性，称为正相色谱；在色谱法中，流动相的极性大于固定液的极性，称为反相色谱。在应用上，正相色谱主要用于分离极性物质；反相色谱主要用于分离弱极性或非极性物质。

2．相较于气相色谱，高效液相色谱更适用于哪些化合物？

答案：高效液相色谱特别适用于分析挥发性低、热稳定性差、相对分子质量大的有机化合物及离子型化合物。

3．液相色谱中梯度洗脱技术可以起到哪些作用？

答案：梯度洗脱可以改变柱效、缩短分析时间、改善检测器的灵敏度。

4．在进行高效液相色谱分析时，保留时间不稳定的主要原因有哪些？

答案：泵室内有气泡，流速不稳定；管路漏液；流动相浓度或 pH 变化；柱温不稳定；管路或色谱柱中有气泡或受到污染。

5．简述液相色谱不对称峰可能造成什么影响。

答案：

（1）塔板数与分离度测定不准确；

（2）定量不准确；

（3）分离度降低及检不出峰尾中的小峰；

（4）保留值的重现性不好。

6．简述液相色谱法中色谱峰拖尾的主要原因。

答案：

（1）色谱柱问题；

（2）保护柱问题；

（3）进样阀问题；

（4）检测器问题。

7．请写出 4 种液相色谱用高压输液泵。

答案：液压隔膜泵、气动放大泵、螺旋注射泵、往复柱塞泵。

8．请至少简述 3 个影响液相色谱法梯度洗脱效率的主要因素。

答案：

（1）梯度洗脱时间对分离的影响；

（2）强洗脱溶剂组分 B 浓度变化范围的影响；

（3）梯度陡度对保留值的影响；

（4）柱温变化对保留值的影响；

（5）梯度洗脱程序曲线性状的影响；

（6）影响梯度曲线洗脱的其他变量。

9．请简述高效液相色谱仪对进样系统的要求。

答案：耐高压；进样量准确；进样重复性好；方便、适用，进样量最好可变；尽可能避免流量或压力波动。

10．请列举出至少 3 种常见的液相色谱仪检测器。

答案：紫外-可见光检测器、光电二极管阵列检测器、示差折光检测器、蒸发光散射检测器、荧光检测器、电导检测器、安培检测器、化学反应检测器。

11．简述液相色谱法中液体样品的预处理方法。

答案：

（1）液-液萃取法；

（2）高压冷冻萃取法；

（3）固相萃取法；

（4）固相微萃取法；

（5）膜分离法；

（6）分子印迹法。

12．液相色谱法中典型的固相萃取一般分为几个步骤？

答案：

（1）选择吸附柱；

（2）活化填料；

（3）进样；

（4）冲洗；

（5）洗脱。

13．请列举出至少 3 个色谱柱的性能评价指标。

答案：理论塔板数、峰不对称因子、对两种不同溶质的选择性、色谱柱的反压、保留值的重现性、键合相浓度、色谱柱的稳定性等。

14．液相色谱进样后不出峰的主要原因有哪些？

答案：检测器选择不对、样品浓度过低、注射器堵塞或泄漏、信号记录有问题。

15．液相色谱二极管阵列检测器与普通紫外检测器的区别是什么？

答案：普通的紫外检测器只能测定某一波长时吸光度与时间关系曲线，即只能作二维谱图。二极管阵列检测器能同时测定吸光度、时间、波长三者的关系，显示三维图谱，也可作任意波长下的吸光度与时间曲线和任意时间的吸光度与波长曲线。

16．将下列溶剂的极性按照从小到大的顺序排列：水、甲醇、乙腈、丙醇、四氢呋喃。

答案：丙醇<四氢呋喃<乙腈<甲醇<水。

17. 为什么作为高效液相色谱仪的流动相在使用前必须过滤、脱气？

答案：高效液相色谱仪所用溶剂在放入贮液罐之前必须经过 0.45 μm 滤膜过滤除去溶剂中的机械杂质，以防输液管道或进样阀产生阻塞现象。所有溶剂在上机使用前必须脱气，因为色谱柱是带压力操作的，检测器是在常压下工作。若流动相中所含有的空气不除去，则流动相通过柱子时其中的气泡受到压力而压缩，流出柱子进入检测器时因常压而将气泡释放出来，造成检测器噪声增大，使基线不稳，仪器不能正常工作，这在梯度洗脱时尤其突出。

18. 高效液相色谱有哪几种定量方法，其中哪种是比较常用的定量方法？

答案：高效液相色谱的定量方法与气相色谱定量方法类似，主要有归一化法、外标法和内标法。其中内标法是比较精确的定量方法。但是在选择内标物时，受到目标物理化学性质和环境中赋存情况等因素的影响，内标法定量在液相色谱法中的使用受到了一定的限制。目前，液相色谱-质谱联用技术中，内标法得到了广泛的应用。在液相色谱法-紫外/荧光检测中，外标法仍然是主要的定量方法。

19. 指出下列物质在正相色谱和反相色谱中的洗脱顺序：

（1）正己烷、正己醇、苯；

（2）乙酸乙酯、乙醚、硝基丁烷。

答案：

（1）流动相极性大于固定相极性的情况时，称为反相色谱，此时极性强的物质先出来，即出峰顺序为正己醇—正己烷—苯；在正相色谱条件下，出峰顺序应为苯—正己烷—正己醇。

（2）反相色谱条件下，出峰顺序为硝基丁烷—乙酸乙酯—乙醚；正相色谱条件下，出峰顺序为乙醚—乙酸乙酯—硝基丁烷。

20. 在液相色谱中，采用什么方式可以改变柱子的分离效果？

答案：

（1）选择合适的流动相，可用一定酸碱度的缓冲溶液或盐溶液调节流动相 pH、改变极性，提高分离效果；

（2）选择梯度淋洗提高分离度、减少分离时间；

（3）使用粒径更小或柱长更长的色谱柱；

（4）定期清洗色谱柱、使用保护柱；

（5）定期对色谱柱进行再生处理。

21. 何为化学键合固定相，主要有什么优点？

答案：化学键合固定相，即用化学反应的方法通过化学键把有机分子结合到担体表面。根据在硅胶表面的化学反应不同，键合固定相可分为硅氧碳键型、硅氧硅碳键型、硅碳键型和硅氮键型 4 种类型。

化学键合固定相具有以下一些特点。表面没有液坑，比一般液体固定相传质快得多；无固定液流失，增加了色谱柱的稳定性和寿命；可以键合不同官能团，能灵活地改变选择性，应用于多种色谱类型及样品的分析。

22. 请简述液-液分配色谱法的基本概念。

答案：流动相和固定相都是液体。从理论上说，流动相和固定相之间应该互不相溶，两者之间有一个明显的分界面。试样溶于流动相后，在色谱柱内经过分界面进入固定液（固定相）中，由于试样组分在固定相和流动相之间的相对溶解度存在差异，因此溶质在两相间进行分配，根据不同的分配系数实现分离。

六、计算题

1．分析某废水中有机组分，取水样 500 mL 以有机溶剂分次萃取，最后定容至 25 mL 供色谱分析用。今进样 5 μL 测得峰面积为 7 589，标准液峰面积为 6 938，标准液浓度为 20 mg/L，试求水样中被测组分的含量。

答案： 已知试样峰面积为 7 589，标准液峰面积为 6 938，标准液浓度 C_s 为 20 mg/L，水样富集倍数=500/25=20，则

C_s=（7 589/6 938）×20/20=1.09（mg/L）

水样中被测组分为 1.09 mg/L。

2．用液相色谱法分析水中酚类化合物，取水样 1 000 mL，用 6 mol/L 盐酸调至 pH=2，然后水样流经层析柱富集，用 10 mL 碳酸氢钠分两次淋洗，用乙腈洗脱并定容至 5.0 mL，当进样量为 10 μL 时检测到苯酚为 2.2 ng，试计算水中苯酚浓度。

答案： 水样中苯酚浓度 $= \dfrac{2.2}{10} \times \dfrac{5.0}{1} = 1.1$（μg/L）

3．用液相色谱法分析水中邻苯二甲酸二丁酯时，取水样 100 mL，用 10 mL 正己烷萃取两次，将萃取液合并，浓缩定容至 1.0 mL。在进样量为 10 μL 时，检测到邻苯二甲酸二丁酯质量浓度为 0.19 μg，试计算水中邻苯二甲酸二丁酯浓度。

答案： 0.19/10×1.0/100=0.19（mg/L）

水样中邻苯二甲酸二丁酯浓度为 0.19 mg/L。

4．使用液-液萃取和固相萃取高效液相色谱法方法测定废水中多环芳烃。取水样 1 000 mL，分别用 50 mL 正己烷两次萃取，将萃取液合并，浓缩至 1 mL，经液相色谱分析（外标法），进样量为 10 μL，检测到多环芳烃 0.8 ng。计算废水中多环芳烃的浓度。

答案： 计算公式为：$\rho_i=\rho_{xi}\times V_1/V$

式中：ρ_i —— 样品中 i 组分的质量浓度，μg/L；

ρ_{xi} —— 从标准曲线中查到的组分 i 的质量浓度，mg/L；

V_1 —— 萃取液浓缩后的体积，μL；

V —— 水样体积，mL。

此样品中多环芳烃的浓度=（0.8/10）×1×1 000/1 000=0.08（μg/L）。

5．甲、乙两种物质的色谱保留时间分别为 3.5 min、4.8 min，峰宽分别为 0.8 min、1.0 min，求分离度。

答案： 分离度：$R = \dfrac{4.8-3.5}{0.8+1.0} \times 2 = 1.44$

6．液相色谱法分析环境空气中的苯并[a]芘时，标准状况下的采样总体积为 105 m^3，采集的样品经提取、净化、浓缩至 1 mL，用液相色谱分析，从标准曲线得到苯并[a]芘的浓度为 0.092 μg/mL，

试计算环境空气中苯并[a]芘的浓度。

答案： 环境空气中苯并[a]芘的浓度：

ρ（ng/m^3）=$\rho_i \times V \div V_s$=0.092×1÷105×1 000=0.876（ng/m^3）

7．液相色谱法测定环境空气中的*N,N*-二甲基甲酰胺时，用装有 10.0 mL 吸收液的吸收管采样，采样流量 0.5 L/min，采气时间 1 h，采样吸收液用液相色谱分析，由标准曲线计算得浓度为 4.05 mg/L。采样温度为 24℃，大气压力为 102.089 kPa，求环境空气中 *N,N*-二甲基甲酰胺的浓度。

答案： 环境空气中 *N,N*-二甲基甲酰胺的浓度：

$V_s = V_t \times [273/(273+t)] \times (P/101.325)$

$=0.5\times60\times[273/(273+24)]\times(102.089/101.325)=27.8$（L）

$C = C_1 \times V_1 / V_s$=4.05×10.0/27.8=1.46（mg/m^3）

第十六节　气相色谱-质谱法

一、填空题

1．全扫描的质量范围覆盖被测化合物的分子离子和碎片离子的质量，得到的是化合物的__________，可用来进行谱库检索。

答案： 质谱图

2．GC-MS 化学电离源（Chemical Ionization Source，CI）是首先利用灯丝发出的电子将反应气电离，然后通过样品__________和反应气（或反应试剂）__________之间的反应使样品分子电离。

答案： 分子，离子

3．GC-MS 的__________对真空度要求最高。

答案： 质量分析器

4．便携式 GC-MS 的进样模块（进样方式）主要有__________进样、__________进样、__________进样 3 种。高浓度样品用__________分析，低浓度样品用__________分析。

答案： 探头，顶空，固相微萃取，定量环，吸附管

5．GC-MS 旋转式机械泵是利用工作室容积周期性增大或减少的原理来抽气的，气体总会从高压端泄漏到低压端，因此常用__________、有一定黏度的__________来密封，以达到较高的极限真空。

答案： 蒸气压低，油

6．三重四极杆质谱的子离子扫描方式中：第一个质量分析器扫描指定__________的离子，第二个质量分析器扫描指定母离子产生的__________离子，可获得待测化合物的__________信息。

答案： 质量，碎片，结构

7．实现气相色谱-质谱联用（GC-MS）的关键装置是__________，起到__________和匹配两者工作气体的作用。

答案： 接口装置，传输试样

8. 质谱仪的三个最重要指标是质量范围、__________和灵敏度。

答案：分辨率

9. 在气相色谱-质谱分析中，质谱图是以__________为纵坐标、以__________为横坐标的棒状图。

答案：离子强度，质量数

10. 利用气相色谱-质谱法对化合物进行定性时，除依靠保留时间外，还可根据__________和__________进行定性。

答案：质荷比，丰度

11. 有机化合物分子在__________被离子化后，裂解成不同质荷比的离子，在__________或__________的作用下被分离，并被检测器测定，按质荷比的大小和强度排列而成的图谱，称为有机质谱。

答案：离子源，电场，磁场

12. 有机质谱按其分辨能力分为__________质谱和__________质谱。

答案：高分辨，低分辨

13. 质荷比是指带电离子的质量与它所带__________的比值。

答案：电荷

14. 电子轰击离子源是一种通过__________轰击样品分子，使样品分子电离的一种离子源。

答案：高能电子

15. 质谱仪由__________、__________、__________、__________、检测器、计算机控制和数据处理系统等组成。

答案：真空系统，进样系统，离子源，质量分析器

16. GC-MS 质量分析器是利用电场或磁场（包括磁场、磁场与电场组合、高频电场和高频脉冲电场等）的作用，将来自离子源的离子束中不同__________的离子按__________或__________或运动轨道稳定与否等形式分离的装置。

答案：质荷比，空间位置，时间先后

17. 质谱仪“灵敏度”标志着仪器对样品在量方面的检测能力，它是仪器__________、__________及检测器效率的综合反应。

答案：电离效率，离子传输效率

18. 质谱法是将样品分子置于高真空中（$<10^{-3}$Pa）并受到高速电子流或强电场等作用，失去外层电子而生成__________，或__________生成各种碎片离子，然后在__________中得到分离后加以收集和记录，从得到的质谱图推断出化合物结构的方法。

答案：分子离子，化学键断裂，电磁场

19. 液-液萃取法测定水中的半挥发性有机物时，需要在__________、__________和__________条件下分别萃取。

答案：中性，碱性，酸性

20. 在使用吹扫捕集-气质联用法测定水中挥发性有机物时，应注意实验室环境中有机溶剂的污染，特别是__________，该物质穿透力较强，液-液萃取时用量大。

答案：二氯甲烷

21．用顶空法测定水中挥发性有机物时，可在顶空瓶中放入一定量的__________后再缓慢注入水样并添加内标。

答案：氯化钠

22．GC-MS 定量方法中应用最广泛的是__________。

答案：内标法

23．根据电离方式不同，一般可分为__________源和__________源。

答案：化学电离（CI），电子轰击离子（EI）

24．分子失去一个电子形成的单电荷离子称为__________，其质荷比即为该化合物的__________。

答案：分子离子，相对分子质量

25．在质谱定量分析中，当样品中目标化合物定量离子有干扰时，允许使用__________定量。

答案：辅助离子

26．总离子流谱图中的每一个峰代表经过色谱柱分离后的一个__________。

答案：组分（或化合物、或物质）

27．各种元素的同位素基本上是按照该同位素在自然界中的__________出现在质谱中。

答案：丰度比

28．带有__________的分子离子或碎片离子称为奇电子离子或游离基离子。

答案：未成对电子

29．分子的稳定性和分子电离所需的能量是由__________所决定的。

答案：分子结构特征

30．能够产生__________的碎裂是较容易发生的碎裂。

答案：稳定离子

31．气相色谱在__________下工作，质谱在__________下工作。

答案：常压，高真空条件

32．自然界中氯元素的同位素 ^{35}Cl 和 ^{37}Cl 的丰度比约为__________。

答案：3∶1

33．由离子源到检测器的飞行途中裂解的离子叫__________。

答案：亚稳离子

34．质量范围是评定质谱仪器性能的参数之一，它描述仪器所能测量的__________和__________离子之间的质量范围。

答案：最轻，最重

35．在实施液体进样分析时，方法设置要注意设定__________时间，避免__________对灯丝和离子源造成不良影响。

答案：溶剂延迟，大量溶剂

36．大多数标准质谱图是在__________eV 获得的。

答案：70

37．TIC 是指__________。

答案：总离子流色谱图

38．电子轰击离子源是通过加热__________发射电子，轰击__________形成离子。

答案：灯丝，中性分子

39．质谱仪（MS）是一种灵敏度很高、性能优异的定性分析仪器，它可以测定化合物的分子量、分子式和提供有关__________的信息。

答案：分子结构

40．气质联用仪（GC-MS）是__________和__________的联用仪器，通过__________分离待测物质，然后进入__________进行定性定量分析。

答案：气相色谱仪，质谱检测器，气相色谱，质谱检测器

41．__________的作用是将电离室中生成的离子按质荷比（m/z）大小分开，进行质谱检测。

答案：质量分析器

42．检测器的作用是将__________转变成电信号并将信号放大，常用检测器是__________。

答案：离子束，电子倍增管

43．在气相色谱-质谱联用分析中，对通过质量分析器的离子进行连续扫描，能获得__________、__________等谱图，进而进行色谱峰的定性分析。

答案：总离子流图，质谱图

44．因为气相色谱仪需要将样品加热气化后才可以进样测定，因此，气质联用仪不适用于__________和__________的测定。

答案：热不稳定物质，不挥发物质

45．样品分析前应检查气相色谱进样口，及时更换进样口__________和__________，确保进样口洁净和密封。

答案：隔垫，衬管

46．进样口隔垫要使用__________和__________的材质，衬管底部可放少量玻璃棉，以阻留进样口隔垫碎屑、样品中的颗粒物和不气化的杂质。

答案：耐高温，低流失

47．GC-MS 常用的仪器调谐液是__________，仪器调谐通过后，视方法要求进行下一步调谐。检测挥发性有机物一般使用__________调谐，检测半挥发性有机物一般使用__________进行调谐。

答案：全氟三丁胺，4-溴氟苯（BFB），十氟三苯基膦（DFTPP）

48．液体进入 GC-MS 时会带入大量溶剂，这时必须设定__________，待溶剂从色谱柱流出一段时间后再打开灯丝，以避免大量溶剂对灯丝的损害。

答案：溶剂延迟

49．使用低流失、高惰性的色谱柱、密封垫，减少流失物进入质谱仪，避免__________和__________，影响高沸点物质的测定。

答案：鬼峰产生，仪器污染

50．用 GC-MS 法检测有机污染物时，方法扫描质量范围要包含所有目标化合物的__________和__________。

答案：主要碎片离子，分子离子峰

51．质谱中存在大量的空气、水分及其他杂质，会对__________产生严重的干扰，增加__________，使色谱柱固定相降解，甚至损坏仪器。

答案：离子化效率，背景噪声

52．市售的脱氧管通常会用氮气进行饱和，安装时必须用__________将脱氧管内和管线内的氮气吹扫干净，再接至仪器上。

答案：氦气

53．利用质谱进行定量分析时，根据扫描特定的质量范围，可将数据模式分为__________、__________及__________。

答案：总离子流监测，选择离子监测，多反应监测

54．为保证载气的纯度，需在气相进样口前加一个捕集肼，以除去载气中的__________、__________和__________。

答案：氧，烃类，水分

55．静态顶空分析方法的依据是__________原理，当气、液两相达到平衡后，分析气相样来测定液相样中的组分。

答案：相平衡

56．气相色谱-质谱联用仪使用最广泛的谱库有__________、__________、毒品库、农药库等数据库。

答案：NIST 库，Willey 库

57．利用气质联用仪对样品中组分多、沸点差异大的物质进行分析时，设定分析柱温时，应采用__________方式。

答案：程序升温

二、单选题

1．在钢罐采样分析空气样品时，内标化合物是在__________步骤加入。（　　）

A．在钢罐清洗抽真空后，送去现场采集之前加入罐中

B．在采集空气样品后加入罐中

C．在样品分析前加入样品罐中

D．在样品分析时，将样品引入浓缩系统之前加入浓缩系统中

答案：D

2．GC-MS 方法测定水中半挥发性有机物时，测试仪器性能的校准物 DFTPP 的中文名称为__________，其基峰的质量数为 198。（　　）

A．十氟二苯酮　　　　B．八氟萘

C．十氟三苯基膦　　　　D．十氟二苯基膦

答案：C

3．气相色谱-质谱联用仪的__________对真空要求最高。（　　）

A．进样口　　　　B．离子源

C. 质量分析器　　　　　　　　D. 检测器

答案：C

4. GC-MS 关机前先关闭__________。（　　）

A. 载气　　　　　　　　B. 各加热模块

C. 泵　　　　　　　　D. GC-MS 电源

答案：B

5. GC-MS 分析中，下列说法错误的是__________。（　　）

A. 指纹污染一般表现为一系列相差 14 amu 的质量峰出现（碳氢化合物），随着峰的质量增加，峰的丰度下降

B. 扩散泵油污染表现 m/z 446 有明显峰，且谱图基线显示过多的本底干扰

C. m/z 为 91、92 的离子交叉污染可能来自清洁溶剂

D. m/z 为 149 的离子交叉污染来自隔垫流失

答案：D

6. MS 真空泄漏时，会有 m/z 为__________等特征峰的出现。（　　）

A. 16　　　　B. 12　　　　C. 28　　　　D. 36

答案：C

7. GC-MS 方法测定水中多环芳烃时，离子源通常选择__________。（　　）

A. EI 源　　　　B. CI 源　　　　C. FI 源　　　　D. FD 源

答案：A

8. MS 中，质量测定准确度和分辨率的关系描述正确的是__________。（　　）

A. 质量测定准确度高，分辨率一定高

B. 分辨率高，质量测定准确度一定高

C. 高分辨率是进行准确质量测定的前提

答案：C

9. __________质量分析器的质量扫描范围最宽。（　　）

A. 四极杆　　　　B. 离子阱　　　　C. 轨道阱　　　　D. 飞行时间

答案：D

10. 气相色谱-质谱联用仪的__________对载气中氧气的分压要求比较苛刻。（　　）

A. 离子源　　　　B. 质量分析器　　　　C. 检测器　　　　D. 色谱柱

答案：A

11. GC-MS 对含量很低的目标化合物的测定最好选择__________定量方式。（　　）

A. 全扫描　　　　B. 单离子检测　　　　C. 多离子检测

答案：B

12. 在气相色谱流出曲线上，两峰间距离决定于相应两组分在两相间的__________。（　　）

A. 保留值　　　　B. 分配系数　　　　C. 扩散速度　　　　D. 分配比

答案：B

13. 在检测半挥发性有机物时，应避免样品接触或使用塑料制品，以免引入__________污染物。

（　　）

A．酞酸酯类　　B．多环芳烃　　C．酚类　　D．抗生素

答案：A

14．__________不是固相萃取法优点。（　　）

A．节省溶剂

B．减少杂质引入

C．重现性好，避免乳化现象

D．小柱适用范围广，一种小柱就能富集所有半挥发性有机物

答案：D

15．吹扫捕集系统可能会对分析水中 VOCs 带来污染的来源主要有__________和捕集管路中的杂质。（　　）

A．吹扫气　　B．进样口　　C．色谱柱

答案：A

16．用 GC-MS 方法测定水中多环芳烃时，萘的定量离子质量数一般为__________。（　　）

A．126　　B．127　　C．128　　D．129

答案：C

17．__________属于单一化合物。（　　）

A．PCBs　　B．Arochlor 1260　　C．二氯联苯　　D．2-氯联苯

答案：D

18．一个完整的色谱峰通常至少需要__________个以上数据点。（　　）

A．3　　B．4　　C．5　　D．6

答案：D

19．下列物质中分子离子峰最强的是__________。（　　）

A．芳环　　B．酮　　C．酸　　D．高分子烃

答案：A

20．__________不是分子离子峰的判断原则。（　　）

A．一定是质谱中质量最大的峰　　B．具有合理的质量丢失

C．分子离子为奇电子离子　　D．分子离子为偶电子离子

答案：D

21．SCAN 和 SIM 模式采集的谱图资料__________适合做谱库检索。（　　）

A．SCAN　　B．SIM　　C．两种都可以　　D．两种都不可

答案：A

22．给出化合物二溴甲烷 CH_2Br_2，该化合物的 M/[M+2]/[M+4]峰的比例是__________。（　　）

A．2∶2∶1　　B．1∶2∶2　　C．1∶2∶4　　D．1∶2∶1

答案：D

23．下列化合物含 C、H 或 O、N，__________化合物的分子离子峰为奇数。（　　）

A．C_6H_6　　B．$C_6H_5NO_2$　　C．$C_4H_2N_6O$　　D．$C_9H_{10}O_2$

答案：B

24．按分子离子的稳定性判断下面的化合物中最稳定的是__________。（　　）

A．苯　　B．共轭烯烃　　C．酮　　D．醇

答案：A

25．在质谱图中，CH_3Cl 的 M+2 峰的强度约为 M 峰的__________。（　　）

A．1/3　　B．1/2　　C．1/4　　D．相当

答案：A

26．电子轰击离子源（EI）通过加热灯丝发射电子，轰击中性分子形成__________。（　　）

A．质子　　B．离子　　C．电子　　D．中子

答案：B

27．__________方式采集的是完整质谱。（　　）

A．全扫描　　B．选择离子监测　　C．选择反应监测　　D．碰撞诱导解离

答案：A

28．从环境水样中富集半挥发性物质的常用方法有液-液萃取法和__________法等。（　　）

A．氮吹　　B．顶空法　　C．吹扫捕集法　　D．固相萃取

答案：D

29．质谱图中主要类型的离子峰有分子离子峰、__________、同位素离子峰、重排离子峰、多电荷离子峰。（　　）

A．碎片离子峰　　B．定量离子　　C．负电荷离子峰　　D．辅助定性离子

答案：A

30．使用液-液萃取法时，为降低有机物在水溶液中的溶解度，提高萃取效率，可以在水中加入一定量的__________。（　　）

A．无水硫酸钠　　B．氯化钠　　C．抗坏血酸　　D．硅藻土

答案：B

31．如果内标物离子的质荷比与待测物质离子的质荷比相同，只要色谱法能够分离内标物和待测物，__________进行定量分析。（　　）

A．可以　　B．不可以　　C．不一定　　D．无法判断

答案：A

32．替代物一般在样品__________加入。（　　）

A．采样时　　B．提取或其他前处理前

C．进样前　　D．提取后

答案：B

33．气相色谱-质谱法测定水中苯胺类，水样在__________条件下提取。（　　）

A．pH≤2　　B．pH≥11　　C．pH=6～9　　D．pH=2～6

答案：B

34．液-液萃取法宜使用__________接近于被测组分的溶剂。（　　）

A．沸点　　B．熔点　　C．极性　　D．密度

答案：C

35. 气相色谱-四极杆质谱仪最常用的载气是__________。（　　）

A. 甲烷　　B. 氩气　　C. 氧气　　D. 氦气

答案：D

36. 用做气相色谱-质谱仪载气的气体，其纯度要求不低于__________。（　　）

A. 99.9%　　B. 99.99%　　C. 99.999%　　D. 99.5%

答案：C

37. 空白检查可以解决__________问题。（　　）

A. 采样过程没有受到污染　　B. 实验室内部环境满足要求

C. 系统没有残留干扰　　D. 以上都对

答案：D

38. 影响目标物保留时间漂移的因素有__________。（　　）

A. 色谱柱性能　　B. 柱温变化　　C. 载气流量变化　　D. 以上都是

答案：D

39. 平行样测定可以作为一种质控措施，目的是评判测量的__________。（　　）

A. 准确度　　B. 精密度　　C. 人员能力　　D. 仪器性能

答案：B

40. 以下有关机械泵的维护不正确的是__________。（　　）

A. 泵油颜色变暗时更换　　B. 不同公司泵油可以混用

C. 维持适当的油面高度　　D. 机械泵定期震气

答案：B

41. 下列化学键中最容易断裂的是__________。（　　）

A. C-Br　　B. C-H　　C. O-H　　D. C-O

答案：A

42. 选择 GC-MS 适用的色谱柱，__________选择条件是不正确的。（　　）

A. 高惰性　　B. 细口径　　C. 高流失　　D. 耐高温

答案：C

43. __________质量数是邻苯二甲酸酯带来的污染。（　　）

A. 149　　B. 91　　C. 207　　D. 44

答案：A

44. 下列不是通用型检测器的是__________。（　　）

A. 热导检测器　　B. 氢火焰离子化检测器

C. 质谱检测器　　D. 电子捕获检测器

答案：D

45. 双电荷离子不是下列__________类化合物的特征。（　　）

A. 芳烃　　B. 烷烃

C. 杂环　　D. 高度共轭的不饱和化合物

答案：B

46．气质联用仪检定周期一般不得超过__________年。（　　）

A．半　　B．1　　C．2　　D．3

答案：C

47．关于质谱分析，以下说法正确的是__________。（　　）

A．只适用于挥发性有机物分析　　B．只适用于半挥发性有机物分析

C．只能提供相对分子质量信息　　D．适合与多种其他分析技术联用

答案：D

48．气相色谱-质谱法检测水中的有机污染物时，为除去萃取液中的水分，常用的干燥剂是__________。（　　）

A．无水氯化钠　　B．无水硫酸钠　　C．无水氢氧化钠　　D．无水碳酸钠

答案：B

49．GC-MS 法所测组分和固定液分子间的氢键力实际上也是一种__________力。（　　）

A．定向　　B．不定向　　C．无规则　　D．有规则

答案：A

50．质荷比指的是__________的质量与它所带电荷（Z）的比值。（　　）

A．分子　　B．离子　　C．电子　　D．原子

答案：B

51．原子质量单位指核素 ^{12}C 的一个中性原子处于基态时静止质量的 1/12，记为__________。（　　）

A．u　　B．w　　C．β　　D．ϕ

答案：A

52．信噪比指被测样品信号强度 S 与基线噪声强度 N 的比值，记为__________。（　　）

A．u　　B．w　　C．β　　D．ϕ

答案：C

53．__________是指质谱仪对离子质量的测量值与理论值之间的偏差。（　　）

A．质量准确性　　B．质量分辨率　　C．离子准确性　　D．离子分辨率

答案：A

54．在串联质谱分析中，母离子经过诱导碰撞活化产生一系列子离子，选择多个母离子及其对应的特定子离子质量进行监测的过程，称为__________。（　　）

A．选择反应监测　　B．选择离子监测　　C．多反应监测　　D．全扫描监测

答案：C

55．GC-MS 的载气通常是安全性高的__________，纯度要在__________以上。（　　）

A．氢气，99.995%　　B．氦气，99.995%　　C．氢气，99.999%　　D．氦气，99.999%

答案：D

56．通常使用 GC-MS 作筛选分析时，VOCs 的扫描范围在__________amu，SVOCs 在__________amu。（　　）

A．35～350，35～350　　B．35～350，45～450

C．45～450，45～450　　D．45～450，35～350

答案：B

57．对 GC-MS 进行维护，若只更换衬管和进样口隔垫，可以__________。（　　）

A．不必卸真空　　B．必须卸真空

C．不需关闭进样口压力　　D．仪器运行时更换

答案：A

58．当仪器的灵敏度下降较多或噪声增大时，说明__________，应予以仪器维护。（　　）

A．载气泄漏　　B．色谱柱柱效降低

C．离子源变脏　　D．真空系统漏气

答案：C

59．__________在使用过程中会带入大量的溶剂、待测物质，这样会影响真空度，应定期更换。（　　）

A．泵油　　B．机械泵

C．分子涡流泵　　D．自动进样器

答案：A

60．__________会引发基线不稳定、缩短色谱柱寿命并浪费昂贵的载气。（　　）

A．载气泄漏　　B．色谱柱柱效降低

C．离子源变脏　　D．真空系统漏气

答案：A

61．气质联用仪的大部分泄漏点为__________，不可用检漏液确定漏点。一般用电子测漏仪或指示物来查找。（　　）

A．正压　　B．负压　　C．常压　　D．大气压

答案：B

62．电子轰击法是常用的电离法，它是用电加热铼丝或钨丝到__________℃，产生能量为 10～70 eV 的高速电子束。（　　）

A．200　　B．500　　C．1 000　　D．2 000

答案：D

63．__________试剂最适合萃取水中脂肪族化合物等非极性物质。（　　）

A．正己烷　　B．二氯甲烷

C．乙酸乙酯　　D．甲醇

答案：A

64．在气相色谱-质谱分析方法中所使用的溶剂应__________。（　　）

A．提纯　　B．首先检验有无干扰物

C．不用提纯就可使用　　D．蒸馏处理后使用

答案：B

65．色谱柱的柱效率可以用__________来表示。（　　）

A．分配比　　B．分配系数

C．保留值　　D．有效塔板高度

答案：D

66．色谱柱的口径与柱效及柱负荷的关系为__________。（　　）

A．色谱柱口径小，柱效高，柱负荷大　　B．色谱柱口径小，柱效高，柱负荷小

C．色谱柱口径小，柱效低，柱负荷大　　D．色谱柱口径小，柱效低，柱负荷小

答案：B

67．在气相色谱-质谱分析中，衡量两组分分离好坏的指标是__________。（　　）

A．分离度　　B．灵敏度　　C．不纯度　　D．保留时间

答案：A

68．分离度为__________时一般可作为相邻两峰完全分离的标志。（　　）

A．1　　B．1.2　　C．1.5　　D．2

答案：C

三、多选题

1．在 GC-MS 分析中，下列说法正确的是__________。（　　）

A．指纹污染一般表现为一系列相差 14 amu 的质量峰出现（碳氢化合物），随着峰的质量增加，峰的丰度下降

B．扩散泵油污染表现为 *m/z* 446 有明显的峰，且谱图基线显示过多的本底干扰

C．*m/z* 为 91、92 的离子交叉污染可能来自清洁溶剂 *m/z*

D．*m/z* 为 149 的离子交叉污染来自隔垫流失

答案：ABC

2．质谱仪最重要的性能指标分别是__________。（　　）

A．质量范围　　B．分辨率　　C．灵敏度　　D．扫描速度

答案：ABC

3．选择离子模式（SIM）时，挑选离子的依据有__________。（　　）

A．尽量选择高质量数区域的　　B．包含同位素信息的

C．尽量选择丰度较高的　　D．离子个数越多越好

E．避免选择基线或干扰物质中有的离子

答案：ABCE

4．便携式 GC-MS 中气相色谱部分结构是__________。（　　）

A．气路系统　　B．进样系统

C．检测系统　　D．色谱柱、柱箱

答案：ABD

5．__________是影响有机质谱定量分析的不确定度因素。（　　）

A．样品预处理方法　　B．离子源类型

C．仪器参设的设置　　D．谱图检索

答案：ABC

6. __________是质谱的真空度达不到要求的可能原因。（　　）

A．抽真空时间太短　B．漏气　C．离子源污染　D．泵运转不正常

答案：ABD

7. 化合物__________适合采用吹扫捕集-气相色谱-质谱法进行测定。（　　）

A．二氯甲烷　B．狄氏剂　C．萘　D．正己烷

答案：ACD

8. __________是分子涡轮泵的优点。（　　）

A．对所有气体有近似的抽速

B．启动时间短

C．价格比近似性能的有扩散泵便宜

D．不用泵液，没有泵油的污染，能获得“清洁”的真空

答案：ABD

9. __________说法是正确的。（　　）

A．色谱柱老化时最好采用程序升温老化法，不要高温老化时间过长

B．GC-MS 最好使用带 MS 标记的专用色谱柱

C．毛细管色谱柱伸出传输线套管外 5 mm，深入离子源的入口距离只能过长，不能太短

D．机械泵的泵油要定期更换

答案：ABD

10. __________是影响液-液萃取效率的主要因素。（　　）

A．振摇的力度、速度和时间　B．萃取温度

C．水样的酸度　D．浓缩的温度

答案：ABC

11. __________物质适合使用 GC-MS 测定。（　　）

A．萘　B．二氯甲烷　C．苯酚　D．磺胺嘧啶

答案：ABC

12. 用于 GC-MS 的载气选择的标准有__________。（　　）

A．化学惰性　B．不干扰质谱图

C．具有能使载气中样品富集的某些性质　D．不干扰总离子流的检测

答案：ABCD

13. 分子在离子源中电离后产生的离子有__________。（　　）

A．分子离子　B．碎片离子　C．多电荷离子　D．同位素离子

E．负离子

答案：ABCDE

14. 气相色谱-质谱联机法中，离子源必须满足__________要求。（　　）

A．产生的离子流稳定性高，强度能满足测量精度

B．离子束的能量和方向分散小

C. 记忆效应小

D. 质量歧视效应小，工作压强范围宽

E. 样品和离子的利用率高

答案：ABCDE

15. 质量分析器的主要性能指标有__________。(　　)

A. 可分析的质量范围　　B. 质量精度

C. 质量扫描速度　　D. 传输效率

E. 质量分辨率

答案：ABCDE

16. 通过替代物回收率可以评价__________因素对分析结果的影响。(　　)

A. 样品基体　　B. 样品处理过程　　C. 仪器波动　　D. 称量

答案：AB

17. 质谱真空泄漏时，会有__________空气特征峰出现。(　　)

A. 16　　B. 32　　C. 28　　D. 44

答案：BCD

18. 影响吹扫捕集进样的因素有__________。(　　)

A. 吹扫时间　　B. 吹扫流量　　C. 吹扫温度　　D. 解吸温度

E. 脱附时间　　F. 烘烤时间

答案：ABCDEF

19. GC-MS 的化学电离源中，最常用的反应剂气体有__________。(　　)

A. 甲烷　　B. 异丁烷　　C. 氢气　　D. 氨气

答案：ABD

20. 在质谱谱图解析定性中，__________因素应特别关注。(　　)

A. 分子离子峰　　B. 同位素离子　　C. 丰度较高的离子　　D. 干扰离子

答案：ABCD

21. 质谱图中主要类型的离子峰有__________、亚稳离子峰等。(　　)

A. 分子离子峰　　B. 同位素离子峰　　C. 碎片离子峰　　D. 重排离子峰

答案：ABCD

22. 气质联用仪的下列质谱部件中，需要置于高真空下的是__________。(　　)

A. 进样器　　B. 离子源　　C. 质量分析器　　D. 电子倍增管

答案：BCD

23. 使用气质联用仪检测有机物时，样品的浓度不可过高，样品中不应含有__________。(　　)

A. 水分　　B. 无机盐　　C. 无机酸　　D. 高沸点的有机物

答案：ABCD

24. 在环境监测领域，气质联用仪主要应用于水、气、土壤和固废中__________的测定。(　　)

A. VOCs　　B. SVOCs　　C. 农药类　　D. 抗生素类

答案：ABC

25．GC-MS 中质谱工作条件包括__________。（　　）

A．电离电压　　B．扫描速度　　C．扫描质量范围　　D．扫描模式

答案：ABCD

26．质谱仪的分辨本领用分辨率衡量，是指质谱仪分开相邻质量数离子的能力是由__________因素决定的。（　　）

A．离子通道的半径　　B．加速器与收集器狭缝宽度

C．离子源的性质　　D．质量分析系统

答案：ABCD

27．使用 GC-MS 法检测目标化合物常用的定量拟合方法有__________。（　　）

A．平均相对响应因子法　　B．二次方程拟合法

C．标准曲线法　　D．单点校正法

答案：AC

28．使用 GC-MS 法检测有机氯农药或氯苯类化合物时，需进行进样口惰性检查，对__________的降解率进行计算。（　　）

A．甲氧滴滴涕　　B．异狄氏剂　　C．六六六　　D．滴滴涕

答案：BD

29．完整的气相色谱-质谱法检测环境样品中的有机化合物，包括__________。（　　）

A．样品前处理方法　B．色谱分离方法　　C．质谱检测　　D．数据处理方法

答案：ABCD

30．水样中挥发性有机物的提取方法主要有__________。（　　）

A．吹扫捕集法　　B．顶空法　　C．液-液萃取法　　D．固相微萃取法

答案：ABCD

31．土壤样品中半挥发性有机物常用的提取方法主要有__________。（　　）

A．索氏提取法　　B．超声波萃取法　　C．固相萃取法　　D．快速溶剂萃取法

答案：ABD

四、判断题

1. 用气相色谱-质谱法测定土壤和沉积物中有机氯农药时，校准曲线中目标化合物相对响应因子的相对标准偏差应小于等于 20%，否则说明进样口或色谱柱存在干扰，应进行必要的维护。（　　）

答案：正确

2．在 GC-MS 的定量分析中，选择的定量离子必须是基峰。（　　）

答案：错误

正确答案：选择的定量离子可以不是基峰，但要考虑和其他化合物的特征峰尽量不重叠。

3．GC-MS 对含量很低的目标化合物的测定最好选择单离子检测定量方式。（　　）

答案：正确

4．GC-MS 方法测定水中半挥发性有机物时，测试仪器性能的校准物 DFTPP 的中文名称为十氟

三苯基膦，其基峰的质量数为 198。（　　）

答案：正确

5．用 GC-MS 方法测定水中半挥发性有机物时，萃取液脱水使用的无水硫酸钠若是优级纯，则不需处理可直接使用。（　　）

答案：错误

正确答案：无水硫酸钠应在 400℃下加热 6 h，除去吸附的有机物。

6．用 GC-MS 方法测定水中半挥发性有机物时，样品必须在 4℃冷藏并在 7 天之内完成萃取，萃取液在−10℃以下避光保存 40 天之内完成分析。（　　）

答案：正确

7．用 GC-MS 方法测定水中多环芳烃时，应先把内标物加入水样中再进行萃取。（　　）

答案：错误

正确答案：应在样品预处理浓缩定容后加内标物。

8．GC-MS 选择固定相除与气相色谱相同的要求外，也要着重考虑高温时固定液的流失问题。（　　）

答案：正确

9．用 HSGC-MS 方法测定水中挥发性有机物，萃取时使用的氯化钠若是优级纯，则不需要处理可直接使用。（　　）

答案：错误

正确答案：氯化钠应在 350℃下加热 6 h，以除去吸附的有机物。

10．用 HSGC-MS 方法测定水中挥发性有机物时，顶空样品瓶洗涤干净后须在 150℃下加热 3 h，而密封 PTFE 垫不需要加热，可以反复使用。（　　）

答案：错误

正确答案：密封 PTFE 垫是一次性使用的。

11．气相色谱-质谱分析样品时 SCAN 和 SIM 模式采集的谱图资料均适合做谱库检索。（　　）

答案：错误

正确答案：SCAN 适合做谱库检索。

12．便携式气相色谱-质谱仪在长期不使用的情况下不能长期关机，需定期维护。（　　）

答案：正确

13．采用便携式气相色谱-质谱仪分析高浓度样品时，在关机前需要运行至少 1 次样品空白。（　　）

答案：正确

14．吹扫捕集法可用于水中挥发性有机物的分析，但不适用于极性强的化合物。（　　）

答案：正确

15．大分子物质由于分子量超出常规质谱检测器的质量范围，所以无法用常规质谱进行检测。（　　）

答案：错误

正确答案：由于产生了多电荷离子，使质荷比下降，所以可以利用常规的质谱检测器来分析大分子质量的化合物。

16．在气相色谱-质谱联用法中，一般选用氮气作为载气。（ ）

答案：错误

正确答案：一般选用氦气作为载气。

17．气相色谱-质谱仪关机前先关闭载气。（ ）

答案：错误

正确答案：气相色谱-质谱仪关机后再关闭载气。

18．在便携式质谱分析中，热不稳定性样品不适合用 EI 离子源方式电离。（ ）

答案：正确

19．在顶空分析中，样品的平衡温度越高越好。（ ）

答案：错误

正确答案：过高的温度会导致某些组分的分解、氧化（样品瓶中有空气），还可能使顶空气体的压力过高，会导致系统漏气。

20．在使用 GC-MS 分析水中挥发性有机物或者半挥发有机物的浓度时，所分析的结果应该减去实验室纯水空白试验值。（ ）

答案：错误

正确答案：所分析的结果不可减去实验室纯水空白试验值。

21．在质谱图中，分子离子是最有价值的信息，可以通过分子离子的质荷比加 1 得到该化合物的分子量。（ ）

答案：错误

正确答案：可以通过分子离子的质荷比得到该化合物的分子量。

22．质谱的扫描质量窗口太窄会影响灵敏度，窗口太宽会有干扰。可以通过调节寻找最佳的扫描质量窗口值。（ ）

答案：正确

23．质谱分析时，在选定的质量范围内，所有离子强度的总和对时间或扫描次数所作的图为总离子流图，也称作 TIC 图。（ ）

答案：正确

24．质谱图相对丰度的含义是把原始谱图的分子离子峰定为基峰，其强度定为 100，其他离子峰的强度与之比较，用相对百分比表示。（ ）

答案：错误

正确答案：是把原始谱图的最高离子峰定为基峰。

25．气相色谱-质谱用选择离子检测较全扫描灵敏度高，应首先考虑用选择离子的方式进行样品分析。（ ）

答案：错误

正确答案：气相色谱-质谱用选择离子检测较全扫描灵敏度高，应根据需要考虑用选择离子检测或全扫描的方式进行样品分析。

26．分析速度又称扫描速度，用来描述质量分析器分析某特定质量范围的速度。（ ）

答案：正确

27. 微波萃取是利用电磁场的作用使固体或半固体物质中的某些有机物成分与基体有效地分离，并能保持分析对象的原始化合物状态的一种分离方法。（　　）

答案：正确

28. 氮气可用作 GC-MS 的载气。（　　）

答案：错误

正确答案：氮气不可用作 GC-MS 的载气。

29. 选择离子监测方式是跳跃式地扫描某几个选定的质量，进而得到化合物的全谱。可通过谱图检索用于定性。（　　）

答案：错误

正确答案：SIM 得到的不是化合物的全谱，定性能力没有 SCAN 好。

30. EI 电离是“软电离”技术，CI 电离是“硬电离”技术。（　　）

答案：错误

正确答案：EI 电离是“硬电离”技术，CI 电离是“软电离”技术。

31. 平均自由程是指运动的气体分子，在发生相互作用之前所飞越的平均距离。（　　）

答案：正确

32. 目前常见的低分辨色谱质谱联用仪主要是四极杆质谱、离子阱质谱、扇形磁场质谱。（　　）

答案：错误

正确答案：扇形磁场质谱是高分辨质谱。

33. EI 源主要由电离室、灯丝、离子聚焦透镜和一对磁极组成。（　　）

答案：正确

34. SIM 的优点是比 SCAN 有更高的灵敏度，峰型较好，可排除干扰、提高信噪比，利于未知物的鉴定。（　　）

答案：错误

正确答案：利于未知物的鉴定是 SCAN 的优点。

35. 进行 NIST 谱库检索时，若化合物和检索的结果匹配率大于 90%，则该化合物一定是检索出来排序第一的那个物质。（　　）

答案：错误

正确答案：匹配率只是表示结果的可靠性，究竟是哪一个化合物，还要靠保留时间或其他信息来确认。

36. 设置质谱的采集参数时，主要考虑分配给每个离子足够的采集时间，色谱峰上的数据点小于 5 个也可以接受。（　　）

答案：错误

正确答案：要保证每个色谱峰上有足够的数据点，一般 15～25 个数据点才能准确定量。

37. 内标法可以用来纠正进样量偏差、仪器的响应值变化等因素造成的系统误差。（　　）

答案：正确

38. 由于质谱强大的定性能力，多个化合物同时出峰不会对定性结果造成任何影响。（　　）

答案：错误

正确答案：分离不好得到的质谱图不可靠，不仅检索的匹配率可信度低，对质谱图解析也有困难。

39．挥发性有机物的检测和半挥发性有机物的检测可以在同一 GC-MS 上进行，不会互相影响，不必特意分隔。（　　）

答案：错误

正确答案：挥发性有机物的检测和半挥发性有机物的检测不可以在同一 GC-MS 上进行，半挥发性有机物使用的溶剂是挥发性有机物的目标化合物。

40．使用固相萃取小柱富集水样时，应事先过滤水样，以免颗粒物堵住小柱。（　　）

答案：正确

41．质谱仪的 3 个最重要的指标是质量范围、分辨率和灵敏度。（　　）

答案：正确

42．分子失去一个电子形成的单电荷离子称为分子离子，其质荷比即该化合物的相对分子质量。（　　）

答案：正确

43．分子离子是指分子被电子轰击失去一个电子而形成的单电荷离子，是在质荷比范围内的最强峰。（　　）

答案：错误

正确答案：基峰才是质荷比范围内的最强峰。

44．分析离子是指进入质谱离子源的物质在电离过程中失去一个电子而形成的单电荷离子，它代表该物质的分子量。（　　）

答案：正确

45．在质谱电离过程中，不会产生带负电荷的负离子。（　　）

答案：错误

正确答案：在电离过程中也会产生一部分带负电荷的负离子，强度比正离子低 2～3 个数量级。

46．分子电离所需的能量越低（电离电位越低），越容易丢失电子，形成分子离子。（　　）

答案：正确

47．卤素化合物中的氯化物和溴化物从其同位素峰的比例就可以判断其中的氯原子和溴原子的个数。（　　）

答案：正确

48．在常规质谱分析中，质谱图是记录正离子得到的质谱图。而当质谱仪器作相应的变化后，可记录负离子的质谱图。（　　）

答案：正确

49．分子离子峰响应强度会随着不饱和度和环的数目增加而减小。（　　）

答案：错误

正确答案：分子离子峰响应强度会随着不饱和度和环的数目增加而增大。

50．在相同的色谱条件下，具有相同的保留时间的两个物质就是同一个物质。（　　）

答案：错误

正确答案：在相同的色谱条件下，具有相同的保留时间的两个物质不一定是同一个物质。

51．谱图中最高质量的离子就是分子离子。（　　）

答案：错误

正确答案：分子离子必须是谱图中最高质量的离子，但反过来不一定。

52．一般来说，化学稳定性高的分子，其分子离子峰响应就较强。（　　）

答案：正确

53．分子电离电位越低的分子，形成的分子离子峰越强。（　　）

答案：正确

54．当使用电子轰击电离（EI），分子离子峰有可能没有出现或很难确认。（　　）

答案：正确

55．质谱中离子的分解反应可以一直连续下去，产生一系列的碎片离子。（　　）

答案：正确

56．SIM 方式和 SCAN 方式一样，都是采集完整质谱。（　　）

答案：错误

正确答案：SIM 方式不采集完整质谱图。

57．内标物的理化性质应尽可能与待测成分接近。（　　）

答案：正确

58．分子离子是样品分子失去一个电子形成的正离子或得到一个电子形成的负离子。（　　）

答案：正确

59．气相色谱-质谱中检测到质荷比分别为 207、281、355 的离子，可能来源于隔垫流失或甲基硅酮柱涂层流失。（　　）

答案：正确

60．根据氮规则，含偶数氮原子或不含氮原子的分子其分子量为奇数，含奇数氮原子的分子其分子量为偶数。（　　）

答案：错误

正确答案：根据氮规则，含偶数氮原子或不含氮原子的分子其分子量为偶数，含奇数氮原子的分子其分子量为奇数。

61．为保护灯丝，使用气相色谱-质谱法液体进样时，可在采集参数中设置溶剂延迟，使分析器在溶剂峰流出后开启。（　　）

答案：正确

62．使用气相色谱-质谱法时，应关注高温时固相液有否流失。（　　）

答案：正确

63．飞行时间质量分析器利用不同质荷比的离子经加速电压加速后，质荷比大的离子飞行速度快，先到达检测器；质荷比小的离子飞行速度慢，后到达检测器。（　　）

答案：错误

正确答案：质荷比小的离子飞行速度快，先到达检测器；质荷比大的离子飞行速度慢，后到达检测器。

64．扇形磁场是利用不同质荷比的带电子离子在稳定磁场内偏转的半径不同，将离子分开检测。（　　）

答案：正确

65．在有机质谱中，相对灵敏度表示仪器所能分析的样品中组分的最低相对含量。（　　）

答案：正确

66．环状化合物比较稳定，不易碎裂，因此分子离子峰较强；支链化合物容易碎裂，因此分子离子峰较弱。（　　）

答案：正确

67．通常称能给样品较大能量的电离方法为硬电离方法，而称样品较小能量的电离方法为软电离方法。（　　）

答案：正确

68．从分子离子峰或准分子离子峰可以准确地测定该物质的相对分子质量。（　　）

答案：正确

69．GC-FID 和 GC-MSD 一样都是通用性检测器，对大多数挥发性有机物有响应。（　　）

答案：正确

70．基体加标可以用于评价检测过程的准确度。（　　）

答案：正确

71．通过 GC-MS 的调谐报告可以判断是否需要清洗离子源。（　　）

答案：正确

72．内标法定量比外标法稳定，更适用于 GC-MS。（　　）

答案：正确

73．气质联用仪用途广泛，适用于分析热稳定性差和不挥发物质的测定。（　　）

答案：错误

正确答案：不适用于热稳定性差和不挥发物质的测定。

74．为获得 GC-MS 定性分析的准确，一般要进行仪器调谐、条件设定、实时分析、数据处理、图谱检索和解析等条件的选择和操作。（　　）

答案：正确

75．质谱仪将待测物质离子化后，利用不同质荷比（m/z）离子在电场或磁场中运动行为的不同进行分离，获得样品的保留时间、质谱图等相关信息，得出准确的定性定量结果。（　　）

答案：正确

76．GC-MS 仪器室内不得有强烈的机械振动和电磁干扰，不得存放与实验无关的易燃、易爆和强腐蚀性气体或试剂。（　　）

答案：正确

77．改变四极杆质量分析器的电压和频率，可使不同质荷比的离子依次到达检测器，从而分离检测。（　　）

答案：正确

78. 色谱柱的柱隔垫最好选用纯石墨，色谱柱伸入进样口和检测器端的长度必须符合仪器的要求。(　　)

答案：错误

正确答案：色谱柱的柱隔垫最好选用 Vespel/石墨（85%/15%）材质，不可使用纯石墨材质。

79. 在质谱仪内部温度和传输线温度到达 150℃以下后再卸真空，否则会使真空腔老化。(　　)

答案：错误

正确答案：在质谱仪内部温度和传输线温度到达 100℃以下后再卸真空。

80. 高浓度样品应用合适的有机溶剂稀释后再进行分析。(　　)

答案：正确

81. GC-MS 关机时，分子涡流泵可直接切断电源以卸掉仪器真空。(　　)

答案：错误

正确答案：分子涡流泵不能突然切断电源，必须按关机程序操作。

82. 质谱仪应配置足够容量的不间断电源（UPS），以保证在停电时有充足的关机时间。(　　)

答案：正确

83. 气质联用仪的载气钢瓶应用尽再进行更换，以免浪费载气。(　　)

答案：错误

正确答案：气质联用仪的载气钢瓶压力较低时应及时更换，以免带出底部沉积的杂质。

84. GC-MS 进行全扫描时，扫描质量起点和终点的选择，取决于待测化合物的分子量和低质量的特征碎片。(　　)

答案：正确

85. GC-MS 的选择离子扫描方式，是跳跃式的扫描某几个选定的质量，应用于痕量分析及复杂基质的分析。(　　)

答案：正确

86. 外标法和内标法是 GC-MS 检测有机化合物常用的定量方法，其中外标法具有更高的准确度。(　　)

答案：错误

正确答案：内标法具有更高的准确度。

87. 质谱法所用的内标化合物可以是待测化合物的结构类似物或稳定同位素标记物。(　　)

答案：正确

88. 质谱仪中离子产生及经过的系统必须处于高真空状态，离子源真空度应达 1.3×10^{-4}～1.3×10^{-5} Pa，质量分析器中应达 1.3×10^{-6} Pa。(　　)

答案：正确

89. 使用气质联用仪测定样品中有机物含量时，定量离子要选择化合物质谱图中丰度较高和不易受到其他杂质干扰的离子，以增加灵敏度，提高定量的准确性。(　　)

答案：正确

90. 高分辨质谱仪的主要用途是获得化合物精确相对分子质量（精确质荷比），如飞行时间质谱。(　　)

答案：正确

91．进入 EI 源的试样，其物理状态应是气态或液态。（　　）

答案：错误

正确答案：进入 EI 源的试样，其物理状态必须是气态。

92．GC-MS 常用的载气是 H_2，这是由于 H_2 的扩散系数大，易于与其他分子分离。（　　）

答案：错误

正确答案：GC-MS 中使用的载气是氦气，不是氢气。氢气的电离能较低，容易发生电离进而带来基线噪声。

93．质谱仪的真空系统通常采用机械泵、分子涡流泵或扩散泵两级真空泵联用来达到所需的高真空度。（　　）

答案：正确

94．SIM 方式适用于含量较低的清洁水或使用全扫描方式灵敏度达不到相应标准要求的样品。（　　）

答案：正确

95．使用吹扫捕集/GC-MS 法检测水样中的挥发性有机物，当样品浓度超过曲线最高点时，需减少进样量进行样品测定。（　　）

答案：错误

正确答案：若水样中待测挥发性有机物浓度超过曲线最高点，需取适量样品在容量瓶中稀释后再测定。

96．目标化合物经定性鉴定后，根据定量离子的峰面积或峰高，常用外标法进行定量计算其浓度。（　　）

答案：错误

正确答案：目标化合物经定性鉴定后，根据定量离子的峰面积或峰高，常用内标法进行定量计算。

97．使用 DB-624 色谱柱分析挥发性有机物时，苯系物分离度良好。（　　）

答案：错误

正确答案：使用 DB-624 色谱柱分析挥发性有机物时，苯系物中的间二甲苯和对二甲苯不能完全分离。

98．最小二乘法校准曲线是以目标化合物和相对应内标的响应值比为纵坐标，浓度比为横坐标而建立的。（　　）

答案：正确

99．未知高浓度样品在 GC-MS 分析前，应先在相同色谱柱的气相色谱仪（FID 或 ECD）上进行初步检查，防止高浓度有机物对 GC-MS 系统的污染。（　　）

答案：正确

100．检测挥发性有机物时，实验环境应远离有机溶剂，降低、消除有机溶剂和其他挥发性有机物的本底干扰。（　　）

答案：正确

101．对于毛细管柱的保护，主要是要防止固定液的流失，因为固定液的大量流失会使毛细管柱

变得容易断裂。（　　）

答案：错误

正确答案：对于毛细管柱的保护，主要是要防止固定液的流失，因为固定液的大量流失会使柱效能降低。

102. 载气中含氧量高时，会使极性固定相柱的保留特性发生变化，而对非极性固定相柱的保留特性影响不大。（　　）

答案：错误

正确答案：载气中含氧量高时，无论是极性或非极性固定液柱的保留特性，都会随使用时间的增加而发生变化。

103. 用气相色谱-质谱联用仪检测环境样品中的有机氯农药时，如果 DDT 衰减过多或出现较差的色谱峰，则需要清洗或更换进样口，同时要截取毛细管前端的 5 cm，重新校准。（　　）

答案：正确

五、简答题

1. 简述 GC-MS 发生空气泄漏的常见位置。

答案：进样口；GC-隔垫；柱接头；破损的毛细管柱；GC-MS 接口处。

2. 为什么要求 GC-MS 质量分析器要有较快的扫描速度？

答案：由于气相色谱峰一般很窄，而一个完整的色谱峰通常需要至少 6 个数据点，所以要求质量分析器要有较快的扫描速度，以保证色谱峰的完整性和质谱的真实性。

3. 气相色谱-质谱联用法对未知样品进行定性分析的依据是什么？简单说一说气相色谱定性局限性及质谱定性的优点。

答案：定性分析依据：未知样品的色谱峰的保留时间和标准样品的色谱峰的保留时间相同，未知样品的质谱图特征和标准样品的质谱图特征匹配，因此可使用这两个基本方法对未知样品定性。

气相色谱定性局限性：依赖标样的保留时间定性，但不同物质在相同的色谱条件下可能有相同的保留指数，混合物组分需单一。标准样品确认，虽具有选择性，但不同检测器响应不同，故还需其他辅助方法定性（如 GC-MS），或采用多柱定性法。GC-MS 法集 GC 分离能力强和 MS 定性能力强的优点于一体，依据各种化合物的质谱定性，以标准物质的色谱保留时间加以佐证，使定性更加准确。

4. 简述气相色谱-质谱法对未知样品定性分析的依据。气相色谱中化学衍生的主要作用是什么？

答案：用样品质谱与标准物质质谱相比较对待测物质进行定性检测，必须满足两个条件：①样品组分和标准组分具有相同的 GC 相对保留时间（RRT）；②样品组分和标准组分的质谱相一致。

气相色谱中化学衍生的主要作用是：①将一些不适合某种色谱技术分析的化合物转化为可以用该种色谱技术分析的衍生物；②改变化合物的色谱性能，改善分离度；③帮助化合物的鉴定；④提高化合物的检测灵敏度。

5. 气相色谱-质谱联机法中，离子源必须满足哪些要求？

答案：

（1）产生的离子流稳定性高，强度能满足测量精度；

（2）离子束的能量和方向分散性小；

（3）记忆效应小；

（4）质量歧视效应小，工作压强范围宽；

（5）样品和离子的利用率高。

6. 质谱图相对丰度的含义是什么？

答案：质谱图相对丰度的含义是将原始谱图的最高离子峰定为基峰，基峰强度定为 100，其他离子峰的强度与之相比，用相对百分比表示：某离子峰相对丰度 =（某离子峰强度/最高离子峰的强度）×100%。

7. 简述 GC-MS 毛细柱选择的三原则。

答案：

（1）热稳定性好：耐高温、柱流失小、不干扰谱图解析、不掩盖痕量分析（选择的首要条件）；

（2）惰性高：柱表面活性小、样品不拖尾；

（3）柱效高。

8. 质谱仪的机械泵出现异响或负荷过大，列举可能的原因。

答案：

（1）长时间未检查机械泵，导致机械泵缺油；

（2）未定期更换机械泵油，油质变差；

（3）混用或使用了与机械泵型号不对应的泵油；

（4）机械泵灰尘积累严重。

9. 简述 GC-MS 对载气的要求。

答案：GC-MS 对载气选择有严格要求：①必须是化学惰性；②不干扰质谱图；③不干扰总离子流的检测；④应具有使载气气流中的样品富集的某种特性。

10. 影响有机质谱定量分析的不确定度有哪些因素？

答案：

（1）样品预处理方法；

（2）离子源类型；

（3）仪器参设的设置；

（4）谱图检索。

11. 简述在质谱分析中要求真空的理由。

答案：

（1）提供足够的平均自由程；

（2）提供无碰撞的离子轨道；

（3）减少离子-分子反应；

（4）减少背景干扰；

（5）延长灯丝寿命；

（6）消除放电；

（7）增加灵敏度。

12. 简述 GC-MS 的接口需要满足的条件。

答案：

（1）传输组分；

（2）保证 GC 的分离效果不能降低；

（3）分离出的组分要尽可能全部传输到 MS 的离子源内；

（4）能满足 MS 正常工作所要求的真空度。

13．利用 GC-MS 分析样品时，可根据分析物的特征选择合适的进样口。GC-MS 进样口的类型主要有哪些？

答案：分流/不分流进样口、可程序升温进样口、冷柱头进样口、顶空进样口、吹扫捕集进样口等。

14．气相色谱-质谱法如何对未知样品进行定性分析？

答案：通过样品中目标物与标准系列中目标物的保留时间、质谱图、碎片离子质荷比及其丰度等信息比较，对目标物进行定性分析。对没有标准品或纯品的有机物，可通过获得的全扫描质谱图与 NIST 标准谱库谱图检索进行定性鉴别：①分子离子峰应出现在样品中；②标准质谱图中相对丰度高于 30%的特征离子应在样品质谱图中存在；③谱库检索可信度至少大于 70%。

15．毛细管色谱柱老化的目的是什么？

答案：毛细管色谱柱老化的目的是要去除色谱柱中残存溶剂和某些挥发性杂质，使固定液在载气表面有一个再分布的过程，使其更加均匀牢固。

16．简述 GC-MS 对真空系统的要求。真空度过低会造成怎样的危害？

答案：质谱仪的离子产生及经过系统必须处于高真空状态，离子源真空度应达 10^{-5}～10^{-3} Pa，质量分析器真空度应达 10^{-6} Pa。若真空度过低，则会造成离子源灯丝损坏，本底增高，副反应过多，从而使图谱复杂化，干扰离子源的调节，加速极放电等问题。一般质谱仪都采用机械泵预抽真空后，再用高效率扩散泵连续地运行以保持真空；现代质谱仪采用分子泵可获得更高的真空度。

17．实验室常用的 GC-MS，根据质量分析器的类型，可分为哪几类？

答案：实验室常用的 GC-MS，根据质量分析器的类型，可分为气相色谱-离子阱质谱联用仪、气相色谱-单四极杆质谱联用仪、气相色谱-三重串联四极杆质谱联用仪、气相色谱-飞行时间质谱联用仪、气相色谱-静电场轨道阱质谱联用仪。

六、计算题

1．采用气相色谱-质谱法测定大气中萘的含量，采气量为标态体积 1 524 L，样品以 100 mL 有机溶剂分次提取，加入内标物后浓缩然后定容至 2.00 mL 供色谱分析。进样 1.0 μL 测定样品峰高 85 mm，内标物为 50 mm；标准峰高 69 mm，内标物为 48 mm，标准溶液浓度 1.4 μg/L。请问大气中萘的含量是多少？萘的分子量为 128，大气中萘的浓度以体积分数计算为多少 ppb（ppb=10^{-9}）？

答案：提取样品中萘的含量：

$$C=\frac{85\div 50}{69\div 48}\times 1.4=1.66\ (\mu g/L)$$

大气中萘的含量：

$$C=1.66\times 2.00\div 1\,524\times 1\,000=2.2\ (ng/m^3)$$

大气中萘体积分数计算的浓度：

$$C=\frac{2.2\times 22.4}{128\times 1\,000}=0.000\,38\ \text{ppb}$$

2．使用罐采样/气相色谱-质谱法测定厂界空气，进样量为 400 mL 时，丙酮（分子量 58）的浓度超过标准曲线的线性范围，于是通过冲氮气加压让待测组分浓度在标准曲线范围内。罐的初始压力为 1 个大气压，加压后罐的压力为 3 个大气压，测得罐内丙酮的浓度为 15 nmol/mol。求标准状态下厂界空气中的丙酮浓度（以μg/m^3 计算）。

答案：$C=15\times\frac{58}{22.4}\times\frac{3}{1}=117$（μg/$m^3$）

3．使用吹扫捕集-气相色谱-质谱法测定水中二氯甲烷，上样量为 25 mL 时，测得二氯甲烷的绝对量为 250 ng。求水中二氯甲烷的浓度。

答案：C=250/25=10.0（μg/L）

4．测定固体废物中有机氯农药前，需要进行仪器的性能检查。注入 1 μL 的 4,4′-DDT 标准溶液（浓度为 1 mg/L）到 GC-MS，若检测到 4,4′-DDE 和 4,4′-DDD 绝对量之和为 250 pg，4,4′-DDT 绝对量为 750 pg，则性能检查是否合格（降解率＜20%算合格）？

答案：滴滴涕的降解率$=\frac{4,4'\text{-DDD}+4,4'\text{-DDE}}{4,4'\text{-DDD}+4,4'\text{-DDE}+4,4'\text{-DDT}}=25\%>20\%$

性能检查不合格。

5．使用 GC-MS 测定沉积物中 2,4,4′-三氯联苯的浓度。使用超声波提取 15 g 沉积物中的 2,4,4′-三氯联苯，将提取液浓缩到 1 mL 后加入内标测得 2,4,4′-三氯联苯的浓度为 6 mg/L，已知沉积物的含水率为 55%，求沉积物中目标物含量。

答案：$C=\frac{6\times 1}{(1-0.55)\times 15}\times 1\,000=889$（μg/kg）

6. 假设两个离子峰的质量数分别为 100 和 101，当两峰刚好分开时，仪器的分辨率至少为多少？如果两个离子峰质量数分别为 100.0 和 100.1，当两峰刚好被分开时，仪器的分辨率至少为多少？

答案：R=100/（101–100）=100

R=100/（100.1–100）=1 000

7．要鉴别 N_2^+（m/z 为 28.006）和 CO^+（m/z 为 27.995）两个峰，仪器的分辨率至少是多少？在某质谱仪上测得一质谱峰中心位置为 245 u，峰高 5%处的峰宽为 0.52 u，可否满足上述要求？

答案：要分辨 N_2^+和 CO^+，要求质谱仪分辨率至少为

$$R_{\text{need}}=\frac{27.995}{28.006-27.995}=2\,545$$

质谱仪的分辨率：R_{sp}=245/0.52=471

$R_{\text{sp}}<R_{\text{need}}$，故不能满足要求。

8．使用气相色谱-质谱法分析某废水中有机组分，取水样 500 mL 以有机溶剂分次萃取，最后定容至 25 mL 供色谱分析用。今进样 5 μL 测得峰高为 75.0 mm，标准液峰高为 69.0 mm，标准液浓度为 20 mg/L，试求水样中被测组分的含量（mg/L）。

答案： 已知试样峰高 h_i 为 75.0 mm，标准液峰 h_s 为 69.0 mm，标准液浓度 C_s 为 20 mg/L，水样富集倍数=500/25=20，则 C= 75.0/69.0×20÷20=1.09（mg/L）

水样中被测组分为 1.09 mg/L。

9. 使用吹扫捕集-气相色谱-质谱法测定某水样中的二氯甲烷，已知 A 样品测出二氯甲烷 45 μg/L，A 的平行样测出二氯甲烷 23 μg/L，请问平行样的相对偏差多少？是否符合质控要求（＜30%）？

答案： $\dfrac{45-23}{45+23}\times 100\%=32\%$

相对偏差为 32%，不符合质控要求（＜30%）。

10. 在一根 30 m 毛细管色谱柱上，组分 a 和组分 b 的保留时间分别为 8.055 min、8.768 min；峰底宽度分别为 $w_{(a)}$=0.45 min，$w_{(b)}$=0.57 min。问 a、b 两峰的分离度，是否完全分离？

答案： $R=\dfrac{t_{R(b)}-t_{R(a)}}{[w_{(a)}+w_{(b)}]/2}=1.4$

组分 a 和组分 b 的分离度为 1.4，小于 1.5，因此两个组分没有完全分离。

11. 苏玛罐采集 3.2 L 环境空气，使用 GC-MS 进行检测，根据标准曲线方程可知气体中甲苯的摩尔分数为 1.4 nmol/mol，求该环境空气样品中甲苯的质量浓度是多少 μg/m³？

答案： $\rho=\dfrac{92\times 1.4}{22.4}=5.75\ (\mu g/m^3)$

空气样品中甲苯的质量浓度是 5.75 μg/m³。

12. 气相色谱-质谱法检测固体废物中的有机氯农药时，进样口惰性检查要求 DDT 或异狄氏剂的降解率应不超过 15%。DDT 的进样量是 20 ng，DDT、DDE 和 DDD 的检出量分别为 17.1 ng、1.6 ng 和 1.2 ng，异狄氏剂的进样量为 20 ng，异狄氏剂、异狄氏剂醛和异狄氏剂酮的检出量分别为 16.9 ng、1.3 ng 和 1.4 ng，计算 DDT 和异狄氏剂的降解率，该仪器是否满足固废样品中有机氯农药的分析要求？

答案：

$$\text{DDT 的降解率}=\frac{\text{(DDE+DDD) 的检出量}}{\text{(DDT+DDE+DDD) 的检出量}}\times 100\%=\frac{1.6+1.2}{17.1+1.6+1.2}=14.1\%$$

$$\text{异狄氏剂的降解率}=\frac{\text{(异狄氏剂醛+异狄氏剂酮) 的检出量}}{\text{(异狄氏剂+异狄氏剂醛+异狄氏剂酮) 的检出量}}\times 100\%$$

$$=\frac{1.3+1.4}{16.9+1.3+1.4}\times 100\%$$

$$=13.8\%$$

DDT、异狄氏剂的降解率分别为 14.1%、13.8%，均小于 15%；该仪器满足固体废物中有机氯农药的分析要求。

13. 已知工业废水中 A 物质的方法检测下限是 20 μg/L，取 100 mL 废水样品进行液-液萃取，萃取溶剂为二氯甲烷，萃取体积 50 mL，浓缩定容至 1 mL，待测。样品上机检测浓度为 3.5 mg/L，GC-MS 进样量为 1 μL，求工业废水样品中 A 物质的含量为多少？

答案：$\rho=\frac{3.5\times 1}{100}=35$（μg/L）

工业废水样品中 A 物质的含量为 35 μg/L。

14．使用 GC-MS 法检测土壤样品中的半挥发性有机物 A，已知土壤样品中 A 物质的含量为 1.04 mg/kg，称取该土壤样品 20.005 g，向其中加入 20 μL 质量浓度为 1 000 μg/mL 的 A 物质标准溶液，该加标样品测试结果为 1.86 mg/kg。求此测定过程中 A 物质的回收率。

答案：回收率$=\frac{(1.86-1.04)\times 20.005\times 1\,000}{20\times 1\,000}\times 100\%=82\%$

第十七节　液相色谱-质谱法

一、填空题

1．液质联用仪主要由__________、__________、__________、__________、检测器、数据系统组成。

答案：进样系统，分离系统，离子化系统，质量分析器

2．对于质谱而言，分辨率越高，其检测灵敏度__________。

答案：越差

3．三重四极杆质谱的子离子扫描方式中：第一个质量分析器扫描指定__________离子，第二个质量分析器扫描指定__________离子产生的__________离子，可获得待测化合物的__________信息。

答案：母，母，子，子离子碎片

4．在 LC-MS 常用的 ESI 和 APCI 两种离子源中，适用于热不稳定化合物的是__________。

答案：ESI

5．在质谱图中，指定质荷比范围内强度最大的离子峰为__________。

答案：基峰

6．质谱检测器检测到的离子信号强度叫作__________。

答案：离子丰度

7．四极杆质谱的分辨率表示区分开两个邻近峰的能力，通常使用 __________来表示。

答案：半峰宽

8．液质常用的 ESI 和 APCI 均为__________电离技术。

答案：软

9．三重四极杆质谱一般由__________段四极杆组成，其中第 2 段四极杆用作__________。

答案：3，离子碰撞室

10．液质法分析苯氧羧酸类除草剂，一般采用__________离子源__________离子扫描方式。

答案：ESI，负

11．采用液质联用法分析氨基甲酸酯类农药，可以解决气相色谱法分析氨基甲酸酯类农药时存

在的__________问题。

答案：热降解

12．液质联用法分析时一般采用的定量方法为__________。

答案：内标法

13．四极杆质谱为__________分辨质谱，适用于定量分析；飞行时间质谱为__________分辨质谱，适用于定性分析。

答案：低，高

14．质谱卸真空后重新开机，应进行__________、__________、__________的校正。

答案：质量数，灵敏度，分辨率

15．采用液质联用法分析含有 Cl、Br 的化合物，要注意同位素峰。计算其分子量时，Cl、Br 不要用__________来计算，而是用__________来计算，如 Cl 35、Br 79。

答案：平均分子量，天然丰度 100%的质量

16．采用液质联用同时定量分析多种化合物时，应注意设定合适的__________，以确保每个色谱峰采集点均在 12～15。

答案：驻留时间

17. 液质联用法分析环境水样时，可采用的前处理方式有__________、__________、__________。

答案：直接进样，液-液萃取，固相萃取

18．液质联用法由于灵敏度较高，当分析过高浓度样品后易产生__________效应。

答案：残留

19．三重四极杆质谱碰撞室中碰撞气一般选用__________、__________等惰性气体。

答案：氮气，氩气

20．质谱的工作真空一般要求为__________Pa，现有的商品化液质联用仪设计时均增加了真空泵的抽速，并采用了__________、__________抽真空的方法，形成__________来满足接口和质谱正常工作的要求。

答案：10^{-5}，分段，多级，真空梯度

21．采用液质联用法分析邻苯二甲酸酯类、全氟化合物类、双酚 A 等污染物时，应注意仪器的__________问题。

答案：空白干扰

22．采用液质联用法分析时，内标物应尽可能选择__________和__________与__________相似的化合物。

答案：化学性质，色谱行为，目标物

23．采用液质联用法分析苯氧羧酸类化合物时，与采用气质联用法相比，优势在于__________。

答案：样品无须衍生化

24．串联质谱分为空间串联方式和时间串联方式，其中__________和__________为空间串联方式，__________和__________为时间串联方式。

答案：三重四极杆串联质谱，四极杆-飞行时间串联质谱，离子阱质谱，离子回旋共振质谱

25．液质联用仪一般需连接__________，以防突然断电造成高速运转的分子涡轮泵损坏。

答案：不间断电源（UPS）

26．液质联用仪关机时应注意步骤顺序，一般先卸真空，待＿＿＿＿＿转速降为 0 后，再关闭＿＿＿＿＿，最后关闭电源。

答案：分子涡轮泵，机械泵

27．有机质谱按其性能可分为＿＿＿＿＿和低分辨质谱。

答案：高分辨质谱

28．高分辨质谱可以精确测定离子的质量，通常可达＿＿＿＿＿位小数。

答案：四

29．在低分辨质谱中，当离子带有＿＿＿＿＿个电荷时，m/z 可看作该离子的质量数。

答案：1

30．在质谱中，m/z 叫作＿＿＿＿＿，是重要的定性分析指标。

答案：质荷比

31．质谱图可以提供一系列离子的＿＿＿＿＿信息。

答案：质荷比

32．四极杆质谱为＿＿＿＿＿分辨质谱，主要用作定量分析。

答案：低

33．飞行时间质谱为＿＿＿＿＿分辨质谱，主要用作定性分析。

答案：高

34．道尔顿是质量单位，等于一个＿＿＿＿＿质量数的 1/12。

答案：碳 12 原子（或 ^{12}C）

35．离子相对丰度是以质谱图中＿＿＿＿＿为 100%，其他峰对其归一化所得的强度。

答案：最强峰

36．分子离子指分子被电子轰击失去一个＿＿＿＿＿而形成的单电荷离子。

答案：电子

37．质谱仪中使样品电离的部件叫＿＿＿＿＿。

答案：离子源

38．质谱仪中使离子按照质荷比大小进行分离的部件叫＿＿＿＿＿。

答案：质量分析器

39．质量范围是评定质谱仪器的重要参数之一，描述仪器能测量＿＿＿＿＿和＿＿＿＿＿之间的质量范围。

答案：最轻离子，最重离子

40．飞行时间质谱是根据不同质荷比离子飞行相同距离所需要的＿＿＿＿＿不同对离子进行分离。

答案：时间

41．质谱仪很多部件都需要在真空中才能稳定工作，对真空要求最高的部件是＿＿＿＿＿。

答案：质量分析器

42．大气压化学电离源提供的质谱碎片信息较电喷雾源＿＿＿＿＿。

答案：少

43．质谱法是试样被_________后，形成不同_________的离子，根据这些离子的质量数和_________分析试样的方法。

答案：电离，质荷比，相对丰度

44．串联质谱法可以分为两类：分别为_________串联质谱法和_________串联质谱法。

答案：空间，时间

45．高效液相色谱-质谱仪通常由泵、_________、_________和_________组成。

答案：进样器，色谱柱，检测器

46．液相色谱-质谱联用是用有_________功能的液相色谱与有_________功能的质谱实现在线相联的一种分析技术。

答案：分离，鉴定

47．串联质谱法是将两个或两个以上的质谱分析过程按_________或_________串联起来，用不同扫描方式研究离子的碎裂过程以获得化合物结构信息的质谱方法。

答案：时间，空间序列

48．质荷比是离子的_________与其所带的_________之比。

答案：质量，电荷数

49．碰撞诱导解离是在_________作用下高速运动的_________与密度相当大的气体在_________内相互碰撞，使离子的平动能转化为内能从而发生进一步解离的过程。

答案：加速电压，离子束，碰撞室

50．多反应监测是对多对_________及其相应产生的特定_________进行监测。

答案：母离子，子离子

51．交叉干扰是多反应监测分析时，有相同母离子的不同化合物，当它们的_________相同且均有足够的强度，此时会产生交叉干扰的现象。

答案：保留时间

52．亚稳离子指处于激发态的离子，在离开_________而未进入_________之前的飞行过程中能发生解离的离子。

答案：离子源，检测器

53．全谱扫描是在一段连续的质量范围内对_________的离子进行检测。

答案：所有质量

54．残留是使用自动进样系统连续进行液相色谱-质谱定量分析，在进样针壁上附着了上一针的_________，称为残留。

答案：溶质

55．驻留时间是在进行选择离子监测（SIM）、多离子监测（MIM）、选择反应监测（SRM）以及多反应监测（MRM）扫描期间，能有效获取离子的 _________时间，一般以 ms 计。

答案：持续检测

56．灵敏度是被测组分的量或浓度改变一个单位时分析信号的_________。该定义仅依赖于检测器的灵敏度与仪器的放大倍数，未考虑测量_________的影响，现在推荐用检出限来表征灵敏度。

答案：变化量，噪声

57．在质谱法中分辨率指相邻两个不同__________的离子，分离程度的量度。通常可定义为质谱图上某一质谱峰的质荷比数与该峰__________质荷比数之比。

答案：质荷比，半峰宽

58．线性范围是质谱仪__________与待测物__________呈线性关系的浓度范围。

答案：响应值，浓度

59．液相色谱柱多数填料是由__________颗粒制备的。

答案：硅胶

60．LC-MS 分析中，ESI 源最常用的高效液相色谱方法是__________相色谱图。

答案：反

61．质谱仪是利用__________原理，使气体分子产生带电运动离子，并按质荷比进行分离。

答案：电磁学

62．信噪比是待测样品的__________与__________的比值，通常记为 $S\text{-}N$。

答案：峰高信号强度，基线噪声

63．四极杆质量分析器的主体是由四根截面呈__________的电极组成。

答案：双曲面

64．APCI 适用于小分子极性较低的化合物，如__________类和__________类，它们的质子亲和力低，不易在溶液中形成质子化的离子或去质子生成阴离子。

答案：醇，醚

65．ESIMS 适用于__________或者__________的极性化合物分析。

答案：热不稳定，难以气化

66．ESI 是__________检测器；APCI 源作为 HPLC 的接口与质谱仪联用是__________检测器，因此 APCI-MS 不应该使用柱后__________。

答案：浓度，质量，分流器

67．在三重串联四极质谱仪中，最简单也是最常用的形式是第一级四极（MS-1）用于__________，RF-only 四极作为 CID 区，最后一级四极（MS-2）分析的是__________。

答案：前体离子选择，产物离子

68．飞行时间质谱仪中质量校正的漂移常由于__________改变造成，因为__________和__________与其有关。

答案：温度，电源输出，飞行管长度

69．当样品量有限，__________是考虑的主要因素，因而应选择内径小的色谱柱。常采用__________的色谱柱，流动相流速约为 40 μL/min 或者更低。

答案：灵敏度，1 mm 内径或者更细

70．高流速时，雾滴的蒸发速率可能严重影响__________，因而影响 ESI-MS 的灵敏度。必须增加__________的输入，以增加雾滴的蒸发速率。

答案：离子化速率，热能

71．使用液相色谱-质谱联用仪时，典型的质量检测器是__________检测器和__________或者

__________条件下的质谱仪。

答案：放射性同位素，电子轰击，化学离子化

72．无论是电喷雾还是气动辅助电喷雾，__________均处于高电场下。

答案：喷雾针

73．用液相色谱-三重四极杆质谱法分析水中硝基酚类化合物，若采样时样品 pH 不在 7～9，需用__________或__________调节其 pH 至 7～9。

答案：氨水，甲酸

74．用液相色谱-三重四极杆质谱法分析水中 4 种硝基酚类化合物时，当样品中共存有机物干扰测定时，可用__________萃取去除部分干扰，取水相进行分析。

答案：正己烷-二氯甲烷混合溶液

75．液相色谱-三重四极杆质谱法分析水中邻苯二甲酸酯类化合物，采样时如果水样 pH 不在 5～7，应用__________或__________将水样 pH 调节至 5～7。

答案：氢氧化钠溶液，盐酸溶液

76．液相色谱-三重四极杆质谱法分析水中邻苯二甲酸酯类化合物时，可作为萃取溶剂的有__________和__________。

答案：正己烷，乙腈

77．超高效液相色谱-三重四极杆质谱法测定水中氨基甲酸酯类农药时，用__________或__________调节水样为中性。

答案：硫酸溶液，氢氧化钠溶液

78．超高效液相色谱-三重四极杆质谱法测定水中氨基甲酸酯类农药时，用__________和__________活化固相萃取柱。

答案：甲醇，水

79．超高效液相色谱-三重四极杆质谱法测定水中氨基甲酸酯类农药时，如果样品中含有大量不挥发性盐应采用__________对样品进行净化。

答案：固相萃取法

80．液相色谱-三重四极杆质谱法测定水中氧化乐果时，用__________或__________调节水样 pH 至 2～8。

答案：盐酸溶液，氢氧化钠溶液

81．液相色谱-三重四极杆质谱法分析水中苯胺类化合物时，当样品中存在同分异构体干扰，可以通过__________或__________消除干扰。

答案：改变色谱条件提高分离度，选择不同的二级质谱离子

82．液相色谱-三重四极杆质谱法分析水中苯胺类化合物时，直接进样法基体加标回收率在__________，固相萃取法基体加标回收率在__________。

答案：70%～120%，60%～120%

83．液相色谱-三重四极杆质谱法分析土壤中苯胺和联苯胺时，采样瓶为__________色__________瓶，具__________衬垫，500 mL。

答案：棕，玻璃，聚四氟乙烯

84．液相色谱-三重四极杆质谱法分析土壤中 2-萘胺，如不能在 24 h 内分析，可__________保存样品，__________内完成分析。

答案：−18℃以下冷冻，4 天

85．液相色谱-三重四极杆质谱法分析土壤中 3-氯苯胺时，采用__________对样品进行脱水干燥。

答案：冷冻干燥机

86．液相色谱-三重四极杆质谱法分析土壤中苯胺和联苯胺时，样品 pH 不在 7～10，用__________或__________调节其 pH 至 7～10，再进行提取。

答案：甲酸，氨水

87. 在液相色谱-质谱联用仪使用过程中，如发现仪器质量数出现明显偏差或灵敏度大幅下降时，应立即对仪器重新进行__________和__________校正。

答案：质量数，灵敏度

88．液相色谱-三重四极杆串联质谱法测定水中丁基黄原酸时，配制丁基黄原酸标准贮备液时应调节 pH 为__________。

答案：9～10

89．液相色谱-三重四极杆串联质谱法进行样品测试时需进行__________和__________调谐，仪器性能正常后进行测试。

答案：质谱仪质量数，分辨率

90．液相色谱-三重四极杆质谱测定土壤和沉积物中氨基甲酸酯类农药时，液相色谱的流动相为__________、__________。

答案：甲醇，乙酸铵

二、单选题

1．液-液萃取中，为了选择性地萃取被测组分，以使用__________接近于被测组分的溶剂为好。（　　）

A．沸点　　B．极性　　C．溶点　　D．密度

答案：B

2．采用液质联用仪分析样品时，如果发现残留效应，在洗针液中添加__________是改善残留问题的方法之一。（　　）

A．正己烷　　B．异丙醇　　C．乙腈

答案：B

3．子离子扫描时，第二组四极杆进行的扫描方式是__________。（　　）

A．SCAN　　B．TTI　　C．SIM

答案：A

4．LC-MS 软电离技术得到的离子是__________。（　　）

A．分子离子　　B．奇电子离子　　C．自由基离子　　D．准分子离子

答案：D

5．下列离子源（LC-MS）适合极性化合物离子化的是__________。（　　）

A. ESI　　B. APPI　　C. APCI　　D. EI

答案：A

6. 下列添加剂能用在 LC-MS 中的是__________。(　　)

A. 磷酸二氢钾　　B. 氢氧化钠　　C. 磷酸　　D. 甲酸铵

答案：D

7. LC-MS 中调节流动相碱性常用的碱是__________。(　　)

A. 氢氧化钠　　B. 三乙胺　　C. 氢氧化钾　　D. 氨水

答案：D

8. 如果某化合物是热不稳定的，应该选择哪种 LC-MS 离子源__________。(　　)

A. APCI　　B. APPI　　C. ESI　　D. EI

答案：C

9. APCI 源离子产生的主要因素是__________。(　　)

A. 高真空　　B. 电晕电流　　C. 高电场　　D. 水

答案：C

10. LC-MS 中调节流动相酸性常用的酸是__________。(　　)

A. 磷酸　　B. 盐酸　　C. 甲酸　　D. 硫酸

答案：C

11. __________不是增加质谱灵敏度的方法。(　　)

A. 减小扫描范围　　B. 提高检测器电压　　C. 增加色谱柱长度

答案：C

12. 以下不适合 ESI 电离源的溶剂是__________。(　　)

A. 正己烷　　B. 水　　C. 乙腈

答案：A

13. 离子源的主要作用是__________。(　　)

A. 使样品分子离子化，然后将生成的离子引入质量分析器中

B. 未电离的中性粒子排出质谱系统

C. 不同质荷比的离子进行分离

答案：A

14. 在色谱定量分析中，采用内标法的目的是__________。(　　)

A. 提高灵敏度　　B. 改善分离度　　C. 改善精密度　　D. 增加稳定性

答案：D

15. 除__________外，以下操作都可能是导致交叉污染产生的原因。(　　)

A. 进样针没有插入进样器最底部　　B. 进样针没有清洗干净

C. 自动进样器没有设置清洗程　　D. 管路存在死体积

答案：A

16. 以下不适宜用高效液相色谱分析的是__________。(　　)

A. 低极性的化合物　　B. 沸点高的化合物

C．强极性化合物　　D．大分子

答案：C

17．液质测定时，质谱测定准确度和分辨率的关系描述正确的是＿＿＿＿＿。（　　）

A．质量测定准确度高，分辨率一定高

B．分辨率高，质量测定准确度一定高

C．高分辨率是进行准确质量测定的前提

答案：C

18．分离度表示两个相邻色谱峰的分离程度，以＿＿＿＿＿表示。（　　）

A．两个组分保留值之差与其平均峰宽值之比

B．两个组分保留值之差与峰宽值和之比

C．两个组分保留值之差与较小峰宽值之比

D．两个组分保留值之差与较大峰宽值之比

答案：A

19．下列不可作为反相液相色谱流动相的是＿＿＿＿＿。（　　）

A．甲醇　　B．乙腈　　C．四氢呋喃　　D．二氯甲烷

答案：D

20．下列反相色谱柱中，对非极性化合物保留性能最强的是＿＿＿＿＿。（　　）

A．C_{18}柱　　B．C_8柱　　C．C_4柱　　D．C_1柱

答案：A

21．液相色谱流动相过滤必须使用的孔径是＿＿＿＿＿μm。（　　）

A．0.5　　B．0.45　　C．0.6　　D．0.55

答案：B

22．以下不适合用作液相色谱-质谱仪离子源的是＿＿＿＿＿。（　　）

A．电子轰击源　　B．电喷雾源

C．大气压化学电离源　　D．基质辅助激光电离源

答案：A

23．一离子质量数为360.2，带2个正电荷，在电喷雾正源中质荷比为＿＿＿＿＿。（　　）

A．180.1　　B．360.2　　C．不确定　　D．375.2

答案：A

24．易提供1个质子的目标物在电喷雾负源中产生的分子离子质荷比是＿＿＿＿＿。（　　）

A．M−1　　B．M　　C．M+1　　D．不确定

答案：A

25．下列适合用液相色谱串联质谱仪电喷雾源分析的物质有＿＿＿＿＿。（　　）

A．多环芳烃　　B．丙烯酰胺　　C．多氯联苯　　D．有机氯农药

答案：B

26．串联质谱与单极质谱相比，＿＿＿＿＿。（　　）

A．提高了分析灵敏度　　B．提高了质量数分辨率

C．对分析灵敏度没有改进　　D．降低了质量数分辨率

答案：A

27．大气压化学电离源需处于__________下工作。（　　）

A．真空环境　　B．常压环境　　C．超低温环境　　D．超高温环境

答案：B

28．液相色谱-质谱仪中，大气压化学电离源所分析的化合物分子量一般__________。（　　）

A．小于 2 000 Da　　B．小于 1 000 Da　　C．小于 500 Da　　D．小于 3 000 Da

答案：B

29．在液相色谱串联质谱仪中，碎片离子产生在__________。（　　）

A．第一个四极杆　　B．第二个四极杆　　C．碰撞池　　D．离子源

答案：C

30．质量分析器的作用是__________。（　　）

A．将不同化合物按分子量大小进行质量分离

B．将不同离子按质荷比大小进行质量分离

C．将不同离子按能量进行分离

D．将不同离子按速度进行分离

答案：B

31．质谱图的横坐标是__________。（　　）

A．不同质荷比　　B．不同分子量　　C．保留时间　　D．离子强度

答案：A

32．液相色谱-质谱仪中氮气的作用是__________。（　　）

A．促进电离　　B．去除流动相溶剂　　C．加速分离　　D．不用氮气

答案：B

33．以下不属于电喷雾源的主要功能的是__________。（　　）

A．形成带电液滴　　B．溶剂蒸发和小液滴碎裂

C．形成气相离子　　D．产生碎片

答案：D

34．电喷雾源中产生的 M+18 的分子离子，则说明化合物和__________发生加和。（　　）

A．NH_4^+　　B．Na^+　　C．K^+　　D．Ca^{2+}

答案：A

35．一般情况下，大气压化学电离源与电喷雾源相比，受基质干扰__________。（　　）

A．大　　B．小　　C．一样　　D．不确定

答案：B

36．同一物质在液相色谱-质谱仪和气相色谱-质谱仪中产生的分子离子峰__________。（　　）

A．相同　　B．不同　　C．都可能　　D．都不可能

答案：B

37．可以利用 NIST 谱图库对液相色谱-质谱仪产生的碎片直接进行解析。（　　）

A．正确 B．错误 C．不一定 D．无法确定

答案：B

38．在选定的质量范围内，所有离子强度的总和对时间或扫描次数所作的图叫__________。（ ）

A．质谱图 B．总离子流图 C．光谱图 D．吸收图

答案：B

39．电喷雾源中产生的M+23的分子离子，可说明化合物和__________发生加和。（ ）

A．NH_4^+ B．Na^+ C．K^+ D．Ca^{2+}

答案：B

40．电喷雾源中产生的M+39的分子离子，可说明化合物和__________发生加和。（ ）

A．NH_4^+ B．Na^+ C．K^+ D．Ca^{2+}

答案：C

41．在液相色谱-质谱仪中，目标物产生碎片的数量主要与__________有关。（ ）

A．目标物分子结构 B．氮气流量 C．色谱柱种类 D．色谱柱温度

答案：A

42．在液相色谱-质谱仪中，丰度高的碎片表示__________。（ ）

A．目标物比较容易断裂生成离子 B．该碎片离子质荷比较高

C．该碎片离子质荷比较低 D．一定是双电荷

答案：A

43．仅含有氨基的目标物优先考虑用电喷雾__________模式分析。（ ）

A．正源 B．负源 C．都可以 D．都不可以

答案：A

44．仅含有羟基的目标物优先考虑用电喷雾__________模式分析。（ ）

A．正源 B．负源 C．都可以 D．都不可以

答案：B

45．常用作评估LC-MS灵敏度的物质是__________。（ ）

A．利血平 B．邻苯二甲酸二甲酯

C．六氯苯 D．正十六烷

答案：A

46．在液相色谱-质谱仪中，下述可表述单位分辨率的是__________。（ ）

A．半峰宽为1 u B．半峰宽为2 u C．半峰宽为0.5 u D．半峰宽为1.5 u

答案：C

47．在液相色谱-质谱仪中，__________可表示质量精度。（ ）

A．μg B．ppm C．ng D．mg

答案：B

48．在液相色谱-质谱仪中，流量__________为纳升喷雾。（ ）

A．0.3 mL/min B．1 mL/min C．0.1 mL/min D．20 nL/min

答案：D

49．在液相色谱-质谱仪中，__________为纳升喷雾的优点。（　　）

A．易脱溶剂　　B．流量大　　C．结果不准确　　D．离子流不稳定

答案：A

50．在液相色谱-质谱仪中，__________影响目标物响应。（　　）

A．驻留时间　　B．保留时间　　C．分析时间　　D．进样时间

答案：A

51．串联质谱中将大气压区域和真空区域相连的优点是__________。（　　）

A．降温　　B．限制流量和帮助去溶剂

C．减少污染　　D．加快样品分析

答案：B

52．在液相色谱-质谱仪中，__________是与灵敏度关联的特性指标。（　　）

A．精密度　　B．准确度　　C．检出限　　D．回收率

答案：C

53．在液相色谱-质谱仪中，__________灵敏度最高。（　　）

A．1 pg 利血平 S/N=800　　B．1 pg 利血平 S/N=900

C．1 pg 利血平 S/N=1 000　　D．1 pg 利血平 S/N=1 200

答案：D

54．在液相色谱-质谱仪中，__________分辨率最高。（　　）

A．m/z=202.13　　B．m/z=202.12　　C．m/z=202.112　　D．m/z=202.111 8

答案：D

55．质量稳定性是一段时间内，__________测量值的变化。（　　）

A．质量数　　B．分辨率　　C．灵敏度　　D．检出限

答案：A

56．固定液的极性强弱表示__________。（　　）

A．固定液分子中极性基团的多少和强弱

B．固定液在担体表面的附着力的大小

C．固定液分子和被分离物质之间的相互作用力的大小

D．固定液分子中极性键的多少和强弱

答案：C

57．液相色谱-质谱联用时，所采用的流动相中不能添加__________。（　　）

A．甲酸　　B．乙酸铵　　C．氨水　　D．磷酸

答案：D

58．下列关于准确度和精密度的论述中正确的是__________。（　　）

A．精密度高，准确度一定高　　B．准确度高，一定要求精密度高

C．精密度高，系统误差一定小　　D．精密度表示分析结果相互接近的程度

答案：B

59．综合考虑保留时间和基线宽度两方面因素，当分离度__________时，表明两个相邻峰完全分离。（　　）

A．R=0.5　　B．R≥1.5　　C．R=1.0　　D．R≤1.0

答案：B

60．两组分能在分配色谱柱上分离的主要原因是__________。（　　）

A．柱子的分离效率　　B．在固定相或流动相中的分配不同

C．沸点不同　　D．溶解度不同

答案：B

61．使用液质联用仪时，选取的流动相纯度级别应该是__________。（　　）

A．分析纯　　B．色谱纯　　C．化学纯　　D．质谱纯

答案：D

62．质量范围最宽的质量分析器是__________。（　　）

A．飞行时间质谱　　B．离子阱质谱　　C．四极杆质谱　　D．扇形磁场质谱

答案：A

63．液相色谱串联四极杆质谱法的几种扫描方式中容易获得较好信噪比的是__________。（　　）

A．SIM　　B．SCAN　　C．SRM　　D．MRM

答案：D

64．防止离子源受污染，可以__________。（　　）

A．进高浓度样品　　B．进低浓度样品

C．使用切换阀，仅将检测样品导入离子源　　D．不使用切换阀，全部样液导入离子源

答案：C

65．__________常与 APCI 连接。非极性溶剂及其溶液易于蒸发，烷烃溶剂生成试剂离子是强气相酸，易于将质子转移至样品分子。（　　）

A．反相色谱　　B．离子色谱　　C．气相色谱　　D．正相色谱

答案：D

66．如果需要 MS/MS 功能来进行化合物结构分析或用选择反应监测以提高选择性及定量分析检测限，应采用__________。（　　）

A．傅里叶变换离子回旋共振质谱仪　　B．三重串联四极质谱仪

C．飞行时间质谱仪和杂交系统　　D．扇形磁场质谱仪

答案：B

67．对于 ESI-MS，最高的绝对灵敏度是在可能的__________和__________下获得。这是因为采用__________，流出峰浓度较高；而且在__________下，离子化过程的效率增加。（　　）

A．最高流速，最小的柱直径，最小的柱直径，最低流速

B．最低流速，最大的柱直径，最小的柱直径，最低流速

C．最低流速，最小的柱直径，最小的柱直径，最低流速

D．最低流速，最小的柱直径，最小的柱直径，最高流速

答案：C

68．在 ESI-MS 中，当溶剂流速较高时，仅用电场不足以分散液体成雾并使雾滴带电，尤其是溶剂中含水量较高时更是如此，__________是简便实用的方法。（　　）

A．气动辅助　　B．雾滴加热　　C．雾滴喷入　　D．雾滴蒸发

答案：A

69．用四极质谱仪，喷雾针可为+5 kV 或者−5 kV，而反电极处于低电位；在扇形磁场质谱仪中，当用 ESI 离子源时，加速电压常限于 3～5 kV，故喷雾针电压对地为__________kV。（　　）

A．3～5　　B．3～7　　C．4～5　　D．6～8

答案：A

70．不属于 ESI 的特征的是__________。（　　）

A．内径较细的色谱柱具有较高的绝对灵敏度

B．对于一定量的样品，较低的流速意味着较长信号采集时间

C．在一定的流速范围内，柱后分流不会导致明显的信号丢失

D．在一定的流速范围内，柱后分流会导致明显的信号丢失

答案：D

71．液相色谱-三重四极杆质谱分析水中硝基酚类化合物，对于基体复杂样品需经过__________净化后直接进样分析。（　　）

A．絮凝　　B．沉淀　　C．离心　　D．酸处理

答案：C

72．液相色谱-三重四极杆质谱法分析水中硝基酚类化合物时，选择__________个母离子和__________个子离子对目标化合物进行检测。（　　）

A．1，1　　B．1，2　　C．2，1　　D．2，2

答案：B

73．液相色谱-三重四极杆质谱法分析水中硝基酚类化合物时，试样中目标化合物的保留时间与标准样品中该目标化合物的保留时间的相对偏差的绝对值应小于__________。（　　）

A．1.0%　　B．1.5%　　C．2.0%　　D．2.5%

答案：D

74．液相色谱-三重四极杆质谱法分析水中硝基酚类化合物时，硝基酚类化合物混合标准贮备液及使用液的保存条件为__________。（　　）

A．−18℃以下冷冻避光　　B．−10℃以下冷冻避光

C．0℃冷藏避光　　D．4℃冷藏避光

答案：B

75．液相色谱-三重四极杆质谱法分析水中邻苯二甲酸酯类化合物，样品于 4℃以下冷藏、避光保存，__________天内完成萃取。萃取液__________天内完成分析。（　　）

A．3，7　　B．5，7　　C．3，14　　D．5，14

答案：D

76．由于邻苯二甲酸酯类化合物在测定过程中存在本底干扰，因此样品采集和保存、样品分析过程中均应注意全程避免接触或使用__________制品。（　　）

A．塑料　　B．金属　　C．玻璃　　D．陶瓷

答案：A

77．液相色谱-三重四极杆质谱法分析水中邻苯二甲酸酯类化合物时，进样针的清洗液中应加入__________以消除高浓度样品测试后的进样针残留。（　　）

A．10%以上的甲醇　　B．10%以上的异丙醇

C．20%以上的甲醇　　D．20%以上的异丙醇

答案：D

78．液相色谱-三重四极杆质谱法测定水中甲胺磷时，水样在__________天内完成样品分析工作。（　　）

A．14　　B．7　　C．5　　D．3

答案：D

79．液相色谱-三重四极杆质谱法测定水中辛硫磷时，基体加标回收率应在__________。（　　）

A．60%～135%　　B．60%～130%　　C．70%～135%　　D．70%～140%

答案：B

80．液相色谱-三重四极杆质谱法测定水中氧化乐果、甲胺磷、乙酰甲胺磷、辛硫磷时，当样品中含有干扰目标物测定的有机物时，可以通过__________去除部分干扰。（　　）

A．优化色谱条件　　B．减少进样体积　　C．固相萃取净化　　D．稀释样品

答案：C

81．用液相色谱-三重四极杆质谱法分析水中苯胺时，若采集水样 pH 为 9，应用__________调节水样 pH 至 7～8。（　　）

A．盐酸　　B．硫酸　　C．硝酸　　D．甲酸

答案：D

82．用液相色谱-三重四极杆质谱法分析土壤中联苯胺时，将超声萃取时的水槽中放置于冰盒中，确保水浴温度始终低于__________℃。（　　）

A．15　　B．20　　C．25　　D．30

答案：C

83．用液相色谱-三重四极杆质谱法分析土壤中联苯胺时，平行样的相对偏差应在__________%之内。（　　）

A．±20　　B．±25　　C．±30　　D．±35

答案：D

84．用液相色谱-三重四极杆质谱法测定土壤或沉积物中苯胺类和联苯胺类目标化合物时，应在__________条件下提取。（　　）

A．碱性　　B．酸性　　C．中性　　D．pH＜5

答案：A

85．用液相色谱-三重四极杆质谱法测定土壤或沉积物中苯胺类和联苯胺类化合物时，将冻干后的样品进行研磨、过筛，均化处理成约__________mm 的颗粒。（　　）

A．0.15　　B．0.20　　C．0.25　　D．0.30

答案：C

86．配制苯氧羧酸类的标准系列时使用的溶剂为__________。（　　）

A．甲醇　　B．乙腈　　C．甲醇/水混合液　　D．乙腈/水混合液

答案：D

87. 用液相色谱-三重四极杆质谱法测定水中丁基黄原酸时，使用的流动相为__________。（　　）

A．甲酸、甲醇　　B．乙酸铵、乙腈　　C．乙腈、氨水　　D．甲醇、乙酸铵

答案：C

88．用液相色谱-三重四极杆质谱法测定土壤和沉积物中氨基甲酸酯类农药时，使用的提取溶剂为__________。（　　）

A．1∶2 体积混合的甲醇-二氯甲烷溶剂　　B．1∶2 体积混合的丙酮-正己烷溶剂

C．1∶1 体积混合的甲醇-二氯甲烷溶剂　　D．1∶1 体积混合的丙酮-正己烷溶剂

答案：A

89．用液相色谱-三重四极杆质谱法测定土壤和沉积物中氨基甲酸酯类农药时，基体加标样的加标回收率应在__________。（　　）

A．60%～120%　　B．70%～130%　　C．60%～130%　　D．45%～160%

答案：D

90．关于液相色谱-质谱法使用的流动相说法错误的是__________。（　　）

A．当使用含缓冲溶液和非 HPLC 级的流动相时一定要通过 0.45 μm 的过滤器过滤

B．陈旧的流动相和用久的试剂瓶应定期更换，防止生长微生物和组分改变

C．贮液瓶内壁应定期清洗

D．不同的流动相之间影响极小，改变流动相一般不会引起交叉污染

答案：D

91．将已知浓度的标准物质加入未知样品中，然后比较标准物质和被测组分的峰面积，从而确定被测组分的浓度，此方法被称为__________。（　　）

A．外标法　　B．内标法　　C．标准加入法　　D．校正系数法

答案：B

三、多选题

1．液质测定时，下列不是空白试验目的的是__________。（　　）

A．检查试验中是否存在过失误差

B．检查试剂是否失效

C．检查试剂或试验用水是否含有被鉴定离子

D．检查仪器是否正常工作

答案：ABC

2．在通常的质谱条件下，__________碎片峰可能出现。（　　）

A．M+2　　B．M−2　　C．M−8　　D．M−18

答案：ABD

3．三重四级质量分析器可进行的扫描模式为__________。（　　）

A．子离子扫描　　B．母离子扫描　　C．中性碎片扫描　　D．多反应监测（MRM）

答案：ABCD

4．LC-MS 分析中，常用的定量方法是__________。（　　）

A．TIC（总离子流色谱图）　　B．MC（质量色谱图）

C．MRM（多反应检测）　　D．SIM（选择离子检测）

答案：CD

5．LC-MS 分析中，调谐的目的包括__________。（　　）

A．获得最佳灵敏度　　B．质量轴校正

C．获得适当的分辨率　　D．获得正确的离子丰度比

答案：ABCD

6．以下属于液相色谱串联质谱仪的离子源有__________。（　　）

A．电喷雾源　　B．大气压化学电离源

C．大气压光电离源　　D．热喷雾离子源

答案：ABCD

7．用液相色谱-质谱仪分析目标物的灵敏度主要受__________影响。（　　）

A．化合物性质　　B．离子源种类　　C．碰撞能量　　D．色谱柱温度

答案：ABC

8．液相色谱-质谱仪常用的流动相添加剂是__________。（　　）

A．甲酸　　B．盐酸　　C．醋酸铵　　D．氯化钠

答案：AC

9．使用液相色谱-质谱仪分析样品时，进入质谱的流动相流量不能过大，以下适合的是__________mL/min。（　　）

A．0.1　　B．0.2　　C．0.3　　D．2.0

答案：ABC

10．雾化器温度确需考虑的因素有__________。（　　）

A．目标物沸点　　B．流动相组成　　C．目标物热稳定性　　D．色谱柱长度

答案：ABC

11．液相色谱-质谱仪使用的泵的种类有__________。（　　）

A．机械泵　　B．扩散泵　　C．分子涡轮泵　　D．蠕动泵

答案：ABC

12．液相色谱-质谱仪产生的质谱图中，基准峰的特点有__________。（　　）

A．指定质荷比范围内强度最大

B．该离子峰高被作为 100%

C．用基准峰的峰高作为基准去表示其他离子强度

D．质量数最大

答案：ABC

13．关于“MRM”的说法正确的是__________。（　　）

A．多反应监测　　B．全扫描　　C．选择离子　　D．一种定量方式

答案：AD

14．质谱图中的离子包括__________。（　　）

A．分子离子　　B．碎片离子　　C．同位素离子　　D．中性分子

答案：ABC

15．对于液相色谱-三重四极杆质谱，可以使用的模式有__________。（　　）

A．母离子扫描　　B．子离子扫描　　C．多反应监测　　D．全扫描

答案：ABCD

16．__________缓冲盐适用于液相色谱串联质谱流动相。（　　）

A．甲酸　　B．乙酸　　C．乙酸铵　　D．甲酸铵

答案：ABCD

17．__________电离方式适用于液相色谱串联质谱仪。（　　）

A．电喷雾　　B．大气压化学电离　　C．大气压光电离　　D．电子轰击电离

答案：ABC

18．以下属于质量分析器的是__________。（　　）

A．四极杆　　B．离子阱　　C．轨道阱　　D．飞行管

答案：ABCD

19．以下属于样品萃取技术是__________。（　　）

A．液-液萃取　　B．固相萃取　　C．索氏提取　　D．加压流体萃取

答案：ABCD

20．以下属于样品提取液的浓缩方法是__________。（　　）

A．旋转蒸发　　B．KD 浓缩　　C．氮吹　　D．平行蒸发

答案：ABCD

21．使用液相色谱-三重四极杆质谱测定有机物时，下列叙述中__________是正确的。（　　）

A．内标法定量结果受进样试料定容体积的影响

B．外标法定量结果受进样试料定容体积的影响

C．内标法定量结果受进样内标添加量的影响

D．外标法定量结果不受进样试料定容体积的影响

答案：BC

22．影响 ESI，从而影响样品离子信号的因素有__________。（　　）

A．样品的 pKa 和溶液的 pH　　B．色谱柱

C．溶剂的性质　　D．去溶剂时干燥气体的温度与流速

答案：ABCD

23．利用 MS/MS 仪可获得的谱图有__________。（　　）

A．子离子谱　　B．母离子谱

C．恒定中性丢失谱　　D．选择反应监测以及碎裂图解

答案：ABCD

24．质谱中的主要离子类型有__________。（　　）

A．分子离子　　B．碎片离子　　C．亚稳离子　　D．同位素离子

答案：ABCD

25．可用来对泵头冲洗的试剂有__________。（　　）

A．异丙醇　　B．甲醇　　C．水　　D．缓冲盐

答案：ABC

26．造成质谱本底产生的原因有__________。（　　）

A．来自流动相的离子　　B．来自污染物的离子

C．来自样品残留　　D．来自样品基质

答案：ABCD

27．__________需要仪器调谐。（　　）

A．仪器验收时　　B．色谱分析条件要求不同时

C．检查仪器性能时　　D．仪器检修后

答案：ABCD

28．离子源温度设置过高会导致__________。（　　）

A．样品分子分解，检测不到正确的信号　　B．加快溶剂挥发

C．加快样品分子离子化　　D．使更多的离子进入锥孔

答案：AB

29．液相色谱-串联四极杆质谱法的扫描方式有__________。（　　）

A．产物离子扫描　　B．前体离子扫描　　C．中性丢失扫描　　D．选择离子扫描

答案：ABCD

30．基线噪声大可能由下述__________因素的影响。（　　）

A．流动相溶剂的问题　　B．管路系统有气泡

C．接口喷雾状态不稳　　D．离子源污染

答案：ABC

31．__________属于液相色谱-串联质谱特有的离子监测模式。（　　）

A．子离子扫描　　B．多反应监测　　C．全扫描　　D．中性丢失

答案：ABD

32．在 ESI 产生气相离子的过程中有__________的阶段。（　　）

A．液体表面带电　　B．带电雾滴的形成

C．雾滴蒸发　　D．气相离子从微小的雾滴中产生

答案：ABCD

33．ESI-MS 中，喷雾器的加热方法有__________。（　　）

A．气动辅助喷雾时注入热气流　　B．固体粉末直接插入法

C．雾滴经加热的金属毛细管吸入真空　　D．雾滴喷入逆向高温的干燥气流

答案：ACD

34. 用于液相质谱仪的质量分析器种类有__________。（ ）

A. 飞行时间质谱仪和杂交系统　　B. 傅里叶变换离子回旋共振质谱仪

C. 扇形磁场质谱仪　　D. 四极离子阱质谱仪

答案：ABCD

35. 在 ESI 离子源气相离子的产生过程中，表面活性高的离子优先转移至雾滴表面，转变为气相离子，所以__________。（ ）

A. 采用表面活性低的缓冲剂　　B. 采用低浓度的挥发性的酸、碱及缓冲盐

C. 采用高纯度试剂和溶剂　　D. 样品应作预处理，去除干扰物和盐

答案：ABCD

36. APCI 的离子-分子或电子-分子反应在大气压下进行，离子的损失主要是由__________引起的。（ ）

A. 离子扩散至器壁　　B. 离子的重新结合

C. 离子的传输过程　　D. 雾滴形成过程

答案：ABC

37. 不同的商品仪器离子源采用不同的加热方法，主要有__________。（ ）

A. 加热辅气组件　　B. 气动辅助喷雾时注入热气流

C. 雾滴经加热的金属毛细管吸入真空　　D. 雾滴喷入逆向高温的干燥气流

答案：BCD

38. 用液相色谱-三重四极杆质谱法分析水中硝基酚类化合物时，下列选项中质量保证和质量控制措施正确的是__________。（ ）

A. 每批样品应建立校准曲线，相关系数应≥0.990

B. 每 20 个样品或每批次（≤20 个样品/批）至少测定一个平行样，平行样的相对偏差应≤25%

C. 每 20 个样品或每批次（≤20 个样品/批）至少测定一个基体加标，基体加标回收率应在 70%～130%

D. 每 20 个样品或每批次（≤20 个样品/批）至少测定一个实验室空白，其测定结果应低于方法测定下限

答案：BC

39. 液相色谱-三重四极杆质谱法可用于__________中邻苯二甲酸二甲酯的测定。（ ）

A. 地表水　　B. 地下水　　C. 生活污水　　D. 工业废水

答案：ABCD

40. 测定水中邻苯二甲酸酯类化合物时使用的针式过滤器的滤膜的材质可以为__________。（ ）

A. 聚偏二氟乙烯　　B. 聚氯乙烯　　C. 聚丙烯　　D. 聚四氟乙烯

答案：ACD

41. 用液相色谱-三重四极杆质谱法分析水中苯胺类化合物时，若样品中存在基体干扰，可以通过__________等方式降低或消除。（ ）

A．优化色谱条件　　B．稀释样品　　C．减少进样体积　　D．对样品进行预处理

答案：ABCD

42．液相色谱-质谱法测定水中苯氧羧酸类除草剂的定性指标为________。（　　）

A．保留时间　　B．定性离子的相对离子丰度

C．定性离子的离子丰度　　D．定量离子的离子丰度

答案：AB

43．下列方法中可用作对流动相进行脱气的方法有________。（　　）

A．抽真空　　B．回流　　C．过滤　　D．超声波振荡

答案：ABD

四、判断题

1．液质联用仪中反吹气的作用是阻止不带电荷的中性杂质微粒进入质量分析器，减少污染。（　　）

答案：正确

2．大分子物质因为分子量超出常规质谱检测器的质量范围，所以无法用常规质谱检测器进行检测。（　　）

答案：错误

正确答案：因为产生了多电荷离子，使质荷比下降，所以可以利用常规的质谱检测器来分析大分子质量的化合物。

3．色谱峰的半峰宽是指峰高为一半处的峰宽度。（　　）

答案：正确

4．某些化合物可能在ESI源和APCI源上均有响应，此时可通过条件优化，选择灵敏度更高的离子源进行检测。（　　）

答案：正确

5．采用APCI源检测时会产生多电荷离子，因此更适合大分子化合物的分析。（　　）

答案：错误

正确答案：ESI源会产生多电荷离子，适合于大分子分析。

6．分离度表示两个组分在所在色谱柱和色谱条件下分离得好坏。（　　）

答案：正确

7．在反相色谱中，极性大的组分保留值小。（　　）

答案：正确

8．在反相色谱中，流动相极性变小，色谱保留时间延长。（　　）

答案：错误

正确答案：在反相色谱中，流动相极性变小，色谱保留时间缩短。

9．通常检测器的基线稳定性可用噪声和漂移两个指标来衡量。（　　）

答案：正确

10．使用液质联用仪测定时，质谱检测器需要每天进行调谐，以确保仪器处于最佳状态。（　　）

答案：错误

正确答案：液质联用仪质谱检测器不需要每天进行调谐，只有发现仪器灵敏度显著下降或重新关开机后才需要进行调谐。

11．液质联用仪中离子源的喷雾针是消耗品，如果发生污染或堵塞，可进行清洗或更换。（ ）

答案：正确

12．液质联用仪中机械泵的泵油需要定期观察，如果颜色变深，则需要及时更换。（ ）

答案：正确

13．在反相键合液相色谱中，固定相是极性的，流动相是非极性溶剂。（ ）

答案：错误

正确答案：在反相色谱中，固定相是非极性的，流动相是极性的。

14．提高柱温将使出峰时间延长。（ ）

答案：错误

正确答案：提高柱温将使出峰时间缩短。

15．液相色谱-质谱仪的检出限与噪声无关。（ ）

答案：错误

正确答案：其检出限与信噪比有关。

16．要提高柱的分离效能，可以考虑增加柱长、增加色谱柱选择性、调节流动相的组成等措施。（ ）

答案：正确

17．分析一个复杂混合物，可以采用梯度洗脱的方式，使所有组分均获得一个合适的保留时间。（ ）

答案：正确

18．三重四极杆质谱与单四极杆质谱相比，虽然在选择性上有所提高，但灵敏度略有损失。（ ）

答案：错误

正确答案：三重四极杆质谱在选择性和灵敏度上均有提高。

19．LC-MS 应避免使用能产生含表面活性剂的流动相。（ ）

答案：正确

20．四极杆质谱分析器中通常升高直流峰宽补偿电压会增大峰宽。（ ）

答案：错误

正确答案：四极杆质谱分析器中通常升高直流峰宽补偿电压会降低峰宽。

21．对于 LC-MS 来说，流动相添加缓冲盐的使用要求是具有挥发性。（ ）

答案：正确

22．反相液相色谱要求待测物以解离状态存在于流动相中，以在固定相中得到保留。同样 ESI 希望待测物以解离状态存在于溶液中，以利于形成气相离子。（ ）

答案：错误

正确答案：反相液相色谱要求待测物以非解离状态存在于流动相中，这样才能有保留。

23．APCI 离子化方式中：高分子量生物大分子和聚合物易产生多电荷离子。（ ）

答案：错误

正确答案：只有 ESI 离子源才能产生多电荷离子。

24．质谱仪离子取样口（如毛细管或锥孔）后的电中性物质将被真空泵抽出。（　　）

答案：正确

25．在 LC-MS（ESI 离子源）系统中常采用柱后分流技术，目的是得到适宜的流速条件、减少离子源污染和改善 ESI 的响应。（　　）

答案：正确

26．对于质谱扫描速度，扫描速度越快，其检测灵敏度（S/N）越高。（　　）

答案：错误

正确答案：扫描速度加快会损失灵敏度。

27．高分辨质谱可以确定离子的化学式。（　　）

答案：正确

28．液相色谱-质谱仪离子源需要在真空环境下才能正常工作。（　　）

答案：错误

正确答案：液相色谱-质谱仪离子源不需要在真空环境下正常工作。

29．电喷雾离子化属于一种软电离方式。（　　）

答案：正确

30．电喷雾离子源适合分析的质荷比范围比大气压化学电离源宽。（　　）

答案：正确

31．大气压化学电离源能产生多电荷分子离子。（　　）

答案：错误

正确答案：大气压化学电离源不能产生多电荷分子离子。

32．电喷雾电离源能产生多电荷分子离子。（　　）

答案：正确

33．大气压化学电离源能适宜较大流量的梯度洗脱流动相。（　　）

答案：正确

34．大气压化学电离源能适宜分析中等极性或弱极性有一定挥发性的物质。（　　）

答案：正确

35．电喷雾电离源能适宜分析中等极性或弱极性有一定挥发性的物质。（　　）

答案：错误

正确答案：大气压化学电离源能适宜分析中等极性或弱极性有一定挥发性的物质。

36．四极杆质量分析器是由 4 根相互垂直的金属杆构成。（　　）

答案：错误

正确答案：四极杆质量分析器是由 4 根相互平行的金属杆构成。

37．分辨率是衡量一台质谱仪的重要性能指标。（　　）

答案：正确

38．质量精度是衡量一台高分辨质谱仪的重要性能指标。（　　）

答案：正确

39．使用电喷雾源测定可以接受质子的待测物时，使用负离子模式。（　　）

答案：错误

正确答案：使用电喷雾源测定可以接受质子的待测物时，使用正离子模式。

40．使用电喷雾源正离子模式分析样品时，可以在流动相里添加少量甲酸提高灵敏度。（　　）

答案：正确

41．热喷雾离子源接口也是液相色谱-质谱的接口之一。（　　）

答案：正确

42．流动相流量过大会影响电喷雾离子源离子化效率。（　　）

答案：正确

43．与气相色谱-质谱相比，液相色谱-质谱系统噪声大得多。（　　）

答案：正确

44．用液相色谱-质谱分析的样品，必须经过过滤才能进样。（　　）

答案：正确

45．用液相色谱-质谱分析的样品最好用纯有机溶剂定容。（　　）

答案：错误

正确答案：用液相色谱-质谱分析的样品最好用初始流动相定容。

46．液相色谱-串联质谱分析基质复杂样品时，最好用内标法定量。（　　）

答案：正确

47．多反应监测是目前常用的液相色谱-质谱定量方式，根据目标物的特征母离子和子离子进行定量。（　　）

答案：正确

48．液相色谱-三重四极杆质谱属于一种高分辨质谱。（　　）

答案：错误

正确答案：液相色谱-三重四极杆质谱属于一种低分辨质谱。

49．不同厂家液相色谱-串联质谱由于离子源的设计、碰撞池的设计等区别，相同的目标物可能产生不同的特征离子。（　　）

答案：正确

50．用液相色谱-质谱仪分析有一定酸性的目标物时，采用电喷雾负离子模式分析。（　　）

答案：正确

51．样品中的缓冲盐浓度能影响目标物在液相色谱-质谱仪上的响应程度。（　　）

答案：正确

52．海水中的共存离子对目标物在液相色谱-质谱仪上的响应不产生任何影响。（　　）

答案：错误

正确答案：海水中的共存离子能抑制目标物在液相色谱-质谱仪上的响应。

53．在质谱分析时，提高分辨率要求则会降低目标物的灵敏度。（　　）

答案：正确

54. 在分析苯氧羧酸除草剂时，使用的是电喷雾正离子模式。（　　）

答案：错误

正确答案：在分析苯氧羧酸除草剂时，使用的是电喷雾负离子模式。

55. 液相色谱-质谱仪与液相色谱普通检测器相比，定量分析灵敏度更高。（　　）

答案：错误

正确答案：液相色谱-质谱仪与液相色谱普通检测器相比，定量分析灵敏度不一定更高。

56. 采用合适的前处理技术，能减小液相色谱-质谱仪测定时的基质效应。（　　）

答案：正确

57. 死体积是由进样器至检测器的流路中被流动相占有的空间。（　　）

答案：正确

58. 自动进样系统的样品之间污染度越低越好。（　　）

答案：正确

59. 以离子交换剂为固定相，以缓冲溶液为流动相，分离、分析阴、阳离子及两性化合物的色谱法称为凝胶色谱法。（　　）

答案：错误

正确答案：离子交换色谱法。

60. 交叉干扰会导致定量测定的不准确。（　　）

答案：正确

61. LC-MS 中，MS 是 LC 的高选择性通用检测器，通常还可以配备紫外-可见光检测器等作为 MS 的补充并获得化合物的紫外可见光谱。（　　）

答案：正确

62. 在 LC-MS 分析中，离子的质量数越大，需要的分辨率越高。（　　）

答案：正确

63. 离子源内产生的分子离子及其衍生的任何碎片离子均能稳定地抵达收集器，它们可作为正常状态的离子被检测。（　　）

答案：正确

64. 多电荷离子的产生能使小质量范围的仪器测试大质量的离子成为可能。（　　）

答案：正确

65. 源内碰撞诱导解离是非选择性地使源内离子发生碎裂。（　　）

答案：正确

66. 总离子流色谱图是数据采集时，每一次扫描的离子流强度总和随时间变化的曲线。如果把质谱仪当作色谱仪的检测器，则此时的总离子流图就是一张色谱图。（　　）

答案：正确

67. 质量色谱图是在一张总离子流色谱图上挑选某一个质荷比离子后得到该离子的强度随时间呈现相应变化的关系图。（　　）

答案：正确

68. 电喷雾离子源（ESI）是液相色谱-串联质谱的一种离子源。（　　）

答案：正确

69．流动相的最佳流量与接口类型或者接口的具体结构有关。（　　）

答案：正确

70．难挥发的缓冲盐，如磷酸盐，可以用于液相色谱-串联质谱的流动相。（　　）

答案：错误

正确答案：难挥发的缓冲盐在离子源内不能气化，会附着于离子源表面，从而影响离子传输效率。

71．液相色谱柱粒径越小，柱压越小。（　　）

答案：错误

正确答案：色谱柱粒径越小，柱压越大。

72．当液滴进入电喷雾离子源后，液滴在运动过程中溶剂迅速蒸发，液滴表面不断缩小，电荷密度不断提高，达到极限时，微滴会因表面隆起从而在电场的作用下裂变成更小的微珠。在裂变过程中，质量和电荷发生不对称的重新分配。（　　）

答案：正确

73．来自分子离子或其重要碎片峰及与它们相应的子离子的信息可以指示分子离子或其碎片峰的可能组成，建立各离子之间碎裂关系。（　　）

答案：正确

74．源内碰撞诱导解离是锥形取样孔和锥形分离器间的真空在 0.5～1.0 mmHg（相当于 66.7～133.3 Pa），在此条件下改变锥电压，就能提高溶剂化离子的动能，从而进行碰撞诱导解离。（　　）

答案：正确

75．总离子流是在离子源中生成不同质荷比的正离子或负离子所产生的电流总和。（　　）

答案：正确

76．母离子经碰撞后能形成子离子。它可以追溯碎片离子的来源，也可以对复杂混合物体系中能产生某种特征碎片离子的一类化合物进行快速筛选。（　　）

答案：正确

77．中性丢失谱图最能反映该化合物的特定官能团。（　　）

答案：正确

78．多反应监测是对谱图中有母子关系的一对或数对特征离子进行同时监测。（　　）

答案：正确

79．多反应监测专一性远高于单级质谱对单一或数个特征离子的监测。（　　）

答案：正确

80．电喷雾电离属于大气压电离技术。（　　）

答案：正确

81．飞行时间质谱测试的质量范围理论上无上限，其主要的限制是离子的检测器。（　　）

答案：正确

82．四极杆分析器有质量歧视效应，即高质量端灵敏度下降。（　　）

答案：正确

83．APCI 离子源的关键参数是蒸发器的温度。较高的温度有利于去溶剂及样品蒸发，但是太高的温度可能使样品分解，因此蒸发器的温度应通过实验确定。（ ）

答案：正确

84．纳升喷雾孔径非常小但是较少发生堵塞的原因是样品溶液应清洁并滤去颗粒物，液体是用泵使之强行通过喷口。（ ）

答案：错误

正确答案：液体不是用泵使之强行通过喷口，而是由电喷雾过程的作用缓慢引出的，颗粒物疏松地停留在锥部，而很少紧密地挤在一起而使液流停止。

85．纳升电喷雾与毛细管液相色谱或毛细管电泳在线联用时，常采用同轴接口，加入补足液流使总流速达到气动辅助 ESI 工作的要求。此过程可以提高灵敏度。（ ）

答案：错误

正确答案：由于样品被稀释而使灵敏度下降。

86．用液相色谱-三重四极杆质谱法分析水中硝基酚类化合物时，样品采集时样品瓶上部应留有一定空间，以防样品溢出。（ ）

答案：错误

正确答案：样品采集时应充满样品瓶。

87．用液相色谱-三重四极杆质谱法分析水中邻苯二甲酸酯类化合物时，可采用加标法排除邻苯二甲酸二异丁酯（DIBP）干扰。（ ）

答案：正确

88．用液相色谱-三重四极杆质谱法分析水中邻苯二甲酸酯类化合物时，采样时水样充满采样瓶，调节好 pH 后，采样瓶瓶口立即塞紧。（ ）

答案：错误

正确答案：采样瓶瓶口塞紧后用铝箔纸封口。

89．用液相色谱-三重四极杆质谱法分析地表水中邻苯二甲酸二丁酯和邻苯二甲酸二甲酯时，可使用正己烷进行萃取。（ ）

答案：错误

正确答案：正己烷萃取法仅适用于地表水和地下水中邻苯二甲酸二丁酯（DBP）和邻苯二甲酸二（2-乙基己基）酯（DEHP）的测定。

90．用液相色谱-三重四极杆质谱法分析水中邻苯二甲酸酯类化合物时，标准曲线线性相关系数应≥0.995，未重新建立标准曲线时应测定 1 个标准曲线中间浓度点标准溶液，其测定结果与该点浓度的相对误差应在±20%以内，否则应重新建立标准曲线。（ ）

答案：错误

正确答案：每批样品应建立标准曲线，且线性相关系数应≥0.995，否则应重新建立标准曲线。

91．用液相色谱-三重四极杆质谱法分析水中邻苯二甲酸酯类化合物时，每 20 个样品或每批次（少于 20 个样品/批）至少测定 1 个平行样，平行双样测定结果的相对偏差应在±30%以内。（ ）

答案：错误

正确答案：每 20 个样品或每批次（少于 20 个样品/批）至少测定 1 个平行样，当测定结果大于等于测定下限时，平行双样测定结果的相对偏差应在±30%以内。

92．用液相色谱-三重四极杆质谱法分析水中邻苯二甲酸酯类化合物时，实验过程中使用的实验材料和玻璃器皿，在使用前均需用相应萃取溶剂清洗3～5次，清洗完毕晾干后立即使用。（　　）

答案：正确

93．用液相色谱-三重四极杆质谱法分析水中邻苯二甲酸酯类化合物时，液相色谱应安装捕集柱或对液相色谱系统进行改造，以避免液相色谱系统中邻苯二甲酸酯类物质的干扰。（　　）

答案：正确

94．用超高效液相色谱-三重四极杆质谱法测定水中灭多威时，样品须在7天内完成分析。（　　）

答案：错误

正确答案：测定灭多威和灭多威肟时应在3天内完成分析。

95．用超高效液相色谱-三重四极杆质谱法测定水中克百威时，采样瓶要完全注满不留气泡。（　　）

答案：正确

96．用超高效液相色谱-三重四极杆质谱法测定水中氨基甲酸酯类农药时，氨基甲酸酯类化合物标准曲线配制时使用乙腈对标准使用液进行稀释。（　　）

答案：错误

正确答案：氨基甲酸酯类化合物标准曲线配制时使用水对标准使用液进行稀释。

97．用超高效液相色谱-三重四极杆质谱法测定水中残杀威时，直接进样法测定的加标回收率为118%，加标回收率判定合格。（　　）

答案：错误

正确答案：直接进样法加标回收率范围应在70%～115%。

98．用液相色谱-三重四极杆质谱法测定氧化乐果、甲胺磷、乙酰甲胺磷、辛硫磷时，若样品浓度较高，为避免柱吸附容量达到饱和，可将样品稀释后再进行固相萃取净化。（　　）

答案：正确

99．用液相色谱-三重四极杆质谱法分析水中联苯胺时，当水样中存在余氯等氧化性物质时，可在样品采集和保存时加入硫代硫酸钠消除干扰。（　　）

答案：正确

100．用液相色谱-三重四极杆质谱法分析水中邻苯二胺和联苯胺时，水样需在5天内完成萃取或分析。（　　）

答案：错误

正确答案：邻苯二胺须在3天内完成分析，联苯胺在5天内完成分析或萃取。

101．用液相色谱-三重四极杆质谱法分析水中苯胺类化合物，采用固相萃取法时每20个样品或每批次（≤20个样品/批）至少测定一个替代物加标。（　　）

答案：错误

正确答案：采用固相萃取法时，每个样品都需要加入替代物。

102．用液相色谱-三重四极杆质谱法测定苯胺类化合物的水样，当采用直接进样法测定时，可

直接移取水样于棕色进样瓶，加内标后混匀进行测定。（　　）

答案：错误

正确答案：样品需经 0.22 μm 滤膜过滤，弃去至少 1 mL 初滤液后，收集于棕色进样瓶中，加入内标后混匀待测。

103．用液相色谱-三重四极杆质谱法分析土壤中苯胺，浓缩时为避免待测物挥发，应将氮气开至最大。（　　）

答案：错误

正确答案：浓缩时开启氮气至溶剂表面有细微波动（避免形成气涡）。

104．用液相色谱-三重四极杆质谱法分析土壤中联苯胺时，平行样的相对偏差应在±35%之内。（　　）

答案：正确

105．用液相色谱-三重四极杆质谱法分析土壤中联苯胺时，每 20 个样品或每批次（少于 20 个样品）至少测定一个基体加标样品或一个空白加标样品。（　　）

答案：错误

正确答案：基体加标样品和空白加标样品都要做。

106．用液相色谱-三重四极杆质谱法分析土壤和沉积物中苯胺类和联苯胺类化合物时，若样品中目标化合物浓度超出标准曲线最高点，则应对提取液进行稀释后重新测定。（　　）

答案：错误

正确答案：若样品中目标化合物浓度超出标准曲线最高点，则应减少取样量，重新进行试样的制备。

107. 用液相色谱-串联质谱法测定水中苯氧羧酸类除草剂时，直接进样法加标回收率应为 80%～110%，固相萃取法加标回收率为 70%～120%。（　　）

答案：错误

正确答案：直接进样法加标回收率范围应为 85%～110%，固相萃取法加标回收率为 70%～120%。

108．用液相色谱-串联质谱法测定水中苯氧羧酸类除草剂时，质谱条件采用负离子模式。（　　）

答案：正确

109．用液相色谱-质谱法测定水中丁基黄原酸，采集样品时将样品缓慢倒入采样瓶近满瓶，用氢氧化钠溶液或盐酸溶液调节样品 pH 为 9～10，再加样品至满瓶，混匀。（　　）

答案：错误

正确答案：用氨水溶液或甲酸溶液调节样品 pH 为 9～10。

110．用液相色谱-质谱法测定土壤和沉积物中氨基甲酸酯类农药时，处理好的试样放于−18℃以下的冰箱冷冻保存，可保存 30 天。（　　）

答案：正确

111．用液相色谱-质谱法测定固体废物中氨基甲酸酯类农药时，用浓缩装置将提取液浓缩后，加入适量内标标准使用液，然后用甲醇定容。（　　）

答案：错误

正确答案：固体废物氨基甲酸酯类农药的测定中，用浓缩装置将提取液浓缩后，加入适量内标标准使用液，然后用甲醇-乙酸混合溶液定容。

五、简答题

1．什么是质荷比？

答案：离子质量（以相对原子量单位计）与它所带电荷（以电子电量为单位计）的比值，写作 m/z。

2．质谱仪一般由几部分组成？

答案：质谱仪一般由四部分组成：①进样系统：按电离方式的需要，将样品送入离子源的适当部位；②离子源：用来使样品分子电离生成离子，并使生成的离子会聚成有一定能量和几何形状的离子束；③质量分析器：利用电磁场（包括磁场、磁场和电场的组合、高频电场、和高频脉冲电场等）的作用将来自离子源的离子束中不同质荷比的离子按空间位置，时间先后或运动轨道稳定与否等形式进行分离；④检测器：用来接受、检测和记录被分离后的离子信号。

3．液相色谱-质谱联用仪（LC-MS）有哪些类型？

答案：主要的类型有液相色谱-四极质谱仪，液相色谱-离子阱质谱仪，液相色谱-飞行时间质谱仪，以及各种各样的液相色谱-质谱联用仪。

4．简述电喷雾电离方式的电离原理。

答案：电喷雾（Electrospray Ionisation，ESI），其电离过程是“离子雾化”。当样品溶液流出毛细管的瞬间，在加热温度、雾化气（N_2）和强电场（3～5 kV）的作用下溶剂迅速雾化并产生高电荷液滴。随着液滴的挥发，电场增强，离子向表面移动并从表面挥发，产生单电荷或多电荷离子。通常小分子得到$[M+H]^+$或$[M-H]^-$单电荷离子，而生物大分子产生 $z>1$ 的多电荷离子。由于质谱仪测量的是质量电荷比（m/z），因此质量范围只有几千质量数的质谱仪能够检测质量数十几万的生物大分子。

5．简述大气压化学电离方式的原理。

答案：大气压化学电离（Atmospheric Pressure Chemical Ionisation，APCI），用于 HPLC-MS 的 APCI 技术与传统的化学电离不同，它并不采用如甲烷一类的反应气体，而是借助电晕放电（corona discharge）启动一系列气相反应来完成离子化过程。APCI 与 ESI 接口区别在于增加了一根电晕放电针，其功能为发射自由电子，首先轰击空气中的 O_2、N_2、H_2O 产生如 O_2^+、N_2^+、NO^+、H_2^+O 等初级离子，再由这些初级离子与溶液中样品流出毛细管时被氮气流雾化到加热管中被挥发的样品分子进行质子或电子交换，而使其离子化形成$[M+H]^+$或$[M-H]^-$，而后聚焦进入分析器。

6．简述电喷雾离子源和大气压化学电离源的区别。

答案：

（1）生成离子方式不同：ESI 是在溶液中形成离子；APCI 是在气态中形成离子；

（2）样品兼容性不同：ESI 适用于分析极性化合物、生物大分子、难挥发或热不稳定性化合物；APCI 适用于分析有一定挥发性的中等极性或低极性的小分子化合物；

（3）流速兼容性不同：ESI 离子源具有流速依赖性，并非流速越高，响应越高，流速一般在 0.001～1 mL/min；APCI 离子源的流速越高，响应越好，其流速为 0.2～2 mL/min；

（4）流动相的影响不同：采用 ESI 离子源时流动相中缓冲盐的种类和浓度对灵敏度均有显著影

响，采用 APCI 离子源时对溶剂选择、流速和添加物的依赖性较小；

（5）基质抑制效果不同：相对于 APCI 离子源，ESI 离子源的基质抑制效果更为明显。

7．液相色谱串联四极杆质谱的扫描方式有哪些？

答案：子离子扫描；母离子扫描；中性碎片丢失扫描；多反应离子监测；选择离子扫描；全扫描。

8．简述 LC-MS 正、负离子模式的选择原则。

答案：正离子模式适用于碱性化合物，可用乙酸或甲酸对流动相加以酸化，有利于$[M+H]^+$的形成。负离子模式适用于酸性化合物，可用氨水或三乙胺对流动相进行调节，有利于$[M-H]^-$的形成。

9．用液相色谱-质谱法分析化合物时流动相的选择应有哪些注意点？

答案：①一般选择乙腈、甲醇、水以及乙酸、甲酸及其铵盐缓冲液作为流动相，因为它们具有显著的质子自递作用，有利于离子在流动相中的预形成；②具有适中的介电常数，能够避免喷口放电；③具有强挥发性，易脱去，不易形成溶剂加成物。难挥发盐的缓冲液，如磷酸盐缓冲液不宜在液质联用仪中使用。

10．采用液质联用仪时，消除样品的基质效应有哪些手段？

答案：

（1）优化改进样品提取制备方法，最大限度地去除基质；

（2）优化色谱条件：极性成分往往是引起基质效应的主因。当色谱保留时间较短时，受基质效应影响较大；

（3）减少进样体积；

（4）选择合适接口：基质效应主要对 ESI 有影响，对 APCI 影响较小；

（5）选择合适内标：内标应当与待测样品在样品制备、色谱分离、质谱检测中有相似行为，对样品起到校正作用，同时对样品提取、测定无干扰。

11．按照质量分析器原理，有机质谱可以分为哪些种类？（至少写出 3 种）

答案：四极杆质谱、离子阱质谱、时间飞行质谱、傅里叶交换离子回旋共振质谱、双聚焦质谱、轨道阱质谱。

12．衡量一台质谱仪性能好坏的指标主要有哪些？（至少写出 3 种）

答案：灵敏度、分辨率、质量范围、质量稳定性、质量精度。

13．与气相色谱-质谱仪相比，液相色谱-质谱仪有什么优势？

答案：气相色谱-质谱仪不适合分析高极性、热不稳定、难挥发有机物的测定。液相色谱-质谱仪不受化合物沸点限制，能对热稳定差的物质进行分离，进而用质谱分析。

14．如何用液相色谱-高分辨质谱仪来确定化合物分子式？

答案：高分辨质谱仪可以准确测定分子离子或碎片离子的质荷比，再根据元素的精确质量及丰度比计算元素组成，进而确定化合物可能分子式。

15．使用固相萃取法对水样进行前处理，原理是什么？

答案：水样以一定流速通过固相萃取柱填料，固相萃取柱填料将水样中目标物捕获，再使用特定有机溶剂淋洗固相萃取柱填料，此时填料中的目标物被洗脱收集，达到富集净化的目的。

16．简述信噪比定义及计算方式。

答案：信噪比是待测样品的峰高信号强度与基线噪声的比值，通常记为 *S/N*。最常用的基线噪声是以均方根差计算基线噪声；也可以用峰/峰比来表示，峰/峰比（peak to peak ratio）的基线噪声是以某一段基线噪声的平均高度计算；还可以用峰/半峰比（half peak topeak ratio）来表示基线噪声，此法是用某一段基线噪声平均高度的一半来计算。

17．什么是液相色谱-质谱法谱库检索？

答案：谱库检索包括正检索与反检索。正检索是将标准谱图中的所有峰与被检索谱图中的所有峰进行比较，求得两者之间的相似度（similarity），然后以该指数的大小把检索出的候选化合物排列成序。反检索是将标准谱图中的所有峰与被检索谱图中含有标准谱图的那些峰进行比较，求得两者之间的相似度，然后以该指数的大小把检索出的候选化合物排列成序。

18．请列出几种保护色谱柱的处理方式。

答案：

（1）样品中如含过量的盐，最好用渗析脱盐的方法去除；

（2）使用预柱保护色谱柱免受样品的堵塞和污染；

（3）样品经过滤膜的过滤前事先去除悬浮在样品溶液中的物质；

（4）实验结束后用中性流动相清洗色谱柱去除缓冲剂或流动相中其他组分；

（5）清洗柱子后，将两端密封后保存。

19．当 LC-MS 色谱峰出现拖尾、前伸、分叉等现象时，解决的措施有哪些？

答案：

（1）控制样品注入量；

（2）样品注射前过滤；

（3）LC-MS 系统的清洁；

（4）样品是否溶于流动相中；

（5）流动相的 pH 的影响；

（6）柱温箱的使用；

（7）更换 LC 与 MS 之间的毛细管。

20．ESI-MS 检测器的柱后分流用分流器有哪些优点？

答案：

（1）可同时收集经色谱纯化的样品；

（2）可同时使用与质谱仪平行的另一检测器；

（3）可以较低的流速通过离子源以增加离子化效率；

（4）因为只有一小部分样品进入离子源，才有利于保持质谱仪清洁。

21．设定 ESI 离子源条件的依据有哪些？

答案：

（1）待测物质在溶液中的状态；

（2）溶剂的表面张力；

（3）溶液的流速；

（4）雾滴的蒸发速度；

（5）气相离子的产生。

22．ESI-MS 通常被认为是一种很灵敏的技术，为什么待测成分的化学性质对检测限有很大的影响？

答案：

（1）化合物的一个很重要的性质是其表面活性，因为 ESI 的机制可假定为一种表面离子化技术，具有表面活性的化合物（如去污剂）用 ESI 时具有最高的响应。这些化合物也是对其他表面活性较弱的分子的最有效的离子化抑制剂，因为它们占据了雾滴表面。

（2）分子能在溶液中生成离子也很重要，酸性化合物主要检测其负离子，碱性化合物检测其正离子，除了离子化的酸碱机理外，分子可通过多种途径取得电荷，如加合物的形成及在喷雾器的金属/液体表面氧化/还原。

23．APCI 离子源的优点有哪些？

答案：

（1）APCI 离子源的检测限低;

（2）易于与 GC 或者 LC 连接;

（3）样品分子的起始离子化效率几乎是 100%;

（4）样品分子与试剂离子或者电子可以进行有效碰撞，在短时间内经过数次碰撞后即可达到热平衡。

24．ESI-MS 的硬件包括哪几部分？

答案：

（1）大气压腔，是雾化、去溶剂和离子化区;

（2）真空接口和离子化传输区，可将离子从大气压传送到处于高真空的质量分析器中;

（3）质量分析器。

25．简述 ESI 离子源和 APCI 离子源的原理。

答案：

APCI：样品的离子化在处于大气压下的离子化室中完成。由 ^{63}Ni 放射源或者放电电极产生的低能电子使试剂气，如氮气、氧气和水蒸气等离子化，经过复杂的一系列反应使样品产生正离子或者负离子。

ESI：在高静电梯度下，使样品溶液发生静电喷雾，在干燥气流中形成带电雾滴，随着溶剂的蒸发，通过离子蒸发等机制生成气态离子，以进行质谱分析过程。

26．采用液相色谱-三重四极杆质谱法分析水中邻苯二甲酸酯类化合物时，全程序空白样品如何采集？

答案：采集样品时同时采集全程序空白样品。用干净的 1 L 具塞磨口棕色玻璃瓶装满实验用水带至采样现场。采样时，将实验用水转移至采样瓶中，充满采样瓶后作为全程序空白样品随实际样品一起保存并运输至实验室。

27．采用液相色谱-三重四极杆质谱法分析水中邻苯二甲酸酯类化合物时，如何判定样品中存在目标化合物？

答案：试样中目标化合物的保留时间与标准样品中该目标化合物的保留时间的相对偏差的绝对

值应小于 2.5%；待测样品中各目标化合物定性子离子的相对丰度（K_{sam}）与浓度接近的标准溶液中对应的定性子离子相对丰度（K_{std}）的偏差在规定的最大允许偏差范围内，则可判定为样品中存在对应的目标化合物。

28．用液相色谱-三重四极杆质谱法分析水中联苯胺时，如何降低悬浮物对联苯胺富集的影响？

答案：可以减少取样体积，避免堵塞固相萃取柱。或先用盐酸溶液（1+1）调节样品 pH 至 3 左右，摇匀样品，用经过乙醇浸润的 0.45 μm 的聚四氟乙烯滤膜过滤，过滤液用氢氧化钠溶液（1 mol/L）调节 pH 至 7～8，再进行固相萃取。

六、计算题

1．经一根 25 cm 长液相色谱柱分析，组分 1 和组分 2 的峰基线宽度分别为 1.3 mm 和 1.4 mm，测得两峰尖间距为 1.89 mm。求组分 1 和组分 2 的分离度为多少？能否认为完全分离？

答案：分离度 R =（1.89×2）/（1.3+1.4）=1.4，组分 1 和组分 2 的分离度为 1.4，小于 1.5，不能认为完全分离。

2．在一根色谱柱上分离的两个组分 A 和 B，其保留时间分别为 $t_{R(A)}$=6.35 min，$t_{R(B)}$=7.15 min；峰底宽度分别为 $W_{(A)}$=0.50 min，$W_{(B)}$=0.55 min。试求两峰的分离度和色谱柱的平均理论塔板数。

答案：

分离度：R=（7.15−6.35）×2/（0.50+0.55）=1.52

平均理论塔板数：$n=16\times(tR/W)^2$，$n_A=16\times(6.35/0.50)^2$=2 581

$n_B=16\times(7.15/0.55)^2$=2 704，$n$（平均）=（2 581+2 704）/2=2 642

3．某质谱对质量数分别为 500.0 和 500.1 的两个离子恰好能达到 50%分离，求该质谱的质量分辨率。

答案：（500.0+500.1）/（2×0.1）

分离度：R=5 000

4．用高效液相色谱-三重四极杆质谱测定固体废物中的杀线威，固体废物取样量为 10.05 g，加入 200 mL 甲醇-二氯甲烷混合溶剂，在索氏提取器中提取后，净化、浓缩，加入 50 μL 内标标准使用液，定容至 5.0 mL，混匀后转移到 2.0 mL 进样瓶中。进样量为 1.0 μL，从校准曲线得到杀线威浓度为 0.16 mg/mL。固体废物含水率为 22%，求固体废物中杀线威的质量浓度。（检出限是 1.5 mg/kg）

答案：被测组分的浓度 $=\dfrac{C\times V\times 1\,000}{M}=\dfrac{0.16\times 5.0\times 1\,000}{10.05}=79.6\,(\text{mg/kg})$

5．用高效液相色谱-三重四极杆质谱测定土壤中的苯胺，土壤取样量为 5.05 g，加入 50.0 μL 内标中间液和 10.0 mL 正己烷-丙酮混合溶剂，提取后，取 2.00 mL 提取液用 C_{18} 柱净化，将净化后的洗脱液浓缩定容至 1.0 mL，转入 2 mL 样品瓶。准确移取 250 μL 浓缩后的净化洗脱液，用水定容至 1.0 mL，混匀，用针式过滤器过滤后转入 2 mL 棕色样品瓶上机分析。进样量为 10 μL，从校准曲线得到苯胺浓度为 2.5 μg/L。土壤干物质含量为 80%，求土壤中苯胺的含量。（检出限是 2 μg/kg）

答案： 被测组分的浓度 $=\dfrac{\rho \times V_1 \times V_2 \times D}{m \times w_{dm} \times V_3}=\dfrac{2.5\times1.0\times10.0\times4}{5.05\times80\%\times2.00}=12$（μg/kg）

6．使用液相色谱-三重四极杆质谱测定水样中苯胺的含量，取样量为 100 mL，样品上机定容体积为 1.0 mL，进样量为 10 μL 时，从校准曲线中得到的样品试料浓度为 20 ng/mL，试计算该水样中苯胺的含量。

答案： 水中苯胺含量：$C=\dfrac{20\times1.0}{100}=0.2$（μg/L）

7．利血平在串联四极杆质谱中的响应值为 34 512，噪声高度为 214，请计算其信噪比。

答案： 信噪比：$S/N=\dfrac{34\,512}{214}=161.27$

8．采用液相色谱-三重四极杆质谱法分析某工厂废水中邻苯二甲酸二甲酯含量。将 250 mL 棕色磨口样品瓶中的样品混匀，取 10.0 mL 水样于 25 mL 离心管中，加入内标使用液 50 μL，然后加入 4 g 氯化钠，混匀。移取 5.00 mL 乙腈于玻璃离心管中，涡旋混匀 1 min，静置 5 min。用玻璃注射器取上层清液约 1.0 mL 经针式过滤器过滤后，置于进样瓶中测定浓度值为 10.2 μg/L。试计算该水样中邻苯二甲酸二甲酯含量。

答案： 邻苯二甲酸二甲酯质量浓度：$\rho=\dfrac{\rho_1 \times V_1 \times D}{V}=\dfrac{10.2\times5.00\times1}{10.0}=5.1$（μg/L）

9．用液相色谱-三重四极杆质谱法分析某工厂废水中苯胺的含量。将固相萃取小柱活化后，取 100 mL 水样按标准方法通过小柱，依次用 5 mL 乙酸和 4 mL 甲醇淋洗吹干，再用 7.0 mL 氨水甲醇溶液洗脱，浓缩后用水定容至 1.0 mL。准确取 500 μL 用水定容至 1.0 mL，测定此溶液中苯胺浓度值为 43.8μg/L。试计算该水样中苯胺含量。

答案： 苯胺质量浓度：$\rho=\dfrac{\rho_1 \times V_1 \times D}{V}=\dfrac{43.8\times2.0\times1}{100.0}=0.88$（μg/L）

10．用三重四极杆串联质谱法测定某地表水样品中的丁基黄原酸，但此样品未检出丁基黄原酸。其基体加标样丁基黄原酸定量离子的峰面积是 192 109，2,4 二氯苯氧乙酸-$^{13}C_6$ 定量离子的峰面积是 211 542，已知丁基黄原酸和 2,4 二氯苯氧乙酸-$^{13}C_6$ 的相对响应因子是 1.315，丁基黄原酸和 2,4 二氯苯氧乙酸-$^{13}C_6$ 的使用液浓度均为 1.00 mg/L，加入量均为 10.0 μL。HJ 1002—2018 标准丁基黄原酸的加标回收率的允许范围是 70%～120%，判断该样品中丁基黄原酸的加标回收率是否符合质控要求。

答案： 回收率：$R=\dfrac{A_x \times \rho_{is}}{A_{is} \times \overline{RRF} \times \rho}\times100\%=\dfrac{192\,109\times10}{211\,542\times1.315\times10}\times100\%=69.1\%$

69.1%＜70%，该样品中丁基黄原酸的加标回收率不符合质控要求。

11．某实验室依据《环境监测分析方法标准制订技术导则》对丁基黄原酸开展了方法验证实验。

在进样 10 μL、定容体积为 1.0 mL 条件下，方法空白测定 7 次，范围为 0～0.01 μg/L，标准偏差（s_0）为 0.01 μg/L。当添加丁基黄原酸浓度为 0.024 μg 时，7 次平行测定结果的标准偏差（s_1）为 0.002 μg；当添加丁基黄原酸浓度为 0.040 μg 时，5 次平行测定结果的标准偏差（s_2）为 0.001 2 μg。请问当样品采样体积为 40 mL 时，该方法的检出限和测定下限分别是多少？

答案：

（1）方法空白虽有检出，但结果很低为未检出，所以需要采用添加丁基黄原酸的方法进行方法检出限的估算。

（2）合理性判断：对添加水平为 0.024 μg 和 0.040 μg 时获得的结果计算方法检出限并进行合理性判断。s_1^2/s_2^2=0.000 004/0.000 001 44=2.78＜3.05，应采用 s_1 和 s_2 计算方法检出限。

（3）利用 s_1 和 s_2 计算方法检出限

组合标准偏差 $s_p=\sqrt{\dfrac{v_A s_A^2+v_B s_B^2}{v_A+v_B}}=\sqrt{\dfrac{6\times0.000\,004+4\times0.000\,001\,44}{6+4}}=0.001\,72(\mu g)$

MDL=$t_{(10,\ 0.99)}\times S_p$=2.764×0.001 72=0.004 75（μg）

当样品采样体积为 40 mL 时，该方法的检出限为 0.12 μg/L。

（4）以 4 倍方法检出限作为方法测定下限，即 0.12×4=0.48（μg/L）。

12．用液相色谱-三重四极杆质谱法分析某工厂周边土壤中联苯胺的含量。测定该土壤干物质含量为 96.9%。取样品 4.98 g，加 10.0 mL 提取液提取并过滤。取 2.00 mL 过滤液经固相萃取小柱净化，用 5 mL 甲醇洗脱，氮吹后定容至 1.0 mL。取此样品 200 μL 用水定容至 1.0 mL，测定此溶液中联苯胺浓度值为 1.66 μg/L。试计算土壤样品中联苯胺含量。

答案： 联苯胺含量：$w_1=\dfrac{\rho\ \times V_1\times V_2\times D}{m\times w_{dm}\times V_3}=\dfrac{1.66\times1.0\times10.0\times5}{4.98\times0.969\times2.00}=9(\mu g/kg)$

第十八节 离子色谱法

一、填空题

1．在离子色谱分析中，当淋洗液的浓度改变时，对被测二价离子保留时间的影响__________一价离子。

答案： 大于

2．使用离子色谱法测定时，某些金属离子可能会影响磷酸盐的测定，可采用__________去除；样品中有机物含量较高时，需用__________去除干扰物质。

答案： 阳离子交换柱，C_{18} 柱

3．离子色谱仪中抑制器主要起降低淋洗液的__________和增加被测离子的__________、改善__________的作用。

答案： 背景电导，电导值，信噪比

4．NaOH 是化学抑制型离子色谱中分析阴离子推荐的淋洗液，它的抑制反应产物是低电导的水，

在配制和使用时，空气中的__________总会渗入 NaOH 溶液中而改变淋洗液的组分和浓度，使基线漂移，影响分离。

答案：CO_2

5．样品前处理后进入离子色谱分析前，常需要净化。常用的样品净化技术一般为__________、__________、__________和基体消除技术。

答案：固相萃取法，膜分离法，在线浓缩富集

6．在离子色谱分析中，为了缩短分析时间，可通过改变分离柱的容量、淋洗液强度和________，以及在淋洗液中加入__________和用 __________技术来实现。

答案：流速，有机改进剂，梯度淋洗

7．离子色谱的淋洗液浓度提高时，一价离子和二价离子的保留时间__________。

答案：缩短

8．离子交换色谱主要用于有机和无机__________、__________离子的分离。

答案：阴，阳

9．离子排斥色谱主要用于__________酸、__________酸和 __________的分离。

答案：有机，无机，醇类

10．离子对色谱主要用于表面活性的__________离子、__________离子和__________络合物的分离。

答案：阴，阳，金属

11．离子色谱分析样品时，样品中离子价数越高，保留时间__________，离子半径越大，保留时间__________。

答案：越长，越长

12．离子色谱中抑制器的发展经历了几个阶段，最早的是树脂填充抑制柱、管状纤维膜抑制器，后来又有了平板微膜抑制器，目前用得最多的是 __________抑制器。

答案：自身再生

13．离子色谱法的分离机理主要是__________，其次是__________。

答案：离子交换，非离子性吸附

14．用离子色谱法测定水样时，水样中含苯环的有机物会被分离柱的树脂永久性地吸附，使分离柱的__________降低，以致损坏柱子。所以要在不影响被测离子测定的情况下将水样进行预处理，以消除其对测定的影响。

答案：吸附容量

15．含有机物浓度较高的水样在进行无机离子色谱分析前，必须去除有机物，去除方法有__________和__________等。

答案：有机溶剂萃取，有机物捕集柱

16．影响离子色谱离子洗脱顺序的因素主要有__________、__________、__________以及树脂种类。

答案：离子电荷，离子半径，淋洗液 pH

17．离子色谱的分离机理主要是离子交换，有三种分离方式，分别是__________、__________、

__________。

答案：高效离子交换色谱（或 HPIC），离子排斥色谱（或 HPIEC），离子对色谱（或 MPIC）

18．离子色谱的检测器分为两大类，即__________、__________。

答案：电化学检测器，光学检测器

19．流动相影响分离选择性的因素主要有__________、__________、__________，非离子型淋洗液__________与__________。

答案：淋洗液的种类，浓度，pH，改进剂，洗脱方式

20．碳酸根淋洗液由__________和__________配制而成。

答案：碳酸钠，碳酸氢钠

21．离子色谱分析主要是与__________进行比较，以色谱峰的__________来进行定性分析，以色谱峰的__________或__________来进行定量分析。任何与待测离子__________相同的物质将干扰测定。待测离子的浓度在同一__________可以准确定量。

答案：标准溶液，保留时间，峰高，峰面积，保留时间，数量级

22．在离子色谱分析中，阴、阳离子常用的检测器是__________；用于检测糖类、醇类的检测器是__________；用于检测碘酸盐所用的检测器是__________。

答案：电导检测器，安培检测器，光学检测器

23．在离子色谱分析中，碳酸盐/碳酸氢盐作为淋洗液时，其抑制反应产物是__________。由于其在水溶液中会部分分解，导致__________。

答案：碳酸，背景电导变大

24．在离子色谱分析中，氢氧化钠作为淋洗液的缺点是氢氧化钠溶液易吸收空气中的__________，产生对固定相的亲和力较氢氧根大的淋洗离子__________，使氢氧化钠淋洗液的淋洗强度改变，并引起基线漂移和溶质保留时间的改变。

答案：二氧化碳，碳酸根

25．在离子色谱分析中，柱温影响待测离子的保留时间，主要是由于离子的保留包括吸热和放热两种过程。离子交换过程为放热时，保留时间随着温度的增加而__________；离子交换过程为吸热时，保留时间会随着温度的增加而__________。

答案：减小，增大

26．离子色谱用于阴离子分离的淋洗液应能够从分离树脂上置换被测离子，并能够发生抑制反应，其反应产物应为电导率很低的__________或__________。

答案：弱电解质，水

27．在离子色谱分析中，常用于对碱金属、碱土金属和铵的分析的淋洗液是__________和__________。

答案：甲基磺酸，硫酸

28．使用离子色谱法测定饮用水中溴酸盐时，采用的检测方法主要有__________、__________和__________。

答案：抑制型电导检测，质谱检测，柱后衍生光度检测

29．高氯酸根是比较疏水和易极化的阴离子，离子色谱法分析时容易造成阴离子交换色谱柱强

保留和峰型差。为了减弱高氯酸与固定相之间的疏水性吸附，应选用__________的色谱分离柱和__________的淋洗液。

答案：亲水，较浓

30．在离子色谱分析时，因所用的色谱柱填料不同，其保存方法也不同。一般而言，大多数阴离子分离柱应在__________条件下保存，而阳离子分离柱应在__________条件下保存。

答案：碱性，酸性

31．在离子色谱分析时，如色谱柱长时间未用或沾污，可对色谱柱进行清洗。对于金属离子的污染，可用__________或__________进行清洗。

答案：酸，络合剂

32．在离子色谱分析时，如色谱柱长时间未用或沾污，可对色谱柱进行清洗，对于有机物的污染，可用__________或__________清洗，但清洗液中有机溶剂的浓度不宜超过5%。

答案：甲醇，乙腈

33．在离子色谱分析中，淋洗液流速与被测离子的保留时间存在__________关系，当改变淋洗液流速时，待测离子的洗脱顺序__________。

答案：反比，不改变

34．离子色谱进行痕量分析时，既可以使用峰高也可以使用峰面积进行定量，对于样品浓度低、较小的色谱峰，选用__________可以改善其准确度，对于较大的色谱峰，采用__________的方法较好。

答案：峰高，峰面积

35．离子色谱常用的检测方法可以归为两类，即电化学法和光学法，其中光学法用到的检测器主要是__________检测器和__________检测器。

答案：紫外-可见光吸收，荧光

36．用离子色谱分析生活污水，工业废水，湖泊中的阴、阳离子时，如果样品中含有机物，可用__________或__________预处理柱去除有机物的干扰。

答案：C_{18}，RP 柱

37．用离子色谱分析生活污水、工业废水、湖泊中的阴离子时，如果样品中含有钡等重金属元素，可用__________或__________预处理柱去除金属离子的干扰。

答案：H 柱，Na 柱

38．用离子色谱法对水中阴离子进行测定时，采集的水样一般不加保存剂，并应尽快分析，否则应在__________℃以下保存；对于样品中的SO_3^{2-}，由于氧的存在，其易被氧化成SO_4^{2-}，一般推荐加入__________作为稳定剂。

答案：4，甲醛

39．离子对色谱主要用于分析酸碱性较强的极性物质，利用目标物与__________形成较为稳定的中性复合物而达到分析的目的。

答案：离子对试剂

40．离子色谱仪分析较干净的饮用水、地下水、降水等样品时，经过__________滤膜过滤后，可直接进样。

答案：0.45 μm

41．离子色谱仪在使用__________或__________的淋洗液后，须用去离子水清洗输液泵，以防止泵内密封圈受到损害。

答案：酸性，碱性

42．__________是离子色谱的主要分离方式，__________和__________色谱在离子型和水可溶有机离子的分析中也起着重要的补充作用。

答案：离子交换，离子排斥，离子对

43．__________是离子色谱最通用的检测器。

答案：电导检测器

44．离子色谱柱的填料由__________和__________两部分组成。

答案：基质，功能基团

45．抑制器是离子色谱特殊而关键的部件，抑制器技术的最新发展是__________。

答案：可自动再生连续工作

46．目前用于阴离子分离的离子交换树脂的功能基团主要是__________；用于阳离子分离的离子交换树脂的功能基团主要是__________和__________。

答案：季铵基，磺酸基，羧酸基

47. 离子色谱系统的构成包括淋洗液输送系统、进样系统、__________、__________、__________和数据处理系统等几个部分。

答案：分离系统，抑制系统，检测系统

48．对受污染的色谱柱进行清洗时，必须将色谱柱与__________断开，保护柱接在分离柱__________进行清洗。

答案：抑制器，之后

49．用离子色谱法分析可溶性无机阳离子时，样品中若有重金属和过渡金属会影响色谱柱的使用寿命，此时可采用__________或__________进行处理以减少其影响。

答案：H 柱，Na 柱

50．氢氧化钠淋洗液抑制反应的产物是__________，背景电导小于 2 μS，碳酸钠/碳酸氢钠淋洗液的抑制反应产物是__________，背景电导是 20～22 μS。

答案：水，碳酸

51．氢氧化钠淋洗液的优点是除背景电导低之外，做梯度淋洗时没有基线漂移，__________非常小，可以用大的进样体积。

答案：水负峰

52．对于阳离子分析，广泛使用的淋洗液是矿物酸，如硫酸、__________、盐酸和__________，因为矿物酸中的 H^+是一种有效的阳离子淋洗离子。

答案：硝酸，甲基磺酸

53．离子对色谱的主要分离机理是__________，分离的选择性主要由__________决定。

答案：吸附，流动相

54．离子交换剂应当具有一定的交换容量，交换容量是指__________或__________离子交换剂所能交换某类离子的毫克当量数。

答案： 单位重量，单位体积

55. 离子交换分离基于________中溶质离子与________上的离子交换基团之间发生的离子交换。

答案： 流动相，固定相

56. 用离子色谱法测定 SO_3^{2-}时，配制 SO_3^{2-}贮备液时，应加入__________进行固定。对于水样的采集，应于样品采集后，立即加入__________进行固定。

答案： 甲醛，0.1%甲醛

57. 电导检测器由__________和__________两部分组成，电导检测器的主要性能指标是由这两部分的性能决定。

答案： 流通式电导池，控制电路

58. 使用电导检测器时，为提高检测器对待测离子检测的灵敏度，可在检测器前设置__________对洗出液进行前处理。当连续使用一段时间后，需使用__________对其进行再生处理。

答案： 抑制装置，再生剂

59. 更换离子色谱柱时，要按照流路方向分段连接，做到__________，以免气泡进入系统，影响分析结果的准确性。

答案： 见液接管

60. 按键合到树脂基质表面的离子交换功能基，阳离子交换树脂可分为__________和__________两种，阴离子交换树脂可分为__________和__________两种。

答案： 强酸型，弱酸型，强碱型，弱碱型

61. 各种类型的离子交换剂都是通过其功能基所络合的离子与外界__________的其他离子间发生__________或__________作用达到分离物质的目的。

答案： 同电荷，置换，络合

62. 正相离子色谱法常用来分析有机羧酸、__________、__________物质，其常用离子对为四丁基铵正离子、__________等。

答案： 磺酸盐，有机胺类，高氯酸根负离子

二、单选题

1. 用离子色谱法测定可吸附有机卤素时，燃烧炉温度为__________。（ ）

A. 950℃±10℃　　B. 850℃±10℃　　C. 750℃±10℃

答案： A

2. 离子色谱的电导检测器内，电极间的距离越小，死体积越小，则灵敏度__________。（ ）

A. 越高　　B. 越低　　C. 不变　　D. 不确定

答案： A

3. 在离子色谱分析中，水负峰的大小与样品的进样体积、溶质浓度和淋洗液的浓度及其种类有关，进样体积越大，水负峰越__________；淋洗液的浓度越高，水负峰越__________，反之亦然。（ ）

A. 小，大　　B. 小，小　　C. 大，小　　D. 大，大

答案：D

4．在离子色谱柱上，下列常见阴离子的保留时间从小到大排列正确的是__________。（ ）

A．F^-，Cl^-，Br^-，I^- B．I^-，Br^-，Cl^-，F^-

C．F^-，Cl^-，I^-，Br^- D．Cl^-，I^-，Br^-，F^-

答案：A

5．__________不是影响离子色谱离子洗脱顺序的因素。（ ）

A．离子电荷 B．淋洗液流速 C．离子半径 D．树脂种类

答案：B

6．离子色谱中的电导检测器，分为抑制型和非抑制型（也称单柱型）两种。在现代色谱中主要用__________电导检测器。（ ）

A．抑制型 B．非抑制型

答案：A

7．在离子色谱分析中，水的纯度影响痕量分析工作的成败。用于配制淋洗液和标准溶液的去离子水，其电阻率应在__________MΩ·cm 以上。（ ）

A．5 B．10 C．15 D．18

答案：D

8．固定污染源废气氟化氢测定中，当吸收液浓度高于淋洗液浓度时，两者浓度相差越大时测定误差__________。（ ）

A．越大 B．越小 C．不影响 D．无法确定

答案：A

9．在离子色谱法分析中，淋洗液浓度变化可改变分析离子的保留时间，增加淋洗液浓度，离子保留时间将__________。（ ）

A．变长 B．变短 C．不变 D．无法确定

答案：B

10．在碳酸根淋洗体系中，淋洗液浓度变化对高价态离子保留时间的影响比低价态离子__________。（ ）

A．大 B．小 C．不确定

答案：A

11．阴离子色谱柱长期不使用时，应保存在__________条件下。（ ）

A．酸性 B．碱性 C．中性 D．无法确定

答案：B

12．背景电导变高，可能的原因是__________。（ ）

A．淋洗液浓度太高 B．柱温太高

C．色谱柱分离度下降 D．无法确定

答案：A

13．离子色谱分析时，测定的是物质的__________。（ ）

A．总量 B．离子态 C．无法确定

答案：B

14．下列选项，__________不是在线淋洗液发生器的优点。（　　）

A．方法灵敏度高　　B．淋洗液浓度重现性好

C．梯度淋洗操作便捷　　D．柱容量得到有效提升

答案：D

15．下列选项，__________不是 C_{18} 预处理小柱使用时的注意事项。（　　）

A．样品 pH 为 2～8　　B．样品流速应≥2 mL/min

C．使用前需用甲醇活化　　D．使用时需垂直放置

答案：B

16．化学型抑制器长时间使用后性能会有所下降，可使用清洗液进行清洗，清洗的顺序为__________。（　　）

A．分析泵—抑制器淋洗液进口—淋洗液出口—再生液进口—再生液出口—废液

B．分析泵—再生液进口—再生液出口—抑制器淋洗液进口—淋洗液出口—废液

C．抑制器淋洗液进口—淋洗液出口—分析泵—再生液进口—再生液出口—废液

D．抑制器淋洗液进口—淋洗液出口—再生液进口—再生液出口—分析泵—废液

答案：A

17．下列关于 IC 和 HPLC 的说法不正确的是__________。（　　）

A．IC 和 HPLC 系统结构相同

B．IC 是 HPLC 的一种

C．IC 和 HPLC 的流动相都要求耐酸碱系统

D．IC 和 HPLC 的色谱柱和检测器不同

答案：C

18．在离子色谱分析中，由于 IC 灵敏度较高，一般用较稀的样品溶液，对于未知的液体样品，最好先稀释__________倍后进样，再根据所得结果选择适当的稀释倍数。（　　）

A．10　　B．100　　C．1 000　　D．10 000

答案：B

19．由于离子色谱使用的流动相包括强酸强碱、络合剂和有机溶剂，因此要求离子色谱的分析泵及与所有液体接触的区域能够承受 pH__________的溶剂。（　　）

A．4～11　　B．3～12　　C．2～13　　D．1～14

答案：D

20．下面__________不是造成离子色谱分析过程中基线噪声增大的原因。（　　）

A．抑制器失效　　B．电导池有气泡　　C．检测池被沾污　　D．淋洗液浓度偏低

答案：D

21．在离子色谱分析时，应根据待测离子的亲（或疏）水性以及水合能的大小选择合适的分离方式。一般情况下，水合能__________和亲水性__________的离子适合于离子交换色谱，如一些常见的阴、阳离子，可以选用树脂表面疏水性的分离柱。（　　）

A．高，强　　B．高，弱　　C．低，强　　D．低，弱

答案：A

22．在离子色谱分析时，如色谱柱长时间未用或沾污，可对色谱柱进行清洗，对于强保留无机离子的污染，可用淋洗液浓度高__________倍的淋洗液清洗色谱柱。（　　）

A．10　　B．20　　C．50　　D．100

答案：A

23．在离子色谱分析中，当色谱柱被沾污导致色谱柱柱效下降，应及时对色谱柱进行清洗。清洗前，应先将系统中的保护柱取下，并连接到分离柱后，但色谱柱的流动相不变，将分离柱与系统分离，让废液直接排出，清洗时的流速最好在__________mL/min 以下。（　　）

A．1　　B．1.5　　C．2　　D．3

答案：A

24．在离子色谱分析中，安培检测器常用于分析离解度较低的离子，安培检测器有 3 种电极，分别是工作电极、参比电极和对电极，其中常用的参比电极为__________。（　　）

A．氢电极　　B．甘汞电极　　C．Ag/AgCl 电极　　D．汞/氧化汞电极

答案：C

25．在离子色谱分析中，可使用填充的固相萃取柱去除干扰待测离子的基体，其中填充__________的柱子被用于去除样品中 Cl^-、Br^-和 I^-。（　　）

A．H^+　　B．Ag^+

C．Ba^{2+}　　D．苯乙烯-二乙烯基苯聚合物

答案：B

26．在离子色谱分析中，可使用填充的固相萃取柱去除干扰待测离子的基体，其中填充__________的柱子被用于去除样品中 SO_4^{2-}。（　　）

A．H^+　　B．Ag^+

C．Ba^{2+}　　D．苯乙烯-二乙烯基苯聚合物

答案：C

27．在离子色谱分析中，可使用填充的固相萃取柱去除干扰待测离子的基体，其中填充__________的柱子被用于去除样品中表面活性剂、芳香化合物、烯烃和长链脂肪族化合物。（　　）

A．H^+　　B．Ag^+

C．Ba^{2+}　　D．苯乙烯-二乙烯基苯聚合物

答案：D

28．离子交换色谱的固定相具有固定电荷的功能基，阴离子交换色谱中，其固定相的功能基一般是__________。（　　）

A．羧酸基　　B．膦酸基　　C．季铵基　　D．磺酸基

答案：C

29．离子交换色谱的固定相具有固定电荷的功能基，阳离子交换色谱中，其固定相的功能基一般是__________。（　　）

A．羧酸基　　B．膦酸基　　C．季铵基　　D．磺酸基

答案：D

30．在离子色谱法分析中，淋洗液的选择性影响淋洗离子与固定相之间的相互作用，进而影响待测离子的分离，尤其是多价阴离子影响更加明显，如需测定高 SO_4^{2-}浓度样品中的痕量 PO_4^{3-}，建议使用__________淋洗液体系。（ ）

A．氢氧化物 B．硼酸盐 C．碳酸盐 D．酚盐

答案：A

31．在离子色谱法分析中，淋洗液的选择性影响淋洗离子与固定相之间的相互作用，进而影响待测离子的分离，尤其是多价阴离子影响更加明显，如需测定高 ClO_4^{3-}样品中的痕量 SO_4^{2-}，建议使用__________淋洗液体系。（ ）

A．氢氧化物 B．硼酸盐 C．碳酸盐 D．酚盐

答案：C

32．在离子色谱法分析中，淋洗液浓度的改变对保留时间的影响主要取决于溶质和淋洗离子的电荷数，淋洗液浓度对下面__________离子的保留行为影响最大。（ ）

A．Br^- B．NO_3^- C．SO_4^{2-} D．PO_4^{3-}

答案：D

33．在化学抑制型离子色谱法分析中，用于阴离子分析的淋洗液一般为弱酸性的盐，但只有背景电导低的淋洗液方可用于梯度淋洗，下列__________淋洗液不可用于梯度淋洗。（ ）

A．氢氧化物 B．氨基酸 C．碳酸盐 D．硼酸盐

答案：C

34．在阴离子交换离子色谱法分析中，可通过加入有机改进剂调节离子交换过程的选择性，改变分离柱对分析物的保留特性，从而改变洗脱顺序、峰效和分离度，下列__________有机溶剂不适合用于淋洗液中的有机改进剂。（ ）

A．甲醇 B．乙醇 C．乙腈 D．异丙醇

答案：B

35．在阴离子交换离子色谱法分析中，不影响无机阴离子的洗脱顺序的因素是__________。（ ）

A．离子半径 B．离子价数 C．离子浓度

答案：C

36．既可用于无机弱酸和有机酸的分离，又可用于醇类、醛类、氨基酸和糖类分离的离子色谱为__________。（ ）

A．离子交换色谱 B．离子排斥色谱 C．离子对色谱

答案：B

37．在阴离子交换离子色谱法分析中，对于不被色谱柱保留和弱保留的离子常干扰氟离子和氯离子的测定，消除这种有效的方法是__________。（ ）

A．降低柱温

B．用淋洗液稀释样品

C．增加淋洗液浓度

答案：B

38. 分离水中钙离子、镁离子，应选用的色谱类型是__________。（ ）

A. 分配色谱　　B. 吸附色谱　　C. 排阻色谱　　D. 离子色谱

答案：D

39. 离子色谱可用于__________物质的测定。（ ）

A. 多环芳烃　　B. 草甘膦　　C. 多氯联苯　　D. 醛酮

答案：B

40. 离子色谱分析过程中淋洗液在使用前应离线用真空或超声法尽量除去溶解氧的气体，并经__________μm 滤膜过滤。（ ）

A. 0.22　　B. 0.45　　C. 0.55　　D. 0.15

答案：A

41. 下列中的__________色谱类型使用不含离子交换基团的多孔树脂。（ ）

A. 离子交换　　B. 离子排斥　　C. 离子对　　D. 空间排阻

答案：C

42. 温度对离子的迁移率、电导值有较大的影响，实验表明，温度每升高 1℃，电导值便增加__________。（ ）

A. 0.5%　　B. 1%　　C. 2%　　D. 5%

答案：C

43. 用离子色谱法分析环境空气降水中的阳离子时，要求校准曲线的相关系数__________，离子色谱法分析环境空气降水中的有机酸时，要求校准曲线相关系数__________。（ ）

A. ≥0.995，≥0.995　　B. ≥0.995，≥0.999

C. ≥0.999，≥0.999　　D. ≥0.999，≥0.995

答案：B

44. 用离子色谱分析阴离子时，抑制柱填充__________交换树脂。（ ）

A. 低容量强酸型阳离子　　B. 低容量强碱型阴离子

C. 高容量强酸型阳离子　　D. 高容量强碱型阴离子

答案：C

45. 用离子色谱分析阳离子时，抑制柱填充__________交换树脂。（ ）

A. 低容量强酸型阳离子　　B. 低容量强碱型阴离子

C. 高容量强酸型阳离子　　D. 高容量强碱型阴离子

答案：D

46. 在离子色谱的抑制柱上__________发生了化学反应。（ ）

A. 淋洗液和被测离子　　B. 仅淋洗液

C. 仅被测离子　　D. 水相

答案：A

47. __________是一种用于测量电活性分子在工作电极表面发生氧化或还原反应时所产生的电流变化的检测器。（ ）

A. 荧光检测器　　B. 紫外检测器　　C. 安培检测器　　D. 电导检测器

答案：C

48．下列__________不是离子排斥色谱的主要应用。(　　)

A．有机酸　　B．无机弱酸　　C．醇类　　D．无机阳离子

答案：D

49．用络合剂作淋洗液时会对__________的选择性系数和保留体积产生显著影响。(　　)

A．无机弱酸　　B．阳离子　　C．醇类　　D．有机酸离子

答案：B

50．__________用低容量的离子交换树脂，__________用高容量的树脂。(　　)

A．高效离子交换色谱，离子对色谱　　B．离子对色谱，离子排斥色谱

C．高效离子交换色谱，离子排斥色谱　　D．离子排斥色谱，离子对色谱

答案：C

51．Small 等巧妙地在离子色谱分析流程中引入了__________，成功地解决了待测离子在电导检测器上信号被抑制掩盖的问题。(　　)

A．分离柱　　B．衍生柱　　C．色谱柱　　D．抑制柱

答案：D

52．离子色谱法测定环境空气降水中的无机阳离子以及水中的无机阳离子时，分析条件基本一致，对加标回收率的要求是前者控制在__________，后者应控制在__________。(　　)

A．80%～110%，80%～120%　　B．80%～110%，70%～130%

C．85%～120%，80%～120%　　D．80%～110%，80%～130%

答案：C

53．当离子色谱采用纤维抑制柱时，单位时间内再生液的总摩尔质量数必须较淋洗液大__________倍以上。(　　)

A．1　　B．2　　C．3　　D．4

答案：B

54．离子色谱的淋洗液浓度提高时，一价离子和二价离子的保留时间的变化是__________。(　　)

A．都缩短　　B．都延长

C．一价缩短，二价延长　　D．一价延长，二价缩短

答案：A

55．以下几种离子色谱抑制柱，__________容量大。(　　)

A．硅胶抑制柱　　B．纤维抑制柱　　C．微膜型抑制柱　　D．树脂填充抑制柱

答案：C

56．一般而言，大多数阴离子分离柱是在__________条件下保存的，阳离子分离柱是在__________条件下保存的。(　　)

A．酸性，酸性　　B．碱性，酸性　　C．碱性，碱性　　D．酸性，碱性

答案：B

57．用离子色谱法测定环境空气中的有机胺类化合物（甲胺、二甲胺、三甲胺）时，采样后若不能及时测定，应将样品放于4℃以下冷藏、避光、密封保存，__________内完成分析测定。(　　)

A．24 h　　B．3 天　　C．5 天　　D．7 天

答案：D

58．离子交换剂应当具有一定的交换容量和__________。（　　）

A．亲水性　　B．疏水性　　C．润湿性　　D．浸透性

答案：A

59．缩短分析时间最直接、最有效的方法是__________。（　　）

A．采用梯度淋洗方式　　B．改变淋洗液流速

C．减小分离柱容量　　D．在淋洗液中加入有机改进剂

答案：C

60．与高效液相色谱不同，离子交换色谱中改变选择性的关键因素是__________。（　　）

A．固定相　　B．抑制柱　　C．流动相　　D．淋洗液

答案：A

61．离子排斥色谱分离有机酸时，酸性越弱者，洗脱越__________，保留时间越__________。（　　）

A．慢，长　　B．慢，短　　C．快，长　　D．快，短

答案：A

62．离子色谱系统进入气泡会产生一些不利影响，下列说法不正确的是__________。（　　）

A．基线不稳定　　B．检测器有较大噪声

C．影响分离度　　D．目标离子保留时间延长

答案：D

63．降低离子色谱检出限有多种方法，下列说法不正确的是__________。（　　）

A．检测器灵敏度设置在高档　　B．增加进样量

C．使用浓缩柱　　D．减少进样量

答案：D

64．离子色谱法分离下列常见阴离子的出峰顺序为__________。（　　）

A．$F^-<Cl^-<NO_3^-<SO_4^{2-}$　　B．$Cl^-<F^-<NO_3^-<SO_4^{2-}$

C．$F^-<Cl^-<SO_4^{2-}<NO_3^-$　　D．$Cl^-<F^-<SO_4^{2}<NO_3^-$

答案：A

65．在离子色谱法中，高压梯度的混合器在泵__________，低压梯度的混合器在泵__________。（　　）

A．前，前　　B．前，后　　C．后，前　　D．后，后

答案：C

66．在离子排斥色谱中，电解质的离解度越小，受到排斥作用越__________，在树脂中的保留越__________。（　　）

A．小，小　　B．小，大　　C．大，小　　D．大，大

答案：B

67．不属于常见的离子交换剂的是__________。（　　）

A. 有机聚合物离子交换剂　　B. 螯合型离子交换剂
C. 硅胶键合型离子交换剂　　D. 十八烷基键合交换剂

答案：D

68. 离子色谱仪应定期开机维护保养，若长时间不用，__________中应注入保护液，并将两端密封保存。(　　)

A. 色谱柱和抑制柱　B. 色谱柱　C. 前处理柱　D. 抑制柱

答案：A

69. __________物质不能用离子色谱分析。(　　)

A. 无机阴离子　　B. 小分子极性有机化合物
C. 无机阳离子　　D. 非极性有机化合物

答案：D

三、多选题

1. 在离子色谱分析中，关于水负峰的大小，下列说法正确的是__________。(　　)

A. 水负峰的大小与进样体积、淋洗液的浓度和种类有关
B. 淋洗液的浓度越高，水负峰越大
C. 进水体积越大水负峰越大
D. 当水负峰干扰测定时，可用每 100 mL 水样中加入 1 mL 淋洗液储备液的办法来消除干扰

答案：ABCD

2. 离子色谱仪中的抑制器的主要作用是__________。(　　)

A. 降低淋洗液的背景电导　　B. 增加被测离子的电导值
C. 消除反离子峰对弱保留离子的影响　　D. 减少出峰时间

答案：ABC

3. 属于离子色谱检测器的是__________。(　　)

A. 电导检测器　B. 电化学检测器　C. 氢火焰检测器

答案：AB

4. 色谱柱的分离度下降，与下列原因有关的是__________。(　　)

A. 色谱柱被污染　　B. 淋洗液的 pH 超过柱子允许的范围
C. 淋洗液浓度过低　　D. 无法确定

答案：AB

5. 色谱柱的保留时间延长和缩短，与下列原因有关的是__________。(　　)

A. 淋洗液种类发生变化　　B. 系统内有气泡
C. 样品未过滤　　D. 无法确定

答案：AB

6. 离子色谱法因为具有高的 pH 稳定性、有机溶剂可匹配性以及高的柱容量决定了其分离柱稳定性好、容量高，因此可以简化样品的前处理手续，IC 样品前处理的主要手段是__________。(　　)

A. 蒸馏　B. 溶解　C. 稀释　D. 过滤

答案：BCD

7. 在离子交换色谱分析中，用电导检测器测定水溶液中的离子时，在分离柱和检测器之间使用抑制器，主要是因为抑制器能够起到__________作用。（　　）

A. 降低淋洗液背景电导　　B. 增加被测离子的电导值

C. 提高待测离子灵敏度　　D. 改善信噪比

答案：ABD

8. 在离子色谱分析中，关于淋洗液流速和保留时间的说法正确的是__________。（　　）

A. 流速和保留时间存在正比关系　　B. 流速的增加受分离柱最大操作压力限制

C. 降低流速改善分离仅在有限范围内可行　　D. 待测离子的洗脱顺序不受流速影响

答案：BCD

9. 在离子色谱分析中，改变多种待测离子分离度的方法主要有__________。（　　）

A. 稀释样品　　B. 改善分离和检测方式

C. 对样品进行前处理　　D. 选择适当的淋洗液

答案：ABCD

10. 在离子色谱分析中，__________可以改善检测灵敏度。（　　）

A. 增加进样量　　B. 使用浓缩柱

C. 改变淋洗液浓度　　D. 将检测器灵敏度设置在最高灵敏度档

答案：ABD

11. 高压分析泵是离子色谱仪最重要的部分之一，离子色谱仪的分析泵应满足__________要求。（　　）

A. 输出压力高　　B. 耐腐蚀　　C. 流量稳定　　D. 密封性好

答案：ABCD

12. 在离子色谱分析中，当系统压力超过正常压力的 30%时，认为系统压力不正常。可能导致高压分析泵压力升高的原因是__________。（　　）

A. 淋洗液浓度过高　　B. 室温较低

C. 流速过高　　D. 保护柱滤片有物质沉积

答案：BCD

13. __________属于离子色谱的检测器。（　　）

A. 电导检测器　　B. 直流安培检测器

C. 积分安培检测器　　D. 荧光检测器

答案：ABCD

14. 对于阴离子的分析，广泛使用的淋洗液包括__________。（　　）

A. 硼酸钠-硼酸　　B. 碳酸钠/碳酸氢钠

C. 氢氧化钠　　D. 稀硝酸

答案：ABC

15. 影响离子色谱离子洗脱顺序的因素有__________。（　　）

A. 离子电荷　　B. 离子半径

C．固定相因素，如树脂种类　　D．淋洗液因素，如 pH

答案：ABCD

16．离子交换剂是通过其功能基所结合的离子与外界同电荷的其他离子间发生＿＿＿＿＿作用达到分离物质的目的。（　　）

A．水解　　B．络合　　C．分解　　D．取代

答案：BD

17．安培检测器常用的工作电极有＿＿＿＿＿。（　　）

A．银电极　　B．金电极　　C．铂金电极　　D．玻碳电极

答案：ABCD

18．用离子色谱法分析可溶性无机阴、阳离子时，对于保留时间相近的两种离子，当其浓度相差较大而影响低浓度离子的测定时，可通过＿＿＿＿＿方式消除和减少干扰。（　　）

A．稀释　　B．调节流速　　C．改变淋洗液配比　　D．改用其他淋洗液

答案：ABCD

19．用离子色谱法测定环境空气中的有机胺类物质（甲胺、二甲胺和三甲胺）时，所用的吸收液是＿＿＿＿＿，所用的吸收管是＿＿＿＿＿。（　　）

A．0.01 mol/L 的盐酸吸收液　　B．0.01 mol/L 的硫酸吸收液

C．气泡吸收管　　D．多孔玻板吸收管

答案：BD

20．离子色谱中影响保留时间稳定性的因素可能有＿＿＿＿＿。（　　）

A．系统内有气泡

B．分离柱交换容量下降

C．抑制器被沾污

D．使用 NaOH 淋洗液时，空气中 CO_2 对保留时间造成影响

答案：ABCD

21．离子色谱仪若出现柱压升高，可能与＿＿＿＿＿有关。（　　）

A．色谱柱过滤网板被沾污，需要更换　　B．柱接头拧得过紧

C．管路的管切口不齐　　D．仪器某部分漏液

答案：ABC

22．在离子色谱淋洗液中加入有机溶剂的作用是＿＿＿＿＿。（　　）

A．减弱疏水性溶质的保留，调节离子交换的选择性

B．增强疏水性溶质的保留，调节离子交换的选择性

C．改善样品的溶解性，扩大离子色谱的应用范围

D．改变弱酸或弱碱溶质的离子化程度，影响离子色谱的选择性

答案：ACD

四、判断题

1．采用离子色谱法分析时，对保留时间相近的两种离子，当其浓度相差较大而影响低浓度离子

的测定时，可通过稀释、调节流速、改变淋洗液配比等方式消除或减少干扰。（ ）

答案：正确

2. 当改变离子色谱淋洗液的流速时，待测离子的洗脱顺序将会发生改变。（ ）

答案：错误

正确答案：待测离子的洗脱顺序不会改变。

3. 离子色谱的分离方式有 3 种，即高效离子交换色谱（HPIC）、离子排斥色谱（HPIEC）和离子对色谱（MPIC）。它们的分离机理是相同的。（ ）

答案：错误

正确答案：它们的分离机理是不同的。

4. 离子色谱法（IC）是根据不同离子在离子交换柱上具有不同的电导率而将物质分离并进行检测的分析方法。（ ）

答案：错误

正确答案：离子色谱柱的分离原理：由于各种离子对离子交换树脂的亲和力不同，样品通过分离柱时被分离成不连续的谱带，依次被淋洗液洗脱。

5. 用离子色谱法测定氟化物、氯化物时，不被色谱柱保留或弱保留的阴离子干扰 F^- 和 Cl^- 测定时，应用强淋洗液进行洗脱。（ ）

答案：错误

正确答案：不被色谱柱保留或弱保留的阴离子干扰 F^- 和 Cl^- 测定时，应用弱淋洗液洗脱。

6. 用离子色谱法测定磷酸盐时，对有重金属干扰的样品，经现场过滤后，用阴离子交换柱去除。（ ）

答案：错误

正确答案：用阳离子交换柱去除。

7. 用离子色谱法测定水中阴离子时，采集的水样均不需要加固定剂。（ ）

答案：错误

正确答案：测定 SO_3^{2-}，水样采集后，需立即加入 0.1%的甲醛进行固定。

8. 用离子色谱法分析样品时，离子价态越高，保留时间越长，离子半径越大，保留时间越短。（ ）

答案：错误

正确答案：用离子色谱法分析样品时，离子价态越高，保留时间越长，离子半径越大，保留时间也越长。

9. 在离子色谱分析中，淋洗液浓度的改变只影响被测离子的保留时间，而不影响水负峰的位置。（ ）

答案：正确

10. 用离子色谱仪测定水中磷酸盐时，分析时所用的水应为电导率小于 0.1 μS/cm 的去离子水。（ ）

答案：错误

正确答案：用离子色谱仪测定水中磷酸盐时，分析时所用的水应为电导率小于 0.5 μS/cm 的去离子水。

11．在离子色谱仪中，抑制器主要起降低淋洗液的背景电导和增加被测离子的电导值、改善信噪比的作用。（　　）

答案：正确

12．在离子色谱中，在分析柱和检测器之间增加了一个“抑制柱”，可以增加洗脱液本底电导。（　　）

答案：错误

正确答案：在离子色谱中，在分析柱和检测器之间增加了一个“抑制柱”，可以降低洗脱液本底电导。

13．水样中的氟离子经阴离子色谱柱交换分离，由非抑制性电导检测器检测，根据保留时间定性，峰高或峰面积定量。（　　）

答案：错误

正确答案：水样中的氟离子经阴离子色谱柱交换分离，由抑制型电导检测器检测。

14．用离子色谱法测定水中阴离子时，水样不需要进行任何处理，即由进样分析。（　　）

答案：错误

正确答案：需经过 0.45 μm 滤膜过滤，浓度高时还需进行稀释，如由有机物干扰应用相应的吸附树脂进行处理。

15．在离子色谱分析中，水负峰的大小与样品的进样体积、溶质浓度和淋洗液的浓度及其种类有关，进样体积大，水负峰亦大；淋洗液的浓度越高，水负峰越大。（　　）

答案：正确

16．在离子色谱分析中，为了缩短分析时间，可通过改变分离柱的容量、改变淋洗液强度或流速、在淋洗液中加入有机改进剂、采用梯度淋洗等方法来实现。（　　）

答案：正确

17．离子色谱（IC）是高效液相色谱（HPLC）的一种。（　　）

答案：正确

18．有离子色谱分析中，其淋洗液的流速和被测离子的保留时间之间存在一种反比的关系。（　　）

答案：正确

19．离子色谱分离柱的长度将直接影响理论塔板数（柱效），当样品中被测离子的浓度远小于其他离子的浓度时，可以用较长的分离柱增加柱容量。（　　）

答案：正确

20．离子色谱分析阳离子和阴离子的分离机理、抑制原理是相似的。（　　）

答案：正确

21．用离子色谱分析样品时，可以用去离子水稀释样品，还可以用淋洗液做稀释剂，以减小水负峰的影响。（　　）

答案：正确

22．在离子色谱分析中，水负峰的位置由分离柱的性质和淋洗液的流速决定，流速的改变可改变水负峰的位置和被测离子的保留时间。（　　）

答案：正确

23. 高效离子色谱用低容量的离子交换树脂。（　　）

答案：正确

24. 离子排斥色谱（HPICE）用高容量的离子交换树脂。（　　）

答案：正确

25. 在阴离子交换色谱中，分离柱树脂容量越大，淋洗剂浓度越小，保留体积就越大。（　　）

答案：正确

26. 检测器灵敏度越高，检测限越高。（　　）

答案：错误

正确答案：检测器灵敏度越高，检测限越低。

27. 离子色谱具有快速、灵敏、选择性好和同时测定多组分的优点，可以测定很多目前难以用其他方法测定的离子，尤其是阴离子。（　　）

答案：正确

28. 淋洗液浓度的改变会影响被测离子的保留时间和水负峰的位置。（　　）

答案：错误

正确答案：淋洗液浓度的改变只影响被测离子的保留时间而不影响水负峰的位置。

29. 离子色谱分离柱的柱容量比较大，但有一定的范围。对未知浓度的样品，最好先稀释后再进样。（　　）

答案：正确

30. 在离子色谱分析中，分离效果和速度与柱温高低无关。（　　）

答案：错误

正确答案：柱温越高，分离速度越快，但效果较差。

31. 离子色谱测定的金属阳离子与原子吸收测定的金属物质形态是一致的。（　　）

答案：错误

正确答案：离子色谱测定金属离子，原子吸收测定金属总量。

32. 碳酸根淋洗液体系是由碳酸根溶液配制的。（　　）

答案：错误

正确答案：碳酸根淋洗液体系是由碳酸根和碳酸氢根溶液配制的。

33. 抑制器是抑制型电导检测器的关键部件，现代抑制器抑制容量高、死体积低、平衡时间快、能自动连续工作，不用复杂和有害的化学试剂。（　　）

答案：正确

34. 在离子色谱分析中，氢氧化物作为淋洗液，其抑制反应产物为水，背景电导低。当淋洗液浓度改变时，背景电导不改变，梯度淋洗时无基线漂移，且水负峰非常小，此时可以用大的进样体积，这能够提高离子色谱分析的信噪比和灵敏度。（　　）

答案：正确

35. 碳酸盐/碳酸氢盐作为淋洗液时，其抑制反应产物是碳酸，可通过调节碳酸盐的浓度即采用梯度淋洗优化淋洗液浓度，达到优化分离的目的。（　　）

答案：错误

正确答案：碳酸在水溶液中将部分分解，导致背景电导大，同时随着淋洗液浓度的变化，碳酸的浓度也会变化，所以不适用于梯度淋洗。

36．在离子色谱分析中，与流动相的组成、浓度和 pH 相比，温度对待测离子的选择性影响相对较小。一般情况下，待测离子保留时间会随着温度的增加而减小，保留时间改变范围可达到 50%。（　　）

答案：错误

正确答案：HPIC 分析中，保留时间会随着温度的增加而减小，保留时间改变范围仅为 10%～15%。

37．抑制型离子色谱法分析阴离子时，碳酸钠/碳酸氢钠混合溶液是应用最广泛的淋洗液，两者都容易离子化形成弱电导的碳酸，碳酸根和碳酸氢根离子的比例或浓度的不同不影响离子色谱选择性。（　　）

答案：错误

正确答案：可简单地改变碳酸根和碳酸氢根离子的比例或浓度得到不同的选择性。

38．抑制型离子色谱法分析阴离子时，常用碳酸盐淋洗液的 pH 在 9～10，NaOH 淋洗液的 pH 约在 12 以上，但因都是碱性条件，对多价阴离子分析的影响不大。（　　）

答案：错误

正确答案：碳酸根/碳酸氢根和氢氧化钠两种淋洗液的选择性不同，对多价阴离子分析的影响较大。

39．抑制型离子色谱法分析阴离子时，淋洗液浓度的改变对保留时间的影响主要取决于溶质和淋洗液离子的电荷数，因此淋洗液的离子浓度对两价离子的保留行为的影响较对一价强。（　　）

答案：正确

40．在抑制型离子色谱法中，温度同样影响离子的选择性。一般情况下，温度升高，保留时间增大、色谱柱效率增加。（　　）

答案：错误

正确答案：一般情况下，温度升高，保留时间减小而色谱柱效率增加。

41．在离子色谱分析中，受水负峰影响最大的离子是 F^-，Cl^-、NO^{3-}、SO_4^{2-}受水负峰影响不大。（　　）

答案：正确

42．离子色谱测定过渡金属样品时，样品采集及贮存的瓶子应为聚乙烯塑料瓶，样品瓶在使用前应用稀硝酸和去离子水充分洗涤，取样之后立即加入硝酸酸化。（　　）

答案：错误

正确答案：离子色谱测定过渡金属样品时，采集样品的瓶子应为聚乙烯塑料瓶，使用前先后用稀硝酸和去离子水充分洗涤，取样之后立即加入盐酸酸化。

43．用离子色谱测定过渡金属样品时，如果废水中含有有机配位体，酸化可以消除有机干扰，酸化后的样品经 0.22 μm 滤膜过滤后可以直接进行测定。（　　）

答案：错误

正确答案：如果废水中含有机配位体，酸化无法消除有机干扰，可以通过预处理柱去除。

44．在离子色谱分析中，分析泵的作用主要是通过等度或梯度的方式在高压下将淋洗液经由进样阀输送至色谱柱内并对待测物进行洗脱。（ ）

答案：正确

45．在离子色谱分析中，如果高压泵工作不正常、系统压力波动较大会产生噪声，使基线的噪声加大、流量不稳并导致色谱峰变差。（ ）

答案：正确

46．由于离子色谱分析泵及其流动相通过的流路均是由耐压、耐腐蚀的 PEEK（聚醚醚酮）制造，所以即使分离强酸、强碱对分析泵也无损伤，无须清洗。（ ）

答案：错误

正确答案：为维持分析泵的良好状态，使用强酸、强碱后必须冲洗，以防止泵内密封圈受到损害。某些有机溶剂对 PEEK 管材料有腐蚀，应避免使用。

47．在离子色谱分析时，影响离子分离度的因素主要有容量因子、理论塔板数、组分的相对保留值，同时要综合考虑组分对交换树脂的亲和力大小、离子半径以及价态高低等因素。（ ）

答案：正确

48．色谱峰保留时间的改变会影响待测组分的定性和定量，如果离子色谱分离柱交换容量下降，则离子的保留时间延长。（ ）

答案：错误

正确答案：如果离子色谱分离柱交换容量下降，则离子的保留时间缩短。

49．在离子色谱分析时，抑制器漏液的主要原因是抑制器的微膜没有充分水化。因此，长时间未使用的抑制器在使用前应先让微膜水化溶胀后再使用。（ ）

答案：正确

50．离子对色谱使用的色谱柱与流动相和反相色谱相似，主要区别在于向流动相里加入离子对试剂。（ ）

答案：正确

51．离子色谱只针对离子型目标物的分析。（ ）

答案：正确

52．离子色谱分离机理是建立在样品分子与固定相表面基团之间电荷的相互作用的基础上。（ ）

答案：正确

53．离子色谱可分为强阴、强阳、弱阴、弱阳离子交换色谱 4 种模式。（ ）

答案：正确

54．离子色谱对阳离子的分析是分析化学的一项重要突破。能够同时测定多种阳离子的快速灵敏而准确的手段首推离子色谱。（ ）

答案：错误

正确答案：离子色谱对阴离子的分析是分析化学的一项重要突破。能够同时测定多种阴离子的快速灵敏而准确的手段首推离子色谱。

55．在离子交换树脂的交换基团中，常见的带负电荷的交换基团有季铵盐，带正电荷的交换基

团有磺酸基和羧酸基。（　　）

答案：错误

正确答案：在离子交换树脂的交换基团中，常见的带负电荷的交换基团有磺酸基和羧酸基，带正电荷的交换基团有季铵盐。

56．离子交换色谱的流动相也可加入甲醇、乙腈等有机溶剂，改善组分的溶解性能和选择性，克服色谱峰拖尾等问题。（　　）

答案：正确

57．离子交换色谱的流动相以水溶液为主，一般会配缓冲溶液以提供平衡的反离子，使流动相保持一定的离子强度和pH。（　　）

答案：正确

58．电导检测器电极间的距离越小，灵敏度越低。（　　）

答案：错误

正确答案：电极间的距离越小，死体积越小，灵敏度越高。

59．离子色谱仪承受压力部分和流动相通过的流路均由耐压、耐腐蚀的PTFE（聚四氟乙烯）组成。（　　）

答案：错误

正确答案：离子色谱仪承受压力部分和流动相通过的流路均由耐压、耐腐蚀的PEEK（聚醚醚酮）组成。

60．离子色谱的梯度淋洗根据混合方式的不同，分为高压梯度和低压梯度。（　　）

答案：正确

61．通常所说的阳离子交换树脂是指离子交换树脂的交换基团带正电荷，阴离子交换树脂是指交换基团带负电荷。（　　）

答案：正确

62．离子色谱法测定环境空气降水中的铵根离子（NH_4^+）及水中铵根离子（NH_4^+）时，介质均为“水”，对样品的保存时限要求相同。（　　）

答案：错误

正确答案：离子色谱法测定环境空气降水中的铵根离子（NH_4^+）及水中铵根离子（NH_4^+）时，虽然介质均为“水”，但对样品保存时限却有不同要求，前者须4℃以下冷藏、密封保存，24 h内完成测定；后者须4℃以下冷藏、避光保存，保存时间为2天。

63．抑制型离子色谱使用的是低电导的流动相，非抑制型电导检测器使用的是强电解质作为流动相。（　　）

答案：错误

正确答案：非抑制型离子色谱使用的是低电导的流动相，从色谱柱流出的溶液直接进入电导检测器；抑制型电导检测器使用的是强电解质作为流动相，这类流动相背景电导高。

64．离子色谱法灵敏度较高，一般用较稀的样品溶液，对于未知浓度的样品，最好先稀释100倍后再进样检测。（　　）

答案：正确

65. 在离子交换色谱中，离子交换树脂的交换容量越大、淋洗液浓度越大，保留体积就越大。（　　）

答案： 错误

正确答案： 在离子交换色谱中，离子交换树脂的交换容量越大、淋洗液浓度越小，保留体积就越大。

66. 在离子色谱分析时，样品溶液应通过 0.45 μm 滤膜过滤。若使用 0.45 μm 滤膜过滤困难，可先使用较大孔径滤膜过滤一次，或者通过离心分离等处理后，再用 0.45 μm 滤膜过滤。（　　）

答案： 正确

67. 用离子色谱法分析可溶性无机阴离子，当选用碳酸钠和碳酸氢钠淋洗液时，水负峰干扰 F^- 的测定时，可在样品与标准溶液中分别加入适量相同浓度和等体积的淋洗液，以减小水负峰对 F^- 的干扰。（　　）

答案： 正确

68. 抑制电导检测是指在分离柱后，采用离子交换膜或离子交换柱将淋洗液中的淋洗离子转变为弱酸、弱碱或水，使淋洗液的背景电导降低，同时提高检测灵敏度的方法。（　　）

答案： 正确

69. 对于弱电解质，影响电导检测器线性的主要因素是离子的迁移率。（　　）

答案： 错误

正确答案： 对于弱电解质，影响电导检测器线性的主要因素是离解度或离子化程度，对于强电解质，影响电导检测器线性的主要因素是离子的迁移率。

70. 在离子色谱柱填料中，基质对分离不起明显作用，功能基团能够与流动相中样品离子发生离子交换。（　　）

答案： 正确

71. 安培检测器的检测池内有两种电极：工作电极和参比电极。（　　）

答案： 错误

正确答案： 安培检测器的检测池内有三种电极：工作电极、参比电极和对电极。

72. 离子色谱法测定环境空气中的氨（NH_3）是将其转化成铵根（NH_4^+）进行分析，若与环境空气颗粒物中铵根（NH_4^+）的分析一致，应将加标回收率控制在 80%～120%。（　　）

答案： 错误

正确答案： 用离子色谱法测定环境空气中的氨（NH_3）以及环境空气颗粒物中的铵根（NH_4^+）时，虽然所测离子形态均为 NH_4^+，但对加标回收率要求不同：前者应控制在 75%～120%，后者应控制在 80%～120%。

73. 用离子色谱法分析水中可溶性无机阴、阳离子时，样品中若存在某些疏水性化合物可能会影响色谱分离效果及色谱柱的使用寿命，可采用 RP 柱或 C_{18} 柱进行处理以消除或减少其影响，同时应对测定的目标离子不发生吸附。（　　）

答案： 正确

74. 待测样品离子和淋洗液中离子的电荷种类相反，与固定相中交换基团的电荷种类也相反。（　　）

答案： 错误

正确答案：以阴离子分析为例，待测样品中的阴离子和淋洗液中的阴离子都与固定相中带正电荷的交换基团作用，样品离子不断进入固定相，又不断被淋洗液中的阴离子交换而进入流动相，在两相中达到动态平衡。因此待测样品和淋洗液中离子的电荷种类相同，而与固定相中交换基团的电荷种类相反。

75．电导检测器分为抑制型和非抑制型两种。（　　）

答案：正确

76．由于离子色谱的流路及压力装置均为耐腐蚀材料，因此进行离子色谱分析后，可不必进行系统的清洗。（　　）

答案：错误

正确答案：当使用酸性或碱性淋洗液后，必须用去离子水清洗输液泵，防止泵内密封圈受到腐蚀。

77．用于离子色谱分析的采样瓶一般为高密度聚乙烯塑料瓶，若瓶子污染，可用酸浸泡，或者用洗涤剂、自来水、去离子水进行清洗。（　　）

答案：错误

正确答案：用于离子色谱分析的采样瓶不能用酸或洗涤剂进行清洗。

78．有机聚合物类型的基质，其机械性能稳定，基本没有溶胀和收缩问题，但耐受酸碱的性能差，不适用于抑制型电导检测，一般适合非抑制型电导检测。（　　）

答案：错误

正确答案：硅胶类基质，其机械性能稳定，基本没有溶胀和收缩问题，但耐受酸碱的性能差，不适用于抑制型电导检测，一般适合非抑制型电导检测。

79．含有机物浓度较高的水样在进行无机离子色谱分析前，必须通过有机溶剂萃取的方式去除有机物。（　　）

答案：错误

正确答案：除有机溶剂萃取外，还可通过有机物捕集柱等方式去除有机物。

80．在一定范围内，离子色谱柱填料微粒减小，柱效增加，分离度与灵敏度也增加，弱保留溶质的分离会更好。（　　）

答案：正确

81．离子色谱用中等强度碳酸盐淋洗液对高亲和力离子的分离效率高。（　　）

答案：错误

正确答案：离子色谱用中等强度碳酸盐淋洗液对高亲和力离子的分离效率低。

82．离子色谱法测定环境空气降水中阳离子时，K^+、Na^+、Ca^{2+}、Mg^{2+}、NH_4^+等离子可以在 28 天内完成测定。（　　）

答案：错误

正确答案：用离子色谱法测定环境空气降水中阳离子时，除铵根离子（NH_4^+）外，其他阳离子可以在 28 天内完成测定。

83．淋洗液离子的电荷越高，淋洗的能力就越强。（　　）

答案：正确

五、简答题

1. 在离子色谱中，对于待测离子而言，决定保留时间的主要参数是什么？各参数是如何影响离子的保留时间的？

答案：决定保留时间的主要参数是待测离子的价数、离子的大小、离子的极化度。待测离子的价数越高，保留时间越长；待测离子的离子半径越大，保留时间越长；待测离子的极化度越大，保留时间越长。

2. 为什么离子色谱输液系统中不能进入气泡？

答案：因为进入气泡会影响分离效果和检测信号的稳定性，会导致基线不稳定，产生较大噪声，使检测灵敏度降低。

3. 简述离子色谱仪中抑制器的主要作用有哪些。

答案：主要有三种作用：一是降低淋洗液的背景电导；二是增加被测离子的电导响应值，改善信噪比；三是消除反离子峰对弱保留离子的影响。

4. 离子色谱的检测器分哪几大类？简述每类检测器中包括哪几种。

答案：离子色谱检测器分为两大类：电化学检测器和光学检测器。电化学检测器中包括电导检测器、直流安培检测器、脉冲安培检测器和积分安培检测器；光学检测器包括紫外-可见分光光度检测器和荧光检测器。

5. 在离子色谱分析中，水负峰在什么情况下会对分析结果产生干扰？如何消除或减小这种干扰？

答案：当水负峰的保留时间与待测离子的保留时间相同或接近时，就会产生干扰。减小和消除水负峰干扰的一个简单的方法是用淋洗液配制样品和标准溶液。

6. 降低离子色谱分析检出限的方法有哪些？

答案：

（1）检测器的灵敏度设置在较高灵敏档；

（2）增加进样量；

（3）使用浓缩柱。

7. 简述离子色谱柱的分离原理。

答案：由于各种离子对离子交换树脂的亲和力不同，样品通过分离柱时被分离成不连续的谱带，依次被淋洗液洗脱。

8. 离子色谱有哪些优点？

答案：快速，灵敏，选择性好，可同时分析多种离子。

9. 作离子色谱分析时，基于何种原因必须对样品进行前处理？

答案：将样品转换成水溶液、除去干扰物、调节 pH、减少基体的浓度。

10. 离子色谱保留时间发生偏移的原因可能有哪些？

答案：

（1）柱温或室温发生变化；

（2）流动相组分发生变化；

（3）色谱柱没有平衡；

（4）流速变化；

（5）泵中有气泡；

（6）流动相选择不当。

11．影响离子色谱离子洗脱顺序的因素有哪些？

答案：

（1）离子电荷；

（2）离子半径；

（3）淋洗液 pH；

（4）离子交换树脂的种类。

12．在离子色谱分析时，当选择氢氧化钠作为淋洗液时，哪些方法能有效减小或消除二氧化碳的影响？

答案：

（1）用煮沸并去除二氧化碳后冷却的去离子水配制淋洗液；

（2）用经超声真空脱气或经氦气脱气的去离子水配制淋洗液；

（3）采用特殊的配制方法，如用放置 1 天后的 NaOH 饱和溶液配制淋洗液。

13．电导检测器在测定浓度较高、成分复杂的样品基体后，当确定检测池受污染时，如何对电导池进行清洗？

答案：

（1）配置少许 3 mol/L HNO_3 溶液；

（2）在电导池入口处连接一个可接驳注射器的接头；

（3）用一个 10 mL 的注射器向电导池内推注约 20 mL 3 mol/L HNO_3 溶液；

（4）用去离子水冲洗电导池至 pH 达中性。

14．简述用离子色谱分析实际样品时，因样品基体等原因导致定性定量分析结果不理想时，样品前处理的作用。

答案：样品前处理的作用是将样品转变成水溶液或水与极性有机溶剂的混合溶液，减少并除去干扰物，减少基体的浓度，调节 pH，浓缩和富集待测组分，使之符合 IC 进样条件，最终得到准确的结果。

15．简述离子色谱中淋洗液发生器（只加水）的优势。

答案：

（1）不用酸、碱试剂；

（2）消除人工配制溶液以及试剂杂质等的误差；

（3）可精准控制淋洗液浓度；

（4）连续产生无污染的淋洗液，重现性好；

（5）方便梯度淋洗；

（6）只有高纯水通过泵，才能延长泵的使用寿命。

16．离子色谱技术的优点有哪些？

答案：

（1）独特的选择性。离子色谱具有不同于气相色谱和液相色谱的独特选择性。离子色谱对阴离子的分析已是广泛应用的首选方法，对常见无机阳离子、小分子有机酸和极性有机化合物的分析也显示出明显的优势，尤其是对铵根和有机铵的分析具有独特优势，这些化合物用别的仪器难以达到较好的效果。

（2）高的灵敏度。直接进样电导检测，对常见阴离子的检出限一般小于 10 μg/L；通过增加进样量、在线浓缩等方法，检出限可达 pg/L 或更低；脉冲安培检测器对电化学活泼性化合物的检出限可低至 fmol/L。

（3）真正的绿色色谱分析技术。离子色谱一般不用有机溶剂，有时会用少量与水互溶的有机溶剂，这减少了对人员健康的伤害及对环境的污染，是真正的绿色色谱分析技术。

17. 用离子色谱法分析环境空气颗粒物中的阴、阳离子时，采样滤膜应选用空白较低且数值稳定的产品，若空白高于方法检出限，如何对滤膜进行处理？

答案：若空白滤膜中待测离子含量高出方法检出限：①玻璃纤维滤膜可用超纯水超声处理 2～5 min，在洁净环境中晾干，并在干燥器中平衡 24 h 后使用；②石英滤膜可通过 450℃高温加热处理 1～2 h，在干燥器中平衡 24 h 后使用；③处理后的滤膜应在 7 天内使用。

18. 离子色谱仪系统压力升高，可能与哪些情况有关？

答案：

（1）保护柱的滤片有物质沉积而使压力逐渐升高，此时应更换滤片；

（2）某段管子堵塞造成系统压力突然升高，应逐段检查更换；

（3）当有机溶剂与水混合时，溶液黏度、密度的变化会导致压力升高；

（4）流速设定过高会使压力升高，应按照色谱柱的要求设置流速；

（5）室温较低（如低于 10℃）时，系统压力会升高。

19. 电导检测器常见的故障是什么？如何处置？

答案：电导检测器常见的故障是检测池被污染。

当检测池被污染时，首先应进行清洗，使其恢复原来的性能，使用 HNO_3 溶液清洗，有机污染物污染可使用溶剂甲醇清洗；电导池清洗后需重新校正。

六、计算题

1. 用离子色谱法测定地下水中的 Ca^{2+}时，已知标准曲线回归方程的截距为–0.030，回归方程的斜率为 0.215，目标物峰面积为 1.141，空白试样目标物峰面积为 0。求该水样中目标物的质量浓度。

答案：p_i=（$A-A_0-a$）/b=（1.141−0+0.030）/0.215 = 5.45（mg/L）

2. 用离子色谱法测定地表水中的硝酸盐氮时，测定样品溶液中硝酸根离子的浓度为 7.85 mg/L，求该溶液中硝酸盐氮的浓度。

答案：硝酸盐氮的浓度=7.85×14/62=1.77（mg/L）

3. 用离子色谱法测定地表水中的氟化物时，测定样品溶液中氟离子的浓度为 1.58 mg/L，向 50.00 mL 该样品中加入氟化物 100.00 mg/L 的标准溶液 0.50 mL，测定样品溶液中氟离子的浓度为 2.49 mg/L。求该次加标的加标回收率（加标体积可忽略）。

答案：加标量=100.00×0.50=50（μg）

加标回收率=100%×（2.49−1.58）×50/50=91.0%

4．固定污染源废气中氯化氢采集，串联两支各装 50 mL 吸收液的采样瓶，采样体积为 65 L（标准状态）。氯化氢用离子色谱法进行测定，测定样品第一支吸收管中氯离子的浓度为 0.542 7 mg/L，第二支吸收管中氯离子的浓度为 0.484 0 mg/L，另外测定空白溶液第一支吸收管氯离子的浓度为 0.021 0 mg/L，第二支吸收管中氯离子的浓度为 0.021 4 mg/L。试求该污染源中氯化氢的浓度值。

答案：（0.542 7+0.484 0−0.021 0−0.021 4）×50×（36.5/35.5）=50.6（μg）

氯化氢浓度=50.6/65=0.778（mg/m^3）

5．用离子色谱法测定废气中硫酸雾，使用等速采样采集硫酸雾样品，标准状态下干烟气的采样体积为 65 L，测得样品溶液中硫酸根离子的浓度为 15.50 mg/L，空白滤筒所含硫酸根离子的浓度为 0.30 mg/L，样品及空白滤筒的定体积为 100 mL。试求该污染源中硫酸雾的浓度值。

答案：硫酸雾浓度=（15.50−0.30）×100/65×（98.08/96.06）=23.9（mg/m^3）

6．用离子色谱法测定氟离子，取水样 10.00 mL 稀释定容至 50.00 mL 后用离子色谱测定。氟离子标准曲线浓度点为 0 mg/L、0.10 mg/L、0.25 mg/L、0.50 mg/L、1.00 mg/L、2.00 mg/L，氟离子峰面积对应的响应值为 0.00 μS×min、0.012 μS×min、0.031 μS×min、0.070 μS×min、0.144 μS×min、0.279 μS×min。以氟离子浓度为横坐标，氟离子峰面积对应的响应值为纵坐标绘制标准曲线，求氟离子的标准曲线及斜率，并求当样品测定的氟离子的峰面积响应值为 0.052 μS×min，空白样品响应值为 0.002 μS×min 时，样品中氟离子的浓度。

答案：$y=bx+a$，$a=-0.001$，$b=0.141$，$r=0.999\ 7$

$\rho_1=\dfrac{(0.052+0.001)}{0.141}$=0.376（mg/L），$\rho_0=\dfrac{(0.002+0.001)}{0.141}$=0.021（mg/L）

x=（0.376−0.021）×5=1.78（mg/L）

7．用离子色谱法测定降水中钙离子含量时，用近似峰面积进行定量。已知氯化钙标液浓度 C_s 为 5.0 mg/L，峰面积 A_s 为 10.8，水样峰面积 A_i 为 2.38，空白去离子水的峰面积 A_0 为 0，水样和淋洗贮备液比例为 9∶1，求降水中钙离子含量。

答案：

解：

（1）根据浓度与峰面积的比例关系式：

$$\frac{A_s-A_0}{C_s}=\frac{A_i-A_0}{C_i}$$

得到目标物的浓度：

$$C_i=\frac{C_s\times(A_i-A_0)}{A_s-A_0}=\frac{5.0\times2.38}{10.8}=1.10$$

（2）由于水样和淋洗液比例为 9∶1，因此降水中钙离子含量 C 为：

$$C=C_i\times\frac{10}{9}=1.10\times\frac{10}{9}=1.22\,(\text{mg/L})$$

答：降水中钙离子含量为 1.22 mg/L。

8．用离子色谱法测定滤膜样品中的硝酸根离子时，将整张滤膜放入去离子水中进行超声提取，提取液体积 V 为 50 mL，未稀释检测得到提取液中硝酸根离子浓度 ρ_1 为 1.71 mg/L，空白滤膜中硝酸

根离子浓度 ρ_0 为 0，标准状态下的采样体积 V_{nd} 为 24.8 m^3，求该滤膜中硝酸根离子的质量浓度（用 $\mu g/m^3$ 表示）。

答案：

解：

$$\rho=\frac{(\rho_1-\rho_0)\times V\times N\times D}{V_{nd}}=\frac{(1.71-0)\times 50\times 1\times 1}{24.8}=3.45(\mu g/m^3)$$

（注：N 为滤膜切取份数，D 为试样稀释倍数）

答：该滤膜样品中硝酸根离子的质量浓度为 3.45 $\mu g/m^3$。

9．离子色谱法测定降尘样品中的氯离子时，称取降尘质量 m 为 0.102 4 g，放入去离子水中进行超声提取，提取液体积 V 为 50 mL，未稀释检测得到提取液中氯离子浓度 ω_1 为 7.85 mg/L，空白降尘中氯离子浓度 ω_0 为 0，求该降尘中氯离子的质量分数（用 mg/g 表示）。

答案：

解：

$$\omega=\frac{(\omega_1-\omega_0)\times V\times 10^{-3}\times D}{m}=\frac{(7.85-0)\times 50\times 10^{-3}}{0.102\,4}=3.83(mg/g)$$

答：该降尘中氯离子的质量分数为 3.83 mg/g。

10．离子色谱法测定水中可吸附有机卤素，可吸附有机氯 C_{AOCl} 浓度为 203 μg/L，可吸附有机氟 C_{AOF} 浓度为 23.6 μg/L，可吸附有机溴 C_{AOBr} 浓度为 47.9μg/L，求水样中可吸附有机卤素的浓度。

答案：

解：

$$C_{AOX}=C_{AOCl}+1.866\times C_{AOF}+0.444\times C_{AOBr}$$

$$C_{AOX}=203+1.866\times 23.6+0.444\times 47.9=268(\mu g/L)$$

（注：1.866 是从氟元素换算为氯元素的系数，即 35.453/18.998=1.866；0.444 是从溴元素换算为氯元素的系数，即 35.453/79.904=0.444）

答：水样中可吸附有机卤素的浓度为 268 μg/L。

第十九节　土壤和沉积物样品前处理

一、填空题

1．使用加压流体法提取土壤和沉积物中有机物时，萃取温度一般为________～________℃。

答案：80，120

2．样品前处理一般要求试样应分解完全、待测组分无挥发损失、分解过程不应引入__________和__________。

答案：被测组分，干扰物质

3．有机污染物色谱分析样品制备包括将样品中欲测组分与样品基体和干扰组分__________、

__________及转化成色谱仪器可分析的形态等操作。

答案：分离，富集

4. 有机污染物色谱分析样品预处理方法主要有__________、__________、__________等。

答案：固相萃取，液-液萃取，超声提取，索氏提取，强制流动浸出，加速溶剂萃取，自动索氏提取，超临界流体提取，微波辅助提取，热提取（填写其中3个即可）

5. 衍生化是指采用特殊的化学试剂与待测物发生__________以改变其物理、化学性能，从而增强其分析测定的方法。

答案：化学反应

6. 衍生化的主要目的包括：提高待测物的__________或降低其检测限；将不适于某种色谱分析的物质转变成为易于用该种色谱分析的衍生物；通过改变化合物的物理化学性能以改变其选择性从而__________；通过衍生化改善待测物的结构鉴定性能，利于后续结构测定。

答案：检测灵敏度，改善分离度

7. 衍生化最常见的类型是加入__________，使不能被检测的被测物能够进行检测，或者提高其检测灵敏度，降低检测限。

答案：生色团（或荧光团）

8. 按照衍生试剂与目标化合物作用在分析过程中的先后顺序，可分为__________、__________、__________等。

答案：柱前衍生化，柱中衍生化，柱后衍生化

9. __________包括液-液萃取和液-固萃取，分别针对液相样品和固相样品，通过在基质中添加不相溶的有机萃取溶剂，利用样品组分在不相溶的溶剂中分配系数或溶解度不同而达到分离和提取其中待测组分的目的。

答案：溶剂萃取

10. __________是以液相色谱的分离机理为原理的抽提分离浓缩技术，采用高效、高选择性液相色谱固定相，利用样品组分在固定相和洗脱相之间的分配平衡，实现目标组分和样品基质的有效分离。

答案：固相萃取法

11. 固相萃取小柱是固相萃取的核心部件，一个固相萃取小柱由__________、__________、__________三部分组成。

答案：柱管，烧结垫（或筛板），固定相（或填料）

12. X射线荧光法样品制备要减少或消除试样组成的__________、__________、__________的影响，使被测样品转变为适合XRF测定的形式。

答案：不均匀性，粒度效应，矿物效应

13. 索氏提取法适用于提取土壤样品中非挥发性和半挥发性有机化合物，样品制备时可用于分离和浓缩不溶于水和微溶于水的有机污染物，但当__________和__________时，不宜用此种方法。

答案：物质受热易分解，萃取剂沸点较高

14. 土壤六价铬前处理中加入氯化镁和磷酸氢二钾-磷酸二氢钾缓冲溶液的目的是抑制__________被提取。

答案：三价铬

15．固体样品前处理制备试样一般可分为__________、__________、__________、缩分 4 个步骤。

答案：破碎，过筛，混匀

16．使用氢氟酸分解试样进行前处理时，若采用聚四氟乙烯烧杯和坩埚，需控制温度在__________℃以下，以防止聚四氟乙烯在高于该温度时分解产生有毒的全氟异丁烯气体。

答案：250

17．镍坩埚用于碱熔融土壤样品，熔融温度不得超过__________℃。

答案：700

18．微波消解法是利用酸与试样混合液中极性分子在__________作用下，迅速产生大量热能，促进酸与试样之间更好地接触和反应，从而加速样品的溶解。

答案：微波电磁场

19．影响氮吹浓缩效果的因素主要包括__________和__________。

答案：气流压力，水浴温度

20．使用酸消解法对土壤进行全消解，若消解后有黑色残渣，表明__________未被完全消解。

答案：碳化物

二、单选题

1．使用加压流体萃取装置提取土壤中多环芳烃时，使用__________作为萃取溶剂。（　　）

A．丙酮-二氯甲烷　　B．丙酮-正己烷　　C．二氯甲烷　　D．正己烷

答案：B

2．使用加压流体萃取装置提取土壤中氯代除草剂时，使用__________作为萃取溶剂。（　　）

A．丙酮-二氯甲烷　　B．丙酮-正己烷　　C．二氯甲烷　　D．丙酮-二氯甲烷-磷酸

答案：D

3．土壤和沉积物中难挥发性有机物通常在 4℃以下冷藏、避光保存，在__________天内完成分析。（　　）

A．7　　B．10　　C．14　　D．20

答案：C

4．使用加压流体萃取装置提取土壤和沉积物中多环芳烃时，萃取温度一般为__________℃。（　　）

A．100　　B．120　　C．150　　D．180

答案：A

5．使用超声波萃取土壤和沉积物中有机物时，要保证加入的提取剂液面高出固体试样表面约 2 cm，超声波提取仪探头插入至液面以下__________cm 处，但必须在固体试样表面以上。（　　）

A．1　　B．5　　C．10　　D．20

答案：A

6．使用微波萃取土壤和沉积物中多环芳烃、有机氯农药等有机物时，通常使用__________作为

萃取溶剂。( )

A. 正己烷-丙酮　B. 正己烷　C. 丙酮　D. 甲醇

答案：A

7. 使用微波萃取土壤和沉积物中有机物时，置于微波萃取罐内的萃取溶剂用量不得超过罐体积的__________。( )

A. 1/3　B. 1/4　C. 1/2　D. 1/5

答案：A

8. 使用超声波萃取土壤和沉积物中有机物时，要求探头的功率不小于__________W。( )

A. 200　B. 500　C. 1 000　D. 2 000

答案：B

9. 能够分解二氧化硅和硅酸盐的酸是__________。( )

A. 高氯酸　B. 氢氟酸　C. 硫酸　D. 王水

答案：B

10. 测定土壤电导率应使用__________制备土壤提取液。( )

A. 磁力搅拌器　B. 翻转振荡器

C. 往复式恒温水平振荡器　D. 回旋振荡器

答案：C

11. 土壤和沉积物金属元素总量的微波消解法使用的酸体系为__________。( )

A. 盐酸-硝酸-氢氟酸-高氯酸　B. 硝酸-盐酸-氢氟酸

C. 硝酸-氢氟酸-高氯酸　D. 硝酸-盐酸-高氯酸

答案：B

12. 土壤重金属测定王水回流消解操作步骤，先以 10 mL 浓硝酸加热与土壤中有机质反应，剩余约__________mL，再加入 20 mL 盐酸继续加热。( )

A. 1　B. 2　C. 3～5　D. 6～7

答案：D

13. 土壤样品经__________后转移一份留样至样品库。( )

A. 风干　B. 粗磨过 20 目尼龙筛

C. 细磨过 60 目尼龙筛　D. 细磨过 100 目尼龙筛

答案：B

14. 土壤粗磨过 20 目尼龙筛样品可用于__________测定。( )

A. pH　B. 元素全量　C. 农药　D. 有机质

答案：A

15. 土壤前处理质量控制措施有__________。( )

A. 空白样品测定　B. 样品加标试验　C. 标准物质测定　D. 以上都是

答案：D

16. 王水是浓盐酸与浓硝酸按体积比__________的混合酸。( )

A. 1∶3　B. 3∶1　C. 1∶1

答案：B

17．土壤样品有机氯农药的提取可选择__________。（　　）

A．索氏提取　　B．微波萃取　　C．超声波萃取　　D．以上均可

答案：D

18．采用硅胶柱对土壤和沉积物样品提取液进行净化时，洗脱液洗脱速度不宜过快，以__________的流速为宜，也不宜过慢，洗脱速度过慢，试样杂质会穿透层析柱。（　　）

A．每秒 0.5 滴　　B．每秒 1 滴　　C．每秒 3 滴　　D．每秒 5 滴

答案：B

19．用原子荧光光谱法测定土壤中砷时，试样中加入__________可消除部分干扰物。（　　）

A．碘化钾-氯化亚锡　B．硫脲-抗坏血酸　C．磷酸氢二铵　D．二甲基甲酰胺

答案：B

20．测定土壤中重金属时，如样品消解液中含有未溶解颗粒，上机进样操作错误的是__________。（　　）

A．摇匀　　B．取上清液　　C．过滤　　D．离心分离

答案：A

21．土壤样品电热板消解赶酸需控制温度在__________℃，并经常摇动坩埚。（　　）

A．120　　B．120～160　　C．170～180　　D．250

答案：C

22．土壤样品电热板消解，开盖加热至冒__________时，加盖，使黑色有机碳化物充分分解。（　　）

A．黄烟　　B．白烟　　C．棕红色烟

答案：B

23．弗罗里硅土可用于土壤样品提取液的净化，但去除干扰物质的能力有限，一般适用于基质为__________，目标化合物为__________的情况。（　　）

A．非极性，极性　B．极性，非极性　C．中性，非极性　D．强极性，非极性

答案：A

24．硅胶（硅酸）由硅酸钠和硫酸反应制成，是__________无定形二氧化硅的可再生吸附剂。（　　）

A．中性　　B．弱酸性　　C．强酸性　　D．碱性

答案：B

25．基于尺寸排阻的分离原理，利用样品中各组分分子大小不同，导致在凝胶中保留时间差异，达到分离目的的净化方法是__________。（　　）

A．弗罗里硅土净化　B．硅胶净化　C．氧化铝净化　D．凝胶渗透净化

答案：D

26．使用凝胶渗透色谱对样品进行净化分离时，不受淋洗液极性影响，通常是__________首先流出，其次是__________。（　　）

A．大分子，小分子　　B．小分子，大分子

C．极性分子，非极性分子　　D．非极性分子，极性分子

答案：A

27．固相萃取根据柱填料的不同可分为反相萃取、正相萃取和离子交换萃取，属于反相萃取柱的是__________。（　　）

A．硅胶柱　　B．氧化铝柱　　C．硅酸镁柱　　D．C_{18}柱

答案：D

28．固相萃取根据柱填料的不同可分为反相萃取、正相萃取和离子交换萃取，属于正相萃取柱的是__________。（　　）

A．SAX柱　　B．氧化铝柱　　C．C_8柱　　D．C_{18}柱

答案：B

29．固相萃取根据柱填料的不同可分为反相萃取、正相萃取和离子交换萃取，属于离子交换萃取柱的是__________。（　　）

A．C_8柱　　B．C_{18}柱　　C．SCX柱　　D．硅胶柱

答案：C

30．反相固相萃取所用的吸附剂通常是__________的，所萃取的目标化合物通常是__________化合物。（　　）

A．极性，非极性　　B．非极性，极性

C．中等极性到非极性，非极性或弱极性　　D．非极性或弱极性，中等极性到非极性

答案：D

31．正相固相萃取所用的吸附剂通常是__________的，能从__________样品中吸附__________化合物。（　　）

A．极性，非极性，极性　　B．非极性，极性，非极性

C．极性，非极性，非极性　　D．非极性，极性，极性

答案：A

32．可用于正相固相萃取洗脱溶剂的是__________。（　　）

A．甲醇　　B．乙腈　　C．甲醇水溶液　　D．正己烷

答案：C

33．可用于反相固相萃取洗脱溶剂的是__________。（　　）

A．二氯甲烷　　B．乙腈　　C．丙酮　　D．正己烷

答案：B

34．吹扫捕集技术适用于从液体或固体样品中萃取沸点低于__________℃，溶解度小于__________%的挥发性或半挥发性有机物。（　　）

A．100，2　　B．100，5　　C．200，2　　D．200，5

答案：C

35．微波消解法对于土壤、底泥和飘尘等试样的分解，除用硝酸和盐酸外，多数情况下均需加入__________才能使试样溶解完全。（　　）

A．高氯酸　　B．硫酸　　C．氢氟酸　　D．过氧化氢

答案：C

36．关于土壤样品保存时间的说法，表述正确的是__________。（ ）

A．分析取用后的剩余样品一般保留 2 年

B．预留样品一般保留半年

C．特殊、珍稀、仲裁、有争议样品一般要永久保存

D．新鲜土壤样品保存 1 个月

答案：C

37．对于含硫量较高的土壤样品，净化过程中可加入适量铜粉，铜粉在使用前用酸处理，去除表面的__________。（ ）

A．氧化物　　B．还原性物质　　C．细小颗粒物　　D．其他金属

答案：A

38．土壤样品提取液中含有的硫，一般使用__________进行脱硫。（ ）

A．Hg　　B．Cu　　C．Na　　D．Fe

答案：B

三、多选题

1．可以使用超声波萃取法提取土壤和沉积物中__________等半挥发性有机物。（ ）

A．多环芳烃　　B．酚类　　C．邻苯二甲酸酯类　　D．有机氯农药

答案：ABCD

2．采用加压流体萃取法对土壤和沉积物有机物进行提取，当__________等萃取条件改变时，应重新验证萃取回收率。（ ）

A．溶剂　　B．温度　　C．压力　　D．萃取池

答案：ABC

3．色谱分析所选择的样品制备预处理方法一般情况下需要遵循的原则是__________。（ ）

A．是否能够最大限度地去除影响测定的其他干扰物

B．被测组分的回收率是否高

C．操作是否简便、省时

D．是否影响人体健康及环境安全

答案：ABCD

4．衍生化试剂的要求包括__________。（ ）

A．与检测器匹配　　B．与流动相相适宜

C．纯度要高，不能含有杂质　　D．性能稳定

E．方便易得，通用性好

答案：ABCDE

5．固相萃取法基本操作步骤包括__________。（ ）

A．固定相活化　　B．样品上柱　　C．淋洗　　D．分析物洗脱

答案：ABCD

6．风干土样较易混合均匀，重复性、准确性都比较好，但测定__________等不稳定项目需要新鲜土样。（　　）

A．挥发酚　　B．有机污染物　　C．低价铁　　D．有机质

答案：ABC

7．土壤风干室应__________。（　　）

A．向阳　　B．通风　　C．无扬尘　　D．无易挥发化学物质

答案：ABCD

8．土壤风干过程应间断地压碎、翻动土样，并拣出__________。（　　）

A．碎石　　B．砂砾　　C．植物残体　　D．动物残体

答案：ABCD

9．用于土壤样品提取液净化的氧化铝是高度多孔的粒状两性氧化物，具有很强的吸附性能，能溶于__________。（　　）

A．无机酸　　B．碱性溶液　　C．水　　D．非极性有机溶剂

答案：AB

10．凝胶渗透色谱净化不适用于__________。（　　）

A．挥发性有机物　　B．沸点较低化合物

C．难溶于凝胶渗透色谱流动相溶剂　　D．半挥发性有机物

答案：ABC

11．目前半挥发性有机物前处理过程中，常见浓缩方法主要有__________。（　　）

A．常压浓缩　　B．减压浓缩　　C．旋转蒸发浓缩　　D．氮吹浓缩

答案：ABCD

12．固相萃取根据柱填料的不同，可分为__________。（　　）

A．反相萃取　　B．正相萃取　　C．离子交换萃取　　D．固相膜萃取

答案：ABC

13．测试土壤中有机项目时，__________不可作为萃取溶剂。（　　）

A．二硫化碳　　B．正己烷　　C．乙醚　　D．丙酮

答案：AC

14．用于半挥发性有机物分析测试的新鲜土壤样品，可采用__________方法进行干燥脱水。（　　）

A．自然风干　　B．冻干　　C．加入干燥剂　　D．低温烘干

答案：BC

15．__________方法适合土壤中半挥发性有机物的前处理。（　　）

A．超声萃取　　B．振荡法　　C．索氏提取　　D．加压流体萃取法

答案：ACD

四、判断题

1．加压流体萃取技术具有应用领域宽、分析速度快、使用溶剂少等优点。（　　）

答案： 正确

2. 加压流体萃取装置使用的萃取池内部需要经过特殊抛光处理后方可使用。（ ）

答案： 正确

3. 使用加压流体萃取装置萃取过程中不可使用自燃点在40～200℃的萃取溶剂（如二硫化碳、乙醚等）。（ ）

答案： 正确

4. 土壤中有机物萃取过程使用的干燥剂在使用前应对干燥剂进行净化处理，去除干扰物。（ ）

答案： 正确

5. 在使用加压流体萃取装置萃取过程中，当转移萃取池中的试样或清洗萃取池时，应避免萃取池内壁出现划痕影响萃取效果。（ ）

答案： 正确

6. 在使用加压流体萃取装置萃取过程中，当溶剂、温度和压力等萃取条件改变时，无须重新验证萃取回收率。（ ）

答案： 错误

正确答案： 使用加压流体萃取装置萃取过程中，当溶剂、温度和压力等萃取条件改变时，需要重新验证萃取回收率。

7. 在使用加压流体萃取装置萃取过程中，提取压力对绝大多数样品的提取回收率与效率没有直接影响。（ ）

答案： 正确

8. 在使用加压流体萃取装置萃取过程中，空白试验通常使用石英砂替代试样，按照与试样的萃取方式相同步骤进行操作。（ ）

答案： 正确

9. 可以使用超声波萃取法提取土壤和沉积物中有机磷农药。（ ）

答案： 错误

正确答案： 土壤和沉积物中有机磷农药可用索氏提取、加压流体萃取。

10. 土壤和沉积物中半挥发性有机物的样品通常在4℃以下冷藏、避光和密封保存，在10天内完成分析。（ ）

答案： 正确

11. 使用超声波提取有机物时，要调节超声波提取仪的功率及探头深度，保证试样在提取时能够被完全翻动，保证提取率。（ ）

答案： 正确

12. 使用加压流体萃取装置萃取土壤中的有机物时，如果有机溶剂传感器提示错误，须进行故障排查，一般是由于溶剂泄漏引起的，应仔细检查萃取池是否密封好，或密封垫是否失效。（ ）

答案： 正确

13. 使用加压流体萃取装置萃取土壤中有机物时，要求萃取过程应在通风条件下进行。（ ）

答案： 正确

14. 使用加压流体萃取装置萃取土壤中有机物时，要求溶剂淋洗体积为60%的池体积。（ ）

答案：正确

15. 测定样品中的微量有机污染物不能去除石块、树枝等的杂质，测定其干物质含量时不剔除石块、树枝等杂质。(　　)

答案：正确

16. 对某一目标化合物衍生化，只能产生一种衍生物且在色谱柱上完全分离，反应副产物和过量衍生化试剂不干扰测定。(　　)

答案：正确

17. 柱前衍生化反应的溶剂应与色谱分离流动相相匹配，避免过量的溶剂干扰测定。(　　)

答案：错误

正确答案：柱前衍生化反应的溶剂可不必与色谱分离流动相相匹配，且衍生反应形成的副产物可进行预处理步骤降低或消除。过量的溶剂可通过冷冻干燥去除，也可通过液-液萃取或其他分离步骤来处理；过量的衍生化试剂可通过加入其他试剂使之反应而消除。

18. 在 X 射线荧光分析中，样品表面状态是造成分析误差的主要原因之一。样品表面越平整，X 射线强度越高；样品表面粗糙度越小，校准曲线的准确度越高，重复精度也越高。(　　)

答案：正确

19. 当有机污染化合物受热易分解和萃取剂沸点较高时，不宜使用索氏提取法进行土壤样品前处理。(　　)

答案：正确

20. 挥发性和半挥发性有机污染物、氰化物和挥发酚等组分易分解或挥发，需用新鲜样品进行分析。测定土壤样品水分也需用新鲜样品。(　　)

答案：正确

21. 土壤 pH、阳离子交换量、有机质、重金属有效态和农药等组分的化学性质不稳定，在风干过程中会发生明显变化和损失，应使用新鲜样品进行分析测试。(　　)

答案：错误

正确答案：土壤 pH、阳离子交换量、有机质、重金属总量及有效态和农药等组分的化学性质比较稳定，不会在风干过程中发生明显变化和损失，可以使用风干样品进行分析测试。

22. 采用电热板消解法进行土壤样品前处理时，消解完成后，土壤消解液应呈白色或淡黄色（含铁量高的土壤）、无明显肉眼可见物存在，否则应重复消解过程。(　　)

答案：正确

23. 土壤六价铬提取过程中调节溶液 pH，可以使用 pH 试纸粗测。(　　)

答案：错误

正确答案：需使用 pH 计：精度为 0.1 pH 单位。

24. 土壤六价铬前处理中将试液 pH 调整到 7.5±0.5，主要是六价铬在偏碱性环境中更稳定，而强碱性溶液环境会对仪器造成一定损害。(　　)

答案：正确

25. X 射线荧光光谱法进行试样粉末压片，可用淀粉、硼酸、甲基纤维素、聚乙烯粉末、石墨、石蜡粉等作黏结剂。(　　)

答案：正确

26. 制备的土壤试样应均匀并达到规定要求的粒度，保证整体原始样品的物质组分及其含量不变和便于前处理。（　　）

答案：正确

27. 无机元素加标实验可以直接加入少量标液，用于反映晶格内重金属消解效率在内的全过程准确度。（　　）

答案：错误

正确答案：标液反映消解过程中的回收率情况，无法了解晶格内重金属是否消解完全。

28. 含有机质较多的土壤样品，要在有机质分解后再进行高压密封消解或微波消解。（　　）

答案：正确

29. 土壤与沉积物试样的分解方法有溶解法和熔融法两种，一般来说，熔融法对试样分解更彻底，凡能用熔融法分解试样，就不用溶解法。（　　）

答案：错误

正确答案：溶解法是最简便的试样分解方法，熔融法需要加入大量熔剂，会带入熔剂本身的离子和其中的杂质以及熔融时坩埚材料的腐蚀，都会污染试液。因此，凡是能用溶解方法分解试样，就不用熔融法。

30. 王水是强氧化剂，具有很强的溶解能力，王水由一体积浓盐酸与三体积浓硝酸混合而成。（　　）

答案：错误

正确答案：王水由三体积浓盐酸与一体积浓硝酸混合而成。

31. 用硝酸分解试样后，溶液中将含有 HNO_2 和氮的其他低价氧化物，常能破坏有机显色剂和指示剂，可加入尿素使其分解，也可煮沸溶液使其挥发除去。（　　）

答案：正确

32. 干物质和水分的测定是在样品烘干后，再以 4 h 烘干时间间隔对冷却后的样品进行两次连续称重，前后差值不超过最终测定质量的 0.1%，前后称量平均值即为恒重。（　　）

答案：错误

正确答案：样品烘干后，再以 4 h 烘干时间间隔对冷却后的样品进行两次连续称重，前后差值不超过最终测定质量的 0.1%，此时的重量即为恒重。

33. 测定风干土壤样品，当干物质含量＞96%或水分含量≤4%时，两次测定结果之差绝对值应≤0.2%。（　　）

答案：正确

34. 测定风干土壤样品，当干物质含量≤96%或水分含量＞4%时，两次测定结果之差绝对值应≤0.5%。（　　）

答案：错误

正确答案：两次测定结果的相对偏差应≤0.5%。

35. 测定新鲜土壤样品，当水分含量≤30%时，两次测定结果之差的绝对值应≤1.5%。（　　）

答案：正确

36．测定新鲜土壤样品，当水分含量＞30%时，两次测定结果之差绝对值应≤5%。（ ）

答案：错误

正确答案：两次测定结果的相对偏差应≤5%。

37．测定土壤水分时，一般情况下，在（105±5）℃下有机物的分解可以忽略，但是对于有机质含量＞10%（质量分数）的土壤样品（如泥炭土），应将干燥温度改为50℃，然后干燥至恒重，必要时，可抽真空，以缩短干燥时间。（ ）

答案：正确

38．烘箱干燥-重量法可以适用于含有挥发性（有机）物质样品的水分含量测定。（ ）

答案：错误

正确答案：烘箱干燥-重量法不能准确测定含有挥发性（有机）物质样品的水分含量。

39．干物质和水分的测定，微波炉干燥-重量法不适用于含有大量高岭土、云母、蒙脱石、石膏或其他结晶水合物的土壤及含盐分的海洋沉积物的测定。（ ）

答案：正确

40．微波炉干燥-重量法测定水分含量的试样烘干后较易混合均匀，可用于其他项目的测定。（ ）

答案：错误

正确答案：不能继续用于其他试验，因为水分测定过程中会发生颗粒破碎、化学变化或损失、熔化、有机成分损失等。

41．土壤水分含量测定，相较于烘箱干燥-重量法，微波炉干燥-重量法具有更高的准确性，两种方法测定结果存在较大差异时，可作为仲裁方法。（ ）

答案：错误

正确答案：微波炉干燥-重量法与烘箱干燥-重量法测定结果存在较大差异时，烘箱干燥-重量法为仲裁方法。

42．土壤重金属测定王水回流消解，赶酸后加水溶解，趁热过滤至容量瓶并定容。（ ）

答案：错误

正确答案：趁热过滤，待冷却后定容。

43．样品加标回收试验，加标浓度宜高、体积应小，不应超过试样体积的1%。（ ）

答案：正确

44．用研磨-压片制样方法可完全消除颗粒度的影响和矿物效应。（ ）

答案：错误

正确答案：用研磨-压片制样方法不能完全消除颗粒度的影响和矿物效应。

45．测定某风干土壤样品中干物质含量，同时取两份土壤样品测试。一份测定结果为98.6%，另一份测定结果为99.1%，则该土壤样品的干物质含量为98.8%。（ ）

答案：错误

正确答案：测定风干土壤样品，当干物质含量＞96%时，两次测定结果之差的绝对值应≤0.2%（质量分数）。该风干土壤样品中干物质含量＞96%时，两次测定结果之差的绝对值为0.5%，超出质控要求范围，测试结果无效，应重新取样测试。

46. 采用重量法测定某新鲜土壤样品中水分含量为 103%，实验室负责人认为土壤水分含量不可能超过 100%，判定该数据异常。（　　）

答案：错误

正确答案：土壤水分含量是基于干物质量计算的，所以其结果可能超过 100%。

五、简答题

1. 使用加压流体萃取装置萃取有机物时，为什么要增加萃取温度？

答案：

（1）有利于克服基体效应，加快解析动力学，提高溶质的溶解能力；

（2）降低溶剂黏度，加速溶剂分子向基体中的扩散；

（3）提高提取效率及速度。

2. 简述土壤和沉积物中有机污染物样品预处理的主要目的。

答案：样品预处理的目的主要包括：①制成适于进样分析的均质溶液；②尽量去除样品基质中的干扰物质，保护色谱柱和色谱仪；③改善分离现象，提高方法可靠性；④改善检测器的响应度，提高方法灵敏度。

3. 选择固相萃取法的固定相，需要考虑哪些因素？

答案：

（1）目标组分在极性或非极性溶剂中的溶解度；

（2）目标组分有无可能离子化，从而决定可否使用离子交换固定相；

（3）目标组分有无可能与固定相形成共价键；

（4）杂质组分与目标组分在固定相结合点上的竞争程度。

4. 简述加速溶剂萃取的原理。

答案：加速溶剂萃取的原理是选择合适的溶剂，通过提高温度（50～200℃）和压力（1 500～2 000 psi）加快萃取速度，提高萃取效率。通过升温和加压，降低萃取溶剂的黏度，同时使萃取剂在高温下保持液态，加快萃取溶剂分子向样品内部扩散，加快样品中欲分析组分在萃取溶剂中的溶解速度，提高样品中欲分析组分在萃取溶剂中的溶解度。

5. 如何评价土壤和沉积物样品制备质量？

答案：样品制备质量可采用以下几种指标进行定量评价：

（1）制样损耗率检查：依据样品制备原始记录中粗磨或细磨前后的样品质量，分别计算损耗率；粗磨阶段损耗率应≤3%，细磨阶段损耗率应≤7%。

（2）样品过筛率检查：样品过筛检查应在样品制备完成后，随机抽取任一样品的 10%，按照规定的网目过筛，过筛率达到 95%为合格。过筛后的样品原则上不得再次放回样品瓶/袋中。

（3）样品均匀性检查：在样品混匀后、分装前，将充分混匀的样品依次进行堆锥、平铺和对角线式取样，取出 5 个样品测试相关理化指标，依据测定结果的平行性以检查样品的均匀性。

第二十节　固体废物样品前处理

一、填空题

1．加压流体萃取法提取固体废物中的有机物，空白样应选取相同质量的__________替代试样。

答案：石英砂

2．固废样品中含有初始液相时，应将样品进行__________，再测定滤渣的含水率，并根据__________计算样品的含水率和干固体百分率。

答案：压力过滤，总样品量

3．水平振荡法对固体废物做浸出毒性时，称取干基重量为100 g的试样，置2 L提取瓶中，根据含水率，按液固比为__________（L/kg）计算出所需浸提剂的体积。

答案：10∶1

4．微波萃取法提取固体废物中有机物（多环芳烃、酞酸酯等）时，称取待测样品，置于微波萃取罐内，加入适量__________混合剂，溶剂用量不超过萃取罐体积的1/3。

答案：正己烷-丙酮

5．对光敏性工业固体废物样品，盛样容器应是__________的容器。

答案：不透光（或深色材质或外罩深色外套）

6．工业固体废物是指在工业、__________等生产活动中产生的固体废物。

答案：交通

7．一般地说，工业固体废物样品量多一些，才有代表性。因此，份样量不能少于某一限度；但份样量达到一定限度之后，再增加重量也不能显著提高采样的__________。

答案：准确度

8．使用醋酸缓冲溶液法对固体废物做浸出毒性测试时，对挥发性物质的浸出只用 pH 为__________的浸提剂。

答案：4.93±0.05

9．对于容器内的工业固体废物，可按上部（表面下相当于总体积的__________深处）、中部（表面下相当于总体积的__________深处）、下部（表面下相当于总体积的__________深处）确定采样点（采样位置）。

答案：1/6，1/2，5/6

10．对在常温下为固体，当受热时易变成流动的液体而不改变其__________的废物，最好在产生现场或加热使其全部溶化后按液态废物采取液态样品；也可劈开包装按固态废物采取固态样品。

答案：化学性质

11．固体废物挥发性有机物的浸出，是将零顶空提取器固定在翻转式振荡装置上，调节转速为__________r/min，于23±2℃下振荡18±2 h。

答案：30±2

12．液态废物样品的缩分，混匀后采用二分法，每次减量__________，直至试验分析用量的

__________倍为止。

答案：1/2，10

13．使用醋酸缓冲溶液法对固体废物做浸出毒性测试时，如果样品中干固体百分率小于__________，所得到的初始液相即为浸出液，可直接进行分析。

答案：5%

14．使用硫酸硝酸法对固体废物中挥发性有机物做浸出毒性测试时，如果样品中干固体百分率小于等于__________，所得到的初始液相即为浸出液，可直接进行分析。

答案：9%

15．使用硫酸硝酸法对固体废物做浸出毒性测试时，样品颗粒应可以通过__________mm 孔径的筛，对于粒径大的颗粒可通过破碎、切割或碾磨降低粒径。

答案：9.5

16．使用水平振荡法对固体废物做浸出毒性测试，对试样制备时，挑除样品中的杂物，将采集的所有样品破碎，使样品颗粒全部通过__________mm 孔径的筛。

答案：3

17．使用水平振荡法对固体废物做浸出毒性测试时，样品须在室温下振荡 8 h 后，取下静置__________h。

答案：16

18．使用硫酸硝酸法对固体废物中半挥发性有机物做浸出毒性测试时，半挥发性物质从野外采集到浸出过程样品的最大保留时间为 14 天，从浸出到预处理过程样品的最大保留时间为__________天。

答案：7

二、单选题

1．使用水平振荡法对固体废物做浸出毒性测试是以__________为浸提剂，模拟固体废物在特定场合中受到地表水或地下水的浸沥，其中的有害组分浸出而进入环境的过程。（　　）

A．纯水　　B．pH 为 3.20±0.05 硝酸/硫酸混合溶液

C．pH 为 4.93±0.05 冰醋酸溶液　　D．pH 为 2.64±0.05 冰醋酸溶液

答案：A

2．固体废物做浸出毒性鉴别时，测定样品中重金属和半挥发性有机物的浸出毒性，采用__________制备浸出液。（　　）

A．纯水—水平振荡法　　B．硝酸/硫酸—翻转法

C．醋酸—翻转法　　D．纯水—翻转法

答案：B

3．醋酸缓冲溶液法对固体废物做浸出毒性测试适用于__________类固体废物。（　　）

A．医疗废物　　B．放射性　　C．生活垃圾　　D．一般工业

答案：C

4．采用醋酸缓冲溶液法对固体废物进行浸出毒性测试时，固液比一般为__________（kg/L）。

（　　）

A．1∶2　　B．1∶5　　C．1∶10　　D．1∶20

答案：D

5．使用硫酸硝酸法对固体废物（除挥发性有机物外的其他物质）做浸出毒性测试时，固体废物样品（干固体百分率大于95%）含有初始液相，下列说法正确的是＿＿＿＿＿＿。（　　）

A．初始液相不分析，仅分析浸出液　　B．浸出液不分析，仅分析初始液相

C．初始液相和浸出液分别单独分析　　D．初始液相和浸出液混合后进行分析

答案：D

6．使用硫酸硝酸法对固体废物做浸出毒性测试时，关于加标回收做法正确的是＿＿＿＿＿＿。（　　）

A．取过筛前的待测样品，分成相同的两份，向其中一份加入已知量的待测物质

B．取过筛后的待测样品，分成相同的两份，向其中一份加入已知量的待测物质

C．取过筛后的待测样品，浸出后分成相同的两份，向其中一份加入已知量的待测物质

D．取过筛后的待测样品，浸出过滤后分成相同的两份，向其中一份加入已知量的待测物质

答案：B

7．对于粉末状、小颗粒的工业固体废物，可按＿＿＿＿＿＿方向、一定深度的部位确定采样点。（　　）

A．水平　　B．垂直　　C．平行　　D．倾斜

答案：B

8．工业固体废物制样目的是从采取的小样或大样中获取最佳量、具有＿＿＿＿＿＿，能满足试验或分析要求的样品。（　　）

A．代表性　　B．可比性　　C．完整性　　D．精密性

答案：A

9．固态废物样品的缩分包括份样缩分法、圆锥缩分法和＿＿＿＿＿＿。（　　）

A．二分器缩分法　　B．四分法　　C．二分法　　D．其他分法

答案：A

10．固体废物是在生产建设、日常生活和其他活动中产生的污染环境的＿＿＿＿＿＿废弃物质。（　　）

A．固态和半固态　　B．固态　　C．半固态　　D．液态

答案：A

11．硫酸硝酸法进行固体废物浸出毒性测试时，含水率的测定在＿＿＿＿＿＿℃下进行烘干，恒重至两次称量值的误差小于±1%，计算含水率。（　　）

A．100　　B．105　　C．108　　D．110

答案：B

12．对工业固体废物采样人员应该进行培训，采样时，应由＿＿＿＿＿＿人以上在场进行操作。（　　）

A．1　　B．2　　C．3　　D．4

答案：B

13．将采集好的固体废物样品，置于干燥洁净的托盘上，先除去杂质，再根据__________，选择不同的前处理方法。（　　）

A．颗粒大小　　B．颜色　　C．样品形态　　D．样品种类

答案：C

三、多选题

1．固体废物样品制备操作过程包括__________。（　　）

A．粉碎　　B．筛分　　C．混合　　D．缩分

答案：ABCD

2．《工业固体废物采样制样技术规范》（HJ/T 20—1998）中，工业固体废物简单随机采样法包括__________。（　　）

A．抽签法　　B．分层采样法　　C．随机数字表法　　D．权威采样法

答案：AC

3．《工业固体废物采样制样技术规范》（HJ/T 20—1998）中，对于堆存、运输中的固态工业固体废物和大池（坑、塘）中的液体工业固体废物，可按__________等点分布确定采样点。（　　）

A．对角线型　　B．梅花型　　C．棋盘型　　D．蛇型

答案：ABCD

4．工业固体废物采样方案包括采样目的和要求、__________、采样记录和报告等内容。（　　）

A．背景调查和现场踏勘　　B．采样程序

C．安全措施　　D．质量控制

答案：ABCD

5．可以使用微波萃取法提取固体废物中__________等有机物。（　　）

A．多环芳烃　　B．酞酸酯　　C．有机磷农药　　D．有机氯农药

E．多氯联苯

答案：ABCDE

6．《工业固体废物采样制样技术规范》（HJ/T 20—1998），适用于工业固体废物的__________等所需样品的采集和制备。（　　）

A．特性鉴别　　B．环境污染监测　　C．综合利用　　D．综合处置

答案：ABCD

7．对固体废物采样人员应进行培训，采样人员应熟悉__________。（　　）

A．工业固体废物的性状　　B．掌握采样技术

C．懂得安全操作的有关知识和处理方法　　D．人员的分配工作

答案：ABC

8．加压流体萃取法提取固体废物中的有机物是将处理过的固体废物样品加入密闭容器中，选择合适的有机溶剂，在__________条件下，液态的有机溶剂与样品充分接触，固体废物中的有机物被提取到有机溶剂中。（　　）

A. 加压 B. 减压 C. 冷却 D. 加热

答案：AD

9. 使用水平振荡法对固体废物做浸出毒性测试时，该方法适用于评估在受地表水或地下水浸沥时，固体废物及其他固态物质中无机污染物的浸出风险，但以下__________不稳定污染物除外。( )

A. 氰化物 B. 砷 C. 六价铬 D. 硫化物

答案：AD

四、判断题

1.《生活垃圾填埋场污染控制标准》(GB 16889—2008) 规定，测定并评价生活垃圾飞灰及一般工业固体废物浸出液浓度时，其浸出液的制备方法是《固体废物 浸出毒性浸出方法 硫酸硝酸法》(HJ/T 299—2007)。( )

答案：错误

正确答案：其浸出液的制备方法是《固体废物 浸出毒性浸出方法 醋酸缓冲溶液法》(HJ/T 300—2007)。

2. 对于某批固废进行浸出毒性鉴别时，若采集 8 份样品，检测结果的 3 份超标，即可判断该固体废物具有浸出毒性。( )

答案：正确

3. 固体废物含水率测定后的样品，基于不浪费的原则可以继续用于浸出毒性试验。( )

答案：错误

正确答案：进行含水率测定后的样品，不得用于浸出毒性试验。

4. 用硫酸硝酸法对固体废物做浸出毒性测试时，如果样品中干固体百分率小于等于 10%，所得到的初始液相即为浸出液，可直接进行分析。( )

答案：错误

正确答案：如果样品中干固体百分率小于等于 9%，所得到的初始液相即为浸出液，可直接进行分析。

5. 测定样品的挥发性成分时，在样品的采集和贮存过程中应防止挥发性物质的损失。( )

答案：正确

6. 固体废物浸出毒性浸出方法（硫酸硝酸法）原理是以硝酸/硫酸混合溶液为浸提剂，模拟废物在不规范填埋处置、堆存或经无害化处理后废物的土地利用时，其中的有害组分在酸性降水的影响下，从废物中浸出而进入环境的过程。( )

答案：正确

7. 固体废物浸出毒性浸出方法中的水平振荡法不适用于含有非水溶性液体的样品。( )

答案：正确

8. 在固废浸出毒性实验分析无机物时，浸出所使用的提取瓶可用玻璃瓶或聚四氟乙烯瓶；分析有机物时，可用玻璃瓶或聚乙烯瓶。( )

答案：错误

正确答案：在固废浸出毒性实验分析有机物时，浸出所使用的提取瓶可用玻璃瓶或聚四氟乙烯瓶；分析无机物时，可用玻璃瓶或聚乙烯瓶。

9．如果做浸出毒性（硫酸硝酸法）的固体废物的含水率为30%，称取该固体废物100 g，则应加入700 mL浸提剂进行浸出试验。（　　）

答案：错误

正确答案：应加入670 mL浸提剂。

10．使用微波萃取固体废物中有机物时，应注意萃取罐的密封，防止有机溶剂泄漏；萃取完成，萃取罐内有机溶剂压力降低后，方可打开萃取罐。（　　）

答案：正确

11．使用微波萃取固体废物中有机物时，整个过程在密闭环境条件下进行，可以不用放置在通风橱中使用，只需关注安全防爆措施。（　　）

答案：错误

正确答案：应放置在通风橱中使用，并具有安全防爆措施。

12．对于黏性样品或油腻的样品可采用干燥剂脱水法进行干燥脱水、研磨。纤维态固体废物样品应先切碎、绞碎呈尽可能小的样品，称取一定量样品后掺入硅藻土或石英砂研磨成约1 mm的颗粒态。（　　）

答案：正确

13．在固体废物系统采样法中，采第一个份样时，不可在第一个间隔的起点开始，可在第一间隔内随机确定。（　　）

答案：正确

14．采用微波萃取法提取固体废物中的有机物，固体废物样品如暂不能分析，应在4℃以下冷藏保存，半挥发性有机物的保存期限为半个月，易变质的样品应尽快分析。（　　）

答案：错误

正确答案：半挥发性有机物的保存期限为1个月。

15．样品的缩分分为份样缩分法、圆锥四分法、二分器缩分法。（　　）

答案：正确

16．采用微波萃取法提取固体废物中的有机物，容易研磨的固体废物样品，通过研磨或其他方法将样品压碎，使样品颗粒大小能通过2 mm样品筛，使样品充分均匀化。（　　）

答案：错误

正确答案：使样品颗粒大小能通过1 mm样品筛。

17．用硫酸硝酸法对固体废物做浸出毒性测试时，关于样品的破碎，样品颗粒应可以通过9.5 mm孔径的筛，对于粒径大的颗粒可通过破碎、切割或研磨降低粒径。（　　）

答案：正确

18．在测定样品中挥发物有机物时，为了避免过筛时待测成分有损失，应使用刻度尺测量粒径；样品和降低粒径所用工具无须进行冷却，只需避免将样品暴露在空气中即可。（　　）

答案：错误

正确答案：所用工具需进行冷却处理。

19．在挥发性有机物浸出时，使用翻转式振荡装置振荡过程中有气体产生时，应定时在通风橱中打开提取瓶，释放过度压力。（　　）

答案：错误

正确答案：在除挥发性有机物外的其他物质的浸出时，使用翻转式振荡装置振荡过程中有气体产生时，应定时在通风橱中打开提取瓶，释放过度压力。

20．用金属分析的浸出液在贮存之前应用硫酸酸化至 pH＜2；用于有机成分分析的浸出液在贮存过程中不能接触空气，即零顶空保存。（　　）

答案：错误

正确答案：用金属分析的浸出液在贮存之前应用硝酸酸化至 pH＜2。

21．在醋酸缓冲溶液法对挥发性有机物的浸出过程中，应将样品冷却至 4℃，称取干基质量为 20～25 g 的样品，快速转入 ZHE。安装好 ZHE，缓慢加压以排除顶空。（　　）

答案：正确

22．除非消解会造成待测金属的损失，用于金属分析的固废浸出液应按分析方法的要求进行消解。（　　）

答案：正确

23．在醋酸缓冲溶液法对挥发性有机物的浸出过程中，如果样品中的干固体百分率小于 10%，所得到的初始液相即为浸出液，直接进行分析即可。（　　）

答案：错误

正确答案：在醋酸缓冲溶液法对挥发性有机物的浸出过程中，如果样品中的干固体百分率小于 5%，所得到的初始液相即为浸出液，直接进行分析即可。

24．在醋酸缓冲溶液法对挥发性有机物的浸出过程中，如果样品中的干固体百分率大于等于总样品量 10%的，继续进行浸出，并将所得到的浸出液与初始液相混合后进行分析。（　　）

答案：错误

正确答案：样品中的干固体百分率大于等于总样品量 5%的，继续进行浸出，并将所得到的浸出液与初始液相混合后进行分析。

25．在浸出步骤中，样品中含有初始液相时，应用压力过滤器和滤膜对样品进行过滤。（　　）

答案：正确

26．固体废物加入浸提剂，盖紧瓶盖后垂直固定在水平振荡装置上，调节振荡频率为（110±10）次/min、振幅为 40 mm，在室温下振荡 8 h 后取下浸取瓶，静置 16 h。（　　）

答案：正确

27．水平振荡法对固体废物做浸出毒性测试时，试样制备中，挑除样品中的杂物，将采集的所有样品破碎，使样品颗粒全部通过 3 mm 孔径的筛。（　　）

答案：正确

28．在固体废物做浸出毒性测试时，每做 10 个样品或每批样品（样品量少于 20 个时）至少做一个浸出空白。（　　）

答案：错误

正确答案：每做 20 个样品或每批样品（样品量少于 20 个时）至少做一个浸出空白。

29. 在固体废物做浸出毒性测试时，每批样品至少做一个加标回收样品。取过筛后的待测样品，分成相同的两份。向其中一份加入已知量的待测物标准样品按照规定步骤进行浸提分析，计算待测物的回收率。（　　）

答案：正确

30. 对于不容易研磨的固体废物样品，可以在样品称量后加入无水硫酸钠、硅藻土一起研磨。（　　）

答案：正确

31. 将装有固体废物样品的萃取罐放入密封罐中，然后将密封罐放入微波萃取仪中，其中多环芳烃类的预热加热时间为 5 min，萃取时间为 10 min。（　　）

答案：正确

32. 微波萃取法对固体废物样品萃取时，应注意萃取罐的密封，防止有机溶剂泄漏；萃取完成，萃取罐内有机溶剂压力降低后，方可打开萃取罐。（　　）

答案：正确

33. 微波萃取仪应放置在通风橱中使用，并具有安全防爆措施。（　　）

答案：正确

34. 在加压流体萃取法对固体废物中有机物提取前应进行干燥、粉碎、均化和筛分成细小颗粒，对于大体积的干燥固体可直接进行研磨均化。（　　）

答案：错误

正确答案：大体积的干燥固体应先粉碎，再研磨均化。

35. 固体废物中有机物提取前将样品放在搪瓷盘或者不锈钢盘上，混匀，除去异物后，使用烘箱对样品进行干燥脱水。（　　）

答案：错误

正确答案：不得使用烘箱对样品进行干燥处理。

36. 如果固体废物样品存在明显水相，应先进行离心分离水相，再选择合适的干燥处理。（　　）

答案：正确

五、简答题

1. 简述《固体废物　浸出毒性浸出方法　翻转法》（GB 5086.1—1997）质量保证措施。

答案：

（1）每批样品（最多 20 个样品）至少做一个浸出空白；

（2）每批样品至少做一个加标回收样品；

（3）对每批滤膜均应做吸收或溶出待测物实验；

（4）在浸取过滤时，每个浸取容器中的液相部分必须全部通过过滤装置，并且必须收集全部滤出液，摇匀后供分析用；

（5）样品必须在保存期内完成浸出毒性试验和分析测定；

（6）做浸出试验的每批样品，按照浸取程序做平行双样率不得低于 20%；

（7）浸出空白、加标样品、平行双样测得的结果不得大于方法规定的允许差；

（8）填写好浸出试样记录，保存全部质量控制资料，以备查阅或审查。

2．简述使用微波萃取固体废物样品中有机物的原理。

答案：使用微波萃取固体废物样品中有机物的原理是利用微波射线可自由透过对微波透明的萃取介质，深入样品基体内部，按照不同物质对微波吸收程度的不同，可对体系中不同组分进行选择性加热，从而使目标物从基体或体系中分离出来，进入萃取溶剂中。

3．加压流体萃取法对固态固体废物有机物提取时，根据目标物的性质选择哪些不同的样品干燥方式？

答案：

方法一：测定多氯联苯等不挥发性有机物和非极性有机物的新鲜样品，应在室温条件下避光、风干。

方法二：需要测定新鲜样品时，使用冻干法进行干燥脱水。

方法三：需要测定新鲜样品时，也可以采用干燥剂脱水方法。称取适量的新鲜样品，加入一定量的硅藻土，充分混匀、脱水，在研钵中反复研磨成细小颗粒（约 1 mm），充分拌匀至呈散粒状，全部转入萃取池中进行萃取。

4. 工业固体废物采样时，样品盛入容器后，在容器壁上应随即贴上标签。标签应包括哪些内容？

答案：样品名称及编号、工业固体废物批号及批量、产生单位、采样部位、采样日期、采样人等。

5．在工业固体废物采样目的明确后，要调查哪些影响采样方案制订的因素，并进行现场踏勘。

答案：

工业固体废物的产生（处置）单位、产生时间、产生形式（间断还是连续）、贮存（处置）方式；

工业固体废物的种类、形态、数量、特性（含物性和化性）；

工业固体废物试验及分析的允许误差和要求；

工业固体废物污染环境、监测分析的历史资料；

工业固体废物产生或堆存或处置或综合利用现场踏勘，了解现场及周围环境。

六、计算题

如果做浸出毒性（硫酸硝酸法）的固体废物的含水率为 65%，试验需试样干基重量 70 g，应加入多少浸取剂进行浸出试验？

答案：称取试样量为 $70\div(100\%-65\%)=200$（g）

依据标准，液固比为 10∶1，液体总量为 $70\times10=700$（mL）

应补加浸取剂的量为 $700-200\times65\%=570$（mL）

第十章 质量管理

一、填空题

1.《环境监测质量管理技术导则》（HJ 630—2011）中，__________指为实施质量管理所需的组织结构、程序、过程和资源。

答案：质量体系

2.《环境监测质量管理技术导则》（HJ 630—2011）中规定，记录应清晰明了，不得随意涂改，必须修改时应采用__________方法。

答案：杠改

3.《检验检测机构资质认定能力评价　检验检测机构通用要求》（RB/T 214—2017）中，__________是指依据预先制定的准则，采取检验检测机构间比对的方式，评价参加者的能力。

答案：能力验证

4.《环境监测质量管理技术导则》（HJ 630—2011）规定，实验室外部质量控制可采取以下措施：密码平行样、密码质量控制样及密码加标样、__________、实验室间比对、留样复测等。

答案：人员比对

5. 生态环境监测机构及其负责人对其监测数据的__________和__________负责，采样与分析人员、审核与授权签字人分别对原始监测数据、监测报告的 __________终身负责。

答案：真实性，准确性，真实性

6. 在生态环境监测过程中，当输出数据打印在热敏纸或光敏纸等保存时间较短的介质上时，应同时保存记录的__________或__________。

答案：复印件，扫描件

7. 生态环境监测机构应建立适应自身生态环境监测活动特点、与所开展的生态环境监测业务相匹配的__________，并保证其独立、公正、科学、诚信。

答案：管理体系

8. 从事检验检测活动的人员，不得同时在__________检验检测机构从业。

答案：两个及以上

9.《环境监测质量管理技术导则》（HJ 630—2011）规定，通常监测结果低于方法检出限时，用__________表示。

答案：ND

10. 检验检测机构资质认定能力评价要求技术负责人应具有__________及以上专业技术职称或同等能力，全面负责__________运作。

答案：中级，技术

11. 生态环境监测机构应及时记录监测全过程的技术活动，保证记录信息的__________、__________和__________，能够再现监测全过程。

答案：充分性，原始性，规范性

12. 资质认定证书有效期为__________年。评审组在技术评审中发现有不符合要求的，应当书面通知申请人限期整改，整改期限不得超过__________个工作日。逾期未完成整改或整改后仍不符合要求的，相应评审项目应当判定为不合格。

答案：6，30

13. 管理评审通常__________个月一次，由__________负责。

答案：12，管理层

14. 量值溯源的目的是使测量结果或标准的量值能溯源到__________或__________。

答案：国家计量基准，国家计量标准

15. 有分包事项时，生态环境监测机构应事先征得客户同意，对分包方的__________和__________进行确认，并规定不得进行__________。生态环境监测机构应就分包结果向客户负责（客户或法律法规指定的分包除外），应对分包方监测质量进行__________或__________。

答案：资质，能力，二次分包，监督，验证

16. 当在生态环境监测报告中给出符合（或不符合）要求或规范的声明时，__________人员和__________应充分了解相关环境质量标准和污染排放/控制标准的适用范围，并具备对监测结果进行__________的能力。

答案：报告审核，授权签字人，符合性判定

17. 生态环境监测机构方法验证或方法确认的__________应形成报告，并附验证或确认全过程的__________，保证方法验证或确认过程 __________。

答案：过程及结果，原始记录，可追溯

18. 生态环境监测人员承担生态环境监测工作前应经过必要的培训和能力确认，能力确认方式应包括__________、__________、__________的培训与考核等。

答案：基础理论，基本技能，样品分析

19.《生态环境监测技术人员持证上岗考核规定》（环监测〔2021〕80 号）规定，取得持证上岗合格证的监测技术人员，违反相关规定，造成__________事故的；存在__________行为的，由合格证核发部门（单位）撤销合格证。

答案：重大安全和质量，监测数据弄虚作假

20. 根据《环境监测质量管理技术导则》（HJ 630—2011），对监测结果的准确性或有效性有影响的仪器设备，在使用前、维修后恢复使用前、脱离实验室直接控制返回后，均应进行__________或__________。

答案：校准，核查

21. 根据《环境监测质量管理技术导则》（HJ 630—2011），平行样的测定结果在允许偏差范围内时，用其__________报告测定结果。

答案：平均值

22. 生态环境监测机构可采取__________或__________方式对文件进行有效控制。

答案：纸质，电子介质

23. 质量手册是质量体系运行的__________性文件，程序文件是质量手册的__________性文件。

答案：纲领，支持

24. 生态环境监测机构现场测试和采样应至少有__________名监测人员在场。

答案：2

25. 内部审核通常每年一次，由__________策划内审并制定审核方案。内审员须经过培训，具

备相应资格。

答案： 质量负责人

26．如果客户要求的偏离影响到检验检测结果，应在报告、证书中作出__________。

答案： 声明

27．检验检测机构应建立和保持检验检测方法控制程序。检验检测方法包括__________方法、__________方法。

答案： 标准，非标准

28．实验室接收样品时，应对样品的__________、__________和保存条件进行检查和记录，对不符合要求的样品可以拒收，或明确告知客户有关样品偏离情况，并在报告中注明。

答案： 时效性，完整性

29．标准物质应尽可能溯源到__________单位或有证标准物质。检验检测机构应根据程序对标准物质进行__________。

答案： 国际单位制（SI），期间核查

30．检验检测机构及其人员应对其在检验检测活动中所知悉的国家秘密、__________和__________负有保密义务，并制定和实施相应的保密措施。

答案： 商业秘密，技术秘密

31．设备在投入使用前，应采用__________、检定或__________等方式，以确认其是否满足检验检测的要求。

答案： 核查，校准

32．国家计量基准的作用是将所复现的单位量值通过一定方式依次向下传递到工作计量器具的过程，称为__________，这个过程是__________的逆过程。

答案： 量值传递，量值溯源

33．生态环境监测质量管理是生态环境监测工作的重要组成部分，应贯穿于监测工作的__________。

答案： 全过程

34．《检验检测机构资质认定生态环境监测机构评审补充要求》（国市监检测〔2018〕245 号）规定，生态环境监测机构应建立__________和__________弄虚作假行为的制度和措施，确保其出具的监测数据准确、客观、真实、可追溯。

答案： 防范，惩治

35．生态环境监测机构初次使用标准方法前，应进行__________，使用非标准方法前，应进行__________。非标准方法应由不少于__________名本领域高级职称及以上专家进行审定。

答案： 方法验证，方法确认，3

36．检验检测机构应将其管理体系、组织结构、程序、过程、资源等过程要素文件化。文件可分为四类：__________、__________、__________以及质量和技术记录表格。

答案： 质量手册，程序文件，作业指导书

37．《检验检测机构资质认定能力评价　检验检测机构通用要求》（RB/T 214—2017）规定，检验检测机构可在出现__________、__________或__________时，报告测量不确定度。

答案： 临界值，内部质量控制，客户有要求

38.《环境监测分析方法标准制修订技术导则》（HJ 168—2020）中最终的方法检出限为各验证实验室确定的方法检出限的__________。

答案：最高值

39. 在环境监测的实验室分析中，加标回收试验包括__________、__________及__________等。

答案：空白加标，基体加标，基体加标平行

40. 根据《检验检测机构资质认定生态环境监测机构评审补充要求》（国市监检测〔2018〕245号），初次使用标准方法前，应进行方法验证，并根据标准的适用范围，选取不少于一种__________进行测定。

答案：实际样品

41. 生态环境监测机构应保证人员数量及其专业技术背景、工作经历、监测能力与所开展的监测活动相匹配，中级以上专业技术职称或同等能力的人员数量应不少于生态环境监测人员总数的__________。

答案：15%

42. 生态环境监测机构技术负责人应具有从事生态环境监测相关工作__________年以上的经历。

答案：5

43.《检验检测机构资质认定能力评价　检验检测机构通用要求》（RB/T 214—2017）规定，检验检测机构应当对检验检测原始记录和报告归档留存，保证其具有可追溯期。原始记录和报告的保存期限通常不少于__________年。

答案：6

44. 检验检测报告或证书签发后，若有更正或增补应予以__________，修订的检验检测报告或证书应标明所代替的报告或证书，并注以__________。

答案：记录，唯一性标识

45. 校准曲线包括__________曲线和__________曲线。

答案：标准，工作

46. 环境监测仪器量值溯源的方式包括__________和__________。

答案：检定，校准

47. 0.078 03 用 3 位有效数字表示为__________。

答案：7.80×10^{-2}（或 0.078 0）

48. 在未知标准偏差情况下判定异常值，通常采用__________、__________和__________。

答案：Grubbs 检验法，Dixon 检验法，偏差-峰度检验法

49.《生态环境监测技术人员持证上岗考核实施细则》规定，现场操作考核采取抽考形式。抽考项目（方法）数量一般不少于被考核人申报项目（方法）数量的__________，免考项目（方法）__________抽考比例，现场考核时需至少抽考__________非免考项目（方法）。

答案：30%，计入，一项

50. S 型皮托管测量排气流速时，面对气流的开口测得的压力为__________，背对气流的开口测得的压力小于__________；排气流速与__________成正比。

答案：全压，静压，动压的平方根

51. 除标准另有规定外，排气筒中废气的采样以__________的采样获取平均值，或在__________内，以等时间间隔采集__________样品计算平均值。

答案：连续 1 h，1 h，3～4 个

52. 常见的吸收瓶主要有__________、__________和__________；常见的固体吸附剂有__________、__________和__________等吸附材料。

答案：气泡吸收瓶，多孔玻板吸收瓶，冲击式吸收瓶，活性炭，硅胶，有机高分子

53. 测量背景噪声时，若噪声源不能停止排放，可选择在背景噪声对照点进行背景噪声监测。此方法仅用在背景噪声与噪声测量值相差__________以上时。

答案：4.0 dB

54. 村庄原则上执行__________声环境功能区要求，工业活动较多的村庄以及有交通干线经过的村庄（指执行 4 类声环境功能区要求以外的地区）可局部或全部执行__________声环境功能区要求。

答案：1 类，2 类

55. 集镇执行__________声环境功能区要求。

答案：2 类

56. 环境振动应在__________、__________、__________的天气环境下进行，测量过程中避免__________、__________等其他因素引起的干扰。

答案：无雨雪，无雷电，无强风，高噪声，走动

57. 环境噪声监测点位编码由三部分组成，分别为行政区划代码、监测点位类别代码和监测点位顺序代码，行政区划代码详细至__________一级，用__________位阿拉伯数字表示。

答案：区县，6

58. 从质量保证和质量控制的角度出发，要求分析数据具有__________、__________、__________、可比性和__________。其中__________是前提和首要条件。只有这样，分析结果才有意义。

答案：代表性，准确性，精密性，完整性，代表性

59. 为了提供足够的信任表明实体能满足质量要求，而在质量体系中实施并根据需要进行证实的全部有计划和有系统的活动，称为__________。

答案：质量保证

60. 设备出现故障或者异常时，检验检测机构应采取相应措施，如__________、隔离或加贴停用标签、标记，直至修复并通过__________、__________或核查表明能正常工作为止。应检查这些缺陷或偏离对以前检测结果的影响。

答案：停止使用，检定，校准

61. __________样品是将实验用水代替实际样品，置于样品容器中，并按照与实际样品一致的程序进行测定。

答案：全程序空白

62.《检验检测机构资质认定管理办法》（163 号修正案）中规定资质认定证书有效期为__________年。需要延续资质认定证书有效期的，应当在其有效期届满__________个月前提出申请。对上一许可周期内无违反市场监管法律、法规、规章行为的检验检测机构，资质认定部门可以采取

__________方式，对于符合要求的，予以延续资质认定证书有效期。

答案：6，3，书面审查

63. 根据《检验检测机构监督管理办法》（国家市场监督管理总局令 第39号）规定，检验检测机构及其人员应当对其出具的检验检测报告负责，依法承担__________、__________和__________法律责任。

答案：民事，行政，刑事

64. 检验检测机构及其人员从事检验检测活动应当遵守法律、行政法规、部门规章的规定，遵循__________、__________、__________原则，恪守职业道德，承担社会责任。

答案：客观独立，公平公正，诚实信用

65. 根据《检验检测机构监督管理办法》（国家市场监督管理总局令 第39号）规定，检验检测机构应当在其检验检测报告上加盖__________或者__________，由__________在其技术能力范围内签发。

答案：检验检测机构公章，检验检测专用章，授权签字人

66. 检验检测报告用语应当符合相关要求，列明标准等技术依据。检验检测报告存在__________错误，确需更正的，检验检测机构应当按照标准等规定进行更正，并予以标注或者说明。

答案：文字

67.《检验检测机构监督管理办法》（国家市场监督管理总局令 第39号）规定，省级市场监督管理部门可以结合风险程度、__________及__________结果、__________情况等，对本行政区域内检验检测机构进行分类监管。

答案：能力验证，监督检查，投诉举报

68.《生态环境监测人员持证上岗考核实施细则》规定，持证上岗考核流程一般包括首次会议、理论考核、实验室考察、__________考核、__________抽查及末次会议等主要环节。

答案：现场操作，自认定材料

69.《生态环境监测人员持证上岗考核实施细则》规定，新标准方法发布代替原标准方法，若不涉及__________、__________等关键内容变化，可由被考核单位对相应持证人员进行自认定，并将相关人员自认定材料及__________报送主考单位备案，视为相应人员及项目（方法）已持证，被考核单位后续申请持证上岗时予以核发。

答案：方法原理，仪器设备，方法变更确认材料

70. __________是能力验证中广为应用的能力评定统计量，它是利用参加者结果与指定值的差值，再与能力评定标准差相除而得出。

答案：Z 比分数

71. 检出限和定量限是描述方法性能的重要指标，能检测的最小浓度通常称为__________，能可靠定量的最小浓度通常称为__________。

答案：检出限，定量限或定量下限

72. __________误差是测量结果减去真值。

答案：绝对

73. 检验检测机构应有样品的__________系统，并在检验检测整个期间__________。

答案：标识，保留该标识

74．检验检测机构不得伪造、变造、冒用、租借资质认定__________或者__________。

答案：证书，标志

75．生态环境监测机构要建立“谁出数谁负责、谁签字谁负责”的__________制度。

答案：责任追溯

76．生态环境监测机构应当依法取得检验检测机构__________证书。建立覆盖布点、采样、现场测试、样品制备、分析测试、数据传输、评价和综合分析报告编制等全过程的__________。

答案：资质认定，质量管理体系

77．超出资质认定证书规定的检验检测能力范围，擅自向社会出具具有证明作用的数据、结果的，法律法规未作规定的，由县级以上市场监督管理部门责令__________，处__________元罚款。

答案：限期改正，3 万

78．生态环境监测机构应按照监测标准或技术规范对现场测试或采样的场所环境提出相应的控制要求并记录，包括但不限于__________、__________、场地条件和环境条件等。

答案：电力供应，安全防护设施

79．生态环境监测机构应对实验区域进行__________，并明示其__________。

答案：合理分区，具体功能

80．生态环境监测的现场测试设备在__________，应按相关监测标准或技术规范的要求，对关键性能指标进行__________并__________，以确认设备状态能够满足监测工作要求。

答案：使用前后，核查，记录

81．检验检测机构中所有可能影响检测活动的人员，无论是__________还是__________人员，均应行为公正，受到监督，胜任工作，并按管理体系的要求履行职责。

答案：内部，外部

82．检验检测机构应确定人员的教育和培训__________，明确培训__________和实施人员培训。

答案：目标，需求

83．生态环境监测机构在初次使用标准方法前进行方法验证时，对于方法__________的验证，可参照《环境监测分析方法标准制修订技术导则》（HJ 168—2020）等相关标准的要求开展。

答案：性能指标

84．设备期间核查是在设备__________期间进行的，核查设备的检定或校准状态的__________性或设备性能的__________性。

答案：使用，稳定，可信

85．检验检测机构应明确其__________及管理、技术运作和支持服务之间的关系。检验检测机构应__________检验检测活动所需的人员、设施、设备、系统及支持服务。

答案：组织结构，配备

二、单选题

1．检验检测机构向社会出具具有证明作用的检验检测数据、结果的，应当在其检验检测报告或证书上加盖__________，用以表明该检验检测报告或证书由其出具，并由该检验检测机构负责。

（　　）

A．CMA 标志　　B．检验检测专用章　　C．许可使用标志　　D．部门骑缝章

答案：B

2．纠正措施必然涉及__________。（　　）

A．管理评审　　B．降低成本　　C．人员培训　　D．效果验证

答案：D

3．对于所有被判断为不可接受的质量控制结果，检验检测机构应查找原因并采取有计划的__________。（　　）

A．技术措施　　B．纠正措施　　C．改进措施　　D．效果验证

答案：B

4．测试设备经校准某一量程不合格，但测试所需的量程合格，其状态标志应使用__________。（　　）

A．合格　　B．准用　　C．停用　　D．效果验证

答案：B

5．如果检验检测标准或者技术规范对环境条件有要求，但实际环境条件不利于检验检测的开展时，应__________检验检测活动。（　　）

A．继续　　B．边改边继续　　C．停止　　D．恢复

答案：C

6．为确保质量管理体系持续的适宜性、充分性和有效性所进行的质量管理活动是__________。（　　）

A．内审　　B．管理评审　　C．期间核查　　D．质量控制

答案：B

7．根据《检验检测机构资质认定生态环境监测机构评审补充要求》（国市监检测〔2018〕245号），开展现场测试或采样时，应根据任务要求制订监测方案或采样计划，明确监测点位、__________、监测方法、监测频次等内容。（　　）

A．监测因子　　B．监测元素　　C．监测项目　　D．监测类别

答案：C

8．各级相关部门所属生态环境监测机构、环境监测设备运营维护机构、社会环境监测机构及其__________要严格按照法律法规要求和技术规范开展监测，健全并落实监测数据质量控制与管理制度，对监测数据的真实性和准确性负责。（　　）

A．负责人　　B．监测人员　　C．授权签字人　　D．审核人

答案：A

9．根据《检验检测机构资质认定生态环境监测机构评审补充要求》（国市监检测〔2018〕245号），生态环境监测机构应及时记录样品采集、现场测试、样品运输和保存、样品制备、分析测试等监测全过程的技术活动，保证记录信息的__________，能够再现监测全过程。（　　）

A．科学性、合理性、可行性　　B．充分性、原始性、规范性

C．科学性、原始性、规范性　　D．充分性、合理性、可行性

答案：B

10．生态环境监测机构使用的标准物质应该是有证标准物质或具有＿＿＿＿＿的标准物质。（　　）

A．合法性　　B．可查性　　C．准确性　　D．溯源性

答案：D

11．检验检测活动的原始记录应＿＿＿＿＿。（　　）

A．有足够的信息量保证检测过程能够复现　　B．有仪器管理员的标识

C．一式两份以安全贮存　　D．有客户确认并进行签字

答案：A

12．记录是一种特殊类型的文件，是对所完成活动或达到的结果提供＿＿＿＿＿的文件。（　　）

A．有效性　　B．客观证据　　C．符合性　　D．时效性

答案：B

13．《检验检测机构资质认定生态环境监测机构评审补充要求》（国市监检测〔2018〕245 号）所称生态环境监测机构，是指依法成立，依据相关＿＿＿＿＿开展生态环境监测，向社会出具具有证明作用的数据、结果，并能够承担相应法律责任的专业技术机构。（　　）

A．评审准则　　B．法律法规　　C．标准或规范　　D．质量手册

答案：C

14．检验检测机构在资质认定证书确定的能力范围内，向社会出具具有证明作用的检验检测数据、结果时，应当标注资质认定标志，即＿＿＿＿＿标志。（　　）

A．CMA　　B．CAL　　C．CMC　　D．CNAS

答案：A

15．生态环境监测机构出具的监测报告，应当使用＿＿＿＿＿。（　　）

A．国际单位制单位　　B．SI 基本单位和 SI 导出单位

C．国家法定计量单位　　D．以上均可

答案：C

16．检验检测机构应当对检验检测＿＿＿＿＿归档留存。（　　）

A．原始记录　　B．报告　　C．合同或委托单　　D．设备使用记录

E．以上全是

答案：E

17．量值传递是将＿＿＿＿＿所复现的单位量值，通过计量检定（或其他传递方式）传递给下一等级的计量标准，并依次逐级传递到工作＿＿＿＿＿，以保证被测对象的量值准确一致的过程。（　　）

A．计量基准，计量器具　　B．计量标准，计量器具

C．计量基准，实验室　　D．计量标准，实验室

答案：A

18．《检验检测机构资质认定生态环境监测机构评审补充要求》（国市监检测〔2018〕245 号）规定，生态环境监测档案应做到：在保证安全性、＿＿＿＿＿和可追溯的前提下，可使用电子介质存储的报告和记录代替纸质文本存档。（　　）

A．完整性　　B．及时性　　C．真实性　　D．准确性

答案：A

19．检验检测机构在资质认定证书确定的能力范围内开展检验检测活动，如确需方法偏离，应有文件规定，经技术判断和批准，并征得＿＿＿＿＿＿同意。（　　）

A．技术负责人　　B．质量负责人　　C．授权签字人　　D．客户

答案：D

20．检验检测机构管理层组织的对管理体系的适宜性、充分性、有效性以及是否能够保证质量方针和目标的实现进行的评价是＿＿＿＿＿＿。（　　）

A．质量评审　　B．管理评审　　C．质量审核　　D．合同评审

答案：B

21．检验检测机构记录管理要求中，不正确的是＿＿＿＿＿＿。（　　）

A．记录应按照适当程序规范进行　　B．修改后的记录应重抄后存档

C．规定了原始观测记录的保存期限　　D．保存记录应防止虫蛀

答案：B

22．检验检测机构使用的有毒有害化学品和易制毒品，应采取＿＿＿＿＿＿措施管理。（　　）

A．专人专柜　　B．双人双锁

C．双锁双账双人管理双人运输双人使用　　D．最高管理者保存记录

答案：C

23．检验检测机构资质认定是一项确保检验检测数据、结果真实、客观、准确的＿＿＿＿＿＿制度。（　　）

A．行政许可　　B．计量认证　　C．资质认定　　D．保存记录应防止虫蛀

答案：A

24．检验检测机构具有＿＿＿＿＿＿或多个地点的场所，上述场所应满足相关法律法规、标准或技术规范的要求。（　　）

A．固定的　　B．固定的、临时的

C．固定的、可移动的　　D．固定的、临时的、可移动的

答案：D

25．《检验检测机构资质认定能力评价　检验检测机构通用要求》（RB/T 214—2017）规定，当样品需要存放或养护时，应＿＿＿＿＿＿环境条件。（　　）

A．维护、监控和记录　　B．维护、记录

C．记录　　D．监控

答案：A

26．内部审核通常每年一次，由＿＿＿＿＿＿策划内审并制定审核方案。（　　）

A．最高负责人　　B．技术负责人

C．质量负责人　　D．内审员

答案：C

27．质量体系的年度内部审核一般是审核＿＿＿＿＿＿。（　　）

A. 出现问题的部门　　B. 客户投诉的部门

C. 管理体系的全部要素　　D. 以上 A、B、C 3 种情况

答案：C

28. 检验检测的样品应按照检验检测机构建立的样品标识系统赋予其＿＿＿＿＿和检验检测过程的状态标识，以防混淆或漏检。（　　）

A. 名称标识　　B. 客户标识　　C. 合格标识　　D. 唯一性标识

答案：D

29.《生态环境监测技术人员持证上岗考核实施细则》规定，被考核单位在申请现场考核前须对被考核人开展岗前技术培训，新上岗人员需至少经过＿＿＿＿＿技术培训及见习，转岗人员需至少经过＿＿＿＿＿技术培训。（　　）

A. 3 个月，1 个月　　B. 4 个月，2 个月

C. 6 个月，3 个月　　D. 6 个月，2 个月

答案：A

30.《生态环境监测技术人员持证上岗考核实施细则》规定，考核组应对被考核单位的自认定材料抽查并查看，抽查比例不少于单位自认定总项目（方法）的＿＿＿＿＿。（　　）

A. 5%　　B. 10%　　C. 15%　　D. 20%

答案：D

31.《生态环境监测技术人员持证上岗考核实施细则》规定，每人每次考核最多申请＿＿＿＿＿个项目（方法）的现场操作考核。（　　）

A. 20　　B. 30　　C. 40　　D. 50

答案：D

32. 环境噪声监测点位编码中，监测点位类别代码由 2 位阿拉伯数字表示，其中 10 表示＿＿＿＿＿声环境监测点位，32 表示＿＿＿＿＿声环境监测点位。（　　）

A. 0 类功能区，区域　　B. 区域，2 类功能区

C. 区域，3 类功能区　　D. 交通，2 类功能区

答案：B

33. 颗粒物采样位置应设置在距弯头、阀门、变径管下游方向不小于 6 倍直径，和距上述部件上游不小于 3 倍直径处。若空间位置有限，无法满足上述要求，可选择比较适宜的管段采样，但采样断面与弯头等距离至少是烟道直径的＿＿＿＿＿倍。（　　）

A. 0.5　　B. 1　　C. 1.5　　D. 2

答案：C

34. 对矩形或方形烟道，将烟道界面分成适当数量的等面积小块，各块中心即为测点，原则上测点不超过＿＿＿＿＿个。（　　）

A. 10　　B. 20　　C. 25　　D. 30

答案：B

35. 用活性炭、高分子多孔微球作吸附剂时，如果烟气中水分含量体积百分数大于＿＿＿＿＿，为了减少烟气水分对吸附剂吸附性能的影响，应在吸附管前串联水气分离装置，除去烟气中的水分。

（　　）

A．3%　　B．5%　　C．7%　　D．10%

答案：A

36．颗粒物等速采样过程跟踪率要求达到__________，否则应重新采样。（　　）

A．1.0±0.1　　B．1.0±0.15　　C．1.0±0.2　　D．1.0±0.25

答案：A

37．环境空气质量手工监测点采样口周围水平面应保证有__________以上的捕集空间，不能有阻碍空气流动的高大建筑、树木或其他障碍物；如果采样口一侧靠近建筑，采样口周围水平面应有__________以上的自由空间。（　　）

A．180°，90°　　B．225°，135°　　C．270°，180°　　D．240°，120°

答案：C

38．《环境空气质量手工监测技术规范》（HJ 194—2017）中溶液吸收采样法、吸附管采样法、滤膜采样法均规定，采样前、后用经检定合格的标准流量计校验采样系统的流量，流量误差应小于__________。（　　）

A．1%　　B．2.5%　　C．5%　　D．10%

答案：C

39．《环境空气质量手工监测技术规范》（HJ 194—2017）中吸附管采样法规定，空气中水蒸气或水雾会影响采样效率，采样时空气相对湿度应小于__________。采样时流量应稳定，采样前后的流量相对偏差应不大于__________。（　　）

A．90%，10%　　B．90%，5%　　C．80%，5%　　D．80%，10%

答案：A

40．吸收管（瓶）阻力的一般要求：内装 50 mL 吸收液的大型多孔玻板吸收瓶，以__________L/min 流量采样时，玻板阻力应为__________kPa。（　　）

A．0.2，4.7±0.7　　B．0.5，4.7±0.7　　C．0.2，6.7±0.7　　D．0.5，6.7±0.7

答案：C

41．吸收管（瓶）阻力的一般要求：内装 10 mL 吸收液的多孔玻板吸收瓶，以__________L/min 流量采样时，玻板阻力应为__________kPa。（　　）

A．0.2，4.7±0.7　　B．0.5，4.7±0.7　　C．0.2，6.7±0.7　　D．0.5，6.7±0.7

答案：B

42．根据《大气污染物综合排放标准》（GB 16297—1996）的规定，二氧化硫、氮氧化物、颗粒物和氟化物的监控点设在无组织排放源下风向__________m 范围内的浓度最高点，其余物质的监控点设在单位周界外 __________m 范围内的浓度最高点。（　　）

A．2～50，10　　B．10，2～50　　C．2～50，5　　D．5，2～50

答案：A

43．根据《大气污染物综合排放标准》（GB 16297—1996）的规定，若排气筒高度不能达到要求，应按其高度对应的排放速率标准严格 __________执行。（　　）

A．100%　　B．200%　　C．30%　　D．50%

答案：D

44．下列__________试剂有效期最短。（　　）

A．0.1 mol/L K_2CrO_4　　B．饱和氯化钠溶液

C．0.1 mol/L 硫代硫酸钠溶液　　D．0.1 mol/L 草酸钠溶液

答案：C

45．下列__________溶液应贮存于棕色玻璃瓶中。（　　）

A．硫酸亚铁铵　　B．氯胺 T　　C．硝酸银　　D．氯化亚锡

答案：C

46．下列属于质量记录的是__________。（　　）

A．仪器使用记录　　B．原始记录表格　　C．机打谱图　　D．人员监督记录

答案：D

47．精密度一般只取__________位有效数字。（　　）

A．3　　B．1～2　　C．小数点后一位　　D．小数点后两位

答案：B

48．正态分布的总体偏差越大，数据越__________，正态分布曲线越__________。（　　）

A．分散，平宽　　B．集中，尖窄　　C．分散，尖窄　　D．集中，平宽

答案：A

49．以下__________不是国际单位制的计量单位。（　　）

A．mol/L　　B．kg/m^3　　C．ppb　　D．S/m

答案：C

50．水质分析使用的校准曲线为该分析方法的直线范围，根据方法的测量范围（直线范围），配制一系列浓度的标准溶液，系列的浓度值应较均匀分布在测量范围内，曲线点至少配制__________（不含零浓度）。（　　）

A．4 个　　B．5 个　　C．6 个　　D．根据样品浓度调整

答案：B

51．为保证管理体系持续有效运行，检验检测机构须按年制订的各项质量工作计划，不包括__________。（　　）

A．人员培训计划　　B．仪器期间核查计划

C．设备采购计划　　D．设备检定校准计划

答案：C

52．在进行水污染物浓度达标排放的日均值计算时，对低于分析方法检出限的有效测定结果应__________进行数据处理。（　　）

A．以 0 参与计算　　B．以检出限 1/2 参与计算

C．不参与日均值统计　　D．A 和 B 均可

答案：B

53．在水质监测中对于某一类污染物的测定，当其中某一个或某几个分项的监测结果大于方法检出限时，总量的结果为所有分项之和，低于方法检出限的分项以__________计。（　　）

A．以 0 参与计算　　B．以检出限 1/2 参与计算

C．不参与日均值统计　　D．A 和 B 均可

答案：A

54．使用色谱法检测有机化合物时，分析过程中通常会加入替代物和内标物以考察分析过程的可靠性，因此替代物应在__________加入，内标物应在__________加入。（　　）

A．前处理前，上机测试前　　B．前处理前，前处理前

C．上机测试前，前处理前　　D．上机测试前，上机测试前

答案：A

55．根据《检验检测机构监督管理办法》（国家市场监督管理总局令 第 39 号）的规定，检验检测机构对委托人送检的样品进行检验的，检验检测报告对__________负责。（　　）

A．样品　　B．样品的代表性

C．样品所检项目的符合性情况　　D．样品的真实性

答案：C

56．色谱分析试验的玻璃微量进样器（注射器）的针头堵塞，下列措施不正确的是__________。（　　）

A．细钢丝串通　　B．在酒精灯上烧一下

C．在稀硝酸中浸泡　　D．在稀氢氧化钠溶液中浸泡

答案：C

57．检验检测机构参加能力验证，当测定结果的 Z 比分数绝对值为__________时，表明结果“满意”，无须采取进一步措施。（　　）

A．<2　　B．$\leqslant 2$　　C．$\leqslant 3$　　D．<3

答案：B

58．检验检测机构参加能力验证，当测定结果的 Z 比分数绝对值为__________时，表明结果“不满意”，产生措施信号。（　　）

A．>2　　B．$\geqslant 2$　　C．$\geqslant 3$　　D．>3

答案：D

59．误差和偏差分别是衡量__________高低的尺度。（　　）

A．精密度，正确度　　B．正确度，精密度　　C．精密度，精密度　　D．正确度，正确度

答案：B

60．投诉是客户对检验检测机构的检测数据和结果或服务所提出__________异议。（　　）

A．书面的　　B．口头的

C．电话或其他方式的　　D．以上都是

答案：D

61．《检验检测机构资质认定生态环境监测机构评审补充要求》（国市监检测〔2018〕245 号）规定，生态环境监测机构__________应了解机构所开展的生态环境监测工作范围内的相关专业知识，熟悉生态环境监测领域的质量管理要求。（　　）

A．技术负责人　　B．质量负责人　　C．授权签字人　　D．负责人

答案：B

62．生态环境监测质控措施的频次和控制限应首先满足__________。（　　）

A．相关监测方法标准或技术规范的要求　　B．质控计划

C．客户要求　　D．全程序质量控制要求

答案：A

63．生态环境监测机构在初次使用标准方法前进行方法验证时，应根据所申报的监测类别选取__________有检出的实际样品进行测定。（　　）

A．一种或几种　　B．不少于一种　　C．两种　　D．一种

答案：B

64．检验检测机构应配备检验检测活动所需的__________，包括人员、设施、设备、计量溯源系统及外部提供的产品和服务。（　　）

A．支持　　B．服务　　C．资源　　D．系统

答案：C

65．检验检测机构管理体系的管理指质量管理，是指检验检测机构进行检验检测时，与工作质量有关的__________的活动。（　　）

A．相互协调　　B．检验检测　　C．技术运作　　D．支持服务

答案：A

66．《检验检测机构资质认定生态环境监测机构评审补充要求》（国市监检测〔2018〕245 号）的内容应当在生态环境监测机构管理体系中得以体现，具体落实到管理体系文件中，使补充要求的各条款具备__________。（　　）

A．可行性　　B．可操作性　　C．应用条件　　D．操作条件

答案：B

67．监测恶臭污染时，所有的恶臭样品均应在__________条件下进行保存；分析臭气浓度的样品应在采样后__________内测定。（　　）

A．0～4℃，2 h　　B．17～20℃，8 h　　C．17～25℃，24 h　　D．20～25℃，12 h

答案：C

68．《地下水环境监测技术规范》（HJ 164—2020）规定，一般按照下列类别的__________顺序采集样品。（　　）

①挥发性有机物（VOCs）　　②半挥发性有机物（SVOCs）

③稳定有机物及微生物样品　　④重金属和普通无机物

A．②①④③　　B．③①②④　　C．①③④②　　D．①②③④

答案：D

69．采集环境空气中半挥发性有机物时，所用的采样滤膜在采样前应确认无针孔和破损，使用前应根据监测方法的要求进行高温灼烧，一般在__________℃灼烧__________h 以上。（　　）

A．350，6　　B．400，4　　C．450，2　　D．300，8

答案：B

70．下列对校准曲线控制措施描述不当的是__________。（　　）

A．监测项目的校准曲线包括工作曲线和标准曲线

B．校准曲线需定期核查，不得长期使用；不同实验人员使用同一实验仪器，可以相互借用校准曲线

C．原子吸收分光光度法、气相色谱法、离子色谱法、冷原子吸收（荧光）测汞法等仪器分析方法校准曲线的制作需与样品测定同时进行

D．校准曲线相关系数 r 按照分析方法中的要求确定

答案：B

三、多选题

1．根据《检验检测机构资质认定生态环境监测机构评审补充要求》（国市监检测〔2018〕245号），与生态环境监测机构的监测活动相关的外来文件均应受控。__________属于应受控的生态环境监测的外来文件。（　　）

A．上级环境管理部门发布的工作文件　　B．环境质量标准

C．污染排放或控制标准　　D．监测技术规范、监测标准（包括修改单）等

E．本机构的质量管理体系文件

答案：BCD

2．影响检验检测方法检出限的因素有__________。（　　）

A．仪器设备的灵敏度和稳定性　　B．分析人员技能水平

C．实验室环境条件　　D．取样量

E．试剂空白

答案：ABCDE

3．某检验检测机构__________发生变更时，检验检测机构应当向资质认定部门申请办理变更手续。（　　）

A．技术负责人　　B．质量负责人　　C．授权签字人　　D．内审员

答案：AC

4．《中华人民共和国计量法实施细则》指出，任何单位和个人不准在工作岗位上使用__________的计量器具。（　　）

A．无检定合格印证　B．超过检定周期　　C．检定不合格　　D．租赁

答案：ABC

5．检验检测机构应建立和保持监控结果有效性的程序。检验检测机构可采用__________。（　　）

A．运用工作标准与控制图

B．参加能力验证或机构之间比对

C．盲样检测、方法比对、人员比对、仪器比对、留样再测

D．使用标准物质或使用经过检定或校准的具有溯源性的替代仪器对设备的功能进行检查

答案：ABCD

6．生态环境监测样品在检验检测过程应分区存放，并有明显标识，标识可分为__________。（　　）

A．待检　　B．在检　　C．已检　　D．留样

答案：ABCD

7．检验检测机构管理层应对__________授权。（　　）

A．大型设备操作人员　　B．签发检测报告的人员

C．设备管理人员　　D．质量监督人员

答案：ABCD

8．管理评审应着重考虑__________。（　　）

A．质量政策和程序的适应性；工作需求和类型的变化对质量保证的影响；资源和人员培训的适应情况

B．管理和监督人员的报告；近期内部审核的结果；纠正和预防措施；外部评审的意见；投诉和客户反馈

C．实验间比对和能力验证的结果

D．质量控制活动开展和改进建议实施、验证的情况

答案：ABCD

9．使用有偏离的检测方法应__________。（　　）

A．由相关技术单位验证或有关主管部门核准

B．由检验检测机构技术负责人批准

C．形成有效文件

D．征得客户同意

答案：ABCD

10．进行加标回收率测定时，下列注意事项中正确的是__________。（　　）

A．加标物的形态应该和待测物的形态相同

B．加标量不需控制，只要不超过测定上限

C．加标量应尽量与样品中待测物含量相等或相近

D．加标后的测定值不应超出方法测定上限的 90%

答案：ACD

11．在下列指标中，__________是表示精密性的。（　　）

A．相对误差　　B．相对偏差　　C．标准偏差　　D．系统偏差

答案：BC

12．其间核查的重点仪器设备有__________。（　　）

A．性能不稳定漂移率大的　　B．使用非常频繁的

C．经常携带运输到现场检测的　　D．在恶劣环境下使用的

答案：ABCD

13．《检验检测机构资质认定能力评价　检验检测机构通用要求》（RB/T 214—2017）中规定设备在投入使用前，可采用__________方式以确认其是否满足检验检测的要求。（　　）

A．核查　　B．检定　　C．校准　　D．复查

答案：ABC

14．仪器设备的状态标识可分为__________3 种。（　　）

A．合格　　B．准用　　C．停用　　D．确认

答案：ABC

15．按照检验检测场所内务管理的要求，下列做法错误的是__________。（　　）

A．有害废气通过管道从窗户排出　　B．化学分析废液直接排入城市公用下水道

C．噪声超标的设备安装隔音措施　　D．有害固体废物送交垃圾填埋场填埋

答案：ABD

16．下列符合《检验检测机构资质认定能力评价　检验检测机构通用要求》（RB/T 214—2017）对报告测量不确定度的要求是__________。（　　）

A．检验检测机构可在出现临界值时，报告测量不确定度

B．检验检测机构出具检测报告时，必须报告测量不确定度

C．检验检测机构可在客户有要求时，报告测量不确定度

D．检验检测机构可在内部质量控制时，报告测量不确定度

答案：ACD

17．__________属于监测结果报告必须包含的信息。（　　）

A．报告的唯一性标识　　B．所用标准和方法的识别

C．样品的状态描述和标识　　D．检测人员的姓名

答案：ABC

18．为了判断某分析过程中是否存在系统误差，可采取__________等质控措施。（　　）

A．空白试验　　B．回收试验　　C．比对试验　　D．平行测定

答案：ABC

19．检验检测机构应配备检验检测活动所需的__________。（　　）

A．人员　　B．设施　　C．设备　　D．系统及支持服务

答案：ABCD

20．检验检测机构应保留所有技术人员的相关记录，包括__________。（　　）

A．相关资格、能力确认、授权、教育、培训记录

B．检验项目批次记录

C．人员监督记录

D．包含授权、能力确认的日期

答案：ACD

21．检验检测机构及其人员从事检验检测活动，应__________。（　　）

A．遵守国家相关法律法规的规定，遵循客观独立、公平公正、诚实信用原则，恪守职业道德，承担社会责任

B．独立于其出具的检验检测数据、结果所涉及的利益相关各方

C．不受任何可能干扰其技术判断因素的影响

D．确保检验检测数据、结果的真实、客观、准确

答案：ABCD

22．检验检测机构管理体系文件主要包括__________。（　　）

A．质量手册　　B．程序文件　　C．技术记录　　D．质量记录

E．作业指导书

答案：ABCDE

23．下列属于篡改监测数据的行为是__________。（　　）

A．故意更换、隐匿、遗弃监测样品或者通过稀释、吸附、吸收、过滤、改变样品保存条件等方式改变监测样品性质

B．无正当理由故意改动关键项目的监测方法

C．擅自修改数据的

D．纸质原始记录与电子存储记录不一致

答案：ABC

24．下列属于伪造监测数据的行为是__________。（　　）

A．对原始数据进行不合理修约、取舍，或者有选择性评价监测数据、出具监测报告或者发布结果，以致评价结论失真的

B．未开展采样、分析，直接出具监测数据

C．未按规定对样品留样或保存，导致无法对监测结果进行复核

D．故意不真实记录或者选择性记录原始记录

答案：BC

25．下列哪些区域两侧属于4a类声环境功能区__________。（　　）

A．高速公路两侧区域　　B．城市快速路两侧区域

C．城市轨道交通（地面段）两侧区域　　D．内河航道两侧区域

答案：ABCD

26．生态环境监测档案按保管期限分为永久、定期（定期分为30年和10年），下列材料保管期限要求为永久的是__________。（　　）

A．生态环境质量报告书及相关数据、声像报告

B．委托监测报告、现场采样监测记录、样品交接单、实验室分析原始记录

C．环境空气自动监测站建设规划、方案、论证、验收等管理材料

D．生态环境突发事件监测报告及相关数据

答案：ABD

27．下列属于生态环境监测技术人员持证上岗考核范围的是__________。（　　）

A．自动监测运维　　B．综合分析与评价

C．生态遥感监测与评价　　D．应急监测

答案：ABCD

28．检验检测过程中影响空白值的因素有__________。（　　）

A．纯水、试剂的质量　　B．分析人员的操作水平和习惯

C．仪器的灵敏度和精确度　　D．玻璃器皿的洁净度

答案：ABCD

29. 用于检验检测机构能力验证的被测物品的指定值可以是__________。（　　）

A. 由主导机构得到的参考值

B. 有证标准物质/标准样品参考值

C. 已知值——由专门的被测物品配方（如由制造或稀释）决定的值

D. 从参加机构得到的一个稳定的测得值

答案：ABCD

30. 日常质量监督应覆盖全过程，包括监测程序、监测方法、监测结果、数据处理及评价和监测记录等对于__________应加强质量监督。（　　）

A. 关键环节　　B. 保存期短的项目　　C. 新上岗的人员　　D. 新开展的项目

答案：ACD

31. 检验检测机构采用标签来表明该设备检定校准状态时，标签必须包含__________。（　　）

A. 仪器编号　　B. 仪器型号　　C. 有效期　　D. 检定员

答案：AC

32. 对检出限描述正确的是__________。（　　）

A. 一般保留 1 位有效数字　　B. 定性检出待测物的最低浓度或最小量

C. 必要时采用科学计数法　　D. 只入不舍

答案：ACD

33.《检验检测机构监督管理办法》（国家市场监督管理总局令 第 39 号）规定，省级市场监督管理部门可以结合下列哪种情形__________对本行政区域内检验检测机构进行分类监管。（　　）

A. 风险程度　　B. 投诉举报情况　　C. 监督检查结果　　D. 能力验证

E. 双随机检查结果

答案：ABCDE

34. 质量管理人员进行理论考核的内容包括生态环境保护基本知识、生态环境监测基本知识、生态环境保护标准和监测规范基本要求、__________等。（　　）

A. 质量管理相关规章制度

B. 计量基础知识

C. 数理统计知识

D. 实验室分析和现场监测的基本知识和质控技术

E. 量值溯源及案例分析

答案：ABCDE

35.《生态环境监测人员持证上岗考核实施细则》规定，综合技术人员进行理论考核的内容包括生态环境保护基本知识、生态环境监测基本知识、生态环境保护标准和监测规范基本要求和__________等。（　　）

A. 监测数据传输及管理知识　　B. 报告编写要点

C. 监测数据分析评价方法　　D. 数据合理性判断

E. 遥感解析技术和环境形势综合分析

答案：ABCDE

36．紫外可见分光光度计的校准包括__________。（　　）

A．波长校正　　B．比色皿校正　　C．杂散光校正　　D．吸光度校正

答案：ABCD

37．检验检测机构对检测结果有效性的控制方法包括__________。（　　）

A．能力验证　　B．检验检测机构间比对

C．对报告数据进行审核　　D．保存样品的再次检测

答案：ABCD

38．《检验检测机构监督管理办法》（国家市场监督管理总局令　第 39 号）规定，检验检测机构出具的检验检测报告存在下列情形之一，并且数据、结果存在错误或者无法复核的，下列属于不实检验检测报告的是__________。（　　）

A．未经检验检测，根据经验直接填报数据

B．未按照标准等规定保存原始数据，计算机上未保存相关原始数据、图谱等信息

C．违反国家有关强制性规定的检验检测规程或者方法的

D．使用未经检定仪器进行检测

E．样品流转致使样品混淆

答案：BCDE

39．《检验检测机构监督管理办法》（国家市场监督管理总局令　第 39 号）规定，检验检测机构出具的检验检测报告存在下列情形之一的，属于虚假检验检测报告的是__________。（　　）

A．未经检验检测的，根据经验直接填报数据

B．对某企业有组织废气的检测报告中，发现实验室改变了实际样品的进样量，是原来的 1/10

C．减少、遗漏或者变更标准等规定的应当检验检测的项目

D．在污染源排放口废水监测时，在统计计算过程中将 2 次监测数值较高的数据剔除

答案：ABCD

40．生态环境监测机构对于从事__________的人员应进行能力确认。（　　）

A．采样　　B．现场测试

C．样品前处理　　D．样品分析

答案：ABCD

41．检验检测机构关于人员授权的说法，不正确的是__________。（　　）

A．无须对检验检测人员进行授权

B．无须对在同类检验检测机构有工作经历的新进人员进行能力确认，可直接进行人员授权

C．只需对授权签字人进行一次人员授权就行了，只要不辞职，就不用再授权了

D．检验检测机构只需要对授权签字人、质量负责人、技术负责人、质量监督员重要岗位的人员进行授权

答案：ABCD

42．关于检验检测机构的授权签字人，以下说法正确的是__________。（　　）

A．应在其资质认定授权的能力范围内签发检验检测报告或证书

B．应在本专业领域从业 5 年以上

C．一般不设置代理人员

D．应具备对检验检测结果作出评价的判断能力

答案：ACD

43．根据《环境监测数据弄虚作假行为判定及处理办法》的规定，以下__________属于弄虚作假行为。（　　）

A．故意违反国家法律法规、规章行为　　B．故意违反环境监测技术规范行为

C．篡改、伪造环境监测数据行为　　D．指使篡改、伪造环境监测数据行为

答案：ABCD

44．生态环境监测机构应按监测标准或技术规范设置独立的__________场所。（　　）

A．样品制备　　B．现场测试　　C．样品存贮　　D．样品检测分析

答案：ACD

45．生态环境监测机构应根据区域功能和相关控制要求，配置__________设备或设施；避免环境或交叉污染对监测结果产生影响。（　　）

A．排风　　B．防尘　　C．保温　　D．避震

E．温湿度控制

答案：ABDE

46．下列资料与生态环境监测报告一起归档的有__________。（　　）

A．委托书　　B．任务单　　C．资质证书　　D．合同评审记录

答案：ABD

47．对检验检测人员包括实习员工进行监督的人员，应熟悉检验检测的__________。（　　）

A．程序　　B．结果评价　　C．方法　　D．标准

E．目的

答案：ABCE

48．检验检测机构应对下列__________人员进行监督、监控。（　　）

A．已经上岗的　　B．采购　　C．实习　　D．转岗

E．操作新设备或采用新方法的

答案：ACDE

49．仪器设备期间核查的方式包括__________等。（　　）

A．仪器比对　　B．方法比对　　C．标准物质验证（包括加标回收）

D．单点自校　　E．用稳定性好的样件重复核查

答案：ABCDE

50．质量管理可分为__________等，质量管理可保证技术管理、规范行政管理。（　　）

A．质量策划　　B．质量控制　　C．质量保证　　D．质量改进

答案：ABCD

51．《检验检测机构资质认定生态环境监测机构评审补充要求》（国市监检测〔2018〕245 号）所指生态环境监测涉及的水（含大气降水）和废水类别，包括__________。（　　）

A．地表水　　B．废水　　C．地下水　　D．大气降水

答案：ABCD

52.《检验检测机构资质认定生态环境监测机构评审补充要求》（国市监检测〔2018〕245 号）不包括__________等类别的检测。（　　）

A．农产品、机动车排放　　B．室内辐射环境　　C．室内空气

D．煤质　　E．室内装饰装修材料

答案：ABCDE

53．采集地下水样品需先洗井，在现场使用便携式水质测定仪对出水进行测定，当浊度小于或等于 10 NTU 时或者__________时；或洗井抽出水量在井内水体积的 3～5 倍时，可结束洗井。（　　）

A．浊度连续三次测定的变化在±10%以内　　B．电导率连续三次测定的变化在±10%以内

C．水温连续三次测定的变化在±0.5℃以内　　D．pH 连续三次测定的变化在±0.1 以内

答案：ABD

四、判断题

1.《环境监测分析方法标准制修订技术导则》（HJ 168—2020）中最终的方法检出限为各验证实验室所得数据的平均值。（　　）

答案：错误

正确答案：方法检出限为各验证实验室所得数据的最高值。

2.《检验检测机构资质认定能力评价　检验检测机构通用要求》（RB/T 214—2017）规定，检验检测机构可在出现临界值、内部质量控制或客户有要求时，报告测量不确定度。（　　）

答案：正确

3.《检验检测机构资质认定能力评价　检验检测机构通用要求》（RB/T 214—2017）明确要求检验检测机构不能使用租赁的仪器设备出具具有证明作用的数据。（　　）

答案：错误

正确答案：检验检测机构在满足相关要求条件下可以使用租赁的仪器设备出具具有证明作用的数据。

4.《检验检测机构资质认定生态环境监测机构评审补充要求》（国市监检测〔2018〕245 号）规定，对生态环境监测人员能力确认的方式是指基础理论和样品分析的考核。（　　）

答案：错误

正确答案：应包括基础理论、基本技能和样品分析三个部分的考核。

5.《检验检测机构资质认定生态环境监测机构评审补充要求》（国市监检测〔2018〕245 号）规定，生态环境监测机构只能采取纸质介质的方式对文件进行有效控制。（　　）

答案：错误

正确答案：生态环境监测机构可采取纸质或电子介质的方式对文件进行有效控制。

6．按照《检验检测机构资质认定生态环境监测机构评审补充要求》（国市监检测〔2018〕245 号）的规定，当监测活动中由仪器设备直接输出数据打印在热敏纸或光敏纸等保存时间较短的介质上时，应同时保存记录的复印件或扫描件。（　　）

答案：正确

7．标准物质在满足保存条件下，可以与其他试剂药品一起储存，不需要设立单独的存放区域。（　　）

答案：错误

正确答案：需要设立单独的存放区域。

8．不同部门共用同一种记录时，需要对该记录给予不同的标识。（　　）

答案：错误

正确答案：需要使用同一标识。

9．采集到的水样应有唯一标识。（　　）

答案：正确

10．测量不确定度表明测量结果偏离真值的程度，因此可以用不确定度对测量结果进行修正。（　　）

答案：错误

正确答案：测量不确定度用于表征合理赋予被测量的值的分散性，不可以用不确定度对测量结果进行修正。

11．测量偏差是指测量结果与被测量真值之差。（　　）

答案：错误

正确答案：测量误差是指测量结果与被测量真值之差。

12．当检测能力范围内的国家或行业标准监测分析方法更新时，生态环境监测机构在完成新方法的验证后，即可使用新方法出具带有资质认定标识的监测报告。（　　）

答案：错误

正确答案：还需要经过资质认定评审，获得资质认定管理部门能力认可后方可使用新方法出具带有资质认定标识的监测报告。

13．当某监测站的检测报告包含由分包方出具的检测结果时，这些结果可以不在该监测站报告中说明。（　　）

答案：错误

正确答案：这些结果应予以清晰标明。

14．当校准产生一组修正因子时，检验检测机构应有程序确保其所有修正因子得到正确更新。（　　）

答案：正确

15．对某种污染物目前尚无评价标准的，可根据当地生态环境行政主管部门、任务下达单位或事故涉及方认可或推荐的方法或标准进行评价。（　　）

答案：正确

16．方法的最佳测定范围是自方法的检出限至测定上限之间的浓度范围。（　　）

答案：错误

正确答案：最佳测定范围也称有效测定范围，是指在测定误差满足预定要求的前提下，特定方法的测定下限至测定上限之间的浓度范围。

17．方法检出限是某分析方法在给定的置信水平下，能从样品中定性地检出待测物的最小浓度或量。（　　）

答案：正确

18．根据产生原因，误差可分为系统误差、环境误差和过失误差。（　　）

答案：错误

正确答案：根据产生原因，误差可分为系统误差、随机误差和过失误差。

19．根据系统误差产生的原因，可分为方法误差、仪器误差、试剂误差、过失误差和环境误差。（　　）

答案：错误

正确答案：方法误差、仪器误差、环境误差以及操作误差。

20．管理评审不用考虑实验间比对和能力验证的结果。（　　）

答案：错误

正确答案：管理评审应着重考虑实验间比对和能力验证的结果。

21．管理评审关系到质量管理体系自我完善能力的提高和持续改进，由质量负责人就质量方针和目标，对管理体系的适宜性、有效性和符合性进行评价。（　　）

答案：错误

正确答案：管理评审是管理层为评价管理体系的适宜性、充分性和有效性所进行的活动。

22．环境监测机构可以采取纸质或电子介质的方式对文件进行有效控制。（　　）

答案：正确

23．检验检测机构应采取的质控措施包括：定期使用有证标准物质开展内部质量控制；参加实验室间的比对或能力验证；使用相同或不同的方法进行重复检测或校准；对存留样品进行再检测或再校准；分析一个样品不同特性结果的相关性。（　　）

答案：正确

24．环境监测质量管理是环境监测工作的重要组成部分，应贯穿于监测工作的重要过程。（　　）

答案：错误

正确答案：应贯穿于监测工作的全过程。

25．监测报告的审核人员和授权签字人应具备对监测结果进行符合性判定的能力。（　　）

答案：正确

26．检测机构出具的检测报告，不得有符合或不符合标准的判定结果。（　　）

答案：错误

正确答案：当客户要求出具的检测报告包含对标准或规范的符合性声明时，检测机构应有相应的判定规则，给客户出具含有判定结果的检测报告。

27．检测机构租用仪器设备开展检测时，应确保：租用仪器设备的管理应纳入本检测机构的管理体系；本检测机构可全权支配使用；在租赁合同中明确规定租用设备的使用权，尤其是同一台设备在同一时期被不同检测机构共同租赁时，应确保使用方均能正常开展工作。（　　）

答案：错误

正确答案：同一台设备不允许在同一时期被不同检验检测机构共同租赁和资质认定。

28．检验检测标准或者技术规范对环境条件有要求时或环境条件影响检验检测结果时，应监测、控制和记录环境条件。当环境条件不利于检验检测的开展时，应停止检验检测活动。（　　）

答案：正确

29．检验检测机构不允许租用外部设备和对外分包检测项目。（ ）

答案：错误

正确答案：检验检测机构可以租用外部设备和对外分包检测项目。

30．检验检测机构的管理评审通常每年1次，由质量负责人负责。（ ）

答案：错误

正确答案：检验检测机构的管理评审通常12个月1次，由管理层负责。

31．检验检测机构的技术负责人和授权签字人均要求具有中级以上专业技术职称或同等能力，生态环境监测机构要求还应具有从事生态环境监测相关工作的经历。（ ）

答案：正确

32．检验检测机构对操作重要的、关键的仪器设备以及技术复杂的大型仪器设备的人员进行培训上岗后，就可以操作设备。（ ）

答案：错误

正确答案：检验检测机构应对操作重要的、关键的仪器设备以及技术复杂的大型仪器设备的人员应进行授权，未经授权的人员不得操作该设备。

33．检验检测机构应对检验检测结果、抽样结果的准确性或有效性有影响或计量溯源性有要求的设备有计划地实施检定或校准，不包括用于测量环境条件的辅助测量设备。（ ）

答案：错误

正确答案：检验检测机构应对检验检测结果、抽样结果的准确性或有效性有影响或计量溯源性有要求的设备有计划地实施检定或校准，包括用于测量环境条件的辅助测量设备。

34．检验检测机构应建立和保持服务客户的程序，包括保持与客户沟通，对客户进行服务满意度调查、跟踪客户的需求，以及允许客户或其代表合理进入为其检验检测的相关区域观察。（ ）

答案：正确

35．检验检测机构应建立和保持记录管理程序，确保每一项检验检测活动技术记录的信息充分，确保记录的标识、贮存、保护、检索、保留和处置符合要求。（ ）

答案：正确

36．检验检测机构应优先使用标准方法，并确保使用标准的有效版本。（ ）

答案：正确

37．检验检测机构中内部可能影响检验检测活动的人员，应行为公正、受到监督、胜任工作，并按照管理体系的要求履行职责。对外部人员可不作硬性要求。（ ）

答案：错误

正确答案：无论是内部人员还是外部人员，均应行为公正、受到监督、胜任工作，并按照管理体系的要求履行职责。

38．检验检测机构租用仪器设备的管理可不纳入本检验检测机构的管理体系。（ ）

答案：错误

正确答案：应纳入本检验检测机构的管理体系。

39．接收样品时，应记录其状态，包括是否与相应的检验方法中所描述的标准状态有所偏离。（ ）

答案：正确

40. 进行质量控制时，为了获得稳定的结果，使用的标准样品/有证标准物质应与绘制校准曲线的标准溶液来源相同。（　　）

答案：错误

正确答案：进行质量控制时，使用的标准样品/有证标准物质不应与绘制校准曲线的标准溶液来源相同。

41. 精密度是由分析的随机误差决定，分析的随机误差越小，则分析的精密度越高。（　　）

答案：正确

42. 精密度是指使用特定的分析程序，在受控条件下重复分析测定均一样品所获得测定值之间的一致性程度。（　　）

答案：正确

43. 实验室可以通过做平行双样分析来消除测量的系统误差。（　　）

答案：错误

正确答案：平行双样分析可以减少随机误差。

44. 空白试验值能全面反映分析工作中所用试剂、纯水与仪器的质量状态，并反映实验室的环境条件以及分析人员的素质和技术水平等各方面的问题。（　　）

答案：正确

45. 量值传递是自下而上的过程，量值溯源是自上而下的过程。（　　）

答案：错误

正确答案：量值传递是自上而下逐级量传，量值溯源是自下而上的过程。

46. 灵敏度是指某方法对单位浓度或单位量待测物质变化所致的响应量的变化程度。（　　）

答案：正确

47. 留样复测指对于稳定的、测定过的样品保存一定时间后，若仍在测定有效期内，可进行重新测定。留样复测结果应以复测数据上报该样品测定结果。（　　）

答案：错误

正确答案：将两次测定结果进行比较，以评价该样品测定结果的可靠性。

48. 实验室所有工作应当时予以记录。每次检测的记录应包含足够的信息以保证数据准确可靠。（　　）

答案：正确

49. 检测机构每年应对仪器与设备检定及校准情况进行检查，未按规定检定或校准的仪器与设备不得使用。（　　）

答案：正确

50. 某公司复评审时被查出原始记录计算有误，要求其整改，该公司重新填写了原始记录并上报评审组。（　　）

答案：错误

正确答案：该公司应按要求对评审组提出的“不符合项”进行问题原因分析并举一反三，采取有针对性的纠正和预防措施。原始记录不可重新填写，若出现计算有误应进行杠改并签名。

51．某检验检测机构最高管理者出差，可授权技术负责人主持管理评审（技术负责人为管理层成员并留有授权书）。（　　）

答案：正确

52．能力验证是两个实验室间对同一个标准样品进行测试。（　　）

答案：错误

正确答案：能力验证是利用实验室间比对确定实验室的检测能力，不限于几个实验室。

53．平行双样测定的精密度用相对误差表示。（　　）

答案：错误

正确答案：平行双样测定的精密度用相对偏差表示。

54．如果检验证书或报告中有分包方所进行的检测的结果时，则应明确地标明，并注明承担分包任务的检验检测机构名称、有效的资质认定证书编号。（　　）

答案：正确

55．如果设备脱离了检验检测机构的直接控制，在该设备返回后、使用前，检验检测机构须对其功能和检定、校准状态进行核查，得到满意的结果后方可使用。（　　）

答案：正确

56．设置全程序空白样品的目的在于确认采样、保存、运输、前处理和分析全过程中是否存在污染和干扰。（　　）

答案：正确

57．生态环境监测机构的技术负责人和质量负责人必须具有从事生态环境监测相关工作 3 年以上经历。（　　）

答案：错误

正确答案：生态环境监测机构技术负责人应具有从事生态环境监测相关工作 5 年以上的经历，质量负责人对年限无具体要求。

58．生态环境监测机构对现场测试和采样人员数量只要求满足监测需要即可。（　　）

答案：错误

正确答案：生态环境监测机构应保证人员数量及其专业技术背景、工作经历、监测能力等与所开展的监测活动相匹配，中级及以上专业技术职称或同等能力的人员数量应不少于生态环境监测人员总数的 15%。

59．生态环境监测机构监测活动有分包事项时，应事先征得客户同意，也可以进行二次分包。（　　）

答案：错误

正确答案：生态环境监测机构监测活动有分包事项时，应事先征得客户同意，对分包方资质和能力进行确认，并规定不得进行二次分包。

60．生态环境监测机构现场测试设备在使用前后，应按相关监测标准或技术规范的要求，对关键性能指标进行核查，不用记录，以确认设备状态能够满足监测工作要求。（　　）

答案：错误

正确答案：现场测试设备在使用前后，应按相关监测标准或技术规范的要求，对关键性能指标进行核查并记录，以确认设备状态能够满足监测工作要求。

61．生态环境监测机构应建立与所开展的监测业务相适应的管理体系。管理体系应覆盖生态环境监测机构全部场所进行的监测活动，包括但不限于点位布设、样品采集、现场测试、样品运输和保存、样品制备、分析测试、数据传输、记录、报告编制和档案管理等全过程。（ ）

答案：正确

62．实验室间比对是按照预先规定的条件，由两个或多个实验室对相同的样品进行检测的组织、实施和评价。（ ）

答案：正确

63．实验室间质量控制的目的是检查各实验室是否存在系统误差，找出误差来源，提高实验室的监测分析水平。（ ）

答案：正确

64．实验室内使用的化学试剂应由专人保管，定期检查使用及保管情况，但是少量酸碱试剂不用分开存放。（ ）

答案：错误

正确答案：酸碱试剂必须分开存放。

65．实验室新购置的仪器，凡带有出厂合格证或制造许可证的在一年内可以正常使用，不必检定或校准。（ ）

答案：错误

正确答案：购买后首次检定校准是对新购买的计量器具进行的一种检定。设备出厂合格证不具有法律效应，仅表示设备出厂检验时合格，但设备经过仓储、中转等环节，其计量特性有可能已经发生了变化。

66．检验检测机构应对所做培训活动的有效性进行评价，评价可以通过对人员能力的监督评价来实施。（ ）

答案：正确

67．检验检测机构应通过实施纠正措施、预防措施等持续改进其管理体系。（ ）

答案：正确

68．随机误差只能估计，不能消除，而对于系统误差，人们可以分析出其产生的原因并采取措施予以减少或抵偿。（ ）

答案：正确

69．替代物加标是通过回收率来评价样品基体、样品前处理过程对分析结果的影响；内标物是用于目标物的定量分析。（ ）

答案：正确

70．为了防止潜在的不合格、缺陷或其他不希望情况发生，消除其原因所采取的措施称为纠正措施。（ ）

答案：错误

正确答案：称为预防措施。

71．未持证人员在有证人员的指导和质量监督下，可独立填写监测分析原始记录并签字。（ ）

答案：错误

正确答案：不可独立填写监测分析原始记录并签字。

72．我国的标准物质一般分为国家一级标准物质和国家二级标准物质。（　　）

答案：正确

73．现场测试和样品的分析测试，应优先采用国家标准和行业标准方法；需要采用国际标准或其他国家的标准时，应进行等效性或适用性检验，检验结果应在本环境监测机构存档保存。（　　）

答案：正确

74．相对标准偏差为绝对偏差与平均值的比值。（　　）

答案：错误

正确答案：是指标准偏差与测量结果算术平均值的比值。

75．向社会出具证明作用的检测报告中，检测结果的单位均应采用中华人民共和国国家法定计量单位。（　　）

答案：正确

76．样品管理是指样品应有唯一性编号。（　　）

答案：错误

正确答案：检验检测机构应当建立样品标识系统，样品应有唯一性标识和检验检测过程的状态标识。

77．依据《环境监测质量管理技术导则》（HJ 630—2011），应保证监测数据的完整性，确保全面、客观地反映监测结果。不得利用数据有效性规则，达到不正当的目的；可以选择性地舍弃不利数据，但不得人为干预监测和评价结果。（　　）

答案：错误

正确答案：应保证监测数据的完整性，确保全面、客观地反映监测结果。不得利用数据有效性规则，达到不正当的目的；不得选择性地舍弃不利数据，不得人为干预监测和评价结果。

78．依据《检验检测机构资质认定生态环境监测机构评审补充要求》（国市监检测〔2018〕245号），生态环境监测机构应及时记录样品采集、现场测试、样品运输和保存、样品制备、分析测试等监测全过程的技术活动，保证记录信息的充分性、原始性和规范性，能够再现监测全过程。所有对记录的更改（包括电子记录）实现全程留痕。（　　）

答案：正确

79．依据《检验检测机构资质认定生态环境监测机构评审补充要求》（国市监检测〔2018〕245号），生态环境监测机构应配齐包括现场测试和采样、样品保存运输和制备、实验室分析及数据处理等监测工作各环节所需的仪器设备。现场测试和采样仪器设备在数量配备方面需满足相关监测标准或技术规范对现场布点和同步测试采样要求。（　　）

答案：正确

80．仪器设备出现缺陷不能正常工作时，应办理停用手续和张贴“停用”标志。（　　）

答案：正确

81．仪器校准、空白试验、标准物质对比分析和回收率测定，都是减少系统误差的方法。（　　）

答案： 正确

82. 应根据预定的计划和程序实施内部审核（每年至少 1 次），以验证各项工作持续符合管理体系的要求。（　　）

答案： 正确

83. 与生态环境监测机构的监测活动相关的外来文件无须受控。（　　）

答案： 错误

正确答案： 与生态环境监测机构的监测活动相关的外来文件，包括环境质量标准、污染排放或控制标准、监测技术规范、监测标准（包括修改单）等，均应受控。

84. 在保证安全性、完整性和可追溯的前提下，可使用电子介质存储的报告和记录代替纸质文本存档。（　　）

答案： 正确

85. 在分析测试中，空白实验值的大小无关紧要，只需以样品测试值扣除空白实验值，就可以抵消各种因素造成的干扰和影响。（　　）

答案： 错误

正确答案： 首先，全程序空白实验值难以抵消样品基体所致的干扰和影响，因为在分析测试中无法获得理想的零浓度样品。而且，测试的随机误差并非绝对相同。因而，扣除空白实验值的样品测定结果中包含了全部实验误差。其次，空白实验值越高，掩盖的随机误差波动越大。当样品中待测物浓度很低，或接近检出限水平时，有时能使样品测量值与空白实验值的差值成为负数，表现了分析结果的不合理性和监测工作的失败。

86. 在进行加标回收率测定时，在任何情况下加标量均不得小于待测物质含量的 3 倍。（　　）

答案： 错误

正确答案： 一般情况下，加标量不得大于待测物含量的 3 倍。

87. 在生物样品的采集中应特别注意防止样品沾污和样品的代表性。（　　）

答案： 正确

88. 质量手册中应指定最高管理者、技术负责人、质量负责人、授权签字人的代理人。（　　）

答案： 错误

正确答案： 授权签字人不允许有代理人。

89. 管理体系内部审核员和质量监督员实质上是一回事，其概念、定义、职能完全相同，只是叫法不同。（　　）

答案： 错误

正确答案： 质量体系内部审核员和质量监督员不是一回事。

90. 管理体系是指为实施质量管理所需的组织结构、程序、过程和资源。（　　）

答案： 正确

91. 内部审核是验证各项工作是否持续符合管理体系的要求，管理评审是对管理体系的适宜性、充分性和有效性进行的评审。（　　）

答案： 正确

92. 取用试液时应注意，瓶内壁的水珠不会影响试液的浓度。（　　）

答案：错误

正确答案：瓶内壁的水珠会影响试液的浓度，需摇匀后再取。

93．从冰箱内取出的试液，可直接取用。（　　）

答案：错误

正确答案：从冰箱内取出的试液，应放置至室温平衡后，方可取用。

94．取用液体试液应避免沾污，只准倾出使用，不得在试剂瓶中直接吸取，用剩的试剂不可再倒回原瓶中。（　　）

答案：正确

95．倾倒液体试剂时应使标签在上方，以免淌下的试剂沾污或腐蚀瓶签；用毕及时盖好瓶塞，避免溶剂蒸发。（　　）

答案：正确

96．记录测量数据时，只保留一位可疑（不确定）数字。（　　）

答案：正确

97．精密度通常取两位有效数字。（　　）

答案：错误

正确答案：精密度通常只取一位有效数字，测定次数很多时，方可取两位有效数字，且最多取两位。

98．测量结果的有效数字所能达到的数位不能低于方法检出限的有效数字所能达到的数位。（　　）

答案：正确

99．对数据进行修约时，拟舍弃数字的最左一位数字为 5，且其后无数字或皆为 0 时，若所保留的末尾数字为奇数则进一，若所保留的末尾数字为偶数则舍去。（　　）

答案：正确

100．干湿球法测定排气中水分含量的基本原理为使气体在一定流速下流经干、湿球温度计，根据干、湿球温度计的读数和测点处排气的流速，计算出排气的水分含量。（　　）

答案：错误

正确答案：是根据干、湿球温度计的读数和测点处排气的压力，计算出排气的水分含量。

101．等速采样指将采样嘴平面正对排气气流，使进入采样嘴的气流速度保持恒定的采样方式。（　　）

答案：错误

正确答案：等速采样指将采样嘴平面正对排气气流，使进入采样嘴的气流速度与测定点的排气流速相等。

102．固定污染源采样时，对于气态污染物，由于混合比较均匀，采样位置可不受与弯头、阀门、变径管之间距离规定的限制，但应避开涡流区。（　　）

答案：正确

103．固定污染源烟气采样时，采样管出口至吸收瓶或吸附管之间连接管要尽可能短，避免使用保温材料影响人员操作。（　　）

答案：错误

正确答案：采样管出口至吸收瓶或吸附管之间连接管要使用保温材料保温，当管线长时，须采取加热保温措施。

104．皮托管和采样嘴若发生变形或损坏，则不能使用。（　　）

答案：正确

105．排气中水分含量测定时，采样管前端应装有颗粒物过滤器，采样管应有加热保温措施。（　　）

答案：正确

106．使用吸收瓶或吸收管在固定污染源负压烟道采样时，采样结束应先切断吸收瓶或吸收管至采样器之间的气路。（　　）

答案：错误

正确答案：使用吸收瓶或吸收管在固定污染源负压烟道采样时，采样结束应先切断采样管至吸收瓶或吸收管之间的气路，以防管道负压造成吸收液倒吸。

107．使用便携式仪器进行烟气测试时，仪器应一次开机直至测试完全结束，中途不能关机重新启动，以免仪器零点变化，影响测量准确性。（　　）

答案：正确

108．滤筒（膜）的称量应在恒温恒湿的天平室中进行，应保持采样前和采样后称量条件一致。（　　）

答案：正确

109．在固定污染源正压烟道采样时，不可用带有转子流量计的采样器采样。（　　）

答案：错误

正确答案：当采用管道为负压时，不可用带有转子流量计的采样器采样。

110．采用吸附管采集烟气样品时，分段填充的吸附管 1/3 填充物段为进气端。（　　）

答案：错误

正确答案：分段填充的吸附管 2/3 填充物段为进气端。

111．使用注射器采集废气样品，密封后将注射器水平放置，并做好防护防止破损。（　　）

答案：错误

正确答案：使用注射器采样，密封后将注射器进口朝下、垂直放置，使注射器的内压略大于大气压。

112．雨雪天气及风速大于 8 m/s 的天气条件时，不宜进行环境空气质量手工采样监测。（　　）

答案：正确

113．某企业无组织排放执行《大气污染物综合排放标准》（GB 16297—1996），特征污染物为颗粒物、氮氧化物、氨和氟化物，监控点应设在无组织排放源的下风向，同时在排放源上风向设参照点，以监控点同参照点的浓度差值来判断无组织排放是否超标。（　　）

答案：错误

正确答案：GB 16297—1996 中规定二氧化硫、氮氧化物、颗粒物和氟化物的无组织排放监测，应在排放源下风向设监控点，同时在排放源上风向设参照点，以监控点同参照点的浓度差值来判断无组织排放是否超标；对其余污染物应在单位周界外设监控点，以浓度最高点值进行判断。

114．臭气浓度结果的小数位数四舍五入，取整数。（　　）

答案：错误

正确答案：臭气浓度结果的小数位数只舍不入，取整数。

115．气袋样品分析前须观察样品气袋内壁，如果有液滴凝结现象，则应将气袋放入加热箱中，确认加热液滴凝结现象消除后，迅速取出气袋取样分析。（　　）

答案：正确

116．噪声测量值与背景噪声值的差值在 3～10 dB 时，需要进行修正。（　　）

答案：正确

117．对于只需判断噪声源排放是否达标的情况，若噪声测量值低于相应噪声源排放标准的限值，可以不进行背景噪声的测量及修正，注明后直接评价为达标。（　　）

答案：正确

118．区域监测和功能区监测过程中，凡是自然社会可能出现的声音（如叫卖声、说话声、小孩哭声、鸣笛声等）均不予以排除。（　　）

答案：正确

119．功能区噪声监测各监测点位昼、夜间等效声级按照 GB 3096—2008 中相应的环境噪声限值进行独立评价。（　　）

答案：正确

120．环境振动室外测量过程中，测点下方有地下室、地窖或防空洞等情况时应尽量避开。（　　）

答案：正确

121．若要在室内测量环境振动，可以将测点放置于最底层地下室地面中央。（　　）

答案：错误

正确答案：若要在室内测量环境振动，可以将测点置于建筑物室内地面中央，严禁放置于最底层地下室中。

122．质量控制通常包括实验室内质控和实验室间质控，其目的是排除监测分析过程中影响质量的各种因素，消除误差。（　　）

答案：错误

正确答案：质量控制通常包括实验室内质控和实验室间质控，其目的是排除监测分析过程中影响质量的各种因素，将误差控制在允许范围内。

123．为了保证实验数据的可靠性，分析实验应尽可能使用纯度级别较高的药品、试剂。（　　）

答案：错误

正确答案：为了保证实验数据的可靠性，分析实验应关注药品、试剂的纯度。在选用试剂时不可盲目追求高纯度而造成浪费，又不可随意降低规格而影响分析结果的准确度。

124．光谱纯试剂中所含的杂质含量，用光谱分析法已经测不出或者杂质含量低于某一限量，纯度较高，因此可以用作滴定分析的基准试剂。（　　）

答案：错误

正确答案：光谱纯试剂中所含的杂质含量，用光谱分析法已经测不出或者杂质含量低于某一限量，纯度较高，但是不可以用作滴定分析的基准试剂。

125. 化学分析滤纸按用途分为定性滤纸和定量滤纸，不是重量分析法的灼烧称重就不需要使用定量滤纸。（ ）

答案：正确

126. 在企业监督性监测中，某一次采集的样品出现异常高值，并且无法确认造成数值异常的原因。在计算该企业平均浓度时，应剔除异常高值后再计算。（ ）

答案：错误

正确答案：在企业监督性监测中，某一次采集的样品出现异常高值，并且无法确认造成数值异常的原因。在计算该企业平均浓度时，应包含该异常高值。

127. 开展现场测试或采样时，可使用地理信息定位、照相或录音录像等辅助手段记录工作过程。（ ）

答案：正确

128. 在接收样品时，发现样品的保存不符合技术规范要求，应明确告知客户，并在报告中注明，此份报告不得加盖“CMA”章。（ ）

答案：错误

正确答案：在接收样品时，发现样品的保存不符合技术规范要求，应明确告知客户有关样品偏离情况，并在报告中注明，在资质附表范围内的项目应该加盖“CMA”章。

129. 有证标准物质、实验室质控样及参加实验室间比对或能力验证活动剩余的比对样，在保存得当、均匀性好的前提下，都可以用作比对样品。（ ）

答案：正确

130. 每批次水样分析时，实验室空白样品对被测项目有响应的，至少应同步分析一个实验室空白。（ ）

答案：错误

正确答案：每批次水样分析时，实验室空白样品对被测项目有响应的，至少应同步分析两个实验室空白。

131. 测量结果的准确度由正确度和精密度两个指标进行表征。（ ）

答案：正确

132. 对新颁布的国家标准方法验证时，所有的方法特性指标均应该验证。（ ）

答案：错误

正确答案：对新颁布的国家标准方法验证时，不是所有的方法特性指标均应该验证。分析方法分定量方法和定性方法。对定性分析方法，应验证定性相关的特性指标，并根据具体方法增加其他指标。

133. 容量分析方法的检出限可以根据所用滴定管产生的最小液滴体积来计算方法检出限。（ ）

答案：错误

正确答案：在没有前处理的情况下，容量分析方法的检出限可以根据所用滴定管产生的最小液滴体积来计算方法检出限。

134. 离子选择电极法检出限计算，可以用校准曲线直线部分外延的延长线与通过空白点位且平行与浓度轴的直线相交时，交点对应浓度值即为该方法检出限。（ ）

答案：错误

正确答案：在没有前处理的情况下，离子选择电极法检出限计算，可以用校准曲线直线部分外延的延长线与通过空白点位且平行与浓度轴的直线相交时，交点对应浓度值即为该方法检出限。

135. 能力验证是指依据预先制定的准则，采用机构内人员比对的方式，评价参加者的能力。（ ）

答案：错误

正确答案：能力验证是指依据预先制定的准则，采用检验检测机构间比对的方式，评价参加者的能力。

136. 准确度是指同一样品多次测量结果的重复程度。（ ）

答案：错误

正确答案：精密度是指同一样品多次测量结果的重复程度。

137. 色谱分析中，准确度通常用相对偏差表示。（ ）

答案：错误

正确答案：准确度通常用相对误差表示。

138. 检验检测机构与委托人可以对不涉及国家有关强制性规定的检验检测规程或者方法等作出约定。（ ）

答案：正确

139. 检验检测机构可以自主选择采用一般程序或者告知承诺的资质认定程序。（ ）

答案：错误

正确答案：除法律、行政法规或者国务院规定必须采用一般程序或者告知承诺程序的外，检验检测机构可以自主选择资质认定程序。

140. 检验检测机构不再符合资质认定条件和要求的，不得向社会出具具有证明作用的检验检测数据和结果。（ ）

答案：正确

141. 被撤销资质认定的检验检测机构，一年内不得再次申请资质认定。（ ）

答案：错误

正确答案：被撤销资质认定的检验检测机构，三年内不得再次申请资质认定。

142. 检验检测机构基本条件和技术能力不能持续符合资质认定条件和要求，擅自向社会出具具有证明作用的检验检测数据、结果的，法律、法规未作规定的，由省级市场监督管理部门处罚。（ ）

答案：错误

正确答案：由县级以上市场监督管理部门责令限期改正，处 3 万元罚款。

143. 检验检测机构的关键岗位人员应当独立于其出具的检验检测报告所涉及的利益相关方，不受任何可能干扰其技术判断的因素影响，保证其出具的检验检测报告真实、客观、准确、完整。（ ）

答案：错误

正确答案：检验检测机构及其人员应当独立于其出具的检验检测报告所涉及的利益相关方，不受任何可能干扰其技术判断的因素影响，保证其出具的检验检测报告真实、客观、准确、完整。

144. 检验检测机构未在检验检测报告上加盖检验检测机构公章或者检验检测专用章，或者未经授权签字人签发或者授权签字人超出其技术能力范围签发报告的，由县级以上市场监督管理部门处罚。（　　）

答案：正确

145. 生态环境监测机构及其负责人作为环境监测活动的第一责任人，应对其出具的检验检测数据、结果负责，并承担相应法律责任。（　　）

答案：正确

146. 生态环境监测机构在环境测试场所应根据需要配备安全防护装备或设施，并定期更新。（　　）

答案：错误

正确答案：环境测试场所应根据需要配备安全防护装备或设施，并定期检查其有效性。

147. 生态环境监测现场测试或采样场所应有安全警示标识。（　　）

答案：正确

148. 检验检测机构进行质量控制应有适当的方法和计划，但无须评价。（　　）

答案：错误

正确答案：检验检测机构进行质量控制应有适当的方法和计划并加以评价。

149. 检验检测机构所有数据的记录方式应便于发现其发展趋势，若发现偏离预先判据，应采取有效的措施纠正出现的问题，防止出现错误的结果。（　　）

答案：正确

150. 非标准方法确认，应由不少于 3 名高级职称及以上本机构专家进行审定。（　　）

答案：错误

正确答案：非标准方法确认，应由不少于 3 名本领域具有相关工作经历的高级职称及以上非本机构专家进行审定。

151.《检验检测机构资质认定生态环境监测机构评审补充要求》（国市监检测〔2018〕245 号）与《检验检测机构资质认定能力评价　检验检测机构通用要求》（RB/T 214—2017）都要体现在生态环境监测机构的管理体系文件中。（　　）

答案：正确

152. 若通过核查标准来实现设备期间核查，核查标准的量限、准确度等级应高于被测对象，且稳定性更高。（　　）

答案：错误

正确答案：核查标准的量限、准确度等级应接近被测对象，但稳定性更高。

五、简答题

1．什么是加标回收？请说明其作用与计算公式。

答案：在样品中加入标准物质，测定其回收率，以确定准确度。多次回收试验还可发现方法的系统误差，这是目前常用而且方便的方法，其计算式是回收率=（加标试样测定值–试样测定值）/加标量×100%。

2．《检验检测机构资质认定能力评价 检验检测机构通用要求》（RB/T 214—2017）中，对检验检测机构租用仪器设备的管理要求有哪些？

答案：检验检测机构租用仪器设备开展检验检测时，应确保：

（1）租用仪器设备的管理应纳入检验检测机构的管理体系；

（2）检验检测机构可全权支配使用，即租用的仪器设备由检验检测机构的人员操作、维护、检定或校准，并对使用环境和贮存条件进行控制；

（3）在租赁合同中明确规定租用设备的使用权；

（4）同一台设备不允许在同一时期被不同检验检测机构共同租赁和资质认定。

3．在土壤样品交接过程中，送交样品存在哪些质量问题时接样单位可以拒收？

答案：

（1）样品无编号或编号混乱或有重号；

（2）样品在运输过程中破损或受到沾污；

（3）样品重量或数量不符合规定要求；

（4）样品采集后保存时间已超出规定的送检时间；

（5）样品交接时的保存温度等不符合规定要求。

4．在环境监测中，标准物质的主要用途有哪些？

答案：

（1）校准仪器设备；

（2）用于新方法的研究开发，评价监测分析方法的准确度；

（3）用于实验室内和实验室间的质量控制；

（4）监视和校正连续测定中的数据漂移；

（5）用作技术仲裁的依据。

5．检验检测机构在设备定期核查、检定或校准后应进行确认，确认其满足检验检测要求后方可使用。请问确认内容包括哪些？

答案：核查、检定或校准的结果进行确认的内容应包括：

（1）检定结果是否合格，是否满足检验检测方法的要求；

（2）校准获得的设备的准确度信息是否满足检验检测项目、参数的要求，是否有修正信息，仪器是否满足检验检测方法的要求；

（3）适用时，应确认设备状态标识。

6．检验检测机构在哪些情形下应当向资质认定部门申请办理变更手续？

答案：

（1）机构名称、地址、法人性质发生变更的；

（2）法定代表人、最高管理者、技术负责人、检验检测报告授权签字人发生变更的；

（3）资质认定检验检测项目取消的；

（4）检验检测标准或者检验检测方法发生变更的；

（5）依法需要办理变更的其他事项。

7．进行环境样品监测时，简述通常采取的实验室内部质量控制方法。（至少答出 5 种）

答案：可采用以下实验室内部质量控制方法来确保监测数据的准确性和可比性：

（1）绘制和使用质量控制图；

（2）空白试验；

（3）平行双样分析；

（4）加标回收率测定；

（5）方法比较实验；

（6）标准物质对照分析；

（7）校准曲线统计分析；

（8）方法检出限和测定下限验证；

（9）仪器比对等。

8．检验检测机构应通过哪些主要活动来持续改进其管理体系？

答案：

（1）不符合的识别和纠正。

（2）制定和实施纠正措施。

（3）制定和实施预防措施。

（4）内部审核与外部审核。

（5）内部质量控制与数据分析。

（6）比对和能力验证。

（7）管理评审。

9．误差分几类？简述各类误差产生原因及其特点。

答案：误差分为系统误差、随机误差、过失误差。

（1）系统误差：在一定实验条件下，测定值按一定方向恒定地遵循一定规律偏高或偏低，产生的原因是方法不合适，仪器未校准、试剂不纯，存在环境影响因素，有不正确的操作习惯。

（2）随机误差：重复分析同一均匀样品，并不能得到一系列相同结果，误差绝对值或大或小，符号或正或负。这类误差是由测量过程中各种随机因素，如不明显的环境变化，仪器性能的微小波动，操作的微小差异等造成的。

（3）过失误差：这类误差明显地歪曲测量结果，是由测量过程中违反操作规程造成的。

10．标准物质有哪些特征（至少答出 5 种）？

答案：

①材质均匀;

②性能稳定;

③准确定值;

④有标准物质证书;

⑤批量生产;

⑥具有与待测物质相似的组成和特征。

11．关键岗位人员是指哪些人员？

答案：关键岗位人员指与质量管理体系有直接关联的人员，包括最高管理者、技术负责人、质量负责人、质量监督员、内审员、特殊设备操作人员、仪器设备管理人员、样品管理人员、档案管理人员、报告审核和授权签字人等。

12．在开展新项目或新方法开发时，对标准方法进行验证后形成的报告应包括哪些内容？

答案：方法验证的过程及结果形成的方法验证报告应包括：方法概要、仪器设备、试剂材料、标准物质、标准曲线、方法性能指标（如检出限、测定下限、正确度、精密度）、实际样品测定等内容；并应附验证全过程的原始记录，保证方法验证过程可追溯。

13．试简述灵敏度与检出限的相关性。

答案：灵敏度和检出限是从不同角度来表示测量仪器对测定物质敏感程度的指标，仪器性能越好，灵敏度越高，则检出限就越低。

14．《检验检测机构资质认定能力评价　检验检测机构通用要求》（RB/T 214—2017）4.5.3 文件控制的条款为检验检测机构应建立和保持控制其管理体系的内部和外部文件的程序，明确文件的批准、发布、标识、变更和废止，防止使用无效、作废的文件。简述该条款的评审要点。

答案：

（1）检验检测机构是否建立了文件控制程序，是否涵盖了其所有文件（内部文件和外部文件）及载体的管理、控制，是否涵盖文件从编制、审批、批准、发布、标识、变更和废止、归档及保存等各环节的管理与控制;

（2）各层次文件的批准发布和修订是否按照程序实施，相关记录是否完整;

（3）文件是否定期审查，能否通过文件审查持续保持内部文件的适用性、有效性和满足使用要求;

（4）采取哪些措施控制外来文件，查新渠道是否畅通，能否保证及时使用现行有效的外来文件;

（5）电子文件控制是否有明确规定，包括设置密码、权限、定期备份、防病毒等要求，控制是否有效。

15．《检验检测机构资质认定能力评价　检验检测机构通用要求》（RB/T 214—2017）4.5.4 合同评审条款为检验检测机构应建立和保持评审客户要求、标书、合同的程序。对要求、标书、合同的偏离、变更应征得客户同意并通知相关人员。当客户要求出具的检验检测报告或证书中包含对标准或规范的符合性声明（合格或不合格）时，检验检测机构应用相应的判定规则。若标准或规范不包含判定规则内容，检验检测机构选择的判定规则应与客户沟通并得到同意。简述该条款的评审要点。

答案：

（1）检验检测机构是否制定了评审客户要求标书和合同的程序，其内容是否完整，是否体现了

《检验检测机构资质认定能力评价　检验检测机构通用要求》（RB/T 214—2017）的要求，并具有适用性，抽查不同形式的合同（包括上级要求、口头协议，一般委托协议和专门的合同等）评审记录，了解合同评审内容和合同评审人员对不同情况下合同评审的执行情况。

（2）检验检测机构是否与客户充分沟通，了解客户需求，是否对自身的技术能力、资质状况能否满足客户要求（包括方法要求）进行了评审。若合同中有关要求发生修改或变更时，是否进行了重新评审，对客户要求标书和合同有不同意见，是否在签约之前协调解决。

（3）对于合同出现的偏离，检验检测机构是否与客户进行了沟通并取得了客户书面同意。

（4）当客户要求出具的检验检测报告或证书中包含对标准或规范的符合性声明（如合格或不合格）时，检验检测机构是否有相应的判定规则。若标准或规范不包括判定规则内容，检验检测机构选择的判定规则是否与客户进行了沟通并得到同意。

16．简述厂区内 VOCs 无组织排放监控点的布设要求。

答案：厂区内 VOCs 无组织排放进行监控时，在厂房门窗或通风口、其他开口（孔）等排放口外 1 m，距离地面 1.5 m 以上位置处进行监测。若厂房不完整（如有顶无围墙），则在操作工位下风向 1 m，距离地面 1.5 m 以上位置处进行监测。

17．请简述空白试验种类和作用。

答案：空白试验有全程序空白、运输空白、实验室空白等。全程序空白反映样品从采样到分析整个过程的污染状况。运输空白可反映样品运输过程中受到污染的程度。实验室空白反映实验室所用的试剂、器皿、环境等对样品的干扰程度。

18．下表给出某市地表水常规项目的监测结果，请简要分析存在的问题，并说明原因。

断面名称	断面编码	样品编码	采样点	断面类型	采样日期	高锰酸盐指数	化学需氧量	五日生化需氧量	氨氮	总氮	总磷	石油类
断面 A	340000_001	1202018001	中_表层	河流	2021-08-01	5.8	22	3.8	0.44	2.27	0.11	0.01L
断面 B	340000_002	1202018002	中_表层	河流	2021-08-01	9.7	47	10.0	1.78	1.52	0.72	0.01L
断面 C	340000_003	1202018003	中_表层	河流	2021-08-01	1.8	6	6.6	0.48	1.25	0.38	0.01L
断面 D	340000_004	1202018004	中_表层	河流	2021-08-01	4.2	14	2.8	0.28	1.26	0.08	0.01L
断面 E	340000_005	1202018005	中_表层	河流	2021-08-01	8.1	34	5.2	0.18	0.72	0.27	0.01L

浓度单位：mg/L

答案：样品编码为 1202018002 样品的氨氮（1.78 mg/L）＞总氮（1.52 mg/L），逻辑关系不符。《水质　总氮的测定　碱性过硫酸钾消解紫外分光光度法》（HJ 636—2012）“3　术语和定义”指出：总氮包括亚硝酸盐氮、硝酸盐氮、无机铵盐、溶解态氮及大部分有机含氮化合物中的氮。即总氮包括硝态氮、氨氮和有机氮。样品编码为 1202018003 样品的 BOD_5（6.6 mg/L）＞COD（6 mg/L），逻辑关系不符。一般情况下水体的 COD 比 BOD_5 值要高。

19．外部质量控制的主要有哪些措施？

答案：

（1）密码平行样；

（2）密码质控样和密码加标样；

（3）人员比对；

（4）实验室间比对（能力验证）；

（5）留样复测等。

20. 按照《检验监测机构资质认定管理办法》（163号令修正案）申请资质认定的检验检测机构应当符合什么条件？

答案：

（1）依法成立并能够承担相应法律责任的法人或者其他组织；

（2）具有与其从事检验检测活动相适应的检验检测技术人员和管理人员；

（3）具有固定的工作场所，工作环境满足检验检测要求；

（4）具备从事检验检测活动所必需的检验检测设备设施；

（5）具有并有效运行保证其检验检测活动独立、公正、科学、诚信的管理体系；

（6）符合有关法律法规或者标准、技术规范规定的特殊要求。

21. 按照《检验监测机构资质认定管理办法》（163号令修正案），检验检测机构在什么情形下，资质认定部门将依法办理注销手续？

答案：

（1）资质认定证书有效期届满，未申请延续或者依法不予延续批准的；

（2）检验检测机构依法终止的；

（3）检验检测机构申请注销资质认定证书的；

（4）法律、法规规定应当注销的其他情形。

22. "双随机"检查是指什么？

答案：县级以上市场监督管理部门依据检验检测机构年度监督检查计划，随机抽取检查对象、随机选派执法检查人员开展的监督检查工作。

23. 检验检测机构管理层对管理体系应履行的领导作用和承诺有哪些？（至少答5项）

答案：

（1）对公正性作出承诺；

（2）负责管理体系的建立和有效运行；

（3）确保管理体系所需的资源；

（4）确保制定质量方针和质量目标；

（5）确保管理体系要求融入检验检测的全过程；

（6）组织管理体系的管理评审；

（7）确保管理体系实现其预期结果；

（8）满足相关法律法规要求和客户要求；

（9）提升客户满意度；

（10）运用过程方法建立管理体系和分析风险、机遇。

24.《检验检测机构资质认定能力评价　检验检测机构通用要求》（RB/T 214—2017）对检验检测机构的内审员有什么要求？

答案：内审员应当经过培训，能够正确理解《检验检测机构资质认定能力评价　检验检测机构通用要求》（RB/T 214—2017）等要求、熟悉内部审核的工作程序、掌握内审的技巧方法并具备编制内部审核检查表、出具不符合项报告的能力。

25. 某生态环境监测机构内审员在一次内审时发现一名工程师开展新项目监测过程没有进行监督，应如何处理？

答案：

（1）在该工程师所属部门的内审检查表上记录，不符合《检验检测机构资质认定能力评价 检验检测机构通用要求》（RB/T 214—2017）4.2.5，判断属于一般不符合；

（2）征得该部门认可并在内审末次会上报告内审组长；

（3）开具不符合通知书，要求该部门提出切实可行的纠正措施，制订监督计划、指定监督员、落实监督任务；

（4）跟踪验证纠正措施实施情况和实施效果，敦促完成不符合纠正报告；

（5）验证符合要求后，将以上情况写入内审报告并将所有相关工作记录、见证材料（对该工程师的监督计划、记录）与其他内审资料一起归档保存。

26. 检验检测机构为了防止对计算机或自动化设备未经授权的访问，安全保护以防止篡改和丢失，可以运用三个“加”的措施。请简述三个“加”的内容。

答案：

（1）加密：每个员工设置一个密码，有密码才能进入电子系统；

（2）加权：设置权限，规定谁能读、谁能改；

（3）加备：定期备份。

27. 生态环境监测机构监测人员是指哪些类别的专业技术人员？

答案：生态环境监测机构监测人员是指与生态环境监测工作相关的技术管理人员、质量管理人员、现场测试人员、采样人员、样品管理人员、实验室分析人员（包括样品前处理等辅助岗位人员）、数据处理人员、报告审核人员和授权签字人等各类专业技术人员的总称。

28. 生态环境监测机构为确保结果的准确性和稳定性制订的质控计划应有哪些内容？

答案：为确保结果的准确性和稳定性，生态环境监测机构应制定覆盖资质认定能力范围内所有类别和包含监测活动全过程的质量控制计划；质量控制计划应明确质量控制措施的形式、频次、时间安排和结果评价等要求，质控措施的实施记录完整。原则上，质量控制计划应覆盖环境监测机构的所有技术类型、重要的或有代表性的项目以及新开展的项目。

29. 仪器设备期间核查的一般流程是什么？

答案：

（1）制定设备期间核查程序；

（2）判断设备是否需要进行期间核查并制订计划；

（3）制定具体设备的期间核查作业指导书；

（4）依据期间核查计划和作业指导书实施核查，保留记录；

（5）出具核查报告；

（6）利用核查报告；

（7）对全过程实施效果评价。

30. 如何实现仪器设备档案的动态管理？

答案：仪器设备档案应按一台一档整理，应有目录，按资料产生的时间顺序罗列并标明每项内容的页码页数；随着仪器设备使用时间的增长，按一定周期将仪器设备的检定/校准、期间核查、维护、使用、故障情况、搬迁等记录归入各仪器设备的档案中，并在目录中补充这些增加资料的内容。以这种方式完整地保存仪器设备的所有资料，实现动态管理。

31．一家生态环境检测机构在内审前，有名内审员离职，质量负责人临时指定一名质量监督员代替其开展内审，这样处理是否得当？为什么？

答案：这样处理不合适。

因为内审员和质量监督员是有区别的：内审员要求①经过培训具备相应资格。②能够理解 RB/T 214—2017 和生态环境监测机构资质认定补充要求。③熟悉内审工作程序、掌握内审技巧方法。④具备编制内审表、出具不符合项报告的能力。⑤经授权开展内审工作，而监督员不具备上述条件，所以不能直接代替内审员进行内审。

32．检验检测人员在实际工作中是否可以自行选择检验检测方法？为什么？

答案：不可以。检验检测人员在实际工作中只能按任务单（或检验检测工作计划）要求的检验检测方法进行，没有权力自行选择检验检测方法。因为检验检测机构必须控制超出资质认定能力范围的检验检测活动。机构经合同评审与委托方确定了检验检测方法后（这个环节首先要考虑的就是本机构的检验检测能力范围），将委托内容以任务单形式下达给检验检测人员，检验检测人员如果违背任务单的规定选择其他方法，就有超范围检测的风险，所以不允许检验检测人员自行选择检验检测方法。

33．pH=7.032、$10^{-6.05}$、0.061 μg 为几位有效数字？

答案：pH=7.032 为 3 位有效数字，$10^{-6.05}$ 为 2 位有效数字，0.061 μg 为 2 位有效数字。

六、计算题

1．有 10 个生态环境监测实验室分析同一批样品，每个实验室进行 5 次平行测定，均值按从小到大的顺序为 4.40、4.41、4.50、4.51、4.64、4.75、4.81、4.95、5.01、5.39，单位为 mg/L，请检验最大值 5.39 是否应该删去？（n=10 时，$T_{0.05}$=2.176）

答案：x（平均值）=（4.40+4.41+4.50+4.51+4.64+4.75+4.81+4.95+5.01+5.39）/10=4.74（mg/L）

S=0.31

T=（5.39−x）/S=（5.39−4.74）/0.31＜$T_{0.05}$，5.39 应该保留。

2．钼酸铵法测定水中总磷时，所得校准曲线的斜率和截距分别为 0.030 和 0.001。测得水样的吸光度为 0.195，空白吸光度 0.002，同一水样中加入 0.1 mL 磷标准溶液（50 mg/L），测定加标回收率。加标后测得吸光度为 0.347，计算加标回收率（加标后体积无变化）。

答案：水样中总磷质量：（0.195−0.002−0.001）/0.030=6.40（μg）

加标样中总磷质量：（0.347−0.002−0.001）/0.030=11.47（μg）

加标回收率（P）=（11.47−6.40）/（50×0.10）×100%=101.4%

3．某实验室对氨氮含量为 6.43 mg/L 的标准水样进行了 7 次测量，结果分别为 6.80 mg/L、6.12 mg/L、6.35 mg/L、6.46 mg/L、6.23 mg/L、6.54 mg/L、6.08 mg/L，求其测量的极差、误差、相对误差、标准偏差和相对标准偏差。

答案：极差 = 0.72 mg/L

误差=–0.06 mg/L

相对误差=–0.9%

标准偏差 = 0.25 mg/L

相对标准偏差 = 3.9%

运算过程：平均值 $\bar{x}$ =6.37 mg/L，标准偏差 S=0.25 mg/L

极差=6.80−6.08=0.72（mg/L）

误差=6.37−6.43=−0.06（mg/L）

$$相对误差=\frac{-0.06}{6.37}=-0.9\%$$

$$相对标准偏差=\frac{S}{\bar{x}}=\frac{0.25}{6.37}=3.9\%$$

4．请按照有效数字运算规则计算下列各算式。

①508.4–436.27+11.039–5.247 8=?

②0.038 9×35.69÷6.397 8=?

③求[H^+]为 7.9×10^{-3}M 溶液的 pH。

答案：

①508.4–436.27+11.039–5.247 8 ≈ 508.4–436.27+11.04–5.25=77.9

②0.038 9×35.69÷6.397 8 ≈ 0.038 9×35.69÷6.40=0.217

③求[H^+]为 7.9×10^{-3}M 溶液的 pH

[H^+]=7.9×10^{-3}M

pH=–log[H^+]=–log（7.9×10^{-3}）=2.10

第十一章

综合分析

第一节 水质综合分析与评价

一、填空题

1. 地表水环境质量评价应根据应实现的水域功能类别，选取相应类别标准，进行__________，评价结果应说明水质达标情况，超标的应说明__________和__________。

答案：单因子评价，超标项目，超标倍数

2. 河流断面水质类别评价采用单因子评价法，即根据评价时段内该断面参评的指标中类别最__________的一项来确定。

答案：高

3. 地表水环境质量定性评价水质状况分为优、良好、__________、__________和__________5个等级。

答案：轻度污染，中度污染，重度污染

4. 地表水环境质量评价中，水质类别为Ⅲ类时，水质状况为__________，表征颜色为__________。

答案：良好，绿色

5. 根据《地表水环境质量评价方法（试行）》（环办〔2011〕22号），断面水质类别为Ⅴ类水质时，定性评价其表征颜色为__________。

答案：橙色

6. 依据《城市地表水环境质量排名技术规定（试行）》（环办监测〔2017〕51号），对地级及以上城市国家地表水考核断面水环境质量分别进行水环境质量__________排名和水环境质量__________排名。

答案：状况，变化情况

7. 地表水水质季度评价一般应采用2次以上（含2次）监测数据的__________进行评价。

答案：算术平均值

8. 采用 Speraman 秩相关系数法评价环境质量变化趋势时，一般至少要有__________个时间序列的数据。

答案：5

9. 依据《环境质量报告书编写技术规范》（HJ 641—2012），环境质量报告书按时间分为__________和__________。

答案：年度环境质量报告书，五年环境质量报告书

10. 某河流年度水质状况评价结果为中度污染，当年参加评价的全部10个断面中，Ⅰ～Ⅲ类水质类别的断面最多有__________个，劣Ⅴ类断面最多有__________个。

答案：7，3

11. 地表水环境质量标准基本项目标准值分为__________类，不同功能类别分别执行相应类别的标准值。水域功能类别为Ⅱ类的标准值__________水域功能类别为Ⅴ类的标准值。

答案：五，严于

12. 地表水环境质量评价应根据应实现的__________，选取相应类别标准，进行__________，评价结果应说明水质__________，超标的应说明超标项目和超标倍数。

答案：水域功能类别，单因子评价，达标情况

13. 地表水水质月评价可采用一次监测数据评价；有多次监测数据时，应采用__________的算术平均值进行评价。

答案：多次监测结果

14. 集中式生活饮用水地表水源地水质超标项目经自来水厂__________后，必须达到__________的要求。

答案：净化处理，《生活饮用水卫生规范》

15. 反映地下水质量基本状况的指标，包括__________及一般化学指标，__________，常见毒理学指标和放射性指标。

答案：感官性状，微生物指标

16. 地下水质量__________评价，按指标值所在的限值范围确定地下水质量类别，指标限值相同时，__________。

答案：单指标，从优不从劣

17. 地下水质量综合评价，按__________评价结果最差的类别确定，并指出__________类别的指标。

答案：单指标，最差

18. 对地下水构成影响较大的区域，如化学品生产企业以及工业集聚区在地下水污染源的上游、__________、__________及__________分别布设监测点。

答案：中心，两侧，下游区

19. 地下水饮用水水源保护区和补给区岩溶主管道上水质监测点不少于__________个，一级支流管道长度大于 2 km 布设__________个监测点，一级支流管道长度小于 2 km 布设__________个监测点。

答案：3，2，1

20. 按照海域的不同使用功能和__________，海水水质分__________类。

答案：保护目标，四

21. 污水集中排放形成的__________，不得影响邻近功能区的水质和__________通道。

答案：混合区，鱼类洄游

22. 河流断面水质类别评价采用__________，即根据评价时段内该断面参评的指标中类别__________的一项来确定。

答案：单因子评价法，最高

23. 地表水季度评价一般应采用__________监测数据的算术平均值进行评价。

答案：2 次以上（含 2 次）

24. 水质不同时段定量比较，有__________比较和__________比较方法。

答案：单因子浓度，水质类别比例

25．当水质状况等级发生两级以上（含两级）变化时，则评价为__________变化（好转或变差、下降、__________）。

答案：明显，恶化

26．城市地表水环境质量排名包括城市地表水环境质量状况排名和城市地表水环境质量__________排名。排名方法基于城市水质指数，即__________指数。

答案：变化情况，CWQI

27．河流水质指数计算采用《地表水环境质量标准》（GB 3838—2002）表 1 中除__________、__________和__________以外的 21 项指标。

答案：水温，粪大肠菌群，总氮

28．在计算单项指标的水质指数时，《地表水环境质量标准》（GB 3838—2002）表 1 中，湖库__________的Ⅲ类标准限值与河流的不同，为__________mg/L。

答案：总磷，0.05

29．按照年度进行城市地表水环境质量排名，采用各监测断面（点位）的__________监测数据的算术平均值计算排名；低于检出限的项目，按照__________值参与计算算术平均值。

答案：月，1/2 检出限

30．污染源的地下水监测项目以污染源__________为主。

答案：特征项目

31．一组监测数据中，个别数据明显偏离其所有样本的其余测定值，即为__________。

答案：异常值

32．由有效数字构成的数值，其倒数第二位以上的数字应是__________，只有末位数字是__________。

答案：可靠的（或确定的），可疑的（或不确定的）

33．某河流断面Ⅰ～Ⅲ类水质比例为 25%，Ⅳ类水质比例为 25%，Ⅴ类水质比例为 20%，其余为劣Ⅴ类水质，该河流的水质状况为__________。

答案：中度污染

34．某河流断面总数为 5 个，采用__________法进行水质评价。

答案：断面水质类别比例

35．当地表水断面水质状况为__________或更差时，需要评价主要污染指标。

答案：轻度污染

36．某水库综合营养状态指数为 60 时，湖泊的营养状态是__________。

答案：轻度富营养

37．某地表水水域功能为人体非直接接触的娱乐用水区，应执行__________类水质标准值。

答案：Ⅳ

38．某河流断面水质类别评价为Ⅳ类水质，其表征颜色为__________。

答案：黄色

39．当氨氮浓度为 15 mg/L 时，黑臭水体污染程度为__________。

答案：轻度黑臭

40．对某井水进行监测，氟化物监测结果为 0.825 mg/L，《地下水质量标准》中氟化物Ⅰ、Ⅱ、Ⅲ类标准限值均为 1.0 mg/L，该井水水质类别为__________。

答案：Ⅰ类

41．城市地表水环境质量状况排名基于城市水质指数，城市水质指数越小说明城市地表水环境质量状况越__________。

答案：好

42．某河流断面化学需氧量超过Ⅲ类水质标准的 2.1 倍，应在超标项目后标注超标倍数，表示为__________。

答案：化学需氧量（2.1）

43．某河流断面水质超标项目：氨氮（3.5）、总磷（2.7）、镉（0.3）、总氮（10.2）、高锰酸盐指数（1.5）、化学需氧量（2.0），则该河流主要污染指标为__________、__________、__________。

答案：镉，氨氮，总磷

44．某河流断面 2020 年、2021 年氨氮年均值分别为 1.0 mg/L、1.5 mg/L，与 2020 年相比，2021 年氨氮年均值升高__________%。

答案：50.0

45．水质监测时，同一点位的高锰酸盐指数的数值应该__________化学需氧量的数值。

答案：小于

46．某河流断面监测结果：化学需氧量 35 mg/L、氨氮 1.74 mg/L、总磷 0.18 mg/L、总氮 11.1 mg/L，那么该断面的水质类别是__________。

答案：Ⅴ类

47．某城市 2 月城市水质指数为 7.48，3 月为 6.59，与 2 月相比，3 月该城市地表水环境质量变__________。

答案：好

48．某地表水水体有农业用水、水产养殖、一般工业用水功能，应执行类地表水__________类环境质量标准。

答案：Ⅲ

49．某流域水质状况为重度污染，由此判断，该流域参加评价的全部 20 个断面中，劣Ⅴ类水质断面最少有__________个。

答案：8

50．《地下水质量标准》（GB/T 14848—2017）将地下水质量指标划分为常规指标和非常规指标，其中常规指标__________项和非常规指标__________项。

答案：39，54

二、单选题

1．根据《地表水环境质量评价方法（试行）》（环办〔2011〕22 号），断面水质类别为Ⅴ类时，定性评价其表征颜色为__________。（　　）

A．绿色　　B．蓝色　　C．黄色　　D．橙色

答案：D

2．湖体富营养化程度的评价主要根据__________等项目浓度确定。（　　）

A．总氮　　B．叶绿素 a　　C．总磷　　D．以上三项都是

答案：D

3．《地表水环境质量评价办法（试行）》（环办〔2011〕22 号）中断面主要污染指标的确定方法规定，当__________超标时，优先作为主要污染指标。（　　）

A．硫化物或铅、铬等重金属　　B．挥发酚或铅、铬等重金属

C．氰化物或铅、铬等重金属　　D．氟化物或铅、铬等重金属

答案：C

4．根据《地表水环境质量评价办法（试行）》（环办〔2011〕22 号）评价河流整体水质状况，当河流的评价断面总数在 5 个（含 5 个）以上，Ⅰ～Ⅲ类水质比例＜75%，且劣Ⅴ类水质比例＜20%，则河流水质状况为__________。（　　）

A．良好　　B．一般　　C．轻度污染　　D．中度污染

答案：C

5．下面__________污染物的数据没有数据关联性。（　　）

A．总氮、氨氮　　B．非甲烷总烃、苯系物

C．六价铬、总铬　　D．石油类、动植物油

答案：D

6．某地表水监测断面今年上半年水质状况等级为Ⅲ类，去年同期该断面水质状况等级为Ⅴ类，则该断面水质同比__________。（　　）

A．有所好转　　B．有所恶化　　C．明显好转　　D．明显恶化

答案：C

7．当水质测定结果低于方法检出限时，测定结果报所使用方法的检出限值，并加标志 L，统计污染总量时__________。（　　）

A．以零计　　B．以 1/2 检出限计　　C．以最大值计　　D．以最小值计

答案：A

8．全国地表水环境质量年度评价，以每年__________次监测数据的算术平均值进行评价，对于少数因冰封期等原因无法监测的断面（点位），一般应保证每年至少有__________次以上（含__________次）的监测数据参与评价。（　　）

A．12，8，8　　B．12，6，6　　C．12，10，10　　D．10，10，10

答案：A

9．当一个湖泊（水库）有多个监测点位时，计算湖泊（水库）多个点位评价指标浓度__________，然后按照断面水质评价方法评价。（　　）

A．算术平均值　　B．几何平均值　　C．对数平均值　　D．中位值

答案：A

10．根据《城市地表水环境质量排名技术规定（试行）》（环办监测〔2017〕51 号）的规定，城市地表水环境质量状况排名信息发布包括城市地表水环境质量较好的前__________个城市名单和城

市地表水环境质量较差的后__________个城市名单。（　　）

A．10，10　　B．15，15　　C．20，20　　D．30，30

答案：A

11．不作为水质评价指标的项目为__________。（　　）

A．pH　　B．挥发酚　　C．化学需氧量　　D．总氮

答案：D

12．总氮和__________作为湖库水体营养状态的评价指标。（　　）

A．五日生化需氧量　　B．总磷　　C．溶解氧　　D．氨氮

答案：B

13．溶解氧的地表水Ⅲ类水体限值为__________mg/L。（　　）

A．6　　B．5　　C．3　　D．2

答案：B

14．采用综合营养状态指数法［TLI（∑）］评价湖泊（水库）营养状态，若某湖库 TLI（∑）为 30，则该湖库营养状态分级为__________。（　　）

A．贫营养　　B．中营养　　C．富营养　　D．轻度富营养

答案：B

15．河流、水系水质状况为轻度污染时，表征颜色为__________。（　　）

A．绿色　　B．黄色　　C．橙色　　D．红色

答案：B

16．氨氮的地下水Ⅲ类水体限值为__________mg/L。（　　）

A．≤0.02　　B．≤0.10　　C．≤0.50　　D．≤1.50

答案：C

17．依据赤潮监测技术规程，当海域水色发生明显的异常，某一种类生物的体长__________μm，数量__________个/mL 时，即可判断发生了赤潮。（　　）

A．<10，>10^4　　B．<10，>10^3　　C．10～29，>10^2　　D．30～99，>10^2

答案：A

18．河流水质指数计算采用的项目指标，包括__________。（　　）

A．水温　　B．粪大肠菌群　　C．总氮　　D．氰化物

答案：D

19．根据《地表水环境质量评价办法（试行）》（环办〔2011〕22 号），按水质状况等级变化评价水质变化趋势时，当水质状况等级发生一级变化时，则评价该流域水质__________。（　　）

A．无明显变化　　B．有所变化　　C．明显变化

答案：B

20．地下水水质类别为__________类时，地下水化学组分含量较高，适当处理后可作为生活饮用水。（　　）

A．Ⅲ　　B．Ⅳ　　C．Ⅴ

答案：B

21．按照海域的不同使用功能和保护目标，海水水质分为四类，其中第三类海水水质适用于__________。（　　）

A．海洋渔业水域　　B．海水浴场　　C．滨海风景旅游区　　D．水产养殖区

答案：C

22．按照海域的不同使用功能和保护目标，海洋沉积物质量分为三类，其中第二类海洋沉积物质量适用于__________。（　　）

A．海洋渔业水域　　B．海水浴场　　C．滨海风景旅游区　　D．海水养殖区

答案：C

23．某断面开展水质评价的两次化学需氧量监测数据分别为 16 mg/L、17 mg/L，则该断面化学需氧量浓度均值为__________mg/L。（　　）

A．16　　B．16.5　　C．17

答案：B

24．每个自然日所有有效自动监测数据均参与评价，且实际参与计算的自动数据量不得低于当日应获得全部数据量的__________%。（　　）

A．90　　B．80　　C．70　　D．60

答案：D

25．某湖库营养状态分级为轻度富营养，则该湖库 TLI（∑）可能为__________。（　　）

A．46　　B．57　　C．63　　D．72

答案：B

26．当河流、流域（水系）的断面总数少于__________个时，计算河流、流域（水系）所有断面各评价指标浓度算术平均值，然后按照断面水质评价方法评价。（　　）

A．3　　B．4　　C．5　　D．6

答案：C

27．河流水生态环境质量评价时，河流水质类别为Ⅳ类，赋分值应为__________。（　　）

A．4　　B．3　　C．2　　D．1

答案：B

28．生境调查评价参数由__________个指标构成，每项评分为__________。（　　）

A．10，0～20　　B．10，0～10　　C．20，0～10　　D．5，0～10

答案：A

29．河流栖息地生境质量分级为良好时，生境总分（H）评价标准应为__________。（　　）

A．$H>150$　　B．$120<H\leq150$　　C．$90<H\leq120$　　D．$60<H\leq90$

答案：B

30．某河流进行生物多样性评价，香农-维纳多（Shannon-Wiener）指数（H）为 1.4，则该河流生物多样性指数等级为__________。（　　）

A．优秀　　B．良好　　C．中等　　D．较差

答案：C

31．水生态环境质量综合评价时，水化学指标分值范围及湖泊建议权重分别为__________、

__________。(　　)

A．1～5，0.4　　B．1～5，0.2　　C．1～10，0.4　　D．1～10，0.2

答案：A

32．根据水生态环境质量综合评价指数（$WEQI_{river}$）分值大小，将水生态环境质量等级分为五级，当综合指数（$WEQI_{river}$）为4.5时，表征颜色为__________。(　　)

A．红色　　B．橙色　　C．黄色　　D．蓝色

E．绿色

答案：E

33．根据农田灌溉水质基本控制项目的限值要求，用于水田作物的灌溉用水，化学需氧量浓度不得超过__________mg/L。(　　)

A．60　　B．100　　C．150　　D．200

答案：C

34．城市水质指数（CWQI）计算结果保留__________位小数。(　　)

A．2　　B．3　　C．4　　D．5

答案：C

35．确定断面主要污染指标时，以下项目同时出现超标时，优先作为主要污染指标的是__________。(　　)

A．氨氮　　B．氰化物　　C．pH　　D．高锰酸盐指数

答案：B

36．不属于断面水质定性评价表征颜色的是__________。(　　)

A．黄色　　B．红色　　C．橙色　　D．棕色

答案：D

37．在集中式生活饮用水地表水水源地一级保护区的河段，高锰酸盐指数浓度不得超过__________mg/L。(　　)

A．2　　B．4　　C．6　　D．10

答案：B

38．某地下水监测井氟化物监测分析结果为0.8 mg/L，按单指标评价地下水质量类别应该是__________。(　　)

A．Ⅰ类　　B．Ⅱ类　　C．Ⅲ类　　D．Ⅳ类

答案：A

39．常见水生生物指数评价法中，适用于底栖动物评价的有__________。(　　)

A．BMWP 指数

B．BI 生物指数

C．香农-维纳（Shannon-Wiener）多样性指数（H）

D．生物学污染指数（BPI）

E．生物完整性指数（IBI）

F．以上都可以

答案：F

40．某河段地表水水域功能为一般景观要求水域，应执行__________类水质标准值。（　　）

A．Ⅳ　　B．Ⅲ　　C．Ⅴ　　D．Ⅱ

答案：C

41．某河流共布设 10 个监测断面，其中达到Ⅱ类水质的断面数为 2 个，达到Ⅲ类水质的断面数为 4 个，劣Ⅴ类水质的断面数为 3 个，其余断面均为Ⅳ类水质，根据断面水质类别法，该河流的水质状况为__________。（　　）

A．中度污染　　B．重度污染　　C．良好　　D．轻度污染

答案：A

42．某河流断面 2020 年水质类别为Ⅲ类，其中 COD 的年均值为 18 mg/L。2021 年 COD 的年均值为 30 mg/L，其他指标均达到Ⅲ类水质标准。与 2020 年相比，该断面水质的变化趋势为__________。（　　）

A．无明显变化　　B．有所下降　　C．明显下降　　D．无法评价

答案：B

43．某水库进行综合营养状态指数计算时，以__________作为基准参数。（　　）

A．总氮　　B．透明度　　C．总磷　　D．叶绿素 a

答案：D

44．根据《地下水质量标准》（GB/T 14848—2017）中地下水质量分类的规定，适用于各种用途的地下水水质类别是__________。（　　）

A．Ⅰ类　　B．Ⅰ、Ⅱ类　　C．Ⅰ、Ⅱ、Ⅲ类　　D．Ⅰ、Ⅱ、Ⅲ、Ⅳ类

答案：B

45．某水库使用 Spearman 秩相关系数进行趋势分析时，计算出的秩相关系数 r_s（>临界值 Wp），且 r_s 是负值，表明在评价时段内有关统计量指标变化呈__________趋势。（　　）

A．下降或好转　　B．上升或加重　　C．稳定或平稳

答案：A

46．某井水可作为集中式生活饮用水水源，则该井水至少为__________类水。（　　）

A．Ⅰ　　B．Ⅱ　　C．Ⅲ　　D．Ⅳ

答案：C

47．某河流断面进行水质评价，当水质超过Ⅲ类标准时，先按照不同指标对应水质类别的优劣，选择水质类别最差的前__________项指标作为主要污染指标。（　　）

A．二　　B．三　　C．四　　D．五

答案：B

48．湖泊、水库进行营养状态评价，结果为中度富营养，综合营养状态指数个位为 5，那么十位数为__________。（　　）

A．4　　B．5　　C．6　　D．7

答案：C

49．某河流断面监测结果：化学需氧量 20 mg/L、氨氮 0.748 mg/L、总磷 0.25 mg/L、高锰酸盐

指数 4.7 mg/L，那么该断面的水质状况是__________（　　）

A．良好　　B．轻度污染　　C．中度污染　　D．重度污染

答案：B

50．某河流断面化学需氧量为 50 mg/L，水质评价执行地表水Ⅴ类标准，则化学需氧量超标__________倍。（　　）

A．1.50　　B．0.20　　C．0.25　　D．0.67

答案：C

51. 以下不适用《地表水环境质量标准》(GB 3838—2002)中Ⅱ类水水域的是__________。(　　)

A．集中式生活饮用水地表水源地二级保护区

B．鱼虾产卵场

C．仔稚幼鱼索饵场

D．珍稀水生生物栖息地

答案：A

52．以下水域，__________不适用于《地表水环境质量标准》(GB 3838—2002)。（　　）

A．湖泊　　B．运河

C．渠道　　D．批准划定的单一渔业水域

答案：D

53．对某河流型集中式饮用水水源进行全分析时，共监测项目__________项。（　　）

A．106　　B．107　　C．108　　D．109

答案：D

54．某集中式饮用水型水库在监测多氯联苯时，应监测__________种多氯联苯。（　　）

A．6　　B．7　　C．8　　D．9

答案：B

55．在进行地表水水质评价数据统计时，季度评价一般应采用__________监测数据的算术平均值进行评价。（　　）

A．2 次以上（含 2 次）　　B．2 次以上（不含 2 次）

C．3 次以上（含 3 次）　　D．3 次以上（不含 3 次）

答案：A

56．对河流断面水质类别评价时，应采用__________，即根据评价时段内该断面参评的指标中类别最高的一项来确定。（　　）

A．断面水质类别比例法　　B．单因子评价法

C．单因子浓度比较法　　D．水质类别比例比较法

答案：B

57．某监测站在对某地下承压水进行监测时，监测频次可以根据质量变化情况确定，每年宜监测__________次。（　　）

A．1　　B．2　　C．3　　D．4

答案：A

58．在《地表水环境质量标准》（GB 3838—2002）中，人为造成的环境水温变化应限制在周平均最大温升不大于__________℃。（ ）

A．1 B．2 C．3 D．4

答案：A

59．《地表水环境质量标准》（GB 3838—2002）中湖库和非湖库总磷的Ⅲ类标准值分别为__________mg/L、__________mg/L。（ ）

A．0.03，0.20 B．0.05，0.5 C．0.05，0.20 D．0.03，0.5

答案：C

60．在进行五年环境质量变化趋势分析中，判断变化趋势是否呈显著性（单侧检验 0.05）的秩相关系数临界值为__________。（ ）

A．0.829 B．0.943 C．0.900 D．1.000

答案：C

61．鱼虾类产卵场的水质类别应是__________类水质，表征颜色为__________。（ ）

A．Ⅰ，绿色 B．Ⅱ，蓝色 C．Ⅰ，蓝色 D．Ⅱ，绿色

答案：B

62．根据《地下水质量标准》（GB/T 14848—2017），下列指标中，不属于地下水水质监测项目的是__________。（ ）

A．菌落总数 B．粪大肠菌群 C．总大肠菌群 D．耗氧量

答案：B

63．根据《地下水质量标准》（GB/T 14848—2017），菌落总数的单位是__________。（ ）

A．CFU/mL B．CFU/100 mL C．MPN/100 mL D．个/L

答案：A

64．下列__________类指标不是《地下水质量标准》（GB/T 14848—2017）中的常规指标。（ ）

A．感官性状及一般化学指标 B．比较少见的无机和有机毒理学指标

C．常见毒理学指标 D．微生物指标

答案：B

65．对某黑臭水体开展监测，发现其中有 1 个点位水深 20 cm，则透明度小于__________cm 时为重度黑臭。（ ）

A．10 B．12 C．6 D．8

答案：D

66．某黑臭水体有 5 个采样点，在对其进行评价时，应计算 5 个采样点监测结果的__________，对照城市黑臭水体污染程度分级标准，进行黑臭水体的监测结果评价。（ ）

A．对数平均值 B．几何平均值

C．算术平均值 D．加权平均值

答案：C

三、多选题

1. 水质变化趋势分析方法对河流（湖库）、流域（水系）、全国及行政区域内水质状况与前一时段、上一年度同期或进行多时段变化趋势分析时，必须满足以下__________条件，以保证数据的可比性。（　　）

A. 选择的监测指标必须相同　　B. 选择的断面（点位）基本相同

C. 定性评价必须以定量评价为依据　　D. 定性评价不一定以定量评价为依据

答案：ABC

2. 地表水水质评价指标：《地表水环境质量标准》（GB 3838—2002）表 1 中除__________以外的 21 项指标。（　　）

A. 水温　　B. 总磷　　C. 粪大肠菌群　　D. 总氮

答案：ACD

3.《地表水环境质量标准》（GB 3838—2002）依据地表水水域环境功能和保护目标，按功能高低依次将地表水水域划分为五类，其中Ⅲ类适用的水域为__________。（　　）

A. 集中式生活饮用水地表水源地一级保护区

B. 鱼虾类越冬场、洄游通道、水产养殖区等渔业区域及游泳区

C. 集中式生活饮用水地表水源地二级保护区

D. 一般工业用水区

答案：BC

4.《地下水质量标准》（GB/T 14848—2017）依据__________，参照生活饮用水、工业、农业等用水质量要求，依据各组分含量高低（pH 除外），分为五类。（　　）

A. 地下水的使用功能　　B. 我国地下水质量状况

C. 人体健康风险　　D. 地下水质量保护目标

答案：BC

5.《地表水环境质量标准》（GB 3838—2002）依据地表水水域环境功能和保护目标，按功能高低将地表水水质划分为五类，其中Ⅰ类适用的水域为__________。（　　）

A. 源头水

B. 集中式生活饮用水地表水源地一级保护区

C. 珍稀水生生物栖息地

D. 国家自然保护区

E. 农业用水

答案：AD

6. 我国现行的《地表水环境质量标准》（GB 3838—2002）中已作规定项目包括__________。（　　）

A. 地表水环境质量标准基本项目　　B. 集中式生活饮用水地表水源地补充项目

C. 饮用水卫生项目　　D. 集中式生活饮用水地表水源地特定项目

答案：ABD

7. 城市黑臭水体分级评价指标至少包括__________。（　　）

A．溶解氧　　B．色度　　C．透明度　　D．水温

答案：AC

8．海滨浴场适宜度评价必测项目包括__________。（　　）

A．水温　　B．pH　　C．粪大肠菌群　　D．漂浮物质

E．石油类

答案：ABCDE

9．河流水质指数计算时，单项指标的水质指数计算与其他指标计算方法不同的是__________。（　　）

A．溶解氧　　B．生化需氧量　　C．pH　　D．化学需氧量

答案：AC

10．对水质状况等级变化，评价结论包括__________。（　　）

A．无明显变化　　B．有所变化　　C．明显变化　　D．无变化

答案：ABC

11．下列监测项目中属于集中式生活饮用水地表水水源地补充监测项目的有__________。（　　）

A．粪大肠菌群　　B．氯化物　　C．铁　　D．苯

答案：BC

12．计算城市地表水环境质量状况排名时，断面（点位）城市归属描述正确的是__________。（　　）

A．城市指城市管辖市域，包括下属区县和已改为省直管的县

B．涉及上、下游城市的出入境断面，均纳入上游城市排名

C．存在往返流的断面按照年度主流方向，确定上游城市进行排名

D．涉及两个或多个城市界河的断面，同时参与所有涉及城市的排名

答案：ABCD

13．满足《地下水质量标准》（GB/T 14848—2017）规定的Ⅰ类水质要求，__________指标不可检出。（　　）

A．嗅和味　　B．肉眼可见物

C．阴离子表面活性剂　　D．砷

答案：ABC

14．根据《海水水质标准》（GB 3097—1997）的要求，第四类海水水质适用于__________。（　　）

A．一般工业用水区　　B．滨海风景旅游区

C．海洋港口水域　　D．海洋开发作业区

答案：CD

15．将秩相关系数 r_s 的绝对值同 Spearman 秩相关系数统计表中的临界值 Wp 进行比较，当 $r_s > Wp$ 表明变化趋势有显著意义，以下描述正确的是__________。（　　）

A．如果 r_s 是负值，则表明在评价时段内有关统计量指标变化呈下降趋势或好转趋势

B．如果 r_s 是正值，则表明在评价时段内有关统计量指标变化呈上升趋势或加重趋势

C．如果 r_s 是负值，则表明在评价时段内有关统计量指标变化呈上升趋势或好转趋势

D．如果 r_s 是正值，则表明在评价时段内有关统计计量指标变化呈下降升趋势或加重趋势

答案：AB

16．下列《地表水环境质量标准》（GB 3838—2002）中的项目中，可反映水体有机污染特点的指标有__________。（ ）

A．高锰酸盐指数 B．生化需氧量 C．化学需氧量 D．总磷

答案：ABC

17．以下属于黑臭水体的评价指标是__________。（ ）

A．透明度 B．溶解氧 C．电导率 D．氨氮

答案：ABD

18．当河流、流域（水系）的断面总数在 5 个（含 5 个）以上时，采用断面水质类别比例法，以下水质评价正确的有__________。（ ）

A．Ⅰ～Ⅲ类水质比例为 90%时，水质状况为良好

B．Ⅰ～Ⅲ类水质比例为 70%，且劣Ⅴ类比例为 20%，水质状况为中度污染

C．Ⅰ～Ⅲ类水质比例为 50%，且劣Ⅴ类比例为 40%，水质状况为重度污染

D．Ⅰ～Ⅲ类水质比例为 75%，水质状况为良好

答案：BCD

19．城市地表水环境质量排名河流水质指数计算中，下列单项指标的水质指数 CWQI 计算公式正确的是__________。（ ）

A．$\text{CWQI（溶解氧）}=\dfrac{\text{溶解氧浓度值}}{\text{溶解氧地表水III类标准限值}}$

B．$\text{CWQI（总磷）}=\dfrac{\text{总磷浓度值}}{\text{总磷地表水III类标准限值}}$

C．pH≤7.0 时，$\text{CWQI（pH）}=\dfrac{7-\text{pH}}{7-\text{pH标准下限值}}$

D．pH＞7.0 时，$\text{CWQI（pH）}=\dfrac{\text{pH}-7}{\text{pH标准上限值}-7}$

答案：BCD

20．对某水库进行营养状态评价时，判定其为中营养，其综合营养状态指数可能是__________。（ ）

A．30 B．40 C．50 D．60

答案：ABC

21．下列监测项目数值逻辑关系正确的是__________。（ ）

A．五日生化需氧量＜化学需氧量 B．高锰酸盐指数＜化学需氧量

C．五日生化需氧量＜高锰酸盐指数 D．亚硝酸盐氮＜硝酸盐氮

答案：AB

22．在进行水库水质评价时，__________不计算超标倍数。（ ）

A．pH B．总氮 C．溶解氧 D．水温

答案：ACD

四、判断题

1. 采用综合营养状态指数法评价湖泊营养状态，TLI（∑）为 54，则该湖泊水质为中营养。（　　）

答案：错误

正确答案：TLI（∑）为 54，则该湖泊水质为轻度富营养。

2. 河流断面水质类别评价采用单因子评价法。（　　）

答案：正确

3. 总磷是评价湖泊、水库营养状态的重要指标之一。（　　）

答案：正确

4. 流域（水系）水质定性评价中，水质状况为轻度污染，其表征颜色为黄色。（　　）

答案：正确

5. 依据《地表水环境质量标准》（GB 3838—2002），地表水环境质量评价应根据实现的水域功能类别，选取相应类别标准，进行综合评价，评价结果应说明水质达标情况，超标的应说明超标项目和超标倍数。（　　）

答案：错误

正确答案：地表水环境质量评价应根据要实现的水域功能类别，选取相应类别标准，进行单因子评价，评价结果应说明水质达标情况，超标的应说明超标项目和超标倍数。

6. 单个水源达标率达标时，达标率为 100%，否则为 0。（　　）

答案：正确

7. 审核地表水环境质量监测数据，包括对有效数字修约和计量单位是否符合标准规范和技术要求的审核。（　　）

答案：正确

8. 通常情况下湖库表层溶解氧含量低于底层溶解氧含量。（　　）

答案：错误

正确答案：通常情况下湖库表层溶解氧含量高于底层溶解氧含量。

9. 对于自然灾害或突发污染事故造成地表水监测及评价结果受影响的，可按生态环境主管部门相关规定执行。（　　）

答案：正确

10. 利用底栖动物的定性检测数据，依据不同底栖动物类群对污染物的耐受性或敏感性差异开展评价，宜选用生物指数（BPI）方法。（　　）

答案：错误

正确答案：利用底栖动物的定性检测数据，依据不同底栖动物类群对污染物的耐受性或敏感性差异开展评价，宜选用生物检测工作组计分（BMWP）方法。

11. 集中式生活饮用水地表水源地水质必须达到《生活饮用水卫生规范》的要求。（　　）

答案：错误

正确答案：集中式生活饮用水地表水源地水质超标项目经自来水厂净化处理后，必须达到《生活饮用水卫生规范》的要求。

12. 依据我国地下水质量状况和人体健康风险，参照生活饮用水、工业、农业等用水质量要求，依据各组分含量高低（pH 除外），分为六类。（ ）

答案：错误

正确答案：依据我国地下水质量状况和人体健康风险，参照生活饮用水、工业、农业等用水质量要求，依据各组分含量高低（pH 除外），分为五类。

13. 地下水质量应定期监测。潜水监测频率应不少于每年两次（丰水期和枯水期各 1 次）。（ ）

答案：正确

14. 地下水质量应定期监测。承压水监测频率应不少于每年两次（丰水期和枯水期各 1 次）。（ ）

答案：错误

正确答案：承压水监测频率可以根据质量变化情况确定，宜每年 1 次。

15. 地下水监测中不同的时空分布出现的异常值，使用统计检验方法来决定舍取。（ ）

答案：错误

正确答案：地下水监测中不同的时空分布出现的异常值，应从监测点周围当时的具体情况（地质水文因素变化、气象、附近污染源情况等）进行分析，不能简单地应用统计检验方法来决定舍取。

16. 测试人员应根据标准方法、规范要求对原始记录做必要的数据处理。在数据处理时，发现异常数据不可轻易剔除，应按数据统计规则进行判断和处理。（ ）

答案：正确

17. 记录测量数据时，根据计量器具的精度和仪器的刻度，只保留一位可疑数字，测试数据的有效位数和误差表达方式应符合有关误差理论的规定。（ ）

答案：正确

18. 一个分析结果的有效数字位数，主要取决于原始数据的正确记录和数值的正确计算。（ ）

答案：正确

19. 在一系列操作中，使用多种计量仪器时，有效数字以最多的一种计量仪器的位数表示。（ ）

答案：错误

正确答案：在一系列操作中，使用多种计量仪器时，有效数字以最少的一种计量仪器的位数表示。

20. 湖泊、水库营养状态评价指标：叶绿素 a、总磷、总氮和透明度。（ ）

答案：错误

正确答案：湖泊、水库营养状态评价指标：叶绿素 a、总磷、总氮、透明度和高锰酸盐指数。

21. 描述断面的水质类别时，使用“符合”或“劣于”等词语。（ ）

答案：正确

22. 评价时段内，断面水质为“优”或“良好”时，选择水质类别最差的前三项指标作为主要污染指标。（ ）

答案：错误

正确答案：评价时段内，断面水质为“优”或“良好”时，不评价主要污染指标。

23．对于大型湖泊、水库，可分不同的湖（库）区进行水质评价。（　　）

答案：正确

24．全国地表水环境质量评价以国控、省控地表水环境监测网全部监测断面（点位）作为评价对象，包括河流监测断面和湖（库）监测点位。（　　）

答案：错误

正确答案：全国地表水环境质量评价以国控地表水环境监测网全部监测断面（点位）作为评价对象，包括河流监测断面和湖（库）监测点位。

25．按照城市水质指数从大到小的顺序进行排名，排名越靠前说明城市地表水环境质量状况越好。（　　）

答案：错误

正确答案：按照城市水质指数从小到大的顺序进行排名，排名越靠前说明城市地表水环境质量状况越好。

26．海洋生物：微生物的平均值以算术平均值表示，其他叶绿素 a、浮游生物、底栖生物及潮间带生物等项目的平均值以几何平均值表示。（　　）

答案：错误

正确答案：海洋生物：微生物的平均值以几何平均值表示，其他叶绿素 a、浮游生物、底栖生物及潮间带生物等项目的平均值以算术平均值表示。

27．监测数据产生后，在对数据准确性确认后进行必要的统计，其中未检出部分均按检出限的 1/2 量参加统计计算。（　　）

答案：错误

正确答案：监测数据产生后，在对数据准确性确认后进行必要的统计，其中，未检出部分应按相应质量标准或排放标准的要求进行统计计算。

28．无机氮是硝酸盐氮、亚硝酸盐氮和氨氮的总和，无机氮也称“活性氮”，或简称“三氮”。（　　）

答案：正确

29．近岸海域水质评价中，某区域近岸海域水质为一类的监测点位占全部监测点位的 60%，二类的监测点位占全部监测点位的 30%，则该区域近岸海域水质为优。（　　）

答案：正确

30．适用于海滨浴场的水质监测，也适用于浴池的水质监测。（　　）

答案：错误

正确答案：适用于海滨浴场的水质监测，不适用于浴池的水质监测。

31．河流断面水质评价时，断面水质类别为Ⅱ类，其表征颜色为绿色。（　　）

答案：错误

正确答案：河流断面水质评价时，断面水质类别为Ⅱ类，其表征颜色为蓝色。

32．陆域直排海污染源环境影响监测内容包括水质、沉积物质量、海洋生物、特征污染物及其生态毒理、潮间带生态、生物体污染物残留量等。（　　）

答案：正确

33．河流断面水质评价时，断面水质类别为Ⅲ类，适用于鱼虾类产卵场。（　　）

答案：错误

正确答案：适用于集中式生活饮用水地表水水源地二级保护区、鱼虾类越冬场、洄游通道、水产养殖区等渔业水域及游泳区。

34．根据海水水质分类，第一类海水水质适用于海洋渔业水域，海上自然保护区和珍稀濒危海洋生物保护区。（　　）

答案：正确

35．按照海域的不同使用功能和环境保护目标，海洋沉积物质量分为三类。（　　）

答案：正确

36．根据海洋沉积物质量分类，第二类海洋沉积物质量适用于一般工业用水区，滨海风景旅游区。（　　）

答案：正确

37．某地下水监测井，耗氧量（COD_{Mn}法，以 O_2 计）浓度为 3.5 mg/L，该点位水质类别为Ⅲ类。（　　）

答案：错误

正确答案：该点位水质类别为Ⅳ类。

38．某湖库各监测点位总磷平均浓度为 0.028 mg/L，该湖库水质类别为Ⅱ类。（　　）

答案：错误

正确答案：该湖库水质类别为Ⅲ类。

39．进行年度评价时，全国地表水应按水期进行评价。（　　）

答案：错误

正确答案：进行年度评价时，全国地表水不按水期进行评价。

40．对河流型水库进行水质评价，应按照水库水质评价方法进行。（　　）

答案：错误

正确答案：对河流型水库进行水质评价，应按照河流水质评价方法进行。

41．某河流在进行 5 年水质变化趋势评价时，可直接进行各类水质类别比例变化的分析，并以图表表征。（　　）

答案：正确

42．全国地表水环境质量年度评价时，某国控断面因冰封期等原因 5 个月无法监测，可以用 7 个月的监测数据参与评价。（　　）

答案：错误

正确答案：国控断面（点位）每月监测一次，全国地表水环境质量年度评价，以每年 12 次监测数据的算术平均值进行评价，对于少数因冰封期等原因无法监测的断面（点位），一般应保证每年至少有 8 次以上（含 8 次）的监测数据参与评价。

43．对某河流断面开展水质监测，监测项目为 pH、化学需氧量、氨氮、总磷、氟化物、粪大肠菌群 6 项，并对上述 6 个项目数据统一进行地表水水质评价。（　　）

答案：错误

正确答案：地表水水质评价指标：《地表水环境质量标准》（GB 3838—2002）表 1 中除水温、总氮、粪大肠菌群以外的 21 项指标。水温、总氮、粪大肠菌群作为参考指标单独评价（河流总氮除外）。

44．某河流断面在与前一年度同期的水质状况进行比较时，水质状况等级下降了两级，评价为明显下降。（ ）

答案：正确

45．在对全国地表水环境质量进行评价时，以国控地表水环境监测网 95%的监测断面（点位）作为评价对象即可。（ ）

答案：错误

正确答案：全国地表水环境质量评价以国控地表水环境监测网全部监测断面（点位）作为评价对象，包括河流监测断面和湖（库）监测点位。

46．对某河流断面进行不同时段水质变化趋势评价，按组合类别比例法评价时，设ΔG为后时段与前时段Ⅰ～Ⅲ类水质百分点之差：$\Delta G=G2-G1$，ΔD 为后时段与前时段劣Ⅴ类水质百分点之差：$\Delta D=D2-D1$。当该断面$|\Delta G-\Delta D|=20$时，则评价为有所变化（好转或变差、下降）。（ ）

答案：正确

47．分析某河流断面多时段的水质变化趋势及变化程度，采用 Spearman 秩相关系数法，要求具备足够的数据，一般至少应采用 5 个期间的数据。（ ）

答案：错误

正确答案：分析断面（点位）、河流、流域（水系）、全国及行政区域内多时段的水质变化趋势及变化程度，应对评价指标值（如指标浓度、水质类别比例等）与时间序列进行相关性分析，可采用 Spearman 秩相关系数法。使用这一方法，要求具备足够的数据，一般至少应采用 4 个期间的数据，即 5 个时间序列的数据。

48．某河流断面水质评价时，pH 为 10.8，超标倍数为 0.2 倍。（ ）

答案：错误

正确答案：对于水温、pH 和溶解氧等项目不计算超标倍数。

49．农田灌溉水不适用《地表水环境质量标准》（GB 3838—2002）。（ ）

答案：正确

50．某井水化学组分含量较低，适用于各种用途，判定为地下水Ⅰ类。（ ）

答案：错误

正确答案：地下水Ⅱ类水中化学组分含量较低，适用于各种用途。

51．地下水质量应定期监测。在对地下水潜水进行监测时，监测频次不少于每年 2 次，可以全在丰水期监测。（ ）

答案：错误

正确答案：地下水质量应定期监测。在对地下水潜水进行监测时，监测频次不少于每年 2 次，丰水期和枯水期各 1 次。

52．某井水耗氧量监测结果表明该井水水质为Ⅲ类，其余项目则均为Ⅱ类，那么该井水质类别判定为Ⅲ类。（ ）

答案：正确

53. 若同一河流兼有多类使用功能，则该河流应执行《地表水环境质量标准》（GB 3838—2002）最低功能类别对应的标准值。（　　）

答案：错误

正确答案：同一水域兼有多类使用功能的，执行最高功能类别对应的标准值。

54. 城市地表水环境质量排名中，河流水质指数计算采用《地表水环境质量标准》（GB 3838—2002）表 1 中的 24 项指标。（　　）

答案：错误

正确答案：城市地表水环境质量排名中，河流水质指数计算采用《地表水环境质量标准》（GB 3838—2002）表 1 中除水温、粪大肠菌群和总氮以外的 21 项指标。

55. 城市地表水环境质量排名河流水质指数计算中，低于检出限的项目，按照 0 参加计算各单项指标浓度的算术平均值。（　　）

答案：错误

正确答案：城市地表水环境质量排名河流水质指数计算中，低于检出限的项目，按照 1/2 检出限值参加计算各单项指标浓度的算术平均值。

56. 某河段环境质量定性评价中使用黄色表征，说明河段为轻度污染。（　　）

答案：正确

57. 对某湖泊进行营养状态评价，选取叶绿素 a、总磷、总氮、溶解氧和高锰酸盐指数共 5 项指标。（　　）

答案：错误

正确答案：湖泊、水库营养状态评价指标：叶绿素 a（chla）、总磷（TP）、总氮（TN）、透明度（SD）和高锰酸盐指数（COD_{Mn}）共 5 项。

58. 评价时段内，地表水断面水质为“优”或“良好”时，不评价主要污染指标。（　　）

答案：正确

59. 对某化工厂开展废水监测，总砷、苯并[*a*]芘、总铅、总镉应在车间或车间处理设施排口采样，总氰化合物、挥发酚、氨氮应在废水总排口采样。（　　）

答案：正确

60. 对某井水进行水质评价，监测日期为 2018 年 1 月 1 日，可使用《地下水质量标准》（GB/T 14848—2017）进行水质评价。（　　）

答案：错误

正确答案：《地下水质量标准》（GB/T 14848—2017）于 2017 年 10 月 14 日发布，2018 年 5 月 1 日实施。

61. 对某饮用水水源型水库开展水质评价，总磷应选择《地表水环境质量标准》（GB 3838—2002）表 1 中Ⅲ类标准限值，数值为 0.2 mg/L。（　　）

答案：错误

正确答案：湖库总磷评价，总磷应选择《地表水环境质量标准》（GB 3838—2002）表 1 中总磷湖、库的Ⅲ类标准限值，数值为 0.05 mg/L。

62. 某河流断面硝酸盐氮、亚硝酸盐氮、氨氮、总氮的监测结果（均以 N 计）分别为 8.15 mg/L、

0.345 mg/L、0.745 mg/L、10.2 mg/L，审核人员认为数据逻辑合理。（　　）

答案：正确

63. 对某井水进行监测，分析人员出具的硝酸盐氮是以硝酸根计，评价人员也以该数据依据《地下水质量标准》（GB/T 14848—2017）进行地下水水质评价。（　　）

答案：错误

正确答案：《地下水质量标准》（GB/T 14848—2017）中硝酸盐氮标准限值是以氮计。

64. 城市地表水环境质量排名中，某城市仅有河流断面，无湖库点位，河流水质指数为 5.16，则该城市的城市水质指数为 5.16。（　　）

答案：正确

65. 某监测站对某水库数据进行评价，发现高锰酸盐指数小于五日生化需氧量，认为数据逻辑不合理。（　　）

答案：错误

正确答案：地表水高锰酸盐指数和五日生化需氧量无直接逻辑关系。

五、简答题

1. 秩相关系数（r_s）是利用两变量的秩次大小作线性相关分析，用于衡量环境污染变化趋势在统计上有无显著性。计算公式中 d_i、X_i、Y_i、N 的含义分别是什么？

$$r_s = 1 - 6\sum_{i-1}^{N} d_i^2 / (N^3 - N) \qquad d_i = X_i - Y_i$$

答案：X_i ——周期 1 到周期 N 按浓度值从小到大排列的序号；

Y_i ——按时间排列的序号；

d_i ——变量 X_i 与 Y_i 的差值；

N ——时间周期的数量。

2. 某湖库单因子评价为 Ⅰ 类水质，其溶解氧含量应该在什么水平？

答案：溶解氧≥7.5 mg/L 或饱和率≥90%。

3. 综合营养状态指数法评价湖泊营养状态的指标有哪些？

答案：高锰酸盐指数、总磷、总氮、叶绿素 a、透明度。

4.《水污染防治行动计划》规定的到 2030 年的工作目标是什么？

答案：《水污染防治行动计划》工作目标为到 2030 年，力争全国水环境质量总体改善，水生态系统功能初步恢复。

5. 简述地表水水质评价指标？

答案：地表水水质评价指标:《地表水环境质量标准》（GB 3838—2002）表 1 中除水温、总氮、粪大肠菌群以外的 21 项指标。水温、总氮、粪大肠菌群作为参考指标单独评价（河流总氮除外）。

6. 简述湖泊营养状态评价方法及分级？

答案：评价方法采用综合营养状态指数法［TLI（∑）］。采用 0～100 的一系列连续数字对湖泊（水库）营养状态进行分级：

TLI（∑）＜30　　　贫营养

30≤TLI（∑）≤50　中营养

TLI（∑）＞50　富营养

50＜TLI（∑）≤60　轻度富营养

60＜TLI（∑）≤70　中度富营养

TLI（∑）＞70　重度富营养

7. 某河流的监测结果中，总磷、高锰酸盐指数、化学需氧量、氨氮浓度值分别为 0.09 mg/L、5.7 mg/L、22 mg/L、0.60 mg/L。对以上监测数据进行分析，如仅采用以上四项指标评价，该河流断面的水质类别属哪一类？该断面水质状况如何描述？表征颜色为哪种？

答案：河流水质类别评价采用单因子评价法，即根据评价时段内该断面参评的指标中类别最高的一项来确定。根据执行标准和监测指标的浓度值，可确定该河流断面监测指标中总磷、高锰酸盐指数、化学需氧量、氨氮对应类别分别为：Ⅱ类、Ⅲ类、Ⅳ类、Ⅲ类，则评价该河流断面水质类别符合Ⅳ类；水质状况为轻度污染；表征颜色为黄色。

8. 评价某河流水质状况，该河流断面水质类别分别为Ⅱ类、Ⅲ类、Ⅲ类、Ⅳ类、Ⅲ类、Ⅳ类、Ⅳ类、劣Ⅴ类，应采用何种方法评价该河流水质状况？该河流水质状况如何？表征颜色为哪种？

答案：当河流、流域（水系）的断面总数在 5 个（含 5 个）以上时，采用断面水质类别比例法评价河流、流域（水系）水质状况。该河流断面Ⅰ～Ⅲ类水质比例 50%＜75%，且劣Ⅴ类比例 12.5%＜20%，水质状况为轻度污染；表征颜色为黄色。

9. 某河流断面水质超过Ⅲ类标准，超标项目及倍数分别为高锰酸盐指数（1.2 倍）、氨氮（0.6 倍）、化学需氧量（0.3 倍）、总磷（0.6 倍）、铬（0.1 倍）、铅（0.1 倍），试判断该断面主要污染指标？

答案：该断面主要污染指标分别为铬、铅、高锰酸盐指数。

10. 在对某河流水质状况进行多时段变化趋势分析时，为保证数据的可比性，须满足什么条件？

答案：

（1）选择的监测指标必须相同；

（2）选择的断面（点位）基本相同；

（3）定性评价必须以定量评价为依据。

11. 对地表水不同时段水质变化趋势进行评价时，如何按水质状况等级变化来评价？

答案：

（1）当水质状况等级不变时，则评价为无明显变化；

（2）当水质状况等级发生一级变化时，则评价为有所变化（好转或变差、下降）；

（3）当水质状况等级发生两级以上（含两级）变化时，则评价为明显变化（好转或变差、下降、恶化）。

12. 当一个湖泊（水库）有多个点位、多次监测结果时，如何进行水质状况评价？

答案：首先按照时间序列计算湖泊（水库）各个点位各个评价指标浓度的算术平均值，再按空间序列计算湖泊（水库）所有点位各个评价指标浓度的算术平均值，然后采用单因子评价法，找出参评指标中类别最高的一项，确定整个湖泊（水库）的水质类别。若评价结果为“优”或“良好”时，不评价主要污染指标；若水质类别超过Ⅲ类，先按不同指标对应水质类别的优劣，选择水质类别最差的前三项指标作为主要污染指标。当不同指标对应的水质类别相同时计算超标倍数，将超标指标按其超标倍数大小排列，取超标倍数最大的前三项位主要污染指标。当氰化物或铅、铬等重金属超标时，优先作为主要污染指标。确定了主要污染指标的同时，应在指标后标注该指标浓度超过III类水质标准的倍数，即超标倍数。对于水温、pH和溶解氧不计算超标倍数。

13．如何对河流、流域（水系）的水质进行评价？

答案：当河流、流域（水系）水质评价：当河流、流域（水系）的断面总数少于5个时，计算河流、流域（水系）所有断面各评价指标浓度算术平均值，然后按照“断面水质评价”方法评价，并指出每个断面的水质类别和水质状况。

当河流、流域（水系）的断面总数在5个（含5个）以上时，采用断面水质类别比例法，即根据评价河流、流域（水系）中各水质类别的断面数占河流、流域（水系）所有评价断面总数的百分比来评价其水质状况。河流、流域（水系）的断面总数在5个（含5个）以上时不作平均水质类别的评价。河流、流域（水系）水质类别比例与水质定性评价分级的对应关系见下表。

河流、流域（水系）水质定性评价分级

水质类别比例	水质状况	表征颜色
I～III类水质比例≥90%	优	蓝色
75%≤I～III类水质比例<90%	良好	绿色
I～III类水质比例<75%，且劣V类比例<20%	轻度污染	黄色
I～III类水质比例<75%，且20%≤劣V类比例<40%	中度污染	橙色
I～III类水质比例<60%，且劣V类比例≥40%	重度污染	红色

六、计算题

1.某河流断面的监测结果，4个平行样的结果分别为0.75 mg/L、0.76 mg/L、0.81 mg/L、0.96 mg/L，请对数据最大值进行检验（用Grubbs检验法，取检验水平α=5%，[$G_{0.95(4)}$=1.463]）。

答案：4个平行样的结果中，0.96 mg/L为最大值。

用Grubbs检验法单侧检验，[$G_{0.95(4)}$=1.463]

$$\bar{X}=\frac{1}{4}(0.75+0.76+0.81+0.96)=0.82$$

$$S=\sqrt{\frac{1}{n-1}(Xi-\bar{X})^2}=\sqrt{\frac{1}{3}\left[(0.75-0.82)^2+(0.76-0.82)^2+(0.81-0.82)^2+(0.96-0.82)^2\right]}=0.097$$

$$G_4=\frac{X_4-\bar{X}}{S}=\frac{0.96-0.82}{0.097}=1.443$$

因为1.443 < 1.463，所以0.96 mg/L为有效数据，应保留。

平均结果为0.82 mg/L。

2．一组总氮测定值为2.35、2.41、2.55、2.46、2.42、2.46、2.56、2.44，单位为mg/L，用Dixon检验法检验最小值是否离群？（n=8，α=0.01时$D_{0.99}$=0.681）

答案： $D_n=\dfrac{x_2-x_1}{x_{n-1}-x_1}=$（2.41−2.35）/（2.55−2.35）=0.3

$D<D_{0.01}$

最小值 2.35 不离群。

3．某氨氮样品多次测定结果分别为 0.75 mg/L、0.68 mg/L、0.66 mg/L、0.69 mg/L、0.72 mg/L，试计算该组数据的相对标准偏差（RSD）。

答案： 均值：$\bar{X}=\dfrac{1}{5}\sum_{i=1}^{n}X_i=0.70, n=5$

计算标准方差：$S=\sqrt{\dfrac{1}{n-1}\sum_{i=1}^{n}\left(X_i-\bar{X}\right)^2}=0.035$

计算相对标准偏差：$\text{RSD}\%=\dfrac{S}{\bar{x}}\times 100\%=5.0\%$

4．某河流氟化物连续 5 年测定，年均值依次为 0.45 mg/L、0.38 mg/L、0.56 mg/L、0.49 mg/L、0.62 mg/L，试计算该组数据秩相关系数（r_s）。

答案： 根据 $d_i=X_i-Y_i$ 可得，d_i 分别为 1、−1、1、−1、0；

$r_s=1-\left[6\sum_{i=1}^{n}d_i^{\,2}\right]/\left[N^3-N\right]$=1−6×4/（125−5）= 0.8

5．某河流 2020 年和 2021 年各断面的监测结果汇总如下表，请对该河流水质进行趋势分析。

年份	断面类别个数					
	I	II	III	IV	V	劣V
2020	2	2	5	4	4	3
2021	2	3	5	4	2	4

答案： 根据《地表水环境质量评价方法（试行）》，以断面类别比例的变化为依据，按水质状况等级变化评价，分别统计两年断面类别变化如下表：

年份	I ～III类水质比例/%	劣V类比例/%	水质状况等级	等级变动
2020	45.0	15.0	轻度污染	一级
2021	50.0	20.0	中度污染	

由表可知，河流水质状况由 2020 年的轻度污染变为 2021 年的中度污染，等级变动为一级，则该河流的水质变化趋势为有所下降。

6．市地表水环境质量排名中，某城市有河流断面 6 个，湖库点位 4 个，河流水质指数为 5.88，湖库水质指数为 4.28，则该城市的城市水质指数是多少？

答案： 城市水质指数=$\dfrac{\text{河流水质指数}\times\text{河流断面数}+\text{湖库水质指数}\times\text{湖库点位数}}{\text{河流断面数}+\text{湖库点位数}}$

$=\dfrac{5.88\times 6+4.28\times 4}{6+4}$=5.24

7．某河流 8 月的 8 个水质监测断面监测结果见下表，请确定该河流的主要污染指标。

水质监测结果表

单位：mg/L

项目	COD	COD_{Mn}	氨氮	挥发酚	溶解氧	六价铬	总氮	总磷
A 断面	30	5.5	1.81	0.001	6.3	0.020	2.78	0.18
B 断面	40	7.7	2.43	0.001	4.5	0.020	3.54	0.30
C 断面	25	5.0	2.20	0.001	5.4	0.230	3.01	0.15
D 断面	20	6.0	1.00	0.005	5.0	0.050	2.00	0.20
E 断面	30	10.0	1.50	0.010	3.2	0.050	2.00	0.40
F 断面	18	4.3	0.452	0.100	1.8	0.100	0.894	0.25
G 断面	21	2.4	0.557	0.004	8.3	0.040	0.996	0.14
H 断面	35	6.5	2.00	0.003	2.5	0.030	2.88	0.05
Ⅲ类标准	20	6	1.0	0.005	5	0.05	1.0	0.2
Ⅳ类标准	30	10	1.5	0.01	3	0.05	1.5	0.3
Ⅴ类标准	40	15	2.0	0.1	2	0.1	2.0	0.4

答案：根据《地表水环境质量评价方法（试行）》，将水质超过Ⅲ类标准的指标按其断面超标率大小排列，一般取断面超标率最大的前三项为主要污染指标。河流总氮不评价。

$$断面超标率=\frac{某评价指标超过Ⅲ类标准的断面（点位）个数}{断面（点位）总数}\times 100\%$$

项目	超过Ⅲ类标准断面个数/个	断面超标率/%
COD	6	75
COD_{Mn}	3	37.5
氨氮	5	62.5
挥发酚	2	25
溶解氧	4	50
六价铬	2	25
总磷	3	37.5

六价铬出现超标，优先选为主要污染指标，所以该河流的主要污染指标为六价铬、化学需氧量、氨氮。

8．八个城市 7—8 月的城市水质指数见下表，请将城市地表水环境质量改善程度由高到低排列出来。

项目	7 月城市水质指数	8 月城市水质指数
A 市	5.58	5.58
B 市	3.25	3.04
C 市	3.78	4.71
D 市	5.20	5.82
E 市	6.18	5.97
F 市	6.25	5.25
G 市	7.48	4.87
H 市	6.66	6.84

答案：城市地表水环境质量变化情况排名基于城市水质指数的变化程度$\Delta CWQI_{城市}$。$\Delta CWQI_{城市}$为负值，说明城市地表水环境质量变好；$\Delta CWQI_{城市}$为正值，说明城市地表水环境质量变差。按照$\Delta CWQI_{城市}$从小到大的顺序进行排名，排名越靠前说明城市地表水环境质量改善程度越高。

项目	7 月城市水质指数	8 月城市水质指数	△CWQI /%
A 市	5.58	5.58	0.00
B 市	3.25	3.04	−6.46
C 市	3.78	4.71	24.60
D 市	5.20	5.82	11.92
E 市	6.18	5.97	−3.40
F 市	6.25	5.25	−16.00
G 市	7.48	4.87	−34.89
H 市	6.66	6.84	2.70

$$\Delta CWQI_{城市}=\frac{CWQI_{城市}-CWQI_{城市0}}{CWQI_{城市0}}\times 100\%$$

式中：$\Delta CWQI_{城市}$——城市水质指数的变化程度；

$CWQI_{城市}$——城市水质指数；

$CWQI_{城市0}$——城市前一时段的水质指数。

所以城市地表水环境质量改善程度由高到低依次为 G 市、F 市、B 市、E 市、A 市、H 市、D 市、C 市。

9．某水库例行监测数据见下表，请评价其营养状况。

点位名称	高锰酸盐指数/（mg/L）	总磷/（mg/L）	总氮/（mg/L）	透明度/cm	叶绿素 a/（μg/L）
某水库	6.0	0.05	2.32	150	26

综合营养状态指数计算公式如下：

$$TLI(\sum)=\sum_{j=1}^{m}W_j\cdot TLI(j)$$

式中：TLI（∑）——综合营养状态指数；

W_j——第 j 种参数的营养状态指数的相关权重；

TLI（j）——代表第 j 种参数的营养状态指数。

W（chla）=0.266 3

W（TP）=0.187 9

W（TN）=0.179 0

W（SD）=0.183 4

W（COD_{Mn}）=0.183 4

各项目营养状态指数计算

TLI（chla）=10（2.5+1.086 lnchla）

TLI（TP）=10（9.436+1.624 lnTP）

TLI（TN）=10（5.453+1.694 lnTN）

TLI（SD）=10（5.118−1.94 lnSD）

TLI（COD_{Mn}）=10（0.109+2.661 lnCOD_{Mn}）

答案：

TLI（chla）=10（2.5+1.086 ln26）=60.38

TLI（TP）=10（9.436+1.624 ln0.05）=45.71

TLI（TN）=10（5.453+1.694 ln2.32）=68.79

TLI（SD）=10（5.118−1.94 ln1.5）=43.31

TLI（COD_{Mn}）=10（0.109+2.661 ln6.0）=48.77

TLI（∑）= W（chla）×TLI（chla）+ W（TP）×TLI（TP）+ W（TN）×TLI（TN）+ W（SD）×TLI（SD）+ W（COD_{Mn}）×TLI（COD_{Mn}）

=0.266 3×60.38+0.187 9×45.71+0.179 0×68.79+0.183 4×43.31+0.183 4×48.77

=53.9

所以该水库综合营养状态指数为 53.9，营养状态为轻度富营养。

第二节　大气综合分析与评价

一、填空题

1.《环境空气质量评价技术规范（试行）》（HJ 663—2013）中__________评价适用于评价污染物浓度或环境空气质量综合状况在多个连续时间周期内的变化趋势，采用 Spearman 秩相关系数法评价。

答案：变化趋势

2. 环境空气质量评价__________法和__________法适用于对不同地区间多项污染物污染状况的比较。

答案：最大指数，综合指数

3. 评价环境空气时，参与评价的项目中任何一项浓度不达标，则其空气质量为 __________。

答案：不达标（或“超标”）

4.《环境空气质量评价技术规范（试行）》（HJ 663—2013）中对多时段污染趋势统计分析，采用 __________至少有__________个时间序列的评价指标值依次从前到后排列计算。

答案：Spearman 秩相关系数法（或者秩相关数法），5

5. 计算 SO_2、NO_2、CO 日均浓度时，每天至少有__________个小时平均浓度值或采样时间。

答案：20

6. 2018 年 9 月 1 日起实施的《环境空气质量标准》（GB 3095—2012）修改单，将标准中的污染物浓度均为__________状态下的浓度修改为“气态污染物按照__________状态、颗粒物及其组分按照__________状态的浓度”。

答案：标准，参比，实况

7.《环境空气质量评价技术规范（试行）》（HJ 663—2013）城市日均浓度和城市小时浓度均采用__________平均方法。

答案：点位

8.《环境空气质量指数（AQI）技术规定（试行）》（HJ 633—2012）中，__________、__________和 __________ 的 1 h 平均浓度限值仅用于实时报，在日报中需使用相应污染物的 24 h 平均浓度限值。

答案：二氧化硫，二氧化氮，一氧化碳

9．根据《环境空气质量评价技术规范（试行）》（HJ 663—2013），单点环境空气质量评价时，污染物年达标是指该污染物年__________浓度（CO 和 O_3 除外）和特定的 __________ 浓度同时达标。

答案：平均，百分位数

10．根据《环境空气质量评价技术规范（试行）》（HJ 663—2013），单点环境空气质量评价指针对某监测点位所代表空间范围的环境空气质量评价。监测点位只包括 __________ 、__________、__________、__________ 和路边交通点。

答案：城市点，区域点，背景点，污染监控点

11．空气质量为轻度污染时，空气质量指数（AQI）=__________。

答案：101～150

12．《环境空气质量标准》（GB 3095—2012）中规定 $PM_{2.5}$ 24 h 均值的二级浓度限值为__________$\mu g/m^3$。

答案：75

13．依据《环境空气质量标准》（GB 3095—2012）的要求，监测数据应采取措施保证监测数据的__________、__________和完整性，确保全面、客观地反映监测结果。

答案：准确性，连续性

14．《环境空气质量标准》（GB 3095—2012）中有 8 h 平均浓度限值的污染物为__________。

答案：O_3

15．颗粒物（粒径小于等于 10 μm）指环境空气中空气动力学当量直径小于等于 10 μm 的颗粒物，也称__________。

答案：可吸入颗粒物

16．《环境空气质量标准》（GB 3095—2012）中所指的铅是指存在于__________中的铅及__________。

答案：TSP，铅的化合物

17．环境空气功能区分为二类，其中一类区为自然保护区、__________和其他需要特殊保护的区域。

答案：风景名胜区

18．苯并[*a*]芘指存在于颗粒物（粒径小于等于__________）中的苯并[*a*]芘。

答案：10 μm

19.《环境空气质量标准》（GB 3095—2012）规定了环境空气功能区分类、标准分级、污染物项目、平均时间及__________、__________、__________ 的有效性规定及实施与监督等内容。

答案：浓度限值，监测方法，数据统计

20.《环境空气质量标准》（GB 3095—2012）规定的 CO 浓度限值为__________。

答案：1 h 平均浓度限值和 24 h 平均浓度限值

21.《环境空气质量指数（AQI）技术规定（试行）》（HJ 633—2012）规定，实时报的指标共计__________个。

答案：9

22．为贯彻《中华人民共和国环境保护法》和《中华人民共和国大气污染防治法》，加强环境空气质量的管理，保护和改善生态环境，保障人体健康，规范环境空气质量评价工作，保证环境空气质量评价结果的__________和__________，制定《环境空气质量评价技术规范（试行）》（HJ 663—2013）。

答案：统一性，可比性

23．根据《环境空气质量评价技术规范（试行）》（HJ 663—2013）的规定，当环境管理中需要对不同地区进行年度环境空气质量状况比较评价时，以__________和__________相结合。进行月度、季度比较评价时，可参照年度评价执行。

答案：单项目评价，多项目综合评价

24．根据《环境空气质量评价技术规范（试行）》（HJ 663—2013），基本项目中，规定了日评价的项目有__________项。

答案：6

25．根据《环境空气质量评价技术规范（试行）》（HJ 663—2013），基本评价项目的年评价中规定，对 SO_2 24 h 平均第__________百分位数进行评价，对 $PM_{2.5}$ 24 h 平均第__________百分位数进行评价，对 CO 24 h 平均第__________百分位数进行评价。

答案：98，95，95

26.《环境空气质量标准》（GB 3095—2012）修改单中规定，二氧化硫、二氧化氮、一氧化碳、臭氧、氮氧化物等气态污染物浓度为__________下的浓度。

答案：参比状态

27．颗粒物 $PM_{2.5}$ 24 h 浓度值为 100μg/m^3 时，其空气质量分指数级别为__________。

答案：三级

28．环境空气质量评价时，达标率是指在一定时段内，污染物__________（小时评价、日评价）结果为达标的百分比。

答案：短期评价

29．根据《环境空气质量评价技术规范（试行）》（HJ 663—2013），区域环境空气质量评价包括对__________和__________范围内的环境空气质量状况评价。

答案：城市建成区，非城市建成区

30．某地当日的臭氧（O_3）为首要污染物且日最大 8 h 平均值为 160 μg/m^3，则对应的空气质量指数级别为__________。

答案：二级

31. 某城市环境空气 NO_2 日均浓度值为 200 μg/m^3，环境空气质量评价时超标倍数为__________。

答案：1.50

32. 某地当日环境空气 PM_{10} 24 h 浓度平均值为151 μg/m^3，则对应的空气质量分指数为__________。

答案：101

33. 酸沉降是空气中的酸性物质以降水形态、气态及颗粒物形态沉降于地的过程。其中以气态或颗粒物形态沉降的称为__________。

答案：干沉降

34.《环境空气质量标准》(GB 3095—2012) 附录中对环境空气中镉、汞、砷、__________和__________提出了参考浓度限值。

答案：六价铬，氟化物

35. 统计评价项目的城市尺度浓度时，所有有效监测的城市点必须全部参加统计和评价，且有效监测点位的数量不得低于城市点总数量的__________（总数量小于 4 个时，不低于__________）。

答案：75%，50%

36. 空气质量实时报包括二氧化硫（SO_2）、二氧化氮（NO_2）、臭氧（O_3）等共__________项指标。

答案：9

37. 空气质量指数（AQI）为 120 时，空气质量指数级别为__________级，空气质量指数类别为__________。

答案：三，轻度污染

38. 根据《环境空气质量评价技术规范（试行）》(HJ 663—2013) 数据修约要求，O_3 的浓度单位为__________，保留__________位小数。

答案：μg/m^3，0

39. 空气质量指数（AQI）为 200 时，空气质量指数级别为__________级，空气质量指数类别为__________，表示颜色为__________。

答案：四，中度污染，红色

40. 沙尘天气是风将地面尘土、沙粒卷入空中，使空气浑浊的天气现象的统称，它包括__________、__________、沙尘暴、强沙尘暴和特强沙尘暴天气等。

答案：浮尘，扬沙

41. 针对沙尘天气的监测项目主要包括__________，__________，大气飘尘（PM_{10}），光学厚度，散射特性，__________，浅层土壤湿度，地面风速等。

答案：能见度，TSP，大气降尘

42. $PM_{2.5}$ 日均浓度计算结果为 74.8 μg/m^3，则对应的空气质量分指数为__________。

答案：100

43. 某地当日的二氧化硫（SO_2）、二氧化氮（NO_2）、臭氧（O_3）、一氧化碳（CO）、细颗粒物

（$PM_{2.5}$）的 IAQI 指数分别为 60、40、75、72、75，该地的首要污染物是__________。

答案：臭氧（或 O_3）和细颗粒物（或 $PM_{2.5}$）

44. 空气污染预警按内容可分为污染浓度预警和__________两种，按尺度可分为__________、城市预报和特定源预报三种。

答案：污染潜势预警，区域预报

45. __________是基于最优估计理论，利用模式状态变量的时空演变规律和物理化学属性的持续约束，将多源大气化学成分观测信息不断融入环境空气质量模式系统中，以更加精确地估计或预测未知变量，减小不确定性的方法。

答案：大气化学资料同化

46. 环境空气质量预报时，城市尺度模式计算的预报时长不少于__________天；环境空气质量数值预报模式相邻两次模拟结果输出的时间间隔应在__________h（含）以内。

答案：5，1

47. 某空气质量监测点的二氧化硫（SO_2）、二氧化氮（NO_2）、臭氧（O_3）、一氧化碳（CO）、细颗粒物（$PM_{2.5}$）的 IAQI 指数计算值分别为 121、40、75、72、75，该地的首要污染物是__________。

答案：二氧化硫（或 SO_2）

48. 某环境空气质量监测点 PM_{10}、$PM_{2.5}$ 空气质量分指数均为 100 时，该处环境空气 $PM_{2.5}$ 在 PM_{10} 中占比为__________。

答案：50%

49. 自然日内 O_3 日最大 8 h 平均的有效性规定为当日 8 时至 24 时至少有 14 个有效 8 h 平均浓度值，则 O_3 小时数据当天最多可缺失__________组。

答案：9

二、单选题

1. 当 AQI 为 100 时，对应的空气质量等级、空气质量指数类别、表示颜色分别为__________。（　　）

A. 二级、良、黄色　　B. 二级、良、橙色

C. 三级、轻度污染、黄色　　D. 三级、轻度污染、橙色

答案：A

2. 根据《环境空气质量评价技术规范（试行）》（HJ 633—2013），超标倍数保留__________位小数，达标率保留__________位小数。（　　）

A. 1，1　　B. 1，2　　C. 2，1　　D. 2，2

答案：C

3. 根据《环境空气质量评价技术规范（试行）》（HJ 663—2013），基本评价项目的年评价中规定，对 SO_2 24 h 平均第__________百分位数进行评价，对 $PM_{2.5}$ 24 h 平均第__________百分位数进行评价，对 CO 24 h 平均第__________百分位数进行评价。（　　）

A. 90，95，98　　B. 95，98，98　　C. 98，95，95　　D. 90，98，98

答案：C

4.《环境空气质量指数（AQI）技术规定（试行）》（HJ 633—2012）规定：空气质量指数为 125 时，空气质量为__________。（　　）

A. 优　　B. 良　　C. 轻度污染　　D. 中度污染

答案：C

5. PM_{10}、$PM_{2.5}$年平均浓度计算时，每年至少有__________个日平均浓度值。（　　）

A. 200　　B. 300　　C. 324　　D. 360

答案：C

6.《环境空气质量评价技术规范（试行）》（HJ 663—2013）数据统计有效性规定，日历年内 O_3 日最大 8 h 平均的特定百分位数的有效性规定为日历年内至少有__________个 O_3 日最大 8 h 平均值。（　　）

A. 322　　B. 323　　C. 324　　D. 325

答案：C

7.《环境空气质量指数（AQI）技术规定（试行）》（HJ 633—2012）规定，超标污染物指浓度超过国家环境空气质量二级标准的污染物，即 IAQI＞__________的污染物。（　　）

A. 50　　B. 100　　C. 51　　D. 101

答案：B

8. 下列空气质量指数中，对应空气质量指数级别为四级的是__________。（　　）

A. 101　　B. 150　　C. 151　　D. 201

答案：C

9. 某城市当天的空气质量分指数分别为：26（$PM_{2.5}$）、45（PM_{10}）、6（CO）、6（NO_2）、5（SO_2）、105（O_3），根据《环境空气质量指数（AQI）技术规定（试行）》（HJ 633—2012）空气质量指数计算方法，该城市当天的空气质量指数为__________，首要污染物为__________。（　　）

A. 32，O_3　　B. 45，PM_{10}　　C. 105，O_3　　D. 26，$PM_{2.5}$

答案：C

10.《环境空气质量标准》（GB 3095—2012）规定，用于评价环境空气质量的污染物基本项目为：SO_2、NO_2、__________、O_3、$PM_{2.5}$和 PM_{10}。（　　）

A. CO_2　　B. CO　　C. NO　　D. N_2O

答案：B

11. 依据《环境空气质量指数（AQI）技术规定（试行）》（HJ 633—2012），具有 1 h 平均浓度限值标准的污染物项目有__________。（　　）

A. SO_2、NO_2、O_3　　B. SO_2、NO_2、CO

C. SO_2、NO_2、O_3、CO　　D. SO_2、NO_2、O_3、$PM_{2.5}$

答案：C

12.《环境空气质量指数（AQI）技术规定（试行）》（HJ 633—2012）规定，环境空气质量监测点位实时报发布时间周期为__________h，每一整点时刻后即可发布各监测点位的实时报，滞后时间不应超过__________h。（　　）

A. 1，1　　B. 1，2　　C. 2，1　　D. 2，2

答案：A

13.《环境空气质量标准》（GB 3095—2012）对污染物浓度数据有效性的最低要求中规定，二氧化硫（SO_2）、二氧化氮（NO_2）、一氧化碳（CO）、臭氧（O_3）、氮氧化物（NO_x）的 1 h 平均，须符合每小时至少有__________min 的采样时间。（ ）

A．30 B．35 C．40 D．45

答案：D

14.《环境空气质量标准》（GB 3095—2012）规定，$PM_{2.5}$ 的 24 h 平均和年平均二级浓度限值为__________μg/m^3、__________μg/m^3。（ ）

A．75，35 B．75，45 C．70，35 D．70，45

答案：A

15.《环境空气质量标准》（GB 3095—2012）中未规定年平均限值的污染物项目是__________、__________。（ ）

A．SO_2，NO_2 B．SO_2，CO C．CO，O_3 D．CO，$PM_{2.5}$

答案：C

16.《环境空气质量标准》（GB 3095—2012）中规定 PM_{10} 年均值的一级浓度限值为__________μg/m^3。（ ）

A．30 B．35 C．40 D．45

答案：C

17.《环境空气质量标准》（GB 3095—2012）规定，SO_2、NO_2 等项目的 1 h 浓度采样不得少于__________min；其日平均浓度采样，每天不得少于__________h。（ ）

A．40，15 B．40，20 C．45，15 D．45，20

答案：D

18. 依据《环境空气质量标准》（GB 3095—2012）及修改单，环境空气中二氧化硫、氮氧化物平均浓度要求每日至少有__________h 的采样时间。环境空气中总悬浮颗粒物的日平均浓度要求每日至少有__________h 的采样时间。（ ）

A．15，20 B．20，24 C．20，25 D．25，30

答案：B

19.《环境空气质量标准》（GB 3095—2012）规定，苯并[*a*]芘（B*a*P）、铅（Pb）浓度数据有效性的最低要求是：苯并[*a*]芘（B*a*P）、铅（Pb）每年至少有分布均匀的__________个日平均浓度值，每月至少有分布均匀的__________个日平均浓度值。（ ）

A．60，5 B．60，10 C．65，5 D．65，10

答案：A

20.《环境空气质量标准》（GB 3095—2012）首次发布于 1982 年。__________年第一次修订，2000 年第二次修订，本次为第三次修订。（ ）

A．1995 B．1996 C．1997 D．1998

答案：B

21.《环境空气质量指数（AQI）技术规定（试行）》（HJ 633—2012）中，空气质量指数级别共

分为__________级。（ ）

A．4　　B．5　　C．6　　D．7

答案：C

22．根据《环境空气质量评价技术规范（试行）》（HJ 663—2013），统计评价项目的城市尺度浓度时，所有有效监测的城市点必须全部参加统计和评价，且有效监测点位的数量不得低于城市点总数量的__________（总数量小于 4 个时，不低于__________）。（ ）

A．75%，50%　　B．75%，55%　　C．80%，50%　　D．80%，55%

答案：A

23．空气质量指数级别为三级，空气质量指数类别为__________。（ ）

A．轻度污染　　B．中度污染　　C．重度污染　　D．严重污染

答案：A

24．空气质量指数大于 300，空气质量指数级别为__________。（ ）

A．三级　　B．四级　　C．五级　　D．六级

答案：D

25．空气质量指数（AQI）=201～300，空气质量为__________。（ ）

A．轻度污染　　B．中度污染　　C．重度污染　　D．严重污染

答案：C

26．根据《环境空气质量评价技术规范（试行）》（HJ 663—2013），国家变化趋势评价以国家环境空气质量监测网点位监测数据为基础，评价时间周期一般为__________年，趋势评价结果为上升趋势、下降趋势或基本无变化，同时评价__________年内的环境空气质量变化率。（ ）

A．4，4　　B．5，5　　C．6，6　　D．7，7

答案：B

27．根据《环境空气质量指数（AQI）技术规定（试行）》（HJ 633—2012），空气质量分指数（IAQI）的上限值是__________。（ ）

A．300　　B．400　　C．500　　D．600

答案：C

28．当建议采取的措施为儿童、老年人和病人应当留在室内，避免体力消耗，一般人群应避免户外活动，空气质量指数类别为__________。（ ）

A．轻度污染　　B．中度污染

C．重度污染　　D．严重污染

答案：D

29．臭氧 8 h 平均浓度值高于__________μg/m^{3}的，不再进行其空气质量分指数计算，臭氧空气质量分指数按 1 h 平均浓度计算的分指数报告。（ ）

A．700　　B．800　　C．900　　D．1 000

答案：B

30．空气质量分指数为 100 时，对应的污染物项目二氧化硫 24 h 平均浓度限值为__________μg/m^3。（ ）

A．100　　B．150　　C．200　　D．250

答案：B

31．SO_2、NO_2和__________的 1 h 平均浓度限值仅用于实时报，在日报中需使用相应污染物的 24 h 平均浓度限值。（　　）

A．CO　　B．O_3　　C．PM_{10}　　D．$PM_{2.5}$

答案：A

32．污染物 CO 的浓度单位和保留小数位数要求分别为__________、__________。（　　）

A．$\mu g/m^3$，0　　B．$\mu g/m^3$，1　　C．mg/m^3，0　　D．mg/m^3，1

答案：D

33．当 n=5 时，Spearman 秩相关系数的临界值（单侧检验的显著性水平为 0.05）为__________。（　　）

A．0.80　　B．0.85　　C．0.90　　D．0.95

答案：C

34．《环境空气质量指数（AQI）技术规定（试行）》（HJ 633—2012）规定：空气质量指数为 165 时，空气质量为__________。（　　）

A．优　　B．良　　C．轻度污染　　D．中度污染

答案：D

35．根据《环境空气质量评价技术规范（试行）》（HJ 663—2013），基本评价项目的年评价中规定，对 CO 24 h 平均第__________百分位数进行评价，对 O_3 日最大 8 h 滑动平均值的第__________百分位数进行评价。（　　）

A．90，90　　B．90，95　　C．95，90　　D．95，95

答案：C

36．根据《环境空气质量评价技术规范（试行）》（HJ 663—2013），自然日内 O_3 日最大 8 h 平均的有效性规定为当日 8 时至 24 时至少有__________个有效 8 h 平均浓度值。（　　）

A．13　　B．14　　C．15　　D．16

答案：B

37．当 AQI 为 150 时，对应的空气质量等级、空气质量指数类别、表示颜色分别为__________。（　　）

A．二级、良、黄色　　B．二级、良、橙色

C．三级、轻度污染、黄色　　D．三级、轻度污染、橙色

答案：D

38．城市环境空气质量排名依据环境空气__________进行排序，若不同城市综合指数相同以并列计。（　　）

A．质量指数　　B．综合指数

C．分指数　　D．总指数

答案：B

39．以下污染物中，在《环境空气质量标准》（GB 3095—2012）中只规定了年平均、24 h 平均

浓度限值的是__________。（　　）

A．二氧化硫　　B．二氧化氮　　C．苯并[*a*]芘（B*a*p）　D．铅

答案：C

40．对环境空气中二氧化硫进行了监测，监测频率如下：每小时监测 45 min，每天监测 22 h，每年监测 320 天，根据《环境空气质量标准》（GB 3095—2012），以下无法获取的二氧化硫浓度值的是__________。（　　）

A．年平均浓度　　B．日平均浓度　　C．1 h 平均浓度　　D．以上都无法取得

答案：A

41．根据《环境空气质量评价技术规范（试行）》（HJ 663—2013）数据修约要求，O_3 的浓度计算结果为 126.5 μg/m^3 修约结果为__________。（　　）

A．126.5 μg/m^3　　B．126 μg/m^3　　C．127 μg/m^3　　D．0.126 5 mg/m^3

答案：B

42．环境空气质量评价中，适用于不同地区间单项污染物污染状况的比较的评价方法是__________。（　　）

A．最大指数法　　B．综合指数法　　C．单项指数法　　D．以上 3 种方法均可

答案：C

43．环境空气超标污染物指的是浓度超过国家环境空气质量二级标准时的污染物，即 IAQI__________的污染物。（　　）

A．＞50　　B．＞100　　C．≥50　　D．≥100

答案：B

44．根据《环境空气质量标准》（GB 3095—2012）对各项污染物浓度限值的规定，下列__________是正确的。（　　）

A．一类功能区细颗粒物（$PM_{2.5}$）执行的年均值标准为 35 μg/m^3

B．二类功能区细颗粒物（$PM_{2.5}$）执行的 24 h 平均值标准为 35 μg/m^3

C．二氧化氮（NO_2）的二级日平均浓度限值标准为 120 μg/m^3

D．臭氧（O_3）的一级日最大 8 h 平均浓度限值标准为 100 μg/m^3

答案：D

45．沙尘暴是由于强风将地面大量尘沙吹起，使空气浑浊，水平能见度为__________km。（　　）

A．＜0.1　　B．＜0.5　　C．＜1　　D．＜10

答案：C

46．根据《环境空气质量评价技术规范（试行）》（HJ 663—2013），全部评价项目中，规定了日评价的项目有__________项。（　　）

A．3　　B．4　　C．5　　D．6

答案：D

47．某城市空气质量指数 150，空气质量指数类别用__________色表示。（　　）

A．紫　　B．橙　　C．褐红　　D．红

答案：B

48．空气质量日报的指标内容不包括__________。（　　）

A．二氧化硫（SO_2）24 h 平均　　B．臭氧（O_3）24 h 平均

C．一氧化碳（CO）24 h 平均　　D．二氧化氮（NO_2）24 h 平均

答案：B

49．二氧化硫（SO_2）24 h 浓度值为 110 μg/m^3 时，其空气质量类别为__________。（　　）

A．优　　B．良　　C．轻度污染　　D．重度污染

答案：B

50．细颗粒物（$PM_{2.5}$）日均浓度值为 80 μg/m^3 时，其空气质量分指数级别为__________。（　　）

A．二级　　B．三级　　C．四级　　D．五级

答案：B

51．下列污染物在环境空气质量评价中，用 mg/m^3 单位显示浓度的是__________。（　　）

A．SO_2　　B．NO_x　　C．CO　　D．O_3

答案：C

52．现有二氧化硫标准气体浓度值 100 μmol/mol，对应的质量浓度为__________。（　　）

A．100 ppb　　B．100 ppm　　C．286 mg/m^3　　D．286 μg/m^3

答案：D

53．当报告某种污染物为该区域空气中的首要污染物时，说明在各种污染物中，该污染物的__________。（　　）

A．超标率最高　　B．污染负荷最大　　C．排放浓度最高　　D．污染分指数最大

答案：D

54．某城市按照《城市环境空气质量排名技术规定》（环办监测〔2018〕19 号），当任一项污染物不满足有效性规定且任何一项污染物浓度超过二级标准限值时，__________。（　　）

A．以城市当日污染物浓度最高点位的数据，统计该城市当日污染物浓度并进行排名

B．以城市当日点位污染物平均浓度的数据，统计该城市当日污染物浓度并进行排名

C．以城市昨日污染物浓度最高点位的数据，统计该城市当日污染物浓度并进行排名

D．暂不进行排名

答案：A

55．某城市某日环境空气监测结果 O_3 只有 13 个 8 h 浓度值，O_3 日均小时浓度为 140 μg/m^3，O_3 8 h 浓度平均值为 150 μg/m^3，O_3 日最大 8 h 平均浓度为 180 μg/m^3，按照《城市环境空气质量排名技术规定》（环办监测〔2018〕19 号），参与评价的 O_3 浓度为__________。（　　）

A．140 μg/m^3　　B．150 μg/m^3　　C．180 μg/m^3　　D．无法评价

答案：C

56．下列__________不是《环境空气质量标准》（GB 3095—2012）修订的主要内容。（　　）

A．调整了环境空气功能区分类，将三类区并入二类区

B．增设了颗粒物（粒径小于等于 2.5 μm）浓度限值和臭氧 8 小时平均浓度限值

C．调整了颗粒物（粒径小于等于 10 μm）、二氧化氮、铅和苯并[a]芘等的浓度限值

D．调整了部分项目的监测分析方法

答案：D

57．在监测环境空气 NO_2 时，监测期间大气压 101.325 KPa，气温 20℃，采样体积 50 L，测得 NO_2 质量含量为 5 μg，则环境空气中 NO_2 质量浓度为__________μg/m³。（　　）

A．102　　B．98　　C．100　　D．93

答案：A

58．某排气筒高度为 18 m，根据《恶臭污染物排放标准》（GB 14554—93），臭气浓度标准限值：15 m 时 2 000，25 m 时 6 000，则该排气筒应执行的臭气浓度标准限值为__________。（　　）

A．2 000　　B．4 000　　C．3 200　　D．6 000

答案：A

59．对某企业开展厂界无组织臭气浓度监测，其中 1 个点位监测结果为 11、13、16、22，厂界标准限值为 20，则该企业厂界无组织臭气浓度__________。（　　）

A．未超标　　B．超标　　C．无法判断

答案：B

60．按照《酸沉降监测技术规范》（HJ/T 165—2004），pH＞6 时，平衡参数 R_1 远大于 0，计算 R_1、R_2 时，应考虑__________的影响。（　　）

A．HCO_3^-　　B．CO_3^-　　C．OH^-　　D．CO_2

答案：A

61．某火电企业原有一台燃煤锅炉（SO_2 标准限值 200 mg/m³），现新建一台燃煤锅炉（SO_2 执行标准限值 100 mg/m³），两台锅炉烟气通过同一个排气筒合并排放后 SO_2 标准限值为__________。（　　）

A．100 mg/m³　　B．150 mg/m³　　C．200 mg/m³　　D．300 mg/m³

答案：A

62．某企业厂界无组织废气颗粒物浓度为 1.1 mg/m³，其一处低矮排气筒造成厂界无组织废气增加 0.2 mg/m³，该企业颗粒物无组织排放监控浓度限值为 1.0 mg/m³，则该企业无组织废气颗粒物__________。（　　）

A．无法判断　　B．达标　　C．超标

答案：C

63．城市月均空气质量评价数据流向为__________。（　　）

A．站点小时→城市小时→城市日均→城市月均

B．站点小时→站点日均→城市日均→城市月均

C．站点小时→站点日均→站点月均→城市月均

D．站点小时→城市小时→站点月均→城市月均

答案：B

三、多选题

1．《环境空气质量标准》（GB 3095—2012）规定，用于评价环境空气质量的污染物基本项目有__________。（　　）

A．TSP　　B．NO_2　　C．NO_x　　D．CO

E．$PM_{2.5}$

答案：BDE

2．根据《环境空气质量评价技术规范（试行）》（HJ 663—2013），多项目综合评价达标是指评价时段内所有基本评价项目均达标。多项目综合评价的结果包括__________。（　　）

A．空气质量达标情况　　B．超标污染物

C．有效数据获取率　　D．超标倍数

答案：ABD

3．__________属于《环境空气质量标准》(GB 3095—2012)定义中的环境空气一类保护区。(　　)

A．自然保护区　　B．风景名胜区

C．商业交通居民混合区　　D．居住区

答案：AB

4．环境空气二类区指__________。（　　）

A．居住区　　B．商业交通居民混合区　　C．文化区

D．工业区　　E．农村地区

答案：ABCDE

5．下列计算结果应全部进位取整，不保留小数的是__________。（　　）

A．AQI　　B．IAQI　　C．CO 浓度　　D．超标倍数

答案：AB

6．环境空气功能区分为二类，其中二类区为__________和商业交通居民混合区。（　　）

A．居住区　　B．文化区　　C．工业区　　D．农村地区

答案：ABCD

7．《环境空气质量标准》（GB 3095—2012）附录 A 资料性附录中规定了__________和六价铬、氟化物的参考浓度限值。（　　）

A．镉　　B．汞　　C．砷　　D．锌

答案：ABC

8．《环境空气质量标准》（GB 3095—2012）首次发布于 1982 年，本次为第三次修订。本次修订的主要内容包含__________。（　　）

A．调整了数据统计的有效性规定

B．调整了环境空气功能区分类，将三类区并入二类区

C．增设了颗粒物（粒径小于等于 2.5 μm）浓度限值和臭氧 8 小时平均浓度限值

D．调整了颗粒物（粒径小于等于 10 μm）、二氧化氮、铅和苯并[*a*]芘等的浓度限值

答案：ABCD

9．下列污染物列入《环境空气质量标准》（GB 3095—2012）的是__________。（　　）

A．六价铬　　B．苯并[*a*]芘　　C．铅　　D．镍

答案：BC

10．根据《环境空气质量指数（AQI）技术规定（试行）》（HJ 633—2012），具有 1 h 平均浓度

限值标准的污染物项目有__________。（　　）

A．NO_2　　B．CO　　C．$PM_{2.5}$　　D．PM_{10}

答案：AB

11.《环境空气质量指数（AQI）技术规定（试行）》（HJ 633—2012）规定的内容包括__________。（　　）

A．环境空气质量级别与类别

B．环境空气质量指数的分级方案、计算方法

C．空气质量指数日报的发布内容、发布格式和其他相关要求

D．空气质量指数实时报的发布内容、发布格式和其他相关要求

答案：ABCD

12．根据《环境空气质量评价技术规范（试行）》（HJ 663—2013），不同评价时段内基本评价项目的统计方法（城市范围）中，点位指城市点，不包括__________。（　　）

A．区域点　　B．背景点　　C．污染监控点　　D．路边交通点

答案：ABCD

13．根据《环境空气质量评价技术规范（试行）》（HJ 663—2013），评价项目分为基本评价项目和其他评价项目两类。其中，基本评价项目包括 SO_2、NO_2、CO、O_3、PM_{10}、$PM_{2.5}$ 共 6 项，其他评价项目包括__________。（　　）

A．TSP　　B．NO_x　　C．Pb　　D．B*a*P

答案：ABCD

14．空气质量指数表示颜色分别为绿色、黄色、橙色和__________。（　　）

A．红色　　B．紫色　　C．褐红色　　D．棕红色

答案：ABC

15.《环境空气质量标准》（GB 3095—2012）规定 SO_2 浓度限值类型有__________。（　　）

A．1 h 平均浓度限值　　B．24 h 平均浓度限值

C．季平均浓度限值　　D．年平均浓度限值

答案：ABD

16．沙尘天气影响环境空气质量监测的必测项目是__________。（　　）

A．TSP　　B．PM_{10}　　C．$PM_{2.5}$　　D．能见度

答案：AB

17．我国现行的环境空气质量评价项目包括__________。（　　）

A．环境空气污染指数　　B．环境空气质量指数

C．综合污染指数　　D．浓度超标倍数

答案：BCD

18．我国现行的环境空气质量现状评价方法包括__________。（　　）

A．单项目评价　　B．多项目综合评价

C．变化趋势评价　　D．区域评价

答案：AB

19．环境空气质量数值预报模式应客观反映一定空间范围内的环境空气质量水平和变化规律，模式所应用的空间尺度范围可分为__________。（　　）

A．全球尺度　　B．大陆尺度　　C．区域尺度　　D．城市尺度

答案：ABCD

20．下列属于《恶臭污染物排放标准》（GB 14554—93）中规定恶臭污染物的是__________。（　　）

A．二硫化碳　　B．氨　　C．硫化氢　　D．甲烷

答案：ABC

21．大气颗粒物来源解析技术方法主要包括__________。（　　）

A．受体模型法　　B．源清单法　　C．参比模型法　　D．源模型法

答案：ABD

22．湿沉降样品理论上是呈电中性的，当对湿沉降样品进行阴、阳离子浓度和 EC、pH 测定后，可通过计算相应的平衡参数并结合国内外有关资料来判断__________。（　　）

A．阴阳离子浓度平衡　　B．EC 值平衡

C．阴阳离子质量平衡　　D．pH 平衡

答案：AB

23．下列废气监测中，污染物出现超标的是__________。（　　）

A．厂界外恶臭浓度最大值超出最高允许浓度

B．废气排气筒二氧化硫 1 h 平均浓度超出最高允许排放速率

C．厂界颗粒物 1 h 平均浓度超出无组织排放监控浓度限值

D．厂界非甲烷总烃周界外浓度最高点、最大浓度超出无组织排放监控浓度限值

答案：AC

24．大气污染物特别排放限值适用于__________。（　　）

A．在国土开发密度较高，环境承载能力开始减弱的地区

B．大气环境容量较小、生态环境脆弱，容易发生严重大气环境污染问题而需要严格控制大气污染物排放的地区

C．生态保护红线内

D．由国务院环境保护主管部门或省级政府规定的地域范围

答案：ABD

四、判断题

1．《环境空气质量（AQI）技术规定（试行）》（HJ 633—2012）中，空气质量指数级别共划分为 5 级。（　　）

答案：错误

正确答案：空气质量指数级别共划分为 6 个级别，分别为一级（优）、二级（良）、三级（轻度污染）、四级（中度污染）、五级（重度污染）、六级（严重污染）。

2．对于空气质量实时报和日报来说，首要污染物和超标污染物都有可能存在两项以上。（　　）

答案：正确

3．根据《环境空气质量评价技术规范（试行）》（HJ 663—2013），自然日内 O_3 日最大 8 h 平均的有效性规定为：当日 8 时至 24 时必须满足有 14 个或以上有效 8 h 平均浓度值。当不满足 14 个有效数据时，若日最大 8 h 平均浓度超过浓度限值标准时，统计结果无效。（ ）

答案：错误

正确答案：当不满足 14 个有效数据时，若日最大 8 h 平均浓度超过浓度限值标准时，统计仍有效。

4．根据《环境空气质量评价技术规范（试行）》（HJ 663—2013），单点环境空气质量评价指针对某监测点位所代表空间范围的环境空气质量评价。监测点位只包括城市点、区域点、背景点、污染监控点。（ ）

答案：错误

正确答案：监测点位只包括城市点、区域点、背景点、污染监控点和路边交通点。

5．空气质量指数用于描述空气质量状况，其主要表征首要污染物浓度值，其单位为微克/米^3。（ ）

答案：错误

正确答案：空气质量指数用于描述空气质量状况，为无量纲指数。

6．某城市空气质量指数为 133，其当日空气质量指数级别为三级，达中度污染，建议儿童、老年人及心脏病、呼吸系统疾病患者应减少长时间、高强度户外锻炼。（ ）

答案：错误

正确答案：空气污染指数为 101～150，级别为三级，对应空气质量类别为轻度污染，建议儿童、老年人及心脏病、呼吸系统疾病患者应减少长时间、高强度户外锻炼。

7．某城市空气质量指数为 75，其当日空气质量指数级别为二级，空气类别良，各类人群可以正常活动。（ ）

答案：错误

正确答案：某城市空气质量指数为 75，其当日空气质量指数级别为二级，空气类别良，极少数异常敏感人群应减少户外活动。

8．依据《环境空气质量评价技术规范（试行）》（HJ 663—2013），单项目评价适用于对单点、城市和区域内不同评价时段各基本评价项目和其他评价项目的达标情况进行评价。多项目综合评价适用于对单点、城市和区域内不同评价时段全部基本评价项目达标情况的综合分析。（ ）

答案：正确

9．TSP 和 PM_{10} 年平均值统计的有效性规定，每年至少有 60 个日均值。（ ）

答案：错误

正确答案：PM_{10} 年均值统计的有效性规定为每年至少有 324 个日均值；TSP 为每年至少有分布均匀的 60 个日平均浓度值。

10．气象条件不影响空气中污染物的迁移扩散。（ ）

答案：错误

正确答案：气象条件会影响空气中污染物的迁移扩散。

11．分析空气质量变化原因时必须结合各地的污染防治措施实施的实际情况进行评价。（ ）

答案：正确

12. 某一区域空气污染趋势评价结果，用统计表表征即可。（　　）

答案：错误

正确答案：某一区域空气污染趋势评价应采用 Spearman 秩相关系数法评价。

13.《环境空气质量标准》（GB 3095—2012）规定，二氧化硫、二氧化氮、一氧化碳及臭氧等气态污染物获取 1 h 平均值时，每小时至少有 30 min 的采样时间。（　　）

答案：错误

正确答案：《环境空气质量标准》（GB 3095—2012）规定，二氧化硫、二氧化氮、一氧化碳及臭氧等气态污染物获取 1 h 平均值时，每小时至少有 45 min 的采样时间。

14. 年平均（SO_2、NO_2、PM_{10}、$PM_{2.5}$、NO_x）：每年至少有 325 个日平均浓度值，每月至少有 27 个日平均浓度值（二月至少有 25 个日平均浓度值）。（　　）

答案：错误

正确答案：年平均（SO_2、NO_2、PM_{10}、$PM_{2.5}$、NO_x）：每年至少有 324 个日平均浓度值，每月至少有 27 个日平均浓度值（二月至少有 25 个日平均浓度值）。

15. 空气质量日报的指标包括二氧化硫（SO_2）、二氧化氮（NO_2）、颗粒物（粒径小于等于 10 μm）、颗粒物（粒径小于等于 2.5 μm）、一氧化碳（CO）的 24 h 平均，以及臭氧（O_3）的日最大 1 h 平均、臭氧（O_3）的日最大 8 h 滑动平均，共计 7 个指标。（　　）

答案：正确

16. 空气质量指数用于定量描述空气质量状况的无量纲指数。（　　）

答案：正确

17.《环境空气质量标准》（GB 3095—2012）中的氟化物是指以颗粒态形式存在的无机氟化物。（　　）

答案：错误

正确答案：《环境空气质量标准》（GB 3095—2012）中的氟化物是指以气态和颗粒态形式存在的无机氟化物。

18.《环境空气质量标准》（GB 3095—2012）修改单将“标准状态”修改为“参比状态”。“参比状态”指大气温度为 298.15 K，大气压力为 1013.25 hPa 时的状态。（　　）

答案：正确

19.《环境空气质量标准》（GB 3095—2012）应由各级生态环境行政主管部门负责监督实施。（　　）

答案：正确

20.《环境空气质量标准》（GB 3095—2012）在全国的实施日期为 2015 年 1 月 1 日。（　　）

答案：错误

正确答案：《环境空气质量标准》（GB 3095—2012）在全国的实施日期为 2016 年 1 月 1 日。

21.《环境空气质量标准》（GB 3095—2012）中 $PM_{2.5}$ 年平均的一级和二级浓度限值分别是 15 $\mu g/m^3$、75 $\mu g/m^3$。（　　）

答案：错误

正确答案：《环境空气质量标准》（GB 3095—2012）中 $PM_{2.5}$ 年平均的一级和二级浓度限值分别是 15 μg/m³、35 μg/m³。

22.《环境空气质量标准》（GB 3095—2012）中环境空气质量功能区分类规定，农村地区属于二类区。（ ）

答案：正确

23.《环境空气质量标准》（GB 3095—2012）中臭氧（O_3）日最大 8 h 平均浓度，其有效的污染物浓度数据规定是指每 8 h 至少有 7 h 平均浓度值。（ ）

答案：错误

正确答案：《环境空气质量标准》（GB 3095—2012）中臭氧（O_3）日最大 8 h 平均浓度，其有效的污染物浓度数据规定是指每 8 h 至少有 6 h 平均浓度值。

24.《环境空气质量标准》（GB 3095—2012）中，SO_2 二级标准的 24 h 平均浓度限值是 120 μg/m³。（ ）

答案：错误

正确答案：《环境空气质量标准》（GB 3095—2012）中，SO_2 二级标准的 24 h 平均浓度限值是 150 μg/m³。

25.《环境空气质量标准》（GB 3095—2012）规定，臭氧 1 h 平均的一级和二级浓度限制分别是 150 μg/m³、200 μg/m³。（ ）

答案：错误

正确答案：《环境空气质量标准》（GB 3095—2012）规定，臭氧 1 h 平均的一级和二级浓度限制分别是 160 μg/m³、200 μg/m³。

26.《环境空气质量标准》（GB 3095—2012）规定，总悬浮颗粒物（TSP）24 h 平均值应满足每日有 24 h 的采样时间。（ ）

答案：正确

27.《环境空气质量标准》（GB 3095—2012）中季平均值指一个日历季内各日平均浓度的算术均值。（ ）

答案：正确

28. 环境空气质量评价是指以 GB 3095—2012 为依据，对某空间范围内的环境空气质量进行定量评价的过程，包括环境空气质量的达标情况判断、变化趋势分析和空气质量优劣相互比较。（ ）

答案：错误

正确答案：环境空气质量评价是指以 GB 3095—2012 为依据，对某空间范围内的环境空气质量进行定性或定量评价的过程，包括环境空气质量的达标情况判断、变化趋势分析和空气质量优劣相互比较。

29. 依据《环境空气质量标准》（GB 3095—2012）及修改单，铅季平均浓度有效性的最低要求为每月至少有分布均匀的 10 个日平均浓度值。（ ）

答案：错误

正确答案：依据《环境空气质量标准》（GB 3095—2012）及修改单，铅季平均浓度有效性的最低要求为每月至少有分布均匀的 5 个日平均浓度值。

30．颗粒物及其组分按标况状态下监测结果表述。（　　）

答案：错误

正确答案：颗粒物及其组分按实况状态下监测结果表述。

31．所有有效数据均应参加统计和评价，不得选择性地舍弃不利数据以及人为干预监测和评价结果。（　　）

答案：正确

32．根据《环境空气质量标准》（GB 3095—2012），环境空气中污染物项目砷的年平均一级浓度（通量）限值为 0.005 μg/m^3。（　　）

答案：错误

正确答案：根据《环境空气质量标准》（GB 3095—2012），环境空气中污染物项目砷的年平均一级浓度（通量）限值为 0.006 μg/m^3。

33．《环境空气质量指数（AQI）技术规定（试行）》（HJ 633—2012）规定，空气质量分指数指单项污染物的空气质量指数。（　　）

答案：正确

34．根据《环境空气质量评价技术规范（试行）》（HJ 663—2013），超标倍数保留 1 位小数，达标率保留 2 位小数。（　　）

答案：错误

正确答案：根据《环境空气质量评价技术规范（试行）》（HJ 663—2013），超标倍数保留 2 位小数，达标率保留 1 位小数。

35．根据《环境空气质量指数（AQI）技术规定（试行）》（HJ 633—2012），环境空气质量指数及空气质量分指数的计算结果应全部进位取整数，不保留小数。（　　）

答案：正确

36．根据《环境空气质量评价技术规范（试行）》（HJ 663—2013），如果秩相关系数绝对值小于表中临界值，表明变化趋势有统计意义。（　　）

答案：错误

正确答案：如果秩相关系数绝对值大于表中临界值，表明变化趋势有统计意义。

37．日报和实时报数据由空气质量指数日报软件系统进行初步审核，实时报及日报数据仅为当天参考值，应在次月上旬将上月数据根据完整的审核程序进行修订和确认。（　　）

答案：正确

38．城市环境空气质量评价中，单项目评价适用于对单点、城市和区域内不同评价时段各基本评价项目和其他评价项目的达标情况进行评价。（　　）

答案：正确

39．根据《环境空气质量评价技术规范（试行）》（HJ 663—2013），城市环境空气质量评价指对地级及以上城市，评价采用国家环境空气质量监测网中的环境空气质量评价城市点（简称“国控城市点”）。（　　）

答案：正确

40．根据《环境空气质量评价技术规范（试行）》（HJ 663—2013），使用环境空气质量最大指数法和环境空气质量综合指数法进行环境空气质量状况比较时，不需同时给出按各项污染物的环境空气质量单项指数法比较结果。（　　）

答案：错误

正确答案：根据《环境空气质量评价技术规范（试行）》（HJ 663—2013），使用环境空气质量最大指数法和环境空气质量综合指数法进行环境空气质量状况比较时，需同时给出按各项污染物的环境空气质量单项指数法比较结果。

41. 区域环境空气质量达标指区域范围内所有城市建成区达标且非城市建成区中每个区域点均达标。（　　）

答案：正确

42. 根据《环境空气质量评价技术规范（试行）》（HJ 663—2013），环境空气质量单项指数法适用于相同地区单项污染物污染状况的比较。（　　）

答案：错误

正确答案：根据《环境空气质量评价技术规范（试行）》（HJ 663—2013），环境空气质量单项指数法适用于不同地区间单项污染物污染状况的比较。

43. 根据《大气污染物综合排放标准》（GB 16297—1996），新污染源的排气筒一般不应低于15 m，若新污染源的排气筒必须低于此高度时，应按15 m高度对应限值严格50%执行。（　　）

答案：错误

正确答案：外推计算结果再严格50%。

44. 氟化物不属于环境空气污染物基本项目。（　　）

答案：正确

45. 环境空气质量评价时，PM_{10} 24 h平均浓度值对数据有效性的规定为每日至少有22 h平均浓度值或采样时间。（　　）

答案：错误

正确答案：每月至少有20 h。

46. 排污单位经烟气排气筒（高度在15 m以上）排放的恶臭污染物的排放量和臭气浓度都必须低于恶臭污染物排放标准。（　　）

答案：错误

正确答案：低于或等于恶臭污染物排放标准。

47.《环境空气质量标准》（GB 3095—2012）中，氮氧化物属于环境空气污染物其他项目。（　　）

答案：正确

48.《环境空气质量标准》（GB 3095—2012）规定，环境空气一氧化碳的手工监测分析方法是紫外荧光法。（　　）

答案：错误

正确答案：非分散红外法。

49. 排放氯气和氰化氢的排气筒高度不得低于30 m。（　　）

答案：错误

正确答案：25 m。

50．国务院生态环境主管部门进行的区域环境空气质量评价，以区域内地级及以上城市建成区为参评城市。（　　）

答案：正确

51．某市 2021 年平均降水 pH 是 5.1，该市酸雨的污染程度为轻酸雨区。（　　）

答案：错误

正确答案：较轻酸雨区。

52. 在进行五年环境空气质量评价时某污染物秩相关系数为−0.90，表明指标为下降趋势。（　　）

答案：错误

正确答案：五年评价秩相关系数为 0.9，绝对值小于等于临界值，表示基本无变化。

53．进行环境空气质量评价时，只要参加统计和评价的数据达到数据有效性的最低要求，可以舍弃部分数据。（　　）

答案：错误

正确答案：不可以舍弃部分数据。

54．空气质量实时报时间周期为 1 h，每一整点时刻后即可发布各监测点位的实时报，滞后时间不应超过 30 min。（　　）

答案：错误

正确答案：不应超过 1 h。

55．城市环境空气质量评价中，对地级及以上城市，评价采用国家环境空气质量监测网中的环境空气质量评价城市点。对县级城市，评价采用地方监测网络中的空气质量评价城市点。（　　）

答案：正确

56．进行环境空气质量现状评价和变化趋势评价时，各污染物项目的数据统计结果应进行修约。污染物的小时浓度值作为基础数据单元，使用前也应进行修约。（　　）

答案：正确

57．区域内非城市建成区空气质量评价以各空气质量评价区域点为单元进行统计。（　　）

答案：正确

58．环境空气质量评价中基本评价项目包括二氧化硫（SO_2）、氮氧化物（NO_x）、一氧化碳（CO）、臭氧（O_3）、可吸入颗粒物（PM_{10}）、细颗粒物（$PM_{2.5}$）共 6 项。（　　）

答案：错误

正确答案：氮氧化物应为二氧化氮（NO_2）。

59．《环境空气质量标准》（GB 3095—2012）修改单规定，参比状态指大气温度为 298K，大气压力为 1 013.25 hPa 时的状态。本标准中的二氧化硫、二氧化氮、一氧化碳、臭氧、氮氧化物等气态污染物浓度为参比状态下的浓度。（　　）

答案：错误

正确答案：298.15 K。

60．自然日内 O_3 日最大 8 h 平均不满足 14 个有效数据时，若日最大 8 h 平均浓度超过浓度限值标准时，统计结果仍有效。（　　）

答案：正确

61．环境空气质量指数及空气质量分指数的计算结果应全部进位取整数，不保留小数。（　　）

答案：正确

62．《环境空气质量评价技术规范（试行）》（HJ 663—2013）规定，二氧化硫（SO_2）、二氧化氮（NO_2）和一氧化碳（CO）的 1 h 平均浓度值仅用于实时报，在日报中需使用相应污染物的 24 h 平均浓度值。（　　）

答案：正确

63．除人为污染物排放外，城市的发展密度、地形地貌和气象等也是影响空气质量的重要因素。（　　）

答案：正确

64．空气质量预报系统所发布的日数据可直接用于空气质量达标状况的评价。（　　）

答案：错误

正确答案：空气质量预报系统所发布的日数据仅为当天参考值，用于向公众提供健康指引，不直接用于空气质量达标状况的评价。评价空气质量达标状况时，应依据《环境空气质量标准》（GB 3095—2012）中的规定进行。

65．空气质量综合指数是指评价时段内，参与评价的各项污染物的单项质量指数之和，综合指数越大表明城市空气污染程度越重。（　　）

答案：正确

66．行业性国家大气污染物排放标准发布，按照其适用范围规定的污染源不再执行《大气污染物综合排放标准》（GB 16297—1996）。（　　）

答案：正确

67．若某次沙尘天气过程同时达到两种以上等级时，以最强的沙尘天气过程为准。（　　）

答案：正确

68．达标率是指一定时段内，污染物短期评价结果为达标的百分比。（　　）

答案：正确

69．《环境空气质量标准》（GB 3095—2012）中，TSP 的年平均有效性规定是每年至少有 60 个日平均浓度值，每月至少有 5 个日平均浓度值。（　　）

答案：错误

正确答案：TSP 的年平均有效性规定是每年至少有分布均匀的 60 个日平均浓度值，每月至少有 5 个分布均匀的日平均浓度值。

70．将二氧化氮浓度从 ppb 换算成标准状态下 $\mu g/m^3$ 时，通常乘以 1.34。（　　）

答案：错误

正确答案：将二氧化氮浓度从 ppb 换算成标准状态下 $\mu g/m^3$ 时，通常乘以 2.05。

71．臭氧的前体物主要是二氧化氮和挥发性有机污染物，而这两种污染物同样也是二次细颗粒物的前体物。（　　）

答案：错误

正确答案：臭氧的前体物主要是氮氧化物和挥发性有机污染物。

72．环境空气质量分指数是描述城市环境空气质量单项污染物状况的无量纲指数，环境空气质

量分指数权重关系影响环境空气质量指数大小。（　　）

答案：错误

正确答案：环境空气质量指数是环境空气质量分指数最大值，无权重关系。

73．某企业有两台生活垃圾焚烧炉各自设置烟气净化系统并安装烟气在线监测装置，处理后的烟气并入一个排气筒排放。（　　）

答案：错误

正确答案：每台生活垃圾焚烧炉必须单独设置烟气净化系统并安装烟气在线监测装置，处理后的烟气应采用独立的排气筒排放。

74．生态环境部门在对锅炉使用单位进行监督性检查时，可以现场即时采样或监测的结果，作为判断排污行为是否符合排放标准以及实施相关环境保护管理措施的依据。（　　）

答案：正确

75．在执行《大气污染物综合排放标准》（GB 16297—1996）时，非甲烷总烃（NMHC）排放浓度结果以碳计。（　　）

答案：正确

76．沙尘影响日 AQI 和空气质量级别仍参加优良天数和污染天数统计。（　　）

答案：正确

77．如果臭氧日 8 h 滑动平均超过 160 $\mu g/m^3$，日均空气质量等级达到轻度污染，则当日臭氧 1 h 浓度肯定也达到了轻度污染级别。（　　）

答案：错误

正确答案：臭氧日 8 h 滑动平均达到轻度污染级别限值为 160 $\mu g/m^3$，而臭氧 1 h 浓度平均为 200 $\mu g/m^3$。

五、简答题

1．请解释空气质量实时报的时段、内容及评价指标。

答案：实时报周期为 1 h，每一整点时刻后即可发布监测点位的实时报，滞后时间不应超过 1 h。

实时报的指标包括二氧化硫（SO_2）、二氧化氮（NO_2）、臭氧（O_3）、一氧化碳（CO）、可吸入颗粒物（PM_{10}）、细颗粒物（$PM_{2.5}$）的 1 h 平均，以及臭氧（O_3）8 h 滑动平均和可吸入颗粒物（PM_{10}）、细颗粒物（$PM_{2.5}$）的 24 h 滑动平均，共计 9 个指标。

2．根据《环境空气质量评价技术规范（试行）》（HJ 663—2013），评价项目包括哪些？

答案：评价项目分为基本评价项目和其他评价项目两类。其中，基本评价项目包括 SO_2、NO_2、CO、O_3、PM_{10}、$PM_{2.5}$ 共 6 项，其他评价项目包括 TSP、NO_x、Pb、B*a*P。

3．环境空气质量评价时，什么是首要污染物和超标污染物？

答案：首要污染物：AQI 大于 50 时空气质量分指数（IAQI）最大的污染物。

超标污染物：浓度超过国家环境空气质量二级标准的污染物，即 IAQI 大于 100 的污染物。

4．臭氧作为二次污染物，其形成原因是什么？

答案：氮氧化物（NO_x）与挥发性有机物（VOC_S）在高温和强光条件下，发生光化学反应，从而形成臭氧。

5.《环境空气质量评价技术规范（试行）》（HJ 663—2013）附录 A 数据统计方法中点位 1 h 平均和点位日最大 8 h 平均的数据统计方法分别是如何定义的？

答案：点位 1 h 平均：整点时刻前 1 h 时段内点位污染物浓度的算术平均值，记为该时刻的点位 1 h 平均值。一个自然日内点位 1 h 平均的时标分别记为 1：00、2：00、3：00……23：00 和 24：00。点位日最大 8 h 平均：点位一个自然日内 8：00 时至 24：00 时的所有 8 h 滑动平均浓度中的最大值。

6. 根据《环境空气质量指数（AQI）技术规定（试行）》（HJ 633—2012），各个空气质量指数级别的健康影响情况有哪些？

答案：一级：空气质量令人满意，基本无空气污染，各类人群可正常活动。二级：空气质量可接受，但某些污染物可能对极少数异常敏感人群健康有较弱影响。三级：易感人群症状有轻度加剧，健康人群出现刺激症状。四级：进一步加剧易感人群症状，可能对健康人群心脏、呼吸系统有影响。五级：心脏病和肺病患者症状显著加剧，运动耐受力降低，健康人群普遍出现症状。六级：健康人群运动耐受力降低，有明显强烈症状，提前出现某些疾病。

7. 根据《环境空气质量评价技术规范（试行）》（HJ 663—2013），超标倍数计算方法是什么？

答案：计算公式：$B_i=(C_i-S_i)/S_i$

式中：B_i—— 超标项目 i 的超标倍数；

C_i—— 超标项目 i 的浓度值；

S_i—— 超标项目 i 的浓度限值标准，一类区采用一类浓度限值标准，二类区采用二级浓度限值标准。

在年度评价时，对于 SO_2、NO_2、PM_{10}、$PM_{2.5}$，分别计算年平均浓度和 24 h 平均的特定百分位数浓度相对于年均值标准和日均值标准的超标倍数；对于 O_3，计算日最大 8 h 平均的特定百分位数浓度相对于 8 h 平均浓度限值标准的超标倍数；对于 CO，计算 24 h 平均的特定百分位数浓度相对于浓度限值标准的超标倍数。

8. 根据《环境空气质量评价技术规范（试行）》（HJ 663—2013），评价方法的现状评价中多项目综合评价的适用范围、达标定义和结果包含内容是什么？

答案：多项目综合评价适用于对单点、城市和区域内不同评价时段全部基本评价项目达标情况的综合分析。多项目综合评价达标是指评价时段内所有基本评价项目均达标。多项目综合评价的结果包括空气质量达标情况、超标污染物及超标倍数（按照大小顺序排列）。进行年度评价时，同时统计日综合评价达标天数和达标率，以及各项污染物的日评价达标天数和达标率。

9. 根据《环境空气质量评价技术规范（试行）》（HJ 663—2013），数据统计要求中数据统计的完整性要求是什么？

答案：数据统计的完整性要求：多项目综合评价时，所有基本评价项目必须全部参与评价。当已测评价项目全部达标但存在缺测或不满足数据统计有效性要求项目时，综合评价按不达标处理并注明该项目。当已测评价项目存在不达标情况时，无论是否存在缺测项目，综合评价按不达标处理。

10. 简述挥发性有机物有组织废气的排放控制中关于达标判定要求。

答案：

（1）进入 VOCs 燃烧（焚烧、氧化）装置的废气需要补充空气进行燃烧、氧化反应的，排气筒中实测大气污染物排放浓度，应换算为基准含氧量的大气污染物基准排放浓度。

（2）进入 VOCs 燃烧（焚烧、氧化）装置的废气含氧量可满足自身燃烧、氧化反应需要，不需另外补充空气的（燃烧器需要补充空气助燃的除外），以实测质量浓度作为达标判定依据，但装置出口烟气含氧量不得高于装置进口废气含氧量。

（3）吸附、吸收、冷凝、生物、膜分离等其他 VOCs 处理设施，以实测质量浓度作为达标判定依据，不得稀释排放。

（4）当执行不同排放控制要求的废气合并排气筒排放时，应在废气混合前进行监测，并执行相应的排放控制要求；若可选择的监控位置只能对混合后的废气进行监测，则应按各排放控制要求中最严格的规定执行。

11．简述空气质量预警含义。

答案：当空气污染物浓度或 AQI 达到预警级别时，由环境管理部门向公众和相关部门发出警报，以便提醒公众采取适当的防御方法及有关部门采取必要的应对措施，保证人民群众的身体健康。空气质量预警采取分级预警的形式，以空气质量预报为依据，综合考虑污染程度、覆盖范围和持续时间等因素，分别规定符合各地实际情况和现实需求的预警等级和更有针对性的应急方案，以发挥最大的社会和经济效益。

12．简述城市环境空气质量如何排名。

答案：城市环境空气质量排名依据环境空气质量综合指数进行排序，若不同城市综合指数相同以并列计；城市环境空气质量变化程度排名依据环境空气质量综合指数变化率进行排序，若不同城市综合指数变化率相同以并列计，其中，评价时段内空气质量达到二级标准的城市以及空气质量由好到差排序在前 20%的城市，不纳入空气质量改善幅度相对较差城市的排名。

13．下表为某城市空气质量自动监测站点 24 h 监测数据，试分析可能存在的问题。

时间	SO_2	NO_2	CO	O_3	PM_{10}	$PM_{2.5}$
18 时	2	35	0	36	57	25
19 时	2	65	0	23	106	33
20 时	50	77	0.2	44	81	33
21 时	5	76	1.1	51	90	31
22 时	4	68	1	55	86	28
23 时	5	67	1	60	80	38
0 时	6	62	0.9	64	91	47
1 时	7	59	1.3	65	73	47
2 时	6	59	2.5	65	70	38
3 时	6	61	2.6	65	64	32
4 时	6	52	2.5	6	61	34
5 时	5	48	1.5	9	61	44
6 时	5	50	0.3	5	56	58
7 时	4	46	0.3	4	53	54
8 时	4	45	0.3	10	61	37
9 时	3	31	0.2	3	56	26
10 时	1	14	0.1	5	22	16
11 时	1	11	0.1	4	7	13
12 时	63	12	0.1	8	8	9
13 时	1	13	0.1	9	5	8
14 时	1	12	0.1	4	8	5

时间	SO_2	NO_2	CO	O_3	PM_{10}	$PM_{2.5}$
15 时	1	12	0.1	5	9	4
16 时	1	13	0.1	5	13	5
17 时	1	15	0.1	7	9	5

注：SO_2、NO_2、O_3、PM_{10}、$PM_{2.5}$ 单位为 μg/m³；CO 单位为 mg/m³。

答案：

（1）SO_2 为 20 时和 12 时异常偏高。

（2）PM_{10} 和 $PM_{2.5}$ 为 6 时、7 时、11 时、12 时、13 时数据倒挂。

（3）正常情况下，NO_2 和 O_3 呈负相关性，该时段相关性不合理。

（4）该数据 O_3 高值出现在 18 时至次日 3 时。一般情况，O_3 有明显的时间规律特征，午后至傍晚数值较高，数据异常。

六、计算题

1．某市某日空气自动监测结果为 PM_{10} 日均值 159 μg/m³，$PM_{2.5}$ 日均值 79 μg/m³，SO_2 日均值 23 μg/m³，NO_2 日均值 48 μg/m³，CO 日均值 0.7 mg/m³，O_3 日最大 8 h 滑动平均值 43 μg/m³。请计算该市当日的空气质量 AQI 指数，确定首要污染物、超标污染物和空气质量级别，并对空气质量状况进行描述。空气质量分指数及对应的污染物项目浓度限值如下：

空气质量分指数（IAQI）	污染物项目浓度限值									
	二氧化硫（SO_2）24 h 平均/（μg/m³）	二氧化硫（SO_2）1 h 平均/（μg/m³）(1)	二氧化氮（NO_2）24 h 平均/（μg/m³）	二氧化氮（NO_2）1 h 平均/（μg/m³）(1)	颗粒物（粒径小于等于 10 μm）24 h 平均/（μg/m³）	一氧化碳（CO）24 h 平均/（mg/m³）	一氧化碳（CO）1 h 平均/（mg/m³）(1)	臭氧（O_3）1 h 平均/（μg/m³）	臭氧（O_3）8 h 滑动平均/（μg/m³）	颗粒物（粒径小于等于 2.5 μm）24 h 平均/（μg/m³）
0	0	0	0	0	0	0	0	0	0	0
50	50	150	40	100	50	2	5	160	100	35
100	150	500	80	200	150	4	10	200	160	75
150	475	650	180	700	250	14	35	300	215	115
200	800	800	280	1 200	350	24	60	400	265	150
300	1 600	(2)	565	2 340	420	36	90	800	800	250
400	2 100	(2)	750	3 090	500	48	120	1 000	(3)	350
500	2 620	(2)	940	3 840	600	60	150	1 200	(3)	500
说明	（1）二氧化硫（SO_2）、二氧化氮（NO_2）和一氧化碳（CO）的 1 h 平均浓度限值仅用于实时报，在日报中需使用相应污染物的 24 h 平均浓度限值。 （2）二氧化硫（SO_2）1 h 平均浓度值高于 800 μg/m³ 的，不再进行其空气质量分指数计算，二氧化硫（SO_2）空气质量分指数按 24 h 平均浓度计算的分指数报告。 （3）臭氧（O_3）8 h 平均浓度值高于 800 μg/m³ 的，不再进行其空气质量分指数计算，臭氧（O_3）空气质量分指数 1 h 平均浓度计算的分指数报告。									

答案：

（1）根据 $IAQI_P = (IAQI_{Hi} - IAQI_{Lo}) / (BP_{Hi} - BP_{Lo}) \times (C_P - BP_{Lo}) + IAQI_{Lo}$

$$IAQI_{PM_{10}} = (150-100)/(250-150)\times(159-150)+100 = 105$$

$$IAQI_{PM_{2.5}} = (150-100)/(115-75)\times(79-75)+100 = 105$$

$IAQI_{SO_2}=(50-0)/(50-0)\times(23-0)+0=23$

$IAQI_{NO_2}=(100-50)/(80-40)\times(48-40)+50=60$

$IAQI_{CO}=(50-0)/(2-0)\times(0.7-0)+0=18$

$IAQI_{臭氧8h}=(50-0)/(100-0)\times(43-0)+0=22$；

（2）$PM_{2.5}$和PM_{10}并列为首要污染物，超标污染物为PM_{10}和$PM_{2.5}$；

（3）空气质量级别为三级；

（4）空气质量状况为轻度污染。

2. 某城市可吸入颗粒物（PM_{10}）24 h 平均浓度为 90 μg/m^3，计算PM_{10}的空气质量分指数。

空气质量分指数及对应的污染物项目浓度限值

空气质量分指数（IAQI）	颗粒物（粒径小于等于 10 μm）24 h 平均/（μg/m^3）
50	50
100	150

答案：根据 $IAQI_P=\dfrac{IAQI_{Hi}-IAQI_{Lo}}{BP_{Hi}-BP_{Lo}}(C_P-BP_{Lo})+IAQI_{Lo}$

$$IAQI_{PM_{10}}=\frac{100-50}{150-50}(90-50)+50=70$$

3. 现对某城市进行环境空气质量和变化程度的分析评价。已知SO_2、NO_2、PM_{10}、CO 的单项质量指数分别为 0.32、0.25、0.56、0.15；$PM_{2.5}$年均浓度为 30 μg/m^3，O_3日最大 8 h 平均值为 180 μg/m^3，O_3日最大 8 h 平均值的第 90 百分位数为 165 μg/m^3；去年同期空气质量综合指数为 3.02，请计算分析：

（1）该城市$PM_{2.5}$、O_3的单项质量指数。

（2）该城市空气综合指数。

（3）该城市空气质量综合指数同比变化情况。

（4）该城市空气质量首要污染物是什么？试分析该污染物超标的原因并简述防控措施。

答案：

（1）$PM_{2.5}$单项质量指数=30/35=0.86;

O_3单项质量指数=165/160=1.03。

（2）城市空气综合指数=0.32+0.25+0.56+0.15+0.86+1.03=3.17。

（3）空气质量综合指数同比变化率=（3.17−3.02）/3.02×100%=5.0%；空气质量变差。

（4）首要污染物为臭氧（O_3）。

臭氧超标原因（参考）：

一是氮氧化物和挥发性有机物排放量大，造成臭氧的生成潜势大；

二是高温强光照射；

三是全球和区域臭氧浓度背景值持续上升。

防控措施（参考）：控制臭氧污染，需多措并举治理臭氧“前体物”，减少氮氧化物和挥发性有机物排放。加强细颗粒物和臭氧协同控制。调整产业能源、交通运输的结构，实行污染管控、提升新能源利用率，才能有效治理臭氧污染。

4．某城市某日的 IAQI（SO_2）=80，IAQI（NO_2）=124，IAQI（PM_{10}）=245，IAQI（CO）=30，IAQI（O_3[8]）=55，O_3 该日小时浓度最大值为 180 μg/m³，均值为 120 μg/m³，$PM_{2.5}$24 h 均值为 200 μg/m³，（1）计算 IAQI（$PM_{2.5}$）和 IAQI（O_3）。（2）计算该日的空气质量指数，说明其指数级别、类型和表示颜色。（3）说明该日的首要污染物和超标污染物。（空气质量分指数及对应的污染物项目浓度限值见下表）

空气质量分指数（IAQI）	污染物项目浓度限值	
	$PM_{2.5}$ 24 h 平均/（μg/m³）	O_3 1 h 浓度平均/（μg/m³）
0	0	0
50	35	160
100	75	200
150	115	300
200	150	400
300	250	800

答案：

（1）IAQI（$PM_{2.5}$）=（300–200）×（200–150）/（250–150）+200=250，

取 O_3 该日小时浓度最大值为 180 μg/m³ 计算 IAQI（O_3），

IAQI（O_3）=（100–50）×（180–160）/（200–160）+50=75

（2）AQI=max[IAQI（SO_2），IAQI（NO_2），AQI（CO），IAQI（PM_{10}），IAQI（O_3[8]），IAQI（$PM_{2.5}$），IAQI（O_3）]=250，因此空气质量指数级别为五级，类型为重度污染，表示颜色为紫色。

（3）首要污染物是 $PM_{2.5}$；超标污染物为 $PM_{2.5}$、PM_{10} 和 NO_2。

5．某环境空气测点某次降水监测结果见下表，请判断数据是否合理，并写出计算过程。

降水量/mm	pH	离子组分/（mg/L）								
		SO_4^{2-}	NO_3^-	F^-	Cl^-	NH_4^+	Ca^{2+}	Mg^{2+}	Na^+	K^+
5.1	5.9	4.9	8.2	0.10	1.7	1.30	3.36	0.335	0.897	0.332

已知硫、氮、氧、氟、氯、氢、钙、钠、钾的相对原子量分别为 32、14、16、19、35.5、1、40、23、39。

离子平衡按下式计算：

R_1=（C–A）/（C+A）×100%

$C=10^3\times\sum C_i$/克当量

$A=10^{(6-pH)}/1.008+10^3\times\sum A_i$/克当量

式中：C—— 阴离子浓度，μeq/L；

C_i—— 第 i 个阴离子浓度，mg/L；

A—— 阳离子浓度，μeq/L；

A_i—— 第 i 个阳离子浓度，mg/L；

R_1 值在不同浓度范围内所允许的变动范围。

$C+A$ /（μeq/L）	R_1 /%
＜50	±30
50～100	±15
＞100	±8

答案：

C=4.9/（96/2）×10^3+8.2/62×10^3+0.10/19×10^3+1.7/35.5×10^3=287.49 μeq/L

A=1.25+1.30/18×10^3+3.36/(40/2)×10^3+0.335/(24/2)×10^3+0.897/23×10^3+0.332/39×10^3=316.90 μeq/L

（$C+A$）=604.39，（$C+A$）＞100 时，R_1 允许的变动范围为在$-8 \leqslant R_1 \leqslant 8$，

R_1=（$C-A$）/（$C+A$）×100%=–4.87%

R_1 为–4.87%在范围内，因此此次降水监测结果阴阳离子平衡，数据合理。

6．某城市国控点位力争当天空气质量等级保良，截至 19 时小时数据，首要污染物 $PM_{2.5}$ 平均浓度为 84 μg/m^3；如全天空气质量为良，则剩余 $PM_{2.5}$ 平均浓度不能超过多少 μg/m^3？

答案：

41 μg/m^3（或 40.8 μg/m^3）

$PM_{2.5}$ 浓度等级如果当天浓度为良，则全天容量为 75×24=1 800（μg/m^3）

已产生 84×19=1 596（μg/m^3）

余量为 1 800–1 596=204（μg/m^3）

则剩余平均小时浓度不能超过 204/（24–19）=40.8（μg/m^3）

7．某生活垃圾焚烧发电项目污染物排放监测指标如下：烟尘 5.8 mg/m^3，SO_2 12 μmol/mol、NO 45 μmol/mol、NO_2 3 μmol/mol，烟气氧含量 12.5%。如果该企业执行 SO_2 标准限值 50 mg/m^3，NO_x 标准限值 100 mg/m^3，请判定上述 SO_2 和 NO_x 是否超标？并写出计算过程。

答案：依据《生活垃圾焚烧污染控制标准》（GB 18485—2016）中的规定：生活垃圾焚烧发电机组的基准氧含量为 11.0%。

$$\rho_{NO_x} = \frac{46 \times (\rho'_{NO} + \rho'_{NO_2})}{22.4}$$

因此：

$$\rho_{NO_x} = \frac{46 \times (45+3)}{22.4} \approx 98\ (mg/m^3)$$

氮氧化物折算浓度=98×（21–11）/（21–12.5）≈115（mg/m^3）

$$\rho_{SO_2} = \frac{64 \times 12}{22.4} \approx 34\ (mg/m^3)$$

二氧化硫折算浓度=34×（21–11）/（21–12.5）≈40（mg/m^3）

由于该企业执行 SO_2 标准限值 50 mg/m^3，NO_x 标准限值 100 mg/m^3。

所以，该企业的 NO_x 未达标排放；SO_2 达标排放。

8．主城某区环境空气中各主要污染物日均浓度（均为实况浓度或参比状态浓度）：PM_{10} 为 148 μg/m^3，$PM_{2.5}$ 为 82 μg/m^3，SO_2 为 15 μg/m^3，NO_2 为 47 μg/m^3，CO 为 1.5 mg/m^3，O_3 最大 8 小时滑动平均值为 165 μg/m^3，求该日空气质量指数（AQI），空气质量状况、污染等级及首要污染物。

空气质量分指数及对应的污染物项目浓度限值

空气质量分指数（IAQI）	污染物项目浓度限值									
	二氧化硫（SO_2）24 h 平均/（μg/m³）	二氧化硫（SO_2）1 h 平均/（μg/m³）(1)	二氧化氮（NO_2）24 h 平均/（μg/m³）	二氧化氮（NO_2）1 h 平均/（μg/m³）(1)	颗粒物（粒径小于等于 10 μm）24 h 平均/（μg/m³）	一氧化碳（CO）24 h 平均/（mg/m³）	一氧化碳（CO）1 h 平均/（mg/m³）(1)	臭氧（O_3）1 h 平均/（μg/m³）	臭氧（O_3）8 h 滑动平均/（μg/m³）	颗粒物（粒径小于等于 2.5 μm）24 h 平均/（μg/m³）
0	0	0	0	0	0	0	0	0	0	0
50	50	150	40	100	50	2	5	160	100	35
100	150	500	80	200	150	4	10	200	160	75
150	475	650	180	700	250	14	35	300	215	115
200	800	800	280	1 200	350	24	60	400	265	150
300	1 600	(2)	565	2 340	420	36	90	800	800	250
400	2 100	(2)	750	3 090	500	48	120	1 000	(3)	350
500	2 620	(2)	940	3 840	600	60	150	1 200	(3)	500

答案：先求空气质量分指数（IAQI）

IAQI（PM_{10}）=50+（100−50）×（148−50）/（150−50）=99

IAQI（$PM_{2.5}$）=100+（150−100）×（82−75）/（115−75）=109

IAQI（SO_2）=0+50×（15−0）/（50−0）=15

IAQI（NO_2）=50+（100−50）×（47−40）/（80−40）=59

IAQI（CO）=0+50×（1.5−0）/（2−0）=38

IAQI（O_3）=100+（150−100）×（165−160）/（215−160）=105

再求 AQI=max（IAQI）=109

污染等级：三级

空气质量状况：轻度污染

首要污染物：$PM_{2.5}$

第三节　土壤综合分析与评价

一、填空题

1.《土壤环境质量　农用地土壤污染风险管控标准（试行）》（GB 15618—2018）规定了农用地土壤污染________值和________值。

答案：风险筛选，风险管制

2.《土壤环境质量　建设用地土壤污染风险管控标准（试行）》（GB 36600—2018）中，建设用地土壤污染风险筛选值和管制值中基本项目包括________、________及________三类污染物。

答案：重金属和无机物，挥发性有机物，半挥发性有机物

3．农用地土壤中污染物含量超过________，食用农产品不符合质量安全标准等农用地土壤污

染风险高，原则上应当采取严格管控措施。

答案：管制值

4．当农用地土壤中污染物含量高于风险筛选值时，可能存在农用地土壤污染风险，应加强__________和__________。

答案：土壤环境监测，农产品协同监测

5．某农用地土壤调查中，测得基本项目的污染物分担率按由大到小的顺序排列，依次为铬、汞、砷、铜、铅、镉、镍、锌，可以确定该农用地基本项目污染物中__________的土壤污染指数最高。

答案：铬

6．土壤环境质量评价可采用__________、__________、__________、__________。

答案：内梅罗污染指数评价，超标率评价，背景值及标准偏差评价，综合污染指数评价

7．城市建设用地根据保护对象暴露情况的不同，可划分为__________、__________。

答案：第一类用地，第二类用地

8．某一类建设用地土壤调查中，测得土壤中的砷的含量为 30 mg/kg，已知砷的质量标准限值为 120 mg/kg。该学校建设用地土壤单项污染指数为 __________。

答案：0.25

9．某医疗卫生用地土壤调查中，砷的测量值为 138 mg/kg，其对应的第一类用地管制值为 120 mg/kg，第二类用地管制值为 140 mg/kg，该医疗卫生用地应采取__________和__________。

答案：风险管控，修复措施

10．物流仓储用地、绿地及广场用地（社区公园或儿童公园用地除外）属于__________用地。

答案：第二类

11．某农用地镉污染物含量为 0.5 mg/kg，其背景值为 0.05 mg/kg，该农用地土壤污染累计指数为__________。

答案：10

12．土壤由于地区背景差异较大，用__________更能反映土壤的人为污染程度。

答案：土壤污染累积指数

13．农用地土壤污染风险筛选值的基本项目为必测项目，包括__________、__________、__________、__________、__________、__________、__________、__________。

答案：镉，汞，砷，铅，铬，铜，镍，锌

14．土壤单项污染指数=__________/__________。

答案：土壤污染物实测值，土壤污染物质量标准

15．当土壤中基本项目污染物含量高于筛选值，等于或低于管制值时，可能存在食用农产品不符合质量安全标准等土壤污染风险，原则上应当采取__________、__________等安全利用措施。

答案：农艺调控，替代种植

16．综合污染指数法表达式中的 X 代表__________，Y 代表__________。

答案：测量值超过标准值的数目，测量值超过背景值的数目

17．某旱田土壤调查中，土壤 pH 为 6.6，其中镉测量值为 3.3 mg/kg，则该土壤原则上应采取__________和__________等严格措施。

答案：禁止种植食用农产品，退耕还林

18. 土壤综合污染指数（CPI）处于未污染状态，其数值大小表示__________。

答案：偏离背景值相对程度

19. 经风干、研磨后通过20目尼龙筛的土壤样品，可用于__________、__________、__________等项目的分析。

答案：pH，阳离子交换量，元素有效态含量

20. 用于土壤中六价铬分析的样品的盛装容器材质为__________或__________，采集的新鲜样品在<4℃的储存环境条件下可保存__________天。

答案：聚乙烯，玻璃，1

21. 某果园土壤pH测试值为7.2，则汞的风险筛选值为__________，风险管制值为__________。

答案：2.4 mg/kg，4.0 mg/kg

22. 农用地土壤污染风险筛选项目滴滴涕总量为__________、__________、__________和__________4种衍生物的含量之和。

答案：p,p'-滴滴伊，p,p'-滴滴滴，o,p'-滴滴涕，p,p'-滴滴涕

23. 农用地土壤污染风险管制值项目包括镉、汞、铅、__________、__________。

答案：砷，铬

24. 已知某农田土壤中铅测定值为104 mg/kg，风险筛选值为90 mg/kg，风险管制值为500 mg/kg，该地区铅的背景值为62 mg/kg，则该农田土壤中铅的污染累积指数为__________。

答案：1.68

25. 某水稻种植地块土壤pH为6.82，则该地块土壤中砷的风险筛选值为__________，风险管制值为__________。

答案：25 mg/kg，120 mg/kg

26. 某社区公园建设用地调查中，测得土壤中六价铬含量为11.6 mg/kg，该指标第一类建设用地土壤污染风险管制值为30 mg/kg，第二类建设用地土壤污染风险管制值为78 mg/kg，则该地块中六价铬的污染指数为__________。

答案：0.4

27. 某商业大楼建设用地调查中，测得p,p'-滴滴伊、p,p'-滴滴滴、o,p'-滴滴涕和p,p'-滴滴涕4种衍生物结果分别为1.24 mg/kg、0.83 mg/kg、2.64 mg/kg和1.91 mg/kg，则该用地滴滴涕含量为__________。

答案：4.55 mg/kg

28. 使用酸消解法对土壤进行全消解，若消解后有黑色残渣，表明__________未被完全消解。

答案：碳化物

29. 建设用地是指建造建筑物、构筑物的土地，包括__________、工矿用地、交通水利设施用地、__________、军事设施用地等。

答案：城乡住宅和公共设施用地，旅游用地

30. 污染场地风险评估工作内容包括危害识别、__________、毒性评估、__________以及土壤和地下水风险控制值的计算。

答案：暴露评估，风险表征

31．对土壤进行定期回顾性评估监测，应综合考虑__________、治理修复监测及修复效果评估监测。

答案：土壤污染状况调查详细采样监测

32．农用地土壤中污染物含量超过风险筛选值时，对农产品质量安全、农作物生长或土壤生态环境可能存在风险，应当加强__________监测和__________监测，原则上应当采取安全利用措施。

答案：土壤环境，农产品协同

33．某市一建设项目可能造成土壤盐化、酸化，该项目环境影响评价时至少应选择__________、__________作为预测因子。

答案：土壤盐分含量，pH

34．土壤环境是指受__________作用的，由矿物质、有机质、水、空气、生物有机体等组成的陆地表面疏松综合体。

答案：自然或人为因素

35．通过详细调查确定建设用地土壤中污染物含量高于风险管制值时，对人体健康通常存在不可接受风险，应当采取__________或__________措施。

答案：风险管控，修复

二、单选题

1．土壤污染累积指数是__________。（　　）

A．土壤某污染物实测值/污染物背景值　　B．土壤某污染物实测值/污染物标准值

C．土壤某污染物实测值×污染物标准值　　D．土壤某污染物实测值×污染物背景值

答案：A

2．农用地土壤污染风险管制值项目包括__________。（　　）

A．镉、汞、砷、铅、镍　　B．镉、汞、砷、铅、铬

C．镉、汞、铅、铬、镍　　D．镉、砷、铅、铬、镍

答案：B

3．按照土壤污染程度和相关标准，将农用地划分为优先保护类、安全利用类和__________。（　　）

A．风险管控类　　B．严格管控类　　C．风险管制类　　D．严格管制类

答案：B

4．《土壤环境质量　农用地土壤污染风险管控标准（试行）》（GB 15618—2018）规定，农用地土壤污染风险筛选值的基本项目有__________。（　　）

A．镉、汞、砷、铅、铬、铜、镍、锌

B．镉、汞、砷、铅、铬、铜、镍、锌、六六六

C．镉、汞、砷、铅、铬、铜、镍、锌、滴滴涕

D．镉、汞、砷、铅、铬、铜、镍、锌、苯并[*a*]芘

答案：A

5．场地调查的水平布点方法中，适用于潜在污染明确的场地是__________。（　　）

A．系统随机法　　B．专业判断布点法

C．系统布点法　　D．分区布点法

答案：B

6．《土壤环境质量　农用地土壤污染风险管控标准（试行）》（GB 15618—2018）适用于__________。（　　）

A．耕地　　B．林地　　C．草地　　D．牧地

答案：A

7．《土壤环境质量　建设用地土壤污染风险管控标准（试行）》（GB 36600—2018）中，建设用地土壤中污染物含量等于或低于__________的，建设用地土壤污染风险一般情况下可以忽略。（　　）

A．土壤环境质量标准值　　B．土壤污染风险管制值

C．土壤污染风险筛选值　　D．土壤环境背景值

答案：C

8．《土壤环境质量　农用土地污染风险管控标准（试行）》（GB 15618—2018）规定，除水田外的土壤中镉的污染风险筛选值为__________mg/kg（pH＞7.5）。（　　）

A．0.5　　B．0.6　　C．0.8　　D．1.0

答案：B

9．下列不属于《土壤环境质量　建设用地土壤污染风险管控标准（试行）》（GB 36600—2018）基本项目的是__________。（　　）

A．甲基汞　　B．砷　　C．六价铬　　D．二氯甲烷

答案：A

10．城市建设用地根据保护对象暴露情况的不同，划分为第一类用地和第二类用地，不属于第一类用地的是__________。（　　）

A．公共管理与服务用地　　B．社会福利设施用地

C．公园绿地中的社区公园或儿童公园用地　　D．城市建设用地中的居住用地

答案：A

11．对农用地土壤进行评价时，对于水旱轮作地，评价所用的风险筛选值是__________。（　　）

A．采用其中较宽松的风险筛选值　　B．采用其中较严格的风险筛选值

C．采用两个风险筛选值的平均值　　D．采用两个风险筛选值的和

答案：B

12．农用地土壤污染风险筛选值的选测项目包括六六六、滴滴涕和苯并[*a*]芘，其中六六六评价项目为__________。（　　）

A．六六六总量　　B．α-六六六　　C．β-六六六　　D．γ-六六六

答案：A

13．当土壤中污染物含量__________该项目的风险筛选值时，农用地土壤污染风险低，一般情况下可以忽略。（　　）

A．低于　　B．等于　　C．低于或者等于　　D．高于

答案：C

14．当土壤中镉、汞、砷、铅、铬的含量高于规定的风险筛选值、等于或者低于规定的风险管制值时，原则上应__________。（　　）

A．继续监控，当高于风险管制值时再采取措施

B．采取农艺调控、替代种植等安全利用措施

C．采取禁止食用农产品、退耕还林等严格管控措施

D．采取土壤环境监测、农产品协同监测等安全利用措施

答案：B

15．当区域内土壤环境质量作为一个整体与外区域进行比较或与历史资料进行比较时，除用单项污染指数外，还常用__________。（　　）

A．分担污染指数　　B．多项污染指数　　C．平均污染指数　　D．综合污染指数

答案：D

16．土壤由于地区背景差异较大，用__________能反映土壤的人为污染程度。（　　）

A．分担污染指数　　B．平均污染指数

C．土壤污染累积指数　　D．背景污染指数

答案：C

17．土壤污染物分担率可确定土壤的主要污染项目，污染物主次由__________至__________排序。（　　）

A．大，小　　B．小，大　　C．必测，选测　　D．选测，必测

答案：A

18．建设项目所在地土壤环境敏感程度，共划分为__________种。（　　）

A．2　　B．3　　C．4　　D．5

答案：B

19．建设用地规划用途为第一类用地的，适用 GB 36600—2018 表 1 和表 2 中第一类用地的筛选值和管制值；规划用途为第二类用地的，适用第二类用地的筛选值和管制值。规划用途不明确的，适用__________的筛选值和管制值。（　　）

A．第一类用地　　B．第二类用地　　C．两类中更严格的　　D．两类的平均值

答案：A

20．建设用地具体地块土壤中污染物检测含量超过风险筛选值，__________土壤环境背景值水平的，不纳入污染地块管理。（　　）

A．等于　　B．低于　　C．等于或低于　　D．高于

答案：C

21．建设用地土壤污染物含量等于或低于风险筛选值时，建设用地土壤污染风险__________。（　　）

A．应采取风险管控措施　　B．应采取修复措施

C．应开展详细调查　　D．一般情况下可以忽略

答案：D

22. 土壤评价标准通常不采用__________。（　　）

A. 国家土壤环境质量标准　　B. 区域土壤背景值

C. 部门（专业）土壤质量标准　　D. 土壤质量评价指标

答案：D

23. 土壤污染累积指数=土壤污染物实测值/__________。（　　）

A. 土壤污染物质量标准　　B. 土壤各项污染指数之和

C. 污染物背景值　　D. 土壤污染超标倍数

答案：C

24. 应用综合污染指数评价土壤时，X=0，Y=0，CPI=0 时，土壤评价为__________。（　　）

A. 背景状态　　B. 未污染状态　　C. 污染状态　　D. 超标状态

答案：A

25. 产生两种或两种以上生态影响后果的，敏感程度__________。（　　）

A. 按相对最低级别判定　　B. 按相对最高级别判定

C. 按照中间级别判定　　D. 标为特殊情况不判定

答案：B

26. 应用综合污染指数评价土壤时，X≥1，Y≥1，CPI≥1 时，土壤评价为__________。（　　）

A. 背景状态　　B. 未污染状态　　C. 污染状态　　D. 超标状态

答案：C

27. 土壤污染超标倍数=（__________−某污染物质量标准）/某污染物质量标准。（　　）

A. 土壤某污染物实测值　　B. 土壤各项污染指数之和

C. 污染物背景值　　D. 土壤污染超标率

答案：A

28. 土壤污染样本超标率（%）=（__________/监测样本总数）×100%。（　　）

A. 土壤某污染物实测值　　B. 土壤各项污染指数之和

C. 土壤样本超标总数　　D. 土壤污染超标倍数

答案：C

29. 根据行业特征、工艺特点或规模大小等将建设项目类别分为Ⅰ类、Ⅱ类、Ⅲ类、Ⅳ类，其中__________建设项目可不开展土壤环境影响评价。（　　）

A. Ⅰ类　　B. Ⅱ类　　C. Ⅲ类　　D. Ⅳ类

答案：D

30. 建设项目所在地土壤环境敏感程度分为敏感、较敏感、不敏感，其中，判断为敏感的依据为：建设项目所在地干燥度＞__________且常年地下水位埋深＜1.5 m 的地势平坦区域。（　　）

A. 1.5　　B. 2.5　　C. 3.5　　D. 4.5

答案：B

31. 建设项目同时涉及土壤生态环境影响型与污染影响型，应__________。（　　）

A. 分别判定评价工作等级，并按相应等级分别开展评价工作

B. 按照更严格的标准进行评价

C．按照更宽松的标准进行评价

D．只按照污染影响型进行评价

答案：A

32．根据调查评价范围内的土地利用类型，分别选取 GB 15618—2018、GB 36600—2018 等标准中的筛选值进行评价，土地利用类型无相应标准的__________。（　　）

A．只给出现状监测值　　B．按照 GB 15618—2018 进行评价

C．按照 GB 36600—2018 进行评价　　D．按照更严格的标准进行评价

答案：A

33．农用地土壤风险筛选值中的基本项目，重金属和类金属砷按元素__________计。（　　）

A．总量　　B．最大值　　C．最小值　　D．平均值

答案：A

34．土壤处在污染状态时，综合污染指数的数值越大，代表__________。（　　）

A．污染程度越轻　　B．污染程度越重

C．污染偏离背景值越近　　D．污染偏离背景值越远

答案：B

35．综合污染指数（CPI）包含了土壤元素背景值、土壤元素标准尺度因素和价态效应综合影响，其表达式：CPI=X×（1+RPE）+Y×DDMB/（Z×DDSB），式中 DDMB 是指__________。（　　）

A．相对污染当量　　B．单项污染指数

C．元素测定浓度偏离背景值的程度　　D．元素标准偏离背景值的程度

答案：C

36．下列__________污染物的含量超出第一类建设用地土壤污染风险管制值，需采取风险管控或修复措施。（　　）

A．砷 70 mg/kg　　B．汞 30 mg/kg　　C．六价铬 40 mg/kg　　D．四氯化碳 8 mg/kg

答案：C

37．下列建设用地属于第一类建设用地的是__________。（　　）

A．高铁站　　B．购物中心　　C．物流园区　　D．社区公园

答案：D

38．下列建设用地属于第二类建设用地的是__________。（　　）

A．儿童医院　　B．便民服务中心　　C．北京路中学　　D．幸福养老院

答案：B

39．在土壤污染状况调查详细采样监测阶段，对于面积较小的地块，应划分不少于__________个工作单元，在每个工作单元的中心采样。（　　）

A．3　　B．5　　C．8　　D．10

答案：B

40．《土壤环境质量　建设用地土壤污染风险管控标准（试行）》（GB 36600—2018）中规定的多氯联苯（总量）为__________种物质含量的总和。（　　）

A．8　　B．10　　C．12　　D．15

答案：C

41．某市一地块计划用于建设商业街，该地块土壤污染特征不明确，在对该地块开展土壤污染状况调查监测时应采用________进行监测点位布点。（　　）

A．系统随机布点法　B．专业判断布点法　C．分布布点法　D．系统布点法

答案：D

42．引起土壤环境污染影响的主导因素是________。（　　）

A．温度变化　B．人为因素　C．生物作用　D．季节更替

答案：B

43．当在绿化带等地段采集城市土壤样品时，由于其复杂性应分两层采样，上层采样深度为 0～30 cm，另一层采样深度为________。（　　）

A．30～80 cm　B．30～40 cm　C．30～50 cm　D．30～60 cm

答案：D

44．建设用地土壤污染状况调查对照点监测点可选取在地块外部区域的四个垂直轴向上，每个方向上等间距布设________个采样点，分别进行采样分析。（　　）

A．3　B．4　C．7　D．8

答案：A

45．《土壤环境质量　农用地土壤污染风险管控标准（试行）》（GB 15618—2018）不适用于下列________土壤污染风险筛查和分类。（　　）

A．稻田　B．苹果园　C．公园草地　D．人工牧草地

答案：C

46．农用地土壤污染项目类金属砷的风险筛选值按________砷含量计。（　　）

A．水溶解性　B．酸溶解性　C．碱溶解性　D．酸消解总量

答案：D

47．《土壤环境质量　农用地土壤污染风险管控标准（试行）》（GB 15618—2018）实施日期为________。（　　）

A．2018 年 6 月 1 日　B．2018 年 6 月 22 日

C．2018 年 8 月 1 日　D．2018 年 8 月 22 日

答案：C

48．《土壤环境质量　农用地土壤污染风险管控标准（试行）》（GB 15618—2018）适用于下列________土壤污染风险筛查和分类。（　　）

A．5A 级景区用地　B．高速公路用地

C．养马场牧草地　D．军用雷达站用地

答案：C

49．已知建设用地中第一类用地污染物铅风险筛选值为 400 mg/kg，风险管制值为 800 mg/kg，第二类用地污染物铅风险筛选值为 800 mg/kg，风险管制值为 2 500 mg/kg。下列四块场地土壤中铅检测结果均为 600 mg/kg，根据检测结果判定________土壤需要开展风险评估，确定风险水平，判定是否需要采取风险管控或者修复措施。（　　）

A．高尔夫球场草地　　B．利群社区公园
C．大型绿植游乐园　　D．火车站广场绿地

答案：B

50．下列不是建设用地土壤污染初步调查阶段风险筛选必测项目的是__________。（　　）

A．重金属和无机物　　B．挥发性有机物
C．半挥发性有机物　　D．有机农药类

答案：D

51．下列适用《土壤环境质量　建设用地土壤污染风险管控标准（试行）》（GB 36600—2018）第一类用地筛选值和管制值的是__________。（　　）

A．火车站广场绿地　　B．未规划用途的工业园区空地
C．大型绿植游乐园　　D．高尔夫球场草地

答案：B

三、多选题

1．农用地土壤质量类别分__________。（　　）

A．优先保护类　　B．安全利用类　　C．严格管控类　　D．疑似污染类

答案：ABC

2．根据《土壤环境质量　农用地土壤污染风险管控标准（试行）》（GB 15618—2018），将农用地土壤污染风险管控标准分为__________。（　　）

A．农用地土壤污染风险评价值　　B．农用地土壤污染风险控制值
C．农用地土壤污染风险筛选值　　D．农用地土壤污染风险管制值

答案：CD

3．根据《土壤环境质量　建设用地土壤污染风险管控标准（试行）》（GB 36600—2018），下列__________属于第一类用地。（　　）

A．公共管理与公共服务中的中小学用地　　B．一般绿地与广场用地
C．医疗卫生用地和社会福利设施用地　　D．商业服务设施用地

答案：AC

4．下列哪些属于《建设用地土壤风险评估技术导则》（HJ 25.3—2019）中规定的暴露途径__________。（　　）

A．经口吸入土壤

B．皮肤接触土壤

C．吸入室外空气中来自土壤表层和下层的气态污染物

D．吸入土壤颗粒

答案：ABCD

5．土壤的蛇形采样法适用于__________的田块。（　　）

A．地势平坦　　B．面积较大　　C．土壤不够均匀　　D．地势不太平坦

答案：BCD

6．农用地指的是__________。（　　）

A．耕地　　B．园地　　C．林地　　D．草地

答案： ABD

7．农用地土壤污染管制值包括下列__________项目。（　　）

A．镉　　B．汞　　C．锌　　D．铜

答案： AB

8．以下农用地土壤污染风险筛选值的基本项目中，没有土壤污染风险管制值的是__________。（　　）

A．砷　　B．铜　　C．镍　　D．锌

答案： BCD

9．土壤环境质量评价一般以单项污染指数为主，指数__________则污染__________。（　　）

A．大，轻　　B．大，重　　C．小，重　　D．小，轻

答案： BD

10．下列能反映土壤环境状况的有__________。（　　）

A．土壤污染超标倍数　　B．样本超标率

C．土壤污染物分担率　　D．土壤污染累积指数

答案： ABCD

11．土壤环境影响评价应对建设项目__________对土壤环境理化特性可能造成的影响进行分析、预测和评估，提出预防或者减轻不良影响的措施和对策。（　　）

A．建设期　　B．运营期　　C．服务期满后　　D．评价期

答案： ABC

12．土壤环境跟踪监测措施包括 __________。（　　）

A．制订跟踪监测计划　　B．建立跟踪监测制度

C．完善跟踪监测制度　　D．复盘跟踪监测计划

答案： AB

13．综合污染指数（CPI）包含土壤元素背景值、土壤元素标准尺度因素和价态效应综合影响，其表达式：$CPI=X\times(1+RPE)+Y\times DDMB/(Z\times DDSB)$，式中 RPE 和 DDSB 分别是指__________。（　　）

A．相对污染当量　　B．单项污染指数

C．元素测定浓度偏离背景值的程度　　D．土壤标准偏离背景值的程度

答案： AD

14．应用综合污染指数（CPI）对土壤环境质量进行评价时，涉及的评价体系有__________。（　　）

A．综合污染指数　　B．测量值超过标准值的数目

C．测量值超过背景值的数目　　D．用作标准元素的数目

答案： ABC

15．开展区域性土壤环境背景调查时，针对调查区域内的调查单元，可以采用__________方法进行布点。（　　）

A．系统布点法　　B．系统随机布点法

C．简单随机布点法　　　　　　　　　　D．专业判断布点法

答案：ABD

16. 新鲜土壤样品在<4℃的储存环境条件下保存 7 天后，还可以用于__________项目的分析测试。（　　）

A．铜　　　　B．六价铬　　　　C．半挥发性有机物　　D．汞

答案：ACD

17. 下列项目属于初步调查阶段建设用地土壤污染风险筛选的必测项目的是__________。（　　）

A．六价铬　　　　B．镍　　　　C．六六六、滴滴涕　　D．苯胺

答案：ABD

18.《土壤环境质量　建设用地土壤污染风险管控标准（试行）》（GB 36600—2018）规定的多氯联苯（总量）包含__________等物质含量的总和。（　　）

A．PCB105　　　　B．PCB118　　　　C．PCB126　　　　D．PCB165

E．PCB189

答案：ABCE

19. 建设用地土壤污染风险管控和修复监测的基本原则包括__________。（　　）

A．针对性原则　　　　B．高效性原则　　　　C．规范性原则　　　　D．可行性原则

答案：ACD

20. 关于《土壤环境质量　农用地土壤污染风险管控标准（试行）》（GB 15618—2018），下列说法正确的是__________。（　　）

A．规定了农用地土壤中镉、汞、砷、铅、铬的风险管制值

B．规定了农用地土壤中镉、汞、砷、铅、铬、铜、镍、锌等基本项目，以及六六六总量、滴滴涕、苯并[*a*]芘等其他项目的风险筛选值

C．规定了农用地土壤污染风险管制值的使用要求

D．规定了农用地土壤监测要求

答案：ABCD

四、判断题

1. 建设用地具体地块土壤中污染物检测含量如果超过建设用地土壤风险筛选值，且与土壤环境背景值水平持平的，不纳入污染地块管理。（　　）

答案：正确

2. 综合污染型土壤监测布点采用综合放射状、均匀、带状布点法，不采混合样，便于掌握工程及生产对土壤影响状况。（　　）

答案：正确

3. 土壤背景含量是指在一定时间条件下，仅受地球化学过程和非点源输入影响的土壤中元素或化合物的含量。（　　）

答案：正确

4. 土壤分析测定项目分常规项目、特定项目、选测项目。（　　）

答案：正确

5. 根据土壤监测目的，土壤环境监测有 4 种主要类型：区域土壤环境背景监测、农田土壤环境质量监测、建设项目土壤环境评价监测和土壤污染事故监测。（　　）

答案：正确

6. 土壤环境质量评价标准只采用国家《土壤环境质量　农用地土壤污染风险管控标准（试行）》（GB 15618—2018），其他区域土壤背景值或部门（专业）土壤质量标准不被采用。（　　）

答案：错误

正确答案：土壤环境质量评价标准常采用国家《土壤环境质量　农用地土壤污染风险管控标准（试行）》（GB 15618—2018）、区域土壤背景值或部门（专业）土壤质量标准。

7. 土壤环境质量评价一般以综合污染指数为主，指数小污染轻，指数大污染则重。（　　）

答案：错误

正确答案：土壤环境质量评价一般以单项污染指数，指数小污染轻，指数大污染则重。

8. 土壤由于地区背景差异较大，用土壤单项污染指数更能反映土壤的人为污染程度。（　　）

答案：错误

正确答案：土壤由于地区背景差异较大，用土壤污染累积指数更能反映土壤的人为污染程度。

9. 土壤环境质量评价涉及评价因子、评价标准和评价模式。（　　）

答案：正确

10. 土壤环境背景值是指基于土壤环境背景含量的统计值。通常以土壤环境背景含量的某一分位值表示。其中土壤环境背景含量是指在一定时间条件下，仅受地球化学过程和非点源输入影响的土壤中元素或化合物的含量。（　　）

答案：正确

11. 农田土壤采样监测单元划分要参考土壤类型、农作物种类、耕作制度、商品生产基地、保护区类型、行政区划等要素的差异，同一单元的差别应尽可能地缩小。（　　）

答案：正确

12. 建设用地土壤污染风险指建设用地上居住、工作人群长期暴露于土壤中污染物，因慢性毒性效应或致癌效应而对健康产生的不利影响。（　　）

答案：正确

13. 由于土壤组成的复杂性和土壤物理化学性状（pH、Eh 等）差异，造成重金属及其他污染物在土壤环境中形态的复杂和多样性。金属不同形态，其生理活性和毒性均有差异，其中以有效态和交换态的活性、毒性最大，残留态的活性、毒性最小，而其他结合态的活性、毒性居中。（　　）

答案：正确

14. 土壤污染物分担率可评价确定土壤的主要污染项目。除此之外，土壤污染超标倍数、样本超标率等统计量也能反映土壤的环境状况。（　　）

答案：正确

15. 综合污染指数（CPI）包含了土壤元素背景值、土壤元素标准尺度因素和价态效应综合影响。（　　）

答案：正确

16．建设用地中，城市建设用地根据保护对象暴露情况的不同，其中医疗卫生用地、社会福利用地和物流仓储用地都属于为一类用地划分。（ ）

答案：错误

正确答案：医疗卫生用地、社会福利用地属于一类用地，物流仓储属于二类用地。

17．在一块学校用地中，建设用地土壤中汞含量超过了一类用地的土壤污染风险管制值时，对人体健康通常存在不可接受的风险，应当采取风险管控或修复措施。（ ）

答案：正确

18．在城市建设用地的居住用地上，土壤中污染物含量小于土壤污染风险筛选值的，对人体健康风险可以忽略，等于或超过该值的，对人体健康可能存在风险，应当开展进一步的详细调查和风险评估，确定具体污染范围和风险水平。（ ）

答案：错误

正确答案：土壤中污染物含量等于或小于土壤污染风险筛选值，对人体健康风险可以忽略，超过该值，对人体健康可能存在风险，应当开展进一步的详细调查和风险评估，确定具体污染范围和风险水平。

19．农用地土壤风险筛选值的选测项目包括六六六、滴滴涕和苯并[*a*]芘。（ ）

答案：正确

20．当土壤中镉、汞、砷、铅、铬的含量高于规定的风险筛选值、等于或者低于规定的风险管制值时，可能存在使用农产品不符合质量安全标准等土壤污染风险，原则上应当采取土壤环境监测和农产品协同监测等安全利用措施。（ ）

答案：错误

正确答案：当土壤中镉、汞、砷、铅、铬的含量高于规定的风险筛选值、等于或者低于规定的风险管制值时，可能存在使用农产品不符合质量安全标准等土壤污染风险，原则上应当采取农艺调控、替代种植等安全利用措施。

21．土壤环境质量评价因子数量与项目类型，与监测的目的、现实的经济、技术条件无关。（ ）

答案：错误

正确答案：评价因子数量与项目类型取决于监测的目的和现实的经济和技术条件。

22．当区域内土壤环境质量作为一个整体与外区域进行比较或与历史资料进行比较时除用单项污染指数外，还常用综合污染指数。（ ）

答案：正确

23．综合污染指数（CPI）≥1 时，土壤环境质量为污染状态，数值越大表示污染程度相对越严重。（ ）

答案：正确

24．对于变价元素，应考虑价态与毒性的关系，在不同价态共存并同时用于评价时，应在计算中注意高低毒性价态的相互转换，以体现由价态不同所构成的风险差异性。（ ）

答案：正确

25．在污染指数和超标率等计算公式中，土壤单项污染指数=土壤污染物实测值/污染物背景值。

（ ）

答案：错误

正确答案：土壤单项污染指数=土壤污染物实测值/土壤污染物质量标准。

26．用区域土壤环境背景值（x）95%置信度的范围（x±2s）来评价：若土壤某元素监测值 x_1＜x–2s，则该元素缺乏或属于低背景土壤。（ ）

答案：正确

27．用区域土壤环境背景值（x）95%置信度的范围（x±2s）来评价：若土壤某元素监测值 x_1＞x+2s，则该元素含量正常。（ ）

答案：错误

正确答案：用区域土壤环境背景值（x）95%置信度的范围（x±2 s）来评价：若土壤某元素监测值 x_1＞x+2s，则土壤已受该元素污染，或属于高背景土壤。

28．土壤污染物分担率（%）=（土壤某项污染指数/单项污染指数之和）×100%。（ ）

答案：错误

正确答案：土壤污染物分担率（%）=（土壤某项污染指数/各项污染指数之和）×100%。

29．土壤环境质量评价模式常用污染指数法或者与其有关的评价方法。（ ）

答案：正确

30．拟规划建设中学学校的场地，在第一阶段的土壤和地下水调查中，汞含量为 10.9 mg/kg，砷含量为 14.3 mg/kg，则此建设用地土壤中汞、砷污染风险可以忽略。（ ）

答案：错误

正确答案：公共管理与公共服务用地中的中小学用地属于第一类用地，汞风险筛选值为 8 mg/kg，该地块中汞含量高于风险筛选值，应依据 HJ 25.1、HJ 25.2 等标准及相关技术要求，开展详细的调查。

31．一块规划用于建设某医院的场地，其土壤污染物执行建设用地第一类土壤污染物风险筛选值和管制值。（ ）

答案：正确

32．某规划用于建设购物中心的场地，其污染物铬（六价）的风险筛选值为 3 mg/kg，管制值为 78 mg/kg。（ ）

答案：错误

正确答案：商业服务业设施用地属于第二类用地，其污染物铬（六价）的风险筛选值为 5.7 mg/kg。

33．当建设用地土壤中钴的检测含量超过筛选值，但等于或者低于土壤环境背景值水平的，不纳入污染地块管理。（ ）

答案：正确

34．当建设用地土壤中钒的检测含量超过筛选值，但等于或者低于土壤环境背景值水平的，不纳入污染地块管理。（ ）

答案：错误

正确答案：建设用地第一类用地中钒的检测含量超过筛选值，但等于或者低于土壤环境背景值水平的，不纳入污染地块管理；第二类用地中钒的检测含量超过筛选值，但等于或者低于土壤环境背景值水平的，应依据 HJ 25.1、HJ 25.2 等标准及相关技术要求，开展详细的调查。

35．开展区域性土壤环境背景调查数据集评估时，按照发生层次与按照固定深度不同土壤样品采集方法获得的数据可以合并。（　　）

答案： 错误

正确答案： 按照发生层次与按照固定深度两种不同土壤样品采集方法获得的数据不宜合并。

36．开展区域性土壤环境背景调查时，各调查单元的布点数量应同时满足基础样品数量和统计单元最少样本量 20 个的要求。（　　）

答案： 错误

正确答案： 各调查单元的布点数量应同时满足基础样品数量和统计单元最少样本量 30 个的要求。

37．开展区域性土壤环境背景调查时，对于目标元素或化合物含量变化较大的区域或者同一土壤类型、流域类型宜采用系统随机布点法。（　　）

答案： 错误

正确答案： 对于目标元素或化合物含量变化较大的区域或者同一土壤类型、流域类型宜采用系统布点法。

38．开展某项农田土壤环境质量调查，在对种植桃树的一片园林土壤采样时，按照规范要求布点并采集 0～20 cm 的表层土壤样品。（　　）

答案： 错误

正确答案： 种植果林类农作物应采集 0～60 cm。

39．城市土壤监测点一般以网距 2 km 的网格布设为主，功能区布点为辅，每个网格设 1 个采样点。（　　）

答案： 正确

40．农用地土壤污染风险管制值评判的基础指标为阳离子交换量。（　　）

答案： 错误

正确答案： 农用地土壤污染风险管制值评判的基础指标为 pH。

41．政府拟对一废弃化工厂进行规划建设，但用途尚未确定，检测机构在对该场地进行土壤污染状况调查时应依据第一类用地的筛选值和管制值。（　　）

答案： 正确

42．对于固体污染物抛洒型的污染事故，土壤应采集表层土（0～20 cm），采样点数不少于 5 个。（　　）

答案： 错误

正确答案： 对于固体污染物抛洒型的污染事故，等打扫后采集表层 5 cm 土样，采样点数不少于 3 个。

43．对于污染较均匀的地块（包括污染物种类和污染程度），在土壤污染状况调查初步采样监测阶段和详细采样监测阶段均采用系统布点法划分工作单元，在每个工作单元的中心采样位。（　　）

答案： 错误

正确答案： 在地块土壤污染状况调查初步采样监测点位布设时，对于污染较均匀的地块（包括污染物种类和污染程度）和地貌严重破坏的地块（包括拆迁性破坏、历史性变更破坏），可根据地块的形状采用系统随机布点法，在每个工作单元的中心采样。在地块土壤污染状况调查详细采样监测点位布设时，对于污染较均匀的地块（包括污染物种类和污染程度）和地貌严重破坏的地块（包括拆迁性破坏、历史变更性破坏），可采用系统布点法划分工作单元，在每个工作单元的中心采样。

44．土壤中不同形态的重金属的生理活性和毒性有较大差异，其中有效态和交换态的活性、毒性最大，残留态的活性、毒性最小。（　　）

答案：正确

45．采用综合污染指数（CPI）法进行土壤环境质量评价时，当 CPI≥1 时，表明处于污染状态。（　　）

答案：正确

46．土壤样品测定一般保留 3 位有效数字，含量较低的镉和汞保留 2 位有效数字，并注明检出限数值。（　　）

答案：正确

五、简答题

1．根据《土壤环境质量　农用地土壤污染风险管控标准（试行）》（GB 15618—2018），什么是农用地土壤污染风险风险筛选值？其必测项目包括哪些？

答案：农用地土壤污染风险筛选值：指农用地土壤中污染物含量等于或者低于该值的，对农产品质量安全、农作物生长或土壤生态环境的风险低，一般情况下可以忽略；超过该值的，对农产品质量安全、农作物生长或土壤生态环境可能存在风险，应当加强土壤环境监测和农产品协同监测，原则上应当采取安全利用措施。必测项目为镉、汞、砷、铅、铬、铜、锌、镍。

2．什么是建设用地土壤污染风险筛选值，建设用地土壤污染含量超过风险管制值时会有什么影响？应如何处理？

答案：建设用地土壤污染风险筛选值是指特定土地利用方式下，建设用地土壤中污染物含量等于或者低于该值的，对人体健康的风险可以忽略，超过该值的，对人体健康可能存在风险，应当开展进一步详细调查和风险评估，确定具体污染范围和风险水平。

当建设用地土壤中污染物含量超过风险管制值时，对人体健康通常存在不可接受风险，应当采取风险管控或修复措施。

3．简要描述农用地土壤污染风险筛选值和管制值的概念。

答案：农用地土壤污染风险筛选值：指农用地土壤中污染物含量等于或者低于该值的，对农产品质量安全、农作物生长或土壤生态环境的风险低，一般情况下可以忽略；超过该值的，对农产品质量安全、农作物生长或土壤生态环境可能存在风险，应当加强土壤环境监测和农产品协同监测，原则上应当采取安全利用措施。

农用地土壤污染风险管制值：指农用地土壤中污染物含量超过该值的，食用农产品不符合质量安全标准等农用地土壤污染风险高，原则上应当采取严格管控措施。

4. 农用地土壤污染风险筛选值和管制值该如何使用？

答案：当土壤中污染物含量等于或者低于风险筛选值时，农用地土壤污染风险低，一般情况下可以忽略；当高于风险筛选值时，可能存在农用地土壤污染风险，应加强土壤环境监测和农产品协同监测。

当土壤中重金属含量高于风险筛选值、等于或者低于风险管制值时，可能存在食用农产品不符合质量安全标准等土壤污染风险，原则上应当采取农艺调控、替代种植等安全利用措施。

当土壤中重金属含量高于风险管制值时，食用农产品不符合质量安全标准等农用地土壤污染风险高，且难以通过安全利用措施降低食用农产品不符合质量安全标准等农用地土壤污染风险，原则上应当采取禁止种植食用农产品、退耕还林等严格管控措施。

5. 土壤污染指数、超标率评价有哪些指标？简述各指标含义。

答案：土壤单项污染指数：土壤污染程度或土壤环境质量的等级，土壤环境质量以单项污染评价为主；土壤单项污染指数=土壤污染物实测值/土壤污染物质量标准

土壤污染累积指数更能反映土壤的污染程度：土壤污染累积指数=土壤污染物实测值/污染物背景值

土壤污染物分担率可评价确定土壤的主要污染项目：土壤污染物分担率（%）=（土壤某项污染指数/各项污染指数之和）×100%

土壤污染超标倍数反映土壤的环境状况：土壤污染超标倍数=（土壤某污染物实测值–某污染物质量标准）/某污染物质量标准

土壤污染样本超标率（%）=（土壤样本超标总数/监测样本总数）×100%

6. 已知 5.5＜pH≤6.5 时，水田土壤镉的风险筛选值为 0.4 mg/kg，其他田地土壤镉的风险筛选值为 0.3 mg/kg，风险管制值为 2.0 mg/kg。一块水旱轮作的田地，测得土壤中镉为 0.32 mg/kg，则该田地土壤是否存在污染风险？应采取什么措施？

答案：对于水旱轮作地，应采用其中较严格的风险筛选值 0.3 mg/kg。镉测试值为 0.32 mg/kg，高于规定的风险筛选值、低于风险管制值，可能存在食用农产品不符合质量安全标准等污染风险，原则上应当采取农艺调控、替代种植等安全利用措施。

7. 某拟规划用于社会福利院建设的场地在调查监测中，砷的含量为 31.4 mg/kg。已知第一类建设用地砷的污染风险筛选值为 20 mg/kg，风险管制值为 120 mg/kg；第二类建设用地砷的污染风险筛选值为 60 mg/kg，风险管制值为 140 mg/kg；土壤环境背景值为 40 mg/kg。问该场地应采取哪种风险管控措施？

答案：社会福利设施用地属于建设项目中第一类用地，适用第一类土壤污染风险筛选值和管制值。该场地土壤中砷含量超过了风险筛选值，但低于土壤环境背景值水平，不纳入污染地块管理。

8. 某建设用地通过初步调查确定土壤中污染物含量高于风险筛选值，依据有关要求开展了详细调查。请问调查后应如何采取后续措施？

答案：通过详细调查确定建设用地土壤中污染物含量等于或者低于风险管制值，应当依据 HJ 25.3 等标准及相关技术要求，开展风险评估，确定风险水平，判断是否需要采取风险管控或修复措施。

通过详细调查确定建设用地土壤中污染物含量高于风险管制值，对人体健康存在不可接受风险，

应当采取风险管控或者修复措施。

9．某麦田土壤监测结果如下表，依据《土壤环境质量　农用地土壤污染风险管控标准（试行）》（GB 15618—2018），对如何正确的使用该地块给出科学合理的建议，并说明理由。

麦田主要污染物监测结果　　单位：mg/kg（pH 除外）

监测指标	pH	镉	汞	砷	铅	铬	铜	镍	锌
监测结果	6.5	0.4	2.7	30	300	320	65	72	150
风险筛选值	5.5＜pH≤6.5	0.3	1.8	40	90	150	50	70	200
风险管制值	5.5＜pH≤6.5	2	2.5	150	500	850	—	—	—

答案：从表中给出的监测结果可以看出：

（1）该麦田砷和锌的含量低于农用地土壤污染风险筛选值，可以忽略其存在的风险；

（2）镉、铅、铬、铜、镍的含量超过农用地土壤污染风险筛选值但低于农用地土壤污染风险管制值，可能存在种植出的食用农产品不符合质量安全标准等土壤污染风险，应加强土壤环境监测和农产品协同监测，并采取农艺调控、替代种植等安全利用措施；

（3）汞含量高于农用地土壤污染风险管制值，种植出的食用农产品不符合质量安全标准等土壤污染风险高，且难以通过安全利用措施降低食用农产品不符合质量安全措施等农用地土壤污染风险，应采取禁止种植食用农产品、退耕还林等严格管控措施。

综上所述，该麦田地块应采取禁止种植食用农产品，退耕还林等严格管控措施。

10．某市一化工企业已搬迁，原厂址拟规划建设社区公园，请依据《土壤环境质量　建设用地土壤污染风险管控标准（试行）》（GB 36600—2018）分析给出对该场地开展土壤调查的技术路线。

答案：依据 GB 36600、HJ 25.1、HJ 25.2 及相关技术规定确定初步调查阶段的监测项目。

（1）初步调查确定该建设用地土壤中污染物含量，若等于或者低于 GB 36600—2018 中所列第一类用地风险筛选值，则土壤污染风险一般情况下可忽略，可以用于建设社区公园；若高于 GB 36600—2018 中所列第一类用地风险筛选值，则应当依据 HJ 25.1—2019、HJ 25.2—2019 等标准及相关技术要求，开展详细的调查。

（2）详细调查确定该建设用地土壤中污染物含量，若等于或者低于 GB 36600—2018 中所列第一类用地风险管制值，应当依据 HJ 25.3—2019 等标准及相关技术要求，开展风险评估，确定风险水平，判断是否需要采取风险管控或修复措施；若高于 GB 36600—2018 中所列第一类用地风险管制值，对人体健康通常存在不可接受风险，应当采取风险管控或修复措施。

（3）若采取修复措施，其修复目标应当依据 HJ 25.3—2019、HJ 25.4—2019 等标准及相关技术要求确定，且应当低于风险管制值，方可用于建设社区公园。

六、计算题

1．测定某旱田土壤中砷的含量为 35 mg/kg，pH 为 7.2，该土壤砷风险筛选值为 30 mg/kg，土壤中砷的背景值为 20 mg/kg，求该土壤单项污染指数和污染累计指数。

答案：土壤单项污染指数：$P_i=35\div30=1.17$

土壤污染累计指数：$P_{积}=35\div20=1.75$

2．测定某建设用地土壤中重金属含量，其中镉含量为 30 mg/kg，六价铬含量为 4.5 mg/kg，铅含量为 600 mg/kg，已知建设用地土壤污染风险筛选值镉为 20 mg/kg、六价铬为 3.0 mg/kg、铅为 400 mg/kg，求该土壤各污染物超标倍数和污染物分担率。

答案：镉超标倍数：（30–20）÷20=0.5

六价铬超标倍数：（4.5–3）÷3=0.5

铅超标倍数：（600–400）÷400=0.5

镉污染指数：30÷20=1.5

六价铬污染指数：4.5÷3=1.5

铅污染指数：600÷400=1.5

镉分担率：1.5÷（1.5+1.5+1.5）×100%=33.3%

六价铬分担率：1.5÷（1.5+1.5+1.5）×100%=33.3%

铅分担率：1.5÷（1.5+1.5+1.5）×100%=33.3%

3．已知某区域土壤中砷和钴的背景值均为 20 mg/kg，标准偏差 S=0.4，该土壤砷元素的监测值为 20.6 mg/kg，钴元素的监测值为 20.4 mg/kg，砷和钴元素的标准限值均为 20 mg/kg，请判断该土壤是否受到污染，并说明理由。

答案：此题用区域土壤环境背景值（x）95%置信度的范围（x±2s）来评价；

砷：20−2×0.4＜20.6＜20+2×0.4；则砷元素含量正常；

钴：20−2×0.4＜20.4＜20+2×0.4；则钴元素含量正常；

因此，该地块土壤未受到污染，土壤元素含量正常。

4．某地区拟在一块土地上建设中小学校，委派某检测机构对土壤中的苯并[*a*]芘进行分析。检测机构准确称取 20.0 g 新鲜土壤（干物质含量 85.0%）进行提取、净化、浓缩后定容至 1 mL 作为待测液。进样 1 μL，测定待测溶液中苯并[*a*]芘的含量为 0.245 μg/μL。请依据建设用地污染风险对一、二类用地的管制值（5.5 mg/kg 和 15 mg/kg），判断这块土地会通过审批建设中小学校吗？

答案：待测溶液中苯并[*a*]芘的含量：0.245 ×（1 000/1）=245（μg）=0.245（mg）

土壤中苯并[*a*]芘的含量：0.245 ÷［20.0 ×（85.0%/1 000）］=14.4（mg/kg）

学校用地为一类建筑用地，而建设用地污染风险对一类用地的管制值为 5.5 mg/kg，测定值高于管制值，因此这块土地不会通过审批建设中小学校。

5．某小学建设用地土壤调查中，测得镉的含量为 13.4 mg/kg，土壤背景值为 8.7 mg/kg。如果采用土壤污染风险管制值标准（第一类用地 47 mg/kg；第二类用地 172 mg/kg）评价该土壤，则该地块土壤镉的单项污染指数为多少？污染累积指数为多少？

答案：中小学建设用地的土壤执行第一类用地管制值。

土壤单项污染指数=土壤污染物实测值/土壤污染物质管制值=13.4/47=0.3

土壤污染累积指数=土壤污染物实测值/污染物背景值=13.4/8.7=1.5

6．某风干的水稻种植土壤样品，干物质含量为 99.4%，pH 为 5.81，消解液中铅的浓度为 0.47 mg/L，消解后试样定容至 25 mL，土壤样品的称样量为 0.201 8 g，空白试样中铅未检出。请计算该土壤样品中铅的含量，并判断该农田土壤中铅的污染风险情况。（当 5.5≤pH≤6.5 时，水田土壤中铅的风险筛选值为 100 mg/kg）

答案：土壤样品中铅的含量：

$w=(\rho-\rho_0)\times V/(m\times w_{dm})$

$=0.47\times25/(0.2018\times99.4\%)$

$=58.6$（mg/kg）

当 5.5＜pH≤6.5 时，水田土壤中铅的风险筛选值为 100 mg/kg，该农田土壤中铅的含量低于风险筛选值，污染风险低，一般情况下可以忽略。

第四节　噪声、振动综合分析与评价

一、填空题

1. 根据《环境振动监测技术规范》（HJ 918—2017），无规振动一般包括道路交通、__________、__________、__________ 中产生的振动（冲击振动除外）。

答案：工业企业，建筑施工，社会生活

2. 城市区域环境噪声评价值应为__________网格测点测得的等效声级的__________。

答案：整个城市全部，算术平均值

3. 根据《环境噪声监测技术规范　城市声环境常规监测》（HJ 640—2012），区域声环境监测时整个城市建成区有效网格总数应__________。

答案：多于 100 个

4. 根据《声环境质量标准》（GB 3096—2008），功能区声环境监测时，0～3 类功能区的监测点应为户外长期稳定、距地面高度为声场空间垂直分布的__________ 处，其位置应能避开反射面和附近的__________。

答案：可能最大值，固定噪声源

5.《环境噪声监测技术规范　城市声环境常规监测》（HJ 640—2012）规定了城市声环境常规监测的监测内容、点位设置、监测频次、测量时间、评价方法及 __________和__________等技术要求。

答案：质量保证，质量控制

6. 根据《环境噪声监测技术规范　城市声环境常规监测》（HJ 640—2012），道路交通声环境监测目的是反映道路交通噪声源的__________；分析道路交通噪声声级与__________、路况等的关系及变化规律；分析城市道路交通噪声的__________变化规律和变化趋势。

答案：噪声强度，车流量，年度

7. 根据《环境噪声监测技术规范　噪声测量值修正》（HJ 706—2014），噪声测量值修正是指从噪声测量值中扣除背景噪声影响，得到 __________的排放值。

答案：被测噪声源

8. 根据《社会生活环境噪声排放标准》（GB 22337—2008），对于在结构传播固定设备室内噪声测量期间发生非稳态噪声的情况，最大声级超过限值的幅度不得高于__________。

答案：10 dB（A）

9. 根据《环境噪声监测技术规范　结构传播固定设备室内噪声》(HJ 707—2014)，结构传播固定设备室内噪声的测量时段应覆盖被测声源的__________。

答案：最大排放状态

10. 根据《环境噪声监测技术规范　噪声测量值修正》(HJ 706—2014)，若被测噪声源不能够停止排放，且存在背景噪声__________，背景噪声可选择在背景噪声__________测量。

答案：对照点，对照点

11. 城市声环境常规监测又称为__________，是指为掌握城市声环境质量状况，生态环境部门所开展的__________、__________和__________。

答案：例行监测，区域声环境监测，道路交通声环境监测，功能区声环境监测

12. 根据《中华人民共和国环境噪声污染防治法》，“昼间”是指__________之间的时段；“夜间”是指__________之间的时段。

答案：6：00 至 22：00，22：00 至次日 6：00

13. 测量工业企业厂界环境噪声时，要求气象条件为：__________、__________天气，风速为__________。

答案：无雨雪，无雷电，5 m/s 以下

14. 如一声压级为 70 dB，另一声压级为 40 dB，则总声压级为__________dB。

答案：70

15. 振动测量时，使用测量仪器最关键的问题是__________。

答案：拾振器如何在地面安装

16. 区域环境振动测量时，测点应选在各类区域建筑物室外__________振动敏感处；必要时，测点置于建筑物室内__________。

答案：0.5 m 以内，地面中央

17. 稳态振动的测量量是__________；读数方法和评价量是__________。

答案：铅垂向 Z 振级，每个测点测量一次，取 5 s 内的平均示数作为评价量

18.《民用建筑隔声设计规范》(GB 50118—2010) 中测量医院的室内噪声时，应__________房间门并根据__________决定房间__________的开与关。

答案：关闭，房间实际使用状态，窗

19. 在进行机场周围飞机噪声的测量时须记录：__________、__________、__________、__________、__________。

答案：飞行时间，飞行状态，飞机型号，最大噪声级（L_{Amax}），持续时间（T_d）

20. 功能区声环境质量监测评价时，各类功能区每个监测点位都要进行__________。

答案：独立评价

21. 在进行建筑施工场界环境噪声测量时，当场界无法测量到声源的实际排放时，如声源位于__________、场界有__________、噪声敏感建筑物高于场界围墙等情况，测点可设在噪声敏感建筑物户外__________m 处的位置。

答案：高空，声屏障，1

22. 在进行建筑施工场界环境噪声测量时，如果有多个测点，各个测点的测量结果应__________。

答案：单独评价

23．在进行社会生活环境噪声监测时，测点一般布设在距离社会生活噪声排放源边界外__________m，高度__________m 以上的位置。

答案：1，1.2

24.《社会生活环境噪声排放标准》（GB 22337—2008）中，室内噪声频谱分析覆盖的频率范围为__________Hz。

答案：22～707

25．社会生活环境噪声排放源边界与噪声敏感建筑物距离小于 1 m 时，应在噪声敏感建筑物的室内测量，并且将__________作为评价依据。

答案：排放限值减 10 dB（A）

26.《铁路边界噪声限值及其测量方法》（GB 12525—90）中的铁路边界是指__________。

答案：距铁路外侧轨道中心线 30 m 处

27.《铁路边界噪声限值及其测量方法》（GB 12525—90）规定：铁路边界噪声限值为昼间__________dB（A）；夜间__________dB（A）。

答案：70，70

28．结构传播固定设备室内噪声监测项目包括__________、__________、__________，夜间有非稳态噪声影响时同时测量__________。

答案：等效 A 声级，各倍频带声压级，背景噪声，最大 A 声级

29．噪声污染属于__________污染，污染特点是其具有__________、__________、__________。

答案：能量，可感受性，瞬时性，局部性

30．从物理学观点解释，噪声是指__________；从环境保护的观点解释，噪声是指__________。

答案：频率上和统计上完全无规则的声音，人们所不需要的声音

31．声级计按其精度可分为 4 种类型，0 型声级计是作为实验室用的__________声级计，I 型声级计为__________声级计，II 型声级计为 __________声级 计，III型声级计为__________声级计。

答案：标准，精密，普通，简易

32．0～3 类声环境功能区普查监测时，将要普查监测的某一声环境功能区划分成多个等大的正方格，网格要完全覆盖住被普查的区域，且有效网格总数应多于__________个，测点应设在每一个网格的中心，测点条件为一般户外条件，每次每个测点测量__________的等效声级（L_{eq}）。

答案：100，10 min

33．民用建筑室内噪声测量中，稳态噪声测量时间__________，持续的非稳态噪声测量时间__________，间歇性非稳态噪声测量时间__________。

答案：5～10 s，10 min，噪声源密集发生时 20 min

34．噪声测量值与背景噪声值的差值（$\triangle L_1$=噪声测量值－背景噪声值）在 3～10 dB 之间时，若$\triangle L_1$=3 dB，修正值是__________dB；若$\triangle L_1$=4～5 dB，修正值是__________dB；若$\triangle L_1$=6～10 dB，修正值是__________dB。

答案：−3，−2，−1

35．某市 2021 年城市区域环境噪声昼间平均等效声级（$\overline{S}_d$）为 52.6 dB（A），则该城市区域环

境噪声总体水平等级为__________，对应评价为__________。

答案：二级，较好

36. 某市 2021 年城市道路交通噪声昼间平均值为 70.1 dB（A），则该城市道路交通噪声强度等级为__________，对应评价为__________。

答案：三级，一般

37. 铁路边界噪声测量时，昼间、夜间各选在接近机车车辆运行平均密度的__________，用其分别代表昼间、夜间。必要时，昼间或夜间分别进行全时段测量。

答案：某一个小时

38. 对某工业企业厂界环境噪声进行日常执法监测时，南厂界噪声测量值为 65.4 dB（A），背景噪声值为 60.2 dB（A），则该企业南厂界噪声排放值为__________dB（A）。

答案：63

39. 某工业企业东厂界外为 2 类声环境功能区，但实际为一居民楼，居民楼距厂界 2 m，则该工业企业东厂界夜间环境噪声排放标准限值为__________dB（A）。

答案：50

40. 在社会生活环境噪声排放源位于噪声敏感建筑物内，噪声通过建筑物结构传播至噪声敏感建筑物室内时，对于在噪声测量期间发生非稳态噪声的情况，最大声级超过限值的幅度不得高于__________dB（A）。

答案：10

41. 以工业生产、仓储物流等为主要功能的声环境功能区内，夜间突发噪声最大声级不得高于__________dB（A）。

答案：70

42. 某钢铁厂新建烧结机项目竣工环保验收监测时，若昼间厂界环境噪声测量值低于__________dB（A）时，则可以不进行背景噪声的测量（厂界外声环境功能区均为 3 类）。

答案：65

43. 环境噪声监测点位编码由三部分组成，分别为行政区划代码、__________和监测点位顺序代码。

答案：监测点位类别代码

44. 对某工业企业厂界夜间噪声进行测量时，因企业北厂界与噪声敏感建筑物距离小于 1 m，所以在噪声敏感建筑物的室内布点监测，则相应的评价标准限值为__________dB（A）（北厂界外声环境功能区为 3 类）。

答案：45

45. 绘制功能区声环境质量时间分布图时，以每一小时测得的__________为纵坐标、__________为横坐标，绘制得出 24 h 的声级变化图形，用于表示功能区监测点位环境噪声的时间分布规律。

答案：等效声级，时间序列

46. 功能区声环境常规监测一般采用__________监测法。

答案：定点

47. 小城市道路交通噪声监测点位数量应大于等于__________个。

答案：20

48. 某城市 2021 年 1 类声功能区布设监测点位 1 个，全年测的昼间等效声级分别为 54.2 dB（A）、53.7 dB（A）、56.0 dB（A）、55.0 dB（A），则该功能区昼间达标率为__________。

答案：75%

49．对某建筑工地施工场界环境噪声进行执法监测时，场界某测点处夜间噪声最大声级为 71.2 dB（A），则该测点噪声最大声级超标__________dB（A）。

答案：16.2

50．对某新上燃气锅炉项目进行竣工环保验收监测时，昼间初步测量厂界环境噪声最大声级为 62.5 dB（A），最小声级为 60.2 dB（A），则可以采用连续测量__________min 的等效声级进行评价。

答案：1

51．结构传播固定设备室内噪声测量时，测点距离地面__________m。

答案：1.2

二、单选题

1．《声环境功能区划分技术规范》（GB/T 15190—2014）规定，声环境功能区划分次序为__________。（　　）

A．先划分 4 类声环境功能区，再 0、1、3 类声环境功能区，最后 2 类声环境功能区

B．先划分 0、1、3 类声环境功能区，再 2 类声环境功能区，最后 4 类声环境功能区

C．先划分 4 类声环境功能区，再 2 类声环境功能区，最后 0、1、3 类声环境功能区

D．先划分 0、1、3 类声环境功能区，再 4 类声环境功能区，最后 2 类声环境功能区

答案：B

2．根据《环境振动监测技术规范》（HJ 918—2017），冲击振动一般包括锻压机械类（锻锤、冲床等）和建筑施工机械类（打桩机等）及爆破等所引起的环境振动，测量量取__________。（　　）

A．等效连续 Z 振级　B．最大 Z 振级　C．累积百分 Z 振级

答案：B

3．根据《环境振动监测技术规范》（HJ 918—2017）对环境振动仪器性能的规定，拾振器的频率范围应至少包含__________规定的频率。（　　）

A．GB 10070　B．GB 10071　C．GB/T 23716

答案：A

4．根据《环境振动监测技术规范》（HJ 918—2017），环境振动测量过程中，振源应处于__________工作状态。（　　）

A．正常　B．不正常　C．静止

答案：A

5．根据《环境振动监测技术规范》（HJ 918—2017），环境振动测量过程中，用数采仪进行振动信号测试时，采样频率应满足奈奎斯特采样定理的要求，采样频率与被测振源最高频率的比值宜取__________。（　　）

A．5　B．4　C．6

答案：C

6．冲击振动取每次冲击过程的__________为评价量。（　　）

A．最大示数　　B．瞬时示数　　C．最小示数

答案：A

7．根据《环境噪声监测技术规范　城市声环境常规监测》（HJ 640—2012），大城市的功能区监测点位数量应该__________。（　　）

A．≥50　　B．≥20　　C．≥15

答案：C

8．依据《声功能区划分技术规范》（GB/T 15190—2014），若临街建筑以低于三层楼房建筑（含开阔地）为主，且道路外相邻区域为 2 类区，则将道路边界线外 __________内的区域划为 4 类标准适用区。（　　）

A．20 m±5 m　　B．35 m±5 m　　C．30 m±5 m

答案：B

9．根据《环境噪声监测技术规范　城市声环境常规监测》（HJ 640—2012），市区常住人口有__________的为大城市。（　　）

A．大于 1 000 万人

B．300 万～1 000 万人（含）

C．100 万～300 万人（含）

答案：C

10．根据《环境噪声监测技术规范　噪声测量值修正》（HJ 706—2014），噪声测量值 56.5 dB，背景噪声值 51.0 dB，则其修正值为__________。（　　）

A．−1 dB　　B．−2 dB　　C．−3 dB

答案：A

11．等效声级指在规定测量时间（T）内 A 声级的__________。（　　）

A．算术平均值　　B．能量平均值　　C．加和　　D．最大值

答案：B

12．凡是干扰人们休息、学习和工作的声音，即__________，统称为噪声。此外振幅和频率杂乱、断续或统计上无规律的声振动，也称为__________。（　　）

A．不需要的声音，噪声　　B．吵闹的声音，噪声

C．影响健康的声音，非稳态声源　　D．不需要的声音，稳态声源

答案：A

13．每次测量前、后必须在测量现场进行声学校准，其前、后校准示值偏差不得大于__________dB，否则测量结果无效。（　　）

A．0.1　　B．0.5　　C．1.0　　D．1.5

答案：B

14．工业企业厂界环境噪声测量时，噪声测量值与背景噪声值相差大于__________dB（A）时，噪声测量值不做修正。（　　）

A．10　　B．15　　C．20　　D．30

答案：A

15．城市各类区域铅垂向 Z 振级标准值中，居民、文教社区昼间限值为__________dB。（　　）

A．65　　B．67　　C．70　　D．72

答案：C

16．城市区域环境每日发生几次的冲击振动，其最大值昼间不允许超过标准值__________dB，夜间不超过 3 dB。（　　）

A．5　　B．10　　C．12　　D．15

答案：B

17．机场周围飞机噪声测量中，某测点测得的 24 h 内平均有效感觉噪声级为 92.4 dB，白天（7：00—19：00）飞行架次 N_1 为 194，傍晚（19：00—22：00）飞行架次 N_2 为 48，夜间（22：00—7：00）飞行架次 N_3 为 26，则该点在此 24 h 内的计权等效连续感觉噪声级（WECPNL）为__________dB。（　　）

A．80.8　　B．82.0　　C．83.5　　D．85.1

答案：A

18．简易测量法测量机场周围飞机噪声时，每架次飞机飞过时的有效感觉噪声级（L_{EPN}）计算公式为：$L_{EPN}=L_{Amax}+10\lg(T_d/20)+13$，式中 L_{EPN} 代表的物理意义为__________。（　　）

A．单次飞行的有效感觉噪声级　　B．多次飞行的平均有效感觉噪声级

C．单次飞行事件中的 A 声级　　D．单次飞行事件中的最大 A 声级

答案：A

19．噪声测量值修正是指从__________中扣除__________的影响，得到的被测噪声源的__________。（　　）

A．背景噪声，噪声测量值，排放值　　B．噪声测量值，排放值，背景噪声

C．排放值，噪声测量值，背景噪声　　D．噪声测量值，背景噪声，排放值

答案：D

20．噪声测量值修正时，计算噪声测量值与背景噪声值的差值，修约到__________位，然后再进行修正。（　　）

A．个　　B．小数点后一　　C．小数点后二　　D．以上都不对

答案：A

21．声级的 A、B、C 计权曲线分别接近__________方、70 方和 100 方等响曲线的反曲线。（　　）

A．30　　B．35　　C．40　　D．50

答案：C

22．设一人单独说话时声压级为 65 dB，现有 10 人同时说话，则总声压级为__________dB。（　　）

A．75　　B．66　　C．69　　D．65

答案：A

23．在功能区声环境监测结果统计表中，监测时间中的“时”为__________。（　　）

A．0～23　　B．0～12　　C．0～24　　D．1～24

答案：A

24．在道路交通声环境监测结果统计中，“月、日、时、分”指的是__________。（　　）

A．测量开始时间　　B．测量结束时间　　C．测量开始后仪器稳定时间

答案：A

25．城市声环境常规监测应在规定时间内进行，__________挑选监测时间或随意按暂停键。（　　）

A．可以　　B．不得　　C．视情况

答案：B

26．如城市规模较小，不具备最低布设点位要求的，__________。（　　）

A．点位数量不可相应减少

B．点位数量可相应减少

C．无相关标准

答案：B

27．4b 类声环境功能区噪声限值，适用于__________年 1 月 1 日起环境影响评价文件通过审批的新建铁路（含新开廊道的增建铁路）干线建设项目两侧区域。（　　）

A．2010　　B．2011　　C．2012　　D．2013

答案：B

28．道路交通噪声监测点位数量，巨大、特大城市为__________个。（　　）

A．大于等于 150　　B．大于等于 120　　C．大于等于 100　　D．大于等于 80

答案：C

29．在功能区声环境监测结果统计中，如监测时间中的“时”为 7，代表__________时。（　　）

A．7　　B．19　　C．6～7　　D．7～8

答案：D

30．区域声环境监测和道路交通声环境监测夜间监测均每五年一次，在每个五年规划的第__________年监测。（　　）

A．一　　B．二　　C．三　　D．五

答案：C

31．声环境功能区中 0 类声环境功能区在区划图中颜色用__________绘制。（　　）

A．淡绿色　　B．浅蓝色　　C．浅黄色　　D．褐色

答案：C

32．根据《声环境功能区划分技术规范》（GB/T 15190—2014），I 类用地不包括__________。（　　）

A．居住用地（R 类）　　B．公园绿地（G1 类）

C．文化设施用地（A2 类）　　D．物流仓储用地（W 类）

答案：D

33．声环境影响预测所需声源资料不包括__________。（　　）

A．声源空间位置　　B．声源噪声源强　　C．声源噪声变幅　　D．声源种类和数量

答案：C

34．若按声源种类划分，声环境影响评价类别分为__________。（　　）

A．稳态声源和突发声源的声环境影响评价　B．固定声源和流动声源的声环境影响评价

C．现有声源和新增声源的声环境影响评价　D．高噪声源和低噪声源的声环境影响评价

答案：B

35．对某社会生活噪声源进行日常执法监测时，东边界噪声测量值为 62.3 dB（A），背景噪声值为 55.1 dB（A），则最终对外出具报告的噪声排放值为__________dB（A）。（　　）

A．62.3　B．62　C．61.3　D．61

答案：D

36．机场周边的一大型超市的冷却塔产生噪声扰民，生态环境监测部门对其周边噪声进行了测量，评价时适用__________标准。（　　）

A．《工业企业厂界环境噪声排放标准》（GB 12348—2008）

B．《社会生活环境噪声排放标准》（GB 22337—2008）

C．《机场周围飞机噪声环境标准》（GB 9660—88）

D．《建筑施工场界环境噪声排放标准》（GB 12523—2011）

答案：B

37．道路交通噪声强度等级评价划分为__________级。（　　）

A．三　B．四　C．五　D．六

答案：C

38．中等城市功能区声环境监测点位数量应__________个。（　　）

A．≥20　B．≥15　C．≥10　D．≥7

答案：C

39．一般来说，乡村区域中的集镇夜间环境噪声限值是__________dB（A）。（　　）

A．40　B．45　C．50　D．55

答案：C

40．康复疗养区等特别需要安静的区域昼间环境噪声限值是__________dB（A）。（　　）

A．40　B．45　C．50　D．55

答案：C

41．《机场周围飞机噪声环境标准》（GB 9660—88）中一类区域标准限值是__________dB。（　　）

A．60　B．65　C．70　D．75

答案：C

42．对乡村地区的某村庄进行信访噪声监测时，考虑到该村庄无工业活动和交通干线经过，则应执行声环境功能区__________类别标准限值。（　　）

A．0 类　B．1 类　C．2 类　D．3 类

答案：B

43．在某工业企业噪声信访处理监测时，对涉及的周边居民敏感点处环境噪声进行了测量，敏感点应采用__________限值进行评价。（　　）

A．声环境质量标准　B．工业企业厂界环境噪声排放标准

C．社会生活环境噪声排放标准　　D．其他标准

答案：B

44.《城市区域环境振动标准》（GB 10070—88）中，铅垂向 Z 振级标准限值表中适用地带范围分为__________类。（　　）

A．4　　B．5　　C．6　　D．7

答案：C

45．进行环境振动监测时，下列振动类型中测量量为等效连续 Z 振级 VL_{Zeq} 的是__________。（　　）

A．稳态振动　　B．无则振动

C．冲击振动　　D．城市轨道交通与铁轨振动

答案：A

46．使用自动监测系统进行环境噪声监测时，噪声监测子站在室外连续运行至少 30 天，数据采集率 DAR 应大于__________。（　　）

A．90%　　B．95%　　C．97%　　D．100%

答案：B

47．功能区声环境质量自动监测时，环境噪声自动监测系统每日内昼间等效声级 L_d 的监测时间低于__________（可间隔）则数据无效；每日内夜间等效声级 L_n 的监测时间低于__________（可间隔）则数据无效。（　　）

A．15 h，7 h　　B．14 h，6 h　　C．13 h，6 h　　D．13 h，7 h

答案：D

48．噪声监测数据统计分析中，L_{10}、L_{50}、L_{90} 相互之间满足__________条件。（　　）

A．$L_{10}<L_{50}<L_{90}$　　B．$L_{10}>L_{50}<L_{90}$　　C．$L_{10}<L_{50}>L_{90}$　　D．$L_{10}>L_{50}>L_{90}$

答案：D

49．某穿越城区的铁路项目于 2008 年 4 月 1 日建成营运，则该铁路干线两侧区域不通过列车时的环境背景噪声限值，昼间夜间分别执行__________dB（A）。（　　）

A．55，45　　B．60，50　　C．70，55　　D．70，60

答案：C

50．以下噪声标准限值昼间和夜间相同的是__________。（　　）

A．社会生活噪声源边界噪声

B．工业企业厂界环境噪声

C．建筑施工场界环境噪声

D．2010 年 12 月 31 日前已建成运营的铁路边界噪声

答案：D

51．对某 KTV 室内音响噪声进行信访监测时，靠近信访居民楼的 KTV 场所边界处夜间噪声测量值为 54.4 dB（A），背景噪声值为 52.0 dB（A），则该 KTV 室内音响夜间噪声排放达标情况为__________（靠近信访居民楼的 KTV 场所边界外声环境功能区为 2 类）。（　　）

A．达标　　B．不达标　　C．无法评价

答案：A

52．对某 KTV 室内音响噪声进行信访监测时，靠近信访居民楼的 KTV 场所边界处夜间噪声测量值为 55.4 dB（A），背景噪声值为 53.0 dB（A），则该 KTV 室内音响夜间噪声排放达标情况为__________（靠近信访居民楼的 KTV 场所边界外声环境功能区为 2 类）。（　　）

A．达标　　B．不达标　　C．无法评价

答案：C

53．某市 2021 年城市区域环境噪声昼间平均等效声级（$\overline{S}_d$）为 55.1 dB（A），则该城市区域环境噪声总体可评价为__________。（　　）

A．好　　B．较好　　C．一般　　D．较差

答案：C

54．某市 2020 年城市道路交通噪声昼间平均值为 70.0 dB（A），则该城市道路交通噪声总体可评价为__________。（　　）

A．好　　B．较好　　C．一般　　D．较差

答案：B

55．进行城市区域环境噪声总体评价时，分昼间、夜间取全部网格测点测得的等效声级的__________进行评价。（　　）

A．算术平均值　　B．能量平均值　　C．中位值　　D．对数平均值

答案：A

56.《机场周围飞机噪声环境标准》(GB 9660—88）中噪声标准值的评价量是__________。（　　）

A．最大声级　　B．等效连续 A 声级

C．声压级　　D．计权等效连续感觉噪声级

答案：D

57．区域声环境监测时，网格中水面面积或无法监测的区域面积为 100%及非建成区面积大于__________的网格为无效网格。（　　）

A．30%　　B．40%　　C．50%　　D．60%

答案：C

58．下列__________区域不属于噪声敏感建筑物集中区域。（　　）

A．商业区　　B．机关或居民住宅为主的区域

C．文教科研区　　D．医疗区

答案：A

59．结构传播固定设备室内噪声排放限值中，A 类房间不包括__________。（　　）

A．住宅卧室　　B．医院病房　　C．宾馆客房　　D．学校教室

答案：D

三、多选题

1．根据《环境噪声监测技术规范　结构传播固定设备室内噪声》(HJ 707—2014)，结构传播固定设备室内噪声的测量数据包括__________。（　　）

A．等效 A 声级　　B．31.5 Hz 倍频带声压级　　C．63 Hz 倍频带声压级

答案：ABC

2．根据《环境噪声监测技术规范　结构传播固定设备室内噪声》（HJ 707—2014），结构传播固定设备室内噪声测量的原始记录需有示意图，至少应注明方位及__________。（　　）

A．声源布局　　B．噪声敏感建筑物　　C．测点的相对位置

答案：ABC

3．《环境噪声监测技术规范　结构传播固定设备室内噪声》（HJ 707—2014）适用于__________规定的结构传播固定设备噪声引起的室内噪声的监测。（　　）

A．《工业企业厂界环境噪声排放标准》（GB 12348）

B．《建筑施工场界环境噪声排放标准》（GB 12523）

C．《社会生活环境噪声排放标准》（GB 22337）

答案：AC

4．根据《环境噪声监测技术规范　结构传播固定设备室内噪声》（HJ 707—2014），可参考__________方法判定室内低频噪声影响与固定设备噪声结构传播的关系。（　　）

A．固定设备低频频谱特征峰值判断可疑声源设备

B．监测者主观感觉判断可疑声源设备

C．受影响房间内的声级变化

答案：ABC

5．城市道路主要分为__________。（　　）

A．城市快速路　　B．城市主干路

C．城市次干路　　D．含轨道交通走廊的道路及穿过城市的高速公路

答案：ABCD

6．噪声敏感建筑物指__________等需要保持安静的建筑物。（　　）

A．医院　　B．学校　　C．机关、科研单位　　D．住宅

答案：ABCD

7．下列有关噪声性耳聋的叙述中，__________是正确的。（　　）

A．因某噪声而引起的暂时性耳聋的程度，对估计因该噪声而引起的永久性耳聋有用

B．为测量耳聋的程度，要进行听力检查

C．使用耳塞是防止噪声性耳聋的一种手段

D．当暴露时间为 8 h，为防止噪声性耳聋的噪声容许值为 110 dB

答案：ABC

8．《民用建筑隔声设计规范》（GB 50118—2010）适用于全国城镇__________的住宅、学校、医院、旅馆、办公建筑、商业建筑等六类建筑中主要用房的隔声、吸声、减噪。（　　）

A．改建　　B．新建　　C．扩建　　D．维修

答案：ABC

9．城市环境噪声按来源可分为__________。（　　）

A．交通噪声　　B．工业噪声　　C．建筑施工噪声　　D．社会生活噪声

答案：ABCD

10．建筑施工的主要施工阶段包括__________。（　　）

A．基础工程施工　　B．主体结构施工　　C．屋面工程施工　　D．装饰工程施工

答案：ABCD

11．下列有关噪声的叙述中，正确的是__________。（　　）

A．为保证睡眠不受影响，室内噪声级的理想值为 30 dB

B．由于各人的身心状态不同，对同一噪声级下的反应有相当大的出入

C．当某噪声级与背景噪声级之差很小时，则感到很嘈杂

D．噪声影响居民的主要因素与噪声级、噪声的频谱、时间特性和变化情况有关

答案：ABD

12．对某工业企业厂界环境噪声（不存在结构传播情况）进行是否达标评价时，应根据__________测量值进行评价。（　　）

A．昼间等效连续 A 声级　　B．夜间等效连续 A 声级

C．昼间最大声级　　D．夜间最大声级

答案：ABD

13．下列噪声排放值修约正确的有__________。（　　）

A．60.5 修约后 60　　B．48.6 修约后 49　　C．63.5 修约后 63　　D．52.4 修约后 52

答案：ABD

14．下列__________两侧一定距离内环境噪声限值执行昼间 70 dB（A）、夜间 55 dB（A）。（　　）

A．高速公路　　B．城市快速路　　C．城市支路　　D．铁路干线

E．内河航道

答案：ABE

15．下列__________向环境排放噪声的设备的环境管理执行社会生活环境噪声排放标准。（　　）

A．KTV 的空调冷却塔　　B．学校的空调冷却塔

C．超市的空调冷却塔　　D．市政府的空调冷却塔

答案：AC

16．确定交通干线两侧 4a 类声环境功能区划分的依据包括__________。（　　）

A．交通干线相邻声环境功能区类别　　B．交通干线两侧当街建筑楼层数

C．交通干线两侧沿线人口分布密度　　D．交通干线的具体分类

答案：AB

17．监测和评价时，需要同时测量背景噪声并进行修正的噪声有__________。（　　）

A．工业企业厂界环境噪声　　B．建筑施工场界环境噪声

C．铁路边界噪声　　D．机场周围飞机噪声

E．社会生活环境噪声

答案：ABCE

18．环境振动监测适用于__________行业或活动中所产生的振动对周围环境影响所开展的监测。（　　）

A．工业生产 B．建筑施工 C．交通运输 D．社会生活

答案：ABCD

19．采用功能区声环境质量自动监测数据，可进行下列__________综合分析。（ ）

A．24 h 噪声趋势

B．各点位每月、季、年的昼间、夜间等效声级能量平均值

C．长时段噪声分布趋势

D．比较各类功能区特点

答案：ABCD

20．道路交通监测点位设置的选点要考虑__________因素。（ ）

A．道路的类型 B．道路的车辆类型与车流量

C．道路的路面结构与路面宽度 D．城市的规模

答案：ABCD

21．区域声环境监测综合分析评价内容有__________。（ ）

A．区域环境噪声总体水平等级评价 B．分析年度变化趋势

C．统计不同声级下的覆盖面积和人口 D．单个测点达标评价

答案：ABC

22．下列不受噪声源声级起伏大小影响，排放限制不随周边声环境功能区类别变化的是__________。（ ）

A．工业企业厂界环境噪声 B．建筑施工场界环境噪声

C．铁路边界噪声 D．社会生活环境噪声

答案：BC

四、判断题

1．根据《环境噪声监测技术规范 城市声环境常规监测》（HJ 640—2012）进行区域声环境质量监测时，整个城市建成区有效网格总数应多于 200 个。（ ）

答案：错误

正确答案：应多于 100 个。

2．《声环境质量标准》（GB 3096—2008）规定的 4b 类声环境功能区噪声限值，适用于所有环境影响评价文件通过审批的新建铁路（含新开廊道的增建铁路）干线建设项目两侧区域。（ ）

答案：错误

正确答案：适用于 2011 年 1 月 1 日起环境影响评价文件通过审批的新建铁路（含新开廊道的增建铁路）干线建设项目两侧区域。

3．在进行建筑施工噪声测量时，如果有多个测点，进行评价时应该对各个测点进行算术平均，然后与标准值比较。（ ）

答案：错误

正确答案：各个测点的测量结果应单独评价。

4．《环境振动监测技术规范》（HJ 918—2017）规定，测量环境振动时，测点应置于被测建筑物

受震源影响相对较大的位置，可自行确定。（ ）

答案：错误

正确答案：测点应置于被测建筑物受震源影响相对较大的位置，可通过现场咨询或间隔一定距离布设多个试验点确定。

5. 《环境振动监测技术规范》（HJ 918—2017）规定，测量环境振动时，当建筑物前地面不具备测量条件或受其他因素干扰时，可将测点布设在环境振动条件与该处相对一致的位置。（ ）

答案：正确

6. 划分声功能区时，应尽量避免 0 类功能区紧挨 3、4 类功能区。（ ）

答案：正确

7. 根据《环境噪声监测技术规范 城市声环境常规监测》（HJ 640—2012），小城市的道路交通声环境监测点位数量需大于等于 20 个。（ ）

答案：正确

8. 根据《环境噪声监测技术规范 噪声测量值修正》（HJ 706—2014），对于只需判断噪声源排放是否达标的情况，当噪声测量值低于相应噪声源排放标准的限值时，可以不进行背景噪声的测量及修正，注明后直接评价为达标。（ ）

答案：正确

9. 机场周围区域受飞机通过噪声的影响同样适用于《声环境质量标准》（GB 3096—2008）。（ ）

答案：错误

正确答案：机场周围区域受飞机通过噪声的影响不适用于《声环境质量标准》（GB 3096—2008）。

10. 用 A 计权网络测得的声压级，称 A 声级，用 L_A 表示，单位是 dB（A）。（ ）

答案：正确

11. 等效声级是任何一种计权网络测得的声压级的简称。（ ）

答案：错误

正确答案：等效声级是等效连续 A 声级的简称。

12. 声压级的单位 dB（A），可以简写成 dB。（ ）

答案：错误

正确答案：声压级的单位是 dB。

13. 道路交通声环境监测不用刻意避开节假日和非正常工作日，否则测量结果不具备普遍性。（ ）

答案：错误

正确答案：监测应避开节假日和非正常工作日。

14. 风罩用于减少风致噪声的影响和保护传声器，故户外测量时传声器应加戴风罩。（ ）

答案：正确

15. 噪声测量时段一般分为昼间和夜间两个时段，昼间是 18 h，夜间是 6 h。（ ）

答案：错误

正确答案：昼间 16 h，夜间 8 h。

16. 被测量噪声源以外的声源发出的环境噪声的总和称为背景噪声。（ ）

答案： 正确

17. 使用声级计测量环境噪声和厂界环境噪声时，“频率计权”应选择“A 计权”。（ ）

答案： 正确

18. 使用环境噪声自动监测仪测量环境噪声和厂界环境噪声时，仪器的动态特性为“快”响应。（ ）

答案： 正确

19. 机场周围飞机噪声测量方法中的一系列相继飞行事件的噪声级计算中，N 次事件的噪声级是 N 个有效感觉噪声级的能量平均值。（ ）

答案： 正确

20.《机场周围飞机噪声测量方法》（GB/T 9661—88）中的简易法，每架次飞机飞过时的有效感觉噪声级（L_{EPNi}）计算公式为：$L_{\mathrm{EPNi}}=L_{\mathrm{Amax}}+10\lg(T_{\mathrm{di}}/20)+13$。（ ）

答案： 正确

21. 目前我国评价机场周围飞机噪声的影响时，采用 L_{eqA} 评价量。（ ）

答案： 错误

正确答案： 采用 L_{WECPN}。

22. 机场周围飞机噪声测量时，要求测量的飞机噪声级最大值至少超过环境背景噪声级 10 dB 时，其测量结果才被认为可靠。（ ）

答案： 错误

正确答案： 20 dB。

23. 机场周围飞机噪声测量时，测点应选在敏感点户外窗前 1 m。（ ）

答案： 错误

正确答案： 敏感点户外平坦开阔的地方。

24. 在对机场周围飞机噪声进行评价时，测试内容是测试单个飞行事件引起的噪声。（ ）

答案： 错误

正确答案： 测试整个飞行周期飞机引起的噪声。即不仅是测试单个飞行事件引起的噪声，还应包括测量相继一系列飞行事件引起的噪声，以及一段监测时间内测量飞行事件引起的噪声。

25. 测量工业企业厂界环境噪声时，夜间频发噪声的最大声级不得超过标准限值 15 dB（A）；夜间偶发噪声的最大声级不得超过标准限值 10 dB（A）。（ ）

答案： 错误

正确答案： 测量工业企业厂界噪声时，夜间频发噪声的最大声级不得超过标准限值 10 dB（A）；夜间偶发噪声的最大声级不得超过标准限值 15 dB（A）。

26. 铁路边界噪声监测时，在昼夜、夜间各选择在接近其机车车辆运行平均密度的某一个小时，用其分别代表昼间、夜间。必要时，昼间或夜间分别进行全时段测量。（ ）

答案： 正确

27. 声级计按性能分为两级：1 级和 2 级。1 级和 2 级声级计的主要区别是允差极限和工作温度范围不同。（ ）

答案：正确

28．结构传播固定设备室内噪声排放限值的倍频带中心频率是 16 Hz、31.5 Hz、63 Hz、100 Hz、500 Hz。（ ）

答案：错误

正确答案：31.5 Hz、63 Hz、125 Hz、250 Hz、500 Hz。

29．《机场周围飞机噪声环境标准》（GB/T 9660—88）中，二类区域的适用类型及其标准值为除一类区域以外的生活区，WECPNL≤75。（ ）

答案：正确

30．结构传播固定设备室内噪声监测结果需要进行背景噪声修正的有等效 A 声级和各倍频带声压级。（ ）

答案：正确

31．结构传播固定设备室内噪声是指非固定设备排放的噪声通过建筑物结构传播至噪声敏感建筑物室内激发的室内噪声。（ ）

答案：错误

正确答案：结构传播固定设备室内噪声是指固定设备排放的噪声通过建筑物结构传播至噪声敏感建筑物室内激发的室内噪声。

32．结构传播固定设备室内噪声监测方法分为两种情况：可疑声源设备能够识别时、可疑声源设备不能够识别时。（ ）

答案：正确

33．环境噪声监测不得使用Ⅲ型声级计。（ ）

答案：正确

34．声压级的常用公式为：$L_P = 20\lg P/P_0$。（ ）

答案：正确

35．结构传播固定设备室内噪声监测的现场监测，仅需一名监测人员即可。（ ）

答案：错误

正确答案：结构传播固定设备室内噪声监测的现场监测，至少两名监测人员。

36．在环境问题中，振动测量包括两类：一类是对引起噪声辐射的物体振动测量；另一类是环境振动进行测量。造成人整体暴露在振动环境中称为环境振动。（ ）

答案：正确

37．机场周围飞机噪声测量方法中的简易测量法，有效感觉噪声级（L_{EPNi}）与 A 声级的关系是 $L_{EPNi}=L_{Amax}+10\lg(T_d/20)$。（ ）

答案：错误

正确答案：$L_{EPNi} = L_{Amax}+10\lg(T_d/20)+13$。

38．在进行噪声监测根据城市规模和用地变化情况，噪声区划可适时调整，原则上不超过 5 年调整一次。（ ）

答案：正确

39．单块的声环境功能区面积，原则上不小于 0.5 km^2。山区等地形特殊的城市，可根据城市的

地形特征确定适宜的区域面积。（　　）

答案：正确

40．某新建铁路建设项目于 2011 年 5 月 30 日通过了环境影响评价文件审批，2021 年进行项目竣工环保验收监测时测得某点位夜间铁路边界噪声限值为 62 dB（A），则判断该点位夜间铁路边界噪声达标。（　　）

答案：错误

正确答案：自 2011 年 1 月 1 日起通过环境影响评价文件审批的新建铁路建设项目夜间铁路边界噪声限值为 60 dB（A）。

41．对某建筑工地噪声扰民进行信访处理执法监测时，西场界夜间噪声测量值为 56.9 dB（A），背景噪声值为 51.4 dB（A），则该建筑施工西场界环境噪声排放值达标。（　　）

答案：错误

正确答案：西场界环境噪声测量值经修正后为 56 dB（A），超出建筑施工场界环境噪声夜间排放限值标准 [55 dB（A）]。

42．住宅建筑室内振动测量时，对于冲击振动测量评价量应采用 Z 振级等效值（VL_{Zeq}）。（　　）

答案：错误

正确答案：应采用 Z 振级最大值（VL_{Zmax}）。

43．噪声测量值与背景噪声值的差值小于 3 dB，且噪声测量值与被测噪声源排放限值的差值大于等于 5 dB 时，无法对其达标情况进行评价，应创造条件重新测量。（　　）

答案：正确

44．城市区域环境噪声总体水平等级划分共分为五级。（　　）

答案：正确

45．当噪声通过建筑物结构传播至噪声敏感建筑物室内时，要测量室内噪声的等效声级和倍频带声压级来共同评价噪声排放源是否达标。（　　）

答案：正确

46．结构传播固定设备室内噪声各倍频带声压级测量与评价时，不需要测量背景噪声。（　　）

答案：错误

正确答案：需要测量背景噪声。

47．结构传播固定设备室内噪声排放限值根据噪声敏感建筑物声环境所处功能区不同类别而分为五类。（　　）

答案：错误

正确答案：分为三类，其中声环境 2、3、4 类功能区排放限值完全相同。

48．道路交通噪声测量时车流量的记录不包括摩托车。（　　）

答案：错误

正确答案：摩托车属于中小型车，应该记录。

49．在对某工业企业厂界环境噪声进行监测时，测得东厂界（厂界外声环境功能区为 3 类）昼间频发噪声最大声级为 76 dB（A），则判断该工业企业厂界环境噪声超标。（　　）

答案：错误

正确答案：《工业企业厂界环境噪声排放标准》（GB 12348—2008）中对昼间频发噪声最大声级没有限值。

50．针对某建筑工地夜间噪声扰民信访进行了监测，在建筑工地场界处布设的 3 个监测点位测得等效声级最大值为 54.6 dB，因此该建筑工地夜间场界环境噪声达标。（　　）

答案：错误

正确答案：还需依据各测点的夜间噪声最大声级是否超过限值 15 dB 来综合判断夜间场界环境噪声是否达标。

51．机场周围同一区域受飞机通过所产生噪声影响的标准限值昼间和夜间不同。（　　）

答案：错误

正确答案：机场周围飞机噪声环境标准限值不分昼间、夜间。

52．进行 4 类声环境功能区普查监测结果评价时，可根据每个典型路段的噪声值及其对应的路段长度，统计不同噪声影响水平下的路段百分比，以及昼间、夜间的达标路段比例。（　　）

答案：正确

53．区域声环境夜间监测每五年 1 次，根据工作实际，在每个五年规划的任意一年监测都可以。（　　）

答案：错误

正确答案：在每个五年规划的第三年监测。

54．区域环境噪声和道路交通噪声年度趋势分析评价时，监测结果应与去年比较，或作多年比较。（　　）

答案：正确

55．测量工业企业厂界环境噪声时，应该在厂界四周均匀布点。（　　）

答案：错误

正确答案：应首选距离敏感建筑物较近以及受被测声源影响大的位置，其他厂界可均匀布点。

56．乡村区域的村庄必须执行 1 类声环境功能区要求。（　　）

答案：错误

正确答案：乡村区域的村庄原则上执行 1 类声环境功能区要求。

57．划分 4a 类声环境功能区时，同路段的两侧及道路的同侧确定的距离必须统一。（　　）

答案：错误

正确答案：其距离可以不统一。

58．某靠近机场的村庄因受飞机起飞、降落噪声影响而进行投诉，当地生态环境部门来到现场依据《声环境质量标准》（GB 3096—2008）有关规定对包括飞机起飞、降落所产生的噪声进行了监测并进行了评价。（　　）

答案：错误

正确答案：机场周围区域受飞机通过（起飞、降落、低空飞越）噪声的影响，不适用于《声环境质量标准》（GB 3096—2008）。

59．评价道路交通噪声强度等级时，将全部道路交通噪声测点测得的等效声级进行算术平均运算，所得到的平均等效声级进行评价即可。（　　）

答案：错误

正确答案：应采用路段长度加权算术平均法。

60．城市声环境常规监测点位的位置和高度一经确定不能随意改动，如需调整，按相关规定执行审批程序。执行新调整点位的起始时间为审批通过的下一年。（　　）

答案：错误

正确答案：执行新调整点位的起始时间为每个五年规划的第一年。

61．功能区声环境监测每年每季度监测 1 次，根据实际工作需要，可以安排在节假日和非正常工作日进行监测。（　　）

答案：错误

正确答案：监测应避开节假日和非正常工作日。

62．对某社会生活环境噪声进行监测时，被测声源是非稳态噪声，测量时段为 5 min；而考虑到背景噪声比较稳定，背景噪声测量时段为 1 min，则该测量数据规范有效。（　　）

答案：错误

正确答案：背景噪声测量时段应与被测声源测量的时间长度相同。

63．对某工业企业东厂界进行夜间噪声监测时（厂界外声环境功能区类别为 2 类），布设了 3 个测点，噪声测量值经修正后分别为 45 dB（A）、51 dB（A）、46 dB（A），则判断该企业厂界夜间噪声超标。（　　）

答案：正确

64．对道路交通声环境进行监测时，测量前现场对噪声仪进行了校准，监测过程中有 1 个监测点位特殊，监测人员就连接了延伸电缆线进行监测，测量完成后取下连接线又进行了校准，前后校准示值偏差为 0.2 dB，则此次测量有效。（　　）

答案：错误

正确答案：测量需使用延伸电缆时，应将测量仪器与延伸电缆一起校准。

65．区域监测和功能区监测过程中，遇到小孩哭声、鸣笛声等突发声音，可予以排除。（　　）

答案：错误

正确答案：凡是自然社会可能出现的声音（如叫卖声、说话声、小孩哭声、鸣笛声等），均不应予以排除。

66．某网吧楼顶上的排风机产生噪声引起周边一居民举报，生态环境部门对网吧周边进行了噪声监测。经监测，网吧边界外 1 m 处 3 个测点噪声值均不超标，但提出举报的居民楼窗外 1 m 处测点超标，则判定网吧排风机产生的噪声超标。（　　）

答案：正确

67．某市区冬季供暖管道破裂进行抢修施工作业时产生噪声，因有周边居民举报，当地生态环境部门来到现场进行了施工场界环境噪声监测，测量值为 65 dB（A），根据《建筑施工场界环境噪声排放标准》（GB 12523—2011）判断该施工作业场界噪声排放超标。（　　）

答案：错误

正确答案：《建筑施工场界环境噪声排放标准》（GB 12523—2011）不适用于抢修、抢险施工过程中产生噪声的排放监管。

68．对机场周围飞机噪声进行信访监测，在某村庄（属居住、文教区）布点后测量，有效连续感觉噪声级值为 71.2 dB，则判断该区域不符合一类区标准。（　　）

答案：正确

69．某城市 2 类声环境功能区共布设点位 3 个，年度综合分析评价时，应将 3 个测点的所有等效声级分昼间和夜间进行算术平均运算后进行达标评价。（　　）

答案：错误

正确答案：各监测点位昼间、夜间测量值应进行独立评价。

五、简答题

1．根据《环境噪声监测技术规范　噪声测量值修正》（HJ 706—2014），简述当噪声测量值与背景噪声值相差等于或大于 3 dB 时的修正方法。

答案：噪声测量值与背景噪声值的差值大于 10 dB 时，噪声测量值不做修正；等于 3 dB 时，修正值为–3 dB；等于 4 dB 或 5 dB 时，修正值为–2 dB；大于等于 6 dB 且小于等于 10 dB 时，修正值为–1 dB。

2．功能区噪声监测的频次、时间及测量量是如何规定的？

答案：

（1）每年每季度一次，每个城市每次监测日期应相对固定；

（2）每个测点每次连续监测 24 h，记录小时等效声级 L_{eq}、小时累计百分声级 L_{10}、L_{50}、L_{90}、L_{max}、L_{min} 和标准偏差（SD）；

（3）监测应避开节假日和非正常工作日。

3．按区域的使用功能特点和环境质量的要求，声环境功能区分为哪几种类型？

答案：

0 类声环境功能区：指康复疗养区等特别需要安静的区域。

1 类声环境功能区：指以居民住宅、医疗卫生、文化教育、科研设计、行政办公为主要功能，需要保持安静的区域。

2 类声环境功能区：指以商业金融、集市贸易为主要功能，或者居住、商业、工业混杂、需要维护住宅安静的区域。

3 类声环境功能区：指以工业生产、仓储物流为主要功能，需要防止工业噪声对周围环境产生严重影响的区域。

4 类声环境功能区：指交通干线两侧一定距离内，需要防止交通噪声对周围环境产生严重影响的区域，包括 4a 类和 4b 类两种类型。

4a 类为高速公路、一级公路、二级公路、城市快速路、城市主干路、城市次干路、城市轨道交通（地面段）、内河航道两侧区域；

4b 类为铁路干线两侧区域。

4．声环境监测的测量记录应包括哪些事项？

答案：

（1）日期、时间、地点及测定人员；

（2）使用仪器型号、编号及校准记录；

（3）测定时间内的气象条件（风向、风速、雨雪等天气状况）；

（4）测量项目及测定结果；

（5）测量依据的标准；

（6）测点示意图；

（7）声源及运行工况说明（如交通噪声测量的交通流量等）；

（8）其他应记录的事项。

5. 什么是稳态噪声和非稳态噪声？

答案：在测量时间内，被测声源的声级起伏不大于 3 dB（A）的噪声是稳态噪声，大于 3 dB（A）的是非稳态噪声。

6. 无规振动的测量量、读数方法和评价量分别是什么？

答案：无规振动测量量为铅垂向 Z 振级。无规振动读数方法和评价量为：每个测点等间隔地读取瞬时示数，采样间隔不大于 5 s，连续测量时间不少于 1 000 s，以测量数据的 VL_{z10} 值为评价量。

7. 简述民用建筑室内噪声测量的测点数、测点位置要求。

答案：

（1）面积小于 30 m^2 的房间，在被测房间内选取 1 个测点，测点应位于房间中央；

（2）对于面积大于等于 30 m^2、小于 100 m^2 的房间，选取 3 个测点，测点均匀分布在房间长方向的中心线上，房间平面为正方形时，测点应均匀分布在与最大窗平面平行的中心线上；

（3）对于面积大于等于 100 m^2 的房间，可根据具体情况，优化选取能代表该区域室内噪声水平的测点及测点数量；

（4）测点分布应均匀且具代表性，测点应分布在人的活动区域内，对于开敞式办公室，测点应布置在办公区域；对于商场，测点应布置在购物区域。

8.《机场周围飞机噪声测量方法》（GB/T 9661—88）中，每个测点的评价量计权等效连续感觉噪声级（WECPNL）的计算公式为：$WECPNL=L_{EPN}+10\log(N_1+3N_2+10N_3)-39.4$，试说出各符号代表的含义。

答案：

L_{EPN}——平均有效感觉噪声级，是该测点 N 次飞机飞过时的有效感觉噪声级 L_{EPNi} 的能量平均值；

N_1——白天（7：00—19：00）飞行次数；

N_2——傍晚（19：00—22：00）飞行次数；

N_3——夜间（22：00—7：00）飞行次数。

（这三段时间的具体划分由当地人民政府决定，一般情况下按此时段划分）

9. 环境质量报告书中声环境部分的编制应主要包括哪些内容？

答案：

（1）监测结果及现状评价。叙述监测项目和选用评价标准；按项目列出监测统计结果，分别根据相关标准和技术规范给予评价（达标情况、达标率、总体水平等）。

（2）年内时空变化规律分布分析。全面分析本年度城市声环境质量和噪声源（交通噪声、工业企业、建筑施工和社会噪声）的时间、空间变化分布规律。

（3）年度对比和趋势分析。全面对比分析本年度和上年度城市声环境质量变化状况；还可以分析近年（至少 5 年）声环境变化趋势。

（4）结论及原因分析。全面、准确的总结，包括污染特征、评价结果、时间变化特征、声环境质量相对较好和相对较差的区域、存在的主要问题等；结合具体的环保措施、发生的环境事件等分析声环境结论，说清环境质量状况、变化情况和变化原因。

10．对某工业企业噪声源进行日常执法昼间监测时，西厂界背景噪声比较高且无有效的降低措施，最终噪声测量值为 63.8 dB（A），背景噪声值为 61.5 dB（A），试判断该企业西厂界环境噪声是否达标？（厂界外声环境功能区为 2 类）

答案：噪声测量与背景噪声值的差值 ΔL_1=63.8−61.5=2.3 dB（A）；因工业企业西厂界外声环境功能区为 2 类，所以西厂界噪声排放限值为 60 dB（A），则噪声测量值与被测噪声源排放值的差值 ΔL_2=63.8−60=3.8 dB（A）。根据噪声测量值修正相关规定，当 ΔL_1 < 3 dB 且 $\Delta L_2 \leq$ 4 dB 时，修正结果为小于排放限值，评价为达标。所以该企业西厂界环境噪声达标。

11．对某 KTV 音响设备排放噪声进行监测时，其东侧边界距离周边居民楼距离不足 1 m，请问东侧边界应怎样布点监测并进行评价？

答案：应在东侧居民楼最近的住户室内布点监测。室内测量点位设在距任一反射面至少 0.5 m 以上，距地面 1.2 m 高度处，监测时受噪声影响方向的窗户处于开启状态。对监测结果进行评价时，评价标准执行《社会生活环境噪声排放标准》（GB 22337—2008），相应的标准限值减 10 dB（A）作为评价依据。

12．区域声环境监测的目的是什么？

答案：评价整个城市环境噪声总体水平，分析城市声环境状况的年度变化规律和变化趋势。

13．简述如何对年度城市道路交通噪声监测结果进行综合评价？

答案：一是现状评价。首先将所有道路交通噪声监测的等效声级采用路段长度加权算术平均法，计算城市道路交通噪声平均值，根据道路交通噪声强度等级划分标准评价整个城市道路交通噪声强度等级和对应评价结果；其次统计不同噪声影响水平下的路段百分比。二是年度对比和趋势分析。监测结果与上年比较，或作多年比较。三是相关对策和建议。从道路车流量、车辆构成、道路宽度、交通管理、道路两侧边界条件等方面分析原因，提出有针对性的对策和建议。

六、计算题

1．波长为 20 cm 的声波，在空气、水、钢中的频率分别为多少赫兹？其周期 T 分别为多少秒？（已知空气中声速 C=340 m/s，水中声速 C=1 483 m/s，钢中声速 C=6 100 m/s）

答案：频率 $f=c/\lambda$；周期 $T=1/f$

在空气中：$f=c/\lambda$=340/（20/100）=1 700（Hz）；$T=1/f$=1/1 700（s）

在水中：$f=c/\lambda$=1 483/（20/100）=7 415（Hz）；$T=1/f$=1/7 415（s）

在钢中：$f=c/\lambda$=6 100/（20/100）=30 500（Hz）；$T=1/f$=1/30 500（s）

2．测量某条道路的交通噪声取得 3 个路段的等效声级，试求整条道路的等效声级。[各路段声级分别为 75 dB（A），73 dB（A），69 dB（A）；对应的路段长度为 600 m、500 m、1 000 m]

答案：$L_{平均}$=（600×75+500×73+1 000×69）/（600+500+1 000）=71.7 [dB（A）]

3．在背景噪声修正中，噪声测量值为 72 dB（A），背景噪声值为 69 dB（A），则噪声源排放值为多少？

答案：根据修约规则，噪声测量值与背景值相差 3 dB（A）时，修正值为–3 dB（A），排放值等于测量值减去 3，即为 69 dB（A）。

噪声排放值：72–3=69［dB（A）］

4．某城市全市白天平均等效声级为 56 dB，夜间全市平均等效声级为 46 dB，问全市昼夜平均等效声级为多少？

答案：$L_{dn}=10\lg\left\{\left[16\times10^{0.1\times56}+8\times10^{0.1\times(46+10)}\right]/24\right\}=56.0$（dB）

5．某城市 2021 年测得的道路交通噪声数据见下表，试计算该城市道路交通噪声平均值。

测点名称	测点 1	测点 2	测点 3	测点 4	测点 5	测点 6	测点 7
测量值/dB（A）	65.2	66.0	68.5	64.8	67.2	71.4	68.6
道路长度/m	1 000	2 250	1 050	1 600	2 200	1 800	2 400

答案：

道路交通噪声平均值

$$\overline{L}=\frac{1}{l}\sum_{i=1}^{n}\left(l_i\times L_i\right)$$
$$=\frac{65.2\times1\,000+66.0\times2\,250+68.5\times1\,050+64.8\times1\,600+67.2\times2\,200+71.4\times1\,800+68.6\times2\,400}{1\,000+2\,250+1\,050+1\,600+2\,200+1\,800+2\,400}$$
$$=67.5\,[\mathrm{dB(A)}]$$

6．某市有两个 1 类声环境功能区噪声监测点位，2021 年 2 个点位 4 个季度的昼间等效声级 L_d 和夜间等效声级 L_n 监测结果如下表，计算该市 1 类声功能区噪声昼间和夜间的达标率分别是多少。

点位名称		一季度	二季度	三季度	四季度
A 点	L_d［dB（A）］	56.5	53.0	52.9	52.7
	L_n［dB（A）］	43.8	44.1	46.9	44.7
B 点	L_d［dB（A）］	49.2	51.9	51.3	50.5
	L_n［dB（A）］	43.0	46.8	46.0	44.2

答案：依据《声环境质量标准》（GB 3096—2008），1 类声环境功能区环境噪声限值昼间、夜间分别为 55 dB（A）、45 dB（A）。从上表可见，两个监测点位昼间有 1 次超标，夜间有 3 次超标，所以：

昼间达标率=7/8×100%=87.5%

夜间达标率=5/8×100%=62.5%

7．某供热站锅炉室外风机产生噪声较大，影响到周边居民生活，当地生态环境部门赴现场进行调查、监测。距离该风机最近的居户处（距离风机 100 m）噪声测量值为 49 dB（A），因该供热站厂界外现场环境原因监测人员无法到达，请推算厂界处（距离风机 10 m）的环境噪声为多少？

答案：设最近的居民处环境噪声为 L_2，厂界处环境噪声为 L_1。

$$L_1=L_2+20\lg(r_2/r_1)$$
$$=49+20\lg(100/10)$$
$$=69\,[\mathrm{dB(A)}]$$

第十二章

其他

第一节　臭气浓度和臭气嗅辨（嗅辨员）

一、填空题

1．《恶臭污染环境监测技术规范》（HJ 905—2017）规定，采集恶臭样品均应在__________℃条件下保存，进行臭气浓度分析的样品应在采样后__________h 内测定。

答案：17～25，24

2．标准臭液贮备液和标准臭液使用液应妥善保管，废弃物依法交由有资质的单位处置，严防__________造成恶臭污染，测定后的样品不得在__________排气。

答案：泄漏，嗅辨室

3．向空气净化器供气应采用__________，严禁使用含油和其他__________的供气设备。

答案：无油泵，散发气味

4．三点比较式臭袋法测定恶臭不受恶臭物质__________、__________、__________、所含__________的限制。

答案：种类，种类数目，浓度范围，成分浓度比例

5．连续有组织排放源采样频次在标准中有两种划分：一是生产周期大于 8 h，二是生产周期在 8 h 之内，前者采样间隔时间为__________h，后者采样间隔时间为__________h。间歇有组织排放源是在排放__________时段采样，样品数量不少于 3 次。

答案：4，2，浓度最高

6．臭气浓度值单位是__________。

答案：无量纲

7．恶臭敏感点指__________，包括人群居住地、活动场所等。

答案：人群集聚区

8．真空瓶采样时，应采用__________作为采样管。

答案：惰性管材

9．恶臭是指一切刺激嗅觉器官引起__________及__________的异味气体。

答案：人们不愉快感觉，损害生活环境

10．恶臭嗅觉实验室必须具备__________、__________、__________三个功能区，装备嗅觉仪的实验室须设置嗅觉仪泵房。

答案：采样准备室，样品配制室，嗅辨室

11．当两个或两个以上无组织恶臭排放源单位相毗邻时，应选择被测单位处于第二单位__________进行臭气浓度监测。

答案：上风向时

12．对间歇有组织排放源臭气浓度采样，应选择在气味__________时段采样，样品采集数量不少于__________次，取其__________测定值。

答案：浓度最高，3，最大

13．嗅觉阈值包括可以嗅觉气味存在的__________和能够嗅出气味特性的__________，三点比较式嗅袋法实验使用的是__________。

答案：感觉阈值，识别阈值，感觉阈值

14．有组织排放源臭气浓度采样点位应选排放管道__________点作为采样点。

答案：中心

15．恶臭嗅觉实验室选址应远离__________及噪声源。

答案：异味污染源

16．恶臭嗅觉实验室的内墙、门和窗需采用__________、低吸附性的材质。

答案：无味

17．三点比较式臭袋法测定恶臭，经过专门考试挑选和培训，其嗅觉__________方能作为该方法测定需要的臭气嗅辨（嗅辨员）。

答案：合格

18．臭气嗅辨（嗅辨员）参加嗅辨时，当天不能携带和使用有气味的__________，不能食用__________的食物，__________或__________的臭气嗅辨（嗅辨员）不能参加当天的测定。

答案：香料及化妆品，有刺激气味，患感冒，嗅觉器官不适

19．恶臭污染物厂界标准值是对__________排放的限值。

答案：无组织排放源

20．用真空瓶采集有组织排放源恶臭气体样品时，采样位置应选择在排气压力为__________的点位处。

答案：正压或常压

21．臭气浓度是根据嗅觉器官试验法对臭气气味的大小予以__________表示的指标。

答案：数量化

22．三点比较式嗅袋法测定臭气浓度，是利用人的__________进行嗅辨，是一种感官测定方法。

答案：嗅觉器官

23．排污单位经烟气排气筒（高度在 15 m 以上）排放的恶臭污染物的排放量和臭气浓度都必须__________或__________恶臭污染物排放标准。

答案：低于，等于

24．臭气样品应编制__________的标识码，包括样品编号、采样时间、采样地点、点位，频次、监测项目；污染源样品还应注明__________的信息。

答案：唯一性，排气筒

25．三点比较式臭袋法规定，臭气嗅辨（嗅辨员）是嗅辨实验中用鼻子对异味的__________和__________进行辨别的人员。

答案：种类，级别

26．三点比较式臭袋法规定，臭气样品采集后应__________保存，并在__________内进行测定。

答案：避光，24 h

27．三点比较式臭袋法规定，环境空气和无组织排放监控点空气样品分析的嗅辨小组由

__________名臭气嗅辨（嗅辨员）组成，固定污染源废气样品分析的嗅辨小组由不少于__________名臭气嗅辨（嗅辨员）组成。

答案：6，4

28．臭气嗅辨（嗅辨员）的基本要求是__________～__________岁，不吸烟、嗅觉器官无疾病且嗅觉通过__________种标准臭液嗅辨测试的人员。

答案：18，45，5

29．恶臭嗅觉实验室选址时，应对拟建恶臭嗅觉实验室室外的空气进行臭气浓度测定，臭气浓度最大值应小于__________。

答案：10

30．有“汗臭气味”的标准臭液物质是__________。

答案：异戊酸

31．恶臭嗅觉实验室采样器存放区域应区分__________和__________，并设置安全标识。

答案：清洁区，工作区

32．__________指臭气嗅辨（嗅辨员）对样品嗅辨结果的加权统计值。

答案：正解率

33．标准臭液使用液以__________定容。

答案：液体石蜡

34．在进行无组织排放源恶臭监测采样时，当排放源紧靠围墙（单位周界），且风速小于__________m/s 时，在该处围墙外增设监测点。

答案：1.0

35．在进行无组织排放源恶臭监测采样时，采样点数量一般设置__________个点位，根据风向变化情况可适当__________或__________监测点位。

答案：3，增加，减少

二、单选题

1．三点比较式臭袋法中的标准臭液气味分别为__________。（　　）

A．花香、汗臭气味、甜锅巴味、成熟水果香、粪臭味

B．青草味、汗臭气味、甜锅巴味、水果香、臭鸡蛋味

C．花香、酸腐味、甜锅巴味、成熟水果香、粪臭味

D．青草味、汗臭气味、甜锅巴味、水果香、粪臭味

答案：A

2．臭阈值法检验水中臭，某一水样最低取用 50 mL 稀释到 400 mL 时，闻到臭气，则其臭阈值为__________。（　　）

A．8　　B．2　　C．16　　D．4

答案：A

3．三点比较式臭袋法测定臭气浓度时，采样时打开采样瓶塞，使样品气体充入采样瓶，至常压后盖好瓶塞，避光运回实验室，应在__________内测定。（　　）

A．12 h　　B．24 h　　C．36 h　　D．48 h

答案：B

4．三点比较式臭袋法测定恶臭时，对于无组织连续排放源采样频率为相隔＿＿＿＿＿h 采一次，共采集＿＿＿＿＿次，取其最大测定值。（　　）

A．4，2　　B．2，4　　C．2，3　　D．4，3

答案：B

5．用三点比较式臭袋法测定臭气浓度时，某工厂的生产周期为 9 小时，有组织排放源采样应该每＿＿＿＿＿h 一次。（　　）

A．1　　B．2　　C．3　　D．4

答案：D

6．利用真空瓶进行臭气样品采集时，采样前应观测并记录采样前真空瓶内压力。至少放置 2 h，真空瓶内压力变化不能超过规定值负压 1×10^5 Pa 的＿＿＿＿＿，否则不能使用，更换真空瓶。（　　）

A．5%　　B．10%　　C．15%　　D．20%

答案：D

7．恶臭敏感点的监测采用＿＿＿＿＿的方式，确定采样点。（　　）

A．现场踏勘、调查（污染发生的时段、地点等）

B．问卷调查、走访

C．网格

D．判断污染源方位

答案：A

8．当有组织排放源样品浓度过高时，可对样品进行预稀释，稀释倍数记为 K，稀释后样品分析结果为 $C_{分析}$，则该样品的实际臭气浓度为＿＿＿＿＿。（　　）

A．$C_{分析}$　　B．$KC_{分析}$　　C．$C_{分析}/K$　　D．$K/C_{分析}$

答案：B

9．恶臭嗅觉实验室内温度应在＿＿＿＿＿℃，相对湿度应在＿＿＿＿＿。（　　）

A．17～25，40%～70%　　B．20～25，40%～70%

C．17～25，30%～70%　　D．20～25，30%～70%

答案：A

10．采样准备室和样品配制室的使用面积不小于＿＿＿＿＿m^2，嗅辨室的使用面积不小于＿＿＿＿＿m^2。（　　）

A．12，17　　B．8，17　　C．8，12　　D．12，12

答案：C

11．对于水域恶臭监测，若被污染水域靠近岸边，选择被测岸边为水域＿＿＿＿＿时监测，布点方法以＿＿＿＿＿为界。（　　）

A．下风向，岸边　　B．上风向，岸边

C．下风向，距岸边 10 m 处　　D．上风向，距岸边 10 m 处

答案：A

12．真空瓶的清洗方法有__________。（ ）

A．空气吹洗 B．蒸沸

C．重铬酸钾洗液清洗 D．以上都是

答案：D

13．三点比较式臭袋法测定恶臭时，臭气嗅辨（嗅辨员）选择最佳年龄是__________岁。（ ）

A．20～45 B．18～45 C．25～50 D．18～50

答案：B

14．三点比较式臭袋法测定恶臭，在采样瓶真空处理时，需要用真空排气处理系统将采样瓶排气至瓶内压力接近负__________。（ ）

A．0.5×10^5 Pa B．0.6×10^5 Pa C．0.8×10^5 Pa D．1.0×10^5 Pa

答案：D

15．三点比较式臭袋法测定恶臭时，环境臭气样品测定（嗅辨）时，当第一级10倍稀释样品平均正解率M__________，不继续对样品稀释嗅辨，样品臭气浓度以小于等于10表示。（ ）

A．≤0.58 B．＞0.58 C．＜0.58 D．大于0.58且小于1

答案：A

16．下列__________可以承担臭气嗅辨（嗅辨员）工作。（ ）

A．《环境空气和废气 臭气的测定 三点比较式臭袋法》中规定的5种标准臭液检测合格者

B．《环境空气和废气 臭气的测定 三点比较式臭袋法》中规定的5种标准臭液检测合格的女性

C．《环境空气和废气 臭气的测定 三点比较式臭袋法》中规定的5种标准臭液检测合格的男性

D．《环境空气和废气 臭气的测定 三点比较式臭袋法》中规定的5种标准臭液检测合格且不吸烟的男性或女性

答案：D

17．有组织高浓度臭气浓度样品测定应按__________稀释梯度进行稀释测定。（ ）

A．1倍多 B．3倍多 C．5倍多 D．10倍

答案：B

18．厂界及环境臭气浓度样品稀释和测定时，同一稀释倍数需嗅辨员嗅辨__________次。（ ）

A．1 B．2 C．3 D．4

答案：C

19．《恶臭污染环境监测技术规范》（HJ 905—2017）中规定无组织排放源的采样点位布设，被测周界无条件设置监测点位时，可在周界内设置监测点位，原则上距离周界不超过__________ m。当排放源紧靠围墙（单位周界），且风速小于__________m/s时，在该处围墙外增设监测点。（ ）

A．15，1.0 B．10，1.0 C．10，1.5 D．5，1.5

答案：B

20．进行无组织排放源臭气浓度监测采样时，一般设置__________个点位，根据风向变化情况可适当增加或减少监测点位。（ ）

A．2 B．3 C．4 D．5

答案：B

21．按照嗅觉实验室建设技术规范要求，嗅辨室使用面积不小于＿＿＿＿＿m^2，应设置通风及空气净化装置，保证实验室内空气无异味。（ ）

A．8 B．10 C．12 D．17

答案：C

22．臭气浓度测定结果小数点取舍原则＿＿＿＿＿。（ ）

A．保留一位小数，四舍五入 B．保留一位小数，只舍不进

C．取整数，四舍五入 D．取整数，只舍不进

答案：D

23．采集有组织排气筒内臭气浓度样品，当管道内气体为负压、高温时，应采用＿＿＿＿＿。（ ）

A．1.5 L 真空采样瓶 B．3 L 真空采样瓶

C．10 L 真空采样瓶 D．符合材质要求适当容积的气袋

答案：D

24．嗅辨过程中应注意对同一个样品不可连续多次闻嗅，这样将会出现＿＿＿＿＿，导致嗅敏度的＿＿＿＿＿。（ ）

A．嗅觉兴奋，提高 B．嗅觉兴奋，降低

C．嗅觉疲劳，降低 D．嗅觉疲劳，提高

答案：C

25．环境空气和厂界环境臭气样品嗅辨实验，第一级稀释倍数的嗅辨结果出现回答错误情况应＿＿＿＿＿。（ ）

A．回答错误臭气嗅辨（嗅辨员）不参加下一级嗅辨

B．重新选择初始稀释倍数配气

C．统计嗅辨结果代入公式计算 M 值

D．停止嗅觉实验

答案：C

26．下列不属于恶臭污染气体的是＿＿＿＿＿。（ ）

A．烟厂排放的烟草气体 B．公园鲜花散发的气味

C．香精厂排放的香料味道气体 D．化工厂排放的有刺激性气体

答案：B

27．厂界及环境臭气浓度样品测定时，若 M_1 第一次稀释倍数的平均正解率小于 1 且大于 0.58，且第二次稀释倍数的平均正解率 M_2 虽小于 M_1 但仍大于 0.58，则继续按 10 倍梯度稀释配气，直到最终平均正解率小于 0.58，并以＿＿＿＿＿平均正解率为 M_1 计算臭气浓度结果。（ ）

A．第一次 B．相邻的一次 C．第二次 D．第三次

答案：B

28．正解率定义为臭气嗅辨（嗅辨员）对样品嗅辨结果的加权统计值即＿＿＿＿＿值，适用＿＿＿＿＿臭气浓度样品嗅辨实验。（ ）

A．M，环境空气和厂界环境 B．M_1，污染源

C. M_2，无组织高浓度　　D. 前 3 个答案均不正确

答案：A

29. 对于嗅辨实验中负责配气人员，下列说法不正确的是__________。（　　）

A. 熟悉臭气测试全过程工作　　B. 具有上岗证

C. 需参加当日臭气样品现场采样　　D. 工作认真仔细

答案：C

30. 嗅辨实验配气环节，用针筒向充入清洁空气的嗅辨袋注入样品气，注入 3 mL 气体样品，应选择下列__________规格针筒。（　　）

A. 100 mL　　B. 10 mL　　C. 5 mL　　D. 1 mL

答案：C

31.《恶臭污染物排放标准》（GB 14554—93）规定的无组织排放源指没有排气筒或者排气筒高度低于__________m 的排放源。（　　）

A. 5　　B. 10　　C. 15　　D. 20

答案：C

32.《恶臭污染物排放标准》（GB 14554—93）规定的有组织排放源排气筒的最低高度不得低于__________m。（　　）

A. 5　　B. 10　　C. 15　　D. 20

答案：C

33.《恶臭污染物排放标准》（GB 14554—93）中恶臭污染物控制项目为__________种。（　　）

A. 6　　B. 7　　C. 8　　D. 9

答案：D

34.《恶臭污染物排放标准》（GB 14554—93）规定，间歇排放源选择在气味最大时间内采样，样品采集次数不少于__________次。（　　）

A. 2　　B. 3　　C. 4　　D. 5

答案：B

35. 三点比较式臭袋法规定，连接管应为__________材质或其他无味无吸附材质短管。（　　）

A. 聚乙烯（PE）　　B. 聚丙烯（PP）

C. 聚四氟乙烯（PTFE）　　D. 聚氯乙烯（PVC）

答案：C

36. 恶臭嗅觉实验室实验期间室内温度波动应不超过__________℃。（　　）

A. ±2　　B. ±3　　C. ±4　　D. ±5

答案：B

37. 在进行无组织排放源恶臭监测采样时，连续无组织排放源每__________采集一次，共采集 4 次，取其最大测定值。（　　）

A. 1 h　　B. 2 h　　C. 3 h　　D. 4 h

答案：B

38. 对于环境空气敏感点的监测，根据现场踏勘、调查确定的时段采样，样品采集次数不少于

__________次，取其最大测定值。（　　）

A．1　　B．2　　C．3　　D．4

答案：C

39．臭气真空瓶采样系统漏气检查：系统负压上升到 13 kPa，关闭抽气泵一侧阀门，如压力在 1 min 内下降不超过__________kPa，则视为系统不漏气。（　　）

A．0.15　　B．0.20　　C．0.25　　D．0.30

答案：A

40．将臭气采样后的真空瓶放入实验室静置__________min 达到温度平衡，再进行预稀释处理。（　　）

A．10　　B．20　　C．30　　D．40

答案：C

41．在进行无组织排放源恶臭监测采样时，被测周界无条件设置监测点位时，可在周界内设置监测点位，原则上距离周界不超过__________ m。（　　）

A．5　　B．10　　C．15　　D．20

答案：B

42．对新购置的注射器进行漏气检查。用水将注射器活栓润湿后，吸入空气至刻度 1/4 处，用橡皮帽堵严进气孔，反复把活栓推进拉出几次，如活栓每次都回到的位置与原来位置的误差不大于原体积的__________%，可视为不漏气。（　　）

A．2.5　　B．5　　C．10　　D．20

答案：A

43．臭气真空采样瓶采用硅硼玻璃制造，应具有__________kg/cm^2 的抗压能力。（　　）

A．1　　B．2　　C．3　　D．4

答案：B

44．用于臭气真空采样瓶抽气的抽气泵要求抽气流速大于__________L/min。（　　）

A．10　　B．20　　C．30　　D．40

答案：C

45．臭气气袋采样器中的干燥器用于吸收采样气体中的水分，使流量计指示流量为干气体流量；干燥器容积不小于__________mL。（　　）

A．100　　B．200　　C．300　　D．400

答案：B

46．恶臭嗅觉实验嗅辨室室内噪声级应低于__________dB（A）。（　　）

A．45　　B．50　　C．55　　D．60

答案：A

47．三点比较式臭袋法中用于臭气嗅辨（嗅辨员）日常管理和实际样品测定时挑选的正丁醇气体的浓度为__________ μmol/mol。（　　）

A．40　　B．50　　C．60　　D．80

答案：C

48．三点比较式臭袋法中无臭空气净化装置里放置的分子筛为__________分子筛。（　　）

A．2A　　B．3A　　C．4A　　D．5A

答案：D

49．标准臭液贮备液 4℃条件下冷藏，可保存__________个月。（　　）

A．3　　B．6　　C．9　　D．12

答案：B

50．标准臭液使用液 4℃条件下冷藏，可保存__________个月。（　　）

A．6　　B．12　　C．18　　D．24

答案：D

51．嗅辨袋的容积量是__________L。（　　）

A．1　　B．2　　C．3　　D．5

答案：C

52．进行臭气样品分析时，样品注入体积为 300 mL 时，稀释倍数是__________倍。（　　）

A．10　　B．20　　C．30　　D．40

答案：A

53．固定污染源废气嗅辨实验过程中，__________名臭气嗅辨（嗅辨员）同步进行嗅辨，当__________名臭气嗅辨（嗅辨员）均出现过嗅辨结果错误时，则本次嗅辨实验结束。（　　）

A．3，3　　B．4，4　　C．6，3　　D．6，4

答案：B

54．环境空气和无组织排放监控点空气嗅辨实验，嗅辨气袋分为__________组。（　　）

A．3　　B．4　　C．5　　D．6

答案：D

55．标准臭液中，有“花香”味道的是__________。（　　）

A．甲基环戊酮　　B．β-苯乙醇　　C．β-甲基吲哚　　D．异戊酸

答案：B

56．臭气嗅辨（嗅辨员）筛选实验中，将五条无臭纸的__________条浸入无臭液 1 cm，另外__________条浸入一种标准臭液 1 cm，然后将五条浸液纸间隔一定距离平行放置，同时交给被测者嗅辨。（　　）

A．一，四　　B．两，三　　C．三，两　　D．四，一

答案：C

57．臭气嗅辨（嗅辨员）资料库的建立应每月进行__________天嗅觉检测。（　　）

A．1　　B．2　　C．3　　D．4

答案：A

58．标准臭液中，有“粪臭气味”味道的是__________。（　　）

A．甲基环戊酮　　B．β-苯乙醇　　C．β-甲基吲哚　　D．异戊酸

答案：C

三、多选题

1. 进行无组织排放源及环境空气恶臭监测采样时，同时对__________进行测量。（　　）

A. 主导风向　　B. 环境温度　　C. 风速　　D. 大气压力

答案：ABCD

2. 用气袋采集排气筒内恶臭样品时，下列说法正确的是__________。（　　）

A. 气袋材质可用聚酯或氟聚合物　　B. 样品气可直接由泵抽入气袋

C. 进入采样袋气体温度接近常温　　D. 采样前用被测气体冲洗采样袋 3 次

答案：ACD

3. 用真空瓶采集无组织排放源恶臭样品，现场采样记录内容应包含（不限于）__________。（　　）

A. 采样日期、开始时间　　B. 样品编号、采样地点及点位示意图

C. 气象条件　　D. 恶臭状况感官描述

答案：ABCD

4. 环境臭气浓度测定时，其测定结果的小组平均正解率 M 值叙述正确的是__________。（　　）

A. 第一次稀释倍数 $M_1<0.58$，停止分析，结果小于 10

B. 第一次稀释倍数 $0.58<M_1<1$，第二次稀释倍数 $M_2<0.58$，停止分析，代入公式计算结果

C. 第一次稀释倍数 $0.58<M_1<1$，第二次稀释倍数 $M_2>0.58$，继续按 10 倍梯度稀释配气

D. 第一次稀释倍数 $0.58<M_1<1$，继续稀释后出现 $M_2>M_1$ 的情况，停止分析，样品作废

答案：ABC

5. 嗅觉实验室几个实验功能区（房间）建立的原则__________。（　　）

A. 集中紧凑　　B. 划分明确　　C. 联系方便　　D. 互不干扰

答案：ABCD

6. 采集环境空气及厂界环境臭气浓度样品时，采样设备可用__________。（　　）

A. 1.5 L 真空采样瓶　　B. 3 L 真空采样瓶

C. 10 L 真空采样瓶　　D. 符合材质要求 10 L 的气袋

答案：ABCD

7. 臭气浓度项目测定原始记录包含__________。（　　）

A. 采样记录　　B. 交接记录　　C. 配气、嗅辨记录　　D. 结果统计记录

答案：ABCD

8. 恶臭污染物监测目的__________。（　　）

A. 了解恶臭污染的范围、程度　　B. 了解恶臭污染的来源、种类、变化规律

C. 为建立恶臭污染源数据库提供科学信息　　D. 为环境空气质量的管理提供科学依据

答案：ABCD

9. 恶臭污染特征__________。（　　）

A. 恶臭污染具有社会危害性　　B. 恶臭污染具有多发性

C. 恶臭污染具有突发性　　D. 恶臭污染具有区域性

答案：ABCD

10. 多种气味混合后，可能出现的现象__________。（ ）

A. 气味混合后，某些主要气味特征受到压制或消失，无法辨认混合前的气味

B. 气味混合后，发生无气味现象

C. 气味混合后，产生一种新的气味

D. 气味混合后，保留部分原来的气味

答案：ABCD

11. 下列选项中为恶臭污染物控制项目的是__________。（ ）

A. 三甲胺 B. 甲硫醇 C. 甲苯 D. 苯乙烯

答案：ABD

12.《恶臭污染物排放标准》（GB/T 14554—1993）中规定，水域监测包括__________。（ ）

A. 海洋 B. 河流 C. 湖泊 D. 排水沟渠

答案：ABCD

13. 嗅觉器官测定法测定臭气浓度，不受__________的限制。（ ）

A. 臭气物质种类 B. 种类数目 C. 浓度范围 D. 所含成分浓度比例

答案：ABCD

14. 以下物质是标准臭液的是__________。（ ）

A. 甲基环戊酮 B. 苯乙烯 C. 甲硫醇 D. 异戊酸

答案：AD

15. 恶臭嗅觉实验室必须具备的功能区为__________。（ ）

A. 采样准备室 B. 样品配制室 C. 泵房 D. 嗅辨室

答案：ABD

16. 真空瓶采样系统由__________等组成。（ ）

A. 真空瓶 B. 洗涤瓶 C. 干燥过滤器 D. 抽气泵

答案：ABCD

17. 恶臭有组织排放源气袋采样系统由__________等组成。（ ）

A. 气袋采样箱 B. 采样袋 C. 干燥过滤器 D. 抽气泵

答案：ABD

18. 恶臭物质采样袋可采用__________等材质。（ ）

A. 聚酯 B. 聚醚 C. 氟聚合物 D. 氯聚合物

答案：AC

19. 三点比较式臭袋法适用于__________样品中臭气的测定。

A. 环境空气 B. 无组织排放监控点空气

C. 固定污染源废气 D. 室内空气

答案：ABC

20. 环境空气和无组织排放监控点空气嗅辨实验中，当初始稀释倍数为 10 的样品的 M 值小于等于 0.58 时，则实验自动结束，样品臭气浓度以“__________”表示。（ ）

A. 10 B. ＜10 C. =10 D. 10 L

答案：BC

四、判断题

1. 当一种污染源同时存在两种有异味的物质排放时，可以用同一组无量纲结果表示两种物质对环境的污染程度。（　　）

答案：正确

2. 恶臭污染物无组织排放源厂界的监测采样点，应均匀的布置在工厂厂界的周围。（　　）

答案：错误

正确答案：无组织排放源点位设立在周界主导风向的下风向轴线及风向变化标准偏差±S°范围内，或有臭气方位的边界线上。

3. 无臭空气净化装置，其与空气净化效果有关的活性碳使用更换周期等是根据臭气嗅辨（嗅辨员）对净化气体有无气味的嗅辨检验结果来决定。（　　）

答案：正确

4. 采集的恶臭样品，需避光运回实验室，两天内测定。（　　）

答案：错误

正确答案：进行臭气浓度分析样品应在采样后 24 h 进行测定。

5. 有组织排放源的监测采样点应为臭气进入大气的排气口，经治理的污染源监测点设在治理装置的排气口。（　　）

答案：正确

6. 对间歇排放源应选择在有味时间内采样，样品采集次数不少于 3 次，取其最大测定值。（　　）

答案：错误

正确答案：对间歇排放源应选择在臭气浓度最高时间采样，样品采集次数不少于 3 次，取其最大测定值。

7. 臭气浓度指恶臭气体（包括异味），用无臭空气进行稀释，稀释到刚好无臭时，所需的稀释倍数。（　　）

答案：正确

8. 气袋采样系统由气袋采样箱、采样袋、抽气泵等组成。（　　）

答案：正确

9. 废弃臭气样品的处理在样品配制室完成。（　　）

答案：错误

正确答案：废弃臭气样品处理必须在通风橱完成。

10. 采样准备室可与其他实验室共用。（　　）

答案：错误

正确答案：采样准备室可与其他实验室共用，但需满足实验室内部设计要求。

11. 恶臭污染物排放标准中，复合恶臭物质的控制项目名称是恶臭浓度。（　　）

答案：错误

正确答案：控制项目名称是臭气浓度。

12．嗅觉检测合格的臭气嗅辨（嗅辨员）即可随时参加臭气浓度样品的测定。（ ）

答案：错误

正确答案：臭气嗅辨（嗅辨员）当天不能携带和使用有气味的香料及化妆品，不能食用有刺激气味的食物，患感冒或嗅觉器官不适的臭气嗅辨（嗅辨员）不能参加当天的测定。

13．三点比较式臭袋法测定恶臭时，对于无组织排放源，厂界的监测采样点应均匀的设在工厂厂界下风向侧。（ ）

答案：错误

正确答案：厂界的监测采样点，设置在工厂厂界下风向侧，或有臭气方位的边界线上。

14．排污单位经排水排出并散发的恶臭气体不必执行恶臭污染物排放标准值。（ ）

答案：错误

正确答案：排污单位经排水排出并散发的恶臭污染物和臭气浓度必须低于或等于恶臭污染物厂界标准值。

15．恶臭污染物排放标准中，只规定了复合恶臭物质的臭气浓度限值及无组织排放源的厂界浓度限值。（ ）

答案：错误

正确答案：不仅规定了臭气浓度限值和无组织排放的厂界浓度限值，还规定了 8 种恶臭物质一次排放最大限值。8 种恶臭物质是硫化氢、氨、二甲二硫、二硫化碳、甲硫醚、甲硫醇、苯乙烯、三甲胺。

16．对于以排气管道（筒）排放的恶臭气体，用采样袋采样时，正式采样前，用被测气体冲洗采样袋 3 次。（ ）

答案：正确

17．采样瓶采集的有组织和无组织排放的高浓度臭气样品与厂界环境臭气样品的稀释和嗅辨测定方法一样。（ ）

答案：错误

正确答案：方法不一样，采样瓶采集的有组织和无组织排放的高浓度臭气样品按 3 倍稀释梯度稀释配气，厂界环境臭气样品按 10 倍稀释梯度稀释配气。

18．三点比较式臭袋法测定恶臭，适用于各种恶臭源以不同形式排放的气体样品和环境空气样品臭气浓度的测定，样品为仅含一种恶臭物质的样品。（ ）

答案：错误

正确答案：三点比较式臭袋法适用于各种恶臭源以不同形式排放的气体样品和环境空气样品臭气浓度的测定。样品包括仅含一种恶臭物质的样品和含二种以上恶臭物质的复合臭气样品。

19．臭气嗅辨（嗅辨员）实验当天只要不携带和使用有气味的香料及化妆品，不食用有刺激气味的食物即可参加当天的测定。（ ）

答案：错误

正确答案：患感冒或嗅觉器官不适的臭气嗅辨（嗅辨员）也不能参加当天的测定。

20．臭气浓度标准值单位为 mg/m^3。（ ）

答案：错误

正确答案：臭气浓度标准值单位为无量纲。

21. 雨、雪天气下，因污染物会被吸收，影响监测数据的代表性，不宜进行恶臭无组织排放监测。（　　）

答案：正确

22. 三点比较式臭袋法测定臭气，挑选臭气嗅辨（嗅辨员）时，能够嗅辨出 4 种标准臭液者即可作为臭气嗅辨（嗅辨员）。（　　）

答案：错误

正确答案：三点比较式臭袋法测定臭气，挑选臭气嗅辨（嗅辨员）时，能够嗅辨出 5 种标准臭液者即可作为臭气嗅辨（嗅辨员）。

23. 恶臭污染物排放标准规定没有排气筒或排气筒高度低于 10 m 的排放源，均视为无组织排放源。（　　）

答案：错误

正确答案：没有排气筒或排气筒高度低于 15 m 的排放源，均视为无组织排放源。

24. 恶臭污染物排放标准规定，有组织污染源经排气筒排放的恶臭污染物排放的质量浓度都必须低于或等于恶臭污染物的排放标准。（　　）

答案：错误

正确答案：排气筒排放的恶臭污染物的排放量（浓度×废气流量）和臭气浓度都必须低于或等于恶臭污染物的排放标准。有组织污染源只规定排放量限值，无排放浓度限值。

25. 臭气浓度嗅辨实验中，使用的无臭清洁气体是无恶臭物质污染的自然空气。（　　）

答案：错误

正确答案：清洁气体是无恶臭物质污染的自然空气，经活性炭过滤，由臭气嗅辨（嗅辨员）嗅辨确认无任何异味的气体。

26. 恶臭污染物排放标准中规定通过排气筒排放的恶臭污染物即为有组织排放源，否则为无组织排放源。（　　）

答案：错误

正确答案：高度低于 15 m 的排气筒，视为无组织排放源。

27. 环境空气敏感点的恶臭监测，其采样时段、频次等与无组织厂界环境监测要求一样。（　　）

答案：错误

正确答案：环境空气敏感点的恶臭采样，要根据现场踏勘、调查污染发生的时段和地点等，确定采样点，与无组织厂界环境监测有区别。

28. 无臭清洁气体是用来稀释臭气样品的。（　　）

答案：正确

29. 对于间歇有组织排放源恶臭监测，排放时间只有 20 min，由于排放时间短，臭气浓度样品采集 2 次，取最大测定值，判断是否超标。（　　）

答案：错误

正确答案：技术规范规定，间歇有组织排放源应在恶臭污染浓度最高时段采样，样品采集次数不小于 3 次，取其最大测定值。

30．为保持瓶内压力平衡，无论是有组织污染源样品，还是环境样品，用真空采样瓶采集的臭气浓度样品运回实验室后，均需取下瓶上的大塞，并迅速从该瓶口装入带通气管瓶塞的聚酯衬袋。（　　）

答案：正确

31．臭气浓度样品进行嗅辨实验时，无论是有组织污染源样品，还是环境样品，均需选择确定样品初始稀释倍数，按照选择原则，不同样品可以选择不同的初始稀释倍数。（　　）

答案：正确

32．废弃臭气样品的处理必须在样品准备室完成。（　　）

答案：错误

正确答案：废弃臭气样品的处理必须在通风橱完成。

33．臭气浓度指恶臭气体（包括异味）用无臭气体进行稀释，稀释到刚好无臭时，所需的稀释浓度。（　　）

答案：错误

正确答案：臭气浓度指恶臭气体（包括异味）用无臭空气进行稀释，稀释到刚好无臭时，所需的稀释倍数。

34．《恶臭污染物排放标准》（GB 14554—93）规定了 8 种恶臭污染物的一次最大排放限值、符合恶臭物质的臭气浓度限值及无组织排放源的厂界浓度限值。（　　）

答案：正确

35．《恶臭污染物排放标准》（GB 14554—93）中除臭气浓度外其他恶臭污染物的浓度单位是 mg/m^3，臭气浓度无量纲。（　　）

答案：正确

36．排污单位排放（包括泄漏和无组织排放）的恶臭污染物，在排污单位边界上规定监测点（无其他干扰因素）的日平均监测值（包括臭气浓度）都必须低于或等于恶臭污染物厂界标准值。（　　）

答案：错误

正确答案：排污单位排放（包括泄漏和无组织排放）的恶臭污染物，在排污单位边界上规定监测点（无其他干扰因素）的一次最大监测值（包括臭气浓度）都必须低于或等于恶臭污染物厂界标准值。

37．《恶臭污染物排放标准》（GB 14554—93）规定排入 GB 3095 中一类区的执行一级标准，一类区中不得建新的排污单位。（　　）

答案：正确

38．《恶臭污染物排放标准》（GB 14554—93）规定，排污单位经排水排出并散发的恶臭污染物和臭气浓度必须低于恶臭污染物厂界标准值。（　　）

答案：错误

正确答案：《恶臭污染物排放标准》（GB 14554—93）规定，排污单位经排水排出并散发的恶臭污染物和臭气浓度必须低于或等于恶臭污染物厂界标准值。

39．《恶臭污染物排放标准》（GB 14554—93）规定，有组织排放源的排气筒的高度在表中所列两种高度之间，采用较低高度作为其排气筒的高度。（　　）

答案：错误

正确答案：《恶臭污染物排放标准》（GB 14554—93）规定，有组织排放源的排气筒高度在表中所列两种高度之间，采用四舍五入的方法计算其排气筒的高度。

40.《恶臭污染物排放标准》（GB 14554—93）规定，排气筒高度系指从排气筒所在厂房屋顶起至排气口的垂直高度。（　　）

答案：错误

正确答案：《恶臭污染物排放标准》（GB 14554—93）规定，排气筒高度系指从地面（零地面）起至排气口的垂直高度。

41.《恶臭污染物排放标准》（GB 14554—93）规定，水域监测，应以岸边为厂界边界线，其采样点设置、采样频率与无组织排放源监测相同。（　　）

答案：正确

42. 三点比较式臭袋法规定了测定环境空气及各类恶臭污染源（不包括水域）以不同形式排放的臭气的三点比较式臭袋法。（　　）

答案：错误

正确答案：三点比较式臭袋法规定了测定环境空气及各类恶臭污染源（包括水域）以不同形式排放的臭气的三点比较式臭袋法。

43. 恶臭嗅觉实验室须具备采样准备室、样品配制室和嗅辨室三个功能区，各功能区的布局应划分明确，互不干扰，各个功能区不能与其他实验室共用。（　　）

答案：错误

正确答案：采样准备实验室可与其他实验室共用，但需要满足实验室内部设计要求。

44. 三点比较式臭袋法规定，配气工作需实验员 1 名，且配气人员未参加当日臭气样品的现场采样。（　　）

答案：错误

正确答案：三点比较式臭袋法规定，配气工作需实验员 2 名，且配气人员未参加当日臭气样品的现场采样。

45. 三点比较式臭袋法规定，臭气样品分析实验采用无油泵（空压机）向无臭空气净化装置供气，严禁使用含油或其他散发气味的供气设备。（　　）

答案：正确

46. 三点比较式臭袋法规定，无臭空气净化装置的通气速度、活性炭和分子筛的填充量、活性炭和分子筛的更换周期需定期更换。（　　）

答案：错误

正确答案：无臭空气净化装置的通气速度、活性炭和分子筛的填充量、活性炭和分子筛的更换周期等根据臭气嗅辨（嗅辨员）嗅辨实验结果来决定。

47. 三点比较式臭袋法规定，环境空气和无组织排放监控点空气采样所用真空瓶与固定污染源废气采样所用真空瓶不得混用，采样袋和嗅辨袋均不得重复使用。（　　）

答案：正确

48. 三点比较式臭袋法规定，标准臭液贮备液和标准臭液使用液应妥善保管，废弃物依法交由

有资质的单位处置，严防泄漏造成恶臭污染。（ ）

答案：正确

49．三点比较式臭袋法规定，经嗅辨后的采样袋应在通风橱内排气，嗅辨气袋可以在嗅辨室内排气。（ ）

答案：错误

正确答案：经嗅辨后的采样袋和嗅辨气袋应在通风橱内排气，不得在嗅辨室内排气。

50．臭气嗅辨（嗅辨员）在参加嗅辨实验当日不得使用香料、有气味的洗浴用品和化妆品，患感冒或其他影响嗅觉的疾病（如过敏、鼻窦炎等）时不得参加嗅辨实验。（ ）

答案：正确

51．恶臭嗅觉实验室相邻实验室的噪声源不会对恶臭嗅觉实验室造成影响。（ ）

答案：错误

正确答案：恶臭嗅觉实验室应远离异味污染源及噪声源，因为恶臭嗅觉实验室相邻实验室的噪声源会对恶臭嗅觉实验室造成影响。

52．装备嗅觉仪的实验室须设置嗅觉仪泵房。（ ）

答案：正确

53．有条件的恶臭嗅觉实验室可增设休息室。（ ）

答案：正确

54．恶臭嗅觉实验室为保证实验室内空气无异味，应设置通风及空气净化装置。（ ）

答案：正确

55．周界指恶臭排放单位的实际边界。若无实际边界，则指法定边界。（ ）

答案：错误

正确答案：周界指恶臭排放单位的法定边界。若无法定边界，则指实际边界。

56．用真空瓶采集臭气样品时，采样位置应选择在排气压力为常压或负压的点位处。（ ）

答案：错误

正确答案：用真空瓶采集臭气样品时，采样位置应选择在排气压力为正压或常压的点位处。

57．在进行无组织排放源臭气监测采样时，应对风向和风速进行监测。（ ）

答案：正确

58．在进行无组织排放源臭气监测采样时，应在上风向周界布设监测点位。（ ）

答案：错误

正确答案：在进行无组织排放源臭气监测采样时，应在下风向周界布设监测点位。

59．在进行无组织排放源臭气监测采样时，当两个或两个以上无组织排放源的单位相毗邻时，应选择被测无组织排放源处于下风向时进行臭气浓度监测。（ ）

答案：错误

正确答案：在进行无组织排放源臭气监测采样时，当两个或两个以上无组织排放源的单位相毗邻时，应选择被测无组织排放源处于上风向时进行臭气浓度监测。

60．恶臭敏感点的监测采用现场踏勘、调查（污染发生的时段、地点等）的方式，确定采样点。（ ）

答案：正确

五、简答题

1．简述三点比较式臭袋法测定恶臭的原理。

答案：将三只无臭袋中的二只充入无臭空气，另一只则按一定稀释比例充入无臭空气和被测恶臭气体样品供臭气嗅辨员嗅辨，当臭气嗅辨（嗅辨员）正确识别有臭气袋后，再逐级进行稀释、嗅辨，直至稀释样品的臭气浓度低于臭气嗅辨（嗅辨员）的嗅觉阈值时停止实验。每个样品由若干名臭气嗅辨（嗅辨员）同时测定，最后根据臭气嗅辨（嗅辨员）的个人阈值和嗅辨小组成员的平均阈值，求得臭气浓度。

2．采集排气筒内恶臭气样品时应注意什么？

答案：采集排气筒内恶臭气样品时，如果排气温度较高时，应对采样导管予以水冷或空气冷却，使进入采样袋的气体温度接近环境温度。根据排气状况确定采气速度，以保证采集的气体样品具有代表性。采样前先用要采集的气体将采样袋洗 3 次。

3．什么是臭气浓度？

答案：臭气浓度是用无臭的清洁空气对臭气样品连续稀释至臭气嗅辨（嗅辨员）阈值时的稀释倍数。

4．三点比较式臭袋法测定恶臭时，嗅辨工作实验室应如何设置？

答案：

（1）恶臭嗅觉实验室应远离异味污染源及噪声源，如与其他实验室相邻，应有效隔离，并设置独立进出通道；

（2）恶臭嗅觉实验室选址时，应对拟建恶臭嗅觉实验室外的空气进行臭气浓度监测，臭气浓度最大应小于 10；

（3）恶臭嗅觉实验室须具备采样准备室、样品配制室、嗅辨室三个功能区，样品配制室和嗅辨室相邻，并设置传递窗；

（4）采样准备室、样品配制室使用面积不小于 $8\ m^2$，嗅辨室使用面积不小于 $12\ m^2$。室内净高均不小于 2.4 m。实验室内墙、门和窗须采用无味、低吸附性的材质，地面铺设无味、低吸附性的地面材料；

（5）嗅辨室内噪声级应低于 45 dB（A），实验期间室内温度波动应不超过±3℃，实验室内温度在 17～25℃，相对湿度在 40%～70%。

5．三点比较式臭袋法测定恶臭时，高浓度臭气样品初始浓度稀释倍数应如何确定？

答案：由配气员首先对采集样品在 3 L 无臭袋内按一定的稀释梯度配制几个不同稀释倍数的样品，进行嗅辨尝试，从中选择一个既能明显嗅出气味又不强烈刺激的样品，以此样品的稀释倍数作为配制小组嗅辨样品的初始稀释倍数。

6．三点比较式臭袋法测定臭气时，制备稀释臭气样品所用的无臭清洁气体时应注意什么？

答案：

（1）稀释臭气样品所用的无臭清洁气体气袋的充气管内径要稍大于气体净化器供气管外径，即保证气袋定量充满清洁空气，又可防止充气过量、过压导致气袋破裂。

（2）臭气嗅辨（嗅辨员）应对净化空气进行有无气味的嗅辨检验，以便及时更换空气净化系统的活性炭和分子筛。

（3）应采用无油空气泵向空气净化器供气，严禁使用含油或其他散发气味的供气设备。

7．臭气嗅辨（嗅辨员）工作要求及注意事项。

答案：臭气嗅辨（嗅辨员）必须符合 HJ 1262 中附录 B 实际样品测定时的选取要求。

（1）臭气嗅辨（嗅辨员）当天不能携带和使用有气味的香料及化妆品，不能食用有刺激气味的食物。

（2）患感冒或嗅觉器官不适的臭气嗅辨（嗅辨员）不能参加当天的测定。

（3）参加采样工作后应在嗅觉恢复后才能参加嗅辨工作。

（4）嗅辨工作中要保持情绪稳定，嗅觉疲劳时应及时休息恢复。

（5）在进行嗅辨工作时每个臭气嗅辨（嗅辨员）应独立进行嗅辨判断。

（6）严禁相互协商或作出容易误导他人判定结果的行为。

8．对某鱼粉厂车间集中排气筒采样，经测定该鱼粉厂车间排气为强碱性，故采样人员先使用 100 mL 内装 5 mol/L 氢氧化钠洗涤液的洗涤瓶洗涤气体后进行采样，样品经实验室分析后，臭气浓度为 35 742（倍），一天后该实验室将继续用这批恶臭采样瓶采集其他样品，因此分析人员将这批恶臭采样瓶用空气吹洗后待用，请指出该实验室的错误，并写出改正措施。

答案：该实验室的错误有两处。

（1）强碱性气体不应采用 5 mol/L 氢氧化钠洗涤液；

（2）由于该鱼粉厂样品臭气浓度为 35 742 倍，浓度较大，且鱼粉厂气体的味道消除，不应只采用空气吹洗的方式清洗恶臭采样瓶。

改正措施：

（1）应使用 3 mol/L 硫酸溶液作为洗涤液洗涤气体；

（2）应把真空采样瓶放到大型蒸锅箅上，锅底加水沸蒸 0.5 h，自然晾干，再进行空气吹洗至无异味。

9．简述无组织排放源及环境空气恶臭采样记录填写内容？

答案：采样记录的填写应包括采样日期、开始时间、样品编号、采样地点、环境温度、采样袋容量、采样点位示意图及恶臭污染状况的感官描述。

10．三点比较式臭袋法中，嗅辨气袋的制备方法是什么？

答案：使用空压机和无臭空气净化装置制备无臭空气嗅辨气袋。采用注射器抽取法，用注射器由真空采样瓶进气口硅胶塞处或采气管处抽取定量样品气，或直接从采样袋中抽取定量样品气，将抽取好样品气的注射器，迅速插入充有无臭空气的嗅辨气袋中，将样品气体注入，拔出注射器，晃动摇匀，完成嗅辨气袋制备。使用压力稀释法制备嗅辨气袋，借助压力来稀释样品气，达到稀释混合的目的，将加压的混合气分装到嗅辨袋中，完成嗅辨气袋的制备。

11．三点比较式臭袋法中，环境空气和无组织排放监控点空气嗅辨实验终止判定的条件是什么？

答案：当 M 值大于 0.58 时，则继续下一级稀释倍数实验，重复嗅辨实验过程直至当 M 值计算结果小于等于 0.58 时，实验结束。

12．三点比较式臭袋法中规定，新购进的实验材料如何进行空白实验？

答案：将真空瓶、采样袋和嗅辨袋等充满无臭空气，静置一段时间（约 30 h）后进行嗅辨实验。以臭气嗅辨（嗅辨员）嗅辨实验结果进行判定，臭气浓度小于 10，即认为实验材质无味，方可投入使用。

13．恶臭嗅觉实验室的功能区和主要功能是什么？

答案：采样准备室用于采样器材的存放、采样器使用前的准备、测定后样品的处理、采样器材清洗等；样品配制室用于测定器材存放、样品短期存放、无臭空气制备、样品配制等；嗅辨室用于臭气嗅辨（嗅辨员）对样品嗅辨；休息室为臭气嗅辨（嗅辨员）提供空气清洁的休息环境，缓解嗅觉疲劳。

六、计算题

1．用三点比较式臭袋法测定厂界环境臭气浓度，下表为样品经 10 倍、100 倍两级稀释嗅辨的嗅辨结果登记表，已知 100 倍稀释嗅辨 $M_2<0.58$，计算该样品的臭气浓度。

稀释倍数		10			100		
实验次序		1	2	3	1	2	3
嗅辨员	A	○	Δ	○	Δ	○	×
	B	○	○	×	×	○	×
	C	×	○	○	×	Δ	×
	D	Δ	×	○	○	×	×
	E	○	○	Δ	○	×	Δ
	F	○	○	Δ	×	Δ	○
小组平均正解率（M）		a=，b=，c= M_1=			a=，b=，c= M_2=		

注：答案正确以“○”表示，答案不明确以“Δ”表示，答案错误以“×”表示。

答案：

稀释倍数		10			100		
实验次序		1	2	3	1	2	3
嗅辨员	A	○	Δ	○	Δ	○	×
	B	○	○	×	×	○	×
	C	×	○	○	×	Δ	×
	D	Δ	×	○	○	×	×
	E	○	○	Δ	○	×	Δ
	F	○	○	Δ	×	Δ	○
小组平均正解率（M）		$a=11$，$b=4$，$c=3$ $M_1=\frac{1.00\times 11+0.33\times 4+0.00\times 3}{18}=0.68$			$a=5$，$b=4$，$c=9$ $M_2=\frac{1.00\times 5+0.33\times 4+0.00\times 9}{18}=0.35$		

α=（M_1−0.58）/（M_1-M_2）=（0.68−0.58）/（0.68−0.35）≈0.30

β=lg（t_2/t_1）=1　　t_2=100　　t_1=10

$Y=t_1\times10^{\alpha\beta}=10\times10^{0.30}$=19.95 =19（结果取整）

该样品的臭气浓度为 19。

2. 用三点比较式臭袋法测定厂界环境臭气浓度，下表为样品经 10 倍、100 倍两级稀释嗅辨的嗅辨结果登记表，已知 100 倍稀释嗅辨 M_2<0.58，计算该样品的臭气浓度。

稀释倍数		10			100		
实验次序		1	2	3	1	2	3
嗅辨员	A	○	Δ	○	Δ	○	×
	B	○	○	×	×	○	×
	C	○	×	○	×	Δ	○
	D	Δ	○	○	○	Δ	×
	E	○	○	○	○	×	Δ
	F	○	○	Δ	×	Δ	○
小组平均正解率（M）		a=，b=，c= M_1=			a=，b=，c= M_2=		

注：答案正确以“○”表示，答案不明确以“Δ”表示，答案错误以“×”表示。

答案：

稀释倍数		10			100		
实验次序		1	2	3	1	2	3
嗅辨员	A	○	Δ	○	Δ	○	×
	B	○	○	×	×	○	×
	C	○	×	○	×	Δ	○
	D	Δ	○	○	○	Δ	×
	E	○	○	○	○	×	Δ
	F	○	○	Δ	×	Δ	○
小组平均正解率（M）		a=13，b=3，c=2 $M_1=\frac{1.00\times13+0.33\times3+0.00\times2}{18}$=0.78			a=6，b=5，c=7 $M_2=\frac{1.00\times6+0.33\times5+0.00\times7}{18}$=0.42		

α=（M_1−0.58）/（M_1-M_2）=（0.78−0.58）/（0.78−0.42）=0.56

β=lg（t_2/t_1）=1　　t_2=100　　t_1=10

$Y=t_1\times10^{\alpha\beta}=10\times10^{0.56}$=36.3≈36（结果取整）

该样品的臭气浓度为 36。

3. 用三点比较式臭袋法测定厂界环境臭气浓度，下表为样品经 10 倍、100 倍、1 000 倍三级稀释嗅辨的嗅辨结果登记表，已知 1 000 倍稀释嗅辨 M_3<0.58，计算该样品的臭气浓度。

稀释倍数		10			100			1 000		
实验次序		1	2	3	1	2	3	1	2	3
嗅辨员	A	○	Δ	○	Δ	○	×	×	○	×
	B	○	○	×	○	○	○	○	×	○
	C	×	○	○	×	Δ	×	×	Δ	×
	D	Δ	×	○	○	Δ	○	×	Δ	×
	E	○	○	Δ	○	○	Δ	○	×	×
	F	○	○	Δ	×	Δ	○	×	×	○
小组平均正解率（*M*）		*a*=，*b*=，*c*= M_1=			*a*=，*b*=，*c*= M_2=			*a*=，*b*=，*c*= M_3=		

注：答案正确以“○”表示，答案不明确以“Δ”表示，答案错误以“×”表示。

答案：

稀释倍数		10			100			1 000		
实验次序		1	2	3	1	2	3	1	2	3
嗅辨员	A	○	Δ	○	Δ	○	×	×	○	×
	B	○	○	×	○	○	○	○	×	○
	C	×	○	○	×	Δ	×	×	Δ	×
	D	Δ	×	○	○	Δ	○	×	Δ	×
	E	○	○	Δ	○	○	Δ	○	×	×
	F	○	○	Δ	×	Δ	○	×	×	○
小组平均正解率（*M*）		*a*=11，*b*=4，*c*=3 $M_1=\frac{1.00\times 11+0.33\times 4+0.00\times 3}{18}$ =0.68			*a*=9，*b*=5，*c*=4 $M_2=\frac{1.00\times 9+0.33\times 5+0.00\times 4}{18}$ =0.59			*a*=5，*b*=2，*c*=11 $M_3=\frac{1.00\times 5+0.33\times 2+0.00\times 11}{18}$ =0.31		

α=（M_3–0.58）/（M_2-M_3）=（0.59–0.58）/（0.59–0.31）=0.04

$\beta=\lg\frac{t_2}{t_1}=\lg\frac{1\,000}{100}=1$　　$Y=t_1\times 10^{\alpha\beta}=100\times 10^{0.04}=109.65\approx 109$（结果取整）

该样品的臭气浓度为 109。

4．下表是某地区环境空气臭气测定结果登记表。

稀释倍数		10								
实验次序		1	2	3						
臭气嗅辨（嗅辨员）	A	Δ	○	Δ						
	B	○	○	Δ						
	C	○	○	Δ						
	D	Δ	○	Δ						
	E	×	Δ	○						
	F	Δ	×	Δ						
小组平均正解率（*M*）		*a*= 7，*b*=9，*c*= 2 $M=\frac{1.00\times 7+0.33\times 9+0.00\times 2}{18}$ =0.55								

注：○答案正确，×答案错误，Δ 答案不明确。

计算该地区样品臭气浓度。

答案：该地区环境空气样品臭气浓度＜10 或=10。

5．下表是某轮胎厂橡胶生产车间废气排放口废气臭气样品浓度登记表。

稀释倍数		30	100	300	1 000	3 000	1 万	3 万	标准偏差	个人嗅觉阈值
对数值		1.48	2.00	2.48	3.00	3.48	4.00	4.48		$\overline{X_i}=\frac{\lg a_1+\lg a_2}{2}$
臭气嗅辨（嗅辨员）	A1	○	○	○	○	×				
	B1	○	○	○	○	○	×			
	C1	○	○	○	○	○	×			
	D1	○	○	○	○	×				
	A2	○	○	○	○	○	×			
	B2	○	○	○	○	○	×			
	C2	○	○	○	○	○	×			
	D2	○	○	○	○	×				

注：○答案正确，×答案错误。

下表是 t 分布临界值表。

t 分布临界值表

双侧	$\alpha=0.1$	$\alpha=0.05$	$\alpha=0.02$
3	2.353	3.182	4.541

注：$n-1$ 为自由度。

求该轮胎厂橡胶生产车间废气排放口臭气样品浓度。该排气筒高度 20 m，请判断该企业是否达标。已知排气筒高度 15 m，标准限值 2 000，排气筒高度 25 m，标准限值 6 000，

相关系数 γ=0.577 4，标准偏差 S_{X_1}=0.288 7　S_{X_2}=0.250 0，

$$t=\frac{\left|\bar{X}_1-\bar{X}_2\right|}{\sqrt{\frac{S^2{}_{X_1}+S^2{}_{X_2}-2\gamma S_{X_1}S_{X_2}}{n-1}}}$$

答案：$\overline{X_1}=(3.24+3.74+3.74+3.24)/4=3.49$

$\overline{X_2}=(3.74+3.74+3.74+3.24)/4=3.62$

标准偏差 S_{X_1}=0.288 7　S_{X_2}=0.250 0

相关系数 γ =0.577 4

$$t=\frac{\left|\bar{X}_1-\bar{X}_2\right|}{\sqrt{\frac{S^2{}_{X_1}+S^2{}_{X_2}-2\gamma S_{X_1}S_{X_2}}{n-1}}}=0.900\,7$$

计算得出 t=0.900 7＜3.182=t（3）$_{0.05}$，则 P＞0.05，表明两组试验结果间无显著性差异。

$$\overline{X}=\frac{(3.24+3.74+3.74+3.24+3.74+3.74+3.74+3.24)}{8}=3.55$$

$Y = 10^{\overline{X}} = 10^{3.55} = 3\,548.133\,9 \approx 3\,548$（结果取整）

该轮胎厂橡胶生产车间废气排放口臭气样品浓度为 3 548，该排放源排气筒高度 20 m，按照《恶臭污染物排放标准》（GB 14554—1993）中的规定，有组织排放源的排气筒高度在表中所列两种高度之间，采用四舍五入的方法计算其排气筒的高度。20 m 四舍五入为 25 m，该排放源执行 25 m 高度的标准值（6 000），故该排放源臭气浓度达标。

6．下表是某食品加工厂生产车间废气排放口废气臭气样品浓度登记表。

稀释倍数		30	100	300	1000	3000	1 万	3 万	标准偏差	个人嗅觉阈值 $\overline{X_i} = \frac{\lg a_1 + \lg a_2}{2}$
对数值		1.48	2.00	2.48	3.00	3.48	4.00	4.48		
臭气嗅辨（嗅辨员）	A1	○	○	×					0.408 2	2.24
	B1	○	○	○	×					2.74
	C1	○	○	○	○	×				3.24
	D1	○	○	○	×					2.74
	A2	○	○	○	×				0.288 7	2.74
	B2	○	○	○	○	×				3.24
	C2	○	○	○	○	×				3.24
	D2	○	○	○	×					2.74

注：○答案正确，×答案错误。

下表是 t 分布临界值表。

t 分布临界值表

双侧	$\alpha = 0.1$	$\alpha = 0.05$	$\alpha = 0.02$
3	2.353	3.182	4.541

注：$n-1$ 为自由度。

求该轮胎厂橡胶生产车间废气排放口臭气样品浓度。

已知条件：

相关系数 γ=0.707 1

标准偏差 S_{X_1}=0.408 2　S_{X_2}=0.288 7

$$t = \frac{\left|\overline{X}_1 - \overline{X}_2\right|}{\sqrt{\dfrac{S^2{}_{X_1} + S^2{}_{X_2} - 2\gamma S_{X_1} S_{X_2}}{n-1}}}$$

答案： $\overline{X_1} = (2.24 + 2.74 + 3.24 + 3.74) / 4 = 2.74$

$\overline{X_2} = (2.74 + 3.24 + 3.24 + 2.74) / 4 = 2.99$

相关系数 γ=0.707 1

标准偏差 S_{X_1}=0.408 2　S_{X_2}=0.288 7

$$t=\frac{\left|\overline{X}_1-\overline{X}_2\right|}{\sqrt{\dfrac{S^2_{X_1}+S^2_{X_2}-2\gamma S_{X_1}S_{X_2}}{n-1}}}=1.500\,2$$

计算得出 t=1.500 2＜3.182=t（3）$_{0.05}$，则 P＞0.05，表明两组试验结果间无显著性差异。

$$\overline{X}=\frac{(2.24+2.74+3.24+2.74+2.74+3.24+3.24+2.74)}{8}=2.86$$

$$Y=10^{\overline{X}}=10^{2.86}=724.436\,0\approx 724$$（结果取整）

该食品加工厂生产车间废气排放口臭气样品浓度为 724。

第二节　二噁英监测

一、填空题

1．二噁英类是__________（PCDDs）和__________（PCDFs）的统称。

答案：多氯代二苯并-对-二噁英，多氯代二苯并呋喃

2．二噁英类所有化合物互为__________，二噁英类共有__________种同类物。

答案：同类物，210

3．化学组成相同但氯取代位置不同的二噁英类互为__________。

答案：异构体

4．毒性当量因子（TEF）指各二噁英同类物与__________对__________受体的亲和性能之比。

答案：2,3,7,8-四氯二苯并-对-二噁英（2,3,7,8-T_4CDD），Ah（芳香烃）

5．各二噁英类同类物质量浓度折算为相当于__________毒性的等价质量浓度，毒性当量（TEQ）质量浓度为__________与该异构体的__________的乘积。

答案：2,3,7,8-四氯二苯并-对-二噁英（2,3,7,8-T_4CDD），实测质量浓度，毒性当量因子（TEF）

6．废气二噁英类采样中，根据__________大小确定采样点数和位置。开始采样前，预先测定各采样点处的废气温度、水分含量、压力、__________等参数。

答案：烟道断面，气流速度

7．环境空气二噁英类采样中，使用石英滤膜和 PUF 分别采集__________和__________中的二噁英类物质。

答案：颗粒物（或颗粒相）、气态（或气相）

8．为测定某段水系的二噁英背景值，原则上应将采样背景断面设在__________或未受污染的__________。

答案：水系源头处，上游河段

9．采集二噁英水样时，样品容器应使用对二噁英类无吸附作用的__________或__________材质可密封器具。

答案：不锈钢，玻璃/聚四氟乙烯

10．土壤二噁英采样一般采集表层土，采样深度为__________。特殊要求的监测必要时选择部分采样点采集剖面样。

答案：0～20 cm

11．土壤二噁英采样时，每份样品的干重不低于__________kg。

答案：1

12．土壤二噁英样品的采样频次原则上每个监测周期内应采集__________次，但在实际监测过程中，可根据监测的目的以及特殊要求，适当增加采样频次。沉积物采样频次与水质采样同步进行，但频次可减少，每个水质监测断面或采样点采集__________个沉积物样品。

答案：1，1

13．土壤二噁英样品容器应选择对二噁英类无吸附作用的不锈钢或__________材质可密封器具。

答案：玻璃/聚四氟乙烯

14．同位素稀释高分辨气相色谱-高分辨质谱法测定水质二噁英类化合物时，将添加了提取内标的水样用__________滤膜过滤，分开残留物与滤出液。

答案：玻璃纤维

15．同位素稀释高分辨气相色谱-高分辨质谱法测定环境空气中二噁英类化合物时，滤膜用__________提取，PUF 用__________提取，提取时间为__________h。

答案：甲苯，丙酮，16～24

16．同位素稀释高分辨气相色谱-高分辨质谱法测定废气中二噁英类化合物，对废气采样时收集的冷凝水等液体样品进行液液萃取时，按照每 1 L 溶液添加__________mL 二氯甲烷的比例，振荡萃取，重复__________次，萃取液用__________脱水。

答案：100，3，无水硫酸钠

17．同位素稀释高分辨气相色谱-高分辨质谱法测定固体废物中二噁英类化合物时，若提取液中含有油脂，可以使用__________萃取法，去除碳氢化合物等低极性有机物后，再进行样品净化。

答案：二甲基亚砜（DMSO）

18．二噁英分析实验室的低浓度样品处理间用于对__________样品的前处理，高浓度样品处理间用于__________等样品的前处理。

答案：环境，污染源

19．二噁英分析采用高分辨气相色谱-高分辨质谱仪，该仪器原理为用__________和__________对离子碎片进行聚焦，以达到超痕量目标物分析的目的。

答案：磁场，电场

20．通过加入多级内标，采用__________（定量方法）对二噁英类化合物进行检测，可以得到极高的精密度和准确度，并且可以对其中的每种成分进行定量。

答案：同位素稀释法

21．高分辨气相色谱-高分辨质谱法分析二噁英，仪器分析前，需进行质量校正，方法是监测各质量范围内__________峰离子的荷质比以及分辨率，分辨率应全部达到__________以上。

答案： 质量校准物质（PFK），10 000

22．样品中二噁英实测质量浓度低于样品检出限的应记为__________。

答案： N.D.

23．2,3,7,8-位氯代二噁英类指所有 2,3,7,8-位置被氯原子取代的二噁英类同类物，包括__________种四～八氯代二苯并-对二噁英类以及__________种四～八氯代二苯并呋喃，共有__________种。

答案： 7，10，17

24．二噁英类物质中，四氯代二苯并-对-二噁英有 22 种异构体，五氯代二苯并-对-二噁英有 14 种异构体，六氯代二苯并-对-二噁英有 10 种异构体，七氯代二苯并-对-二噁英有__________种异构体，八氯代二苯并-对-二噁英有__________种异构体。

答案： 2，1

25．二噁英类物质中，四氯代二苯并呋喃有 38 种异构体，五氯代二苯并呋喃有 28 种异构体，六氯代二苯并呋喃有 16 种异构体，七氯代二苯并呋喃有__________种异构体，八氯代二苯并呋喃有__________种异构体。

答案： 4，1

26．二噁英类化合物共有同类物数有__________种，其中多氯代二苯并-对-二噁英（PCDDs）有__________种，多氯代二苯并呋喃（PCDFs）有__________种。

答案： 210，75，135

27．一般来说，具有毒性当量的二噁英类化合物有 17 种，其中毒性当量最大的是__________。

答案： 2,3,7,8-T_4CDD

28．共平面多氯联苯是指多氯联苯中非邻位或单邻位取代的多氯联苯，与__________有类似的毒性，所以一般也称其为__________。

答案： 二噁英类，类二噁英多氯联苯

29．在二噁英样品提取前，每个样品需添加一定量的__________，在样品仪器分析前，每个样品需添加一定量的__________。

答案： 提取内标，进样内标

30．二噁英样品进行氮吹后，在进行高分辨率气相色谱高分辨率质谱仪器分析前，应添加__________，一般选择 ^{13}C 标记或__________，每样品添加量为__________。

答案： 进样内标，^{37}Cl 标记化合物，0.4～2.0 ng

31．在进行二噁英样品分析时所使用的试剂使用前应进行__________，有机溶剂浓缩__________倍以上不得检出二噁英。

答案： 空白试验，10 000

32．二噁英样品前处理装置所有接口处严禁使用__________。

答案： 油脂

33．使用高分辨率气相色谱-高分辨质谱法（HRGC-HRMS）对二噁英进行分析时，其气相色谱进样口要求具有__________，最高使用温度不低于__________。

答案： 不分流进样功能，280℃

34．高分辨气相色谱仪所用载气为＿＿＿＿＿，纯度为＿＿＿＿＿。

答案：高纯氦气，99.999%

35．高分辨质谱仪应为＿＿＿＿＿，电子轰击电压可在＿＿＿＿＿范围调节。

答案：双聚焦磁质谱，25～70 V

36．质谱仪是一种测量样品＿＿＿＿＿的仪器。

答案：离子质荷比

37．高分辨质谱一般使用丙酮作为检漏溶剂，其特征离子峰 m/z 为＿＿＿＿＿和＿＿＿＿＿。

答案：58，43

38．使用高分辨率气相色谱-高分辨质谱法（HRGC-HRMS）对二噁英进行分析时，其高分辨质谱仪应具有选择离子检测功能，并使用＿＿＿＿＿进行质量校正。

答案：锁定质量模式（lockmass）

39．二噁英类检测留样保存期限不低于＿＿＿＿＿年。

答案：3

40．二噁英类常用的毒性当量因子有 3 种版本，使用何种 TEF 版本，需要在＿＿＿＿＿中注明。

答案：监测报告

41．二噁英类毒性当量浓度计算常用的毒害当量因子 I-TEF 是来自＿＿＿＿＿。

答案：北大西洋公约组织（NATO）

42．由于 $^{13}C_{12}$-1,2,3,7,8,9-HxCDD 被用于进样内标，1,2,3,7,8,9-HxCDD 并不能按照同位素稀释内标法定量，采用＿＿＿＿＿或＿＿＿＿＿的响应因子和回收率的平均值进行定量和校正。

答案：$^{13}C_{12}$-1,2,3,4,7,8-HxCDD，$^{13}C_{12}$-1,2,3,6,7,8-HxCDD

43．硝酸银硅胶是利用硅胶上的 Ag^+和基质中的 S 结合成＿＿＿＿＿达到除 S 的效果。除 S 后，硝酸银硅胶一般呈现＿＿＿＿＿。

答案：硫化银（Ag_2S），灰黑色

44．环境基质中沉积物和污泥等含有大量的硫，比较常用的除硫方法有＿＿＿＿＿和＿＿＿＿＿。

答案：硝酸银硅胶除 S 法，铜粉/铜片除 S 法

45．开展废气二噁英类采样前，需在现场连接采样装置，检查系统的＿＿＿＿＿。

答案：气密性

46．对于废气二噁英类监测平台的采样要求，护栏高度不低于＿＿＿＿＿，采样平台面积不少于＿＿＿＿＿。

答案：1.1 m，4 m^2

47．废气二噁英类采样孔径要求不小于＿＿＿＿＿。

答案：80 mm

48．废气二噁英类采样时，气相收集单元应浸在冰水浴中或采用冷却循环装置对进入气相吸附柱的烟气进行降温，温度应保持在＿＿＿＿＿。

答案：30℃以下

49．对于可能含有余氯的水样，加入适量的＿＿＿＿＿除去余氯干扰。

答案：硫代硫酸钠

50．采集环境空气二噁英类采样布点时，原则上采样点应位于开阔地带，距可能扰动环境空气流的障碍物至少__________m 以上，采样器应安装在距离地面__________m 以上的位置。为防止地面扬尘，可在设备附近铺设塑料布或其他隔离物。采样时间应尽量避开大风和下雨天气。

答案：2，1.5

51．半固态二噁英类样品制样时，用机械方法或人工方法破碎和研磨，筛分使样品的 95%达到__________以下的粒径度。样品经缩合及缩分后制成分析用样品，在制样的同时，应测定__________。

答案：2 mm，含水量

52．二噁英类液态固废样品制样时，应充分混匀并缩分。样品混匀后，采用__________，每次减量__________，最终样品量为检测分析用样品量的__________。

答案：二分法，一半，10 倍左右

二、单选题

1．《环境二噁英类监测技术规范》（HJ 916—2017）对废气现场监测的采样模式要求优先选用__________跟踪采样。（　　）

A．多孔多点等速　　B．单孔多点等速

C．多孔多点恒流　　D．单孔多点恒流

答案：A

2．采集环境空气二噁英类，采样滤膜宜使用__________滤膜，采样后滤膜不可烘烤。（　　）

A．玻璃纤维　　B．刚玉　　C．石英　　D．聚氯乙烯

答案：C

3．火葬场污染物排放管理中，二噁英类污染物的监测频次要求为每年至少开展__________次。（　　）

A．1　　B．2　　C．3　　D．4

答案：A

4．同位素稀释高分辨气相色谱-高分辨质谱法测定固体废物中二噁英类化合物时，固态样品用机械方法或人工法破碎和研磨，筛分使样品的 95%达到__________mm 以下的粒径度，样品经混合及缩分后制成分析用样品。（　　）

A．1　　B．2　　C．3　　D．4

答案：B

5．废气二噁英类采样装置中采样管应带有加热装置，以避免在采样过程中废气中水分冷凝，采样管加热应在__________内。（　　）

A．105～125℃　　B．120～135℃　　C．135～150℃　　D．150℃以上

答案：A

6．由于废气中二噁英采样的特殊性，采样需在一段较长的时间内进行以避免短时间的不稳定工况对采样结果造成影响，一般总采样时间应不少于__________h。（　　）

A．0.5　　B．1　　C．2　　D．3

答案：C

7．废气二噁英采样，按照采样总数的__________%进行运输空白实验。（　　）

A．5　　B．10　　C．15　　D．20

答案：B

8．采集污染源废气中二噁英类时，需要对烟气含湿量进行测定，下列哪个方法不是烟气含湿量的常用测定方法__________。（　　）

A．冷凝法　　B．干湿球法　　C．定点位电解法　　D．重量法

答案：C

9．固定排放源周边环境质量监测，监测点位原则上应设置在主导和第二主导风向的上、下风向。如监测区域内有环境敏感点，应在环境敏感点增设监测点位。每个监测点采集不少于__________。（　　）

A．12 h　　B．24 h　　C．3 天　　D．7 天

答案：C

10．环境空气二噁英采样时，道路交通点监测，采样器距离道路边缘不得超过__________m。（　　）

A．5　　B．10　　C．15　　D．20

答案：D

11．对于地表水中二噁英类监测，如果每个监测断面上采样垂线数超过 1 条，每条垂线上采样点数超过 1 个时，可分别采集同一断面各垂线和垂线上各采样点的瞬时水样，按照等体积比例混合成一个__________。（　　）

A．等比例混合水样　　B．等时混合水样

C．等比例瞬时水样　　D．综合水样

答案：D

12．按照废水点位布设原则，废水中二噁英类采样点位应设在__________。（　　）

A．净化设施总排口　　B．污水处理设施入口

C．车间或车间处理设施排放口　　D．污水处理站

答案：C

13．对于工业废水，如果排污单位的生产工艺过程连续稳定，有污水处理设施并正常运转，可以采集__________。（　　）

A．瞬时水样　　B．等时混合水样

C．等比混合水样　　D．综合水样

答案：A

14．采集二噁英废水水样时，如果排污单位的生产工艺过程具有间歇性或阶段性，则采集等时混合水样，混合样品的采样次数不得少于__________次，单个样品采样量不少于__________L。（　　）

A．2，5　　B．1，2　　C．1，5　　D．2，1

答案：A

15．固体废物采样的份样量取决于废物的粒度上限，废物粒度越大，均匀性越__________，份

样量就应越__________。（ ）

A．差，多 B．好，少 C．差，少 D．好，多

答案：A

16．固体废物的采样频次应根据其产生方式确定，如为连续产生，原则上每个监测周期采集__________次：如为间歇产生，每个产生周期采集__________次。（ ）

A．1，1 B．2，1 C．1，2 D．2，2

答案：A

17．下列哪些工具不适合用于土壤二噁英采样__________。（ ）

A．不锈钢采样铲 B．塑料采样铲

C．采土器 D．木质采样铲

答案：B

18．土壤湿度的野外估测，一般可分为干、潮、湿、重潮、极潮五级。手捏土块时有水流出，则可判定土壤湿度为__________。（ ）

A．潮 B．湿 C．重潮 D．极潮

答案：D

19．因沉积物样品含水率较大，样品流动性较强，沉积物样品应使用__________保存。（ ）

A．带有磨口的棕色广口瓶 B．聚乙烯袋

C．布袋 D．透明玻璃瓶

答案：A

20．土壤质地分为沙土、壤土（沙壤土、轻壤土、中壤土、重壤土）和黏土，野外估测方法为取小块土壤，加水潮润，然后揉搓，搓成细条并弯成直径为 2.5～3 cm 的土环，据土环表现的性状确定质地。如某一土壤能搓成完整的细条，能弯曲成圆圈，则可判定该土壤质地为__________。（ ）

A．砂土 B．轻壤土 C．中壤土 D．黏土

答案：D

21．高分辨气相色谱-高分辨质谱法分析二噁英时，使用 SIM 法选择待测各化合物的两个监测离子丰度比，通常可以根据__________ 原子同位素丰度比推算。（ ）

A．氯 B．碳 C．氢 D．氧

答案：A

22．高分辨气相色谱-高分辨质谱法分析二噁英时，操作空白要求低于评价浓度的__________。（ ）

A．1/5 B．1/10 C．1/20 D．1/50

答案：B

23．高分辨气相色谱-高分辨质谱法分析废气中二噁英时，采样内标回收率应在__________之内。（ ）

A．50%～150% B．60%～140% C．70%～130% D．80%～120%

答案：C

24．高分辨气相色谱-高分辨质谱法分析环境空气和废气中二噁英时，环境空气样品的 TEQ 质

量浓度单位为__________，废气样品的 TEQ 质量浓度单位为__________。（　　）

A．ng TEQ/m^3，ng TEQ/m^3　　B．ng TEQ/m^3，pg TEQ/m^3

C．pg TEQ/m^3，ng TEQ/m^3　　D．pg TEQ/m^3，pg TEQ/m^3

答案：C

25．土壤和固废二噁英样品留样保存期限不低于__________。（　　）

A．1 年　　B．2 年　　C．3 年　　D．5 年

答案：C

26．二噁英分析试样中进样内标的峰面积应不低于校准溶液中等量进样内标峰面积的 __________%。（　　）

A．50　　B．60　　C．70　　D．80

答案：C

27．高分辨气相色谱-高分辨质谱法分析二噁英时，色谱图上 *S/N* 大于__________的色谱峰视为有效峰。（　　）

A．2　　B．3　　C．5　　D．10

答案：B

28．下列__________色谱柱不是高分辨气相色谱-高分辨质谱法分析二噁英时常用的色谱柱。（　　）

A．DB-5MS　　B．BPX-DXN　　C．RH-12 ms　　D．DB-624

答案：D

29．高分辨质谱仪的动态分辨率应大于 10 000（10%峰谷定义），并至少可以稳定__________h 以上。（　　）

A．8　　B．12　　C．24　　D．48

答案：C

30．二噁英类内标是指质量浓度已知的同位素__________或__________标记的二噁英类标准物质壬烷或__________、__________溶液。（　　）

A．^{37}Cl，^{13}C，甲苯，癸烷　　B．^{37}Cl，^{13}C，甲苯，丙酮

C．^{37}Cl，^{12}C，甲苯，癸烷　　D．^{37}Cl，^{12}C，甲苯，丙酮

答案：A

31．二噁英样品分析过程使用到的水要求为经__________充分洗涤过的蒸馏水。（　　）

A．甲苯　　B．正己烷　　C．丙酮　　D．二氯甲烷

答案：B

32．对于含硫量较高的二噁英类样品，净化过程中可在多层硅胶柱上端加入适量的铜粉，铜粉在使用前用__________清洗，去除表面的氧化层后，用纯净水清洗并干燥。（　　）

A．稀盐酸　　B．浓硫酸　　C．稀硝酸　　D．稀醋酸

答案：A

33．土壤和沉积物样品的二噁英类分析，主要采用__________进行定量。（　　）

A．同位素稀释内标法　　B．内标法

C．外标曲线法　　D．单点校正法

答案：A

34．当一束离子以与磁场方向垂直的方向射入磁场时，在磁场强度和加速电压一定的情况下，它在磁场中做圆周运动的半径与其质量__________，实现质量色散。（　　）

A．成正比　　B．成反比

C．成线性　　D．对数关系

答案：A

35．在进行二噁英样品提取时，一般情况下，提取内标应在样品__________添加。（　　）

A．提取处理时　　B．提取处理前

C．提取处理后　　D．提取处理前或提取处理后都行

答案：B

36．用同位素稀释高分辨气相色谱-高分辨质谱法进行二噁英样品分析时，要求样品检出限应低于评价质量分数的__________。（　　）

A．1/2　　B．1/3　　C．1/5　　D．1/10

答案：D

37．下列二噁英类分析常用的有机溶剂，极性由高到低的排列分别是__________。（　　）

A．甲醇、甲苯、丙酮、二氯甲烷、正己烷

B．甲醇、丙酮、二氯甲烷、甲苯、正己烷

C．正己烷、甲苯、丙酮、二氯甲烷、甲醇

D．正己烷、甲苯、二氯甲烷、丙酮、甲醇

答案：B

38．《水泥窑协同处置固体废物污染控制标准》（GB 30485—2013）规定的标准状态下 O_2 含量为__________。（　　）

A．10　　B．11　　C．8　　D．不折算

答案：A

39．协同处置固体废物水泥窑二噁英类最高允许排放浓度是__________ng TEQ/m^3。（　　）

A．0.1　　B．0.05　　C．0.5　　D．1.0

答案：A

40．《生活垃圾填埋场污染控制标准》（GB 16889—2008）规定生活垃圾焚烧飞灰和医疗废物焚烧残渣（包括飞灰、底渣）经处理应满足（1）含水率小于__________%；（2）二噁英含量（或等效毒性量）低于__________μg TEQ/kg 的控制要求。（　　）

A．30，3　　B．50，3　　C．30，5　　D．30，4

答案：A

41．危险废物焚烧设施烟气中二噁英类的排放浓度限值为__________ng TEQ/m^3。（　　）

A．0.1　　B．0.05　　C．0.5　　D．0.15

答案：C

42．当环境空气二噁英采样仪器运行后观察到采样泵输出功率增大情况时，为防止出现如环境

中粉尘较多会造成采样滤膜阻力变大引起泵输出功率增大较快，出现满载而停止运行的现象，应在泵输出功率达到__________%时便要暂停仪器更换新滤膜。（　　）

A．80　　B．85　　C．90　　D．95

答案：C

43．根据 HJ 77.2—2008 方法要求，环境空气二噁英样品采集时需进行运输空白试验，当运输空白较高时，如果样品实测值与运输空白测定值相比大__________数量级以上，则可以从样品实测值中扣除运输空白。（　　）

A．1 个　　B．2 个　　C．3 个　　D．4 个

答案：B

44．测定土壤和沉积物中二噁英类时，如果添加的提取内标回收率偏高，会导致目标物的测定结果__________。（　　）

A．偏高　　B．偏低

C．没有影响　　D．无法判断

答案：D

45．《危险废物焚烧污染控制标准》（GB 18484—2020）规定对大气污染物中二噁英类的监测应每年至少__________次。（　　）

A．1　　B．2　　C．3　　D．4

答案：B

46．二噁英类物质仪器分析所用的内标有__________。（　　）

A．进样内标　　B．采样内标

C．提取内标　　D．以上都是

答案：D

三、多选题

1．采集多环芳烃和二噁英类，采样管材质可用如下__________。（　　）

A．硼硅酸盐玻璃　　B．石英玻璃

C．钛金属合金　　D．聚四氟乙烯

答案：ABC

2．二噁英实验室内应设有更衣间、采样设备间、天平室、数据解析室、缓冲间、__________等。（　　）

A．低浓度样品处理室　　B．样品存放间

C．仪器分析室　　D．废弃物存放间

E．高浓度样品处理室

答案：ABCDE

3．二噁英实验室样品处理室配有固定式通风橱、__________等。（　　）

A．萃取设备　　B．浓缩装置

C．净化用的设备　　D．水样固相萃取专用设备

答案：ABCD

4．二噁英实验室人员必须经过培训，经过考试合格，拿到上岗证书，方可从事二噁英实验室的工作，培训内容除监测方面相关专业基础知识外，至少还应该包含__________。（　　）

A．二噁英实验室组成、功能及技术指标

B．二噁英实验室通风、电气、给排水等系统的控制

C．实验室消防及安全

D．实验室管理制度

答案：ABCD

5．采集污染源废气中二噁英类前，须进行必要的资料收集或现场调查，调查内容包括__________等。（　　）

A．烟气排放量　　B．烟气温度　　C．水分含量　　D．烟道形状和尺寸

答案：ABCD

6．废气二噁英类采样装置中，气相吸附单元可以是__________。（　　）

A．气相吸附柱　　B．PUF 充填管

C．冲击瓶和气相吸附柱组合　　D．SPE 柱

答案：ABC

7．采集的二噁英废气样品必须包括__________。（　　）

A．吸附在颗粒物上的二噁英类　　B．气相中的二噁英类

C．烟气冷凝液中的二噁英类　　D．采样管路清洗液中的二噁英类

答案：ABCD

8．沉积物样品的采集可选用__________。（　　）

A．不锈钢采样铲　　B．抓斗式采泥器

C．柱状采泥器　　D．木质采样铲

答案：BC

9．高分辨气相色谱-高分辨质谱法分析二噁英时，与目标物浓度计算相关的是__________。（　　）

A．进样内标峰面积　　B．提取内标峰面积

C．目标物峰面积　　D．采样内标峰面积

答案：BC

10．高分辨气相色谱-高分辨质谱法分析二噁英时，二噁英同类物的定性应满足以下哪些条件__________。（　　）

A．两个监测离子在指定保留时间窗口同时存在

B．离子丰度比与理论值偏差＜15%

C．离子丰度比与理论值偏差＜30%

答案：AB

11．测定二噁英时，如发现响应因子异常或峰形拖尾，可以采用的措施有__________。（　　）

A．重新老化色谱柱　　B．更换进样口耗材

C．截掉柱头 10～30 cm　　　　D．更换新的色谱柱

答案：ABCD

12．以下的选项中，属于第一批确定持久性有机污染物清单物质的是________。（　　）

A．多氯代二苯并-对-二噁英和多氯代二苯并呋喃

B．多氯联苯

C．全氟辛烷磺酸和六溴联苯

D．有机氯农药类（狄氏剂、异狄氏剂、艾氏剂、氯丹、七氯、滴滴涕、灭蚊灵、毒杀芬）

E．四溴二苯醚和五溴二苯醚

F．六氯苯

答案：ABDF

13．下列选项中，属于持久性有机污染物清单物质是________。（　　）

A．有机氯农药类（狄氏剂、异狄氏剂、艾氏剂、氯丹、七氯、滴滴涕、灭蚊灵、毒杀芬）

B．多氯联苯和六氯苯

C．多氯代二苯并-对-二噁英和多氯代二苯并呋喃

D．全氟辛烷磺酸和六溴联苯

E．四溴二苯醚和五溴二苯醚

F．多环芳烃

答案：ABCDE

14．环境空气二噁英类采样时，现场应测量________等参数。（　　）

A．空气温度　　B．湿度　　C．风速　　D．风向

答案：ABCD

15．二噁英类样品前处理记录，应包括________。（　　）

A．样品编号　　　　B．样品提取、净化手段

C．分析时间　　　　D．提取液分取比例

E．内标添加记录　　F．操作人员

答案：ABCDEF

16．固体废物二噁英类测定方法适用于固体废物中________二噁英类污染物的采样、样品处理及其定性和定量分析。（　　）

A．固态样品　　　　B．液态样品

C．半固态样品　　　D．置于容器中的气态样品

答案：ABC

17．下列选项可用于环境空气和废气二噁英类采集采样内标的有________。（　　）

A．$^{13}C_{12}$-2,3,4,7,8-PeCDF　　B．$^{13}C_{12}$-1,2,3,4,7,8-HxCDF

C．$^{13}C_{12}$-1,2,3,4,7,8-HxCDD　　D．$^{13}C_{12}$-1,2,3,4,7,8,9-HpCDF

E．$^{13}C_{12}$-1,2,7,8-T_4CDF　　F．$^{37}Cl_4$-2,3,7,8-T_4CDD

答案：ABCDEF

18．污染源废气二噁英类采样装置一般包括________等部分。（　　）

A．采样管　　B．滤筒

C．气相吸附单元　　D．冷凝装置

E．流量计量　　F．控制装置

答案：ABCDEF

19．可用于水质二噁英类采样的工具和容器的材质包括__________。（　　）

A．玻璃　　B．聚四氟乙烯

C．聚乙烯　　D．不锈钢

答案：ABD

20．可通过以下哪些质控手段监控二噁英类检测过程的正确度__________。（　　）

A．空白加标测定　　B．基质加标测定

C．实验室空白测定　　D．标准样品测定

答案：ABCD

21．可用于水质二噁英类测定的前处理装置包括__________。（　　）

A．布氏漏斗　　B．固相萃取圆盘

C．固相萃取柱和萃取装置　　D．分液漏斗

答案：ABCD

22．下列选项中关于二噁英类样品前处理过程中的描述正确的是__________。（　　）

A．淋洗速度约为 2.5 mL/min

B．所用主要有机试剂种类包括甲苯、二氯甲烷、正己烷、丙酮、甲醇

C．每次过净化柱后的洗出液浓缩至 1～2 mL

D．可根据样品中二噁英类预期浓度的高低分取 25%～100%（整数比例）的提取液作为试样溶液，剩余样品转移至棕色密封储液瓶中冷藏储存

答案：ABCD

23．高分辨磁质谱在调谐校正过程中需要考虑__________因素。（　　）

A．质谱基线本底是否正常　　B．仪器质量数校准溶液响应是否正常

C．传输率是否符合要求　　D．质量数是否正确

答案：ABCD

24．二噁英类仪器分析过程中可能存在 PCBs 干扰的是__________。（　　）

A．T_4CDDs　　B．P_5CDDs　　C．T_4CDFs　　D．P_5CDFs

E．H_6CDDs

答案：BE

四、判断题

1．二噁英废气采样器关机前，要继续采集约 5 min 环境空气，其目的是将残留在采样泵和主机气路内的烟气和杂质排除，减少仪器损坏。（　　）

答案：正确

2．火葬场排放废气中，二噁英类采样的采气量可根据现场实际监测对象进行控制，以整具遗体

火化过程为单位进行。（　　）

答案：正确

3．根据现行控制标准，生活垃圾焚烧炉排放烟气中二噁英类的限值为 0.1 ng TEQ/m^3。（　　）

答案：正确

4．生活垃圾焚烧厂运行企业对烟气中二噁英类的监测应每年至少开展 4 次。（　　）

答案：错误

正确答案：根据《生活垃圾焚烧污染控制标准》（GB 18485—2014）及其修改单规定，生活垃圾焚烧厂运行企业对烟气中二噁英类的监测应每年至少开展 1 次。

5．根据现行控制标准，危险废物焚烧炉排放烟气中二噁英类的限值为 0.1 ng TEQ/m^3。（　　）

答案：错误

正确答案：根据《危险废物焚烧污染控制标准》（GB 18484—2020）的规定，危险废物焚烧炉排放烟气中二噁英类的限值为 0.5 ng TEQ/m^3。

6．同位素稀释高分辨气相色谱-高分辨质谱法测定水质二噁英类化合物时，水样过滤完毕后，可直接对滤膜进行萃取。（　　）

答案：错误

正确答案：水样过滤完毕后，将玻璃纤维滤膜放入干燥器中，使玻璃纤维滤膜以及滤纸上的过滤残留物充分干燥后萃取。

7．同位素稀释高分辨气相色谱-高分辨质谱法测定二噁英类化合物时，样品净化过程中，氧化铝净化是为了进一步去除样品中可能存在的干扰成分。（　　）

答案：正确

8．同位素稀释高分辨气相色谱-高分辨质谱法测定二噁英类化合物时，样品净化过程中，活性炭硅胶柱净化可以取代氧化铝柱净化。（　　）

答案：正确

9. 同位素稀释高分辨气相色谱-高分辨质谱法测定土壤和沉积物中二噁英类化合物时，样品可晒干。（　　）

答案：错误

正确答案：样品风干及筛分时应避免日光直接照射及样品间的交叉污染。

10．二噁英类分析实验室应是专用实验室，并按照不同的功能划分区域。严格区分样品的前处理区、标样存放区和仪器分析区。（　　）

答案：正确

11．环境空气二噁英类采样前，先将装有 XAD-2 树脂的吸附材料填充管安装到采样装置上，把滤膜放在滤膜架上，固定好。（　　）

答案：错误

正确答案：环境空气二噁英采样前，先将装有 2 个 PUF 的吸附材料填充管安装到采样装置上，把滤膜放在滤膜架上，固定好。

12．采集环境空气中二噁英类样品，在采样前添加提取内标，要求提取内标物质的回收率为 70%～130%，超过此范围要重新采样。（　　）

答案：错误

正确答案：采集环境空气中二噁英类样品，在采样前添加采样内标，要求采样内标物质的回收率为 70%～130%，超过此范围要重新采样。

13. 环境空气二噁英类测定中，运输空白测定方法为：按标准的规定准备采样材料和溶液并带至采样现场，但是不进行实际采样操作，带回实验室并完成其余分析步骤，所得结果为运输空白。（ ）

答案：正确

14. 环境空气二噁英采样要求采样泵进行高流速采样时，在装有滤膜的状态下，采样泵负载流量应能达到 400 L/min。（ ）

答案：错误

正确答案：环境空气二噁英采样要求采样泵进行高流速采样时，在装有滤膜的状态下，采样泵负载流量应能达到 800 L/min。

15. 污染源废气二噁英类采样要求采样泵的空载抽气流量应不少于 60 L/min，当采样系统负载阻力为 20 kPa 时，流量应不低于 30 L/min。（ ）

答案：正确

16. 在废气净化系统前端采集二噁英类样品时，烟尘含量可能较大，可采取更换滤筒或附加烟尘收集装置以保证连续采样。（ ）

答案：正确

17. 废气二噁英类采样过程中，由于二噁英类性质稳定，气相吸附单元对温度和光照无要求。（ ）

答案：错误

正确答案：气相吸附柱温度应保持在 30℃以下，应注意避光。

18. 废气二噁英类采样结束后，拆卸采样装置应尽量避免阳光直射，取出的滤筒要保存在专用的容器中并贴好标签。用水冲洗采样管和连接管，冲洗液与冷凝液一并保存在棕色试剂瓶中。（ ）

答案：正确

19. 水和废水二噁英类样品采集，一般使用聚乙烯或聚丙烯材质采水器，使用前用甲醇或丙酮充分清洗。（ ）

答案：错误

正确答案：水和废水二噁英类样品采集，一般使用不锈钢制或聚四氟乙烯采水器等，使用前用甲醇或丙酮充分清洗。

20. 土壤或沉积物二噁英采样之前，应制订采样方案，采样方案包括采样目的和要求、采样程序、安全和质量保证、采样记录等。必要时对现场进行事前勘查。（ ）

答案：正确

21. 固体废物二噁英采样时，应记录固体废物的名称、来源、固体废物总数量、保存状况、采样点位、采样日期、采样人员、固体废物采样量等信息。采样人员应及时填写采样记录或采样报告。样品应尽快送至实验室进行样品制备和样品分析。（ ）

答案：正确

22. 土壤二噁英采样工具应使用对二噁英类无吸附作用的不锈钢或塑料材质器具。（ ）

答案：错误

正确答案：土壤二噁英采样不能使用塑料材质器具，应使用不锈钢或铝合金材质器具。

23. 沉积物二噁英采样时，应记录样品编号、采样断面、水深、沉积物性状特征、采样日期和采样人员等。（ ）

答案：正确

24. 土壤颜色可采用门赛尔比色卡比色，也可按土壤颜色三角表进行描述，颜色描述可采用双名法，主色在前，副色在后，如黄棕、灰棕等。（ ）

答案：错误

正确答案：应该是主色在后，副色在前。

25. 因为由于目标物浓度较低，高分辨气相色谱-高分辨质谱法分析二噁英时通常采用分流进样模式。（ ）

答案：错误

正确答案：通常采用不分流进样模式。

26. 高分辨气相色谱-高分辨质谱法分析二噁英时，使用 SIM 法选择待测各化合物的两个监测离子进行检测，$^{37}Cl_4$-T_4CDD 除外，因为该化合物仅有一个监测峰离子。（ ）

答案：正确

27. 高分辨气相色谱-高分辨质谱法分析二噁英，注入质量校准物质后，应及时关注仪器分辨率状态，不符合要求时应重新进行调谐及质量校正。（ ）

答案：正确

28. 高分辨气相色谱-质谱法分析二噁英，计算相对响应因子所用的待测化合物峰面积为两个监测离子中相对丰度较大的一个。（ ）

答案：错误

正确答案：应为待测化合物两个监测离子的峰面积之和。

29. 对于非 2,3,7,8-氯代二噁英，采用相同氯原子数的 2,3,7,8-氯代二噁英类的 RRF 均值计算。（ ）

答案：正确

30. 2,3,7,8-氯代二噁英类的实测质量浓度进一步转化为 TEQ 质量浓度，低于样品检出限的实测浓度如无特别说明，以 0 计算 TEQ 质量浓度。（ ）

答案：错误

正确答案：低于样品检出限的实测浓度，以样品检出限的 1/2 计算 TEQ 质量浓度。

31. 二噁英标准溶液应当装在密封的玻璃容器中避光冷藏保存，以避免由于溶剂挥发引起的质量浓度变化，建议在每次使用前后称重并记录重量。（ ）

答案：正确

32. 废气二噁英结果报告表格中应包括测定对象、实测质量浓度、基准氧含量排放质量浓度、TEF（注明版本）以及 TEQ 质量浓度等内容。（ ）

答案：正确

33. 当内标使用 $^{13}C_{12}$-OCDF 时，分辨率必须达到 12 000 以上。（ ）

答案：正确

34. 在二噁英分析过程中，离子丰度比是二噁英定性分析的一个重要指标，一般要求样品分析中的离子丰度比与理论值相比偏差不得大于 20%。（ ）

答案：错误

正确答案：应不得大于 15%

35. 采集环境空气样品使用石英纤维滤膜；采集废气样品使用玻璃纤维滤筒（或滤膜）或石英纤维滤筒（或滤膜）。（ ）

答案：正确

36. 使用同位素稀释高分辨气相色谱-高分辨质谱法测定固体废物二噁英类物质，平行实验频度取样品总数的 5%。（ ）

答案：错误

正确答案：10%。

37. 水质二噁英类方法中 17 个 2,3,7,8-PCDD/PCDFs 单体都是用同位素内标稀释法定量的。（ ）

答案：错误

正确答案：1,2,3,7,8,9-HxCDD 和 OCDF 是用内标法定量的。

38. 进行土壤二噁英类样品制备时，称取 500 g 以上土壤样品置于不锈钢托盘上，放入风干容器中进行干燥。每隔 2～3 日称量一次样品，并记录样品重量，直到减重小于 5%时，风干结束。（ ）

答案：错误

正确答案：应该是减重小于 2%。

39. 废气中二噁英类采样优先选用多孔多点等速跟踪采样；现场采样条件不能满足多孔多点等速跟踪采样时，可以选用单孔多点跟踪采样。（ ）

答案：正确

40. 用高分辨气相色谱高分辨质谱仪器开始分析前需要进行质量校正，在此过程中可能存在 PCBs 干扰的两个二噁英类同类物为 P_5CDDs 和 H_6CDDs。（ ）

答案：正确

41. 采集水样时，二噁英类样品容器不能用采集的水样冲洗或润洗。（ ）

答案：正确

42. 对于二噁英类水质样品，大于检出限 3 倍以上的平行实验结果取平均值，单次平行实验结果应在平均值的±25%。（ ）

答案：错误

正确答案：应为“单次平行实验结果应在平均值的±30%”。

43. 危险废物处理设施建设项目竣工环境保护验收监测采样期间，焚烧设施生产负荷达到设计的 70%（含）以上的情况下监测数据有效，监测期间被监测方应监控生产负荷。（ ）

答案：错误

正确答案：焚烧设施生产负荷达到设计的 75%（含）以上的情况下监测数据有效。

44．二噁英分析所使用有机试剂的要求是农残级别试剂就可以。（　　）

答案：错误

正确答案：在进行二噁英样品分析时所使用的试剂使用前应进行空白试验，有机溶剂浓缩 10 000 倍以上不得检出二噁英，方可使用。

45．二噁英类测定必须每批样品测试时制作一条标准曲线。（　　）

答案：错误

正确答案：可通过按一定周期或频次测定中间质量浓度的标准溶液，来核查是否需要重新制作标准曲线。

46．标准溶液浓度序列中最低质量浓度的化合物信噪比应大于 3。（　　）

答案：错误

正确答案：应大于 10。

47．根据建设项目竣工环境保护验收、监督性监测、委托性监测的需求确定采样周期，每周期采集不少于 3 个样品。（　　）

答案：正确

48．二噁英类样品分析过程中，上机样品中仍有干扰，可以直接拿该上机分析试样再净化上机。（　　）

答案：错误

正确答案：上机样品中已添加进样内标，如再进行净化，进样内标损失，将无法准确定量。

49．二噁英类分析过程中，进行调谐操作时，所用调谐液必须为 PFK。（　　）

答案：错误

正确答案：除 PFK 外，像全氟三丁胺（PFTBA）等，能保证校正正确的调谐液都可以。

50．二噁英类分析过程中，进行调谐操作时，只需调谐的质量数达到 10 000 以上即可。（　　）

答案：错误

正确答案：必须质量数设定的所有范围内的质量数分辨率都达到 10 000 以上。

51．二噁英类仪器分析过程中，所有化合物均需要用两个监测离子峰进行监测。（　　）

答案：错误

正确答案：$^{37}Cl_4$-T_4CDD 仅有一个监测峰离子。

52．二噁英类分析过程中，进行氮吹操作时，样品可以吹至近干。（　　）

答案：正确

53．测定水中二噁英类化合物时，样品容器应用水样充分清洗。（　　）

答案：错误

正确答案：样品容器不能用水样冲洗。

五、简答题

1．环境空气二噁英类采样有哪些注意事项？

答案：

（1）采样设备和材料（石英/玻璃纤维滤膜、PUF 等）应当在使用之前充分洗净，确保空白实验值低于检测下限，过滤及吸附材料应贮存在密闭容器中以避免污染；

（2）采样器的安装工具和部件应冲洗干净以减少引起污染的可能性，应固定好所有组件；

（3）采样前应确保所使用的石英/玻璃纤维滤膜、PUF 等材料没有破损；

（4）气体流量计应保证达到方法的精确度要求，并定期校准；

（5）采样结束后，贴好样品标签，标签内容填写完整；

（6）如果采样过程中出现断电、仪器故障或其他变化，则应详细记录故障和变化情况。记录好采样停止时间以计算采样体积，如果不能准确记录采样时间，则需重新采集样品。操作人员应在记录上签名。

2．废气二噁英类采样有哪些注意事项？

答案：

（1）采样设备和材料（过滤材料、吸附材料等）应当在使用之前充分洗净，确保空白实验值低于检测下限。吸附材料应贮存在密闭容器中以避免污染；

（2）采样装置部件和安装工具应冲洗干净以减少引起污染的可能性。应固定好所有组件，检查仪器密闭状态，确保操作时无泄漏；

（3）气体流量计应保证达到方法的精密度要求，并且定期校准；

（4）每次采样结束后，用量筒测量冷凝水体积并记录，根据干式采样体积估算含水率；

（5）采集的样品要有代表性。废气采样应当避开采样对象的不稳定工作阶段，即至少在工作条件稳定 1 h 后开始采样；

（6）如果采样过程中出现断电、仪器故障或其他变化，则应详细记录故障和变化情况以及采取的措施和效果。操作人员应在记录上签名。

3．水质二噁英类采样有哪些注意事项？

答案：

（1）采样时不可搅动水底的沉积物，应注意除去水面的杂物、垃圾等漂浮物；

（2）采样时应使用定位仪定位，保证采样点的位置准确；

（3）认真填写水质采样记录，内容主要包括采样时间、地点、样品编号、样品外观、样品种类、水温、气象等参数；

（4）如需在现场对水样进行萃取富集，则需要添加采样内标，并现场记录内标名称及添加量。

4．简述高分辨气相色谱-高分辨质谱法测定环境空气和废气、土壤等样品二噁英类化合物的前处理过程。

答案：

（1）样品提取

①加入提取内标；

②固体样品采用索氏提取，液体样品采用液液萃取；

③合并萃取液后浓缩转换溶剂。

（2）净化

①分取一部分样品作为分析样品，剩余部分冷藏保存；

②初步净化可以选择硫酸处理-硅胶柱净化或多层硅胶柱净化；

③进一步净化可以选择氧化铝柱、活性炭柱或其他净化方式。

（3）浓缩定容

①洗脱液氮吹至微湿；

②加入进样内标；

③定容至适当体积。

5．环境空气和废气二噁英类分析记录应记录、整理并保存哪些信息？

答案：

（1）采样工具、采样材料和试剂的准备、处理和贮存条件等；

（2）采样：包括采样日期、采样方法、采样点位信息、采样量、样品编号及名称等信息；

（3）样品处理：包括处理时间、提取和净化、提取液分取比例、内标添加记录等信息；

（4）仪器分析：包括仪器调谐、操作条件等信息；

（5）质量控制：内标回收率、空白结果等；

（6）结果报告；

（7）色谱文件、数据计算表格等电子文档。

6．简述二噁英监测中废液的处置注意事项。

答案：

（1）实验室应遵守各级管理部门的废物管理法律规定，避免废物排放对周边环境的污染；

（2）实验过程中产生的含酸废液应集中收集，依法委托有资质的单位处理；

（3）液体及可溶性废弃物可溶解于甲醇或乙醇中并以紫外灯（波长低于 290 nm）照射处理，若无二噁英类检出可按普通废物处置；

（4）含二噁英废液应委托具有资质的机构进行焚化处置。

7．请列举二噁英类样品净化用材料，及其主要处理效果（列举五种）。

答案：

（1）硫酸/硫酸硅胶：分解去除大部分的基质、着色物、多环芳烃、强极性物质等；

（2）氢氧化钠硅胶/氢氧化钾硅胶：去除酸性物质、脂肪、蛋白质、着色物、多环芳烃、强极性物质等；

（3）硝酸银硅胶：去除样品的硫；

（4）氧化铝：去除 PCBs、PBDEs 等弱极性物质、有机卤代物；

（5）弗罗里硅酸镁：去除样品中的脂肪酸、油类和蜡类等，也可用于 PCDD/Fs 与 PCB/PBDEs 的分离；

（6）活性炭硅胶柱：分离影响 PCDD/Fs 和 DL-PCBs 测定的非极性化合物（如除 DL-PCBs 以外的 PCBs）；

（7）铜粒：去除样品的硫；

（8）凝胶渗透色谱柱：去除脂肪、矿物油、聚合物以及其他高分子化合物。

8．采集废气二噁英类样品时，如何选择合适的烟气采样嘴？

答案：先用皮托管测定烟道里烟气烟温和流速，估算烟气含湿量，此时利用仪器的选嘴程序，输入一个采样嘴的规格后，根据测到的烟温、含湿量和流速，仪器会计算得到一个采样流量，当这个流量约为 15～25 L/min 时，此规格的采样嘴合适。

9．采集废气二噁英类样品时，如果出现烟尘含量较大时，如何操作？

答案：出现烟尘含量较大的情况时，可以根据烟气采样主机的真空度参数来判断滤筒收集尘的状况，当需要更换滤筒时，暂停采样，戴好手套进行更换操作，滤筒更换完毕后继续采样，记录好更换了几次滤筒，并贴好标签。

10．环境空气和废气二噁英采样及分析过程中需要使用什么标样，各自的功能/目的是什么？

答案：环境空气和废气二噁英采样前在采样介质中添加采样内标，用于监控采样过程可能造成的损失，要求采样内标回收率在 70%～130%内；样品提取前应添加提取内标，用于监控样品在实验室分析过程中可能造成的损失；在仪器分析前添加进样内标，作为质量基准用于计算提取内标的回收率。

11．简述同位素稀释内标法和内标法的区别。

答案：同位素稀释内标法通过选用与待测化合物一一对应的同位素标记化合物，即待测化合物的某个元素部分或全部由其同位素取代，如 ^{12}C 由 ^{13}C 取代，^{1}H 由 ^{2}H 取代等，在采集样品或分析样品前添加，以校正目标化合物在采集和分析过程中产生的回收率损失。由于目标化合物与其一一对应的同位素标记化合物的化学性质完全一样，在样品采集、提取、净化、浓缩等分析过程的损失以及可能产生的基质效应一致，且具有非常相近的色谱保留时间，可以实现最大限度地测试偏差校正和精准定性。内标法一般选择和待测化合物性质相近且样品中不含有的化合物作为内标物质，可以是同位素标记物，但不一定是待测化合物的同位素标记物，在样品提取前或仪器分析前添加，用于监控一定的样品处理产生的损失，以及校正仪器分析过程产生的偏差，主要包括进样体积、色谱保留时间、质谱检测器的基质效应等。由于内标物质与待测化合物不具备完全一致的化学性质，在提取，净化和色谱分离等方面和待测物有较大差异。

12．一般对飞灰中二噁英样品进行萃取前，应进行盐酸处理，请简单说明盐酸处理的作用和基本流程。

答案：盐酸处理主要是为了破坏飞灰中碳酸盐类形成的球状结构，将其内表面打开，从而使更多的目标有机物在萃取过程中被转移到提取剂，从而提高萃取效率。基本流程：称取一定量样品于烧杯或三角瓶中（样品秤取量根据实际样品浓度决定），用 2 mol/L 的盐酸进行处理。盐酸用量为每 1 g 样品至少加 20 mmol 盐酸。搅拌样品，使其与盐酸充分接触并观察发泡情况，必要时再添加盐酸，直到不再发泡为止。用布氏漏斗过滤盐酸处理液，并用水充分冲洗滤筒，再用少量丙酮淋洗去除滤筒及样品中的水分，将冲洗好的滤筒放入烧杯中转移至洁净的干燥器中充分干燥。处理液和干燥后的滤筒、样品分别进行下一步操作。

13．请解释为何使用 $^{13}C_{12}$-OCDF 作为内标时，分辨率应大于 12 000。[已知 OCDD 的 M/Z 是 455.740 1，$^{13}C_{12}$-OCDF 的（M+4）/Z 是 455.779 5]

答案：由于 $^{13}C_{12}$-OCDF（M+4）与 OCDD（M）的质荷比非常接近，完全分离该两离子所需要的分辨率。

$R=M/\Delta M$=455.740 1/（455.779 5–455.740 1）=11 567

所以，要求使用 $^{13}C_{12}$-OCDF 作为内标时，分辨率应大于 12 000，不会造成对待测化合物 OCDD 的干扰。

14．简述土壤和沉积物样品含水率的测定方法？

答案：称取 5 g 以上的土壤及沉积物样品，在 105～110℃烘 4 h 后放在干燥器中冷却至室温，称重，并记录；根据下式计算含水率（w，%）。

w=（干燥前样品重量–干燥后样品重量）/干燥前样品重量×100%

15．依据 HJ 168—2020 的规定，土壤和沉积物中二噁英类的方法检出限如何获得？

答案：在进行方法检出限测定前，应按照样品分析的全部步骤，开展多个实验室空白测试，以确定实验室空白试验中是否有检出目标物。对于有检出和未检出分别依据以下步骤进行:

a）空白试验中检测出目标物

按照样品分析的全部步骤，重复 n（$n \geq 7$）次空白试验，将各测定结果换算为样品中的浓度或含量，计算 n 次平行测定的标准偏差，计算方法检出限。

$$\mathrm{MDL}=t_{(n-1,\ 0.99)}\times S$$

式中：MDL ——方法检出限；

n ——样品的平行测定次数；

t ——自由度为 n–1，置信度为 99%时的 t 分布值（单侧）；

S —— n 次平行测定的标准偏差。

其中，当自由度为 n–1，置信度为 99%时的 t 值。

方法计算的检出限以下述条件为前提：任意测定值之间可允许的差异范围为“空白试验测定值的均值±估计检出限的 1/2”以内。

b）空白试验中未检测出目标物

按照样品分析的全部步骤，对浓度值或含量为估计方法检出限值 3～5 倍的样品进行 n（$n \geq 7$）次平行测定。计算 n 次平行测定的标准偏差，公式计算方法检出限。

MDL 值计算出来后，应判断其合理性:

二噁英类目标物为多组分的分析方法，要求至少有 50%的目标物样品浓度在 3～5 倍计算出的方法检出限的范围内，同时，至少 90%的目标物样品浓度在 1～10 倍计算出的方法检出限的范围内，其余不多于 10%的目标物样品浓度应不超过 20 倍计算出的方法检出限。若满足上述条件，说明初次用于测定 MDL 的样品浓度比较合适。对于初次加标样品测定平均值与 MDL 比值不在 3～5 之间的目标物，应调整样品浓度，重新进行平行分析，直至比值在 3～5 之间。选择比值在 3～5 之间的 MDL 作为该化合物的 MDL。

16．简述在何种情况下应开展仪器检出限和方法检出限的确认。

答案：定期进行检查和调谐仪器，当改变了测量条件时应重新确认仪器检出限。定期进行检查和确认方法检出限，当样品制备或测试条件改变时应重新确认方法检出限，需要注意的是不同的实验条件或操作人员可能得到的方法检出限不同。

17．简述二噁英类分析方法中常见干扰与消除方法？

答案：常见干扰物有多氯联苯、多环芳烃、农药等。硫酸处理-硅胶柱净化，分解去除大部分有机质，着色物、多环芳烃和强极性物质等；多层硅胶柱净化：去除酚类、酸性物质、脂肪、蛋白质、含硫化合物、直链烃类、着色物、多环芳烃、强极性物质等；氧化铝净化：弱极性物质、有机卤代物的去除；弗罗里硅酸镁净化、活性炭净化：PCDD/Fs、Co-PCBs 的分离和净化；凝胶渗透色谱净化：脂肪、矿物油以及其他高分子化合物的去除。

18．分析二噁英类时，高分辨磁质谱在分辨率达到 10 000 时的传输率如何计算？

答案：

（1）通过调谐，优化分辨率 1 000 时的峰高，并记录为 h_1；

（2）通过调谐，优化分辨率 10 000 时的峰高，并记录位 h_2；

（3）用 h_2/h_1，为传输率。

六、计算题

1．某次二噁英类废气采样中，大气压为 100 100 Pa，流量计前压力为–100 Pa，流量计前温度为 29℃，采样流量为 25.1 L/min，采样时间为 2 h，被测气体的干气体分子量近似于空气。计算标准状态下干采气体积。

答案：

标态下干采气量：

$$V_{\mathrm{nd}}=0.05\times Q_r\times\sqrt{\frac{B_a+P_r}{273+t_r}}\times t=0.05\times25.1\times\sqrt{\frac{100\,100-100}{273+29}}\times120=2\,740\,(\mathrm{L})\approx2.74\,(\mathrm{m}^3)$$

2．对某生活垃圾焚烧厂排放废气进行二噁英监测，采样量为 4 m^3（标准状态），样品提取后，提取液浓缩定容至 10.0 mL，取 5.0 mL 进行净化，最终上机测定分析样品中 2,3,7,8-T_4CDF 的量为 5.0 pg，试计算该垃圾焚烧厂排放废气中 2,3,7,8-T_4CDF 的实测质量浓度、换算质量浓度以及毒性当量（TEQ）质量浓度。（已知本次监测期间废气氧含量为 8.0%，2,3,7,8-T_4CDF 对应的毒性当量因子 I-TEF 为 0.1。2,3,7,8-T_4CDF 样品检出限为 0.000 5 ng/m^3）

答案：实测质量浓度：$\rho_i=\dfrac{Q}{V_{\mathrm{sd}}}\times\dfrac{10.0}{5.0}=\dfrac{0.005\,0}{4}\times\dfrac{10.0}{5.0}=0.002\,5\,(\mathrm{ng/m^3})$

换算质量浓度：$\rho=\dfrac{21-\varphi_n(O_2)}{21-\varphi_s(O_2)}\times\rho_i=\dfrac{21-11}{21-8.0}\times0.002\,5=0.001\,9\,(\mathrm{ng/m^3})$

毒性当量 TEQ 质量浓度 $=0.001\,9\times0.1=0.000\,19\,(\mathrm{ngTEQ/m^3})$

3．对某地环境空气中二噁英进行监测，采样流量为 700 L/min，连续采样 24 h，采样期间环境温度为 20℃，大气压为 100.200 kpa，样品提取后，提取液浓缩至 10.0 mL，分取 5.0 mL 进行净化，最终上机测定测得分析样品中 2,3,4,7,8-P_5CDF 的量为 20.0 pg，试计算本次监测采集环境空气的标准状态下的体积，并计算 2,3,4,7,8-P_5CDF 的实测质量浓度以及毒性当量（TEQ）质量浓度。（已知 2,3,4,7,8-P_5CDF 对应的毒性当量因子 I-TEF 为 0.5，2,3,4,7,8-P_5CDF 样品检出限为 0.006 pg/m^3）

答案：

标准状态下采样体积：$V_{\mathrm{sd}}=q\times t\times\dfrac{P\times273.15}{101.325\times T}=\dfrac{700}{1\,000}\times24\times60\times\dfrac{100.200\times273.15}{101.325\times(273.15+20)}=929\,(\mathrm{m^3})$

实测质量浓度：$\rho_i=\dfrac{Q}{V_{\mathrm{sd}}}\times\dfrac{10.0}{5.0}=\dfrac{20.0}{929}\times\dfrac{10.0}{5.0}=0.043\,(\mathrm{pg/m^3})$

毒性当量（TEQ）质量浓度=0.043×0.5=0.022（pg TEQ/m^3）

4．某次环境空气二噁英监测前，添加采样内标 ^{37}Cl-2,3,7,8-T_4CDD 1.0 ng，样品前处理过程中添加提取内标 $^{13}C_{12}$-2,3,7,8-T_4CDF 1.0 ng，净化前分取 25%的样品溶液作为分析样品，最终测得 ^{37}Cl-2,3,7,8-T_4CDD 和 $^{13}C_{12}$-2,3,7,8-T_4CDF 的量分别为 160 pg、100 pg。试计算本次监测过程中采样内标 ^{37}Cl-2,3,7,8-T_4CDD 和提取内标 $^{13}C_{12}$-2,3,7,8-T_4CDF 的回收率，并判断其回收率是否满足标准要求。（已知采样内标回收率要求为 70%～130%，提取内标 $^{13}C_{12}$-2,3,7,8-T_4CDF 的回收率要求为 24%～169%）

答案： 采样内标回收率 $R_s=\dfrac{160}{1\,000}\times\dfrac{1}{25\%}\times100\%=64.0\%$

提取内标回收率 $R_s=\dfrac{100}{1\,000}\times\dfrac{1}{25\%}\times100\%=40.0\%$

故采样内标回收率不满足标准要求，提取内标满足标准要求。

5．分析某土壤二噁英样品时，称取 10.00 g 土壤样品放置于烘箱中，105℃烘 4 h 后放在干燥器中冷却至室温，称重，烘干后样品重量为 9.60 g。另称取 20.00 g 土壤样品进行分析，样品提取液不分取，全部进行后续净化，最终测得 O_8CDD 的量为 150 pg，试计算该土壤样品中 O_8CDD 的实测质量分数以及毒性当量（TEQ）质量分数（结果以干基计）。（已知 O_8CDD 对应的毒性当量因子 I-TEF 为 0.001）

答案：

$$\text{土壤含水率}: w=\frac{\text{干燥前样品重量}-\text{干燥后样品重量}}{\text{干燥前样品重量}}\times100\%=\frac{10.00-9.60}{10.00}\times100\%=4.0\%$$

$$\text{实测质量分数}: \omega=\frac{Q}{m\times(1-w)}=\frac{150}{20.00(1-4.0\%)}=7.8\text{(ng/kg)}$$

毒性当量（TEQ）质量浓度=7.6×0.001=0.007 8（ng TEQ/kg）

6．已知某危险废物焚烧烟气样品的烟气标况体积为 2.091 3 m^3，烟气中氧气的平均浓度为 16.5%。样品经过前处理和仪器分析后，其 2,3,4,7,8-PeCDF 的定量结果为 31.62 pg，计算该烟气中 2,3,4,7,8-PeCDF 的排放浓度和毒性当量浓度，结果最多保留两位有效数字。

答案： 根据《危险废物焚烧污染控制标准》（GB 18484—2020）的要求，污染物以 11% O_2（干烟气）作为基准，将实测获得的标准状态下的大气污染物浓度换算后获得的大气污染物排放浓度，故 2,3,4,7,8-PeCDF 的排放浓度应折算为基准氧含量排放浓度：

$$C_{\text{折算}}=\frac{(21-O_{\text{基准}})}{(21-O_{\text{折算}})}\times C_{\text{实测}}=\frac{21-11}{21-16.5}\times\frac{31.62}{2.0913}=0.034\text{(ng/m}^3\text{)}$$

$$C_{\text{TEQ}}=C_{\text{折算}}\times\text{TEF}=0.034\times0.5=0.017\,[\text{ng (TEQ)/m}^3]$$

7．已知某飞灰样品经前处理后，通过 HRGC-HRMS 分析后测得的 OCDD 监测离子的峰面积为 256 611 和 278 600，^{13}C-OCDD 的监测离子的峰面积为 216 650 和 225 677，^{13}C-1,2,3,4-TCDD 监测离子的峰面积为 174 373 和 173 658，^{13}C-1,2,3,7,8,9-HxCDD 监测离子的峰面积为 199 956 和 189 176。已知该样品中添加的提取内标 ^{13}C-OCDD 为 1 000 pg，进样内标添加量为 500 pg，标准曲线 OCDD 的相对响应因子平均值 RRF_1 为 1.039，^{13}C-OCDD 相对响应因子平均值 RRF_2 为 0.749。试计算该样

品中 OCDD 绝对量及提取内标 ^{13}C-OCDD 的回收率。

答案：OCDD 的监测离子面积之和 A=256 611+278 600=535 211

^{13}C-OCDD 的监测离子面积之和 Aes=216 650+225 677=442 327

^{13}C-1,2,3,7,8,9-HxCDD 的监测离子面积之和 Ars=199 956+189 176=389 132

$$Q_{\text{待测化合物OCDD的绝对量}}=(A_{\text{OCDD的监测离子面积之和}}/Aes_{^{13}\text{C-OCDD的监测离子面积之和}})\times(\rho_{^{13}\text{C-OCDD的添加量}}/\text{RRF}_{\text{OCDD的相对响应因子}})$$
$$=535\ 211/442\ 327\times(1\ 000/1.039)=1\ 165\ (\text{pg})$$

$$Q_{\text{es提取内标}^{13}\text{C-OCDD的绝对量}}=(Aes_{^{13}\text{C-OCDD的监测离子面积之和}}/Ars_{^{13}\text{C-1,2,3,7,8,9-HxCDD的监测离子面积之和}})\times(\rho_{^{13}\text{C-1,2,3,7,8,9-HxCDD的添加量}}/\text{RRF}_{^{13}\text{C-OCDD的相对响应因子}})$$
$$=442\ 327/389\ 132\times(500/0.749)=759\ (\text{pg})$$

R%=（759/1 000）×100%=75.9%

8．使用 PFK 对高分辨质谱进行质量调谐，在分辨率为 1 000 左右时质量数 292.982 4 信号强度为 1.92，分辨率 10 000 左右时信号强度为 0.13，试计算其离子传输率是多少？

答案：传输率是指仪器在 10 000 分辨率时的峰强与 1 000 时峰强的比值。

传输率=0.13/1.92×100%=6.8%

9．已知某土壤样品中 2,3,7,8-T_4CDF 的绝对量 16 pg，该样品取样量为 20.01 g，测得含水率为 3.2%，试计算该样品中 2,3,7,8-T_4CDF 报出结果，结果修约为 2 位有效数字。

答案：根据 HJ 77.4—2008，土壤样品浓度计算公式如下:

ρ= Q/m（1–w）=16/［20.01×（1–3.2%）］=0.82（ng/kg）

10．某土壤样品的 1,2,3,7,8-PeCDD 以及提取内标的保留时间分别为 35.54 min 和 35.52 min，其 12 h 内监测的标准曲线中间质量浓度的 1,2,3,7,8-PeCDD 以及提取内标的保留时间分别为 35.52 min 和 35.51 min，请计算样品和标准溶液中该 2,3,7,8-氯代二噁英的相对保留时间，并判断样品中该待测物是否与标准溶液色谱保留时间一致。

答案：样品的 1,2,3,7,8-PeCDD 的相对保留时间 RRT_1=35.54/35.52=1.000 6

标准溶液的 1,2,3,7,8-PeCDD 的相对保留时间 RRT_2=35.52/35.51=1.000 3

样品和标准溶液中 1,2,3,7,8-PeCDD 的保留时间之差=35.54–35.52=0.02 min=0.02×60s=1.2 s，小于规定的“3 s 以内”，故可判断样品中该待测物与标准溶液色谱保留时间一致。

第三节 煤质

一、填空题

1．煤样采集常见的采样工具有__________、__________、__________、探管、手工螺旋钻和人工切割斗。

答案：采样斗，采样铲，停带采样框

2．煤样应装在__________、__________、__________容器中，并有永久性的唯一识别标识。

答案：无吸附，无腐蚀，气密性

3．煤的粒度大小会影响煤的不均匀性，煤样的粒度__________，不均匀度越大。

答案：越大

4．制备有颗粒范围要求的特殊试验煤样时，应采用__________法。

答案：逐级破碎

5．影响煤质制样精密度的主要的因素是缩分前煤样的__________和缩分后的__________。

答案：均匀性，煤样留量

6．煤样的干燥方式有__________、__________、__________。

答案：氮气干燥，空气干燥，微波干燥

7．煤中全硫测定，在仲裁分析时，应采用__________方法。

答案：艾士卡法

8．对煤的灰分测定，__________可以作为仲裁方法。

答案：缓慢灰化法

9．煤质发热量的测定结果以__________或__________表示。

答案：兆焦每千克（MJ/kg），焦耳每克（J/g）

10．煤的发热量测定使用的热量计通常有__________和__________两种。

答案：恒温式，绝热式

11．电量-重量法碳氢测定仪吸收系统的吸水 U 形管，内装__________或__________。

答案：无水高氯酸镁，无水氯化钙

12．煤样制备时，对不易清扫的密封式破碎机和联合破碎缩分机，只用于处理__________的大量煤样。

答案：单一品种

13．煤质样制备包括破碎、__________、__________和干燥。

答案：混合，缩分

14．当制备多种用途煤样时，应全面考虑每种试样的要求__________和__________组成。

答案：质量，粒度

15．制备全水分煤样在破碎时，应使用不明显生热、机内空气流动很小的设备进行，以免破碎过程中水分损失，除非试验证明破碎不会产生水分 __________，否则试样在__________前不能破碎。

答案：实质性偏倚，空气干燥

16．一般分析试验煤样是指破碎到粒度小于__________mm 并达到空气干燥状态，用于大多数物理和化学特性测定的煤样。

答案：0.2

17．缩分是制煤样的最关键的程序，目的在于__________试样量。

答案：减少

18．氮气干燥两步法测定煤中全水分时，称取一定量 13 mm 试样，在温度不高于__________℃的环境下干燥到__________，再将干燥后的试样破碎到标称最大粒度 3 mm，于 105～110℃下，在氮气流中干燥到质量恒定。根据试样经两步干燥后的__________计算出全水分。

答案：40，质量恒定，质量损失

19．煤的工业分析方法规定了煤和水煤浆的__________、__________和__________的测定方法和__________的计算方法。

答案：水分，灰分，挥发分，固定碳

20．测定煤中水分时，预先鼓风是为了使__________。可将装有煤样的称量瓶放入干燥箱前3～5 min就开始鼓风。

答案：温度均匀

21．快速灰分测定仪是由__________、__________和 __________三部分组成。

答案：马蹄形管式电炉，传送带，控制仪

22．用氧弹量热法测定煤的恒容高位发热量，燃烧产物中所有的水均为液态水。实际应用中，燃料是在恒压（大气压）状态下燃烧，水未冷凝而是作为水蒸气随烟道气排放。在这些条件下，有效燃烧热是__________发热量，有时也用__________发热量。

答案：恒压低位，恒容低位

23．煤质空气干燥基的代表符号为__________。

答案：ad

24．缩分煤样的机械应通过__________和__________方可使用，由缩分机械得到的煤样的进一步缩分，应使用__________。

答案：精密度检验，偏倚试验，二分器

25．煤样的人工缩分方法中，__________仅用于抽取全水分试样。

答案：九点取样法

26．制备完毕的全水分煤样应贮存在__________、__________的密闭容器中，装样量不得超过容器容积的__________。

答案：不吸水，不透气，3/4

27．如无特殊要求，一般可以标称最大粒度为__________mm的煤样__________g作为存查煤样。

答案：3，700

28．煤样制备中，以制样各阶段的全部弃样和最后留样按质量比合成的试样称为__________。

答案：参比试样

29．煤质合并试样时，各独立试样的质量应当正比于各被采煤的质量，使合并后试样的品质参数值为各合并前试样品质参数的__________。

答案：加权平均值

30．当采样涉及的煤种和煤源比较多时，应选取品质__________（或灰分最高）的煤进行精密度核验。

答案：最不均匀

31．煤中无机硫可分为__________硫、__________硫和微量的__________。

答案：硫化物（或硫铁矿），硫酸盐，元素硫

32．测定煤中全硫最经典的方法是__________，到目前为止，该方法仍然是国际上通用的标准方法。

答案：艾士卡法

33．因煤中氧含量的测定方法十分复杂，故目前国内外均用__________来计算其氧的含量，即：100 减去煤的碳、氢、氮、硫、灰分及水分得出。

答案：差减法

34．库仑法测定煤中全硫时，在煤样上盖一薄层__________作为催化剂。

答案：三氧化钨

35．在一定条件下煤样与周围空气湿度达到平衡时失去的水分称为__________，保持的水分称为__________。

答案：外在水分，内在水分

36．元素分析是__________、__________、__________、氮、硫五个煤炭分析项目的总称。

答案：碳，氢，氧

37．煤的工业分析是指__________、__________、__________、固定碳四个煤炭分析项目的总称。

答案：水分，灰分，挥发分

38．褐煤和烟煤的划分采用__________作为主要指标，并以恒湿无灰基高位发热量为辅助指标。

答案：透光率

39．__________是煤炭分类的主要指标，根据它可以大致判断煤的煤化程度。

答案：干燥无灰基挥发分

40．用于煤炭分类的煤样，其干燥基灰分产率应小于等于__________。

答案：10%

41．用于热稳定性测定的煤样粒度为__________～__________mm。

答案：6，13

42．煤的燃料比是指煤的__________与__________之比，随煤的煤化程度增高而__________。

答案：固定碳，挥发分，增高

二、单选题

1．唯一能够确保所有煤质颗粒都采到，从而不存在偏倚，能够作为参比方法使用的采样方法是__________。（　　）

A．落流采样　　B．停皮带采样　　C．静止煤采样　　D．煤堆采样

答案：B

2．煤质采样过程中，煤的品质可能会发生周期性的变化，为避免变化周期与采样周期重合，从而带来不可接受的采样偏倚，应采用__________方法。（　　）

A．分层随机采样　　B．系统采样　　C．连续样　　D．间断采样

答案：A

3．在煤质采样、制样、化验等环节中，对测定结果影响最大的是__________环节。（　　）

A．采样　　B．制样　　C．化验　　D．保存

答案：A

4．煤样制备九点取样法仅适用于__________。（　　）

A．全灰分煤样　　　B．粒度分析煤样　　　C．全水分煤样

答案：C

5．对煤的灰分测定，灰皿是用__________材质制成的。（　　）

A．铁　　　B．铝　　　C．瓷　　　D．铂

答案：C

6．煤的收到基灰分含量是指，以所收到的煤的成分为基准，测定的灰分含量，其单位为__________。（　　）

A．kJ/kg　　　B．%　　　C．g/kg　　　D．铂

答案：B

7．电量-重量法碳氢测定仪吸收系统的除氮 U 形管内，前 2/3 装__________，两端堵以硅酸铝棉。（　　）

A．粒状二氧化锰　　　B．无水高氯酸镁　　　C．碱石棉（或碱石灰）

答案：A

8．电量-重量法碳氢测定仪吸收系统的气泡计内装__________。（　　）

A．盐酸　　　B．浓硫酸　　　C．磷酸

答案：B

9．测定煤中碳和氢时，燃烧炉、净化炉和催化炉温度控制在指定温度后，将煤样以__________混合均匀，在预先灼烧过的燃烧舟中称取粒度小于 0.2 mm 的空气干燥煤样（0.070～0.075 g），称准至 0.000 2 g，并均匀铺平，在煤样上盖一层三氧化钨。（　　）

A．平铺法　　　B．四分法　　　C．转瓶法

答案：C

10．煤中水分测定的氮气干燥法适用于__________。（　　）

A．褐煤　　　B．烟煤　　　C．无烟煤　　　D．所有煤种

答案：D

11．马弗炉的恒温区温度应在关闭炉门下测定，并至少每年测定一次。高温计（包括毫伏计和热电偶）至少每年__________ 一次。（　　）

A．检定　　　B．校准　　　C．期间核查

答案：B

12．测定煤中挥发分所得焦渣分__________种类型。（　　）

A．6　　　B．7　　　C．8

答案：C

13．热容量标定煤的发热量时，一般应进行__________次重复试验。计算重复试验结果的平均值和相对标准差，其相对标准差不应超过 0.20%。（　　）

A．5　　　B．6　　　C．7

答案：A

14．煤的收到基的代表符号为__________。（　　）

A．ar　　　B．ad　　　C．d

答案：A

15．艾士卡法、库仑滴定法、高温燃烧中和法测定煤中全硫重复性限__________大。(　　)

A．艾士卡法　B．库仑滴定法　C．高温燃烧中和法　D．同样

答案：D

16．制备煤样时，全部子样或缩分后子样的合成试样缩分的最少切割数为__________次。(　　)

A．4　B．40　C．60

答案：C

17．煤和水煤浆中碳氢分析的三节炉法和二节炉法，氮对碳测定的干扰用__________消除。(　　)

A．铬酸铅　B．粒状二氧化锰　C．银丝卷

答案：B

18．碳氢测定仪使用的燃烧舟是__________材料。(　　)

A．素瓷或刚玉　B．刚玉或不锈钢　C．石英或刚玉　D．素瓷或石英

答案：D

19．煤中碳氢测定仪吸收系统有四个U形管，其中第三个是__________。(　　)

A．空U形管　B．吸收二氧化碳U形管　C．除氮氧化物U形管

答案：B

20．在红外光谱法测定煤中全硫时，使用被标定仪器测定有证煤标准物质的全硫含量。每一标准物质重复测定__________次，以测定值的平均值为有证煤标准物质的全硫测定值。(　　)

A．2　B．3　C．4

答案：C

21．艾士卡法测煤中全硫对于未知浓度样品，在分析前先稀释__________倍后进样。(　　)

A．10～20　B．15～30　C．25～50　D．50～100

答案：C

22．在下列情况下，__________可以在高于40℃温度下干燥。(　　)

A．易氧化煤

B．受煤的氧化影响较大的测定指标（如粘结性和膨胀性）用煤样

C．一般分析试验煤样

D．空气干燥作为全水分测定的一部分

答案：C

23．下列说法正确的是__________。(　　)

A．外在水分是在一定条件下煤样与周围空气湿度达到平衡时保持的水分

B．内在水分是在一定条件下煤样与周围空气湿度达到平衡时失去的水分

C．全水分是外在水分和内在水分的总和

D．以上都不对

答案：C

24．下列__________不适合做水煤浆流采样器。(　　)

A．合适的软管式落流采样器　　B．旋转槽式落流采样器
C．翻转式落流采样器　　D．旁路采样器

答案：D

25．水煤浆试样应装入不吸水、不透气、与水煤浆不发生作用的__________中，置于无振动、无阳光直射的低温室内保存。（　　）

A．玻璃容器　　B．金属容器　　C．塑料容器　　D．密闭容器

答案：D

26．水煤浆存查样在试样制备最后阶段分取，体积应不小于__________mL，保存期一般为__________个月（从试样结果报出日算起）。（　　）

A．1 000，2　　B．1 000，1　　C．2 000，2　　D．2 000，1

答案：B

27．测定煤中灰分时，当灰分小于__________%时可以不进行检查性灼烧。（　　）

A．10.00　　B．15.00　　C．20.00　　D．25.00

答案：B

28．从测定煤样挥发分后的焦渣中减去灰分后的残留物称为固定碳，简写符号为__________。（　　）

A．GC　　B．FC　　C．Y　　D．SC

答案：B

29．艾士卡法测定煤样全硫时，艾士卡试剂中氧化镁和无水碳酸钠的比例为__________。（　　）

A．1∶2　　B．2∶1　　C．1∶1　　D．3∶1

答案：B

30．煤的氧化速度主要与__________成正比。（　　）

A．粒度　　B．煤的表面积　　C．灰分　　D．氧化温度

答案：D

31．下列__________不是煤中固有的成分。（　　）

A．水分　　B．灰分　　C．固定碳　　D．全硫

答案：B

32．按煤质分析测定结果修约规则，下列数字取小数后两位，不正确的是__________。（　　）

A．26.376–26.38　　B．26.374–26.37　　C．26.385 0–26.39　　D．26.375 1–26.38

答案：C

33．测定煤的挥发分时，须把隔绝空气加热到__________℃左右。（　　）

A．900　　B．700　　C．1 000　　D．800

答案：A

34．水在煤中的存在形态有三种，不包括__________。（　　）

A．外在水分　　B．化合水　　C．内在水分　　D．毛细水

答案：D

35．测定煤中全硫的艾士卡法应用了分析化学中的__________。（　　）

A．仪器分析法　　B．酸碱滴定法　　C．重量分析法　　D．沉淀滴定法

答案：C

36．__________是煤化程度最低的煤，它的碳含量低，氧和氮含量高。（　　）

A．气煤　　B．烟煤　　C．褐煤　　D．无烟煤

答案：C

37．煤质某一特性指标当用不同基准表示时，其数值是不同的。其中__________基准数值最大。（　　）

A．空气干燥基　　B．干燥无灰基　　C．收到基　　D．干燥基

答案：B

38．煤样在温度__________℃、相对湿度__________%下达到平衡时测得的内在水分称为最高内在水分。（　　）

A．30，90　　B．30，96　　C．40，90　　D．40，95

答案：B

39．取 1.069 g 煤样进行挥发分测定，经隔绝空气后进行加热，最终剩下 0.896 g，则样品挥发分产率为__________。（　　）

A．15.9%　　B．31.8%　　C．63.6%　　D．无法确定

答案：D

40．煤中碳氢元素测定中，用无水氯化钙吸收__________。（　　）

A．二氧化碳　　B．一氧化碳　　C．二氧化硫　　D．水

答案：D

41．在煤中形态硫的测定中，用差减法测定的是__________。（　　）

A．硫酸盐硫　　B．硫化铁硫　　C．全硫　　D．有机硫

答案：D

42．煤的工业分析中，测定的水分只是__________。（　　）

A．内在水分　　B．外在水分　　C．游离水　　D．化合水

答案：C

43．分析煤样水分的符号是__________。（　　）

A．Mad　　B．Minh　　C．Mt　　D．Mf

答案：A

44．煤挥发分产率的测定实验中，煤样要在马弗炉中隔绝空气加热__________min。（　　）

A．5　　B．7　　C．10　　D．15

答案：B

45．煤炭性能检测用煤样，除有特殊要求外，一般都使用__________。（　　）

A．空气干燥基　　B．收到基　　C．干燥基　　D．干燥无灰基

答案：A

46．煤的发热量测定中，燃烧时易于飞溅的试样，可用已知质量的__________包紧后再进行测试。（　　）

A．擦镜纸　　B．卷烟纸　　C．滤纸　　D．普通纸

答案：A

47．煤中碳氢元素的测定中，用__________脱硫。（　　）

A．银丝卷　　B．二氧化锰　　C．铬酸铅　　D．氧化铜

答案：C

48．煤样采样精密度的核对应采取的子样数目是__________。（　　）

A．20　　B．40　　C．60　　D．90

答案：C

49．煤中唯一完全以有机状态存在元素是__________。（　　）

A．氢　　B．氧　　C．硫　　D．氮

答案：D

50．煤样在空气中连续干燥 1 h 后，煤样的质量变化不超过__________时，煤样达到空气干燥状态。（　　）

A．0.01%　　B．0.02%　　C．0.1%　　D．0.2%

答案：C

51．凡需根据水分测定结果进行校正或换算的分析试验，应同时测定煤样水分，如不能同时进行，两者测定间隔最多不超过__________天。（　　）

A．3　　B．5　　C．7　　D．14

答案：B

三、多选题

1．测硫仪标定可采用__________。（　　）

A．两点标定法　　B．单点标定法　　C．四点标定法　　D．多点标定法

答案：BD

2．煤中全水分的测定中使用的空气干燥箱要求__________。（　　）

A．带有自动控温和鼓风装置

B．能控制温度在 30～40℃和 105～110℃范围内

C．有气体进、出口

D．有足够的换气量，每小时可换气 5 次以上

答案：ABCD

3．煤的测定试验报告应至少包括__________信息。（　　）

A．试样编号、试验日期　　B．依据标准、使用的方法

C．试验结果　　D．标准的任何偏离、出现的异常现象

答案：ABCD

4．煤的发热量测定使用的点火丝可以选用__________。（　　）

A．铁丝　　B．镍铬丝　　C．铜丝　　D．棉线

答案：ABCD

5．煤的发热量测定时，热量计的精密度和准确度要求为__________。（　　）

A．5 次苯甲酸重复测定结果的相对标准差不大于 0.20%

B．标准煤样测试结果与标准值之差都在不确定度范围内

C．用苯甲酸作为样品进行 5 次发热量测定，其平均值与标准热值之差不超过，50 J/g

D．计算中除燃烧不完全的结果外，所有的测试结果不应随意舍弃

答案：ABCD

6．煤质样品机械缩分器类型包括__________。（　　）

A．旋转盘型　　B．旋转锥型　　C．旋转容器型　　D．旋转斜管型

答案：ABCD

7．煤质样品机械缩分时为保证各次切割样质量均匀，应注意__________。（　　）

A．设备有足够的容量　　B．供入缩分器的煤流应均匀

C．切割器开口尺寸应固定　　D．供料方式应使煤流的粒度离析减到最小

答案：ABCD

8．煤炭分析用煤样有__________。（　　）

A．一般分析用试样　　B．全水分试样

C．共用试样　　D．物理试样

答案：ABCD

9．全水分煤样制备中，空气干燥一般应在试样破碎和缩分之前进行，在下列__________情况下可变动空气干燥程序。（　　）

A．煤样水分较低，制样过程中不产生水分实质性偏倚时，可不预先进行空气干燥

B．试样量过大，难以全部进行空气干燥时，可先破碎—缩分到一定阶段，再进行空气干燥

C．破碎—缩分过程经检验有实质性偏倚

D．试样粒度过大，难以进行空气干燥，可先破碎到一定粒度再干燥，但破碎过程中应不产生实质性偏倚

答案：ABD

10．一般分析试验煤样制样过程中，关于空气干燥下列说法正确的是__________。（　　）

A．空气干燥是为了使煤样顺利通过破碎和缩分设备

B．空气干燥是为了避免分析试验过程中煤样水分发生变化

C．空气干燥可在任一制样阶段进行

D．最后制样阶段前的干燥不要求达到湿度平衡状态。如煤样能顺利通过破碎和缩分设备也可不进行干燥。但最后制样阶段的空气干燥应达到湿度平衡状态

答案：ABCD

11. 当批煤量不足 1 000 t 或大于 1 000 t 时，可根据实际情况，以下煤量为一采样单元__________。（　　）

A．一列火车装载的煤　　B．一船装载的煤

C．一车或一船舱装载的煤　　D．一段时间内发送或接收的煤

答案：ABCD

12．在煤的元素组成中，以__________三元素为主。（　　）

A．碳　B．氢　C．氧　D．氮

答案：ABC

13．煤的挥发分测定中，__________是挥发分的主要组成部分。（　　）

A．水分　B．二氧化碳　C．碳氢化合物　D．碳氢氧化物

答案：ACD

14．下列煤炭分析试验常用基的符号正确的是__________。（　　）

A．ad-空气干燥基　B．ar-收到基　C．daf-干燥无灰基　D．d-干燥基

答案：ABCD

15．煤中灰分的测定方法包括__________。（　　）

A．快速灰化法　B．慢速灰化法　C．燃烧法　D．氧化法

答案：AB

16．采用煤化程度参数（主要是干燥无灰基挥发分），将煤炭划分为__________。（　　）

A．无烟煤　B．烟煤　C．焦煤　D．褐煤

答案：ABD

17．煤中固定碳是指除去__________剩余的残留物。（　　）

A．水分　B．含氮量　C．灰分　D．挥发分

答案：ACD

18．煤样挥发分测定中，__________应预先压饼，并切成宽度约 3 mm 的小块。（　　）

A．无烟煤　B．褐煤　C．长焰煤　D．贫煤

答案：BC

19．碳氢测定仪主要包括__________几个部分。（　　）

A．吸收系统　B．燃烧装置　C．预热装置　D．净化系统

答案：ABD

20．下列__________分析项目测定结果要保留小数点后二位。（　　）

A．全硫　B．全水　C．形态硫　D．灰分

答案：ACD

21．煤中全硫测定，以下不属于仲裁分析方法的是__________。（　　）

A．艾士卡法　B．库仑滴定法　C．高温燃烧中和法　D．红外光谱法

答案：BCD

四、判断题

1．用于全水分测定的煤质样品，必须单独采取。（　　）

答案：错误

正确答案：用于全水分测定的样品可以单独采取，也可以从公共用试样中抽取。

2．皮带间采集煤样时，可以在运行中的皮带上采取。（　　）

答案：错误

正确答案：必须将皮带停止后才能进行采样。

3．煤质制备中定比缩分是指保留的试样质量一定，并与被缩分质量无关的缩分方法。（　　）

答案：错误

正确答案：煤质制备中定质量缩分是指保留的试样质量一定，并与被缩分质量无关的缩分方法。

4．煤质制样和化验误差几乎全产生于缩分和从分析煤样中抽取少量煤样的过程中。（　　）

答案：正确

5．煤样制备过程中，当机械缩分使试样完整性破坏，如水分损失、粒度离析等时，或煤的粒度过大使得无法使用机械缩分时，应该用人工方法缩分。（　　）

答案：正确

6．煤质制样破碎的目的是减少试样颗粒数，减少缩分精密度。（　　）

答案：错误

正确答案：煤质制样破碎的目的是增加试样颗粒数，减少缩分误差。

7．煤质制备的最后阶段，用机械方法对试样进行混合能提高分样精密度。（　　）

答案：正确

8．煤样制备时，对于全水分煤样，当煤样过湿，水分从煤中渗出来或沾到容器上时，应将容器和煤样一块进行空气干燥。（　　）

答案：正确

9．煤质制样应在专门的制样室中进行，制样过程中应避免样品污染，每次制样后应将制样设备清扫干净，制样人员在制备煤样的过程中，应穿专用鞋。（　　）

答案：正确

10．在氮气流中的干燥方法适用于所有煤种，在空气流中干燥的方式适用于烟煤和无烟煤，微波干燥法适用于烟煤和褐煤。（　　）

答案：正确

11．燃煤中灰分含量和粉末煤量增加，烟尘的排放量就会增加。（　　）

答案：正确

12．对煤的灰分测定，灰皿的尺寸大小应大于马弗炉恒温区的尺寸大小。（　　）

答案：错误

正确答案：灰皿的尺寸大小应不大于马弗炉恒温区的尺寸大小。

13．煤发热量的测定中，使用玻璃温度计时，应根据检定证书对点火温度和终点温度进行校正。（　　）

答案：正确

14．煤发热量的测定中，对煤的高位发热量和低位发热量的测定方法不适用于对泥炭和碳质页岩的测定。（　　）

答案：错误

正确答案：煤的高位发热量和低位发热量的测定方法适用于对泥炭和碳质页岩的测定。

15．测定煤样挥发分时，要求煤样粒度小于 0.5 mm。（　　）

答案：错误

正确答案：要求煤样粒度小于 0.2 mm。

16．测定煤样挥发分时，要求轻轻转动坩埚，使煤样摊平。（ ）

答案：正确

17．测定煤样挥发分时，煤样应放于预先灼烧至质量恒定的无盖瓷坩埚中。（ ）

答案：错误

正确答案：坩埚应带有配合严密盖。

18．电量-重量法碳氢测定仪的电解池在涂液前，应先用外径约 5 mm 的软毛刷和洗涤剂清洗电解池内壁，然后依次用自来水、蒸馏水冲洗，最后用丙酮或无水乙醇清洗并用热风吹干。此时，电解池两铂极间电阻应为最小。（ ）

答案：错误

正确答案：电解池两铂极间电阻应为无穷大。

19．采用红外光谱法测定煤样全硫时，仪器使用前需用标准物质标定。（ ）

答案：正确

20．采用红外光谱法测定煤样全硫时，使用的是非色散红外检测系统。（ ）

答案：正确

21．采用红外光谱法测定煤样全硫时，全硫含量大于 4%时，应适当减少取样量。（ ）

答案：正确

22．采用红外光谱法测定煤样全硫时，使用有证煤标准物质标定仪器时，每一标准物质重复测定 2 次，以 2 次测定值的平均值为有证煤标准物质的全硫测定值。（ ）

答案：错误

正确答案：每一标准物质应重复测定 4 次，以 4 次测定值的平均值为有证煤标准物质的全硫测定值。

23．测定煤质全硫的红外光谱仪标定有效性核验，是在样品测定期间进行，应使用与仪器标定不同的 1～2 个有证煤标准物质或其他质控样品进行核验。（ ）

答案：正确

24．煤质采样器应至少能容纳 1 个子样的量，且不被试样充满或从中溢出或泄漏，而且子样应一次采出，多不扔，少不补。（ ）

答案：正确

25．对某些特殊煤种，按煤中全水分的测定方法测定的全水分会低于按煤的工业分析方法测定的一般分析试验煤样水分，此时应用两步法测定全水分，并用一般分析试验煤样水分代替内在水分。（ ）

答案：正确

26．煤中空气干燥基固定碳的质量分数是由一般分析试验煤样水分的质量分数、空气干燥基灰分的质量分数、空气干燥基挥发分的质量分数计算得来的。（ ）

答案：正确

27．水煤浆是将煤、水和少量添加剂经过物理加工过程制成的具有一定细度、能流动的稳定浆体。（ ）

答案：正确

28．测定煤的发热量使用的氧弹应定期进行水压试验，每次水压试验后，氧弹的使用时间一般不超过 3 年。（　　）

答案：错误

正确答案：一般不超过 2 年。

29．用于内筒温度测量的量热温度计至少应有 0.01 K 的分辨率，以便能以 0.02 K 或更好的分辨率测定 2 K 到 3 K 的温升；它代表的绝对温度应能达到近 0.1 K。量热温度计在它测量的每个温度变化范围内应是线性的或线性化的。它们均应经过计量部门的检定，证明已达到上述要求。（　　）

答案：错误

正确答案：用于内筒温度测量的量热温度计至少应有 0.001 K 的分辨率，以便能以 0.002 K 或更好的分辨率测定 2 K 到 3 K 的温升。

30．静止煤采样方法适用于火车、汽车、驳船、轮船等载煤和煤堆的采样。（　　）

答案：正确

31．煤堆的采样应当在堆堆或卸堆过程中，或在迁移煤堆过程中，以下列方式采取子样：于皮带输送煤流上、小型运输工具如汽车上、堆/卸过程中的各层新工作表面上、斗式装载机卸下的煤上以及刚卸下并未与主堆合并的小煤堆上采取子样。不要直接在静止的、高度超过 2 m 的大煤堆上采样。（　　）

答案：正确

32．煤和水煤浆中碳氢分析有三节炉法、二节炉法和电量-重量法。（　　）

答案：正确

33．煤中碳和氢测定时，三节炉燃烧管中的填充物经 50～80 次测定后应检查或更换。（　　）

答案：错误

正确答案：三节炉燃烧管中的填充物经 70～100 次测定后应检查或更换。

34．煤样在 1 300℃高温下，于氧气流中燃烧分解。气流中的颗粒和水蒸气分别被玻璃棉和高氯酸盐吸附滤除后通过红外检测池，其中的二氧化硫由红外检测系统测定。（　　）

答案：正确

35．煤样制备时，一个试样一般由许多个子样合并而成，但在某些情况下，如粒度分析和偏倚试验时，一个子样即构成一个试样。（　　）

答案：正确

36．在所有情况下，煤样总缩分精密度都取决于每一试样缩分阶段的缩分方差的总和。（　　）

答案：正确

37．使用二分器缩分煤样，缩分前必须混合均匀。（　　）

答案：错误

正确答案：使用二分器缩分煤样，缩分前可不混合。

38．煤样制备时，如连续两组 10 对双份试样的标准差都落在目标值范围内或优于目标值，才能认可为制样和化验精密度符合要求。（　　）

答案：正确

39．煤质灰分测定包括缓慢灰化法和快速灰化法，其中缓慢灰化法为仲裁法。（　　）

答案： 正确

40．同样质量的煤质试样，粒度越小，颗粒数越多，缩分误差越小。（　　）

答案： 正确

41．移动煤流采样时，应尽量避免煤流的负荷和品质变化周期与采样器的运行周期重合，以免导致采样偏倚。如果避免不了，则应采用系统采样方式。（　　）

答案： 错误

正确答案： 移动煤流采样时，应尽量避免煤流的负荷和品质变化周期与采样器的运行周期重合，以免导致采样偏倚。如果避免不了，则应采用分层随机采样方式。

42．任何一种煤样采样方案都应进行精密度核验。（　　）

答案： 正确

43．用艾士卡法测定煤中全硫时，当灼烧物转移至烧杯中，加入刚煮沸的蒸馏水充分搅拌后发现仍有黑色颗粒漂浮在液面上时，则本次测定作废。（　　）

答案： 正确

44．在测定全水分之前，如果煤样质量损失大于1.0%时，则不可进行水分损失补正。（　　）

答案： 正确

45．在不鼓风的条件下，煤中的水分测定结果会偏高。（　　）

答案： 错误

正确答案： 试验证明鼓风情况下干燥1 h测得的水分值均高于不鼓风情况下测得的水分值。

46．煤中氧含量越高，热值也越高。（　　）

答案： 错误

正确答案： 氧元素不仅不能产生热量，而且在燃烧时还会与氢元素结合生成水，从而影响氢的燃烧热，所以煤中氧含量越高，其热值越低。

47．煤中的酸性氧化物和氯若不去除，将全部被二氧化碳吸收剂——碱石棉吸收，使得碳测定值偏高。（　　）

答案： 正确

48．矿物质是煤中的无机物质，不包含游离水，但包含化合水。（　　）

答案： 正确

49．发热量的测定房间应为单独房间，室温以15～30℃为宜。（　　）

答案： 正确

50．粒度大于25 mm的煤样未经破碎不准缩分。（　　）

答案： 错误

正确答案： 缩分可在任意阶段进行，缩分后试样的最小质量应满足相关规定。

51．为了减少制样误差，条件允许时，一般分析试验煤样应尽量减少缩分阶段。（　　）

答案： 正确

52．煤样缩分时，粒度小于13 mm的试样应用二分器缩分。（　　）

答案： 正确

53．煤炭分析试验结果，取2次或2次以上重复测定值的算术平均值，按照“四舍六入五成双”

的规则进行修约。（　　）

答案：正确

54. 煤样制备时，标称最大粒度是指与筛上物累计质量分数最接近（但不小于）10%的筛子相应的筛孔尺寸。（　　）

答案：错误

正确答案：与筛上物累计质量分数最接近（但不小于）5%的筛子相应的筛孔尺寸称为标称最大粒度。

55. 一观测系列中，随着观测次数的增加，其随机误差的平均值趋于零。（　　）

答案：正确

56. 产生缩分误差的原因在于保留一部分煤样又弃掉一部分煤样，为减少缩分误差，在缩分时应尽可能多地保留煤样。（　　）

答案：正确

57. 缓慢灰化法测定灰分时，煤样要在500℃停留30 min的目的是使煤中硫化物在碳酸盐分解前就完全氧化排出，避免生成硫酸钙。（　　）

答案：正确

58. 一般情况下，煤质变质程度越高，煤中含碳量越低。（　　）

答案：错误

正确答案：一般情况下，煤质变质程度越高，煤中含碳量越高。

59. 煤质分析中，不同基准的试验结果可以互相换算。（　　）

答案：正确

60. 煤质中碳氢测定中，净化系统中吸水剂失效，会造成氢测值偏低。（　　）

答案：错误

正确答案：碳氢测定中，净化系统中吸水剂失效，会造成氢测值偏高。

五、简答题

1. 简述测定煤中全硫的方法？

答案：艾士卡法、库仑滴定法、高温燃烧中和法和红外光谱法。

2. 采用艾士卡法测定煤中全硫时，如何制备艾士卡试剂？

答案：以2份质量的化学纯轻质氧化镁与1份质量的化学纯无水碳酸钠混匀并研细至粒度小于0.2 mm。

3. 商品煤样人工采取过程中，为了保证所得试样的试验结果的精密度符合要求，采样时应考虑哪些因素？

答案：

（1）煤的变异性（一般以初级子样方差衡量）；

（2）从该批煤中采取的总样数目；

（3）每个总样的子样数目；

（4）与标称最大粒度相应的试样质量。

4. 煤样采取过程中如果煤非常湿，可单独采取水分试样，在单独采取水分试样时，应考虑到哪些问题？

答案：

（1）煤在贮存中由于泄水而逐渐失去水分；

（2）如果批煤中存在游离水，它将沉于底部，因此随着煤深度的增加，水分含量也逐渐增加；

（3）如在长时间内从若干批中采取水分试样，则有必要限制试样放置时间。

5. 商品煤样的采样应有正式签发的、全面的采样和试样发送报告或证书，采样报告或证书中除包括煤样的包装和标识相关信息外还应包括哪些内容？

答案：

（1）报告的名称；

（2）委托人的姓名、地址；

（3）采样方法；

（4）批煤的大约质量和采样单元数；

（5）子样数目和总样质量；

（6）采样器名称和编号；

（7）气候和其他可能影响试验结果的状况；

（8）试验试样、仲裁试样和存查试样的最长保存期；

（9）任何偏离规定方法的采样及其理由，以及采样中观察到的任何异常情况。

6. 氮气干燥法适用于所有煤种全水分的测定，简述氮气干燥两步法和一步法的方法原理。

答案：

（1）氮气干燥两步法：称取一定量的 13 mm 试样，在温度不高于 40℃的环境下干燥到质量恒定，再将干燥后的试样破碎到标称最大粒度 3 mm，于 105～110℃下，在氮气流中干燥到质量恒定。根据试样经两步干燥后的质量损失计算出全水分。

（2）氮气干燥一步法：称取一定量的 6 mm（或 13 mm）试样，于 105～110℃下，在氮气流中干燥到质量恒定，根据试样干燥后的质量损失计算出全水分。

7. 简述煤的发热量测定中低位发热量的测定原理。

答案：煤的恒容低位发热量和恒压低位发热量可以通过分析试样的高位发热量计算。计算恒容低位发热量需要知道煤样水分和氢的含量。原则上计算恒压低位发热量还需知道煤样中氧和氮的含量。

8. 简述库仑滴定法测定煤中全硫的原理。

答案：煤样在催化剂作用下，于空气流中燃烧分解，煤中硫生成硫氧化物，其中二氧化硫被碘化钾溶液吸收，以电解碘化钾溶液所产生的碘进行滴定，根据电解所消耗的电量计算煤中全硫的含量。

9. 采样机械缩分方法对煤进行缩分时，缩分设备应满足哪些要求？

答案：

（1）切割器开口尺寸至少应为被切割煤标称最大粒度的 3 倍；

（2）有足够的容量，能完全保留试样或使其完全通过，试样无损失或溢出；

（3）不产生实质性偏倚，如不会选择性地收集（或弃去）颗粒煤或失去水分，必要时应为全封闭式，以防止水分损失；

（4）供料方式应使粒度离析达到最小；

（5）每一缩分阶段供入设备的煤流应均匀。

10. 煤样的空气干燥一般应在试样破碎和缩分之前进行，什么情况下可变动空气干燥程序？

答案：

（1）煤样水分较低，制样过程中不产生水分实质性偏倚时，可不预先进行空气干燥；

（2）试样量过大，难以全部进行空气干燥时，可先破碎—缩分到一定阶段，再进行空气改造，但破碎—缩分过程应经检验无实质性偏倚；

（3）试样粒度过大，难以进行空气干燥，可先破碎到一定粒度再干燥，但破碎过程中应不产生实质性偏倚。

11. 简述煤样空气干燥状态的定义。

答案：煤样在空气中连续干燥 1 h 后，煤样的质量变化不超过 0.1%时，煤样达到空气干燥状态。

12. 三节炉和二节炉法测定煤中碳和氢时，煤样中硫、氯和氮对碳测定的干扰如何消除？

答案：煤样中硫和氯对碳测定的干扰在三节炉中用铬酸铅和银丝卷消除，在二节炉中用高锰酸银热解产物消除。氮对碳测定的干扰用粒状二氧化锰消除。

13. 简述艾士卡-离子色谱法测定煤中全硫的方法原理。

答案：将煤样与艾士卡试剂混合灼烧，煤中硫生成硫酸盐，硫酸盐随着碱性淋洗液进入阴离子色谱柱，以硫酸根（SO_4^{2-}）的形式被分离出来，用电导检测器检测。根据硫酸根的质量计算煤中全硫的含量。

14. 煤质分析结果表示中，几种常用"基"的定义是什么？

答案：

（1）收到基是指以收到状态的煤为基准；

（2）空气干燥基是指以与空气湿度达到平衡状态的煤为基准；

（3）干燥基是指以假想无水状态的煤为基准；

（4）干燥无灰基是指以假想无水无灰状态的煤为基准；

（5）干燥无矿物质基是指以假想无水无矿物质状态的煤为基准。

15. 简述煤中全水分测定 3 种常见的方法及其适用范围？

答案：通氮干燥法（或氮气干燥法）、空气干燥法、微波干燥法。

通氮干燥法（或氮气干燥法）适用于所有煤种，空气干燥法适用于烟煤和无烟煤，微波干燥法适用于烟煤和褐煤。

16. 测定煤质挥发分后发现坩埚盖上有灰白色的物质是什么原因？ 应如何避免这种现象？

答案：坩埚盖上的灰白色物质是因煤样氧化而生成的。它会使挥发分测定值偏高，这种氧化现象主要是由于坩埚盖子不严，空气侵入坩埚内而引起的。对于烟煤，特别是高挥发分煤并不严重，因为大量挥发分往外逸出会阻止空气侵入，但对于焦炭和无烟煤等低挥发分物质，氧化作用可能严重一些，此时可以在煤样中加入几滴挥发性液体（如苯等），加热时挥发性液体挥发并往坩埚外逸出从而防止空气侵入。

17. 测定煤的全水分时应注意哪些问题？

答案：测定煤中全水分的关键问题是要保证原来煤样的水分没有损失也没有增加，即从制样到测试前的全过程中煤样的水分没有变化，为此必须注意以下几个问题：

a）采集的全水分试样保存在密封良好的容器内，并放在阴凉的地方，以免水分蒸发后凝结在容器的顶部；

b）制样操作过程要快，最好采用密封式破碎机；

c）全水分样品送到试验室后立即测定；

d）进行全水分测定的煤样粒度不宜过细，如要用较细的试样进行测定，则应该用密封式破碎机或用两步法进行测定——先破碎成较大颗粒测定其外水，再破碎到较细颗粒测出其内水。

18. 影响煤质灰分测定结果的主要因素有哪些？如何获得可靠的灰分测定结果？

答案：造成灰分测定误差的主要因素有 3 个：黄铁矿氧化程度，碳酸盐（如方解石、石灰石、菱铁矿）分解程度，固定在灰中硫分的多少。

为了测得可靠的灰分产率，就必须使黄铁矿氧化完全，各种碳酸盐分解完全，以及三氧化硫和氧化钙间的反应降低到最低程度，为此可采取以下措施：

a）采用慢速灰化法，使煤中硫化物在碳酸盐分解前就完全氧化并排出，避免硫酸钙的生成；

b）灰化过程中始终保持良好的通风状态，使硫氧化物一经生成就及时排出，因此要求马弗炉装有烟囱，在炉门上有通风眼，或将炉门开启一小缝使炉内空气可自然流通；

c）煤样在灰皿中要铺平，以避免局部过厚，一方面避免燃烧不完全；另一方面可防止底部煤样中硫化物生成的二氧化硫被上部碳酸盐分解生成的氧化钙固定在灰中；

d）在足够高（815℃）的温度下灼烧足够长的时间，以保证碳酸盐完全分解及二氧化碳完全驱出。

19. 测定煤中氮时为什么要使用蔗糖做空白试验？

答案：做空白试验的操作与煤样的试验完全相同，只是消化时不加煤样而加 0.2 g 蔗糖。蔗糖是纯碳氢化合物，本身并不含有氮化物。在空白测定中加入蔗糖主要用来模拟煤中碳、氢元素组分，使空白测定的消化过程在与煤样消化相近的条件下进行，保证空白值的正确性。

20. 影响煤质采样精密度的主要因素有哪些？

答案：

（1）煤炭的变异性。煤炭本身越均匀，采样精密度就越高；煤炭本身越不均匀，采样的精密度就越低。

（2）子样数目。子样数目越多，采样精密度就越高。在标准中规定的子样数目是在绝大多数能保证精密度的情况下实际可行的子样数目。

（3）子样质量越大，采样精密度越高。

（4）子样点的布置。子样点的分布越均匀，采样的精密度就越高。

（5）子样采取操作的规范性。子样的采取除大块度、大子样数量外，一般应以采样工具动作一次采取的煤样作为一个子样。采样时，应考虑是否要剥去表皮，剥去表皮应多厚，而且应尽量使各子样质量相等。

（6）采样工具的尺寸。采样工具尺寸越大，越能采到各种粒度的煤粒，采样精密度就越高。

六、计算题

1．采用库仑法测定煤中的全硫含量（$S_{t,ad}$）称取空气干燥煤样 0.05 g，测定结束时，库仑仪积分器上显示值为 0.90 mg，试计算出该空气干燥煤样中的全硫含量。

答案：煤的全硫含量为：$S_{t,ad}$=0.90×100%/（0.05×1 000）=1.8%

2．测定煤样挥发分，称取煤样 1.012 9 g，然后将煤样放于马弗炉中加热，冷却至室温后称的重量为 0.908 8 g，已知该煤样的水分含量为 5.09%，试求该煤样的挥发分质量分数。

答案：V_{ad}=[（1.012 9 – 0.908 8）/1.012 9]×100% – 5.09%=5.19%

3．艾士卡-离子色谱法测定煤中的全硫含量，称取煤样 0.998 6 g，与艾士卡试剂混合马弗炉内灼烧，热水冲洗，冷却室温定容至 250 mL。稀释 5 倍后，离子色谱测定，已知硫酸根峰面积为 0.587 6，校准曲线为 Y=0.124 7X – 0.026 9，空白峰面积为 0.020 2，煤样全水分为 3.3%，求该样品空气干燥基煤样的全硫含量。

答案：试样硫酸根浓度：$\rho=\dfrac{0.5876+0.0269}{0.1247}=4.93(\text{mg/L})$

空白试样硫酸根浓度：$\rho=\dfrac{0.0202+0.0269}{0.1247}=0.38(\text{mg/L})$

空气干燥基全硫含量：$\omega=\dfrac{(4.93-0.38)\times0.25\times5\times0.3337}{0.9986\times(1-0.033)}\times0.001\times100=1.97\%$

4．测定煤样灰分，称取灼烧至质量恒定的灰皿 20.046 8 g，称量煤样 1.002 2 g，然后将煤样放于马弗炉中加热，冷却至室温后称得灰皿及煤灰重量为 20.283 4 g，试求该煤样的灰分质量分数。

答案：V_{ad}=[（20.283 4 – 20.046 8）/1.002 2]×100%=23.61%

5．采用两步法测定煤样水分，在预先干燥和已称量过的前盘内迅速称取 13 mm 的试样 489.6 g，于环境温度干燥到质量恒定 460.4 g。将测定外在水分的试样立即破碎到标称最大粒度 3 mm，在预先干燥和已称量过的称量瓶中迅速称取 9.586 g，放入已加热到 105℃的空气干燥箱中，干燥 1.5 h，取出称量瓶，立即盖上盖，在空气中放置 5 min，然后放入干燥器中，冷却至室温，称重，重量为 9.208 g，试求该煤样的全水分含量。

答案：

$M_f=[(489.6-460.4)/489.6]\times100=6.0\%$

$M_{inh}=[(9.586-9.208)/9.586]\times100=3.9\%$

$M_t=6.0+[(100-6.0)/100]\times3.9=9.7\%$

6．对两阶段制样系统，第一制样阶段出样粒度为 13 mm，缩分比为 1/4，第二阶段出样粒度为 3 mm，缩分比为 1/20，若制备的是共用煤样，则所需每份试样的最小质量为多少？

答案：4×15=60 kg。（15 kg 为 13 mm 粒度煤样缩分后的最小试样量）

7．100 g 煤样中，有外在水分 8 g，内在水分 2 g，灰分 30 g、挥发分 20 g、固定碳 40 g、测得硫 2 g，试计算 $S_{t,ar}$、$S_{t,ad}$、$S_{t,d}$、$S_{t,daf}$的值？

答案：$S_{t,ar}$=2/100×100%=2.00%

$S_{t,ad}$=2/（100–8）×100%=2.17%

$S_{t,d}$=2/（100–8–2）×100%=2.22%

$S_{t,daf}$=2/（100–8–2–30）×100%=3.33%

8．测得某煤样收到基水分 M_{ar} 为 8.3%，空气干燥基水分 M_{ad} 为 0.81%，灰分 A_{ad} 为 10.3%，挥发分 V_{ad} 为 15.10%，分别计算其不同基准下的挥发分产率 V_{ar}、V_d、V_{daf}。

答案：

$$V_{ar}=\frac{V_{ad}\times(100-M_{ar})}{100-M_{ad}}=\frac{15.1\times91.7}{99.19}=13.96\%$$

$$V_{d}=\frac{V_{ad}\times100}{100-M_{ad}}=\frac{15.1\times100}{99.19}=15.22\%$$

$$V_{daf}=\frac{V_{ad}\times100}{100-M_{ad}-A_{ad}}=\frac{15.1\times100}{88.89}=16.99\%$$

9．某装有煤样的金属桶密封良好，标签上注明毛重为 2 520 g，金属桶重 400 g，经化验室复称后，毛重为 2 500 g。取 500 g 煤样，经干燥恒重后为 420 g，试计算煤样全水分含量。

答案：水分损失：2 520–2 500=20（g）

试样质量：2 520–400=2 120（g）

水分损失百分数：$M_1=\frac{20}{2\,120}\times100=0.9$

全水分含量：$M_t=\frac{(500-420)}{500}\times100=16.0$

由于水分损失小于 1.0%，所以全水分要进行水分补正

$$M_t'=M_1+\frac{(100-M_1)}{100}\times M_t=0.9+\frac{(100-0.9)}{100}\times16.0=16.8$$

全水分含量为 16.8%。

10．5 次重复测定某标样干基高位热值结果如下：21 035 J/g、21 164 J/g、21 093 J/g、21 126 J/g、21 207 J/g，其标准值为 21.05 MJ/kg。试计算标准偏差，相对标准偏差，绝对误差与相对误差。

答案：测定平均值=$\frac{(21\,035+21164+21\,093+21126+21\,207)}{5}=21125$

标准偏差=$\sqrt{\frac{(21\,035-21125)^2+(21164-21125)^2+(21\,093-21125)^2+(21126-21125)^2+(21\,207-21125)^2}{5-1}}$

$=65.9$（J/g）

相对标准偏差=$\frac{65.9}{21125}\times100\%=0.31\%$

绝对误差=$\frac{21125}{1\,000}-21.05=0.075$（MJ/kg）

相对误差=$\frac{0.075}{21.05}\times100\%=0.36\%$

11．对一煤标准样中硫含量进行 10 次平行测定，获得数据分别为 4.41、4.49、4.50、4.51、4.64、

4.75、4.81、4.95、5.01、5.39。检验最大值是否异常。（取检出水平 a=5%，已知 $G_{0.95(10)}$=2.176）

答案： $\bar{x}$=4.746　s=0.305　n=10

G_{10}=（$x_{10}-\bar{x}$）/s =（5.39–4.746）/0.305 =2.111

当 n=10，a=5%时，$G_{0.95(10)}$=2.176

因 $G_{10}<G_{0.95(10)}$，故判断 x_{10}=5.39 为正常值。

12．实验室 1 用某方法测定一煤样质控样品，7 次测定的标准偏差为 S_1=0.35 mg/L，实验室 2 用同一方法测定同一样品，8 次测定的标准偏差为 S_2=0.57 mg/L，a=0.05，问这两个实验室的测定结果是否有相同的精密度？（已知 $F_{0.025(7,6)}$=5.70）

答案：

（1）$H_0=\sigma_1^2=\sigma_2^2$（双侧检验）

（2）S_1^2=0.122 5，S_2^2=0.324 9

（3）S_{max}^2=0.324 9，S_{min}^2=0.122 5

$f_1=n_{max}-1=8-1=7$

$f_2=n_{min}-1=7-1=6$

（4）$F=S_{max}^2/S_{min}^2$=0.324 9/0.122 5=2.65

（5）给定 a=0.05，已知临界值 $F_{0.025(7,6)}$=5.70

（6）F=2.65，$F<F_{0.025(7,6)}$，所以这两个实验室的测定结果具有相同的精密度。

第四节　机动车排放污染物

一、填空题

1. 点燃式发动机汽车采用三元催化转化器时的空燃比应精确地保持在__________附近较狭窄的范围内，超出这个范围，催化转化器的综合效率就__________。

答案： 理论空燃比（或化学当量空燃比），衰减（或降低）

2．汽油车污染物排放限值及测量方法标准中，将轻型汽车的高怠速转速规定为__________±__________r/min，重型车的高怠速转速规定为__________±__________r/min。

答案： 2 500，200，1 800，200

3. 汽油车污染物排放限值及测量方法中规定，进行双怠速法排放检验的同时，应进行过量空气系数（λ）的测定，发动机在高怠速转速工况时 λ 应在__________±__________之间。

答案： 1.00，0.05

4. 在汽车发动机中，利用压缩空气产生的高温使燃料进行燃烧的发动机称为__________发动机。

答案： 压燃式

5．在汽车发动机中，用高压电火花点燃燃料进行燃烧的发动机称为__________发动机。

答案： 点燃式

6．重型汽车指最大总质量超过__________的汽车。

答案：3 500 kg

7. 县级以上生态环境主管部门对在用汽车进行监督抽测，可在机动车集中存放地、维修地和__________上进行。

答案：实际道路

8. 非道路移动柴油机械排气烟度限值及测量方法中定义的光吸收系数是指光束被单位长度的排烟衰减的系数，单位为__________。

答案：m^{-1}

9. 非道路移动柴油机械排气烟度限值及测量方法适用于在用非道路移动柴油机械和__________设备的排气烟度检验。

答案：车载柴油机

10. 适用 GB 36886—2018 标准的非道路移动柴油机械可分为两大类，装用在__________和__________转速下工作的柴油机的非道路柴油移动机械。

答案：恒定，非恒定

11. 用不透光烟度计连续测量发动机处于正常工作的状态下的非道路移动柴油机械排气的光吸收系数，采样频率不应低于__________Hz，取测量过程中不透光烟度计的__________读数值作为测量结果。

答案：1，最大

12. 非道路移动柴油机械排气烟度检验前，受检机械装置的柴油机应__________。在连续测试过程中，应确保发动机处于__________的状态。

答案：充分预热，正常工作

13. 柴油车排气检测前发动机应充分预热，充分预热时在发动机机油标尺孔位置测得的机油温度应达到__________℃。

答案：80

14. 柴油车排气检测在正式进行排放测量前，应采用__________次自由加速过程或其他等效方法吹拂排气系统，以清扫排气系统中的__________。

答案：3，残留污染物

15. 进行自由加速法检测柴油车排气时，其发动机在每个自由加速循环的开始点均处于__________状态，对重型车用发动机，将油门踏板放开后至少等待__________s。

答案：怠速，10

16. 进行高怠速污染物测量，发动机从怠速状态加速至__________%额定转速或企业规定的暖机转速，运转 30 s 后降至高怠速状态。将测试仪取样探头插入排气管中，维持__________s 后，由具有平均值计算功能的双怠速法排放测试仪读取__________s 内的平均值，该值即为高怠速污染物测量结果。

答案：70，15，30

17. 机动车进行怠速污染物测量，发动机从高怠速降至怠速状态__________s 后，由具有平均值计算功能的双怠速法排放仪读取__________s 内的平均值，该值即为怠速污染物测量结果。

答案：15，30

18. 在用车OBD检查中，诊断就绪状态未完成项超过两项时，应暂停排放检验，要求将该车辆__________后复检。

答案：充分行驶

19. 在用车OBD检查中，如果车辆污染控制装置被移除，而OBD故障指示灯未点亮报警的，视为该车辆OBD检查__________。

答案：不合格

20. 进行双怠速法排气检测，还应同时计算__________的数值。其结果超出标准要求的控制范围，也判断车辆排放检验结果不合格。

答案：过量空气系数（λ）

21. 进行双怠速法排气检测，若车辆排气系统设计导致的车辆排气管长度小于测量深度时，应使用排气__________。

答案：延长管

22. 双怠速法排放测试仪，应在检定__________内使用，并定期对仪器设备进行核查。使用前采用标准气体进行仪器自检。

答案：有效期

23. 双怠速法排放气体测试仪器测量CO、HC和CO_2的原理是__________法，O_2的测量原理是__________法。

答案：不分光红外线法（NDIR），电化学电池

24. 对于不透光烟度计的两种计量单位，绝对光吸收系数单位*K*，从0到趋于__________m^{-1}，另一种为不透光度的线性分度单位*N*，从0到__________。两种计量单位的量程，均应以光全通过时为0，全遮挡时为满量程。

答案：16，99.9%

25. 用已知k值的遮光屏插入光源和光电池之间时，不透光烟度计显示的读数与此值相差不超过__________m^{-1}。

答案：0.05

二、单选题

1. 非道路柴油移动机械排气烟度限值及测量方法不适用于柴油相关__________的排气烟度检验。（　　）

A. 新生产的运输汽车　　B. 农业机械

C. 工程机械　　D. 水泵

答案：A

2. 下列__________属于恒定转速下工作的柴油机的非道路移动柴油机械。（　　）

A. 林业机械　　B. 农业机械

C. 工程机械　　D. 发电机组

答案：D

3. 柴油车污染物排放限值及测量方法标准规定的最低转速是指__________。（　　）

A．45%额定转速　　B．1 000 r/min

C．怠速转速　　D．前面 3 种转速中最高者

答案：D

4．下列__________信息不可以确定被检测机械的唯一性。（　　）

A．出厂编号　　B．车辆识别代码

C．机械型号　　D．发动机编号

答案：C

5．进行双怠速法排气检验时，对以__________为燃料点燃式发动机汽车，HC 项目为推荐性要求。（　　）

A．煤气　　B．液化石油气　　C．天然气　　D．沼气

答案：C

6．汽油车的燃油蒸发排放控制系统（EVAP）是防止汽油箱内的汽油蒸气直接排放到大气环境而将汽油蒸气收集到__________暂时贮存，在汽车发动机正常运行后再送到发动机进行燃烧的装置。（　　）

A．空气滤清器　　B．化油器　　C．活性炭罐　　D．油箱

答案：C

7．用不透光烟度计连续测量正常工作状态下的非道路移动柴油机械排气的光吸收系数，若采用自由加速法，其检测结果取最后__________自由加速烟度测量结果的__________。（　　）

A．2 次，算术平均值　　B．3 次，算术平均值

C．2 次，最大值　　D．3 次，最大值

答案：B

8．在进行自由加速测量时，必须在__________的时间内，将油门踏板连续完全踩到底，使供油系统在最短时间内达到最大供油量。（　　）

A．1 s　　B．3 s　　C．10 s　　D．1 min

答案：A

9．进行自由加速法光吸收系数排气检测时，如果最后 3 次测量结果分别为 5.0 m^{-1}、2.2 m^{-1}、2.1 m^{-1}，那么测量结果为__________m^{-1}。（　　）

A．5.0　　B．3.1　　C．2.2　　D．2.1

答案：B

10．对自由加速法测量的要求是在每个自由加速循环的开始点发动机（包括废气涡轮增压发动机）均应处于__________状态。（　　）

A．低怠速　　B．急加速　　C．高怠速　　D．怠速

答案：D

11．利用不透光烟度计测试时，测量探头应位于排放烟气分布均匀的断面上，因此，探头应尽可能放置在排气管__________。必要时可使用延长管。（　　）

A．上游　　B．中间　　C．最下游　　D．延长管上

答案：C

12．在使用不透光烟度计进行排气检测时，采样探头插入排气管深度不得低于__________mm。（　　）

A．200　　B．400　　C．500　　D．600

答案：B

13．经校准后的排气污染物检测仪在对车辆进行检测后，检测结果为零，应记录和报告为__________。（　　）

A．未检出　　B．零

C．检查仪器出现故障　　D．以上答案均不正确

答案：A

14．双怠速法进行排放气体测量时，发动机冷却液或润滑油温度应不低于__________℃，或者达到汽车使用说明书规定的热状态。（　　）

A．60　　B．70　　C．80　　D．90

答案：C

15．进行双怠速法排气检测时，对多排气管车辆，应取各排气管测量结果的__________作为测量结果。（　　）

A．最大值　　B．最小值　　C．加和值　　D．算术平均值

答案：D

16．对独立工作的双排气管车辆应采用__________型取样管的对称双探头同时取样，应保证两分取样管内的样气同时到达总取样管。（　　）

A．X　　B．Y　　C．A　　D．S

答案：B

17．汽车环保检验时__________检验需要进行 OBD 项目检查。（　　）

A．新生产汽车下线　　B．注册登记　　C．进口车入境　　D．以上全选

答案：D

18．对非道路移动柴油机械排气烟度进行的林格曼黑度检验时，林格曼黑度级数检验分辨率不超过__________林格曼级数。（　　）

A．0.1　　B．0.25　　C．0.5　　D．1

答案：B

19．不透光烟度计至少每年__________，每次维修后必须进行__________，合格后方可使用。（　　）

A．检定两次，检定　　B．检定一次，检定

C．校准两次，校准　　D．校准一次，校准

答案：B

20．按照对不透光烟度计响应要求，测量电路的响应时间应在__________s。（　　）

A．0.8～1.0　　B．0.9～1.0　　C．0.8～1.1　　D．0.9～1.1

答案：D

21．不透光烟度计测量电路的响应时间，即插入遮光屏使光电池全部遮住后，显示仪表指针偏

转到满量程的__________%时所需时间。(　　)

A．80　　B．85　　C．90　　D．95

答案：C

22．按照不透光烟度计安装要求，取样探头与排气管横截面积之比不小于__________，在排气管中探头开口处测得的背压应不超过__________Pa。(　　)

A．0.05，745　　B．0.05，735　　C．0.25，745　　D．0.25，735

答案：B

23．不透光烟度计的不透光度读数最大允许误差为±__________%。(　　)

A．1　　B．2　　C．3　　D．4

答案：B

24．对于在用柴油车辆污染物排放限值（自由加速法）执行限值 a 类，其光吸收系数为 1.2 m^{-1}，作为政府监督抽查可以采用限值 a 的__________倍进行判定，其光吸收系数为__________m^{-1}。(　　)

A．1.1，1.44　　B．1.1，1.32　　C．1.2，1.32　　D．1.2，1.44

答案：B

25．对于在用汽油车，__________以后生产的轻型车，如果 OBD 检查不合格时，判定排放检验结果不合格。(　　)

A．2011 年 1 月 1 日　　B．2011 年 7 月 1 日

C．2013 年 1 月 1 日　　D．2013 年 7 月 1 日

答案：B

26．对于在用汽油车，__________以后生产的重型车，如果 OBD 检查不合格时，判定排放检验结果不合格。(　　)

A．2011 年 1 月 1 日　　B．2011 年 7 月 1 日

C．2013 年 1 月 1 日　　D．2013 年 7 月 1 日

答案：D

27．双怠速法排放气体测试仪基本要求之一是至少能测量 CO、__________、HC（用正己烷当量表示）和 O_2 4 种成分体积分数（或浓度），并根据上述参数测量结果计算 λ 值。(　　)

A．丙烷　　B．机油温度　　C．CO_2　　D．转速

答案：C

28．标准规定了双怠速法排气测试仪仪器允许示值误差，包括绝对误差和相对误差，CO、HC 允许相对误差为 __________%。(　　)

A．±3　　B．±2　　C．±1　　D．±5

答案：A

29．双怠速法排气测试仪要求的响应时间为对 CO、HC 等气体测量通道，通入标气，气体从零气切换为标准气体后，仪器（含取样系统）应在__________s 内指示出终值的 95%。(　　)

A．10　　B．15　　C．30　　D．60

答案：B

30．双怠速法排气测试仪，应至少__________进行一次 O_2 传感器响应时间测定，发现响应时间

超过标准规定，应立即更换。(　　)

A．每次　　B．每天　　C．每月　　D．每季

答案：C

31．用于校准双怠速法排气测试仪的标准气体及其成分的要求，下列说法不正确的是__________。(　　)

A．标气应是钢瓶装标气，或通过动态混合进行制备

B．具有国家标准参考物质证书

C．标气的单位为质量浓度

D．标气的气体成分容许偏差应不超过推荐浓度的±15%

答案：C

三、多选题

1．进行双怠速法排气检测时，出现__________情形时，应终止测试，测量结果无效，需重新测试。(　　)

A．任何时刻 CO 与 CO_2 的浓度之和小于 6.0%

B．环境温度超过 20℃

C．发动机熄火

D．排气温度超过 30℃

答案：AC

2．进行双怠速法排气检测时，应使用符合规定的市售燃料，如__________，试验时可直接使用车中燃料进行排放测试，无须更换。(　　)

A．车用汽油　　B．车用天然气

C．车用液化石油气　　D．车用柴油

答案：ABC

3．对不透光烟度计仪器的基本要求包括__________。(　　)

A．被测气体应封闭在一个内表面不反光的容器内

B．确定通过气体光通道有效长度时，考虑相关器件可能产生的影响，光通道有效长度应在仪器上标注

C．不透光烟度计显示仪表应有两种计量单位，一种为绝对光吸收系数单位，另一种为不透光度的线性分度单位

D．不透光烟度计的设计应保证在稳定转速工况下，充入烟室的烟气不透光的程度是均匀的

答案：ABCD

4．下列关于不透光烟度测试仪器计量性能要求正确说法__________。(　　)

A．响应时间为 10 s±0.1 s

B．零点漂移为在 30 min 内，不得超过±1.0%

C．不透光烟度计的烟气温度示值误差不超过±2℃

D．仪器的光吸收系数 k 的示值与按仪器的不透光度读数的示值用公式计算得到的光吸收系数 k

值之间的差异，不得大于 0.05 m^{-1}

答案：BCD

5．非恒定转速下工作的柴油机的非道路移动柴油机械包括__________。（ ）

A．工程机械 B．农业机械 C．发电机组 D．机场地勤设备

答案：ABD

6．柴油车污染物排放限值及测量方法标准适用于（柴油车相关）__________。（ ）

A．新生产柴油汽车下线检验 B．在用汽车检验

C．低速货车、三轮汽车检验 D．注册登记检验

答案：ABD

7．汽油车排气管排放的气体污染物，一般包括__________。（ ）

A．CO B．HC C．NO_x D．O_2

答案：ABC

8．汽车排放检验指按照法律和标准规定定汽车进行的各项排放检验，包括__________。（ ）

A．新生产机动车下线检验 B．注册登记检验

C．在用汽车检验 D．监督抽测

答案：ABCD

9．双怠速法可以检测的排气污染物，包括__________。（ ）

A．CO B．HC C．NO_x D．O_2

答案：AB

10．汽油车污染物排放限值及测量方法规定，在用汽车环保检验项目包括__________。（ ）

A．外观检查（含对污染控制装置的检查和环保信息随车清单核查）

B．车载诊断 OBD 系统检查，适于装有 OBD 的车辆

C．排气污染物检测

D．燃油蒸发检测

答案：ABCD

四、判断题

1．柴油车首先应控制排烟，然后再控制其他污染物。（ ）

答案：正确

2．柴油机中采用高十六烷值的柴油，并增加芳香烃及含硫量的成分，将使烟度降低。（ ）

答案：错误

正确答案：并减少芳香烃及含硫量的成分，将使烟度降低。

3．对于点燃式发动机，发动机燃烧室温度越高，高温持续的时间越长，且为富氧燃烧时，NO 的生成量越多。（ ）

答案：正确

4．机动车排气中的氮氧化物和碳氢化合物是形成光化学烟雾的主要前体污染物。（ ）

答案：正确

5．双怠速测量时，应保证被检测车辆处于制造厂规定的正常状态，发动机进气系统应装有空气滤清器，排气系统应装有排气消声器，并不得有泄漏。（　　）

答案：正确

6．非道路移动柴油机械额定净功率是指按相关标准规定、制造企业在信息公开时为柴油机标明的净功率。（　　）

答案：正确

7．非道路移动柴油机械排气烟度限值及测量方法中提到烟羽是指从非道路移动柴油机械排气口排出的气流。（　　）

答案：正确

8．过量空气系数（λ）的概念是指燃烧 1 kg 燃料，理论上完全燃烧所需空气量与实际供给的空气量的质量比。（　　）

答案：错误

正确答案：实际供给的空气量与理论上完全燃烧所需空气量的质量比。

9．柴油车污染物排放限值及测量方法标准规定了柴油车自由加速法和加载减速法排气污染物排放限值及测量方法，及柴油车外观检验、OBD 检查的方法和判定依据。（　　）

答案：正确

10．柴油车污染物排放限值及测量方法只适用于柴油车的排气污染物排放限值及测量方法。（　　）

答案：错误

正确答案：也适用于其他装用压燃式发动机汽车。

11．柴油车污染物排放限值及测量方法标准中，自由加速法规定了排气光吸收系数（或不透光度）、氮氧化物的排放限值。（　　）

答案：错误

正确答案：自由加速法没有规定氮氧化物的排放限值。

12．柴油车污染物排放限值及测量方法标准规定的发动机最大转速是指油门踏板处于全开位置时测量得到的发动机最大转速。（　　）

答案：正确

13．林格曼黑度指将排气污染物颜色与林格曼浓度图对比得到的一种烟尘浓度表示法，分为 0～5 级。（　　）

答案：正确

14．双怠速法排放气体测试仪器测量 CO 的原理是定电位电解法。（　　）

答案：错误

正确答案：不分光红外线法（NDIR）。

15．双怠速法排放气体测试仪器测量 O_2 的测量原理是磁风法。（　　）

答案：错误

正确答案：电化学电池。

16．监督抽测指出厂前对新生产车的抽检，以及在集中存放地、维修地和道路上对在用汽车进

行的抽检。（　　）

答案：正确

17. M_1类车是指包括驾驶员在内座位数超过9人的载客汽车。（　　）

答案：错误

正确答案：M_1类车是指包括驾驶员在内座位数不超过9人的载客汽车。

18. OBD系统是指安装在汽车和发动机上的计算机信息系统，属于污染控制装置。（　　）

答案：正确

19. 用于环保检查的车辆诊断（OBD）仪不可具有清除OBD相关故障代码、冻结帧数据，以及发生MIL灯点亮后的行驶里程等相关数据。（　　）

答案：正确

20. 在非道路移动柴油机械不具备加载条件的情况下，可采用自由加速法进行烟度测量。（　　）

答案：正确

21. 非道路移动柴油机械排气烟度现场检查时，须更换非道路移动柴油机械的在用燃油。（　　）

答案：错误

正确答案：不应更换非道路移动柴油机械的在用燃油。

22. 柴油车尾气排放进行自由加速法检测前车辆发动机不应停机，或长时间怠速运转。（　　）

答案：正确

23. 柴油车尾气排放检测应采用符合国家标准的车用燃料，不可以直接使用车辆油箱中的燃料进行测试。（　　）

答案：错误

正确答案：可以直接使用车辆油箱中的燃料进行测试。

24. 进行自由加速法检测柴油车排气时，检测结果取最后三次自由加速烟度测量结果的最大值。（　　）

答案：错误

正确答案：取最后三次自由加速烟度测量结果的算术平均值。

25. 在进行自由加速法测量时，必须在10 s内将油门踏板快速、连续地完全踩到底，使喷油泵在最短时间内供给最大油量。（　　）

答案：错误

正确答案：在1 s内将油门踏板连续完全踩到底。

26. 在使用不透光烟度计进行排气检测时，若车辆排气管长度小于测量深度时，应使用加长管。（　　）

答案：正确

27. 在进行在用汽车自由加速不透光烟度测量过程中，取样探头插入排气管内部时，应保证采样管的插深长度，使其中心线与排气管轴线垂直。（　　）

答案：错误

正确答案：使其中心线与排气管轴线平行，并尽可能在轴线上。

28. 进行在用汽车自由加速不透光烟度测量结束后，取样探头的放置应避免泥沙水等杂物进入。

（　　）

答案：正确

29．进行双怠速法排气检测前，应确保被检车辆处于正常状态，发动机进气系统应装有空气滤清器，排气系统应装有排气消声器和排气后处理装置，排气系统不允许有泄漏。（　　）

答案：正确

30．对配置有 OBD 系统的在用汽车，在完成外观检验后，应连接 OBD 诊断仪进行 OBD 检查。在随后的污染物排放检验过程中，可断开 OBD 诊断仪。（　　）

答案：错误

正确答案：不可断开 OBD 诊断仪。

31．检验非道路移动柴油机械排气的不透光烟度（光吸收系数）的测试设备，其工作原理、准确度与柴油车检测使用的不透光烟度计完全一样。（　　）

答案：正确

32．如果非道路移动柴油机械的林格曼黑度超标，可判定烟度排放检验不合格；也可继续采用不透光烟度法进行现场检验，如符合排放规定判定合格。（　　）

答案：错误

正确答案：林格曼黑度超标，直接判定排放检验不合格，不再做不透光烟度法。

33．不透光烟度计应每次检测前分别进行 0 和 100%不透光度检查。（　　）

答案：正确

34．连接不透光烟度计各种管子应尽可能短。管路应从取样点倾斜向上至不透光烟度计，且应避免会使碳烟积聚的急弯。（　　）

答案：正确

35．在进行自由加速法排气检测时，第一步进行车辆排气系统相关部件泄漏检查不允许通过目测进行。（　　）

答案：错误

正确答案：可以通过目测进行车辆排气系统相关部件泄漏检查。

五、简答题

1．利用自由加速法进行排气检测之前，被测车辆应如何进行准备？

答案：

①确保发动机处于热状态，且机械状态良好。

②发动机应充分预热，测得机油温度至少 80℃，如果由于车辆结构限制无法进行温度测量时，可以通过其他方法判断发动机温度是否处于正常运转温度范围内。

③在正式进行排放测量前，应采用 3 次自由加速过程或其他等效方法吹拂排气系统，以清扫排气系统中的残留污染物。

2．叙述双怠速法排气参数测试步骤。

答案：

①仪器自检合格后，发动机从怠速状态加速至 70%额定转速或企业规定的暖机转速，运转 30 s

后降至高怠速状态。

②将测试仪取样探头插入排气管中，深度不少于 400 mm，并固定在排气管上。维持 15 s 后，由具有平均值计算功能的双怠速法排放测试仪读取 30 s 内的平均值，该值即为高怠速污染物测量结果，同时计算过量空气系数（λ）的数值。

③发动机从高怠速降至怠速状态 15 s 后，由具有平均值计算功能的双怠速法排放测试仪读取 30 s 内的平均值，该值即为怠速污染物测量结果。

3. 叙述非道路移动柴油机械、车载柴油机设备的定义。

答案： 非道路移动柴油机械是指用于非道路上的，具有自驱动或具有双重功能，既能自驱动又能进行其他功能操作的机械；不能自驱动，但被设计成能够从一个地方移动或被移动到另一个地方的机械。车载柴油机设备是指在道路上用于载人（货）的车辆装用的、不为车辆提供行驶驱动力的柴油机驱动的车载专用设备。

4. 什么是怠速工况、高怠速工况及高怠速转速？

答案：

①怠速工况指汽车发动机处于最低稳定转速工况。即离合器处于接合位置、变速器处于空挡位置（对于自动变速箱的车应处于“停车”或“P”挡位）；油门踏板处于完全松开位置；

②高怠速工况指满足上述（除油门踏板处于完全松开位置）条件，用油门踏板将发动机转速稳定控制在标准规定的高怠速转速下；

③轻型汽车的高怠速转速为（2 500±200）r/min，重型车的高怠速转速为（1 800±200）r/min；如不适用的，按照制造厂技术文件中规定的高怠速转速。

5. 利用 OBD 诊断仪检查后，查看仪表板上故障指示器显示的状态与从 OBD 诊断仪获取的状态信息是否一致，会出现哪些状态，分别代表什么含义？

答案：

①若二者的状态一致，并且故障指示器被熄灭，则该项检查合格；

②若二者状态一致，但是故障指示器被点亮，则该车辆存在与排放相关的故障，车辆排放检验不合格，需要进行维修后复检；

③若二者状态不一致，判定车辆 OBD 检查不合格，需要维修后进行复检，同时作为问题车型上报。

第五节 油气回收

一、填空题

1. 加油站油气回收系统液阻检测方法，适用于__________至埋地油罐的地下油气回收管线液阻检测。

答案： 加油机

2. 加油站油气回收系统密闭性检测在__________（位置）处进行。

答案：加油油气回收立管

3．进行加油站油气回收系统气液比检测，可以了解油气回收系统的__________效果。

答案：回收

4．加油时收集的__________与同时加入油箱内的__________的比值称为气液比。

答案：油气体积，汽油体积

5．进行加油站油气回收系统气液比检测时，如果被检测的加油枪使汽油进入检测装置，则此加油枪的气液比检测值被认作__________。

答案：无效

6．加油站油气回收系统由__________油气回收系统、汽油密闭储存、__________油气回收系统、在线监测系统和__________处理装置组成。

答案：卸油，加油，油气

7．油气回收系统的密闭性是指在一定气体压力状态下的__________。

答案：密闭程度

8．进行加油站油气回收系统密闭性检测时，任何电子式压力计在使用前应先做__________和__________检查。

答案：预热，漂移

9．加油站一般通过采用__________、吸收、__________、膜分离等方法对回收系统收集的油气进行处理回收。

答案：吸附，冷凝

10．加油站油气回收系统的作用是将加油站在__________、__________和__________过程中产生的油气，通过密闭收集、储存和送入油品运输汽车罐车的罐内，运送到储油库集中回收变成汽油。

答案：卸油，储油，加油

11．油气回收泄漏检测值是指检测仪器探测到密封点的油气浓度__________环境本底值后的净值，以碳的摩尔分数表示。

答案：扣除

12．灌装鹤管与汽车罐车底部接口密闭连接的发油方式称为__________。

答案：底部发油

13．加油站油气排放浓度是指__________状态下，排放每立方米干气中所含非甲烷总烃的质量，单位为 g/m^3。

答案：标准

14．运输油品的油罐车指__________罐车和__________罐车。

答案：汽车，铁路

15．在气液比检测之前，气液比适配器的 O 形圈应正确__________，否则将使检测结果产生偏差。

答案：润滑

16．油品运输大气污染物排放标准规定的排放限值有两个，__________油气回收系统密闭性限值和运输工具油气密封点泄漏排放限值。

答案：汽车罐车

17．加油站企业边界油气无组织排放限值是指__________（时间段）非甲烷总烃平均浓度值不应超过 4 mg/m^3。

答案：任意 1 h

18．油品运输的汽车罐车应具备底部__________系统和__________系统。

答案：装卸油，油气回收

19．油品运输汽车罐车生产企业应委托具有检测资质的机构对汽车罐车油气回收系统__________进行检测。

答案：密闭性

20．加油站卸油、储油和加油时排放的油气，应采用以__________为基础的油气回收方法进行控制。

答案：密闭收集

21．加油站加油产生的油气应采用__________方式密闭收集。

答案：真空辅助

22．加油站油气回收系统的气液比均应在大于等于__________和小于等于__________范围内。

答案：1.0，1.2

23．加油站油气处理装置的油气排放浓度 1 h 平均浓度值应小于等于__________g/m^3。

答案：25

24．加油站进行油气处理装置检测时，每台油气处理装置都应进行检测，每台油气处理装置的采样时间不少于__________ h。可连续采样或等时间间隔采样，等时间间隔采集的样品数不少于__________个，取平均值作为检测结果。

答案：1，3

25．加油站地下油气回收管线进行液阻检测时，当通入氮气流量为__________L/min 时，加油站油气回收管线液阻检测的最大压力限值为 40 Pa。

答案：18

26．开口阀指阀座一侧接触有机气体或挥发性有机液体，另一侧接触大气的阀门，但不包括__________。

答案：卸压装置

27．加油站油气回收系统密闭性检测，向油气回收系统充压至约 550 Pa 时关闭氮气阀门，调节泄压阀使压力降至 __________Pa 初始压力时开启秒表。每隔 1 min 记 1 次系统压力，__________min 之后，记录最终的系统压力。

答案：500，5

28．进行泄漏源检测时，将采样探头放置于可能发生泄漏排放的设备或装置的相关部位，并沿其外围以小于__________cm/s 的速度移动，同时关注仪器读数。如果发现读数上升，放慢采样探头移动速度直至测得最大读数，并在最大读数处停住，停留时间约为仪器响应时间的 __________倍，记录最大读数。

答案：10，2

29．加油站油气回收系统进行气液比检测，使用的气体流量计每年至少校准 __________次，每次维修之后也应进行校准，校准的流量分别为 15 L/min、30 L/min 和 45 L/min，应保存一份最近的校准记录。

答案：1

30．加油站油气回收系统进行气液比检测，对于“一泵带多枪（<4 把枪）”的油气回收系统，应在至少 ＿＿＿＿＿把加油枪同时加油时检测。

答案：2

31．加油站油气回收系统进行气液比检测，如果检测气液比不在标准限值范围内，而气液比检测值与限值的差小于等于 0.1 时，应再做＿＿＿＿＿次气液比检测，但之间不要对加油管线或油气回收管线作任何调整。如果气液比不在规定的限值范围内，而且气液比检测值与限值的差大于＿＿＿＿＿，则被测加油枪气液比直接判定检测不达标。

答案：2，0.1

32．检测人员在进行泄漏和敞开液面排放的挥发性有机物检测时，采样探头在待测设备或装置的相关部位外围移动速度不能过快，避免漏检＿＿＿＿＿。前一个待测源检测结束后转移到下一个待测源检测开始前，应确认仪器恢复到＿＿＿＿＿。

答案：最高浓度点，正常待测状态

33．加油站油气回收在线监测系统，对于在线监控系统可以不大于 30 s 的采样间隔监测加油站内的挥发性有机物，当浓度传感器监测到的浓度大于等于＿＿＿＿＿μmol/mol 时，则判断该处可能存在系统油气泄漏情况立即进行预警，当连续 7 天处于预警状态应报警；当监测到的浓度大于等于＿＿＿＿＿μmol/mol 时应立即报警。

答案：4 000，8 000

34．加油站油气回收在线监测系统要求浓度传感器宜布置在容易检测油气回收系统出现＿＿＿＿＿的接口或连接部位上或附近区域，如卸油油气回收口、人井盖、加油机内等处。

答案：油气泄漏

二、单选题

1．进行液阻检测时，相关油气管线的任何泄漏会导致液阻测量值＿＿＿＿＿。（　　）

A．偏高　　B．偏低

C．没有影响　　D．偏高或偏低均有可能

答案：B

2．进行液阻检测时，通入氮气流量 18 L/min、28 L/min 和 38 L/min，加油站油气回收管线液阻最大压力限值分别是＿＿＿＿＿Pa、＿＿＿＿＿Pa、＿＿＿＿＿Pa。（　　）

A．40，90，155　　B．45，85，135

C．35，90，155　　D．40，85，155

答案：A

3．按照液阻检测方法，对检测使用的流量计，要求其量程为 0～100 L/min，最大允许误差为满量程的＿＿＿＿＿%，最小刻度 2 L/min。（　　）

A．2　　B．3　　C．4　　D．5

答案：A

4．进行加油站油气回收系统密闭性检测时，检测密闭性之前的__________内或检测过程中不得为汽车加油。（　　）

A．24 h　　B．3 h　　C．30 min　　D．1 h

答案：C

5．进行加油站油气回收系统密闭性检测时，按操作规程充压过程中，如果到达 500 Pa 所需时间已超过计算值的 2 倍，应__________。（　　）

A．调节氮气流量　　B．调节氮气压力

C．重新计算时间　　D．停止检测，系统不具备检测条件

答案：D

6．进行加油站油气回收系统密闭性检测，用氮气对油气回收系统加压至 500 Pa，允许系统有压力衰减。一段时间后的剩余压力值与标准中规定的最小剩余压力限值进行比较，如果低于限值，表明系统泄漏程度超出允许范围。一段时间是指__________。（　　）

A．3 min　　B．2 min　　C．5 min　　D．4 min

答案：C

7．加油站油气回收系统检测顺序是__________。（　　）

A．气液比—密闭性和液阻　　B．密闭性和液阻—气液比

C．液阻、密闭性—气液比　　D．气液比—液阻、密闭性

答案：B

8．进行加油站油气回收系统密闭性检测时，充入油气回收系统的氮气流量是__________。（　　）

A．30～100 L/min　　B．100 L/min 以上

C．30 L/min 以下　　D．随意

答案：A

9．进行加油站油气回收系统密闭性检测时，检测密闭性之前的__________内或检测过程中，不得有大批量油品进出储油罐。（　　）

A．24 h　　B．3 h　　C．30 min　　D．1 h

答案：B

10．用电子式压力计进行加油站油气回收系统密闭性检测，电子式压力计存在热偏差，使用时至少应有 15 min 的预热过程，接着还要做__________min 的漂移检查。如果漂移超过了__________Pa，此仪器将不能使用。（　　）

A．3，2　　B．5，2.5　　C．5，2　　D．3，2.5

答案：B

11．气液比检测时，如果被检测加油枪的加油流量不能达到__________L/min，则不能进行检测。（　　）

A．10　　B．20　　C．30　　D．40

答案：B

12．气液比检测时，加油枪的加油量在__________L/min 流量内可以进行检测。（　　）

A．5～10　　B．10～15　　C．5～15　　D．20～30

答案：D

13．进行气液比检测时，如果气液比不在规定的限值范围内，而且气液比检测值与限值的差大于__________，则直接判定被测加油枪气液比检测不达标。（　　）

A．0.1　　B．0.15　　C．0.05　　D．0.2

答案：A

14．加油站油气处理装置排放浓度检测，采样位置应优先选择在垂直或水平管段上，采样位置距上下游的弯头、阀门、变径管距离不应小于__________倍管道直径。（　　）

A．2　　B．3　　C．5　　D．6

答案：B

15．加油站油气处理装置排放浓度检测，采样接头与采样孔的连接方式可根据不同的采样方法自行设计，但采样头置入采样孔管内的采样管长度应在__________mm 范围内。（　　）

A．35～40　　B．40～50　　C．50～55　　D．≥56

答案：D

16．向汽车罐车底部发油结束并断开快速接头时，油品滴洒量不应超过 10 mL，滴洒量测量取连续 3 次断开操作的__________。（　　）

A．最小值　　B．最大值　　C．加和值　　D．平均值

答案：D

17．油气是指加油站（加卸油、储存）、储油库（储存、收发油品）、油品运输等过程中产生的挥发性有机物，用__________作为油气排放控制项目。（　　）

A．VOCs　　B．总烃　　C．甲烷　　D．非甲烷总烃

答案：D

18．油气处理装置排气筒高度应不低于__________m。（　　）

A．4　　B．8　　C．10　　D．15

答案：A

19．进行气液比检测时，关于气液比检测前准备条件，下列各种说法错误的是__________。（　　）

A．检测用油桶部件和气体流量计，保证接地装置正确连接

B．检查气液比适配器上的 O 形圈是否良好和完全润滑

C．检测前检查压力/真空阀是否良好，油气处理装置是否关闭

D．与被检测加油枪共用一个真空泵的其他加油枪被密封

答案：D

20．用于测量油气回收泄漏检测仪器的原理应为__________。（　　）

A．光离子化检测器　　B．红外吸收检测器

C．氢火焰离子化检测仪　　D．其他类型检测器

答案：C

21．进行密闭性检测时，要求所有压力测量装置在检测之前应使用标准压力表或倾斜式压力计

进行校准，分别对满量程的 20%、50%和 80%进行校准，精度应在每个校准点的＿＿＿＿＿%之内，校准频率不超过 90 天。（ ）

A．2　　B．3　　C．5　　D．10

答案：A

22．汽车油罐车油气回收系统密闭性检测，用到的串联在管线中泄压阀，能在压力达到＿＿＿＿＿ kPa 和＿＿＿＿＿ kPa 时自动开启，否则存在危险。（ ）

A．7，−1.5　　B．7，−2.5　　C．6，−2.5　　D．6，−1.5

答案：B

23．油气泄漏检测时，按照 HJ733（泄漏和敞开液面排放的挥发性有机物检测技术导则）环境本底值测定应在排放源附近不受干扰的上风向和下风向进行，并记录＿＿＿＿＿内测得的最高值。（ ）

A．上风向±35°　　B．上风向±45°　　C．上风向±40°　　D．下风向±35°

答案：B

24．对油罐汽车密封点油气泄漏检测用 FID 检测仪检测还可以用＿＿＿＿＿。（ ）

A．PID　　B．红外吸收检测器

C．红外摄像方式　　D．其他类型检测

答案：C

25．油气泄漏检测用仪器，按照 HJ 733（泄漏和敞开液面排放的挥发性有机物检测技术导则）规定，其仪器响应时间要求是不超过＿＿＿＿＿s。（ ）

A．20　　B．30　　C．40　　D．50

答案：B

26．加油站加油软管应配备拉断截止阀，加油时应防止溢油和滴油。油气回收检测时，出现滴油、漏油时，应＿＿＿＿＿。（ ）

A．检测工作完成后找工作人员处理　　B．检测工作完成及时收集、擦拭处理

C．第一时间进行收集、擦拭处理油迹　　D．第一时间上报

答案：C

27．油品运输工具油气密封点泄漏检测值不应超过＿＿＿＿＿μmol/mol。（ ）

A．250　　B．300　　C．400　　D．500

答案：D

28．用于泄漏检测仪零气校准的零气指 VOCs 含量小于＿＿＿＿＿$\times10^{-6}$ mol/mol（以甲烷计）的洁净空气。（ ）

A．1　　B．5　　C．10　　D．20

答案：C

29．加油站采用氢火焰离子化检测仪（以甲烷或丙烷为校准气体）检测油气回收系统密闭点位，油气泄漏检测值应小于等于＿＿＿＿＿μmol/mol。（ ）

A．200　　B．500　　C．1 000　　D．1 500

答案：B

30．加油站进行油气回收管线液阻检测时，向油气回收管线内充入__________，模拟油气通过油气回收管线。（　　）

A．氖气　　B．氦气　　C．氩气　　D．氮气

答案：D

31．加油站进行油气回收管线液阻检测时，如果等待氮气流量稳定的时间少于 __________s 就开始检测，会产生错误的液阻测量值。（　　）

A．10　　B．20　　C．30　　D．60

答案：C

32．加油站进行油气回收管线液阻检测时，使用机械式压力表表盘最小直径 100 mm，满量程范围 0～250 Pa，最大允许误差为满量程的__________%。（　　）

A．1　　B．2　　C．3　　D．5

答案：B

33．加油站进行油气回收管线液阻检测时，使用电子式压力测量装置满量程范围 0～2.5 kPa，最大允许误差为满量程的 __________%。（　　）

A．0.5　　B．1　　C．1.5　　D．2

答案：A

34．加油站进行油气回收管线液阻检测时，当通入氮气流量为__________L/min 时，加油站油气回收管线液阻检测的最大压力限值为 155 Pa。（　　）

A．18　　B．28　　C．38　　D．48

答案：C

35．加油站进行油气回收系统密闭性检测时，加油站油气回收系统密封性检测最小剩余压力限值与油气空间和__________相关。（　　）

A．阀门　　B．油气回收系统数量

C．加油机　　D．加油枪数

答案：D

36．加油站进行油气回收系统气液比检测时，连接适配器和气体流量计的软管长度为__________mm。（　　）

A．800～1 800　　B．1 200～1 800

C．1 000～1 500　　D．1 000～1 800

答案：D

37．加油站进行油气回收系统气液比检测时，气液比检测用油桶容积至少__________L。（　　）

A．50　　B．80　　C．100　　D．150

答案：B

38．加油站进行油气回收系统气液比检测时，通过气液比的检测，可以了解油气回收系统的__________。（　　）

A．密闭性　　B．压力　　C．回收效果　　D．稳定性

答案：C

39. 加油站油气回收在线监测系统要求在加油机内的油气回收管路上串联气体流量传感器，通过测量回收的油气体积并与该油气体积对应的液体汽油体积比较，以此监测油气回收过程中的__________。（　　）

A. 气液比　　B. 液阻　　C. 密闭性　　D. 阻力影响

答案：A

40. 加油站油气回收在线监测系统要求在连通油气储存空间的油气回收管线上安装压力传感器，通过测量压力值的变化，监测油气回收系统的__________。（　　）

A. 气液比　　B. 液阻　　C. 密闭性　　D. 回收效果

答案：C

41. 在加油站油气回收系统气液比检测前应对气液比适配器进行一次泄漏检查。产生一个1 245 Pa的真空压力后，开启秒表，__________min之后真空压力应保持在1 230 Pa以上，否则没有通过泄漏检测。（　　）

A. 3　　B. 4　　C. 5　　D. 10

答案：A

42. 加油站油气回收在线监测系统要求在线监控系统具备__________年以上数据的存储能力。（　　）

A. 1　　B. 2　　C. 3　　D. 4

答案：A

43. 检测人员在进行泄漏和敞开液面排放的挥发性有机物检测时，多数泄压装置因其构造原因，无法在其密封座连接界面处进行采样，对那些接有套管或喇叭口的泄压装置，将采样探头置于排气区域的__________进行采样检测。（　　）

A. 顶部　　B. 中央位置　　C. 底部　　D. 两侧

答案：B

44. 加油站油气处理装置的现场采样设备采样接头宜选用铜、铝或其他不发生火花、__________的材料。（　　）

A. 结垢　　B. 生锈　　C. 爆炸　　D. 静电

答案：D

45. 油气回收系统在线监测系统准确性校核方法适用于加油站油气回收在线监测系统的校准和__________、系统压力指标的比对。（　　）

A. 液阻　　B. 密闭性　　C. 气液比　　D. 挥发性检测

答案： C

46. 加油站大气污染物排放标准，新建、改建、扩建的加油站在油气管线覆土、地面硬化施工之前，应向管线内注入__________L汽油并检测液阻。（　　）

A. 5　　B. 10　　C. 15　　D. 20

答案：B

47. 加油站大气污染物排放标准，油气处理装置回油管横向地下油罐的坡度不应小于__________%，油气处理装置卸油期间应保持正常运行状态。（　　）

A．1　　B．2　　C．4　　D．5

答案：A

48．加油站大气污染物排放标准，油气处理装置的油气排放浓度 1 h 平均浓度值应小于等于__________。（　　）

A．25 mg/L　　B．25 ppm　　C．25 mg/m^3　　D．25 g/m^3

答案：D

三、多选题

1．加油站企业边界油气浓度无组织排放监测采样和测定按__________的规定执行。（　　）

A．HJ/T 55—2000 大气污染物无组织排放监测技术导则

B．HJ 604—2017 环境空气　总烃、甲烷和非甲烷总烃的测定　直接进样—气相色谱法

C．HJ 38—2017 固定污染源废气　总烃、甲烷和非甲烷总烃的测定　气相色谱法

D．GB 20952—2020 加油站大气污染物排放标准

答案：AB

2．进行气液比检测时，引起气液比检测偏差和干扰的有__________。（　　）

A．加油枪喷管与适配器因各种原因不能良好的匹配

B．被检测加油枪的加油流量不能达到 20 L/min 以上

C．如果与被检测加油枪共用一个真空泵的其他加油枪被密封了

D．如果被检测的加油枪使汽油进入检测装置

答案：ABCD

3．进行气液比检测时，加油枪喷管与适配器应有良好的匹配，有良好的匹配指__________。（　　）

A．根据加油枪选择适配器种类　　B．适配器上的 O 形圈良好和润滑

C．适配器不存在泄漏　　D．适配器品质优良

答案：ABC

4．油品运输油气密封点包括__________。（　　）

A．汽车罐车油气回收耦合阀

B．油罐车人孔盖

C．罐体与外部对接，传输油气的快速闭止阀

D．油船油气回收管线法兰盲板

答案：ABCD

5．汽车罐车油气回收系统的密闭性检测条件__________。（　　）

A．汽车罐车应停靠在一个不受阳光直接照射的位置

B．汽车罐车应停靠在一个开阔地带

C．汽车罐车罐内不能存有残油

D．汽车罐车罐内应存有油品

答案：AC

6．液阻检测程序和条件包括__________。（　　）

A．打开被检测加油机的底盆，找到预留在加油油气回收立管上的三通和检测接头

B．打开对应有关的卸油油气回收系统油气接口阀门

C．连接检测装置。氮气瓶接地，将氮气管与液阻检测装置的氮气入口接头连接

D．开启氮气瓶，设置氮气输送压力为 35 kPa，使用流量计控制阀调节氮气流速，从最低氮气流速开始，分别检测 3 个氮气流速对应的液阻。在读取压力表读数之前，氮气流速稳定的时间大于 30 s

答案：ABCD

7．检测汽车油罐车油气回收系统密闭性时用到的检测设备包括__________。（　　）

A．氮气加压系统，可将罐体加压至 7 kPa

B．压力表。测量范围–6～6 kPa；最大允许误差≤±2.5% FS；分度值≤30 Pa

C．真空泵，可将罐体抽真空至–2.5 kPa

D．泄压阀，串联在管线中，能在压力达到–2.5 kPa 和 7 kPa 时自动开启

答案：ABCD

8．油品运输大气污染物排放标准规定的排放限值包括__________。（　　）

A．汽车罐车油气回收系统压力变动限值　　B．运输工具油气密封点泄漏排放限值

C．油气回收处理装置油气排放限值　　D．汽车罐车油气回收阀压力变动限值

答案：ABD

9．油气回收系统密闭性检测前应注意的安全要求包括__________。（　　）

A．只允许使用氮气给系统加压

B．检测使用的氮气瓶应安装一个 6.9 kPa 的泄压阀

C．向系统充入氮气过程中应接地线

D．检测人员应做好个人安全防护，如消除静电、穿防静电工作服、工作鞋等

答案：ABCD

10．油品运输的汽车罐车底部装卸油系统包括__________及连接管线等。（　　）

A．卸油阀　　B．紧急切断阀　　C．呼吸阀　　D．防溢流系统

答案：ABCD

11．油品运输油船应设置密闭__________系统。（　　）

A．油气收集　　B．紧急切断阀　　C．惰性气体　　D．防溢流系统

答案：AC

12．加油站应按照环境监测管理规定和技术规范的要求，设计、建设、维护__________。（　　）

A．采样口　　B．卸油管　　C．截流阀　　D．采样测试平台

答案：AD

13．加油站油气排放控制要求__________应采用标准化接连。（　　）

A．油气回收系统　　B．油气处理装置

C．油气检测系统　　D．在线监测系统

答案：ABD

14．加油站油气回收在线监测系统应能监测油气处理装置进出口的__________等。（　　）

A．压力　　B．油气温度　　C．实时运行情况　　D．运行时间

答案：ABCD

15．加油站油气处理装置出口应设置__________。（　　）

A．采样位置　　B．避雷针　　C．操作平台　　D．摄像头

答案：AC

16．加油站油气回收系统密闭性检测，下列__________符合检测前准备要求。（　　）

A．在检测之前 3 h 内或在检测过程中，不得有大批量油品进出储油罐

B．在检测之前 60 min 和检测过程中不得有加油操作

C．所有加油枪都正确地挂在加油机上

D．任何电子式压力计在使用前应先做预热和漂移检查

答案：ACD

17．下列__________检测属于加油站油气回收系统检测。（　　）

A．密闭性　　B．液阻

C．气液比　　D．油气处理装置排放浓度

答案：ABCD

18．下列说法正确的是__________。（　　）

A．加油枪喷管与适配器因各种原因不能良好的匹配，则不能进行检测

B．被检测加油枪的加油流量不能达到 40 L/min 以上，则不能进行检测

C．被检测的加油枪使汽油进入检测装置，则此加油枪的气液比检测值将被认作无效

D．在气液比检测之前，气液比适配器的 O 形圈应正确润滑，否则将使检测结果产生偏差

答案：ACD

19．加油站大气污染物管控中，对于油气处理装置的在线监测系统应能监测__________指标。（　　）

A．油气处理装置进出口压力　　B．油气温度（冷凝法）

C．实时运行情况　　D．运行时间

答案：ABCD

四、判断题

1．加油站油气回收系统的气液比应在大于 1.0 和小于 1.2 范围内。（　　）

答案：错误

正确答案：加油站油气回收系统技术的气液比应在大于等于 1.0 和小于等于 1.2 范围内。

2．油品运输大气污染物排放标准规定了油品运输过程中油气排放控制要求、监测和监督管理要求。（　　）

答案：正确

3．油气回收系统密闭性检测时，只允许使用气态氮气给系统加压。（　　）

答案：正确

4．如果油气回收系统由若干独立的油气回收子系统组成，则每个加油机都应做密闭性检测。（　　）

答案：错误

正确答案：如果油气回收系统由若干独立的油气回收子系统组成，则每个独立子系统都应进行密闭性检测。

5．进行油气回收液阻检测时，如果等待氮气流量稳定的时间少于 40 s 便开始检测，会产生错误的液阻测量值。（　　）

答案：错误

正确答案：氮气流量稳定的时间少于 30 s 便开始检测，会产生错误的液阻测量值。

6．进行油气回收液阻检测时，从标准规定中最低氮气流量开始，分别检测 3 个流量对应的液阻，如果 3 个液阻检测值中最大的一个小于等于规定的最大压力限值，则加油站液阻检测合格。（　　）

答案：错误

正确答案：如果 3 个液阻检测值均小于等于规定的最大压力限值，则加油站液阻检测合格。

7．进行液阻检测时，如果因压力表指针抖动无法确定检测数值时，则认定液阻检测不合格。（　　）

答案：正确

8．进行液阻检测时，用流量计检测气体通过油气回收管线的液体阻力，了解管线内各种原因对气体产生阻力的程度，用来判断是否影响油气回收。（　　）

答案：错误

正确答案：进行液阻检测时，用压力表或同等装置检测气体通过油气回收管线的液体阻力。

9．进行液阻检测前，应关闭对应油罐的卸油油气回收口阀门。（　　）

答案：错误

正确答案：应打开对应油罐的卸油油气接口阀门。

10．进行油气回收系统检测时，应严格执行加油站有关安全生产的规定，禁止将手机、打火机等不安全物品带入检测工作现场。（　　）

答案：正确

11．油气回收密闭性检测原理是：用氮气对油气回收系统加压至 450 Pa，允许系统压力衰减，检测 3 min 后的剩余压力值与规定的最小剩余压力限值进行比较。（　　）

答案：错误

正确答案：用氮气对油气回收系统加压至 500 Pa，检测 5 min 后的剩余压力值与规定的最小剩余压力限值进行比较。

12．进行加油站油气回收密闭性检测时，充入系统的氮气流量超过 90 L/min 会引起检测结果的偏差。（　　）

答案：错误

正确答案：充入系统的氮气流量超过 100 L/min 会引起检测结果的偏差。

13．进行加油站油气回收密闭性检测时，系统充入至规定压力后，用秒表计时，每隔 2 min 记录 1 次系统压力。10 min 之后，记录最终的系统压力。（　　）

答案：错误

正确答案：每隔 1 min 记录 1 次系统压力。5 min 之后，记录最终的系统压力。

14. 进行加油站油气回收密闭性检测时，单体油罐的最小油气空间应为 3 800 L 或占油罐容积的 25%，二者取较小值。连通油罐的最大合计油气空间不应超过 95 000 L。（　　）

答案：正确

15. 进行气液比检测前，应排空加油软管气路和加油机油气管中的汽油，否则将使检测结果产生偏差。（　　）

答案：错误

正确答案：进行气液比检测前，不要排空加油软管气路和加油机油气管中的汽油，否则将使检测结果产生偏差。

16. 进行气液比检测时，如果加油枪喷管与适配器因各种原因不能良好的匹配，则不能进行检测。（　　）

答案：正确

17. 气液比检测前，装配好检测用油桶和汽液比检测装置后，清空油桶残油。（　　）

答案：错误

正确答案：装配好检测用油桶和汽液比检测装置之后，向油桶中加油 15～20 L，使油桶具备含有油气的初始条件。

18. 油气回收气液比检测值的单位为 L/min。（　　）

答案：错误

正确答案：气液比单位为无量纲。

19. 如果气液比检测值不在标准限值范围内，而气液比检测值与限值的差小于等于 0.1 时，应再进行一次气液比检测，但其间不要对加油管线或油气回收管线进行任何调整。（　　）

答案：错误

正确答案：应再进行两次气液比检测。

20. 为保证监测结果的有效性，进行气液比检测前，须对检测仪器本身密闭性进行检查，不包括适配器。（　　）

答案：错误

正确答案：进行气液比检测前，须对检测仪器本身密闭性进行检查包括适配器密闭性检查。

21. 进行气液比检测时，如果被检测的加油枪加油量没有达到 30 L/min 以上，则不能进行检测。（　　）

答案：错误

正确答案：进行气液比检测时，如果被检测加油枪的加油量不能达到 20 L/min 以上，则不能进行检测。

22. 进行气液比检测完成后，应对适配器进行一次检测后泄漏检查，如不能通过泄漏检查，则所测数据无效。（　　）

答案：正确

23. 按照气液比检测方法对检测仪器的要求，其气体流量计应使用差压式流量计测量回收气体

体积。（ ）

答案：错误

正确答案：气体流量计应使用容积式流量计

24．加油站油气处理装置排放浓度的检测可在加油相对分散的时段进行。（ ）

答案：错误

正确答案：在加油相对集中的时段进行。

25．加油站油气处理装置排放浓度检测，可连续采样或等时间间隔采样，等时间间隔采集的样品数不少于 3 个，取最大值作为检测结果。（ ）

答案：错误

正确答案：等时间间隔采集的样品数不少于 3 个，取平均值作为检测结果。

26．加油站油气处理装置排放浓度检测，每台油气处理装置都应进行检测，每台油气处理装置的采样时间不少于 30 min。（ ）

答案：错误

正确答案：每台油气处理装置的采样时间不少于 1 h。

27．加油站埋地油罐应采用电子式液位计进行汽油密闭测量。（ ）

答案：正确

28．为保障安全，油气处理装置排气口应设置阻火器，油气处理装置在卸油期间应保持正常运行状态。（ ）

答案：正确

29．为保障工作安全，采样接头宜选用铁、铝或其他不发生火花、静电的材料。（ ）

答案：错误

正确答案：采样接头宜选用铜、铝或其他不发生火花、静电的材料。

30．进行气液比检测时，为保证安全，只需将气体流量计，正确连接接地装置即可。（ ）

答案：错误

正确答案：进行气液比检测，检测用气体流量计和油桶部件，均要保证接地装置正确连接。

31．油气回收检测可以用二氧化碳为系统加压。（ ）

答案：错误

正确答案：必须用氮气为系统加压。

32．测定油气泄漏浓度的检测设备必须具有防爆安全性并通过防爆安全检验认证。（ ）

答案：正确

33．加油站卸油油气排放控制应采用浸没式卸油方式，卸油管出油口距罐底高度应小于 300 mm。（ ）

答案：错误

正确答案：加油站卸油油气排放控制应采用浸没式卸油方式，卸油管出油口距罐底高度应小于 200 mm。

34．加油站油气处理装置在卸油期间应停止运行。（ ）

答案：错误

正确答案：加油站油气处理装置在卸油期间应保持正常运行状态。

35. 加油站卸油后应先关闭卸油软管及油气回收软管，再断开卸油软管和油气回收软管相关的阀门。（ ）

答案：错误

正确答案：加油站卸油后应先关闭与卸油软管及油气回收软管相关的阀门，再断开卸油软管和油气回收软管。

36. 加油站的采样孔和操作平台的安装可以不与油气回收处理工程同时完成和验收。（ ）

答案：错误

正确答案：加油站采样孔和操作平台的安装应与油气回收处理工程同时完成和验收。

37. 加油站对地下油气回收管线液阻检测时，可以对加油站随机抽取 1 台加油机至埋地油罐的地下油气回收管线进行液阻检测。（ ）

答案：错误

正确答案：加油站对地下油气回收管线液阻检测时，应对加油站每台加油机至埋地油罐的地下油气回收管线进行液阻检测。

38. 加油站对地下油气回收管线液阻检测时，使用的秒表最大允许误差在 1 s 之内。（ ）

答案：错误

正确答案：秒表最大允许误差在 0.2 s 之内。

39. 加油站对地下油气回收管线液阻检测时，如果 3 个液阻检测值中有任何 2 个大于规定的最大压力限值，则加油站液阻检测不合格。（ ）

答案：错误

正确答案：加油站对地下油气回收管线液阻检测时，如果 3 个液阻检测值中有任何 1 个大于规定的最大压力限值，则加油站液阻检测不合格。

40. 加油站进行油气回收系统检测时，应严格执行加油站有关安全生产的规定。（ ）

答案：正确

41. 加油站对地下油气回收管线液阻检测时，应关闭对应油罐的油气接口阀门。（ ）

答案：错误

正确答案：加油站对地下油气回收管线液阻检测时，应打开对应油罐的油气接口阀门。

42. 加油站进行油气回收系统密闭性检测时，用氮气对油气回收系统加压至 500 Pa，允许系统压力衰减，衰减程度不能超出允许范围。（ ）

答案：正确

43. 加油站进行油气回收系统密闭性检测时，向系统充入氮气过程中应接地线。（ ）

答案：正确

44. 加油站进行油气回收系统密闭性检测时，充压到达 500 Pa 所需的时间若超过计算值的 2 倍，则停止检测，说明系统不具备检测条件。（ ）

答案：正确

45. 加油站对地下油气回收管线液阻检测时，从最低氮气压力开始，分别检测 3 个压力对应的液阻。（ ）

答案：错误

正确答案：加油站对地下油气回收管线液阻检测时，从最低氮气流量开始，分别检测 3 个流量对应的液阻。

46. 加油站油气回收系统进行气液比检测，如果有其他加油枪与被检测加油枪共用一个真空泵，气液比检测应在其他加油枪都密封的情况下进行。（　　）

答案：错误

正确答案：加油站油气回收系统进行气液比检测，如果有其他加油枪与被检测加油枪共用一个真空泵，气液比检测应在其他加油枪都没有被密封的情况下进行。

47. 加油站油气回收系统进行气液比检测，对于“一泵带多枪（≥4 把枪）”的油气回收系统，应至少在 4 条枪同时加油时分别进行检测，且所有加油枪均要检测。（　　）

答案：错误

正确答案：加油站油气回收系统进行气液比检测，对于“一泵带多枪（≥4 把枪）”的油气回收系统，应至少在 4 条枪同时加油时分别进行检测，被检测的加油枪比例应不少于 50%。

48. 加油站油气回收系统进行气液比检测，为了保证测量的准确，允许对气液比检测装置进行必要的调整，包括气液比适配器和加油枪，如果对气液比检测装置进行了调整，那么这条枪前一次的检测结果作废。（　　）

答案：正确

49. 加油站油气回收系统进行气液比检测，为了避免汽油的积聚，在每次检测之后，将气体流量计和检测用油桶部件之间软管，以及气液比适配器和气体流量计之间软管中凝结的汽油排净。（　　）

答案：正确

50. 加油站油气回收系统进行气液比检测，在最终得出气液比检测是否达标之前，对适配器进行一次检测后泄漏检查。如果检测装置不能通过泄漏检查，那么气液比检测期间获得的所有数据都将无效。（　　）

答案：正确

51. 加油站油气处理装置排放浓度的检测可在加油相对集中的时段进行。（　　）

答案：正确

52. 加油站油气回收在线监测系统应具备显示实时数据及查询历史数据的功能，并具备防篡改功能。（　　）

答案：正确

53. 对于进行油气回收相关检测的便携式检测仪器，具有防爆安全性或通过防爆安全检验认证，二者必须具备其一。（　　）

答案：错误

正确答案：便携式检测仪器必须具有防爆安全性并通过防爆安全检验认证。

54. 检测人员在进行泄漏和敞开液面排放的挥发性有机物检测尽量在疑似泄漏源的下风向进行检测；检测较高位置的排放源时，采用加长的采样探头，加长的采样探头无法到达的排放源原则上不进行检测。（　　）

答案：错误

正确答案：检测人员在进行泄漏和敞开液面排放的挥发性有机物检测尽量在疑似泄漏源的上风向进行检测；检测较高位置的排放源时，采用加长的采样探头，加长的采样探头无法到达的排放源原则上不进行检测。

55．储油库中的油气处理装置，除了规定油气处理装置油气排放浓度限值，同时还规定了油气处理装置处理效率限值。（　　）

答案：正确

五、简答题

1．进行加油油气回收系统气液比检测时，如何进行气液比适配器泄漏检查？

答案：用一个替代喷管与气液比适配器连接，对气液比适配器进行检测前泄漏检查。产生 1 245 Pa 的真空压力后，开启秒表，3 min 之后真空表压力保持在 1 230 Pa 以上，视为适配器通过泄漏检查。没有通过泄漏检查的检测装置不能用于气液比检测。

2．加油站油气回收系统油气泄漏点容易发生在什么部位？（至少 5 个）

答案：

①人工量油口端盖；②卸油口；③油气回收口盖帽；④集液罐管口；⑤加油机油气回收管和阀门处；⑥排放管压力/真空阀（关闭状态时）；⑦油气处理装置连接的管道连接法兰、阀门；⑧卸油过程中与油品运输汽车罐车等卸油工具密闭连接的接口、管道等。以上部位加油站油气回收系统在正常状态下应保持密闭。

3．油气泄漏检测时，环境本底值如何检测？

答案：

①分别在排放源附近不受干扰的上风向和下风向缓慢地移动采样探头，对排放源周围空气中的 VOCs 浓度进行检测，在上风向±45°内测得的最高值作为环境本底值。

②如附近有干扰存在，可以在距离排放源更近的地方采样测定，但采样探头与排放源的距离应大于 25 cm。

4．简述加油站油气回收密闭性检测程序。

答案：

①向油气回收系统充压。打开氮气瓶阀门，设置低压调节器的压力为 35 kPa。

②调节氮气流量在 30～100 L/min，开启秒表。充压至约 550 Pa，在充压过程中如果到达 500 Pa 所需的时间已超过预计算值的 2 倍，则停止检测，说明系统不具备检测条件。

③充压至约 550 Pa 时关闭氮气阀门，调节泄压阀使压力降至 500 Pa 初始压力时开启秒表。

④每隔 1 min 记录 1 次系统压力。5 min 之后，记录最终的系统压力。

⑤根据加油站的安全规定释放油气回收系统压力。

⑥取下三通检测接头上连接的软管，恢复原来油气回收管线的连接。

5．简述汽车罐车油气回收系统的密闭性检测原理和概要。

答案：采用充压或抽真空的方式，检测油气回收系统对压力的保持程度。检测时对罐体充气或抽真空达到一定的压力，然后与压力源隔离，记录 5 min 后的压力变动值并与密闭性限值比较是否达标。

6．哪些加油站需要安装在线监测系统？在线监测系统须具有哪些监测功能？

答案：

①按照加油站大气污染物排放标准规定，依法被确定为重点排污单位的加油站应安装在线监测系统。

②在线监测系统应能够监测每条加油枪气液比和油气回收系统压力，具备至少储存 1 年数据、远距离传输，具备预警、警告功能。

③在线监控系统可在卸油口附近、加油机内/外（加油区）、人工量油井、油气处理装置排放口等处安装浓度传感器监测油气泄漏浓度。

7．简述加油站油气回收系统密闭性检测前应遵循的安全警示。

答案：

①只允许使用氮气给系统加压；

②检测使用的氮气瓶应安装一个 6.9 kPa 的泄压阀；

③向系统充入氮气过程中应接地线。

8．简述加油站油气处理装置检测条件。

答案：

①油气处理装置出口应设置采样位置和操作平台；

②采样位置应优先选择在垂直或水平管段上，采样位置距上下游的弯头、阀门、变径管距离不应小于 3 倍管道直径；

③在选定的采样位置上应开设带法兰的采样孔；

④操作平台面积应不小于 1.5 m^2，并设有高 1.1 m 的护栏，采样孔距平台地面高度 1.2～1.3 m。如果采样位置距地平面高度低于 1.5 m，可不设置监测操作平台和护栏；

⑤采样孔和操作平台的安装应与油气回收处理工程同时完成和验收。

9．简述加油站油气回收系统密闭性检测后程序。

答案：将 5 min 之后的系统压力检测值与规定的最小剩余压力限值进行比较，判定加油站是否符合标准。如果实际油气空间数值处于规定列两油气空间数值之间时，用内插公式计算最小剩余压力限值。

10．简述加油站现场检查中对加油枪和加油机检查时，重点检查内容。

答案：加油枪重点检查内容：①是否为油气回收型加油枪。②集气罩是否完好无破损。③ 加油时集气罩应紧密贴在汽车油箱加油口。

加油机重点检查内容：①检查加油机是否安装油气回收真空泵。②加油机是否有油气回收管道及检测口。③加油机油气回收真空泵是否正常运行。④加油机各种阀的开/闭检查。

11．简述加油站液阻检测原理。

答案：

①以规定的氮气流量向油气回收管线内充入氮气，模拟油气通过油气回收管线。

②用压力表或同等装置检测气体通过管线的液体阻力，了解管线内因各种原因对气体产生阻力的程度，用来判断是否影响油气回收。

12．某个加油站有 2 台加油机和 11 条加油枪，每台加油机只有一个真空泵，其中 1#加油机（92#

汽油）带着 2 条加油枪（编号 1#～2#），2#加油机（95#汽油）带着 9 条加油枪（编号 3#～11#）。现场对该加油站气液比检测时，抽测加油枪至少的数量？抽测加油枪如何分配？如果现场抽测 10 条加油枪，其中 1#加油机 2#加油枪（92#汽油）和 2#加油机 3#加油枪（95#汽油）气液比分别为 0.9 和 1.4，请判定该加油站气液比是否超标？

答案：

（1）根据加油站加油枪气液比超标判定条件，该加油站共有 11 条加油枪，因此至少抽测 8 条加油枪。

（2）再根据加油站气液比检测方法要求具体分配：可以 1#加油机 1 支加油枪，2#加油机 7 支加油枪；也可以是 1#加油机 2 支加油枪，2#加油机 6 支加油枪。

（3）先对 2#加油枪再做 2 次气液比检测，但之间不要对加油管线或油气回收管线做任何调整。2#加油枪气液比根据 3 次检测结果做算术平均，判定是否达标。再根据加油枪气液比超标判定条件：如果 2#加油枪气液比达标，则抽测 10 条加油枪，只有 1 条不达标，可以判定该加油站气液比达标；如果 2#加油枪气液比不达标，则抽测 10 条加油枪，有 2 条不达标，可以判定该加油站气液比超标。

13．某个检测公司对加油站液阻检测，具体检测过程为：首先，将氮气气瓶接地，氮气气管与液阻检测装置的氮气出口接头连接，关闭对应油罐的卸油油气回收系统油气接口阀门。其次，开启氮气瓶，设置低压调节器的压力为 70 kPa。用流量计控制阀调节氮气流量，在读取压力表数值之前，氮气流量稳定的时间均大于 10 s，依次通入流量为 38 L/min、28 L/min、20 L/min 的氮气并查看压力表数值 。最后，取下三通检测接头上连接的软管，恢复原来油气回收管线的连接，打开对应油罐的油气接口阀门。上述操作中不符合规定要求的请指出并改正。

答案：开展加油站液阻检测，具体检测过程为：

（1）首先，将氮气气瓶接地，氮气气管与液阻检测装置的氮气出口接头连接，开启对应油罐的卸油油气回收系统油气接口阀门（不是关闭对应油罐的卸油油气回收系统油气接口阀门）；

（2）其次，开启氮气瓶，设置低压调节器的压力为 35 kPa。（设置低压调节器的压力不是 70 kPa）；

（3）用流量计控制阀调节氮气流量，在读取压力表数值之前，氮气流量稳定的时间均大于 30 s。（氮气流量稳定的时间不是均大于 10 s）；

（4）依次通入流量为 18 L/min、28 L/min、38 L/min 的氮气的氮气并查看压力表数值。（通入氮气流量应从低到高，不能从高到低，低流量为 18 L/min 不是 20 L/min）；

（5）最后，取下三通检测接头上连接的软管，恢复原来油气回收管线的连接，关闭对应油罐的油气接口阀门。（不是打开对应油罐的油气接口阀门）。

六、计算题

1．某加油站有 3 个连通汽油罐，6 座加油机，18 把汽油加油枪，每个汽油罐容积是 40 000 L，93#汽油罐汽油有 30 000 L，97#汽油罐汽油有 36 000 L，98#汽油罐汽油有 35 000 L。计算加油站罐空体积和密闭性最小限值是多少？（加油站油气回收系统密闭性检测最小剩余压力限值见下表）

储罐油气空间/L	受影响的加油枪数/Pa				
	1～6	7～12	13～18	19～24	＞24
15 140	438	436	433	428	426
17 033	446	443	441	436	433
18 925	451	448	446	443	441
22 710	458	456	453	451	448
26 495	463	461	461	458	456

答案：

储罐油气空间体积 V=40 000×3–30 000 – 36 000 – 35 000=19 000（L）

利用内插公式，计算最小剩余压力限值：

$$P=\frac{(V-V_n)(P_{n+1}-P_n)}{(V_{n+1}-V_n)}+P_n=\frac{(19\,000-18\,925)\times(453-446)}{(22\,710-18\,925)}+446=446\text{（Pa）}$$

经查表计算，密闭性最小限值为 446 Pa。

2．某加油站有 2 个非连通埋地汽油罐，每个罐各带 2 座加油机，4 把汽油加油枪，每个汽油罐容积是 50 000 L，93#汽油罐汽油有 47 000 L，97#汽油罐汽油有 34 000 L。如何计算加油站密闭性最小限值？（加油站油气回收系统密闭性检测最小剩余压力限值见下表）

储罐油气空间/L	受影响的加油枪数/Pa				
	1～6	7～12	13～18	19～24	＞24
15 140	438	436	433	428	426
17 033	446	443	441	436	433
18 925	451	448	446	443	441
22 710	458	456	453	451	448
26 495	463	461	461	458	456

答案：

①计算两个储罐油气空间体积：

$V_{93\#罐空}$=50 000 – 47 000=3 000（L）＜3 800（L）(单体油罐最小油气空间）

$V_{97\#罐空}$=50 000 – 34 000=16 000（L）

因 93#汽油罐最小油气空间小于 3 800 L，不能进行油气回收系统密闭性检测。

（密闭性检测方法规定，单体油罐的最小油气空间应为 3 800 L 或占油罐容积的 25%，二者取较小值）

②利用内插公式，计算 97#汽油罐油气回收系统最小剩余压力限值：

$$P=\frac{(V-V_n)(P_{n+1}-P_n)}{(V_{n+1}-V_n)}+P_n=\frac{(16\,000-15\,140)\times(446-438)}{(17\,033-15\,140)}+438=442\text{（Pa）}$$

经查表计算，密闭性最小限值为 442 Pa。

3．某加油站的一个地下联通储罐，油气空间为 18 600 L，进行加油油气回收系统密闭性检测时，充入氮气的流量为 50 L/min，计算油气回收系统的压力从 0 Pa 提高到 500 Pa 所需的最少时间？

答案：t= V/（265 F）

t = 18 600/（265×50）=1.40（min）

系统压力从 0 Pa 提高到 500 Pa 所需的最少时间为 1 分 24 秒。

4．某加油站有 3 个连通汽油罐，8 座加油机，20 把汽油加油枪，每个汽油罐容积是 50 000 L，92#汽油罐汽油有 25 000 L，95#汽油罐汽油有 30 000 L，98#汽油罐汽油有 40 000 L。计算该加油站油气回收系统密闭性最小剩余压力限值？（加油站油气回收系统密闭性检测最小剩余压力限值见下表）

储油罐油气空间/L	受影响的加油枪数/Pa				
	1～6	7～12	13～18	19.24	＞24
34 065	471	471	468	466	466
37 850	473	473	471	468	468
56 775	481	481	481	478	478
75 700	486	486	483	483	483

答案：

最小剩余压力限值：$P=\dfrac{(V-V_n)(P_{n+1}-P_n)}{(V_{n+1}-V_n)}+P_n$

其中，V=3×50 000–（25 000+30 000+40 000）=55 000（L）

$$P=\frac{(V-V_n)(P_{n+1}-P_n)}{(V_{n+1}-V_n)}+P_n=\frac{(55\,000-37\,850)\times(478-468)}{(56\,775-37\,850)}+468=477\text{（Pa）}$$

经查表计算，密闭性最小剩余压力限值为 477 Pa。

第六节　电磁辐射

一、填空题

1．根据《辐射环境保护管理导则　电磁辐射监测仪器和方法》(HJ/T 10.2—1996)，电磁辐射的测量按测量场所分为__________、__________、一般公众曝露环境测量。按测量参数分为电场强度、磁场强度和__________等的测量。对于不同的测量应选用不同类型的仪器，以获取最佳的测量结果。

答案：作业环境，特定公众曝露环境，电磁场功率通量密度

2．世界卫生组织（WHO），在推荐国际非电离辐射防护委员会（ICNIRP）颁布的电磁辐射防护标准的同时，因为 ICNIRP 颁布的电磁辐射防护标准的基础是__________，没考虑可能存在的__________，因此又呼吁执行预防原则。

答案：短期确定性效应，长期效应

3．电磁环境中控制电场、磁场、电磁场所致公众曝露场量限值的频率为__________。

答案：1～300 GHz

4．一般情况下，工频电场强度测量时，测量人员应离开测量仪表一定距离，以避免测量人员在仪表处产生较大的__________。

答案：电场畸变

5．因为电磁辐射的生物效应与__________有关，因此电磁辐射防护标准分频段制定。

答案：频率

6．进行移动通信基站周围电磁辐射环境监测时，每个测点至少连续测 5 次，每次监测时间不少于 15 s，并读取__________。若监测读数起伏较大时，适当__________。

答案：稳定状态下的最大值，延长监测时间

7．进行移动通信基站周围电磁辐射环境监测时，当监测仪器为自动测量系统时，应设置于__________，每次测量时间不少于__________min，数据采集取样率不小于__________。

答案：方均根值检波方式，6，1 次/秒

8．工频电场监测仪器探头支架应采用__________。

答案：不易受潮的非导电材质

9．进行输变电工程的工频电场和工频磁场测量时，环境条件应符合仪器的使用要求。监测工作应在无雨、__________、__________的天气下进行。监测时环境湿度应在__________以下，避免监测仪器支架泄漏电流等影响。

答案：无雾，无雪，80%

10．测量架空输电线路的工频电场和磁场时，断面监测路径应选择在以导线档距中央弧垂__________位置的横截面方向上。

答案：最低

11．测量变电站（开关站、串补站）的工频电场和磁场时，监测点应选择在__________或__________的围墙外且距离围墙__________m 处布置。

答案：无进出线，远离进出线（距离边导线地面投影不少于 20 m），5

12．进行工频电场和磁场测量时，应求出每个监测位置的__________次读数的__________值作为监测结果。

答案：5，算术平均

13．进行架空输电线路的工频电场和磁场测量时，除记录监测数据、监测时的温湿度等环境条件、监测仪器、监测时间外，记录的信息数据还应包括__________、__________、相间距离、__________以及导线分裂数、线路电压和电流等。

答案：导线排列情况，导线高度，导线型号

14．进行电磁辐射环境监测时，每次监测前后均检查仪器，确保仪器__________。

答案：在正常工作状态

15．进行工频电场和磁场测量时，现场监测工作须不少于__________名监测人员才能进行。监测人员应经业务培训，考核合格并取得__________。

答案：2，岗位合格证书

16．交流输变电工程监测工频电场时，监测人员与监测仪器探头的距离应不小于__________m。监测仪器探头与固定物体的距离应不小于__________m。

答案：2.5，1

17．电磁辐射的测量仪器，根据测量目的分为__________辐射测量仪和__________辐射测量仪。

答案：非选频式宽带，选频式

18．电磁辐射污染源监测时，当采用有方向性探头时，应在测量点调整探头方向以测出测量点

__________辐射电平。

答案：最大

19．移动通信基站电磁辐射环境的监测因子为__________，监测参数为__________。

答案：射频电磁场，功率密度

20. 从电磁环境保护管理角度，产生__________kV 以下电压等级的交流输变电设施可免于管理。

答案：100

21．从电磁环境保护管理角度，向没有屏蔽空间发射频率在 0.1～3 MHz，等效辐射功率小于__________W 的设施（设备）可免于管理。

答案：300

二、单选题

1．移动通信基站电磁辐射应在正常__________内进行监测。（　　）

A．休息时间　　B．工作时间　　C．任何时间　　D．夜间时间

答案：B

2．用于测量功率密度的电磁辐射测量仪，如果电路中引入开平方电路，那么就可以测量__________强度值。（　　）

A．比吸收率　　B．电磁感应　　C．电场　　D．电流

答案：C

3．测量磁场时，电磁辐射测量仪探头由三个相互正交__________和二极管、RC 滤波元件、高阻线组成。（　　）

A．半波偶极子　　B．热电偶结点阵　　C．环天线　　D．鞭状天线

答案：C

4．使用场强仪进行电磁辐射测量时，场强仪的读数必须对__________、电缆损耗进行修正。（　　）

A．天线校正系数　　B．热电偶结点阵　　C．频谱议　　D．放大器

答案：A

5. 使用带有测试接收机的选频测量时，测量装置的灵敏度常取决于__________的灵敏度。（　　）

A．天线　　B．热电偶结点阵　　C．接收机　　D．放大器

答案：C

6．电磁辐射测量时，实际环境条件应符合行业标准和仪器标准中规定的使用条件，在测量记录表中应注明环境温度和__________。（　　）

A．天线尺寸　　B．热电偶结点阵数目

C．相对湿度　　D．放大倍数

答案：C

7．使用辐射测量仪进行测量，若采用有方向性探头时，应在测量点调整探头方向以测出测量点__________辐射电平。（　　）

A．算术平均　　B．最大　　C．最小　　D．几何平均

答案：B

8．进行环境电磁辐射测量时，对于射频的测量，探头位置一般取距地面__________m。（　　）

A．0.5　　B．1.0　　C．1.7　　D．1.9

答案：C

9．对于典型电磁辐射发射体，如电视发射塔周围环境实施监测时，以辐射发射体为中心，按间隔__________的八个方位为测量线进行测量。（　　）

A．45°　　B．35°　　C．25°　　D．15°

答案：A

10．各种选频式电磁辐射测量仪器，须经刻度或校准后方可使用，通常测量误差应小于__________dB，频率误差应小于被测频率的 10^{-3} 数量级。（　　）

A．±2　　B．±3　　C．±4　　D．±5

答案：B

11．工频电场强度测量时，监测仪器探头与固定物体要保持不小于__________m 的距离。（　　）

A．0.5　　B．1.0　　C．1.5　　D．2.0

答案：B

12．工频电磁场强度测量时，监测仪器探头与地面的距离一般保持在__________m 的高度。（　　）

A．0.5　　B．1.0　　C．1.5　　D．2.0

答案：C

13．电磁辐射具有__________和污染的双重性。（　　）

A．废气　　B．资源　　C．危害　　D．废液

答案：B

14．在物理上，电磁辐射指__________以电磁波的形式通过空间传播的现象。（　　）

A．热能　　B．机械能　　C．声能　　D．能量

答案：D

15．在国际上，关于工频电、磁场强度的标准通常分__________两类给出。（　　）

A．城镇和乡村　　B．成人和儿童　　C．职业和公众　　D．一般和敏感人群

答案：C

16．高压输电电缆埋入地下，高压输电工程环境影响很小，在很小的范围内__________就小于 0.2 μT。（　　）

A．辐射强度　　B．电流强度　　C．电场强度　　D．磁感应强度

答案：D

17．电磁辐射频段在 100 kHz～300 GHz，属于__________。（　　）

A．微波段　　B．极低频段　　C．工频段　　D．射频段

答案：D

18．电网主要由联结成网的送电线路、__________、配电所和配电线路组成。（　　）

A．直放站　　B．变电站　　C．基站　　D．发电站

答案：B

19．10 kV 及以上的输电电压等级可分为高压，__________及特高压。（　　）

A．低压　　B．中压　　C．中、低压　　D．超高压

答案：D

20．下列__________不是电磁波。（　　）

A．声波　　B．微波　　C．短波　　D．中波

答案：A

21．下列__________不能在真空中传播。（　　）

A．机械波　　B．微波　　C．短波　　D．中波

答案：A

22．对高压直流输变电工程，合成电场的含义是__________。（　　）

A．指直流输电线路导线上电荷产生的电场

B．指空间电荷产生的电场

C．指直流电场与工频电场综合后的电场

D．指直流带电导体上电荷产生的电场和导体电晕引起的空间电荷产生的电场合成后的电场

答案：D

23．合成电场的监测应在风速（离地 2 m 处）小于__________m/s，无雨、无雾、无雪的天气下进行。（　　）

A．2　　B．3　　C．4　　D．5

答案：A

24．在工频频段关于磁感应强度的公众曝露控制限值，我国采用__________μT。（　　）

A．1　　B．10　　C．100　　D．1 000

答案：C

25．在移动通信过程中，信息传递的载体是__________。（　　）

A．电场　　B．磁场　　C．电磁波　　D．引力场

答案：C

26．在移动通信领域，基站的发射天线增益设计值通常在__________dB 左右。（　　）

A．1 以下　　B．5　　C．15　　D．30

答案：C

27．手机虽然也是电磁波发射体，在电磁辐射环境管理中不对其进行逐个审批，这是因为__________。（　　）

A．豁免　　B．手机体积小　　C．手机重量轻　　D．手机贵

答案：A

28．在工频频段我国对电场强度的公众曝露控制限值是__________V/m。（　　）

A．40　　B．400　　C．4 000　　D．40 000

答案：C

29．交流输变电工程的地下输电电缆监测布点时，断面监测路径是以地下输电电缆线路中心正

上方的地面为起点，沿垂直于线路方向进行，监测点间距为__________m，顺序测至电缆管廊两侧边缘各外延__________m 处为止。（　　）

A．0.5，5　　B．1，5　　C．1，10　　D．2，10

答案：B

30. 在移动通信频段，我国针对公众的电磁辐射防护标准控制限值是__________$\mu W/cm^2$。（　　）

A．0.4　　B．4　　C．40　　D．400

答案：C

三、多选题

1. 以下属于输电线路周边的工频磁场强度的主要决定因素的有__________。（　　）

A．线路电压的高低　　B．线路导线的排列方式

C．导线截面积　　D．测量点与导线的距离

答案：BD

2. 以下属于射频电磁放射源的有__________。（　　）

A．电视、广播发射台　　B．微波炉

C．轻轨、磁悬浮列车　　D．高压输变电设施

答案：AB

3. 以下关于电磁辐射的特点，说法正确的有__________。（　　）

A．电磁辐射污染是一种能量流污染

B．电磁辐射污染看不见、摸不着、听不到，是人们无法直接感知的

C．电磁辐射需要通过弹性媒质才能传播

D．电磁辐射具有资源和污染双重性

答案：ABD

4. 下列关于通信基站电磁辐射环境监测，说法正确的有__________。（　　）

A．监测时的环境条件应符合行业标准，建议在无雨、无雪的天气条件下监测

B．现场监测工作必须有两名以上监测人员才能进行

C．在进行监测时，应设法避免或尽量减少周边偶发的其他辐射源干扰

D．若需要了解多个电磁波发射源中各个发射源的电磁辐射贡献量时，应选用选频式辐射测量仪

答案：ABCD

5. 下列关于电磁环境控制限值适用范围说法中错误的有__________。（　　）

A．该标准适用于电磁环境中控制公众曝露的评价和管理

B．该标准适用于控制以治疗或诊断为目的的所致病人或陪护人员曝露的评价与管理

C．该标准适用于控制无线通信终端、家用电器等对使用者曝露的评价与管理

D．该标准可作为对产生电场、磁场、电磁场设施（设备）的产品质量要求

答案：BCD

6. 以下关于电磁场的物理量中属于矢量的有__________。（　　）

A．电场强度　　B．磁场强度　　C．磁感应强度　　D．功率密度

答案：ABC

7．影响电场测量准确性的因素包括__________。（　　）

A．绝缘支撑物的电泄漏　　B．温度和湿度

C．读数误差　　D．仪表的倾斜

答案：ABCD

8．为减小高压交流架空线周围工频电磁场，可采取的措施有__________。（　　）

A．增加导线对地高度　　B．对同塔双回线路，将导线按逆相序排列

C．减小相间距　　D．减少分裂导线数

答案：ABCD

9．根据电磁环境控制限值，下列产生电场、磁场、电磁场的设施（设备）可免于管理的有__________。（　　）

A．100 kV 以下电压等级的交流输变电设施

B．1000 kV 以下电压等级的直流输电设施

C．向没有屏蔽空间发射 0.1～3 MHz 电磁场的，其等效辐射功率小于 300 W 的设施（设备）

D．向没有屏蔽空间发射 3 MHz～300 GHz 电磁场的，其等效辐射功率小于 100 W 的设施（设备）

答案：ACD

10．关于工频电场和工频磁场的特性，下列说法中正确的有__________。（　　）

A．沿高压输电线路导线到地面高度的空间范围内，电场强度呈指数衰减分布

B．工频磁场的大小与载流体中负荷电流的大小成正比

C．地下电缆因对电场具有良好的屏蔽作用基本不在地面上产生电场，但仍可在地面上产生磁场

D．与工频电场相比，相同条件下工频磁场强度随距离的增加下降得更快

答案：BCD

四、判断题

1．电磁辐射污染源监测，测量位置取作业人员操作位置距地面 0.5 m、1 m、1.7 m 三个部位。（　　）

答案：正确

2．移动通信基站电磁辐射环境监测时，每个测点至少连续测 6 次，每次监测时间不少于 15 s，并读取稳定状态下的最大值。若监测读数起伏较大时，适当延长监测时间。（　　）

答案：错误

正确答案：每个测点至少连续测 5 次，每次监测时间不少于 15 s，并读取稳定状态下的最大值。若监测读数起伏较大时，适当延长监测时间。

3．在建筑外监测，合成电场的监测点应布置在建筑物靠近直流输电工程侧，且距离建筑物不小于 1 m 处。（　　）

答案：正确

4．因为电磁辐射的生物效应与频率有关，因此电磁辐射防护标准分频段制定。（　　）

答案：正确

5．电磁辐射防护标准国际上已经统一。（　　）

答案：错误

正确答案：电磁辐射防护标准国际上仍未统一。

6．电磁环境控制限值规定：100 kHz 以下频率，需同时限制电场强度和磁感应强度。（　　）

答案：正确

7．电磁环境控制限值未对电磁干扰作出规定，则对高压输变电工程的环保管理可不对电磁干扰进行监测和评价。（　　）

答案：正确

8．手机是小型电磁辐射发射体，电磁环境控制限值不适用于对手机的管理。（　　）

答案：正确

9．电晕放电和火花放电的机理没有差别。（　　）

答案：错误

正确答案：电晕放电和火花放电机理不同。

10．电晕放电会产生噪声。（　　）

答案：正确

11．高压交流输变电工程不存在离子流问题。（　　）

答案：正确

12．磁场强度 H 表示磁场自身的强弱，而磁感应强度 B 表示使带电粒子偏转的响应程度。（　　）

答案：正确

13．电磁辐射在射频频段会产生热效应。（　　）

答案：正确

14．应倡导儿童少用或不用手机。（　　）

答案：正确

15．在辐射防护中，对于已经确定的效应，在防护中应用最优化原则；对于尚有争议未完全确定的效应，在防护中应用预防原则。（　　）

答案：正确

16．在辐射防护中，最优化原则和预防原则是相互对立的。（　　）

答案：错误

正确答案：防护最优化是指对于来自一项实践中的任一特定源的照射，应使防护与安全最优化。最优化原则和预防原则不是对立的。

17．工频磁场强度测量时，测量人员不要求离开测量仪表一定距离，因为测量人员对磁场不会产生明显的影响。（　　）

答案：正确

18．电磁辐射按其来源途径分为天然和人工两种。现在环境中的电磁辐射水平主要来自人工辐射。（　　）

答案： 正确

19．高压输电架空线断面工频电磁场强度分布测量时，监测路径应选在导线档距中央弧垂最低位置的横截面方向上，这样可以测出最大场强。（　　）

答案： 正确

20．直流输电线路下地面合成电场测量时，一般测量至距离极导线对地投影外 50 m 处即可。（　　）

答案： 正确

21．基站电磁辐射测量时，通常将电磁辐射监测仪器的检波设为准峰值方式。（　　）

答案： 错误

正确答案： 基站电磁辐射测量时，当监测仪器为自动监测系统时，应设置于方均根值检波方式。

22．测量环境中的电磁辐射时只需测量电场强度。（　　）

答案： 错误

正确答案： 有对电场和磁场同时进行测量的情况。

23．功率密度是指在空间某点上电磁波的量值用单位体积上的功率表示。（　　）

答案： 错误

正确答案： 功率密度为穿过与电磁波有能量传播方向垂直的面元的功率除以该面元的面积的值，单位为瓦特每平方米（W/m^2）。

24．在 100 kHz 以上的电磁辐射，其生物效应有热效应和非热效应两方面。（　　）

答案： 正确

25．在电磁辐射测量中进行简化测量时，须在电磁辐射体正常工作时间内进行测量，每个测点连续测 5 次，每次测量时间不应小于 15 s，并读取稳定状态的最大值，若测量读数起伏较大时，应适当延长测量时间。（　　）

答案： 正确

26．电场强度是描述电场的基本物理量，是个标量，简称场强，场强的单位是 V/m。（　　）

答案： 错误

正确答案： 电场强度是描述电场的基本物理量，是个矢量，简称场强，场强的单位是 V/m。

27．工频电场强度测量时，场强仪是固定物体距离应该小于 1 m，将固定物体对测量值的影响限制到可接受的水平之内。（　　）

答案： 正确

28．送电线路下工频电场和磁场一般测量值距离边导线对地投影外 30 m 处即可。（　　）

答案： 错误

正确答案： 送电线路下工频电场和磁场一般测量值距离边导线对地投影外 50 m 处即可。

29．为避免通过测量仪表的支架泄漏电流，工频电场和磁场测量时的环境湿度应在 80%以下。（　　）

答案： 正确

30．电磁辐射环境敏感目标包括住宅、学校、医院、办公楼、工厂等有公众居住、工作或学习的建筑物。（　　）

答案：正确

31．5G 移动通信基站电磁辐射环境监测时，应使用选频式电磁辐射监测仪，监测频率选取被测移动通信基站发射天线工作状态时的下行频段。（ ）

答案：正确

32．建筑物内监测 5G 移动通信基站电磁辐射环境时，监测仪器探头（天线）与家用电器等设备之间距离不少于 0.5 m。（ ）

答案：错误

正确答案：建筑物内监测 5G 移动通信基站电磁辐射环境时，监测仪器探头（天线）与家用电器等设备之间距离不少于 1 m。

33．一般情况下，工频磁场可只测量垂直于地面的分量，即垂直分量；但工频电场既要测量垂直分量，也要测量水平分量。（ ）

答案：错误

正确答案：一般情况下，工频电场可只测量垂直于地面的分量，即垂直分量；但工频磁场既要测量垂直分量，也要测量水平分量。

五、简答题

1．对典型辐射体，比如某个电视发射塔周围环境实施监测时应如何布点?

答案：应以辐射体为中心，按间隔 45°的八个方位为测量线，每条测量线上选取距场源分别 30 m、50 m、100 m 等不同距离定点测量，测量范围根据实际情况确定。

2．对于地下输电电缆，如何布点测量工频电场和磁场？

答案：断面监测路径是以地下输电电缆线路中心正上方的地面为起点，沿垂直于线路方向进行，监测点间距为 1 m，顺序测至电缆管廊两侧边缘各外延 5 m 处为止。对于以电缆管廊中心对称排列的地下输电电缆，只需在管廊一侧的横断面方向上布置监测点。除在电缆横断面监测外，也可在线路其他位置监测，应记录监测点与电缆管廊的相对位置关系以及周围的环境情况。

3．工频电场和磁场监测时，对测量仪器的探头有什么要求？

答案：测量时，探头可为一维或三维。一维探头一次只能监测空间某点一个方向的电场或磁场强度；三维探头可以同时测出空间某一点三个相互垂直方向（X、Y、Z）的电场、磁场强度分量。

4．简述移动通信基站周围电磁辐射环境监测时的布点原则。

答案：

（1）监测点位布设应以移动通信基站发射天线地面投影点为圆心，半径 50 m 为底面的圆柱体空间内有代表性的电磁辐射环境敏感目标处。

（2）在建筑物外监测时，点位优先布设在公众日常生活或工作距离天线最近处，但不宜布设在需借助工具（如梯子）或采取特殊方式（如攀爬）到达的位置。移动通信基站发射天线为定向天线时，点位优先布设在天线主瓣方向范围内。

（3）在建筑物内监测时，点位优先布设在朝向天线的窗口（阳台）位置，探头（天线）应在窗框（阳台）界面以内，也可选取房间中央位置。探头（天线）与家用电器等设备之间距离不小于 1 m。

5．移动通信基站周围电磁辐射环境监测时，应记录哪些监测条件？

答案：应记录环境温度、相对湿度和天气状况；记录监测日期、监测起止时间、监测人员、监测仪器型号和编号及探头（天线）型号和编号。

6．简述直流输电线路下方地面合成电场测量要求。

答案：测量地面合成电场时，测量地点应选在地势平坦、远离树木杂草、没有其他电力线路、通信线路及广播线路的空地上。直流架空输电线路地面合成电场测量点应选择在极导线档距中央弧垂最低位置的横截面方向上。测量时两相邻测量点间的距离可以任意选定，但在测量最大值时，两相邻测量点间的距离应不大于 5 m。一般测量至距离边导线对地投影外 50 m 处即可。除在线路横截面方向上测量外，也可根据测量需要在线下其他位置进行测量，同时应记录测量点以及周围的环境情况。

7．列举为减小高压交流架空线周围工频电磁场，可采取的措施有哪些?

答案：

（1）增加导线对地高度。

（2）对同塔双回线路，将导线按逆相序排列。

（3）减小相间距。

（4）减少分裂导线数。

8．简述高压输变线影响工频电场强度的主要因素。

答案：

（1）导线对地高度。

（2）相间距离。

（3）分裂导线结构尺寸。

（4）导线布置方式。

（5）双回路相序布置。

第七节　电离辐射

一、填空题

1．环境空气中氡的测量方法有__________、__________、__________和__________。

答案：径迹蚀刻法，活性炭盒法，脉冲电离室法，静电收集法

2．流出物监测是指：为监控或查明从电离辐射源排放到环境中的放射性流出物的数量、种类和其他特征，在__________对流出物进行采样、分析或其他测量的监测活动。

答案：排放口

3．辐射环境质量监测包括__________辐射环境质量监测和__________辐射环境质量监测。

答案：陆地，海洋

4．海洋辐射环境质量监测对象包括海水、__________、生物。可通过浮标（漂流或固定）监测、__________与船舶走航监测相结合的方式实施。

答案：沉积物，船舶定点监测

5．陆地辐射环境质量监测中，空气监测主要包括空气中 ^{131}I、^{3}H（HTO）、^{14}C、^{222}Rn，以及__________和__________中放射性核素等。

答案：气溶胶，沉降物

6．辐射源环境监测按实施主体分为政府主管部门实施的__________监测和辐射源业主（或营运单位）实施的__________监测。

答案：监督性，自行

7．核动力厂运行期间环境 γ 辐射水平的监测范围一般为厂区半径__________km，其余项目监测范围为半径__________～__________km 范围内区域。

答案：20，5，10

8．中低放射性废物处置场关闭后，环境监测介质应以场区的__________样品为主，保留一个运行期间设置的环境 γ 辐射空气吸收剂量率连续监测点位继续开展连续监测，适当保留部分环境 γ 辐射水平和__________样品监测。

答案：监测井，植物

9．采集气溶胶样品时，环境条件（温度、气压）的变化，可能影响到取样体积估算的准确度，为了修正这种影响，空气取样体积 V（m^3）应换算为__________下的取样空气体积。

答案：标准状态

10．辐射环境监测中，在采用一种监测方法时，要特别注意__________指标是否满足环境监测的需要。

答案：关键技术

11．辐射环境监测实验分析时一次至少平行测定两个空白实验值，平行测量的相对偏差一般不得＞__________，空白实验值一般应__________方法探测下限。

答案：50%，低于

12．辐射环境质量监测的资料应__________保存，核设施监督性监测数据保存期一般为核设施停止运行后__________至几十年。

答案：长期，十年

13．对于空气中的 ^{131}I 监测主要用复合取样器收集的空气微粒碘、__________和__________。

答案：无机碘，有机碘

14．对于空气中 ^{3}H(HTO)，主要是监测空气中氚化水蒸气氚的活度浓度，通常选在与__________同点开展监测。

答案：气溶胶

15．为确定电离辐射样品分析测量的__________，应使用与待测样品相同操作程序分析测量相应的基准物质或加标样品。分析测量中已确定的系统误差必须进行__________。

答案：准确度，修正

16．为发现和度量电离辐射样品在预处理、分析过程中的沾污以及提供适当扣除本底的资料，应分析测量__________样品。

答案：空白

17．电离辐射监测的原始记录应确保所有质量活动和监测过程的技术活动记录信息的__________性、__________性和__________性。

答案：完整，充分，可追溯

18．在事故应急情况下，为了控制辐射剂量或防止污染扩散，需要采取专门防护手段或安全措施以控制人员和物件进出的区域被称为__________区。

答案：警戒

19．应急人员在进入和离开辐射事故现场前应进行个人__________监测，通常采用直接测量法进行测量，重点测量脚、臀部、肘、手、脸和头发等暴露部位。

答案：体表

20．在辐射防护领域，电离辐射是指能在生物物质中产生__________的辐射。

答案：离子对

二、单选题

1．中低放射性废物处理设施运行后监测应__________。（　　）

A．重点关注气态途径的监测，特别是易挥发的放射性核素，如碘、铯的同位素。如不涉及废水的排放，可简化地下水、地表水和沉积物的监测内容

B．重点关注气态途径的监测，特别是易挥发的放射性核素，如碘、铯的同位素。即使不涉及废水的排放，也应监测地下水、地表水和沉积物

C．重点关注地下水、地表水和沉积物的监测

答案：A

2．伴生放射性矿开发利用过程中采选及冶炼过程的辐射环境监测，除铀（钍）矿外所有矿产资源开发利用活动中原矿、中间产品、尾矿（渣）或者其他残留物中铀（钍）系单个核素含量超过__________Bq/g 的需要开展辐射环境监测。（　　）

A．0.1　　B．0.2　　C．0.5　　D．1

答案：D

3．矿物资源利用中的辐射环境监测，涉及废水排放的，监测废水中的__________。（　　）

A．总 α　　B．总 β　　C．总 α、总 β

答案：C

4．辐射监测采集地表水、饮用水、地下水和海水样品时，需用自动采水器或塑料桶采集水样。容器预先用__________洗涤后，再用净水冲洗干净，盖上盖子。分析 ^{3}H 样品用棕色玻璃瓶采集。（　　）

A．硝酸（1+10）　　B．硫酸（1+10）　　C．盐酸（1+10）

答案：C

5．土壤辐射监测应采用梅花形布点或根据地形采用蛇形布点，采点不少于__________个。每个点在 10 m×10 m 范围内，采取__________的表层土。（　　）

A．3，0～10 cm　　B．5，0～10 cm　　C．3，10～20 cm

答案：B

6．辐射样品实验室内分析测量过程进行加标回收实验时，加标量一般为样品活度的__________倍。（　　）

A．1～3　　B．3～5　　C．5～8

答案：A

7．地表水辐射环境质量监测监测频次一般为__________。（　　）

A．1 次/年（枯水期）　　B．1 次/年（丰水期）

C．2 次/年（枯水期、平水期各一次）

答案：C

8．核动力厂运行期间，对辐射环境监测厂区边界空气中 ^{14}C 进行监测时，采样体积一般应大于__________m^3。（　　）

A．1　　B．2　　C．3　　D．5

答案：C

9．下列__________应用密封型放射源一般不需要开展辐射环境监测。（　　）

A．Ⅰ类放射源　　B．Ⅱ类放射源

C．Ⅲ类放射源　　D．Ⅳ、Ⅴ类放射源以及豁免管理的放射源

答案：D

10．放射性物质运输中的事故监测，监测对象为__________。（　　）

A．运输容器，运输工具

B．事故地段现场的地表和其他物品

C．事故处理过程中所用的工具和产生的废物、废水等

D．以上均包括

答案：D

11．为保证辐射监测结果的准确性，分析测量的每种质量控制样品数不低于分析测量总样品数的__________%，而且应该均匀地分布在每批样品之中。（　　）

A．1　　B．2　　C．3　　D．5

答案：D

12．常规辐射监测和应急监测的原始记录应__________，核查报告等质量保证记录应至少保存__________年。（　　）

A．永久保存，6　　B．妥善保存，5

C．永久保存，1　　D．妥善保存，3

答案：A

13．辐射监测样品只要可获得，应采集不少于每批次样品总数__________%的平行样。当样品总数少于 10 个时，至少取__________个样品的平行双样。（　　）

A．10，1　　B．10，2　　C．20，1　　D．20，2

答案：A

14．按监测对象不同，辐射监测可分为__________。（　　）

A．个人监测、工作场所监测、环境监测

B．个人监测、工作场所监测、辐射源监测、环境监测

C．监督性监测、应急监测

D．监督性监测、应急监测、科研监测

答案：B

15．对于辐射监测原始记录下列说法错误的是__________。（　　）

A．只需记录样品的采样和分析测量过程，预处理等过程不需要记录

B．对每个操作步骤的记录内容和格式、记录的修改都应有明确、具体的规定

C．每个样品上都应贴上相应的不易脱落或不易损坏的标签或标记

D．为了追踪和控制每个样品的流动情况，还应该有随样品一起转移的样品转移记录单

答案：A

16．辐射监测报告__________。（　　）

A．应以及时、快速报告为原则，但只能采用纸质报告的方式上报监测结果

B．应以及时、快速报告为原则，但只能采用纸质报告、监测快报的方式上报监测结果

C．应以及时、快速报告为原则，可采用电话、传真、电子邮件、监测快报、简报等形式报送监测结果

D．以上说的都不对

答案：C

17．辐射应急监测时，应保证监测仪器的量程满足应急监测要求，通常 X/γ 辐射水平监测仪的高量程应不低于__________mSv/h。（　　）

A．20　　B．30　　C．50　　D．100

答案：D

18．对现场污染的土壤或地表，关于采样点布设说法正确的是__________。（　　）

A．应以敏感点为中心，上下风向布点

B．仅需在事故现场布点

C．以事故现场为中心，按一定间隔的扇形或圆形布点

D．不要需要采集对照点

答案：C

19．关于辐射污染样品采集，下列说法错误的是__________。（　　）

A．样品采集应快速，并按一定比例采集平行双样。必要时，用 γ 辐射水平或者表面污染水平对样品进行筛查

B．样品采集应快速，可以不采集平行双样

C．根据事故造成环境影响的可能性大小排出采样顺序。存在大气或水体扩散的，一般先进行空气或水体采样，以便确定污染物的特性、位置、走向以及环境的污染程度；其次是对反映污染沉积程度的介质（如沉积物、地表土等）采样

D．采集的样品信息应记录完整，标识清晰

答案：B

20．对于 γ 辐射水平或者表面污染水平筛查结果异常的样品管理，下列说法错误的是

__________。（　　）

A．应进行密封和屏蔽

B．仅密封就可

C．用明显的标识加以注明

D．告知接样人员或实验室人员，保证人员安全，防止污染实验室环境和仪器设备

答案：B

21．下列关于参与辐射污染应急人员安全防护说法错误的是__________。（　　）

A．应急人员在采样过程做好个人防护，其他过程可不做防护

B．应急人员在进入现场监测前，应佩戴个人剂量计和具有声光报警功能的直读式个人剂量计，除非已确认事故源是放射源且未发生破损和污染环境，都应穿戴全身防沾污防护服，并做好仪器设备的防沾污措施，以防止人员和设备受到沾污和不必要的照射

C．应确保个人剂量计在现场停留期间一直保持开启状态

D．在进入内警戒区开展工作前，应对应急人员的受照剂量进行评估，未经许可，不得进入内警戒区

答案：A

22．电离辐射的标志是__________。

A．

B．

C．

D．

答案：A

23．在辐射工作场所，下列说法错误的是__________。（　　）

A．在控制区，通常不需要采取专门防护手段和安全措施

B．在控制区，要求或可能要求采取专门的防护手段和安全措施，以便在正常工作条件下控制正常照射或防止污染扩展，防止潜在照射或限制其程度

C．在监督区，通常不需要采取专门防护手段和安全措施，但需要经常对职业照射条件进行监督和评价

D．对范围比较大的控制区，可根据需要再划分出不同的子区，以方便管理

答案：A

24．放射性废液不得排入普通下水道，除非经审管部门确认是满足条件的低放废液，方可直接排入流量大于__________倍排放量的普通下水道，并应对每次排放做好记录。（　　）

A．2　　B．3　　C．5　　D．10

答案：D

25．环境空气中氡的测量中，对于有平行样测量的测量点位，其测量值的相对偏差应不大于__________%。（　　）

A．20　　B．15　　C．10　　D．5

答案：A

26．放射性废物管理不正确的做法是__________。（　　）

A．向环境排放放射性废气、废液，必须符合国家放射性污染防治标准

B．可以利用渗井排放放射性废液

C．产生放射性废液的单位，必须按照国家放射性污染防治标准的要求，对不得向环境排放的放射性废液进行处理或贮存

D．禁止在内河水域和海洋上处置放射性固体废物

答案：B

27．环境空气中氡的测量中，探测下限指在95%置信度下探测的放射性物质的__________。（　　）

A．最小活度　　B．平均浓度　　C．最小浓度　　D．最小含量

答案：C

三、多选题

1．辐射源环境监测是为了评判特定辐射源或伴有辐射活动对周围环境是否造成影响及影响程度而进行的监测，目的是__________。（　　）

A．为环境监督管理提供依据

B．为公众提供环境信息

C．监测辐射源排放情况，核验排放量，检查辐射源营运单位的环境管理效能，评价排放对环境的影响

D．检查和证实环境影响评价中的假设和结论

答案：ABCD

2．核设施周围辐射环境监测包括__________。（　　）

A．运行前环境辐射水平调查监测　　B．运行期间环境监测和流出物监测

C．事故场外应急监测　　D．退役监测

答案：ABCD

3．核技术利用应用期间辐射环境监测，γ辐射监测点位应覆盖__________。（　　）

A．控制区的每个区域（如放射性核素贮存室、给药室等）

B．监督区的每个区域（如检查室、治疗室、病房等）

C．衰变池上方

D．放射性废物暂存库内

E．非密封放射性物质利用场所周围环境及敏感点

答案：ABCDE

4．含密封源设施的污染事故监测，密封源破坏造成环境污染时，进行如下监测__________。（　　）

A．污染区及其周围γ辐射空气吸收剂量率、α、β表面污染

B．污染区及其周围相关环境介质中使用源放射性核素含量

C．仪器设备放射性污染水平

D．事故处理过程产生的液体和固体污染物的放射性污染水平

E．非密封放射性物质利用场所周围环境及敏感点

答案：ABCD

5．采集后的辐射样品，保存方法错误的是__________。（　　）

A．经过现场预处理的水样，应尽快分析测定，保存期一般不超过 2 个月

B．密封后的土壤样品可在 1 个月内测定其含水率，晾干保存

C．生物样品在采集和现场预处理后要注意保鲜。牛（羊）奶样品采集后，立即加适量甲醛，防止变质

D．采集后的样品要分类分区保存，应有明显标识，以免混淆和交叉污染

E．测量完后的样品，应立即处理，不做保存

答案：BE

6．实验室分析使用的放射性标准物质应为__________。（　　）

A．经国家计量主管部门发放或认定的放射性标准物质

B．具备相应能力的标准物质生产者提供并声明计量溯源至国际标准（SI）的放射性标准物质

C．某些天然放射性核素标准物质可通过高纯化学物质制备。如总β或γ能谱仪测量的 ^{40}K 标准物质可用优级纯氯化钾制备

D．企业或监测单位自行研制的

答案：ABC

7．质量管理体系应覆盖辐射监测活动所涉及的__________。（　　）

A．固定场所　　B．离开固定设施的现场

C．临时场所　　D．可移动场所

答案：ABCD

8．环境γ辐射剂量率测量的主要目的是__________。（　　）

A．为估算辐射源在环境中产生的γ辐射对关键人群组或公众成员所致外照射剂量提供资料

B．为验证辐射源的辐射或流出物释放是否符合法规、标准和管理限值的要求提供资料

C．监测辐射源的状况，为异常或意外情况提供警告

D．获得环境γ辐射天然本底水平和人为活动所引起环境γ辐射水平变化的资料

E．为核与辐射应急响应决策提供γ辐射水平信息

答案：ABCDE

9．环境γ辐射剂量率测量时，下列说法正确的是__________。（　　）

A．手持仪器或将仪器固定在三脚架上。一般保持仪器探头中心距离地面（基础面）为 1 m

B. 仪器读数稳定后，通常以 10 s 的间隔（可参考仪器说明书）读取/选取 10 个数据，记录在测量原始记录表中

C. 当测量结果用于 γ 辐射致儿童有效剂量评估时，应在 0.5 m 高度进行测量

D. 针对高活度放射源（如搜源监测），或在剂量率水平大于本底水平 3 倍以上的环境中开展测量时，可以在仪器读数稳定的情况下，记录大于等于 1 个稳定读数

答案：ABCD

10. 实施辐射应急监测的主要目的是__________。（　　）

A. 保障公众健康和辐射环境安全，减少事故造成的危害，为事故的判断和应急决策提供数据

B. 提供决定实施紧急防护行动所需的监测数据

C. 为开展事故定性定级、环境影响及剂量评价提供关键数据

D. 搜寻丢失、被盗、失控的放射性物质

E. 向公众提供辐射环境状况监测数据

答案：ABCDE

四、判断题

1. 在放射性检测仪器中，最常用的检测器有三类，即电离型检测器、闪烁型检测器、热导池型检测器。（　　）

答案：错误

正确答案：电离型检测器、闪烁型检测器、半导体检测器。

2. 海洋辐射环境质量监测范围仅为我国管辖海域。（　　）

答案：错误

正确答案：海洋辐射环境质量监测范围为我国管辖海域，必要时也应监测我国临近的国际公共海域。

3. 海洋辐射环境质量监测点位应尽量靠近核设施等大型辐射源。（　　）

答案：错误

正确答案：海洋辐射环境质量监测点位应远离核设施等大型辐射源。

4. 海洋辐射环境质量监测中，沉积物样品在海水取样区域采集，一般采集表层沉积物。（　　）

答案：正确

5. 海洋辐射环境质量监测中，海洋生物采样区域应尽量和海水取样区一致，可以采集饵料喂养为主的海产品。（　　）

答案：错误

正确答案：海洋生物采样区域应尽量和海水取样区一致，不可采集饵料喂养为主的海产品。

6. 在进行陆地生物辐射监测，采集谷类和蔬菜样品时，应选择当地居民摄入量较多且种植面积大的种类，应在生长期进行采样。（　　）

答案：错误

正确答案：应在成熟期采样。

7. 监测辖区内典型类别土壤的辐射水平时，常选择无水土流失的原野或田间。若采集农田土，

应采样至耕种深度或根系深度。土壤监测点应相对固定。(　　)

答案：正确

8. 所有的辐射源都需要开展辐射环境监测，包括对周围环境和公众的辐射影响可以忽略的辐射源。(　　)

答案：错误

正确答案：对周围环境和公众的辐射影响可以忽略的辐射源，不需要开展监测，如豁免的放射源。

9. 核动力厂运行期间辐射环境监测内容一般包括：环境γ辐射水平和核动力厂放射性排放有关的主要放射性核素的活度浓度。运行期间辐射环境监测的环境介质、环境监测内容原则上与运行前本底/现状调查相同。(　　)

答案：正确

10. 在进行沉降物辐射监测样品采集时，采样器应安放在其开口上沿距地面或基础面 1.2 m 高度、周围开阔、无遮盖的平台上，盘底面要保持水平。(　　)

答案：错误

正确答案：采样器应安放在其开口上沿距地面或基础面 1.5 m 的高度。

11. 采集用于辐射监测的河川、湖泊和海水沉积物时，样品采集后，应将样品放入盘中静置一段时间，除去上面的澄清液和异物，把底泥样品放入容器中，密封。(　　)

答案：正确

12. 一个辐射样品重复测量时，无论测量值是否小于探测下限（甚至净计数小于零）都应取其实际测量值参与平均。(　　)

答案：正确

13. 平行样或留样复测的测量值在允许偏差范围内时，可挑选其中一个数据表示监测结果。(　　)

答案：错误

正确答案：平行样或留样复测的测量值在允许偏差范围内时，用其平均值表示监测结果。

14. 从事辐射环境监测人员只要具备一定的专业技术水平，经过培训，即可独立进行监测工作。(　　)

答案：错误

正确答案：从事辐射环境监测人员应接受相应的教育和培训，具备与其承担工作相适应的能力，掌握辐射防护基本知识，掌握辐射环境操作技术和质量控制程序，掌握数理统计方法，持证上岗。

15. 为保证监测数据的准确可靠，辐射监测用计量器具应定期核查，核查周期的长短取决于其可靠程度、故障率等因素，核查结果应能确定仪器是否适用，并根据核查结果修正仪器的校准因子。(　　)

答案：错误

正确答案：核查结果不宜用于修正仪器的校准因子，除非监测方法另有规定。

16. 放射性标准物质在使用期间应按计划定期开展期间核查，如果在核查中发现标准物质发生特性改变，应立即停止使用，并追溯对之前监测结果的影响。(　　)

答案：正确

17. 辐射监测质量保证工作只需覆盖分析测定环节和分析测定人员。(　　)

答案：错误

正确答案：辐射监测质量保证工作需覆盖监测过程中每个环节、所有工作人员。

18．辐射现场监测应不少于 2 名监测人员共同开展。（　　）

答案：正确

19．电离辐射监测计量器具应定期实行检定或校准。（　　）

答案：正确

20．检验仪器工作状态的检验源应具有良好的长期稳定性，对流出物直接连续测量系统的定期检验尽可能使用遥控检验源。（　　）

答案：正确

21．用于辐射监测的水样，必须在采样现场向清液或过滤后的样品中加入化学稳定剂。（　　）

答案：错误

正确答案：对于水样，只有分析方法中有明确规定时，才能向清液或过滤后的样品中按照《水质　样品的保存和管理技术规定》（HJ 493—2009）的规定加入化学稳定剂。

22．辐射样品分析测量中，空白样品应与待测样品同时进行预处理和化学分析。（　　）

答案：正确

23．用于辐射监测的样品在运输过程中应采取必要的防震、防漏、防雨、防尘、防爆等措施，以保证人员和样品的安全。（　　）

答案：正确

24．辐射环境质量监测的生物灰、土壤等固态样品不需要保存。（　　）

答案：错误

正确答案：环境质量监测的生物灰、土壤等固态样品应长期保存。

25．辐射监测结果保存在仪器中的数据记录，需定期备份至另外的数据储存设备中安全保存，对备份的完整性应当进行检查。（　　）

答案：正确

26．在确定参考条件下，仪器对某一被测量在指定参考辐射下的指示值的相对误差称为相对固有误差。（　　）

答案：正确

27．全国性或一定区域内的环境 γ 辐射水平调查，通常以适当距离的网格均匀布点，位于同一网格点的建筑物、道路和原野点位，环境 γ 辐射剂量率的测量可一并进行。（　　）

答案：正确

28．在辐射事故应急监测中，当内警戒区内剂量率水平超过 100 mSv/h 的危险区域，应采用近距离测量方法确定源的位置。（　　）

答案：错误

正确答案：当内警戒区内剂量率水平超过 100 mSv/h 的危险区域，应采用远程遥控测量方法确定源的位置。

29．评价某一辐射事故区域环境放射性污染程度时，位于该辐射事故区域外，能够提供这一区域环境本底值的点被称为控制点。（　　）

答案：错误

正确答案：被称为对照点。

30．开展核动力厂运行前辐射环境本底调查时，地表 γ 辐射剂量率监测与累计剂量监测点位可以分别布设，土壤采样点一般应有地表 γ 辐射监测。（ ）

答案：错误

正确答案：地表 γ 辐射剂量率监测与累积剂量监测应同点布设。

31．监测布点时，对可能的关键居民组、人口集中的居民区域、农牧渔业和养殖集中区、环境敏感区和主导风向下风向应适当针对性布点。（ ）

答案：正确

五、简答题

1．辐射环境监测可以在野外环境或在实验室中进行，所采用的监测方法应当满足的一般要求是什么？

答案：

（1）仪器设备适合于特定辐射类型和能量的测量。

（2）满足最低和最高辐射水平或放射性活度浓度的规定要求。

（3）满足测量的介质、点位和频度。

（4）适应监测时的环境条件。

2．当辐射测量值小于探测下限时，监测结果如何表示？

答案：监测结果表示为“$<$MDC”，并注明探测下限值。

3．辐射监测出具的重要的纸质数据、资料和重要数字信息应如何保存？

答案：重要的纸质数据和资料应复制分地保存；重要的数字信息应当采用双机备份技术保存。

4．辐射事故应急监测应遵循的一般原则是什么？

答案：

（1）快速响应，尽快获得监测结果。

（2）重点优先，优先对事故现场及周围可能受影响的人员活动区域开展监测，尽快确定警戒区。

（3）风险导向，根据事故源项大小及可能产生的后果，确定应急监测范围、监测项目、投入力量等内容。

（4）数据可靠，采取有效的质量保证措施，保证监测数据的准确性和可靠性。

5．对发生放射性物资弥散的事故，进行大气采样分析时，采样点位应如何布设？

答案：采样点布设应以事故现场为中心，在下风向按一定间隔的扇形或圆形布点；在可能受污染影响的居民住宅区或人群活动区等敏感点必须布设采样点，采样过程中应注意风向变化，及时调整采样点位置。

六、计算题

1 g 天然铀中的 ^{238}U 的活度是多少？（^{238}U 在天然铀中的原子丰度为 0.992 7，天然铀的相对原子质量为 238.03，^{238}U 的半衰期为 4.468×10^{9}a）

答案：A=（1×0.992 7×6.022×10^{23}×ln2）/（238.03×4.468×10^{9}×365×86 400×10^{3}）=12.35（kBq/g）

第八节 消耗臭氧层物质（ODS）

一、填空题

1．距地面__________km 高度的大气平流层，集中了地球上约 90%的臭氧，这就是“臭氧层”。

答案：15～50

2．2007 年 7 月 1 日，中国已经全面停止__________和__________的生产和消费，提前两年半实现《蒙特利尔议定书》履约目标。

答案：全氯氟烃（CFCs），哈龙

3．按照《蒙特利尔议定书》及第 19 次缔约方大会调整案履约总体目标，我国将在 2030 年全面停止除维修和特殊用途外，含__________生产和使用。

答案：氢氯氟烃（HCFCs）

4．自中国正式加入《蒙特利尔议定书》以来，我国履约工作取得显著进步。2010 年 1 月 1 日，除特殊用途外，我国停止__________和__________的生产和使用。

答案：四氯化碳（CTC），甲基氯仿（TCA）

5．__________是目前剩余量最大的一组消耗臭氧层物质，对臭氧层的破坏能力低于 CFCs。

答案：氢氯氟烃（HCFCs）

6．__________是一类对平流层臭氧层没有破坏作用的氟烃化合物，即其 ODP 值为零。

答案：氢氟碳化物（HFCs）

7．1997 年 12 月通过了《京都议定书》，由于 HFCs 的__________较高，被列为 6 种受控限排温室气体之一。

答案：全球变暖潜能值（GWP）

8．ODS 是指对臭氧层造成破坏作用的化学物质。为了便于衡量这些物质对臭氧层的破坏能力，科学家通过科学试验为这些物质建立了消耗臭氧潜能值，即__________ 值。

答案：ODP

9．ODS 样品分析前，一般选用__________溶液对气质设备进行性能检查。

答案：4-溴氟苯（BFB）

10．全氟化碳（PFCs）是强温室气体，主要包括__________和__________。

答案：CF_4，C_2F_6

11．《蒙特利尔议定书》中规定的受控物质一共包括__________种消耗臭氧层物质（ODS）和__________种氢氟烃化合物（HFCs），共计 114 种。

答案：96，18

12．常温常态常压下，较低浓度的臭氧是无色气体，当浓度达到 15%时，呈现__________色。

答案：淡蓝

13. __________是 CFCs 的过渡性替代品，尽管 ODP 值较 CFCs 小，但长期和大量使用会对臭氧层危害很大。

答案：HCFCs

14. __________目前是世界上 HCFCs 类物质最大的生产国、消费国和出口国。

答案：中国

15. 甲基溴是全球被广泛采用的一种熏蒸杀虫剂，常用于植物保护作为杀虫剂、杀菌剂、土壤熏蒸剂和谷物熏蒸剂，是一种__________的物质。

答案：消耗臭氧层

16. __________的 ODP 值为 1.1，主要用作生产 CFC-11 及 CFC-12 的原料，也用作加工助剂、清洗剂等。

答案：四氯化碳

17. __________常用作偏二氯乙烯的原料、工业清洗剂、溶剂，与氯氟烃、哈龙等物质一样，属于《蒙特利尔议定书》规定的消耗臭氧层物质，温室效应相对较小。

答案：甲基氯仿

18. ODS 全称为__________，是指能对臭氧层造成破坏的化学物质，主要包括__________、哈龙、四氯化碳、甲基氯仿、__________、__________、__________、__________等八类物质。

答案：消耗臭氧层物质，全氯氟烃，甲基溴，含氢氯氟烃，含氢溴氟烃，溴氯甲烷

19. 使用采样罐采集背景大气消耗臭氧层样品时，需要对罐抽至真空__________Pa，然后充入氮气或洁净空气，保证__________运输。

答案：<6.7，正压

20. 罐样品检测前必须进行__________测试，防止样品在运输和保存过程中受到污染。

答案：压力

21. 为减小系统误差进行平行性测试，可分为__________和__________两种方式。

答案：实验室平行，采样平行

22. 运输空白是指空白样品经与样品相同的处理过程，包括__________、__________和__________等，与同批次采样的样品一起送回实验室分析。

答案：现场暴露，运输，存放

23. 由于环境空气中消耗臭氧层物质浓度低且稳定，可以采用__________定量方法。

答案：单点外标

24. 测定环境空气中消耗臭氧层物质和含氟温室气体时，每批次测试样品至少留存__________个样品，在下批次样品或一定周期后（短于一个季度）进行复测，两次进样结果的相对偏差应__________，否则查找原因并重新分析。

答案：1，≤30%

25. 组合聚醚样品需要在__________、__________和__________条件下运输和保存，保存期限不超过 10 天。

答案：常温，避光，密封

26. 使用顶空/气相色谱-质谱法测定组合聚醚中 HCFC-22、CFC-11 和 HCFC-141b 等消耗臭氧

层物质时使用的定量方法包含________和________两种。

答案：平均相对响应因子，校准曲线

27．测定液态制冷剂中ODS样品时，使用________作为内标标准溶液，溶剂为________。

答案：一溴一氯甲烷，甲醇

28．液态工业品 ODS 样品采样时，一般使用________mL________色螺口玻璃瓶，具________涂层的隔垫的采样瓶。

答案：40，棕，聚四氟乙烯

29．液态制冷剂中消耗臭氧层物质的测定可以通过________进样，经________分离，________检测。

答案：顶空，气相色谱，质谱检测器

30．硬质聚氨酯泡沫和组合聚醚中消耗臭氧层物质的测定，可以通过________法进行定性检测。

答案：便携式顶空/气相色谱-质谱

31．组合聚醚俗称________，是生产________的双组份原料之一。

答案：白料，硬质聚氨酯泡沫

32．GCMS 法测定工业品中消耗臭氧层物质一般要求，标准系列各点目标化合物的相对响应因子的相对标准偏差应________%，校准曲线的相关系数应________。

答案：≤20，≥0.995

33．CFCs 全称为________，HCFCs 全称为________，HFCs 全称为________。

答案：全氯氟烃，含氢氯氟烃，氢氟碳化物

34．使用气相色谱-质谱法测定工业清洗剂中 HCFC-141b、CFC-113、TCA 和 CTC，样品保存时需注意样品在________以下冷藏、避光、密封运输和保存，防止________和灰尘。

答案：4℃，受潮

35．采集气态制冷剂样品时，将________的一端与样品容器的采样口阀门连接，另一端与________连接，打开阀门，样品缓慢导入________。

答案：取样导管，气袋，气袋

36．硬质聚氨酯泡沫是以________和________为主要原料，在发泡剂、催化剂、阻燃剂等多种助剂的作用下，通过专用设备混合，经高压喷涂现场发泡而成的________。

答案：异氰酸酯，聚醚，高分子聚合物

37．国家对含氢氯氟烃（HCFCs）的生产、使用、进出口实行________和________。

答案：总量控制，配额管理

38．抽取小包装的 ODS 样品，未检出禁用物质的，其留样可________或________；检出禁用物质的，在结果处理结束后，依法________处理。

答案：退还相关单位，按相关规定处理，委托有资质的单位

39．气相色谱-质谱法分析 ODS 时，首先宜选用________色谱柱进行初步分析，根据________对检出峰初步检索定性，判断目标化合物分离效果是否符合要求。

答案：弱极性，NIST 谱库

40. 固定相为 100%二甲基聚硅氧烷的色谱柱是__________极性，固定相为键合硅胶的多孔层开管毛细管柱是__________极性，固定相为（6%氰丙基-苯基）甲基硅聚氧烷的色谱柱是__________极性，固定相为 100%聚乙二醇的色谱柱是__________极性。

答案：非，弱，中等，强

41. 氢氟烃__________为 0，但其__________非常高，是二氧化碳的成百上千倍，是《联合国气候变化框架公约》和《京都议定书》所管控的温室气体。

答案：消耗臭氧潜能值（ODP），全球变暖潜能值（GWP）

42. __________、__________、__________、免清洗技术是常用的 ODS 清洗剂替代技术。

答案：有机溶剂，水基清洗，半水基清洗

43. 环境空气中消耗臭氧层物质是用__________或__________的采样器和内壁惰性化处理的不锈钢罐__________采集环境空气样品，经除水、冷阱辅以吸附剂去除干扰物、冷阱聚焦后进入气相色谱分离，质谱检测器检测。

答案：全金属，含有部分特氟龙部件，正压

44. 环境空气消耗臭氧层物质和含氟温室气体监测中，所使用的采样罐清洗装置应具有__________、__________和__________清洗功能。

答案：加温，加湿，加压

45. 环境空气消耗臭氧层物质和含氟温室气体监测中，进行实验室空白的检测时是将__________或__________注入预先清洗好的采样罐中。

答案：高纯氮气，清洁空气

46. 环境空气消耗臭氧层物质和含氟温室气体监测中，在进行质谱扫描方式的选择时，环境空气测定采用__________模式，无组织排放监控点空气测定采用__________模式。

答案：SIM，SCAN

47. 环境空气消耗臭氧层物质和含氟温室气体监测中，样品经过的所有管路和接头均应进行__________并保温，以消除样品__________、__________和交叉污染。

答案：惰性化处理，吸附，冷凝

48. 气态制冷剂采集的小钢瓶样品在__________条件下运输和保存，在__________的地方存放，房间通风条件良好，不得靠近热源，严禁__________。

答案：常温密封，阴凉干燥，日晒雨淋

49. 气态制冷剂存储于钢瓶（容积≤10 L）时，按__________抽取，同一批号抽取__________瓶样品，运回实验室。

答案：生产批次，1

50. 分析气态制冷剂用的顶空进样瓶应在__________的实验环境中准备，添加样品前瓶盖要__________；取样和试样准备工作应在通风良好的__________中操作。

答案：清洁，拧紧或压实，通风橱

51. 气态制冷剂样品连续分析时，每__________分析 1 个标准系列体积分数中间点，其测定结果与标准值间的相对误差应在__________以内。

答案：24 h，±20%

52．液态制冷剂取样导管采用不锈钢或其他耐腐蚀金属管或__________制作而成。取样前，将取样导管置于__________烘箱中烘烤__________，取样结束后应及时拆卸取样导管并妥善保管。

答案：聚四氟乙烯塑料管，110℃，1 h

53．液态制冷剂样品中目标化合物定量离子、定性离子的相对丰度与标准系列中该目标化合物的相对丰度比较，其相对偏差应在__________以内。

答案：±30%

54．采用气相色谱-质谱法分析工业清洗剂，定量分析采用__________或__________进行定量计算。

答案：平均相对响应因子，校准曲线法

55．组合聚醚存放时间不能太久，特别是加有锡类催化剂的组合聚醚更不能贮存太久，一般不超过__________，以防止锡类催化剂水解。

答案：10 天

56．气-固或 PLOT（多孔层开管）色谱柱是基于__________原理，其固定相是很小的__________。这些颗粒通过黏合剂等手段附着于毛细管柱内壁上，基于其吸附性能的不同实现溶质的分离，是分离室温下气态化合物的理想色谱柱。

答案：气-固分配，多孔微粒

57．GS-GasPro 柱是基于__________技术的 PLOT 柱，适用于__________的分离，且不存在固定相颗粒物__________对质谱检测器的污染问题。

答案：键合硅胶，轻烃，流失

58．便携式顶空/气相色谱-质谱法分析组合聚酯中消耗臭氧层物质时，以样品中目标化合物的__________、__________与标准样品比较来定性。

答案：保留时间，辅助离子和目标离子丰度比

59．工业用化学产品中 ODS 监测时，固体样品每一批号的产品，随机抽取__________个包装单位进行样品采集，当包装单位少于 10 个时，可酌情抽取__________个包装单位进行样品采集。

答案：3，1～2

60．工业用化学产品中 ODS 监测时，每个固体样品包装单位选择合适的切割工具采集 2 份__________或__________的几何样品（体积一般__________）。

答案：截面样品，一定形状和重量，≥1 000 cm^3

61．工业用化学产品中 ODS 监测时，固体样品现场不能分析时，样品应在__________、__________、__________条件下运输和保存，送实验室后宜尽快检测完毕。

答案：常温，避光，密封

62．工业用化学产品中 ODS 监测的气体样品采样袋宜采用__________或__________材质，带微量注射器取样阀，取样阀同时具备开启和关闭气袋功能，可连接导管。

答案：氟聚合物薄膜，铝塑复合膜

63．我国分别于__________年和__________年加入了《保护臭氧层维也纳公约》和《关于消耗臭氧层物质的蒙特利尔议定书》。

答案：1989，1991

64. 背景大气中受控卤代化合物的低温预浓缩/气相色谱-质谱法连续自动监测的站房室内温度调节首选以__________为制冷剂的空调。

答案：丙烷等非受控卤代化合物

65. 背景大气中受控卤代化合物的连续自动监测的工作原理是样品以__________进入采样系统，经__________、__________后，进入气相色谱分离，并由质谱检测器进行检测。

答案：稳定流速，低温浓缩，热解析

66. 背景大气中受控卤代化合物的连续自动监测系统由__________、__________、气源单元、__________以及辅助设备等组成。

答案：采样单元，前处理及分析单元，数据单元

67. GC-MS 的谱图有两类，包括__________和__________。

答案：色谱图，质谱图

68. 质谱检测器产生的色谱图通常有三种类型，分别为__________、__________和__________。

答案：总离子流图（TIC），质量色谱图（MC），选择离子检测图（SIM）

69. GC-MS 分析中，理想的内标是__________。

答案：被测组分的稳定同位素标记化合物

70. GC-MS 全扫描质谱图中，__________可以用来确定被测组分的分子量。

答案：分子离子峰

71. GC-MS 定量分析中，SIM 方式定量的灵敏度主要取决于__________的选择。

答案：特征离子

二、单选题

1. 在工业清洗剂、液态制冷剂 ODS 样品分析时，采用平均相对响应因子法校准时，标准系列各点目标化合物的相对响应因子的相对标准偏差应≤__________%；采用校准曲线法校准时，曲线的相关系数应≥__________。（　　）

A. 10，0.995　　B. 20，0.990　　C. 25，0.995　　D. 20，0.995

答案：D

2. 下列__________物质的 ODP 最高。（　　）

A. 甲基氯仿　　B. 哈龙　　C. 四氯化碳　　D. 甲基溴

答案：B

3. 下列__________物质的 ODP 最高。（　　）

A. 一溴一氯二氟甲烷　　B. 一溴三氟甲烷

C. 二溴四氟乙烷

答案：B

4. 下列__________HCFCs 物质主要用于单元机、建筑保温材料。（　　）

A. HCFCs-22　　B. HCFCs-141b　　C. HCFC-142b

答案：B

5. 下列__________物质主要用作灭火剂。（　　）

A．哈龙　　B．四氯化碳　　C．甲基溴　　D．甲基氯仿

答案：A

6．下列__________HCFCs 物质主要用于家用空调、商用空调、热泵、大型空调设备、超市制冷设备、食品存储和饮料冷柜、泡沫保温板。（　　）

A．HCFCs-22　　B．HCFCs-141b　　C．HCFC-142b

答案：A

7．在用气质分析背景大气中受控卤代化合物样品时，样品中目标化合物定量离子、定性离子的相对丰度与标准系列中该目标化合物的相对丰度比较，其相对偏差应在±__________%以内。（　　）

A．10　　B．20　　C．25　　D．30

答案：D

8．在用气质分析 ODS 样品定性时，应多次分析标准溶液得到目标化合物的保留时间均值，以平均保留时间±__________ 倍的标准偏差为保留时间窗口，样品中目标化合物的保留时间应在其范围内。（　　）

A．1　　B．2　　C．3　　D．4

答案：C

9．在制冷剂、清洗剂分析时，测定结果小数点后位数的保留与方法检出限一致，最多保留__________位有效数字。（　　）

A．1　　B．2　　C．3　　D．4

答案：C

10．分析 ODS 样品的气质联用色谱，电子轰击离子源的离子化能量为__________eV。（　　）

A．60　　B．65　　C．70　　D．75

答案：C

11．在用气质分析 ODS 工业品样品时，所用氦气的纯度要≥__________%。（　　）

A．99.9　　B．99.99　　C．99.999

答案：C

12．连续分析 ODS 样品时，每 24 h 分析 1 个标准系列质量浓度中间点，其测定结果与标准系列该点质量浓度的相对误差应在±__________%以内。（　　）

A．20　　B．25　　C．30　　D．35

答案：A

13．在制冷剂、清洗剂样品分析时，每批次样品应分析 1 个平行样，平行样测定结果的相对偏差应在±__________%以内。（　　）

A．10　　B．15　　C．20　　D．25

答案：C

14．制冷剂、清洗剂样品称量所用的分析天平实际分度值应为__________g。（　　）

A．0.01　　B．0.001　　C．0.000 1

答案：C

15．从事消耗臭氧层物质的生产、销售、使用、回收、再生利用、销毁等经营活动的单位，以

及从事消耗臭氧层物质的制冷设备、制冷系统或者灭火系统的维修、报废处理等经营活动的单位，应当完善保存有关生产经营活动的原始资料至少__________年，并按照国务院生态环境主管部门的规定报送相关数据。（　　）

A．1　　B．2　　C．3　　D．5

答案：C

16．哈龙是一种破坏臭氧层物质很强的物质，主要是其中包含__________原子。（　　）

A．氯　　B．溴　　C．氟

答案：B

17．国家消耗臭氧层物质进出口管理机构应当自受理申请之日起__________个工作日完成审查，作出是否批准的决定。（　　）

A．10　　B．15　　C．20　　D．30

答案：C

18．气态制冷剂的样品采集到气袋后，在常温下避光运输和保存，并存放在阴凉干燥的地方，应__________天内检测完毕。（　　）

A．3　　B．5　　C．7　　D．10

答案：C

19．工业清洗剂采样时，每批号的样品随机抽取__________个包装单位，每个包装单位采集__________份样品。（　　）

A．1，2　　B．2，2　　C．2，1

答案：A

20．液态制冷剂的样品在称量前，样品与样品移取的玻璃滴管需同时于 4℃以下冷藏放置__________h，取出后立即称量。（　　）

A．1　　B．2　　C．4

答案：B

21．在清洗剂和制冷剂样品测定时，每 10 个样品或每批次样品（≤10 个/批）应至少分析 1 个空白试样，空白试样中目标化合物含量不应超过__________。（　　）

A．仪器检出限　　B．方法检出限　　C．方法定量限

答案：B

22．清洗剂、制冷剂样品分析时的试剂，除特殊说明外，均使用符合国家标准的__________试剂。（　　）

A．化学纯　　B．优级纯　　C．分析纯

答案：C

23．工业清洗剂采样所用的采样勺为 __________材质。（　　）

A．木头　　B．塑料　　C．金属

答案：C

24．根据化工产品采样总则要求，样品的采集量应至少满足__________次重复检测的需求。（　　）

A．2　　B．3　　C．5

答案：B

25．由化工产品采样总则可知，物料按特性值的变异类型可以分为__________大类。（　　）

A．二　　B．三　　C．五

答案：A

26．多次测量可避免的误差是__________。（　　）

A．随机误差　　B．系统误差

答案：A

27．环境空气中 CFC-11 等高浓度 ODS 测试精度要求小于等于__________%。（　　）

A．1　　B．10　　C．20　　D．30

答案：A

28．环境空气标准使用气使用过程中原则上每__________进行 1 次标定。（　　）

A．20 天　　B．2 个月　　C．半年　　D．一年

答案：B

29．因环境空气具有一定湿度，使用有证标准气配置标准使用气时，应做加湿处理，相对湿度在__________为宜。（　　）

A．10%～20%　　B．40%～50%　　C．70%～80%　　D．100%

答案：B

30．测试无组织排放空气中消耗臭氧层物质，采用校准曲线法进行定量，其相关系数要求≥__________。（　　）

A．0.990　　B．0.995　　C．0.998　　D．0.999

答案：C

31．下列__________不属于受控卤代化合物。（　　）

A．三氟甲烷　　B．一氯三氟甲烷　　C．溴甲烷　　D．二氯甲烷

答案：D

32．采用顶空/气相色谱-质谱法测试工业品 ODS 样品时，使用__________mL 顶空进样瓶。（　　）

A．10　　B．20　　C．25　　D．40

答案：B

33．顶空/GCMS 法测定组合聚醚中 CFC-11、HCFC-22 和 HCFC-141b 浓度的平行样要求相对偏差应≤__________%。（　　）

A．±5　　B．±10　　C．±20　　D．±30

答案：D

34．检测聚氨酯泡沫中的 ODS，使用__________代替样品，作为空白试样。（　　）

A．环境空气　　B．甲醇　　C．实验用水　　D．非 ODS 原料泡沫

答案：A

35．下列__________浓度属于二氯四氟乙烷（CFC-114）的当前合理全球背景浓度。（　　）

A．0.4×10^{-12} mol/mol　　B．5.6×10^{-12} mol/mol

C．16.3×10^{-12} mol/mol　　D．50.4×10^{-12} mol/mol

答案：C

36．ODS 连续自动监测要求仪器 30 天浓度漂移＜__________。（　　）

A．1%　　B．10%　　C．20%　　D．30%

答案：B

37．氟氯烃类物质在波长__________nm 的紫外光照射下会光解产生 Cl^-，从而破坏臭氧层。（　　）

A．175～220　　B．210～240　　C．240～290　　D．150～185

答案：A

38．__________不属于氟氯烃类物质排放过多引起的现象。（　　）

A．臭氧层空洞　　B．温室效应　　C．紫外辐射增加　　D．光化学烟雾

答案：D

39．下列__________措施不能提高消耗臭氧层物质监测精度。（　　）

A．选择合适的分析方法　　B．消除系统误差

C．增加采样数量　　D．减小随机误差

答案：C

40．下列物质中按沸点排序正确的是__________。（　　）

A．HFC-23＜PFC-116＜CFC-13＜H-1301

B．PFC-116＜HFC-23＜CFC-13＜H-1301

C．PFC-116＜HFC-23＜H-1301＜CFC-13

D．HFC-23＜CFC-13＜PFC-13＜H-1301

答案：D

41．便携气质定性检测组合聚醚中的 ODS，通常使用__________代替样品，作为空白试样。（　　）

A．环境空气　　B．甲醇　　C．实验用水　　D．正己烷

答案：C

42．涉 ODS 的工业用化学产品通常为__________化学品，应在实验过程中进行有效隔离，防止造成污染。（　　）

A．低浓度、易挥发　　B．高浓度、易挥发

C．低浓度、有毒有害　　D．高浓度、有毒有害

答案：B

43．HCFC-22、CFC-11 和 HCFC-141b 在键合硅胶毛细管柱上的出峰顺序为__________。（　　）

A．HCFC-22、CFC-11、HCFC-141b　　B．HCFC-22、HCFC-141b、CFC-11

C．CFC-11、HCFC-141b、HCFC-22　　D．HCFC-141b、HCFC-22、CFC-11

答案：A

44．GCMS 法检测气态制冷剂中的卤代烃，通常使用__________代替样品，作为空白试样。（　　）

A．环境空气　　B．氮气　　C．氦气　　D．二氧化碳

答案：B

45．下列说法错误的是__________。（　　）

A．由于 20 世纪 ODS 的广泛使用和排放，造成了南极臭氧层空洞的产生

B．我国在 2010 年完成了甲基溴的淘汰任务

C．采集大气 ODS 样品必须装有过滤器，防止颗粒物进入

D．环境空气中 ODS 的测试使用已知浓度环境空气或类似浓度的配制气作为标准使用气

答案：B

46．GCMS 法测定工业清洗剂中 HCFC-141b、CFC-113、TCA 和 CTC，制备试样时所使用的溶剂为__________。（　　）

A．甲醇　　B．正己烷　　C．丙酮　　D．实验用水

答案：A

47．氟氯烃类物质可能被下列__________途径降解消除。（　　）

A．与环境空气中 HO·反应从而消除　　B．溶于水，通过降水消除

C．扩散进入平流层，光解反应　　D．与臭氧发生反应从而消除

答案：C

48．我国消耗臭氧层物质清单中的哈龙-1211、哈龙-1301、哈龙-2402 等物质的主要用途是__________。（　　）

A．制冷剂　　B．发泡剂　　C．灭火剂　　D．清洗剂

答案：C

49．一溴甲烷通常可用于杀虫剂以及土壤熏蒸剂等，我国目前管控要求为截至__________年前实现除特殊用途外所有甲基溴的生产和使用淘汰。（　　）

A．2010　　B．2013　　C．2015　　D．2017

答案：C

50．消耗臭氧层物质的销售单位，应当按照国务院生态环境主管部门的规定办理__________手续。（　　）

A．认证　　B．申请　　C．许可　　D．备案

答案：D

51．工业用化学产品中 ODS 监测时，液体样品贮存在小包装瓶（桶）时（容积一般在 20 L 以下），按生产批次抽取，同一批号随机抽取__________瓶（桶）；对于粘度较大的样品，同一批号随机抽取__________瓶（桶），一批样品少于 10 个时酌情抽取__________ 瓶（桶）。（　　）

A．1，3，1～2　　B．1，2，1～2　　C．1，2，2～3　　D．1，3，2～3

答案：A

52．由于全氯氟烃、哈龙和四氯化碳等消耗臭氧层物质的沸点一般较低且性质相似，宜选用__________的色谱柱分离，至分离效果符合要求。（　　）

A．膜厚较薄、柱长较短　　B．膜厚较厚、柱长较短

C．膜厚较厚、柱长较长　　D．膜厚较薄、柱长较长

答案：C

53．由于含氯氟烃类发泡剂具有生产工艺成熟、价格低廉等优势，被广泛用于聚氨酯泡沫塑料

生产的物理发泡剂。第一代氯氟烃类物理发泡剂氟利昂的代表物是__________。（　　）

A．HCFC-141b　　B．HFC-134a　　C．CFC-11　　D．HFC-245f

答案：C

54．环境空气中消耗臭氧层物质是通过与标准物质保留时间和质谱图相比较进行定性，环境空气采用__________式进样。（　　）

A．分流　　B．三明治　　C．不分流　　D．柱头

答案：B

55．环境空气中消耗臭氧层物质采样罐清洗过程可按罐清洗装置说明书操作。清洗过程中可对采样罐进行加湿，降低罐体活性吸附，并对采样罐在__________进行加温清洗。（　　）

A．40～70℃　　B．40～80℃　　C．50～80℃　　D．50～90℃

答案：C

56．环境空气中消耗臭氧层物质实际样品分析前，须使用真空压力表测定采样罐内压力。若测试前检查罐压力__________，则样品存在泄漏并可能在运输过程中受到污染，须舍弃该样品。（　　）

A．小于等于 200 kPa　　B．小于等于 100 kPa

C．小于等于 50 kPa　　D．小于等于常压

答案：D

57．无组织废气中消耗臭氧层物质分析过程用于配制标准使用气的真空罐，在配制前应作加湿处理，相对湿度在__________为宜。（　　）

A．30%～40%　　B．40%～50%　　C．35%～45%　　D．45%～55%

答案：B

58．环境空气中 ODS 分析实验室__________至少测定一次方法检出限，仪器维修或有较大变动后，需重新测定检出限。（　　）

A．每月　　B．每季度　　C．每半年　　D．每年

答案：D

59．环境空气中消耗臭氧层物质和含氟温室气体手工监测中，用__________对 GC-MS 进行仪器性能检查。（　　）

A．十氟三苯基膦（DFTPP）　　B．全氟三丁胺（PFTBA）

C．4-溴氟苯（BFB）　　D．八氟萘

答案：C

60．环境空气消耗臭氧层物质和含氟温室气体监测中，样品在进行低温预浓缩时需要填充吸附剂的是__________。（　　）

A．一级冷阱　　B．二级冷阱

C．三级冷阱　　D．一、二、三级冷阱都需要

答案：B

61．环境空气消耗臭氧层物质和含氟温室气体监测中，校准曲线外标法校准时，样品中目标化合物的保留时间与标准系列中该化合物的平均保留时间相对偏差应在__________%以内。（　　）

A．±2.0　　B．±3.0　　C．±5.0　　D．±10.0

答案：B

62．环境空气消耗臭氧层物质和含氟温室气体手工监测中，当目标化合物浓度单位小于1×10^{-12} mol/mol时，实验室平行样品中目标化合物响应值的相对偏差允许值为__________%。（　　）

A．＜20　　B．＜10　　C．＜5　　D．＜1

答案：A

63．环境空气消耗臭氧层物质和含氟温室气体手工监测中，低温预浓缩仪自动进样器：可实现采样罐样品高精度定量自动进样，流量控制装置的控制精度优于__________%。（　　）

A．±1　　B．±2　　C．±5　　D．±10

答案：A

64．环境空气消耗臭氧层物质和含氟温室气体监测中，平行样采集是将多个采样罐以__________的方式进行样品采集，采集后一起送回实验室分析。（　　）

A．独立　　B．串联　　C．并联　　D．串联或并联

答案：B

65．环境空气消耗臭氧层物质和含氟温室气体监测中，样品中目标化合物的定性离子和定量离子峰面积比（$Q_{样品}$）与标准系列目标化合物的定性离子和定量离子峰面积比（$Q_{标准}$）的相对偏差应在__________%以内。（　　）

A．±5　　B．±10　　C．±20　　D．±30

答案：D

66．环境空气消耗臭氧层物质和含氟温室气体监测中，采样部件的清洁应使用__________。（　　）

A．蒸馏水　　B．碱性清洁剂　　C．丙酮　　D．乙醇

答案：A

67．分析气态制冷剂时配置的混合标准使用气体，配置好后需平衡__________min 后使用，临用现配。（　　）

A．10　　B．15　　C．20　　D．30

答案：D

68．气态制冷剂样品中目标化合物的定性离子、定量离子的相对丰度与标准系列中该目标化合物的相对丰度比较，其相对偏差应在__________%以内。（　　）

A．±5　　B．±10　　C．±20　　D．±30

答案：D

69．分析气态制冷剂样品过程中，采用平均相对响应因子法校准时，标准系列各点目标化合物的相对响应因子的相对标准偏差应__________；采用校准曲线法校准时，曲线的相关系数应__________。（　　）

A．≤10%，≥0.995　　B．≤10%，≥0.998

C．≤20%，≥0.995　　D．≤20%，≥0.998

答案：C

70．贮存于密封玻璃瓶中的组合聚醚，反复多次开启使用的组合聚醚易随贮存时间的延长而发

生变化，可能是由于瓶盖在多次开启的过程中吸收了大气中的________。（ ）

A．二氧化碳 B．水分 C．氮气 D．氧气

答案：B

71．测定 HCFC-22、CFC-11 和 HCFC-141b 等组合聚醚时，使用________和________柱时，目标物在色谱柱上的保留相对较弱，且不能避免甲醇溶剂峰的干扰。使用________柱时，目标物的分离及保留情况良好，且甲醇溶剂峰不干扰测定。（ ）

A．DB-1，DB-1301，DB-WAX B．DB-1，DB-1301，GS-GasPro

C．DB-17，DB-WAX，GS-GasPro D．DB-1，DB-1301，DB-5

答案：B

72．便携式顶空/气相色谱-质谱法分析硬质聚氨酯泡沫和组合聚酯中消耗臭氧层物质时，应________分析校准溶液得到目标化合物的保留时间，样品与校准溶液的保留时间偏差不应大于________。（ ）

A．现场，10 s B．现场，5 s C．提前，10 s D．提前，5 s

答案：A

73．便携式顶空/气相色谱-质谱法分析硬质聚氨酯泡沫和组合聚酯中消耗臭氧层物质时，目标化合物的标准质谱图中相对丰度高于________的所有离子均应在样品质谱图中存在，且丰度偏差在________以内。（ ）

A．20%，±20% B．30%，±30% C．20%，±30% D．30%，±20%

答案：B

74．由于便携式气相色谱-质谱仪对溶剂的量有要求，当溶剂超过________μL 时，质谱的真空会降低，因此硬质聚氨酯泡沫样品直接放入顶空瓶，顶空加热检测；组合聚醚样品需溶解在水中，顶空加热检测。（ ）

A．100 B．50 C．200 D．20

答案：B

75．根据《关于消耗臭氧层物质的蒙特利尔议定书》的要求，我国将在________年前完成所有消耗臭氧层物质除特殊用途外的淘汰任务。（ ）

A．2030 B．2040 C．2050 D．2060

答案：A

76．背景大气中受控卤代化合物的连续自动监测采样总管每年至少清洁________次，且清洁后应进行气密性检查。（ ）

A．6 B．2 C．4 D．1

答案：D

77．背景大气中受控卤代化合物的连续自动监测采样支管每________至少清洁________次，必要时更换，同时进行气密性检查。（ ）

A．年，1 B．半年，1 C．月，1 D．月，2

答案：B

78．每月使用经检定合格的标准流量计对背景大气中受控卤代化合物的连续自动监测设备的采

样流量进行检查，当示值流量与实测流量的误差超出__________时，应对流量进行校准。（ ）

A. ±1% B. ±2% C. ±3% D. ±5%

答案：B

79. 背景大气中受控卤代化合物的连续自动监测更换下来的旧标准气体钢瓶内压力应不低于__________。（ ）

A. 0.2 MPa B. 0.3 MPa C. 0.5 MPa D. 1.0 MPa

答案：C

80. 背景大气中受控卤代化合物的连续自动监测采用载气作为空白样品，__________定期穿插进行__________次空白样品分析，以检查系统污染情况。（ ）

A. 每周，1 B. 每周，2 C. 每月，1 D. 每月，2

答案：B

81. 背景大气中受控卤代化合物的连续自动监测系统每运行__________个月，应对质谱进行重新调谐。（ ）

A. 1 B. 2 C. 3 D. 4

答案：B

82. 背景大气中受控卤代化合物的连续自动监测气相色谱仪目标物的分离度一般不小于__________，难分离物质的分离度不小于__________。（ ）

A. 1，0.5 B. 2，0.5 C. 2，1 D. 1，1

答案：A

83. 背景大气中受控卤代化合物的连续自动监测系统 30 天浓度漂移__________%。（ ）

A. ＜3 B. ＜5 C. ＜10 D. ＜15

答案：C

84. 背景大气中受控卤代化合物的连续自动监测系统 24 h 浓度漂移__________%。（ ）

A. ＜0.5 B. ＜1 C. ＜5 D. ＜10

答案：B

85. 背景大气中受控卤代化合物的连续自动监测系统 30 天有效数据率__________%。（ ）

A. ≥75 B. ≥80 C. ≥85 D. ≥90

答案：B

86. 背景大气中受控卤代化合物的连续自动监测系统测定各目标物的方法检出限，应低于该目标物全球背景浓度下限的__________。（ ）

A. 1/2 B. 1/4 C. 1/5 D. 1/10

答案：D

87. 背景大气中受控卤代化合物的连续自动监测系统一般组分的方法精密度应__________，重点组分的方法精密度应__________，极个别组分（如 HFC-236fa）的精密度应__________。（ ）

A. ≤1%，≤5%，≤10% B. ≤5%，≤10%，≤1%

C. ≤5%，≤1%，≤10% D. ≤10%，≤5%，≤1%

答案：C

88. 背景大气中受控卤代化合物的连续自动监测系统方法正确度测定时，样品平行测定次数应不少于__________次，正确度应__________。（ ）

A. 7，≤5%　B. 7，≤1%　C. 21，≤5%　D. 21，≤1%

答案：D

89. 背景大气中受控卤代化合物的连续自动监测系统每天应至少出具__________个背景大气样品的有效监测数据。（ ）

A. 5　B. 6　C. 7　D. 8

答案：B

90. 背景大气中受控卤代化合物的连续自动监测采样点临近山峰高于采样口__________m 以上，应架设一定高度的采样塔。（ ）

A. 5　B. 10　C. 15　D. 20

答案：B

91. 背景大气中受控卤代化合物的连续自动监测系统安装前，应确认站点环境是否对目标物的测定存在干扰，当任一种目标物浓度超出该物质大气背景浓度__________倍时，应及时查找原因。（ ）

A. 5　B. 3　C. 2　D. 1

答案：C

92. __________可以提高色谱柱容量并延长保留时间。（ ）

A. 增加色谱柱液膜厚度　B. 降低色谱柱涂渍率

C. 选用窄口径色谱柱　D. 提高色谱柱极性

答案：A

三、多选题

1. 消耗臭氧层物质的生产或者使用配额许可证应当载明__________内容。（ ）

A. 生产或者使用单位的名称、地址、法定代表人或者负责人

B. 准予生产或者使用的消耗臭氧层物质的品种、用途及其数量

C. 有效期限

D. 发证机关、发证日期和证书编号

答案：ABCD

2. 县级以上人民政府生态环境主管部门和其他有关部门依照《消耗臭氧层物质管理条例》的规定和各自的职责对消耗臭氧层物质的生产、销售、使用和进出口等活动进行监督检查，有权采取下列__________措施。（ ）

A. 要求被检查单位提供有关资料

B. 要求被检查单位就执行本条例规定的有关情况作出说明

C. 进入被检查单位的生产、经营、储存场所进行调查和取证

D. 责令被检查单位停止违反本条例规定的行为，履行法定义务

E. 扣押、查封违法生产、销售、使用、进出口的消耗臭氧层物质及其生产设备、设施、原料及

产品

答案：ABCDE

3．依据《消耗臭氧层物质管理条例》，从事消耗臭氧层物质生产、销售、使用、进出口、回收、再生利用、销毁等经营活动的单位，以及从事含消耗臭氧层物质的制冷设备、制冷系统或者灭火系统的维修、报废处理等经营活动的单位有下列__________行为的，由所在地县级以上地方人民政府生态环境主管部门责令改正，处 5 000 元以上 2 万元以下的罚款。（　　）

A．依照本条例规定应当向生态环境主管部门备案而未备案的

B．未按照规定完整保存有关生产经营活动的原始资料的

C．未按时申报或者谎报、瞒报有关经营活动的数据资料的

D．未按照监督检查人员的要求提供必要的资料的

答案：ABCD

4．目前，在我国主要生产和使用的 HCFCs 主要包括下列__________物质。（　　）

A．HCFC-22　　B．HCFC-141b　　C．HCFC-142b　　D．HCFC-123

答案：ABCD

5．1992 年签署的《哥本哈根修正案》增加了__________受控物质。（　　）

A．40 种 HCFCs　　B．含氢溴氟烃　　C．甲基溴　　D．甲基氯仿

答案：ABC

6．下列__________组分的全球变暖潜能值比 CO_2 高。（　　）

A．CFCs　　B．哈龙　　C．HCFCs

答案：ABC

7．下列__________物质作为发泡剂可作为 CFC-11 的替代品。（　　）

A．HCFCs　　B．HFCs　　C．正戊烷　　D．CO_2

答案：ABCD

8．制冷行业是《蒙特利尔议定书》规定禁止、配额生产和消耗 ODS 的重点行业之一，下列__________组分曾经或现在用作制冷剂。（　　）

A．CFC-12　　B．HCFC-142b　　C．HFC-134a

答案：ABC

9．下列__________组分可作为工业清洗剂。（　　）

A．HCFC-141b　　B．CFC-113　　C．TCA　　D．CTC

答案：ABCD

10．消耗臭氧层物质的生产、使用单位除具备法律、行政法规规定的条件外，还应当具备下列__________条件。（　　）

A．有合法生产或者使用相应消耗臭氧层物质的业绩

B．有生产或者使用相应消耗臭氧层物质的场所、设施、设备和专业技术人员

C．有经验收合格的环境保护设施

D．有健全完善的生产经营管理制度

答案：ABCD

11．依据《消耗臭氧层物质管理条例》，负有消耗臭氧层物质监督管理职责的部门及其工作人员有下列__________行为的，对直接负责的主管人员和其他直接责任人员，依法给予处分；直接负责的主管人员和其他直接责任人员构成犯罪的，依法追究刑事责任。（　　）

A．违反本条例规定核发消耗臭氧层物质生产、使用配额许可证的

B．违反本条例规定核发消耗臭氧层物质进出口审批单或者进出口许可证的

C．对发现的违反本条例的行为不依法查处的

D．在办理消耗臭氧层物质生产、使用、进出口等行政许可以及实施监督检查的过程中，索取、收受他人财物或者谋取其他利益的

E．有其他徇私舞弊、滥用职权、玩忽职守行为的

答案：ABCDE

12．《伦敦修正案》增加了__________受控物质。（　　）

A．四氯化碳　　B．甲基氯仿　　C．10 种 CFCs　　D．34 种含氢氯氟烃

答案：ABCD

13．气雾剂行业是《蒙特利尔议定书》规定禁止、配额生产和消耗 ODS 的重点行业之一，涉 ODS 抛射剂的相关产品可分为以下__________。（　　）

A．CFCs　　B．HFCs　　C．HCFCs

答案：ABC

14．下列__________物质的 ODP 值低于 1。（　　）

A．CFC-113　　B．CFC-115　　C．CFC-12　　D．CFC-11

答案：AB

15．我国在 HCFCs 加速淘汰中面临__________挑战。（　　）

A．用量大

B．涉及行业多

C．信息获取难，替代难

D．有其他徇私舞弊、滥用职权、玩忽职守行为的

答案：ABC

16．哈龙主要用作灭火剂，具有效率高、速度快、无残留、使用范围广等优良性能。下列__________物质可替代哈龙作为灭火器。（　　）

A．ABC 干粉灭火器　　B．CO_2 灭火器

C．AFFF 灭火器　　D．七氟丙烷气体灭火器

答案：ABCD

17．下列选项中能提高背景大气 ODS 的检测灵敏度措施包括__________。（　　）

A．增大进样体积　　B．提高除水、除杂效率

C．提高冷阱富集和脱附能力　　D．采用 SIM 扫描方式进行检测

答案：ABCD

18．按环境空气中 ODS 测试要求，下列选项中__________空白试验测试合格。（　　）

A．高纯氮气

B．空白样品为高纯氮气，目标化合物浓度应低于其环境空气背景浓度的 0.5%或未检出

C．空白样品为清洁空气，目标化合物浓度不高于其在清洁空气中的浓度

D．空白样品为清洁空气，目标化合物浓度与环境空气浓度一致

答案：BC

19．下列选项中符合环境空气 ODS 罐采样必须要求包括__________。（　　）

A．采用 6 L 采样罐　　B．采样罐内壁经惰性化处理

C．采样罐不得与污染源罐混用　　D．采样罐无泄漏

答案：BCD

20．下列选项中近年来全球背景浓度大于 100×10^{-12} mol/mol 的物质有__________。（　　）

A．四氯化碳　　B．一氟三氯甲烷

C．二氟二氯甲烷　　D．一氯二氟甲烷

答案：BCD

21．气态制冷剂可以使用下列__________材质气袋取样。（　　）

A．氟聚合物薄膜　　B．塑合膜

C．铝塑复合膜　　D．Devex 膜

答案：AC

22．液态制冷剂样品存储于__________时，同一批号抽取 1 罐（瓶）采样。（　　）

A．贮槽　　B．槽车

C．重复充装钢瓶（容积＞10 L）　　D．棕色玻璃瓶

答案：ABC

23．工业上可用于替代 CFCs 作为物理发泡剂的物质有__________。（　　）

A．HCFCs　　B．HFCs　　C．CO_2　　D．环戊烷

答案：ABCD

24．消耗臭氧层物质样品使用罐采样方法时，采样罐的清洗装置具备__________功能为宜。（　　）

A．加温　　B．加湿　　C．加压　　D．泄漏检查

答案：ABCD

25．下列说法正确的是__________。（　　）

A．ODS 取样管为不锈钢或其他耐腐蚀金属管或聚四氟乙烯塑料材质时可直接使用

B．工业用化学产品中消耗臭氧层物质样品监测无方法标准的，不可执行对外检测

C．工业用化学产品中消耗臭氧层物质样品监测有方法标准的，质量控制指标按方法标准执行

D．实验中产生的废液和废物应分类收集，集中保管，并做好相应标识，依法委托有资质的单位进行处理

答案：CD

26．消耗臭氧层物质的生产、使用单位，应当依照《消耗臭氧层物质管理条例》的规定申请领取生产或者使用配额许可证。但是，使用单位有__________情形之一的，不需要申请领取使用配额许可证。（　　）

A．维修单位为了维修制冷设备、制冷系统或者灭火系统使用消耗臭氧层物质的

B．实验室为了实验分析少量使用消耗臭氧层物质的

C．出入境检验检疫机构为了防止有害生物传入传出使用消耗臭氧层物质实施检疫的

D．国务院生态环境主管部门规定的不需要申请领取使用配额许可证的其他情形

答案：ABCD

27．在全氯氟烃、哈龙和四氯化碳等消耗臭氧层物质的色谱峰对称性不好或色谱峰重叠无法分开时，可换用__________色谱柱，使分离效果符合要求。（　　）

A．多孔层开管毛细管柱　　B．非极性

C．中等极性　　D．极性

答案：ACD

28．在手工分析环境空气中消耗臭氧层物质时，以下质控措施正确的__________。（　　）

A．每 10 个样品或每批次（少于 10 个样品/批）应至少采集 1 个运输空白和制备 1 个实验室空白样品

B．每 10 个样品或每批次（少于 10 个样品/批）应至少采集 1 个采样平行样品，并分析 1 个实验室平行样品

C. 无组织排放监控点空气样品测定当天测定校准曲线，目标化合物曲线方程的相关系数≥0.995

D．每个采样罐进样前、后均要进行压力检查且应为正压

答案：ABD

29．环境空气消耗臭氧层物质和含氟温室气体手工监测中，关于空白实验说法正确的是__________。（　　）

A．每 10 个样品或每批次（少于 10 个样品/批）应至少采集 1 个运输空白和制备 1 个实验室空白样品

B. 对于注入清洁空气的实验室空白和运输空白，目标化合物的浓度应不高于其在清洁空气中的浓度

C. 对于注入高纯氮气的实验室空白和运输空白，目标化合物的浓度应低于其环境空气背景浓度的 0.5%或未检出

D. 如实验室低温预浓缩/GC-MS 系统未连续运行，分析前应使用载气连续进样分析至仪器空白值低于环境空气质量背景点空气浓度的 1.0%或未检出，再开展分析

答案：ABC

30．环境空气消耗臭氧层物质和含氟温室气体监测中，液氮三级冷阱的作用是__________。（　　）

A．有效吸附目标化合物　　B．去除低分子量干扰气体

C．化合物更好的分离　　D．完全避免组分间发生化学反应

答案：AB

31. 用气相色谱-质谱法分析工业清洗剂时，从__________等方面采取质量保证和质量控制措施。（　　）

A．空白试验　　B．校准　　C．平行样　　D．质控样

答案：ABC

32．关于采集组合聚醚样品的采集，描述正确的有__________。（　　）

A．每一批号的组合聚醚随机抽取 3 个包装单位进行样品采集，当包装单位少于 10 个时，可抽取 1～2 个

B．每个包装单位需采集 2 份样品用于实验室分析

C．采样勺是长手柄橡胶材质

D．用采样勺从原始存储容器中采集样品，沿采样瓶瓶壁缓慢导入瓶中，直至充满不留空间

答案：AD

33．开展工业用化学产品中 ODS 监测前，应根据要求充分调研开展监测的工业用化学产品使用 ODS 的相关情况，包括__________。（　　）

A．履行《蒙特利尔议定书》的管控要求，包括禁止生产和使用的要求、禁用时限等；相关 ODS 项目的性质、生产条件和禁用前主要用途

B．相关 ODS 禁用后替代和要求情况，现阶段替代情况等

C．监测涉及区域、行业类别、可能生产及使用企业的分布

D．涉及行业内可能使用的含 ODS 工业用化学产品及其性质等

答案：ABCD

34．工业用化学产品 ODS 监测方法，可按__________要求进行选择。（　　）

A．有方法标准的，按照方法标准执行

B．无方法标准的，编制作业指导书，按照作业指导书执行

C．有新方法标准颁布的，按照新颁布方法标准执行

D．优先选用国际标准分析方法

答案：ABC

35．工业用化学产品 ODS 样品采集、保存与运输一般应满足__________要求。（　　）

A．有方法标准且有相关要求的，按照方法标准相关规定执行

B．采样瓶采集的液体样品保存期一般参考产品的有效期

C．气袋采集的样品，一般保存期为 7 天

D．抽取的小包装样品，未检出禁用物质的，其留样可退还相关单位或按相关规定处理

答案：ABCD

36．背景大气中受控卤代化合物的低温预浓缩/气相色谱-质谱法连续自动监测点位布设原则有__________。（　　）

A．采样不应受到临近山峰（山脉）影响或影响可忽略

B．采样不应受人类活动影响或影响可忽略

C．当采样位置临近 10 km 范围内有人类活动聚集地（如村镇等）时，应架设一定高度的采样塔

D．优先在已有点位中选取背景大气中受控卤代化合物连续自动监测点位

答案：ABD

37．背景大气中受控卤代化合物的低温预浓缩/气相色谱-质谱法连续自动监测点位基本要求有__________。（　　）

A．监测点位的位置一经确定后，应能满足长期使用的要求
B．监测点位应具备足够的场地用于站房建设
C．监测点位应具备电力稳定供应的条件，应防雷及防电磁干扰
D．监测点位应能建立无线/有线数据通信并可保持稳定的数据传输
答案：ABCD
38．当色谱柱系统受到高沸点物质污染时，可采取__________维护措施。（　　）
A．更换进样隔垫
B．清洗和老化进样口内的衬管
C．去除 0.5～1 m 接于进样口端的色谱柱
D．更换 O 形密封圈
答案：ABC

四、判断题

1．国务院生态环境主管部门根据国家方案和消耗臭氧层物质淘汰进展情况，会同国务院有关部门确定并公布限制或者禁止新建、改建、扩建生产、使用消耗臭氧层物质建设项目的类别，制定并公布限制或者禁止生产、使用、进出口消耗臭氧层物质的名录。（　　）

答案：正确

2．国家对消耗臭氧层物质的生产、使用、进出口实行总量控制和配额管理。国务院生态环境主管部门根据国家方案和消耗臭氧层物质淘汰进展情况，商国务院有关部门确定国家消耗臭氧层物质的年度生产、使用和进出口配额总量，并予以公告。（　　）

答案：正确

3．消耗臭氧层物质的生产单位不得超出生产配额许可证规定的品种、数量、期限生产消耗臭氧层物质，不得超出生产配额许可证规定的用途生产、销售消耗臭氧层物质。（　　）

答案：正确

4．国家消耗臭氧层物质进出口管理机构应当自受理申请之日起 20 个工作日内完成审查，作出是否批准的决定。予以批准的，向申请单位核发进出口审批单；未予批准的，书面通知申请单位并说明理由。（　　）

答案：正确

5．取得消耗臭氧层物质进出口审批单的单位，应当按照国务院商务主管部门的规定申请领取进出口许可证，持进出口许可证向海关办理通关手续。列入《出入境检验检疫机构实施检验检疫的进出境商品目录》的消耗臭氧层物质，由出入境检验检疫机构依法实施检验。（　　）

答案：正确

6．《消耗臭氧层物质管理条例》通过国务院第 104 次常委会，于 2010 年 6 月 1 日施行。（　　）

答案：正确

7．GWP 表示全球变暖潜能值。（　　）

答案：正确

8．从事消耗臭氧层物质的制冷设备、制冷系统或者灭火系统的维修、报废处理等经营活动的单位，应当向所在地县级人民政府生态环境主管部门备案。（　　）

答案：正确

9．根据已发布液态制冷剂和工业清洗剂的标准，采用气相色谱-质谱法，适用于各目标物的质量分数或体积分数的测定，但不适用于其纯度的测定。（　　）

答案：正确

10．消耗臭氧层物质的生产、使用单位需要调整其配额的，应当向国务院生态环境主管部门申请办理配额变更手续。（　　）

答案：正确

11．《保护臭氧层维也纳公约》于 1985 年 3 月在维也纳签署，1988 年生效。（　　）

答案：正确

12．为了保护人类生存环境，1987 年世界各国共同签订《蒙特利尔议定书》，在全球范围内限制 ODS 的使用和排放。（　　）

答案：正确

13．HFCs 为氟取代烷，分子里不含氯原子，是 CFCs 和 HCFCs 的有效替代品，目前没有国家对其使用进行限制。（　　）

答案：错误

正确答案：HFCs 由于是受控温室气体，一些欧洲国家已经先后制定了限制 HFCs 使用时间表。

14．1989 年 9 月 11 日，我国正式签署《保护臭氧层维也纳公约》，并于 1989 年 12 月 10 日生效。（　　）

答案：正确

15．为保证 ODS 样品分析过程的精密性，按照通用要求，每 10 个样品或每批样品（≤10 个/批），应至少测定一个平行样。（　　）

答案：正确

16．依照《消耗臭氧层物质管理条例》的规定，无配额许可证生产消耗臭氧层物质的，由所在地县级以上地方人民政府生态环境主管部门责令停止违法行为，没收用于违法生产消耗臭氧层物质的原料、违法生产的消耗臭氧层物质和违法所得，拆除、销毁用于违法生产消耗臭氧层物质的设备、设施，并处 100 万元的罚款。（　　）

答案：正确

17．依照《消耗臭氧层物质管理条例》的规定应当申请领取使用配额许可证的单位无使用配额许可证使用消耗臭氧层物质的，由所在地县级以上地方人民政府生态环境主管部门责令停止违法行为，没收违法使用的消耗臭氧层物质、违法使用消耗臭氧层物质生产的产品和违法所得，并处 20 万元的罚款；情节严重的，并处 50 万元的罚款，拆除、销毁用于违法使用消耗臭氧层物质的设备、设施。（　　）

答案：正确

18．甲基溴是全球广泛采用的一种熏蒸杀虫剂，具有高效性、穿透性强、快速、杀虫谱广等特点，属于消耗大气臭氧层的物质。（　　）

答案：正确

19．依照《消耗臭氧层物质管理条例》的规定，消耗臭氧层物质的生产、使用单位，未按照规定采取必要的措施防止或者减少消耗臭氧层物质的泄漏和排放的，由所在地县级以上地方人民政府生态环境主管部门责令限期改正，处5万元的罚款；逾期不改正的，处10万元的罚款，报国务院生态环境主管部门核减其生产、使用配额数量。（　　）

答案：正确

20. 依照《消耗臭氧层物质管理条例》的规定，从事消耗臭氧层物质回收、再生利用、销毁等经营活动的单位，未按照规定对消耗臭氧层物质进行无害化处置而直接向大气排放的，由所在地县级以上地方人民政府生态环境主管部门责令改正，处进行无害化处置所需费用5倍的罚款。（　　）

答案：错误

正确答案：3倍。

21. 液态制冷剂测定时，所指的制冷剂是在温度20℃和压力101.3 kPa下呈液态的制冷剂。（　　）

答案：正确

22. 采用顶空/气相色谱-质谱法测定CFC-11和HCFC-123液态制冷剂的原理是，在一定的温度条件下，顶空进样瓶内目标化合物向液上空间挥发，产生一定的蒸气压并达到气液两相动态平衡。试样经气相色谱分离，质谱检测器检测。通过与标准物质保留时间和质谱图相比较进行定性，内标法定量。（　　）

答案：正确

23. 液态制冷剂CFC-11和HCFC-123采样时可用40 mL棕色螺口玻璃瓶，具聚四氟乙烯（PTFE）涂层的硅橡胶隔垫，或其他同类采样瓶。（　　）

答案：正确

24. 所谓制冷剂是指在制冷系统中用于传递热量的流体，在低温低压环境吸收热量，在高温高压环境释放热量，通常伴有相变过程。（　　）

答案：正确

25. 制冷剂的取样导管，须采用不锈钢或者其他耐腐蚀金属管或聚四氟乙烯塑料管制作而成。（　　）

答案：正确

26. 制冷剂的取样导管在取样前，须将取样导管置于110℃烘箱中烘烤1 h。（　　）

答案：正确

27. 气态制冷剂的采样气袋一般为氟聚合物薄膜气袋或铝塑复合膜气袋，带微量注射器取样阀，具有可连接取样导管连接头，取样阀同时具备开启和关闭气袋功能。（　　）

答案：正确

28. 采集到采样瓶的液态制冷剂样品，须在4℃以下冷藏、密封、避光运输和保存。（　　）

答案：正确

29. 气态制冷剂测试时，可用高纯氮气代替样品，按照与试样制备相同的步骤制备空白试样。（　　）

答案：正确

30. 清洗剂、制冷剂的样品结果报送时，质量分数测定结果小数点后位数的保留与方法检出限一致，最多保留3位有效数字。（　　）

答案：正确

31. 利用采样罐正压采集样品时，运回实验室检测发现压力下降 1～2 psi，该样品视为受到污染必须作废。（　　）

答案：错误

正确答案：罐内压力大于常压即可认为样品未受到污染。

32. 为提高背景大气样品的测试精度，平行测试的次数越多越好。（　　）

答案：错误

正确答案：通常要求平行测定 2～4 次，测定次数超过 10 次意义不大。

33. 环境空气中消耗臭氧层物质种类多且浓度在 10^{-12} mol/mol 级别，因此需要采用预浓缩-GCMS 法测试。（　　）

答案：正确

34. ODS 样品检测可以采用 Nafion 膜进行除水，是因为其对水份的渗透效果好，且对 ODS 类物质不会造成损失。（　　）

答案：正确

35. ODS 类物质监测因测试精度要求高，通常采用 DB-1 等性质稳定的非极性色谱柱进行分离。（　　）

答案：错误

正确答案：ODS 类物质低沸点组分多，非极性色谱柱不利于低沸点组分分离。通常采用键合硅胶柱 GasPro 进行分离。

36. 大气中 ODS 监测采用预浓缩-GCMS 技术，由于系统是采用仪器抽取直接进样方式，周围环境空气不会影响测试结果。（　　）

答案：错误

正确答案：仪器周围环境空气浓度原则上应低于待测样品的 2 倍。

37. 为降低 ODS 监测系统误差，可以每年开展实验室间比对测试，进行分析。（　　）

答案：正确

38. 背景大气中受控卤代化合物的连续自动监测应全年连续运行，需要每日对站点站房及辅助设备进行巡检维护。（　　）

答案：错误

正确答案：每周对站点站房及辅助设备进行 2 次定期巡检；如遇大风、冰冻等特殊情况，应每天针对可能受影响的部分进行巡检。

39. 在 ODS 监测应尽量避免实验室内使用含目标化合物的制冷剂、保温材料等。（　　）

答案：正确

40. 大气 ODS 样品监测规定采用峰面积法进行定量。（　　）

答案：错误

正确答案：一般采用峰面积法定量，但可根据出峰情况适当选择峰高定量。

41. 测定工业清洗剂中 ODS 浓度时，使用采样勺采集样品至采样瓶，每批号的样品随机抽取 1 份样品。（　　）

答案：错误

正确答案：每批号的样品随机抽取 1 个包装单位，每个包装单位采集 2 份样品，1 份用于实验室分析，1 份为留样保存。

42．测定组合聚醚中 HCFC-22、CFC-11 和 HCFC-141b 浓度时，每一批抽取 3 个包装单位进行样品采集，每个包装单位采集 1 份样品用于实验室分析，1 份用于留样保存。（　　）

答案：正确

43．气态制冷剂是在温度 25℃和压力 101.3 kPa 下呈气态的制冷剂。（　　）

答案：错误

正确答案：气态制冷剂是在温度 20℃和压力 101.3 kPa 下呈气态的制冷剂。

44．气态制冷剂中卤代烃的测定可以采用 HFC-227ea 作为内标化合物。（　　）

答案：正确

45．GCMS 法测定工业品中消耗臭氧层物质一般要求每 24 h 分析 1 个校准曲线中间点，其测定结果与标准值的相对误差应在±30%以内，否则重新绘制校准曲线。（　　）

答案：错误

正确答案：一般要求相对误差应在±20%以内。

46．GCMS 法测定工业品中消耗臭氧层物质一般要求每 10 个样品或每批次样品（≤10 个/批）应至少分析 1 个空白试样，空白试样中目标化合物含量不应超过方法检出限。（　　）

答案：正确

47．GCMS 测定工业清洗剂中 HCFC-141b、CFC-113、TCA 和 CTC 质量分数，在符合质量保证和质量控制要求的前提下，测定结果出现单一组分的质量分数大于 100%或多组分的质量分数之和大于 100%的情况，均属于在方法允许误差范围内的合格结果。（　　）

答案：正确

48．液体制冷剂采样时，将取样导管的一端与样品容器的采样口阀门连接，另一端置于采样瓶口，打开阀门，样品沿器壁缓慢导入采样瓶中。（　　）

答案：错误

正确答案：另一端置于采样瓶内。

49．液体制冷剂采样后应在常温、密封条件下运输和保存，在装卸运输过程中，严禁撞击、拖拉、摔落和直接暴晒，应在阴凉干燥的地方存放，房间通风条件良好，不得靠近热源，严禁日晒雨淋。（　　）

答案：正确

50．CFC-11 和 HCFC-123 沸点接近于室温，对贮槽、槽车或重复充装钢瓶（容积＞10 L）的采集，采样时可直接提取液体。（　　）

答案：错误

正确答案：应先小心排除气体后再取液体。

51．HFCs 属于消耗臭氧层物质。（　　）

答案：错误

正确答案：HFCs 不属于 ODS 物质。

52．大气中 ODS 属于挥发性有机物，因此可以与 TO-15、PAMS 等物质采用同样的监测技

术。（　　）

答案：错误

正确答案：ODS 从采样到分析-定量等多个环节均与 TO-15、PAMS 监测技术要求不同。

53. 由于 ODS 监测精度要求高，检测大气中 ODS 样品时，如果分析发现样品浓度过高，必须分析一个空白样品，确保仪器未产生污染。（　　）

答案：正确

54. 分析环境空气中 ODS 样品之前，必须进行系统泄漏检查。（　　）

答案：正确

55. 测试某洁净的环境空气样品，CFC-11 的测试浓度为 0 是合理的。（　　）

答案：错误

正确答案：全球背景大气中 CFC-11 浓度大约为 220×10^{-12}，不存在没有 CFC-11 的空气样品。

56. 气相色谱-质谱法测定工业清洗剂中 HCFC-141b、CFC-113、TCA 和 CTC，制备空白试样时应该注意空白试样中内标化合物质量浓度与标准系列中内标化合物质量浓度保持一致。（　　）

答案：正确

57. 在使用顶空/气相色谱-质谱法测定组合聚醚中 HCFC-22、CFC-11 和 HCFC-141b 等消耗臭氧层物质的实验中，溶液配制过程应在通风橱中进行。（　　）

答案：正确

58. 现场执法监测工业品中 ODS 组分时，可以使用便携气相色谱-质谱法进行定性定量分析。（　　）

答案：错误

正确答案：便携气相色谱-质谱法只能进行定性半定量。

59. 硬质聚氨酯泡沫试样：使用美工刀裁取体积约 1 cm^3（长、宽、高均为 1 cm 左右）的立方体并尽快放入样品瓶中，立方体的 6 面均须为新的切口，保证 6 个平面在切开前没有与环境空气接触。（　　）

答案：正确

60. 环境空气中 ODS 物质的测定采用“标气-样品-标气”的方式进行定量时，也需要定期进行不同体积进样以检查线性范围。（　　）

答案：正确

61. 实验室为了实验分析少量使用消耗臭氧层物质的不需要申请领取使用配额许可证。（　　）

答案：正确

62. 允许无生产配额许可证生产消耗臭氧层物质，后期申请领取使用配额许可证。（　　）

答案：错误

正确答案：禁止无生产配额许可证生产消耗臭氧层物质。

63. 工业用化学产品中 ODS 的样品为固体样品，采用现场分析方法的，在现场分析后，不得将样品带回实验室。（　　）

答案：错误

正确答案：采用现场分析方法的，在现场分析后，应将留样带回实验室保存。

64．工业用化学产品中 ODS 分析，固体样品送实验室后宜尽快检测完毕，剩余样品作为留样保存。（　　）

答案：正确

65．环境空气中和无组织排放监控点中消耗臭氧层物质采用校准曲线外标法定量。（　　）

答案：错误

正确答案：环境空气中消耗臭氧层物质单点外标法定量；无组织排放监控点中消耗臭氧层物质采用校准曲线外标法定量。

66．环境空气中消耗臭氧层物质采样罐每 20 只清洗完毕，应至少取 1 只进行空白分析，确定采样罐是否清洁。（　　）

答案：正确

67．环境空气中消耗臭氧层物质每 20 只被测高浓度样品的采样罐在清洗后，在下一次使用前均应至少取 2 只进行本底污染的检查。（　　）

答案：错误

正确答案：每个被测高浓度样品的采样罐在清洗后，在下一次使用前均应进行本底污染的检查。

68．环境空气中消耗臭氧层物质采集样品时，采样罐直接采样，不需样品冲洗。（　　）

答案：错误

正确答案：打开采样罐阀门，利用采样器使环境空气流经采样罐，对罐内壁进行冲洗。如所用的是单阀门罐，可利用采样器反复将罐充气至正压，再抽气至负压，利用现场环境空气对采样罐内壁进行冲洗。

69．环境空气中消耗臭氧层物质测试样品测定完毕后，所有样品均应及时处理。（　　）

答案：错误

正确答案：每批次测试样品应至少留存 1 个样品，随下批次样品或一定周期后（不超过一个季度）进行样品复测，两次进样结果的相对偏差应≤30%，否则应查找原因并重新分析。

70．环境空气中消耗臭氧层物质容易吸附在采样罐上，仪器性能检查满足要求，即可直接进样（标准使用气或样品）分析。（　　）

答案：错误

正确答案：在样品分析前，必须进行系统泄漏检查。

71．环境空气中 ODS 分析时，分析一个高浓度样品后，应随即分析一个空白样品。（　　）

答案：正确

72．环境空气消耗臭氧层物质和含氟温室气体手工监测使用的标准气体钢瓶剩余压力不低于 2.0 MPa。（　　）

答案：错误

正确答案：环境空气消耗臭氧层物质和含氟温室气体监测使用的标准气体钢瓶剩余压力不低于 1.0 MPa。

73．环境空气消耗臭氧层物质和含氟温室气体的手工监测，采样罐清洗过程中对采样罐进行加湿可降低罐体的活性吸附。（　　）

答案：正确

74．在进行标准气体的稀释配制时，为减小稀释误差，尽可能采用一次稀释方式获得低浓度标准使用气。（　　）

答案：正确

75．环境空气消耗臭氧层物质和含氟温室气体的监测中，需至少对 10%的采样罐进行泄漏检查。（　　）

答案：错误

正确答案：应对每一个采样罐均应进行泄漏检查。

76．使用气袋采集气态制冷剂时，应检查并确保气袋密封性良好，用氮气清洗 3 次后备用；采样时，先用样品清洗气袋 3 次，再采集样品。（　　）

答案：正确

77．使用气袋采集气态制冷剂时，应采集 2 份平行样品，1 份用于分析，1 份作为留样保存。（　　）

答案：正确

78．某实验室测定气态制冷剂样品时，质量保证和质量控制满足标准要求，但 HFC-23 和 CFC-12 的体积分数之和为 132%，应查找原因，重新测定。（　　）

答案：错误

正确答案：在符合质量保证和质量控制要求的前提下，测定结果出现单一组分的体积分数大于 100%或多组分的体积分数之和大于 100%的情况，均属于在方法允许误差范围内的合格结果。

79．液态制冷剂采集的小钢瓶样品在常温、密封条件下运输和保存；采集到采样瓶的样品，在 4℃以下冷藏、密封、避光运输保存。（　　）

答案：正确

80．液态制冷剂称量前，先将采样瓶室温放置 2 h 再称量。（　　）

答案：错误

正确答案：称量前，样品与玻璃滴管同时于 4℃以下冷藏放置 2 h，取出后立即称量。

81．液态制冷剂和气态制冷剂采样都应当在被抽测单位及相关专业人员的配合和帮助下进行。（　　）

答案：正确

82．液态制冷剂样品、气态制冷剂样品和环境空气中的 ODS 样品可以在同一实验室进行分析。（　　）

答案：错误

正确答案：实验中应注意液态制冷剂、气态制冷剂与环境样品分析实验室进行有效隔离。

83．工业清洗剂使用采样勺采集样品，然后将勺中样品转移至采样瓶，采样瓶上部留有一定空间，拧紧瓶盖并定期检查密封性。（　　）

答案：正确

84．便携式顶空/气相色谱-质谱法分析硬质聚氨酯泡沫和组合聚酯中消耗臭氧层物质时，如果实际样品存在明显背景干扰，比较时应扣除背景影响。（　　）

答案：正确

85．便携式顶空/气相色谱-质谱法分析硬质聚氨酯泡沫和组合聚酯中消耗臭氧层物质时，结果以

目标化合物质量数（μg）报出，结果保留整数位。（　　）

答案：错误

正确答案：结果以“检出”或“未检出”表示。

86. 便携式顶空/气相色谱-质谱法分析硬质聚氨酯泡沫和组合聚酯中消耗臭氧层物质时，每个样品测定前，须分析一个空白试样。（　　）

答案：正确

87. 便携式顶空/气相色谱-质谱法分析硬质聚氨酯泡沫和组合聚酯中消耗臭氧层物质时，无须分析平行样品。（　　）

答案：错误

正确答案：每 10 个样品或每批次样品（≤10 个/批）应分析一个平行样。

88. 背景大气是指能够反映国家或大区域范围的大气质量本底水平的环境空气。（　　）

答案：正确

89. 背景大气中受控卤代化合物连续自动监测的前处理及分析仪器应水平安装或摆放在稳固的机柜内或平台上，并与附近墙壁至少保持 1 m 距离。（　　）

答案：错误

正确答案：与附近墙壁至少保持 0.5 m 的距离。

90. 背景大气中受控卤代化合物连续自动监测系统安装完成后即可验收使用。（　　）

答案：错误

正确答案：系统安装后验收前，应进行调试。

91. 背景大气中受控卤代化合物连续自动监测系统验收内容包括备件清点和性能指标验收。（　　）

答案：错误

正确答案：验收内容包括备件清点、性能指标验收、联网验收、相关档案和制度验收等。

92. 每周对背景大气中受控卤代化合物的连续自动监测站点站房及辅助设备进行 2 次定期巡检；如遇大风、冰冻等特殊情况，可延后 1 天巡检。（　　）

答案：错误

正确答案：每周对站点站房及辅助设备进行 2 次定期巡检；如遇大风、冰冻等特殊情况，应每天针对可能受影响的部分进行巡检。

93. 总离子流图（TIC）是将质谱中各组分产生的总离子流对保留时间或扫描次数作图。（　　）

答案：正确

94. 窄口径毛细管色谱柱效率更高，其柱容量也更高。（　　）

答案：错误

正确答案：窄口径毛细管色谱柱效率更高（可以分离更多的分析物），但其柱容量更低（无色谱峰失真时可以容纳较少的样品量）。

95. GC 和 MS 之间的传输线温度应保持在高于柱温箱设定的最高温度，以避免冷凝。（　　）

答案：正确

96. 实验室可将方法空白的测定结果从样品分析的结果中扣除，得出最终的实验分析结果。

（ ）

答案： 错误

正确答案： “空白减差”的方法不适用于 GC-MS 方法，方法空白应低于方法检出限。

97．通过选择分子离子或具有特征的、质量大且丰度高的离子，既能排除其他组分的干扰，又可以最大限度降低检出限。（ ）

答案： 正确

98．GC-MS 使用时在安装色谱柱之前应确保色谱柱切割平整，切割完成后放入石墨垫圈进行安装。（ ）

答案： 错误

正确答案： 应在放入石墨垫圈后再切割色谱柱。

99．替代物是指一种在化学组成和分析过程中的行为与目标分析物相似而又在环境中不常存在的有机化合物。（ ）

答案： 正确

五、简答题

1．简述我国受控的臭氧层消耗 ODS 物质一共分为哪八大类？

答案： 全氯氟烃（CFCs）、哈龙（Halon）、四氯化碳（CTC）、甲基氯仿（TCA）、含氢氯氟烃（HCFCs）、含氢溴氟烃（HBFCs）、溴氯甲烷（BCM）、甲基溴（MBr）。

2．简述含氯的消耗臭氧层物质消耗臭氧的原理。

答案： 消耗臭氧层物质中含有氯原子，在平流层中经紫外线照射，其中的氯原子离解出来与臭氧分子发生反应，生成氧气和一氧化氯基；一氧化氯基随即与游离氧发生反应，生成氯原子开始下一个循环。这种反应周而复始，一个氯原子可以破坏成千上万个的臭氧分子，打破臭氧层原有的动态平衡。

3．1997 年联合国通过的《京都议定书》中，简述哪六种物质列为受控温室气体？

答案： 二氧化碳、氧化亚氮、甲烷、氢氟碳化物、全氟碳化物及六氟化硫。

4．简述 HCFCs 的主要工业用途（至少四类）。

答案：

（1）制冷剂；

（2）清洗剂；

（3）发泡剂；

（4）喷雾剂；

（5）化工原料。

5．列举至少五个涉及 ODS 的工业产品。

答案： 工业清洗剂、制冷剂、发泡剂、气溶胶喷射剂、灭火剂、有机溶剂、杀虫剂、熏蒸剂、气雾剂等。

6．举例说明监测无组织排放 ODS 样品如何建立校准曲线。

答案： 采用不同体积进样模式。例如：当样品的进样体积为 400 mL 时，分别进样 10 mL、20 mL、

50 mL、100 mL、200 mL、400 mL 的 20×10^{-9} mol/mol 标准使用气，分别对应 0.5×10^{-9} mol/mol、1×10^{-9} mol/mol、2.5×10^{-9} mol/mol、5×10^{-9} mol/mol、10×10^{-9} mol/mol、20×10^{-9} mol/mol 的目标化合物浓度。以目标化合物定量离子峰面积为纵坐标，浓度为横坐标，绘制至少 5 个浓度点的校准曲线。

7. 列举至少五个自动监测受控卤代化合物设备性能指标。

答案：零点噪声、浓度漂移、系统残留、时钟误差、30 天保留时间漂移和 30 天有效数据率。

8. 列举至少五个环境空气中消耗臭氧层物质的特性。

答案：沸点低、环境空气中浓度低、不同物质浓度范围大、大气寿命长、性质稳定和种类多、无毒性等特性。

9. 消耗臭氧层物质是指什么物质？

答案：《消耗臭氧层物质管理条例》中所称消耗臭氧层物质是指对臭氧层有破坏作用并列入《中国受控消耗臭氧层物质清单》的化学品。

10. 工业用化学产品中 ODS 监测方案编制应包括哪些内容？

答案：监测方案按照监测任务要求，结合调研结果编制，包括但不限于以下内容：

1）监测目的，包括监测任务来源、目标；

2）组织形式，包括负责人、参加人员与备用人员安排；

3）监测工作相关信息，包括涉及的区域、行业、相关企业分布、相关 ODS 工业用化学产品的性质及其使用情况等；

4）监测范围、监测项目、样品采集、样品保存和运输要求；

5）分析测试准备和方法选择，包括方法标准的验证、无方法标准的作业指导书编制与方法确认等；

6）仪器、设备、试剂和材料；

7）样品接收，包括样品编码、交接和检查等；

8）质量保证和质量控制；

9）结果表示、数据审核、监测报告编写及上报要求等。

11. 简述工业用化学产品中 ODS 气体试样制样要求。

答案：

（1）小钢瓶保存的样品：通过减压阀、连接管，将小包装瓶内气体缓慢抽入已清洗并抽至真空的气袋；使用气密性注射器从气袋中移取一定体积样品，经密封垫注入顶空进样瓶中，加入内标气，待测；

（2）采集到气袋的样品：使用气密性注射器从气袋中移取一定体积的样品，经密封垫注入顶空进样瓶中，加入内标气，待测；

（3）对有稀释过程的制样，应注意影响因素，必要时，以制样要求或制样注意事项的形式说明。

12. 简述工业用化学产品中 ODS 液体试样制样要求。

答案：

（1）称量方法和称样量：采用减量法称量样品约 1 g，准确至 0.000 1 g 或 0.001 g；

（2）添加的溶剂、用量和加入方式：取一定量样品至预装一定体积溶剂的容量瓶中，用溶剂定容至标线；根据样品含量，逐级稀释至适当质量浓度后，取一定量试样移入顶空进样瓶或液体进样瓶，并加入内标，待测。

13．什么是ODP？

答案：ODP（消耗臭氧潜能值）指某种物质在其大气寿命期内，造成的全球臭氧损失相对于同质量的CFC-11排放所造成的臭氧损失的比值。

14．简述环境空气消耗臭氧层物质和含氟温室气体手工监测中所使用的“三明治”式进样的原因和具体方法。

答案：环境空气质量背景点空气ODS、HFCs和F-GHGs含量低，不同的物质浓度范围大，测定稳定性要求高，采用“三明治”式进样和单点外标法校准方式，可保证测定结果的精密度和可比性。具体方法为选取环境空气标准使用气，按照仪器参考条件，采用先进样1～2针标准使用气，接着进样3～5针样品，再进样1～2针标准使用气的方法进行。

15．简要叙述液态制冷剂的顶空/气相色谱-质谱法的方法原理。

答案：在一定的温度条件下，顶空进样瓶内目标化合物向液上空间挥发，产生一定的蒸气压并达到气液两相动态平衡。试样经气相色谱分离，质谱检测器检测。通过与标准物质保留时间和质谱图相比进行定性，内标法定量。

16．简述质量色谱图（MC）和选择离子监测图（SIM）的异同。

答案：相同点：都是特征离子的色谱图。不同点：MC是先全扫描后再选择特征离子，通过降低本底提高性能，SIM是先选定离子后扫描，通过特征离子的峰强来提高性能。

六、计算题

1．已知相邻两峰未完全分离，较小峰的峰高 h 为 61 mm，两峰交点到基线的垂直距离 h_M 为 25 mm，试求两峰的峰高分离度 R_h。

答案：$R_h=(h-h_M)/h=(61-25)/61=59\%$

2．分析液态样品中某有机组分，该组分标液浓度40 mg/L的标液峰峰高为60 mm，按与标液相同分析方法，取样品10.0 mL放入20 mL顶空瓶中进行分析，得到样品中该组分峰高为75 mm，试求样品中被测组分的含量。

答案：$C=(75/60)\times 40=50$（mg/L）

3．已知某色谱峰保留时间 t_R 为220 s，溶剂峰保留时间 t_m 为14 s，色谱半峰宽 $y_{1/2}$ 为2 mm，记录纸走纸速度为10 mm/min，色谱柱长2 m，求此色谱柱总有效塔板数 η_{eff}？

答案：$y_{1/2}=2\times 60/10=12$（s）

有效塔板数 $\eta_{eff}=5.54\times\left[\dfrac{t_R-t_m}{y_{(1/2)}}\right]^2=1\,633$

4．某一色谱柱长1 m，某组分的调整保留时间 t_R 为240 s，测得该组分的峰宽 w=8 mm，已知记录纸走纸速度为20 mm/min，求此色谱柱理论塔板高度（H）和理论塔板数（n）。

答案：$w=8\times 60/20=24$（s）

$$n=16\left(\frac{t_R}{H}\right)^2=1\,600$$

$H=1/1\,600=0.625$（mm）

5．已知相邻两峰色谱峰1与色谱峰2的保留时间分别为9.598 min和9.409 min，峰宽分别为0.08

和 0.079，试求两峰的分离度 R？

答案：R=2×（9.598−9.409）/（0.08+0.079）=2.38

6．用预浓缩-GCMS 法测定环境空气中消耗臭氧层物质浓度时，采用单点外标法，“标气 1-样品-标气 2”方式进样，标气中 CFC-11 浓度为 220×10^{-12} mol/mol，标气 1 进样体积 800.1 mL，CFC-11 的峰面积为 767 501；标气 2 进样体积 800.3 mL，CFC-11 的峰面积为 767 680，测试样品进样体积 400.2 mL，其中 CFC-11 峰面积为 393 868，试计算该样品中 CFC-11 的浓度（mol/mol）。

答案：样品中 CFC-11 的浓度：

$$C_{样}=C_{标}\times\frac{A_{样}}{V_{样}}\times\frac{2}{\dfrac{A_{样1}}{V_{样2}}+\dfrac{A_{标1}}{V_{标2}}}=220\times10^{-12}\times\frac{393\,869}{400.2}\times\frac{1}{2}\times\left(\frac{800.1}{767\,501}+\frac{800.3}{767\,680}\right)=226\times10^{-12}\text{（mol/mol）}$$

7．气相色谱-质谱校准曲线法测定某乳胶漆清洗剂样品中 1,1,2-三氯-1,2,2-三氟乙烷（CFC-113）的质量浓度为 52 mg/L，样品制备时所用的容量瓶规格为 0.1 L，样品取样量为 0.502 5 g，测试过程中样品稀释 1 000 倍，试计算该乳胶漆清洗剂中 1,1,2-三氯-1,2,2-三氟乙烷（CFC-113）的质量分数（%）。

答案：1,1,2-三氯-1,2,2-三氟乙烷（CFC-113）的质量分数为

$$w_x=\frac{\rho_x\times D\times V\times10^{-3}}{m}\times100\%=\frac{52\times1\,000\times0.1\times10^{-3}}{0.502\,5}\times100\%=10.3\%$$

8．采用顶空/气相色谱-质谱法测试某组合聚醚样品中一氟三氯甲烷（CFC-11）的含量，由标准曲线法得出含量为 0.25 μg，样品的称样量为 1.004 2 g，比色管中的定容体积 10 mL，顶空瓶中的液相体积 0.5 mL，样品稀释倍数为 10 000，试计算该组合聚醚样品中一氟三氯甲烷（CFC-11）的质量浓度（μg/g）。

答案：一氟三氯甲烷（CFC-11）的质量浓度为

$$C_x=\frac{\rho_x\times D\times V_{比}}{m\times V_{顶}}=\frac{0.25\times1\,000\times10}{1.004\,2\times0.5}=4.98\times10^{4}\text{（μg/g）}$$

9．采用顶空/气相色谱-质谱法测定某液态制冷剂样品中二氯三氟乙烷（HCFC-123）的定量离子响应值为 10 256，样品中内标化合物的质量浓度为 6 mg/L，试样的稀释倍数为 50，称样容量瓶的体积 0.2 L，样品中内标化合物定量离子的响应值为 46 586，平均相对响应因子为 0.13，样品的取样量为 0.504 5 g，试计算该液态制冷剂中 HCFC-123 的质量分数（%）。

答案：样品中 HCFC-123 的质量分数：

$$w_x=\frac{A_x\times\rho_{IS}\times D\times V\times10^{-6}}{A_{IS}\times\overline{RRF}\times m}\times100\%=\frac{10\,256\times6\times50\times200\times10^{-6}}{46\,586\times0.13\times0.504\,5}\times100\%=20.1\%$$

10．气态制冷剂中 10 种卤代烃的测定采用了顶空/气相色谱-质谱法，在环境条件（25℃，1.01×10^5 Pa）下，校准曲线法测试得出某气态制冷剂样品取样 20 μL，其中三氟甲烷（HFC-23）的体积分数为 0.011 4%，实验所采用的顶空瓶体积 20 mL，计算该气态制冷剂中 HFC-23 的质量浓度（g/m^3）。

答案：样品中 HFC-23 的质量浓度：

$$\rho_x=\frac{\varphi_0\times V_{顶}\times10^{3}}{V_{样}}\times\frac{M\times10}{24.5}=\frac{0.011\,4\times20\times10^{3}\times70\times10}{20\times24.5}=326\text{（g/m}^3\text{）}$$

11．某用于污染源废气中消耗臭氧层物质的标准气体浓度为 1×10^{-6} mol/mol，预配标准使用气，稀释罐体积为 3.2 L，罐内标准气压力为 5 kPa，稀释后罐内标准气和稀释气总压力为 200 kPa，试计算该标准使用气浓度。

答案：$C_f=\dfrac{C_t\times f_i}{f_i}=\dfrac{1\times10^{-6}\times5}{200}=25\times10^{-9}$（mol/mol）

12．某实验室依据《环境空气中消耗臭氧层物质和含氟温室气体手工监测技术规范》测定某地环境空气中四氯化碳含量。采样罐体积为 6 L，标准使用气浓度为 5×10^{-12} mol/mol，标准使用气和样品进样量为 800 mL，标准使用气在样品进样前后 4 次的测定峰面积分别为 15 142、14 511、14 879、15 288，样品 3 次测定的面积为 18 620、17 464、17 955，试计算该地环境空气中四氯化碳的浓度（mol/mol）。

答案：四氯化碳的浓度：

$$\rho_x=\rho_s\times\frac{A_x}{V_x}\times\sum_{i=1}^{n}\frac{V_{si}}{A_{si}}\times\frac{1}{n}=5\times10^{-12}\times\frac{18\,013}{800}\times\frac{1}{4}\times\left(\frac{800}{15\,142}+\frac{800}{14\,511}+\frac{800}{14\,879}+\frac{800}{15\,288}\right)$$

$=6.0\times10^{-12}$（mol/mol）

13．某实验室分析某气态制冷剂样品中三氟甲烷的体积分数为 5.74%，记录样品测定时温度为 25℃，大气压为 101.3 kPa，试计算此样品中三氟甲烷的质量浓度。（三氟甲烷相对分子质量为 70.01）

答案：三氟甲烷质量浓度：

$$\rho_x=\frac{\varphi_x\times M\times10}{V_m}=\frac{5.74\times70.01\times10}{24.5}=164\text{（g/m}^3\text{）}$$

14．某实验室分析某液态制冷剂样品中 CFC-11 的质量分数，取 0.497 8 g 样品于 10.0 mL 容量瓶中甲醇定容为 A 样品，取 100 μL A 样品至 10.0 mL 容量瓶中甲醇定容为 B 样品，取 100 μL B 样品至 10.0 mL 容量瓶中实验用水定容为 C 样品，测定 C 样品浓度为 0.68 mg/L。试计算 CFC-11 的质量分数。

答案：CFC-11 的质量分数：

$$w_x=\frac{\rho_x\times D\times V\times10^{-6}}{m}\times100\%=\frac{0.68\times10^4\times10\times10^{-6}}{0.497\,8}\times100\%=13.7\%$$

15．某实验室分析某组合聚醚样品中 CFC-11 的质量浓度，取 0.980 1 g 样品于 10.0 mL 比色管中用甲醇定容至标线，取 5.0 mL 样品至顶空瓶中，测定此样品中 CFC-11 含量为 23.8 μg。试计算 CFC-11 的质量浓度。

答案：CFC-11 质量浓度：

$$C_x=\frac{\rho_x\times D\times V_1}{m\times V_2}=\frac{23.8\times1\times10}{0.980\,1\times5}=48.6\text{（μg/g）}$$

第九节 化学品

一、填空题

1．试验生物指测试系统中的__________、__________和__________。

答案：动物，植物，其他生物

2．环境中的化学物质将通过__________、__________、__________等介质转运到受体（生物系统）。

答案：水，空气，土壤

3．在生物的和非生物的因素作用下，受试化学品逐步分解为小分子化合物的过程，称为__________。

答案：降解

4．化学品测试中，为证实或否定受试物的某种特性或判断测试系统有效性而使用的化学物质，称为__________。

答案：参比物

5．化学品测试中，通常在受试物预期毒性较低或溶解性较差且预试验研究中未观察到预期效应时，可开展__________试验。

答案：限度

6．化学品的水生生态毒理学试验的一般目的是确定__________关系。

答案：浓度-效应

7．在水生生物试验中，将受试物一次加入试验系统中，没有流动，整个试验期间试验溶液不发生变化的试验称为__________试验；整个试验周期内定期更换试验溶液的试验称为__________试验。

答案：静态，半静态

8．对于低水溶性化学物质，如果需要使用助溶剂（有机溶剂、乳化剂或分散剂等）来获得所要求的浓度，该助溶剂在水中的质量浓度不得超过__________mg/L。

答案：100

9．快速生物降解试验的降解曲线通常包含三个阶段，即__________期、__________期和__________期。

答案：停滞，对数增长，平稳

10．由于生物种群间存在自然差异，生态毒理学试验不能达到很高的精度，通常由试验获得的化学品生态毒性试验数据通过__________%置信限来表达。

答案：95

11．研究生物蓄积过程时应考虑到两种不同的摄入途径：通过__________的直接生物蓄积和通过__________的间接生物蓄积。

答案：环境介质，食物链

12．化学品藻类生长抑制试验中，受试生物绿藻需经预培养，使藻类生长健壮并正处于

__________期，确保试验期间能够保持__________增长。

答案：指数生长，指数

13．化学品鱼类急性毒性试验期间，试验溶液的溶解氧含量应不小于__________%的空气饱和值。

答案：60

14．GHS 按类型将化学品的危险性分为__________危险性、__________危险性和__________危险性。

答案：物理，健康，环境

15．化学品健康效应（毒性）评价试验的主要目的是：阐明受试化学品毒性作用的表现和特征，阐明__________关系，确定毒性作用的靶器官，确定损害的可逆性等。

答案：剂量-反应（或剂量-效应）

16．快速生物降解试验中，如果受试化学品在 28 天后降解还未达到稳定期，可延长试验，28 天后达到的生物降解率可用于评价其是否具有__________。

答案：固有生物降解性

17．用于评价化学品健康效应的毒性试验，是在模拟人的接触条件下进行的，因而受试动物的染毒途径应与人的接触一致，评价工业与空气污染物应使用__________毒性试验；评价食物与水体污染物应使用__________毒性试验；评价皮肤刺激与过敏应使用__________毒性试验。

答案：吸入，经口，经皮

18．土壤氮转化试验用于研究单一化学品对土壤微生物菌群的影响。氮转化是通过土壤微生物的__________作用和__________作用将含氮有机物最终降解成无机的最终产物硝酸盐的过程。

答案：氨化，硝化

19．化学品测试试验中，化学物质的半衰期是指受试化学物质浓度降低到__________%所需要的时间。

答案：50

20．测定化学品在水中溶解度有两种方法，分别为__________和__________。

答案：柱洗提法，烧瓶法

21．与对照组比较，引起微生物呼吸速率下降 50%的受试物浓度称作__________。

答案：半数效应浓度（或 50%效应浓度或 EC_{50}）

22．__________指受试物在限定时间内与接种物接触表现出的生物降解能力。

答案：快速生物降解性

23．化学物质快速生物降解性的通过水平是 DOC 去除__________%，或通过呼吸作用使耗氧量达到 ThOD 的__________%，或 CO_2 产生量达到 $ThCO_2$ 的__________%。

答案：70，60，60

24．在化学品快速生物降解性呼吸计量法试验进行到第 14 天时，参比物程序对照组的降解率以 DOC 计应不低于__________%，以 ThOD 计不低于__________%。

答案：70，60

25．在化学品分配系数（正辛醇-水）摇瓶法试验中，一种纯化学物质分散在两种纯溶剂中，在恒温、恒压和一定的 pH 条件下，当溶质在任何一相中的浓度不超过 0.01 mol/L 时，其在两种纯溶剂中的分配遵循________定律。

答案：能斯特

26．藻类生长抑制试验的结果表示方式有两种，分别基于________和________的抑制率。

答案：生长率，生长量

27．溞类急性活动抑制试验，开始时的溞龄应是________。

答案：不超过 24 h 的非头胎溞

28．蚯蚓急性毒性试验所用的性成熟或成年蚯蚓是指身体前部长出________的蚯蚓。

答案：生殖带（或环带）

29．斑马鱼幼体生长试验中，“每升水中鱼的鲜重”称为________，“每升水中鱼的数目”称为________，“某浓度下某个容器中鱼的平均生长率”称为________。

答案：负荷率，饲养密度，容器平均比生长率

30．鱼类急性毒性试验中 median lethal concentration 的中文是________，指引起________的受试鱼死亡的受试物浓度，以________表示。

答案：半数致死浓度，50%，LC_{50}

31．鱼类急性毒性试验的试验鱼用于试验之前，应在实验室至少暂养________天，临试验前，应在符合驯养条件的环境中至少驯养________天，且在此期间，死亡率小于________，可用于试验。

答案：12，7，5%

32．化学品鱼类急性毒性试验中试验斑马鱼养殖条件：光照为每天______h；温度为______℃；溶解氧浓度不小于空气饱和值的________。

答案：12～16，21～25，80%

33．化学农药土壤降解试验推荐的供试土壤有________、________、________、________和________5 类。

答案：红壤土，水稻土，黑土，潮土，褐土

34．化学物质的水解试验至少设 pH 为________、________和________的 3 组处理。

答案：4，7，9

35．化学农药水解与光解试验一般应按照________模型计算，不符合的应在报告中分析并说明原因。

答案：一级降解动力学（或一级反应）

36．化学农药土壤好氧降解试验要求称取 20～50 g 干重土壤，在________℃下黑暗的恒温恒湿培养箱中培养，定期采样测定土壤中受试物含量，直至降解率达到________%以上时终止。

答案：25±1，90

37．为准确计算受试物的降解半衰期，化学农药土壤降解、光解与水解动态曲线至少含________个点，其中 5 个点浓度为初始含量的________～________。

答案：7，20%，80%

38．吸附解吸热力学平衡试验应设置________个浓度水平，浓度差异________个数量级，最低浓度应至少为分析方法定量限的________倍，以确保样品分析与试验结果的准确性。

答案：5，两，10

39．急性毒性试验斑马鱼卵法，确保试验鱼卵受精率__________，处于__________细胞期。

答案：≥70%，4～128

二、单选题

1．在快速生物降解试验中，为使接种微生物有足够的时间去适应受试物，通常将试验周期设计为__________天。（　　）

A．7　　B．14　　C．28　　D．35

答案：C

2．化学品鱼类毒性测试推荐的试验用鱼中，属于我国本土鱼种的是__________。（　　）

A．斑马鱼　　B．剑尾鱼　　C．稀有鮈鲫　　D．青鳉

答案：C

3．如果受试化学物质具有__________，表明其在环境中可被迅速并彻底地降解。（　　）

A．降解性　　B．快速生物降解性

C．固有生物降解性　　D．厌氧生物降解性

答案：B

4．化学品的快速生物降解性试验中，通过测定__________指标，来评价受试化学品生物降解性。（　　）

A．溶解性有机碳（DOC）　　B．生化需氧量（BOD）

C．CO_2生成量　　D．以上三种均可

答案：D

5．化学品水生生物急性毒性试验中，如果预实验表明受试物浓度达到__________mg/L 或在试验条件下饱和溶液浓度时未对受试生物产生毒性影响，则可进行限度试验。（　　）

A．10　　B．50　　C．100　　D．1 000

答案：C

6．化学品鱼类急性毒性试验期间，如果受试物实测浓度与配制浓度相差超过__________%，则以受试物实测浓度平均值来确定试验结果。（　　）

A．10　　B．20　　C．30　　D．80

答案：B

7．在进行鱼类慢性毒性试验时，试验浓度的设计，通常根据受试鱼类急性毒性试验结果的__________h LC_{50}值确定试验浓度范围。（　　）

A．24　　B．48　　C．72　　D．96

答案：D

8．化学品__________评价是关系到公众健康和环境安全的重大问题。（　　）

A．理化特性和物理危险性　　B．生物系统效应

C．降解与蓄积特性　　D．健康效应

答案：D

9．对于生物个体的直接生物蓄积，非离子态有机化合物的生物蓄积和其__________参数有明显的相关关系，可将其作为蓄积潜力的预测指标。（　　）

A．水溶解度　　B．正辛醇/水分配系数

C．水解速率　　D．离解常数

答案：B

10．当化学物质与水接触时，__________是影响降解作用的重要因素。（　　）

A．水溶解度　　B．在水中形成配位化合物的能力

C．水解行为　　D．在水中的离解作用

答案：C

11．化学物质的__________决定了物质的状态，进而又决定了该物质的行为和迁徙。（　　）

A．水溶解度　　B．在水中形成配位化合物的能力

C．水解行为　　D．在水中的离解作用

答案：D

12．化学物质的__________是评价该物质在生物组织中蓄积程度所必需的资料之一。（　　）

A．水溶解度　　B．脂溶性　　C．水解速率　　D．离解常数

答案：B

13．__________的数据对于评价化学品的移动性及其在生物圈的空气、水和土壤中的分布不可缺少。（　　）

A．吸附/解吸　　B．水溶解度　　C．水解速率　　D．离解常数

答案：A

14．对于化学品溞类急性活动抑制试验，试验有效性的条件之一是试验结束时对照组和试验组的溶解氧浓度均应大于等于__________mg/L。（　　）

A．1　　B．2　　C．3　　D．4

答案：C

15．进行化学品溞类急性活动抑制试验，试验结束时对照组（包括空白对照组和溶剂对照组）溞类的受抑制率不能超过__________%，否则试验无效。（　　）

A．10　　B．20　　C．30　　D．40

答案：A

16．化学品蚯蚓急性毒性试验推荐的试验生物是__________。（　　）

A．赤子爱胜蚓　　B．白线蚓　　C．安德爱胜蚓　　D．以上三种均可

答案：A

17．进行化学品大型溞繁殖试验时，不可使用的测试系统是__________。（　　）

A．静态系统　　B．半静态系统　　C．流水系统　　D．以上均可

答案：A

18．化学物质在环境中的浓度和暴露，很大程度上取决于化学物质的__________。（　　）

A．理化特性　　B．生物毒性　　C．降解性　　D．蓄积性

答案：A

19．土壤微生物碳转化试验用于研究单一化学品对土壤微生物菌群的影响。碳转化是指通过微生物降解作用将含碳有机物最终降解成__________的过程。（　　）

A．C　　B．CO　　C．CO_2　　D．CH_4

答案：C

20．通过藻类生长抑制试验对化学品藻类短期暴露效应进行评价，在试验周期内，对照组藻细胞呈指数增长且浓度应至少增加__________倍，方符合试验有效性要求。（　　）

A．6　　B．16　　C．26　　D．36

答案：B

21．蚯蚓急性毒性试验为评价化学物质对土壤中蚯蚓的毒性影响提供测试数据，该试验中供试用蚯蚓应选择体重范围在__________mg 的健康蚯蚓。（　　）

A．100～300　　B．200～400　　C．300～500　　D．300～600

答案：D

22．在进行蚯蚓急性毒性试验前，受试蚯蚓必须进行驯养，即至少在测试温度下在未受过污染的土壤中培养__________天。（　　）

A．3　　B．7　　C．14　　D．21

答案：B

23．化学品蚯蚓急性毒性试验质控要求试验结束时对照组的死亡率应不超过__________%。（　　）

A．1　　B．10　　C．20　　D．30

答案：B

24．进行化学物质的大型溞繁殖试验时，为确保试验有效性，试验结束时，亲溞的死亡率不能超过__________%。（　　）

A．1　　B．10　　C．20　　D．30

答案：C

25．用蜜蜂急性经口毒性试验测定农药和其他化学品对蜜蜂的固有毒性，为确保结果有效，在试验结束时对照组的平均死亡率应不超过__________%。（　　）

A．1　　B．10　　C．20　　D．30

答案：B

26．生物降解过程是微生物分解有机物的过程，有机物中一部分 C 被微生物降解为 CO_2，另一部分 C 被微生物吸收合成体内细胞的一部分，所以在以 C 指标表征降解率时，以 CO_2 产生量计算所得百分率与以 DOC 去除量表征的百分率相比，__________。（　　）

A．前者高于后者　　B．前者低于后者　　C．前者等于后者　　D．不一定

答案：B

27．进行化学品快速生物降解试验，如果在稳定期、试验结束时或在 10 天观察期结束时，各平行试验间降解率之差最大不大于__________%，否则该试验无效。（　　）

A．1　　B．10　　C．20　　D．30

答案：C

28．化学品快速生物降解试验中，参比物的降解百分率在__________天达到通过水平，才能认为试验有效。（　　）

A．7　　B．14　　C．21　　D．28

答案：B

29．化学品快速生物降解试验的 10 天观察期是指生物降解率达到__________%之后的 10 天试验时间。（　　）

A．10　　B．15　　C．20　　D．30

答案：A

30．固有生物降解性改进的 MITI 试验 II 所使用的接种物采集场所原则上应遍及全国，数量不少于__________个。（　　）

A．10　　B．20　　C．30　　D．40

答案：A

31．活性污泥呼吸抑制试验，若采集的活性污泥当天不使用，应在配制好的活性污泥悬浮液中添加一定量合成污水，在（20±2）℃下曝气培养直至使用，通常每升活性污泥需要添加__________mL 合成污水。（　　）

A．10　　B．20　　C．50　　D．100

答案：C

32．生物降解试验中，为避免较高空白值，试验用水应使用去除毒性物质（如 Cu^{2+}）的高纯度去离子水或蒸馏水，确保有机碳含量不超过受试物浓度的__________%，对于每一组试验应使用同一批水。（　　）

A．5　　B．10　　C．20　　D．25

答案：B

33．生物降解性试验中，为避免受试物抑制接种物的活性，建议受试物浓度设置为 EC_{50} 的__________（或低于 EC_{20}）。（　　）

A．1/5　　B．1/10　　C．1/15　　D．1/20

答案：B

34．快速生物降解性密闭瓶试验进行到 28 天后，接种物空白对照的溶解氧损耗不得高于__________mg/L。（　　）

A．1.5　　B．2.0　　C．3.0　　D．5.0

答案：A

35．生物降解试验的毒性对照组中包含__________。（　　）

A．受试物和接种物　　B．参比物和接种物

C．受试物、参比物和接种物　　D．受试物、杀菌剂和接种物

答案：C

36．下列__________生物降解测试方法适用于挥发性物质。（　　）

A．DOC 消减试验　　B．CO_2 产生试验

C．密闭瓶法试验　　D．改进的 OECD 筛选试验

答案：C

37．活性污泥呼吸抑制试验的参比物溶液最终调节后的 pH 约为__________。（　　）

A．6～8　　B．7～8　　C．7～9　　D．5～8

答案：B

38．藻类生长抑制试验中，正式试验的浓度间隔系数__________。（　　）

A．大于等于 3.2　　B．不大于 2.2

C．不大于 2　　D．小于 2.2

答案：A

39．稀有鮈鲫急性毒性试验中，正式试验的浓度间隔系数__________。（　　）

A．不大于 3.2　　B．不大于 2.2　　C．不大于 2　　D．小于 3.2

答案：B

40．蚯蚓急性毒性试验用到的人工土壤中，泥炭藓灰、高岭土和石英砂的比例为__________。（　　）

A．1∶2∶7　　B．1∶7∶2　　C．7∶1∶2　　D．以上都不对

答案：A

41．大型溞繁殖毒性试验中，对照组每个亲溞间繁殖量的变异系数应__________%。（　　）

A．≤10　　B．≤20　　C．≤25　　D．≤30

答案：C

42．鱼类急性毒性正式试验，空白对照组与各试验浓度组应每组至少使用__________尾鱼。（　　）

A．5　　B．6　　C．7　　D．8

答案：C

43．鱼卵急性毒性试验中，鱼卵镜检判定测试终点，凝结的鱼卵显微镜下内含物完全不透明，质地较硬，在肉眼观察下凝结的鱼卵呈不透明及灰暗的状态被称为__________。（　　）

A．鳃不动　　B．卵凝结　　C．体节未形成　　D．尾部未分离

答案：B

44．斑马鱼种鱼的驯养水 pH 应为__________。（　　）

A．4.5～6.5　　B．5.5～7.5　　C．6.5～8.5　　D．7.5～9.5

答案：C

45．鱼类急性毒性试验过程中，以下试验用水的总硬度为__________mg/L 是符合试验用水要求的。（　　）

A．1 000　　B．500　　C．100　　D．5

答案：C

46．化学农药环境安全评价试验中，农药土壤吸附系数，Koc 为 200＜Koc≤1 000，则该农药土壤吸附特性属于__________。（　　）

A．易土壤吸附　　B．较易土壤吸附　　C．中等土壤吸附　　D．较难土壤吸附

答案：D

47．化学农药的土壤吸附/解吸试验中，用于供试物溶液配制的 $CaCl_2$ 溶液浓度为__________。（　　）

A．0.01 mol/L　　B．0.1 mol/L　　C．0.01 mmol/L　　D．0.01 g/L

答案：A

48．化学农药的土壤解吸试验规定解吸率小于__________%，需进行质量平衡试验。（　　）

A．75　　B．65　　C．50　　D．85

答案：A

49．化学农药土壤降解试验中采集的供试土壤保存期限为__________。（　　）

A．1 个月　　B．2 个月　　C．3 个月　　D．6 个月

答案：D

50．农药好氧条件下的土壤降解试验中土壤水分需调节到饱和持水量的__________%。（　　）

A．40　　B．50　　C．60　　D．70

答案：C

51．农药在水中光解试验需保证试样接受紫外强度为__________$\mu W/cm^2$。（　　）

A．50±5　　B．100±10　　C．80±10　　D．200±10

答案：B

52．农药在土壤表面光解试验中用于滴加供试溶液的土壤土层厚度为__________mm。（　　）

A．1～2　　B．2～3　　C．1～3　　D．2～4

答案：A

53．化学农药的土壤吸附解吸试验受试物溶液配制中，助溶剂加量不超过__________。（　　）

A．1%　　B．2%　　C．1‰　　D．5‰

答案：A

54．化学农药的土壤吸附解吸试验供试土壤的粒径要求为__________mm。（　　）

A．0.25　　B．0.5　　C．0.01　　D．0.1

答案：A

55．农药水解试验中配制好的供试物水溶液需过__________滤膜。（　　）

A．0.22 μm　　B．0.45 μm　　C．普通　　D．不需要

答案：A

三、多选题

1．化学品，是指人工制造的或者是从自然界取得的化学物质，包括__________。（　　）

A．化学物质本身　　B．化学混合物中的一部分

C．化学配制物中的一部分　　D．作为工业化学品和农药使用的物质

答案：ABCD

2．化学品快速生物降解试验的接种物通常有以下来源__________。（　　）

A．活性污泥　　B．污水处理厂出水（未加氯的）

C．地表水和土壤　　D．以上几种的混合物

答案：ABCD

3．下列________试验用水可以作为化学品快速生物降解性试验的试验用水。（　　）

A．曝气自来水　　B．去氯自来水　　C．去离子水　　D．蒸馏水

答案：CD

4．下列用于评估化学品生物毒性的试验，既能得出短期毒性指标（LC_{50}或EC_{50}），又能得出长期毒性指标 NOEC 的试验方法是________。（　　）

A．藻类生长抑制试验　　B．鱼类急性毒性试验

C．溞类急性活动抑制试验　　D．大型溞繁殖试验

答案：AD

5．化学品的________等测试数据结果，是进行化学品危险性鉴别、分类、标签及风险评估的基础，也是对化学品进行风险管理的科学依据。（　　）

A．理化特性或危险性　　B．生物系统效应

C．降解与蓄积　　D．健康效应

答案：ABCD

6. 受试化学物质经由________途径被生物吸收、转化和排出的净结果，称为生物蓄积。（　　）

A．空气　　B．水　　C．土壤和沉积物　　D．食物

答案：ABCD

7．化学品所具有的________等危险性，属于化学品的物理危险性。（　　）

A．爆炸性　　B．燃烧性　　C．氧化性　　D．金属腐蚀性

答案：ABCD

8．化学品快速生物降解试验中，表征生物降解性的指标有________。（　　）

A．C 的减少　　B．CO_2的增多　　C．O 的减少　　D．有无硝化作用

答案：ABC

9．对于使用 O 指标进行化学品快速生物降解测试的试验，降解率计算中使用的指标有________。（　　）

A．ThOD　　B．$ThCO_2$　　C．COD　　D．DOC

答案：AC

10．化学品鱼类急性毒性试验的质量保证与质量控制要求包括________。（　　）

A．试验期间，试验溶液的溶解氧含量应不小于 60%的空气饱和值

B．试验期间，试验溶液的溶解氧含量应不小于 80%的空气饱和值

C．试验期间，受试物的实测浓度不能低于配制浓度的 60%

D．试验期间，受试物的实测浓度不能低于配制浓度的 80%

答案：AD

11．下列________场所采集的接种物可以用于固有生物降解性改进的 MITI 试验Ⅱ。（　　）

A．城市污水处理厂　　B．工业污水处理厂

C．河流　　D．湖泊和沿海

答案：ABCD

12．化学品快速生物降解性试验密闭瓶法试验组别设计通常包括__________。（　　）

A．受试物处理组　　B．接种物空白对照组

C．程序对照组　　D．毒性对照组

答案：ABC

13．化学品快速生物降解性试验呼吸计量法一般用到的设备包括__________。（　　）

A．呼吸计　　B．±1℃温度控制器

C．膜过滤器　　D．碳分析仪

答案：ABCD

14．活性污泥呼吸抑制试验方法适用测定的化学物质包括__________。（　　）

A．水溶性　　B．低挥发性

C．易滞留于水体的物质　　D．难溶于水的物质

答案：ABC

15．化学品藻类生长抑制试验中，藻类生物量的测定方法包括__________。（　　）

A．细胞计数　　B．光密度　　C．叶绿素　　D．称重法

答案：ABC

16．对于含有金属离子的受试物，在进行大型溞繁殖试验开始和试验期间，试验用水应满足：__________。（　　）

A．使用 M4 和 M7 培养基　　B．溶解氧浓度大于 3 mg/L

C．pH 在 6～9 内　　D．硬度大于 140 mg/L（以 $CaCO_3$ 计）

答案：BCD

17．化学品鱼类延长毒性试验中，观察和记录的其他非致死效应包括与对照组鱼明显不同的表征、大小和行为，异常游泳行为，外来刺激的不同反应，鱼类外观上的改变，摄食下降或停止，__________改变等。（　　）

A．体长　　B．体色　　C．体重　　D．体态

答案：AC

18．受试物土壤 Koc 测定方法包括__________。（　　）

A．批平衡法　　B．柱淋溶法　　C．HPLC 法　　D．GC 法

答案：ABC

19．化学农药土壤降解试验中供试土壤理化性质应考虑__________等。（　　）

A．pH　　B．有机质含量

C．阳离子交换量（CEC）　　D．机械组成

答案：ABCD

20．用于化学农药及其代谢物在土壤、水和水-沉积物系统中降解动力学评估的降解动力学模型包括__________。（　　）

A．一级降解动力学　　B．平行双一级降解动力学

C．多组分一级动力学　　D．曲棍球棒模型

答案：ABCD

21. 在农药土壤吸附解吸附试验中，当__________时，应同时检测水和土壤中的农药浓度。（　　）

A. 农药吸附性过强或过弱导致水或土壤中农药含量极低

B. K_d＜0.3

C. 受试物不稳定

D. 容器或滤膜上有吸附

答案：ABCD

四、判断题

1. 化学品测试中，受试物仅指被测试的单一化学品，不包含混合物。（　　）

答案：错误

正确答案：受试物指被测试的单一化学品或混合物。

2. 化学品测试中，难溶物质是指 20℃时水中溶解度小于 0.1 g/L 的物质。（　　）

答案：正确

3. 快速生物降解是指在最佳试验条件下，受试物长时间与接种的微生物接触，表现出的生物降解能力。（　　）

答案：错误

正确答案：快速生物降解性是指在限定时间内，受试物与接种的微生物接触，表现出的生物降解能力；固有生物降解是指在最佳试验条件下，受试物长时间与接种的微生物接触，表现出的生物降解能力。

4. 化学品快速生物降解试验中，当生物降解曲线表明降解已经开始，但第 28 天时仍未达到稳定期，试验也可能超过 28 天，该受试物判定为不具有快速生物降解性。（　　）

答案：正确

5. 如果快速生物降解性试验结果为阴性，则意味着该化学物质在环境中不会发生生物降解。（　　）

答案：错误

正确答案：如果快速生物降解性试验结果为阴性，并不意味着该化学物质在环境中不会发生生物降解，应对其进行下一水平的试验，如模拟试验或固有生物降解性试验。

6. 运用理化特性的资料对化学物质的危害性进行预先鉴别，对其环境行为进行预测，效果有限，只能得到粗略的评估结果。（　　）

答案：正确

7. 固有生物降解性试验是用来评价受试物是否具有生物降解潜力的试验方法。（　　）

答案：正确

8. 在水生生物试验中，半静态试验系统能更好地模拟自然环境条件，同时也在更大程度上保证试验期间生物接触的浓度保持恒定。（　　）

答案：错误

正确答案：流水式试验系统。

9. 多数化学物质在水环境中的主要降解途径通常是生物降解，或者是先水解后生物降解的联合

降解。（ ）

答案：正确

10．所有的化学物质都具有生物蓄积的潜力，只不过程度不同。（ ）

答案：错误

正确答案：不能很快发生代谢转化的化学物质具有生物蓄积的潜力。

11．光解作用是非生物降解最常见的反应之一，也是环境中化学物质主要的降解途径之一。（ ）

答案：错误

正确答案：水解作用是非生物降解最常见的反应之一，也是环境中化学物质主要的降解途径之一。

12．化学品测试试验中，在给定的测试周期内，与对照组相比，在统计学意义上对受试生物未产生显著效应（$p \geqslant 0.05$）的最低受试物浓度，称为无可观察效应浓度（NOEC）。（ ）

答案：错误

正确答案：最高受试物浓度。

13．具有固有生物降解性的化学品在环境中一定具有快速生物降解性。（ ）

答案：错误

正确答案：具有固有生物降解性的化学品在环境中不一定具有快速生物降解性。

14．化学物质的理化性质（如在水中的溶解度、蒸气压等）与其分子内部特有的原子结构有关。（ ）

答案：正确

15．所有市售的化学物质不是纯化学物质，都是含有杂质的有关产品。（ ）

答案：正确

16．在化学品健康效应（毒性）评价试验中，选择符合要求的合格实验动物是保证实验质量的基本要求，使用的实验动物要求必须具有合格证书。（ ）

答案：正确

17．在化学品健康效应（毒性）评价试验中，选用实验动物的年龄取决于试验的类型，急性试验通常选用幼年动物；亚慢性、慢性试验因试验周期长，应选用成年动物。（ ）

答案：错误

正确答案：急性试验通常选用成年动物；亚慢性、慢性试验因试验周期长，同时要观察动物的生长发育情况，应选用较年幼的或初断乳的动物，以使试验周期能覆盖成年期。

18．由于生物种群间存在自然差异，因此化学品生态毒性试验不能达到很高的精度。（ ）

答案：正确

19．在水中不稳定的化学物质进行鱼类急性毒性试验时，不能采用静态试验方法，只能使用流水式试验系统。（ ）

答案：错误

正确答案：在水中不稳定的化学物质进行鱼类急性毒性试验时，不能采用静态试验方法，应使用半静态试验方法或流水式试验。

20. 购买的供试用鱼于试验之前，必须在实验室至少暂养 12 天，若自己培养的试验用鱼，则可直接用于试验。（ ）

答案：错误

正确答案：自己培养的试验用鱼临试验前，应在符合试验条件的环境中至少驯养 7 天。

21. 当快速生物降解试验中受试化学物质表现为无生物降解性时，可以判定该化学品在试验条件下稳定，不具有快速生物降解性。（ ）

答案：错误

正确答案：当快速生物降解试验中受试化学物质表现为无生物降解时，不能直接判定该化学品不具有快速生物降解性，需进一步判别是源于受试物对接种物的抑制作用还是因为受试物的稳定性。

22. 在进行化学品快速生物降解试验时，为避免受试物的毒性抑制接种物的活性，可使用经受试物驯化的接种物。（ ）

答案：错误

正确答案：采用经受试物驯化的接种物，所得的试验结果不能用于评价快速生物降解。

23. 用于化学品快速生物降解试验的接种物可以在试验条件下进行前期调节，即对受试物进行预驯化。（ ）

答案：错误

正确答案：前期调节是为减少空白值，不是对受试物进行预驯化。

24. 在快速生物降解试验设计时，常会设置一组含受试物和杀菌剂而不含接种物的无菌对照组，以此来检查可能的非生物降解作用。（ ）

答案：正确

25. 在快速生物降解试验中，当用溶解氧消耗量表征化学物质降解情况时，对于含氮化学物质，因硝化作用的存在可能会对试验结果产生影响。（ ）

答案：正确

26. 如果快速生物降解性试验结果为阴性，则可初步确定该受试化学品具有环境持久性。（ ）

答案：错误

正确答案：如果固有生物降解性试验结果为阴性，可初步确定该受试物具有环境持久性。

27. 测试化学品在好氧水溶液介质中的快速生物降解性，有一系列筛选试验方法，无论使用哪个方法对受试化学物质进行试验的结果为阳性，即可认为该化学物质在大多数环境条件下可快速生物降解。（ ）

答案：正确

28. LC_{50}/LD_{50} 是引起一组受试生物出现 50%生物死亡的浓度/剂量，这是一个通过统计学处理计算得到的数值。（ ）

答案：正确

29. 在化学品快速生物降解试验中，当生物降解率达到 20%时，10 天观察期开始。（ ）

答案：错误

正确答案：当生物降解率达到 10%时，10 天观察期开始。

30. 化学物质的水溶解度是该种物质在水中的饱和质量浓度。（ ）

答案：错误

正确答案：水溶解度是在给定温度下物质在水中的饱和质量浓度。

31．在活性污泥呼吸抑制试验中，如果配好的合成污水不立即使用，应于0～4℃、黑暗处贮存，且不超过14天，或者在确保不改变其组成的条件下贮存。（　　）

答案：错误

正确答案：于0～4℃、黑暗处贮存，且不超过一周。

32．测定分配系数 P_{ow} 前，两种溶剂应在试验温度下互相饱和。为此，在两个大的储液瓶中分别放入正辛醇和足量的水，水和足量正辛醇，恒温振摇24 h后，静置足够长时间使两相分离。（　　）

答案：正确

33．快速生物降解试验中常用的参比物包括苯胺、苯甲酸钠和3,5-二氯苯酚。（　　）

答案：错误

正确答案：常用的参比物包括苯胺、苯甲酸钠和醋酸钠。

34．快速生物降解性密闭瓶试验中，试验培养基应现配现用。（　　）

答案：错误

正确答案：对试验培养基进行高强度曝气至少20 min后静置，在试验温度下，培养基需静置约20 h。

35．固有生物降解性改进的MITI试验Ⅱ中，试验活性污泥培养温度需维持在（25±2）℃。（　　）

答案：正确

36．活性污泥呼吸抑制试验的暴露时间为3 h。（　　）

答案：错误

正确答案：30 min或3 h。

37．快速生物降解性试验呼吸计量法中使用的接种物通常为活性污泥，也可使用污水处理厂的二级出水或地表水。（　　）

答案：正确

38．从生活污水处理厂采集活性污泥到达实验室后，可直接用于活性污泥呼吸抑制试验。（　　）

答案：错误

正确答案：应用蒸馏水冲洗，离心，倒出上清液，重复操作3次。

39．快速生物降解曲线的停滞期是指降解率达到最大值不再上升的时期。（　　）

答案：错误

正确答案：试验开始到降解率达到10%的时期。

40．化学品分配系数（正辛醇-水）试验中，正辛醇-水两相分离应通过离心来完成，最好在试验温度下进行。也可将离心管置于试验温度下静置平衡 1 h 后再进行离心处理。否则，应静置足够长时间使两相完全分离。（　　）

答案：正确

41．可用于化学品藻类生长抑制试验的培养基有OECD和AAP藻类培养基，两种培养基都以 $NaNO_3$ 为氮源。（　　）

答案：错误

正确答案：OECD 藻类培养基的氮源为 NH_4Cl，AAP 藻类培养基的氮源为 $NaNO_3$。

42．化学品蚯蚓急性毒性试验中，当两个连续浓度的死亡率为 0 和 100%，并呈几何级数（比率最大为 3.2），这两个水平可以充分指出 LC_{50} 范围。（　　）

答案：错误

正确答案：比率最大为 2.0。

43．化学品鱼类急性毒性试验中，受试溶液中助溶剂最大允许浓度不超过 0.1 μL/L。（　　）

答案：错误

正确答案：不超过 100 mg/L。

44．溞类急性活动抑制试验和繁殖试验中，负荷量均不小于 2 mL/只溞。（　　）

答案：错误

正确答案：大型溞繁殖试验中，负荷量不小于 50 mL/只溞。

45．蚯蚓急性毒性试验方法包括滤纸试验和人工土壤试验两种方法。（　　）

答案：正确

46．最低可观察效应浓度（Lowest Observed Effect Concentration，LOEC）是指与对照组相比，对试验生物产生显著效应的最低受试物浓度。（　　）

答案：正确

47．生物毒性试验的静态试验是指以定期（如 24 h）更换试验介质的方式进行的试验。（　　）

答案：错误

正确答案：静态试验的试验介质不更新，半静态试验才需以定期（如 24 h）更换试验介质的方式进行。

48．在化学品生物毒性试验中，通过稀释贮备液配制试验溶液，低水溶性物质的贮备液可以通过超声分散或其他适合的物理方法配制，必要时可使用对受试生物毒性低的有机溶剂、乳化剂或分散剂来助溶。（　　）

答案：正确

49．试验过程中，用于调节 pH 的试剂不应使受试物浓度明显改变，也不应与受试物发生化学反应或产生沉淀，最好使用 HCl 和 NaOH 来调节。（　　）

答案：正确

50．如果试验鱼没有任何肉眼可见的运动，如鳃的扇动，以及碰触尾部后无反应，即可判断该鱼已死亡。（　　）

答案：正确

51．化学农药土壤降解试验的质量控制条件中"土壤供试物初始含量"指的是初始含量理论值。（　　）

答案：错误

正确答案：指的是初始含量实测值。

52．农药在水中光解试验必须在纯水中进行。（　　）

答案：错误

正确答案：纯水或蒸馏水适用于可溶解于水并不易水解的供试物。在水中易离子化的供试物应在缓冲溶液中进行。

53．化学品土壤标准溶液试验质量控制要求给出定量检出限（LOQ），LOQ 指的是仪器检测的定量限。（　　）

答案：错误

正确答案：一般指方法的定量限。

54．化学农药水沉积物系统降解试验中，两种沉积物有机质含量差异应≥3%。（　　）

答案：错误

正确答案：水沉积系统中，两种沉积物有机质含量差异应≥2%。

55．化学农药水沉积物系统降解试验中，两种沉积物[粘土+粉土]含量差异应≥20%。（　　）

答案：正确

56．评价化学品在土壤中的转化及移动潜力，当受试物在土壤-氯化钙溶液中不稳定，或溶解度极低，或吸附率过高时，可采用柱淋溶法开展试验，当吸附率过低时，可采用 HPLC 法估算。（　　）

答案：错误

正确答案：当受试物在土壤-氯化钙溶液中不稳定，或溶解度极低，或吸附率过高时，可采用 HPLC 法估算吸附系数。当吸附率过低时，可采用柱淋溶法开展试验。

57．化学农药土壤吸附试验中计算吸附平衡时土壤中受试物含量，水相体积应为离心后分离出的上清液体积。（　　）

答案：错误

正确答案：水相体积应为试验体系中加入水的体积。

58．化学农药土壤吸附试验每种土壤均选择相同的水土比。（　　）

答案：错误

正确答案：应根据吸附动力学试验结果确定各土壤-水体系的水土比。

59．进行农药在水中的光解试验时，对于在水中易离子化的受试物，应选择在最不稳定的 pH 缓冲溶液中进行光解试验。（　　）

答案：错误

正确答案：应选择最小离子化的 pH 缓冲溶液中进行光解试验。

60．化学农药水解试验中用到的缓冲溶液不需要灭菌，仅需测定 pH 即可。（　　）

答案：错误

正确答案：水解试验主要测定受试物与水反应导致的浓度变化规律，须排除微生物降解的影响，所以水解试验缓冲溶液应经灭菌处理。

五、简答题

1．根据化学物质的稳定性，进行水生生物试验通常选择哪三种类型？请分别描述各类型的特点。

答案：

（1）静态试验：测试过程中受试物一次性加入试验系统，不更换受试物溶液；

（2）半静态试验：整个试验周期内按计划定期更换受试物溶液，以保证一定的受试物浓度；

（3）流水式试验：试验系统中受试物溶液以恒定速率和浓度连续或间歇自动流动。

2. 化学品水生态环境风险评估需基于基础层测试数据，请分别列举出用于测试化学品短期毒性的初级生产者、二级生产者和消费者三个营养级别的试验方法。

答案：初级生产者：藻类生长抑制试验；二级生产者：大型溞急性活动抑制试验；消费者：鱼类急性毒性试验。

3. 化学品快速生物降解性试验中，如何理解10天观察期的概念？

答案：在进行化学品快速生物降解性试验中，当生物降解率达到10%时，10天观察期开始，之后的10天试验时间为10天观察期，观察期必须在试验的第28天前结束。

4. 在化学品快速生物降解性试验中，如何进行试验设计，以检查受试化学物质对接种物有无抑制作用，如何判断受试物对微生物有抑制性？

答案：设置同时含受试化学物质、参比物以及接种物的毒性对照组。当毒性对照组试验在14天内DOC的去除率小于35%，或生物降解耗氧量小于ThOD的25%，或CO_2的产生量小于$ThCO_2$的25%时，可认为受试物对微生物有抑制性。

5. 对难溶化学物质进行生物降解性评估时，应注意哪些问题？

答案：

（1）对于难溶的固体化学物质，若是混合物或含大量杂质的受试物，取样时应务必注意均质化；

（2）试验过程中可使用多种搅拌方式使受试物尽量分散，但避免过强、过热和泡沫过多；

（3）对于难溶受试物可使用无毒、不降解、不起泡的乳化剂或助溶剂使受试物分散均匀稳定，但需增设助溶剂或乳化剂的空白对照；

（4）对于难溶的油性受试物可使用固态载体加入试验体系，但需增设固态载体的空白对照。

6. 进行化学品快速生物降解性试验，为避免受试物的毒性抑制接种物的活性，该如何设置受试物浓度？

答案：首先进行受试物的活性污泥呼吸抑制试验等毒性试验，得出的EC_{50}及EC_{20}值，可将快速生物降解性试验中受试物浓度设置为EC_{50}值的1/10或低于EC_{20}值。若EC_{50}值大于300 mg/L，可认为受试物对快速生物降解性试验的接种物无抑制作用。当EC_{50}值低于20 mg/L，则推荐采用试验浓度较低的密闭瓶法试验。

7. 化学品快速生物降解曲线的三个阶段及其含义分别是什么？

答案：

（1）停滞期：从试验开始到微生物完成驯化，受试物生物降解程度小于等于最大理论生物降解量的10%的时期；

（2）降解期：停滞期结束到生物降解率达到90%最大降解率的时期；

（3）稳定期：生物降解率趋于稳定的时期。

8. 简述化学品快速生物降解性试验呼吸计量法的原理。

答案：向一定体积并已接种的无机培养基中加入适量受试物（100 mg/L受试物，至少预留50～100 mg/L的理论需氧量ThOD）作为唯一的有机碳源，密闭试验瓶后在恒温下（变化小于±1℃）连续搅拌培养28天。通过测定为维持试验瓶内气压而电解产生氧气的量，或者用仪器测定瓶内气体体积或压力（或二者）的变化，可得到试验体系的耗氧量。释放的二氧化碳用氢氧化钾溶液或其他适当的吸收剂吸收。受试物生物降解率（用接种物空白对照组的耗氧量来校正），即微生物种群吸收氧的量以 ThOD 的百分率来表示。另外，初级生物降解率可以通过试验开始和结束时受试物或其降解产物的定性和定量分析结果来计算。

9．如何判断活性污泥呼吸抑制试验的有效性？

答案： 接种物空白对照的呼吸速率应大于 20 mg O_2/（g SS.h）；接种物空白对照平行试验的呼吸速率之差在正式试验结束时不应大于 30%；参比物 3,5-二氯苯酚 EC_{50} 值为 2～25 mg O_2/L。

10．大型溞繁殖试验的质量保证与质量控制包括哪些要求？

答案： 试验所用的亲溞溞龄小于 24 h 且为非头胎溞；试验结束时，亲溞的死亡率不超过 20%；试验结束时，每只存活亲溞所产成活幼溞的平均值不小于 60 只。

11．化学品鱼类延长毒性 14 天试验，应如何进行质量保证与质量控制？

答案： 试验结束时，对照组的死亡率不高于 10%；试验期间，试验液的溶解氧含量不低于 60% 空气饱和值；采用半静态试验系统时，若不会造成受试物的明显损失，则可对试验液充气；应有证据证明试验期间受试物浓度维持在较高的水平（受试物浓度应不低于 80%配制浓度），若与配制浓度的偏差大于 20%，测试结果应以实测浓度为准。

12．化学农药土壤吸附/解吸试验中，对照处理设置有哪些？

答案： 设置未加土壤的供试物水溶液（0.01 mol/L $CaCl_2$ 介质）与加入土壤、不加供试物的水溶液（0.01 mol/L $CaCl_2$ 介质）。

13．化学农药光解试验中，对于降解规不遵循一级动力学的农药无须计算光解半衰期，如何判断是否遵循一级动力学？

答案： 回归趋势线与实测浓度匹配，残差较小且在 X 轴两侧随机分布；卡方检验的测量误差百分比一般应 $< 15\%$；降解动力学模型参数的置信区间应合理。

14．化学农药土壤降解试验的质控要求有哪些？

答案：

（1）土壤中农药残留量分析方法回收率为 70%～110%，最低检测浓度限应低于初始添加浓度的 1%。添加回收浓度应至少为初始添加浓度及其初始添加浓度的 10%，每个浓度 5 次重复；

（2）土壤中供试物初始（实测）含量为 1～10 mg/kg；

（3）降解动态曲线至少 7 个点，其中 5 个点浓度为初始含量的 20%～80%。

15．简述高效液相色谱法测定化学物质在土壤中吸附系数的原理。

答案： 利用化学物质在 HPLC 柱上的保留时间与吸附系数之间的关系来测定受试物的吸附系数，不涉及定量分析方法，只需测定受试物的保留时间。采用一系列合适的参比物，在标准试验条件下进行测定。

六、计算题

1．在快速生物降解性试验中，受试化学物质分子式为 $C_{12}H_{22}N_4O_2S_4$，分子量为 382.59，请分别计算其在无硝化作用和有硝化作用时的理论需氧量。

答案： 无硝化作用理论需氧量：

$$\text{ThOD}_{\text{NH}_4}=\frac{16\left[2\times12+\frac{1}{2}\times(22-3\times4)+3\times4-\frac{3}{2}\times4-2\right]}{382.59}=1.38\text{（mg/mg）}$$

有硝化作用理论需氧量：

$$\text{ThOD}_{\text{NO}_3}=\frac{16\left(2\times12+\frac{1}{2}\times22+\frac{5}{2}\times4+3\times4-2\right)}{382.59}=2.30\text{（mg/mg）}$$

2．对某混合物进行快速生物降解试验，测得其 COD 值为 0.945 mg/mg，试验体系受试物浓度为 5 mg/L。试验开始时测得接种物空白对照组及受试物处理组溶解氧均为 8.90 mg/L，试验结束时测得接种物空白对照组及受试物处理组溶解氧分别为 8.15 mg/L、3.98 mg/L，请计算该化学品生物降解百分率。

答案： $\text{BOD}=\frac{8.15-3.98}{5}=0.834\text{（mg/mg）}$

降解率（%）$=\frac{0.834}{0.945}\times100=88.3$

3．用鱼类生物富集性试验测试与评价某化学物质在鱼体中的富集程度，试验周期为 5 周，5 周后检测受试物处理组鱼体中受试物浓度为 442.95 mg/kg，试验溶液中受试物平均浓度为 0.08 ng/L，空白对照组试验开始和终止时鱼体中受试物平均浓度为 0.36 mg/kg，请计算该化学物质 5 周后的生物富集系数 BCF_5。

答案： 生物富集系数：

$$\text{BCF}_5=\frac{442.95-0.36}{0.08}\times1\,000=5.5\times10^6\text{（L/kg）}$$

4．已知某受试物分子式为 $C_9H_{12}O$，使用呼吸计量法测定的 28 天氧消耗量为 96.5 mg O_2/L，接种物空白对照组氧消耗量为 25.6 mg O_2/L，受试物添加浓度为 30.5 mg/L。则该受试物 28 天生物降解率为多少？

答案： 受试物元素组成已知，则理论耗氧量 $\text{ThOD}_{\text{NH}_4}$ 可以根据下式计算得出：

$$\text{ThOD}_{\text{NH}_4}=\frac{16\left[2c+\frac{1}{2}(h-cl-3n)+3s+\frac{5}{2}p+\frac{1}{2}na-O\right]}{MW}$$

$$\text{ThOD}_{\text{NH}_4}=16\times[2\times9+(1/2\times12)-1]/136=2.71$$

生物富集系数：$\text{BCF}_5=\frac{442.95-0.36}{0.08}\times1\,000=5.5\times10^6\text{（L/kg）}$

5．藻类生长抑制试验中，初始生物量为 1.5×10^4 cell/mL，72 h 生物量为 300×10^4 cell/mL，试计算 0～3 天比生长率。（已知 ln 1.5=0.405，ln 300=5.704）

答案： $0\sim3\text{ 天比生长率}=\frac{\ln72\text{h生物量}-\ln\text{初始生物量}}{3-0}=\frac{\ln(300\times10^4)-\ln(1.5\times10^4)}{3}=1.77\ \text{d}^{-1}$

6．某试验溶液受试物初始浓度为 2.5 mg/L，24 h 后测定浓度为 2.0 mg/L，求浓度变化率。

答案：

（2.5–2.0）/2.5 = 20%

7．农药土壤淋溶试验中，假设某一受试物在 0.01 mol/L 时产生的信号是基线噪声的 3 倍，方法的浓缩倍数是 5，LOQ 添加水平的平均回收率为 80%，则 LOD 如何计算？

答案：LOD=0.01/（5×80%）=0.002 5（mol/L）

8．根据下列参数计算某农药的吸附系数 K_{oc}。农药在固液两相间的分配系数 K_d 为 100，土壤有机质含量为 2.5%。

答案：

①K_{oc}=K_d/OC×100=100/2.5×100=4 000

②K_{oc} 为 4 000。

参加命审题单位名单

北京市生态环境监测中心

天津市生态环境监测中心

河北省生态环境监测中心

山西省生态环境监测和应急保障中心

辽宁省生态环境监测中心

黑龙江省生态环境监测中心

上海市环境监测中心

江苏省环境监测中心

浙江省生态环境监测中心

浙江省海洋生态环境监测中心

安徽省生态环境监测中心

山东省生态环境监测中心

湖南省生态环境监测中心

广西壮族自治区生态环境监测中心

海南省生态环境监测中心

重庆市生态环境监测中心

四川省生态环境监测总站

云南省生态环境监测中心

国家海洋环境监测中心

国家环境分析测试中心

中国环境科学研究院

生态环境部华南环境科学研究所

生态环境部南京环境科学研究所

生态环境部卫星环境应用中心

生态环境部长江流域生态环境监督管理局生态环境监测与科学研究中心

生态环境部黄河流域生态环境监督管理局生态环境监测与科学研究中心

生态环境部淮河流域生态环境监督管理局生态环境监测与科学研究中心

生态环境部珠江流域南海海域生态环境监督管理局生态环境监测与科学研究中心

生态环境部海河流域北海海域生态环境监督管理局生态环境监测与科学研究中心

生态环境部松辽流域生态环境监督管理局生态环境监测与科学研究中心

黑龙江省哈尔滨生态环境监测中心

辽宁省沈阳生态环境监测中心

大连市生态环境事务服务中心

内蒙古自治区环境监测总站包头分站

河北省白洋淀流域生态环境监测中心

山东省日照生态环境监测中心

山东省青岛生态环境监测中心

江苏省连云港环境监测中心

河南省郑州生态环境监测中心

安徽省合肥生态环境监测中心

湖北省生态环境厅宜昌生态环境监测中心

湖南省长沙生态环境监测中心

四川省乐山生态环境监测中心站

江西省南昌生态环境监测中心

广东省中山生态环境监测站

广西壮族自治区柳州生态环境监测中心

浙江省辐射环境监测站（生态环境部辐射环境监测技术中心）